放射治疗质量控制系列丛书

肿瘤放疗设备与技术质量保证规范

主　编　孙新臣　于大海　孙向东

副主编　张西志　陶光州　马建新　田大龙

内 容 提 要

随着医学影像学和计算机技术的不断发展，调强放射治疗、图像引导放疗、剂量引导放疗等成为主流放疗技术。本书涵盖肿瘤放疗科室筹建、放疗质控设备、放疗专用设备(如：医用直线加速器、多叶准直器、图像引导系统、模拟定位机、治疗计划系统等)的质量保证，还有各种放疗技术、组织位移控制系统、特殊放疗设备、近距离治疗设备、术中放疗设备等的质量保证，是临床肿瘤医师、放射治疗医师、医学物理师、放疗技师、放疗护士等的专业参考书，亦可作为医学类放射物理技术相关专业的本科教材。

图书在版编目(CIP)数据

肿瘤放疗设备与技术质量保证规范/孙新臣等主编.
—南京：东南大学出版社，2017.12
(放射治疗质量控制系列丛书)
ISBN 978-7-5641-7544-3

Ⅰ.①肿… Ⅱ.①孙… Ⅲ.①肿瘤—放射治疗仪器—规范②肿瘤—放射疗法—规范 Ⅳ.①TH774-65 ②R730.5-65

中国版本图书馆 CIP 数据核字(2017)第 312092 号

出版发行：东南大学出版社
社　　址：南京市四牌楼 2 号　　**邮编：**210096
出 版 人：江建中
网　　址：http://www.seupress.com
电子邮箱：press@seupress.com
经　　销：全国各地新华书店
印　　刷：虎彩印艺股份有限公司
开　　本：787 mm×1092 mm　1/16
印　　张：31
字　　数：850 千字
版　　次：2017 年 12 月第 1 版
印　　次：2017 年 12 月第 1 次印刷
书　　号：ISBN 978-7-5641-7544-3
定　　价：128.00 元

《肿瘤放疗设备与技术质量保证规范》编写委员会

主　　编　孙新臣　于大海　孙向东

副 主 编　张西志　陶光州　马建新　田大龙

主编助理　李金凯

编委会成员　（按姓氏笔画顺序排列）

于大海　南京中医药大学附属医院江苏省中医院
马建新　连云港市东方医院
王沛沛　南京医科大学第一附属医院
刘　海　中国人民解放军第八一医院
田大龙　盐城市第一人民医院
孙新臣　南京医科大学第一附属医院
孙向东　中国人民解放军第八一医院
宋　威　南京中医药大学附属医院江苏省中医院
吴　扬　连云港市东方医院
李益坤　中国人民解放军第八一医院
张西志　扬州大学临床医学院
李　军　扬州大学临床医学院
李金凯　南京医科大学第一附属医院
李彩虹　南京医科大学第一附属医院
周　娴　中国人民解放军第八一医院
昌志刚　南京医科大学第一附属医院
郭曙光　盐城市第一人民医院
陶光州　南京医科大学附属淮安第一医院
韩济华　南京医科大学附属淮安第一医院
戴圣斌　泰州市人民医院

前 言

我国是肿瘤疾患多发地区，而恶性肿瘤是我国居民死亡的主要原因。放射治疗是肿瘤治疗的三大手段之一，65%～75%的肿瘤患者在治疗过程中需要接受放射治疗。近年来，三维适形调强放疗(IMRT)、容积旋转调强放疗(VMAT)、螺旋断层放疗(HT)、质子重离子放疗等新技术的推广和应用，使靶区的剂量雕刻(高适形度)得以实现。尤其是图像引导放疗(IGRT)的出现和发展，使放射治疗立体化、多维度、精确定点打击目标成为现实，也使大剂量、短疗程为特点的治疗新模式能够实施。但是如同外科手术会不可避免的切除正常组织、药物治疗会不可避免的杀灭正常细胞一样，放射治疗也会损伤肿瘤周围的正常组织，导致放疗副作用的发生。若放疗设备应用不合理或者存在质量保证(QA)缺陷，有可能增加放疗对患者造成损伤的概率。鉴于放射治疗的特殊性，必须有定期的、严密的、严格的QA和质量控制(QC)程序来确保放疗疗效和安全性。美国、欧洲、日本等放射医疗技术先进的国家和地区，先后成立区域放疗质控中心，制定并出版相应的放疗规范和标准，将当地放射治疗规范推广到国家层面，并执行国家或地区标准，促进医疗水平提高。目前，我国也有少数地区开展了类似工作，陆续建立放疗质控中心，但质控的核心——放疗操作标准规范，大多数都是参照国际上的相关规定和标准，还没有形成我国自己的国家标准，甚至地区标准和操作指南。

为推动放射治疗的区域同质化发展，江苏省人民医院集团放射治疗协作组于2014年11月成立。自成立以来，协作组成员单位遵循“与时俱进、有所突破”的原则，为形成本地化放疗操作指南做出了不懈努力，协作组于2014年12月和2015年9月先后出版了《肿瘤放射治疗物理学》《肿瘤放射治疗技术学》等著作。在肿瘤放射治疗执行过程中，物理技术虽然起到了决定性作用，但是与大多数教科书和专著一样，把放射治疗QA的基本内容局限在物理技术方面是片面的、不完整的。放射治疗的QA应是经过周密计划而采取的一系列措施，保证放射治疗过程中的各个环节按照有关标准确切安全地执行，具体包括放疗临床、护理、物理、生物、技术、信息化、基建等方面。目前，我国关于放疗质控人才的培养还不完善，参考书籍较少，适用于临床工作者、本科生的教材更是缺乏。在肿瘤高发、放射治疗需求不断增加的情况下，人才培养和储备的不足，这将严重制约放射肿瘤学的发展。南京医科大学特种医学系于2011年8月5日获国务院学位委员会批准设立一级学科“特种医学”

博士学位授权点；2012年8月29日获国家人力资源和社会保障部批准设立一级学科“特种医学”博士后流动站。鉴于此，南京医科大学特种医学系根据肿瘤放射治疗及放疗质控教学的需要，组织长三角地区在放疗质控学界有相当影响力的同道们，共同编撰了“放疗质控”系列丛书，共计3本，分别是《肿瘤放疗临床质量保证规范》《肿瘤放疗设备与技术质量保证规范》和《放疗信息化建设与应用管理》。

放疗质控工作包含两个方面的重要内容：一是质量评定，即按一定的标准来评价和度量治疗的服务质量和治疗效果；二是质量控制，即采取必要的措施确保QA的正确执行，并不断修改服务过程中的某些环节，提高QA的等级水平。本书共12个章节，详细阐述了目前临床常见放疗设备和放疗技术的质控项目、质控方法和质控流程，侧重于将物理技术质控原理应用于临床实践。具体涵盖了从放射诊疗管理规定、放疗科室筹建、加速器机房规划，到放疗设备配置、人员职责分工及管理制度；从放疗质控工具测量技术、测量精度，到剂量验证设备、剂量测量系统(如三维水箱使用规范)；从医用直线加速器机械几何精度检测、剂量学精度检测，到加速器安全性检测及其他不定期检测；从多叶光栅(MLC)设计原理、基本结构、控制特点、验收测试、临床测试，到MLC安全评价及常规质量保证程序；从描述形态学为主的常规模拟定位机、CT模拟定位机，到描述功能代谢为主的MRI模拟定位机、PET/CT模拟定位机；从二维图像引导放疗装置电子射野影像系统、kV平片透视验证系统，到三维、四维图像引导放疗装置锥形束CT系统、MRI图像引导系统、超声引导系统、六维床治疗系统；从治疗计划系统图像采集、传输及数据处理，到常规、精确放疗计划系统质量保证；从常规放疗技术体位固定、模拟定位、治疗摆位、位置验证质量保证，到组织位移固定限制系统、呼吸控制、四维引导、膀胱容积测量系统质量保证；从螺旋断层治疗系统、X刀和γ刀治疗系统、赛博刀治疗系统，到近距离治疗、术中放疗系统的质量保证等内容。希望读者通过本书的学习能够理解肿瘤放疗设备与技术质量保证的基本理论，掌握放疗设备与技术质控项目设计的方法和技巧，并能结合临床解决放射治疗中与设备和技术质控相关的各种问题。本书可以作为放射治疗物理相关专业的本科生教材，亦可以作为肿瘤科医师、放射治疗科医师、物理师、技师及护士等医务人员的专业参考书。

本书在编撰过程中除了各位作者通力合作外，还得到了南京医科大学以及各参编单位领导的关心和支持，南京医科大学特种医学系和南京医科大学第一附属医院放疗中心在书稿编写出版的过程中做了很多协调、组织工作，谨对上述单位和个人表示衷心感谢。

鉴于我国开展现代放射治疗时间较短，从业人员根据国际标准在不断探索，书中难免有不尽完善之处，望广大读者不吝指正。

于南京

2017年11月6日

目 录

第一章

肿瘤放疗科室筹建路径

随着放射治疗技术的发展，肿瘤放射治疗在肿瘤综合治疗中的作用日益凸显，国内各地区新建肿瘤放射治疗科室的单位越来越多。而不少单位在筹建过程中会面临许多问题，例如：有哪些准备工作是需强制执行的？哪些法规需要遵守？哪些许可证件需要申领？哪些放疗设备是必须购买的？针对这些问题，本章旨在系统介绍肿瘤放射治疗科的筹建路径。

第一节　放射诊疗管理规定

根据中华人民共和国卫生部令第46号《放射诊疗管理规定》，医疗机构开展放射诊疗工作，应当具备与其开展的放射诊疗工作相适应的条件，经所在地县级以上地方卫生行政部门的放射诊疗技术和医用辐射机构许可（以下简称“放射诊疗许可”）。现将有关放射治疗的部分规定摘录如下，全文可到卫生部官网进行查阅。

一、总则

（一）第一条，为加强放射诊疗工作的管理，保证医疗质量和医疗安全，保障放射诊疗工作人员、患者和公众的健康权益，依据《中华人民共和国职业病防治法》《放射性同位素与射线装置安全和防护条例》和《医疗机构管理条例》等法律、行政法规的规定，制定本规定。

（二）第二条，本规定适用于开展放射诊疗工作的医疗机构。本规定所称放射诊疗工作，是指使用放射性同位素、射线装置进行临床医学诊断、治疗和健康检查的活动。

（三）第三条，卫生部负责全国放射诊疗工作的监督管理。县级以上地方人民政府卫生行政部门负责本行政区域内放射诊疗工作的监督管理。

（四）第四条，放射诊疗工作按照诊疗风险和技术难易程度分为四类管理：

1. 放射治疗；
2. 核医学；
3. 介入放射学；
4. X射线影像诊断。

医疗机构开展放射诊疗工作，应当具备与其开展的放射诊疗工作相适应的条件，经所在地县级以上地方卫生行政部门的放射诊疗技术和医用辐射机构许可（以下简称放射诊疗许可）。

（五）第五条，医疗机构应当采取有效措施，保证放射防护、安全与放射诊疗质量符合有关规定、标准和规范的要求。

二、执业条件

（一）第六条规定，医疗机构开展放射诊疗工作，应当具备以下基本条件：

1. 具有经核准登记的医学影像科诊疗科目；

2. 具有符合国家相关标准和规定的放射诊疗场所和配套设施；

3. 具有质量控制与安全防护专（兼）职管理人员和管理制度，并配备必要的防护用品和监测仪器；

4. 产生放射性废气、废液、固体废物的，具有确保放射性废气、废液、固体废物达标排放的处理能力或者可行的处理方案；

5. 具有放射事件应急处理预案。

（二）第七条规定，开展放射治疗工作的，应当具有下列人员：

1. 中级以上专业技术职务任职资格的放射肿瘤医师；

2. 病理学、医学影像学专业技术人员；

3. 大学本科以上学历或中级以上专业技术职务任职资格的医学物理人员；

4. 放射治疗技师和加速器维修工程师。

（三）第八条规定，开展放射治疗工作的，至少有一台远距离放射治疗装置及其配套的治疗计划系统，还应当有模拟定位机或大孔径CT模拟定位等设备。

（四）第九条规定，医疗机构应当按照下列要求配备并使用安全防护装置、辐射检测仪器和个人防护用品。放射治疗场所应当按照相应标准设置多重安全联锁系统、剂量监测系统、影像监控、对讲装置和固定式剂量监测报警装置；配备放疗剂量仪、剂量扫描装置和个人剂量报警仪。

（五）第十条规定，医疗机构应当对下列设备和场所设置醒目的警示标志：

1. 装有放射性同位素和放射性废物的设备、容器，设有电离辐射标志；

2. 放射性同位素和放射性废物储存场所，设有电离辐射警告标志及必要的文字说明；

3. 放射诊疗工作场所的入口处，设有电离辐射警告标志；

4. 放射诊疗工作场所应当按照有关标准的要求分为控制区、监督区，在控制区进出口及其他适当位置，设有电离辐射警告标志和工作指示灯。

三、放射诊疗的设置与批准

（一）第十一条规定，开展放射治疗、核医学工作的，向省级卫生行政部门申请办理。

（二）第十二条规定，新建、扩建、改建放射诊疗建设项目，医疗机构应当在建设项目施工前向相应的卫生行政部门提交职业病危害放射防护预评价报告，申请进行建设项目卫生

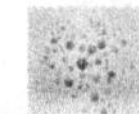

审查。立体定向放射治疗、质子治疗、重离子治疗、带回旋加速器的正电子发射断层扫描诊断等放射诊疗建设项目，还应当提交卫生部指定的放射卫生技术机构出具的预评价报告技术审查意见。经审核符合国家相关卫生标准和要求的，方可施工。

（三）第十三条规定，医疗机构在放射诊疗建设项目竣工验收前，应当进行职业病危害控制效果评价；并向相应的卫生行政部门提交下列资料，申请进行卫生验收：

1. 建设项目竣工卫生验收申请；
2. 建设项目卫生审查资料；
3. 职业病危害控制效果放射防护评价报告；
4. 放射诊疗建设项目验收报告。

立体定向放射治疗、质子治疗、重离子治疗、带回旋加速器的正电子发射断层扫描诊断等放射诊疗建设项目，应当提交卫生部指定的放射卫生技术机构出具的职业病危害控制效果评价报告技术审查意见和设备性能检测报告。

（四）第十四条规定，医疗机构在开展放射诊疗工作前，应当提交下列资料，向相应的卫生行政部门提出放射诊疗许可申请：

1. 放射诊疗许可申请表；
2.《医疗机构执业许可证》或《设置医疗机构批准书》（复印件）；
3. 放射诊疗专业技术人员的任职资格证书（复印件）；
4. 放射诊疗设备清单；
5. 放射诊疗建设项目竣工验收合格证明文件。

（五）第十六条规定，医疗机构取得《放射诊疗许可证》后，到核发《医疗机构执业许可证》的卫生行政执业登记部门办理相应诊疗科目登记手续。未取得《放射诊疗许可证》或未进行诊疗科目登记的，不得开展放射诊疗工作。

（六）第十七条规定，《放射诊疗许可证》与《医疗机构执业许可证》同时校验，申请校验时应当提交本周期有关放射诊疗设备性能与辐射工作场所的检测报告、放射诊疗工作人员健康监护资料和工作开展情况报告。

医疗机构变更放射诊疗项目的，应当向放射诊疗许可批准机关提出许可变更申请，并提交变更许可项目名称、放射防护评价报告等资料；同时向卫生行政执业登记部门提出诊疗科目变更申请，提交变更登记项目及变更理由等资料。

（七）第十八条规定，有下列情况之一的，由原批准部门注销放射诊疗许可，并登记存档，予以公告：

1. 医疗机构申请注销的；
2. 逾期不申请校验或者擅自变更放射诊疗科目的；
3. 校验或者办理变更时不符合相关要求，且逾期不改进或者改进后仍不符合要求的；
4. 歇业或者停止诊疗科目连续一年以上的；
5. 被卫生行政部门吊销《医疗机构执业许可证》的。

四、安全防护与质量保证

（一）第二十条规定，医疗机构的放射诊疗设备和检测仪表，应当符合下列要求：

1. 新安装、维修或更换重要部件后的设备，应当经省级以上卫生行政部门资质认证的检测机构对其进行检测，合格后方可启用；

2. 定期进行稳定性检测、校正和维护保养，由省级以上卫生行政部门资质认证的检测机构每年至少进行一次状态检测；

3. 按照国家有关规定检验或者校准用于放射防护和质量控制的检测仪表；

4. 放射诊疗设备及其相关设备的技术指标和安全、防护性能，应当符合有关标准与要求。

不合格或国家有关部门规定淘汰的放射诊疗设备不得购置、使用、转让和出租。

（二）第二十一条规定，医疗机构应当定期对放射诊疗工作场所、放射性同位素储存场所和防护设施进行放射防护检测，保证辐射水平符合有关规定或者标准。

（三）第二十二条规定，放射诊疗工作人员应当按照有关规定佩戴个人剂量计。

（四）第二十三条规定，医疗机构应当按照有关规定和标准，对放射诊疗工作人员进行上岗前、在岗期间和离岗时的健康检查，定期进行专业及防护知识培训，并分别建立个人剂量、职业健康管理和教育培训档案。

（五）第二十四条规定，医疗机构应当制定与本单位从事的放射诊疗项目相适应的质量保证方案，遵守质量保证监测规范。

（六）第二十五条规定，放射诊疗工作人员对患者和受检者进行医疗照射时，应当遵守医疗照射正当化和放射防护最优化的原则，有明确的医疗目的，严格控制受照剂量；对邻近照射野的敏感器官和组织进行屏蔽防护，并事先告知患者和受检者辐射对健康的影响。

（七）第二十八条规定，开展放射治疗的医疗机构，在对患者实施放射治疗前，应当进行影像学、病理学及其他相关检查，严格掌握放射治疗的适应证。对确需进行放射治疗的，应当制定科学的治疗计划，并按照下列要求实施：

1. 对体外远距离放射治疗，放射诊疗工作人员在进入治疗室前，应首先检查操作控制台的源位显示，确认放射线束或放射源处于关闭位时，方可进入；

2. 对近距离放射治疗，放射诊疗工作人员应当使用专用工具拿取放射源，不得徒手操作；对接受敷贴治疗的患者采取安全护理，防止放射源被患者带走或丢失；

3. 在实施永久性籽粒插植治疗时，放射诊疗工作人员应随时清点所使用的放射性籽粒，防止在操作过程中遗失；放射性籽粒植入后，必须进行医学影像学检查，确认植入部位和放射性籽粒的数量；

4. 治疗过程中，治疗现场至少应有 2 名放射诊疗工作人员，并密切注视治疗装置的显示及病人情况，及时解决治疗中出现的问题；严禁其他无关人员进入治疗场所；

5. 放射诊疗工作人员应当严格按照放射治疗操作规范、规程实施照射；不得擅自修改治疗计划；

6. 放射诊疗工作人员应当验证治疗计划的执行情况，发现偏离计划现象时，应当及时采取补救措施并向本科室负责人或者本机构负责医疗质量控制的部门报告。

（八）第三十一条规定，医疗机构应当制定防范和处置放射事件的应急预案；发生放射事件后应当立即采取有效应急救援和控制措施，防止事件的扩大和蔓延。

（九）第三十二条规定，医疗机构发生下列放射事件情形之一的，应当及时进行调查处理，如实记录，并按照有关规定及时报告卫生行政部门和有关部门：

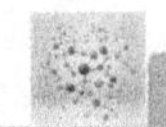

1. 放射治疗实际照射剂量偏离处方剂量25%以上的；
2. 人员误照或误用放射性药物的；
3. 设备故障或人为失误引起的其他放射事件。

五、监督管理

（一）第三十三条规定，医疗机构应当加强对本机构放射诊疗工作的管理，定期检查放射诊疗管理法律、法规、规章等制度的落实情况，保证放射诊疗的医疗质量和医疗安全。

（二）第三十四条规定，县级以上地方人民政府卫生行政部门应当定期对本行政区域内开展放射诊疗活动的医疗机构进行监督检查。检查内容包括：

1. 执行法律、法规、规章、标准和规范等情况；
2. 放射诊疗规章制度和工作人员岗位责任制等制度的落实情况；
3. 健康监护制度和防护措施的落实情况；
4. 放射事件调查处理和报告情况。

（三）第三十五条规定，卫生行政部门的执法人员依法进行监督检查时，应当出示证件；被检查的单位应当予以配合，如实反映情况，提供必要的资料，不得拒绝、阻碍、隐瞒。

（四）第三十六条规定，卫生行政部门的执法人员或者卫生行政部门授权实施检查、检测的机构及其工作人员依法检查时，应当保守被检查单位的技术秘密和业务秘密。

（五）第三十七条规定，卫生行政部门应当加强监督执法队伍建设，提高执法人员的业务素质和执法水平，建立健全对执法人员的监督管理制度。

六、法律责任

（一）第三十八条规定，医疗机构有下列情形之一的，由县级以上卫生行政部门给予警告、责令限期改正，并可以根据情节处以3 000元以下的罚款；情节严重的，吊销其《医疗机构执业许可证》：

1. 未取得放射诊疗许可从事放射诊疗工作的；
2. 未办理诊疗科目登记或者未按照规定进行校验的；
3. 未经批准擅自变更放射诊疗项目或者超出批准范围从事放射诊疗工作的。

（二）第三十九条规定，医疗机构使用不具备相应资质的人员从事放射诊疗工作的，由县级以上卫生行政部门责令限期改正，并可以处以5 000元以下的罚款；情节严重的，吊销其《医疗机构执业许可证》。

（三）第四十条规定，医疗机构违反建设项目卫生审查、竣工验收有关规定的，按照《中华人民共和国职业病防治法》的规定进行处罚。

（四）第四十一条规定，医疗机构违反本规定，有下列行为之一的，由县级以上卫生行政部门给予警告，责令限期改正；并可处10 000元以下的罚款：

1. 购置、使用不合格或国家有关部门规定淘汰的放射诊疗设备的；
2. 未按照规定使用安全防护装置和个人防护用品的；
3. 未按照规定对放射诊疗设备、工作场所及防护设施进行检测和检查的；

4. 未按照规定对放射诊疗工作人员进行个人剂量监测、健康检查、建立个人剂量和健康档案的；

5. 发生放射事件并造成人员健康严重损害的；

6. 发生放射事件未立即采取应急救援和控制措施或者未按照规定及时报告的；

7. 违反本规定的其他情形。

（五）第四十二条规定，卫生行政部门及其工作人员违反本规定，对不符合条件的医疗机构发放《放射诊疗许可证》的，或者不履行法定职责，造成放射事故的，对直接负责的主管人员和其他直接责任人员，依法给予行政处分；情节严重，构成犯罪的，依法追究刑事责任。

七、附则

（一）第四十三条规定，放射治疗：是指利用电离辐射的生物效应治疗肿瘤等疾病的技术。

（二）第四十四条规定，已开展放射诊疗项目的医疗机构应当于 2006 年 9 月 1 日前按照本办法规定，向卫生行政部门申请放射诊疗技术和医用辐射机构许可，并重新核定医学影像科诊疗科目。

（三）第四十五条规定，本规定由卫生部负责解释。

（四）第四十六条规定，本规定自 2006 年 3 月 1 日起施行。2001 年 10 月 23 日发布的《放射工作卫生防护管理办法》同时废止。

第二节　肿瘤放疗科室筹建路径

一、大型医用设备配置许可

现代医院使用的市值较高、体积较大的医疗设备，有 CT、核磁共振、DR 系统、CR、工频 X 光机、推车式 B 型超声波诊断仪、体外冲击波碎石机、高压氧舱、直线加速器等。

（一）设备分类

1. 甲类

（1）正电子发射型电子计算机断层扫描仪（PET-CT）；

（2）伽玛射线立体定位治疗系统（γ 刀）；

（3）医用电子回旋加速治疗系统（MM50）；

（4）质子治疗系统；

（5）其他单价在 500 万元及以上的大型医用设备。

2. 乙类

（1）X 线电子计算机断层扫描装置（CT）；

(2) 医用核磁共振成像设备(MRI);

(3) 数字减影血管造影 X 线机(DSA);

(4) 医用电子直线加速器(LA);

(5) 单光子发射型电子计算机断层扫描装置(SPECT)。

注:彩超不属于乙类大型医疗设备。

(二) 配置审批

根据卫生部、国家发展和改革委员会、财政部制定的《大型医用设备配置与使用管理办法》,第三章第十四条的规定,配置大型医用设备的程序为:

(1) 甲类大型医用设备的配置,由医疗机构按属地化原则向所在地卫生行政部门提出申请,逐级上报,经省级卫生行政部门审核后报国务院卫生行政部门审批;

(2) 乙类大型医用设备的配置,由医疗机构按属地化原则向所在地卫生行政部门提出申请,逐级上报至省级卫生行政部门审批;

(3) 医疗机构获得《大型医用设备配置许可证》后,方可购置大型医用设备。

二、职业病危害放射防护预评价

(一) 预评价报告的法律依据

1.《放射诊疗管理规定》第十二条规定,新建、扩建、改建放射诊疗建设项目,医疗机构应当在建设项目施工前向相应的卫生行政部门提交“职业病危害放射防护预评价报告”,申请进行建设项目卫生审查。立体定向放射治疗、质子治疗、重离子治疗、带回旋加速器的正电子发射断层扫描诊断等放射诊疗建设项目,还应当提交卫生部指定的放射卫生技术机构出具的预评价报告技术审查意见。经审核符合国家相关卫生标准和要求的,方可施工。

2.《中华人民共和国职业病防治法》第十七条规定,新建、扩建、改建建设项目和技术改造、技术引进项目(以下统称建设项目)可能产生职业病危害的,建设单位在可行性论证阶段应当向安全生产监督管理部门提交“职业病危害预评价报告”。安全生产监督管理部门应当自收到职业病危害预评价报告之日起 30 天内,作出审核决定并书面通知建设单位。未提交预评价报告或者预评价报告未经安全生产监督管理部门审核同意的,有关部门不得批准该建设项目。

职业病危害预评价报告应当对建设项目可能产生的职业病危害因素及其对工作场所和劳动者健康的影响作出评价,确定危害类别和职业病防护措施。

(二) 预评价报告的所需资料

根据上述的法律条文,在机房开始施工建设前,需要取得职业病危害放射防护预评价批复,所需要的材料和做法建议如下:

1. 一般预评价各个单位都会委托第三方公司进行,本单位根据需要配合提供相应的资料及工作条件。所以第一步是选择一家专业评估的第三方公司,并与第三方公司签订好合同及委托书(委托书范本如下)。

建设职业病危害放射防护预评价委托书

××××××××公司：

根据《中华人民共和国职业病防治法》及有关法律、法规的要求，现委托贵公司对我公司××××××××项目进行职业病危害放射防护预评价工作。我公司将按合同约定提供评价所需的资料和工作条件，以便贵公司能按规范要求顺利完成相关评价工作。

特此委托！

委托单位：××××××××
日期：××××年×月×日

2. 确定第三方公司后，该公司会将单位建设项目预评价所需的资料清单告知，科室配合提供相应的材料。预评价需要的资料一般如下（根据新建、改建、扩建会有轻微的差别，整体基本是一致的）。

序号	资 料 清 单
1	最新的医疗机构执业许可证、放射诊疗许可证（副本以及射线装置台账页）
2	关于医院的概述
3	建设项目地理位置图
4	医院的总平面图、加速器机房的平面图和剖面图、机房所在楼层及相邻楼层平面图（并提供 CAD 版本）；加速器管线设计图。医用电子直线加速器的大型医用设备配置许可批复。
5	设备清单：本项目涉及的加速器的主要参数：X 射线能量；最大输出剂量率；电子线能量
6	本项目加速器预计最大工作负荷：加速器每天治疗病人数；其中常规放射治疗每天病人数；调强放射治疗每天病人数；对于常规放射治疗平均每人每野次治疗剂量 Gy；平均每人治疗照射野数；每周工作天数
7	加速器机房屏蔽设施设计方案
8	涉及放疗科和放射科的放射防护管理制度：包括放射防护管理机构成立的文件、放射防护管理制度、放射告知制度、放射事故应急预案、放射诊疗质量保证方案、放射工作人员培训、体检、个人剂量监测等制度
9	加速器人员计划配备方案（包括总人数、每个人的专业名称、是否经过放射防护知识培训等）

3. 第三方公司会根据提供的资料编制预评价报告，送交省级职业病防治机构进行审批批复及组织专家审查。此过程完成预评价通过后会告知单位负责人员。

4. 预评价通过后，单位相应的负责人员需要向省卫计委申请预评价批复函。此报告在后面的控评过程中需要用到，务必不可遗漏此步骤。

三、机房建设

机房建设是诊疗项目的重点工程，包括选址、加速器机房设计、供电系统、排水通风及空调系统、信息化建设、施工建设、激光灯要求等各项工作，将在本章第三节详细论述。

四、环境影响评价（环评）

（一）环评的法律依据

根据《中华人民共和国放射性污染防治法》《规划环境影响评价条例》（国务院令第 559 号）、《建设项目环境保护管理条例》（国务院令第 253 号）等法律法规的规定，生产、销售、使

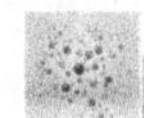

用放射性同位素和加速器、中子发生器以及含放射源的射线装置的单位，应当在申请领取许可证前编制环境影响评价文件，报省、自治区、直辖市人民政府环境保护行政主管部门审查批准；未经批准，有关部门不得颁发许可证。

（二）环评所需资料

在申请领取许可证前需要将环评完成。和预评价一样，一般需环评单位都会委托第三方公司进行，本单位根据需要配合提供相应的资料及工作条件。所以关键是选择一家专业的、有资质的第三方公司，并与第三方公司签订好合同及委托书（环评委托书范本如下）。

环评委托书

××××××有限公司：

我单位拟开展××××项目，根据国家有关环保法律、法规，需编制环境影响评价报告表，特委托贵单位对该项目进行环境影响评价。

委托单位：××××××××
日期：××××年×月×日

因环评过程中涉及辐射环境现状的监测，就还需要一份监测委托书（委托书范本如下）。

监测委托书

××××××有限公司：

我单位拟开展××××项目，根据国家有关环保法律、法规，委托贵单位对拟开展项目的工作场所进行辐射环境现状监测，并出具监测报告。

委托单位：××××××××
日期：××××年×月×日

确定第三方公司后，该公司会将单位建设项目环评所需的资料清单告知，科室配合提供相应的材料。环评需要的资料一般如下（根据新建、改建、扩建会有轻微的差别，整体基本是一致的）。

序号	资 料 清 单
1	项目投资：包括本次环评的核技术利用项目总投资额，本次环评的核技术利用项目环保投资额
2	该院现有的所有辐射设施（含核医学科和分院项目）环保审批手续办理情况（一般在单位的辐射安全许可证副本上面有该院所有的辐射设施）
3	本次环评项目辐射装置基本信息：包括设备名称、型号、所在科室、工作场所、射线类型、治疗室层高等
4	医院平面布局图：需标注出本次环评项目各设备工作场所所在位置及邻近建筑物名称（最好有 CAD 图）
5	本项目预计最大工作负荷：每天治疗病人数；每天工作时间等；每周工作天数
6	本次建设项目治疗室的平面图和立面图，平面图中需标出放射线的位置，图需要有尺寸标注（尽量提供 Auto-CAD 蓝图）
7	本次建设项目的防护情况

续表

序号	资料清单
8	本次建设项目的治疗流程
9	本次环评的建设项目拟设哪些辐射安全防护设施?
10	本次环评项目,医院已制定的相关辐射防护管理制度及应急预案,提供相关文件(盖公章)
11	提供放射防护管理领导小组成立文件(盖公章)
12	辐射安全许可证复印件(含主、副件)
13	已通过环保审批手续项目的环评批复意见和竣工环保验收意见函复印件

在提供给第三方资料的同时,负责辐射环境现状监测的公司会按照规定进行现场辐射监测,单位需安排人员配合辐射监测工作,监测完成后,由监测公司出具相应的报告。

第三方公司会根据提供的资料及辐射监测报告编制环评报告然后将快递给单位负责人员,环评报告上单位需在相应的位置盖单位公章。环评报告分两类,一类是公示版,一类是报审用的。同时医院需将环评报告公示版按照要求在医院主页上进行至少为期5个工作日的公示。并提供截图或说明,加盖医院公章。

公示完成后,第三方公司会向省环保部门报审环评材料,材料清单如下:

(1) 报批的申请函;

(2) 环评受理登记表;

(3) 环评报告(纸质及电子稿,加盖业主、环评单位公章,6本);

(4) 公开的环评报告(纸质及电子稿,加盖业主、环评单位公章,2本);

(5) 公开环评报告信息时删除涉及国家秘密、商业秘密等内容的依据和理由说明报告(纸质,加盖业主公章),如不需删除内容,在报批的申请函中予以说明;

(6) 已依法主动公开环评报告的证明材料(业主应在网站公开5个工作日以上,提供截图或说明,加盖业主公章),可参考《建设项目环境影响评价政府信息公开指南》;

(7) 该设备所在区域区(市)环保局初审意见:报市环保局审批后获得(需医院自己去办理)。

其他材料清单包括:营业执照、组织机构代码证、法人证、法人身份证复印件、项目经办人身份证复印件、授权书(授权给项目经办人)。

省环保部门报审环评通过后,会出具报审环评通过的批复函。医院收到批复函后需告知第三方公司,由第三方公司负责申请环评的验收。省环保部门组织专家进行环评的验收,环评验收通过后环评工作才算顺利完成。

五、职业病危害控制效果评价(控评)

(一) 控评的法律依据

1.《放射诊疗管理规定》第十三条规定,医疗机构在放射诊疗建设项目竣工验收前,应当进行职业病危害控制效果评价;并向相应的卫生行政部门提交相应资料,申请进行卫生验收。

2.《中华人民共和国职业病防治法》第十八条规定,建设项目在竣工验收前,建设单位

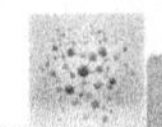

应当进行职业病危害控制效果评价。建设项目竣工验收时，其职业病防护设施经安全生产监督管理部门验收合格后，方可投入正式生产和使用。

3. 放射工作卫生防护管理办法（卫生部令第17号）第八条规定，建设单位在进行建设项目竣工验收前，应当进行放射防护设施防护效果评价，并向所在地省级人民政府卫生行政部门申请验收，并提交下列资料；经验收合格后，方可投入运行或者使用：

（1）建设项目竣工卫生验收申请；

（2）建设项目放射防护设施设计的卫生审查资料；

（3）建设项目放射防护设施防护效果评价；

（4）省级人民政府卫生行政部门认为有必要提供的其他有关资料。

中（高）能加速器、进口放射治疗装置、γ辐照加工装置等大型辐射装置的建设项目，应当提交由国家级检测机构出具的放射防护效果评价审查意见。

（二）控评所需资料

根据规定在设备的竣工验收前，需进行职业病危害控制效果评价，控评与环评并不冲突，可同时进行。但是，需要首先取得预评的批复函才可开展控评。与预评、环评相同，控评也需要有资质的单位进行，所以一般医院会委托有资质的第三方公司进行，并签订好合同及委托书（委托书范本如下）。

建设项目职业病危害控制效果放射防护评价委托书

××××××公司：

根据《中华人民共和国职业病防治法》及有关法律、法规要求，现委托贵公司对××××××项目进行职业病危害控制效果放射防护评价工作。我方将按合同约定提供评价所需的资料和工作条件，以便贵公司能按规范要求顺利完成相关评价工作。

特此委托！

委托单位：××××××××

日期：××××年×月×日

控评需要的相关资料如下：

序号	资料清单
1	概述：医院简介及工程简介
2	建设项目名称和地址：说明项目的名称、工程编号、子项名称及编号（放射治疗机房为整个工程的一部分）、建设单位全称、主管部门、设计单位、地质勘探单位、建设单位的详细情况（地址、邮编、传真、院部及有关部门电话）
3	建设性质文件：说明建设项目属性（新建、扩建、改建、续建），项目立项审批机关及审批文件、文号
4	工程规模资料：工程主要设施名称、建筑面积、主要建筑物及平面布局图、建筑结果和布局（给出地形图、总平面图、部分平面图、主屏蔽防护剖面图），要求提供电子版设计图。治疗室墙体、室顶、防护门等屏蔽设计方案
5	拟操作的设备资料：生产单位、规格型号、射线种类、额定能量和最大束流强度、常用剂量率、最大剂量率、等中心高度、X射线泄漏辐射率和主要使用性能等。已具备的剂量监测仪和防护仪等的规格型号及生产厂家
6	场址和环境资料：提供选定场址的位置，描述场址和临近地区的地质地貌、土地利用（含主要建筑物分布）、人口分布，周围建筑物情况（距离、楼高、居住情况）

续表

序号	资料清单
7	建设单位放射防护组织机构名单(文件形式)、三级责任制:建设单位设置医院放射防护组织机构和医院放射事故应急处理机构的红头文件
8	人员编制:包括人员文化程度、专业、职称、放射防护与放射治疗专业培训、个人剂量监测、健康查体情况
9	放射事故应急方案,防止人员受到事故性照射的各项安全控制措施(如医学应急、防止人员误入、误开机后的切断、故障排除等)
10	有关的规章制度:操作规程、放射治疗质量保证计划、患者防护、健康查体、自主检测计划、应急方案、三级责任制、个人剂量监测及档案保管等
11	其他放射防护措施:治疗室进排风管道和冷却水管的设计平面图及穿墙位置局部剖面图(电子版)。进、排风装置型号和通气量(m^3/h),进风口和排风口位置及高度,防护门设计等资料
12	辐射安全资料:安全连锁和报警等系统的名称、型号、生产单位、特点及安装的位置、数量
13	放射治疗工作负荷:平均每天治疗人次、照射野数量、每个野照射剂量、年均工作天数、放射治疗师人员数、每次摆位所需工作人员数

材料根据建设项目的不同会有些许不同,以第三方公司要求提供的材料为准。第三方公司按照相关规章制度要求,编制好控评报告后需要医院加盖公章,并提交竣工验收申请书及以下申报材料申请竣工验收:

(1) 放射诊疗建设项目职业病放射防护设施竣工验收申请表;

(2) 申请建设项目职业病危害放射防护设施竣工验收的公函;

(3) 放射诊疗建设项目职业病危害控制效果放射防护评价报告;

(4) 放射诊疗建设项目职业病危害预评价审核同意证明材料(复印件);

(5) 职业病危害控制效果评价工作委托书(复印件);

(6) 属于大型医用设备的,应提供大型医用设备配置许可证(复印件);

(7) 委托申报的,应提供委托申报证明。

卫生行政部门受理竣工验收申请后,组织专家进行职业病防护设施竣工验收。对危害严重类的建设项目,应组织 5 名以上专家对控制效果评价报告进行评审,同时对职业病放射防护设施进行竣工验收。危害一般类的建设项目,应组织 3 名以上专家进行竣工验收。

竣工验收合格的放射诊疗建设项目,卫生行政部门会在竣工验收后 20 天内出具验收文件;需要整改的,建设单位应提交整改报告,卫生行政部门组织复核,确认符合要求后,出具验收文件;竣工验收不合格的,卫生行政部门应书面通知建设单位并说明理由。

卫生行政部门竣工验收合格后才能开展放射诊疗工作。

六、放射诊疗许可

(一) 放射诊疗许可申请表

医疗机构首先需要取得放射诊疗许可证,才能开始放射诊疗项目。放射诊疗许可证一般由医院办理,申请表如下。

放射诊疗许可申请表

<table>
<tr><td>医疗机构名称</td><td colspan="4"></td><td>负责人</td><td></td></tr>
<tr><td>地 址</td><td colspan="4"></td><td>邮编</td><td></td></tr>
<tr><td>联系人</td><td colspan="2"></td><td>电话</td><td></td><td>传真</td><td></td></tr>
<tr><td>机构总人数</td><td colspan="2"></td><td colspan="2">放射工作人员数</td><td colspan="2"></td></tr>
<tr><td>申请许可项目</td><td colspan="6">放射治疗 □
立体定向(γ刀、X刀)治疗 □
医用加速器治疗 □
质子等重粒子治疗 □
钴-60机治疗 □
后装治疗 □
深部X射线机治疗 □
敷贴治疗 □
其他放射治疗项目 □
核医学 □
PET影像诊断 □
SPECT影像诊断 □
γ相机影像诊断 □
骨密度测量 □
籽粒插植治疗 □
放射性药物治疗 □
其他核医学诊疗项目 □
介入放射学 □
DSA介入放射诊疗 □
其他影像设备介入放射诊疗 □
X射线影像诊断 □
X射线CT影像诊断 □
CR、DR影像诊断 □
牙科X射线影像诊断 □
乳腺X射线影像诊断 □
普通X射线机影像诊断 □
其他X射线影像诊断 □</td></tr>
<tr><td>提交资料</td><td colspan="6">《医疗机构执业许可证》或《设置医疗机构批准书》 □
放射诊疗专业技术人员一览表及其任职资格证书 □
放射诊疗设备、放射防护与质量控制设备清单 □
放射诊疗建设项目竣工验收合格证明文件 □</td></tr>
<tr><td rowspan="5">射线装置</td><td>装置名称</td><td>型号</td><td>生产厂家</td><td>设备编号</td><td>主要参数</td><td>所在场所</td></tr>
<tr><td></td><td></td><td></td><td></td><td></td><td></td></tr>
<tr><td></td><td></td><td></td><td></td><td></td><td></td></tr>
<tr><td></td><td></td><td></td><td></td><td></td><td></td></tr>
<tr><td></td><td></td><td></td><td></td><td></td><td></td></tr>
<tr><td rowspan="5">非密封型放射性同位素</td><td>核素名称</td><td>用途</td><td>物理状态</td><td>最大年操作量(Bq)</td><td>最大日操作量(Bq)</td><td>操作场所</td></tr>
<tr><td></td><td></td><td></td><td></td><td></td><td></td></tr>
<tr><td></td><td></td><td></td><td></td><td></td><td></td></tr>
<tr><td></td><td></td><td></td><td></td><td></td><td></td></tr>
<tr><td>工作场所级别(个数)</td><td colspan="2">甲级
□(　)</td><td colspan="2">乙级
□(　)</td><td>丙级
□(　)</td></tr>
</table>

续表

<table>
<tr><td rowspan="6">密封型放射性
同位素</td><td colspan="2">核素名称</td><td colspan="2">活度(Bq)</td><td>活度测量日期</td><td colspan="2">生产厂家</td><td>所在场所</td></tr>
<tr><td colspan="2"></td><td colspan="2"></td><td></td><td colspan="2"></td><td></td></tr>
<tr><td colspan="2"></td><td colspan="2"></td><td></td><td colspan="2"></td><td></td></tr>
<tr><td colspan="2"></td><td colspan="2"></td><td></td><td colspan="2"></td><td></td></tr>
<tr><td colspan="2"></td><td colspan="2"></td><td></td><td colspan="2"></td><td></td></tr>
<tr><td colspan="2"></td><td colspan="2"></td><td></td><td colspan="2"></td><td></td></tr>
<tr><td rowspan="5">含密封源装置</td><td rowspan="2">编号</td><td rowspan="2">装置名称</td><td rowspan="2">型号</td><td rowspan="2">生产厂家</td><td colspan="3">放射源</td><td rowspan="2">所在场所
日期</td></tr>
<tr><td>核素名称</td><td>活度(Bq)</td><td>活度测量</td></tr>
<tr><td></td><td></td><td></td><td></td><td></td><td></td><td></td><td></td></tr>
<tr><td></td><td></td><td></td><td></td><td></td><td></td><td></td><td></td></tr>
<tr><td></td><td></td><td></td><td></td><td></td><td></td><td></td><td></td></tr>
<tr><td>审核机关意见</td><td colspan="8">经办人(签章)
审核机关(盖章)
年　月　日</td></tr>
<tr><td>卫生行政部门
审查意见</td><td colspan="8">经办人(签章)
卫生行政部门(盖章)
年　月　日</td></tr>
<tr><td>发放许可证
日期及编号</td><td colspan="8">日期：　　年　月　日
编号：　　证字(　)第　　号</td></tr>
</table>

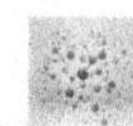

(二) 放射诊疗许可证及副本

1. 放射诊疗许可证

放射诊疗许可证

(地区简称)卫放证字(　)第　　号

医疗机构名称：
负　责　人：
地　　　址：
许 可 项 目：
校 验 记 录：

发证机关(盖章)
年　月　日

(许可范围见副本)

中华人民共和国卫生和计划生育委员会制

2. 放射诊疗许可证副本

放射诊疗许可范围

诊疗项目	项目明细	有或无	校验日期			
			第一次	第二次	第三次	第四次
放射治疗	立体定向(γ刀、X刀)治疗					
	医用加速器治疗					
	质子等重粒子治疗					
	钴-60机治疗					
	后装治疗					
	深部X射线机治疗					
	敷贴治疗					
	其他放射治疗项目					
核医学	PET影像诊断					
	SPECT影像诊断					
	γ相机影像诊断					
	骨密度测量					
	籽粒插植治疗					
	放射性药物治疗					
	其他核医学诊疗项目					
介入放射学	DSA介入放射诊疗					
	其他影像设备介入放射诊疗					
X射线影像诊断	X射线CT影像诊断					
	CR、DR影像诊断					
	牙科X射线影像诊断					
	乳腺X射线影像诊断					
	普通X射线机影像诊断					
	其他X射线影像诊断					

医用射线装置、放射性同位素概况

<table>
<tr><td rowspan="4" colspan="2">射线装置</td><td colspan="2">类别</td><td>总台数</td></tr>
<tr><td colspan="2"></td><td></td></tr>
<tr><td colspan="2"></td><td></td></tr>
<tr><td colspan="2"></td><td></td></tr>
<tr><td rowspan="2" colspan="2">非密封型放射性同位素</td><td colspan="3">最大等效日操作量 Bq
最大等效日操作量 Bq</td></tr>
<tr><td colspan="3">工作场所个数 甲级________乙级________丙级________</td></tr>
<tr><td rowspan="8">密封型放射性同位素</td><td rowspan="4">密封源</td><td>核素</td><td>总数(个)</td><td>总活度(Bq)</td></tr>
<tr><td></td><td></td><td></td></tr>
<tr><td></td><td></td><td></td></tr>
<tr><td></td><td></td><td></td></tr>
<tr><td rowspan="4">含密封源装置</td><td>装置名称</td><td>台数</td><td>总活度(Bq)</td></tr>
<tr><td></td><td></td><td></td></tr>
<tr><td></td><td></td><td></td></tr>
<tr><td></td><td></td><td></td></tr>
</table>

射线装置明细

序号	装置名称	型号	生产厂家	设备编号	主要参数	所在场所	经办人及日期	变更情况	
								变更事项	经办人及日期

非密封型放射性同位素明细

核素	用途	物理状态	最大等效日操作量(Bq)	最大等效年操作量(Bq)	操作场所	经办人及日期	变更情况	
							变更事项	经办人及日期

密封型放射性同位素明细

核素	活度(Bq)	活度测量日期	生产厂家	所在场所	经办人及日期	变更情况	
						变更事项	经办人及日期

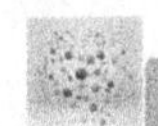

含密封源装置明细

编号	装置名称	型号	生产厂家	放射源			所在场地	经办人及日期	变更情况	
				核素	活度(Bq)	活度测量日期			变更事项	经办人及日期

(三) 医疗机构执业许可

根据中华人民共和国卫生部令第46号《放射诊疗管理规定》第十六条规定,医疗机构取得《放射诊疗许可证》后,到核发《医疗机构执业许可证》的卫生行政执业登记部门办理相应诊疗科目登记手续。

七、肿瘤放疗科室筹建路径图

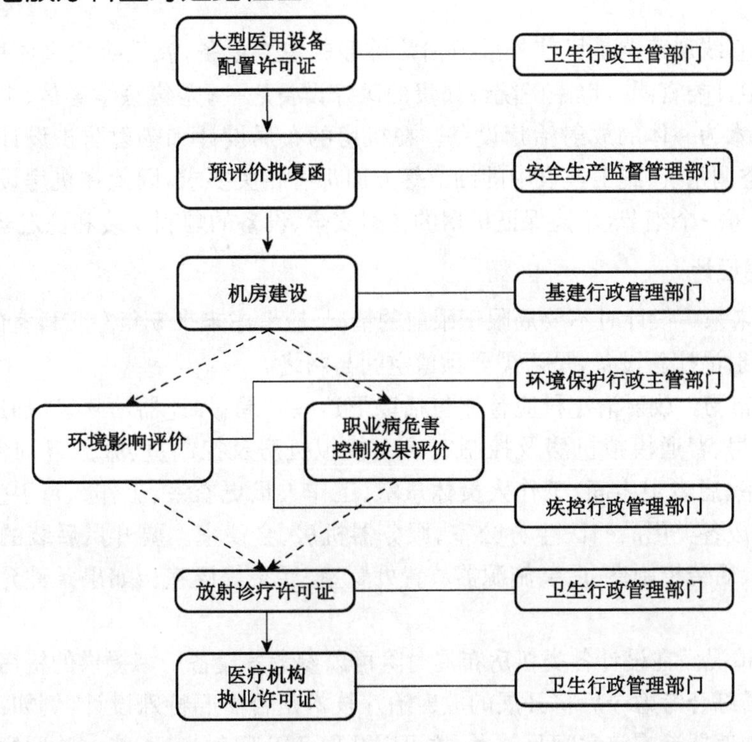

第三节　加速器机房建设基本要求

一、选址

根据《电子加速器放射治疗放射防护要求》(GBZ 126—2011)第 6.1.1.1 条治疗室选址、场所布局和防护设计应符合《电离辐射防护与辐射源安全基本标准》(GB 18871—2002)

的要求，保障职业场所和周围环境的安全。《放射工作卫生防护管理办法》卫生部令第17号第六条新建、改建、扩建放射工作场所（以下简称建设项目）的放射防护设施必须与主体工程同时设计审批，同时施工，同时验收投产。这就要求在放射治疗科进行主体工程设计的时候必须将放射防护设施同时进行设计、审批、施工。

在符合要求的前提下，需注意以下两个方面：

(1) 如果条件允许的话，建议将放疗科安排在同一栋楼，可以将机房、物理室、门诊、病房等统筹规划，减少患者每天进行放射治疗的往返奔波，且整个放射治疗网络会更方便布局。

(2) 国内大部分的单位放射治疗科都做不到安排在同一栋楼，且考虑放射防护及防护施工的问题，很多单位的放射治疗科治疗室都位于负一层或者负二层，需强调的是，选址尽量不处于低洼地带，避免遇到暴雨天、城市内涝的情况治疗室容易进水、潮湿。

二、加速器机房设计

医用电子直线加速器是目前外放射治疗肿瘤的主要设备，属乙类大型医用设备（个别属甲类，详见卫计委官网），也是医院最昂贵的医疗设备之一，是集医学影像、电子、计算机、微波等先进技术为一体的放射治疗设备。在机房的布局设计和辐射防护设计、系统电源、排水、通风及空调系统、施工建设中的细节等方面都有相关要求，因此在机房设计建设的过程中要考虑到每一个细节，才能保证机房的辐射安全、设备的顺利安装和稳定运行。

(一) 布局设计

(1) 着眼未来。设计时不要局限于眼前的情况，应考虑未来5年左右科室的发展空间，是否会购置放射治疗新设备，是否需要预留空间与网络。

(2) 整体布局。放射治疗科应整体包括以下这些布局：加速器治疗室、加速器控制室、加速器水冷机房、普通模拟机房及控制室、CT模拟机房及控制室、服务咨询台、患者候诊区、患者更衣室、患者卫生间、工作人员休息室、工作人员更衣室、工作人员卫生间、铅块制作室、库房（存放各类用品）、医生办公室、服务器机房、会议室。要开展后装的单位还应包括后装治疗室、后装控制室、后装施源器放置处置室、后装等候室。如果条件允许可以设立患者活动室。

(3) 特殊情况。在设计各类机房布局时除可以参考各设备厂家提供的机房空间的布局及大小外，还需综合考虑今后将开展的放射治疗技术是否需要特殊设计（例如：开展全身照射时，就需要加速器治疗室空间足够大，才可以开展TBI照射）。不能一味照搬厂家给的机房参考面积或其他单位的机房设计。

(4) 医疗通道。做无障碍通道并足够宽敞，方便治疗床、轮椅等通行。放射治疗科有不少骨转移、脑转移等行动不变的患者需要轮椅或护理床辅助移动，无障碍通道可以更好的方便患者。在不影响消防通道的前提下，各个治疗室间通道尽可能的便利，便于治疗室间的转运。

(5) 设备吊装口的位置选择。除了考虑整个建筑整体设计外，还需要考虑设备吊装口位于整个院区交通便利、宽敞的地方，便于设备的吊装。吊装口的大小应满足所有放疗设

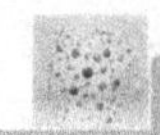

备的进出。

(6) 厂家沟通。在各个机房的具体装修设计过程要多与厂家安装工程师沟通，根据厂家设备要求进行设计，并同时兼顾监控设备、对讲设备、固定式报警仪、音控设备、防护门、各类连锁等线路及布局设计，在满足设备及放射防护要求的前提下再考虑美观、舒适度的设计。监控设备需高清可存储，机房内可变焦、无死角等。机房内及迷路内都要设计应急照明灯的位置，停电时由应急照明灯提供光源。

(7) 感控。控制室内需设计有感应水阀洗手池，预防交叉感染，做好洗手工作。

(二) 辐射防护设计

1. 极端化原则

在不清楚会购置何种加速器的情况，建议设计时以较高档能量防护要求进行放射防护设计。若以低档能量设计并施工后，将限制今后加速器的购买选择并增加今后放射防护改建的成本与时间。

2. 屏蔽设计的基本原则、目标

实践的正当性、使辐射剂量降低到可以合理达到的尽可能低的水平(ALARA 原则)、保证所有受到照射的各类人员(包括放射工作人员和附近的工作人员和公众)每年所接受的剂量当量不超过相应的剂量当量限值是辐射防护的 3 项基本原则。依照国际和国家放射防护的规定，放射工作人员的年平均有效剂量不超过 20 mSv/a，公众成员年有效剂量不超过 1 mSv/a。为达到上述防护标准，首要的就是要使加速器机房的防护墙达到安全的厚度。另外，加速器机房设计除考虑防护墙厚度外，还要考虑机房面积、迷路走向、通风以及高能射线的中子防护等。

3. 机房屏蔽墙厚度计算方法

加速器机房屏蔽墙设计主要是考虑原射线、散射线和漏射线 3 种射线的防护，原射线用主屏蔽墙防护，散射线和漏射线用次屏蔽墙防护。其屏蔽墙的厚度 Δ 用下面公式计算获得：

$$\Delta\text{主屏蔽墙} = TVL \cdot \lg[Eu \cdot t \cdot n \cdot U \cdot T/(P \cdot d_2)] \quad (1\text{-}1)$$

$$\Delta\text{次屏蔽墙} = TVL \cdot \lg[(EL + ES) \cdot t \cdot n \cdot U \cdot T/(P \cdot d_2)] \quad (1\text{-}2)$$

上面两式中：TVL 为建筑材料的 1/10 值层厚度；Eu 为距靶 100 cm 处，标准射野面积(10×10) cm^2 的输出剂量率；EL 为机头漏射线强度；ES 为散射线强度；t 为出束时间；n 为安全系数；U 为使用因子；T 为居留因子；P 为受照人员的剂量限值；d 为放射源到防护计算点的距离。

假定有如下条件：工作人员每周工作 5 天，出束时间 t 为 4 h，加速器等中心点处输出剂量率为 300 cGy/min，加速器最大能量为 8 MV，密度为 2.35 g/cm^3 的混凝土对应的 TVL 值为 0.378 m，安全系数 n 取值 2，P 值以公众每周剂量限值计算，取值 0.01 cSv/W，使用因子 U 主屏蔽墙取值 1/4，次屏蔽墙取值 1，居留因子 T 主屏蔽墙取值 1，次屏蔽墙取值 1/4，因漏射线的穿射能力强于散射线，次屏蔽墙的设计往往根据漏射线的来设定(漏射线在距源 100 cm 处不能超过有用线束剂量率的 0.1%)，主屏蔽墙参考点距等中心以 7 m 计算，次屏蔽墙参考点距等中心以 5 m 计算。

将上述数据代入公式(1-1)和公式(1-2)计算，得到主屏蔽墙约为 2.22 m，次屏蔽墙的厚度约为 1.19 m。可以看出，主屏蔽墙的厚度近似等于 2 倍次屏蔽墙的厚度。

4. 单个机房设计方法

单个机房因治疗室、迷路和控制室布局不同有不同的设计方式，以机器水平照射时不朝向迷路的设计思路，有两种基本设计方案(图 1-1、1-2)。

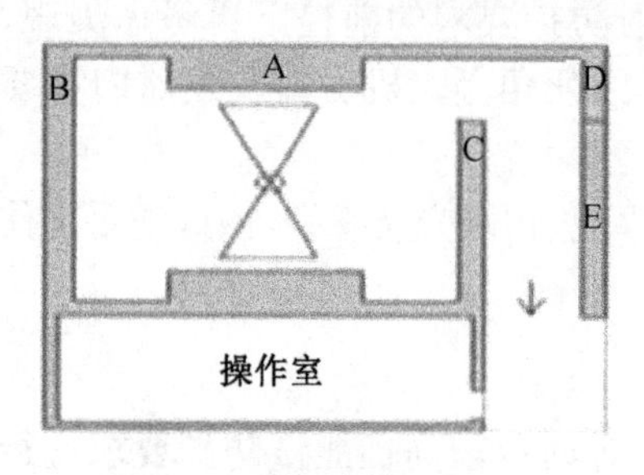

图 1-1 单机房基本设计 1

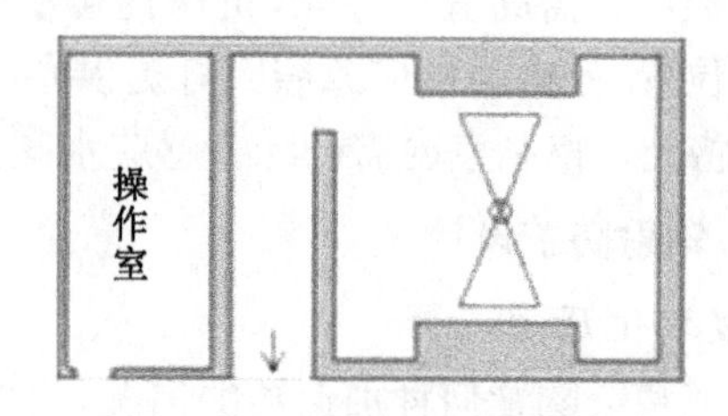

图 1-2 单机房基本设计 2

单机房基本设计 1 和单机房基本设计 2，主屏蔽墙和次屏蔽墙的面数都一样，建筑成本上是一样的。但是单机房基本设计 2 的布局，操作室不在机器水平照射方向上，并且有次屏蔽墙和迷路墙两层防护墙防护漏射线，同样的屏蔽墙厚度，同样的建筑成本，单机房基本设计 2 的放射防护效果，特别是工作人员的防护效果，较单机房基本设计 1 的机房布局有优势。

5. 多机房设计方法

(1) 治疗机房出入口相对的设计(图 1-3、1-4)。其机房入口处辐射防护受对侧机房影响大，工作人员和患者出入一侧机房时，经常会有对侧治疗机房在出束治疗，这对工作人员和患者都不安全。如果加速器能量≥10 MV，工作人员和患者还有受到对侧机房散射中子辐射的可能。此类布局设计最好不予考虑。

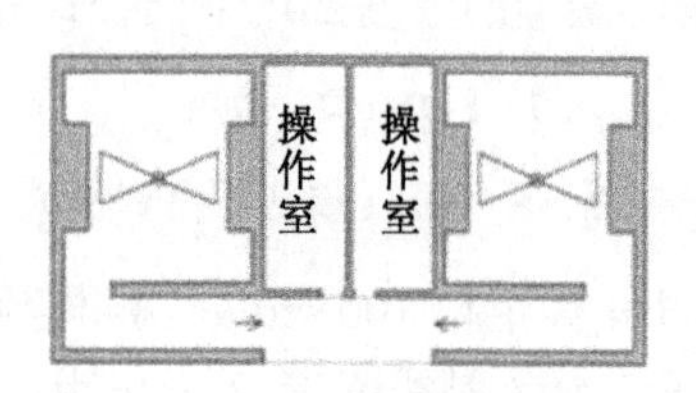

图 1-3 出入口相对设计 1

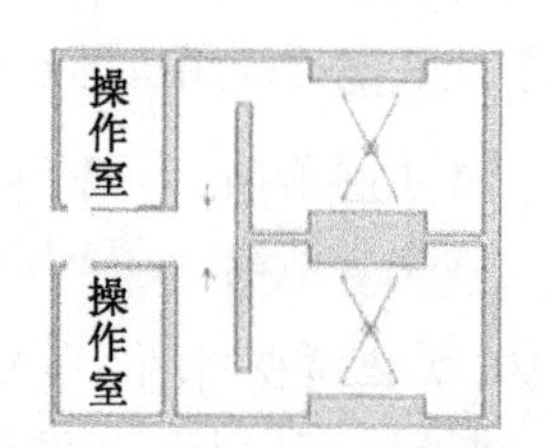

图 1-4 出入口相对设计 2

(2) 多机房的布局方式主要以“一”字形和“田”字形布局为主(以 4 个机房为研究对象)。以“一”字形排列，主要布局方式如图 1-5、1-6(箭头所示为机房出口，布局 1 基于“单机房基本设计 1”，布局 2 基于“单机房基本设计 2”)。

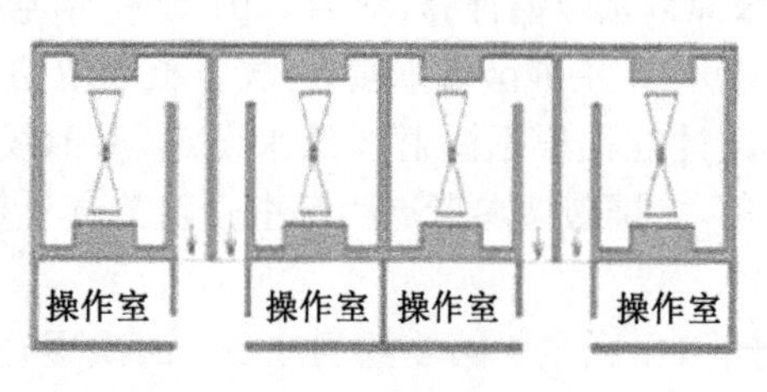

图 1-5 布局 1

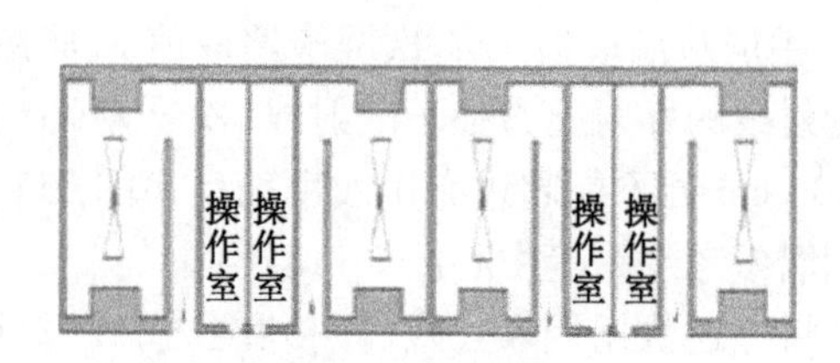

图 1-6 布局 2

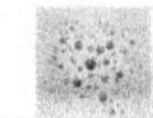

以“田”字形排列，主要布局方式图 1-7～1-10(布局 3 和布局 4 基于“单机房基本设计 1”；布局 5 和布局 6 基于“单机房基本设计 2”)。

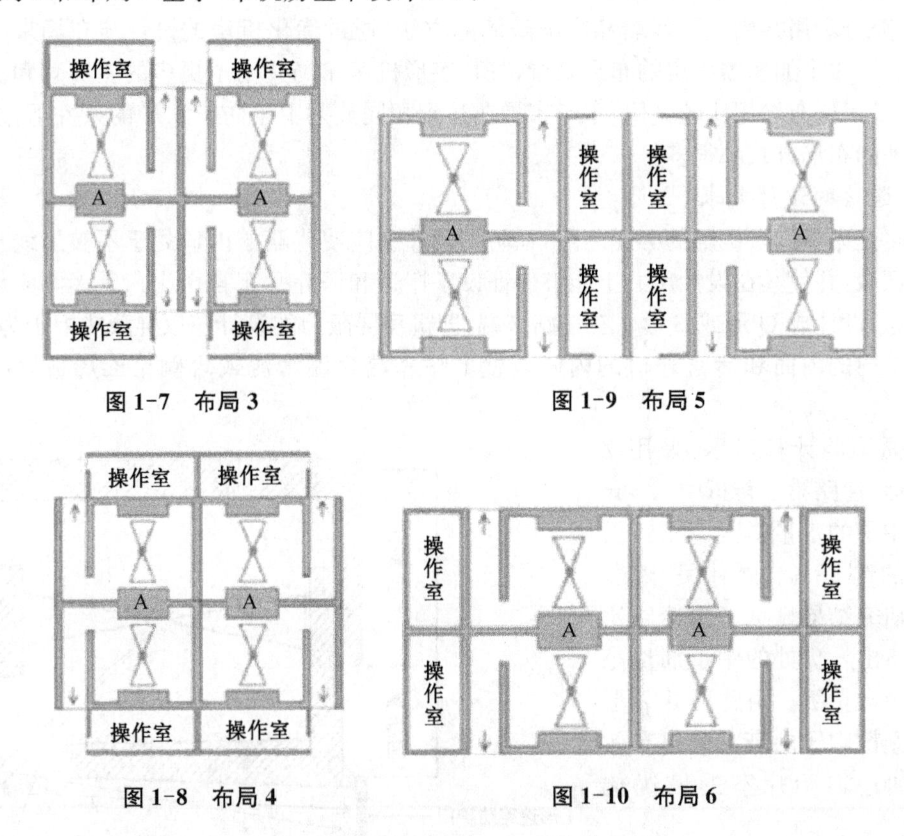

图 1-7 布局 3

图 1-9 布局 5

图 1-8 布局 4

图 1-10 布局 6

在“一”字形和“田”字形的机房布局排列中，还有其他很多布局方式，不再一一叙述。

多机房的布局是在单个机房的基础上组合起来的。以“单个机房设计 1”为例，A 为主屏蔽墙，B、C 为次屏蔽墙。D 处屏蔽墙为达到防护要求，它的厚度应该与 B、C 一致，因此，C 加上 D 段的长度与对侧的次屏蔽墙 B 长度是一致的，建筑成本 C+D=B。迷路墙 E 起到防护迷道内的次级散射线(机房内漏射线和散射线等经机房四周墙壁折射进入迷路的射线)和感生放射线作用，厚度要比次屏蔽墙厚度低很多，相应的它的建筑成本也要比次屏蔽墙低。

“一”字形布局中的布局 1 和布局 2 共用了一面次屏蔽墙，没有共用主屏蔽墙。所有的“田”字布局都共用了两面主屏蔽墙，其中布局 4 和布局 6 还共用了两面次屏蔽墙。“田”字形布局中的布局 4 和布局 6，它们的迷路墙数量不占优势，但是，它们比“一”字形布局少用了两面主屏蔽墙和两面次屏蔽墙，在达到同等放射卫生防护水平的条件下，建筑成本明显要比两种“一”字形的布局小得多。

根据本节前面的计算结果显示，主屏蔽墙的厚度近似等于 2 倍次屏蔽墙的厚度，虽然“田”字形布局中的布局 3 和布局 5 比“一”字形布局多了一面次屏蔽墙，但是这两种布局的主屏蔽墙比“一”字形布局少了两面，综合起来考虑，在达到同等放射卫生防护水平的条件下，建筑成本也要比两种“一”字形的布局小。

综上所述，拥有多台加速器的放射治疗中心，多个加速器机房的布局方式有很多，根据

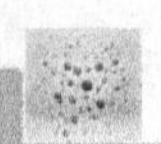

ALARA原则的要求,其机房的设计既要满足辐射防护的国家标准,还得考虑建筑成本和各台放疗机器的相互影响的。建造多个加速器机房时,在不降低辐射防护水平的前提条件下,可以充分利用共用主屏蔽墙和次屏蔽墙的方法,通过优化机房的设计与布局来降低建设成本。以4个加速器机房的布局来看,"田"字形机房布局共用了更多的主屏蔽和次屏蔽墙,与"一"字形布局相比较,"田"字形布局在达到相同放射卫生防护水平的条件下,建筑成本比其他的布局方式小很多。

6. 迷路的设计要求

迷路是人员进入机房的必经之路,在防护设计上应使迷路的内口处于不被射线直接照射到的区域,并使其在设计尺寸上能够保证设备搬运和医疗平车自由出入。迷路应设计成几个拐弯,设计成U形或S形。在迷路末端,即机房屏蔽门的设计应以屏蔽热中子为主,可以在防护门的内面和迷宫外口的内侧墙壁上贴一层含硼水泥或含硼聚乙烯板以吸收热中子。

曹磊等经计算显示,采用Z形迷路后,迷路第三转折中1.5 m处散射中子的剂量降至第二转折处剂量的约18%。顾伟民、陈敬忠等的研究结果显示Z形迷路比L形迷路出入口处的中子剂量小了约一个数量级。由此可见Z形迷路对杂散中子的衰减是很有效的,是加速器治疗室的最优化设计。

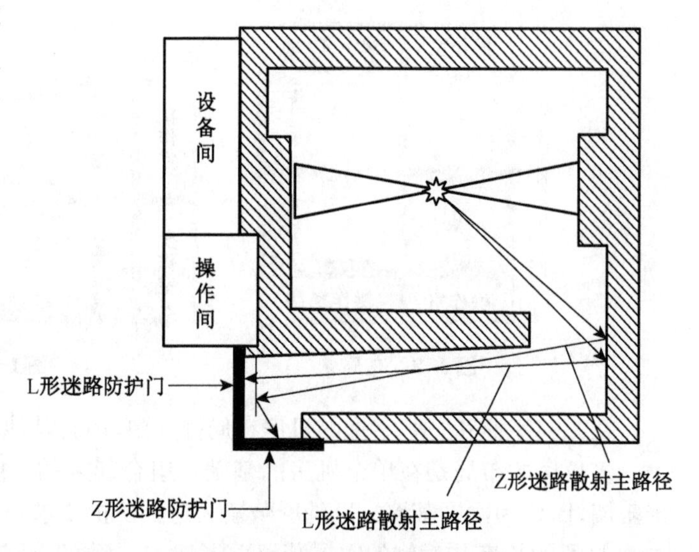

图1-11 医院加速器机房的迷路

7. 机房防护门屏蔽设计

机房防护门的设计要求主要是解决热中子和散射线的屏蔽,其中中子防护主要针对10 MV以上设备。在防护门的设计、制作过程中,应在考虑防护有效性的同时注意保证防护门的机械强度,通常可采用石蜡、聚乙烯加5%~10%硼砂制作成12 cm的防护门内层,如果所制作防护门面积较大,处于对防护门抗震动机械强度考虑,也可选用环氧树脂与10%~15%硼砂搅拌制作成10 cm的中子内防护层。选用累计厚度10 mm的铅(铅皮之间也可用环氧树脂做固定黏合剂)作为防护门外层屏蔽体。防护门结构材料可选择钢材及不锈钢板,屏蔽门的厚度应当与临近屏蔽墙有同等的屏蔽效果,门和墙之间的搭接尺寸至少是缝隙的10倍。

加速器防护门除了需要符合辐射防护要求之外,在临床使用中,防护门还必须具有防误入、防挤压功能。江苏省某三级医院的做法是:采用加速器平开型防护门,根据室内外风压差,防护门可以调整到理想的运行速度,具备碰撞停止功能。但由于平开门不能在迷路门口安装激光探测设备,所以在防护门关闭过程中,依然存在非工作人员误入危险。为此,结合摄像存储器中的运动检测功能,通过把防护门行程开关相、存储器运动探测信号、外接蜂鸣报警器串联的方法,实现了迷路及治疗区内运动报警。当防护门关闭时,如果检测区

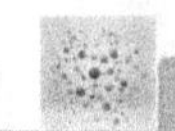

域有运动物体出现，监控录像会探测到运动并发出蜂鸣报警，提示机房内有异常运动。

三、供电系统

JGJ 16—2008《民用建筑电气设计规范》中明确：二级以上医院的核磁共振、介入治疗用CT和X光机扫描室以及加速器机房用电负荷为一级负荷；一般诊断用CT及X光机用电负荷为二级负荷。同时还明确规定：

(1) X射线管的管电流大于或等于400 mA的射线机，应采用专用回路供电；

(2) CT机和电子加速器应不少于两个回路供电，其中主机部分应采用专用回路供电；

(3) X射线机不应与其他电力负荷共用同一回路供电；

(4) 多台单相、两相医用射线机，应接于不同的相导体上，并宜三相负荷平衡；

(5) 放射线设备的供电回路应采用铜芯绝缘电线或电缆；

(6) 当为X射线机设备设置配套的电源开关箱时，电源开关箱应设在便于操作处，并不得设置在射线防护墙上。

一般大型医疗设备瞬时冲击电流大，产生的瞬时压降大，给这些设备供电时，应从变电所引出单独回路供电，这主要是一方面保证线路的压降控制在一定范围，另一方面减少对其他设备的影响。同时从安全角度考虑，大型医疗设备停止使用时，宜切断电源，这就应在电源回路上设置切断电源的总开关。

直线加速器作为一类负荷，需要双电源对主机部分供电，具体设计注意事项强调如下。

(1) 实际工程中需配置一套100 kV·A的稳压电源和一个失电压释放器(UVR)。失电压释放器就是在紧急开关动作后，能使除控制变压器电路以外的全部电源都断开。

(2) 电源电压380 V，频率(50±1) Hz，每日最大电压波动范围为360～440 V，三相电压间每相的最大波动不得超过额定值的3%。

(3) 设备应设专线供电。进线电缆必须采用多股铜芯线，接入柜内断路器。配电柜必须具备防开盖锁定功能，以确保电气安全作业之需。

(4) 某设备功率为60 kW，主断路器额定电流不小于150 A，交流400 V时设备故障电流520 A、持续0.1 s。并为辅助设备提供专用单相10 A断路器。控制室电源与加速器主机电源必须共电源。在控制区域提供一个主开关，控制位于治疗室内的室内监视器以及位于控制室内所有的显示器和打印机，所有的计算机必须有永久电源供电。各室内均要有带地线的220 V电源插座，以便供设备调试和维修时使用。

(5) 在加速器立柱、治疗床上及加速器调制柜上都应有紧急开关(常闭式，手动复位型)。在治疗室内应有足够多的开关，使人在治疗室内，不需穿过主射线束就能令加速器停机。一定不能将紧急开关安装在主射线束内。

(6) 系统设备要求绝缘良好的专用接地线，采用线径不小于50 mm^2的多股铜芯线，并将接地线引至调制柜底下，接地电阻小于1 Ω，理想值小于0.5 Ω。

(7) 防护墙上不允许有穿墙直通的管路，是为了防止辐射源从直通的管路泄漏出去，因此在控制室和辅助设备间引至治疗室的线路要先由室内地下电缆沟引入。电缆沟尺寸通常为0.3 m× 0.25 m(宽×深)。辅助设备间的电缆沟要做到位，电缆沟应一直通到温控机组和调制器的底座下。所有穿墙电缆沟必须垂直射线方向。电缆沟设计也需要做好防水工作，预留设备测量验证用的穿线孔（斜角度）。

（8）室内照明灯、调光灯、激光定位灯、闭路电视系统及室内监视器都能用一个单独的室内主开关控制。此开关通常位于室外，并装有一个指示灯。室内照明灯可以单独一个回路。激光定位灯的控制自动附属于室内照明灯的控制，在主照明断开时激光定位灯应能接通，主照明灯接通时激光灯必须断开。调光灯需备有调光开关，调整的照度水平为调低时能清楚地看见激光，调高时能使人员在室内安全移动。

（9）治疗室入口处，应设置出束警示灯，其开闭应受设备的操作台控制。治疗室还应设置门、机连锁控制装置。

（10）控制室与治疗室装设一套双向对讲电话系统，其系统应是声控式或连续接通型的，控制室的对讲机应采用按钮式通话。治疗室内应安装两个以上的摄像机探头，可固定安装，也可移动安装，但均不能安装在主射线束内，监视器安装在控制室内。应为远距离机器诊断用的调制解调器准备一条外线电话，同时在控制室预留尽量多的网络信号插座，一般大于6个。

（11）由于防护墙很厚，且墙体浇筑后是不允许有任何破坏和改动的，治疗室墙上的设备较多，所以墙内的各类电气管路一定要定位准确、一次敷设到位。

四、排水、通风及空调系统

在机房设计阶段就需要做好机房的排水设计、温控设计，绝大多数放射治疗设备要求温度在22～24℃，相对湿度30%～70%，通风次数为10～12次/h，通风量>85 m³/min。如果空调除湿、制冷设计不足，会影响机房的使用。后期即使要改进，由于机房放射防护的各种原因，改进工作会非常艰难。空调如果不是独立系统，而是共用一栋楼的中央空调的话，需要特别留意进入室内的空调风管出入口的中子辐射屏蔽设计，处理不好，通常会成为设计的疏漏点或辐射屏蔽难以达标的地方。

众所周知空气在强电离辐射的照射下，会产生少量对人体有害的臭氧和氮氧化物，当用>10 MV X线时还会产生微量感生放射性物质。产生的放射性污染主要是X射线，而臭氧和氮氧化物则是非放射性污染的代表，因此放射治疗机房与医院的其他机房存在着明显的功能性不同，它的特殊性就决定了通风系统的特殊性。在同样的条件下，臭氧的辐射产额为氮氧物的3倍，而臭氧的允许浓度比氮氧化物约低17倍，感生放射性物质的寿命很短。正是由臭氧的毒性大，产额高，且能使橡胶等材料加速老化，设计通风系统时只考虑臭氧的影响，即工作场所臭氧的浓度限值为0.3 mg/m³。通风管道和电缆管道应设计成“S”形或“U”形，并避开加速射束的方向和辐射发射率峰值方向。治疗通风换气次数应达到10～12次/h，设计采用VRV变频多机联合空调作为室内的冷热交换源，在通风过程中，采用目前较为先进的全新风系统，保证放射治疗设备产生的放射性污染和非放射性污染能够及时的排出屋子，避免造成二次污染。

在消防方面，由于主屏蔽墙和次屏蔽墙都是十分紧密，不能留有空隙的特殊混凝土结构，机房的通风系统在设计时还应考虑一旦发生火灾，通风系统可以作为将火灾气体排出室外，因此设计了空调与通风系统的合二为一，既能平时作为冷热的来源，又能在火灾的时候进行排气。通风管道在设计的时候，为了最大限度地减少辐射对于管道造成的危害，要将管道尽量选择在辐射区域小的位置，管道埋设的方向应与加速放射治疗器的发射方向垂

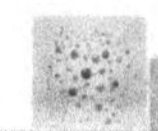

直。采用斜交45°的方式进行预埋管，在工程施工前要通过相关部门的核准和设备厂商的确认才能进行施工。

机房内的排风及新风换气满足相应的放射防护要求。排风口需要位于距离地面1 m左右位置。空调的进风口应设计在机房的前端并与排风口成对角的布局。

五、信息化建设

网络的布局除了考虑整个放射治疗区局域网布局以外，还需考虑与医院HIS系统网络的连接，方便图像融合过程诊断CT、MR、PET/CT图像的传输。此外还需考虑放射治疗的网络是否要延伸到病房、门诊区域，便于医生在病房、门诊也可以访问放射治疗网络；如果需要则需预留光纤。整个网络尽量不使用中转服务器，以免降低访问的效率，须选择质量好、传输速度较快的网络线。网络接口及插座口设计应根据不同房间的不同功能进行预留。除放疗局域网外还需考虑医院内网、排队等候叫号系统、自助预约、自助缴费系统等。在规划设计时可多预留几个插座口，可选择满足国标和美式插头的万用口，这是因为现在的放疗设备大多是进口，很多设备的插头都是美式的圆柱插头。

六、施工建设

以医科达公司AXESSE加速器机房举例，机架及地坑基础区域混凝土厚度应＞250 mm、强度＞30 MN/m^2、密度≥2.35 t/m^3、水泥含量≥274 kg/m^3。因在地下二层，故只能按强度等级为C30的混凝土现场一次性浇筑。浇筑过程中需监督砂石水泥比例，尤其要确保地坑及机架机座区域混凝土强度。浇筑及固化过程中(最少28天)，需保证基础平面对角水平误差＜2 mm，且地坑角钢部分不因固化过程偏移。浇筑后应立即用振动棒排除混凝土中空气，并在固化过程中不断进行物理降温，保证混凝土不因温度变化产生裂缝。若混凝土强度不够或有裂缝，机器安装后会因膨胀螺栓松动导致机器等中心偏移。设备安装前，应在固化后水泥地面上打孔取样，检测混凝土强度，建议取样后填补所留空洞。另外，混凝土地面，尤其是地坑内需上胶(漆)封尘并抹平，在安装床机座时地面不平会导致吸盘水钻无法正常工作。最终地坑深度必须控制在235～237 mm之间。

机架基础地面电缆沟分为100 mm×100 mm、200 mm×200 mm两种，穿墙电缆沟需采用U型设计(开口与墙体成45°)，地沟盖板需超出地沟边缘20 mm。盖板选用6 mm铁板，穿墙口附近铁板加厚。因固定机器的螺栓孔位置固定，为避免孔位落在电缆沟上，地坑及机架基础范围内的电缆沟位置尺寸需严格按照施工图纸施工。所有电缆沟不能采用砖砌电缆沟壁，必须在浇筑混凝土地基前支模预留，保证尺寸误差＜10 mm。为方便日后穿线，在所有地沟拐角处进行圆角打磨处理，刷漆防尘。如机房有漏水隐患，可适当预留排水管道或地漏。

七、激光灯要求

由于工字梁大多在等中心正上方，多数医院不需安装顶部激光灯。绝大多数机房将激光灯安装在等中心相对应的A、B及T方向墙体。考虑到激光灯自带电源长度(≤2 m),电源插座应尽量靠近激光灯。若墙体表面不平,建议将激光灯安装在平整光滑的底座上,以钢板为佳,钢板用钢钉与混凝土墙固定。为避免意外碰撞,可采用在壁龛式安装,壁龛尺寸应适当大于激光灯尺寸,方便以后维修调整。

A、B方向激光灯等中心高度约为1 240 mm,T方向激光灯高度取决于对侧墙体到等中心距离及激光投影角度,一般高度建议在2 400 mm。等中心到对侧墙距离4 800 mm,激光灯高度为2 400 mm,激光灯投影角度为60°,底座俯视最大旋转角度为45°。确保T方向激光灯在床最大高度处,有效投影覆盖常规治疗摆位区域,且激光灯有效范围强度不减弱。为避免患者自身轮廓对等中心激光投影的遮挡,对侧激光灯高度可适当提高,激光灯底座旋转角度可适当调整。

第四节　放疗设备配置

根据国家有关要求,建立放疗科的基本配置应包括加速器、模拟定位系统和治疗计划系统3个主要部分,同时还要采购一些相关配套设备,构成完整的放射治疗科。放射治疗科的设备采购首先需要考虑预计有多少患者、疾病类型、未来想开展的放射治疗技术、放疗机房的条件、开展的技术需要配置什么设备、放射治疗人员的配置与能力等;根据自身的条件选择相应的放射治疗加速器、定位机、质控设备、定位设备等。

国内一些单位设备采购与使用脱节,至使设备购买回来后,发现与实际需要不符,浪费了经济资源。所以建议使用科室在设备立项采购时,按照科室需要及发展前瞻,主动提出合理化建议。

一、直线加速器

加速器担负每天的患者治疗任务,是放射治疗科的核心设备。可根据医院治疗量选配一台或多台加速器。

1. 加速器配件

当代加速器除了主机以外,还可以根据临床需要和资金状况选配以下高级配件:①多叶准直器(MLC);②实时射野影像系统(IGRT);③调强放疗功能(IMRT);④放疗网络系统。

除了基础的能量配置外,还需考虑剂量率、MLC叶片类型(瓦里安加速器还需考虑是否带Large Field功能)、最大射野、IMRT、VMAT、动态楔形板、静态楔形板、EPID、CBCT(医科达可配置四维CBCT)、是否可以呼吸门控治疗、是否配置X刀治疗选配件。不同型号加速器的其他选配件(例如:医科达Versa HD的B超引导放射治疗等及QA用模体)。当您不清楚需要配置什么样的功能时,最好请教其他购买并使用过该厂家加速器的有经验的人员(物理师为佳,这是因为物理师对于放疗设备性能更为了解,而医师及放射治疗师一般对其了解得不够全面),并同时多了解对比其他厂家设备的特点及功能,选择适合的加

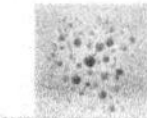

速器。

2. 适配加速器的放疗技术

根据配制不同，加速器目前可以支持的放疗技术有①常规二维放射治疗（2DRT）；②立体定向放射外科及立体定向放射治疗（SRS/SRT）；③三维适行放射治疗（3D-CRT）；④调强放射治疗（IMRT）；⑤影像引导放射治疗（IGRT）。

3. 加速器的选择建议

放射治疗技术发展至今，6 MV X 能量的光子线基本能满足大部分肿瘤的放射治疗需求。高能光子线只在少部分的患者上使用，而电子线的适应证较窄。建议首选单光子带图像引导及容积旋转调强（VMAT）的加速器；其次选含有高能 X 线及多挡电子线带图像引导的能做调强放疗（IMRT），没有容积旋转调强（VMAT）功能的加速器。

若配备两台或以上加速器。只需配一台双光子带电子线机器，其他机器宜配单光子带电子线机器。理由是双光子中的高能光子临床极少使用。所以没必要两台加速器都配双光子，造成重复建设。另外，两台加速器都应配电子线，因为电子线使用较频繁，若一台停机，可将病人移到另一台机器上继续治疗。如果同时购买两台或更多机器的，注意一定要在合同里注明要求所有机器 beam match，也就是所有机器的输出参数相差小于 0.5%，从而可以共用一个 TPS Beam Model，基本不会增加多少成本。实际使用时，如果一台机出故障，可以把病人移到另一台机而无需重新做计划、利用晚上或周末继续治疗病人不需要中断，因为不会有剂量的时间效应，这样可以稳定病人的治愈率。如果已经有一台机，后面再购买一台机，尽量要求厂家做到 Beam Match。

当目前已有的机房只能满足 6 MV 的 X 光子线的防护要求时，选择带高能 X 线加速器更需谨慎。后续加速器机房放射防护改建所需的费用也许足够您购买一台普通的 CT 模拟定位机了。现实中某单位只是机房改建就花了三四百万。

4. 激光灯的选择

激光灯色彩目前有红光、绿光和蓝光，绿光眼睛会更舒服舒适些，线的粗细也更细一些，但是价格也比较昂贵；蓝光最贵但也最好。激光灯的控制最好购买可遥控调节的，手动调节的激光灯需要两个物理师配合，调节较繁琐。

5. 治疗床

治疗床首先最好是碳纤维的，可以降低对射野光子的衰减效应。目前最新的治疗床是六维床，病人摆位会快一些也准确一些，但是价格不菲，不少型号的加速器都可以配置六维床，根据科室需要进行选配。可以安排一台机器配置六维床，做高精度需求的病人如 SBRT\IMRT等，另一台做摆位精度要求不高的病人，可以不配置六维床。

6. 用户培训

除了现场培训，目前瓦里安及医科达都有培训基地集中培训。现场培训主要是实际操作，基础理论的部分在集中培训的时候更多些。每台设备标配的名额一般有 4 个左右，若需要更多培训名额需要招标时注明，并签订合同。

7. 保修期

正常产品的保修期是 1 年。在这一年的保修期里，计划系统、网络系统厂家有新的版本后，升级是否需要付费等，这些是可以合同里约定的。

二、模拟定位系统

模拟定位系统的主要功能为肿瘤和正常组织定位。确定射野参数,勾画体表标记,是保证精确放疗的重要设备。

模拟定位系统可选择常规模拟定位机或CT模拟定位系统,近几年新购系统80%为CT模拟定位系统。它由螺旋CT(可利用医院现有CT)、CT模拟软件及工作站、可移动式激光定位灯、平板床面构成,除CT机之外的部分,售价约10万美元左右。对于常规模拟定位机。目前市场有不同档次的模拟机可供选择,进口的约20～35万美元,国产的约50～80万人民币。

三、治疗计划系统(TPS)

治疗计划系统(TPS)为一台计算机工作站(也可加配多台医生工作站),其主要作用为勾画靶区和危及器官、设计照射野、计算剂量分布、评估计划。

表1-1　进口及国产治疗计划系统

	品牌与型号	参考价位(万元人民币/套)
进口TPS	美国ADAC　Pinnacle	200
	美国CMS　Xio	150
	瑞典Elekta　Monaco	200
	美国Varian　Eclipse	200
	美国RayStation	200
国产TPS	上海拓能	60
	北京大恒	60
	南京东影	60
	沈阳东软	60

1. 计划系统的购买数量

大部分计划系统厂家的标配是"一拖二",即一台物理师工作站配两台医生工作站。计划系统的数量需结合科室工作人员的数量进行综合考虑,不要局限于眼前(如2个物理师配两个医生工作站),可以考虑今后的发展合理配置物理工作站及医生工作站的数量。

2. 计划系统的配置

一般厂家的计划系统有很多的选配功能及License。例如Eclipse基础的图像导入导出、靶区勾画、三维适形、IMRT、PBC算法、AAA算法、CT-MR、CT-CT、CT-PET刚性配准等功能外,还有VMAT、形变配准、自动靶区勾画、Auto Plan、Acuros算法、Portal Dosimetry(EPID剂量验证)、Pinnacle EUD生物优化、Monaco生物优化及蒙卡算法等选配功能及软件授权。在购买设备前,除了向各个厂家了解外,最好向其他的已经购买使用的单位请教,了解各个功能的使用情况及配置需要,根据自身的需求合理配置。功能配置好后还需注意您所要购买的数量及软件授权。

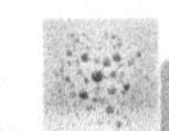

注明需要的处理器、显示器等配置参数，除非是服务器在云端的，工作站的处理器要求可以降低点，为了提高工作效率，工作站最好配双显示器。

3. 计划系统的版本

随着计算机技术及放射治疗技术的发展，各大厂家计划系统处于不断更新的状态，几乎所有厂家的版本更新均需额外付费购买。大部分单位购买计划系统合同仅注明提供最新版本。在此建议：首先了解欲购买的计划系统在国外目前的最新版本是什么，是否和国内的版本一致。由于进口设备取得国内审批许可的原因，国内计划系统的版本经常会比国外晚。厂家按合同提供给您的计划系统为国内最新版，但此时国外最新版本的计划系统正在国内审批中或者还未审批，下次您想更新还需额外付费。可以直接在合同规定提供什么版本的计划系统、网络系统、治疗系统，并注明可先提供前一版本，待审批完成后再进行升级。

4. 临床数据的采集

原则上说临床数据的采集是物理师的工作，但是国内大部分的单位都没有购置三维水箱，目前的现状是数据采集一般由厂家负责，厂家一般是请第三方公司负责采集，物理师需做好监督核查工作。至少要做8～10个典型的临床病例的IMRT计划验证（用自己的TPS计算剂量）、通过率需要至少达到90%，通常可以轻易达到95%或更高。合同里面最好把数据采集工作明确责任方。

四、配套设备

除了加速器、模拟机和治疗系统这些大件之外，一般还需搭配一些配套设备才能形成一个相对完整的放射治疗科。这些配套设备包括：①稳压电源；②水冷却系统包括内循环和外循环装置；③监视与对讲系统；④剂量测量系统剂量仪、电离室及水模；⑤模室设备，如手动或自动热丝切割机、各种体位建立及固定装置等。

1. 开展调强放射治疗所需的验证设备

最基本的配置需要有：电离室、剂量仪、二维小水箱（部分单位仅购买固体水）、二维矩阵、水平仪。

其他可购买的验证设备：晨检仪、影像验证模体（MV与KV模体不同）、CT密度扫描模体、三维验证设备（开展VMAT需要）、三维水箱（视科室能力配置，可以考虑借用其他单位或者请上一级单位协助测量）、二维矩阵专用模体、胶片、“井”形电离室（后装治疗机用）、平板电离室（电子线用）。

在购买其他第三方验证设备时，同样需要遵循与其他已购买使用过该设备的人员多咨询了解，了解设备的标准配置及可选配件及功能，购买适合本单位的配置。

2. 服务器数据库

这是单位购买过程中容易忽视的地方，服务器数据库是有容量大小的，也是有不同服务器类型的。需要根据科室的病人量配置合适类型的服务器数据库，并注意数据库的容量大小（一般的标配容量并不大）以及是否可以不断升级扩容更新。

数据备份：很多厂家设备都有自动备份功能，需要注意是否购买了此功能，并注意备份功能的存储空间大小。未来的趋势是服务器放在云端，这样就不需要科室自己备份，也不需要管理服务器，而且服务器在云端原则上来说成本更低、更高效、系统更稳定。

不间断电源：一般服务器需安装不间断电源，以防紧急停电时能够及时保存现有的数据。防止数据丢失。

3. 放射治疗网络系统

根据加速器及计划系统的类型购买合适的放疗网络系统，或者自行研发。瓦里安设备由于兼容性较差，用其 ARIA 系统可以更顺畅及有效的工作。网络系统同样涉及版本及数量、功能的问题，其购买及选择遵循和计划系统一样原则，根据自身情况及机房、病房数量购买。

4. 打印机

也许打印机在整个系统中是很小的配置，但是国内代理商提供的利盟 LexMark 950 型号打印机都不带 A2 进纸匣的底座，每次需要打印 A3 大小的图都得换纸，使用起来不方便。可在合同里指定打印机型号及附带的 A2 进纸匣。此外，如果整个医院的打印、复印、扫描都由医院统一管理（供应厂家、维修维护、耗材供应等）那就更好，免得各个部门各自管理造成管理成本上涨。

5. 放射治疗记录和验证（R & V）系统

根据加速器及计划系统的类型购买合适的放疗记录和验证（R & V）系统或者自行研发也可。瓦里安设备由于对 Mosaiq 等系统兼容性较差，用其自家的 ARIA 系统可以更顺畅及有效的工作。记录和验证（R & V）系统同样涉及版本及数量、功能的问题，其购买及选择遵循与计划系统一样原则，根据自身情况及机房、病房数量购买。

6. 体位固定装置

体位固定装置的产品及型号很多，根据自身需要，多咨询、多了解、多比较、后购买。

总的来说，肿瘤放射治疗科的设备采购是个大事件，很多单位一次采购完后，再要增加就比较困难了，尤其一般单位对于 QA 设备投入的不积极，建议 QA 设备一定要在采购加速器时一起购买。最大的原则是：根据自身需求采购，多咨询、多请教、多问、多了解，合同里能够明确细化的尽可能细化。

由于国内购买放疗设备很多是通过代理商，代理商销售对于自己代理的产品性能、特点、物理学原理、功能等很多并不了解或不熟悉，这时候向同行多了解、多请教、多对比就尤其重要。

因单位采购大型设备均需要通过提前一年提交预算→预算审批→预算审批完成上报招标参数→编制招标文件→公开招标→招标完成→提供设备等诸多环节，繁琐费时，建议在采购大型设备（例如加速器、定位机、后装治疗机等）可将需要购买的体位固定装置、QA 设备等打包购买，一同招标，省去小设备采购的诸多审批环节，提高效率。厂家通常也愿意对打包购买的配置提供更多的折扣。

五、建科思路及具体配置

1. 建科思路

放疗科发展的总体思路：打好基础，稳步提高；高效实用，逐步完善。

第一阶段：先以常规放疗为主，逐步过渡到适形放疗为主，达到区域先进水平。常规放疗是放射治疗的基础，对设备条件要求不高，操作相对简单，收费低廉。但由于定位设计精

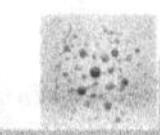

度差，疗效有限，并发症相对较多。适形放疗的定位设计精度有所提高，要求三维照射形状与肿瘤靶区形状一致，同时注意保护正常组织，放疗效提高而并发症减少。是目前放疗的主要手段之一。但需要配备专门的三维放射治疗计划系统(TPS)。在适形放疗时，电动多叶光栅(MLC)可暂时用手工制作的铅模代替。

第二阶段：开展调强放疗，即在适形放疗基础上再加上剂量适形，对设备要求更高。除加速器性能好以外，必备设备有：电动多叶光栅(MLC)、三维放射治疗计划系统(TPS)和剂量验证系统。如原先加速器和三维放射治疗计划系统性能好，可不用更换，直接升级，节省资金。根据需求逐步完善其他配套放疗方式，如后装、组织间插植等，能满足所有放疗病人的需要。达到国内先进水平。

第三阶段：开展图像引导适形调强放疗，在形状、剂量、时间上符合靶区要求。达到国际先进水平。需要充裕的资金和良好的市场做后盾。

2. 具体配置

(1) 拟建小型科室

小型放疗科以普放为主要治疗手段，加以少量的适型放疗，设备以国产的为主。对病人的治疗手段简单，对放疗科人员的要求较低，较适合地区小型医院放疗科的情况(配置详见表 1-2)。

表 1-2 小型放疗科主要设备配置

设备名称	设备型号	参考价格(万人民币)
加速器	国产(山东新华) 价格便宜，操作简单，售后服务有保障；缺点：功能相对简单	200
模拟定位机	国产(山东新华) 价格便宜，定位快捷；缺点是无三维定位	80
CT 模拟机	无或使用医院放射科设备 定位准确，支持三维重建；缺点：价格昂贵	无
治疗计划系统	国产 价格便宜，中文界面；缺点：剂量计算不精确	25
切割机	国产二维手动 价格便宜，维护方便	5
铅块	国产 可重复使用	1
多叶准直器	国产自动 价格便宜	10
网络管理系统	无 用纸质文件记录数据，用光盘传输方案	无

(2) 拟建中型科室

中型科室以适型放疗为主，加以少量调强放疗，设备以国际品牌为主。加速器应有 1 台高能和 1 台低能配合使用，可以涵盖较大的能量范围。瓦里安和医科达加速器的综合性能比较好，在用户中有较好的口碑。随着医院网络化和数字化建设，放疗科网络系统的构建已成为肿瘤综合治疗管理现代化和科学化的必要条件。网络的功能也日益强大，包括科室的收费管理、人员安排、设备使用、诊疗病人的规范化管理，支持应用先进的肿瘤治疗技术。网络系统就像人体的神经系统，控制着整个科室的运作和协调。

中型科室方案较适合中大型综合性医院. 有一定经济实力和技术力量。医院还可以根据自己的技术特点，开展 X 刀、γ 刀等特色项目(配置详见表 1-3)。

表 1-3　中型放疗科主要设备配置

设备名称	设备型号	参考价格（万人民币）
加速器	瓦里安，医科达 优点：设备先进，性能稳定，售后服务好；缺点：价格较高，对科室人员要求较高	1 500
模拟定位机	瓦里安，医科达（核通） 价格便宜，定位快捷；缺点是无三维定位	150
CT 模拟机	飞利浦、GE、西门子 定位准确，支持三维重建；缺点是价格昂贵	500
治疗计划系统	Monaco、Eclipse、RayStation 软件功能强大，剂量计算准确，支持先进技术的使用；对科室人员要求较高	150
切割机	二维自动或三维自动 可通过网络自动切割，减少工作量	20
铅块	国产 可重复使用	1
多叶准直器	加速器标配	
网络管理系统	Varia，MosaiQ 无纸化办公，病人和设备集中分配和管理，支持最新的放疗技术	200

（3）拟建大型科室

大型科室主要是以大型肿瘤专科医院为主，医院要有强大的技术力量和经济实力（配置详见表 1-4）。

表 1-4　大型放疗科主要设备配置

设备名称	设备型号	参考价格（万人民币）
加速器	瓦里安，医科达 优点：设备先进，性能稳定，售后服务好；缺点：价格较高，对科室人员要求较高	2 500
模拟定位机	瓦里安，医科达（核通） 价格便宜，定位快捷；缺点：无三维定位	150
CT 模拟机	飞利浦、GE、西门子 定位准确，支持三维重建；价格昂贵	500
MRI	飞利浦、GE、西门子 无放射损伤，MRI 减影技术，fMRI 技术，波谱技术；缺点是价格昂贵	1 000
PET/CT	GE、西门子\飞利浦 可直接反映肿瘤的某种病理学特征或代谢过程，诊断早期肿瘤。	4 000
图像管理系统	GE，柯达 PACS 软件功能强大，传输 DICOM 图像	价格差异较大
治疗计划系统	Monaco、Eclipse、RayStation 软件功能强大，剂量计算准确，支持先进技术的使用；对科室人员要求较高	150
切割机	二维自动或三维自动 可通过网络自动切割，减少工作量	20
铅块	国产 可重复使用	1
多叶准直器	加速器标配	
网络管理系统	Varis，MosaiQ 无纸化办公，病人和设备集中分配和管理，支持最新的放疗技术	200

第五节 人员配置及相关制度

一、人员配置

除了先进的放疗设备外，建立一个放疗科还需要对以下5种工作人员进行合理配置。

1. 放疗医生(radiation oncologist)

至少有1名高年资放疗医生(主任医师或副主任医师)主持部门工作；按照年治疗量每增加200～250个新病人应增加1名放疗医生。

(1) 科主任职责

实行院长领导下科主任负责制，科主任全面负责本科的医疗、教学、科研、安全防护和行政管理工作，副主任负责协助主任工作。健全科室管理系统，带领本科工作人员认真贯彻执行放疗有关法规和院部的各项规章制度，制订本科室工作计划，组织实施并经常检查督促，按期总结。确定本科室人员的分工和职责，合理安排本科室的各项工作，监督科内人员严格执行和制定放射治疗计划，保证放疗病人按时、按计划接受治疗，保证治疗质量和安全。严格掌握放射治疗适应证。定期组织审查或制定放疗计划，审查射线能量、治疗剂量、射野结构、模拟定位等，讨论解决放疗中的疑难问题，严防放疗事故的发生。检查下级人员的工作质量，具体解决业务上的复杂疑难问题，并监督物理师执行放射治疗质量控制，质量保证规程。

组织开展医疗、教学、科研工作。落实进修、实习医生的临床培训计划，定期组织肿瘤专业讨论会。组织高、中技术职称人员制订科研规划，具体落实课题计划，掌握进度。学习先进经验，改进诊疗技术。负责科内人员的考勤、考绩，提出升、调、奖、惩等意见。在保证社会效益的基础上，做好经济核算工作，提出科室的设备更新计划。加强院内外的工作联系，不断改进工作。指导、检查督促本科室放疗工作人员严格遵守机器的操作规程，认真落实各项安全防护措施，防止差错或事故，保证病人及工作人员的安全。督促科内人员做好资料积累与登记、统计工作。经常检查机器及辅助设备的使用和保养维修情况，审签本科室药品和器材的请领和报销。

(2) 正(副)主任医师岗位职责

在科主任领导下，参与指导全科医疗、教学、科研、技术培训工作与理论提高工作。定期查房并亲自参加指导急、重、疑难病例的抢救处理与特殊疑难和死亡病例的讨论会诊。指导本科室主治医师和住院医师做好各项医疗工作，有计划地开展基本功训练。运用国内、外先进经验指导临床实践，不断开展新技术，提高医疗质量。督促下级医师认真贯彻执行各项规章制度和医疗操作规程。指导全科结合临床实践开展科学研究工作。涉及复杂、疑难或有争议的治疗计划，要亲自参加并制定治疗计划，仍有疑问时提请科室讨论。定期参加门诊工作。担任教学和进修实习人员的培训工作。严格遵守医院一切规章制度和医疗技术操作规程。

(3) 主治医师岗位职责

在科主任的领导下和正(副)主任医师的指导下,负责本科室一定范围的医疗、教学和科研工作。按时查房,具体参加和指导住院医师进行诊断、治疗及特殊诊疗操作,监控本组的医疗质量,严防差错事故,协助护士长做好病房管理。掌握病员的病情变化,对病员发生病危、死亡、医疗事故或其他重要问题时,应及时处理,并向上级医师或科主任汇报。参加值班、门诊、会诊、出诊工作。修改下级医师书写的医疗文件,认真执行各项规章制度和技术操作规范。组织本组医师学习与运用国内外先进医学科学技术,做好资料积累,及时总结经验。担任临床教学,指导进修、实习医师工作。

(4) 住院医师岗位职责

在科室主任的领导下和高、中级医师的指导下,独立分管病床并参加值班。熟悉临床肿瘤学、放射生物学、放射物理学、放疗技术学的有关内容。熟练掌握肿瘤专业的基础理论及常见肿瘤的诊疗常规。熟练采集专科病史,掌握专科体格检查,正规、准确、清晰地书写具有专科特征的病历及各种病历文件。全面承担具体的诊疗与技术工作,按质量控制标准的要求,自觉遵守规章制度和技术操作规程,积极配合上级医生开展模拟定位及制定治疗计划,并亲自协助放疗技术员正确摆位,落实照射计划。严防发生差错事故。担任实习教学,协助搞好进修、实习人员的培训工作。了解国内外肿瘤专业的新技术、新成果新进展。参加新技术和科学研究工作,掌握科研设计和实验方法,努力提高诊疗水平。承担科室分配的其他工作。

2. *放疗物理师和剂量师*(radiation physicist and radiation dosimetrist)

年治疗量不足400例患者的单位应有1名物理师或按每400例患者配备1名物理师的比例聘用。放射物理剂量师以每300例病人聘1名比例配置,作为物理师的助手,分担具体剂量学工作。

(1) 物理师职责

了解并掌握各类辐射测量手段,主要是电离室、热释光、半导体、胶片计量学方法,在新设备安装验收后按规程准确刻度计量以及用3D或体模测量各种必要的临床数据(PDD、TMR, S_{cp}, OAR)能借助人形体模或患者自身实测临床剂量。负责放疗部门各治疗机及工作人员的辐射防护事宜。建立严谨、实用的放疗质量控制和质量保证规程。负责对临床医生和技术员的放射物理学的教学工作(包括教材编辑和讲授)。每周做好加速器日常测量,解决临床工作中所涉及放射物理的实际问题。确保放射治疗装置及其辅助设施的各项技术指标保持在精度允许的范围内。每天检查激光定位灯重合性。每周检查源距离指示、灯光野指示、激光定位灯同中心及射野挡块补偿器。每月检查束流中心轴、射野大小数字指示、治疗床垂直标尺、治疗摆位验证系统、摆位辅助装置及固定器。每年检查机架角、机架等中心、准直器旋转、治疗床运动标尺、治疗床旋转中心、治疗床垂直下垂。建立各项放疗设备和仪器的分类和保管制度。根据国家标准,做好本科室放射治疗的质量控制和质量保证工作。做好各项放疗设备的定期保养和维修工作并做好相应记录。承担科室放射防护安全职责,搞好科室工作人员、病人及环境的放射防护工作,对放射治疗工作人员进行个人剂量检测并建立健康监护档案。承担复杂、疑难或特殊病人的第一次摆位工作,向技术员介绍摆位情况。定期将常规剂量仪送国家标准或次级实验室比对。

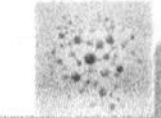

（2）剂量师职责

掌握各类放疗设备（如深部 X 线机，Co-60，后装机和加速器，CT 模拟机）原理及各类射线物理特点，能协助放疗医生针对临床千差万别的情况制定放疗方案。做好放射治疗计划（TPS），并通过医生确认。与医生一起建立并不断完善临床剂量学步骤，使患者疗前的全部准备工作及施治过程有条不紊地、各环节配合默契地进行。应熟悉治疗计划系统的操作，协助和指导各类技术人员工作，并建立、完善诸如淋巴瘤、CNS、TDI、TSEI、乳腺癌等特殊照射技术和剂量学方法。应不断关注放疗设备和技术的发展，不断更新知识层次和拓展知识面，开展新照射技术，如 3D 非共面照射、立体放射手术（SRS）和立体放疗（SRT）多叶光栅（MLC）、适形照射（CRT）和调强照射（1MRT）等。为本单位设备更新换代提供论证意见，并在购置新设备后着手开展临床和剂量方面的科研工作。有较好的外语和计算机基础，对解剖学、放射生物学、核医学及影像诊断学有一定的了解。

3. *放疗技术员*（radiation therapist）

实施放射治疗的技术组应有 1 名或 1 名以上的有专业知识及临床经验的高年技术员负责。技术组成员的数目以每台治疗机日门诊量 20～30 人配 2 名治疗师，日门诊量每增加 20 人时加倍。模拟机技术员在门诊量少于 500 人/年的单位可配置 2 人，超过此限时加倍。

（1）加速器治疗师

了解所使用机器及辅助设备性能和基本结构，熟悉所使用的射线性质、特点以及工作条件和范围，掌握正确操作机器的方法以保证机器的正常运转。按操作规程使用机器，发生故障时及时向维修人员汇报。爱护设备并定期保养，应注意射线的安全防护，保证病人和工作人员的安全，严禁非使用人员开机操作。认真负责，仔细核对治疗单，正确无误的执行治疗计划，操作要准确，摆位要正确。在摆位治疗中，要能解决疑难病人摆位，并协助医生制定治疗计划，核对医生在射线能量、照射剂量、射野结构以及楔形板的应用是否正确。认真填写治疗单，必须经常核对剂量有无差错，严格各项查对制度，及时登记统计报表及各项交接。每周至少核对一次治疗单剂量。发现问题及时更正，如有较大差错及时报告组长和科室主任。随时观察机器运行情况，发现机器任何部件异常、起火、冒烟或循环水泄漏，应立即按下紧急开关切断机器供电，并告知科室领导和维修工程师。树立良好医德医风，对病人态度要热情和蔼，遵守劳动纪律，不迟到、不早退、不擅自脱离工作岗位，严格执行双人上机制度。治疗室内要保持整洁，工作结束后要检查机器及辅助设备，门窗及水电关闭情况，每周彻底扫除一次。每天治疗工作结束后，应及时将机器置于 STAND BY 状态，臂架置于 90 或 270°，关闭压缩空气泵，开启调制柜门，检查机器水、电、气等各部分确无异常后方可离开。了解国内外放疗技术的新进展和动态，积极进行新照射技术研究并对新技术进行推广和应用。

（2）模拟定位技师

工作认真负责，严格执行模具室操作规程。根据医生对治疗计划设计的要求，用正确、恰当的治疗摆位来制作模具。必须正确、熟练地掌握各种基本操作技能和各种基本设备的操作方法。认真如实地在固定器上写明病人姓名、资料。服务态度和蔼，对病人做好解释工作，维持工作秩序。保持本室清洁、整齐、安静，每天做好制作前的准备事项，定期更换治疗床单，定期领取所需物品。坚守工作岗位，不迟到、不早退，不擅自脱岗。掌握安全用电、防火、灭火、故障紧急处理知识；工作结束后，应及时检查并关闭水、电、门、窗，以防发生意外。

4. 维修工程师(service engineer)

由于结构复杂,加速器故障率一般比诊断设备高一些,建议按每两台或两台以上治疗机不少于2人配置。

在科主任领导下,负责本科室放疗仪器设备的维护和维修,并承担相应的教学和科研工作。负责新进仪器设备的安装、调试和验收(厂家负责安装的仪器设备工程师负责协调和协助)。设备使用前要进行认真的检查各种仪表、开关是否在正常位置,机头、治疗床是否在原位。加速器治疗前要按规定时间预热,并认真核对输出剂量、剂量率、照射时间三者之间的关系,每次核对误差应严格控制在3%以内。定期进行放疗设备的二、三级维护保养,做到每周检修一次机器,要认真检查各固定部件是否接触良好,固定可靠,润滑部分是否运转正常,升降是否灵活,内外循环是否畅通,要定期测量剂量,加速器每周测试一次。随时调整各种参数,并严格控制在规定范围之内。仪器设备完好率>95%,加速器、模拟定位机开机率>95%。认真执行设备维修保养制度。

二、工作制度

1. 放疗科工作制度

实行科主任负责制,健全科室管理系统,以病人为中心,提高诊疗质量,改善服务态度,密切与其他科室的联系,积极开展医教研工作。执行各类各级人员的岗位职责,分工明确,人员相对固定,个别岗位在保证诊疗质量的前提下适当轮换。根据医院年度工作要求,制订科室计划,组织实施,定期检查。每月、每季度小结,年终总结。每周召开科会,传达周会内容,小结一周工作,研究和安排下周工作。建立定期业务学习制度。自觉遵守医院的规章制度,坚守工作岗位,严格考勤。开设各级医师专科门诊。实施放射治疗的病人应先经病理学或细胞学明确诊断,严格掌握放射治疗适应证。建立新病人、疑难病例放疗前集体讨论制度,并记录在专用本。经常研究诊断技术,解决疑难问题,不断提高诊疗质量。治疗前认真核对治疗计划,选择合适的照射条件,保证靶区吸收剂量的均匀性,对患者非照射的敏感器官和组织进行屏蔽防护。对拟行放射治疗的病人必须签署《放射治疗知情同意书》。加强与各科室的联系,互通信息,不断开展新技术、新项目,并及时总结工作经验。物品和药品的管理应有专人负责。建立差错事故登记制度。

2. 查对和交接班制度

接受放疗申请单时,坚持“三查”(姓名、诊断、射线种类)“四对”(照射部位、照射野、单次剂量、累积剂量)制度。查对放疗申请单书写是否规范,是否有主治医生以上人员审签。查对治疗剂量是否经过物理师计算核对。各岗位工作人员交接各班尚未结束的工作和特殊情况。

3. 放射治疗计划质量管理制度

实施放射治疗的病人应先经病理学或细胞学明确诊断。严格掌握放射治疗适应证。合理制订放射治疗计划:①对接受放射治疗的病人,应明确治疗目的(根治性或姑息性)。②制订放射治疗计划,必须有1名主治医师以上职称的人员参与,3年内住院医师开放射治疗单必须经中级职称以上医师签字。③应由X线或CT模拟机定位并设计照射野,根据照射范围制订放射治疗计划,使照射等剂量曲线尽量合理,并选择最佳治疗方案。④计算投

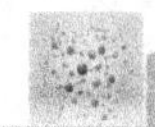

照剂量应由放射物理师进行校对核实。⑤治疗前验证治疗计划并签字。

正确摆位，严密操作：①照射前技术员应认真阅读治疗单，核对病人姓名、诊断、照射剂量，并按医嘱正确摆位，做到一人开机，两人摆位，不得擅自修改治疗医嘱。②对新设照野或非常规照野的首次摆位，或技术员在摆位过程中出现疑问，主管医师应亲自下机房指导。③照射过程中，技术员应密切监视病人和设备运行情况，照射结束要检查病人体位移动情况，及时记录和提醒病人注意。④发现摆位或剂量差错，应及时报告主管医生及技术组长，不得自行涂改或隐瞒不报。

4. 放疗科仪器管理制度

建立科室仪器设备的账册，专人负责，做到账物相符。每台仪器应有操作规程，使用时严格按照规定步骤操作。新来人员和进修人员在未掌握使用方法前，不得单独操作仪器。使用中如果仪器发生故障应当及时报告维修人员，尽快修理，并记录在案。仪器技术档案（说明书、线路图、故障及维修记录）应保存良好。直线加速器室内温度应保持在 18～25℃；相对湿度 20％～65％，做到防寒、防热、防潮、防尘和防火。

5. 放疗科资料管理制度

首诊负责制，首诊医生负责病人的复诊，并将所有复诊资料归档。病人资料填写齐全（姓名、诊断、射野范围、物理条件、剂量等），治疗结束后所有治疗单、化验单黏贴规范，保留归档。病人治疗结束后，由首诊医生 3 天内将病人资料汇总交资料室管理人员并签收。专人负责随访，填写随访登记卡，随访率达到 100％。本科室人员调阅复诊病人资料以当天挂号单为准，当天归档；调阅大宗资料，必须经院相关职能部门及科主任批准，并登记。公检法机关查阅资料必须出具采集证据的法定证明及执行公务人员的有效身份证明，经院相关职能部门及科主任批准，做好登记，并保留查阅者的证明材料。病人资料按规定地点存放，任何人不得私藏病案，不得私自外借或用于医疗外行为。存在医疗隐患或医疗纠纷需特殊保管的病案，由科主任或科主任指定人员封存，问题解决之前，任何人不得借阅。病案借阅后不按规定时间归还或出现资料遗失，由科主任与科室领导小组决定按责任轻重给予责任人相应处罚。各种登记簿应保持整洁，项目填写齐全，妥善保存。使用计算机管理的数据、资料，须备份文件。

三、防护安全制度

1. 放疗科安全防护制度

严格遵守国家行政机构颁布的有关放射防护法规，所有技术人员必须经专业培训、考核合格并领取相关资质证后方可上岗操作，并佩带个人剂量仪。严格遵守技术人员、维修人员及物理人员职责规范，严禁随意更改机器配置。严格遵守放疗设备的各项操作规程。

照射中应注意观察各种参数及联锁装置，发生紧急情况应立即启动紧急开关，保证患者及设备安全；当机器发生故障时，应立即切断电源，开启治疗室大门，转移病人的同时向上级汇报，同时通知工程师进行检修，并做好记录，严禁隐瞒不报和私下处理。放射治疗前技术人员应做到“三查四对”，防止差错。放射物理人员和设备检修人员应按有关规定对设备、剂量仪和放射防护设施进行定期保养、维修和测量。加速器在进行故障检修时，必须切断高压电源，并对高压部分（如仿真线）进行放电，以防高压电击。治疗中机房和控制室应保持良好的通风，空调应尽可能满足设备对环境温度(21～24℃)、湿度(小于75%)的需求，以确保加速器的长期稳定可靠运行。建立放疗工作人员健康档案。严禁在机房内吸烟，严禁使用明火及无关电器，注意防火安全。

2. 放疗科防护安全管理制度

为避免辐射事故的发生，确保患者和工作人员的人身安全，根据《放射性同位素与射线装置安全和防护条例》的有关规定，特制定本制度。放疗室外各种放射警示标志要齐全、醒目。放射工作人员必须持放射工作人员证上岗。

上岗前、在岗期间、离岗时应定期进行健康检查，并建立个人健康档案。放射工作人员上岗时必须随身佩戴个人剂量计，做到每人一号，定期到防疫站进行计量检测，建立档案。进入放射工作场所时，必须正确佩戴个人剂量报警仪。非有关人员不得进入机房。治疗时确认机房内没有非操作人员滞留、防护门关闭后方可开机治疗。对接受治疗者的非照射部位及重要器官进行防护。定期向环保部门和卫生监督部门申请监测治疗室防护情况。定期参加环保部门组织的放射防护知识培训，上岗前取得辐射安全与防护证书。辐射与应急工作小组负责全科的辐射安全防护工作。一旦出现放射事故，应立即向卫生防疫部门及环保部门报告。

四、工作场所制度

1. 加速器定期检查与维护规章制度

为保障医用加速器(以下简称加速器)的使用安全和公众的健康，根据相关规定制定本办法。每天由技术员检查加速器机房的放射辐射警示标志、对讲装置以及通风装置。每月1次由物理工程师对机房内的报警装置、紧急停机按钮装置进行检查。1次/月由物理工程师对加速器固定装置门上的“EMERG STOP”(紧急停止)按钮进行检查。1次/月由物理工程师对加速器治疗床以及手动控制器上的“MOTION STOP”按钮进行检查。1次/月由物理工程师检查完全禁止部分联锁。1次/月由物理工程师检查治疗室门联锁。1次/月由技术员检查机房门口的安全阀与灭火器是否正常。技术员及物理工程人员需配备个人剂量报警仪。检查结果均需详细记录。

2. TPS室工作制度

工作人员必须正确熟练地掌握TPS系统的基本操作方法。工作认真负责，严格执行TPS系统操作程序。认真协助医师完成对病人器官和靶区的勾画。禁止私自更改病人资料，如进行更改必须经主管医师确认。计划完成后要经过主管医师确认和多方的验证，才可以实施治疗。要定期对病人的数据资料进行备份以供随时查阅。坚守工作岗位，不迟到、不早退，不擅自脱岗。工作场所禁止吸烟、饮食、会客。未经允许，外来人员不准进入操作室；非本室工作人员不允许进行TPS系统的操作。掌握安全用电、防火、灭火、故障紧急处理知识；工作结束后，应及时检查并关闭水、电、门、窗，以防发生意外。

3. 医用加速器工作制度

操作人员必须经过专业训练，熟练掌握操作技术，工作时要求必须有两名操作人员同时上机，认真如实地填写操作记录，禁止擅自脱岗。严格遵守使用操作规程。机器通电后检查中若发现参数改变或异常现象，应及时请责任工程师进行检修。严格执行晨检制度，即每天治疗前应对机器进行预热、出束(X线和电子束)及机器转动实验，并将晨检结果记

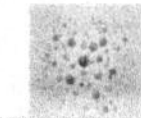

录、存档。治疗要求认真、细致，坚持“三查”（姓名、诊断、射线种类）“四对”（照射部位、照射野、单次剂量、累积剂量）制度。治疗前做好登记手续，认真核对治疗计划单，严格执行医嘱，摆位时，要求治疗单随身带入机房，以保证执行医嘱的完整性和摆位的准确性。照射中，应通过监视器密切注意机器运转情况，随时观察患者的动态，发现异常情况应立即停机，把患者扶出机房，立即通知维修人员检修。

认真填写治疗记录，严格交接班制度，做好物品保管和保证机房安全工作。关闭机房屏蔽门前要注意观察，以防无关人员误入、误留，治疗时严禁患者家属进入机房。定期维修设备，保持机器及机房整洁，保持机房内湿度、温度在机器要求范围。保持工作场所清洁、整齐、肃静，室内严禁吸烟。进出机房必须穿工作鞋，每天做好治疗前的准备事项，定期更换枕套及治疗床单。掌握安全用电、防火、灭火、故障紧急处理知识；工作结束后，应及时检查并关闭水、电、门、窗，以防发生意外。

4. 模具室工作制度

工作认真负责，严格执行模具室操作规程。根据医生对治疗计划设计的要求，用正确、恰当的治疗摆位来制作模具。工作人员必须正确、熟练地掌握各种基本操作技能和各种基本设备的操作方法。认真如实地在固定器上注明病人姓名、资料。工作人员服务态度和蔼，对病人做好解释工作，维持工作秩序。保持本室清洁、整齐、安静，每天做好制作前的准备事项，定期更换治疗床单，定期领取所需物品。坚守工作岗位，不迟到、不早退，不擅自脱岗。工作场所禁止吸烟、饮食、会客。未经允许，外来人员不准进入模具室；非本室工作人员不允许操作仪器设备。掌握安全用电、防火、灭火、故障紧急处理知识；工作结束后，应及时检查并关闭水、电、门、窗，以防发生意外。

5. 模拟定位室工作制度

工作认真负责，严格执行模拟机操作规程。治疗前办理交费及登记手续，严格执行医嘱，在医生指导下治疗。工作人员必须正确、熟练地掌握各种基本操作技能和各种基本设备的操作方法，认真如实地填写操作记录。定位时，如无特殊情况，病人家属必须离开模拟机室。工作人员服务态度和蔼，对病人做好解释工作，维持工作秩序。保持本室清洁、整齐、安静，每天做好定位前的准备事项，进出机房必须穿工作鞋，定期更换枕套及治疗床单，定期领取定位所需物品。坚守工作岗位，不迟到、不早退，不擅自脱岗。工作场所禁止吸烟、饮食、会客。未经允许，外来人员不准进入操作室和机房，非本室工作人员不允许操作仪器设备。掌握安全用电、防火、灭火、故障紧急处理知识；工作结束后，应及时检查并关闭水、电、门、窗，以防发生意外。

五、应急处理制度

（一）应急措施

1. 电源故障

如果机器在治疗过程中出现电源故障可按下列步骤进行处理。

(1) 在病人治疗记录单上记录电源出故障时计算机所存在的最后一次治疗数据的实照MU数。

(2) 当电源恢复工作后，按初始启动规范开机的例行检查，以证实机器可继续正常进行。

(3) 按照上次故障所需剂量的剩余，设置MU及其他参数并完成治疗。

(4) 万一病人照光过程中停电，操作人员可以应急灯照亮治疗室，利用自备电源的对讲系统予以安慰病人，并用人工方法很快将屏蔽门打开，待来电后将控制台的计算器所记录的欠照剂量给予补照。

2. 加速器联锁装置故障

联锁指示灯不会熄灭，机器无发出束，清空所编MU数据，待工程师修复后，重编数据治疗。

3. 火警

任何电气设备都有可能因电器故障引发火警危险，在治疗室和控制台附近必须安放适合电气设备的灭火器。万一有火警发生：

(1) 按下最近的紧急开关按钮，随后关闭总电源；

(2) 使所有人员到一个安全的地方；

(3) 呼叫帮助，组织灭火。

4. 加速器事故性出束

如果出现了辐射事故或者怀疑某人受到过量辐射，按照有关法规要求进行：

(1) 立即报告主管部门；

(2) 请辐射探测方面资深的专家进行调查；

(3) 向放射治疗方面的医学专家咨询；

(4) 给受辐射者予医学观察和治疗；

(5) 如遇到治疗室内有维修人员或其他非病人的工作人员而误开机，首先发现室内红色警示灯点亮可就近按下紧急停机开关，当操作人员听到喊声或从监视器里发现有其他人在内也可以按下任一紧急停机开关；

(6) 按《电离辐射防护与辐射源安全基本标准》(GB 18871—2002)中有关要求处理。

5. 病人体位改变

如果从监视器看到治疗过程中病人体位改变，可停止照光，记入MU已照数值，并通过对讲系统提示病人不要动，进入机房重新摆位，继续所剩MU数值治疗。

(二) 放射事件应急处理预案

1. 机器故障应急处理预案

(1) 立即停止照射并记录已经完成的治疗，包括照射部位、照射野、已出束跳数等；

(2) 协助病员离开治疗场所，联系维修工程师并尽快维修；

(3) 告知病员恢复治疗时间；

(4) 机器修复后，按质控要求做必要检查后恢复治疗。

2. 治疗期间停电应急处理预案

(1) 启用应急照明，摇开防护门，协助病员离开治疗场所；

(2) 记录已经完成的治疗，包括照射部位、照射野、已出束跳数等；

(3) 协助所有候诊场所病员及家属离开候诊区域至安全区域；

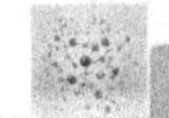

(4) 联系有关单位查询停电原因及恢复时间；

(5) 恢复供电后，按质控要求做必要检查后恢复治疗。

3. 放射事故预防及应急处理预案

(1) 发现放射事故后，必须立即采取防护措施，控制事故影响，保护现场，并立即向卫生、公安部门报告；

(2) 宣传贯彻《放射防护条例》，严格执行许可证登记制度，杜绝无证从事放射工作；

(3) 遵照《放射防护条例》第六条规定，做好“三建工程”的设计，进行严格审查，消除潜在的事故隐患，以保障防护措施的可靠性；

(4) 放射工作单位设专职或兼职的防护员，应经常对射线装置进行技术检查；

(5) 放射工作人员必须经防护培训，取得“放射工作人员证”后，方能上机操作，无证者不得以任何借口上岗操作；

(6) 工作场所必须配备必要的工作人员及病人的防护设备，以及门连锁装置，严格遵守操作规程；

(7) 严禁射线装置和安全报警系统在异常情况下运行。

(三) 加速器发生故障时的应急处理

治疗过程中，技术员必须通过监视器密切观察病人情况。技术员应熟悉并掌握机房内墙上的应急开关，以及控制室内的应急开关和防护门开关的位置和使用方法，如在机房内遇到出束情况，必须立即按下应急开关，使机器终止出束，以避免受到意外照射。技术员在投照过程中，若发现加速器机房内出现异常，如病人体位改变、移动，应立即按下控制室内应急开关，终止机器出束，以防意外。在治疗过程中，加速器发生故障，应立即停机，将病人转移出机房，并组织检修人员及时分析故障原因，尽快排除故障，必要时通知维修公司共同排除故障。故障排除后，应及时、完整记录故障的处理过程。

(四) 放射事故的处理及预防规章制度

为控制和消除事故源，对发生的事故能及时迅速正确地处理，特制定本规章制度。

每天测量机器的输出剂量，在重大修理及调整后，要对输出的能量、剂量率时加以测量，未经测量不得使用机器治疗，以防超剂量照射事故的发生。思想上予以高度的重视，每年组织观看一次有关放射事故的录像，使大家受到教育。

加速器开机关机由工程技术人员执行，操作技术人员除严格地按照操作规程进行治疗外，不得擅自动用禁止使用的开关及转动钥匙的位置。操作人员应集中注意力，观察病人治疗和机器运行的情况。工程技术人员要密切注意机器上的剂量监测系统工作是否正常，如有损坏，应及时修理及更换。对同中心照射的病人，治疗前在治疗室内预先试转一次，以免在治疗中旋转臂或机头压到病人。一旦发生事故应及时上报，并及时、迅速、正确地处理，防止事故的扩大。在事故处理中，首先切断电源停机，撤出病人及时地进行检测修理，修理后待剂量检测正常后再行使用。对超剂量照射的事故，应及时弄清受照者所接受的总剂量，以便记录及对症处理。定期检查机器联锁，防止对操作人员、公众的伤害。治疗室设有灭火装置，以便发生火警时能及时地予以施救。

(五) SF_6(六氟化硫)的应急预案

SF_6 的危害。纯净的 SF_6 气体无色、无味、无臭、不燃，在常温下化学性质稳定，属惰性气体。主要用作电子设备和雷达波导的气体绝缘体。由于 SF_6 主要是作为绝缘和灭弧介质而广泛应用于高压开关及其设备，在断路器和 GIS 操作过程中，由于电弧、电晕、火花放电和局部放电、高温等因素影响下，SF_6 气体会进行分解，它的分解物遇到水分后会变成腐蚀性电解质。尤其是有些高毒性分解物. 如 SF_4、S_2F_2、S_2F_{10} SOF_2、HF 和 SO_2，它们会刺激皮肤、眼睛、黏膜，如果吸入量大，还会引起头晕和肺水肿，甚至致人死亡。SF_6 气体长期高电压运行将会分解有毒有害产物，不但会降低 SF_6 的电气性能，直接向大气排放将对人身健康构成威胁，部分分解产物极少量就可致人死亡。但是 SF_6 系列的电力设备对加工工艺、材料要求很高，产品价格高；防止 SF_6 气体泄漏要求高，还需一系列辅助补气措施；也不能完全排除爆炸的可能；另外安装 SF_6 高压设备的室内空间一般都较密闭，一旦发生 SF_6 气体泄漏，由于空气流通极其缓慢，毒性分解物在室内沉积，不易排出，从而对进入 SF_6 开关室的工作人员产生极大的危险，而且，由于 SF_6 气体的比重较 O_2 大。当发生 SF_6 气体泄漏时，SF_6 气体将在低层空间积聚，造成局部缺氧，使人窒息。另一方面，由于 SF_6 气体本身无色无味，发生泄漏后不易让人察觉，这就增加了对进入泄漏现场工作人员的潜在危险性，严重威胁人员的安全和健康，甚至造成恶性事故。

为合理摆放、贮存、正确运输、安全使用 SF_6 气体，特此规定如下。

(1) SF_6 气体贮存、摆放、使用中应注意的安全问题

SF_6 新气中可能存在一定量的毒性分解物，在使用 SF_6 新气的过程中，要采取安全防护措施。制造厂提供的 SF_6 气体应具有制造厂名称、气体净重、灌装日期、批号及质量检验单，否则不准使用。SF_6 气体钢瓶储存场所必须通风良好，并应远离热源和油污的地方，防潮、防阳光暴晒，并不得有水分和油污粘在阀门，经常检查气瓶的密封性，拧紧阀门和瓶帽子。SF_6 气体钢瓶的安全帽、防震圈应齐全，安全帽应旋紧，存放气瓶应竖立在架子上，标志向外，搬运时轻装轻卸，严禁抛滑。未经检验的 SF_6 新气气瓶和已检验合格的气体气瓶应分开存放，不得混淆。在新瓶内存放半年以上的 SF_6 气体，使用前应再次进行抽检，符合标准后方准使用。从钢瓶中引出六氟化硫气体时，必须用减压阀降压，并在通风良好的条件下进行操作，使用过的 SF_6 气体钢瓶应关紧阀门，戴上瓶帽，防止剩余气体泄露。对接触 SF_6 气体各相关设备运行、检修及气体试验工作人员在正式上岗之前，首先要接受安全防护教育和有关培训。

(2) SF_6 气体安全防护用品的管理与使用

SF_6 气体的操作工作人员应配备安全防护用品，应有专用防护服、防毒面具、氧气呼吸器、手套、防护眼镜及防护脂等。安全防护用品必须符合国家有关规定。安全防护用品应存放在清洁、干燥、阴凉的专用柜中，设专人保管并定期检查，保证其随时处于备用状态。凡使用氧气呼吸器和防毒面具的人员要先进行体格检查，尤其是要检查心脏和肺功能，功能不正常者不能使用上述用品。工作人员佩戴氧气呼吸器和防毒面具进行工作时，要有专门监护人员在现场监护，以防出现意外事故。

(3) SF_6 气体的组织管理与劳动保健

设立 SF_6 安全防护专责任岗，各设备运行、检修及试验部门应有专人负责安全防护。各类安全监测仪器要定期标定、校准，随时处于完好状态。对从事 SF_6 气体检修、运行、试验及监督的工作人员，每年应体检 1～2 次，体检项目应有特殊要求(如：血象、呼吸系统、皮肤等)，并建立健康档案。

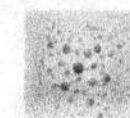

(4) SF_6 泄漏应急处理

泄漏污染区人员迅速撤离至上风处,并进行隔离,严格限制出入。建议应急处理人员佩戴自给正压式呼吸器,穿一般作业工作服。尽可能切断泄漏源。合理通风,加速 SF_6 扩散。如有可能,即时使用。漏气容器要妥善处理,修复、检验后再用。

(5) 操作处置与储存

操作注意事项:密闭操作,局部排风。操作人员必须经过专门培训,严格遵守操作规程。建议操作人员佩戴过滤式防毒面具(半面罩)。远离易燃、可燃物。防止气体泄漏到工作场所空气中。避免与氧化剂接触。搬运时轻装轻卸,防止钢瓶及附件破损。配备泄漏应急处理设备。

储存注意事项:储存于阴凉、通风的库房。远离火源、热源。库温不宜超过 30℃。应与易(可)燃物、氧化剂分开存放,切忌混储。储区应备有泄漏应急处理设备。

第二章

放疗质控设备质量保证

古人曰:“工欲善其事,必先利其器”本章是将放疗质控过程中,所常用到的质量控制工具,进行质量保证说明。

第一节 测量技术

对于某一测量对象,一般有多种测量技术可供选择,而某一种测量技术又往往可用于不同的测量对象。用于同一测量对象,不同测量技术的效果可能大致相同,也可能大不相同。

一、测量技术分类

1. 按照测量的实测对象

(1) 直接测量技术:在测量中,无需通过与被测量成函数关系的其他量的测量而直接取得被测量值,如:用电压表直接测量电压。其测量不确定度主要取决于测量器具的不确定度,在一般测量中普遍采用。

(2) 间接测量技术:在测量中,通过对与被测量成函数关系的其他量的测量而取得被测量值,如:通过测量电阻 R 两端的电压 V 和流经电阻 R 的电流 I,然后利用 $R=V/I$ 的关系求得电阻值。其测量不确定度分量的数目要多一些,一般在被测量不便于直接测量时采用。

2. 按照测量的进行方式

(1) 直接比较测量技术:在测量中,将被测量与已知其值的同一种量相比较。其测量不确定度主要取决于标准量值的不确定度和比较器的灵敏度和分辨力,它可克服由于测量装置的动态范围不够和频率响应不好所引入的非线性误差。替代法、换位法等属于这一类。

(2) 非直接比较测量技术:不是将被测量的全值与标准量值相比较的比较测量。微差法、符合法、补偿法、谐振法、衡消法等属于这一类。

在建立计量标准的测量中,经常采用基本测量技术,即绝对测量技术。这是通过对有关的基本量的测量来确定被测量值。其测量不确定度一般是通过实验、分析和计算得出,

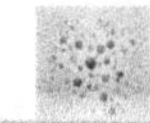

精度高，但所需装置复杂。

3. 按照测量对象的性质

（1）无源参量测量技术：无源参量表征材料、元件、无源器件和无源电路的电磁特性，如：阻抗、传输特性和反射特性等。它只在适当信号激励下才能显露其固有特性时进行测量。这类测量技术常称为激励与响应测量技术。由于测量时必须使用激励源，它又称为有源测量技术。

（2）有源参量测量技术：有源参量表征电信号的电磁特性，如电压、功率、频率和场强等。它的测量可以采用无源测量技术，即让被测的有源参量以适当方式激励一个特性已知的无源网络，通过后者的响应求得被测参量的量值，如通过回路的谐振测量信号频率。有源参量的测量也可采用有源测量技术，即把作为标准的同类有源参量与它相比较，从而求得其量值。

4. 按被测量在测量过程中的状态分类

（1）静态测量：在测量过程中，被测量不随时间而变化或随时间变化极其缓慢的测量称为静态测量。如：理想恒温水槽中的温度测量；加速器机房稳定状态下的环境气压的测量等。

（2）动态测量：在测量过程中，被测量随时间变化的测量称为动态测量。如：容积旋转调强时机架的转动角度和可变剂量率的剂量测量。相对于静态测量，动态测量更为困难，对测量系统的要求更高。选择测量仪表（或系统）时，不仅要考虑仪表（或系统）的静态特性，还要关注动态响应的要求。测量数据的处理在某些方面与静态测量数据处理有不同的原理和方法。

必须指出，严格地讲，绝对不随时间变化的量是不存在的，在实际测量过程中，只是将那些随时间变化较慢的量近似看成静态的量，对这种量的测量认为是静态测量。

5. 按测量点不同分类

（1）点参数测量：在剂量测量中，对某些参数只需测量一个点即可表示整个平面或空间的物理状态，这种测量称为点参数测量，如：加速器绝对剂量的测量。

（2）场参数测量：质量保证中，有些量是在空间或平面分布不均匀的，如：医用电子直线加速器的剂量在二维或三维空间的分布是不均匀的；气流在弯管内流动时，通道截面上各点速度分布是不均匀的。这一类参数必须进行多点测量，多点测量称为场测量。

6. 按测量工具是否与被测体接触

（1）接触式测量：测量工具与被测量体接触称为接触式测量，如：热电阻测量温度时与被测物体接触；测量转速时有接触式转速表。

（2）非接触式测量：测量工具与被测量体不接触称为非接触式测量，如：光学高温计进行温度测量时不接触被测物体。

此外，电子测量技术还可有许多分法，如：模拟和数字测量技术；内插和外推测量技术；实时和非实时测量技术；电桥法、Q表法、示波器法和反射计法等测量技术；时域、频域和数据域测量技术；点频、扫频和广频等测量技术等。

以上各种测量方法各有特点，测量方法的选择取决于测试的具体条件和要求。在满足测量精度的前提下，选择合适的测量方法，选择尽可能经济的测量系统，力求测量简便、迅速，不应苛求使用高精度的仪表（或系统）。

二、变换测量技术

在电子测量中，为了绕过在某些量程、频段和测量域上对某些参量的测量困难和减小测量的不确定度，广泛采用下列各种变换测量技术。

（1）参量变换测量技术

把被测参量变换为与它具有确定关系但测量起来更为有利的另一参量进行测量，以求得原来参量的量值。例如，功率测量中的量热计是把被测功率变换为热电势进行测量，而测热电阻功率计是把被测功率变换为电阻值进行测量；相移测量中可把被测相位差变换为时间间隔进行测量；截止衰减器是把衰减量变换为长度量进行测量；有些数字电压表是把被测电压变换为频率量进行测量。

（2）频率变换测量技术

利用外差变频把某一频率（一般是较高频率或较宽频段内频率）的被测参量变换为另一频率（一般是较低频率或单一频率）的同样参量进行测量。这样做的一个重要原因是计量标准和测量器具在较低频率（尤其是直流）或单一频率上的准确度通常会更高一些。例如，在衰减测量中的低频替代法和中频替代法就是在频率变换基础上的比较测量技术；采样显示、采样锁相在原理上也是利用了采样变频的频率变换测量技术。

（3）量值变换测量技术

把量值处于难以测量的边缘状态（太大或太小）的被测参量，按某一已知比值变换为量值适中的同样参量进行测量。例如，用测量放大器、衰减器、分流器、比例变压器或定向耦合器，把被测电压、电流或功率的量值升高或降低后进行测量；用功率倍增法测噪声和用倍频法测频率值等。

（4）测量域变换测量技术

把在某一测量域中的测量变换到另一更为有利的测量域中进行测量。例如，在频率稳定度测量中，为了更好地分析导致频率不稳的噪声模型，可以从时域测量变换到频域测量；在电压测量中，为了大幅度地提高分辨率，可以从模拟域测量变换到数字域测量。

三、减小测量不确定度的方法

测量的目标是以尽量小的不确定度求出被测量值。在电子测量中，为了减小测量的不确定度，还可以采用以下的一些测量技术。

（1）双通道相关测量技术：在比较测量中，为了减小电路和环境条件的变化所引起的误差，可采用双通道相关测量技术，也就是为被测的量和标准量建立两个相同的通道，从而使电路和环境条件的变化对它们的影响基本相同并相互抵消。卫星时间频率同步测量中，为抵消通道时延而采用的双向法就是一例。

（2）自校准技术：为了消除某些测量器具在检定了一段时间之后所产生的误差，如温漂和时漂等误差，可以为它们配备自校准（包括自调零）装置，以保证继续准确。例如高精度数字电压表一般都具备自校准能力。

（3）实时误差修正技术：在测量被测参量的同时，也测出它的影响量，并对它所引起的

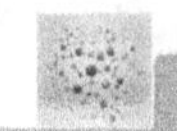

误差进行实时修正。例如，卫星时间频率同步测量中对多普勒效应误差的实时修正。

(4) 垫整和误差倍增技术：在测量中，可以采用垫整和误差倍增技术以增大误差与信息的比值，从而提高对误差的分辨率。例如，测量电压时所采用的标准电压垫整技术和测量频率稳定度时所采用的频差倍增技术。

(5) 测量数据处理技术：过去对于测量数据的处理总是在测量之后在纸面上进行。随着计算机在测量中的应用，一些根据数理统计原理对测量数据的处理，如粗差的剔除、加权平均、阿仑方差的计算等已能在测量时进行。

四、测量中的技术措施

在电子测量中，还有一些基本技术措施对于低电平、高频率、高精度的测量十分重要。

(1) 接地：接地不良会导致地回路电流，这将改变测量状态和影响测量结果。因此，对于测量系统的低电平部分要采用单点接地或浮地等技术措施。

(2) 防干扰：为了减弱电磁干扰，须对敏感的输入部分采用电磁屏蔽，要在模拟和数字两部分之间采用光电隔离，并采取去耦、滤波和同步抑制等技术措施以减弱或去除市电和无用信号等干扰。此外，增强有用信号以提高信噪比也是防干扰的另一重要措施。

(3) 阻抗匹配：阻抗匹配在电子测量中是一个重要问题。它牵涉能否取得最佳功率和防止反射、驻波的产生。为此还可以采用阻抗变换和缓冲隔离等技术措施。

(4) 在集总参数的高频测量中，须采取防止和消除寄生分布参量影响的技术措施。

电子测量技术对电子技术和其他科学技术的新原理、新方法、新器件和新工艺十分敏感并且反应很快。例如，电子技术中的采样、锁相、频率合成、数字化、信号处理乃至微处理机应用等技术，已广泛地用于电子测量技术中。此外，全景和分段的频谱分析技术可用于信号特性的测量；时域反射和快速傅里叶变换技术可用于脉冲特性的测量；网络分析和六端口技术可用于网络特性的测量；程序控制和实时处理采用计算机技术等。至于激光、超导、遥测、自动控制、光导传输和图像显示等新成就，也都在电子测量技术中得到了应用。

第二节　测量的误差与精度

如果测量过程是在理想环境条件下进行，则测量的结果将十分正确。但这种理想的测量环境和条件在现实中是不存在的，无论是传感器、仪表、测量对象、测量方法等，都不同程度地受到各种因素的影响，当这些因素发生变化时，必然会影响到被测量的示值，使示值和被测量值之间产生差异，这个差异就是测量误差。

一、测量误差的定义

被测物理量所具有的客观存在的量值，称为真值 x_0。由测量仪表（或系统）测量得到的结果称为测量值 x。测量值 x 与真值 x_0 之间的差异称为测量误差 Δx。因为真值 x_0 无法准确得到，实际上用的都是约定真值。测量误差的存在不可避免，任何测量值只能近似地反映被测量的真值。

误差的大小与测量仪表（或系统）的精度、测量过程中的随机因素、测量方法等许多因素有关，随着科技水平的不断提高，误差有可能被控制得越来越小。人们的目标是尽可能减少误差 Δx，使测量值 x 无限接近于真值 x_0，或者应用误差理论分析产生误差的原因和性质，并采取必要的措施，使测量误差控制在可以接受的合理范围以内。

二、误差的表达形式

误差一般有绝对误差和相对误差两种表达形式。

1. 绝对误差

它表示测量误差绝对量的大小，即

$$\Delta x = x - x_0$$

测量结果记作：$x \pm \Delta x$

2. 相对误差

绝对误差 Δx 与测量值 x 之比称为相对误差 δ，用百分比表示：

$$\delta = \frac{\Delta x}{x} \times 100\%.$$

用相对误差表示的测量结果可记作：$(1+\delta)x$.

绝对误差只能表示出误差值的大小，而不能表示出测量结果的精度。例如，有两个温度测量值分别为(15±1)℃和(150±1)℃，尽管它们的绝对误差都是±1℃，显然后者的测量精度明显高于前者，因为两者的相对误差不同，$\delta_1 = \pm 6.7\%$，$\delta_2 = \pm 0.7\%$。

三、测量误差的分类

1. 按误差的特性分类

在测量过程中产生误差的因素多种多样，如果按照这些因素出现的规律及它们对测量结果的影响程度来区分，可以分成 3 类误差。

(1) 系统误差

在相同条件下对某一量进行多次测量时，误差的绝对值和符号均保持一致恒定，或者按照一定的规律变化，这类测量误差称为系统误差，前者称为恒值系统误差，后者称为变值系统误差。

这类误差是由某些固定的因素造成的，其来源主要包括：①由仪表和装置引入，如，仪表的示值不准、零值误差、仪表结构误差等。②环境因素引入，实际测量环境和仪表（或系统）标定环境不同造成的、按一定规律变化的误差。③理论测量方法引入，某些理论公式本身的近似性，或实验条件不能满足理论公式所规定的要求，或测量方法本身所带来的误差。④个人因素引入，由于实验者的生理或心理特点所造成的，使实验结果产生系统误差。如，在刻度上估计读数时，习惯上偏于某一方向等。

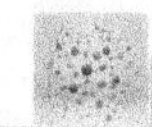

系统误差就个体而言具有规律性，其产生的原因往往是可知的或者是能够掌握的。因此，系统误差产生的原因通过仔细地检查、校验，可以被发现。在采取相应的校正措施后，系统误差可以减小或消除，也可以通过引入更正值的方法加以修正。

(2) 随机误差

对同一被测量进行多次测量时，由于受到大量的、微小的、相互独立的随机因素的影响，测量误差的大小和符号没有一定规律，并且无法估计，这类误差称为随机误差。

随机误差的产生取决于测量过程中一系列随机因素的影响。所谓随机因素是指测量者无法严格控制的因素，如，仪表内部存在有摩擦和间隙等不规则变化；测量过程中外界环境条件(如气压、温度、湿度、空气振动、电磁干扰等)的瞬间变化；测量时不定的读数误差等。

随机误差的出现是无法控制的，所以任何测量过程中，随机误差均不可避免，且在同一条件下重复进行的各次测量中，随机误差或大或小，或正或负。因此，随机误差从个体而言是没有规律的，不能通过试验的方法来消除它。但是，只要在同等精度条件下进行测量，且测量次数足够多，从总体上来看，随机误差又符合一定的统计规律。因此，可以用数理统计的方法从理论上估计随机误差对测量结果的影响。

(3) 粗大误差

在测量过程中，完全由于人为过失而造成的、明显歪曲测量结果的误差称为粗大误差。如读数错误、记录错误、计算错误等。粗大误差的值往往大大超过在同样测量条件下的系统误差和随机误差，以至于使测量结果完全不可信赖。因此，粗大误差一经发现，必须予以剔除，同时应通过主观努力克服这类错误。

例如，在加速器绝对剂量输出晨检中，由于晨检仪测量偏高，会导致在一段时间内所有的晨检结果普遍升高；如用几套晨检仪同时进行测量，我们会得到几个略有不同的结果。前者是系统误差，后者是随机误差。因此，利用晨检仪对加速器绝对剂量输出的测量结果中包含了3个组成部分，第一是真实的输出剂量，第二是系统误差，第三是随机误差。对于任何事物特性的测量，其结果都是这3个部分的组合，系统误差和随机误差越小，测量结果与真实的输出剂量的一致性就越高，测量就越准确，反之则越不准。

2. 按误差产生的来源分类

(1) 仪表误差(装置误差)

由于测量仪表或装置本身的误差所引起的，其值与测量仪表或装置的制造精度、结构、安装以及技术状况的优劣有关。

(2) 方法误差(理论误差)

由于测量方法的不完善，或测量所依据的理论不完善而形成的误差。

(3) 环境误差

由于测量环境(如温度、气压、湿度、光线、电场、磁场等)不符合测量要求而产生的附加误差。

(4) 动态误差

在动态误差中，由于测量系统中的自振频率、阻尼的关系，响应存在快慢。因此，被测的动态参数的真值和测量值之间存在幅值和相位的误差。

(5) 人为误差(操作误差)

由于操作者分辨能力、反应速度的快慢、某些固有习惯以及操作熟练程度的不同等引起的误差。

四、测量精度的描述

测量的准确与否,测量精度用效度和信度来表示。

测量的效度有广义和狭义之分。广义的效度,指测量结果能够表现欲测量特性的精确程度,即测量结果中含有测量误差的大小。狭义的效度,则专指测量结果中所含系统误差的大小程度。小者,谓之有效;大者,谓之无效。我们这里说的效度是狭义的效度,它与测量结果偏离真实情况的程度有关。

信度指测量结果中含有随机误差的大小。小者,信度高,大者,信度低。它与测量结果的一致性程度有关。

测量结果可能是:①既无效又不可靠;②有效但不可靠;③可靠但无效;④有效且可靠。第一种情况是指测量结果中存在较大的系统误差和随机误差;第二种情况是指测量结果中系统误差不大,但随机误差较大;第三种情况是指测量结果中随机误差不大,但系统误差较大;第四种情况是指测量结果中两种误差都不大。表 2-1 直观地表示了测量结果的这 4 种情况。

表 2-1　测量误差与测量的效度和信度

随机误差	系统误差	
	大	小
大	既无效又不可靠	有效但不可靠
小	可靠但无效	有效且可靠

五、测量信度

信度即可靠性,它指的是采取同样的方法对同一对象重复进行测量时,其所得结果相一致的程度,或者说,信度是指测量结果的一致性或稳定性。例如,如果同一套测量设备在对同一测量对象(即受试者本身没有变化)进行的数次测量中,受试者的分数忽高忽低的话,则说明该测量缺乏信度。

测量的信度通常用一种相关系数(即两个数之间的比例关系)来表示,相关系数越大,信度则越高。当系数为 1.00 时,说明测量的可靠性达到最高程度;而系数是 0.00 时,则测量的可靠性降到最低程度。在一般情况下,系数不会高到 1.00,也不会降到 0.00,而是在两者之间。对信度指数的要求因测量类别的不同而不同,人们通常对标准化测量的信度系数要求在 0.90 以上,例如“静电计”的信度大致为 0.999,而主观类测量的信度系数则以 0.70～0.80 之间为可接受性系数。测量信度的计算方法有很多种,以下仅介绍 4 种易于操作的方法。

1. 复测法

复测法指在一次测量之后,应用同一工具在相同的条件下进行再次测量。前后两次测量的结果相近的程度即复测信度,两次测量的结果越相近,复测信度就越高。复测信度假设:随机误差越大,当用同一工具进行多次测量时,测量结果的差别就越大。如利用同一套

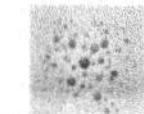

晨检仪在某一天的两个不同时间内来测量同一批医用电子直线加速器，这样可获得两组数值，然后计算出两组数值的相关系数。如该批医用加速器比较稳定，晨检仪亦比较可靠的话，则每台加速器在两次测量中的排名次序应该是基本不变的。

2. 子样本法

子样本法指在一次测量之后，将一个样本随机地分成若干个子样本。各子样本测量结果之间的一致性程度越高，测量的信度越高。当测量者无法获得复测信度时，用子样本信度估计测量的可靠性是一个不错的选择。

3. 交替形式法

交替形式法与复测法极为相似，不同的是替代效度同时用两种“相等”的测量工具测量同一个变量。同一批被测者使用测量工具类型完全相同，难易程度相当，但具体方法不同的两套对等工具先后进行两次测量，两个工具测量的结果越接近，则交替形式法信度越高。如利用数显温度计和水银温度计分别对同一机房环境内温度进行测量，然后计算出两次得分的相关系数。

应用交替形式法估计测量可靠性的主要问题是，人们常常很难找到两个完全等同的测量工具。

4. 对半法

对半法，测量只进行一次，被用来估计多题项量表的可靠性或测量中随机误差的大小。多题项量表采用多个题项测量一个变量，这样做的好处在于，它可以将被测量的变量转化成连续的，进而可以采用较为复杂的数理统计工具对数据进行分析。以高考试卷为例，将整份试卷的题目按单、双数分成两组来分别计分，再计算奇数试题和偶数试题分数之间的相关系数，然后再用公式计算整份试卷的信度系数。

六、测量效度

测量效度即准确度，亦称测量的有效性，它是指测量工具或测量手段能够准确测出所要测量的变量的程度，或者说能够准确、真实地度量事物属性的程度。效度越高，即表示测量结果越能显示其所要测量的特征。如果说根据某项特征能够区分人、物或事件，那么说某个测量该特征的测量工具是有效的，就是指它的测量结果能把具有不同特征的人、物或事件进行有效的区分。测量的效度一般可分为以下几类。

1. 表面效度

所谓表面效度是指量表测量的内容与概念的内涵相一致的程度。虽然量表的表面效度很难用数理统计的方法较为客观地评价，但是却可以通过将量表的测量内容与欲测量概念的内涵相比较而做出一个大致的判断。表面效度是指测量效果和人们头脑中的印象或学术界形成的共识之间的吻合程度，吻合程度高，表面效度就高。表面效度有问题，就意味着研究者测量到的可能并不是他们想要测量的，并由此影响基于其上所有研究结果的可靠性。

2. 内容效度

内容效度是指测量在多大程度上涵盖了被测量概念的全部内涵，测量工具代表概念定义的内容越多，内容效度就越高。

3. 构成效度

构成效度从概念或变量的构成方面考察测量的效度如何。为了考察量表的构成效度，首先要弄清楚相关概念的理论结构或逻辑结构，即一个概念与其他概念的逻辑关系；其次，根据它们之间的逻辑关系建立预测假设；第三，对它们分别进行测量，并考察测量结果之间的相关程度，用以检验假设。若假设成立，则说明测量有效；若假设不成立，则说明要么是逻辑有问题，要么是测量效度较差。此时，若能肯定逻辑结构没有问题，则问题一定出在测量上，即测量效度有问题。

构成效度可以用法则效度、内敛效度和判别效度来评估。

法则效度指的是一个变量（概念）的测量结果以在理论上可以预测的方式，与相关变量（概念）的测量结果之间相互关联的程度。变量（概念）与变量（概念）之间构成一个逻辑框架或理论模型，像是一个变量（概念）与变量（概念）之间的关系网，一个变量（概念）与另一个或一些变量（概念）依法则而相互关联。测量者可以根据法则效度，判断一个变量的测量结果是否构成有效。

内敛效度要求在一个量表中测量同一个变量的多个题项之间要有较高的内部一致性；而判别效度则要求在一个量表中测量不同变量的题项之间有明显的区别，即一个量表测量一个变量的结果不能与其他量表测量其他变量的结果相同。在实际工作中，测量者经常使用确定性因子分析来检验量表的内敛效度和判别效度。

4. 标准效度

标准效度是指一个变量测量的结果与选做标准的变量之间的相互关联的程度，这些标准能够精确表示被测概念。根据涉及的时间阶段，标准效度可以采取两种形式：平行效度和预测效度。前者指一个变量的测量结果能够用于准确估计另一个变量测量结果的程度。后者是指一个变量的测量结果能够用于准确估计另一个变量未来变化的程度。

七、信度与效度的关系

信度是效度的必要条件，但不是充分条件。一个测量工具要有效度必须有信度，没有信度就没有效度；但是有了信度不一定有效度。信度低，效度不可能高。因为如果测量的数据不准确，也并不能有效地说明所研究的对象。

信度高，效度未必高。例如，如果我们准确地测量出某台加速器的绝对剂量，也未必能够说明该台加速器的绝对剂量标定符合国家要求。效度低，信度很可能高。例如，即是一项研究未能说明社会流动的原因，但它很有可能很精确、很可靠地调查各个时期各种类型的人的流动数量。效度高，信度也必然高。

效度是随机误差和系统误差的综合反映，图 2-1～4 对效度和信度间的关系进行了阐述。靶心中央一点相当于被测量的真值 x_0，而打靶时的命中点则为每次的测量值。图 2-1 中，多次测量的测量值密集，测量信度高，且均值 $\bar{x}$ 接近靶心真值 x_0，测量效度也高。图 2-2 中，多次测量的测量值离散性大，测量信度低，效度自然也低；但测量均值 $\bar{x}$ 有可能接近靶心真值 x_0。图 2-3 中，多次测量的测量值密集，测量信度高，但均值 $\bar{x}$ 偏离靶心真值 x_0 较大，测量效度低。图 2-4 中，x_k 明显异于其他测量值，可判断为含有粗大误差的坏值，在剔除坏值 x_k 后，该组测量的信度和效度均较高。

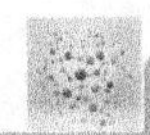

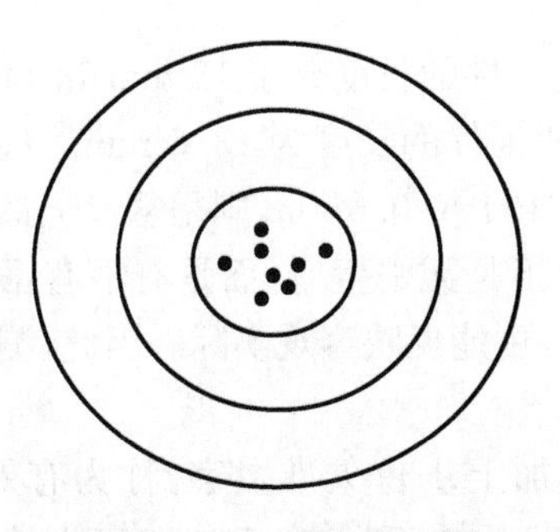

图 2-1　既有信度，也有效度的测量结果示意图

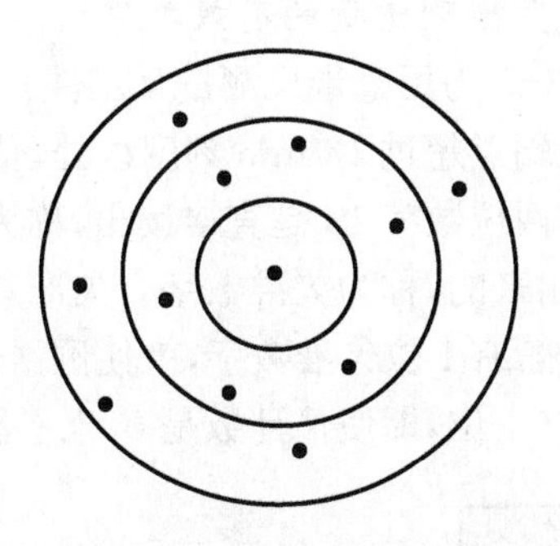

图 2-2　既无信度，也无效度的测量结果示意图

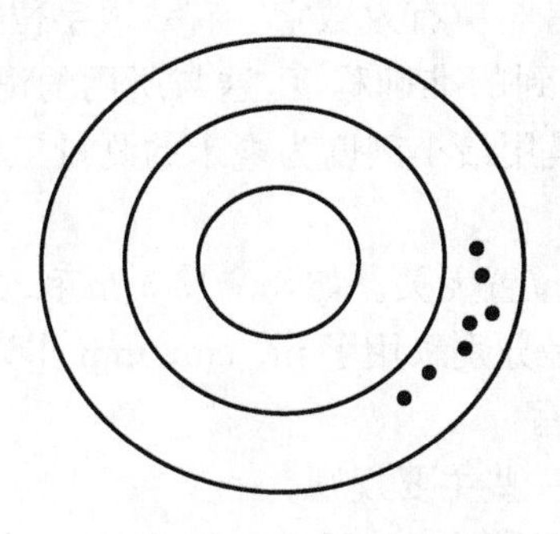

图 2-3　有信度，但没有效度的测量结果示意图

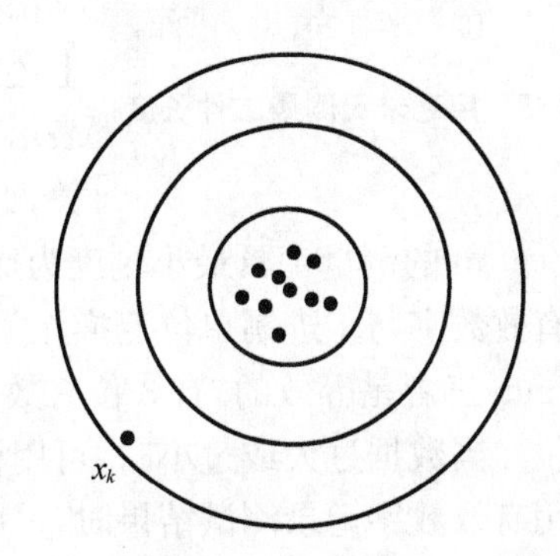

图 2-4　粗大误差测量结果示意图

八、不确定度

测量误差客观存在，且不能确定其大小和方向，所以一切测量结果都不可避免地具有不确定性，因此引入了“测量不确定度”的概念。测量不确定度表明等精度条件下进行重复测量时得到的测定值的分散性，是通过分析和评定得到的一个区间。测量不确定度越小，测量结果的可信程度越高；测量不确定度越大，测量结果的可信程度越低。

测量不确定度可以用测量的标准差、标准差的倍数、置信区间的半宽 3 种形式来表示。由于被测量的真值无法准确得到，用的都是约定真值，约定真值需用测量不确定度来表征所处的范围，按某一置信概率给出真值可能落入的区间。即测量结果可以表示为：

测量结果＝被测量估计值±测量不确定度

九、有效数字

测量是被测量的物理量和标准量（即单位）进行比较，确定其是标准量的多少倍。因此测量会因所用单位的不同而不同，在确定某一单位的情况下，表示测量值的数值位数不能随意取位，写多了没有实际意义，写少了又不能比较真实的表达物理量。因此，一个物理量的数值和数字上的某一个数就有着不同的意义，这就引入了“有效数字”的概念。

1. 直接测量量的有效数字

图 2-5 为用毫米尺测量某工件长度的示意图。此工件的长度介于 13 mm 和 14 mm 之间，其右端点超过 13 mm 刻度线处，估计为 6/10 格，即工件的长度为 13.6 mm。从获得结果看，前两位数字 13 是直接读出，称为可靠数字，而最末 1 位 0.6 mm 则是从尺上最小刻度间估计出来的，称为欠准数字。欠准数字虽然可以，但不是无中生有，而是有根有据有意义的。显然，有 1 位欠准数字，就使测量值更接近真实值，更能反映客观实际。因此，测量值应保留到这 1 位，即使估计数是 0，也不能舍去。

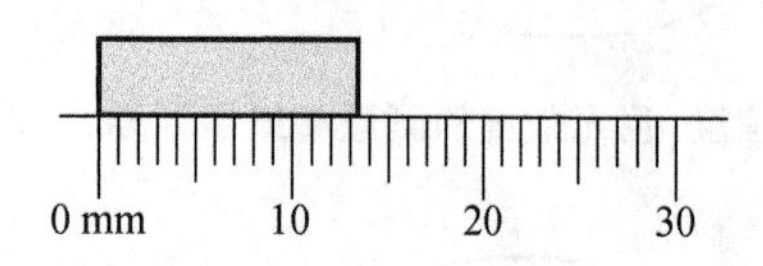

图 2-5　用毫米尺测量工件长度

有几位可靠数字加上 1 位欠准数字，称为有效数字。从左起第 1 个非 0 数字开始，到最末 1 位数字止的所有数字都是有效数字，有效数字的个数称为有效数字的位数，如上述的 13.6 mm 有 3 位有效数字。有效数字位数的多少，表示了测量所能达到的准确程度，这与所用的测量工具有关，如 0.013 5 m 是用最小刻度为毫米的测量工具测量的，而 1.030 m 的测量工具最小刻度为厘米。

有效数字与十进制单位变换无关，即与小数点位置无关。如，0.013 5 m 和 1.35 cm 及 13.5 mm 三者是等效的，有 3 位有效数字，只不过是分别采用了 m、cm、mm 作为长度的表示单位。当数据过大或过小时，可用科学计数法书写。

用有效数字记录测试结果时，一般须遵守下列一些主要规则。

(1) 对不需标明误差的数据，其有效位数应取到最后 1 位是欠准数字，且通常认为在末位有±(0.5～1)个单位的误差，例如在图 2-5 所示测量中的例子。

(2) 对需表明误差的数据，其有效位数应取到与误差同一数量级。如用不确定度为 0.05 mA的电流表对某电流进行测量，测量值为 1.678 mA，测量结果记作(1.678±0.05) mA 是不合适的。由于使用该电流表，测量结果在百分位上已经有了误差，在百分位以后的数字没有意义，所以应把测量结果记作：(1.68±0.05)mA。

(3) 有效数字的修约。当有效数字的位数确定后，后续的多余数字应一律舍弃。舍弃原则是“四舍六入，五凑偶数”，五凑偶数，即被处理的数据是 5 时，看 5 后面若为非 0 的数则入，5 后面无数字或为 0 则将拟保留的数凑成偶数(表 2-2)。

表 2-2　将表内测量值修约为 4 位有效数字

修约前	修约后	修约前	修约后	修约前	修约后
3.142 45	3.142	3.215 60	3.216	5.623 50	5.624
5.624 50	5.624	3.384 51	3.385	3.384 50	3.384

需要注意的是，修约数字时，对原测量值要一次修约到所需位数，不能分次修约。如将 3.314 9 修约成 3 位数，不能先修约成 3.315，再修约成 3.32；只能一次修约为 3.31。

2. 间接测量量的有效数字

间接测量物理量是通过几个与只有函数关系的直接测量物理量计算得到的，进行数字运算处理时，计算的结果也存在着应取多少位数来正确表达的问题。如果间接测量值所取的有效位数超过实际所能达到的精度，多取的几位其实是无效的，即仅从计算上增加有效位数不可能提高测量精度。反之，如果间接测量值所取的有效位数少于实际所能达到的精

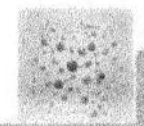

度，就不能把已经达到的测量精度表示出来，会造成使用错误。

在进行运算时，有效数字遵循以下规则。

(1) 加减计算，参与运算的各数所保留的小数点后的位数，应与所给各数中小数点位数最少的相同，即以绝对误差最大的原始数据为准。

如：0.012 1＋25.64＋1.057 82＝26.709 92，按 25.64 为依据，有效数字保留小数点后两位，即计算结果＝26.71。

(2) 乘除计算，参与运算的各数保留的位数以有效数字最少的数字为标准，即以相对误差最大的原始数据为准。

如：$\frac{0.032\,5\times 5.103\times 60.06}{139.8}=0.071\,250\,4$，在参与运算的数中有效数字最少的是 0.032 5，则计算结果＝0.071 3。

(3) 对数、指数、三角函数运算，结果的有效数字的位数与变量的有效数字位数相同。

第三节　剂量计和测量系统使用规范

一、剂量计

辐射剂量计是一种测量装置或者说是一个系统，通过它进行测量，可以直接或间接的得出照射量、比释动能、吸收剂量或当量剂量，或是得到由其衍生出的时间量或相关的电离辐射量。剂量计与其读出装置共同组成了剂量测定系统。对某辐射剂量的测量是指通过实验的方法，使用剂量测定系统来测出这个辐射剂量的数值的过程。一个测量结果，即一个辐射剂量的数值，是由数字和适当的单位来表示。辐射剂量计至少具有一个物理特性，而且这个物理特性是所测量的辐射剂量的函数，通过适当的校准后，辐射剂量计便可以用来测量辐射剂量。

作为辐射剂量测定使用的辐射剂量计，必须具有一些我们所期望的特性。例如，在放射治疗中准确地知道在水中规定点处的吸收剂量和它的空间分布是非常重要的，因为由此能更准确的导出患者感兴趣器官所吸收的辐射剂量。就此而论，剂量计的特性必然包括了精确度和准确度、线性、剂量和剂量率的依赖性、能量响应、方向依赖性和空间分辨率等。显然，并不是所有的剂量计都能满足以上所有的特性。因此，必须根据实际测量情况的需要选择合适的辐射剂量计与其读出装置。例如，在放射治疗中通常推荐使用电离室来校准辐射束，而有的剂量计适合作为剂量分布(相对剂量测量)的评估或是剂量验证来使用。

剂量计具有以下几种特性。

1. 线性

在理想情况下，剂量计的读数 M 应该与剂量 Q 呈线性关系。但实际上在某剂量范围外，两者之间并不是线性关系。这两者的线性范围依赖于剂量计的类型以及它的物理特性。图 2-6 给出了剂量计系统的剂量响应特性的两个典型例子。由曲线 A 可以看出，随着照射剂量的增加，剂量计读数先是与剂量呈线性关系，当达到某一剂量后剂量计读数的增长变快，最后达到饱和状态。而由曲线 B 可以看出，随着照射剂量的增加，剂量计的读数一直是线性增加，直到逐渐达到饱和。一般来说，在非线性情况下必须对剂量计的读数进行修正。某一剂量计及其读出器可能都不具有线性的剂量响应特性，但它们的组合效果却可能使剂量响应特性在较宽的剂量范围内具有线性关系。

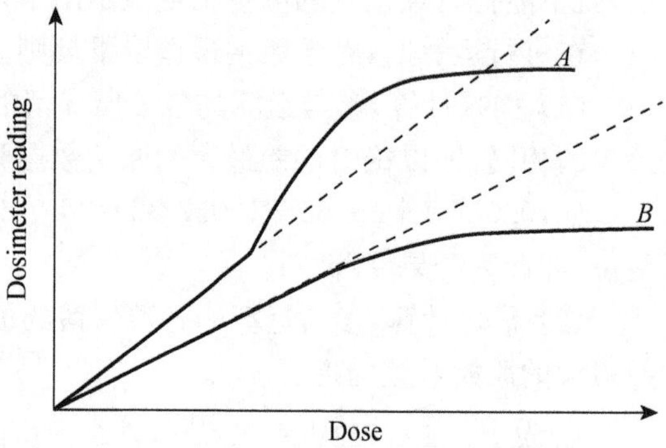

图 2-6　两个剂量测定

2. 剂量率的依赖性

积分系统测量的是剂量测定系统的积分剂量响应。对于这样的测量系统，测量的剂量不依赖于剂量率。系统的响应特性在理想情况下，对于两种不同的剂量率 $(dQ/dt)_1$ 和 $(dQ/dt)_2$，其剂量测定系统的响应 M/Q 应该是相同的。但实际上剂量率可能会影响剂量计的读数，因此必须对其作适当的修正，例如在脉冲式辐射束的测量中需要对电离室作复合修正。

3. 能量依赖性

剂量测定系统的响应 M/Q 通常是辐射质(能量)的函数。因为剂量测定系统是在某一(或某几个)指定的辐射质条件下进行校准，并在很宽的能量范围内使用的，所以需要对剂量测定系统的响应随电离辐射质的变化(称为能量依赖性)作适当的修正。在理想情况下，能量响应应该是恒定不变的(即在某辐射质范围内，剂量测定系统的校准不应依赖于能量)。但实际上，在多数的测量情况中，测量结果必须包含能量修正。在放射治疗中，通常感兴趣的是水中(或组织中)的辐射剂量。而对于所有的辐射质，剂量计都不是水或组织等效的，所以能量依赖性是剂量测定系统的一个重要特性。

4. 方向依赖性

剂量计的响应随着辐射线入射角的变化而改变，即剂量计具有方向或角度依赖性。由于剂量计的结构、物理尺寸和辐射线能量等原因，使得剂量计通常具有方向依赖性。并且在某些剂量计的应用中，方向依赖性是非常重要的，如体内剂量测量中使用的半导体剂量计。因此在放疗中使用剂量计测量剂量时的几何条件通常与其在校准时的几何条件相同。

5. 空间分辨率和物理尺寸

一般来说，辐射剂量描述的是空间中某一点的剂量，因此剂量计测量的剂量应该是空间中某个非常小体积内的剂量(即某一点的剂量必须用“点剂量计”来测量)。同时剂量测量点的位置(即它的空间位置)应明确的定义在参考坐标系中。热释光剂量计(TLD)的尺寸非常小，可以近似作为点剂量的测量工具。胶片剂量计具有极好的二维空间分辨率，凝胶剂量计也有很好的三维空间分辨率，因此用它们作点剂量测量时，其空间分辨率仅限制于评估系统的分辨率。而电离室由于本身的几何尺寸限制了其灵敏度大小，即使是最新型的尖点微型电离室也不能完全克服这个问题。

6. 数据读出的方便性

直读式剂量计(如电离室)的使用通常比被动型剂量计(即剂量计在照射后需经过处理

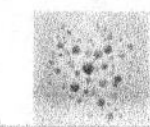

才能读数，如热释光剂量计和胶片剂量计）更加方便。有些剂量计只能测量累积剂量（如热释光剂量计和凝胶剂量计），而有些剂量计既能测量累积剂量也能测量剂量率（如电离室）。

7. 使用的方便性

电离室是可以重复使用的，它的灵敏度在使用期限内几乎没有变化。半导体剂量计也可以重复使用，但在使用期限内它的灵敏度会逐渐下降。然而某些剂量计是不能重复使用的（如胶片、凝胶、丙氨酸）。有些剂量计仅通过单次曝光便可以测量剂量分布（如胶片和凝胶），有些剂量计则很复杂（即处理过程不会影响灵敏度，如电离室），而有些剂量计的灵敏度依赖于处理过程（如热释光剂量计）。

二、电离室剂量测定系统

1. 电离室和静电计

电离室是用来测量放射治疗中或放射诊断中的辐射剂量。在参考照射条件下的剂量测定称为辐射束校准。根据不同的测量需要，电离室可以制成不同的形状和大小，但通常它们都具有以下特性。

（1）电离室的基本结构是由外部导电室壁和中心收集电极组成，室壁内是充满气体的空腔（图 2-7）。室壁和收集电极之间由高绝缘材料分隔开，这样可以使电离室在加上极化电压时的漏电流减小。

（2）防护电极能够进一步减小电离室的漏电流。防护电极截断漏电流，并绕开收集电极，将漏电流导向地面。它还能确保电离室灵敏体积内的电场具有良好的均匀性，这样可以准确地收集电离电荷量。

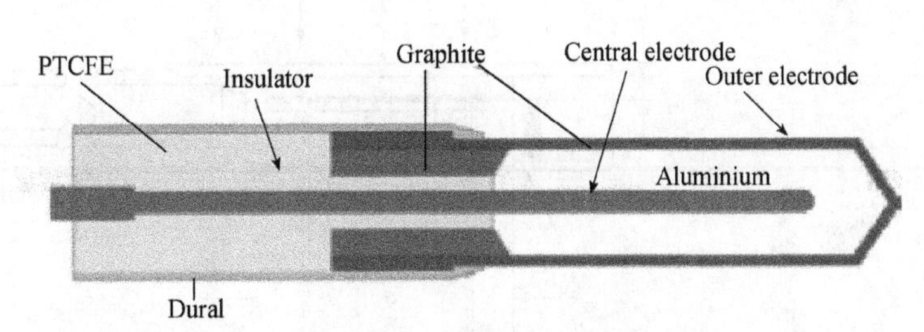

图 2-7 Farmer 型圆柱形（或指形）电离室的基本设计

（3）使用自由空气电离室测量剂量时，必须对温度和气压进行修正。这是因为当周围环境的温度和气压发生改变时，电离室气腔内的空气质量也会随之改变。

静电计是用来测量微电流的装置，测量的电流大约为 A 或者更小。与电离室连接的静电计是具有高增益、负反馈的运算放大器，它通过反馈通路上的标准电阻器或标准电容器测量电离室中的电流或某一固定时间间隔内收集到的电荷量，其原理如图 2-8。

2. 圆柱形电离室（指形电离室）

目前最普遍使用的圆柱形电离室，是由 Farmer 设计并由 Baldwin 最先制造出的灵敏体积为 0.6 cm^3 的电离室，现在许多厂家都能生产这种 Farmer 型电离室，用于放射治疗剂量测定中的辐射束校准。这种电离室的灵敏体积形状类似套环，因此 Farmer 型电离室通常也称为指形电离室（设计原理见图 2-7）。不同生产厂商制造的圆柱形电离室，其灵敏体积通常在 0.1～1 cm^3 之间。一般来说，电离室内气腔的长度不超过 25 mm，气腔的内直径不超过 7 mm。用作室壁的材料一般是低原子序数 Z（即组织或空气等效）材料，室壁的厚度低于 0.1 g/cm^2。在空气中用 Co-60 射线来校准电离室时通常需要加上平衡帽，其厚度大约为 0.5 g/cm^2。电离室的构成应尽可能是均质的，直径约为 1 mm 的中心电极通常由铝质材料构成，以确保电离室具有某一固定的能量依赖性。IAEA 第 277 号报告和 398 号报告中较详细地介绍了商业上使用的各种圆柱形电离室的构造。

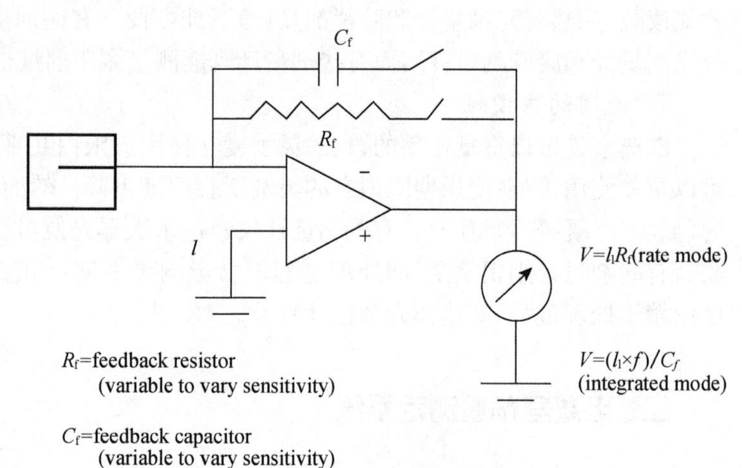

图 2-8　具有反馈运算模式的静电计

3. 平行板电离室

平行板电离室由两个平板室壁组成，其中一个作为入射窗，形成极化电极；另一个作为后壁，形成电荷信号的收集电极，同时它也作为防护环系统。后壁通常是一块导电塑料，或者是带有一个薄石墨导电层的不导电材料(通常是有机玻璃或聚苯乙烯)，形成收集电极和保护环。平行板电离室的原理图见图 2-9。

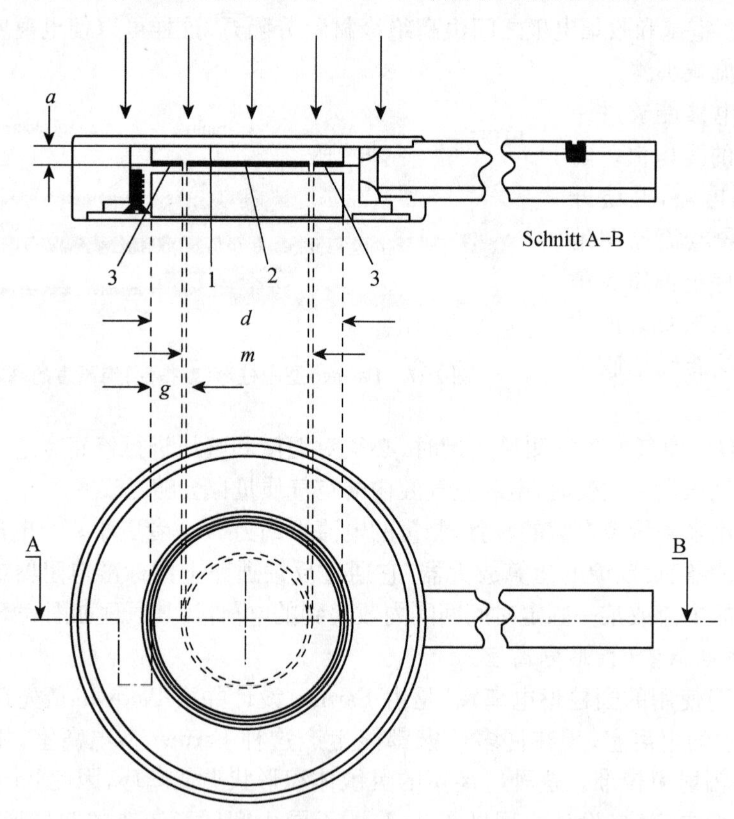

1—极化电极。2—测量电极。3—保护环。a—气腔的高度。
d—极化电极的直径。m—收集电极的直径。g—保护环的宽度

图 2-9　平行板电离室

平行板电离室被推荐用来测量能量低于10 MeV电子束的辐射剂量。同时它也用来测量兆伏级光子束在建成区的表面剂量和深度剂量。IAEA第381号和第398号技术报告中详细阐明了商业上使用的平行板电离室的特性和这些电离室在电子束剂量学测定中的使用。有些电离室需要作注量扰动修正,因为它们不能提供足够的保护宽度。

4. 近距离放射治疗电离室

用于近距离放射治疗的放射源,其空气比释动能强度(或参考空气比释动能率)较低,需要较大灵敏体积(大约为250 cm^3或者更大)的电离室来进行测量,以提供足够的灵敏度。在近距离放射治疗中,通常使用井型电离室或凹型电离室来校准和标定放射源。井型电离室的原理图见图2-10。

井型电离室必须按照典型尺寸的放射源的要求来进行设计,以符合近距离放射治疗中的临床使用和参考空气比释动能率的校准。

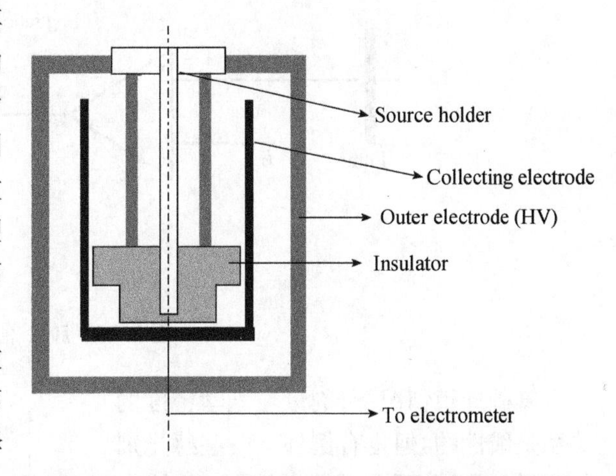

图2-10 近距离放射治疗中井型电离室的基本设计

5. 外推电离室

外推电离室是灵敏体积可变的平行板电离室。它是用来测量中压X射线和兆伏级X射线束的表面剂量,以及测量射线和低能X射线的辐射剂量。另外,它也能够直接嵌入组织等效模体中,测量辐射线的绝对剂量。空腔对电子的扰动可以通过测量空腔厚度函数并外推到零厚度进行消除。使用这种有限厚度的平行板电离室时,可以估计其空腔扰动的影响。

三、胶片剂量计

1. 放射照相用胶片

X射线照相用胶片在放射诊断、放射治疗和辐射防护中起着若干重要作用。它可以用作辐射探测器、相对剂量计、显示设备和归档文件。未曝光的X射线照相用胶片是由一片薄的塑料片基,片基单面或双面均匀地覆盖了一层辐射感光乳剂(乳剂里悬浮着溴化银颗粒)所构成。

辐射作用使溴化银颗粒电离,在胶片上形成潜影。潜影只能向可见方向(胶片致黑)转变,并且在接下来的处理中一直保持。透明度是胶片黑度的函数。如果用光学密度OD表示的话,它可以使用光密度计来测量。OD定义为$OD=\log 10(I_0/I)$,它是剂量的函数。I_0是光线入射强度,I是光线透过强度。胶片的二维空间分辨率极好,它可以提供在一次照射中我们感兴趣区域的辐射空间分布信息或由于插入介质使辐射减弱的信息。胶片的有效剂量范围是有限的,对于低能的光子线,胶片响应对能量依赖明显,胶片响应依赖于几个难控制的参数。就这一点而言,胶片的一致处理是一个特殊的挑战。胶片常用于定性的剂量测量,但如果我们适当修正,认真使用和分析,胶片也可以用于剂量估算。

不同类型的胶片都可用于放射治疗工作(例如:用于验证射野大小的直接曝光的无增感屏胶片;用于模拟机的荧光屏胶片和用于射野影像系统的金属屏胶片)。未曝光的胶片有本底光学密度,称为光学密度灰雾(OD_f)。由辐射引起的光学密度叫净光学密度,它可以用测量密度减去灰雾值得到。光学密度读数器包括胶片显像密度计、激光显像密度计和自动胶片扫描仪。简单的胶片显像密度计的工作原理如图 2-11。

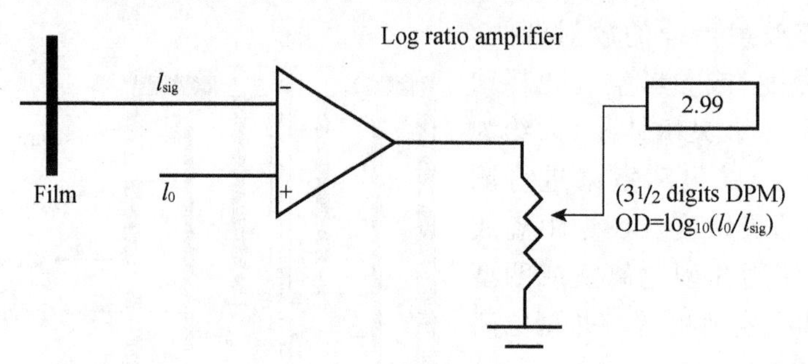

图 2-11　胶片剂量计

基础理想情况下,剂量与光学密度的关系是线性的,但也有例外。一些感光剂的剂量- OD 关系是线性的;另一些感光剂的剂量- OD 关系在限定的剂量范围内是线性的,在该范围外则是非线性的。因此,每一张胶片在用于剂量测量之前,必须先建立剂量- OD 曲线。剂量- OD 曲线称为灵敏度曲线(也称为特征曲线或 H & D曲线,这是纪念最先研究该关系的 Hurter 和 Driffield)。典型的放射照相用胶片 H & D 曲线如图 2-12。

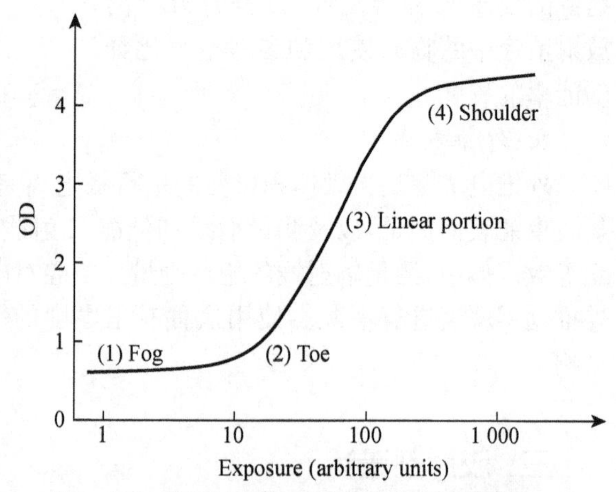

图 2-12　典型的放射照相用胶片灵敏度曲线
(特征曲线或 H & D 曲线)

它有 4 个区域:①灰雾区,即在低或未曝光时的区域;②趾区;③在曝光过程中的直线区域;④过度曝光时的肩部饱和区域。直线区域是测量条件最佳时,趾区曝光不足,肩部曝光过度。

胶片对辐射响应的重要参数有 gamma 值、宽容度和感光度。H & D 曲线的直线部分的斜率叫做胶片的 gamma 值。应该选择合适的曝光量来使放射照相用胶片的所有部分都在 H & D 曲线的直线区域内,并保证对所有光学密度,对比度都是相同。胶片的宽容度定义为曝光量的范围,该范围内光学密度 OD 要在直线区域内。胶片的感光度由给定的曝光量决定,要求该曝光量引起的光学密度 OD 比光学密度灰雾值大 1.0。放射照相用胶片在放射治疗中的典型应用是定性测量和定量测量,包括了电子射野的剂量测量,放射治疗机器的质量控制(例如:灯光野与射野的一致性和准直器中心轴位置的确定,即所谓的星点检测),在不同模体和射野影像系统中治疗技术的验证。

2. 辐射显色胶片

辐射显色胶片是用于放射治疗剂量测量的一种新型胶片。最常用的是 GafChromic 胶

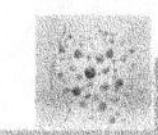

片。它是无色的，覆盖着一层接近等效组织的成分（9%的氢，60.6%的碳，11.2%的氮和19.2%的氧），当受到辐射照射时，它显影呈蓝色。辐射显色胶片包含一种特殊染料，当辐射照射时，染料被聚合。聚合物吸收光，胶片的透明度可以用合适的剂量计来测量。辐射显色剂量胶片是自显影，既不需要显影剂也不需要定影剂。由于辐射显色胶片无颗粒，所以它精度高，可以用于测量剂量梯度大的区域（例如：测量在立体定向射野中和近距治疗放射源附近的剂量分布）。

剂量测量中使用辐射显色胶片比起放射照相用胶片来有很多优点：容易使用；取消对暗室设备、片盒和胶片处理的需求；不依赖剂量率；有更好的能量特性，特别是对 25 kV 或更低的低能 X 射线；不受周围环境的影响（当然过度潮湿应该避免）。通常辐射显色胶片比放射照相用胶片灵敏性低，它多用在较高剂量的测量，尽管其剂量响应是非线性的，但在较高剂量区域应予修正。

辐射显色胶片是相对剂量计。如果适当考虑修正和环境条件，其精确度可以超过97%。辐射显色胶片的各种参数数据（灵敏度、线性、均匀性、重复性和辐射照射后的稳定性）可以在文献说明中查到。

四、发光剂量计

某些物质，一旦吸收辐射，保留部分能量，处在亚稳定的状态。之后，该能量以紫外线、可见光或红外线被释放，这种现象称为发光现象。它有荧光和磷光两种类型，区别在于光被激发与释放之间的延迟时间。延迟时间在10^{-10}～10^{-8} s之间时，荧光产生。延迟时间超过 10^{-8} s时，磷光产生。磷光可以通过热或光适当地刺激来加速产生。

如果是热刺激，该现象称为热释光，该物质叫做热释光物质或 TLD（当用于剂量测量时）。如果是光刺激，该现象称为光致发光（OSL）。高能二级带电粒子对物质吸收光子能量起主要作用，它们通常是光子与物质初始相互作用时产生的电子。在晶体固体中，这些二级带电粒子通过电离原子和离子，释放出大量低能自由电子和空穴。这些自由电子和空穴将来不是重新复合，就是在晶体的某处分别被电子或空穴陷阱捕获。陷阱可以是固有的，也可以是在晶体中加入空隙或杂质造成晶格缺陷而引入的。通常有两种陷阱：储存陷阱和复合中心。储存陷阱仅仅是捕获自由带电粒子，之后加热时释放它们，产生热释光过程；或者通过光辐射释放它们，产生 OSL 过程。

从储存陷阱中释放出来的带电粒子可以与复合中心（发光中心）里的被捕获的带相反电荷的带电粒子复合。复合能量至少有一部分以紫外线、可见光或红外线辐射释放出来。这部分能量可以用光敏二极管或光电倍增管（PMTs）来测量。

1. 热释光

热释光是热刺激的磷光现象。它是最引人注目和广为知晓的由大量各种电离辐射引起的热刺激现象。它的实际应用范围从考古探测陶器年代测量到辐射剂量测量。1968 年，Cameron 等出版了一本关于热释光处理的书，至今它仍被认为是关于热释光现象实践方面的经典论著。热释光剂量计的工作原理是由固体能带模型提供的。储存陷阱和复合中心处在价带与导带之间的能量间隙中，每一类型都有特定的由结晶固体和陷阱的本性决定的激发能（陷阱深度）。刚好低于导带的状态表现为电子陷阱。刚好高于价带的状态表现为空穴陷阱。辐射照射之前的捕获水平是空的(即空穴陷阱包含电子,而电子陷阱则为空)。辐射时,二级带电粒子将电子从价带(离开价带中的一个自由空穴)或一个空的空穴陷阱(填充空穴陷阱)中推入导带。

系统可以通过几种方法达到热平衡:自由带电粒子复合,复合能转化为热能;自由带电粒子与在发光中心被捕获的带相反电荷的带电粒子复合,复合能以可见荧光的形式释放出来;自由带电粒子在储存陷阱处被捕获,导致磷光或热释光现象以及 OSL 过程。

2. 热释光剂量系统

医学方面最常用的 TLD 材料有 LiF:Mg, Ti, LiF:Mg, Cu, P 和 $Li_2B_4O_7$:Mn,这是由于它们的组织等效性。其他的 TLD 材料:$CaSO_4$:Dy, Al_2O_3:C 和 CaF_2:Mn,由于它们具有高灵敏性而被采用。TLD 可以有不同形式(如:粉末状、片状、杆状和带状)。在使用之前,TLD 需要退火来去掉残存的信号。应使用成熟和可重复的退火周期,包括加热速度和冷却速度。基本的 TLD 读数系统由用于放置和加热 TLD 的金属板,探测热释光散发和将它转化成电信号(与探测到的光子量成线性比例)的光电倍增管 PMT,和用于将 PMT 信号记录为电荷或电流的静电计组成。TLD 读数器的基本原理图见图 2-13 所示。

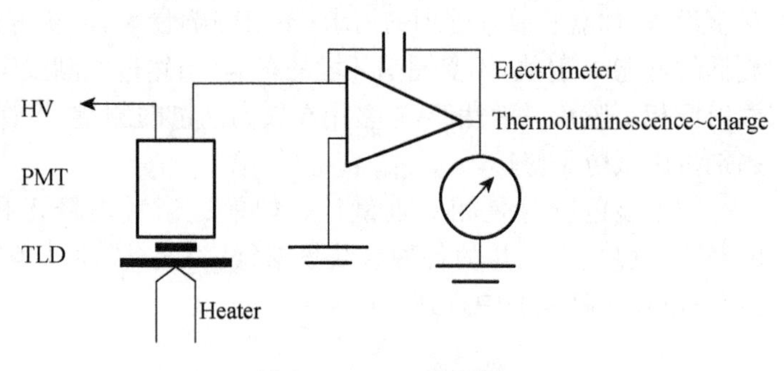

图 2-13 TLD 读数器

热释光散发强度是 TLD 的温度 T 的函数。如果保持恒定的加热速度使温度 T 正比于时间 t,并可以用 TLD 测量系统测得输出读数,那么热释光强度就可以画成 t 的函数图。该曲线称为 TLD 加热发光曲线。通常,如果散发的光被画成对应晶体温度的图,就得到热释光温谱图(图 2-14)。

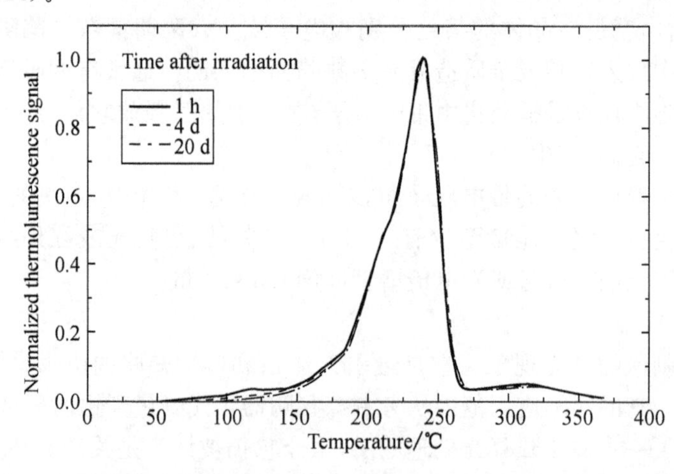

图 2-14 TLD 读数器测量的低加热率下 LiF:Mg,Ti 的典型温谱图(加热发光曲线)

加热发光曲线中的峰值可能与导致热释光散发的陷阱深度有关。LiF:Mg, Ti 加热发

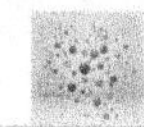

光曲线中，用于剂量测量的主要是在180～260℃之间的峰值。由于峰值温度高于室温很多，因此它不会受到室温的影响；而且它又低于加热板释放出的黑体温度很多，所以也不会受到黑体的干扰。通过适当的修正，散发出的总热释光信号（如：加热发光曲线适当部分下面的区域）可以与剂量相关联。

读数过程中热循环的良好重复性对剂量测量的精确度十分重要。由于光在常温时的自发发射，热释光信号在辐射后立即减少，这一过程称为衰退。LiF：Mg，Ti例外，它在辐射后几个月内，剂量测量峰值的衰退不会超过百分之几。热释光剂量响应在放射治疗中使用的剂量范围内都是呈线性的，虽然在较高剂量区域它会增加，但在更高剂量饱和前它仍表现为超线性。TLD在使用前需要修正（因此用做相对剂量计），为了从热释光读数中推导出吸收剂量，必须使用一些修正因子（如关于能量、衰退和剂量响应非线性的因子）。

在放射治疗中，典型的TLD应用是：病人体内剂量测量，常规的质量保证程序或特殊情况时的剂量监测，如：复杂的几何体、危险器官的剂量、全身照射（TBI）、近距离治疗；在各种模体里的治疗技术验证（如：仿真人体体模）、剂量计核查和各医院间的比较。

3. 光致荧光剂量测量系统

OSL剂量计是基于类似热释光剂量计的原理。不是加热，而是来自激光，并以发光的形式来释放被捕获的能量。OSL剂量计是一种奇特的方法，它为放射治疗的体内剂量测量提供了潜能。在辐射期间内测得的总剂量可以在辐射之后直接用OSL评估。光缆光致荧光剂量计由1个涂了铝氧化物的小碳片（Al_2O_3：C，约1 mm^3，小碳片上加有一根长的光缆）、1个激光、1个射束分裂器、1个准直器、1个PMT电子技术和软件组成。OSL剂量计工作的过程是：激光通过光缆刺激小碳片，产生的光（蓝色的光）再由同一根光缆传回，经射束分裂器转90°反射后在PMT里测量。

光缆剂量计的高灵敏性覆盖了放射治疗中所用的剂量率和剂量的所有范围。通常OSL响应是线性的，它独立于能量和剂量率，虽然角度响应需要修正。存在各种实验结构，例如：脉冲调制的OSL或用在与辐射发光相关的OSL。在剂量计受到辐射的时候，辐射发光迅速地被散发，并提供辐射时的剂量率信息，接着OSL提供总剂量。尽管这种技术还没有用于常规放射治疗，但也可以证明它将来会是用于体内剂量测量的颇有发展价值的工具。

五、半导体剂量计

1. 硅半导体剂量测量系统

硅半导体剂量计是P-N结型二极管。它是通过在N型硅或P型硅表面掺入相反类型物质的杂质而生成。按照基本物质称为N型硅或P型硅剂量计。两类二极管都可用于商业上，但只有P型硅适合于辐射剂量测量，因为它受辐射损伤影响较小，而且暗电流很小。辐射使剂量计（包括耗尽层）里产生电子-空穴（e-h）对，剂量计里产生的电荷（少数电荷载体或载荷子）在扩散长度范围内扩散进耗尽层，在内部电位导致的电场作用下，它们穿过耗尽层，这样在二极管里产生了相反方向的电流。

二极管剂量计用于短路模式，这是因为该种模式的被测电荷与剂量之间是线性关系。它们经常用在无外电压时，可以减少漏电流。二极管剂量计比标准电离室更灵敏，体积更小，它是相对剂量计。由于重复使用，辐射损伤导致灵敏性变化，所以它不能用于射野校准。二极管剂量计多用于模体里的测量，例如：用在立体放射外科中的小野或高剂量梯度的区域（如：半影区）；也经常用于测量电子线射野的深度剂量。为了在水模体里使用电子束扫描仪，它们被包在防水的密封壳里。当用于测量电子束的深度剂量时，二极管剂量计直接测量剂量分布，这与电离室测量电离是相对的。二极管剂量计广泛用在常规的病人体内或膀胱、直肠的剂量测量。测量体内剂量的二极管剂量计配有建成帽，因此必须根据临床射野的类型和品质来选择适当二极管，建成帽也保护易碎的二极管避免物理损伤。二极管剂量计用在体内剂量测量时需要校准，剂量计算时必须使用几个校准因子。

二极管的灵敏性依赖于它的辐射历史，因此需要对它定期重复校准。二极管剂量计的剂量响应随温度改变会发生变化，这对长时间放射治疗十分重要。它还依赖于剂量率（应该考虑源到皮肤距离的不同）、角度（方向）和能量，甚至对放射野的光谱组成的微小变化（这对测量入射和出射剂量很重要）也有依赖。

2. MOSFET 剂量测量系统

金属氧化物半导体场效应晶体管（MOSFET）是一个微型的硅晶体管。它有极好的空间分辨率。由于体积小，它的射野衰减很小，特别适用于体内的剂量测量。MOSFET 剂量计是基于测量阈值电压的，阈值电压是吸收剂量的一个线性函数。致电离辐射敏感的氧化物产生可以永久捕获的电荷，这样形成阈值电压的变化，在辐射时或辐射后可以测量总剂量。MOSFET 剂量计在辐射时需要连接一个偏转电压，MOSFET 有一定的使用期限。

一个单独的 MOSFET 剂量计可以用于整个光子和电子的能量范围。但由于它会随辐射品质变化而变化，所以应该检查它的能量响应。然而，对兆伏级射野，MOSFET 剂量计不需要能量修正，只需用一个校准因子。MOSFET 剂量计存在微弱的轴方向性（对于 360°有±2%的差别），不需要剂量率的修正。与二极管相似，MOSFET 剂量计依赖温度，但这个影响已经被专门设计的双探测 MOSFET 系统克服。通常，它与总的吸收剂量呈非线性响应。然而，在规定的使用期限内，MOSFET 剂量计能够保持足够的线性。在辐射照射（必须稳定）时，MOSFET 剂量计也对偏转电压的变化敏感，在辐射后反应有少许漂移（读数必须在照射后规定时间内采集）。MOSFET 剂量计在过去几年里已用于各种放射治疗中的体内和模体剂量测量，包括常规病人剂量验证、近距离治疗、TBI、调强治疗（IMRT）、术中放疗和放射外科。根据应用，它可以使用或不使用额外的建成。

六、其他剂量测量系统

1. 丙氨酸电子顺磁共振剂量测量系统

丙胺酸是氨基酸的一种，它被惰性黏合物挤压成棒状或小球状，常用于高剂量的测量。这种剂量计可用于 10 Gy 或更高辐射剂量的测量，有足够的精确度。辐射作用导致丙氨酸基形成，其浓度可以用电子顺磁共振（也叫电子自旋共振）分光计来测量。强度被测量为峰高到光谱中心线峰高的差，读出数据具有非破坏性。

丙氨酸剂量计是组织等效物质，它在典型的治疗射野品质范围内不需要能量修正。它经过辐射后几个月的衰退都很微小，它的响应依赖于环境条件（辐射时依赖于温度；储存时依赖于湿度）。目前，丙氨酸剂量计在放射治疗中的潜在应用是各医院的剂量测量对比。

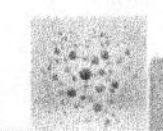

2. 塑料闪烁体剂量测量系统

塑料闪烁体剂量计是放射治疗剂量测量计中较新的发展。当辐射时，闪烁体剂量计里产生的光通过一根光缆传到放在辐照室外的光电倍增管(PMT)。典型的结构需要两组光缆，它们连接两个不同的PMT，这样就允许从测量信号中减去本底辐射。闪烁体剂量计在治疗感兴趣的剂量范围内的响应是线性的，在电子密度和原子组成方面与水几乎等效。特别地，在临床使用的射束能量范围内(包括千伏级电压范围)，它们与水相比，其质量阻止本领和质能吸收系数的差别都在±2%以内。塑料闪烁体剂量计几乎独立于能量，因此可以直接用于相对剂量的测量。

塑料闪烁体剂量计体积可以做得很小(大约1 mm^3或更小)，并可以为临床剂量测量提供足够的灵敏度。因此它们可以用在需要高空间分辨率的情况下(例如：高剂量梯度区域、建成区、交界面区、小野和非常接近近距离治疗源的剂量测量)。由于平坦的能量依赖和小体积，塑料闪烁体剂量计是用于近距离治疗中的理想剂量计，特点是有良好的重复性和长时间的稳定性，没有明显的辐射损伤(最高可到约10 kGy)。即使这样，当临床使用时，射线的输出也应该受到监控。塑料闪烁剂量计独立于剂量率，它可以用于剂量率为10 μGy/min(眼部的剂量测量)到约10 Gy/min(外照射野的剂量测量)的范围。它无明显的方向依赖，不需要周围温度和压力的修正。

3. 金刚石剂量计

金刚石的电阻随着辐射照射而变化，当给定一个偏压时，产生的电流与辐射的剂量率成比例。商业上可以使用的金刚石剂量计是设计用来测量高能光子和电子野的相对剂量分布。金刚石剂量计基于一个天然的金刚石晶体，该晶体密封在聚苯乙烯壳里，通过薄的金接触点提供偏压。

金刚石剂量计对剂量敏感且体积很小，只有几个立方毫米，可以测量空间分辨率非常高的剂量分布。金刚石剂量计是组织等效物，几乎不需要能量修正。由于平坦的能量响应曲线、小体积和可以忽略的方向依赖，它非常适用于高剂量梯度区域的剂量测量(如：立体定向放射外科)。为了稳定剂量响应，金刚石剂量计在每次使用前需要辐照来减少极化效应。金刚石剂量计依赖于剂量率。当测量一个给定的物理量(例如：深度剂量)时，剂量率必须修正。金刚石剂量计对温度的依赖可以忽略，只有0.1%℃或更小。高灵敏度和抗辐射损坏是金刚石剂量计的其他重要特性。它们是防水的，可以用于水模体中的剂量测量。

4. 凝胶剂量测量系统

凝胶剂量测量系统是唯一真正的三维剂量计，适合于相对剂量测量。剂量计同时也是一个模体，可以测量整个三维几何体中的吸收剂量分布。凝胶接近组织等效物质，可以被塑成任何想要的外形和结构。

凝胶剂量计分成两类，分别为基于成熟的Frick剂量计的Frick凝胶剂量计和聚合体凝胶剂量计。在Frick凝胶剂量计中，含铁的硫酸盐中的Fe^{2+}离子溶于凝胶、琼脂糖或聚乙烯醇基质中。辐射引起的变化不是由于直接的辐射吸收，就是由于通过介质水中的自由基的辐射吸收产生的。当辐射照射时，亚铁离子(Fe^{2+})转变为三价铁(Fe^{3+})离子，同时相应的顺磁性特性也发生变化，该变化可以用核磁共振弛豫速率或光学方法来测量，一个三维剂量分布图就产生出了。

Frick凝胶系统的一个主要限制是辐射后离子的持续扩散，导致了剂量分布模糊。在聚合物凝胶剂量计中，单体（如：丙烯酰胺）溶于凝胶或琼脂糖基质中。当辐射照射时，单体进行聚合反应，形成三维聚合物凝胶基质。它是吸收剂量的一个函数，可以用核磁共振、X射线计算机断层扫描（CT）、光学断层扫描、振动光谱或超声来估算。有许多聚合物凝胶配方，包括聚丙烯酰胺凝胶，一般是指 PAG 凝胶（如：BANG 凝胶）和新型的常氧凝胶（如：MAGIC 凝胶），后者在有大气常氧时不敏感。核磁共振弛豫速率与凝胶剂量计中一点的吸收剂量是呈半线性相关的。因此，用核磁共振扫描仪画弛豫速率图，经过计算和适当的修正可以得到剂量图。由于水占很大的比例，聚合物凝胶接近与水等效，对于放射治疗中所用的光子和电子野不需要能量修正。对聚合物凝胶剂量计，尽管剂量响应依赖于剂量计估算时的温度，但使用核磁共振估算时并没有发现有明显的剂量率影响，估算时磁场强度也可能影响剂量响应。辐射后的影像应该考虑，如持续的聚合、冻结和凝胶基质的固化，它们可能导致图像失真。凝胶剂量计是一种非常有前途的相对剂量测量技术。可以证明它对于复杂的临床情况的剂量验证（如：IMRT）和估算近距离治疗中的剂量（包括心脏血管的近距离治疗）都有显著作用。

第四节　剂量验证设备的质量保证

调强放疗（IMRT）技术的发展是放射治疗史上的一次伟大革命，实践中对 IMRT 计划的剂量学验证及验证工具的质量保证是极其繁琐和重要的，它直接关系到 IMRT 治疗效果的好坏。

一、二维剂量验证系统

传统使用胶片法，其精度高（可分辨 0.04 mm 相对位置误差），但测量结果受曝光和显影条件影响，质保环节多。胶片法可实施相对等剂量分布验证，包括集合剂量学验证和单野剂量学验证。前者测量模体（通常圆柱状）一个或多个选择层面的相对复合剂量分布（提供了复合剂量分布的直接信息）；后者测量平的模体中与每一单独射野中心轴垂直的一个层面的相对剂量分布（更能说明计划和治疗中错误的根源）。近来二维电离室矩阵（PTW Seven 29、IBA Matrixx 系统）、二维半导体矩阵（SUN Nuclear Mapcheck）和 Varian 非晶硅平板探测器（aS1000 A-Si EPID 系统）等相继用于临床，来代替胶片用作单野剂量学验证会方便很多，特别是需要重复 QA 测量的情况下。

表 2-3　二维验证系统剂量特性参数比较

项　目	Seven29	Matrixx	Mapcheck	aS1 000
厂　家	PTW	IBA	SUN NUCLEAR	VARIAN
电离室类型	空气电离室	空气电离室	半导体电离室	非晶硅平板探测器
固有建成	5 mm	3 mm 等效水	2 cm 等效水	8 mm 等效水
空间分辨率	10 mm	7.619 mm	0.707 mm	0.391 mm
有效测量面积	26 cm×26 cm	24 cm×24 cm	26 cm×32 cm	30 cm×40 cm

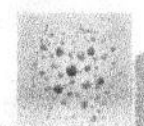

续表

项 目	Seven29	Matrixx	Mapcheck	aS1 000
电离室数目	729 个	1 024 个	1 536 个	786 432 个
电离室陈列	27×27	32×32	53×65	768×1 024
测量物理量	吸收剂量,剂量率	吸收剂量,剂量率	吸收剂量,剂量率	吸收剂量,剂量率
临床应用范围	剂量验证,设备 QA	剂量验证,设备 QA	剂量验证,设备 QA	位置验证,剂量验证,设备 QA

1. 二维电离室矩阵 Matrixx

(1) Matrixx 系统的结构

Matrixx 包括电离室面板、接口电路、控制器和数据采集处理软件等部分。其面板中均匀分布 1 020 个电离室,每个电离室的外直径 4.5 mm,高 5 mm,灵敏体积 0.08 cm^3,所有电离室等间距分布,排列成 32×32 矩阵形式,相邻电离室中心间距 7.62 mm,有效测量范围 24 cm×24 cm。具有点剂量和二维剂量分布实时在线测量的能力,可以很好地满足测量的要求。Matrixx 系统可以在最快 20 ms 内完成剂量数据采集,并采用并行处理技术,无测量滞后时间,其电离室体积小,能量响应好,灵敏度高。

Matrixx 数据测量和采集全部由电脑控制,可以减少人为的操作误差,其平板密封电离室无需进行温度和气压修正,但由于其设备构造复杂,平板前电路部分在测量时要求免受辐射,否则容易损坏。后续采集的数据实时显示分析全部集成到 OmniPro I'mRT 软件平台中,所有操作全部由 OmniPro I'mRT 应用软件控制完成。该软件与 TPS 实现连接,输入计划的剂量分布数据,与 Matrixx 实际测量时采集的数据进行比较和验证。利用这一软件平台可以比对分析实际测量与计划的调强数据,包括数据求和、差值、乘积、Gamma 分析等,还可实现二维剂量图的比较分析。

(2) Matrixx 系统的优缺点

二维空气电离室矩阵 Matrixx 系统具有灵敏度不随累计照射剂量的增加而改变的特点。对于射野的对称性、平坦度、野宽、重复性和输出因子的测量,Matrixx 的测量结果与三维水箱扫描结果和指形电离室测量结果相符,其精度完全可以满足日常质控的要求。

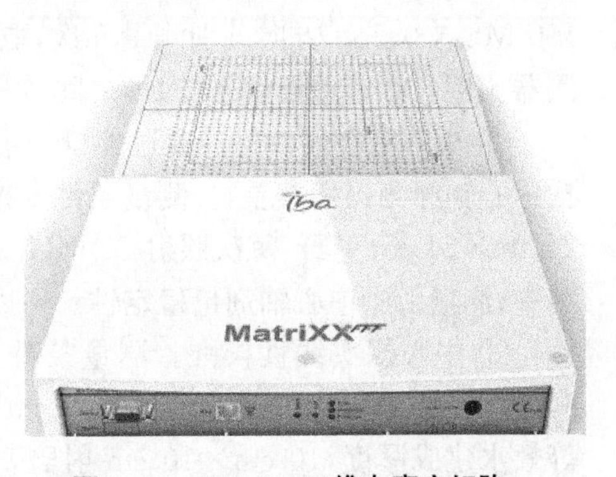

图 2-15 Matrixx 二维电离室矩阵

另一方面,Matrixx 系统也有一些不足,与胶片系统相比,Matrixx 系统的空间分辨率受其电离室矩阵的排列间距所限制,其有效测量平面 24 cm×24 cm 范围内只有 1 020 个空气电离室,按32×32 矩阵形式等间距排列,相邻电离室中心间距 7.62 mm,而胶片剂量系统的空间分辨率可达亚毫米级。当射野小于 3 cm×3 cm 时,Matrixx 系统软件不能自动计算出半影值。其原因是:由于 Matrixx 系统中相邻电离室间距 7.62 mm,当射野小于 3 cm×3 cm 时,整个照射区内电离室数目小于 4 个,因此,不能自动计算出半影值。同时,二维空气电离室矩阵 Matrixx 系统在半影区内只可能有 2~3 个测量点,不能精确的确定半影区域的离轴比曲线形状,也就不能准确的计算出半影值来。有研究结果表明,Matrixx 所测半影值比三维水箱扫描数值大许多,约为 2~3 倍,其原因如上所述。

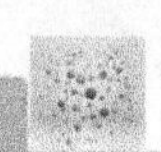

尽管 Matrixx 系统在空间分辨率上有所不足，但与传统的指型电离室和胶片剂量系统相比，在日常放疗质控测量中，特别是调强放疗的二维平面剂量验证工作中，二维电离室矩阵 Matrixx 系统具有简便、高效、准确的优势，是一个较为理想的放疗质控测量设备。

(3) 测试准备

将 Matrixx 系统通过网线与控制电脑相连，开启电源，为了使电离室输出信号稳定，在正式测量前，射野开至 27 cm×27 cm 对 Matrixx 预照 1 000 cGy 剂量。预热后，Matrixx 分别进行本底测量和采样时间设置，对不同的照射剂量率(如：200 MU/min，300 MU/min)设置不同的采样时间，使 Matrixx 系统在采用"快照"测量方式时读数信号强度接近 100%即可。

Matrixx 用于测量前，需要对其进行：①均匀性校正：均匀校正矩阵对每个 Matrixx 系统是唯一的，每个电离室在出厂时已经用钴 60 线进行校准，刻度因子以矩阵文件形式给出，用于消除测量图像的非均匀性。②探测器校正：OmniPro I'mRT 系统利用输入的参考值和 Matrixx 中心区域的平均测量值，自动计算出探测器的校正因子。③空气密度校正：温度和气压校正，仪器本身可以测量温度和气压并自动进行校正。④本底校正：本底图像实则为暗电流图像，对于所有的测量图像，系统都会自动减去本底图像。系统经过校准后，可以测量绝对剂量。

(4) 质量保证项目

① 验证阵列校准方法的准确性。阵列校准过程确定了设备各探测器之间相对敏感度差异，这些差异被作为单个校准因子存储起来并应用于每个探头的原始测量值，这些校准因子消除了个体探头间反应差异性。阵列校准方法采用大野程序，测试时使用医院直线加速器，6 MV X 线，源皮距 100、5 cm 剂量建成等效水模体，24 cm×24 cm，每次照射 100 MU，0、180°方向分别测量 5 次，取平均值并相减求相差百分比并统计±0.4%以内探测器比例。推荐差异在±0.4%之间的探测器占总数的 90%。

② 矩阵重复性评价。通过连续照射 Matrixx 12 次，求每个探头 12 次测量值标准差(包括中心轴探测器标准差)。测量条件 6 MV X 线，源皮距 100、5 cm 剂量建成等效水模体，24 cm×24 cm 射野，每次照射 50 MU。同时使用参考级静电仪放置于矩阵下 1.5 cm 固体水中，测量射野中心轴剂量稳定性。

③ 中心探头线性校准。测量条件 6 MV X 线，源皮距 100 cm、固有 2 cm 等效水建成厚度，10 cm×10 cm 射野，分别给予 10、50、80、110、140、170、200、230、270、300、330、360～450 MU 照射，记录中心探测器绝对值读数。

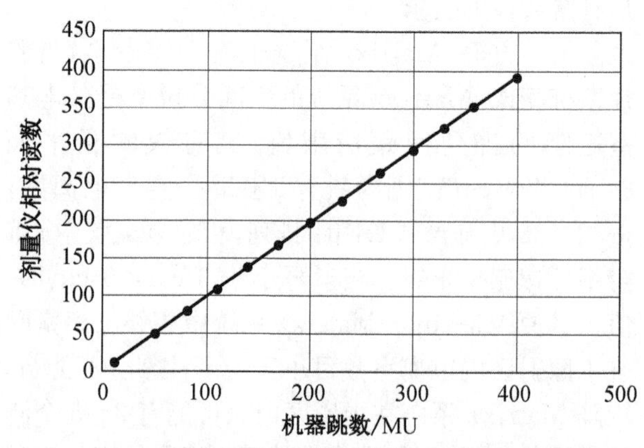

图 2-16　6 MV 光子时 Matrixx 中心探测器反应性与剂量提升关系

理想状态下，中心探头反应性相对于剂量的提升成线性(图 2-16)。此照射剂量范围需超出日常 IMRT 的分割剂量。

④ 剂量率依赖性。针对中心探头，

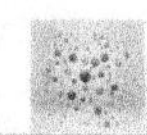

测量条件 6 MV X 线，源皮距 100、5 cm 剂量建成等效水模体，10 cm×10 cm，5 cm 反向散射，每次照射 100 MU，剂量率 100～600 MU/min 分 6 档测量。在相同辐射条件下使用参考指型电离室测量一组数据并作为 Matrixx 测量结果参考评价。

⑤ 输出因子比较。中心探头测3 cm×3 cm至 25 cm×25 cm 方野，6 MV X 线，剂量率选择 400 MU/min，分别照射 100 MU 不变，源皮距 100、5 cm 剂量建成等效水模体，Matrixx 和参考指形电离室分别测量，10 cm×10 cm 方野归一并绘图比较。

Matrixx 本身的剂量学质量保证是非常重要的，特别是新购进该设备应用于临床以前必须实施全面剂量学质量保证以便对其性能有充分了解，有利于在以后的调强验证应用中分析误差原因。在使用光子束作阵列校准时，可在固有等效水厚度上再加一些建成材料，其对阵列校准后的相对敏感度没有影响。然而对于电子束，阵列校准后的相对敏感度依赖于校准时建成厚度，因为在散射模体中随深度电子束能量连续下降。所以，我们要根据不同能量电子束所需测量深度选择相应建成厚度分别获取各自阵列校正文件，并在日常测量电子射线时，使用与测量深度相同的建成厚度阵列校正文件以减少误差。另外，在进行阵列校正时，为了使阵列周围探测器获得均匀的散射，我们使用了校准固定框架，注意其附加建成物至少与校准固定框架同宽以保证散射的一致性，校准使用大野时，附加建成将增加电子线的散射能量，有可能缩短设备使用寿命。

在进行矩阵重复性评价时，其结果不仅包括探头重复性还包括测量间射野输出重复性。对于中心探头线性检测，由于在实行探头阵列校准之后，各探头之间就具有了均一的反应性，此时只需要对中心探头进行线性检测就能代表全部阵列随照射量变化反应情况。在 IMRT 剂量学验证时，我们不用担心探测器反应性对剂量率的变化的情况，因为我们在治疗病人和验证时都使用相同固定不变的加速器剂量率。但是由于源皮距发生改变时导致每一照射点剂量率不一样，这种情况在 IMRT 中是应该考虑的。

(5) 角度修正因子测量

Matrixx 二维电离室矩阵做 VMAT QA 验证，有 Multi Cube 做建成区和散射区，可以较好的固定 Matrixx 位置，同时可以根据模体的标记将 Matrixx 架设在等中心处，Matrixx Evolution 测量是射束垂直电离室阵列入射，但在 IMRT/VMAT 时 Matrixx 电离室的阵列式排列，加之电离室自身体积和 Multi Cube 建成区(散射区)，射线在不同角度穿过电离室时存在一个角度修正问题，而且对不同能量具有的依赖性，修正系数不尽相同。最初角度修正是通过一个 AP 射野的绝对剂量进行角度依赖性测量，发现 Matrixx 角度依赖的特性是独立的、与模体衰减、Matrixx 自身材料的密度以及 TPS 内 CT HU 值的不确定性都无关。比较在有足够建成区和散射区的情况下，测量一组有 Matrixx 矩阵和无 Matrixx 矩阵(均匀等效水模体和 A12 电离室)两种情况下的剂量值。每间隔 10°设计一个 10 cm^2 照射野，但在 90～110°与 270～260°间隔 1°测量，得出校准因子计算公式如下：

$$CF(\theta) = D_{\text{measured}}(\theta)/D_{ref}(\theta)$$

对于病人的 QA 计划，没有进行角度修正因子修正的话，同 TPS 计算剂量相比较时存在类似的剂量分布，但此现象对剂量影响不明显。如果不进行角度修正的话，较角度修正后有接近－3%通过率改变。而 Matrixx 高原子序数材料在所有角度分布中均有影响，特别是角度在 91～110°、269～260°之间射束平行电离室阵列，差异性明显。

Matrixx厂家给出不同角度不同能量的角度修正因子修正最终剂量。有研究显示厂方给定Matrixx角度修正因子在特定角度存在过度评估现象，用户在具体应用时，应实测一组用户测量角度修正因子，针对不同能量，分析射野入射方向对Matrixx电离室矩阵角度修正因子影响。根据模体的对称性，模体在180～360°之间的角度修正因子与0～180°之间的角度修正因子根据模体对称性对应关系相同。

2. 二维半导体矩阵EPID

二维半导体矩阵主要有非晶硅(amorphous silicon)和非晶硒(amorphous selenium)等两种材料，它有两种工作方式：间接方式和直接方式，前者是将由闪烁体把射线变成可见光，再用非晶硅光电管生成电信号，后者用非晶硒直接将射线转化为电信号。二维半导体矩阵具有体积小、效率高、分辨率高、动态范围大等优点，Varian公司的AS 1000系统和Elekta公司的iViewGT系统为EPID系列产品的典型代表，都是采用非晶硅做成的。下面以非晶硅阵列AS 1000系统为例加以说明。

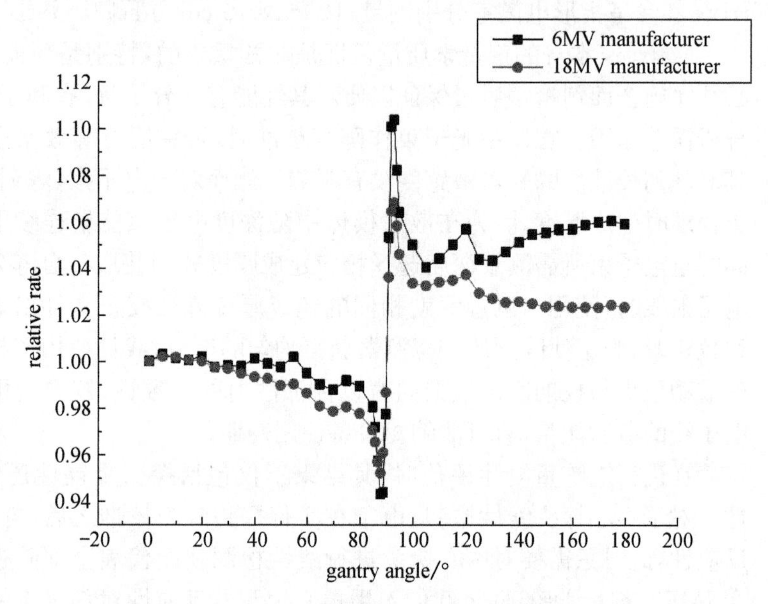

图2-17 Matrixx制造商给定角度修正因子

(1) AS1000 A-Si EPID的结构

AS 1000 A-Si EPID系统主要由3部分组成：图像探头系统、中心控制和显示系统、机架支撑臂。探头系统包括一个768×1 024大小的电离室阵列。电离室阵列具有30 cm×40 cm的探测面积，每个电离室的大小为0.39 mm×0.39 mm。中心控制和显示系统由位于治疗室外的计算机和相应软件组成，用于控制图像采集、显示、处理及存储EPID图像。机架支撑臂将探头系统固定在医用加速器机架上(图2-18)，机架支撑臂能带动探头系统在垂直(等中心上2.5 cm/等中心下82 cm)、横向(±16 cm)、纵向(+24 cm/−20 cm)方向上伸缩移动。

AS 1000 A-Si EPID系统内部结构可分为4部分(图2-18)：①在电离室阵列的前表面有一层1 mm厚的铜板作为电子平衡的建成材料(相当于8 mm厚度的水)；②0.34 mm厚的荧光粉(Cd_2O_2S:Tb)制成金属/荧光屏，将入射线转换为可见光子；③像素矩阵，一个像素块由一个光电二极管与一个薄膜晶体管(thin film transistor，简称TFT)组成；④电子设备，主要作用是从晶体管读取电信号，并转换为图像数据。

AS 1000 A-Si EPID系统提供了多图像采集(multiple image acquisition)和连续帧平均(continuous frame averaging)两种图像采样模式。在多图像采集模式下，一次照射可以获取多幅EPID图像，每幅图像是固定帧数下的平均图像。一帧图像采集后，CPU要将图像

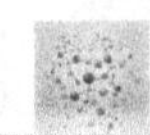

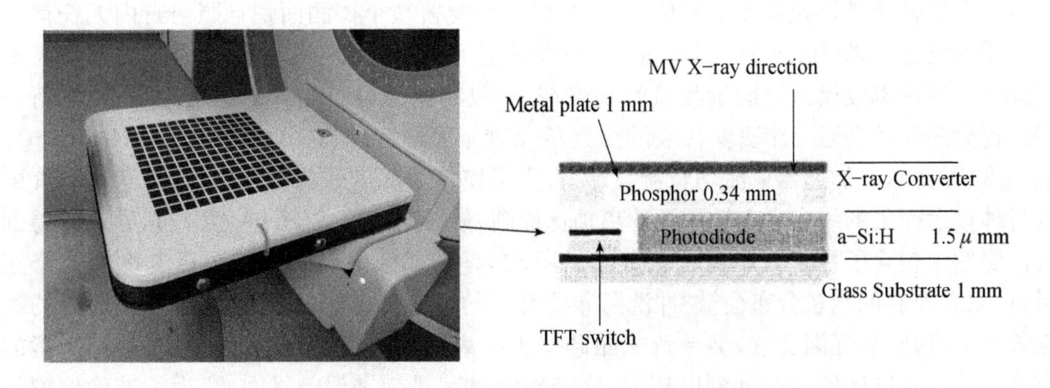

图 2-18　AS 1000 A-Si EPID 内部结构示意图

传输到数据库，造成了下一帧图像的延迟采集。延迟时间不固定，可高达 2s，因此该采样模式不可用于动态 IMRT 的实施(MLC 叶片速度可达 3 cm/s)。连续帧平均采集模式，一次只获取一幅 EPID 图像，该图像是所有帧的平均图像。

(2) EPID 的剂量验证的前提条件

首先，需了解 EPID 的剂量学特性。不同 EPID 具有不同的剂量学特性，所以在 EPID 作为剂量仪使用前，要对其进行剂量学特性(如：剂量反应的线性、探测器的稳定性、剂量反应与剂量率的关系、剂量反应与照射野大小的关系等)进行测试和定量的研究，确认其测量剂量的可行性，同时建立剂量校准曲线。所谓剂量校正曲线，即 EPID 的读出信号值与照射剂量的关系曲线。这里的照射剂量是已知的，一般是由电离室在 EPID 探测器所在的相应位置测得。剂量校正曲线的建立，使得读出 EPID 测得的信号就能得出相应的剂量。

其次有合适的图像采集模式。作为一个剂量验证工具应该能探测并记录加速器所有的剂量输出信号，因此就要求 EPID 在进行图像采集时，采集的时间要等于或稍长于加速器出束的时间，采集的频率要和加速器的脉冲同步，并能读出所有采集的信号。若发生剂量的遗漏也有相应的校正方法。

再者要有合适的剂量比较方法。剂量验证就是一个剂量比较的过程。EPID 所测量的是其所在平面的剂量分布，称为射野剂量(portal dose)，如果以图像的形式表示就称为射野剂量图像(portal dose image，简称 PDI)。应用 EPID 进行剂量验证时，剂量比较的方法有两种：第一种方法是由 EPID 所测得的射野剂量及其他信息通过物理和数学的方法反推出患者的出射剂量、中平面剂量、甚至患者体内的三维剂量分布，与治疗计划系统计算结果进行比较，即所谓反向投影算法；第二种方法是计算出探测器平面处的射野剂量分布，与EPID 实测到的射野剂量进行比较，即所谓的正向算法。应当指出的是，无论应用哪种方法都必须要有准确可靠的剂量推算方法。

(3) AS 1000 A-Si EPID 系统的刻度

EPID 系统刻度的主要目的是为了修正：①在开关高压时产生的伪影；②各电离室单元灵敏度的差异；③由杂散辐射和电子元件过热引起的温度不稳定性所导致的静电计本底读数。

在 A-Si EPID 常用的图像信号刻度模式中，以一幅无辐射的本底图像(dark field image, DF)来修正伪影及其他本底信号，并利用一幅覆盖整个探测面积且照射野内无任何衰减物质的泛野图像(flood field image, FF)来修正平板探测器各像素单元之间的剂量灵敏度差异。这种刻度模式对剂量测量的缺陷在于：只有当照射野是一个绝对的平野时，所获得的泛野图像才会是一个真实代表的像素单元剂量灵敏度分布图(pixel sensitivity map)。然而众所周知，在加速器束流均整器设计中，为了使较大深度处的射野均匀，有意将空气中或近体模表面处的线束中心轴周围的离轴比提高，使其>1，形成 Horn 型分布，导致所得到的泛野图像包含了照射野本身剂量分布的不均匀度，那么原始图像经图像刻度模式修正后，照射野原有的剂量分布会被“冲洗”，导致真实的剂量分布信息丢失；同时在照射野的离轴方向上，射野质逐渐变软，会导致非晶硅探头在离轴方向上出现响应不均。两种因素的存在影响了不同区域的剂量刻度精度，给准确测量剂量带来误差。因此，为了准确地测量剂量，必须考虑这些因素的影响。

主要有两种解决的办法：一种方法是根据光子能量的大小，在探头入射面上加一定厚度的固体水对照射野均整，这样处理后 EPID 灵敏探测范围内剂量分布的均匀性可达1.0%～1.5%。另一种方法是采用三维水箱测量得到的二维剂量分布来对泛野内剂量的不均匀性进行逐点修正。

为了确定 AS 1000 EPID 剂量反应与 MUs 的关系，在相同的照射条件下(能量：6 MV, PRF：300 MU/min，射野大小：10 cm×10cm，SDD：105 cm)，改变 MUs(10～150 MU)，测量 EPID 的剂量反应曲线：探头响应数据(中心附近 10×10 像素区域的平均值)随 MUs 变化的曲线(图 2-19)。研究表明 AS 1000 EPID 的剂量反应与 MUs 之间存在良好的线性关系。

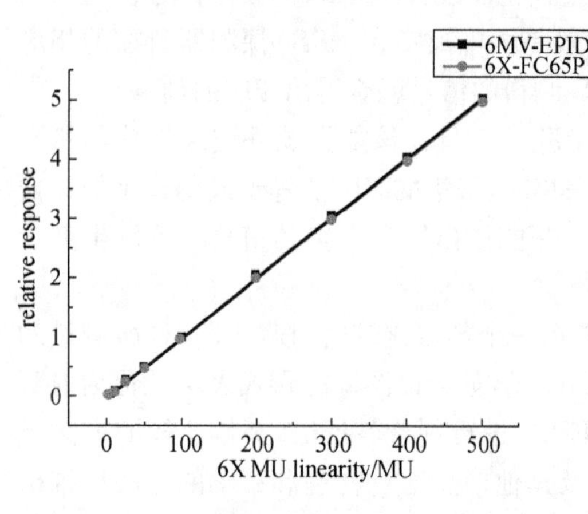

图 2-19　6 MV EPID 与电离室 FC65-P 剂量线性

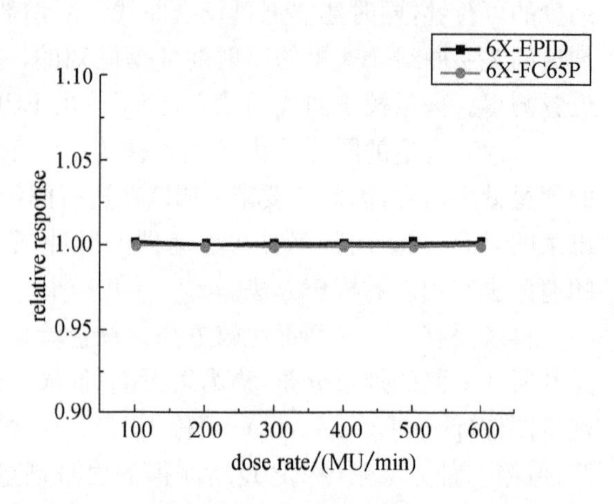

图 2-20　6 MV EPID 与电离室 FC65-P 的剂量率依赖性

为了确定剂量反应与剂量率的关系，首先需要改变剂量率，主要有两种途径：①保持 SDD 不变，改变加速器的输出剂量率(PRF)；②保持加速器输出剂量率不变，改变 SDD。第二种的具体做法是：加速器剂量率保持不变，改变 SDD(105～140 cm)，研究 EPID 探头响应数据(中心附近 10×10 像素区域的平均值)与相对剂量率(带平衡帽的电离室在相同条件下的测量数据)的关系(图 2-20)。

(4) EPID 剂量验证的时机选择

用 EPID 进行剂量验证时，根据其参与验证的时机不同可分为治疗前验证和治疗中

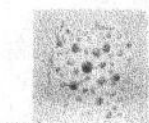

验证。

治疗前验证就是在患者开始接受放疗之前进行的验证。主要是检验参与执行的放射治疗的硬、软件在执行放疗计划时是否准确，以防止重大错误的发生。其又可以分为应用模体（均匀模体或人仿真模体）和不用模体两种。不用模体即在加速器机头和 EPID 之间不放置模体，直接由 EPID 探测其所在平面的剂量分布；应用模体就是把设定的放疗计划执行于相应的模体上，EPID 放置在模体的后面，探测相应照射野的射野剂量并验证。相比之下，后一种方法更加接近于实际治疗情况，所以应用较多。尽管治疗前剂量验证测量的不是患者体内的剂量，但是它可以有效地验证治疗计划、传输及加速器治疗实施的准确性和可靠性；另外，在实际患者治疗时，由于摆位误差、患者器官运动，使体内剂量分布的测量复杂化，很难区分误差是因 IMRT 实施引起，还是患者移动造成。所以治疗前剂量验证是 IMRT 计划和实施过程的有效治疗保证。

治疗中验证就是在患者每次放疗时测量射线经过患者后的射野剂量进行验证，因此可以验证治疗计划在每天的实施中是否准确。然后可以推算出患者体内的中平面剂量和出射剂量，这也是我们最终所需要获得的结果。但是在治疗中验证时，影响剂量分布的因素不仅与放疗硬软件的正确执行有关，还与患者在 CT 模拟和实际治疗时的摆位一致性及患者内在器官的运动有关。而摆位误差和器官运动存在很大的不确定性，这就增加了验证的难度和不确定性，所以这种验证在目前临床上很少使用。

（5）重力影响

机架在旋转过程中机头的重型组件的重力关系，并不是一个一成不变的旋转轨迹，若 EPID 轴承系统和连接机械缺陷（安装在直线加速器的可伸缩的机械支承臂构建），以及支持臂组件并不是严格固定，因此在旋转过程中亦可引入不确定错误。因为计划系统不会考虑到重力影响关系，而实际测量是不可避免存在于测量结果中，因而实际旋转过程中机头及EPID 探测板因重力影响对剂量测量带来的误差是不应被忽视的。

有些研究以不同形状的方野的射野中心，但是这中间有机架和铅门的共同因素。近些年，有研究通过拍不同角度的剂量图，并用剂量分析软件分析射野中心和小球中心在不同角度的偏移量来监测重力和探测板偏移对影像质量的影响，其基本测量原理基于像素差值计算方法。射野中心偏移是机架重力和 EPID 板重力共同作用造成的偏移；小球球心偏移，是通过放置在床板上位置固定的 CUBE 模体中心点偏移，反应的则是 EPID 板相对机架角 0°的偏移值。

（6）幽灵效应

幽灵效应是 EPID 一次成像后短时间内进行第二次成像，在后一组影像里可以看到上一组影像的旧影。这是因为经过单次大剂量照射后，探测单元灵敏度有所降低，需要一定的时间恢复其灵敏度。为了研究幽灵现象对剂量测量的影响，先给予 5 cm×5 cm 照射野 500 MU，紧接着给予 20 cm×20 cm 照射野 10 MU（I）；间隔 2 min 做一次本底影像后，再给予照射野 20 cm×20 cm 照射野 10 MU（II）。

$$I_{\mathrm{comp}}(x,\ y) = 100 \times \frac{I(x,\ y) - II(x,\ y)}{II(x,\ y)_{\max}}$$

$I(x,\ y)$是方野I内信号平均值，$II(x,\ y)$方野II内信号平均值，$II(x,\ y)_{\max}$方野II内

最大信号值，$I_{comp}(x, y)$ 是 I 和 II 信号差值。

二、三维剂量验证系统

随着放疗技术的不断发展，旋转容积调强放射治疗技术的出现，二维平面电离室矩阵已不能满足剂量验证的要求，三维剂量验证系统能满足旋转容积调强放射治疗的剂量验证，是理想的验证工具。

1. 三维剂量验证系统 Delta4

(1) Delta4 简介

Delta4 为瑞典 Scandidos 公司开发的调强三维剂量验证系统，是由两个正交的二维半导体探测器矩阵嵌在一个直径 22 cm、长 40 cm 圆柱形模体中，共有 1 069 个 P 型圆柱形半导体探测器，每个探测器的敏感面积为 0.78 mm^2，具有各向同性的特性，没有角度依赖性，可完成任意角度的测量，探测面积为 20 cm×20 cm，中心 6 cm×6 cm 探头间隔为 5 mm，周围探头间隔为 1 cm，通过与加速器的同步信号相连，测量治疗计划对应的照射剂量，分析比较测量的剂量分布与治疗计划的剂量分布的差别，验证治疗计划剂量的准确性。

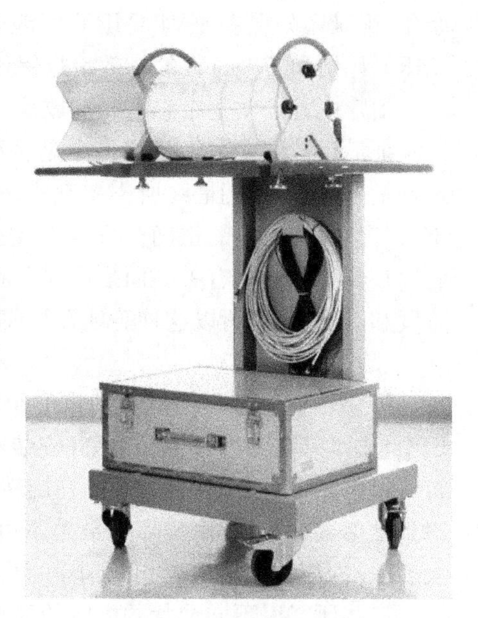

图 2-21 Delta4 及配套拖车

(2) Delta4 校准

为了减少由于直线加速器输出剂量的误差引起的 Delta4 测量的误差，在做 Delta4 校准前，先对直线加速器的输出剂量进行校准。Delta4 的校准分为 4 步：参考点的测量、相对剂量的校准、绝对剂量的校准和方向性的校准。这 4 步校准按照 Delta4 软件上提示的步骤执行，先后顺序不能变，其中参考点的测量是利用 0.6 ml 的指形电离室和剂量仪在 Delta4 校准模体中测量参考点的剂量，其余 3 步的校准是把 Delta4 主板探测器和两块翼板探测器放在 Delta4 校准模体中进行校准。做完这 4 步校准后，把主板探测器和两块翼板探测器装回圆柱形模体中，然后做一个 20 cm×20 cm 盒式野校准计划的测量，作为以后每次测量前盒式野校准计划的参考计划。

(3) 验证计划的生成和测量

在三维治疗计划系统上，把患者实际的治疗计划移植到 Delta4 模体上，重新计算治疗计划在 Delta4 模体中的剂量分布，然后把治疗计划通过 DICOM RT 传送到 Delta4 软件上。

把 Delta4 模体摆在直线加速治疗床上，模体表面的中心线对准激光灯，Delta4 通过信号线与直线加速器的同步信号连接，用网线与装有 Delta4 软件的笔记本电脑连接，打开 Delta4 电源开关，预热 15 分钟。计划验证前先做一个盒式野计划的测量，与参考盒式野校准计划比较，得出一个加速器输出剂量校准因子，作为绝对剂量校准因子。然后在 Delta4

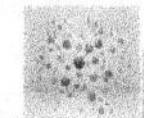

软件上打开验证计划，点击 Start 按钮，在加速器上按治疗计划条件模拟治疗方式实际出束照射，照射结束后点击 Stop 按钮，Delta4 软件会自动即时分析比较测量得到的剂量分布与治疗计划计算所得的剂量分布。

（4）分析比较方法

Delta4 具有 3 种分析比较方法，分别为百分剂量差比较法（dose deviation），DTA（distance-to-agreement）分析法和 γ 分析法。百分剂量差比较法对剂量梯度大的区域较敏感，微小的位置偏移会造成较大误差，其适用于剂量分布相对平缓的区域；DTA 分析法对剂量分布平缓的区域较为敏感，微小的剂量差异也会造成较大的误差，其适用于剂量梯度相对陡峭区域；γ 分析法则结合了剂量差异分析法与 DTA 分析法的优点，不管对于剂量梯度较大区域还是平缓的区域，其计算值不会过大，误差较小，能更好地用于临床剂量验证。我们常用 γ 分析法，设置剂量偏差标准（ΔD_m）为 3%，位移偏差标准（Δd_m）为3 mm，分析范围为最大剂量点 10%以上范围，验证通过与失败的标准是：$\gamma(r_m) \leqslant 1$ 通过，$\gamma(r_m) \geqslant 1$ 失败。测量通过的点数＞90%时为照射野剂量分布验证通过，符合临床治疗要求。

Delta4 软件上还能分析比较 Delta4 主板探测器和翼板探测器各个半导体探测器实际测量到的剂量和计划系统计算的理论值，如图 2-22 所示。

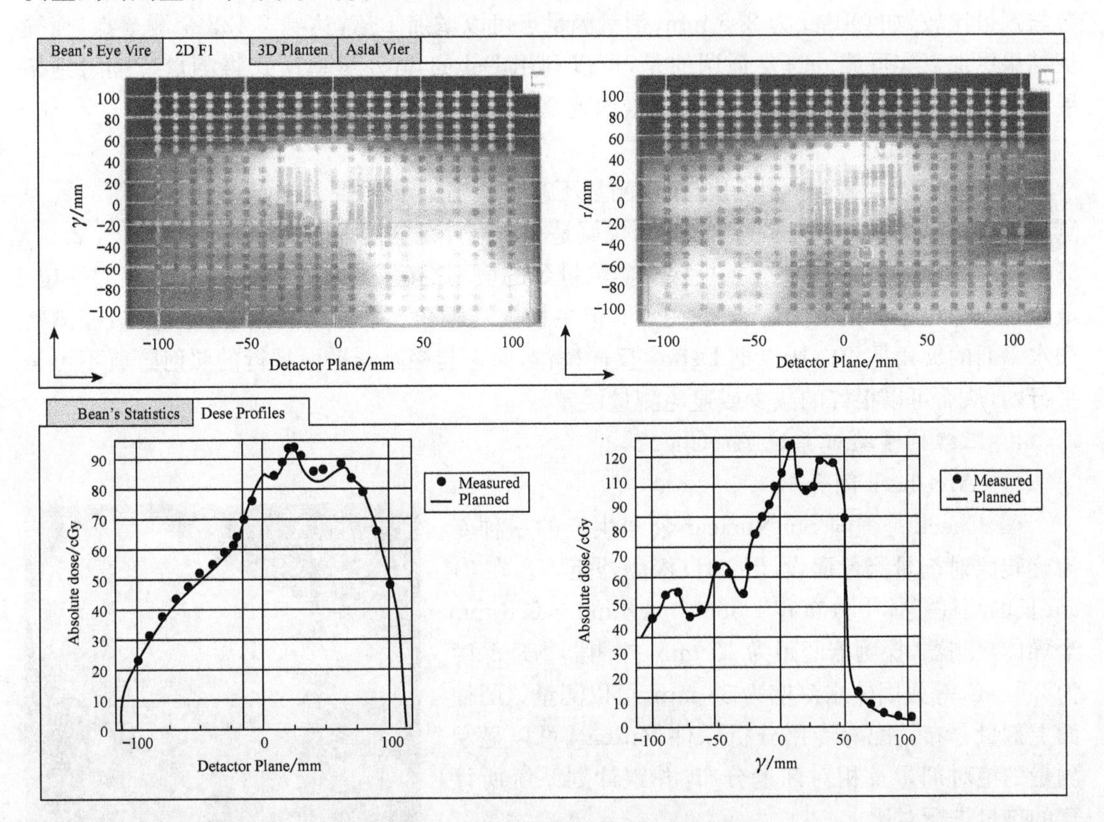

图 2-22　Delta4 实测值与计算值的比较

（5）高分辨率模式

选择 Delta4 高分辨率测量模式，等中心 Y 轴方向的 Offset 值可分别取 2.5 mm 和

5 mm，移动加速器治疗床改变投照中心，二次测量后利用 Delta4 自带的 Merge 功能合成得到相对高分辨率的实测剂量分布，与治疗计划系统计算所得剂量分布进行分析比较。其中 Offset 为 2.5 mm 获得中心 6 cm×6 cm 区域探头间隔为 2.5 mm 的实测数据，如图 2-23(a)所示；offset 为 5 mm 获得整个 20 cm×20 cm 探测区域探头间隔为 5 mm 的实测数据，如图 2-23(b)所示。

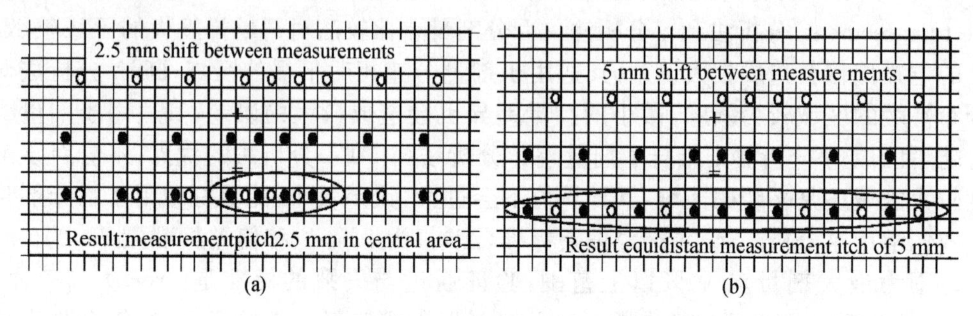

(a) Offset=2.5 mm；(b) Offset=5 mm

图 2-23　高分辨率模式实测剂量分布示意图

如图 2-23 所示，利用 Delta4 高分辨率模式的 Merge 功能可以获取更多的剂量测量点参与剂量比较，如 Offset 为 2.5 mm，剂量测量点可以增加 1 倍，达到 2 138 个测量点，使验证结果更加真实可靠。需要强调的是，可以利用 Delta4 高分辨率模式将测量范围得到拓展，如位移值取 90 mm 可使测量长度增加到 29 cm，使测量范围增加近 50%。

(6) 反向摆位

测量中可能会碰到一些问题导致测量不准确，例如：照射野方向与主板探测器或翼探测器平行，如果 Detlta4 正向摆位的话，也就是在治疗计划的照射野方向是 50°，140°，230°，320°时，会导致主板探测器或翼板探测器测量到的值不准确，这时需要把 Delta4 反向摆位，虽然主板探测器和翼板探测器是垂直的，但主板探测器和水平面的夹角是 50°，翼板探测器和水平面的夹角是 40°，所以把 Delta4 反向摆位，原来与探测器平面平行的照射野就不再是平行的，从而可以很好的减少或避免测量误差。

2. 三维剂量验证系统 ArcCheck

(1) ArcCheck 简介

ArcCheck 是美国 SunNuclear 公司生产的一种专为旋转照射剂量测量而设计的 4D 探测器矩阵。在 21 cm 长的圆柱模体上分布有 1 386 个 0.8 mm×0.8 mm 半导体探测器，探测器间距为 10 mm，探测器物理深度为 29 mm，等效固体水深度为 33 mm，可以测量该圆柱面上剂量分布。配有专用分析软件 Patient，可以显示测量的绝对剂量及相对剂量分布，并跟计划系统所计算的剂量进行对比。

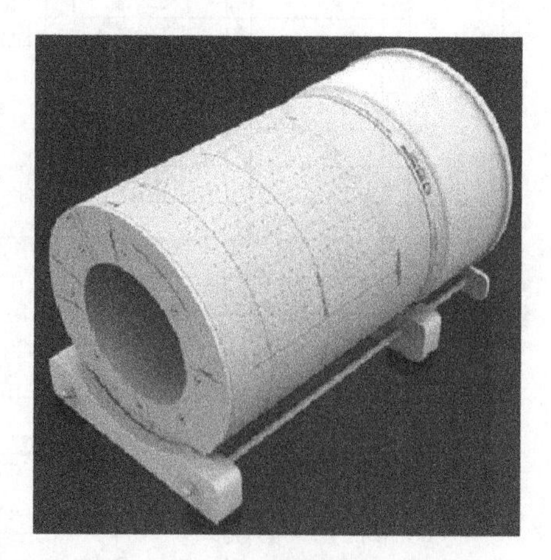

图 2-24　ArcCheck 三维剂量验证系统

(2) ArcCheck 校准

根据 SunNuclear 公司官方提供的校准步骤，分别对 ArcCheck 进行本底校准，矩阵的校准和绝对吸收剂

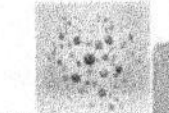

量校准。

① 本底校准。当 ArcCheck 跟测量电脑连接好以后，打开软件自动对 ArcCheck 进行 30 s 的本底收集，创建每一个探测器的本底因子。在收集本底时 ArcCheck 应处于没有射线的环境中确保本底收集的正确。

② 矩阵校准。矩阵校准是对 ArcCheck 每一个探测器的灵敏度做出校准归一。射野的大小开为 20 cm×28 cm，按模体的等中心照射摆位。每次给 200 MU，按软件中给的校准步骤分别进行多个不同角度的照射，既可完成 ArcCheck 的矩阵校准，保存校准数据文档以便下次测量调用。

③ 绝对剂量校准。绝对剂量校准是创建剂量校准因子，把 ArcCheck 所测量到的相对剂量值转化为绝对剂量值。ArcCheck 半导体矩阵到表面的深度为 2.9 cm。根据 SunNuclear 官方提供的数据，等效于 3.3 cm 厚度的水模体，首先用 3.3 cm 厚度的水模体，按 SDD=85 cm 摆体，加速器出束 100 MU，电离室测出 3.3 cm 深处的绝对剂量。然后 ArcCheck 按照和固体水相同的方式摆位，同样对 ArcCheck 出束为 100 MU。将固体水模体中电离室测到的绝对剂量数值输入软件既可完成对 ArcCheck 绝对剂量的校准。

ArcCHECK 验证和分析方法与 Delta4 类似，在此不再赘述。ArcCheck 作为一种圆柱形半导体探测器阵列，其主要成分是硅，与空气电离室相比，半导体探测器具有更高的灵敏度，并且半导体探测器具有剂量脉冲依赖性好，重复性，以及剂量响应线性度好等优点。目前用于三维剂量验证的设备有很多，比如 PTW 公司的 OCTAVIUS 等，这些验证设备各有特点。

综上所述，Delta4 和 ArcCheck 都采用半导体探测器，探测器呈空间立体排布，可直接测量出三维剂量分布，其优点是直观、简洁；ArcCHECK 的缺点是不能很好地表现出直观的、在 CT 图片上的剂量分布。OCTAVIUS 是在二维基础上发展延伸而来的，与后面将要介绍到的 COMPASS 一样，探测器均为排布在一个平面上的电离室，测量时需始终保持测量平面与射束垂直，这样测量出来的实际上是射束在各个角度的通量，将该通量移植到计划 CT 图像上，重新计算剂量分布，得到测量的剂量分布。这样可以在计划 CT 图像上非常直观地看到三维剂量分布和 DVH 图，更有利于对验证数据的分析和对结果的判断。但整个运算过程对设备数据有依赖性，数据来源不直接。

三、COMPASS 系统

1. COMPASS 系统简介

COMPASS 系统(IBA，比利时)是一种能够基于测量的照射野通量在患者 CT 图像上重建剂量分布，并且考虑组织的不均匀性，反映患者体内感兴趣区域的实际受照情况的三维剂量验证系统。该系统还具有独立计算功能，可用于检测治疗计划系统(treatment planning system, TPS)的计划计算精度。

COMPASS 系统由两部分组成：用于剂量计算、分析的软件和用于数据采集的带有角度探测器的二维电离室矩阵 Matrixx。其中 Matrixx 与前面介绍的相同，为二维电离室矩阵，在 32 cm×32 cm 的平面内均匀分布了 1 020 个平行板通气电离室(除了 4 个顶角)，每个电离室的直径为 4.5 mm，灵敏体积为 0.08 ml，相邻两个电离室的距离为 7.62 mm，所以 Matrixx 的有效测量面积为 24 cm×24 cm，其建成材料为 3.3 mm 的等效水厚度。

2. COMPASS系统软件的数据模型

(1) 方野的PDD曲线比较

在TPS上利用均匀模体设计3 cm×3 cm、5 cm×5 cm、8 cm×8 cm、10 cm×10 cm、15 cm×15 cm、20 cm×20 cm的开野，源皮距为100 cm，各照射100 MU，然后以DICOM格式，将模体的CT图像、计划的几何参数和射野剂量传输至COMPASS软件进行重新计算，并读取射野中心轴上不同深度的点剂量，再拟合成PDD曲线1，并归一到最大剂量深度处；同时将计划传输至加速器，并且用COMPASS进行数据测量和剂量重建，并在重建的剂量分布上读取不同深度的点剂量，归一到最大剂量深度处，拟合成PDD曲线2；然后将上述两种PDD曲线与三维水箱测量的原始数据(Base Data)进行比较(图2-25)。

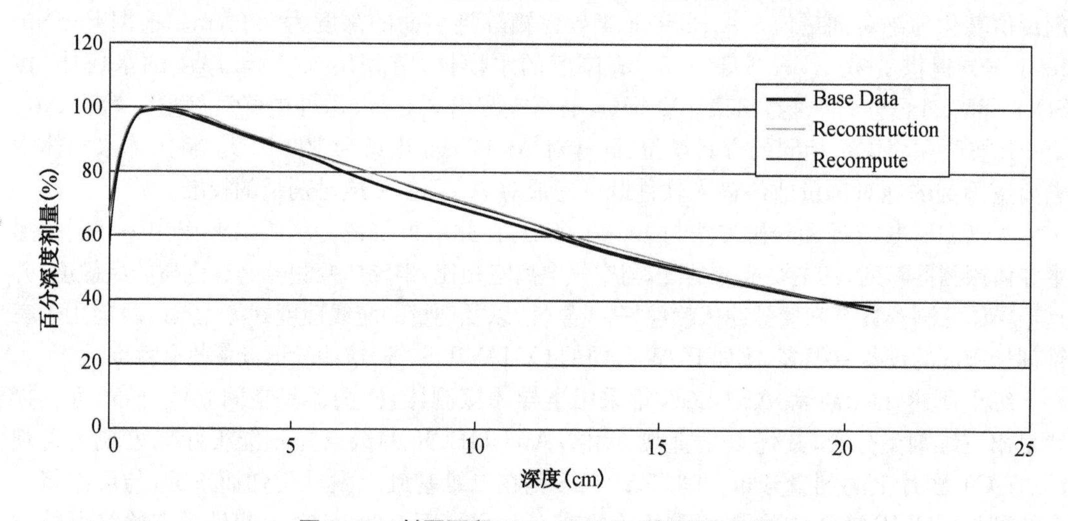

图2-25　射野面积10 cm×10 cm的PDD曲线

(2) 输出因子OUF比较

使用COMPASS对方野3 cm×3 cm、5 cm×5 cm、8 cm×8 cm、10 cm×10 cm、15 cm×15 cm、20 cm×20 cm进行测量(Reconstruction)和重新剂量计算(Recompute)，分别读取射野中心轴深度10 cm处的点剂量，并归一到10 cm×10 cm。然后将测量的OUF1、重新计算的OUF2与三维水箱测量的OUF进行比较(图2-26)。

(3) 离轴曲线Profile比较

基于"(1)"的工作，选取5 cm×5 cm、10 cm×10 cm、20 cm×20 cm等3个射野经过COMPASS重新计算的剂量分布，将其垂直于射野中心轴的冠状面剂量分布传至OmniProI'mRT分析软件，以1.5 mm的步进读取10 cm处X轴和Y轴上的一系列的剂量值，并归一到中心轴处的剂量，然后重建出Profile，并与三维水箱测量的原始Profile相比较；同理，经COMPASS测量重建的上述3个射野的离轴曲线也将与原始数据做比较(图2-27)。

(4) 用电离室做绝对点剂量的测量

采用固体水模体，源皮距为95 cm，用电离室分别测量3 cm×3 cm、5 cm×5 cm、10 cm×10 cm、15 cm×15 cm、20 cm×20 cm等射野在5 cm深度处的绝对点剂量，分别与COMPASS软件重新计算和重建的相应点的绝对剂量作比较，它们之间的偏差按式计算：

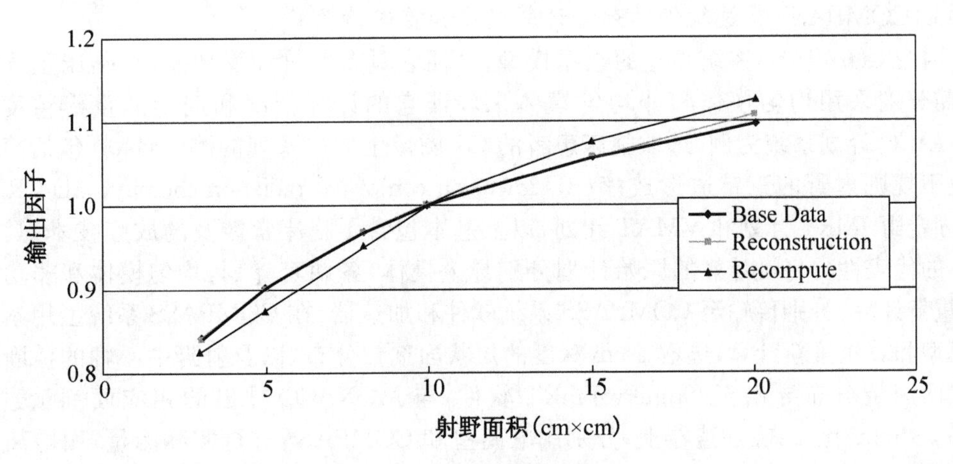

图 2-26　不同方法测量的 OUF

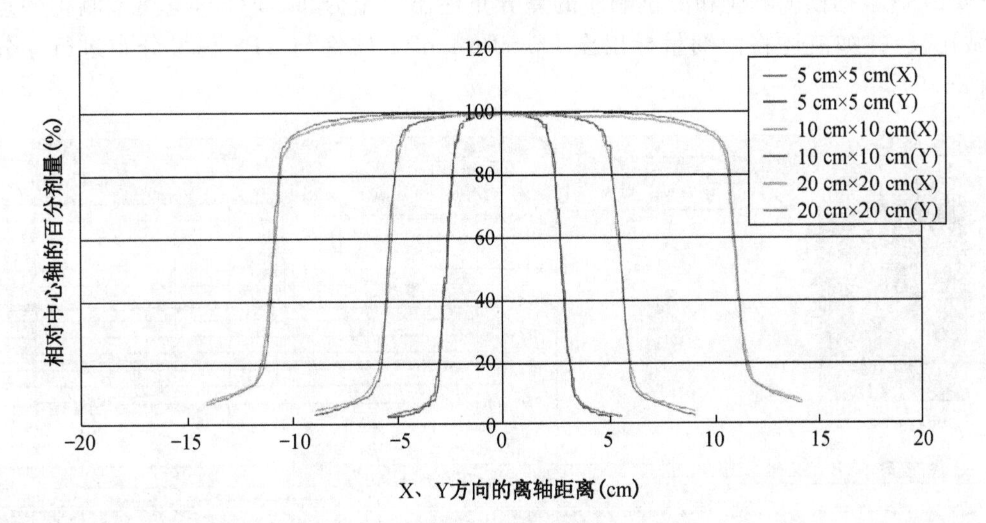

图 2-27　COMPASS 重新计算的 Profiles

$$\Delta=\frac{D-D_{\text{meas}}}{D_{\text{meas}}}\times 100\%$$

式中：D 为 COMPASS 软件重新计算（Drecomp）或者重建（Drecons）的剂量值，D_{meas} 为电离室实际测量的剂量值（图 2-28）。

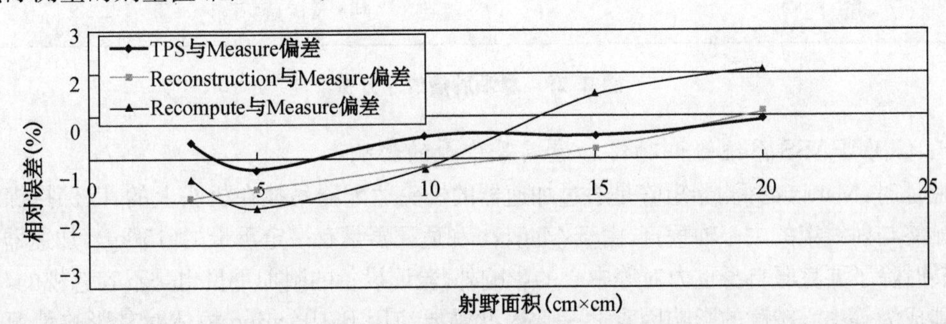

图 2-28　中心轴剂量误差分析

3. COMPASS 系统软件的剂量计算精度和重建精度

因为 COMPASS 系统独立的数据模型，从而它具有剂量计算功能，在临床正式应用前，需分别采用均匀模体和非均匀模体来验证它的计算精度和剂量的重建精度。以 MONACO 计划系统为例，选取临床患者的 CT 图像生成一系列的测试计划，包括简单的代表不规则射野的三维适形放疗（3D imension conformal radiation therapy, 3D CRT）计划、固定野 IMRT 计划和 VMAT 计划，以上基本包含了临床常涉及的放疗技术，具有较完整的代表性。将设计好的原始计划分别导入模体（各两套计划：均匀模体和非均匀模体）重新计算，分别传输至 COMPASS 系统软件和加速器，在 COMPASS 系统上用本地数据模型和算法重新计算，选取 5 cm 深度的冠状面剂量分布，以及射野中心轴的横断面和矢状面剂量分布导出至 OmniProI'mRT 软件，与 MONACO 导出的相应面剂量进行 γ（3%, 3 mm）比较；在加速器上，分别用电离室和 COMPASS 进行实际测量，用电离室在均匀模体中测得的 5 cm 深度处的点剂量做基准与前述再计算的相应点剂量做比较，同时 COMPASS 根据预测响应和测量响应的差异重建出剂量分布，同样与电离室测得的点剂量做比较，并如前述将面剂量导出至 OmniProI'mRT 软件与 TPS 剂量分布进行 γ 分析（图 2-29）。

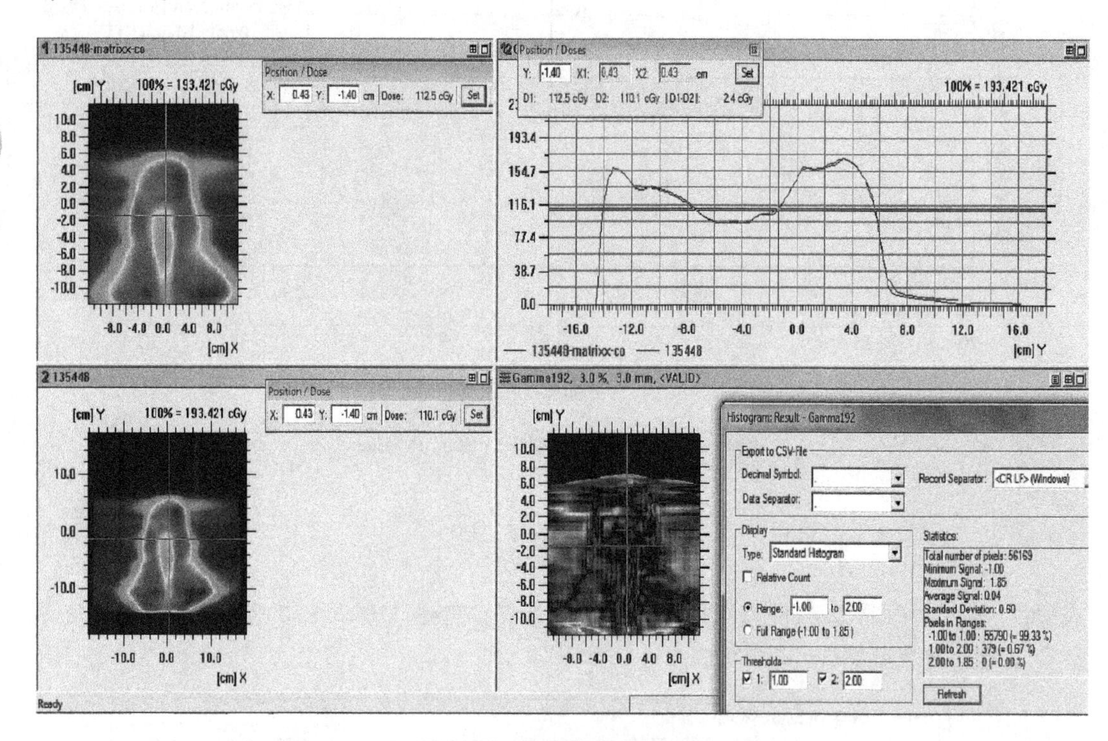

图 2-29　鼻咽肿瘤的 γ 分析

4. COMPASS 系统验证时对加速器等中心的影响

验证时，Matrixx 探测器矩阵是通过加速器的机头适配器吊挂在机头上的，以保持探测器平面始终与射线束的中心轴垂直，由于 Matrixx 和适配器是有一定重量的（15 kg），加速器机架在旋转时除了要克服自身重力对等中心的影响外，验证设备的附加重量也是不容忽视的，它将有可能成为等中心精度的影响因素之一。因此需要使用 BallBearing 模体对其影响情况进行

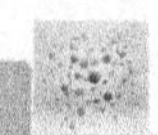

测量，该模体是科室用于检查IGRT设备的kV级中心与MV级中心的一致性的QA模体(图2-30)。

将Matrixx和BallBearing都各自装上，为避免Matrixx随机架旋转时碰撞治疗床，特将准直器旋转90°，然后通过EPID分别从225、270、315、0、45、90、135、180°曝光8张10 cm×10 cm的平片，加速器输出跳数MU各为8 MU；然后将该组图像通过DICOM传输至容积图像(X-ray volume imaging, XVI)配准软件，并进行软件的自动分析，得出射野中心与成像的BallBearing金属球的几何中心的偏差Δ1；然后卸下Matrixx，保持BallBearing的位置不动，同样用EPID曝光8张平片，并由XVI分析得出射野中心与BallBearing金属球的几何中心的偏差Δ2，最后根据Δ1、Δ2之差值得出Matrixx的吊挂对等中心精度的影响。

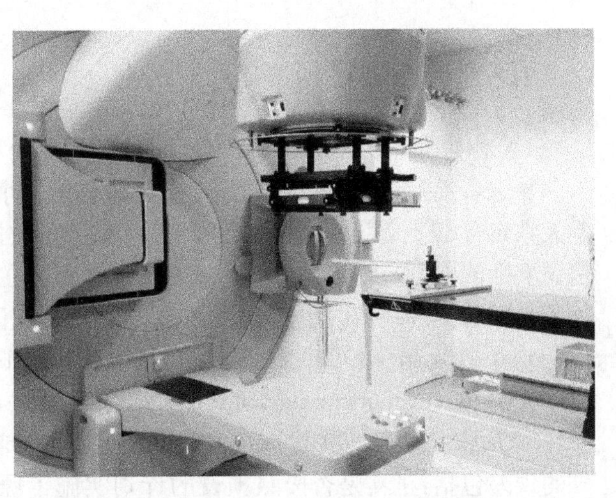

图2-30 BallBearing测试等中心的偏差

5. COMPASS系统验证流程

应用COMPASS系统进行剂量验证的整个流程，主要分为5步：①将Matrixx矩阵通过加速器的机头适配器安装在治疗机上，并完成角度探测器的连接；②在TPS上生成治疗计划；③COMPASS软件接受从TPS传出的DICOM文件；④利用Matrixx采集到的三维通量在患者CT上重建剂量分布；⑤TPS与COMPASS测量重建的剂量分布在各断面和DVH上的比较。

四、基于日志文件的剂量验证

在加速器出束时，治疗控制系统以50 ms的时间间隔采集每对MLC叶片的位置信息，并储存成日志文件，而且机架的角度信息和每个子野的剂量率信息也都被记录在加速器的控制系统上，存为另一个独立的日志文件。为了获得重建剂量，通过将控制系统记录的这些日志文件回传到TPS，并在患者原始的CT图像上重建剂量，重建出实际治疗的三维剂量分布，进而结合患者的解剖结构分别从点剂量、面剂量或者剂量体积直方图(dose volume histogram, DVH)来比较肿瘤和危及器官(organ at risk, OAR)的受照剂量和计算剂量之间的偏差。

该方法不要求任何的模体和探测设备，完全是软件操作的过程，因此验证流程极大程度地简化了治疗计划的QA程序。然而这种验证方法必须建立在控制系统所记录的可靠的日志文件基础上，即能正确反映实际的执行过程，虽然这个日志文件的精度可以通过EPID和胶片来进行独立的检测，但这是一项额外的QA工作，需要花费不少的时间。

五、总结与展望

1. 剂量验证误差的来源

从患者治疗计划的设计到治疗实施过程的各个环节都会产生一定的误差，这其中的误差大致包含了3个部分：①来源于治疗计划原始数据的误差：计算机调用的治疗机机器参数是在实际测量的有限数据中拟合出来的，本身存在一定的误差，而且作为其数据来源的实际测量的数据在获取时也包含了测量误差。②算法误差：当前的剂量算法，不管是串筒卷积(collapsed cone, CC)算法，还是超级迭代(multigird super position)和快速傅立叶卷积(fast Fourier transform convolution, FFTC)算法，以及目前计算最为精确的蒙卡(Monte Carlo, MC)算法都与实际剂量值存一定范围的计算误差。③治疗实施时的机器误差，这部分的误差包括：机器是否按照预设的计划实施了照射，剂量的传递是否准确以及治疗机本身的误差等。

ICRU 24 号报告指出，原发灶根治剂量的准确性应好于5%，靶区剂量偏离最佳剂量时，就有可能使原发灶肿瘤失控或并发症增加，从而可能导致治疗失败。正因为调强放疗过程存在诸多不确定性，因此我们必须在治疗实施前对调强放疗计划进行剂量学验证。

2. 点剂量验证方法

将治疗计划移植到特定的模体中，在TPS中计算出模体内感兴趣点的吸收剂量，将电离室放入模体内感兴趣点测量实际吸收剂量，并与TPS的计算值进行对比。这类验证方法剂量测量的准确性与电离室灵敏体积关联较大，对于调强治疗包含很多小的照射野，应当使用小灵敏体积的电离室，同时在使用小电离室时，需要考虑漏电和噪音对测量结果的影响。其中，噪音的影响体现为随机误差，没有简易方法可以修正，不能简单地认为用于调强放疗剂量验证的电离室的灵敏体积越小越好。正确的观点应该是：在使用大电离室时要考虑体积平均效应，并且测量点尽量选在剂量均匀区域；在使用小灵敏体积的电离室时要注意漏电和噪音对测量结果的影响。

3. 二维胶片验证方法

胶片剂量仪由于能够快速方便地获取二维平面剂量分布而最早应用于电子线射野的剂量分布测量。胶片剂量仪具有空间分辨率高、组织等效性好、可一次性获取二维剂量分布、便于长期保存和分析等优势，在调强放疗剂量学验证的研究上得到广泛应用，它与电离室点剂量验证相结合是经典的验证方式。目前常用的胶片剂量仪有 KODAK XV2 和 EDR2 等。但是这类胶片剂量仪也存在一些问题，例如成本高、工作量大，特别是测量结果受曝光和冲洗条件影响很大，因此对冲洗过程加以控制或进行必要的质量保证就显得非常重要，近年来发展的辐射显色剂量胶片(如：EBT 胶片)剂量仪很好地解决了胶片冲洗过程的质控问题。EBT 胶片剂量仪是一种免冲洗胶片剂量仪，其有效原子序数为6.8，更接近于水的有效原子序数7.3，其接受辐射后不需要热学、光学或者化学的增强或处理而直接显色，在0.5～5 Mev 光子能量范围内响应偏差小于5%。

胶片剂量仪的测量结果同时受到扫描仪的影响，在扫描胶片之前对扫描仪进行光学密度(optical density , OD)值刻度是必不可少的。常规的做法是利用已经标定了OD值的校

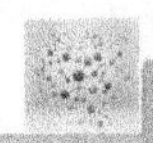

准片来确定扫描仪的模数转换值(analogue-to-digital converter, ADC)与OD值之间的关系,再通过已知的胶片OD值与剂量之间的换算关系来获得绝对剂量值。对于无校准片的用户,则可以用已知剂量的胶片来确定剂量与ADC值之间的关系,需要注意的是,模数转换值-剂量这一刻度方法只有在同一扫描仪扫描同一批次的胶片的条件下才可行。传统的胶片与自显影EBT胶片对扫描仪的需求也不尽相同,相比较传统胶片,EBT胶片可以使用平板的CCD探头彩色扫描仪,其获取的彩色图形结合FilmQA软件,可以提取红光通道图像以便获取高灵敏度的剂量分布。由于扫描仪光源散射光线的存在,在胶片分析之前对扫描仪的光源散射进行校正是必须的。

4. 半导体探测器阵列方法

半导体探测器其组成的主要成分硅的密度为2.3 g/cm^3,显著高于空气的0.001 29 g/cm^3,而其电离辐射能量只需要3.5 ev,也显著低于空气的33.97 ev,因而与空气电离室相比,半导体探测器的灵敏度要比空气电离室高180 00倍,这就使得半导体探测器可以做得很小。而且由于半导体探测器具有剂量(脉冲)依赖性、重复性好,经放射性老化处理后长期稳定,剂量响应线性度好以及对照射野大小的依赖性小等优点。半导体探测器阵列已经成为目前应用较为广泛的二维调强放疗剂量学验证工具之一。目前常用的半导体探测器阵列有平面的Mapcheck与Mapcheck 2以及适用弧形旋转调强剂量验证的圆柱面的ArcCheck等。

5. 空气电离室阵列方法

空气电离室与半导体探测器的验证方式相仿,它的优点在于能够准确地测量绝对剂量,空气中一个电子的电离辐射能为33.97 ev,经过气压与温度的校准,就能获取准确的绝对剂量。现在常用的空气阵列电离室有Matrixx等。

6. 三维剂量验证方法

三维剂量验证比较常见的是Delta4剂量验证系统,它对入射射野角度的剂量响应影响$<0.5\%$,对照射剂量和剂量率的响应影响也$<0.5\%$,与电离室相比,绝对剂量误差$<2.5\%$,既可以对固定入射角度的静态调强方式进行剂量学验证,又能够对旋转调强进行剂量学验证。

如果说Delta4这一类的剂量验证方法还只是停留在面向模体的剂量学验证的话,那么,面向患者的剂量验证则是一种全新的剂量验证方法,它的基本原理是通过二维的测量工具(如:电离室阵列或者胶片剂量仪等),结合各类算法(如:反投影算法),推算出治疗机输出的射线注量,将射线注量与患者的个体化形态相结合,通过各类剂量算法来计算患者体内实际治疗时真实的三维剂量分布,以直观地、真实地反映各类误差所导致的综合的剂量差异。它的误差评价方式也有别于二维剂量的DTA或者Gamma方法,其可直观地展示体内剂量分布。IBA公司的Compass是一种商业化的三维剂量验证系统,它以二维剂量分布、体积剂量直方图等方式显示的剂量是实际治疗时患者体内的剂量分布。面向患者的剂量验证的优势在于能够直观地显示患者体内的剂量分布,方便医生与物理师评估治疗计划实施误差所带来的患者体内剂量分布的差异而引起的治疗效果的改变。

随着科技的发展与计算机技术的进步,调强放疗剂量验证方式已经从点剂量验证发展到了三维剂量验证,验证的对象也从体模发展到了患者,我们在利用这些工具与方法对调强放疗进行质量控制时，对剂量验证系统本身的质量控制是非常重要的，只有保障了自身的准确性，才能为调强放疗提供强有力的质量保障。而正是有了这些剂量验证工具与方法的保障，调强放疗技术正在又好又快地向前发展。

第五节　三 维 水 箱

关于医用直线加速器的质量保证和质量控制，大部分医院是用剂量仪、小水箱和部分模体来完成的，不但费时费力，而且准确性差，特别是在新安装加速器验收或大修后的检测以及为治疗计划系统采集准备大量的物理数据时，此问题尤为突出。

三维水箱测量系统是由计算机控制的自动快速扫描系统，它主要由大水箱、精密步进电机、电离室、控制盒、计算机和相应软件组成，能对射线在水模中的相对剂量分布（如：PDD、OAR、TMR 等）进行快速自动扫描，并将结果数值化，自动算出射线的半高宽、半影、对称性、平坦度、最大剂量点深度等参数。因此它不仅可在医院放疗设备的日常质量保证和质量控制中使用，而且在安装验收、维修后检测以及为治疗计划系统进行数据采集等方面发挥更大的作用。

一、三维水箱构造及性能

目前在医院中使用的三维水箱系统主要有 Standard Imagin 公司的 DoseView 3D、PTW 公司的 MP3-M、IBA 公司的 Blue Phantom2、ARM 公司的 Model M3000、MultiData 公司的 RTD 9850 和 Sun Nuclear 公司的 3D Scanner 三维扫描系统。它们在结构和功能方面有许多相似之处，下面通过 IBA 公司的 Blue Phantom2 三维水箱系统来对三维水箱系统的结构和功能作简要介绍。

表 2-4　不同厂家三维水箱的横向比较

	Standard Imaging	PTW	IBA	ARM	Multi Data	Sun Nuclear
	Dose View 3D	MP3 - M	Blue Phantom 2	Model M3000	RTD 9850	3D Scanner
Accuracy	±0. 1mm per	±0. 1 mm	±0. 1 mm	±0. 1 mm	±0. 1 mm	±0. 1 mm
Repeatability	±0. 1mm per	±0. 1 mm	±0. 1 mm	±0. 1 mm	±0. 1 mm	±0. 1 mm
Drive Mechanism	Lead screw Stepper motor	Lead screw Stepper motor	Magneto strictive	Lead screw Stepper motor	Cable/wire	Leadscrew Ring drive/belt
Frame and Arm Mcchanics	I piece cart frame Rails on both sides	Jointed frame Rads on one side	Jointed frame Rads on one sides	Jointed frame Rads on one side	Jointed frame Rads on one sides	ring based rail
Scanning Dimensions (LXWXH, mm)	500×500×410	500×500×408	500×500×410	500×500×400	480×480×415	500diameter (～350aquare ×400)
Scanning Resolution	0. 1mm	0. 1mm	0. 1mm	0. 1mm	0. 1mm	0. 1mm

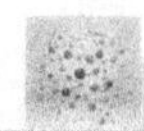

续表

	Standard Imaging	PTW	IBA	ARM	Multi Data	Sun Nuclear
	Dose View 3D	MP3 - M	Blue Phantom 2	Model M3000	RTD 9850	3D Scanner
Altemate Tank Sizes Available	no	yes	Cutom available	yes	yes	no
Diagonal Scan Capable	yes	yes	yes	yes	yes	yes
PC Communication	Wireless or wired	wired	wired	wired	wired	wired
Pendant Communication	wireless	wired	wired	wired	n/a	wireless
Electrometer/ controller position	System Mounted or Separate	Separate Only	System Mounted or Separate	Separate Only	Separate Only	Mounted Only
Eletrometer Range	2pC • 999. 999 nC	5pA • 100nA	0. 5UA • 54μA	Not specned	Not specned	2PA • 50nA/ 2pC • 10mc
Electrometer Resolution	As low as 10 #C	AS lOW AS 10fA	As low as 0. 5fA	Not spenned	Not specned	As low as 10fA
Lift/Reservoir Configuration	combined	Combined or separate	separate	n/a	combined	Not spened
Adjustment Platform (Fine X/Y mm)	±12. 5mm	±10. 0mm	±15. 0mm	n/a	n/a	±10. 0mm
Adjustment Platform (Fine Rotational)	yes	yes	yes	n/a	n/a	n/a
Adjustment Platform (Rotational Detentsl)	± 10°, 45°, 90°incremqnts	±45°, 90°	Not specdied	n/a	n/a	n/a
Lift Platform Type	Motoriced	Motoriced	Motoriced	Hydraudic	Hydraudic	Motoriced
Ion Chamber Manufanctyrer	yes	yes	yes	no	no	no
3rd Party Detector Support	yes	yes	yes	yes	yes	yes
Detector Type Supported	Chamber/diode	Chamber/diode	Chamber/diode	Chamber/diode	Chamber/diode	Chamber/ diode
Probe/water surface Detection	no	yes	yes	no	no	yes
Phantom Leveling	3point on frame	3point below phantom	3point below phantom and auto on frame	2pointon frame	3point below phantom	Auto below phantom
Linear Array Support	Coming soon	PTW LA48	IBA LOA 99SC	yes	not specihed	not specihed
Film Support	no	yes	yes	not specihed	yes	not specihed
TAR/TMR/TPR Measurement	calculued	measured	measured	measured	not specfied	measured
Automatic Scan Queuing Scripting	yes	yes	yes	yes	yes	yes
Standard Protocol Support	yes	yes	yes	yes	yes	yes
Standard TPS/RTP Export	Yes I included	Yes I included	Yes I included	Yes I included	Yes I included	Yes I included

1. 构造

IBA Blue Phantom 2(三维蓝水箱 2)主要包括水箱(含精密步进电机组成的 4 支扫描臂)、升降台、CCU(通用控制单元)、参考探头与测量探头、线缆(电离室与 CCU 连接、水箱与 CCU 的连接、网线 1 根)、软件操作电脑、储水库等。其主要结构如图 2-31 所示。

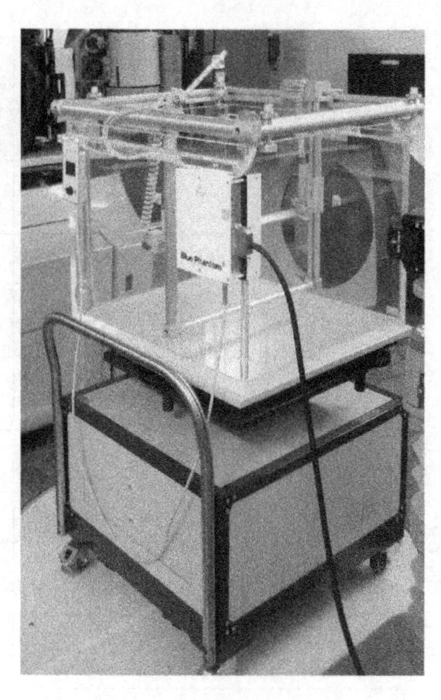

图 2-31 IBA Blue Phantom 2 水箱和升降台

2. 性能指标

(1) 三维水箱

外部尺寸为 675 mm×645 mm×560 mm,扫描范围 480 mm×480 mm×410 mm。其壁厚为 15 mm,材料为丙烯酸,空载重量约为 45 kg。其通常是放置于升降台上,周边一圈有带有刻度的金属框架,可以用作水平微调。在对十字线或者放水时可能需要移动水箱的位置,注意移动时应尽量避免带有标尺刻度的边缘受力以免机械尺寸发生变形误差。

(2) 精度

定位精度为±0.1 mm;重复性误差为±0.03 mm;扫描速度为 0~25 mm/sec 可调(为保证扫描的准确性,常使用 5~10 mm/sec 的扫描速度)。

(3) 能对射线在水模中相对剂量分布 PDD、OAR(可同时对不同平面,不同深度)、TMR 等进行快速自动扫描并将结果数值化并自动算出射线的半高宽、半影、对称性、平坦度、最大剂量点深度等参数,事后可显示、分析、制表、打印测量结果并将测量结果自动转换成为许多治疗计划系统(TPS)能接受的格式而直接输入到治疗计划系统(TPS)中去。

二、三维水箱使用规范

1. 硬件部分(使用前的精度检查)

机械调零:分别将 x、y、z 轴移动至各自的零点处,通过控制手柄上的零位设置键对其调零。

运动精度检查:通过控制手柄控制滑块在 x、y、z 方向上运动,运动至各自的±15 cm 处,比较控制手柄的示值和 x、y、z 轴上的刻度值,误差在±0.3 mm 以内。

垂直度检查:加速器十字线对准水箱的十字标记帽,从上往下走到底,不要偏出 1 mm(首先确保机头在零度,且物理水平,水箱也调节好水平以及加速器十字线的位置精度)。

2. 使用前的摆位和连接工作

将水箱箱体从运输箱中抬出放在升降台上,记住抬水箱箱体时不要用手直接抬水平调节框架,用手抬有机玻璃把手即可。移动升降车使水箱的 x 轴运动方向与加速器的 Cross-line 方向一致,再调节升降车位置使箱体底部的十字线与灯光野的十字线相重合,调节完毕后锁住升降车的运动轮。

连接水库与水箱,往水箱中注水,注水高度大约距有机玻璃上边缘 7 cm 即可。如果水库无法泵出水来,则可先将水库的水管放置于地面齐平,打开泵水按钮,待有少量水出来后，按停止泵水键，然后将水管再与箱体连接，按泵水键开始泵水，完毕后将水管拔出。

将野探头固定于X轴的滑块上，对于CC13电离室，要使电离室塑料部分的黑色标记线略微露出1 mm，将十字标记帽套在电离室上，调节十字标记帽，使其顶面的标记线与水面的夹角是45°，我们从面对十字标记帽顶面的水箱的一侧，从水面下方往上观察，先将十字标记帽移到水箱的1个顶角，通过控制手柄调节标记帽的垂直位置，使得标记线的顶点与其倒影的顶点相重合，依次分别移到其他3个顶角，分别调节水平框架上的水平调节螺丝，使得框架其他3个顶角处也能满足十字标记帽上标记线的顶点与其倒影的顶点相重合。之后再往返运动检查标记线的顶点在运动过程中是否一直处于水面上，如处于水面上则水平已调好。

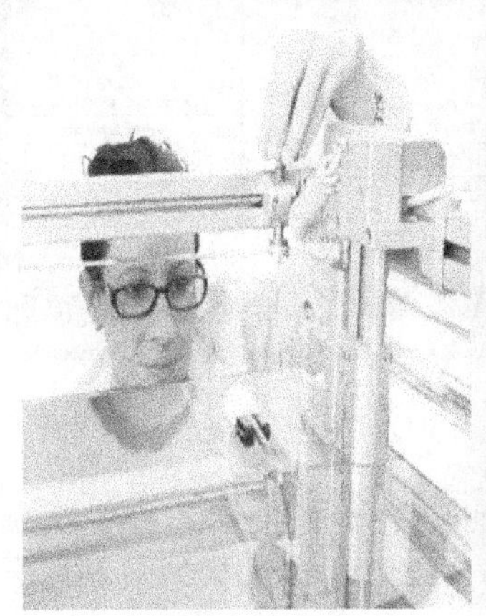

Blue Phantom² leveling mechanism (opton)

图2-32 通过十字标记帽调水平

从水面下方往上观察，将十字标记帽顶面的十字标记线调成正十字，此时加速器开野灯，借助一张白纸进行观察，将十字标记帽侧面的十字标记线调节至与射野灯的十字线相重合，此时在控制手柄上将此点保存成ISOCenter和Watersurface。

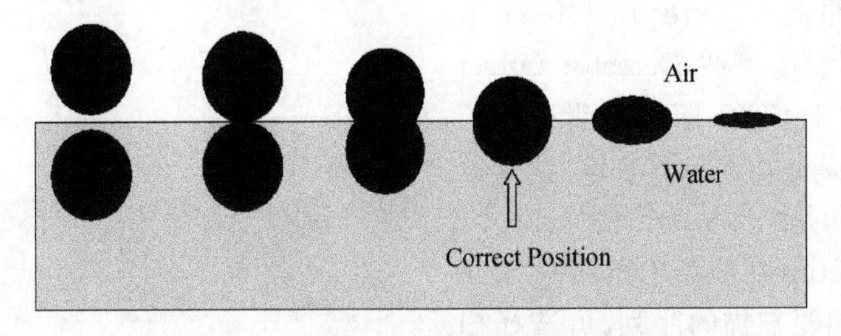

图2-33 探头与水面的关系示意图

通过升降台将SSD调至100 cm，放置参考电离室，将参考电离室通过参考探头支架放置于空气中，使其位于光野的边缘。

连接电离室的延长电缆，注意CCU上野电离室和参考电离室不要接反，否则测量出来的曲线也是反的。CCU放置的位置应是距离加速器最远处，否则数据受到散射线干扰的可能性比较大。通过网线连接CCU和控制电脑。

3. 软件部分：Omnipro-accept 7.4a

在Common Settings功能菜单里面编辑Clinic和Radiation Devices的信息，在网线连接正常的情况下点击Controllers可在Controller address里面发现CCU的IP地址，点击此 IP 地址，在 Serial Number 即会显示此台 CCU 的 SN 号，此时推荐将电脑的本地 IP 修改成和 CCU 的 IP 地址在同一网段里面(图 2-34)。

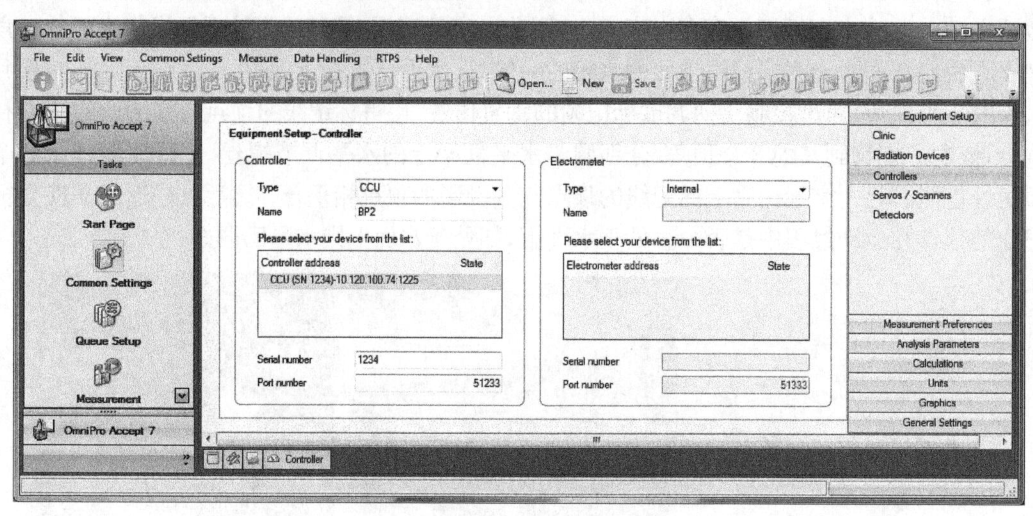

图 2-34　Controllers 的具体设置

在 Servos/Scanners 里面选择水箱的尺寸，即 Blue Phantom 2 (48×48×41)，点击Install 按钮，在 Device turn angle 里面选择水箱箱体相对于加速器的正确摆放方位(图 2-35)。

在 Detectors 里面选择相应的参考探头和射野探头型号，在此需注意的是对于 CC13 探头如测量光子 Detector Offset 是 −1.8 mm，如测量电子线 Detector Offset 是 −1.5 mm；对于 CC01 探头如测量光子 Detector Offset 是 −0.6 mm，如测量电子线Detector Offset是 −0.5 mm(图 2-36)。

在 Queue Setup 功能菜单里面的 Scan Type 中选择我们要扫描的序列，可选择扫描方式、编辑序列的扫描范围、扫描速度等信息，点击 Add Item 可将序列加入 Queue 中进行测量(图 2-37)。

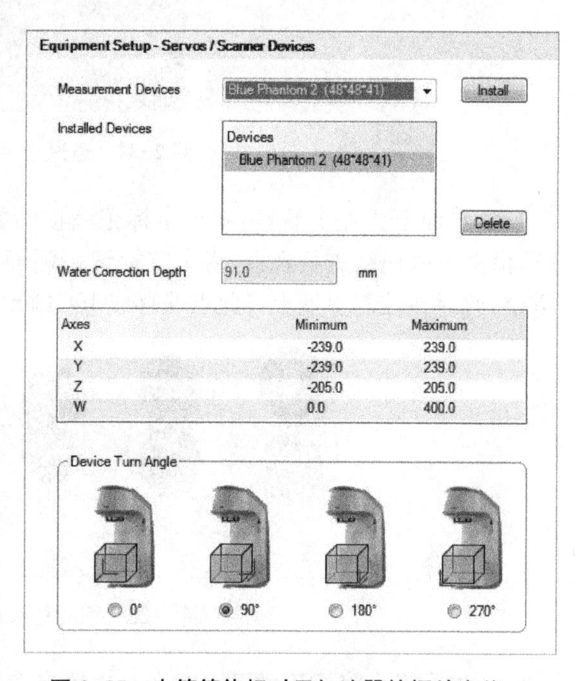

图 2-35　水箱箱体相对于加速器的摆放方位

进入 Measurement 功能菜单，在 Controller 模块里面点击 Connect 连接软件和水箱，如前面保存了 ISO Center 和 Water surface 此时 Gantry coordinate 会自动就绪。点击 HV Setup 对电离室加高压，对电离室照射 400 MU 之后，先进入 Electrometer panel 模块，然后点击 Background 按钮进行本底测量，测量本底的时间建议修改成 20 s。在 Positioning Panel 里面将探头移动到水下 15 mm 处，此时加速器开 10 cm×10 cm 的照射野，6 MV 的能量进行曝光，点击 Normalization 进行归一。为了各能量曲线易于观察，也可对每档能量

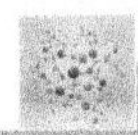

标称条件下，最大剂量深度处进行 Normalization（图 2-38）。

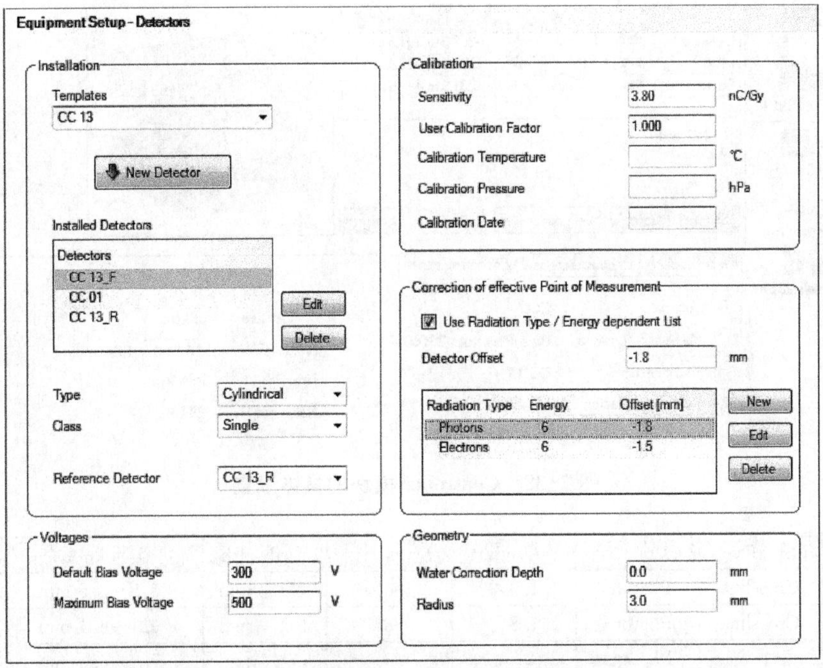

Equipment Setup - Detectors

Installation

Templates: CC 13

New Detector

Installed Detectors

Detectors
CC 13_F
CC 01
CC 13_R

Edit
Delete

Type: Cylindrical
Class: Single
Reference Detector: CC 13_R

Calibration

Sensitivity: 3.80 nC/Gy
User Calibration Factor: 1.000
Calibration Temperature: ℃
Calibration Pressure: hPa
Calibration Date

Correction of effective Point of Measurement

Use Radiation Type / Energy dependent List
Detector Offset: -1.8 mm

Radiation Type	Energy	Offset [mm]
Photons	6	-1.8
Electrons	6	-1.5

New
Edit
Delete

Voltages

Default Bias Voltage: 300 V
Maximum Bias Voltage: 500 V

Geometry

Water Correction Depth: 0.0 mm
Radius: 3.0 mm

图 2-36 参考探头和射野探头的具体设置

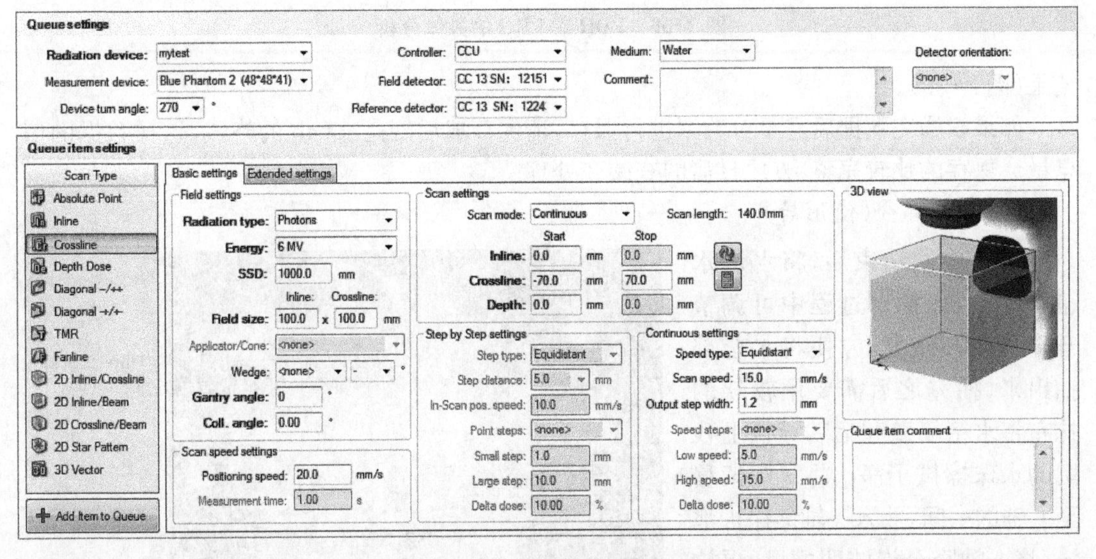

图 2-37 测量序列的建立

在 Measure 菜单下选择 CAX measurement，这时对创建 4 条标准序列，执行这 4 条标准序列的测试可自动计算射野中心轴和摆位中心的偏差并作修正。

如需要观察曲线的特征，可在 Common settings 菜单下 Analysis parameters 里针对不同类型的 Profile 或 PDD 选择相应的分析标准，在 Numerical Analysis 里可观察分析

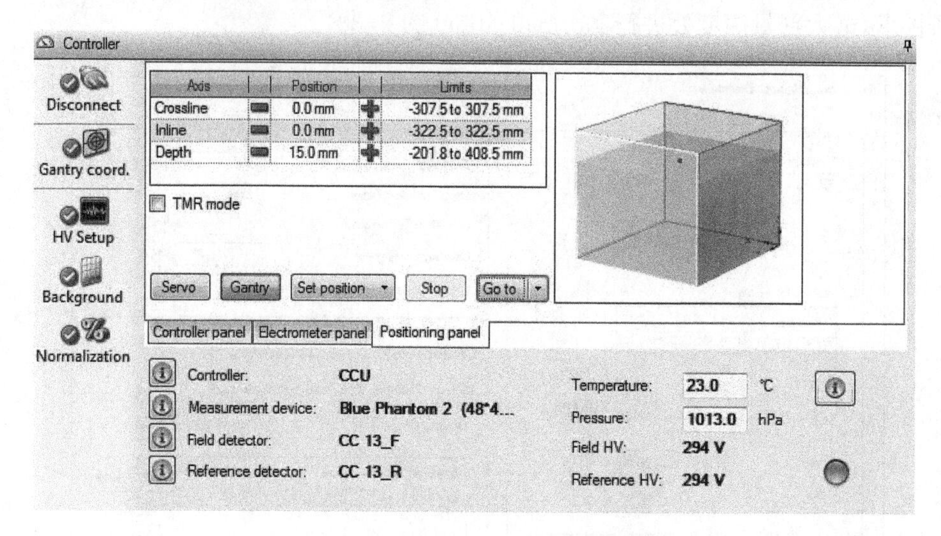

图 2-38 Controller 模块的具体设置

Scancolor	Scanlype	Radation type	Ratness	Symmetry	Fiedwidth	Penumbra	Center
	Crossline	Photons	1.2%	1.0%	101.4 mm	5.5～5.5 mm	0.2 mm
	Crossline	Photons	1.8%	0.8%	105.0 mm	6.1～6.1 mm	0.7 mm
	Crossline	Photons	27%	0.6%	110.1 mm	7.0～6.8 mm	0.1 mm
	Crossline	Photons	3.6%	1.3%	120.3 mm	8.5～8.6 mm	0.7 mm
	Crossline	Photons	4.0%	0.9%	130.5 mm	10.6～10.8 mm	0.1 mm

图 2-39 PDD 或 PRO 的具体分析

结果(图 2-39)。

如果扫描完数据后需要对数据进行保存,请保存成后缀是.opab 的格式,这样数据的信息量会保存的比较完整,方便日后的查阅和处理。

4. 硬件部分(使用后)

水箱使用结束后,将水从水箱中抽出,在抽水过程中可调节升降台的倾斜度,方便将水全部抽出来,抽完之后需要用较软的抹布将水箱箱壁和运动导轨上残留的水珠擦拭干净。将 z 框架移至 y 轴的中间,放入 x 轴的保护泡沫,将 x 轴降至泡沫凹槽里,再放置水平框架的保护泡沫,水平调节框架上的 4 个螺丝务必要锁紧。将电离室、延长电缆、参考电离室支架、CCU、电缆线、升降台和水库归类收好(图 2-40)。

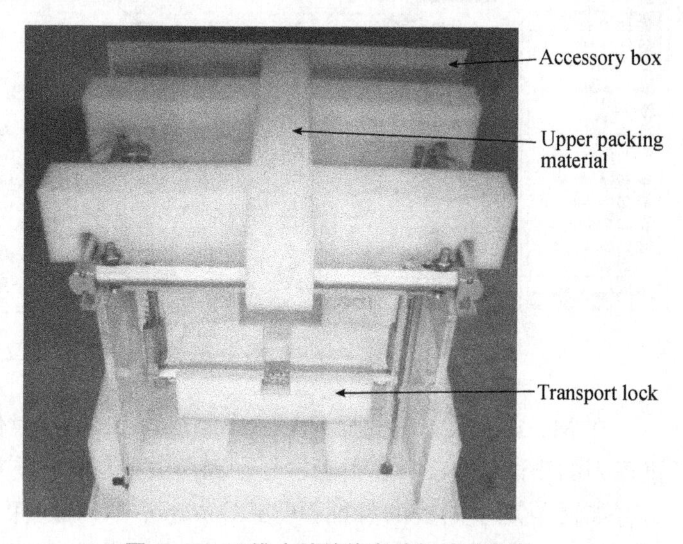

图 2-40 三维水箱箱体存放保护示意图

5. 水箱使用注意事项

①CCU 放置距离加速器最远处。②电离室在使用的时候接头一定要轻拿轻放，在连接接头的时候不要拧动整个接头，只需拧动螺旋环。③电离室的延长电缆线不要用脚踩到，另外无论是张开还是收起都需要非常小心，不要有打折现象，尽量保持平顺。④水箱在运输之前一定要把水平框架上的 4 个水平调节螺丝锁紧。⑤电离室不要在水下浸泡时间超过 12 h，第二次使用要做干燥处理。⑥CCU 使用之前需要预热超过 30 min。⑦每次换电离室之后，需要再做一次中心轴(CAX)修正，保证电离室还是处于最精确的位置。尤其对于小野的测量非常重要。⑧水箱在搬运过程中一定不要用手去搬运水平调节框架，只能搬运箱体的把手。⑨电离室的延长电缆只用 5 m 的，不要使用 28 m 的那根，电缆太长阻抗比较大，信号不稳定。⑩电离室的本底最好是测量 20 s，如果测量过程中发现某条曲线尾部突然上翘的情况，可以重新做一次本底

表 2-5 三维水箱常见问题的处理方法

	问题定位	故障现象	原　因	解决方法	建议及备注
1	电离室	加不上高压或无信号；噪声大	TNC 接头有短路或断路；探头受潮或接头处受灰尘玷污	重接接头；烘干；清理接头处	一套水箱配 3 个探头，发现有问题及时报修，留有备用的余地 探头进水人为因素
2	电缆线	同上	TNC 接头有短路或断路；接头处受灰尘玷污	重接接头；清理接头处	一套水箱配 3 个延长电缆，一根备用
3	机械方面	运动精度及垂直度不好	剧烈的运输、粗鲁的装卸为首要原因，频繁的高强度使用也是原因之一	维修	使用人员了解些简单的调校方法；定期做 PMI(预防性保养)；运输前一定锁紧导杆，X 轴由包装泡沫固定

三、不同测试条件对数据采集结果的影响

(1) 改变野探头测量时的步进速度，比较探头的步进速度对测量结果的影响。测试条件分别为探头步进速度快、步进速度中、步进速度慢。对 PDD 曲线和平坦度的影响结果如图 2-41 所示。

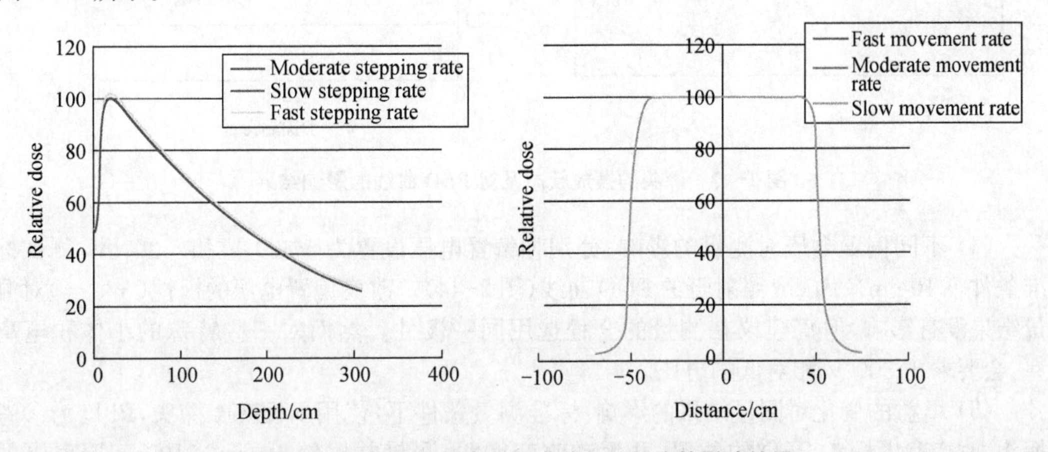

图 2-41 步进速度对 PDD 曲线和平坦度的影响结果

(2) 改变野探头测量时的测量步距，分别为 large 2 mm，small 1 mm；large 2 mm，small 2 mm；large 3 mm，small 2 mm 对 PDD 曲线和平坦度的影响结果见图 2-42。

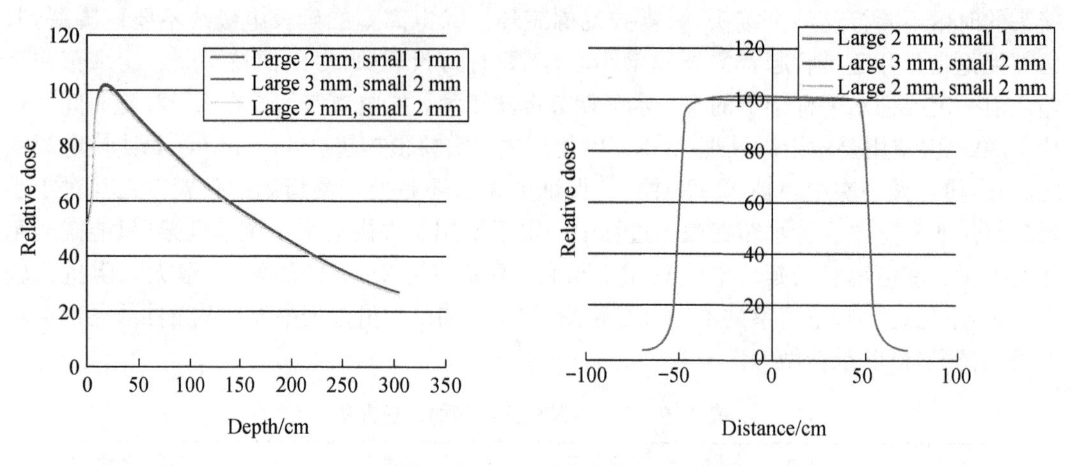

图 2-42 测量步距对 PDD 曲线和平坦度的影响结果

在标准测量条件下，步进速度快慢和步进间距的大小对 PDD 和 PRO 测量结果的影响可以忽略，但步进速度加快导致的水波纹效应会引起测试曲线不够平滑。

(3) 探头在等中心位摆放位置的偏差对测量结果的影响：测试条件分别将探头全部置于水下、探头水面上体积占 2/3、探头中心置于水面与倒影呈完美圆、探头水面上体积占 1/3、探头上缘仅接触水面。探头的摆放状态及对 PDD 曲线的影响结果见图 2-43。由图可见探头在等中心处摆放位置的偏差，对 PDD 的数据采集影响较大。

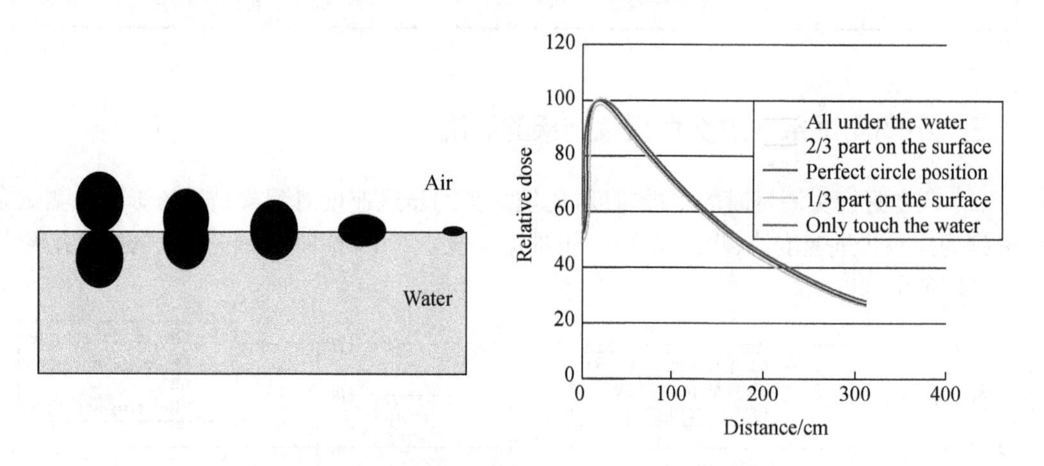

图 2-43 探头的摆放状态及对 PDD 曲线的影响结果

(4) 不同偏置电压对测量的影响：分别将偏置电压设置为＋300 V 和－300 V，测试标准条件下 10 cm×10 cm 照射野的 PDD 曲线(图 2-44)。改变偏置电压的极性(＋、－)对测量结果没有影响，但仍建议在测量的全程选用同一极性。然而对一些特殊的小体积电离室，会要求比 300 V 相对低的电压。

(5) 增益的变化对测量结果的影响：标准测量条件下，使用 RK8304 探头，PFD 为参考探头，改变参考探头 PFD 的位置，并手动改变增益，测量并比较 10 cm×10 cm 照射野的

PDD 曲线(图 2-45)。在获取增益比的过程中,参考野探头的性质(是半导体探头还是电离室探头)和位置(在野内和在野外的一定距离)对测量结果影响不大,主要是提供相对合理的静电计信噪比,使灵敏度保持平衡即可。对于增益比的获取方式,可以自动获取,也可手动修改得到,但注意,若参考探头采集信号过弱,会导致灵敏度失衡,曲线平滑性大打折扣,进而使数据出现偏差。

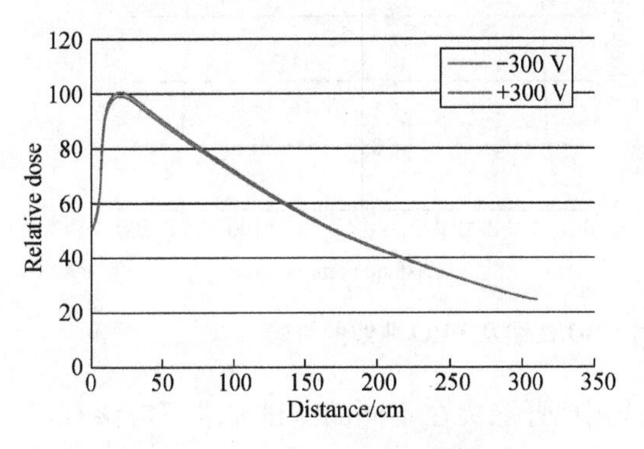

图 2-44 不同偏置电压对测量的影响

图 2-45 增益变化对测量结果的影响

(6) 不同射野大小和射野探测器不同结果比较,SSD 为 100 cm,分别测试射野 2 cm×2 cm、10 cm×10 cm、40 cm×40 cm,在此条件下,参考探头不变。野探头分别为 PFD, RK8304, SFD。分别测试 PDD 曲线以及水下 2 cmPRO 曲线的差别(图 2-46)。

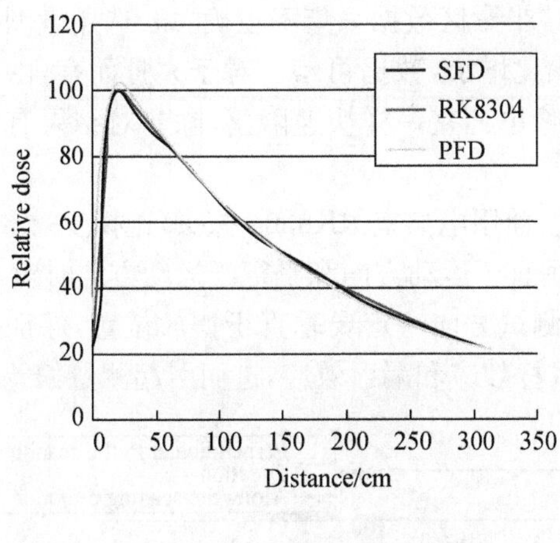

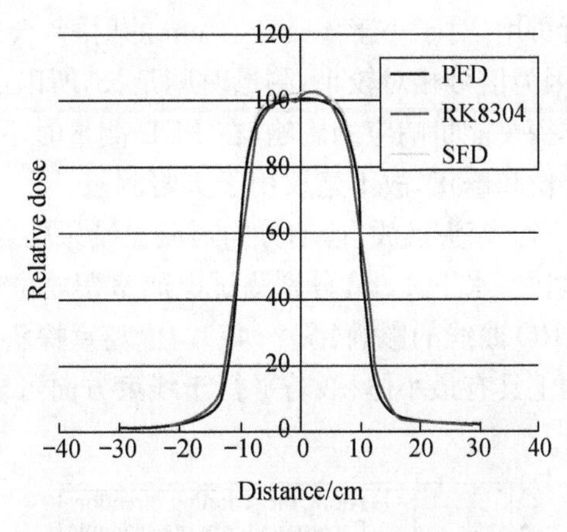

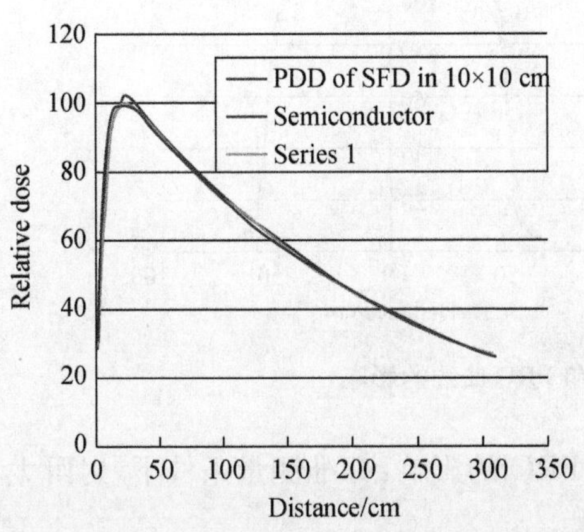

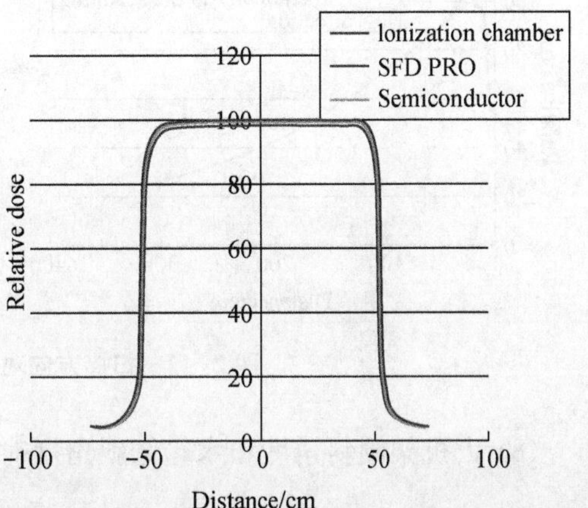

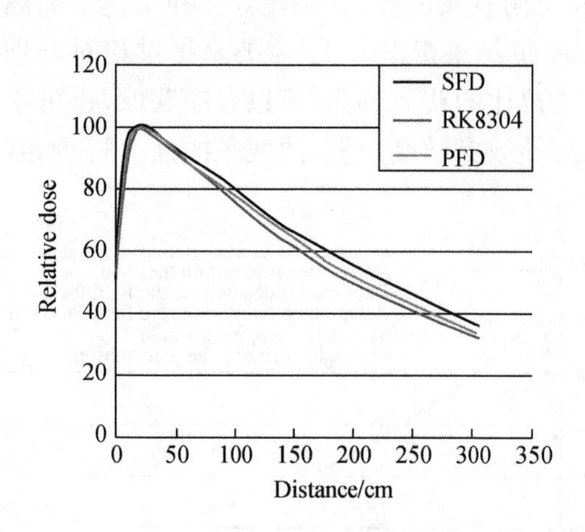

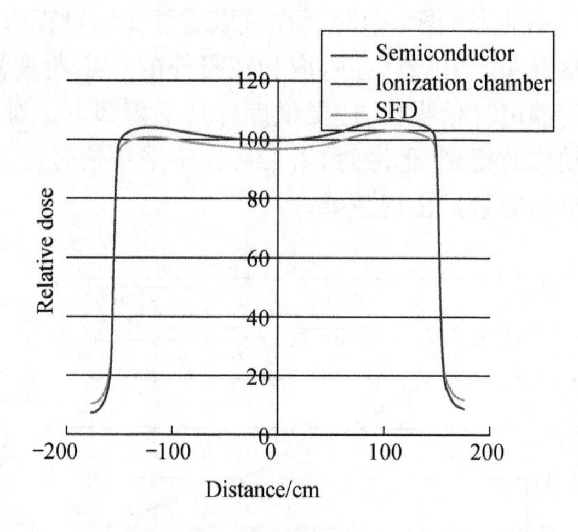

图 2-46　射野大小和射野探测器对 PDD 曲线及 PRO 曲线的影响

从图 2-46 可知，在不同大小射野的数据采集中，野探头在不同的测试要求下应该有不同的选择。对于 2 cm×2 cm 这样的小野，半导体探头（微小型 SFD 和常规型 PFD）在数据上有很好的一致性，而常规电离室探头（RK）则有所偏离。对于 40 cm×40 cm 这样的大野，结果相反，常规型 PFD 和常规电离室探头相当符合，而微小型 SFD 则有所偏离。对于常规照射野 10 cm×10 cm，所有探头测试数据没有差别，同样的结论在输出因子的测量结果上也有同样的体现。此结论，从理论上讲，直径为 4～6 mm 的探头，对于大于 4 cm×4 cm 的射野可用，对于小于 4 cm×4 cm 的射野，会导致半影区数据采集不正确。若选用微型电离室，因为信号相对较小，测量时间延长，所以信噪比增加，数据可信。对于大野而言，由于半导体探头能量响应的影响，在 PDD 测量时不能像电离室一样快速降落，除非对结果有一定的补偿和修正，故不建议用于大野测量。

（7）探头摆放、运动方向对测量结果的影响：使用电离室 RK8304 探头，选择 10 cm×10 cm 射野，水下 2 cm，分别测试电离室摆放位置垂直于运动方向和平行于运动方向时对 PDD 和 PRO 曲线的影响（图 2-47）。电离室探头的测试方向一定要垂直于摆放位置，保证在测量面上具有最小体积，若平行于线束方向可导致杆效应和漏射效应，进而引起测量偏差。

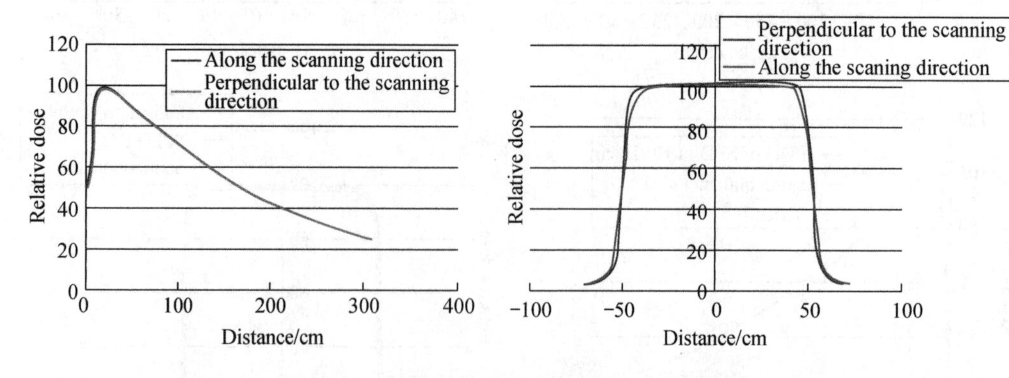

图 2-47　扫描方向对 PDD 和 PRO 曲线的影响

（8）大机架倾斜角度和水箱倾斜角度对射野 PRO 的影响：标准测量条件下，射野大小

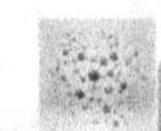

30 cm×30 cm；测量深度：水下 5 cm；改变大机架角度 0、1、2°，观察大机架倾斜角度和水箱倾斜角度，观察机械倾斜角度对射野 PRO 的影响(图 2-48)。由图可见，机头位置和水箱平衡的微小差异可直接导致 PRO 曲线测量参数出现明显错误，使得曲线的肩部数据对称性失调。

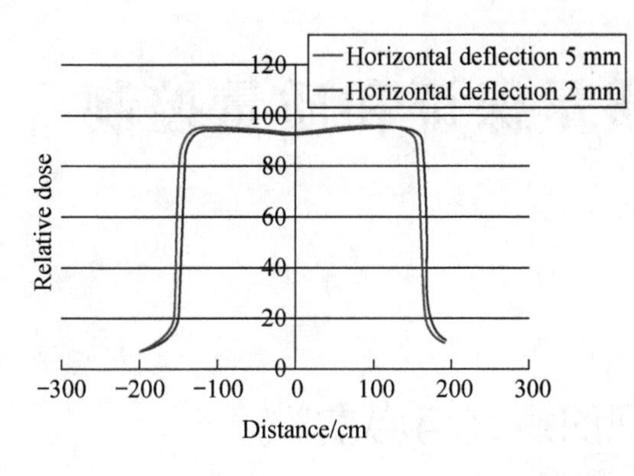

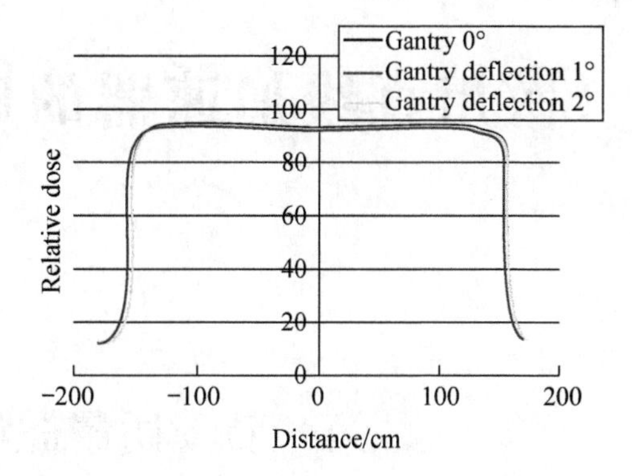

图 2-48　机械倾斜角度对 PRO 的影响

(9) 不同探头对射野输出因子的影响

在绝对剂量测量条件下，分别应用电离室 RK8304 探头、PFD 半导体探头和 SFD 半导体探头测试不同射野输出因子。在水下 2 cm 测试，100 MU，重复两次测试结果(图 2-49)。

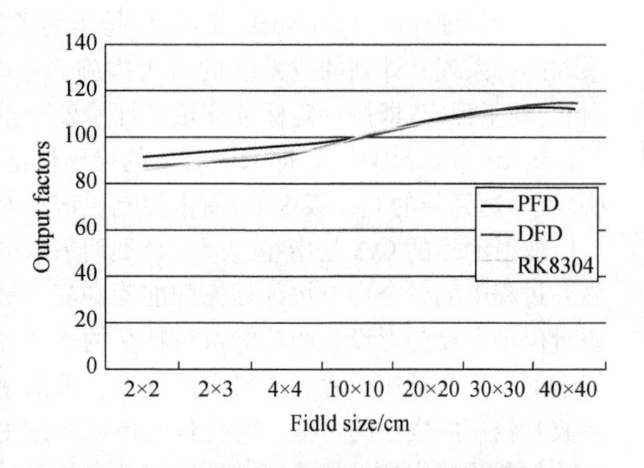

图 2-49　不同探头对射野输出因子的影响

在水箱数据采集和质控工作中，参照 TG106 标准和相关研究数据，从更精准的取得测量参数，保证放射治疗的质量控制的目的出发，还有很多更加细致的研究需要进一步完成，如水温的恒定性对探头测量的影响，平衡帽的材质(铜质、聚苯乙烯、丙烯酸等)对测量结果的影响等，医学物理工作人员需要在实践中得到进一步的信息，使水箱的测试结果更加精准、完善。

第三章

医用直线加速器的质量保证和质量控制

第一节 质量保证的意义与必要性

质量保证(quality assurance,QA)是指为了保证产品或服务满足所要求的质量而必须采取的一系列有计划的或系统的行为措施。这个简单的定义意味着质量保证有两个重要内容:质量评定,即按一定标准度量和评价整个治疗过程中的服务质量和治疗效果;质量控制(quality control,QC),即采取必要的措施保证QA的执行。并不断修改服务过程中的某些环节,达到新的QA级水平,质量控制更应该对质量保证过程加以控制。

放射治疗的QA是指经过周密计划而采取的一系列必要的措施,保证放射治疗的整个服务过程中的各个环节按国际标准准确和安全地执行(ISO 9000:1994)。放射治疗设备的质量保证主要是对设备的功能执行特征的连续评估,这些功能执行特征根本影响着设备几何学的精度和被用于患者剂量学的精度。放射治疗的QA要求简要的归纳为如下:①减少事故和错误的发生的可能。②允许在不同的放射治疗中心之间,结果可靠,标准统一,准确的放射剂量标定和剂量验证。这能保证在放射治疗中心之间,分享临床放射治疗经验和保证临床的寻证。③应当避免一切不必要的照射;以放射防护最优化为原则,以最小的损失,获得最大的利益,从而使一切必要的照射保持在合理的最低水平,即ALARA原则。④保证PTV的受量,以免在照射时出现靶区漏照射。

放射治疗过程涉及从诊断、治疗决策、靶区确定、治疗计划设计、定位、治疗实施和验证及随访的多个阶段。正如TG-40报告所述,直线加速器的QA程序是由放疗医师、物理师和放疗技术员等多人相互配合、共同努力完成,任何一个环节出错,都会影响最终疗效。医用电子直线加速器是目前肿瘤放射治疗的主要设备,它可以为肿瘤患者治疗提供单一和多挡兆伏级能量的高能X射线与多挡能量的电子线,为现代精确放疗提供了技术保证。其涉及许多学科和技术,如加速器物理、核物理、自动化控制、机械、计算机等。当一台新的医用直线加速器安装好以后,需要由物理师对它们进行检验和试运转。验收检测通常是物理师与厂家的代表一起进行,它的目的是确认该设备具备购买时合同中所列出的各项功能和应该达到的精度。验收结束后,物理师利用各种仪器测量各种剂量学数据,这些数据大多数将被导入机器的治疗计划系统用于模型的建立,因此会直接影响到后面每个病人治疗计划

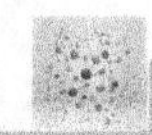

的运算。试运转包括计划系统、治疗设备及特殊治疗技术的试运转，这过程将花费大量的时间进行测量分析，以保证对系统进行全面的测试和今后剂量计算的精度。试运转过程是十分重要和细致的，其主要目的：①对设备的各项性能和限制进行全面的检测和分析；②为临床应用和质控提供参考数据；③熟练并正确掌握放射治疗设备、TPS、QA 和 QC 仪器等相关设备的各项操作，确保各项治疗技术和 QA 工作的顺利开展，从而确保放射治疗的安全性和精确性。试运转过程是我们深入了解 TPS、放射治疗设备及质控要求的一个过程，在此过程中记录和收集的资料要认真保存，以备后面使用检查。然而由于医用直线加速器的结构复杂，很多原因可能会导致设备参数偏离基准值，比如设备故障、机械故障、物理事故或元件失效均可导致意想不到的设备性能改变。替换主要组件(波导管、偏转磁铁等)也可能使原始参数发生变化，进而改变设备的性能。此外，由于机器元件的老化，也可能使一些设备性能逐渐发生改变。因此，在制订一个定期的质量保障计划时，必须要考虑到这些可能导致原始参数发生变化的因素。"公差"表示参数的测量值和期望值之间最大的允许差值。如果差值超过公差则必须采取相应措施，以射束输出测量为例，假设一个直线加速器经过校准，在标准条件下输出为 1.000 cGy/MU。AAPM TG-40 报告中规定每日光子束输出检查的公差为±3%。假设在某天，标准条件下测量出输出值为 1.05 cGy/MU，该输出超过了公差，必须采取相应措施。

为了保证系统性能一直保持在试运转的水平，这就要求我们必须要建立常规质量保证程序，定期重复检测主要的验收测试项目，将新的检测结果与原测试结果进行比较。若结果不一致需分析查找原因，使系统经调试回到验收水平。每个放射治疗科室都需要对可能出现误差超出基准值的情况而制订相应的操作规程和流程。对于设备的质量控制程序必须明确下列要素：①要检测的参数和要进行的测试；②检测使用的仪器及仪器的应用条件；③检测设置；④检测频率；⑤检测人员；⑥预期检测结果和检测值；⑦公差水平；⑧超出公差时应当采取的措施。这些要素都应以书面报告和程序的方式呈现。

近十几年来，随着肿瘤放射治疗事业的发展，放射治疗的质量保证和质量控制，日益受到肿瘤放疗学界的专家们的重视，并先后召开多次国际会议讨论这个问题。根据 WHO 调查结果表明，除必须制定"标准"外，还应制定保证治疗"标准"严格执行的措施 QC，以减少或消除部门间甚至国家间在肿瘤定位、靶区确定、计划设计及计划执行等方面的差错和不确定度，使其在 QA 规定的允许公差内。大量机构、组织、监管单位等制定和发布了放射肿瘤学，物理 QA 和 QC、剂量测量、辐射防护等方面的相关要求，这些机构包括国际原子能机构(IEAE)、美国放射学会(ACR)、美国医学物理师协会(AAPM)、德国标准化学会(DIN)、美国核监管委员会(NRC)及中国国家质量监督检验总局。国际上很多国家针对放射治疗已建立了不同级别的 QA、QC 和质量核查体系，并把该项工作纳入法制管理。有关国家和地区也组织了 QA 工作网，出版了相应的文件，力图使各部门的肿瘤放疗水平达到地区、国家或国际性水平。我国在《电离辐射防护与辐射源安全基本标准》(GB 18871—2002)中有明确规定；《放射诊疗管理规定》自 2006 年 3 月 1 日起施行，对放射诊疗的安全防护与质量保证提出了明确的要求。中国国家质量监督检验总局发布的 JJG 589—2008、GB/T 19046—2003 规程，以及 AAPM TG-40 和 TG142 等相关报告，是我们进行医用直线加速器 QA 最重要的参考标准。1994 出版的美国医学物理师协会(AAPM)TG-40 报告是一份被广泛应用的参考性文件，其中包含了医用直线加速器的一般性质量保障检测规范。最近第 142 号报告更新了 TG-40 报告的内容，以更适应医用加速器的使用。放射治疗医师、物理师、剂量测量师、技师等专业人员通常应当遵循其专业领域的“标准和惯例”。只有对加速器的临床应用制定严格的质量保证和质量控制标准，规范操作，保证临床治疗的稳定性，提高治疗实施的准确性和精度，才能较好地处理好肿瘤和周围的正常组织的剂量关系，保证患者治疗的精确性和安全性。

在 QA 检测、检测频率、公差方面应当遵循官方机构的要求。常规和持续进行的 QA 测试，对于直线加速器的正常运行时必须的。加速器的 QA 检测工作最好定期由专人进行，每天都应进行晨检，在正式治疗前，由工程师、物理师和治疗技师先后有序地完成相关检查，并做好记录，确认正确无误后方可实施治疗。这些定期检查工作一般是由医学物理师来完成的，如果发现有不符合标准的项目必须及时调整校正，若解决不了，应请工程师对机器的各个系统进行检查和维修；而工程师也必须定期对机器的进行维护。

总的概括起来，直线加速器质量保障（QA）目的在于确保设备特性不会明显偏离验收和调试时所获得的基准值，随着时间推移和不断发展，监管者和检测机构设定的质量保证流程也越来越多，同时，质量保证投入的费用也越来越高，据估算，放射治疗中全面质量保证方案的总成本大约占年度技术和专业费用总和的 3%。质量保证资金的投入，虽然不能直接创造产值，但却是放射治疗安全和有效的重要保证，是患者治疗疗效必要保证。

直线加速器的质量保证程序应该包含以下 3 个主要部分：①机械检测；②剂量测量检测；③安全检测。

每天、每月、每年都应该对直线加速器进行质量保证测试。在大多数放射治疗中心，每日的质量保证检测由物理师和技师执行，作为机器预热的一部分。月检涉及更多的项目和步骤，必须由有资质和经验的物理师负责操作。带有电子束的双光子直线加速器的月质量保证检测需要 5～7 h，后续工作可能还要几个小时。年质量保证涉及大量的检查和测量，需要花费几天的时间，还需要几天的时间分析数据和撰写报告。部分检测项目实施的顺序至关重要，因为后一项检测的进行依赖于前一项检测结果。

第二节　加速器机械几何精度检测

肿瘤放射治疗的根本目标就是要使原发和转移肿瘤得到最大限度的控制，而周围正常组织的损伤最小，以提高疗效，同时减少并发症。由于肿瘤的种类、形态和位置各异，射线必须准确、有效地照射到肿瘤所在部位才能达到这个目标。而实现这个目标的关键是对整个治疗计划进行精心的设计和准确的执行。

医用电子直线加速器结构复杂，易出故障，必须对其机械和几何参数进行定期检查和调整。无论是固定源皮距照射还是等中心给角或旋转照射，等中心的位置和精度的确定都是非常重要的，因为它不仅代表了治疗机的机械运动精度，而且它还是确定射野及其射野特征的基本出发点，包括加速器机头（准直器）等中心及角度指示、机架旋转等中心及角度指示、加速器等中心、加速器在三维适形调强放射治疗应用中等中心。加速器治疗床是治疗机一个重要的组成部分，除检查其纵向、横向、垂直运动范围和精度外，要特别留意定期

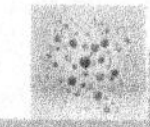

检查床面负载时的下垂情况。

治疗附件包括摆位辅助装置和固定器、激光定位灯、源距离指示器、线束修整装置（包括楔形板、挡块托架、射野挡块、组织补偿器和组织填充块等），以及治疗摆位验证系统等。摆位辅助装置和固定器、射野挡块主要用目测方法检查其功能的可靠性和规格是否齐全。源距离指示器应对不同治疗距离进行。两侧及天花板上的3个激光定位束应相交于一点，而且此交点应与治疗机的旋转中心符合，同时要利用床面侧向平行移动和垂直上、下运动分别检查两侧和天花板上激光束的重合度和垂直度。对楔形板，不论对一楔多用楔形板还是固定角度楔形板，均应检查它们的连锁的有效性以及最大楔形野的大小。治疗摆位验证系统是执行放疗摆位质量保证和治疗控制的比较有效的措施，各个治疗机均应配置。摆位验证系统主要用来检查和验证患者的治疗参数（如：机架转角、射野大小、准直器转角、机器剂量仪跳数（MU）、射线能量等）是否选择准确，因此要对系统的相关项目的性能进行定期检查。

一、距离指示器

距离指示器、测距仪或光学距离指示器（optical distance indicator ，ODI）将光投照到表面，显示出辐射源距离表面的距离。ODI应该每天都要检查，允许公差是±2 mm。ODI可以用激光灯进行检查，方法是将治疗床面调整到SAD位置（对大多数直线加速器而言为100 cm），检查激光线是否刚好掠过床面，这一方法的前提是激光灯测量精度在允许公差范围内。还有另外一种方法是使用前向指针检查ODI，前向指针是一根带有刻度的金属杆，金属杆向下延伸，和准直器的旋转轴平行，并可以上下滑动，长杆上标有刻度，可以读出辐射源到长杆末端的距离。安装过程中，工程师会仔细调整长杆的度数使得当长杆读数为100 cm时，尖端与机架等中心的位置吻合。每台加速器附带的前向指针使用前都需进行位置和长度的检验，即使是同一个型号的设备，也不能交叉使用，否则可能会引入较大的误差。所以在使用前向指针前，需要对其进行正确校准。

1. 前指针中心位置校准

(1) 将前指针固定架装入附件插槽，放置待校准的前指针；

(2) 机架和准直器转到0°；

(3) 在床面上平铺一张1 mm刻度的坐标纸，升降床面，使前指针尖离开纸面约0.1 mm，不要碰到前指针，并在纸上记录前指针中心的位置，或将中心调到格线的交叉点；

(4) 最大范围旋转准直器，观察前指针尖在纸面上的移动轨迹，并作记录；

(5) 如果前指针在此过程中位置偏离太大，则需要调节前指针，方法是调整准直器固定架上的3个螺丝，轻轻移动前指针，将其中心调到旋转轨迹的中心点，重复上述旋转过程，直到偏移量小于1 mm；

(6) 固定螺丝，并验证前指针位置在校准好的位置。

2. 前指针长度的校准

(1) 按上述方法设置好前指针，缓慢地以前指针为轴，治疗床旋转90°；

(2) 移开床面，在床面上水平放置一根短前指针或2 mm转头，调节此其位置，使得前指针的针尖处于短指针的中央，两者靠近但不要接触，固定水平指针；

(3) 将机架旋转到 270°，观察前指针的位置，如果没有超出误差范围，则前指针的长度正好 100 cm；如果超出误差范围，则调整前指针前端的长度调节杆，然后重新校准，直到合格。

3. 利用校准好的前向指针校准 ODI

在治疗床面放置 40 cm×40 cm 坐标纸，机架机头置于 0°，开光野灯，以光野十字线为准，对准坐标纸十字，升床至等中心层面，然后插入前向指针(图 3-1)，也可以在床面边缘垂直放置 50 cm 左右的钢尺。调整前向指针的距离为 100 cm，读取光距尺的读数。用前向指针或前向指针加钢尺将 SSD 分别调整到 80 和 120 cm，读取光距尺的读数，检测光距尺线性。

图 3-1 利用前向指针校准距离指示器

二、等中心校准

按照国际标准 IEC 和中国国家标准，医用放射学术语(GBFF 17857—1999)对等中心的定义：在放射学设备中，各种运动的基准轴线围绕一个公共中心点运动，辐射轴从以此点为中心的最小球体内通过，此点即为等中心，该球体的直径即为等中心的精度误差。

机器的等中心点的检查：等中心点是大部分机械 QA 的依据和参考点，因此，等中心点的检查是非常重要的。对常规放射治疗，国家标准允许的精度是±2 mm，TG-142 号报告对适形放疗、调强放疗、立体定向放射治疗等精确放疗技术，有更高的精度要求，应在±1 mm以内。

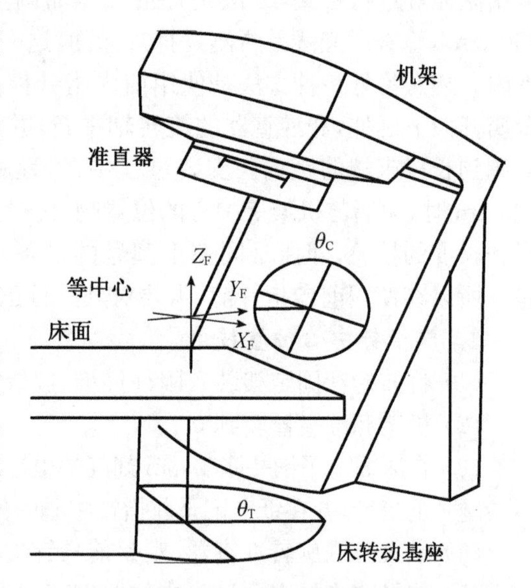

图 3-2 直线加速器等中心示意图

对于直线加速器来说，等中心包含机械等中心和辐射等中心两个部分。机械等中心为机架旋转中心、准直器旋转中心、床公转旋转中心的交点；辐射等中心为机头、机架在任何位置辐射野中心轴的交点，其轴线相对于等中心的偏差应在球体范围内(直径≤±2 mm)。等中心校验周期为每年 1 次。

(一) 验证加速器机械等中心

1. 机架旋转等中心的测试

加速器机架中有加速管、屏蔽材料和配重等许多复杂的构造，重量通常用“吨”计量，并

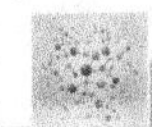

且放射治疗过程中还会经常进行不同角度的旋转照射，长时间使用后必然会产生一些偏差，使机架位置发生变化或倾斜，所以必须对机架的旋转中心进行定期检测。

检测方法：用水平仪调整机架处于 0°，装上机械前指针，调整针尖的位置，使指针垂直向下。在床边缘放置另一短指针，针尖探出床头边缘 5 cm 左右并位于等中心位置，通过调节床面位置使得 2 个指针前端中心互相重合，如图 3-3 所示。然后旋转机架，每隔 45°观察 1 次两指针前端中心的重合度，若两中心偏离超过 1 mm，则必须做好相应的校准。

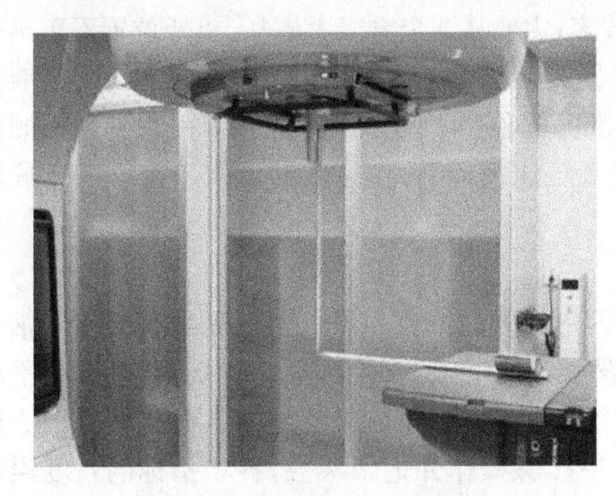

图 3-3　利用两个前向指针检查加速器机架旋转等中心精度

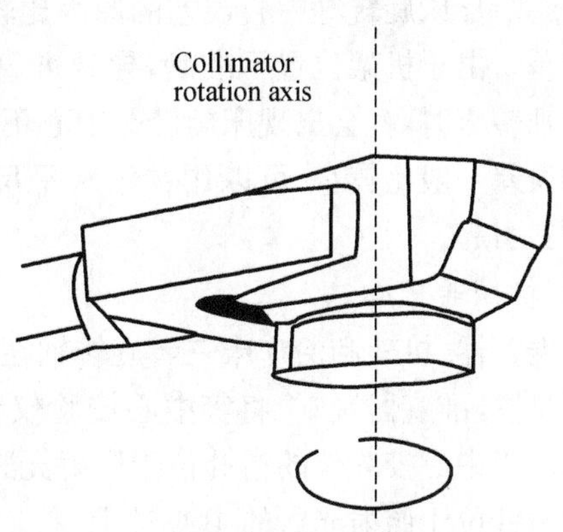

图 3-4　准直器旋转轴示意图

2. 准直器旋转等中心精度

准直器旋转等中心精度指标半径应为小于等于 1 mm 的圆，其旋转示意如图 3-4。该项检查可利用前向指针进行，首先把加速器的机架旋转到 0°，并应用高精度水平尺检查，前指针校准好后进行安装，调节指针长度 SSD 为 100 cm；再将坐标纸平放在治疗床上，调节治疗床使前指针前端与坐标纸面非常接近而不碰触，调节治疗床使得指针前端与坐标纸十字叉的正中重合并做好标记；然后旋转准直器，旋转角度至少为 180°，详细记录指针前端中心位置，以±1 mm 为误差标准，与标记好的十字叉中心比较，并作相应的调整。

由于准直器的旋转轴是无法调整的，所以发现准直器旋转等中心误差太大时，应首先怀疑是前指针的位置不准引起的。可以用旋转“十字线”的方法，观察“十字线”的交叉点是否在旋转过程也出现较大的误差，从而进行比较。

3. 十字线中心精度

准直器旋转中心校准好以后，还应该校准准直器十字线的精度。首先，将机架旋转到 0°并用水平尺进行检查，床面升至等中心位置，通过调整治疗床将十字线的中心对准前，根据准直器的旋转等中心标记好的十字叉中心，在准直器的旋转过程中观察十字线与十字叉两中心重合情况，记录位置间最大距离。若偏离超过 1 mm，则需要通过拧开锁定十字线板的螺丝，并根据偏离情况进行相应的调节。

其次，检查准直器与十字线角度是否一致，旋转准直器为 0°并用水平尺检查。放置一张白纸于治疗床上，将机架旋转大约至 300°，并记录投影在治疗床上的十字线，再将机架旋转 60°，同上记录下投影在治疗床上的十字线阴影。观察 2 个十字线投影的标记是否重合，若完全重合即说明十字线与准直器角度一致，否则需要拧开机头上十字线板的螺丝做相应的调节。

4. 床公转旋转中心

机架调至准直器旋转轴垂直向下位置，将治疗床面调至等中心高度，床面放置坐标纸，旋转治疗床并观察光野十字线的位置。也可在治疗床头正中位置放一针形物，使针尖探出床头边缘 5 cm 左右并位于等中心位置，安装机械前指针，旋转治疗床并观察前指针与针尖位置的偏离。

引起治疗床旋转等中心误差的原因比较多，主要从 3 个方面考虑：①机架位置不正确引起的误差。由于机架位置不准确，导致准直器旋转轴与治疗床旋转轴不重合，当固定准直器旋转轴转床时，就会出现床旋转等中心不准的假象。②治疗床床面倾斜引起。床面倾斜引起的误差一般比较小，可以用精密水平尺验证床面前后、左右方向的水平度。③床旋转底座倾斜引起。

5. 机械等中心

即准直器、机架和治疗床三者旋转轴在等中心处的重合。将机架调至准直器旋转轴垂直向下位置，准直器置 0°，将等中心校验仪置放于治疗床上，用水平仪调整其水平度，平移治疗床使等中心校验仪的指针位于照射光野的中心轴上，旋转机架至 90°，升床使等中心校验仪的指针位于照射光野的中心轴上，按以下步骤操作并记录参数，各项指标的精度误差要求在 1 mm 或 0.5°之内。

① 机架为 0°，准直器旋转至 90°时，光野中心与等中心校验仪的指针尖误差；机架为 0°，准直器旋转至 270°时，光野中心与等中心校验仪的指针尖误差；

② 准直器为 0°，机架旋转至 90°时，光野中心与等中心校验仪的指针尖误差；准直器为 0°，机架旋转至 270°时，光野中心与等中心校验仪的指针尖误差；

③ 准直器、机架均为 0°，治疗床旋转至 90°时，光野中心与等中心检验仪的指针尖误差；准直器、机架均为 0°，治疗床旋转至 270°时，光野中心与等中心校验仪的指针尖误差；

④ 左激光与等中心校验仪的指针尖误差；右激光与等中心校验仪的指针尖误差；纵向激光与等中心校验仪的指针尖误差；

⑤ 治疗床在治疗机的旋转中心上下 20 cm 范围内升降时，光野中心与等中心校验仪的指针尖误差；

⑥ 机架为 0°时的数字显示；机架为 90°时的数字显示；机架为 180°时的数字显示；机架为 270°时的数字显示。

(二) 加速器辐射等中心

1. 机架辐射等中心精度的测试

准直器和治疗床均位于 0°，升床使床面接近等中心位置，准直器上面的铅门开至最大，下面准直器关至最小(0.3 cm)，与床面垂直放一张带包装纸的 X 线慢感光胶片。分别在机架 0、45、315 和 270° 4 个不同角度，给予 6 MV X 射线 50 MU 照射剂量，冲印胶片。胶片上会呈现出“米”字线，并相交于半径 $r \leqslant 1.0$ mm 的圆内，说明机架旋转引起的辐射轴相对等中心的偏移≤1.0 mm，符合国家标准≤2.0 mm。

2. 准直器辐射等中心精度的测试

将机架角度置于 0°，升床使床面接近等中心位置，准直器上面的铅门开至最大，下面准

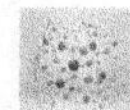

直器关至最小(0.3 cm)，平放一张带包装纸的X线慢感光胶片于床面。分别在准直器0、45、315和270°，给予6 MV X射线，50 MU照射剂量，冲印胶片。胶片上呈现出“米”字线，并相交于半径 $r \leqslant 1.0$ mm的圆内，说明准直器旋转引起的辐射轴相对等中心的偏移≤1.0 mm，符合国家标准≤2.0 mm。

三、定位激光灯精度

精确的放疗应用的照射方式一般为等中心照射，这种治疗方式离不开直线加速器激光定位灯。患者在定位肿瘤以及治疗摆位中，激光定位灯指示的位置就是放疗中定位与摆位中等中心位置的基准，该位置的精准性决定了放疗的安全性和疗效。所以激光定位灯对于放疗过程中确定治疗靶区具有重要意义。激光定位灯不仅具有准确定位治疗体位的优势，还可以重复使用，经济性较好。激光灯的安装必须要固定在水泥墙面上，一般的激光定位系统由3部分组成，分别是安装在床纵轴方向顶部墙上和床横轴方向左右两侧墙上的3个激光灯。按照国际标准，3个定位灯的等中心点应该在半径为1 mm的球面范围之内，与直线加速器等中心交汇，并且要保证水平垂直方位准确无误，从而准确确定激光灯位置。

(一) 顶部竖线激光灯检查

将加速器机架角设置为0°，并用水平尺检查，保持准直器0°不变，机头固定一根细线于等中心周围，细线带有铅坠且处于拉紧的状态。接着打开机架对面的激光灯，检查光束是否与细线完全重合。然后打开光距尺和射野灯，铅门调节至40 cm×40 cm，机架转至准直器旋转轴垂直向下位置，准直器置0°，将一张坐标纸平置于治疗床上，在SSD80～120 cm范围内，比对激光灯与光野十字线的重合度。

(二) 水平激光灯检测

首先旋转机架至90°，用水平尺进行检查，使用半径为1 mm的准直器并使其保持0°，打开射野灯，调节铅门为40 cm×40 cm，检查激光定位灯射出的垂直光束与竖直光束是否和十字线重合。然后旋转机架至270°并用水平尺检查，验证方法如上。之后旋转机架至0°，在等中心附件放置一张A4纸，检查2束激光灯是否重合。在等中心点及附近20 cm范围内，用白纸检查左右激光灯的重合度，误差小于1 mm(图3-5)。

图3-5　水平激光灯的检测示意图

图3-6　利用前向指针检测两侧水平激光灯的精度

也可以利用前向指针进行检测。用水平仪调整机架处于0°，装上机械前指针，调整针尖的位置，使指针垂直向下。激光灯的射束应与针尖水平平齐，方式如图3-6所示。

四、光野辐射野一致性

外照射治疗机上的光野用来指示射野大小。在给患者治疗摆位时，我们通常借助灯光野来确定射束辐照的部位，我们假设光野之外没有初级辐射，初级辐射只在光野之内，光野和辐射野应当保持一致，彼此重合。加速器经过长期使用后，或者更换光野灯反射镜后，灯光野和辐射野可能有较大的偏差，必须加以校准，否则会直接影响病人的治疗质量。该测试常用的方法之一是使用胶片。先机架转至准直器旋转轴垂直向下位置，准直器置0°，治疗床面位于标称源皮距SSD=100 cm处，在治疗床面上平放一张慢感胶片或铬胶片，取射野10 cm×10 cm及20 cm×20 cm，用细针在胶片上光野投射的四角及边扎孔，或者在光野边缘用圆珠笔和直尺标记在胶片上，用笔标记时应当用力，这样才能刮掉胶片上的乳剂，这样扫描胶片的时候就可以清晰地看到圆珠笔标记。然后放置一层建成厚度的固体模体材料，例如聚苯乙烯、“虚拟水”或丙烯酸制成的方形平板模体。目的是让胶片位于测量深度 d_{max}，防止对胶片造成电子污染。之后对胶片进行6、15 MV X射线50 MU照射。曝光后，将射野内50%等剂量线和胶片上4个小孔或者标记点的连线进行比较两者的偏差。光野位置可以通过调整治疗头中的反光镜的位置和倾斜度进行调整。

图3-7　胶片法测量光野辐射野一致性示意图

由于剂量胶片成本高，目前使用三维水箱扫描检测照射野特性检查的单位很少。谷晓华、杨留勤等将“QA验证板+IP板”平放在治疗床上，方向标志朝机架方向，机架置于0°，SSD=100 cm，使灯光野“十”字与QA验证板上的中心“十”字重合，将射野设为40 cm×40 cm，给1 MU高压曝光，在IP板上得到有中心“十”字标志和标准10 cm×10 cm、20 cm×20 cm正方形的影像。灯光野为10 cm×10 cm，与QA验证板上标准10 cm×10 cm正方形重合，给1 MV高压曝光得到10 cm×10 cm辐射野的光射野重合验证影像。采用多次曝光照相技术及不同摆放QA验证板+IP板方法拍摄不同性质QA验证片。分别利用PTW2D-ARRAY 729矩阵和RST-300三维水箱，调整SDD为100 cm，采集10 cm×10 cm射野数据信息。结果显示使用QA验证板+IP板拍摄光射野重合验证片的测量数据与三维水箱扫描数据一致，与PTW2D-ARRAY729矩阵采集的射野结果分析基本相同。这个方法显示：使用QA验证板+IP板采用双曝光或多次曝光照相技术拍摄不同性质的QA验证片，操作简单方便，经济、实用，且存储方便，使用eFilm软件分析灯光野与辐射野以及激光定位灯指示与等中心的位置的符合情况和偏离方向及程度，方便调校。

五、机架/准直器旋转角度指示

数字显示器和机械指针都会显示机架的角度，应当检测这两种显示数值的准确度，可使用气泡水平尺或电子水平仪来检测。当机架垂直时，该表面处于水平位置，使用带有磁铁的水平尺检查机架角，水平尺的气泡应位于中间(或电子水平尺的读数为 0°)，数字显示器和机械指针的读数都应为 0°(IEC)。机架角位于 90、180、270°时检测方法如上，读取并记录数值。

准直器旋转角度指示检测方法：使用水平仪将机架角调校至 90°或 270°水平位，准直器调至 0°左右，将治疗床面升至等中心高度，将水平仪沿床纵轴方向放置于床面且调至水平，调整准直器角度使射野上边界或十字线与水平仪端面平行，此时准直器旋转角度应为 0°，读取并记录数值。再将机架调至准直器旋转轴垂直向下位置，床面放置坐标纸且与十字线对准，准直器顺时针、逆时针方向分别旋转至十字线与坐标纸再次对准，记录数字指示值。

机架角和准直器角度的公差都是 1°。数字显示器和机械指针的读数都可以调整，以显示正确的值。

六、射野大小指示

射野尺寸显示的是在等中心点处测量的射野大小。如果光野和射野的重合性已经检测过，那么测量投照在治疗床上的光野就可以测量出射野的大小，治疗床面位于 SAD 处。射野尺寸从(5 cm×5 cm)～(35 cm×35 cm)，其大小可以直接用尺子测量再与显示器读数作比较，也可以将坐标纸固定于床面，比对实际射野尺寸与指示值。检测应包含射野整个行程范围对称野与非对称野。射野大小的公差范围是 2 mm。如果测量值与显示器显示的射野大小存在差异，那么工程师应当调整使显示器读数与测量值一致。

七、治疗床位置指示(横向，纵向和旋转)

横向检测方法：机架置于 0°垂直位，准直器置 0°，治疗床置 0°，将坐标纸平置于治疗床面且与十字线对齐，横向移动治疗床，记录床读数，并与十字线对准的坐标纸数据进行比较。

纵向检测方法：机架置于 0°垂直位，准直器置 0°，治疗床置 0°，钢卷尺沿治疗床纵向紧贴床面放置，且与十字线及激光线平行对齐，纵向移动治疗床，记录床读数，并与十字线对准的钢卷尺读数进行比较(图 3-8)。

旋转检测方法：机架置于 0°垂直位，准直器置 0°，在最大光野下，旋转治疗床使床端边缘与射野投影上边缘或十字线平行(图 3-9)，此时治疗床应为绝对 0°，记录治疗床的角度读数。然后在床面放置坐标纸并与十字线重合，将治疗床旋转至 90°及 270°直至十字线再次与坐标纸重合，记录治疗床角度读数。

图 3-8 利用钢尺和坐标纸检测治疗床的横向与纵向位置指示精确性

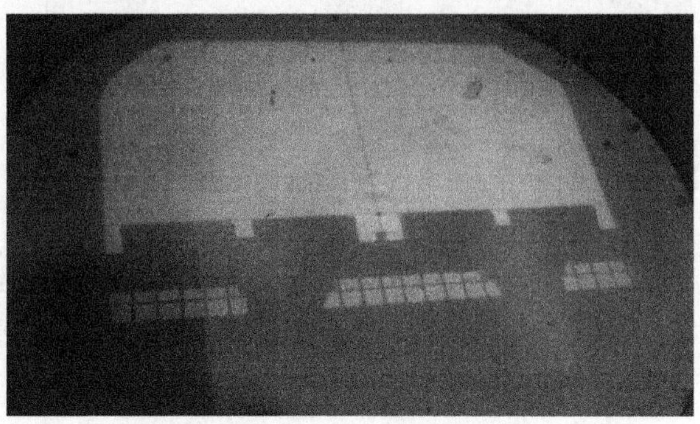

图 3-9 治疗床旋转检测方法

八、治疗床纵向/横向刚度

(一) 纵向刚度检测方法

将机架调至 0°,床面处于等中心高度。将床面的一端置于光野中心,从该端开始 1 m 范围内均布 30 kg 的负载,测出此时床面上光野中心处的高度。再将上述 1 m 的长度延伸至 2 m,并将 135 kg 的负载均布在此范围内,测出此时光野中心处的床面高度,并计算两次测量的误差。

(二) 横向刚度检测方法

以 135 kg 的负载继续上述试验,用水平仪测量下述条件时治疗床侧向倾斜角度:

① 将治疗床升至最大高度,使治疗床左右侧和中心在垂直方向分别产生最大位移;

② 将治疗床降至等中心以下 20 cm 处,并使其左右侧和中心在垂直方向分别产生最大位移。

九、治疗床顶端下垂幅度

检测方法:安装机械前指针,治疗床面向机架方向纵向充分延伸,床面升至等中心高度,此时前指针应与床面接触。在床端悬置一质量为 25kg 重物,观察前指针与床面的间隙。

十、治疗床垂直运动精度

检测方法:机架转至准直器旋转轴垂直向下位置,治疗床面放置坐标纸,在治疗床垂直运动行程内,观察十字叉影像位置。

十一、楔形板及挡块插槽锁紧装置

放射治疗过程中,为了满足临床放射治疗的需要,通常利用楔形板对射线束进行修整,

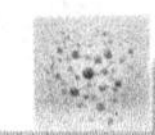

以获得一定的楔形剂量分布，达到射束修整的效果，根据使用原理不同，楔形板一般可以分为物理楔形板和动态楔形板。而物理楔形板一般由铜、铅等重金属铸成，分为两种类型：一种是楔形角分别为15、30、45和60° 4种不同规格的楔形板，临床上可以按照实际需要选用；另一种是将楔形角60°的楔形板作为主楔形板，用电动方式驱动主楔形板按一定的剂量比例与平野轮流照射，合成0～60°范围内任意楔形角的楔形板（如图3-10所示）。物理楔形板的运动和到位精度依赖限位开关和电动机的联动，长期使用后，这些驱动部件会不可避免发生磨损及损坏，由此导致楔形板到位发生偏差，这样就会导致治疗计划系统计算的剂量与患者实际接受到的剂量分布会有很大的变化误差，患者得到的真实剂量无法控制，可能会出现严重的并发症。

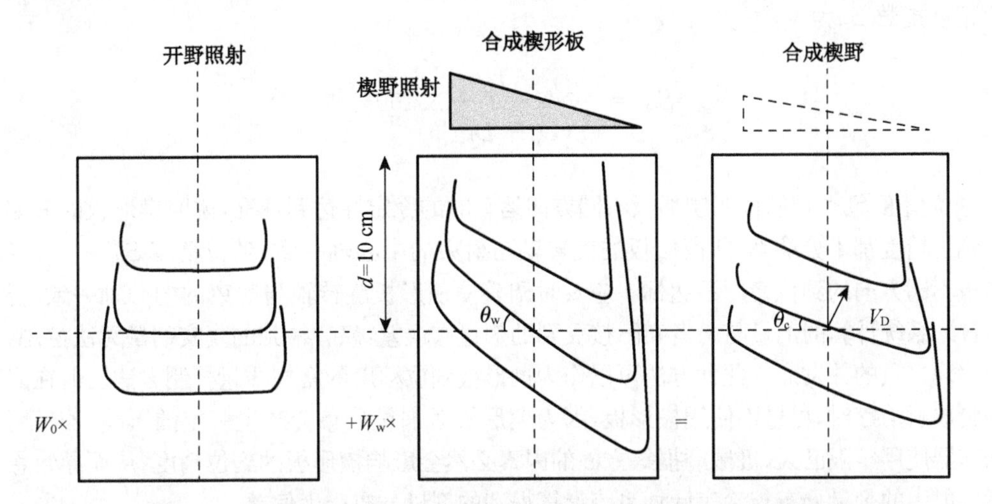

图3-10　由楔野与平野按一定的剂量比例轮流照射，合成0～60°间任意楔形角

（一）楔形板重复性测量

在常规标定刻度条件（即水下5 cm）、相同温度和大气压下，采用6 MV X线，分别测量以下4种情况的吸收剂量：①机架0°、准直器90°（G0C90）；②机架0°、准直器270°（G0C270）；③机架90°、准直器90°（G90C90）；④机架90°、准直器270°（G90C270）。

测量时电离室轴线与射野中心轴垂直，与楔形方向垂直，楔形板60°（楔形野）和0°（平野）状态各测量10次，其他条件不变，做实时温度和气压的修正，得到UNIDOS剂量仪10个读数，并计算每次的吸收剂量$D_0, D_1, \cdots, D_{10}$，单位为cGy。

对于直线加速器楔形野照射时的重复性精度，S包括平野重复性精度S_0和楔形野重复性精度S_w两个部分。国际原子能机构规定平野重复性精度指数S_0的精度必须好于0.7%，我们认为楔形板重复性精度S_w也应满足这个标准，则：

$$S=(S_0{}^2+S_W{}^2)^{1/2}=(0.7\%^2+0.7\%^2)^{1/2}=1\%。$$

如果实际测量到的重复性精度指数S<1%，则说明医用直线加速器楔形板重复性精度达到标准；若$S>1\%$，则说明医用直线加速器楔形板重复性精度不达标。导致这一问题产生的原因有两个：一是楔形板的限位开关出现松弛，二是电动机丝杆出现磨损。应根据实际情况更换相关配件，否则患者的剂量分布不准确，不能达到精确放射治疗的要求。此种方法可作为楔形板运动重复性检测的常规质量控制方法。

（二）楔形板到位精度测量

在常规标定刻度条件 X 线 6 MV 下，机架保持 0°不变，楔形板 60°（楔形野）和 0°（平野），交替旋转准直器 90°和 270°，其他条件不变，准直器每一状态下各测量 10 次，做实时温度和气压的修正，得到 UNIDOS 剂量仪的 10 个读数，并计算每次的吸收剂量 $D_l, D_2, \cdots, D_{10}$，单位为 cGy。

对于楔形板的到位精度测量，分别测量 G0C90（楔形板薄端朝向机架）下 10 cm×10 cm 射野 5 cm 深度处 10 次吸收剂量的平均值 $\bar{D}_a$ 和 G0C270（楔形板厚端朝向机架）下 10 cm×10 cm 射野 5 cm 深度处 10 次吸收剂量的平均值 $\bar{D}_b$，其中 $\bar{D}_a$，$\bar{D}_b$ 单位为 cGy。则楔形板的到位精度指数 S_m 为

$$S_m = \frac{\bar{D}_a - \bar{D}_b}{\frac{1}{2}(\bar{D}_a + \bar{D}_b)} \times 100\%$$

到位精度 $S_m < 1\%$，说明楔形板不同方向运动时的稳定性达到标准，说明楔形板的薄端和厚端到位精度都十分准确，即楔形板的旋转轴与射束的中心轴一致；到位精度 $S_m > 1\%$，说明楔形板不同方向的到位精度不达标。应及时调整使楔形板旋转轴与射束的中心轴一致，否则治疗计划系统计算的剂量与患者实际接受到的剂量有误差，患者得到的真实剂量无法控制，可能会出现严重的并发症。此种方法可以作为楔形板到位精度的常规质量控制方法。但在能进行平野放射治疗时，尽量不使用楔形板，因为楔形板对剂量分布会产生一定的影响，若医用直线加速器使用年限已久，机械磨损等方面的因素必然会影响楔形板的到位精度，从而导致患者实际照射中的剂量分布与治疗计划系统计算得到的剂量分布产生偏差。

（三）楔形板及挡块插槽锁紧装置的检测方法

插入楔形板或铅挡块，旋转机架及准直器，使插槽口朝向地面，检查锁紧功能是否正常。

十二、准直器平行度/对称性

医用电子直线加速器的规则 X 辐射准直系统由初级准直器、次级准直器和附加准直器组成。

（1）初级准直器（primary collimator）

位于电子引出窗下方，为固定的具有圆锥形孔的准直器，初级准直器的作用有两方面，一方面它决定了该加速器所能提供的最大辐射野范围，另一方面，它阻挡了最大辐射野范围外的由辐射源产生的初级辐射，例如为获得距源 100 cm 处直径为 50 cm 的圆形辐射野需要初级准直器半锥角为 14°，该圆形区域称为 M 区域，同时初级准直器上孔也把辐射源的直径限制在直径 4 mm 以内（实际直径在 3 mm 以内）。为了减少辐射头高度，初级准直器采用高原子序数材料（如：钨）制成，早期亦用贫化铀制成，其高度应能将初级辐射衰减至 10^{-3}，或 3 个 1/10 值层厚（tenth value layer，TVL）。初级准直器为电子辐射和 X 辐射所共用。

（2）次级准直器（seconday collimator）

由上下两对可开合的矩形准直器，俗称上下光阑（diap bragm）组成，材料由钨、铅或贫化铀制成，通过上下两对矩形准直器的开合运动可形成方形或矩形辐射野。根据开合运动

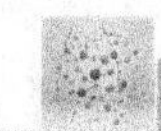

的对称性又分为：

① 对称准直系统，该系统上下两对矩形准直器均作对称开合运动。为了减少X射线在准直器侧壁的散射和准直器边缘部分的透射半影，矩形准直器的内侧面应与射线的发射方向相切。矩形准直器的厚度要足够厚，以确保X射线穿过准直器的透射量符合国家标准。该透射量应小于中心射线强度的0.5%。

② 非对称准直系统，在临床应用中，随着对高治疗精度的要求和应用的扩展，发展了非对称准直系统（或称为独立准直系统），该系统仍保留一对矩形准直器作对称运动，即相对中心做对称的开合运动，而另外一对（一般是下方一对）矩形准直器相对中心做非对称的打开或闭合，非对称运动的矩形准直器能彼此越过中心轴向对侧运动一段距离（10～20 cm）。当一侧矩形准直器恰好位于射线中心轴的位置时，由此形成切线射野，用于共面和非共面相邻射野的衔接照射、乳腺癌的切线野照射以及旋转治疗的切线照射。

(3) 附加头部准直器

在利用医用电子直线加速器进行头部立体定向放射外科或立体定向放射治疗时需在辐射头下方安装附加的不同尺寸的圆形准直器。

对于准直器的检测方法可以借助坐标纸进行观察，将坐标纸平置于床面，准直器光阑开至不同尺寸方野，借助铅笔、直尺及量角规测量。

第三节　直线加速器剂量学精度检测

“剂量”一词本是医学上的专用术语，它表示用药物治疗疾病或确定毒性时需要掌握的用药量，与电离辐射的量本是两个不同的概念。自从发现了X射线及镭治疗疾病以及防护的需要，迫切要求对X或γ射线的量建立一个统一的量度单位。1937年，在芝加哥召开的ICRU会议确定：X射线的“量”或剂量的国际单位称作“伦琴”，用“R”表示。以后，人们把剂量作为X或γ射线的量沿用下来。这便是辐射剂量学中这一概念的由来。从1962年以来，所谓“剂量”实际上指的是吸收剂量。

早期伦琴定义为：在1伦琴射线下，0.001 293 g空气（标准条件下，1 cm^3空气的质量）中释放出次级电子，在空气中共产生电量各为1静电单位的正离子和负离子。但是，后来科学家发现用“伦琴”表示照射量和吸收剂量并不合适。伦琴不能作为剂量的量度单位，主要是因为当X或γ射线与物质相互作用时，伦琴单位的定义不能正确反映被照射物质实际吸收辐射能量的客观规律。能量相同的光子与物质相互作用时，物质种类不同，其相应的质能吸收系数也不相同。所以1伦琴X或γ射线的照射量被空气和组织吸收能量不同。伦琴定义为“1 cm^3空气中产生的电离电荷为1静电单位”是不正确的，在1伦琴X或γ射线的照射下，在给定体积的空气中产生的电离电荷没有固定的数值，将随该处所达到的电子平衡的程度而变化。另外，辐射剂量概念中不再包含照射量。

在放射治疗的剂量测定中，辐射剂量测量的不确定度通常用准确度和精确度来表示。精确度：在相同条件下，测量数据的可重复性，测量结果的标准偏差越小，精确度越高。准确度：测量的期望值与其“真实值”的接近程度。测量结果不可能绝对准确，某一测量结果的误差即“不确定度”。

自1969年以来，不少作者对靶区剂量的精确性的要求进行了大量分析和研究，对不同类型和期别的肿瘤，应该有一个最佳的靶区剂量，即靶区剂量的大小。偏离这个最佳剂量一定范围就会对愈后产生影响，这是靶区剂量的精确性。ICRU 24和42号报告指出，放疗中剂量总量及偏差将直接影响疗效，尤其是在肿瘤剂量响应曲线十分陡峭与正常组织十分靠拢的情况，剂量响应梯度越大的肿瘤，对剂量精确性要求越低；相反，剂量响应梯度越小的肿瘤，对剂量精确性要求较高。正常组织的放射反应随剂量变化也有类似的情况(表3-1)，正常组织放射反应概率由25%增至50%时所需要剂量增加的百分数(剂量响应梯度)。其范围在2%～17%之间，说明正常组织耐受剂量的可允许变化范围比较小，即对剂量精确性要求更高。报告总结了以往的分析和研究后指出“已有的证据证明，对一些类型的肿瘤，原发灶的根治剂量的精确性应好于±5%”。亦就是说，如果靶区剂量偏离最佳剂量±5%时，就有可能使原发灶肿瘤失控(局部复发)或放射并发症增加。应指出的是，±5%的精确性是理想和现实的折中选择，±5%精确性的精确性是一个总的平均值的概念，肿瘤类型和期别不同，对精确性的要求也不同。

给出了为实现靶区剂量的总不确定度不超过±5%时，计划设计过程中所允许的误差的范围，其中模体中处方剂量不确定度为2.5%；剂量计算(包括使用的数学模型)为3.0%，靶区范围的确定为2%。

使用个人剂量仪或局部辐射剂量测量，出于辐射防护的目的，对特定的精度水平也有要求，以限制对个人有效剂量的过低估计或过高估计(Stadtman等，2004)。测量环境辐射及确定公众的剂量对公众健康和安全很重要，对流行病学研究也很重要，因此我们也需要高质量的剂量测量。

初级实验室一般设在国家计量研究院，负责传递初级标准。国际计量局(BIPM)成立于1875年，是依据《米制公约》(Metre Convention)建立的一个国际实验室。BIPM制定了许多国际标准，这些国际标准用于比较各个国家计量研究院(NMIs)的初级标准，并在校准后传递至次级标准的国家计量研究院。通过对等的国际对比的BIPM的标准传递，NMIS可以宣布自己相对于其他国家的校准和测量能力，并发布在BIPM关键对比数据库里(KCDB)。这样做的目的是对测量能力的相互承认，目前有150家的研究院互认，其依据是1999年由国际度量衡委员会(CIPM)制定的互认协议(MRA)，也叫做国际度量衡委员会互认协议(CIPM-MRA)。

国家次级实验室、认证次级校准实验室以及国际原子能机构(IAEA)剂量测量实验室也可以传递标准和建立可追溯数据。通常，次级标准剂量测量实验室(SSDLs)直接溯源自国际原子能机构(IAEA，1999)。制造商包括生产放射源、辐射发生装置以及辐射测量设备的公司。服务实验室能够执行特定目的的辐射测量，例如在医院、核电厂以及辐射处理厂进行个人剂量测量、工作场所以及环境监测。

保证或验证测量的质量水平，基本上可以分为3个步骤。第一步，必须建立可接受的不确定度，通常根据公布的标准或国家规定。第二步，设备必须有恰当的程序，以确保在指定的不确定度范围内工作。第三步，当设备无法在规定的不确定度内工作时，采取补救措施方案。如果用电离室测出的值与用参考标准电离室测出的值在规定的不确定度范围内是一致的，那么测量质量就能得到保证。如果两个值的差异的原因大于扩展不确定度，就应

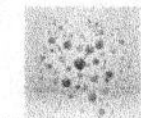

调查导致这种差异的原因并采取适当的补救措施。在这个差异未得到解决之前，不能使用或传递测量。任何受到这一差异影响的测量，如果传递了，那么应准确认定出来并采取补救措施（如：告知客户）。测量的连贯性或稳定性取决于维持实验室内周围条件的稳定性。许多参数的变化可以影响测量的质量，这些可以产生影响的参数被称为影响量。一个影响量可以在不是测量对象的情况下对测量结果产生影响。表1列举若干会影响电离辐射测量不确定度的影响量示例及参考条件。

表 3-1　放射治疗校准电离室的影响量、参考条件和标准测试条件

影响量	参考条件	标准测试条件
环境温度	20 或 22℃	参考环境温度±2℃
相对湿度	50%	45%～65%
大气压	101.325 kPa	86～103 kPa
稳定时间	30 min	>15 min
电磁场	忽略	<引起干扰的值
辐射污染	忽略	忽略
辐射本底	≤1.0 uGy/h	≤52.0 uGy/h

注：引自 IAEA，2000a. 1 测试时，必须规定这些量的真实值。这张表中的值用于某一温度和气压条件下的测量，在其他环境条件下需要使用仪器，测试条件可以超出这张表列出的标准测试条件的范围。

应该估计影响量对测量的影响，而且如果规定了标准测试条件，应该仔细确保满足（或进行恰当修正时）这些标准测量条件。通常，参考条件在标准测试条件的范围内，但是没必要控制周围环境使其与参考条件一致。可以应用因子将测量结果归一到参考条件。例如，日常用于剂量监测的电离室收集体积与周围空气相通，电离室的空气分子数随环境温度和大气压力变化而改变。当温度下降和大气压力增加时，空气的质量将会增加，如果根据增加了空气质量的电离量来反映加速器的输出剂量，肯定是错误的。理论和实际均证实当空气温度变化在3℃左右，或大气压力变化在7.6 mmHg时，监测剂量将改变1%，可以用下面的等式计算一个修正因子，将电离室的响应修正到参考温度和气压条件下：

$$K_{t,p}=\frac{273.2+t}{273.2+T}\times\frac{1.013}{P}$$

式中温度以摄氏（℃）为单位，气压以10^5 Pa为单位。t为现场测量时环境温度，P为现场测量时的环境气压，T为电离室在国家实验室校准时的温度（一般为20或22℃）。

以JJG 589—2008为例。计量器具控制要求检定条件：检定环境的辐射本底，外来电磁场和机械振动等均不影响测量仪器正常使用；检定用设备：治疗水平剂量计。

治疗水平剂量计应是电离室型的剂量计，主要技术指标应符合表3-2的要求。

表 3-2　治疗水平剂量计(仪)的主要技术要求

序号	项　目	剂量计
1	测量重复性	0.5%
2	示指非线性	±0.5%
3	长期稳定性	±1.0%/年
4	X、γ能量响应	±4.0%
5	漏电	±1.0%

射线束分析仪是测量辐射质、辐射野的均整度、辐射野的对称性等计量性能的仪器，应为二维或三维水箱，最小步进距离不大于1.0 mm，位置和位置重复的准确度值不大于1.0 mm。

也可以采用矩阵板测量辐射野的均整度、辐射野的对称性、辐射野与光野的重合等性能，矩阵板尺寸不小于300 mm×200 mm，其探测器尺寸不大于1 mm^2。

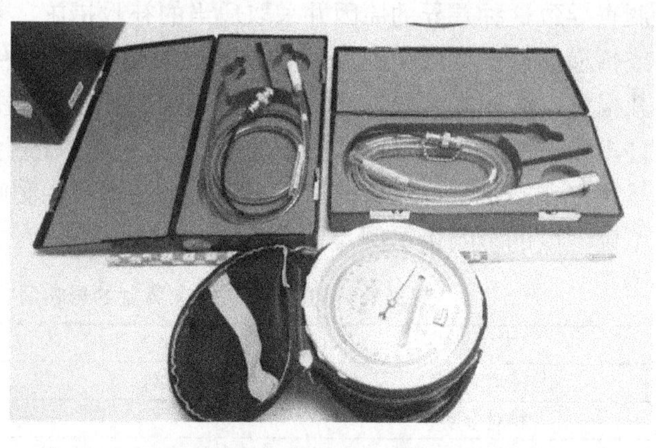

图 3-11　计量器具(电离室、温度计、气压计)

其他计量器具与条件为：① 温度计：测量范围为0～50℃；最小分度值为0.5℃。② 气压计：测量范围为70～110 kPa；最小分度值为0.2 kPa。③ 检定环境条件：检定时，环境温度为15～35℃，大气压强为70～110 kPa，相对湿度为30%～75%。

一、X线、电子线剂量输出校准(参考TG-51、TRS 398)

射束校准就是在特定条件下，中心轴上某一个特定点的绝对剂量的确定过程。射束校准是一个费时费力的过程，可能要花费8～12 h才能完成直线加速器的光子束和电子束的校准，建议每年校准1次。然而我们需要的是更高频率地对“输出结果”进行相关的检查，并且在每月质量保证检测过程中进行更加精确的检查。对于直线加速器，我们设定MU，射束校准的任务，就是将机器设定的时间或MU与特定条件下给予特定点的剂量联系起来。对于每一个特定的病人而言，给予该特定点的实际剂量取决于许多因素。

射束校准是物理师最为重要的工作之一，如果校准不正确，则每个病人也将接受不正确的治疗。射束校准只能由经过认证的医学物理师操作，或在经过认证的医学物理师的严密监督下进行操作。

射束校准一般选用比较方便的固体塑料或组织等效模体进行稳定性检查(如：固体水、标准小水箱，比架设水箱要容易得多)。通常选用塑料平板或片，这样可以一层层的堆叠起来。其中一个平板设计有一个孔，用于安装电离室。固体水不仅可以安装Farmer型电离室，也可以安装平行平板电离室。平行平板电离室安装到固体水模体平板中时，需要把电离室放置在特定深度处(d_0)，这样电离室和塑料平板的配置结构才能满足一定的标准条件(如，电离室位于中心轴深度d_0处，射野为10 cm×10 cm，SSD=100 cm)，静电计的读数才更有意义。可以看出，射束校准与所使用标准设置的静电计读数有关(温度和气压修正需要考虑进去)。在接下来数月中可以重复使用这种设置，利用电离室和固定水简单、快捷的确定校准的射束是否发生变化，物理师可以调整监测电离增益，从而将射束校准重新设定为校准条件下的1.000 cGy/MU。射束校准的整个过程以及每个月、每天的重复检查，可以作为年度直线加速器的QA测试的一部分。

射束校准独立检查是十分必要的，如果TG-51校准中发生了错误，那么在每月稳定性

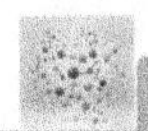

检查中就可以发现这个错误的校准。美国休斯敦的放射物理中心(RPC)有一个以邮寄方式的剂量测量项目,RPC将一套装有剂量仪的塑料块邮寄给临床测试科室,测试按照详细的说明照射剂量仪。照射之后,将这些剂量仪寄回RPC并读取数据。RPC将监测报告发送给临床科室,并告知他们照射到剂量仪上的剂量测量结果,精确度大概为±5%。

1999年对1983年出版AAPM TG-21报告进行了更新,出版了TG-51报告。TG-51报告在北美被广泛应用于MV级直线加速器射束校准。在欧洲国家,也使用其他的报告,例如由国际原子能机构(IAEA)发布的TRS277号(1997),TRS 398号(2000)。国际辐射单位与测量委员会(ICRU)建议照射剂量的精确性控制在±5%以内。射束校准只是整个治疗过程中的一个重要组成部分,治疗流程中还包括其他步骤,并且每一步都包含自身的不确定度。要求照射剂量精确度控制在±5%以内,这就要求射束校准具有更高的精确度,达到2%。正是由于对精确度的要求如此严格,才使得射束校准如此复杂。射束校准作为纽带建立剂量学基准与医疗照射时患者所受吸收剂量之间的量值溯源关系,同时为医用加速器提供控制信号。

要了解射束校准,首先要明白我们到底要确定什么。出于以下目的,我们定义"归一化条件"。在归一化条件下,每MU(或每min)的剂量用D_0表示,专门用于剂量计算。所有的剂量计算都是基于归一化条件。放射治疗部门根据自己的情况指定归一化条件,会有所不同。非常重要的是,在任何剂量计算之前,都要十分理解临床上所用的归一化条件,否则将会发生一系列的错误。归一化深度用d_0表示,通常是特定能量束d_m的标称值。归一化深度通常设定等于d_m的最大值(最小射野的d_m值)通常调整直线加速器,在水下,中心轴深度d_0处,距离辐射源SAD+d_0,射野尺寸为10 cm×10 cm条件下使该点的剂量率D_0为1 cGy/MU,如果直线加速器光子束能量不只是一种,则需要在上述的相同条件下分别进行调整,使D_0为1.000 cGy/MU。光子束能量不同,d_0的值也不同。注意,设定的射野大小不同,剂量率cGy/MU也会不同,通常使用10 cm×10 cm的射野校准,其他射野尺寸输出相对于10 cm×10 cm的测量得到。归一化条件不一定要与校准条件相同,因此归一化点的剂量必须从校准点的剂量计算得到。射束校准的目的是确定每MU的剂量。要实现这一目的的前提是,我们需要对电离室进行严格校准,这样才能够达到我们想要的精度。

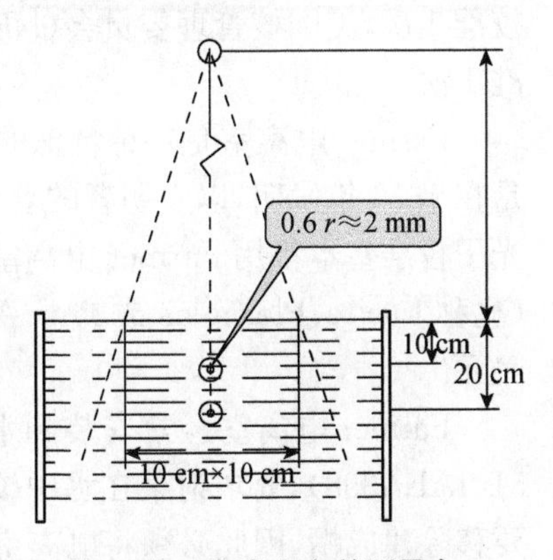

图3-12 电离室有效测量点

有效测量点:X射线:校准点或最大点有效测量点。向射线入射方向移动0.6 r。如:2571型电离室的r=3.15 mm,如图3-12所示。6 MV X射线,电离室在水深5 cm,实际上4.8 cm(0.6 r≈2 mm)。需SSD=100 cm,水深5.2 cm;电子束:最大点;移动0.5 r。

二、电离室校准

自发现放射线以来电离室就已经投入使用,并且由于其在能量、剂量、剂量率和重复性等放面具有很好的稳定性和一致性,现在仍在广泛使用。因为电离室可以根据国家标准进行校准，所以它们可以对剂量进行直接测量。电离室相对便宜，易于使用，并且可按照不同的形状（圆柱形、球形、平板）和尺寸（标准、小型和微型）制造。现在大多数厂商提供的电离室各不相同（PTW、BEST、IBA、Standard Imaging 等），使用方法、用途、特性也存在诸多不同，尤其是那些特殊用途的探测器。

在电离室中，电荷被电极收集。如果电离室受到光子辐射，收集体积处于 CPE 状态，同时辐射气体的质量能够精确测定，那么我们就可以直接确定照射量。

对于 100 keV 以上的光子，电离室具有平坦的能量响应，这意味着收集的电荷只取决于照射量而不取决于光子的能量。如果是电离辐射产生的电荷为 Q，那么 100 keV 以上 Q/X 不受能量影响。电离室可用于探测带电粒子和光子通过时产生的电离。实际上，电离室无法将两者区分开来。

指形电离室的形状如图 2-7 所示。放射治疗中应用的电离室，收集体积一般为0.1～1.0 cm^3；应用于剂量监测时，收集体积则达到 2 000 cm^3。指形电离室的室壁材料大多为石墨，室壁外侧附有绝缘材料，内侧作为电极之一，由胶体石墨（石墨粉）组成。胶体石墨是分散在异丙醇中形成石墨乳，涂在电离室内侧，简单地说，就是导电涂层。

加载的电压称为位置电压，位于内壁和中心电极之间。中心电极有时也称收集电极，如果中心电极是正极，那么它就会收集电离辐射通过空腔时产生的所有负电荷。然后负电荷会通过导线传输到中心电极，由静电计记录数据。原则上来讲，诸如此类的电离室可以直接用于照射量的测量（根据 $X=Q/m$），但是校准后电离室会更加精确。以美国为例，放射治疗单位将他们的电离室送到次级标准实验室[这些实验室获得了美国医学物理师协会（AAPM）的认可，所使用的仪器都经过美国国家标准与技术研究院（NIST）校准]，这些次级实验室叫做认证剂量校准实验室（ADCLs）]，用于外照射放射治疗的电离室建议每两年校准 1 次，美国核管理委员会（NRC）要求用于^{60}Co 远距离治疗射线校准的电离室每两年校准 1 次。

Farmer 电离室是一种特殊的指形电离室，通常用于外照射射束校准。Farmer 电离室是在 1956 年发明，以发明者的名字命名。Farmer 电离室的收集体积约为 0.6 cm^3，外照射光子校准基本都用 Farmer 电离室。室壁的制作材料一般为 AE 塑料（与组织等效）、丙烯酸（也称 Lucite、PleXiglas 或 PmmA）或石墨。不同厂家的设计有些细微不同，价格约为 2 000 美元。

Farmer 电离室经常安装到水箱中用于射束校准，根据射束校准报告（如 AAPM TG-51、IAEA398），要求射束在水中校准，不建议在聚苯乙烯等固体材料中校准。在水中时，需要移除建成帽，因此必须将电离室制作成防水型的。

Farmer 电离室的直径很大，因此在深度剂量变化梯度较大的区域很难进行准确测量（如：在建成区或电子束中），较大的内腔会干扰低能电子束，从而导致无法准确读数。要解决这个问题，就需要使用平板电离室。平板电离室具有两个薄的、靠得很近的、相互平行的收集平板或电极，这类电离室有时被称为扁平电离室。其中一个电极是非常薄的窗，射线可以穿过这个窗进入电离室。入射窗是有箔或塑料薄膜制成的，厚度只有 0.01～0.03 mm，所以不要触碰未经保护的平板电离室入射窗。放射治疗中用的平板电离室的电极（收集极和入射窗）之间的间距为 2 mm，收集极直径为 5 mm，这样在与射束平行的方向上提供很高的空间分辨率。

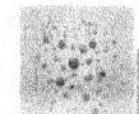

光子束校准测量几乎都采用的是 Farmer 型电离室，电离室每隔两年需要校准 1 次。对于放射治疗中所用的电离室需要在次级标准实验室中校准，即认证的剂量实验室（ADCLs）负责校准我们所使用的电离室和静电计。NIST 等机构负责校准 ADCL 的设备。

ADCLs 提供两种类型的校准：空气中和水中。在空气中校准，电离室只被空气包围，附近没有其他无关的物质；在水中校准时，电离室放置在水模体（水箱）之中。

电离室的校准因子取决于所要校准的射束能量。直线加速器射束能谱很宽，可以用射线质描述。理想情况下，临床用的电离室需要用与设备相同的射线质进行校准。但是这个情况并不现实，因为校准实验室不可能拥有各种不同类型的直线加速器。即使射束具有相同的标称能量（MV）也不一定具有相同的能谱。^{60}Co 射束能谱明确，因此，所有的 MV 级电离室的标准都是在^{60}Co 射束中进行的。

三、光子束和电子束校准步骤

以 TG-51 报告为例。第一步：电离室和静电计在认证的剂量校准实验室（ADCL）进行校准。不要将电离室的校准与射束校准混淆。电离室和静电计校准完成后，才可以用于射束校准。第二步：使用者通过测量深度剂量来确定射线质。第三步：电离室按照严格规定条件放置在射束中，也就是在校准条件下。电离室受到固定量的辐射，辐射电离指形电离室内的空气。电离室收集电离电荷，然后利用校准过的静电计测量。第四步：根据在校准条件下测量的电荷，利用规定条件下（归一化条件）定义的等式计算每 MU 的剂量。第五步：在归一化条件下，调整直线加速器，一般为 1.000 cGy/MU。第六步：建立定期检查系统，每天、每月进行检查，确保具有很高准确性。

校准过程中用到的仪器有：三维水箱、静电计、电离室、标准小水箱、温度计、气压计，水平尺、坐标纸、EBT3 免洗胶片等。电离室和静电计使用前需要经过国家计量院进行校准。参照国家计量检定规程 JJG 589—2008 推荐的 X 射线和电子射束校准方法，操作过程如下所述。

1. 加速器预热

在校准前，确保加速器处于运作状态。首先，加速器开机预热，按照晨检程序，检查各项参数处于正常值范围内。然后，出束照射，确保加速器处于稳定的出束状态。

2. 检查加速器各项重要指标

安装前向指针并设置到 100 cm 刻度处，打开光距尺，检查光距尺和光矩尺的准确性。水平尺置于床面上，检查床面的水平度。射野开至 10 cm×10 cm，SSD＝100 cm，打开光野。坐标纸放置在治疗床面上，检查光野尺寸。打开室内激光，检查激光线与射野十字线的一致性。

3. 获取需要的数据

三维水箱放置到加速器下方，激光灯对准水箱 3 个面上的竖线，进行粗略摆位，并固定住水箱的轮子。加注足够的水，以满足测量深度的要求。接连水箱、控制器、静电计、电脑之间的电缆，安装参考不同测量电离室使用手册，静电计电压设为 300 V。打开光距尺，调节水箱的高度，使 SSD＝100 cm。水平尺先后放置于水箱两侧的壁上，通过旋转水箱的 3 个平衡轮调节水箱至水平。通过旋转水箱两侧的 3 个手柄，使水箱 3 个面上的竖线与激光线对齐。利用水箱手控盒设置电离室的移动限制、零点，注意把电离室放置在有效测量点处(0.6 r)。以PTW31002(0.125 cm^3)电离室为例，它的半径 r 为2.8 mm，0.6 r=1.68 mm。设置电离室几何中心位于水面后，朝水下移动1.68 mm即位于有效测量点。

射野设置为10 cm×10 cm，SSD=100 cm。正确设置扫描条件的各项参数，并对静电计进行清零。加速器出束照射，分别获取各个能量X射线和电子线的PDD，并进行分析，对于X射线，需要记录的数据有最大剂量深度 d_{max}、D_{20}/D_{10} 以及 PDD_5 ($D_{20}/D_{10} \leqslant 0.60$，校准深度位于5 cm处，后续计算需使用该数据)或 PDD_{10} ($D_{20}/D_{10} > 0.60$，校准深度位于10 cm处，后续将使用该数据计算)。对于电子线，需要记录 d_{max}、$\overline{E}_0$、R_P、PDD_1 (5 MeV$\leqslant \overline{E}_0 <$10 MeV，校准深度位于最大剂量深度或1.0 cm处)或 PDD_2 ($\overline{E}_0 \geqslant$10 MeV，标准深度位于最大剂量深度或2.0 cm处)。

对于X射线射束校准，除了获取 D_{20}/D_{10} 外，还需要得到 $TPR_{20/10}$，然后利用 $TPR_{20/10}$ 值确定 P_u，SAD=100 cm，加速器出束100 MU，分别测得10和20 cm深度处的输出剂量，求得 $TPR_{20/10}$。

4. 测量校准深度处的剂量

利用三维水箱获取PDD数据之后，移走水箱。将标准小水箱放置到治疗床上，以6 MV X射线为例，加注水至5 cm深度(水面与0.6 r 刻度线相平)，注意，水箱有两个刻度，选择带有0.6的一侧。PTW Farmer(0.6 cm^3)指形电离室的半径为3.1 mm，0.6 r=1.86 mm。调整治疗床，使辐射源到水面的距离SSD=100 cm。注意，不同厂商，电子束校准时的SSD不同，瓦里安和西门子建议SSD=100 cm，医科达建议SSD=95 cm。当SSD=95 cm时，限光筒几乎贴着水面，此时利用电离室扫描百分剂量深度(PDD)和剂量分布(Profile)应格外注意，避免限光筒撞坏水箱中的电离室、支架及附件。移动治疗床和水箱，使激光线与水箱3个面上的竖线对齐，射野设置为10 cm×10 cm(对于电子线，安装10 cm×10 cm限光筒，并确保钨门到达预定位置)，并检查光野与水箱底面射野刻度线的一致性。

将电离室插入到标准水箱的电离室孔中，黑色标记线朝上，并用胶带固定。将电离室与静电计相连，电离室预热和清零，并对温度和气压进行校准。首先出束对电离室进行预照射，检查剂量仪与电离室的状态。然后开始测量，通常出束照射100 MU，该数值根据自己的需要而定。读取3组数据，取平均值，数值单位为R。

5. 射束校准计算

根据下式计算校准深度处的剂量：

$$D_W = M \cdot N_x \cdot (W/e) \cdot K_{att} \cdot K_m \cdot S_{w,air} \cdot P_u \cdot P_{cel}$$

D_W：校准深度处的绝对剂量，如果不是 d_{max} 处的剂量，需通过PDD换算得到 d_{max} 处的剂量 D_{max}。通常出束照射100 MV，在 d_{max} 处标定到100 cGy，即在归一化深度 d_{max} 处使1MV=1 cGy。1 cGy=1 J/kg。

M：为经过温度和气压校准后的剂量读数，单位为R。1 R=2.58×10^{-4} C/kg。

N_x：照射量校准因子。到目前为止(2014年)中国计量科学院只能提供照射量校准 N_x。该值从计量院提供的校准证书上得到。

(W/e)：是个常数，等于33.97 J/C。

$K_{att} \cdot K_m$：查静电计的说明书，以PTW30013电离室为例，$K_{att} \cdot K_m$=0.973。

$S_{w,air}$ 对于 X 射线，通过辐射质 $TPR_{20/10}$ 或 D_{20}/D_{10} 确定 $S_{w,air}$。

P_u 对于 X 射线，首先通过 D_{20}/D_{10} 查表或直接测量得到 $TPR_{20/10}$，然后利用三维水箱测量得到 P_u。对于电子线，通过 PDD 数据得到 $\overline{E}_0$ 和 R_p，校准深度 d 已知，根据 $\overline{E}_z=\overline{E}_0(1-d/R_p)$，得到 $\overline{E}_z P_{cel}$：根据 JJG589-2008 报告的建议，对于 X 射线和电子线，P_{cel} 均取 1。

把测量和查到的数据代入到 $D_W=M\cdot N_X\cdot(W/e)\cdot K_{att}\cdot K_m\cdot S_{w,air}\cdot P_u\cdot P_{cel}$ 中，得到校准深度的绝对剂量值。通过 PDD 数据转换到最大剂量深度处，得到 D_{max}。测量结果如果 D_{max} 与 100 cGy 的差值超过允许的范围，那么需要通过调整加速器参数，直至到达可接受的范围。

四、X 线、电子线剂量输出一致性

每天检查中，电子线和 X 射线的输出一致性公差是±3%。传统的检测手段要用到多种测量仪器(如：静电计与电离室、二维矩阵探测器，模体、胶片等)，检测过程比较繁琐，耗时耗力同时缺乏系统性，很难实现加速器性能的日检质量控制和质量保证。专用于此项检查的仪器有时被称作“射束分析仪”或晨检仪。射束分析仪含有一组电离室或二极管探测器。中心探测器用来检测输出，离轴探测器用来检测射束平坦度和对称性。对电离室射束分析仪而言，如果电离室为非密闭型，则需要对温度和气压进行修正(一些射束分析仪会自动修正)。如果能保证读数足够精准，误差控制在3%以内，则可以使用单个二极管做输出检测，该二极管探测器可以与用于患者做体内剂量测量时使用的二极管相同。另外一种方法是使用标准电离室(如 Farmer 型电离室)和固体水(或标准小水箱，见图 3-13 所示)，在水下 5 cm(或 10 cm)深处测量输出。

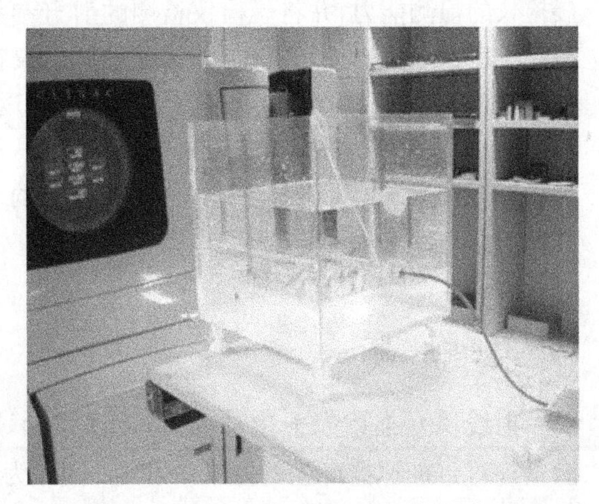
图 3-13　利用小水箱进行测量安排示意图

以 JJG-589 中测量 X 射线与电子线示值的重复性方法为例：SSD 取为正常治疗距离，水模表面光野为 10 cm×10 cm，剂量计的电离室有效测量点放在射束中心轴的校准深度上，圆柱形电离室的轴与射束轴相互垂直(如用平行板电离室，其入射面与辐射束轴垂直)。用同样的辐照条件分 10 次照射剂量计的电离室，则测量剂量计示值得相对标准偏差 V 为：

$$V=\frac{1}{\overline{D}}\sqrt{\frac{1}{n-1}\sum_{i=1}^{n}(D-D_i)^2}\times 100\%$$

式中：$\overline{D}$ 为 n 次剂量计的平均值；n 为测量次数，取 $n=10$。

晨仪检晨检仪(PTW)可以用于 ^{60}Co、光子线(4～25 MV)和电子线(4～25 MeV)的日常检测，中心处剂量率的测量范围为 0.5～10 Gy/min，分辨率为 1 mGy/min，剂量测量范围 0.1～10 Gy。测量面板上有 10 cm×10 cm 和 20 cm×20 cm 两组测量区，内部镶有 13 个开放式电离室，其中9个电离室用于测量中心轴剂量、平坦度、楔形角和对称性，电离室测量体积为0.1 cm^3；其余4个用于测量射线质，测量体积为0.2 cm^3。探测器顶部覆盖有等效水材料，9个电离室的水等效材料厚度均为0.57 cm，4个射线质探测器的等效厚度分别为5.3、3.7、2.8、1.5 cm。晨检仪使用的是开放式电离室，在检测之前需要对空气密度进行校准，它自带温度、气压探测器，自动对温度和气压进行校准。晨检仪只能用于测量相对量，不能进行绝对量的测量。加速器经过验收或校准合格后，利用晨检仪对其进行检测并作为基准，以后的检测结果与这个基准进行对比。如果检测结果超过设定的阈值，则会在检测项目一栏打红色叉号(×)，并以闪烁红灯警示。李玉、徐慧军等人通过改变输出剂量、射野大小、SSD、准直器角度和机架角，评估晨检仪的检测能力，并将晨检仪检测的射野参数与三维水箱等测量进行对比，结果显示晨检仪在检测输出剂量、射野大小、准直器角度、平坦度、对称性及剂量率方面准确性很高，能够满足日常加速器QA的需要，但是在检测SSD、机架角偏差方面则能力较差。

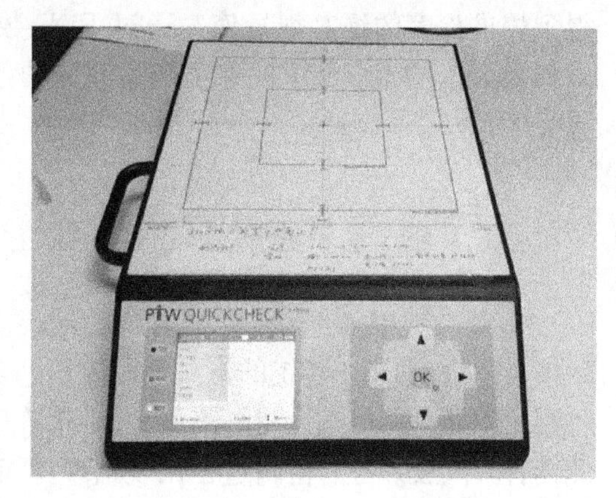

图3-14　Quickcheck晨仪检(PTW)

五、射线质

射线质是描述光子在射束中的能量并不是单一的，也就是说，光子并不是具有单一的能量。对于加速器产生的光子束和电子束，为了正确定义质量转换因子 K_Q 或者电子质量转换因子 K'_{R50} 值，射线质应该被详细说明。这跟 ^{60}Co 相比则不同，^{60}Co 光子能量近似单一，平均能量为1.25 MeV，对于 ^{60}CO 射束来说 $K_Q=1.000$，因此不需要更深层次的定义它的射线质。一种粗略的描述加速器射束的方法就是所说的射束能量(有时被称为标称加速电压)，例如我们所说的6 MV射束，这样描述的意思是从波导管里发出的电子，在撞击X射线靶之前的能量是6 MV，光子离开靶后具有多种能量，范围从0～6 MV。就校准而言，标称能量并不足以用来描述射线质，因为不同的生产商制造的设备所产生6 MV的射束的深度剂量值不同，所以，临床上在使用加速器射束参考剂量之前都应该首先测量其射线质，要做到这一点，就需要我们测量射束中心轴上深度-剂量曲线。深度-剂量是一个很好的用于衡量射线质的指标。但是测量深度-剂量曲线是相当复杂的，因为不同深度之间需要很多转换因子。尽管如此，通过使用SSD建立参考深度处的吸收剂量可以让这个模型变得灵活，但是必须使用在SSD=100 cm时建立光子和电子光束的光束质量。这是因为 PDD_{10} 和 R_{50} 与SSD呈一定函数关系，但吸收剂量没有(FS:10 cm×10 cm)。

(一) X射线质

加速器X射线质可以用水模体内10 cm×10 cm射野在标称源皮距下10 cm深度处的百分深度剂量值表示，或用两种不同深度处的百分深度剂量处(如 $d=10$ cm 及 $d=20$ cm)的百分深度剂量比值表示，后者称为射线质指数或能量指数。下面以JJG 589—2008测量

报告方法为例。

1. 剂量比法(D_{20}/D_{10})

将机架转至准直器旋转轴垂直向下位置，准直器置于 0°，准备好 10 cm 厚的固体水放置于治疗床上作为背向散射材料，选择适配板放置于最上层用以匹配 Farmer 0.6 cm^3 电离室测量。打开激光定位灯，摆位，射野位于固体水中央。在适配板固体水层之上放置 9 cm 的固体水，保证电离室测量点为水下 10 cm 处。电离室探头插入适配板槽，注意保护探头的安全。打开光距尺，调整治疗床高度，使得 SSD＝100 cm，调整照射野大小为 10 cm×10 cm，移动治疗床保证照射野位于固体水中心。固定治疗床，所有人员离开治疗室。调整好剂量仪的各项参数，加速器预热后出束，得到处于主轴垂直平面轴心水深 10 cm 处的 D_{10}，然后进入机房，在适配板固体水层之上放置 19 cm 的固体水，保证电离室测量点为水下 20 cm 处，其他步骤不变，测得 D_{20}，求出剂量比 D_{20}/D_{10}的比值(图 3-15)。

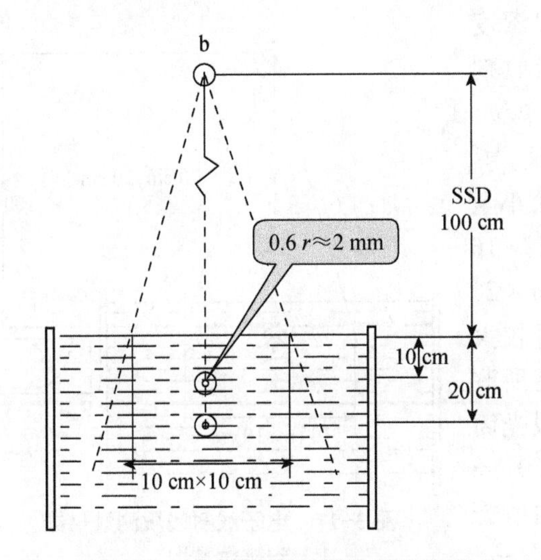

图 3-15　剂量比法仪器安排示意图

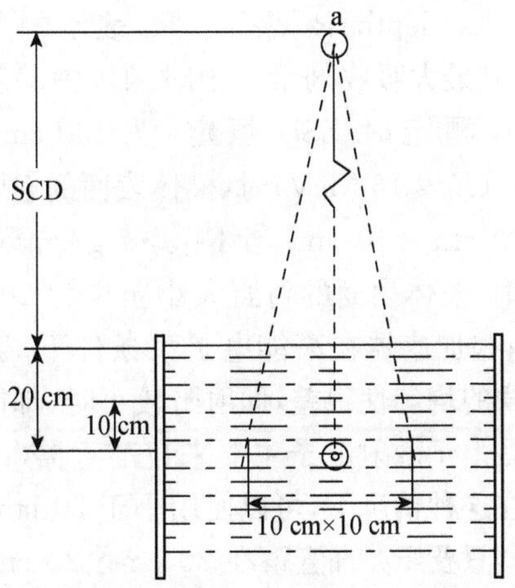

图 3-16　组织模体比法仪器安排示意图

2. 组织模体比法($TPR_{20/10}$)

将机架转至准直器旋转轴垂直向下位置，准直器置于 0°，准备好 10 cm 厚的固体水放置于治疗床上作为背向散射材料，选择适配板放置于最上层用以匹配 Farmer 0.6 cm^3 电离室测量。打开激光定位灯，摆位，射野位于固体水中央。在适配板固体水层之上放置 9 cm 的固体水，保证电离室有效测量点在水下 10 cm 处。电离室探头插入适配板槽，注意保护探头的安全。打开光距尺，调整治疗床高度，使得源到探测器的距离 SCD＝100 cm，调整照射野大小为 10 cm×10 cm，移动治疗床保证照射野位于固体水中心。固定治疗床，所有人员离开治疗室。调整好剂量仪的各项参数，加速器预热后出束，得到处于主轴垂直平面轴心水深 10 cm 处的吸收剂量，然后进入机房，保持 SCD 不变，在适配板固体水层之上放置 19 cm 的固体水，保证电离室有效测量点上方的水深为 20 cm，其余步骤不变，求出剂量比 $TPR_{20/10}$的比值(图 3-16)。

3. 穿透比法

标准照射条件下，调整 SSD＝100 cm，射野开至 10 cm×10 cm，在水深 10 cm 处与主轴

垂直平面轴心测定 D_{10}，再在最大剂量点 d_m 处测量 D_m，则 $PDD_{10}=D_{10}/D_m$，相应能量标准穿透比（装机后或调整、校准、测试后所得数据）$PDD_{10}=D_{10}/D_m$，则偏差为

$$[(穿透比-PDD_{10})/PDD_{10}]\times 100\%。$$

（二）电子束射线质

对各种射线质都建议使用平板电离室，而射线质 $R_{50}<4\ g/cm^2$（$E_0\leqslant 10$ MeV）的射束则必须使用平板电离室。电离室的参考点应取入射窗的内表面，窗的中心处。此点应该位于模体内的感兴趣点上。对于射线质为 $R_{50}\geqslant 4\ g/cm^2$（$E_0\geqslant 10$ MeV）的射束，可以使用圆柱形电离室。对圆柱形电离室，参考点位于电离室腔体的中心。对电子束中的测量，参考点的位置应该比模体内感兴趣点的位置深 0.5 r，r 为气腔的半径。对电子束的测量，建议采用水作参考介质。水模体应该超过测量深度处最大射野的 4 个边至少 5 cm，也应超过最大测量深度至少 5 g/cm^2。

对于电子束，射线质指数用水中半价层深度（half-value depth）R_{50} 表示。R_{50} 表示的是吸收剂量降低到最大吸收剂量一半时的水中深度（单位：g/cm^2），测定时 SSD 恒定，为 100 cm。$R_{50}\leqslant 7\ g/cm^2$（$E_0\leqslant 16$ MeV）时，模体表面的射野大小至少为 10 cm×10 cm；当 $R_{50}>7\ g/cm^2$（$E_0>16$ MeV）时，模体表面的射野大小至少为 20 cm×20 cm。有些加速器在高能电子束条件下，射野较大时，本身的均匀性很差，但射野较小时，却能有所改善，这是由于散射电子主要来自准直器（或限光筒等）。在这种情况下，可以使用小于 20 cm×20 cm 的射野，只要 R_{50} 的值跟在 20 cm×20 cm 的射野中测量值比起来变化范围不超过 0.1 g/cm^2（图 3-17）。

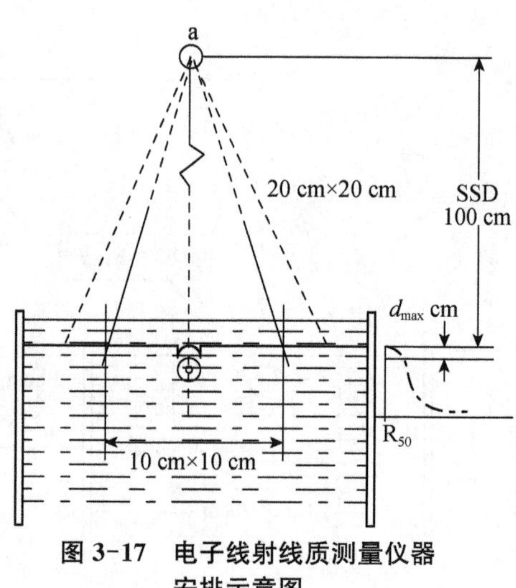

图 3-17 电子线射线质测量仪器安排示意图

选择 R_{50} 作为射线质指数的做法不同于 TRS 398 所推荐的，TRS 398 是利用模体表面的平均能量 E_0 来确定射线质的。由于 E_0 通常都是从 R_{50} 得来的，所以这一改变只是在原有的基础上进行了简化，从而避免了将 R_{50} 转换成能量。有一个近似关系，$E_0=2.33\ R_{50}$。

测量 R_{50} 的参考条件如表 3-3 所示。对所有的射线质来说，测量 R_{50} 首选的探测器是平行板电离室。如果射线质 $R_{50}\geqslant 4\ g/cm^2$（$E_0\geqslant 10$ MeV），可以使用圆柱形电离室，此时参考点的位置应在比模体内的感兴趣点深 0.5 r 处，应当优先选择水模体。当射束垂直入射时，扫描的方向应朝向表面，以减少液面弯曲产生的影响。如果射线质 $R_{50}<4\ g/cm^2$（$E_0\leqslant 10$ MeV），可以使用塑料模体。

使用电离室时，测量的物理量是水中深度电离分布的半价层，即 $R_{50,ion}$。在此水深（以 g/cm^2 表示），电离电流是最大值的一半。水中深度剂量分布的半价层 R_{50} 由下式得出：

$$R_{50}=1.029\ R_{50,ion}-0.06\ g/cm^2\ (R_{50,ion}\leqslant 10\ g/cm^2)$$
$$R_{50}=1.059\ R_{50,ion}-0.37\ g/cm^2\ (R_{50,ion}>10\ g/cm^2)。$$

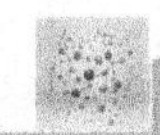

也可以使用其他探测器(如:二极管探测器、液体电离室、金刚石探测器等),作为电离室的替代仪器来测量 R_{50}。在这种情况下,使用者必须与用电离室测量的射线质结果进行比较,来验证这些替代探测器是否适合测量深度剂量。

表 3-3　测量电子束射线质(R_{50})的参考条件(IAEA TRS 398 报告,2000)

影响量	参考值或参数
模体材料	$R_{50}\geqslant 4\ g/cm^2$,水
	$R_{50}<4\ g/cm^2$,水或塑料
电离室类型	$R_{50}\geqslant 4\ g/cm^2$,平行板或圆柱形电离室
	$R_{50}<4\ g/cm^2$,平行板
电离室的参考点	对于平行板电离室,位于入射窗中心的内表面
	对于圆柱形电离室,位于腔体积中心的中轴上
电离室参考点的位置	对于平行板电离室,位于感兴趣点
	对于圆柱形电离室,感兴趣点深度之下 $0.5\,r$ 处
SSD	100 cm
模体表面的射野尺寸	$R_{50}\leqslant 7\ g/cm^2$,至少 10 cm×10 cm
	$R_{50}>7\ g/cm^2$,至少 20 cm×20 cm(1)

注:(1)如果小于 20 cm×20 cm 的射野条件下测得的 R_{50} 与 20 cm×20 cm 的射野条件下测得的值相比,相差不超过 0.1 g/cm^2,则可以使用该小野。

六、X线、电子线中心轴剂量稳定性

1. 对于PDD测量建议

(1) 在小光子野中适于进行PDD扫描测量的探测器为小型圆柱形电离室和平行板电离室(通常灵敏体积等于或小于 0.01 cm^3,且没有钢制中心电极)以及防护或未防护型二极管。应当注意探测器的轴与CAX对齐以及水箱扫描臂与CAX对齐。与在宽射野扫描PDD一样,为了减少深度处的扰动,水中扫描的方向应该从深至浅。同时,应注意对体积平均的修正不仅会随着探测器尺寸的减小而减小,还会随着深度的增加而减少,后者在PDD测量中产生了一个深度依赖修正。

(2) 对于任何产生低信号的探测器,都应当注意杆信号或电缆信号,因为这些可能是探测器低信号的一个重要组成部分。如果杆信号是一个重要影响因素,那么就需要特别注意在不同照射野尺寸中所取的方向。

(3) 众所周知,辐射变色胶片在非常小的射野中进行测量时,给出的分辨率是最好的,但是操作过程仍需特别注意。

(4) 金刚石探测器的剂量率依赖性修正需要从各个金刚石探测器中单独获得。考虑到这一点,并且结合其较高成本和较长的预照射时间,人们认为金刚石探测器并不是在小射野进行相对剂量测量的首选探测器。

(5) 如果可能的话,比较不止一个探测器的测量结果,尤其是在测量低能量(小于15 MV)射束的PDD方面二极管的适用性。

2. 具体检测方法如下

机架转至准直器旋转轴垂直向下位置，准直器置 0°，准备好 10 cm 厚的固体水放置于治疗床上作为背向散射材料，选择适配板放置于最上层用以匹配 Farmer 0.6 cm^3 电离室测量。打开激光定位灯，摆位，射野位于固体水中央。在适配板固体水层之上放置4 cm的固体水，保证电离室测量点为水下 5 cm 处。由于考虑 0.6 cm^3 电离室的有效剂量点问题，还要加上 2 mm 厚的固体水。电离室探头插入适配板槽，注意保护探头的安全。打开光距尺，调整治疗床高度，使得 SSD=100 cm，调整照射野大小为 10 cm×10 cm，移动治疗床保证照射野位于固体水中心。固定治疗床，所有人员离开治疗室。连接剂量仪，完成初始设置，根据科室不同型号的剂量仪进行操作，具体操作详见剂量仪使用说明。测量前先对温度、气压进行修正，对测量环境进行本底校正后再对电离室进行剂量校准。点击开始，等待加速器出束。加速器出束 100 MV，输入修正因子，得到修正后的测量结果。测量 3 次，取平均值。选定深度间隔测量并拟合绘制成曲线并与原始值进行比对。同样，也可以利用固体水和二维电离室阵列进行不同深度处测量。另外可以使用自动扫描水箱对典型射野测量。

七、X 线射野平坦度和对称性

射野均匀性、平坦度和对称性不仅是射野剂量分布特性的重要指标，也是衡量和检验加速器工作性能的标准。因为有多种因素，例如准直器的对称性、靶的位置、均整器（或散射片）的位置和完整性、束流偏转等会直接影响射野的均匀性、对称性和平坦度。射野平坦度通常定义为在等中心处（位于 10 cm 模体深度下）或标称源皮距下 10 cm 深度处；对称性指的是对称于射线束任意两点的吸收剂量之比。

机架转至准直器旋转轴垂直向下位置，准直器置 0°，在治疗床上放置 3～5 cm 的背向散射固体水，在固体水上放置电离室矩阵，移动治疗床，保证矩阵的中心点与加速器的等中心点重合。在矩阵上放置 2 cm 的固体水，测量平坦度和对称性时，要避开 X 射线的建成区，所以需要放置至少 2 cm 厚的固体水。打开光距尺，调整治疗床高度，使得 SSD=100 cm，调整射野大小为 10 cm×10 cm，接好矩阵的电源线和网线，打开电源开关，固定治疗床，所有人员撤离治疗室。打开软件，设置参数。加速器出束 100 MU，观察软件，测得相应的剂量分布，分析对应的剂量分布曲线。

八、电子线射野平坦度/对称性

机架转至准直器旋转轴垂直向下，准直器置 0°，SSD=100 cm，取射野 10 cm×10 cm 及 25 cm×25 cm，测量深度取 d_{max}，使用自动扫描水箱，也可使用二维探测矩阵，接好电源线和网线，打开电源开关，固定治疗床，所有人员撤离治疗室。打开软件，设置参数。加速器出束 100 MU，观察软件，得到相应的剂量分布，分析剂量分布曲线。

九、楔形因子稳定性

1. 物理楔形板

物理楔形板的使用，不仅改变了开放野的剂量分布，也使射野的输出量减少，为此引入

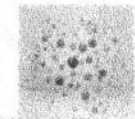

了楔形因子 FW(wedge factor)的概念。FW 的准确测量和计算，对临床处方剂量计算和各种治疗计划系统中物理剂量计算，都具有重要意义。根据 ICRU 24 号报告，楔形因子定义为加与不加楔形板时水模体中，射野中心轴上某一点的剂量率之比。楔形因子是楔形角、深度、X 射线能量和射野大小的函数。对于不同大小的射野，楔形因子应在参考深度(10 cm 或d_{max})，SSD 为 100 cm 下测量。

探测器置于射束中心，首先在一个楔形方向上获取读数，然后将楔形板旋转 180°再进行重复测量。楔形因子等于两个楔形方向的读数除以单个准直器角度开野读数的平均值。在其他深度测量的楔形因子与 d_{max}处测量的有明显不同。一般情况下，TPS 会指定楔形因子的测量深度。然而，对于目前依据开野和楔形野 PDD 及 TMR 表的手动剂量测量，在 d_{max}处测量的楔形因子或许更合适，以避免两次修正射束硬化。当有两套物理楔形板可用时(如：Varian 的上和下楔形板)，需要对楔形因子数据进行验证。建议对不同射野大小和深度的楔形进行点检测，但是，研究发现上下楔形板的楔形因子完全相同。

2. 软楔形板

软楔形板就是电子楔形板或者非物理楔形板(如：动态或虚拟楔形板)。Varian 公司用的是动态楔形板(EDW)，而 Siemens 公司用的是虚拟楔形板(VW)。两家公司都利用 y 方向上的一个钨门移动来模拟楔形板，同时另一个钨门则保持静止。动态楔形板和虚拟楔形板的主要区别在于，动态楔形板的钨门速度和剂量率都是可变量，而虚拟楔形板的钨门速度是恒定的，剂量率根据一个解析函数而变化。

这些不同类型电子楔形板的楔形因子与物理硬楔形板的楔形因子大小相同。EDW 的楔形因子在开野中心 10 cm 深度处测量，依赖于射野尺寸和楔形角度，测量的结果比相应物理楔形板高 10%～30%。研究表明，EDW 的楔形因子不受深度影响，因为射线质不随这些楔形板而发生变化。相比之下，Siemens 的虚拟楔形因子比物理楔形板高(1.0±2)%，楔形因子与射野尺寸或楔形角没有明显的关系。对于不同的射野尺寸，楔形因子应在厂商推荐的参考深度(10 cm 或 d_{max})处测量，如：SSD 或 SAD 为 100 cm 条件下。还需额外测量矩形野的楔形因子，这是因为楔形因子对移动钨门尺寸的依赖性似乎比固定钨门还强。例如，Varian 公司的 EDW 楔形因子在 10 cm×20 cm 条件下得出的值与 10 cm×10 cm 射野条件下的非常相近，而物理楔形板不存在此现象。

3. 通用楔形板

一些加速器利用开野与内置 60°物理楔形板的结合，通过软件控制合成不同的楔形角。楔形板由电机驱动，可以移入和移出射野，这种楔形板系统又称为内楔形板或通用楔形板。其楔形因子应在多种射野尺寸和多个深度下测量，按照不同 TPS 的要求和各类出版文献所述进行测量。

十、X 线射野输出因子/电子线限光筒相对因子的稳定性

X 线射野输出因子检测方法如下。

在 d_{max}深度测量 3 cm×3 cm 至 40 cm×40 cm 方野的输出量并归一至 10 cm×10 cm，将得到的比值即输出因子同原始值进行比对。

电子线限光筒相对因子检测方法：

在 SSD=100 cm，d_{max}深度测量所有能量不同尺寸限光筒输出量并归一至 10 cm×10 cm(15 cm×15 cm)，将得到的比值同原始值进行比对。

十一、离轴因子稳定性

基准离轴因子(OAFs)是继射线束调试后而即时由 QA 装置测得，或经年度审核更新所获得。现行的 QA 测量值称作基准离轴因子。在放射野内的核心区域选择不同的点位，例如在规定的辐射野大小 80%范围内，多向选择 4 个离轴位点，计算其绝对数值的平均值。TG-40 报告年度表包含了一个 2%容差值“离轴因子稳定系数”，该值来源于从各种机架角度进行推荐检测，但没有提及平坦度或对称性。TG-142 号报告增加了基准离轴因子这项检测，作为同大面积辐射野的基准线调试数据形成配置对比；这就增强了检测射线束形状变化的敏感性，这些变化产生于射线束能量改变或靶向改变，改变可能是由于设备长期老化的影响所致。对于常规 X 射线来说，推荐的测量辐射野面积为 30 cm×30 cm 或更大；而对特殊 X 射线和电子射线束的最大辐射野面积应小于 30 cm×30 cm。在所检测范围的中心 80%辐射野面积的平坦度和对称值，正如在设备调试期间所限定的，偏离基准线不应超过公差值。这项检测项目是合理的，它使其年检更加全面，能够发现年内频繁发生但不经此严密的检测又不易被发现的变化。值得注意的是，容差值不是绝对的，它不是由设备规格型号所决定的，相反，它是由基准线测试得出的。此增项测试的合理性还在于，自从 TG-40 报告和 IMRT 问世以来，选择合适可用的 QA 工具使年度检测简便易行；这些 QA 工具包括从三维扫描水箱到大面积探测器阵列。根据需要和敏感度的要求，选择匹配的检测仪器和软件，就能选出适当的工具。

检测方法：机架调至准直器旋转轴垂直向下位置，准直器置 0°，用三维辐射场分析仪在水下参考深度测量并与原始值进行比对。

弧形照射模式下对不同机架角度离轴因子的稳定性的测量：

在机架旋转的整个范围内，将 180°分成 4 个 45°的扇区，对每个扇区测得 n 个离轴因子，并计算每组离轴因子的平均值，确定其中最大值和最小值。

按照公式$\frac{\text{最大值}-\text{最小值}}{\text{平均值}}\times 100\%$计算。

十二、挡块托盘穿射因子稳定性

挡块托架、钨门和 MLC 的透射因子在水下参考深度(10cm 或 d_{max})处测量，并定义为带有挡块托架(或钨门、多叶光栅)读数时的读数与开野内相同点读数的比值。由于需要设置一个较大的 MU 数，以确保在静电计/探测器系统线性范围内采集读数。不同水模体，也可测量托架的透射因子。

检测方法：机架调至准直器旋转轴垂直向下位置，准直器置 0°，将小水箱放置于治疗床上，在电离室插槽内插入电离室探头，调整小水箱的位置，使电离室探头位于射野中心。以 6 MV 的 X 射线为例，其标准测量深度为水下 5 cm 处，将小水箱内注入蒸馏水至 5 cm 处，考虑到电离室 2 mm 的有效测量点问题，实际水面高度应为 5.2 cm。调整治疗床高度，使

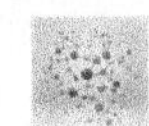

得 SSD=100 cm，调整照射野大小为 10 cm×10 cm。加速器出束 100 MU，测量此时的吸引剂量，同条件下测量加挡块托盘的吸收剂量，计算其比值，并将测量结果与基准值进行比较，得到偏差范围。

十三、监测电离室线性

测量 MU 与吸收剂量之间的函数关系并拟合为一条直线，观察该直线到原点及各测量点结果的偏差(图 3-18)。以 JJG589—2008 所示方法为例：选取临床上常用的剂量(率)一档，剂量监测系统预置值由 100 MU 开始，等间隔取 4 个值，即 100、200、300 和 400 MU。测量每个预置值(以 U_i 表示)相对应的实际值 D_i。

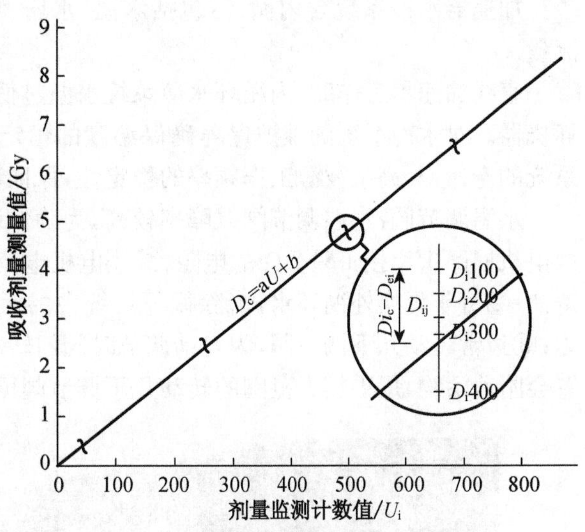

图 3-18　剂量检测计数值与吸收剂量测量值线性关系图

对预置值 U_i(自变量)与 D_i进行线性回归分析，用最小二乘法拟合求出 U 与 D 间的线性关系式：

$$D_c = aU + b$$

式中：D_c为用最小二乘法计算出的剂量值；a 为最小二乘法拟合直线的斜率；b 为上述直线与纵坐标的截距。

十四、X 线/电子线输出随机架角变化的稳定性

将电离室附加平衡帽置于等中心位置，接受不同机架角的等量照射，观察其稳定性。0°或 180°、90°或 270°，10 cm×10 cm，以 2 Gy 的吸收剂量辐照，测得 n 个示值值并计算每组的平均值，确定其中最大值和最小值，按照公式$\frac{最大值-最小值}{平均值}\times100\%$计算。

第四节　直线加速器安全性检测及其他不定期内容

除了检测加速器机械精度和剂量学精度，还有一些其他安全项目需要进行监测。包括保证与患者双向交流的对讲机能够正常工作，观察治疗室内情况的闭路监视器也运行正常。治疗室的门必须有联锁装置，以保证在门打开时，射束是关闭的，即使正在出束照射，也能在门打开时立即停止出束，门的联锁装置也必须每天检查。控制台上和房间入口处的

警示灯必须在射束打开时亮起，部分加速器控制台上的按钮也会亮起来，指示直线加速器或高压运行的状态。老式直线加速器可能安装有测试灯按钮，用来检测所有按钮是否在需要时能够亮起来，这些指示灯也需要每天进行检测。

检查六氟化硫(SF_6)气压，空气压缩机保证清洁无水，治疗室手控盒连锁、电子线限光筒防碰撞连锁、控制台治疗钥匙连锁。MLC 自检、自动摆位，网络与加速器连接，网络治疗数据备份，这些都应该作为每日正常开机治疗前必须检查的安全项目。

加速器水冷系统含内循环：包括水温、水压、水量(不低于水位下限)；外循环：水压、水流量。

直线加速器工作时，内循环水冷系统水温过低，出束不稳影响治疗质量，水温过高会损坏机器。对水冷系统的维护保养确保温度的恒定，以保证加速电子束运行轨道稳定，延长系统的寿命，提高微波源工作频率的稳定性，保证直线加速器的工作质量。

水温调节阀：水温调节阀故障率较高，为确保调节阀的可靠运行，可采取 3 种方式：①在微电机回路中串接 1 只 2 Ω 的电阻，减小电机电流以防止碳刷及整流子过快磨损，延长使用寿命；②每年更换外循环水，清除循环系统中的污物，拆下调节阀清洗阀门，以减少阀门阻力；③经常转动几下调节阀，因自动调节时阀门转动的范围较小，结合部的其他部分长期闲置会附着污物，用手较大范围的转动几下调节阀可避免此问题。

图 3-19　治疗室内闭路监视器、门辐射安全标志与警示灯

其他不定期内容：①网络病例存储整理；②CT 控制台病例存储整理；③CT-Sim 控制台病例存储整理；④更换加速器水循环胶皮管(3～5 年)；⑤清洗冷热交换器(3～5 年)；⑥更换加速器反光镜、十字线膜(依具体透光情况而定)；⑦测试独立接地电阻，阻值<1 Ω(3～5 年)；⑧在更换挡块影子托盘批次后，应进行铅块托盘因子的检测。

第五节　本章小结

医用直线加速器治疗头内有大量精密的机械运动部件和光学部件，平时要注意保持使

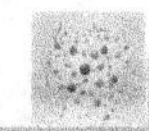

用环境和机件本身的清洁，对于治疗头的旋转部件、准直器的驱动部件和反射镜运动部件等机械运动部位要定期进行必要的清洁和润滑。测量速调管灯丝电压，进行射束偏转系统验证和检测，检查真空机械泵的功能等，并做好记录和比对。

当引进新的直线加速器，通常要对其进行验收测试。验收测试包含一系列测试和测量，以验证新设备或软件符合制造商给出的技术规范和要求。物理师和装机工程师按照验收测试手册，一同进行检测。当物理师认为设备安装正确，功能正常，各项指标满足规格要求时，可以签署验收测试文件。

本章小结的附表1总结了AAPM TG-40报告中对每日、每月和每年检测的建议。AAPM TG-142报告(2009)中医用加速器QA见附表2～4，与TG-40比较，AAPM TG-142测试项目和参数数量已经增加了。这些表分别为非IMRT或非立体定向设备、IMRT和IMRT/立体定向设备，并且增加了一个新类别：呼吸门控。非对称挡块和TBI/全身皮肤电子线治疗(TSET)的测试包含在附表3和附表4中。另动态/虚拟/通用楔形板(附表5)的QA项目。

TG-40报告中最初的公差值改编自AAPM 13号报告，13号报告用平方和的方法为单个机器参数设置公差值。这些值旨在期望可能达到±5%的总剂量测量不确定度和±5 mm的总空间不确定度。这些公差在TG-142报告中进一步精确，且表中的值针对某一类型治疗设备或治疗方式，例如：准直器、机架及治疗床中心轴和等中心的一致性，对立体定向治疗设备来说建议在1 mm以内，对其他设备则要求不超过2 mm。

表中列出的公差应理解为：如果在AT中测得一个基准参数超过了表中值，或者基准参数的变化超过表中值，那么就需要干预了。因此，如果QA测量值超出表中的公差水平(允许的偏差)，那么设备就需要调整，以使测量值符合规范(公差值就是干预水平)。然而，如果某一基准参数勉强满足公差值，则需要采取适当措施来校准设备。干预级别(检测、计划或者立即停止)和在什么情况下采取干预都应该由医学物理师来决定，这些干预也应该让所有参与QA流程的人员了解。TG-142号报告推荐了3种类型的干预，按照从低到高的优先级顺序如下。

1. 一级：检查干预

重复QA程序，有些测量值在正常的操作条件下变得可预测了。对预期值突然出现一个有意思的偏差应该引起物理师的注意，即使测量值本身没有超过表中的公差值，也要尽量查明原因。某些测量值可能由于正常的直线加速器操作或测量之外的因素而受到影响(例如人员的改变、摆位，测量设备的设置或保养，治疗机故障已出现初步征兆，都有可能导致测量结果变化)，这种变化可能表明机器有问题，尽管没有超出QA公差，但不管怎么说，它是一个改变。临床治疗可以继续，但是原因要在常规QA中被查出来。

2. 二级：计划干预

列举两个需要干预的例子。首先，QA过程的连续结果达到或接近指标，都应该在1～2个工作日内进行原因的调查或预定时间进行专项问题的保养维修。其次，某一结果超过公差值，但不显著，也应该调查或者计划维修。在这种情况下，偏差可能会稍微超出公差，但是几天(<1周)的临床影响可能并不十分明显。治疗可以继续，但是调查原因及保养维护需要在1～2个工作日内安排预定，并给予解决。

3. 三级:立即干预或者停止治疗干预或者纠正干预

测量结果可能需要立即暂停与剂量测量参数相关的治疗功能。直线加速器需要完全暂停使用的情况,如简单的安全联锁失效或是剂量学参数偏离严重,应该立即停止任何临床治疗,进行专项排查及维修。

在这3个级别中,我们需要明确基准偏离值及与二、三级相关的公差,这个正如在TG-40报告中讨论的一样,需要QA委员会执行。"级别一"参数的阈值不能由委员会确定,它们来自QA数据。"级别一"的阈值不是一个关键的要求,但它可以使QA程序明显提高。

TG-142报告中的项目(附表2)与最初的TG-40报告相比,已经大大扩展了,建议的公差也因机器使用的不同而存在差异(非IMRT、IMRT和立体定向)。

(1) 建议组建科室QA团队,支持所有QA工作,并制定必须的方针和程序。这些方针和程序,无论是复印件还是联机形式,科室QA团队的所有成员应该人手1份。方针应该确定相关QA人员的角色和责任。对于QA测量,应该提供:设备使用的详细手册,设备的交叉校准,测量频率及结果的记录归档。万一遇到疑似设备故障,方针和程序也应该提供替代的测量方案。

(2) 执行建议的第一步是为所有的QA测量建立机构性的基准和绝对参考值。QA团队需要定期开会并对照参考值监测测量结果,以确保机器性能和确定来自治疗计划计算的任何显著偏差。有很多商用的QA设备,可以用于每日、每周和每月的QA。建议在用于任何特定的QA程序之前,基于制造商的指导,检查这些设备的准确性和一致性。对特定的QA测试,这些设备是否恰当使用及其合适程度也应该进行评估。

(3) QMP应该领导QA团队,他们有责任对其他成员(如技师和计量师),提供充分的培训,以便于他们能清晰地了解并遵循方针和程序。例如,QA设备的操作培训,包含正确的预热,如何理解测量的数据,当超出公差水平时应该如何处理等。此外,也建议如果确实超出了公差,QMP应该提供适当的干预级别和通知方式。

(4) 概括来说,每日QA工作可以由物理师或技师利用已经交叉校准过的剂量测量系统执行。对于这些工作,建议使用快速且容易设置的设备(如:将指形电离室置入到塑料立方体模体来检测输出的一致性)。大多数情况下,平坦的模体边缘和表面也可用来检测室内激光的一致性。带有适当建成材料的平板探测器阵列也可用于每日QA,其优势在于能高效检查射束参数,如平坦度和对称性。由于每天都使用QA设备,影响探测器响应的修正系数应该认真记录,可能包括室内温度和气压修正因子、静电校准因子、泄露修正等。所有的结构都应该以永久电子版或纸质版的形式存档,并且随时可进行检查。对执行检测的人员应该有清晰的指导方针,以便检测结果超过公差时能采取适当的措施。除此之外,QMP应该至少每月1次审查和签署报告。

(5) 每日QA工作应该由QMP或在QMP直接指导下操作。日检、月检和年检的某些检测项目上存在重叠,这种重叠的频率应该具有某种程度的独立性。这个可以通过独立的测量设备完成,但是月检独立于日检的完全程度由QMP决定的。如果探测器阵列用于每日输出测量,且每月剂量测量使用同一个探测器阵列,那么带模体的电离室就应该在年检的基础上与阵列探测器的输出测量结果做比较,包括参考以前的基准值。对于每日的QA任务,所有的结果都应该以电子版或纸质版存档,以备随时检验。对物理师来说,用等效或者替代系统交叉校准所有使用的设备都是非常重要的。对执行测试的工

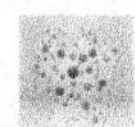

作人员应该有清晰的指导方针，以便测试超出公差时，能够采取恰当的干预。这些指导方针通常包括二次检查和通知 QMP。此外，QMP 也应该在完成后的 15 天内审查并签署报告。

(6) TG-142 报告中的年度 QA 给出了非常广泛的机器性能测试。处于对患者和环境安全的考虑，监管机构有时会对这些项目检查，以确保直线加速器的功能正常。因此，建议年检由 QMP 与团队成员一起操作完成。QA 所涉及的检测设备如电离室、三维水箱等应在检测前进行必要的检查。

(7) 建议无论何时引进一个新的程序或修改程序时，都应对整个治疗系统进行端到端(E2E)检测，以确保其准确。可以通过如下操作完成：创建一组典型的临床治疗方案，并计划数据传输至治疗设备。如果使用记录和验证(R&V)系统，必须包含在 E2E 检测中。当治疗计划软件、R&V 软件或者剂量照射系统软件发生变化时，E2E 检测都是必需的。特别是，对治疗计划应该执行点剂量测量，以确保剂量计算和照射治疗的一致性。在不同系统部件的整个使用周期里，E2E 测试结果都应该记录在案。

(8) 在 QA 年检中，绝对剂量应该按照 AAPM TG-51 或 IAEA 398 等校准协议。一旦加速器输出完成校准，所有的次级 QA 剂量计(包含每日 QA 和每月 QA)设备都应该对照这一校准进行交叉检查。

附表 1　医用加速器的 QA 项目(AAPM TG-40)

检测频度	检测项目	公　差
每日 QA	X 射线输出的稳定性	3%
	电子线输出的稳定性	3%
	激光灯	2 mm
	光距尺	2 mm
	门联锁	正常
	视频和对讲系统	正常
每月 QA	X 射线输出的稳定性	2%
	电子线输出的稳定性	2%
	后备剂量监测的稳定性	2%
	X 射线中心轴剂量稳定性(PDD，TAR，TPR)	2%
	电子线中心轴剂量稳定性(PDD)	2 mm
	X 射线平坦度的稳定性	2%
	电子线平坦度的稳定性	3%
	X 射线和电子线的对称性	3%
	紧急停止开关	正常
	楔形板、电子线限光筒联锁	正常
	辐射野与光野的一致性	2 mm 或一边的 1%

续表

检测频度	检测项目	公 差
每月 QA	机架、机头角度指示	1°
	楔形板装置	2 mm(2%)
	托盘和限光筒位置	2 mm
	射野大小指示	2 mm
	十字线的中心位置	2 mm(直径)
	治疗床位置指示	2 mm 或 1°
	楔形板和挡块插槽锁	正常
	钨门的对称性	2 mm
	射野灯亮度	正常
每年 QA	X 射线、电子线剂量校准的稳定性	2%
	X 射线射野输出因子的稳定性	2%
	电子线限光筒输出因子稳定性	2%
	中心轴上参数的稳定性(PDD,TAR,TPR)	2%
	离轴比的稳定性	2%
	所有治疗附件的穿射因子	2%
	楔形因子稳定性	2%
	监测电离室线性	1%
	X 射线随机架角变化的稳定性	2%
	电子线随机架角变化的稳定性	2%
	离轴比随机架角变化的稳定性	2%
	旋转模式	企业标准
	安全联锁:遵循企标测试程序	正常
	机头等中心旋转	2 mm(直径)
	机架等中心旋转	2 mm(直径)
	治疗床等中心旋转	2 mm(直径)
	机头、机架和治疗床的等中心一致性	2 mm(直径)
	辐射等中心和机械等中心的一致性	2 mm
	床面下垂	2 mm
	床垂直移动	2 mm

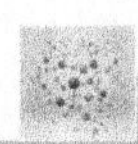

附表 2 加速器每日 QA(AAPM TG-142,2009)

程 序	不同设备类型的公差		
	非 IMRT	IMRT	SRS/SBRT
剂量测量			
X 射线输出一致性(所有能量)电子线输出一致性(周检,只装有一个电子检测器的机器要求日检)		3%	
机械性			
激光等	2 mm	1.5 mm	1 mm
距离指示器(ODI)(等中心处)	2 mm	2 mm	2 mm
准直器尺寸指示器	2 mm	2 mm	1 mm
安全性			
门联锁(射束关闭)		功能正常	
门安全关闭		功能正常	
视听监控器		功能正常	
立体定向联锁(闭锁)	NA	不适用	功能正常
辐射区监测仪(如果使用)		功能正常	
射束指示器		功能正常	

附表 3 加速器每月 QA(AAPM TG-142,2009)

程 序	不同设备类型的公差		
	非 IMRT	IMRT	SRS/SBRT
剂量测量			
X 射线输出一致性			
电子线输出一致性		2%	
备用监测电离室稳定性			
典型剂量率①输出稳定性	NA	2%(IMRT 剂量率)	2%(立体定向剂量率,MU)
光子束 proflie 稳定性		1%	
电子束 proflie 稳定性		1%	
电子束能量稳定性		2%/2 mm	
机械性			
光野/辐射野一致性②		2 mm 或一边是 1%	
光野/辐射野一致性③(非对称)		1 mm 或一边是 1%	
对比激光线与前向指针指示距离的偏差		1 mm	
机架/准直器角度指示器		1°	
附件托盘(射野胶片托盘)		2 mm	
钨门位置指示器(对称)④		2 mm	
十字线中心		1 mm	
治疗床位置指示器⑤	2 mm/1°	2 mm/1°	1 mm/0.5°
楔形板位置精度		2 mm	
补偿器位置精度⑥		1 mm	

续表

程序	不同设备类型的公差		
	非 IMRT	IMRT	SRS/SBRT
楔形板和挡块托盘锁销[⑦]		功能正常	
室内激光	±2 mm	±1 mm	<±1 mm
安全性			
激光防护联锁测试		功能正常	
呼吸门控			
射束输出稳定性		2%	
时相和振幅射束控制		功能正常	
室内呼吸监测系统		功能正常	
门控联锁		功能正常	

注:①:剂量监测是以剂量率为自变量的函数。

②:如果光野用于临床摆位,那么光野/辐射野一致性仅需每月检查 1 次。

③:公差是每一侧长度或宽度的总和。

④:非对称钨门需要设置在 0.0 和 10.0 时检查。

⑤:横向、纵向和旋转。

⑥:基于 IMRT 的补偿器(固态补偿器)需要一个托盘位置的准确值,从补偿器托盘基座中心到十字准线的最大偏差为 1.0 mm。

⑦: 在准直器/机架角组合形式下检查,插销朝地面方向。

附表 4　加速器每年 QA(AAPM TG-142,2009)

程序	不同设备类型的公差		
	非 IMRT	IMRT	SRS/SBRT
剂量测量			
X 射线平坦度的变化(参照基准)		1%	
X 射线对称性的变化(参照基准)		±1%	
电子线平坦度的变化(参照基准)		1%	
电子线对称性的变化(参照基准)		±1%	
SRS 弧形旋转模式(范围:0.5~10 MU/°)	NA	NA	MU 设定相对实际照射:1.0 MU 或 2%(取较大者)机架弧度设置相对实际:1.0°或 2%(取较大者)
X 射线/电子线输出校准(TG-51 或 TRS398)		±1%(绝对)	
抽查 X 射线输出因子射野依赖性(2 个或更多 FSs)		对<4 cm×4 cm 的射野为 2%,对≥4 cm×4 cm 则为 1%	
电子线限光筒输出因子(抽查一个限光筒或能量)		参照基准,±2%	
X 射线质(PDD$_{10}$或)		参照基准,±1%	
电子线射线质(R_{50})		±1 mm	
物理楔形板透射因子稳定性		±2%	
X 射线 MU 线性(输出稳定性)	±2%≥5 MU	±5%(2~4 MU) ±2%≥5 MU	±5%(2~4 MU)

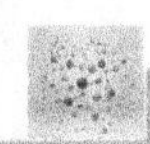

续表

程　序	不同设备类型的公差		
	非 IMRT	IMRT	SRS/SBRT
电子线 MU 线性(输出稳定性)		±2%≥5 MU	
X 射线输出稳定性(不同剂量率)		参照基准,±2%	
X 射线输出稳定性(不同机架角)		参照基准,±1%	
电子线输出稳定性(不同机架角)		参照基准,±1%	
电子线和 X 射线离轴因子稳定性(不同机架角)		参照基准,±1%	
弧形照射模式(预期 MU,度数)		参照基准,±1%	
TBI/TSET 模式		功能正常	
TBI/TSET 输出校准		参照基准,±2%	
TBI/TSET 附件		参照基准,±2%	
机械性			
准直器旋转等中心		参照基准,±1%	
机架旋转等中心		参照基准,±1%	
治疗床旋转等中心		参照基准,±1%	
电子线限光筒联锁		功能正常	
射野与机械等中心一致性	参照基准,±2%	参照基准,±2%	参照基准,±1%
治疗床床面下垂		参照基准,2 mm	
治疗床角度		1°	
在治疗床各个方向上最大运动范围			
立体定向附件、闭锁等	NA	NA	功能正常
安全性		±2 mm	
遵循厂商的测试程序		功能正常	
呼吸门控			
射束能量稳定性		2%	
相位/振幅门控时间精度		预期 100 ms	
呼吸相位/振幅替代物的校准		预期 100 ms	
联锁测试		功能正常	

附表 5　动态/通用/虚拟楔形板(AAPM TG 142,2009)

包括动态 EDW(varian)、虚拟(Siemens)和通用(Elekta)楔形板质量保证

频率	程　序	公　差		
		动　态	通　用	虚　拟
日检	每天早上对一个角度检查		功能正常	
月检	所有能量的楔形因子	C. A. 轴 45°或 60° WF (2%以内)①	C. A. 轴 45°或 60° WF (2%以内)①	与 1 相差 5%,否则就是 2%
年检	检查全野 60°楔形角,抽查中间角度射野尺寸	检查离心比@80%射野宽度@10 cm 在 2%以内		

注:①:如果使用 60°之外的角度,建议检查 45°。

第四章

模拟定位设备质量控制和质量保证

第一节　常规模拟定位机

模拟定位机用于放射治疗始于20世纪60年代,用于模拟加速器或钴-60治疗机治疗条件的专用X线成像系统。它其实是一台特殊的X线机(如图4-1),用X射线球管代替射线源,安装在模拟定位机等中心旋转机架的一端,影像增强器安装于相当于治疗机的平衡锤位置。除去用诊断X射线球管代替钴-60放射源或加速器机头的X射线靶或电子束引出窗口外,其他物理条件与治疗机的参数完全相同,用于真实模拟治疗机的几何位置和运动。从结构上主要分为固定基座、旋转机架、机头、影像接收装置、治疗床、操作台等构成。

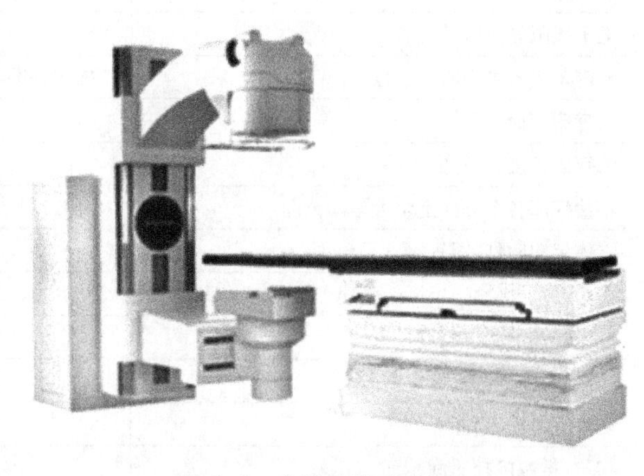

图4-1　常规模拟定位机

模拟定位机具有:放疗靶区及附近重要器官的定位,确定靶区(或危及器官)的运动范围,治疗方案的确认(治疗前模拟),勾画射野和定位、摆位参考标记,拍摄射野定位片或验证片,检查治疗射野挡块的形状及位置等六大重要功能。可简单概况为两类:①提供有关肿瘤和重要器官的影像信息,提供放疗计划所需要的图像准确数据。②用于治疗方案的验证与模拟。目前已经成为医生进行治疗计划设计、肿瘤靶区定位必不可少的工具之一。

为了延长模拟定位机的使用寿命,保证各项参数指标都在允许的范围之内,在使用时必须遵从操作规范,由放射治疗物理师对其进行专门的验证和作定期的质量保证和质量控制(quality assurance and quality Control,QA & QC)。模拟定位机的质量控制和质量保证标准兼顾放射设备的质控要求,确保临床放射治疗的质量。

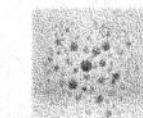

一、射线的质量

模拟定位机与诊断用 X 线影像设备在影像功能上完全相同，具有透视、拍片等功能。其质量控制和质量保证可以参照诊断用 X 线机的质量控制和质量保证标准。射线的质量即 X 线束的性能，主要用以下指标表示。

1. X 线的半价层(half value layer, HVL)

对于模拟定位机的 X 射线，临床上关心的是射线的穿透能力，一般用半价层来表示。所谓半价层，是指使原射线量减弱一半所需要的某种吸收材料的厚度。半价层的值越大，射线的穿透本领越强。根据其定义，可用试验方法来测定 X 射线的半价层。测量时，将不同厚度的吸收片(铝片或铜片)一片一片的叠加，同时测出射线穿透不同厚度的吸收片后的射线量，然后绘制出厚度对射线量的坐标曲线，最后从曲线上查出使原射线量衰减一半的吸收片厚度，此厚度即为被测 X 射线的半价层。

测量 HVL 不仅是检查 X 线的质量是否发生改变，更主要目的是为了检测 X 线发生器的工作稳定性。

2. kV_p 的精度

用仪表对控制台 kV_p 指示值逐挡进行校对，仪表与 kV_p 值差值不得高于 5 kV_p，并为年检项目校验。

3. mA 的线性

X 线的出光强度应与毫安的增长呈正比，在固定 kV_p 和时间的前提下，用透射电离室测量出光率与 mA 的关系曲线，该函数曲线应该是一条过原点的直线，并为年检项目校验。

4. 计时钟精度

用 QA 仪表测量 X 线照射时间间隔，误差应小于±5%，并为年检项目校验。

5. 毫安秒 mAs 的线性

X 射线照射量取决于球管电流和时间设定，所以照射剂量应与 mAs 呈线性关系，测验时 kVp 保持不变，并为年检项目校验。

6. 自动曝光控制(automatic exposure control, AEC)

现今的模拟定位机佩带曝光表来控制胶片曝光量达到预定值时自动切断 X 线。测验时，在胶片上加上不同厚度的有机玻璃或体模，以常用的条件进行曝光，观察效果，如黑度大体相近，表示正常，否则表明曝光表失效，并为年检项目校验。

表 4-1 模拟定位机射线质量的质量保证

检测项目	检测内容	检测周期	允许误差
HVL	按条件对应测定	每年	
kVp 精度	按指示值逐挡进行校对	每年	±5%
mA 线性	关系曲线	每年	0
计时钟精度	偏差数值	每年	±5%
mAs 线性	偏差数值	六个月	±1%
自动曝光控制	偏差数值	六个月	

二、旋转机架、机头、影像接收装置、治疗床等

检测项目、检测周期及标准主要遵从《放射治疗模拟机性能和试验方法》(GB/T 17856—1999)、《放射治疗模拟定位X射线辐射源检定规程》(JJG 1028—2007)、《医用常规X射线诊断设备影像质量控制检测规范》(WS 76—2001)等。

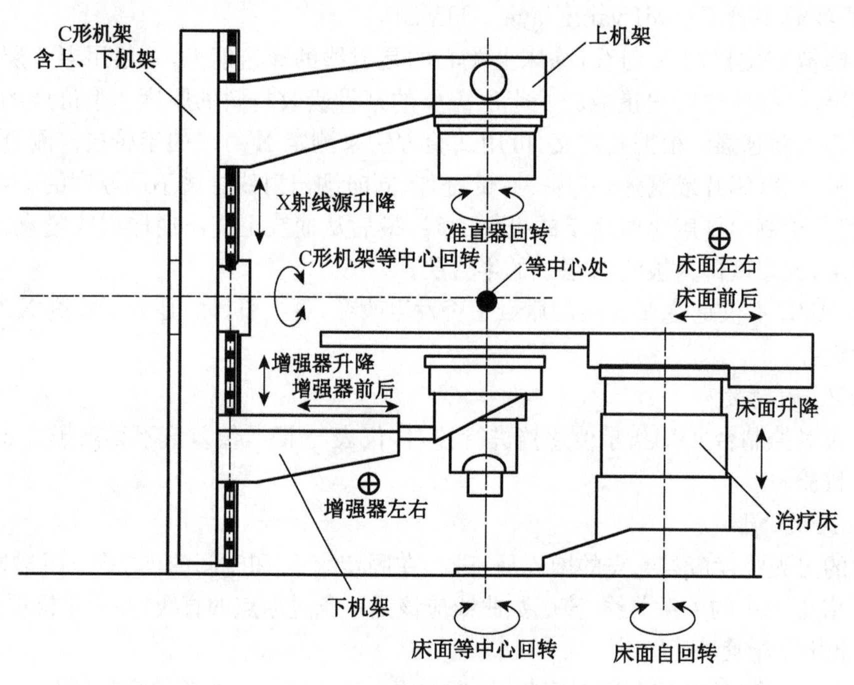

图4-2　模拟定位机示意图

1. 机架角度指示准确度

机器在各角度来模拟治疗计划的靶区影像,用于各部位的解剖影像。由于模拟机必须模拟放射治疗设备的垂直平面以及各个角度的等中心治疗,要求其机架角度保证精确,因此必须定期检验机架的角度指示准确度并及时校正。

分别将机架置于0、90、270、180,用水平尺观察机架角度是否正确,数字读数偏差不得大于0.5°,机械偏差读数偏差不应大于1°。

2. 机架旋转等中心精度

在治疗床床面上放置一指针作为参考,指针伸出床面的前端,将机架置于0°,SAD设定为100 cm,调整床面的高度并使得参考指针的针尖处于等中心高度;打开射野灯,把指针的尖端与光野的中心对齐,将机架旋至90°,检查指针的尖端与光野中心的重合度,调整床的高度使其重合;然后,再将机架旋至270°,检查指针的尖端与光野中心的重合情况。如重合,则合格;如不重合,则将床面高度调到其不重合距离的一半,再调整准直器使光野的中心与指针的尖端重合,旋转机架至90°,检查指针尖端与光野中心的重合情况。如重合,则合格;如不重合,重复上述过程直至合格为止。此时,指针尖端的高度即为SAD=100 cm时的高度。打开测距灯,将测距灯100 cm距离处的投影线对准指针的

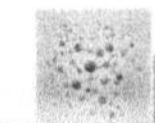

尖端，调整好测距灯。

3. 光学距离指示器（光距尺）

根据 AAPMTG 40 号报告规定，常规模拟机光距尺的质控标准为误差在 2 mm 以内，具体校准方法为：打开射野灯和测距灯，仔细观察光距尺的刻度线是否与十字线的投影平行，若不平行，转动镜筒调整。在调整好光距尺平行度的前提下将治疗床面升至等中心高度，并把一张白纸置于准直器的正下方，将 SAD 设为 80 cm。打开射野灯、测距灯（此时等中心已调好），调整测距灯的角度和上下距离，使得 80 cm 的刻度线与十字线的投影重合，升降 SAD 至 100 cm，调整测距灯使其 100 cm 的刻度线与十字线的投影重合。同时，可以参照以上步骤检查各刻度的准确度，如果超过标准，则继续调整测距灯，待调整合格后锁定。需要注意的是，当我们在更换灯泡时尽量不要去拆卸其灯座，只需原位更换灯泡即可，以免影响测距灯刻度的准确度。如果在更换灯泡后发现投影刻度明显模糊时，可以通过调节镜筒前端的聚焦透镜使得图像投影清晰。

4. 辐射野的数字指示器

在最小、80 cm、100 cm 和最大源轴距处，辐射野的数字指示与沿主轴辐射野相对两边距离之间的最大偏差：对小于等于 20 cm×20 cm 的辐射野，不得超过±2 mm；大于 20 cm ×20 cm 的辐射野，不得超过辐射野尺寸的±1%。

5. 辐射野的光野指示器（井字线）

辐射野的光野指示器必须以可见光的方式在入射面上指示辐射野，而且在源轴距等于 100 cm 处，沿每一主轴，任一光野的边与对应的辐射野的边之间的最大距离为：小于或等于 20 cm×20 cm 的辐射野不得大于 1 mm；大于 20 cm×20 cm 的辐射野，不得大于辐射野尺寸的 0.5%。

6. 准直器旋转角度指示

将机架置于水平位置，旋转机头，使井字线的 X 轴与地面水平，此时准直器的角度指示应为 0°。旋转准直器分别检查 90、270°的读数，数字读数偏差不得大于 0.5°，机械读数的偏差不应大于 1°。

7. 十字线中心精度

机架置于 0°，SSD=100 cm，将坐标纸贴于治疗床面上，打开光野灯，将十字线与坐标纸上的一个点重合，旋转准直器，十字线在坐标纸上的轨迹为一个圆圈，此圆圈的半径应小于或等于 1 mm。

8. 空间分辨力

空间分辨力又称几何分辨力或高对比度分辨力，它是指在高对比度的情况下鉴别细微结构的能力，也即显示最小体积病灶或结构的能力，用每厘米内能分辨的线对数（lp/cm）表示。可使用 TOR 18 FG 模体检测，应≥14 lp/cm，即可以分辨第 10 组线对。

9. 低对比分辨力

低对比分辨力又称密度分辨力，是指从均一背景中分辨出来的特定形状面积的微小目标的能力，即反映人体组织结构的细微变化的能力。可使用 TOR 18 FG 模体检测，应至少可分辨第 12 个圆圈。

10. 光野、射野一致性

校准辐射野的光野数显指示器必须以可见光的方式在入射面上指示所需界定辐射野，

而且需要在SAD=100 cm和辐射源到测量平面1.5SAD处沿每一主轴，任一界定光野的边与对应的界定辐射野的边之间的最大距离。首先，需要质控的数显位置在SAD=100 cm处：①对于≤20 cm×20 cm的辐射野，两者误差不得>1 mm；②对于>20 cm×20 cm的辐射野，数显的误差不得大于界定辐射野尺寸的0.5%。其次，需要校准的位置是在1.5SAD处：①对于≤20 cm×20 cm的界定辐射野，误差不得>2 mm；②对于>20 cm×20 cm的界定辐射野，光野数显的误差不得大于界定辐射野尺寸±1%。最后，需要质控的是在SAD=100 cm和辐射源到测量平面1.5SAD处，光野中心与界定辐射束轴之间的最大距离：①在SAD=100 cm处不得超过1 mm；②在1.5SAD处不得大于2 mm。如果在质控过程中发现有与质控目标存在偏差的指标，则必须在相应的SAD处以坐标纸为依据，进入到模拟机配置的相应的调整程序进行光野数显的反复修正配准，直至满足所有的质控目标。

模拟射野灯光和光学距离指示器组成模拟指示系统，其是模拟射线束照射范围和指示源皮距离，是放射治疗定位的关键。光野、射野的一致性同样是模拟照射的关键。

11. 治疗床旋转角度指示

机架、准直器0°，将治疗床前缘与井字线的Y轴重合，此时床角度应为0°，左右各旋转90°，读数应分别为270°和90°，数字读数误差应≤0.5°，机械读数误差应≤1°。

12. 影像测量精度

在显示屏上测量已知大小的物体，误差应≤2 mm或1%。

13. 准直器旋转中心精度

在调试前先检查十字线是否有松动，如有松动，校准前务必拉紧相应的轴线。将源轴距(source to axis distance，SAD)设置为100 cm，治疗床床面升至等中心的位置，打开射野灯并在床面平铺的上面记录十字线的交叉投影点，然后旋转准直器，在白纸上记录十字线的投影位置，3点所构成一个半圆的圆心即为十字线投影的正确位置。如果该点与标记参考点之间的距离大于2 mm，调整镜片或野灯灯座位置，使距离缩小一半。重复上述过程直至满足等中心的质控目标。

14. 治疗床旋转等中心精度

将治疗床床面升至等中心高度，把一张坐标纸固定在床面上，使机架处于0°，打开射野灯，旋转治疗床，在坐标纸上记下0、90、270°十字线投影在坐标纸上的位置，观察这3点组成圆的半径是否小于2 mm。如大于2 mm，则通过调整公转床的底座使得圆心点与十字线的中心投影点重合，重复以上过程直至符合要求为止。

15. 治疗床纵向和横向刚度

在床面负载135 kg，床面高度差不得大于5 mm，床面与水平面之间的最大夹角不得大于0.5°。

16. 治疗床垂直运动精度

治疗床升降垂直度的校准采用的是十字投影法：在床面位于等中心高度时将一张坐标纸固定在床面上，在坐标纸上标出十字线投影的位置，升降治疗床，高度改变20 cm检查十字投影偏离的距离，要求小于2 mm；否则，应通过调节床体与公转底座间垫片的高度，使床升降垂直度符合要求。

模拟定位机的床面必须是与加速器治疗床面一致的平面形状，以保证治疗摆位的可重复性。定位床的几何位置精度误差将会导致治疗摆位的误差，会最终影响放射治疗的质

量，保证模拟定位床面的几何位置和运动精度在放射治疗设计允许的误差范围以内。定位床床板必须保持水平，定位床垂直升降及左右和轴向运动指示仪读数必须具备良好准确性和重复性。

17. 靶面旋轴距(TAD)

大多数模拟机上的X线靶至旋转轴的距离(TAD)是可调的，通常处于TAD=100 cm的参考位置，可变范围大约在60～140 cm。

将机架旋转臂至0°位置，在床面上平放一白纸，上下位置移动机架，打开光野灯，在纸上分别记录SAD=120 cm和80 cm时十字线的交叉投影点；观察两投影点偏离距离，若前后偏离大于2 mm，则松开支臂与升降滑块连接螺钉，必要时加调整垫片调整，直至两投影点前后距离偏离小于2 mm为止；若左右偏离大于2 mm，则检测导轨安装是否垂直。

18. 影像增强器升降位置(radial position)

在透视定位时无需过多考虑，但摄片时靶至等中心至片夹的距离决定着定位片的放大倍率，所以靶至片夹距离(TFD)应定期检测。用准确的尺，通过升降影像增强器来验证其指示的线性良好度，在这个范围内检测指标为±2 mm，每月应对1、2个典型的距离做校核，一般采用光距离指示器便可。

19. 图像清晰度

大小焦点成像质量：用线对板，分别以大小焦点进行拍片分析。影像增强器和X线电视系统的成像保真率：用线对板，检查成像；一般在10～14线对范围为合格，方格图形误差应小于2 mm。

20. 机架、治疗床底座倾斜度

对于已经安装好的模拟定位机，由于机架安装底座的倾斜度直接影响机架旋转轴和准直器旋转轴的稳定性，所以必须测量机架安装底座的倾斜度。首先用水平尺确认固定机架左右方向和前后方向的倾斜度，该倾斜度必须小于1/1 000 mm。如果发现倾斜度超过这个标准，必须在左前、右前、左后、右后4个墩子上增加垫片调整倾斜度，直到满足1/1 000 mm为止。该垫片的形状必须与模拟定位机原有的垫片形状一致。床安装底座的倾斜度直接影响床公转轴线的稳定性，必须定期测量床底座安装的倾斜度，该倾斜度同样必须小于1/1 000 mm。这项工作物理师每年应进行1次。

三、急停开关、门联锁、碰撞联锁等安全防护系统和辐射防护功能

定期测试影像增强器和准直器的防碰撞功能是否处于正常状态。模拟机在影像增强器的上方和准直器的下方均安装有防碰装置，防止机架旋转时准直器挤压患者以及影像增强器和床面的碰撞。当防碰装置启动时，要求终止机架的旋转运动，同时影像增强器也只能上升，床面只能下降，准直器必须终止其自身的所有运动，以免对患者和设备造成损伤。

图4-3　紧急停止按钮

当机架角和SAD自动设置前，要仔细检查治疗床、准直器、影像增强器以及所有的运动部件，确保不发生碰撞，即使在设置完成、设备运行的过程中，也要仔细观察各运动部件所到达

的位置，紧急时按停止按钮(图 4-3)。

定期测试急停开关和急停线路是否处于正常状态。设备在治疗床和控制台分别安装了急停开关，当出现紧急情况时按下任一急停开关，机器就会终止所有运行。另外，当按下急停开关之后如果机器继续运动或能听到驱动电动机的声音，则说明急停线路没有起作用，并且也说明需要急停开关来消除的这些情况依然存在，这时应立即停机或断开断路器，并及时通知相关工程人员对急停线路部分重新进行评估和质控。

定期检查门上终止射线开关的功能是否完好。门在意外打开时，射线必须立即终止，以加强对工作人员和其他候诊人员的保护。

模拟机的辐射防护标准应按照诊断用 X 线机考虑，其漏继辐射应按照国家标准控制，测量时候要在最高管电压和最大管电流的情况下进行。为确保控制台等工作场所满足工作人员剂量限值的要求，当防护结构、土建装修和周围环境改动时要及时检测。按照国家规定的《电离辐射防护与辐射源安全基本标准》(GB 18871—2002)和《医用 X 射线诊断卫生防护标准》(GBZ 130—2002)，放射工作人员的个人剂量限值为每年 20 mSv，公众为每年 1 mSv，按 1 年 250 个工作日计算，则工作人员所处位置的漏射线剂量要小于 10 μSv/h，公众所处位置的漏射线剂量要小于 0.5 μSv/h，物理师应每月使用便携式剂量测量装置检查一次漏射线剂量的大小，并记录在案。同时应每年接受卫生监督部门和环境保护部门的环境影响评估，必须合格后才能使用。

四、激光定位系统

用于为病人摆位和在病人体表标记射野中心位置。

通常模拟机均配有安装在两侧墙壁和正面矢向的外部激光定位系统(图 4-4)，外部激光用来进行病人的摆位和设置病人体表的射野中心标记点。

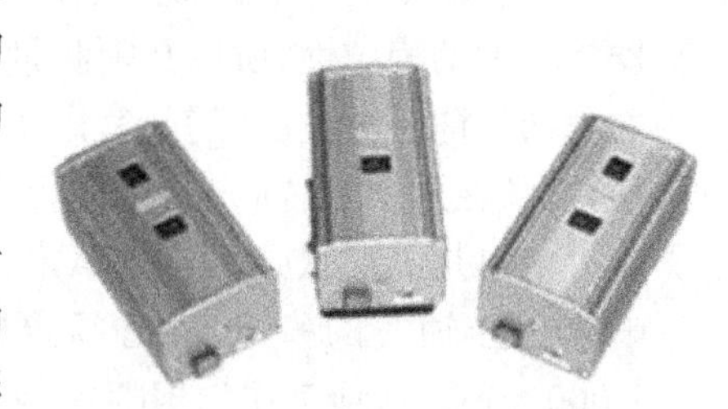

图 4-4 单组激光定位系统

模拟机的定位激光必须与治疗机房的激光系统一样能准确确定等中心的位置，并且要求与治疗机房的激光系统具有良好的重复性。其定位的准确性直接影响治疗的准确与否和成败，其精度要求不能低于治疗机房的定位激光系统，必须有严格的 QA 检验程序来提供质量保证。

两侧墙壁垂直激光束定义的平面应当平行于人体冠状平面，相交于机架等中心正面的矢向激光束必须垂直于冠状平面，与独立准直器十字铅丝的中心投影相交。

常用的放射治疗的定位激光灯是由 5 个激光光源构成，它们都是线状光源，其中 3 个线光源取向是铅锤的，2 个线光源在空间取向是水平的。5 个光源在空间形成 3 个铅锤平面，2 个水平平面。模拟机两侧的激光灯每侧有 2 个光源，对侧的激光灯只有 1 个光源，机器左右两侧的光平面水平与水平、铅锤与铅锤平面重合，水平与铅锤光平面的相交线通常被称为水平激光线。检测方法是让两侧的激光十字交叉投影到纸上，不应该在纸上看到有 2 个十字出现，而且沿着投影的方向移动纸片，投影始终只有一个十字，同时回到等中心点，可以看到前指针尖正好指在十字交叉中心。另一种替代的方法是：转动机架角为 90°和 270°，观察光野中心的投影

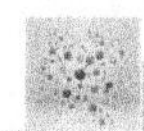

是否与两侧激光灯交叉点重合。该方法的前提是机架角 0°时射线束中心轴为铅锤的。激光灯常规的质量保证是记录等中心点处十字交叉与等中心点间的距离，一般不要超过 1 mm；另外，在记录等中心点旁开 30 cm 处左右侧十字中心分开距离时也要求不要超过 1 mm。还有一种检查方法是：把纸片沿着铅锤的激光线上下移动，观察左右的铅锤激光线是否始终重合，再把纸片沿水平激光线移动，观察水平线是否只有一个投影，始终重合；对于对侧激光线投影的检查，可以把准直器的开口调成一条狭缝，使准直器转角为 90°，检查此激光投影是否过等中心点，并且使床面上的投影正好处于照射野狭缝的正中并与野边平行。

表 4-2 模拟定位机质量控制和质量保证项目

<table>
<tr><th colspan="2">检测项目</th><th>检测内容</th><th>检测周期</th><th colspan="2">允许误差</th></tr>
<tr><td colspan="2" rowspan="2">机架角度指示</td><td rowspan="2">角度数值偏差</td><td rowspan="2">月</td><td>数字读数</td><td>机械读数</td></tr>
<tr><td>≤0.5°</td><td>≤1°</td></tr>
<tr><td colspan="2">机架机械等中心</td><td>旋转直径</td><td>年</td><td colspan="2">±2 mm</td></tr>
<tr><td colspan="2">光距尺</td><td>刻度数值偏差</td><td>日</td><td colspan="2">±2 mm</td></tr>
<tr><td colspan="2">辐射野数字指示</td><td>刻度数值偏差</td><td>月</td><td colspan="2">≤2 mm 或辐射野尺寸的 1%</td></tr>
<tr><td colspan="2">井字线</td><td>数值偏差</td><td>月</td><td colspan="2">≤1 mm 或辐射野尺寸的 0.5%</td></tr>
<tr><td colspan="2" rowspan="2">准直器旋转角度</td><td rowspan="2">0、90、270、180°偏差</td><td rowspan="2">月</td><td>数字读数</td><td>机械读数</td></tr>
<tr><td>≤0.5°</td><td>≤1°</td></tr>
<tr><td colspan="2">十字线精度</td><td>旋转直径</td><td>月</td><td colspan="2">±1 mm</td></tr>
<tr><td colspan="2">空间分辨力</td><td></td><td>月</td><td colspan="2"></td></tr>
<tr><td colspan="2">低对比分辨力</td><td></td><td>月</td><td colspan="2"></td></tr>
<tr><td colspan="2">光野、射野一致性</td><td>数值偏差</td><td>月</td><td colspan="2">±2 mm</td></tr>
<tr><td colspan="2" rowspan="2">治疗床旋转角度</td><td rowspan="2">角度数值偏差</td><td rowspan="2">月</td><td>数字读数</td><td>机械读数</td></tr>
<tr><td>≤0.5°</td><td>≤1°</td></tr>
<tr><td colspan="2">影像测量精度</td><td>数值偏差</td><td>月</td><td colspan="2">±2 mm 或±1%</td></tr>
<tr><td colspan="2">准直器旋转中心</td><td>旋转数值偏差</td><td>年</td><td colspan="2">±2 mm</td></tr>
<tr><td colspan="2">治疗床旋转中心</td><td>旋转数值偏差</td><td>年</td><td colspan="2">±2 mm</td></tr>
<tr><td colspan="2">治疗床垂直运动</td><td>刻度数值偏差</td><td>年</td><td colspan="2">±2 mm</td></tr>
<tr><td colspan="2">靶面旋轴距</td><td>数值偏差</td><td>月</td><td colspan="2">±2 mm</td></tr>
<tr><td colspan="2">影像增强器升降</td><td>数值偏差</td><td>月</td><td colspan="2">±2 mm</td></tr>
<tr><td colspan="2">图像清晰度</td><td></td><td>年</td><td colspan="2"></td></tr>
<tr><td colspan="2">机架、床底座倾斜度</td><td></td><td>年</td><td colspan="2"></td></tr>
<tr><td colspan="2">急停开关</td><td>功能正常</td><td>日</td><td colspan="2"></td></tr>
<tr><td colspan="2">门联锁</td><td>功能正常</td><td>日</td><td colspan="2"></td></tr>
<tr><td colspan="2">碰撞联锁</td><td>功能正常</td><td>日</td><td colspan="2"></td></tr>
<tr><td rowspan="3">激光定位系统</td><td>铅垂激光灯与等中心</td><td>数值偏差</td><td>日</td><td colspan="2">±2 mm</td></tr>
<tr><td>水平激光灯与等中心</td><td>数值偏差</td><td>日</td><td colspan="2">±2 mm</td></tr>
<tr><td>左、右激光灯重合性</td><td>数字偏差</td><td>日</td><td colspan="2">±2 mm</td></tr>
</table>

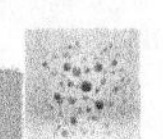

肿瘤放射治疗的临床目的，不论是根治还是姑息性放疗，均在于给予肿瘤靶区足够且精确的治疗剂量且同时保证周围正常组织和器官受照量最小，以提高肿瘤的局部控制率，减少正常组织的并发症。要从根本上实现这个目标，除了对整个放疗计划的精心设计外，更重要的是在日常工作中必须定期对所有放疗设备进行质量保证和质量控制，以保证精确的计划能准确无误地执行到患者所需治疗的靶区。普通的模拟定位机与医用直线加速器同是放射治疗的重要组成部分，它涉及放射治疗过程的几个至关重要的步骤，虽然这些步骤与实际的放射治疗照射并不直接相关，但由于它涉及靶区位置的确定、治疗计划的制订以及照射剂量的空间准确性等问题，因此是非常重要的。故必须严格按照直线加速器的要求对其进行定期的机械以及物理性能的检测与校准，进而为放疗质量控制提供坚实的设备基础。

虽然每台机器在安装验收时已经调校合格，达到临床应用的要求，但在每天的使用中由于环境因素和运动损耗必然会产生一定误差。由于不同生产厂家的产品及设备的安装条件的不同，以及各机器使用的频率的不同，误差发生的程度与频率亦不相同。配装的激光定位灯更因安装的位置，机房装修的质量等影响更易发生偏差。值得注意的是，多数模拟机的焦轴距是连续可调的，必须针对本单位所有治疗机不同等中心距离分别进行校准和质控。

虽然进口设备的机械刚度较好，机架等中心误差很小，但也有质量差异。而有些厂家设备可能难以保持良好的机械精度，所以应对每台设备作长期的定期检测检验以确定合适的检查频率。

第二节　CT 模拟定位机

CT 模拟定位系统是将 CT 扫描机、计算机化的模拟定位系统和三维治疗计划系统通过数据传输系统进行网络连接，实现 CT 扫描、CT 数据的获取、进行三维重建、靶区定位、虚拟模拟、治疗计划等过程。CT 模拟定位系统使放射治疗真正做到精确设计和准确定位，作出最佳的照射方案并加以实施，因而有可能使某些肿瘤的控制率得以提高。目前，CT 模拟定位系统正逐步替代常规 X 线模拟定位机成为立体定向放疗、适形放疗乃至调强放疗必不可少的设备(图 4-5)。

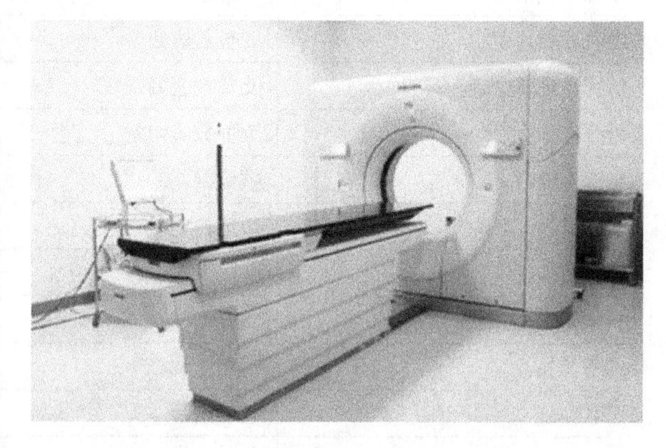

图 4-5　飞利浦大孔径 CT 模拟定位机

CT 模拟机指放射治疗前进行虚拟模拟定位和计划设计过程所使用的 CT 扫描系统，它包括一台常规或专用 CT 扫描仪，装备了与放射治疗机器一致的平面床板和病人体外标记用的激光定位系统。CT 模拟机的扫描仪与常规诊断机的工作原理和结构基本相同，因此

很多单位的CT模拟扫描与影像诊断科共用一台CT扫描仪。然而，放射治疗的CT模拟定位系统包含了放射治疗计划设计的组成部分，有其独特的技术要求，必须由放射治疗物理师对其进行专门的验证和作定期的质量保证和质量控制检验。CT模拟机的质量控制和质量保证标准应当兼顾诊断性CT和放射治疗的传统X线模拟机和放疗计划系统及治疗设备的质控要求。

一、CT扫描仪

CT的质量控制和质量保证的最主要目的是保证医疗设备诊断治疗的质量和医患的安全，保证诊断图像质量的一致性。CT机质控检测的内容，在早期进行质控检测的项目有11项：剂量指数、空间分辨力（率）与密度分辨力（低对比度分辨力）、噪声水平、水的CT值、CT值的均匀性、CT值性线、层厚偏差、定位精度、床运动精度、球管电压的偏差（现在一般不测），还要加上对CT机不同部位图像照片质量的分级评判。多排螺旋CT机目前已不测后3项，但增加了不同层面CT值的一致性。尽管如此，上述指标还不包括新型CT机关键指标，如时间分辨率、Z轴分辨率等。这11项可大致分为4组：剂量指数用来了解和控制扫描剂量（即病人所受照射剂量）；空分、低分和噪声水平3项主要控制CT机对细小不同组织的分辨率能力；水和空气的CT值、CT值线性、CT值的均匀性主要用来保障CT机诊断对不同组织定性的准确性；层厚偏差、激光灯精度、床运动精度，则重点用来保证CT机对病变的定位精度。所以对这些项目进行定期的检测，必要时进行适当的维护、校正等对于保障CT机的诊断质量和病人的治疗安全都是十分必要的。

以下就部分质控项目的内容和方法做一些介绍。

1. CT值

为放射治疗的虚拟模拟定位进行的CT扫描所采集的影像资料将被用于放疗计划设计和基于组织密度修正的剂量分布计算，这种计算依赖于由CT值到组织的相对物理密度或电子密度（单位体积的电子数目）的转换。每一帧CT影像由一个二维的CT值矩阵组成，而每一个像素单元的CT值对应了该像素单元的平均线性衰减系数。在一定能量下对某一给定的已知物质从CT图像测量其CT值应该与该物质对水的相对密度值，与由该物质的线性衰减系数计算得出的密度值与水的密度值的比值一致。

然而，CT值与相对电子密度的对应关系，对不同CT扫描的设备和扫描条件差别很大，根据文献报道，CT值与球管电压、扫描厚度等因素有关，Beneventi等报道软组织CT值随不同扫描电压的改变达40HU，Constantinou等的研究指出，由CT密度转换错误导致的TPS剂量计算误差在6MV光子线照射时可引起高出20.1%的热点剂量。

因此，采用不同的CT扫描仪或不同的扫描电压采集图像来进行剂量计算时，必须对CT值与相对密度的转换关系进行一致性校正，并且在对每一患者进行CT模拟定位扫描时应尽量采用固定的相同扫描条件，定期进行CT值的校准或CT值与相对电子密度关系的校正，是CT模拟定位扫描质量控制的必要工作。

由于厂家通常没有给出参考标准，建议采用美国国家放射防护委员会99号报告的推荐标准，或者按本单位的实际检测结果和应用要求自定QA的误差标准。美国医学物理家协会83号报告（AAPM 83）建议至少每天验证水的CT值的准确性，每个月和每次调整机器或更换主要部件后增加验证 3～5 种物质 CT 值的准确性。

采用厂家随 CT 模拟机提供的 QA 水模体及相应检测软件，或者由固体水及多种其他组织替代材料制成的专用验证模体进行测量，同时获取多种组织的 CT 值，进而通过与厂家提供的相关组织替代材料的密度或电子密度值进行对比，检查密度转换曲线的准确性(图 4-6)。

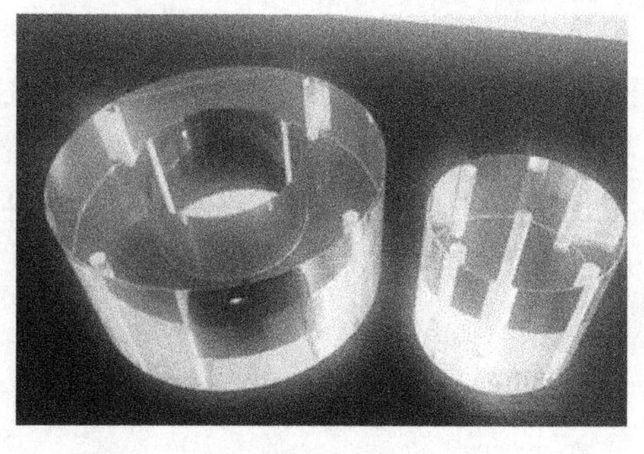

图 4-6　CT 值质量保证水模体

2. 影像噪音

理想情况下，对均匀模体进行 CT 扫描应该获得均匀分布的像素值(CT 值)，但实际得到的却是不完全一致的像素分布，像素分布的偏差可分为随机偏差和系统偏差。CT 值的噪音指的是随机偏差，定义为以扫描仪的对比度灰阶与水的线性衰减系数的百分比修正的均质模体扫描的 CT 值随机变化的标准误差。

$$\text{CT 值的噪音(noise)} = (\delta XCS \times 100\%)/U_w$$

其中 δ 为 CT 值变化的标准误差；CS 为对比度灰阶：

$$CS = (U_m - U_w)/(\mathrm{CT}_m - \mathrm{CT}_w);$$

U_m 和 U_w 分别为物质和水的线性衰减系均数，CT_m 和 CT_w 则分别为物质和水的 CT 值。

噪音的大小决定了人眼可分辨的对比度的下限。低对比度背景越均匀其对比效果越佳，理论上降低噪音水平可以提高肿瘤及正常组织轮廓勾画的准确性。

推荐采用头和体部水模体测量噪音值及用厂家随机提供的相应软件校准。

3. 图像的均一性

扫描设备的硬件设计和影像重建软件的算法等因素会带来系统的不确定性伪影，导致对均匀模体扫描时在不同位置或区域的 CT 值出现不均匀的变化。通过测量均匀模体在不同位置的等区域平均 CT 值，可以评估图像的均一性情况。

CT 图像应当尽量避免出现系统偏差。一般情况下，当均匀模体处于扫描平面中央部分，时不同模体内不同位置的等区域平均 CT 值的偏差不超过 10±5 HU，模体处于远离中央位置时偏差可能增大，而放射治疗的靶区有可能处于远离中央的位置，对这些位置的偏差可以用初始测量值作为 QA 标准，并对计划系统的剂量计算由此带来的误差进行评估及作可能的修正。由于图像均一性检查简便易行，并且能够揭示系统功能的异常，因此对常用的 CT 机扫描电压应当每天进行中央位置的均一性检测。对其他的 CT 机扫描电压和远离中央位置应当每月检验一次图像的均一性。

典型的方法是使用均匀的 16 cm 直径柱状头部水模体和 32 cm 直径柱状体部水模及厂家随机提供的相应检测软件进行测量检验和校准。

4. 图像几何失真度

放射治疗计划设计的准确性依赖于 CT 图像准确提供人体解剖结构的形状位置和几何尺度。这些信息包括人体的外部轮廓和内部的器官结构及其相互的空间关系。如果 CT 图像出现了几何失真，就会导致肿瘤靶区及重要器官勾画错误，从而造成辐射剂量投照到了

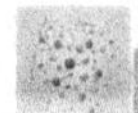

错误的治疗区域。因此，CT 图像的几何失真度是 CT 模拟机 QA 检查的一项重要内容。

使用已知几何形状和尺寸的模体，进行扫描和测量比对。在整个扫描区域图像的几何失真度应当小于 1 mm。由于人体头部和体部的曲面不同，两个部位的图像失真度均需要进行检测。

5. 扫描层厚

CT 模拟定位时为了获得满意的三维重建图像质量，一般均选择薄层扫描。扫描层厚越薄重建的三维图像的失真越小，三维空间分辨率也越好，而 CT 机 X 线管的损耗也越大，长时间连续薄层扫描有可能导致 X 线管过热而必须停机冷却，降低工作效率和增加扫描成本负担。过大的扫描层厚除了降低图像质量以外，还可能导致重建定位的误差超出临床允许的限值。一般认为选择 3 mm 以下层厚扫描可以获得满意的图像质量和定位精度。

使用验证模体测量，确定和验证层厚引起的几何定位误差在允许范围内。

6. 激光灯

CT 模拟机的激光定位系统用于为患者摆位和在患者体表标记射野中心位置。CT 机架激光安装于旋转机架的扫描环内，扫描环上部的机架激光用于定义矢向和轴向平面，两侧的臂架激光则定义冠状平面和轴向平面。两组激光束应当分别与扫描平面平行和正交并相交于扫描平面的中心。理论上可以使用 CT 机架激光来进行病人初始标记点定位，但由于 CT 机孔径的限制，实际上这种操作非常困难，CT 机架激光一般只用于指示扫描层面。

推荐的做法是利用治疗机房的激光（详见本节第二部分），根据虚拟定位工作站给出的参数来确定照射靶区或射野中心的位置。机房激光定位系统的作用有两点：①辅助技师对患者的摆位，从而使患者 CT 影像采集时的体位与实际治疗的体位相符，并协助技术人员设置患者体表的原始定位标志点；②指示靶区中心或治疗的等中心和照射野在患者体表的投影。因此激光定位的准确性直接关系到治疗的准确性和可重复性。CT 模拟定位常用的是四激光系统：两侧的激光灯提供水平面和垂直面激光线，纵向的激光灯提供矢状面激光线，位于天花板上的激光灯则提供横断面激光线。

激光灯的定位误差应当小于 1 mm。位于 CT 机臂架扫描环中的定位激光线可以进一步辅助患者的摆位。

7. CT 机臂架垂直度

CT 诊断机的机架可以倾斜一定角度来采集非正交的 CT 图像，用于某些特殊部位的解剖影像采集。然而由于 CT 模拟机必须模拟放射治疗设备的垂直平面等中心治疗，要求其机架保证与定位床面垂直，因此必须定期检验机架的垂直度，尤其是与 CT 诊断共用一台扫描仪的系统，在进行倾斜诊断扫描之后再作定位扫描时，必须先进行机架复位和垂直度校正。这一部分的 QA 检验应当引起放疗物理师的足够重视。

CT 机架倾角指示仪精度可以用胶片来验证。先将胶片固定在 2～4 cm 厚的水等效物质模板上。然后通过机架定位激光，将模板置放于 CT 机扫描环内且垂直于扫描平面。CT 机在正常位置（臂架倾角 0°）薄层扫描模板后，将臂架向前、后两个方向分别倾斜一定角度，用同样方法薄层扫描模板。CT 机臂架倾角可以通过量角器测量曝光的胶片获得。测得的结果与指示器读数的偏差应当小于 1°。

CT 机架倾角校正能力的验证可以使用前述的倒“T”形激光验证模体（该模体是

AAPM 83 号报告介绍的一款 QA 模板)。首先将模体按要求与机架激光束对齐,并标记机架垂直激光束在模体上的初始位置,保持模体位置不变,倾斜臂架至一定角度后再重新回复至原垂直位置(臂架倾角 0°)。比较此时垂直方向臂架激光在模体上的位置与初始位置的偏差,即反映了 CT 模拟机架的垂直校正能力,通常情况下二者的偏差不超过 1 mm。

8. CT 模拟定位床

CT 模拟定位床的 QA 检测是目前临床工作中容易被忽视的问题。诊断 CT 机的标准床面形状是弧形凹面,而用于进行 CT 模拟定位扫描的床面则必须是与加速器治疗床面一致的平面形状,以保证治疗摆位的可重复性。定位床的几何位置精度误差将会导致治疗摆位的误差,而床的位置和步进运动的精度会影响 CT 影像的空间几何失真度,床面的垂直和轴向运动和数字显示刻度误差也会导致体表标志点设置错误,这些都会最终影响放射治疗的质量因此临床医师和物理师应当格外重视 CT 模拟机定位床的 QA 检验和校准。

各单位可根据本单位采用的治疗技术要求和测量条件制定自己的定位误差限值。以保证 CT 模拟定位床面的几何位置和运动精度在放射治疗设计允许的误差范围以内。

用具有定位标志的专用模体、机械尺、水平仪等设备测量验证,需要注意的是,不应只用水平仪测量床面与扫描平面的垂直度,而应使用模体扫描测量定位标志的方法准确验证其垂直度。

定位床床板必须保持水平并且垂直于影像扫描平面;定位床垂直及轴向运动指示仪读数必须具备良好准确性(误差小于 2 mm)和重复性;定位床步进精度误差应小于 1 mm;定位床水平床板不应含有螺丝钉等可能造成伪影的物质。

放疗物理师可以根据本部门的实际情况选择相应的检测工具和方法以及 QA 指标。

二、外部激光定位系统

CT 模拟定位机外部激光用来进行病人的摆位和设置病人体表的初始标志和射野中心标记点。外部激光系统可以是固定式的,但最好是可以由计算机控制步进移动式的。安装在天花板上的头顶激光则必须可以在整个扫描区域作横向(矢向)移动,因为 CT 机的床面不能作横向运动,目前大多 CT 模拟系统的两侧激光灯亦为可以上下步进运动,以解决当靶区中心在垂直方向偏离原始标记过多时床面运动受 CT 机孔径限制的问题。

CT 模拟机的定位激光必须与治疗机房的激光系统一样能准确确定等中心的位置,并且要求与治疗机房的激光系统具有良好的重复性。其定位的准确性直接影响治疗的准确与否和成败,其精度要求不能低于治疗机房的定位激光系统,必须有严格的检验程序来提供质量保证。

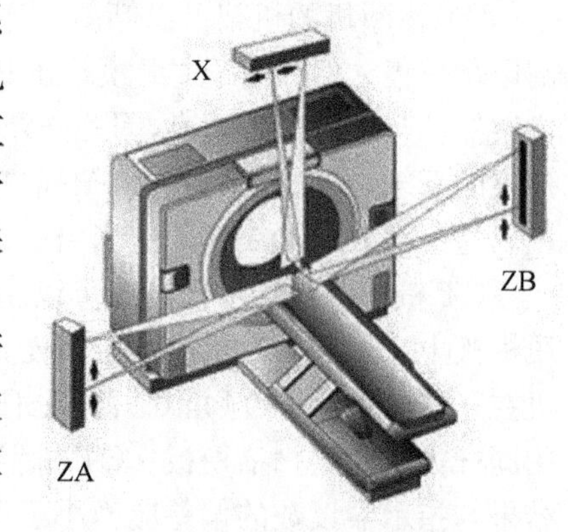

图 4-7　外部激光定位系统示意图

激光的精度目标和要求视治疗采用的技术而有所不同,调强和三维适形治疗及立体定向治疗要求的定位误差应不超过 1 mm,常规放疗的误差应控制在 2 mm以内。

使用专用的激光 QA 检测模体或设备以实现激光

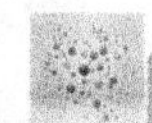

定位系统的检测。两侧墙壁垂直激光束定义的平面应当平行于扫描平面，并且与扫描平面间隔的距离准确(通常为500 mm)；墙壁的固定激光定义冠状平面和轴向平面，两组激光束应当分别平行和垂直于扫描层面，并相交于某一扫描平面中心；头顶矢向激光束必须垂直于扫描平面；头顶矢向激光的移动必须具备精确性和可重复性，运动轨迹需呈线性。

表4-3　CT模拟定位机部分检测项目一览表

检测项目	检测内容	检测周期	允许误差
CT值准确性	水的CT值	每日	<5 HU
	4-5种物质的CT值	每月	
	电子密度模体检测	每年	产品标准
图像噪音		每日	
影像几何失真度	X轴或Y轴	每日	<1 mm
	X轴或Y轴	每月	
图像均一性	常用电压	每月	<5 HU
	其他电压	每年	
CT值一密度转换		每季度或每次CT校准后	与首次测量结果一致
对比分辨率(低对比度分辨率)		每季度	产品标准
空间分辨率(高对比度分辨率)		每季度	产品标准
CT机架激光与扫描层面一致性		每日	2 mm
CT机臂架定位激光精度		每月或每次激光调整后	2 mm
外部定位激光三个方向精度		每月或每次激光调整后	2 mm
测定位激光平面与机架定位激光平面的距离精度		每月或每次激光调整后	2 mm
治疗床床板水平与影像平面	是否水平于影像平面	每月或每次激光QA提示治疗床有旋转时	
治疗床床板垂直与影像平面	是否垂直于影像平面	每月或每次激光QA提示治疗床有旋转时	2 mm
治疗床垂直运动		每月	1 mm
治疗床水平运动		每月	1 mm
CT机臂架倾角指示仪精度		每季度	<1°或1 mm
CT机臂架倾角校正精度		每季度	<1°或1 mm
kV精确性		每年	产品标准或误差<2 kV
HVL		每年或每次更换球管后	产品标准
病人剂量检测		每年	国家标准

三、关于验收

CT模拟机的扫描仪与常规诊断机的工作原理和结构基本相同，很多单位的CT模拟扫描与诊断科共用一台 CT 扫描仪。因此，对于 CT 模拟定位机的验收可以部分参照诊断用 CT 的验收项目标准。机器的验收也是 CT 模拟定位机 QA、QC 的一个重要组成部分，因此在此对于验收的相关检测项目和标准做一些介绍。

1. CT 剂量指数

CT 扫描时的 X 射线辐射剂量，是影响图像质量的一个重要参数，也是对病人辐射剂量的评价。一般说剂量高图像质量会相对好一些，但是剂量高会增加 X 线辐射剂量，对病人会造成不良损害，另外也增加了机器、球管的负担，增加设备故障几率，影响设备寿命。X 线剂量是由众多因素决定的，但是对同一台设备则主要是取决于毫安秒（mAs）值，厂家常会在检测图像质量参数时用较大的 mAs 值，而在剂量检测时用较低的 mAs 值，这是在设备评价时需要注意的，剂量的检测一般要用性能模体和笔形电离室及剂量仪，也可以用热释光片（TLD）来进行测量。国家规程规定头部各点所吸收剂量应小于 50 mGy，腹部由于横切面大且又被吸收，所以中心点剂量小于 20 mGy，边缘点接近球管应小于 80 mGy。而在实际检定工作中我们发现一般腹部各点符合要求的话，头部点的测量一般也能符合要求。剂量指数的稳定性好坏与 CT 机的核心部件关系密切（如 X 射线管的质量和 X 定位灯的精度）。

2. 定位灯精度

指扫描部位激光定位线的精确度，定位灯不准，势必影响扫描部位的准确性。利用模体表面标记与内嵌高对比物体的空间几何关系，测出定位灯对实际扫描层面位置的偏差；将定位灯对准被测模体的中心对其进行扫描，扫描图像和模体的位置偏差即定位灯偏差，应小于 2 mm。

3. 噪音

几乎所有的仪器都会有噪音这一参数，CT 机作为诊断仪器也不例外。CT 机结构复杂，很多过程都可能产生噪音，因之有各种定义的噪音。我们一般注意的是影响图像的噪音，通过测量一定范围内的水，用该范围内水的 CT 值的标准差（S. D）来表示。CT 机中噪音的存在会使我们获得的影像不理想，最重要的是掩盖或降低了图像中的某些特征的可见度，而减小可见度的损失对低对比度的物体尤其重要，对于早期发现病变有很好的帮助。

4. CT 值

CT 值是用来辨别人体组织器官是否正常的参数，通过一定的量值来对病灶进行定性的指标，是区别于其他医疗诊断设备最重要的功能之一。CT 值是以与水的 X 射线衰减系数比较来定义的。因此对一台 CT 机来说水的 CT 值准不准是至关重要的。目前，我们一般可以用水模来测定，但是要注意的是水模内灌的水一定要新鲜的或加有符合要求的防腐剂的蒸馏水，水中不能有杂质。特别是水模中灌注的水时间久了可能会有滋生菌类或藻类而影响测量的准确度，另外水模中的空气泡也是一定要避免的。

5. CT 值的线性

CT 值与组织密度成线性分布的特性称为 CT 线性，它是正确反应组织密度和正确分析判断脏器和组织成分的一种参数，是 CT 机的一个重要参数，其是否准确不能只观察水的 CT 值，还要观察别的材质的 CT 值是否准确。我们一般在模体内还有尼龙、聚乙烯、聚苯乙烯、有机玻璃等材料的模块，可以用来分别测定这些材料的 CT 值以确定该机器 CT 值的线性是否符合要求。

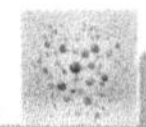

6. 均匀性

均匀物质影像CT值的一致性，此项的影响因数较多也较为复杂，但主要影响因数是重要部件以及部件之间设计的质量，例如输出X射线的稳定性，扫描架旋转速度的整体均匀性，探测器单元光电转换的可靠度和稳定性，以及各通道DAS(数据采集器)的一致性。因此该项检定对于CT机使用中的品质判断较为重要。可以利用水模，测定水模周边几个点与中心点的CT值进行比较。

7. 层厚

层厚是指CT机扫描的断层厚度，又称切面厚度，影响层厚精度的因数主要与CT机本身的硬件设计有关，比如准直器张开夹缝的精度和遮线铅板防散射线的设计质量。一般机器均有多种层厚可供扫描时选择，因之也要对不同的层厚分别进行测定，不同的层厚有不同的精度要求。

8. 空间分辨率

空间分辨率也是高对比度分辨率。这是CT机影响图像质量的一个很重要的参数，它的定义是在两种物质密度相差在10 HU以上时，能够分辨最小的圆形孔或是黑白相间(密度差相间)线对(lp/cm)值。它可以直接用肉眼来观察孔径的大小或线对的多少，也可以用点扩散函数方法计算。使空间分辨力模块轴线与扫描层面垂直并处于扫面野中心，在单次扫描剂量指数小于50 mGy/h和厂家给出的标准头部扫描的条件下，改变不同的算法和层厚分别在同样的位置上扫描模块，得到扫描图像，调整窗宽、窗位等条件是图像达到最清晰的状态，此时能分辨的线对数一般应达到7～21 lp/cm。

9. 低对比度分辨率

也就是密度分辨率，这也是影响CT图像质量的另一个重要参数。它的定义是能够分辨两种低密度差的物质(一般相差仅为几个HU)圆孔的孔径的大小。低密度分辨率与射线的剂量有很大的关系，当剂量大时低密度分辨率会有所提高，因之在评估低密度分辨率时一定要了解使用的剂量，并且要和第二项的剂量批数一致，一般厂商在提供这一指标时也会说明在什么剂量条件下测定的。这一参数的单位应为mm、mGy(也有用多少mAs来表示)。

10. 检查床的移动精度

检查床移动精度也是需要考核的一项指标。通常在检查这一指标时在床上一定要加荷载(可参考厂方给出的重量)，在负荷情况下进行移动精度的测定。测量床的长中轴与经过扫描架转轴的垂线是否在同一条直线上，倾角误差应小于3°，控制台与扫描架的角度指标应一致。

11. 检查床步进精度

测量床径向运动的准确性，标准偏差和平均偏差应小于0.5 mm。

12. 管电压

采用介入或非介入性方法对脉冲或非脉冲式X线发生器进行测量，其管电压与指示值的误差应小于2 kV，管电流的误差应小于5%。

13. mA线性

利用CT电离室在其他参数保持不变的条件下，对每一管电压挡进行测量，计算其mGy/mAs，确定与其平均值相关的线性系数，mGy/mAs的线性系数应小于0.05。

第三节　MRI 模拟定位机

MRI 技术利用测量组织氢原子核(质子)在外部强磁场作业下旋转状态改变后而产生的射频辐射,其获得的组织对比随内在组织成像性质不同而改变,对具有相似电子密度的软组织有较强的显示能力并能区分其特征,此外由 MR 参数还可对肿瘤进行优化观察和评估。对于中枢神经系统部位肿瘤以及软组织肉瘤和盆腔肿瘤,MRI 成像远优于 CT 成像。

目前 MRI 厂家已制造出磁共振模拟机,它由 MR 主机、具有 DRR 功能的虚拟模拟工作站以及一套患者对准或标记系统(专用激光定位系统)等组成。并投入头颈部、腹部及盆腔肿瘤的模拟定位和治疗计划制定应用中。人们正在进行高场 MR 模拟的探索,因为在高场下 MR 功能测定(f-MRI)和频谱(MRS)分析已进入分子影像学,对肿瘤亚临床病灶和一些危及器官组织的确定很有帮助。

MR 模拟定位机有开放式和封闭式两种,封闭式首先扫描孔径要足够大,要求能够放进各种放疗定位装置,目前封闭式 MR 模拟定位机的扫描孔径为 70 cm。另外 MR 模拟定位机还要求扫描尺寸与治疗机一直,床面上应有与治疗机相同的卡槽等,以便安装定位固定装置。与诊断用 MR 的刚性固定线圈不同,MR 模拟定位机的线圈通常是开放的、软质的、直接放置在人体表面,可以更加贴合人体表面,且不影响定位固定装置的使用。

一、MR

参照诊断 MR 的相关质量控制和质量保证标准与检测方法,具体的测试工作可分为日检、周检、月检以及年度检测 4 种。若受条件限制,医院不具备专用测试体模,则可以使用磁共振成像系统装机附带的常规体模,还有一些常见的球形以及圆柱形体模,同样可以测试在相关标准中提及的多项指标。无论使用哪种体模,在执行扫描之前均应当静置 5 min 以上,以避免因体模晃动所引起的内部溶液的运动,导致产生影响图像质量的运动伪影。

MRI 系统不稳定性的物理环节通常包括以下几方面。

1. 静磁场(main magnetic field)环节

静磁场提供系统的共振频率,也是射频系统的基准工作频率。局部磁场的均匀性降低,可导致信号依照 T_2^* 效应衰减。如果磁场中心频率发生偏移,并移至接受线圈的带宽之外,同样会发生系统敏感性降低。在像素内产生的共振频率飘移,会引起平面内区域性信号高低不匀。在平面选择方向产生的几何变形所造成的信号干扰是在二维成像中较为普遍的。脂肪信号、水饱和射频信号也会因为静磁场的不均匀性影响其效率。

2. 射频(radio frequency, RF)环节

RF 环节包括发射线圈和接受线圈两个环节。由于射频发射器发生增益或衰减的波动

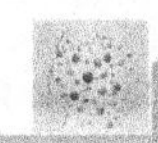

会影响偏转角的产生，若射频线圈的中心频率产生漂移，或是线圈不均匀性没有得到优化，都会导致信噪比损失。若功率放大器出现故障，一般可观察到噪声水平的提升。

3. 梯度(gradient)环节

梯度不准确会导致图像几何变形。梯度补偿、主动或被动匀场的不正确调节，以及梯度场非线性都可能造成梯度不准确的发生。局部磁场的不均匀可导致空间位置性的信噪比降低。涡流补偿不足也会引起回波相位恢复不完全，从而损失信噪比。在3个成像的空间轴上，梯度不准确所带来的相位错误均会引起图像定位失准。

日常质量控制是通过扫描模体来监测系统的性能，旨在通过图像采集发现所述物理环节的不稳定性。最直接的方法是技术人员通过操纵扫描仪每日进行紧密观察，同时重复使用同样的模体和序列来定量分析图像质量的变化。

日常质量控制的主要环节包括静磁场的稳定性、信噪比、伪影审查等3个方面。所用的模体的形状、内容物都会同时影响以上各个环节。这样的一个模型应该是成本合宜、容易使用、易于评估测量结果的。美国放射学院(ACR)推荐使用的是由丙烯酸酯塑料、玻璃和硅胶等非磁性物质搭建而成的圆柱状模体，长16.5 cm，直径20.4 cm。模体中充满了10 mmol氯化镍和45 mmol的氯化钠溶液以模拟人体的生物电导效应，模体内部装有分辨率测试条、低对比度圆盘、三角楔形和方形网格等不同测试共用的几何形体。

4. 静磁场的稳定性

通常磁场的稳定性和局部磁场随着时间的变化会有一定的漂移。如果长期记录和观察一个正常运作中心磁场的频率，可以观察到一个稳步的减弱。但是这个中心频率的变化和一个磁场本身局部的不均匀变化在一个数量范围内。因此，测量中心频率方法的可重复性就非常重要了。

成像模型的使用会在部分局部地区由于磁化而产生附加磁场，也会让水信号的尖锋扭曲和变形，从而影响中心频率的测定，所以使用固定的模体在固定的位置也很重要。

通常主静磁场的均匀性要通过附加的静磁场来调整(shimming)。这会使中心磁场频率的测量变的更加复杂。常规核磁共振扫描仪的日常维修要定期调整附加磁场的强度来控制主静磁场的均匀性。附加磁场的线圈会根据磁场的空间坐标来改变磁场的强度。在主静磁场几何构型可以用调和球面函数表达，从而决定附加磁场的干扰幅度。通常用户不可以改变这些设置。厂家给用户提供的调节参数一般包括3个线性磁场梯度，可以通过手动调节或是计算机控制的自动算法。如果附加磁场出现问题，它也会使中心磁场的频率出现不正常波动。所以重复使用同样的附加磁场的设置也是测量中心频率的关键。

当共振频率有漂移时，表明静磁场有了变化，即保持静磁场所需的条件是处于不稳定状态。冷头、氦压机、水冷机组成的制冷系统维持着强磁场磁体的超导状态。当共振频率有漂移时，提示我们要注意制冷系统有关环节上设备的运转状态。虽然系统调试过程中已做过匀场测试，但在日后的使用过程中。一些微小的铁磁性异物(如硬币、发夹、打火机等)吸附在机壳上就会破坏磁场的均匀性。给系统带来的影响有时是明显的，使图像上有伪影出现；有时则不易察觉，只是在做波谱实验前匀场时发觉效果不好。所以当共振频率有漂移时，还需考虑磁体四周是否有磁性异物的存在。一般认为共振频率与连续日常测量值的偏差不应超过50 ppm，在1.5T磁场中约为3 000 Hz的变化量。测试结果在可接受的动态范围内。

5. 信噪比

通常信噪比的检测需要使用一个信号均匀的区域，以避免模型磁化造成的磁场波动和射频信号的不均匀性引起的空间变化。模体所使用的溶液的生物电导性如果和人体组织不匹配，也会使线圈的负载异样。选用的模体应能覆盖线圈的可见区域85%以上。考虑到射频信号的均匀性问题，所测量的线圈尽量选用临床最常使用的，同时要考虑信号的均匀性以便采集信号和分析结果。头部线圈不一定是临床所采用最多的，但要比表面线圈如脊柱线圈和肢端线圈能均匀覆盖的多。

一旦确定所使用的序列成像参数，就要避免更改，因为每个参数几乎都会影响信噪比的检测结果。特别注意的是，回波时间要避免使用“最小化”设置，因为此参数会随着硬件和软件的改变而改变。

理论上，核磁信号的噪声是完全随机的。但实际中，系统误差也会造成背景噪声，如射频信号发生传输环节产生的相位漂移。因为核磁信号中，图像重建会使用到相位信号，这些相位信号会在图像背景中产生空间位移，也就是我们通常所说的“鬼影”伪迹。

选择一幅图像的一个背景区域来做噪声评估似乎是一个理想的方法，但是这个方法有时会给信噪比测量带来系统误差。如果条件限制，不能摄取多幅图像，可以选择从多处背景区域来评估噪声。如果可以对同一物体做多次成像，则可以从两幅图像的差值入手，当然其前提是两幅图像的信号和噪声是不相关的。

6. 伪影(artifacts)审查

核磁图像伪影形成的原因、表现形式都很多。根据其来源可以划分为以下几种：①与静磁场相关的：由静磁场不均匀性、局部磁场磁化引起的。②与射频域相关的：如二维成像时的层间干扰、外围射频信号泄漏、射频信号截断不完全、射频噪声干扰、射频场不均匀等。③与梯度场相关的：如梯度场非线性扭曲、涡流补偿不足、梯度发生器延迟等都会造成伪影，有时容易与静磁场相关的伪影混淆。④与数据采集和重建相关的：如数据溢出、卷褶伪影、截断伪影、部分容积效应和化学位移伪影等。⑤与成像对象相关的：如呼吸运动、心脏搏动、血管搏动等生理性或非生理性的自主运动引起的伪影。

核磁共振系统年度质量控制应当每年至少一次。除了审阅技术人员搜集的日常质量控制数据之外，还要包含一些附加的测试。这些测试在年中系统升级之后，也应当重复进行。静磁场均匀度的测量就是其中之一。其测量的方法除了使用磁共振波谱(MR spectroscopy, MRS)尖峰全带宽半最大值处全带宽分析法以外，还可以使用两个仅回声时间不同的梯度回波序列相位差来获取。二维成像层面定位精确性、二维成像层面厚度精确性通常是在ACR的模体图像上获得。和扫描仪一起使用于临床的射频线圈也都要经过图像均匀度、鬼影和信噪比的测试。数字化设备的显示器、扫描仪所在房间的频闭性、系统声学噪声强度和扫描仪所配备的病人安全监视设备的性能都是测量项目。

信噪比、均匀度、几何畸变、空间线性、扫描层厚、空间分辨力、低对比分辨力、伪影等参数均可通过模体扫描进行检测。

我国于2006年发布《医用磁共振成像(MRI)设备影像质量检测与评价规范》，该规范参考了国际上有关权威机构的技术报告和标准，提出性能参数的检测与评价方法(表4-4)。

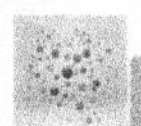

表 4-4 磁共振成像设备性能检测的参数和指标

检测项目	检测条件	指标要求
信噪比		≥100
几何畸变		≤5%
层　厚	标称层厚 5～10 mm 之间	±1 mm
均匀性		≥75%
高对比度分辨力	层厚 5～10 mm	0.5 mm
低对比度分辨力		目标直径≤6 mm 并且深度≤0.5 mm

注：FOV 为 250×250，采集矩阵 512×512

二、激光定位系统

MR 模拟定位机的外置激光定位系统与 CT 模拟定位机的激光定位系统类似，不同的是其做了防磁场处理，以保证其性能不受强磁场的影响。

要求定位激光必须与治疗机房的激光系统一样能准确确定等中心的位置，并且要求与治疗机房的激光系统具有良好的重复性。其定位的准确性直接影响治疗的准确与否和成败，其精度要求不能低于治疗机房的定位激光系统，必须有严格的检验程序来提供质量保证。

其检测可使用专用的检测装备，检测项目与标准可参考直线加速器与 CT 模拟定位机。

第四节　PET/CT 模拟定位机

CT(computed tomography)是利用 X 线束对人体某个部位进行一定厚度的层面进行扫描，并由对应探测器接收透过该层面的 X 线后进行图像重建。而 PET(positron emission tomography)与 CT 成像方式截然不同，PET 是典型的功能分子影像设备，利用特异性的示踪剂进行示踪，显示人体内示踪剂的分布情况，从而反映人体的生理生化功能信息，借以区分病变与正常组织。但由于 PET 图像的信息量低、空间分辨率低、信噪比差等，病变组织结构的表达不清晰，因此 PET 图像必须借助解剖形态细化显示，才能更好地获得临床医师的认可和接受。PET 自 20 世纪 70 年代出现后，推广缓慢、未能广泛地应用在临床上，究其缘由是 PET 图像解剖结构依然欠清晰，缺乏解剖细节，提供的临床信息有限，且存在病变组织的假阳性和假阴性误诊的可能，影响了其临床应用价值和可利用度。

为解决上述存在的问题，PET/CT 异机、同机融合技术应运而生。PET/CT 是将具有反映人体内组织细胞血流、代谢和分子功能影像的正电子计算机发射断层显像仪(PET)和具有反映人体解剖形态结构的 X 射线断层摄像术(CT)两种不同成像原理的设备有机、互补地结合在一起，集高灵敏度、高特异性的先进核医学设备技术与高清晰度、高组织分辨率的多层面螺旋 CT 于一身，发挥各自优势，弥补不足，从而获得一种功能图像与形态图像完全融合的全新影像学图像的高端医学影像设备。

PET/CT 的核心是图像融合，即把两种不同成像模式的图像进行配准与结合。患者在扫描过程中不需要改变位置，即可以完成两种图像数据的采集，避免了由于患者移位所造成的图像融合误差。采集两种图像后不需要进行复杂的对位、转换以及配准，而是采用专门的图像融合软件即可得到融合精度较高的图像，融合图像同时显示出人体解剖信息以及体内代谢信息。这一过程大大简化了两种序列图像融合过程中的技术难题，避免了复杂的标记方法，并在一定程度上解决了时间、空间的配准问题，图像可靠性大大提高。

PET/CT 另外一个显著的特点就是 CT 衰减校正。在扫描过程中由于受到康普顿散射、随机符合事件、探测器滞后时间等因素的影响，图像质量失真，必须采用各种校正措施来获得真实的核医学图像。然而，采用同位素校正得到的图像比较模糊，而采用 X 射线衰减校正的图像比较清晰，空间分辨率可以提高到毫米级。利用 CT 图像数据对 PET 进行衰减校正，使得图像的清晰度显著地提高，图像分辨率提高 25%以上，校正效率提高 30%，而且可以缩短患者扫描时间。

在诊断能力上，PET/CT 有很独特的检出和排除疾病的能力。PET/CT 能早期发现并诊断肿瘤组织。由于肿瘤组织代谢活跃，其摄取示踪剂的能力是正常组织的好几倍，会在重建图像中形成明显的亮点，因此在肿瘤早期尚未产生解剖结构变化前，能发现隐匿的微小病灶。近年来 PET/CT 应用经验表明：PET/CT 不仅可以解决 PET 图像定位不清晰的难题，使之迅速被推广接受，而且由于 CT 和 PET 的优势互补，使得同机 PET/CT 在疾病诊断和疾病分期正确性和可信度方面都明显优于单独 PET 扫描和单独 CT 扫描。

一、PET/CT 的临床应用

PET/CT 显像是将 PET 用示踪核素标记的化合物注入人体，采用符合探测技术（coincidence detection），利用不同组织中示踪核素浓度的差异达到显像的目的。应用生物物理学的示踪动力学模型，可以计算出人体各部位组织的局部血流量、物质转运速率、代谢速率和受体结合率等功能参数，从而在分子水平上利用 PET/CT 影像技术反映机体代谢和功能状态。PET/CT 代表着目前分子功能影像技术的最高水平，已经在肿瘤诊断、放射治疗及新医药的开发研究领域中，显示出卓越的性能。

肿瘤是威胁人类健康的主要病因之一，也是目前医学界最难克服的病因之一。肿瘤，尤其是恶性肿瘤，对葡萄糖、氨基酸、核酸等物质摄取量明显高于周围正常组织，并且肿瘤代谢变化通常早于解剖形态的变化。而 PET/CT 利用示踪剂显示肿瘤，是目前分子影像学中相对发展最成熟的技术。PET/CT 显像是将含有某种化合物标记的示踪剂注入人体内，参加相应的生理活动，同时发出正电子射线，通过重建 PET 图像，可以直接显示上述生理活动在体内的分布、浓度、变化等信息，从而完成对肿瘤组织的显像；然后，将同时间段采集的 CT 图像与 PET 图像融合在一起，将病灶的解剖位置与生理代谢两个信息同时显示在同一融合图像上。目前，在肿瘤诊断中，PET/CT 在早期准确掌握病变特征和进行疾病分期方面，都发挥着重要的作用。研究表明，PET/CT 检查和肿瘤患者的总体生存率有密切的关系。

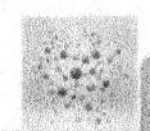

近年来，三维适形放疗、适形调强放疗及重离子放疗的发展，使得放疗技术进入了精确放射治疗时代。然而，放疗精确性提高后，对需要照射的肿瘤靶区确定的精确性要求也随之提高，这样才能使肿瘤放疗在精确性提高基础上，准确性也会随之显著提高。以PET/CT和功能磁共振为代表的当代功能影像和分子影像技术可提供有关肿瘤及其病灶周围代谢功能、生理及基因型和表现型的数据，代表了肿瘤生物学特性。目前认为，PET/CT通过各种显像剂能够提供病灶内肿瘤细胞分布的不均匀性及细胞分化的区别而对射线的敏感性产生差异，使基于生物靶区的放疗计划应运而生。通过放疗计划可以改善靶区勾画和剂量的实施。PET/CT以PET的特性为主，同时把PET图像和CT图像叠加融合成一张图像，使得融合图像中PET信息更加直观、解剖定位更加精确，实现了衰减校正与同机图像融合，可同时获得病变位置的功能代谢情况和精确解剖结构的定位信息。这对于肿瘤的准确诊断与分期、制订肿瘤放疗计划和实施适形调强放疗及对放化疗后残留病灶的性质鉴别都具有非常重要的临床应用价值。

PET图像数据用于放疗计划制订的研究中，绝大部分均采用异机图像融合的方法。在进行CT和PET扫描时体位必须与治疗时相同，但在实际治疗过程中，对病人分别进行CT扫描和PET扫描时，病人在位置、器官运动甚至肿瘤的形态等方面或多或少都会存在一定的差异，而异机图像融合技术(标记点法或解剖法)本身就存在一定的误差。上述这些因素无疑将增大放疗计划的误差，从而降低整体治疗的精确性。虽然PET/CT同机融合大大降低了这种误差，但图像采集时仍然不是同时进行扫描，而是先进行CT扫描然后进行PET扫描，依旧存在融合精度问题。错误的异机或者同机融合图像不仅会造成误诊的结果，而且也会使因使用该融合图像进行肿瘤放疗靶区勾画的误差增加，导致真正病变位置照射剂量不足、周围正常组织照射剂量增加。

为了确保PET/CT图像满足临床诊断和引导治疗计划的要求，需要对PET/CT进行质量控制，使得设备或机器运行维持在最优状态。PET/CT质量控制涵盖的内容比较广泛，它不仅包含单独的PET质量控制和CT质量控制，而且还包含PET与CT融合部分的质量控制。

二、CT机的质量保证

同CT模拟定位机类似，对PET/CT中CT部分的质量保证内容简介如下。

1. Catphan500 CT检测模体

美国模体实验室的Catphan500 CT检测模体是一款专门用于CT机质量检测的模体，包括4个检测模块：CTP 401：层厚、CT值线性与对比度标度；CTP 528：高对比度分辨力；CTP 515：低对比度分辨力；CTP 486：场均匀性和噪声。

CTP 401模块直径15 cm，厚2.5 cm，内嵌两组23°金属斜线(x方向、y方向)；内嵌4个密度不同的小圆柱体，该模块用于测量层厚、CT值线性参数。模体材料：①特氟隆(Teflon，高密度物质，类似骨头，标准CT值：990 HU)；②丙烯(Acrylic，标准CT值：120 HU)；③低密度聚乙烯(LDPE，标准CT值：−100 HU)；④空气(最低密度，标准CT值：−1 000 HU)。此外体模材料本身可以作为第5种材料样品。

图 4-8　Catphan500CT 检测模体

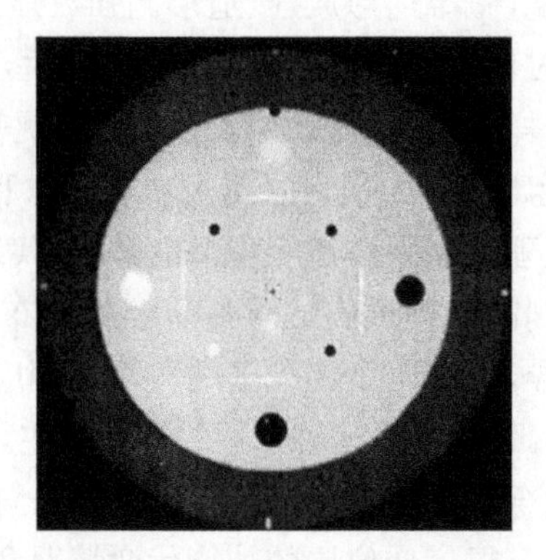

图 4-9　CTP 401 CT 图像

CTP 528 模块直径 15 cm，厚 4 cm。由 21 组高密度线对结构(放射状分布)。该模块用于测量空间分辨力，X、Y 和 Z 轴的点测试到每厘米 21 组线对。

CTP 515 模块直径 15 cm，厚 4 cm。内外两组低密度孔径结构(放射状分布)。内层孔阵：对比度 0.3%、0.5%、1.0%；直径 3、5、7、9 mm。外层孔阵：对比度 0.3%、0.5%、1.0%；直径 2、3、4、5、6、7、8、9、15 mm。该模块用于测量密度分辨力。

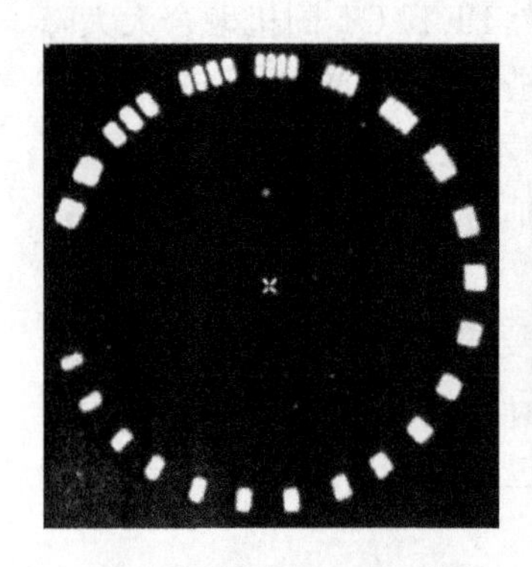

图 4-10　CTP528 CT 图像

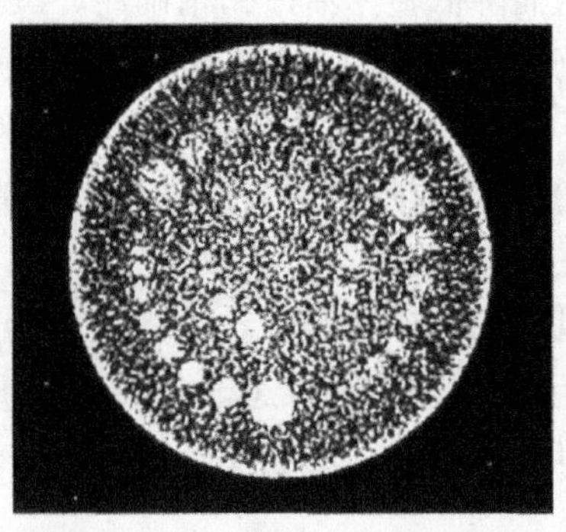

图 4-11　CTP515　CT 图像

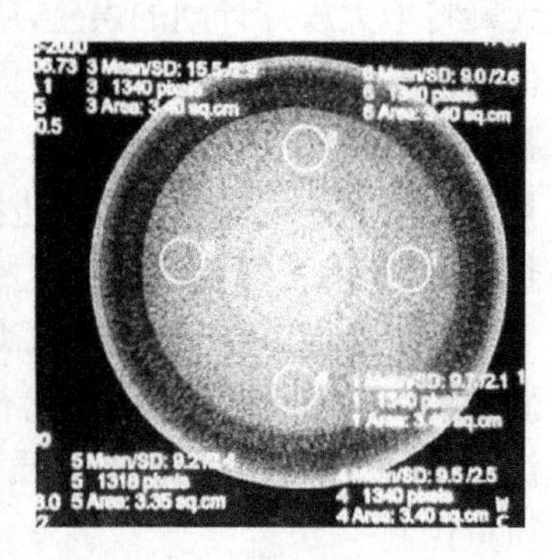

图 4-12　CTP486　CT 图像

CTP 486 模块直径 15 cm，厚 5 cm。固体均匀材料，称之为“固体水”。该模块用于测量场均匀性、噪声等参数。

2. 剂量模体

该模体是由固体丙烯酸树脂制成，厚度为 15 cm，直径为 16 cm。有 5 个探针孔，1 个位于模体中心，另 4 个沿周边分布，相隔 90°，距边缘 1 cm。孔的内径为 1.31 cm。每个模体带有 5 个丙烯酸树脂塞棒，用来塞入模体上所有的孔。

模体可识别头部的剂量信息。当进行剂量分布测定时，该剂量模体允许用户为确定正常断层摄影部面厚度的最大值、最小值和中间值采集信息。

3. CT 机性能指标

测量 CT 机剂量指数所用扫描条件：120 kV，190 mA，轴向扫描模式，头部剂量模体，层厚：10 mm，重建矩阵 512×512，FOV head。

测量 CT 机质量所用扫描条件：120 kV，190 mA，螺旋扫描模式，Pitch 1.375，CT 质量

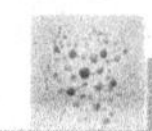

模体(Catphan 500 CT 检测模体),重建两种层厚图像,一种为 PET/ CT 临床用层厚 3.75 mm,另一种为《医用诊断螺旋计算机断层摄影装置(CT)X 射线辐射源检定规程》(JJG 1026—2007)中要求的层厚 10 mm,重建矩阵 512×512, FOV head。

(1) 剂量指数

螺旋 CT 扫描测量时,用轴向扫描测量加权剂量指数($CTDI_w$),通过容积剂量指数计算公式得到螺旋 CT 的剂量指数即 $CTDI_{vol}$。

(2) 高对比分辨力

高对比分辨力又称高对比度分辨率(high contrast resolution),它是衡量 CT 图像质量的一个重要参数,是测试一副图像的量化指标,是指在高对比度(密度分辨率大于 10%)的情况下鉴别细微的能力,即显示最小体积病灶或结构的能力。它的定义是在两种物质 CT 值相差 100 HU 以上时,能分辨最小的圆形孔径或是黑白相间(密度差相同)的线对数,单位是 mm 或 lp/cm。

(3) 低对比分辨力

低对比分辨力又称密度分辨率(density resolution)。这也是影响 CT 图像质量的一个重要参数,是指在目标物质与均质背景的 X 射线线性衰减系数相差小于 1%时,CT 机所能分辨目标物质的能力,也就是能够分辨两种低密度差的物质(一般其 CT 值为相差 3～5 HU)构成的圆孔的最小孔径大小,即可分辨的最小密度值。低对比度分辨力与 X 线剂量有很大关系,当剂量大时对比度分辨率会有所提高,因此在评价低对比分辨力时一定要了解使用的剂量,并且要和测量 CT 剂量指数(CTDI)时的值一致。通常以能区分开的目标物质的最小尺寸表示。

(4) 均匀性

图像中均匀物质的 CT 值在空间上的一致性,边缘对中心 CT 值的最大偏差的绝对值为均匀性。

(5) 噪声水平

均匀物质图像在给定区域中的 CT 值对其平均值的变异。用中心区域 CT 值的标准偏差来表示。

4. CT 机性能指标的测量

(1) 容积 CT 剂量指数($CTDI_{vol}$)测量

轴向扫描,旋转速度 1 s/转,层厚 10 mm。用 DCT 10 笔形电离室测量记录轴扫测量头部剂量模体的 5 个测量点的 $CTDI_{100}$ 值,然后利用公式(4-1)计算加权剂量指数 $CTDI_w$,由公式(4-2)计算螺旋扫描下在不同 Pitch 时的容积 CT 剂量指数。

CT 剂量指数 100($CTDI_{100}$)

对一个单次轴向扫描的沿着体层平面垂直线剂量分布从－50～＋50 mm 的积分除以体层切片数 N 和标称体层切片厚度 T 的乘积。该值由测量仪测得。

加权 CT 剂量指数($CTDI_W$)

$$CTDI_W = \frac{1}{3} CTDI_{100(中心)} + \frac{2}{3} CTDI_{100(周边)} \tag{4-1}$$

式中:$CTDI_{100(中心)}$ 为检测物体中心的 $CTDI_{100}$ 测量值;$CTDI_{100(周边)}$ 为检测物体周边的

$CTDI_{100}$测量平均值。

容积剂量指数（$CTDI_{vol}$）在螺旋扫描方式下：

$$CTDI_{vol}=CTDI_{W}/Pitch \tag{4-2}$$

（2）高对比度分辨力测量

CTP 528 模块中心层面 CT 图像，窗宽调到最小，调节窗位，用目测确定所能分辨的最高一级线对，即为高对比度分辨力。

（3）低对比度分辨力测量

分析 CTP 515 模块中心层面 CT 图像，调节窗宽窗位，确定各对比度系列中所能分辨的最小一级孔径。

（4）均匀性测量

分析 CTP 486 模块中心层面 CT 图像。在所扫描的图像里选取 5 个测量区，分别在图像的中心和上下左右距图像边缘 10 cm 处，测量区域的直径为 2 cm。边缘对中心 CT 值的最大偏差的绝对值为均匀性。

$$U=\left|CT_{C}-CT_{P}\right|_{max} \tag{4-3}$$

（5）噪声测量

分析扫描 CTP 486 模块中心层面取测量区域直径 8 cm，测量所得图像中心区域的 CT 值标准偏差 SD，则噪声水平 H 为：

$$H=SD\times 0.1\% \tag{4-4}$$

以上质量保证的数据可汇总后填入表 4-5 以备查验。

表 4-5　医用诊断 CT 机 X 射线检测厚/薄层数据

扫描条件：____；

<table>
<tr><td colspan="7">检测内容</td></tr>
<tr><td rowspan="2">$CTDI_{100}$/mGy</td><td>中心</td><td>上</td><td>下</td><td>左</td><td>右</td><td>层厚/mm</td></tr>
<tr><td></td><td></td><td></td><td></td><td></td><td></td></tr>
<tr><td>$CTDI_{W}$/mGy</td><td colspan="6"></td></tr>
<tr><td rowspan="2">$CTDI_{vol}$/mGy</td><td colspan="3">计算所得</td><td colspan="3">CT 机剂量报告</td></tr>
<tr><td colspan="3"></td><td colspan="3"></td></tr>
<tr><td colspan="2">高对比分辨力 Lp/cm</td><td colspan="5"></td></tr>
<tr><td colspan="2" rowspan="4">低对比分辨力/mm</td><td colspan="2">层厚</td><td colspan="2">对比度</td><td>分辨力</td></tr>
<tr><td colspan="2"></td><td colspan="2"></td><td></td></tr>
<tr><td colspan="2"></td><td colspan="2"></td><td></td></tr>
<tr><td colspan="2"></td><td colspan="2"></td><td></td></tr>
<tr><td rowspan="2">均匀性/HU</td><td>CT_{c}</td><td>$CT_{上}$</td><td>$CT_{左}$</td><td>$CT_{下}$</td><td>$CT_{右}$</td><td>U</td></tr>
<tr><td></td><td></td><td></td><td></td><td></td><td></td></tr>
<tr><td>噪声水平</td><td colspan="6"></td></tr>
</table>

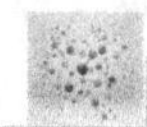

三、PET 主要性能参数

探测器是 PET 显像仪的核心部分，所以许多性能参数都是用来描述探测器的性能。在这些参数中比较重要的有下列几项指标：空间分辨率、灵敏度、噪声等效计数率、时间分辨率、能量分辨率、散射分数、均匀性。PET 的性能指标可以根据严格的规定、使用标准的模型进行测试，通过测试结果可以确切了解设备的性能，以及设备是否处于最佳性能状态。

1. 空间分辨率

空间分辨率(spatial resolution)是最直接体现 PET 图像好坏的参数。空间分辨率的物理定义是探测器在 x，y，z 轴 3 个方向能分辨最小物体的能力。空间分辨率越小，图像就越清晰，设备对病变组织检测的能力就越强。它通常是以点源图像在 3 个方向的空间分布函数曲线的半高宽(FWHM)来表示。PET 空间分辨率存在 2 mm 左右的物理极限，这是由于正电子在发生湮灭辐射前已经飞行一段距离，因此探测器探测到的湮灭辐射双光子的位置并非是发射正电子的核素的真正位置；而且因为正负电子发生湮灭时，总动量并非为 0，所以湮灭光子对在反向飞行并非严格成 180°。达到分辨率物理极限前，探测器的空间分辨率取决于晶体尺寸、晶体转换效率和光电倍增管与晶体的耦合质量等因素。目前，最好的专用型 PET 的空间分辨率可以达到 4 mm。

2. 灵敏度

灵敏度(sensitivity)是体现探测器在相同条件下获得符合计数能力的参数。灵敏度的物理定义是：PET 系统在计数率损失小于 5%的前提下，单位时间内、单位辐射剂量条件下所获得的符合计数。在一定的统计误差条件下，灵敏度制约着扫描时间和扫描所需要的示踪剂的剂量。当扫描时间固定时，探测器的灵敏度越高，扫描所需示踪剂剂量就越小，有利于减少病人在扫描过程中所接收的辐射剂量；同理，当示踪剂剂量固定时，探测器的灵敏度越高，扫描所需的时间就越短，这对动态采集有重要意义，这是因为示踪剂在注入后在体内的分布随着时间迅速变化，所以机器的扫描时间越短越好。所以，灵敏度对 PET 来说是一个非常重要的性能指标。灵敏度的大小取决于探测器的探测效率和探测器所覆盖的立体角。

3. 噪声等效计数率

噪声等效计数率(noise equivalent count rate，NECR)是衡量 PET 图像信噪比的参数。在 PET 符合探测中，总计数中除了真符合计数外，还不可避免地包含着散射符合和随机符合计数。散射符合和随机符合计数不但会增加噪声、降低信噪比，也会降低了图像的对比度，使得图像质量变差。因此，在评估 PET 图像质量时，除了与真符合计数相关的统计涨落噪声外，还必须考虑散射和随机符合噪声。所以噪声等效计数率的物理定义是：对于每次采集的符合计数，与无散射和随机符合具有相同信噪比时的真符合计数率。噪声等效计数的公式为：

$$R_{\mathrm{NEC}} = \frac{R_{\mathrm{trues}}^2}{R_{\mathrm{total}}}$$

$$R_{\mathrm{total}} = R_{\mathrm{true}} + R_{\mathrm{scatter}} + R_{\mathrm{random}}$$

式中：R_{NEC}为为噪声等效计数率，R_{true}为真符合计数率，R_{total}为总计数率，$R_{scatter}$为散射计数率，R_{random}为随机符合计数率。

因此R_{NEC}越高，采集到的图像数据信噪比就越高，PET成像的图像质量就越好。研究表明：R_{NEC}随着辐射强度的增加而趋于饱和。辐射强度较小时，真符合计数率增加的速率大于散射和随机符合计数率增加的速率；由于随机符合计数率与总计数率的平方成正比，因此随着辐射强度逐渐增大，散射和随机符合计数率增加的速率就会慢慢地高于真符合计数率增加的速率，这时采集数据的信噪比就下降，图像质量就变差。所以，在PET成像过程中，只有在获得最高R_{NEC}时的活度才是最佳活度。

4. 散射分数

散射分数(scatter fraction)是描述PET系统对散射计数敏感程度的参数。散射分数的物理定义是：在PET系统采集到所有符合计数中，散射符合计数占总符合计数的百分比。计算公式为：

$$SF_i = \frac{R_{scatter_i}}{R_{total_i}}$$

式中：SF_i为第i断层面的散射分数，$R_{scatter_i}$为第i断层面的散射计数率，R_{total_i}为第i断层面的总计数率，其中总计数率为真符合与散射符合计数率之和，不含随机符合计数率。

散射分数越小，系统剔除散射符合的能力就越强。散射分数分为系统散射分数和断层散射分数。

5. 时间分辨率及符合时间窗

γ光子对从入射到探测器晶体表面再到最后转换为脉冲信号被计数这一过程中经历了各种不确定的延迟。时间响应是指γ光子从入射到最后被探测记录这一过程的时间间隔，由于延迟具有不确定性，所以每个γ光子的时间间隔并非相等，总体上服从某种分布。其分布函数的半高宽就是时间分辨率(timeresolution)。时间分辨率的物理意义是：探测器探测到可计数的两对γ光子之间最短时间间隔。PET系统可以根据时间分辨率来设定符合时间窗，由于随机计数正比于符合时间窗，若符合时间窗过宽会使得系统的随机计数增加；符合时间窗过窄则会丢失部分真符合计数。

6. 能量分辨率

能量分辨率(energy resolution)是体现探测器对射线能量甄别的能力。能量分辨率的物理定义是：脉冲能谱分布的半高宽与入射光子能量之比。该比值越小，能量分辨率越高。能量分辨率的好坏会影响空间分辨率、噪声等效计数率等指标，会降低对散射符合计数甄别的能力，增加噪声降低图像质量。

7. 均匀性

均匀性(Uniformity)是描述PET系统在视野内测量结果不依赖于位置的能力。理想的PET系统对视野内任何位置的放射源都应该具有同等的探测能力。但是由于符合计数的统计涨落以及探测器探头的非均匀响应，即使在均匀源的图像上也会造成计数偏差。该偏差越小，则图像均匀性就越好，一般采用视野内最大计数和最小计数与平均计数的相对偏差值来描述PET均匀性。PET均匀性包括了断层均匀性、体积均匀性和系统均匀性。

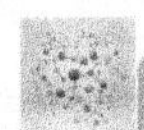

四、PET/CT 整体性能参数

PET/CT 的整体性能参数主要为 PET 图像与 CT 图像的融合精度。

图像融合是指对一种模式模态图像进行一定的几何与像素值变换、统一数据格式等处理后，映射到另一种模态中，使得两种模态图像中的相关点达到空间上的一致，并得到一个新的、优化的医学图像信息组合输出。PET/CT 图像融合是将最能反映形态和功能、代谢变化的优势图像信息突出地显示出来，为临床医疗决策提供更科学的依据。图像融合精度是指 PET 图像与 CT 图像融合的准确程度，它在某种程度上反映了 PET/CT 系统的整体性能，因为它不仅影响到重建后融合图像对病灶空间定位的准确性，而且还影响到 CT 数据对 PET 数据的衰减校正精度和定量分析结果的可靠程度。

通过 PET/CT 扫描测试体模，得到实验数据，利用相关软件测量同一物体在 PET 图像和 CT 图像中位置的偏差，即是融合误差值，也是图像融合精度。影响图像融合精度的因素，除了目前尚无法避免的患者生理性因素以外，还包括了 PET 和 CT 本身固有性能的稳定性、PET 和 CT 其他电子学线路性能的稳定性，以及在数据采集过程中检查床在行走过程中的水平偏差等。一般情况下，PET 和 CT 机架都有自己的精确位置，不会轻易滑动，而患者检查床由于承受重力和机械摩擦，可能会引起图像融合误差。

小结

放射治疗需要在精确的靶区和精确的剂量控制下实施，而治疗前的靶区确定，就需要通过各种影像手段来实现。从过去的通过 X 线诊断机或 X 线片定位到近代应用的模拟定位机、CT 模拟定位机，PET/CT 以及 MR 模拟定位机的应用使当代定位技术有了飞跃性发展，定位精度越来越高，使精确放疗技术得以实现。

模拟定位机、CT 模拟定位机、MR 模拟定位机在现代放射治疗过程中有着不可替代的地位，它们的稳定、安全、可靠显得尤为重要，其质量控制和质量保证就成为了放射治疗质量控制和质量保证体系中不可或缺的一部分。

值得一提的是，我们对模拟定位设备的质量控制和质量保证不应局限于设备本身，前期的机房选址、建设施工，到设备的安装、调试、验收、数据采集，日常的维修、维护、保养、校准，相关辅助设备的保养与维护，相关的安全防护设施（门联锁、应急按钮等）及电器安全等，均应纳入到它们的质量控制和质量保证范畴。

在设备维修前后，应根据具体情况给予必要的校准与调试，这一点也是非常重要的。

总而言之，放射模拟定位设备的质量保证和质量控制是放射治疗成功与否的重要因素之一，做好设备的质量保证和质量控制是放射治疗从业人员义不容辞的责任和义务。

第五章

多叶准直器质量保证和质量控制

放射治疗疗效的一个重要体现是减少正常组织的受照剂量，降低放射治疗并发症。人体中的许多器官(如：脊髓、唾液腺、肺组织和晶体等)对辐射比较敏感，在制订放疗计划和实施放疗技术的过程中必须给予特殊考虑。肿瘤放射治疗自矩形射野产生之日起，为保护正常组织，低熔点合金材质的挡块即开始得到运用。但由于低熔点合金材料存在铅、镉、铋等重金属元素，对医护人员及环境存在诸多危害性，另外挡块的制作过程工作量十分繁重，制作步骤也较复杂琐碎，极易导致错误。此外，在放疗病人治疗周期内，周而复始地使用低熔点合金挡块也为挡块制作工艺、挡块序列错选等因素留下不确定性，此外，在大尺寸射野中使用合金挡块，较大的重量极可能造成挡块脱落而伤及患者和工作人员，或者造成加速器部件损坏，给临床造成医疗差错或事故。因此，寻找安全高效且易用的挡块替代方式成为放射治疗历史中一个重要的环节。多叶准直器(multileaf collimator, MLC)作为成功的替代品最早于1965年在日本诞生，从诞生并首次使用起，MLC技术得到了迅猛发展，被广泛应用于各类医用电子直线加速器中，图5-1为MLC多叶准直器的外观。MLC最初的设计目的仅仅是取代传统的低熔点合金挡块，形成期望的射野形状并开展经典适形放疗。与低熔点合金挡块相比，早期的MLC具有操作简便、可靠性高、不会产生有害气体与粉尘等显著优势，可以方便地通过修改叶片设置的计算机文件，在现场快速调整射野形状，而不需要重新去浇筑一个新的低熔点合金挡块，患者在治疗过程中的摆位时间大为减少，从而可以提高病人的治疗量，大幅提高适形放疗的效率。

图5-1　MLC多叶准直器

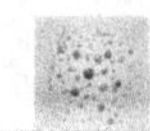

缺点是由于 MLC 叶片具有一定的宽度，适形度无法同传统挡块相比较，另外也无法形成类似于孤岛形的遮挡。但是，随着放疗技术的不断进步，MLC 的应用并没有局限于射野适形这一初始功能。经过发展，MLC 已具有 3 个基本应用功能：第一个功能应用是替代传统低熔点合金挡块，来形成静态的射野适形功能，在病人重复治疗的过程中，MLC 叶片位置信息以电脑文件的方式被不断调用；第二个功能应用是第一个功能的扩展，在弧形旋转治疗过程中，MLC 叶片随计划治疗靶区 PTV(planning target volume)在 BEV(beam's eye view)投影的变化而不断地进行实时的位置调整，这就需要大量的叶片位置数据，并且叶片位置在出束过程中作出不断的改变，这种能力为 MLC 的第三个功能应用提供了基础和可行性；MLC 的第三个功能应用是在加速器大机架角度固定或连续变化(arc)的状态下，利用 MLC 叶片运动能力在辐射过程中实现射束强度的调制，实现期望的剂量分布。

MLC 诞生之初只是用来替代低熔点合金挡块，而现今扮演的角色更多是虚拟补偿器，以静态或动态的方式对光子通量进行调制，这才是 MLC 在调强放疗中扮演的关键角色。MLC 的诞生、应用和发展极大地促进了适形、调强等放射治疗技术的临床应用，现今 MLC 已基本成为医用电子直线加速器的标准配置。

第一节　MLC 基本结构

MLC 的基本构成单元是叶片，其外形如图 5-2 所示(图中所示为弧形端面叶片)。叶片宽度(width)是垂直于射线行进方向与叶片运动方向的叶片物理尺寸；叶片长度(length)是平行于叶片运动方向的叶片物理尺寸；叶片端面(leaf end)是叶片伸向射野，形成射野边界的叶片一端的表面；与相邻叶片两两相触的叶片边缘是叶片侧边(side)；叶片高度(height)为沿射线行进方向，从靠近放射源的叶片顶面到接近等中心位置的叶片底面间的物理尺寸。叶片的高度、制作材质与叶片侧边的衔接设计决定了 MLC 对射线的衰减特性，射线从整片 MLC 高度透过的部分叫做叶片透射(leaf transmission)，射线从叶片侧边透过的部分为叶间漏射(interleaf transmission)，相对叶片组关闭至射野最小尺寸位置时，射线从叶片端面透过的部分为叶端透射(leaf end transmission)。图 5-3、5-4 所示为叶片透射与叶间漏射示意图及辐射胶片显示。相邻叶片沿宽度方向平行排列，构成叶片组，两个相对叶片组组合在一起即构成了 MLC。

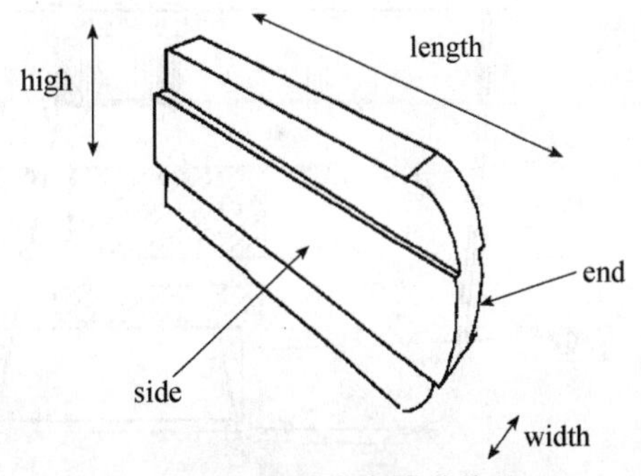

图 5-2　MLC 多叶准直器叶片单元示意图(弧形叶端)

根据 MLC 装配位置以及与独立准直器组合情况的不同，可以将 MLC 大致分成 3 种类型。第一类为上钨门替代型(upper jaw replacement) MLC，它以 Elekta 公司(原 Philips)产品为代表。在这类设计里，MLC 替代了直线加速器 G-T 或 Y 方向(平行于大机架旋转轴)的准直器上钨门，并在 MLC 和准直器下钨门之间安装了一对后备(back-up)钨门，厚度较薄且跟随 MLC 叶片一起运动，定位于 MLC 最外端叶片位置并与 MLC 叶片共同组成射野，可最大限度地降低 MLC 叶片的透射，具体结构示意图见图 5-5。

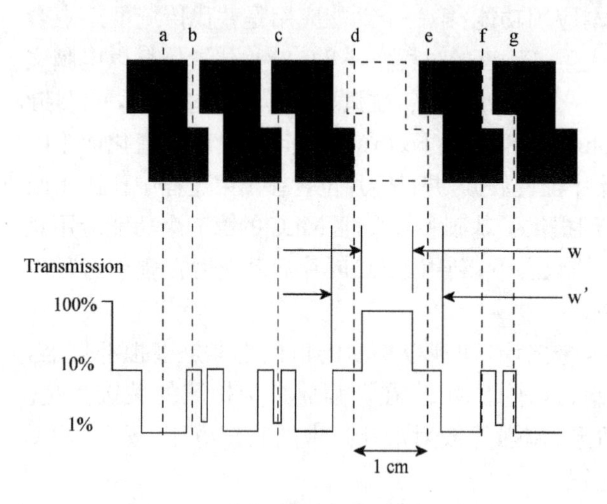

图 5-3　叶片透射与叶间漏射示意图

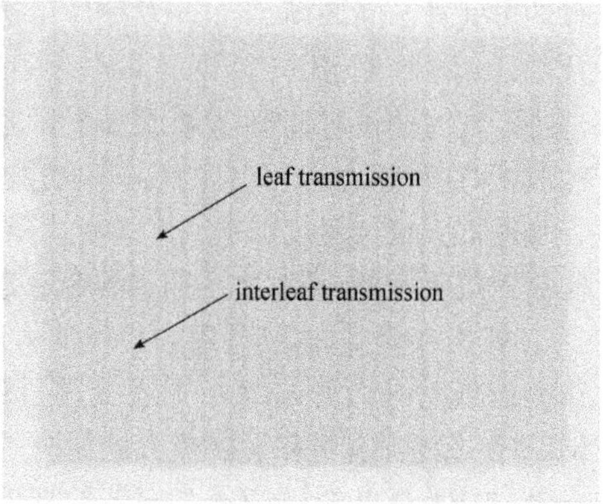

leaf transmission
interleaf transmission

图 5-4　叶片透射与叶间漏射辐射显示

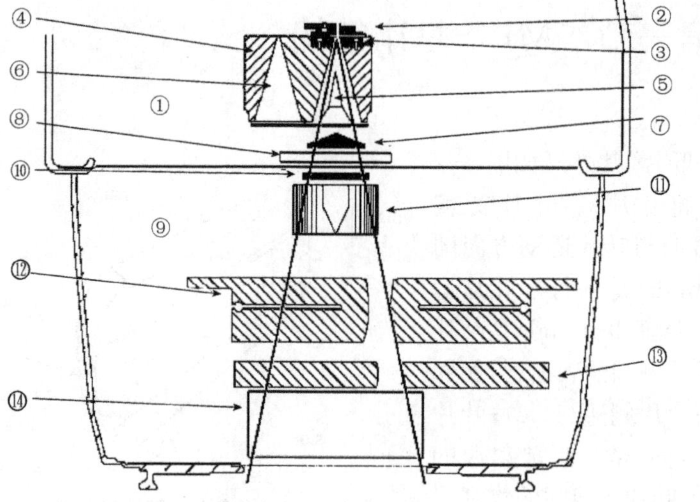

图 5-5　上钨门替代型(Upper Jaw Replacement)MLC 示意图

采用该类型设计的多叶准直器具备的主要优点有 MLC 叶片物理尺寸小、叶片运动范围小以及 MLC 构造紧凑等特性，这主要源于空间上 MLC 替代了独立准直器上钨门，叶片与放射源距离较近，当需要形成相同规格尺寸的射野时，较之其他类型 MLC，叶片所需运动范围及叶片长度尺寸都相应较小。但这样设计的结果是，因叶片距离等中心位置更远，叶片物理宽度与等中心处投影宽度比值更小，这样对叶片加工的精度要求更高，对叶片位置的控制难度增大，这是它的主要缺点。

第二类为下钨门替代型(lower jaw replacement)MLC，它以 Scanditronix、Siemens 以及早期的 GE(General Electric)等公司产品为代表。在这类设计里，MLC 替代了直线加速器独立准直器的下钨门，具体结构示意图见图 5-6。

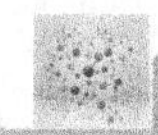

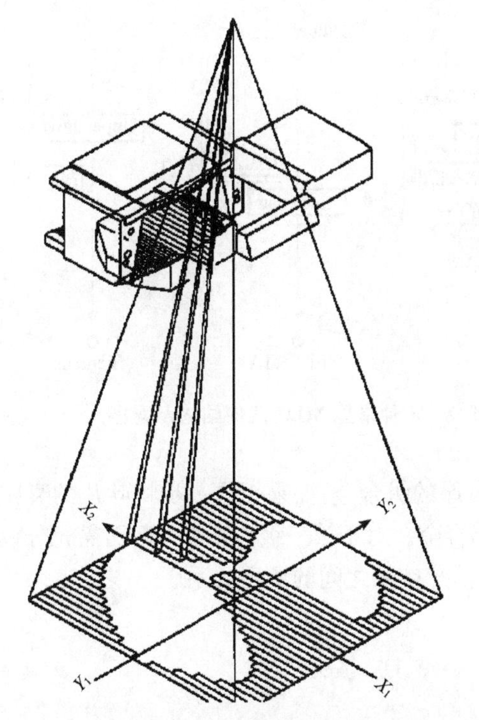

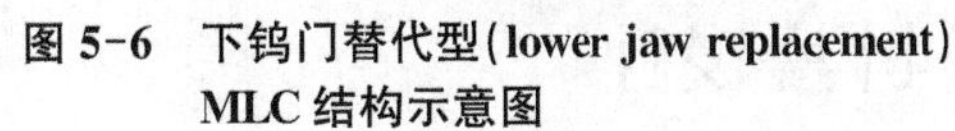

图 5-6 下钨门替代型(lower jaw replacement) MLC 结构示意图

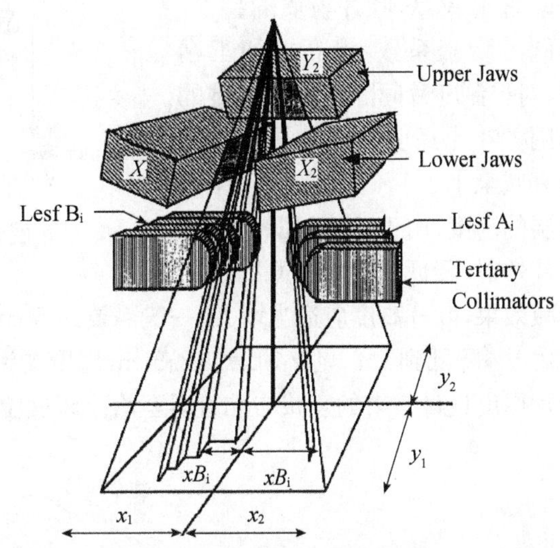

图 5-7 第三级构造型(third level configurations)MLC 示意图

第三类是以 Varian 公司 MLC 产品为代表的第三级构造型(third level configurations),它将 MLC 安装在独立准直器上、下钨门下方,成为一个第三级准直器(tertiary collimator),如图 5-7 所示。采用此种结构的最大优点是,因位于准直系统的最外侧,MLC 的故障便于工程人员维修,早期对于仅开展适形放疗的部门,MLC 一旦出现短期无法修复的故障,可直接将 MLC 从治疗机头上拆除,换用低熔点合金挡块继续对患者进行治疗。对于 Varian 公司 MLC,由于独立准直器上、下钨门的存在,在采取静态 SMLC(static multileaf collimation、segmented multileaf collimation 或 step & shoot)治疗模式时,钨门关闭至 MLC 射野最外端大小,可相对降低射野外叶片的透射,但在动态 DMLC(dynamic multileaf collimation 或 sliding window)治疗模式下,由于钨门并不跟随 MLC 叶片运动,此优势并不存在。此种构造的 MLC 由于距 X 射线靶较远(距离等中心位置较近),相对于上、下钨门替代型 MLC,叶片从一边运动到另一边所需移动的距离更长,移动速度需更快。同时,叶片尺寸需更大,这使得加速器机头的直径有所增大,加上此种设计的机头到等中心位置的距离较近,减小了患者摆位空间,在保留挡块托架的情况下,会给一些特殊体位(如乳腺癌患者)的摆位和治疗造成一定的困难。由于三级构造的设计及叶片体积与重量的增加,加速器旋转臂的负重也有所增大。对于 Varian 直线加速器,MLC 安装于原挡块托架位置,MLC 底端到等中心的距离稍长于无 MLC 时挡块到等中心的距离,外加物理楔形板之后这个距离稍有缩短,但使用动态楔形板技术可以避免此问题。图 5-8 为 3 种常见 MLC 的几何结构示意图。

钨合金是 MLC 叶片制作的首选材料,具有材质坚硬、膨胀系数低、制造性能好和成本相对低廉等优点。纯钨的密度为 19.35 g/cm^3,是密度最大的金属元素之一,但纯钨的缺点是材质较脆极易断裂，在纯钨中加入不同比例的镍、铁和铜元素等组成钨合金后，合金的密度稍有下降，约在 17.0～18.5 g/cm³范围内，但显著改善了 MLC 叶片材质的特性，降低了膨胀系数，提高了加工精度，对控制叶片间隙起到了关键的作用。叶片高度的设计须使原射线衰减至小于 5%，需要 4～5 个半价层的高度，由于叶片间漏射高于叶片透射，降低了叶片对原射线的衰减效果，叶片高度应适当增大，一般需要约 5 cm 厚的钨合金，如果想进一步将叶片的衰减范围由 5%降低到 1%，则必须增加 2.5 cm 厚度的钨合金。对于第三级构造型 MLC，需充分权衡叶片厚度设计带来的衰减与准直器至治疗床摆位治疗空间之间的矛盾关系。

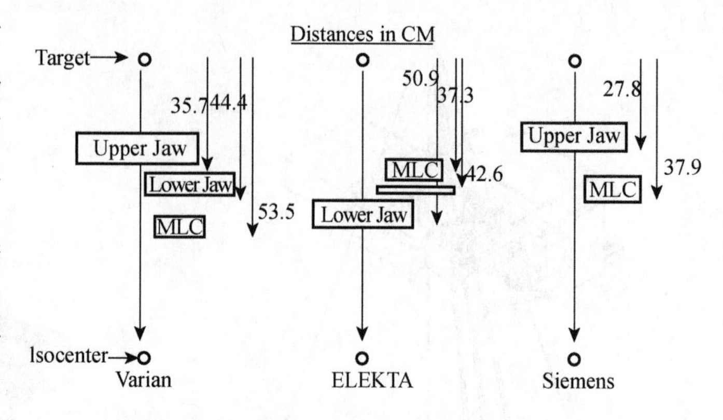

图 5-8　3 种常见 MLC 几何结构示意图

第二节　MLC 叶片设计

一、叶片宽度设计

叶片的宽度决定了 MLC 不规则射野与治疗靶区(PTV)形状的几何适形度，叶片宽度越窄，几何适形度越好。但是考虑到剂量沉积函数对剂量分布的影响，即使使用无限窄的叶片，能达到的剂量分布精度也是有限的。对于单层 MLC 设计，Bortfeld 等从理论上给出了最理想的叶片在等中心位置处的投影宽度是 1.5～1.8 mm，进一步减小叶片宽度不仅无益，反而会使叶片宽度与叶片间隙的比值更小，叶片间隙的数量更多，导致叶间漏射的比重上升。现实中考虑到加工制造的难度和高昂的成本，用于常规调强放疗的 MLC 叶片在等中心位置的投影宽度一般设计在 5.0～10.0 mm 范围，如 Varian 用于常规调强放疗的 Millennium MLC 80由 40 对 6.0 cm 厚(height)的钨合金叶片组成，每片在等中心投影宽度为 1.0 cm，最大射野尺寸为 40 cm×40 cm；Millennium MLC 120 由 60 对钨合金叶片组成，内侧 40 对在等中心投影宽度为 5.0 cm，外侧 20 对在等中心投影宽度为 10.0 mm，最大射野为 40 cm × 40 cm；Elekta 公司的 MLCi 由 40 对 7.5 cm 厚的钨合金叶片组成，每片在等中心投影的宽度为 1.0 cm，常规治疗的最大野为 40 cm × 40 cm；Agility MLC 具有 80 对叶片，等中心位置投影宽度为 5.0 mm，最大野为 40 cm×40 cm。用于 X 刀治疗的 Varian HD120 MLC 由 60 对叶片组成，中间叶片投影宽度(width)为 2.5 mm，外侧叶片投影宽度为 5.0 mm，最大野为22.0 cm×40.0 cm；BrainLAB m3 mMLC 由 26 对叶片组成，中间 14 对叶片宽 3.0 mm，中间叶片的左右两侧各有 3 对 4.5 mm 宽的叶片，最外侧 6 对叶片宽5.5 mm，最大射野为 10 cm×10 cm。

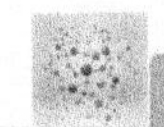

二、叶片横截面设计

叶片横截面的设计非常复杂，可以说它是对厂家的一个挑战。横截面形状主要应取决于两个关键因素：①在叶片整个运动进程中，叶片的横截面两侧边，须在方向上聚焦于放射源；②相邻叶片之间须有重叠设计，以使得叶片间的漏射剂量最小。第一个因素决定了单个叶片的横截面必须是梯形结构，顶面宽度小于底面宽度。例如，对于等中心位置 10 mm 宽的叶片，若叶片高度为 5.0 cm，底面宽度约比顶面宽度宽 0.5 mm。在此基础之上，多个叶片组合成 MLC 后的横截面也呈梯形，如图 5-9 所示。

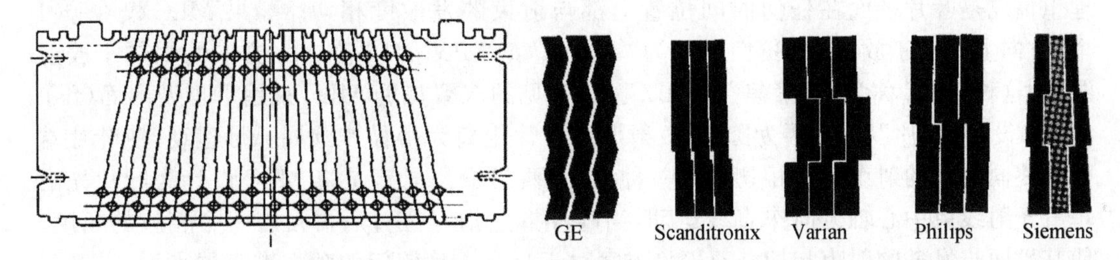

图 5-9　Siemens MLC 截面图，使用聚焦设计和凹凸槽结构

图 5-10　不同厂商 MLC 叶片横截面设计示意图

第二个因素则决定了叶片的两侧边必须采用曲折或凹凸设计，相邻叶片的曲面或凹凸槽彼此贴合，不让射线直接从缝隙通过。为保持相邻叶片间的相对运动和机械结构的整体性，多数厂家的叶片取台阶式，图 5-10 所示为不同厂商叶片的横截面设计。

叶间漏射需考虑到两个方面的因素：①相邻叶片间的漏射；②相对叶片端面间的漏射。Jordan 和 Williams 对相邻叶片间漏射作了相应的分析研究，图 5-3 所绘为 MLC 射线穿射路径及叶片透射示意图，穿射注量均理想化简为取整（阶梯）函数形式。图中射线 a 穿过叶片整个高度，经过充分衰减后达到 1%的透射，也就是理想中的衰减程度，射线 b 经过约半高叶片的衰减后达到 10%，射线 c 穿过相邻叶片的凹凸槽部分达到近 1%的透射。虽然叶片横截面设计聚焦于放射源，但由于叶片侧边设计有凹凸槽，假设设置一个 1.0 cm 宽度的射野（叶片在等中心位置投影宽度＝1.0 cm），叶片侧边会产生半影区，大小为 $(W'-W)/2$。实践中，由于凹凸槽设计尺寸非常狭小，叶片侧边半影也非常狭小。Jordan 与 Williams 采用指形电离室以及胶片，对 Philips 公司 MLC 的透射特性进行了测量，在研究中他们还针对不同角度大机架下的表现来评估重力对 MLC 的影响。在 6 MV 和 20 MV 能量下，透射剂量平均值分别为 1.8%和 2.0%，最大值分别为 4.1%和 4.3%；相对叶片端面的透射在 6 MV和 20 MV 能量下分别为 51%和 61%。Galvin 和 Smith 等用辐射免洗胶片对 Varian 公司 MLC 叶片的透射特性进行了测量，6 MV 时叶片透射剂量为 1.5%～2.0%，15 MV 时为 2%，18 MV 时为 1.5%～2.5%，叶片间漏射增加 0.25%～0.75%的剂量。此外，在前两档能量下，连接叶片与传动装置的螺钉部位透射最大值可达 3%。这些数值低于低熔点合金挡块（3.5%）但高于独自准直器钨门（<1.0%）。18 MV 能量档时，MLC 叶片关闭状态下相对叶片叶端在中心轴上的漏射可达 28%，而在离轴位置最低至 12%，这主要是因为离轴距离越大，叶片端面狭缝与放射源发出并通过狭缝的射束形成的夹角越大。

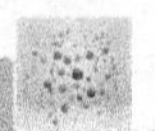

三、MLC 叶片端面设计

放射源的射束在 IEC x(平行于 MLC 叶片运动方向)和 IEC y(垂直于 MLC 叶片运动方向)方向上都是发散的。准直器的钨门或叶片的端面在打开和关闭过程中遵循射束发散角度,聚焦于放射源的设计被称为"聚焦"。前文提及的叶片横截面设计中,采用叶片上窄下宽(机架角度为 IEC 0°时)的方法来使得 MLC 在 y 方向上聚焦于放射源。而在 x 方向上,为了减少叶片端面对射野半影的影响,叶片端面的设计是一个必须考虑的因素,端面设计应遵循使射野半影尽可能小,且在不同射野大小时,努力保持半影一致,因此,理想情况是叶片端面在任何时间位置上都与射束的发散度相切。如果 MLC 仅在 y(1 个)方向上聚焦于放射源,我们称之为"单聚焦"型 MLC;如果在 x、y 方向均聚焦于放射源,则这种 MLC 称为"双聚焦"型 MLC。最常见的双聚焦型 MLC 采用平坦型端面(flat-ended)设计,叶片以放射源为圆心,放射源至叶片距离为半径作圆周弧形运动,使叶片端面始终同发散的射束保持相切。另一种设计(西门子公司),是将 MLC 设计为叶片先沿垂直于射线束中心轴方向作直线运动,当叶片抵达指定位置后再自转一个相应的角度,使其端面与发散的射束相切。双聚焦方案对于只有 4 片钨门的独立准直器来说,设计与制作相对容易,但对于拥有各自可独立运动的数十片叶片的 MLC,情况显然复杂许多,实现起来相对较难,正因为如此,更多的厂商采用了结构简单运作可靠的单聚焦设计来制作 MLC,但随之而来的是叶片端面产生的半影。为抵消或降低半影影响,单聚焦型 MLC 的叶片端面常被设计成圆弧形(curved-ended),但这样的设计仍使得光野与辐射野的不一致性达到 0.5～1.2 mm/单边。

在调强放射治疗中,一个关键问题就是必须非常准确地确定射野边缘的位置与 MLC 叶片末端标称位置的相对关系,对具有弧形端面的 MLC,射野边缘和叶片标称位置的偏差随射线能量和射野中心轴位置的不同而有所区别,对双聚焦型 MLC,如果叶片运动偏离弧形轨道,这个偏差也存在。采用非聚焦叶片端面时,应注意两点:首先半影宽度比聚焦型端面有所增大,其次是半影宽度随叶片离开射束中心轴的位置产生变化。弧形端面的曲率半径取值应恰当,Galvin 等阐述了端面曲率半径 r 的设计思路,端面半径取值较大时,小尺寸射野的半影宽度可接受,但是大尺寸射野的半影表现比较差。而端面半径取值过小时,大小射野的半影表现均比较差。图 5-11 为取不同大小半径 r 值的弧形端面示意图。

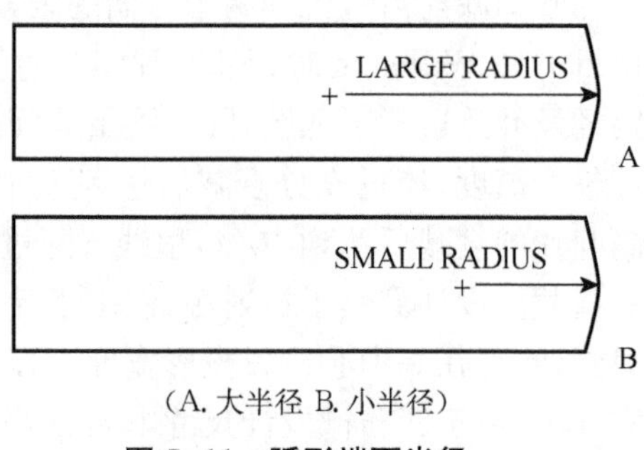

(A. 大半径 B. 小半径)

图 5-11 弧形端面半径 r

选择曲率半径设计合适的弧形端面,辐射野沿圆弧形叶片端面上的弦(圆弧是一个完整圆的一部分)发生衰减,当叶片运动时,弦围绕着叶片圆弧端面旋转,但在叶片运动范围内的任何位置上,弦的长度基本一致,所以射束在叶片端面的衰减与半影的宽度也基本保持一致。

为了最大限度地减小半影宽度,且使叶片运动于不同位置时的半影宽度基本一致,有厂商将弧形端面设计为如图 5-12 所示,它由一个非对称的圆弧段以及两侧的平直段组成。

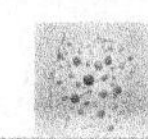

图 5-12 中，对于任一叶片，上平直段 28 和下平直段 30 分别在叶片越过中心轴最多和离中心轴最远时，与放射源发散角度重合。由于放射源距离叶片顶面和底面数值不同，叶片顶面距离等中心位置更远，造成顶面产生的几何半影尺寸略大于底面的几何半影。

$$几何半影大小=源尺寸\times\frac{(参考平面距离-叶片表面距离)}{叶片表面距离}$$

假设参考平面距离为 100 cm，叶片顶面距离(距离源)为 48.2 cm，叶片底面距离(距离源)为 53.4 cm，则底面产生的几何半影为：源尺寸×0.873；顶面产生的几何半影为：源尺寸×1.075；底面产生的几何半影相当于顶面的 0.812 倍。这种几何半影的差异可以通过调整穿射半影来补偿，如图 5-12 所示，把圆弧段的圆心 P 偏离中心轴 36 一定距离，距离大小由下式决定：$e^{-\mu x}=0.812$。其中，0.812 是叶片顶面与底面几何半影的几何因子，μ 是线性衰减系数，x 是求得的偏离距离。图 5-13 所示为上述两种端面设计的半影大小对比，上方曲线为半径 8 cm 的圆弧端面设计叶片的半影大小，下方曲线为半径 8 cm 的非对称圆弧段和平直段设计叶片的半影大小，可见后者具有一定的优势。

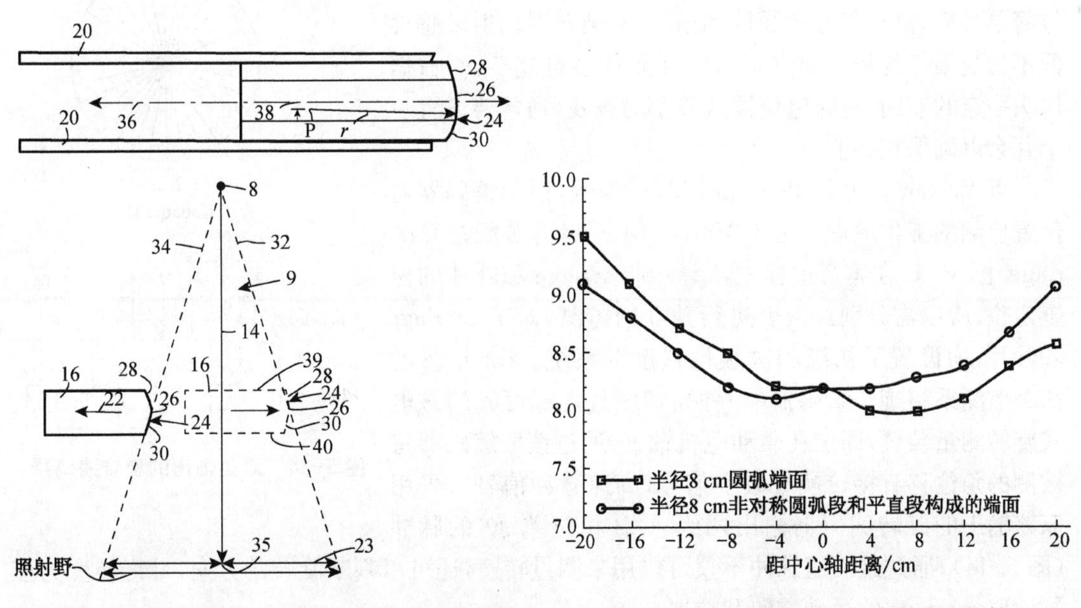

图 5-12　包含直线段和圆弧段的端面设计示意图　　**图 5-13　两种端面设计的半影大小比较**

MLC 的设计构造对放射治疗的实施和效果有着重要影响，目前各厂商生产的各型 MLC 的构造趋于稳定，性能基本能满足临床需求。未来 MLC 的结构可能会向进一步减小叶片宽度、多层设计以及优化叶片端面设计等方向发展。

第三节　MLC 控制特点

不同的厂家使用不同控制机制来驱动叶片准确地运动到预定位置。要完成移动叶片至正确位置的任务通常包括下述 3 项程序：叶片位置监测；叶片位置及控制逻辑；叶片驱动装置。

一、叶片位置监测

叶片位置必须实时监测，以实现对 MLC 安全可靠的控制。由于 MLC 厂商及型号的区别，所采用的叶片位置监测机制也各有差异，下面介绍几种商业产品中常用的方法。

1. 限位开关(limit switches)

限位开关方式主要适用于开关式准直器，例如 NOMOS 公司 MLC，它通过开关状态来监测叶片开与关状态。

2. 编码器(encoders)

编码器有许多类型，MLC 系统使用的通常有高精度电位器(potentiometers)、线性编码器(linear encoders)以及旋转编码器(shaft encoders)等。使用编码器具有读取信号简单可靠，具有很好的线性和精度，且装置对辐射敏感性低不易受损等优势。缺点是布线及元件多且复杂，需占据机头一定的空间，有时电位器故障不易查找，通常要设置一个冗余以确保正确监测。

以 Varian 公司 Millennium MLC 为例，说明编码器对位置监测的工作原理。由于 Varian MLC 叶片装配在 Carriage 上，MLC 在运行过程中，牵涉到 carriage 和叶片的位置定位，所以需分别对两者进行独立的监测，对于 carriage 和叶片，均设置了初级和次级位置读取系统。carriage 的初级监测系将旋转编码器(一种高精度且性能可靠的磁电式旋转测量装置)固定在驱动电机轴上，通过读取编码器将被测的角位移直接转换成数字信号(高速脉冲信号)，采用双路输出的旋转编码器输出两组 A/B 相位差 90°的脉冲(图 5-14)，通过这两组脉冲不仅可以用来测量转速，还可以判断旋转的方向，最终转变为监测读取 carriage 的运动方向和位置。

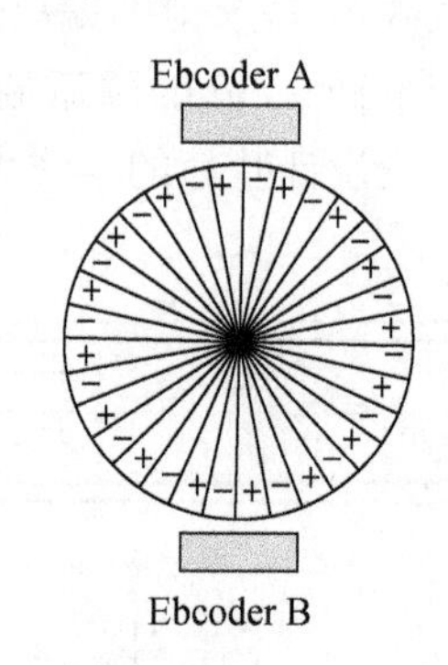

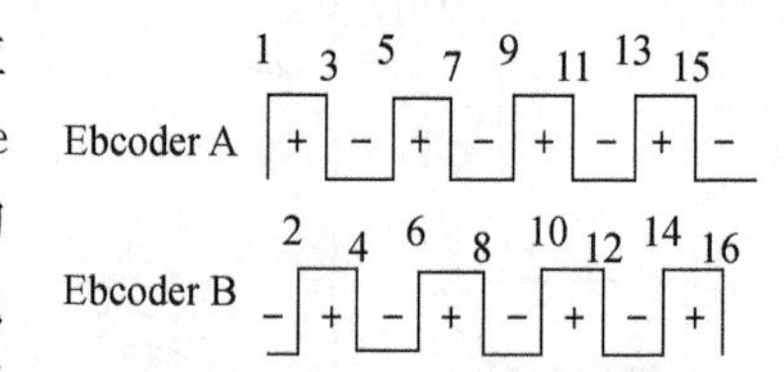

图 5-14　双路输出的旋转编码器

carriage 的次级监测采用线性编码器方式，它将高精度测量标尺(刻有光栅)安装在支持块上固定不动，将光电耦合器安装在 carriage 底座上随 carriage 同步运动，测量标尺与光电耦合器非接触式对齐。当 carriage 运动时，经发光二极管发出的光线可穿过光栅的缝隙或被光栅阻隔，光敏三极管受到穿过的光线照射后产生电流，系统控制器将电信号作进一步处理产生位置输出。图 5-15 为 carriage 的线性编码器工作示意图。

初级监测与次级监测并行工作并将两者获得的数据进行比较，如差值在容错范围内，则输出初级监测位置数据，若差值超出容错范围则报错。叶片的初级监测机制与 carriage 一致，也是采用固定在驱动电机上的双路输出旋转编码器方式获取数据；叶片的次级监测如图 5-16 所示，在每片叶片的顶面装有一个弹簧小球，它与安装固定在其上方的接触式薄膜电位器(线性压力位置传感器)紧贴，当叶片运动时，通过电位器元件将机械位移转换成与之成线性或函数关系的电压输出，系统作进一步处理产生位置输出。与 carriage 一样，系统对叶片的初级和次级监测数据进行比较，并输出位置数据。

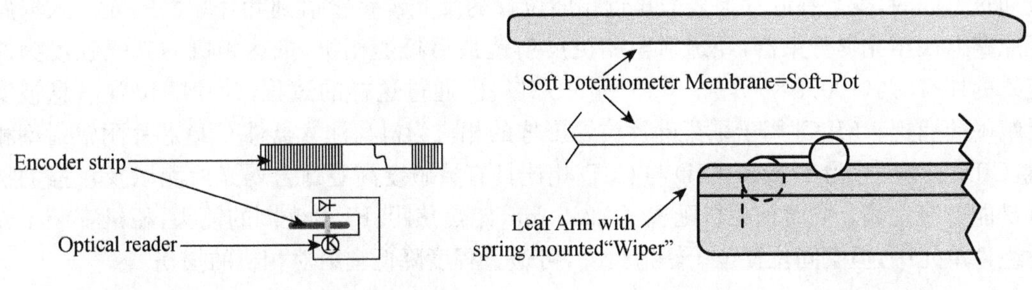

图 5-15　carriage 线性编码器示意图　　　　图 5-16　叶片次级监测工作示意图

3. 视频光学系统(video-optical systems)

该系统使用为病人摆位用的相同光源(射野灯光)，在靠近叶片端面的位置安装一个反光镜，并在加速器治疗头内增设一个光学分束器，投射到叶片端面的光通过反光镜沿入射路径原路返回，经光学分束器至 MLC 位置接收器，接收器一般是电荷耦合器件(charge coupled device，CCD)或电荷注入器件(charge injection device，CID)芯片照相机。视频信号被转换成数字信号，送入 MLC 控制器中的图像处理器处理。视频光学系统的优点有：MLC 位置实时显示、接线少、较高的空间分辨率和位置线性等，但 CCD 照相机不耐辐射，需要经常更换。

以 Elekta 公司 MLCi 型为例说明视频光学系统工作原理，图 5-17 为其用于叶片位置监测的视频光学系统示意图，系统被设计安装成一个单独的光学组件单元，以便于工程师拆卸维修，此外光学组件的模块化装配也有助于降低镜片之间的相对位移。系统工作时先由一个投影灯泡组件产生一束光源(强度 100%)，经镀银投影反射镜反射至光学分束器

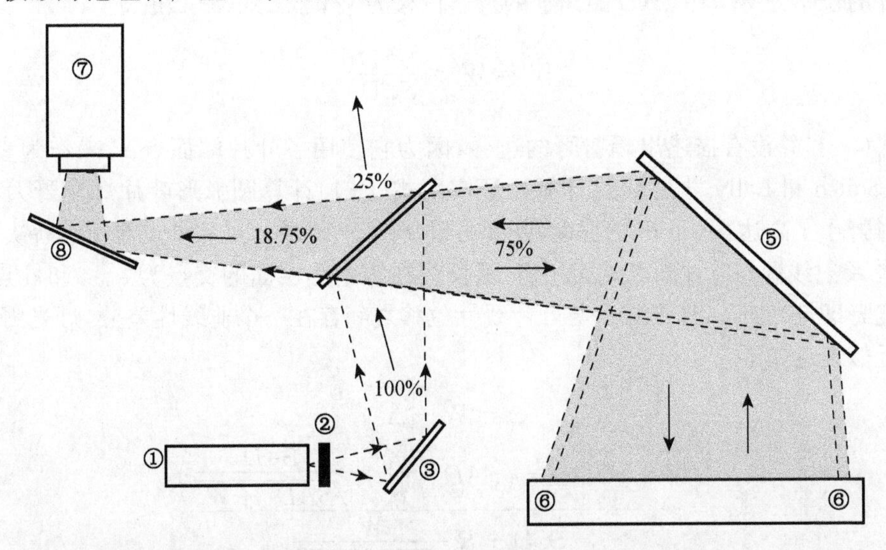

① Projector bulb assembly；② Projector baffle；③ Projector mirror；④ Beam splitter 75/25；
⑤ Mylar mirror；⑥ Leafbank with reflectors；⑦ Camera；⑧ Camera mirror.

图 5-17　视频光学系统示意图

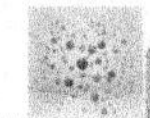

75/25(反射 75%、透射 25%),再经镀铝聚酯薄膜反射镜反射,通过钨门和 MLC 叶片生成用于表示辐射野大小及投影在患者身上摆位用的灯光野,聚酯薄膜反射镜可被 X 线和电子线通过。同时,安装在叶片上表面靠近端面位置的反光镜将投射到叶片端面的光沿入射路径原路返回至光学分束器,经透射至相机反射镜最后抵达相机,抵达相机的光线强度为原光线的18.75%(100%×75%×25%=18.75%)。通过这样的过程,叶片的位置信息被实时精确的捕捉。MLCi 用于采集叶片位置影像的相机为电荷注入器件 CID 芯片耐辐射型相机,CID 芯片尺寸为 17 mm,CID 与 CCD 相比具有灵敏度高更适合弱光检测以及较强的抗电晕能力等优势。同时该相机配置了 12.5 mm 定焦焦距、F1.8 光圈的镜头,相机安装于光学组件单元中,但空间位置位于辐射野外,可最大程度降低辐射对相机的损伤。

二、叶片位置及控制逻辑

实现 MLC 功能的一个必须解决的问题是对叶片位置的定义和控制。MLC 辐射野的边界定义为半影区 50%等剂量线,它取决于散射效应以及叶片端面对射线的衰减。对于采用平坦型端面的双聚焦型 MLC,在叶片运动范围内的任意位置,其叶片端面总是与射线发散角度相对齐,在这种情况下,叶片端面的延长线基本对应于辐射野边界 50%等剂量线上,MLC 的几何投影(灯光野)与辐射野基本一致。对于采用圆弧形端面的单焦点型 MLC,灯光指示的是端面切点的位置,并不是原射线注量被衰减 50%的位置,使得情况变得相对复杂。图 5-18 所示为圆弧形端面叶片在 3 个不同位置的示意图,X 射线源到叶片高度的中心距离为 SCD,圆弧端面曲线与叶片高度中心线的交点为 P,X 射线源到等中心距离为 SAD,弧形端面的曲率半径为 r。叶片如图所示分别停留在 3 个位置:放射源点与 P 点的连线延长线在等中心平面的投影分别为 e、c、b,如果 P 点从投影位置 c 运动到 b,那么在 SCD 距离上叶片的位移为 W',在 SAD 距离上的投影位移为 W,那么式(5-1)成立:

$$W = W' \times \frac{SAD}{SCD} \tag{5-1}$$

但式(5-1)并没有描述出辐射野的边界,因为它使用了叶片端面点 P 来作为参考点,Galvin、Smith 和 Lally 早在 1993 年就已证实用式(5-1)计算圆弧形叶片灯光野大小实际要比辐射野小了高达 5.0 mm 的程度,差别可以从图 5-18 中 a 点和 d 点看出。解决的一种方法是将 X 射线源与叶片圆弧端面相切,延长线在等中心层面的交点为 a、c 和 d 点,形成一个半宽野即灯光野 x,灯光野 x 与叶片线性位移之间存在一个非线性差分,灯光野位置 x 数值可近似表达如下:

$$x = W - \Delta \tag{5-2}$$

$$x = \frac{W \cdot SCD \pm r \cdot SAD \cdot \left(1 - \frac{SAD}{\sqrt{SAD^2 + W^2}}\right)}{SCD \pm R \frac{W}{\sqrt{SAD^2 + W^2}}} \tag{5-3}$$

相对于叶片的物理运动,这种非线性修正的方法可将灯光野投影位置与叶片辐射野的最大偏差缩小至约 1.0 mm,此方法被 Varian 某些型号 MLC 所采用。另外,沿射线通过叶片弧形端面某个弦的注量跌落50%的厚度等于1 HVL,在图5-18中,投影在e点的线段是非常靠近此值的射线,辐射野比灯光野宽出的是一个几乎恒定的值(对应于叶片弧形端面1 HVL的弦),因此,计算1 HVL圆弧弦的投影可以将误差降低到1.0 mm以内。在Elekta MLC的设计中,采取将光源至等中心距离缩短约1.0 cm的方法以扩大灯光野的指示范围,达到与辐射野一致,但这样导致了独立准直器的灯光野比辐射野大,为此,在独立准直器钨门边附加1对称之为“光野调整片”的薄铝片加以遮挡以修正灯光野,使二者符合。理论上说,这样的处理只能保证在等中心(通常为100 cm)距离上的准确性,但在实际病人摆位距离范围内,当使用到其他距离值时,这种处理所导致的误差是极小的。

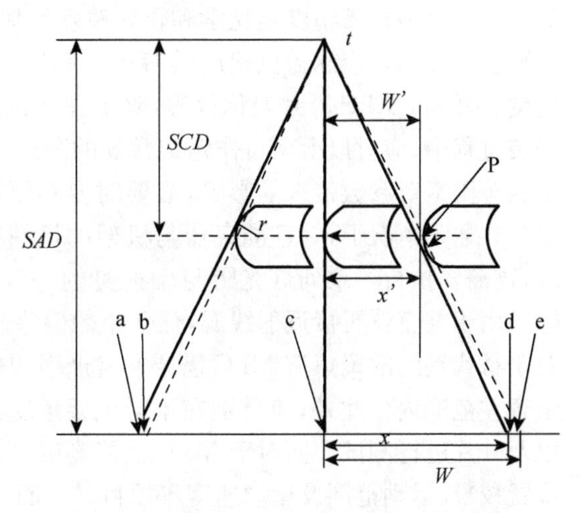

图5-18　圆弧形叶片端面灯光野与辐射野示意图

在Varian和Elekta多叶准直器的设计里,辐射野边界位置(衰减50%)与叶片移动位置的对照关系一般是以查询表(look-up table或MLC table)的形式存储于多叶准直器控制器(MLC controller)中,叶片到达规定的位置所要移动的距离从表中得到解释。此外,叶片运动被控制在基于动作平滑性和安全性的考虑下,以尽可能快的速度到达目标位置,安全性主要指的是相对叶片之间的碰撞。

三、叶片驱动机构

对于开关型MLC,一般采取活塞气动式控制,使叶片快速开、闭。对于非开关型的MLC,基本采用电机驱动,通过丝杠旋转运动变成叶片的直线运动。依据设计的不同,叶片运动速度大约在0.2～50 mm/s范围,多数情况下,运动速度为1～2 cm/s。

第四节　MLC的验收测试、临床测试与安全评价

一、验收测试

MLC功能需符合制造商的规格,验收测试过程可以为用户提供熟悉MLC的机会以及确认验收结果事实上符合规定的接受标准。由于这些结果只对验收测试过程有效,并不保证具备长期的准确性和可靠性,因此,同其他设备一样,MLC在今后的运行中应进行定期的常规质量保证。验收测试包括了诸如机械精度校准、光学精度校准以及MLC性能测试

等项目。因为机械精度是光学和辐射精度的基础，所以应首先对机械精度进行完整全面的校准。校准项目应涵盖机架旋转等中心精度、准直器旋转等中心精度、治疗床旋转等中心精度、钨门和 MLC 叶片对称性等，除了在装机过程结束后作最后的检测之外，在加速器的安装过程中，应对以上项目作定期常规的测试，安装中应考虑后续安装的 MLC 因为空间和重量等因素对参数带来的影响，必要时要对原设备做出相应的调整，以使得整体性能符合要求。通常情况下，一旦准直器与机架的机械精度对准，即可检查光学与辐射野的对准精度，这需要执行一系列灯光野与辐射野的一致性测试，准直器与机架的 Spoke Shots 测试等。由于准直器更接近射线源，任何小的偏差通常会导致几何倍数放大的严重后果，因此，对于替代钨门的聚焦型 MLC 需要非常严谨的校准，对于圆弧端面的第三级 MLC 则需校准至容差范围内。此外，应分别在不同机架角度（IEC 0、90、180 和 270°）下对钨门、后备钨门以及叶片进行测试。而对于 MLC 性能测试，项目应包含等中心平面叶片投影宽度、叶片的位置校准、运动范围及运动速度等项目。下面以 Varian Millennium 型 MLC 的验收测试项目为例，说明测试方法（不同厂商及型号之间的检测内容基本一致，只是在参数和个别项目上稍有调整）。

验收测试所需工具：50 cm 高精度金属尺、6～8 英吋水平仪、厘米/毫米刻度卷尺、2 mm 钻头、相关 MLC 模式文档、毫米刻度方格坐标纸、免洗胶片等

1. 机械测试

(1) 灯光野对准

参数指标：灯光野等中心偏差≤1.0 mm。

测试方法：将机架放置于 IEC 0°，独立准直器钨门开至35 cm×35 cm，尽可能升高治疗床，治疗床头放置一锐边尺并伸出至射野中心附近并投影在转盘上，在转盘上放置坐标纸并与锐边尺投影边对齐，旋转准直器角度范围90～270°并观察尺边界投影的偏离值，要求不能超过 1.5 mm（相当于等中心平面 0.65 mm）。

(2) 十字线对准

参数指标：十字线等中心偏差≤1.0 mm、十字线与钨门平行偏差≤±2.5 mm（射野 35 cm×35 cm 下）。

十字线等中心精度测试方法：将机架放置于 IEC 0°，独立准直器钨门开至 35 cm×35 cm，治疗床平面升至 SSD=100 cm 并放置坐标纸，将十字线与坐标纸刻度对齐，旋转准直器角度范围90～270°并观察十字线中心投影的偏离值，要求不能超过 1.0 mm。

十字线平行度测试方法：十字线与坐标纸刻度对齐，将 y 方向钨门设置为 35 cm，分别驱动 x 方向两钨门至距离投影十字线 1.0 cm 的位置，测量钨门与十字线距离，判定十字线径向最大误差值；再将 x 方向钨门设置为 35 cm，同样方式测量十字线横向最大误差值。

(3) 准直器旋转等中心精度

参数指标：准直器机械轴旋转中心精度≤1.0 mm 半径的圆。

测试方法：机架置于 IEC 0°，并用水平仪确认其准确性，准直器安装经校准过的 100 cm 前向指针，在治疗床放置另一前向指针并且尖端伸出床头，与准直器上前向指针交于等中心位置，旋转机架于 90～270°范围以检查准直器上前向指针尖端准确放置于 SSD=100 cm 处。确认完毕后移走床上前向指针，在治疗床上放置坐标纸并刻度对准紧贴准直器前向指针尖端，旋转准直器于 90～270°范围，观察指针尖端旋转所画圆的半径。

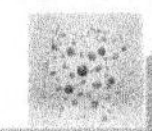

(4) 机架旋转等中心精度

参数指标：机架机械轴旋转中心精度≤1.0 mm半径的圆。

测试方法：机架置于IEC 0°，并用水平仪确认其准确性，准直器安装经校准过的100 cm前向指针，将治疗床面放置于SSD=100 cm左右高度，用胶带固定短前向指针使其尖端伸出床头，调整床高度和位置使准直器前向指针尖端下缘对准短前向指针尖端的中心，两者距离约1.0 mm，旋转机架于0～360°范围，观察指针尖端旋转所画圆的半径。

(5) 光学距离指示器(ODI)验证

参数指标：在SSD=100 cm处的误差≤±1.0 mm，其他范围误差≤±5.0 mm。

测试方法：机架置于IEC 0°，钨门开至35 cm×35 cm，使用校准过的前向指针将治疗床(安装碳纤维嵌板)升至等中心高度，移走前向指针，将坐标纸放置于床面并用胶带固定，取一卷尺，将尺头用胶带固定于治疗床边下缘，尺座置于床另一边扶手，尺面平铺于治疗床面，在一小片胶带上做一标记并贴于治疗床边，标记在垂直方向与卷尺一刻度对齐，此点定义为TSD=100 cm的参考值。打开灯光野，将十字线与光学距离指示投影于一张白纸，验证SSD=100 cm距离下光学距离指示值误差；使用卷尺作为参考(即TSD=100 cm参考值)，在维修模式下选用原始坐标(Raw Scale)示值(显示电位器电压值)，将床提升20 cm(参考值增加20 cm)，再返回正常示值状态，验证SSD=80 cm距离下光学距离指示值误差；使用卷尺作为参考(即TSD=80 cm参考值)，将床下降50 cm(参考值减去50 cm)，验证SSD=130 cm距离下光学距离指示值误差。

(6) 准直器示值校准

参数指标：准直器示值与真实值误差≤±0.5°。

测试方法：将机架置于90°或270°，准直器置于IEC 0°左右，治疗床升至等中心平面附近，射野开至最大，放置一水平仪在床面，用小薄片调整水平，灯光野将水平仪投影在治疗室墙面上，同时观察x方向上下钨门边缘的投影，关小x方向钨门并调整准直器角度让其边缘与水平仪投影平行，此时准直器角度为IEC 0°，旋转机架至IEC 0°，准直器角度不变，检查准直器数显和机械指示的误差；将钨门调至20 cm×20 cm，治疗床面升至SSD=100 cm，放置一坐标纸，将径向十字线对准坐标纸刻度，旋转准直器至90°附近至十字线再次对准坐标纸，检查准直器数显和机械指示的误差，用同样的方法检查准直器在270°位置的误差。

(7) 附件装置

参数指标：锁紧装置及连锁开关正常工作。

测试方法：机架置于IEC 180°，插入物理楔形板但不到锁紧位，检查相应连锁是否正常工作，再将物理楔形板拔除检查相应连锁是否消失；正常插入楔形板，旋转机架及准直器，使插槽口朝向地面，检查锁紧功能是否正常。

2. 静态MLC(Static MLC)

(1) 叶片到位精度

参数指标：SSD=100 cm距离上，叶片实际位置与MLC计划预设值误差≤±1.0 mm。

测试方法：使用校准过的前向指针将治疗床面升至SSD=100 cm，床面放置并用胶带固定坐标纸，机架置于IEC 0°，钨门开至40 cm×40 cm，先将MLC置于备用模式，旋转准直器使得十字线与坐标纸刻度对，然后分别调用MLC计划里预设的叶片模型(叶片位置5

cm、Side A －10 cm、Side B －10 cm、15 cm)，验证每种模型叶片的位置精度。

(2) 叶片位置重复性

参数指标：运行 Autocycle 应用前后叶片位置记录之间的误差≤±1.0 mm。

测试方法：在 MLC 工作站应用中执行叶片重复性文件模型，将实际叶片位置在坐标纸上标记下来，退出 MLC 工作站应用，并打开 Autocycle 应用，打开相关路径下的 MLCDATA. MLC 文件，循环执行 15 个模型后，再次执行叶片重复性文件模型，比较前后两次叶片位置的误差。

3. 辐射测试

(1) MLC 准直器 Spoke Shot 测试

参数指标：X 线中心轴随准直器旋转精度误差≤1.0 mm 半径的圆。

测试方法：加速器设置为维修模式并屏蔽 MLC 连锁，收回 MLC 叶片使得十字线可见，将钨门开至 25 cm×25 cm，治疗床面升至 SSD＝100 cm，固定一显影胶片在床面，十字线对准胶片中心附近位置，选取 MLC 预设的 Collimator Spoke Shot 模型(中心两对叶片打开位置至 10 cm，其余叶片关闭，形成 20 cm×1 cm 射野)，分别在准直器 IEC 0、45、90 及 315°下出束曝光胶片，用细线对胶片上每个角度的 Spoke Shot 长条形影像作纵向二等分，验证细线相交所围成区域(四边形)最长对角线的距离。

(2) MLC 机架 Spoke Shot 测试

参数指标：X 线中心轴随机架旋转精度误差≤1.0 mm 半径的圆。

测试方法：收回 MLC 叶片使得十字线可见，在治疗床面上用建成模体夹紧一竖直放置的显影胶片，胶片平面朝向机架并与机架旋转平面平行，调整床的高度及位置，使得加速器机械等中心与胶片中心附近位置对准，这样当机架旋转时射线束纵向穿过胶片。将钨门开至 25 cm×25 cm，选取 MLC 预设的 Gantry Spoke Shot 模型(所有叶片打开位置至 0.5 cm，形成 1 cm×25 cm 射野)，准直器置于 IEC 0°，分别在机架 IEC 0、90、275 及 185°下出束曝光胶片，用细线对胶片上每个角度的 Spoke Shot 长条形影像作纵向二等分，验证细线相交所围成区域(四边形)最长对角线的距离。

(3) 灯光野与辐射野的一致性

参数指标：在 SSD＝100 cm 距离上，灯光野与辐射野一致性精度误差≤±2.0 mm。

测试方法：机架与准直器置于 IEC 0°，治疗床面升至 SSD＝100 cm 高度，分别选取 MLC 预设的 LF vs×10 cm×10 cm 与 LF vs×24 cm ×24 cm 模型(对于所有曝光，钨门均比 MLC 射野大 0.5 cm)，床面放置显影胶片，使用记号笔或细针标记灯光野边界，胶片上下放置适当厚度建成模体，使用低档能量 X 线曝光胶片，使用同样方法在高档能量 X 线下曝光另一张胶片，在显影胶片上比较 50%等剂量线与标记的灯光野边界的误差。

4. 动态 MLC(dynamic MLC)

(1) 验收测试中剂量率选择

在所有动态 MLC 测试中，均使用 400 MU/min 剂量率。

(2) MLC 动态日志检查

在 4DTC 工作站上通过 Hyperterminal 执行 diagAutoDynalogs 命令，MLC 控制器将 carriage A/B 的动态日志文件拷贝到 MLC 工作站相关路径下，可进入目录并使用动态日志文件查看器(dynalog file viewer，DFV)进行检查，carriage A/B 日志分别以 Dynloga. ××

×/Dynlogb.×××文件来命名,扩展×××从序列号 001 开始并自动递增,应检查序列号同动态 MLC 测试之间的对应关系。

(3) 机架旋转下叶片运动速度测试

该测试用来确认 MLC 叶片运动速度达到标准速度 2.5 cm/s,测试程序中治疗野内叶片移动总距离为 140 cm,驱动叶片以恒定速度 2.5 cm/s 运动,剂量率为 400 MU/min,通过计算可以得出机器跳数(monitor unit,MU)为 373。

测试方法:加速器选取治疗模式,钨门设为 5.0 cm×5.0 cm 对称野,准直器角度设为 IEC 0°,这样可以考验在机架旋转时叶片运动在重力作用下表现。调用相关目录下的 MLC 测试文件(A1×××××××.arc,×'s 对应于具体 MLC 型号)并选取适用的剂量率,测试时机架从 IEC 90°旋转至 IEC 270°,测试中要求没有连锁出现,测试结束后,获取动态日志文件并通过 DFV 应用查看,最大均方根误差表中,carriage 值应≤0.35cm,误差直方图中,bins 1~8 的百分数总值应≥95%,bins 22 的计数值应为 0。

(4) 叶片位置连锁测试

测试计划试图在规定时间内移动叶片距离 70 cm,即使得 MLC 叶片达到一个不具备的运动速度 3.5 cm/s,此时系统应提示中止并报 MLC 连锁。

测试方法:钨门设为 5.0 cm×5.0 cm 对称野,准直器角度设为 IEC 0°,调用相关目录下的 MLC 测试文件(A2×××××××.arc,×'s 对应于具体 MLC 型号)并选取适用的剂量率,测试时机架从 IEC 270°旋转至 IEC 0°,测试中系统应提示叶片位置连锁,测试被中止。

(5) 典型旋转动态 MLC 计划测试

本测试的目的是通过检查误差直方图和误差均方根数据,验证 MLC 可正确执行一个典型的旋转动态 MLC 计划测试例。

测试方法:钨门设为 5.0 cm×5.0 cm 对称野,准直器角度设为 IEC 0°,调用相关目录下的 MLC 测试文件(A3×××××××.arc,×'s 对应于具体 MLC 型号)并选取适用的剂量率,测试时机架从 IEC 315°旋转至 IEC 180.5°,测试中要求没有连锁出现,测试结束后,获取动态日志文件并通过 DFV 应用查看,最大均方根误差表中,carriage 值应≤0.35 cm,误差直方图中,bins 1~8 的百分数总值应≥95%,bins 22 的计数值应为 0。

(6) Step & Shoot 调强放疗测试

本测试验证在 Step & Shoot 治疗过程中射束可正确停止,测试中有 3 个 Step(叶片运动)过程,需验证叶片运动期间光束保持关闭。

测试方法:机架与准直器角度设置为 IEC 0°,钨门设为 5.0 cm×5.0 cm 对称野,调用相关目录下的 MLC 测试文件(S1×××××××.arc,×'s 对应于具体 MLC 型号)并选取适用的剂量率进行测试。测试结束后,获取动态日志文件并通过 DFV 应用的 Beam Hold Off Plot 和 Beam On Plot 功能查看数据表中的结果,要求在 Beam On Plot 视窗中显示有 4 个出束状态,Beam Hold Off Plot 视窗中显示有 3 个光束关闭状态。

(7) 滑窗模式(moving window)IMRT 抗重力测试

测试在重力作用下滑窗模式治疗时 MLC 的表现,测试程序中叶片移动总距离为 42 cm,叶片以 2.5 cm/s 的恒定速度运动,剂量率为 400 MU/min,通过计算可以得出机器跳数(Monitor Unit,MU)为 112。

测试在机架角度 IEC 90°和 270°下进行,以分别考验 A/B Carriages 受最大重力的影响。

测试方法：将机架设置为 IEC 90°，准直器角度设置为 IEC 0°，钨门设为 5.0 cm×5.0 cm 对称野，调用相关目录下的 MLC 测试文件(M1×××××××.arc，×'s 对应于具体 MLC 型号)并选取适用的剂量率进行测试；将机架设为 IEC 270°，用同样方法再进行测试。测试完毕后，通过 DFV 应用查看两个角度下的测试日志文件，最大均方根误差 Carriage 值应≤0.35 cm，误差直方图 bins 1～8 的百分数总值应≥95%。

(8) 滑窗模式 IMRT 临床计划验证

目的是验证 MLC 可成功执行一个典型的滑窗模式调强放疗临床计划。

测试方法：机架与准直器角度设置为 IEC 0°，钨门设为 5.0 cm×5.0 cm 对称野，调用相关目录下的 MLC 测试文件(M2×××××××.arc，x's 对应于具体 MLC 型号)并选取适用的剂量率进行测试。测试完毕后，通过 DFV 应用查看日志文件，最大均方根误差 carriage 值应≤0.09 cm，误差直方图 bins 1～4 的百分数总值应≥95%。

二、临床测试与安全评估

临床测试项目应包含叶片的透射漏射、中心轴剂量分布和半影等剂量测试，叶片透射和叶间漏射的平均值应低于 2%，中心轴剂量分布应检查 MLC 射野下的组织模体比(tissue-phantom ratios，TPRs)或百分深度剂量(percentage depth dose，PDD)。半影是多叶准直器重要的剂量学参数，其准确性直接影响剂量计算结果，对照射野边缘剂量分布、靶区吸收剂量分布以及计划的评估都具有重要影响。特别是以小野组合为基础的调强放射治疗技术，半影越小，靶区与其周边的正常组织器官之间的剂量梯度会更加陡峭。MLC 照射野半影主要由叶片焦点设计决定，同时也受射线能量、照射野大小以及测量模体深度的影响。对于平坦型端面叶片设计的 MLC，应检查半影在不同射野尺寸下的细小变化，圆弧形端面叶片设计的 MLC 由于叶片端面穿射的增加而拥有稍宽的半影边界，应检查对称射野和部分非对称射野的离轴比(off-axis ratios，OARs)。计划系统最好具有将 MLC 临床测试数据输入并融合到实际计算中的能力。安全评估则包括对各项软、硬件连锁的测试，以及使这些连锁有效或失效的叶片运动到位精度误差允许量的大小，还应包括防止叶片非法运动措施的可靠性，MLC 控制计算机与硬件装置之间大数据量通讯考验等测试，确保各项连锁功能完备有效，保障在临床治疗中患者的安全。

第五节　MLC 常规质量保证程序

常规质量保证程序包括了以下 3 个方面要素：测试项目、测试方法及测试频度。

1. 首次治疗前检查

对于普通三维适型放疗和 Step & Shoot 调强放疗，在首次治疗前，可 1∶1 比例打印出 MLC 射野模型(MLC pattern)，调取治疗计划后在治疗床上与实际射野进行比较，检查图形与叶片的位置。该检查应在首次治疗前并涵盖每个射野。

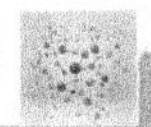

2. 日常检查

每日机器晨检项目应包含 MLC 的预热与自检程序；患者治疗前，应核对相关信息，包括病人姓名、ID 号、射野名称等，治疗前和治疗中应在 MLC 工作站显示屏上应检查每个 MLC 射野的形状、叶片位置以及运动状态。

3. 每周检查

标准模型验证：调用一个动用到所有叶片的 MLC 标准模型文件，在机架角度 IEC 0°、SSD＝100 cm 条件下，核对灯光野与标准模型的一致性，要求叶片位置精度误差≤0.5 mm。

4. 月度检查

(1) 叶片到位精度

调用工作站中存储的相关文件，使 MLC 叶片组在其运动范围内以适当距离为间隔从一边向另一边作步进运动，检查每一个叶片停留位置与十字线的实际距离并记录误差。测试时准直器角度始终置于 IEC 0°，机架角度分别置于 IEC 0、90、180 和 270°，以检测不同角度下叶片位置受重力影响的程度。另外，可使用胶片或者 EPID 对 MLC 进行狭缝和栅栏插值检测，将 MLC 所有相对的叶片设置为 1.0 mm 的缝隙，以 20 mm 间隔从射野的一侧布置到另一侧以形成多条缝隙，叶片每运动至一条缝隙后即对胶片或 EPID 曝光 1 次。开展 VMAT 治疗的部门除设计在静止机架 IEC 0、90、180 及 270°测试例之外，还应测试 MLC 动态模式和弧形旋转模式下的测试例，以检查 MLC 在旋转过程中运动位置的精确性。测试结束后将数据输入专用软件进行分析，要求叶片位置精度误差≤1.0 mm。

(2) MLC 数字化仪

如科室使用到 MLC 模型数字化仪，需对其精确度进行定期检查。使用经校准的坐标纸对数字化仪进行 MLC 模型的输入，检查数字化仪的图形位置坐标，要求与实际位置精度误差≤1.0 mm；不移动光标，重复性输入一个固定位置点，要求重复数字化值之间的误差应小于≤0.5 mm。

(3) 叶片运动速度

以 Varian MLC 为例，通过执行 MLC 测试文件来确认 MLC 叶片运动达到标准速度。加速器选取治疗模式，钨门设为 5.0 cm×5.0 cm 对称野，准直器角度设为 IEC 0°，调用叶片运动速度测试文件并选用适当的剂量率，测试时机架从 IEC 90°旋转至 IEC 270°，测试中要求没有连锁出现，测试结束后，通过 DFV 应用查看最大均方根误差表，要求 Carriage 值应≤0.35 cm，查看误差直方图，要求 bins 1～8 的百分数总值应≥95％，bins 22 的计数值应为 0。

5. 季度检查

(1) 叶片倾斜度

用于验证 MLC 叶片相对于独立准直器钨门地对准精度，可以使用下列方法进行检测。

① 使用灯光野检查。对于第三级设计的 MLC(如 Varian 公司 MLC)，MLC 运动方向与 x 钨门方向一致，因此可以利用钨门与叶片的平行度来验证叶片的倾斜度。机架角度置于 IEC 0°，将一侧 MLC 叶片组位置驱动到过中线 1.0 cm，对侧的准直器置于 1.0 cm(例如对于 Varian MLC，Carriage A/B 叶片位置为－1.0 cm，钨门 x1/x2 位置为 1.0 cm；对于 Elekta MLC，叶片 leaf y1/y2 位置为－1.0 cm，钨门 Y1/Y2 位置为 1.0 cm)，在 SSD＝100 cm 距离下，检查叶片与准直器地对准精度，要求在灯光野条件下，肉眼可见光线穿过叶片凹凸端面时，每个叶片的角应该清晰可见，且缝隙大小是均匀的，如图 5-19 中(a)所示，而(b)不符合要求。

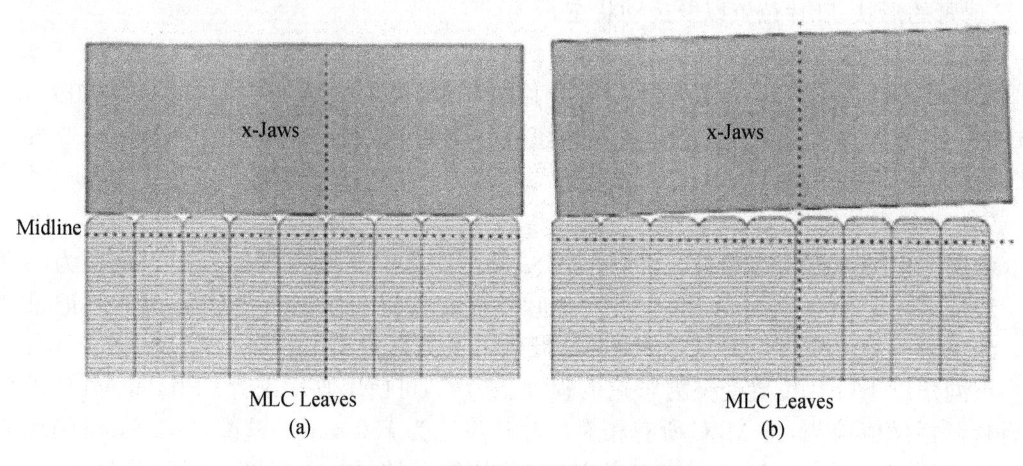

图 5-19　叶片相对于钨门的倾斜度

② 使用辐射野检查。这里以 Varian 26 对叶片 MLC 为例，所有叶片在等中心距离投影宽度为 1.0 cm。将机架与准直器角度置于 IEC 0°，在 SSD 100 cm 处放置胶片并置于最大剂量深度处，驱动 A4 和 B23 叶片至 −6.5 cm位置，其余叶片至 7.0 cm 位置，y 钨门设置为 29 cm，x 钨门设置为 15 cm，如图 5-20 所示。

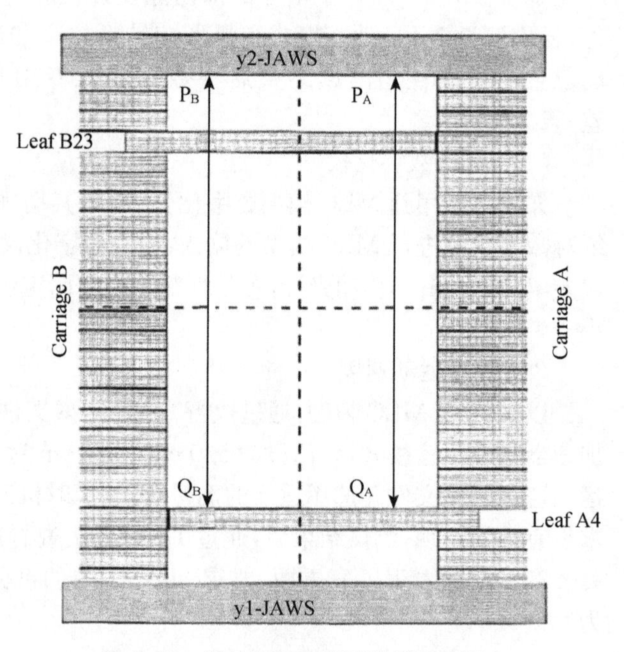

图 5-20　叶片倾斜度测试设置示意图

将 y1、y2、Carriage A/B 的位置以及灯光野的中心标记在胶片上，然后对胶片曝光，通过测量胶片伸出叶片与远测 Y 钨门之间的距离，可确定不同叶片组的倾斜度。如图 5-20 所示，通过测量 P_AQ_A、P_BQ_B 两线距离及两者之间的误差可以确定 Carriage A 组叶片的倾斜度，要求误差精度≤1.0 mm，重复上述过程可测量 Carriage B 组叶片的倾斜度。

(2) MLC 辐射野中心精度(MLC 准直器 Spoke Shot 测试)

加速器设置为维修模式并屏蔽 MLC 连锁，收回 MLC 叶片使得十字线可见，将钨门开至 25 cm×5 cm，床面 SSD=100 cm 处固定一显影胶片，上下放置模体，使胶片在最大剂量深度处。十字线对准胶片中心附近位置，中心两对叶片打开位置至 10 cm，其余叶片关闭，形成 20 cm×1 cm 射野，如图 5-21 中(a)所示，分别在准直器 IEC 0、45 及 315°下出束曝光

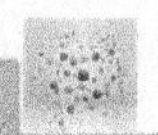

胶片，用细线对胶片上每个角度的 Spoke Shot 长条形影像作纵向二等分，如图 21 中(b)所示，验证细线相交所围成区域最长对角线的距离，要求 X 线中心轴随准直器旋转精度误差≤1.0 mm 半径的圆。

6. 年度检查

(1) 叶片的透射漏射

机架置于 IEC 0°，钨门开至最大并关闭 MLC 叶片，在治疗床上 SSD=100 cm 距离处放置胶片并使胶片位于最大剂量深度处，分别在高档和低档能量下以一定剂量曝光胶片，对胶片进行剂量分析，计算叶片透射和叶间漏射的平均值，要求与基准值的误差≤±0.5%。

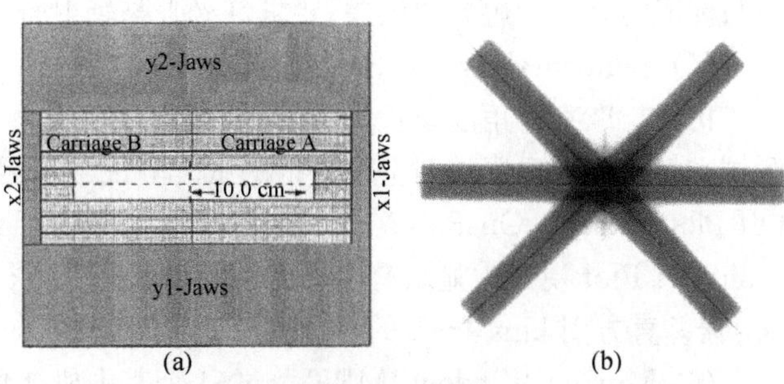

图 5-21 MLC 辐射野中心测试的叶片设置及胶片 Spoke Shot 影像

(2) 叶片位置重复性

以 Varian MLC 为例，在 MLC 工作站应用中执行叶片重复性文件模型，将实际叶片位置在坐标纸上标记下来，退出 MLC 工作站应用并打开 Autocycle 应用，打开相关路径下的 MLCDATA. MLC 文件，循环执行 15 个模型后，再次执行叶片重复性文件模型，比较前后两次叶片位置的误差，要求运行 Autocycle 应用前后叶片位置记录之间的误差≤±1.0 mm。

(3) MLC 运动下垂度(MLC 机架 Spoke Shot 测试)

收回 MLC 叶片使得十字线可见，在治疗床面上用建成模体夹紧一竖直放置的显影胶片，胶片平面朝向机架并与机架旋转平面平行，调整床的高度及位置，使得加速器机械等中心与胶片中心附近位置对准，这样当机架旋转时射线束纵向穿过胶片。将钨门开至 25 cm×25 cm，所有叶片打开位置至 0.5 cm，如图 5-22 中(a)所示形成 1 cm×25 cm 射野，准直器置于 IEC 0°，分别在机架 IEC 0、120 及 240°下出束曝光胶片，用细线对胶片上每个角度的 Spoke Shot 长条形影像作纵向二等分，如图 5-22 中(b)所示，验证细线相交所围成区域最长对角线的距离，要求 X 线中心轴随机架旋转精度误差≤1.0 mm 半径的圆。

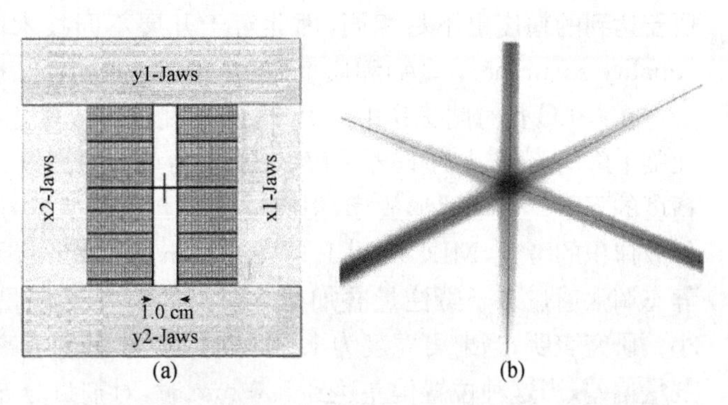

图 5-22 MLC 运动下垂测试设置及胶片 Spoke Shot 影像

(4) 灯光野与辐射野的一致性(所有能量)

机架与准直器置于 IEC 0°，SSD=100 cm 高度放置显影胶片，胶片上下放置适当厚度建成模体并使胶片处于最大剂量深度处，分别设置 MLC 射野大小为 10 cm×10 cm 与 24 cm×24 cm，对应钨门设置为 10.5 cm×10.5 cm 与 24.5 cm×24.5 cm，使用记号笔或细针标记灯光野边界，分别使用低档及高档能量 X 线曝光胶片，在显影胶片上比较 50%等剂量线与标记的灯光野边界的误差，要求灯光野与辐射野一致性精度误差≤±2.0 mm。

(5) Segmental IMRT(Step & Shoot)测试

机架与准直器角度设置为 IEC 0°，钨门设为 5.0 cm×5.0 cm 对称野，调用相关 MLC 测试文件并选取适用的剂量率进行测试。测试结束后，通过日志查看应用分析 Beam Hold Off Plot 和 Beam On Plot 数据，要求在 Beam On Plot 视窗中显示有 4 个出束状态，Beam Hold Off Plot 视窗中显示有 3 个光束关闭状态；要求最大均方根误差 Carriage 值应≤0.35 cm，误差直方图 bins 1～8 的百分数总值应≥95%。

(6) Moving Window IMRT 测试(4 个基本机架角度)

准直器角度设置为 IEC 0°，钨门设为 5.0 cm×5.0 cm 对称野，调用相关 MLC 测试文件并选取适用的剂量率，分别在机架角度为 IEC 0、90、180 和 270°下进行测试。测试完毕后，通过日志查看应用分析四个角度下的测试日志文件，要求最大均方根误差 Carriage 值应≤0.35 cm，误差直方图 bins 1～8 的百分数总值应≥95%。

第六节 小 结

临床上，MLC 应用于放疗的技术有多种，从替代合金挡块的适形放疗和静态 MLC 调强放疗(static MLC-IMRT)，发展到动态 MLC 调强放疗(dynamic MLC-IMRT)以及旋转调强放疗(volumetric arc therapy, VMAT)领域，每种 MLC 技术各有特点，实现的功能和所要达到的精度也不尽相同，因此对于开展不同技术的 MLC，应实施相对应的质量保证(quality assurance, QA)和质量控制(quality control, QC)措施。

在 MLC 长时间工作中，除了可能出现各种故障之外，MLC 的各项参数指标和性能也面临下降的可能，如编码器故障、叶片驱动马达的磨损、叶片托架松动等都会导致叶片到位精度的下降。对于适形放疗，射野往往都具有较大面积，加上临床上适形放疗对治疗靶区外放体积的考量，MLC 叶片 1.0～2.0 mm 的位置误差可产生的影响可能相对比较轻微，而静态调强通过多子野注量叠加建立射野的 IMRT 注量分布，可能其中的一些子野面积很小。研究表明，当射野宽度为 1.0 cm 时，MLC 叶片亚毫米级的位置偏差会产生百分之几的剂量偏差，当这种位置偏差达到 1.0 mm 时，对剂量分布的影响将进一步提升，Low 等报道在 IMRT 6 MV 光子邻接射野测试中产生了 16.76±0.7%/mm 的剂量误差，而在整个治疗过程中，存在非常多个不同位置的射野边界，因此 MLC 叶片的到位精度必须非常精确，才能准确实施治疗，实现 TPS 计算的结果。

对于动态 MLC 调强放疗，叶片运动时相对叶片之间的缝隙很小，LoSasso 等报道在 MLC 动态运行模式下叶片位置偏差 1.0 mm，在定义的 1.0 cm 滑窗模式下产生大于 10% 的剂量学误差，另有报道如果宽度存在有 0.2 mm 的偏差，会导致 13%的剂量偏差，因此动态 MLC 调强放疗对叶片位置精度的要求更高。除此之外，它的治疗精度还依赖于叶片运动速度的控制精度和机器的剂量率，这对控制系统是一个极大的考验。

从上可以看出，叶片到位精度在 IMRT 治疗中对剂量的准确实施起到了关键性的作用，在常规 QA 中应予以重视。叶片到位精度的检查有多种工具可以利用，包括灯光野、辐

射胶片、二维电离室（或半导体）矩阵以及电子射野影像设备（electronic portal imaging devices，EPIDs）等。其中EPIDs可作为测试分析辐射野工具的潜力已得到众多研究者的使用与认可，有报道称EPID方法可以使MLC的位置精度达到0.1 mm。EPIDs提供的数字影像与胶片相比，可进行快速的自动分析，省却了胶片系统的刻度、冲洗、稳定和扫描等处理步骤，节省了宝贵的时间，从而可使工作人员对设备的检查得以更频繁有效地执行，测量结果可以即刻获得，这对于需要在现场快速执行校准过程的人员来说无疑是一个极大的优势。在测量过程中，可避免由于胶片的摆放或标记等人为操作所带来的不确定性。此外，对于一个已具有EPID设备的科室来说，运用EPID来进行检测的一个很大的好处是胶片的成本被节约下来。

在IMRT的治疗过程中，射线输出（机器跳数）远高于适形放疗，这意味着大部分时间和大部分射束区域内叶片都用于遮挡射线，叶片只留有少部分的缝隙或开口用于穿过射束，因此MLC的透射和漏射就显得非常重要，应定期对MLC叶片透射漏射的平均值进行测量，以保证剂量的准确性和放疗临床的安全。

常规QA中的很多项目和基准值来源于装机与验收过程。在MLC初装和验收测试中，应使用厂商提供的标准验收测试程序与叶片校准程序进行相关校准，校准控制文件一般存储于MLC计算机控制系统或工作站中。物理师在进行全面的验收测试与临床测试后，须结合本单位开展的治疗项目与技术建立一组测试项目、测试方法与频度规则作为今后的常规QA措施。MLC投入使用初期，需要对检测项目与频度做适当增加与调整，随着经验的积累以及对设备性能的了解，可逐步减少可能存在冗余的项目，并降低检测频率。在MLC的使用过程中，物理师除掌握上述各项测试及分析技能之外，还需知晓MLC校准、MLC连锁、控制系统及动态日志、叶片位置监测及控制逻辑等原理，熟悉设备的各项参数限制和物理检测数据，并确认相应的治疗计划系统已录入了这些限制和数据。

第六章
图像引导系统质量保证和质量控制

精确的肿瘤定位、精确的治疗计划设计、精确的治疗,这“三精”就成为了现代肿瘤放射治疗的原则。随着医学影像的发展,通过CT、MRI, PET等多种图像融合技术能够对肿瘤进行精确的定位;调强放射治疗技术(IMRT)可以通过治疗计划系统完成精确的计划设计。但是在患者治疗时,根据放射治疗产生的生物剂量效应,一般采取分次照射方式,这需要每次都让病人的肿瘤位置尽可能重复,以保证肿瘤的照射剂量并保护正常组织。治疗前医生将精确界定肿瘤治疗区域并要求每次放射治疗时准确重复,就像打靶一样。但实际上,在患者接收分次治疗的过程中,身体治疗部位的位置和形状都可能发生变化,位于体内的靶区形状,以及它与周围危及器官的位置关系也会发生变化,针对器官运动和摆位误差,传统的做法是采取扩大射线照射区域以保证对肿瘤的控制率,但部分正常组织必定得到了更多不必要的照射而对病人带来伤害;若侧重于保护正常组织,将会使肿瘤边界区域剂量欠缺,从而增加了肿瘤复发的可能。医生和患者常常面对两难的选择,同时肿瘤的大小和形状会随治疗的进展而改变。由此图像引导放射治疗(image guiding radiotherapy, IGRT)就进入了历史舞台。瑞典医科达公司从20世纪80年代起积极投入此项技术科研开发,经过近20年努力,于2003年在全球率先推出新一代影像引导治疗机Synergy,它可以解决各种原因引起的射线不能准确照射治疗肿瘤的问题,从而更加接近放射治疗的理想目标,真正完成患者的精确治疗。Synergy系统主要由以下构件组成:高能直线加速器、实时射野影像验证系统(ivewGT)、千伏级X射线球管和大面积(41 cm×41 cm)非单晶硅数字化X射线探测板(XVI系统),以及高精度可多维、多方向进行运动位置调节的数字化治疗床。以后的IG-RT加速器也基本采用相似的集成外部结构。

本章主要讨论图像引导系统的质量保证和质量控制。包括电子射野影像系统、KV平片透视验证系统、锥形束CT系统、六维床治疗系统、超声引导系统和MRI引导系统的质量安全和质量控制。

第一节 电子射野影像系统

近年来,电子射野影像系统(electronic portal imaging device, EPID)已成为放射治疗中检测照射野、体位重复性的主要工具,有逐渐取代照射野胶片的趋势。目前各进口加速

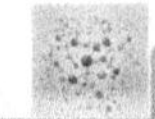

器厂商均能提供不同类型的 EPID 配置，安装在治疗机架上与机头相对的位置，与治疗机构成一个整体，也有由第三方生产的移动式 EPID 系统。EPID 由射线探测器以及进行射线信号处理的计算机系统构成。目前的 EPID 的射线探测器多采用固定探测器或液态电离室组成的二维阵列，构成平板型影像板（如图 6-1）。影像板采集的信号经计算机系统进行降噪、提高灵敏度和对比度增强等处理后形成二维的数字影像。为了更好解决高能射线成像对比差的问题，有的厂家采取在加速器机架上加装 kV 级射线源的方法，可以获得跟数字 X 线诊断机一样质量的清晰射野照片。

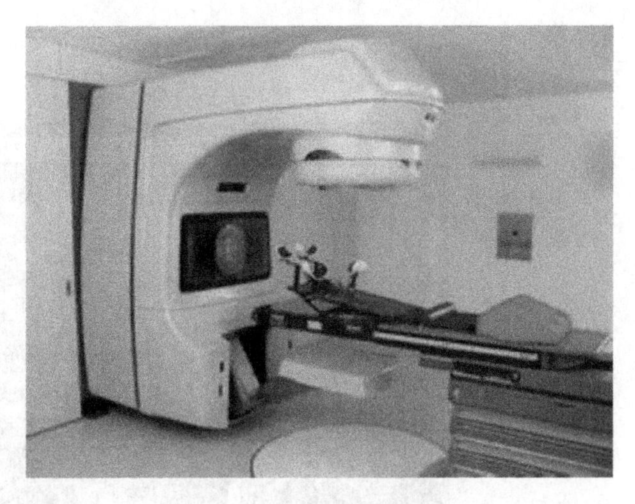

图 6-1　EPID 系统示意图

射野影像系统是放疗时当射线束照射靶区时，采用电子或非电子技术在射线出束方向获取图像的工具，获得的图像称为射野图像。其于 1950 年代开始应用于临床，随着半个多世纪的发展，EPID 的使用不断普及，其应用范围也不断扩大，在肿瘤放疗中临床应用的研究和应用也更加深入。

一、摆位误差的研究

EPID 起初的设计目的和用途就是验证和校正患者的摆位误差。应用 EPID 对摆位误差校正有离线和在线之分。离线应用时患者的摆位误差并不在同次放疗中予以校正。Herman 等把其归结为 3 个方面：①简单的离线校正。即通过前一次放疗中所测得的摆位误差的数据，在后面的一次放疗中得到校正。②监测就是用 EPID 测得个体或群体摆位误差的数据，但不作任何处理，只是用来观察如摆位误差的幅度、时间趋势等。③统计分析和决策，即基于 EPID 所测得的摆位误差的数据进行统计分析，分析结果予以临床应用，以通过不同的处理方法降低或消除它对放疗的影响。

EPID 具有两种模式：一是基于整体的分析模式，就是在一批被研究的患者中，把用 EPID测得的每个患者的摆位误差的数据归为一体进行分析，所得结果以后也将用于所有相应的患者。二是基于个体的分析模式，即基于每个患者不同的摆位误差情况进行放疗方案的调整。这是由于个体差异的存在，基于整体的分析模式所得的数据不可能对每一个个体都适用。Yan 等提出了自适应放疗（adaptive radiation therapy）的思想，即在每个患者整个放疗过程的早期用 EPID 测量每日的摆位误差，对摆位误差进行统计分析以决定是否需要修改放疗计划。如果需要则进行相应修改，而后按修改好的计划继续治疗。管峦等利用射野影像系统研究放疗过程中人体不同部位摆位误差和空腔脏器不同充盈状态及有无体位固定装置对摆位准确性的影响。在放疗前先采集定位片图像为参照，与治疗过程中实时采集的验证图像对比，测量摆位误差（如图 6-2）。结果显示头颈部肿瘤靶区摆位误差较小，中

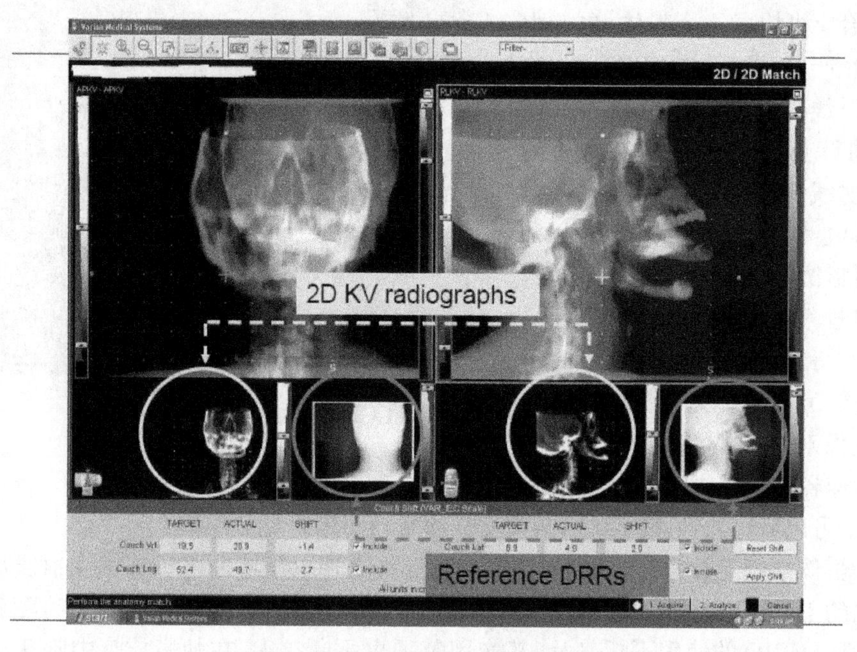

图 6-2 EPID 的 2D-2D 图像验证

心点误差<5 mm;胸部肿瘤靶区由于呼吸心跳运动的影响,误差较大;在平静呼吸状态下,腹腔和盆腔的肿瘤靶区摆位误差与各脏器的不同充盈状态关系不大。利用射野影像系统可以有效减少放疗摆位误差,提高摆位的准确性,及时纠正摆位误差,是质量控制和质量保证的有力工具;有体位固定措施的摆位误差较无体位固定措施的误差明显减小。

目前国际上最先进的加速器治疗机已经开始装备电子射野影像验证(EPID)系统。该系统是近年来才发展起来的用于射野定位和验证,减少照射误差的新技术。其图像处理的显著特点是可以将模拟定位机和 TPS 输出的 DRR 图像与加速器治疗的实时验证图像对比,尤其是使用"双图全览"功能,可以很方便判断误差。而 EPID 除了用于射野验证外,还可用于加速器的常规质量保证。加速器产生的兆伏级高能 X 线穿透力极强,穿透人体后无法像诊断用 X 线机那样产生清晰的影像。EPID 系统主体是一个非晶态硅影像阵列,当治疗用高能射线穿过人体后被 EPID 的发光二极管转换成数字图像,该系统能提供大面积高效率、高分辨率的图像,通过照射野自动跟随和误差自动分析软件实时显示实际照射野和误差,并根据情况及时纠正。其空间分辨率虽比诊断 X 光胶片低,但较验证片高,其对比度、信噪比、扫描时间、FOV、显示矩阵大小方面具有优势,而专用误差分析软件更是显示出巨大的优势。鼻咽癌是我国常见的恶性肿瘤之一,生物学特点和解剖学位置决定了调强放射治疗(intensity modulate radiationtherapy, IMRT)是其主要的治疗手段之一。IMRT 可使肿瘤靶区得到准确的剂量,同时周围正常组织和危及器官可得到充分的防护。但是该技术实施的同时也对摆位的精确度提出了更高的要求。经研究表明,在整个放射治疗过程中,尽管采用热塑型面罩等体位固定技术,每次治疗时患者的摆位位置仍有所变化,个别病例误差甚至接近 5 mm。因此,利用电子射野影像系统;实时纠正摆位误差,可以进一步降低摆位系统误差,提高摆位精度,减少剂量误差。

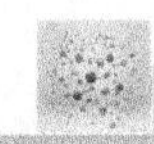

研究表明，尽管采用热塑型面罩等体位固定技术，每次治疗时患者的摆位误差还是不小。这种摆位的不精确性不仅可能造成靶区漏照射，也可能使得高剂量区移至危及器官的区域内，从而造成严重的并发症或后遗症。EPID能够实时纠正摆位误差，对肿瘤和正常结构进行可靠的定位，使放疗精度大大提高，因而 EPID 具有较好的临床应用价值。建议在鼻咽癌放疗前，都于 EPID 下进行实时摆位误差纠正，而且在设计鼻咽癌治疗计划时，将这部分剂量考虑到计划中，以避免剂量误差。更好的方法是在治疗计划中设计拍摄 EPID 的射野，用准直器、MLC 保护眼晶体、脊髓和脑干等危及器官。

在线应用就是在每次放疗时，先给予很低的放疗剂量成像，立刻分析患者的摆位误差并予以校正，校正满意后再给予剩下的放射剂量完成放疗。因为图像比对大都采用按照研究者视觉判断的手工比对的方式，而且由于时间原因很少是由多位医师共同分析和比对图像，故应用这种方法人为主观因素引起的误差较大。有研究证实，即使应用了在线校正，最终定量的离线分析仍然有 15%的摆位误差超过 5 mm。另外治疗中要调整摆位会增加治疗时间，因此，为降低摆位误差判断的主观性，缩短摆位时间和提高校正误差的速度，不少学者进行了相关的研究。Herman 等在进行前列腺癌的放疗时，在前列腺中植入射野影像中可清楚显示的金粒作为标志物，用 EPID 拍摄正侧位图像并采用三维计算法建立金粒空间位置的几何坐标进行三维分析并实施在线的校正。结果显示摆位精度提高，而需要的时间仅比常规摆位平均超出 1.4 min。Brock 等比较了在校正摆位误差时应用电脑控制和手工控制治疗床的移动所需的时间与准确性。结果显示电脑控制比手工控制的速度快(25.4 s vs 101.9 s)，准确性高(1.8 mm vs 2.5 mm 的误差)。EPID 的在线应用对每个患者来讲确实能够减少摆位误差，但这种方法并不普及，采用金粒的植入也只能适用于少数解剖部位。目前 EPID 的在线应用只是被少数人所认可，这些学者认为在线校正所带来的摆位的准确性确实、可行。

二、剂量验证

EPID 最初的设计是为了摆位的验证，但是它其实也是一个辐射探测器，只要有相应的刻度就能作为剂量仪使用。近年来，随着对 EPID 的剂量学特性的不断深入了解，对其在剂量学方面应用的研究也不断增多，并逐渐推向临床应用。

(一) 用 EPID 进行剂量验证的前提条件

1. 要对所用 EPID 的剂量学特性进行深入研究并建立剂量校准曲线

把 EPID 作为剂量仪使用，首先必须认识其剂量学特性。不同 EPID 具有不同的剂量学特性，所以在 EPID 作为剂量仪使用前要对其进行剂量学特性，如剂量反应的线性、探测器的稳定性、剂量反应与剂量率的关系、剂量反应与照射野大小的关系等进行测试和定量的研究，确认其测量剂量的可行性，同时建立剂量校准曲线。所谓剂量校正曲线即 EPID 的读出信号值与照射剂量的关系曲线。这里的照射剂量是已知的，一般是由电离室在 EPID 探测器所在的相应位置测得。剂量校正曲线的建立使得读出 EPID 测得的信号就能得出相应的剂量。

2. 有合适的图像采集模式

作为一个剂量验证工具应该能探测并记录加速器所有的剂量输出信号。因此就要求

EPID在进行图像采集时的时间要等于或稍长于加速器出束的时间，采集的频率要和加速器的脉冲同步并能读出所有采集的信号，若有剂量的遗漏也有相应的校正方法。

3. 要有合适的剂量比较方法

剂量验证就是一个剂量比较的过程。EPID所测量的是其所在平面的剂量分布，称为射野剂量(protal dose)，如果以图像的形式表示就称为射野剂量图像(protal dose image)。应用EPID进行剂量验证时剂量比较的方法有两种：第一种方法是由EPID所测得的射野剂量通过物理和数学的方法推算出患者中平面剂量或出射剂量，以此与治疗计划系统(TPS)计算出的相应剂量比较；第二种方法是直接应用TPS计算出射野剂量从而与EPID实测到的射野剂量进行比较。应当指出的是，无论应用哪种方法都必须要有准确可靠的剂量推算方法。

(二) EPID进行剂量验证的方法

用EPID进行剂量验证时，根据其参与验证的时机不同，可分为治疗前验证和治疗中验证。所谓治疗前验证就是在患者开始接受放疗之前进行的验证。主要是检验放疗的硬软件在执行放疗计划时是否准确，以防止重大错误的发生。其又可以分为应用模体和不用模体两种。不用模体即在加速器机头和EPID之间不放置模体，直接由EPID探测其所在平面的剂量分布。应用模体就是把设定的放疗计划执行于相应的模体上，EPID放置在模体的后面，探测相应照射野的射野剂量并验证。相比之下，后一种方法更加接近于实际治疗情况，所以应用较多。治疗中验证就是在患者每次放疗时测量射线经过患者后的射野剂量进行验证，因此可以验证治疗计划在每天的实施中是否准确，并以此推算出患者体内的中平面剂量和出射剂量，这也是我们最终所需要获得的结果。但是在治疗中验证时，影响剂量分布的因素不仅与放疗硬软件的正确执行有关，还与患者在CT模拟和实际治疗时的摆位一致性及患者内在器官的运动有关。而摆位误差和器官运动存在很大的不确定性，这就增加了验证的难度和不确定性，所以这种验证在目前临床上很少使用。Vieira等在用EPID进行IMRT治疗中剂量验证时提出了一种技术，他们把调强放疗的每个照射野分为两个野并依次曝光。第一个野称为静态野，是用来探测患者的摆位误差；第二个野为调强野，其在第一次曝光所得摆位误差信息的基础上进行剂量验证。研究结果表明，即使在患者有很大摆位误差存在的情况下，剂量验证的误差也在1%以内。可见，人们正在探索治疗中剂量验证的好的解决方法。

剂量验证是放疗质量保证的重要内容。对射野注量分布均匀的常规或适形治疗，可采用手工计算核对、测量一点或几点剂量的方法来验证计划和实施剂量的准确性；但对IMRT，由于其射野注量分布不均匀、剂量梯度大，不可能进行查表手工计算核对，而单一点或几点剂量测量，不足以验证这种不均匀剂量分布。尽管胶片、热释光、Bang胶体是IMRT剂量验证的有效工具，但使用或分析时比较费事、费时。虽然半导体矩阵可快速获得二维剂量分布，但由于空间分辨率低，不能很好地反映剂量梯度大区域的剂量变化。EPID作为一种快速二维剂量测量系统，在短时间内可获取大量照射野剂量方面信息，剂量稳定性好。而且其数字化信息易于存储和处理，在剂量验证方面具有广阔应用前景，是近年来国际放疗领域的研究热点。

目前，EPID在患者治疗剂量验证方面的应用研究可分为正向算法模型和反向投影算

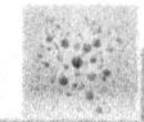

法模型两类。正向算法模型是根据患者CT图像及射野设置参数，以某种算法计算出探测器平面处的射出剂量分布——射野剂量图像(portal dose image, PDI)，与EPID测量的结果相比较。反向投影算法模型是由EPID测量的射出剂量及其他信息反推出患者体内某一平面的剂量，如出射剂量、中平面剂量，甚至患者体内的三维剂量分布，与治疗计划系统计算结果进行比较。傅卫华等采用、借鉴了国外剂量验证研究中的一些方法，建立了自己的反向投影算法模型；由EPID获得射野影像和患者CT图像，计算体内三维剂量分布。该模型最大特点是所有计算参数都可通过实验方法获得。例如，模体内二维散射核可通过测量加速器的一些基本数据来推算，不需要特殊测量仪器，也无需复杂的蒙特卡罗模拟计算，模型使用C语言编程，可快速计算出体内三维剂量分布。设置规则、不规则及调强射野，应用模型对均匀和不均匀、规则和不规则5种模体进行剂量验证，并将计算结果与测量结果进行比较，所有实验在射野内、剂量梯度小的区域，偏差<5%。由于模型建立在电子平衡条件下，所以不能计算剂量建成区(build up)和跌落区(build down)的剂量，不能修正低密度组织造成的侧向电子失衡，这是将来继续模型研究的内容。总之，傅卫华等建立的反向投影算法(模型)简单，剂量验证的准确性可满足临床要求，应用该模型不需要专用测量仪器，容易推广使用。

用EPID进行剂量验证的研究正在不断地发展。其相比于电离室、热释光仪和二极管等点剂量仪而言是可以得到面剂量分布的两维剂量仪。与胶片相比，它不需要每次验证时都要安装片盒、洗片和对图像进行数字化处理等繁琐的过程，所以更加方便、省时，能大大减轻临床工作的负担。但是，由于硬件原因的限制，它不能像胶片一样插入模体中测量多野的合成剂量(composite dose)，也不能直接测量三维剂量的分布，只能用相应的物理和数学的方法推算得出。加上目前对EPID剂量学特性的了解还较局限，所以用EPID进行剂量验证还需要进一步改善。但不少研究都体现了EPID进行剂量学验证良好的前景。纽约纪念医院在研究用LC250液体电离室EPID进行IMRT的剂量学验证时，比较了用EPID和胶片法所测得的剂量谱与电离室所测值之间的一致性。结果显示在照射野内及半影区域内EPID和胶片法所测剂量与电离室所测值之间的一致性均较好，而在照射野之外的区域EPID所测结果要优于胶片法，因为胶片对于较低的散射剂量过于敏感。

在EPID作为一个剂量仪使用时，有人用其设计和验证补偿板也有人用其来测量放疗固定装置和治疗床引起的剂量衰减。陈明伟等对加速器上配置的用于摆位检验的A-Si EPID进行了剂量学检验的拓展应用实验研究，对其获得的射野影像进行准确的剂量刻度，并与传统的三维水箱和电离室的测量结果进行比较，以数学方法进行拟合修正。证实A-Si EPID完全可以替代传统的三维水箱和电离室检验方式进行放射治疗加速器的常规剂量学质控检验，并为进一步利用EPID建立调强放射治疗等精确治疗的快速实时剂量验证奠定了基础。当EPID用于剂量测量时.在其各像素点得到的信号值大小可以转换为相应点的剂量值。在A-Si EPID常用的图像信号刻度模式中，以一幅无辐射的本底图像来修正伪影及其他本底信号，并利用一幅覆盖整个探测面积且照射野内无任何衰减物质的泛野图像来修正平板探测器各像素单元之间的剂量灵敏度差异。这种刻度模式对剂量测量的缺陷在于：只有当照射野是一个绝对的平野时，所获得的泛野图像才会是一个真实代表的像素单元剂量灵敏度分布图(pixel sensitivity map)，但对于高能光子线，加速器的均整器结构会使照射野的剂量分布在射野边缘形成隆起(horns)，导致所得到的泛野图像包含了照射野本身剂量分布的不均匀度。这样,当原始图像经图像刻度模式修正后,照射野原有的剂量分布会被“冲洗”,导致真实的剂量分布信息丢失;同时在照射野的离轴方向上,射线质逐渐变软。会导致非晶硅探头在离轴方向上出现响应不均。两种因素的存在影响了不同区域的剂量刻度精度,给准确测量剂量带来误差。由于 EPID 的射野影像反映了照射野的剂量分布信息,以适当的方式提取剂量学信息并经过刻度和校准后可用于照射野的剂量学检验测量。在放疗设备的剂量学质量控制检验、调强适形放射治疗的射野剂量强度分布和照射通量的验证、患者的实时剂量监测和自适应放疗计划的调整等方面具有广阔的应用前景。而 A-Si EPID 结构具有稳定可靠的物理剂量学品质和快速检测特性,比其他射野影像检测系统更适合应用于精确放射治疗的质控检验。参考 Gree 等对 VananaS500 型 EPID 进行研究时的刻度方法,这款 A-Si EPID 的分辨率较低(0.8 mm/pixel),同时它的探测器平板可以移动到等中心平面进行测量,从而减少了空气散射的影响。因此修正后得到的照射野课剂量分布(profile)更为平滑。与电离室测量结果比较,在高剂量区剂量差别<2,并且 A-Si EPID 在半影区的测量结果更加陡峭。同样针对 Elekta 公司的 iViewGT 型 A-Si EPID, Wendling 等采用一种类似于泛野作用的“灵敏度矩阵”(sensitivity matrix)来修正像素单元间的灵敏度差异,而离轴点的响应则是利用一个散射修正内核(scatter correction kernel)通过反卷积算法来进行校准,修正后得到的照射射野剂量分布(profile)反向投影到等中心平面与电离室在水箱中的测量结果比较。在高剂量区靠近射野中心轴的区域,二者的差别<0.2%,但在剂量隆起区域(horns),偏差达到了 2%。同时 A-Si EPID 的测量结果在半影区也比电离室在水箱中测量的结果陡峭。引入一个新的散射核针对 EPID 内部的侧向散射进行修正后,半影区的形状与电离室测量的结果更为吻合。陈明伟等使用的新的刻度方法较好地完成了对像素单元剂量灵敏度差异及离轴能量响应不均的修正。A-Si EPID 测量的照射野剂量分布的结果与三维水箱电离室扫描的结果相比较,在照射野内高剂量区二者的差别低于 2%,虽然在半影区差别稍大,但由于照射野的平坦度及对称性的测量范围及有效照射野均定义在 80%的射野宽度之内,因此不会对照射野的平坦度及对称性指标的测量结果产生影响。同时,非晶硅探头的剂量响应具有良好的长期稳定性,一旦经过准确的刻度,A-Si EPID 的测量结果拥有值得信赖的精确性和良好的重复性。此研究在现阶段只对射野影像轴线附近的区域进行了剂量学目的的刻度。在进一步的研究中,可以将刻度的范围扩展到整个 A-Si EPID 的探测面积,同时通过建立照射剂量(率)-像素剂量值之间的响应曲线,A-Si EPID 就可用来测量在探测器位置处的照射野剂量及剂量通量分布。当照射野内存在体模或衰减材料时,所得到的数据就是物体的透射剂量。因此,A-Si EPID 在调强照射野强度分布的验证方面也具有广阔的应用前景。

总之,EPID 可以作为剂量测量工具使用这一点是大家所公认的,但将其用于剂量学验证还需要进一步研究。

(三) EPID 在对放疗元件的质量保证中的应用

在 EPID 对放疗元件的质量保证中的应用的研究中,对多叶光栅(MLC)的验证的研究相对较多。由于 EPID 的图像空间分辨率不是很好,和胶片验证 MLC 相似对所成图像进行主观的视觉判断不能符合所需准确度的要求。但是,EPID 所成的是数字化影像,可以直接对其图像信号进行软件分析,从而使得用 EPID 对 MLC 的验证准确度提高而且使用更加方

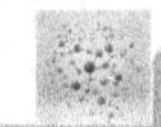

便。目前,应用 EPID 对 MLC 验证主要有两种图像处理方法。第一种是以边界探测技术(edge detection algorithm)为基础的方法。由于照射野边界两侧图像的灰度有明显的变化,应用相应的图像分析软件就可以探测到 MLC 叶片的边界,以此与计划所定的照射野边界相比较可验证 MLC 片的位置是否准确。Sonke 等用非晶硅探测器 EPID 对动态调强放疗中的 MLC 进行验证,观察到由于叶片运动导致的图像变形和模糊对边界探测准确性的影响很小,从而应用边界探测技术在叶片运动速度为 8 mm/s 时,对叶片位置的探测误差小于 0.25 mm。第二种方法基于 MLC 所形成的照射野内的图像信号会因 MLC 叶片位置的变化而变化,用相应的软件可实际探测到射野内的图像信号,以此可与计算获得的相应信号进行比较验证。Yang 等对 MLC 所形成的照射野内的图像信号进行加权求和并作为对比参数进行 MLC 叶片验证,可探测到叶片位置小到 0.1 mm 的误差。

除了对 MLC 的验证,EPID 还可用于其他方面的放疗元件的质量保证。Prisciandar 等用其验证加速器的灯光野与实际照射野的一致性。张春光等利用 EPID 对灯光野与射线野一致性验证进行探讨,希望能够有助于进一步使用 EPID 对 INIRT 进行验证。他认为治疗机是实现精确治疗的关键,而灯光野和射线野 50%等剂量线范围的一致是确保定位精确的前提。对灯光野和射线野一致性的验证,传统做法是通过胶片或探头进行校对其间误差值,耗时较长大约 3~6 h,且人为分析存在主观条件影响结果的风险。电子射野影像装置具有数字化程度高和直观等优点,许多物理专家提出利用它来替代一些传统物理剂量测量和验证。Marks 等统计结果显示有 50%射野摆位误差≫5 mm。在对射线敏感程度上,胶片比不上 EPID。EPID 只需较小剂量跳数便可获取理想数字影像,间接减少机器高压时间,延长仪器使用寿命。灯光野与射线野的一致性是医用电子直线加速器验收的重要指标。国际电工委员会(IEC)和我国国家标准对临床使用的医用加速器的灯光野与射线野的一致性要求偏差<±2 mm。在常规放疗中,灯光野参数的精确性会直接影响治疗。因此,必须经常对系统使用的参数进行验证检测和校准,才能保证精确治疗可靠性。放疗设备在使用过程中,由于各种原因引起射线束流强度和能量微小改变并对射野位置产生一定影响,使灯光野与射线野的一致性的误差变大。考虑适形放疗的精确性要求更高,应该至少每周对灯光野与射线野的一致性误差进行质控检查,及时进行有关调整和校准。总之,利用 EPID 系统对灯光野与射线野的一致性验证替代传统测验手段,及时进行有关调整和校准有助于保证精确治疗进行并收到预期疗效。EPID 系统操作简单容易、数字化程度高、快捷、精确、可靠,建议作为常规质控工作每周进行此项检查,并做必要调整。Winkler 等用其来验证加速器旋转轴、准直器以及激光灯的准确性。

TG 58 号报告中详细地论述了 EPID 成像的原理以及影响 EPID 影像的主要因素。EPID影像质量的评价因素主要有图像的对比度 C、信号噪声比 SNR 和空间分辨率(MTF)。Motz 和 Danos 给出了对比度和信号噪声比的概念,根据这些指标评价图像的质量。一些文献介绍了 MTF 曲线的测量方法。康德华等根据文献中的概念和理论,做实际测量,探索对 EPID 图像进行质量控制的方法。根据结果,可以看到图像的对比度和信号噪声比存在波动.同时随着时间的推移在下降,但是下降的速度很慢对 EPID 做系统维护后。图像的对比度和信号噪声比和探测效率都有明显的提高.但是相对于第一次的结果还是存在下降的趋势。对于 MTF50 的数值,波动比较大,原因是测量的时候不能很精确的保证模体的边界与射野中心轴线相切.测量的精确度不够。同时 EPID 图像像素间最小分辨率为0.25 mm。

作离散微分带来很大误差，只能作为图像质量的一个参考。另外，Jean-Pierre Moy 指出，MTF 曲线不能完全的作为评价图像质量的指标。目前 EPID 图像质量没有一个统一的标准，一般情况下使用 Las Vegas 做图像质量控制。根据能够看到洞的多少来判断图像质量，而看到的洞的多少和图像的窗宽和窗位有关，同时，还有每个人的标准都不一样的缺点。康德华等的方法可以避免这种情况带来的误差，Rajapakshe 等人使用 QC－3V 模体测量该模体的对比度，信号噪声比和相对的线对(MTF)曲线，给出了在一定的能量范围内，该模体的各种指标的数值范围，QC－3V 采用测量线对的方法测量 MTF50 的数值，结果较好。探索了 EPID 图像的质量控制方法. 通过测量成像体模图像的对比度和信号噪声比以及通过这两个量推导出来的 EPID 系统的探测效率，同时参考图像的 MTF 的数值变化，可以对 EPID 系统作质量控制和保证，根据测量的数值考虑系统维护的周期和频次。EPID 系统合适的维护周期为半年，测量每两个月作 1 次，可以保证临床使用的要求，同时要注意系统的整体图像质量是在下降的，必要时要进行更换 EPID 平板。

三、EPID 的优缺点

EPID 已成为放射治疗中，检测照射野、体位重复性的主要工具，有逐渐取代照射野胶片的趋势。目前各进口加速器厂商均能提供不同类型的 EPID 配置，安装在治疗机架上与机头相对的位置，与治疗机构成一个整体，也有由第三方生产的移动式 EPID 系统。EPID 由射线探测器以及进行射线信号处理的计算机系统构成。目前的 EPID 的射线探测器多采用固定探测器或液态电离室组成的二维阵列，构成平板型影像板。影像板采集的信号经计算机系统进行降噪、提高灵敏度和对比度增强等处理后形成二维的数字影像。为了更好解决高能射线成像对比差的问题，有的厂家采取在加速器机架上加装 kV 级射线源的方法，可以获得跟数字 X 线诊断机一样质量的清晰射野照片。

与胶片照相技术相比，EPID 的优点是：①对比度和分辨率好，软组织和骨结构可以看得更清楚；②照片的动态范围好，可以进行图像质量的后处理调整，消除了因曝光量选择不当引起的重复拍照现象，拍片技术要求简单；③易于进行计算机软件自动分析；④存储方便。EPID 系统可配置影像自动配准软件，根据使用者选定的解剖结构配准点，快速自动的探测、定量体位误差和由此引起或由于准直器系统的误差引起的照射野形状和几何位置误差，并可将所得数据累积成体位变动资料，以找出患者体位变动的特征并决定调整患者体位的最佳方法。使用 EPID 进行照射野、体位验证即可脱机进行，也可联机进行。通常脱机验证发现的体位误差只有在下次治疗时才能得到纠正，而联机验证则可以在治疗前，甚至治疗中随时进行纠正体位误差。使用 EPID 进行照射野、体位验证的一个主要缺点是单个射野照片只提供二维影像，而患者的体位和方位都是三维概念，因此其提供的信息不足以完全纠正体位和靶区的误差。要从根本上纠正三维方向的误差，必须分析至少两个正交的影像或对射野影像进行三维重建。

射野影像验证方法简单有效，但由于治疗使用的加速区或钴－60 治疗机输出的高能 X 线或 γ 射线的能量高，穿透强的特点，照相的对比度和分辨率较差，难以分辨软组织的结构关系，通常是以体内的骨性标志进行评估，对头颈部治疗的验证效果较好，对其他部位在精确治疗验证常常需要预先在肿瘤部位植入金属显影标志帮助验证。另外，每天对每个照射

野进行照片分析也不切实际，而且射野照相只能获得二维平面的几何误差数据，这些不足都限制了他在适形放射治疗照射野验证中的作用。

第二节　kV 平片透视验证系统

一、kV 平片透视验证系统介绍

由于 MV 级射野影像图像组织分辨率较差，且患者吸收剂量较大，kV 级二维影像验证得到了研发应用，诊断 X 线的能量范围是 30～150 kV，有许多 kV 级 X 射线摄片和透视设备与治疗设备结合在一起的尝试。有的把 kV 级 X 线球管安装在治疗室壁上，有的安装在加速器的机架壁上。在预设的互相垂直的两个方向拍摄两幅 X 射线影像，这两个影像通过后处理系统被匹配到治疗计划中得到相应的 DRR 图像上，并算出当前的摆位位置与计划位置间的偏差，再有系统软件调控治疗床到计划所需的位置上。Shirato 等报道，在治疗室内安装 4 套 X 线成像系统，无论直线加速器的机架臂如何运转，都可以进行持续的立体监测。用金属植入体内作为基准标志，应用治疗室内的 X 线透视系统实时跟踪标志，是监测治疗时肿瘤和正常组织运动的有效方式，如图 6-3 所示。又如医科达公司的 XVI 系统，其自动化程度较高，kV 图像质量较清晰，采集配准方便，可进行 DR 图像与 DRR 图像的二维多标记配准，提高了配准精度。与 MV 级射野影像相比，kV 级二维验证影像也有自己的不足，如不能拍摄射野形状验证片，与治疗用放射源不同，需要进行严格 kV - MV 等中心一致性的质量保证，难以检测放疗过程中软组织的相对形态变化。

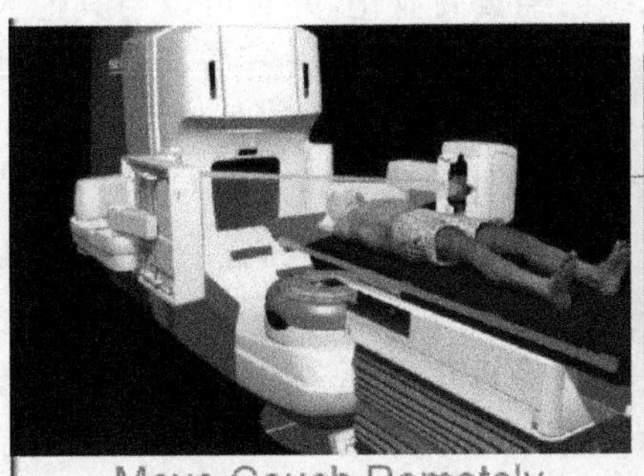

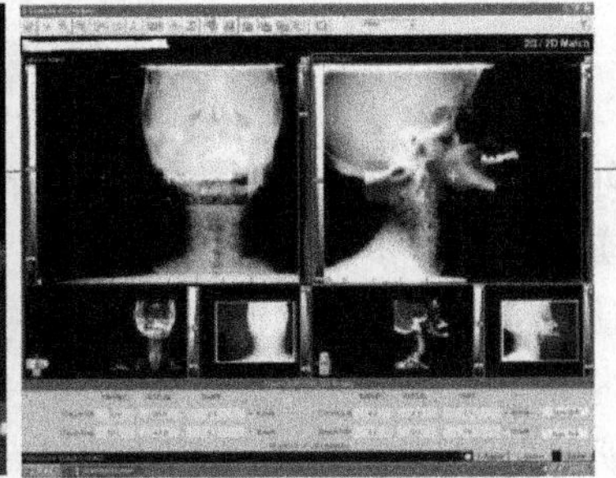

Move Couch Remotely　　Couch shift / rotation

2D2D

Typical time required:
1 ~ 2 minutes

- OBI arm extension
- Acquire lateral image
- Rotate gantry 90°
- Acquire AP image
- Registration / verification
- Couch shift / rotation
- OBI arm retraction

图 6-3　kV 平片透视验证系统

赛博刀(Cyber knife)系统就是使用治疗室内两个交角安装的 kV 级 X 线成像系统,等中心投照到患者治疗部位,根据探测到的金属标记物位置变化,或者根据拍摄的低剂量骨骼图像,与先前存储在计算机内的图像进行对比,以便决定肿瘤的正常位置,并将数据输送至控制加速器的计算机。该系统具有 6 个自由度运动功能的机械臂,可随时调整 6 MV X 射线照射束的方向,从非共面的不同角度照射肿瘤,机架臂非常灵活,这是该系统的突出优点。

为了解决 EPID 在靶区定位中的二维成像局限性,有人提出了一种方法是引入 kV 级立体定位成像设备。采用诊断级 X 射线来验证治疗摆位的方法并不是新进才出现的。它具有两方面优势:①与 EPID 相比,影像质量大大提高,尤其是结合非晶硅探测器之后;②与 EPID 采集的 MV 级影像相比,患者所接受的成像剂量大大降低。

AZ-VUB 医学中心采用适当的电离室测量成像剂量,结果证明,对于典型的临床照射野,kV 级成像系统采集一幅影像所增加的辐射受量为 0.513 mSv。此外,联合使用独立于加速器机架运动的患者位置实时监控系统,除了可进行靶区检测之外,而且还有可能根据监测信息控制治疗射线。从原理上来说,有两种方式可以实现这一功能:一种是采用遥控治疗床方式,通过影像信息引导靶区对照射野;另一种是使用机械手直线加速器的方式(美国××公司的射波刀系统),通过影像信息引导靶区对照射野。后者具有真正的肿瘤实时追踪能力,而前者在器官运动明显的病例中可以实现门控治疗。据报道,两种方式都可以达到毫米级的治疗精度。

德国 BrainLAB 公司的 ExacTrac 3.0/NOVALISBODY 系统属于上述第一种方式,它带有患者体表实时红外跟踪装置,并联合立体 X 线成像来显示内部器官结构。该系统是一种精确地定位工具,可以满足以下基本要求:①可以被整合进治疗计划设计过程;②是一种完全自动的定位工具(不是验证工具),可以根据治疗计划数据高度精确地确定靶区的位置;③与常规摆位方法相比,不增加患者位置调整和重复定位的次数(这是目前为止 EPID 难以在临床广泛应用的主要原因之一);④能够在可接受的时间段之内完成整个过程(照射加上重定位时间一般不超过 15 min)。该系统已经被商业化,并且可以与其他大部分商用产品兼容,他可以作为阐述立体 X 射线成像原理的范例。Verellen 等人已经对此进行了详细描述。

实时红外跟踪设备通过探测放置在患者体表的红外反射块或者 CT 标记点,并将标记点的位置与实现储存的参考位置进行比较,然后指令治疗床的机械手产生运动,控制治疗床将患者移动到预先计划的位置,从而实现患者的自动定位。标记点的位置信息可通过固定在治疗室内天花板上的两个红外相机和一个摄像机获得,室内的红外相机对患者运动情况进行三维实时监测,从而可以利用手控盒或计算机指令对患者的位置进行在线控制。

该系统的 X 线成像系统和上述红外跟踪设备完全集成在一起,X 线成像系统由埋在地面内的一个射线发生器和两个 X 线球管以及固定在天花板上的两个非晶硅探测板组成。两对"X 射线球管-探测器"系统之间的夹角大约为 90°,每一对与水平面的夹角大约为 42°。另外,该系统还增加了键盘控制接口,可以从治疗室外通过计算机指令进行远程控制,将患者移动到预定位置(最终治疗的位置)。X 射线成像系统能够产生诊断级的光子束,在曝光模式下,能量范围为 40～150 keV,在透视模式下能量范围为 40～125 keV,并且在非晶硅探测板上投照的射野大小为 20 cm×20 cm 左右,而探测器板的有效面积为 22 cm×22 cm。X 射线成像系统在使用时必须进行校准,一方面是为了确定 X 线球管与非晶硅探测板之间的空间位置关系,另

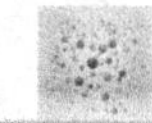

一方面要确定X线成像系统与治疗机等中心之间的位置关系。X线成像系统和治疗机等中心之间的位置关系可以使用特制的校准模体来确定。模体内放置X线显像标记，模体外放置红外反射标记。该模体同时也可以确定X线成像系统和红外跟踪系统之间的位置关系，而患者以及治疗床的运动则归对红外反射标记的实时跟踪来进行控制。

当X线成像系统的两块非晶硅探测板采集到两幅图像之后，可以有两种方法处理：一种方法是将代表患者实际位置的X线影像与代表患者理想位置的DRR影像进行自动融合；另一种方法是按照内植辐射显像标记点进行匹配。与常规方法相比，前一种做法改进了患者的摆位过程，但是没有考虑内部器官的运动问题，因此需要设置足够的内靶区外放边界。而后一种内植标记点匹配的做法可以更加准确的评估靶区的实际位置，因此能够缩减CRT、IMRT、SBRT照射的治疗边界。

二、kV影像和DRR影像的自动融合

这种方法的原理是使用二维/三维配准算法将患者的三维CT数据与两幅X影像进行对准操作。假设系统的所有部件都经过了准确校准(也就是说X射线球管和探测器板相对于治疗机等中心的位置是精确确定的)，我们可以从计划CT影像(代表了患者的理想位置)中产生数字重建影像(DRR)，并与X线成像系统采集的影像进行对比。为了精确定位患者，需要对患者的位置与方向进行评估，影像配准时要考虑到所有6个自由度方向上的平移和旋转偏差。配准时采用基于梯度相关的自动融合算法，对于每个图像进行相似度的测量，最后获得最优化结果。相似度的测量主要依赖于边界信息，在同一个位置，如果边界清晰可见，则融合精度高。配准和融合过程可分为两个阶段，第一阶段，分别将对应的两对X线影像和DRR影像进行融合，获得二维偏移量，并且计算出一个粗略的三维校正向量(因为X射线球管与患者之间的空间位置关系以及放大倍数已知，所以有可能计算出该三维向量的粗略值)，然后可以将该二维/三维校正向量作为第二阶段六自由度配准的起始值。第二阶段采用迭代优化循环确定三维CT数据集的旋转和偏移量，以在对应的DRR图像和X线影像之间获得最大的相似度测量(每次迭代都是从上一次计算出的旋转和偏移量重新开始计算)。第二阶段需要具备有效地DRR重建算法(因为在配准过程中需要用到几百个DRR图像)、有效地优化算法以及自动融合算法。如果自动融合结果错误的话，可以采用手动移动DRR图像的方法进行配准，以尽可能获得令人接受的结果；用户可以自定义图像中的感兴趣区域(应消除掉与解剖无关的一些高对比度区域，例如患者固定装置等，因为这些区域会影响自动融合的结果)；调整DRR图像中组织和骨头之间的对比度；限制优化算法的搜索范围(避免优化过程偏离目标值)。

三、kV影像还可用来进行植入标记点匹配

CT定位前在人体内预先植入辐射显现标记点，然后进行计划CT扫描。假设治疗机上的X线成像系统已经校准，那么获取X线影像之后，计划CT容积数据中包含的标记点将投影到X线影像上。如果患者初次摆位正确的话，计划CT中的标记点投影将与X线影像中的标记点位置相对应，在出现摆位误差的情况下，可以用鼠标单击并拖动每个标记点的

投影,使其与X线影像上标记点的实际位置相对应。假设人体是刚性的,通过计算每个投影点的偏移和旋转误差,即可进行全部六自由度的校正。如果标记点偏离预期位置太远的话(表示标记点有可能发生迁移),系统将无法对标记点进行匹配,此时,软件将舍弃该标记点。目前,一种自动探测标记点的算法正在研究之中。

Verellen等人根据模体中的研究得出结论,当采用内植标记点匹配方式时,X线成像系统可以达到亚毫米的定位精度。Soete等人证实了该系统在临床的应用,并且在前列腺癌治疗中根据X线成像结果最终确定了合适的治疗边界大小。该系统目前的研究进展主要集中在如何使用六自由度信息控制一个称之为"倾斜盒"(tiltbox)的装置,从而实现治疗床面的旋转调整。Yin等人正使用上述X线成像技术并结合体位固定装置用于脊柱肿瘤的单次分割治疗,他们在同一天内完成CT扫描、计划设计和治疗。

第三节　锥形束CT系统

近年发展起来的基于大面积非晶硅数字化X射线探测板的锥形束CT(cone beam CT, CBCT)具有体积小、重量轻、开放式架构特点,可以直接整合到直线加速器上。机架旋转1周就能获得和重建一个体积范围内的CT图像,图6-4为CBCT示意图。根据采用放射线能量不同分为两种,即:采用kV级X射线的kV-CBCT和采用MV级X射线的MV-CBCT。

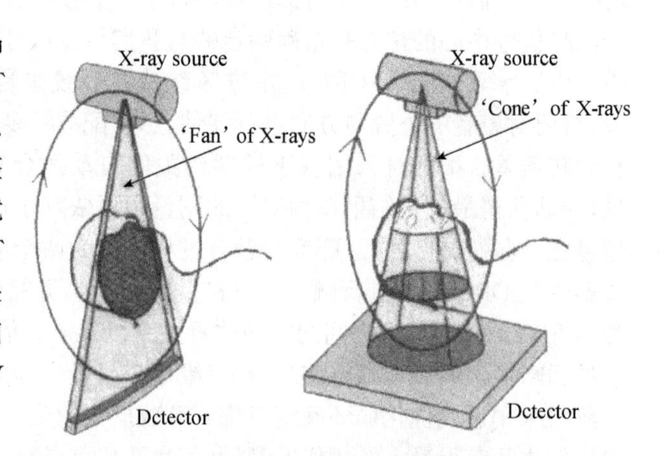

图6-4　锥形束CT(CBCT)示意图

一、MV-CBCT

利用加速器上安装的kV级X线管球或加速器自身产生的MV级射线,以射野准直器形成的锥形束对处于治疗摆位的病人进行扫描照射,由EPID接受的信号经计算机反向重建成断层图像,与治疗计划比较以实现在线验证和摆位修正。CBCT的结果还可以用于重新计算剂量分布,为离线的误差分析及计算修正提供数据依据。

CBCT使用MV级射线为放射源,可以省略掉一套kV级X射线装置,Pouliot等用低剂量MV-CBCT获得无脉冲伪影的三维图像,融合计划kV-MV图像,并进行位置校正,椎管和鼻咽精确到1 mm。Nakagawa等也应用MV-CBCT进行在线校正。MV-CBCT的X线源和治疗束同源是其优点。而且MV级X线具有旁向散射少,进行不均匀修正比较直接等特点,适用于评估精密电子密度,故可以同时作为剂量学监测设备。但与kV-CBCT相比,它在图像分辨率、信噪比和成像剂量上处于明显劣势。最近在改善MV-CBCT图像方面的研究不断增多,如适应性过滤可显著降低图像噪声及探测器本身材料上改进探测效率

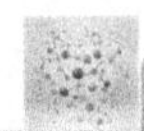

峰值接近治疗用射线能量等使 MV-CBCT 的图像质量不断得到改善。此外，MV 级射线成像时病人容易受到的容积剂量也高于 kV 级射线成像。

二、kV - CBCT

机载影像系统是目前使用最为广泛的治疗室内成像系统，在治疗束垂直的方向上安装一对机载 kV 级 X 射线影像系统，该系统能拍摄 X 射线平片、与呼吸门控系统组合进行门控透视和绕治疗床 1 周或半周采集 CBCT 图像，如图 6-5 所示。利用 CBCT 图像和计划 CT 图像配准后算出当前摆位位置和治疗计划位置间的差别，后续应用软件能够根据这个差别遥控校正治疗床，使用 CBCT 修正摆位误差主要应用在肿瘤周围骨性标志不明显的部位，如腹部、盆腔肿瘤等。

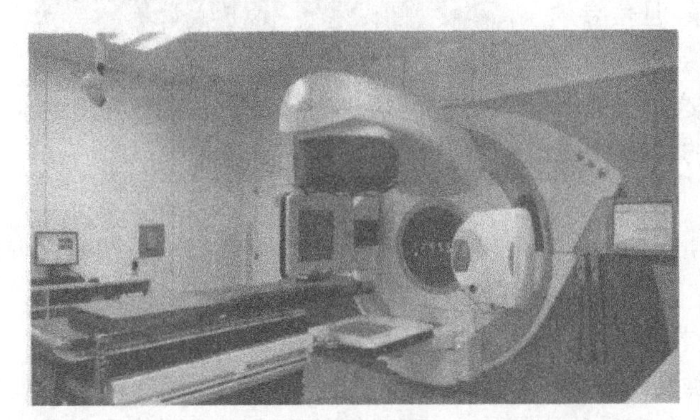

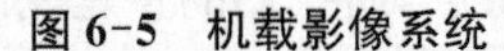

图 6-5　机载影像系统

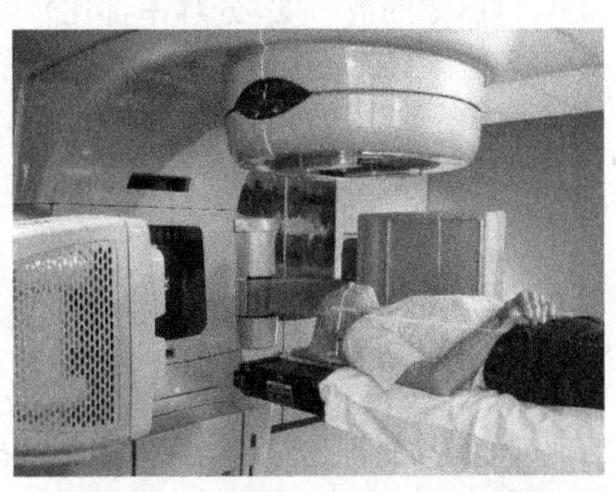

图 6-6　病人实施的 CBCT 验证实例

平板探测器的读数装置和探测器结合在一起，本身就具有提高空间分辨率的优势，因此，kV-CBCT 可以达到比传统 CT 更高的空间分辨率，密度分辨率也足以分辨软组织结构，可以通过肿瘤本身成像引导放疗。而且该系统的射线利用率高，患者接受的射线剂量小，使其可以作为一种实时监测手段。图 6-6 正在为病人实施 CBCT 验证。

因此，CBCT 具有在治疗位置进行 X 线透视、摄片和容积成像等多种功能，对在线复位很有价值，成为目前 IGRT 开发和应用的热点。图 6-7 为肺癌患者的 CBCT 与 CT 图像的配准及结果实际图。但其密度分辨率，尤其是低对比度密度分辨率与先进的 CT 比还有差距。

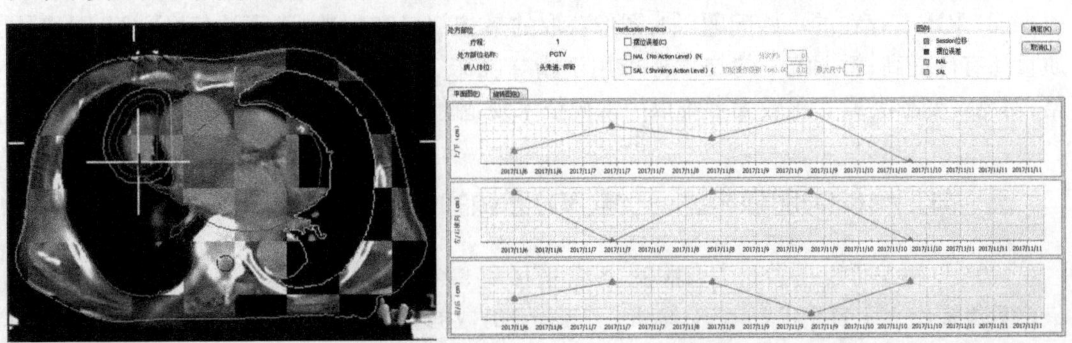

图 6-7　肺癌患者的 CBCT 与 CT 图像的配准及结果实际图

三、在线 CT 扫描(CT-on-rail)验证

治疗室内使用 kV 级影像(特别是 CT)是图像引导放射治疗的标志性事件。这类方法还包括在加速器机房安装一台 CT 扫描机,CT 机与加速器共用一台治疗床,如图 6-8 所示。利用摆位时的 CT 扫描数据与计划设计时的 CT 影像进行比较,修正靶区和摆位误差。在导轨 CT-加速器系统中,治疗室内的 CT 图像与计划 CT 图像属同一模式的影像,两者有很好的可比性。而且治疗室内图像源自于 CT,图像的清晰度、分辨率都比较好,但是导轨 CT-加速器系统成像后需要将 CT 沿着导轨移开并将治疗床转到加速器机头下进行治疗,这个过程所需的时间较长,在此期间可能带来病人的移动。

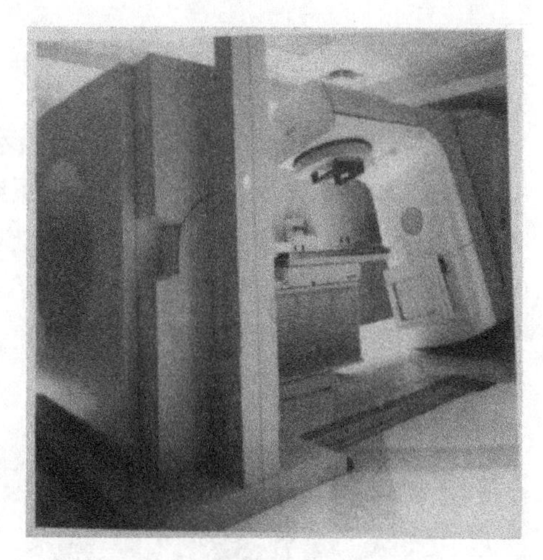

图 6-8　加速器 CT-on-rail

四、面临的挑战

(1) 与传统 kV 级 X 线影像引导技术,由于成像原理原因,对于大多数肿瘤不能清晰显示肿瘤边界,使得我们在治疗时不能准确判断肿瘤的位置偏差并进行高精度修正。

(2) 这些肿瘤部位均为非刚形体,具有变形移位等特点,而我们的重建配准图像为三维图像,不能够分辨出真实运动轨迹及时间周期。

(3) 出束放疗时对于分次内偏差缺乏实时三维、四维影像监测及偏差实施修正。

(4) 大多数为软组织肿瘤,在设计计划时大多数已经采用多种影像融合技术,如 CT、MRI、PET、超声等,但是在加速器治疗时缺乏对应的软组织成像技术作为影像引导,使得相关位置偏差修正大打折扣。

(5) 软组织密度空间分辨率较差;几何精度低、图像均匀性差;各种图像伪影(图像边缘 CT 值降低)存在;治疗时间增加约 5 min;CBCT 成像质量比诊断 CT 低一个数量级;对比度和噪声比较大。

(6) IGRT 存在的一些问题(如:图像获取的最佳剂量和次数)仍不清楚;CBCT 图像的质量还有待提高;暂无统一的技术标准用于指导临床工作;对照射靶区的精确勾画更加严格;对靶区变形者或变化较大者难以用常规技术规范。

五、与二维(2D)图像相比,三维(3D)图像的优势

(1) 3D 图像可以提供 6 个自由度(3 个平移和 3 个旋转)的摆位误差数据,而 2D 图像最多只能提供 5 个自由度(3 个平移和 2 个旋转)的数据。

(2) 如果考虑到组织器官的形状变化,采用变形匹配技术,3D 与 2D 提供摆位误差数据的差别更大。

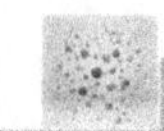

(3) 如果将患者的治疗计划移到校位的 3D 图像上，重新计算剂量分布，可以得到每个分次治疗时患者的实际受照剂量分布，根据实际受照剂量可对后续的分次治疗做适当调整。

(4) 治疗计划满足要求实施执行前，必须在模拟机或 CBCT 下对治疗计划的 DRR 片与模拟机定位图像比对，同时也对射野中心、照射范围等进行位置验证。方法包括 kV/MV 级 2D - 2D、3D - 3D、CBCT、胶片验证，图 6-9 为 varian 机载 OBI 实际图，另外也可用剂量验证系统验证设备的位置信息。

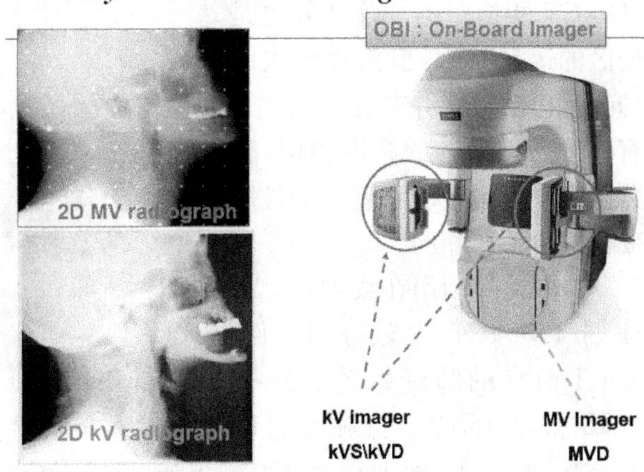

图 6-9 varian 机载 OBI 实际图

(5) IGRT 中的图像配准及评估，由医生评估配准情况，观察配准结果，根据摆位误差做出是否纠正平移误差的决定；采用自动配准或手动配准；分析误差产生的原因，包括呼吸运动、摆位误差、设备间的误差、系统误差等；通过在线和离线修正，使得各种误差降到最低。由于呼吸运动和系统误差使得靶区仍有一定的误差存在。

(6) 对靶区而言，可以减小计划靶区、计划靶区更加个体化、计划靶区更加可信。对物理水平而言，提高靶区治疗精度、减少敏感组织或危及器官的体积、提高肿瘤的照射剂量。对临床而言，肿瘤的局部控制率可能增加、放射损伤可以降低、放射治疗时间大幅缩短。

六、四维(4D)影像引导放疗技术

四维影像是指在三维空间影像基础上，加入时间信息，根据运动或变形器官投影数据重建后得到的影像。作为肿瘤放疗的里程碑，四维影像近年来逐步应用于肿瘤放疗。四维 CT 在国内外肿瘤放疗单位已较广泛应用，四维锥形束 CT、四维 MRI、四维超声等其他思维影像在肿瘤中的应用也逐渐增加。

4D - CBCT 是整合在加速器上的 CBCT 是一种在线的成像工具，能够提供患者治疗位置的容积信息，可用于在线摆位校正、照射剂量验证和自适应放疗计划等。但由于 CBCT 扫描速度较慢，所生成的图像很容易受到器官运动影响而产生伪影。为了减少呼吸运动伪影，Sonke 等提出来 4D - CBCT 的概念和实现 4D - CBCT 的方法。与 4D - CT 类似，4D - CBCT 也是由同一时相的投影数据重建而成，不同的是投影数据需要在每一机架角度分出不同时相，而且可以根据膈肌在上下方向的运动幅度记录呼吸信号。4D - CT 虽然能够准确估计肿瘤运动范围，但扫描过程一般在模拟定位体位进行，没有考虑摆位误差和肿瘤放疗分次间的呼吸模式变化差异。普通 CBCT 可以克服定位 CT 的这些缺陷，但不能估计肿瘤在放疗分次内的运动特征。4D - CBCT 克服了 4D - CT 与普通 CT 的缺陷，可以在线估计肿瘤的运动范围。图 6-10 为利用膈肌上下运动分离呼吸曲线示意图。尽管 4D - CT 图像包含了靶区的运动信息，而且依据4D-CT所指定的治疗计划也是基于靶区的运动参数，但放疗分次间患者的呼吸运动模式并非完全相同。即使有时候呼吸运动的幅度相同，但放疗分次间呼吸运动所致靶区的位移和形变模式也不尽相同。

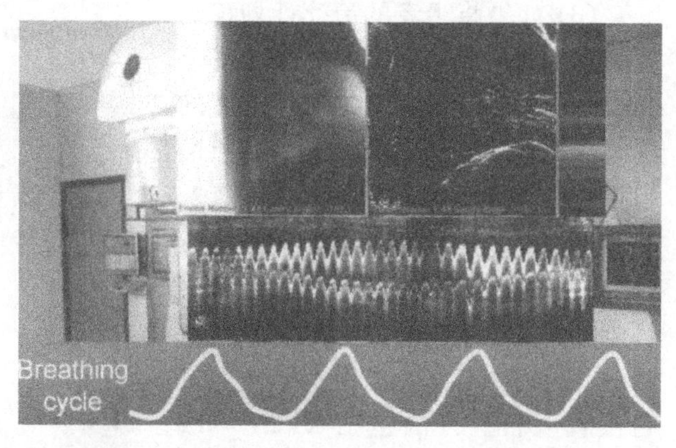

图 6-10　利用膈肌上下运动分离呼吸曲线示意图

Purdie等利用在线4D-CBCT和计划4D-CT比较了12例接受SBRT治疗的肺癌患者的肿瘤运动度，结果显示，除2例肿瘤运动度无差异外，其余10例4D-CBCT测得的肿瘤运动度与计划4D-CT所测结果均不相同，前后方向差异最大为6 mm，上下方向差异最大为10 mm。这一结果表明，治疗体位的肿瘤位置及运动可能与计划4D-CT描述的不一致。利用模拟定位图像采集时，体位的运动数据追踪或门控放疗不一定适合所有患者，需要依据治疗实时在线获得的肿瘤运动信息，并进行在线自适应四维影像引导放疗。

有别于传统体表标记追踪方式获得患者呼吸运动曲线的方式，四维影像引导技术不需要应用任何外部辅助设备，在患者平静呼吸时从体内解剖结构的运动中，直接计算出呼吸曲线，来确定排序归类的时相；最后在呼吸周期中的每一个时相上重建的图像，都可与一副3D影像进行自动匹配并校正位置偏差，同时可以得到时间加权中位位置的三维图像，也可以此作为配准图像，具体如图6-11所示。

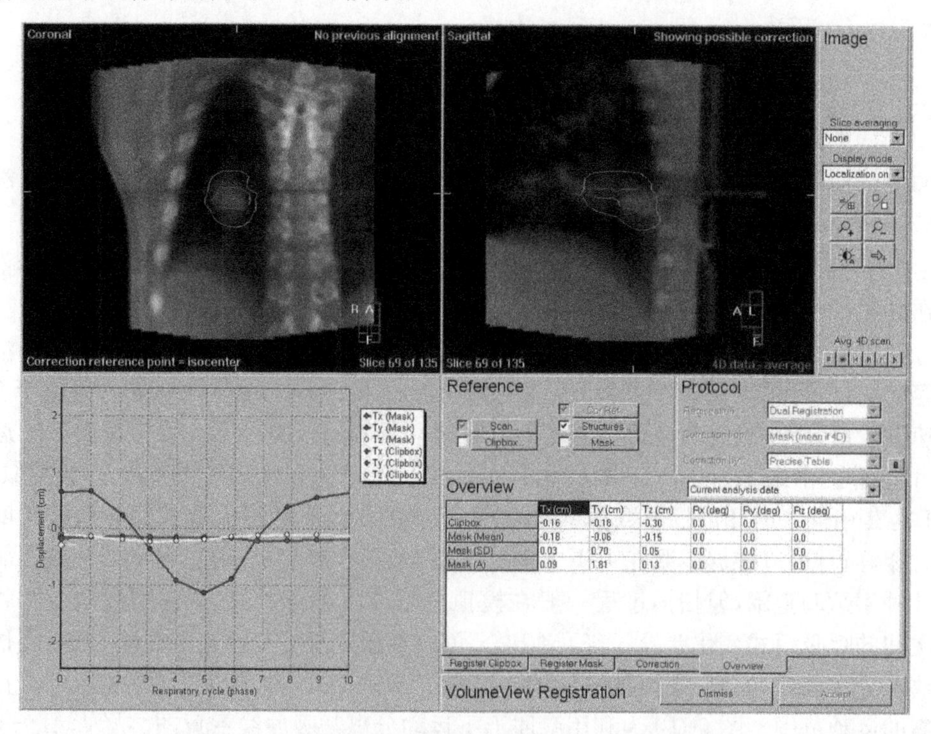

图 6-11　利用四维图像配准技术，获取动态摆位误差

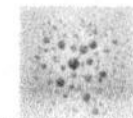

随着 4D－CBCT 技术的成熟，基于 4D－CBCT 的自适应影像引导的放射治疗受到关注。Harsolia 等分别采集了 8 例肺癌患者的治疗前常规螺旋 CT 影像和治疗第 1 周 4D－CBCT 影像，并在治疗期间对患者进行在 X 线透视检查，用于校正肿瘤位置变异。为每个患者制定 4 个计划：基于常规 CT 的三维适形计划和基于 4D－CBCT 的四维融合计划、单次校正的四维离线自适应放疗计划（离线 ART）和每日校正的四维在线自适应计划（在线 ART）。与三维计划相比较，4D－CBCT 融合计划、离线 ART 计划和在线 ART 计划的 PTV 体积分别减少了 15％、39％和 44％，照射剂量 20 Gy 的全肺体积（V_{20}）分别下降了 21％、23％和 31％，肺平均受照剂量（MLD）分别下降了 16％、26％和 31％。上述结果表明，应用 4D－CBCT 的自适应放疗计划能够显著降低 PTV 体积以及正常组织的受照剂量，使提高治疗增益比成为可能。图 6-12～16 分别为 Varian 机载 OBI 系统的质控项目及表格，包括图像质量、机械精度，质控周期等内容。

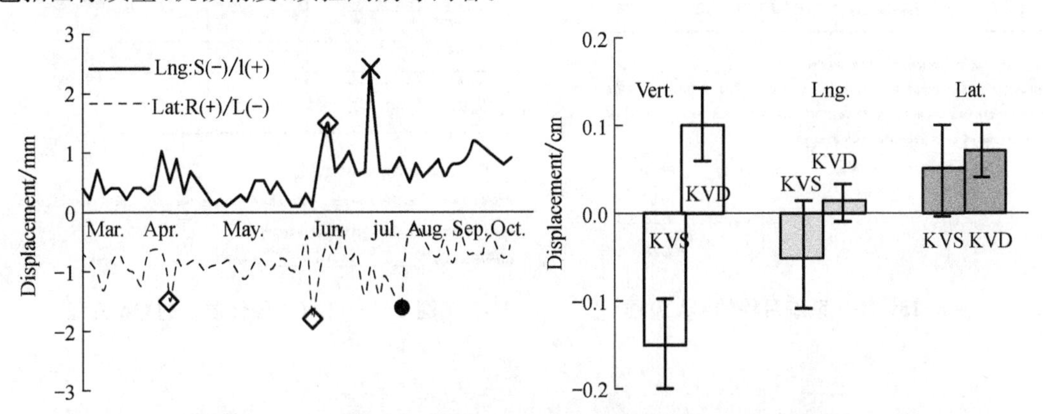

图 6-12　KV 级图像 KVS 与 KVD 在垂直、头脚、左右方向的 QA

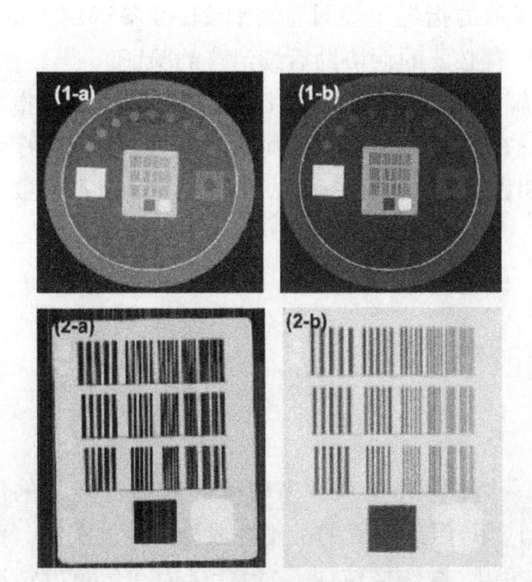

图 6-13　图像分辨率检测模体

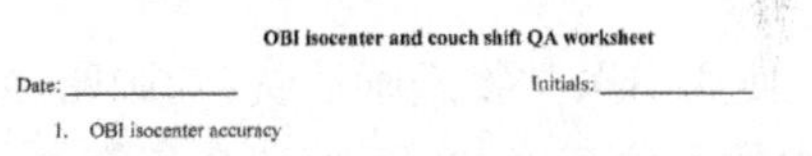

OBI isocenter and couch shift QA worksheet

Date: ____________　　　　Initials: ____________

1. OBI isocenter accuracy

Place the phantom at the isocenter based on field light crosshair and lasers. Schedule the test patient and load the test plan with setup fields. Mode up the AP kV setup field and take an image. Mark the position of the center marker in each image and measure the displacement to each direction. Repeat it for the lateral kV setup field.

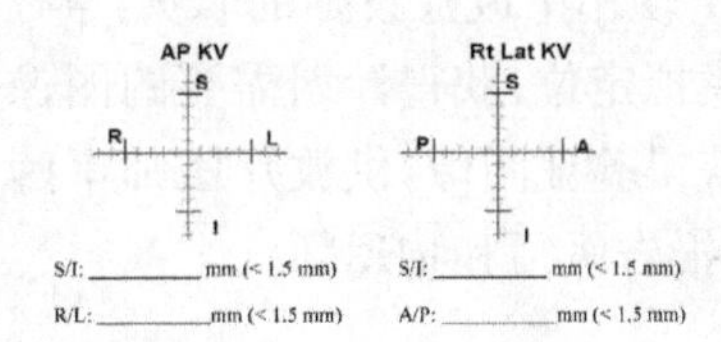

S/I: ____________ mm (< 1.5 mm)　　S/I: ____________ mm (< 1.5 mm)

R/L: ____________ mm (< 1.5 mm)　　A/P: ____________ mm (< 1.5 mm)

2. 2D2D match and couch shift accuracy

Using the two images from the isocenter QA, perform 2D2D Match. Align the center of the reference graticule with the off-centered marker(s) at a known position. Record the resulting shift (B). Apply the shift and move the couch remotely. Record the couch position (C). In the room, move the couch manually so that the off-centered marker(s) is(are) placed at the isocenter based on crosshair and lasers. Check the final couch position (D). Tolerance for |A−B| and |C−D| is 2 mm for all directions.

	Expected Shifts (A)	Shifts (B)	|A−B|	New Couch position (C)	Final Couch position (D)	|C−D|	Tol.
Vert							≤2mm
Lng							≤2mm
Lat							≤2mm

图 6-14　OBI 等中心与治疗床移动的 QA 流程

OBI monthly QA worksheet

Date: ______________ Initials: ______________

1. Magnification accuracy (Arm positioning)

Position KVS at (100, 0) with the gantry at 90° in the room. Retract KVD and measure the displacement of KVS from the isocenter determined by crosshair and ceiling lasers. Rotate the gantry to 270°, retract KVS and position KVD at (-50, 0, 0). Measure the displacement of KVD from the isocenter.

2. Run-out during arm vertical travel

Position KVD from (-50, 0, 0) to (-30, 0, 0). Measure the displacement of KVD from the isocenter in Lon and Lat directions.

Tests 1 and 2	Measured	Vertical distance	Longitudinal displacement	Lateral displacement
KVS @(100, 0)	Reading (cm)			
	Expected (cm)	85.2 ± 0.2	≤ 0.2	≤ 0.2
KVD @(-50, 0, 0)	Reading (cm)			
	Expected (cm)	48.2 ± 0.2	≤ 0.2	≤ 0.2
KVD @(-30, 0, 0)	Reading (cm)			
	Expected (cm)	28.2 ± 0.2	≤ 0.2	≤ 0.2

3. OBI isocenter accuracy over gantry rotation

Position KVS at (-50, 0, 0) and place the phantom at the isocenter. Take Rt Lat KV, AP KV, Lt Lat KV and PA KV with the gantry at 0°, 90°, 180° and 270°, respectively. Mark the center marker appeared in the image, and measure the displacement in each direction.

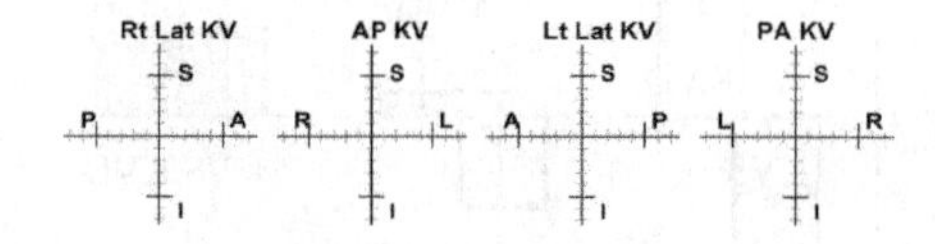

图 6-15　OBI 系统月检的 QA 流程

CBCT image quality QA worksheet

Date: ______________ Initials: ______________

Test mode (circle one): Full-fan /Half-fan

Slice thickness: ____________ mm

Field of view: ____________ mm

X-ray technique: ________________________

1. HU reproducibility (CTP404)

Select an ROI within a material disk and measure the HU in the ROI. The difference between the expected HU and measured HU should be < ± 40 HU.

Material	Expected HU	Measured HU	Difference
Air	- 1000		
PMP	- 200		
LDPE	- 100		
Polystyrene	- 35		
Acrylic	120		
Delin	340		
Teflon	990		

2. Low contrast resolution (CTP515)

Adjust the window level to show disks. Among the 1.0% Supra-slice group, select the least discernable disk. The tolerance is disk 4 that is 7 mm diameter disk.

Discernable disk: ____________ disk = ________ mm

图 6-16　CBCT 图像质量的 QA 流程

七、IGRT 使用中医学物理师及技术员职责

IGRT 使用中医学物理师职责：勾画明显可区分的重要正常结构；确保患者定位图像在计划系统中的方位正确；在医师和高年资物理师的指导下设计治疗计划；准备运用 IGRT 计划需要的所有技术文档；能参加第一次治疗，有必要的话协助后续治疗的验证。

IGRT 使用中放疗技师的职责：掌握摆位辅助装置的使用方法；在医师和物理师的指导下，完成模拟定位，获得计划需要的图像数据；在放疗医师和物理师的指导下，执行治疗计划；定期获得验证图像，供放疗医师审阅；定期评价摆位辅助装置的稳定性，发现不一致的情况立即报告医师和物理师。

第四节　六维床治疗系统

放射治疗是恶性肿瘤的主要治疗手段之一，随着近年来许多精确放射治疗技术的使用，特别是 IMRT、SRS 及 SBRT 技术的广泛应用，照射位置的准确性成为治疗的关键。而照射位置误差的产生有多个方面，如患者身体变化、操作摆位误差、治疗床面在负重的情况下弹性变形等。而怎样通过机械装置去快速矫正偏差，特别是治疗床面的角度偏差，从而

达到更精确的摆位是我们考虑的一个问题。

一、六维床基本介绍

现代精确放疗的发展趋势是不断提高放疗各个环节的精确性和准确性，影像引导放疗技术（EPID、CBCT、双平板影像系统）可以监测到内靶的摆位偏差，要求加速器床能够自动在线修正。正常情况下，摆位偏差往往是6个自由度方向的，而常规治疗床只有x、y、z 3个方向的直线运动和治疗床整体绕等中心的旋转运动。新华医疗研发了一款6维放射治疗床（以下简称六维床），它能实现6个自由度的患者精确摆位（如图6-17）。

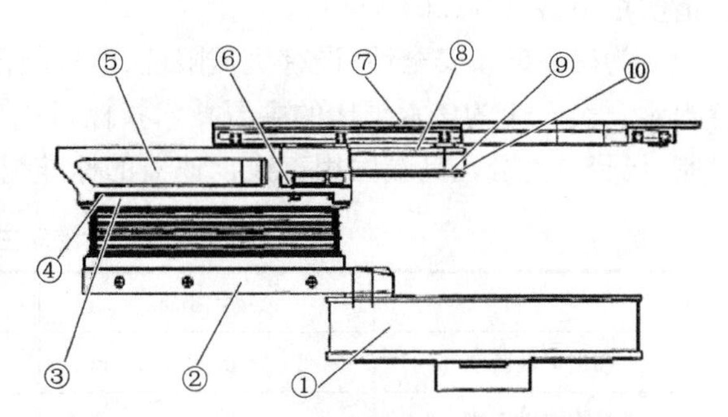

①床公转底座；②升降底座；③托架；④直线导轨；⑤横向移动托架；⑥横向驱动齿条；⑦床面；⑧直线导轨；⑨纵向移动托架；⑩纵向驱动齿条

图6-17　新华医疗六维床示意图

六维床有x、y、z 3个方向的直线运动和绕x、y、z 3个方向的旋转运动，比传统的治疗床多了绕x、y方向的旋转运动。x、y方向上直线运动，选用交叉滚柱V型直线导轨副传动，采用无间隙的齿型带传动；z方向采用双剪式结构，保持了原来的滚珠丝杠传动；采用高精度品牌电机和高精度的编码器，可实现数字化精确位置控制，x、y方向的可控步长为0.1 mm，重复定位精度小于0.25 mm。止动单元采用独立于传动系统之外的气动装置，实现零间隙制动，是自主知识产权，已申报专利（1999年批准）。图6-18为六维床面结构示意图。六维床的x、y方向旋转运动采用3点调节方式，即一个万向铰链，两个推杆；推杆设计为丝杠、导轨结构形式，由带编码器的直流电机驱动；此结构具有自主知识产权，目前已经申请发明专利（2012年）。

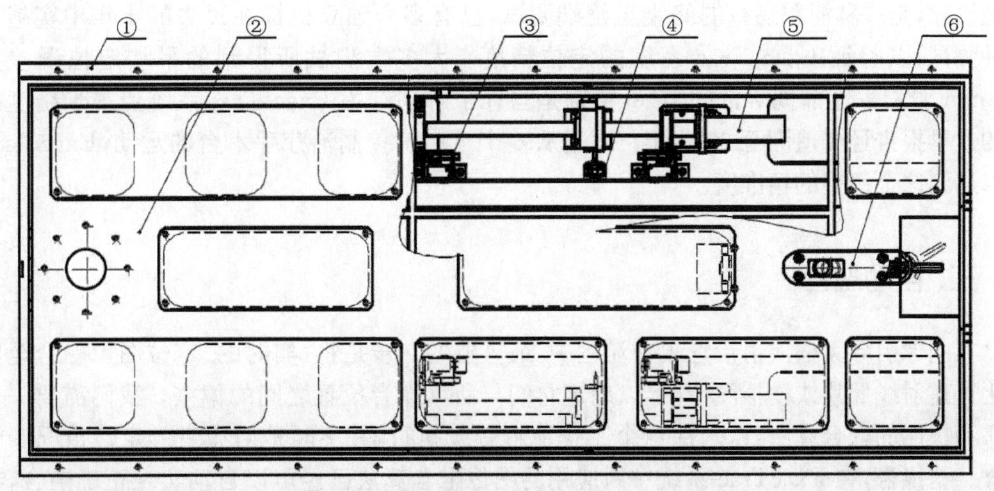

①直线导轨；②调整内层；③限位装置；④基准位；⑤驱动装置；⑥床面锁定机构

图6-18

公转机构系统采用蜗轮蜗杆结构，具有自锁功能，有带制动伺服电机控制，可精细对等中心旋转驱动，运动稳定性好，定位性能的优点。

床面采用全碳纤维的组合式床面，具有射线透过率高，刚性好的优点，可以减少图像伪影。床旁边把手方便取下，减少治疗过程中对射线的影响。全碳纤维的组合式床面已经申请实用新型专利(2010 年)。

为确保设备安全性，设有机械限位、电气限位、软件限位 3 重保护和过等中心位置时的提示。表 6-1 为该六维床的主要技术指标，目前该产品已经完成了前期的研发和小批量试制，已经成为公司高端医用直线加速器的标准配置，开始批量生产。

表 6-1　六维床主要技术指标

项　目	技术指标	项　目	技术指标
横向运动范围	−235 mm～+235 mm	床面升降运动范围	690 mm～1 490 mm
横向旋转范围	−1～+1°	公转运动范围	−95～+95°
纵向运动范围	1 079 mm	床面旋转范围	0～180°
纵向旋转范围	0～2°		

二、精确定位

在最近几年，为了提高放射外科治疗的效果，增加剂量已经成为一个共同的策略。然而为了限制由于辐射而引起的毒性，这也意味着每一次的照射目标区域应尽可能小。因此，等中心点的定位精度对治疗效果将产生重要影响，因为 1 mm 的错误可能导致在治疗过程中剂量的精度出现大约 10%或以上的误差。

只有对整个无框放射外科工作流程实施终端至终端的测试，我们才能有效地控制在成像、计划以及定位阶段所累积的定位误差。在刚性假体中隐藏一个金属目标并模拟完整的典型治疗，是一种简单易行的终端至终端测试，已有多个独立机构在过去的十年中实施了这种测试，以验证 Exac Trac 系统的定位精度。大多数测试所得到的平均定位误差为 0.8 mm，这是一个非同寻常的结果，特别是当你了解到有关 Exac Trac 系统亚毫米精度级别的最早报告还要追溯至 2003 年。通过从 6 个自由度控制治疗手术台的运动，Exac Trac 可以达到这个级别的精准度。

三、自动融合

在图像引导无框放射治疗工作流程中，最重要的一步是将“实时的”定位图像融合至数字化重建射线照片或模拟图像中，以确定它们与所需患者位置之间的偏差。我们需要一个可靠和快速的融合算法，以确保这个工作流程顺畅执行，并不断地对患者的定位情况实施核查。据报告，在 ExacTrac 系统中所应用的图像融合算法已经可以自动实现正确融合，在大约 90%的无框放射治疗案例中无需执行手动校准(图 6-19)。自动融合的失败主要是由于在摄像机的视域中没有看到骨骼解剖。

结果显示，Exac Trac 自动图像融合在大约 90%的无框放射治疗案例中的结果是可靠的，只要有足够的解剖结构就可以保证融合算法的精度。可靠的图像融合要求我们获取高品质的定位与模拟图像，在 ExacTrac 系统中，具有独特配置的 X 射线系统能产生最佳对比度、分辨率和曝光条件的定位图像。X 射线管和平板探测器的固定配置消除了由于任何机械运动造成的潜在空间不确定性。此外，光源与探测器之间较大的距离减少了辐射光束的立体角，从而降低了潜在的几何失真。最后，等中心点到探测器的距离也很大，这不但减少了对探测器的潜在身体散射，而且还因此增加了噪声比对比度。

根据 CT 图像的质量以及切片厚度，模拟图像构建于计划 CT 图像集，并对定位精度产生影响。因此，为了最大限度地提高定位精度，我们应防止出现图像伪影，而且切片的厚度也应小于 5 mm。

用于无框放射外科的 ExacTrac 融合

ExacTrac Fusion for Frameless Radiosurgery

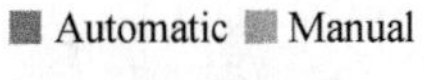

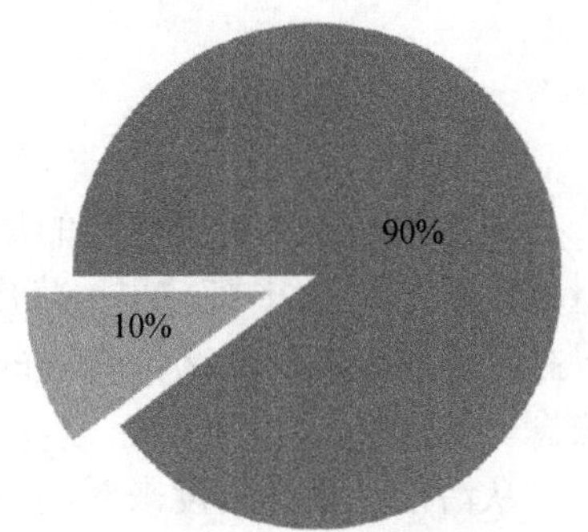

图 6-19　实验结果

四、随时治疗

定位和模拟图像的融合确定了与所需患者位置之间的偏差。在这个无框放射工作流程中的关键步骤中，一个专门的算法将从六自由度平移和旋转定位图像集，并与模拟图像集实现最佳匹配。由此产生的 6 个位移将被用于定位目前的患者位置，以使目标正好位于等中心点。

然而，传统的治疗手术台仅支持 4 个患者位移，即在平行于地面的平面上围绕前后轴所产生的 3 个平移(代表偏离)和一个旋转(代表等中心手术台旋转)。而对于围绕纵轴和横轴的旋转(分别表示滚动和俯仰)，在传统的手术台上是不能完成的。

图 6-20 中显示的是未经纠正的旋转所产生的误差。仅由经纠正的位移所造成的偏差表示为由融合算法检测到的总旋转角度的函数。由于忽略旋转而产生的误差高达 4 mm。但是，即便在滚动和俯仰上出现半度偏差，这也会导致目标区域的剂量不足以及正常组织周围的照射过度。当同时治疗多个转移目标，紧紧靠近于风险器官或者在脊髓治疗中，这些影响将会更加明显。

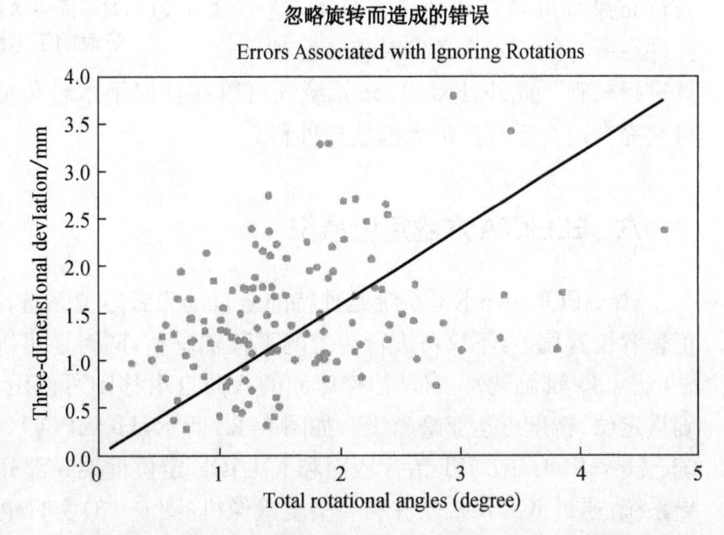

图 6-20　图中显示的是未经纠正的旋转所产生的误差

为了实现真正的无框放射治疗并达到亚毫米精度级别，ExacTrac 系统还配备了带有机器人倾斜模块的标准手术台，从而对手术台的俯仰和滚动进行纠正。由于等中心点在Exac Trac融合算法中被用于旋转原点，因此旋转与平移可以相互分离，并且旋转和平移可以安全而独立地应用。

五、全方位验证

即使在创立放射肿瘤学的最早期，人们就已经认识到，从多个方向确定目标将减少剂量溢出至正常组织，使放射治疗成为一种有效的治疗。虽然放射治疗的进步归功于图像引导技术的发展和剂量交付方法的创新，但这些技术并没有改变放射肿瘤学早期所提出的概念。

从治疗计划的角度来看，有框和无框放射治疗计划是相同的，因为二者均利用了多个非共面弧或光束，以便从多个方向和各种手术台角度来定位病变位置，并防止剂量溢出至正常组织。由于真正的无框放射外科要求在整个治疗过程中反复核查患者的位置，因此在手术台的所有角度上应均可成像。

所有的机械运动本身都会产生其他方面的误差，而这个情况同样适用于治疗手术台的运动。我们需要做的是检测并纠正这些误差，图 6-21 为治疗床旋转造成的误差，手术台运动造成的位移超过 1 mm 的典型治疗误差。

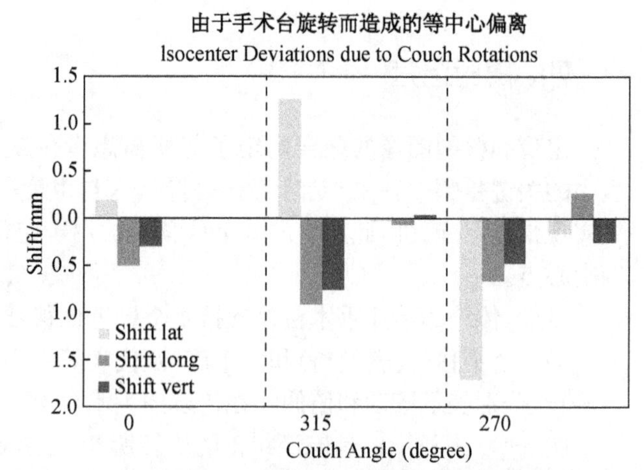

图 6-21　对不同手术台角度上的患者位置所实施的验证表明手术台旋转产生的偏差

结果显示误差大于 1 mm。当治疗手术台的角度为 315°和 270°时，Exac Trac 系统能够检测（第一组值）并纠正等中心位移（第二组值）。ExacTrac 系统可与直线加速器分离，这允许在所有的手术台角度对患者的位置进行核查。此外，ExacTrac 系统还可以在任何手术台角度对检测到的位移进行纠正，使得它完全适合于真正的无框放射外科。

六、ELEKTA 六维定位系统

HexaPOD evo RT 系统是独特的全自动患者定位系统，临床用户可使用该系统远程校正患者位置偏差，不仅可进行传统的平移轴调整，同时还可以进行滚动、俯仰和左右旋转调整（x、y、z 轴旋转）。自动治疗床面的 6 向自由移动可使用户对患者进行任意方向上的精确重定位，精度可达亚毫米级。如图 6-22 所示，HexaPOD evo RT 系统由 iGUIDE 追踪系统、HexaPOD evo RT 治疗床面和 iGUIDE 定位框架 3 部分组成。它运用最先进的影像引导系统，通过 iGUIDE 软件和高精度摄像机（图 6-23）实时跟踪定位框架上的标记点来自动检测验证治疗床面位置，远程遥控治疗床准确校正所有偏差，从而消除了 IGRT 定位 6DOF

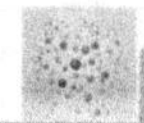

链与肿瘤等中心靶区的差距。

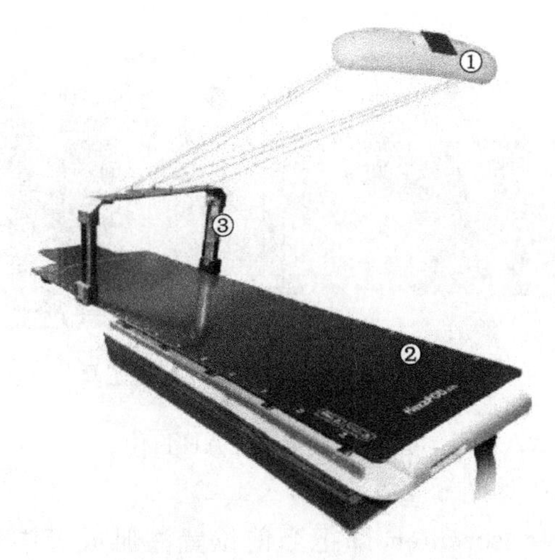

1—IGUIDE Tracking System(跟踪系统)；
2—HexaPOD evo Couchtop 包括碳纤维床面、控制面板、电缆、滑轨、拉手等；3—IGUIDE(参考框架)

图 6-22　六维床

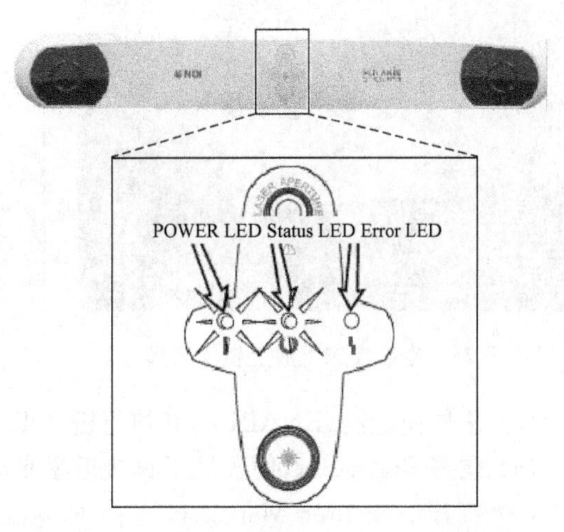

图 6-23　IGUIDE Tracking System(跟踪系统)

在开机治疗患者前须对六维床的等中心进行验证和运动范围进行检测，如果发现等中心出现偏差则要对六维床的等中心进行校准，校准时把误差控制在 0.2 mm、0.2°以内，对参考框架(reference frame)的参考原点进行登记注册时，需把误差控制在线性方向1 mm，旋转方向 0.5°以内，以保证六维床的位置精度，进而保证其校正误差的精度。

(一) 故障现象

在正常情况下，做晨检时激光灯和参考原点是重合的，如图 6-24(a)所示，在此故障中，做晨检时发现参考框架与激光灯不重合，如图 6-24(b)所示。

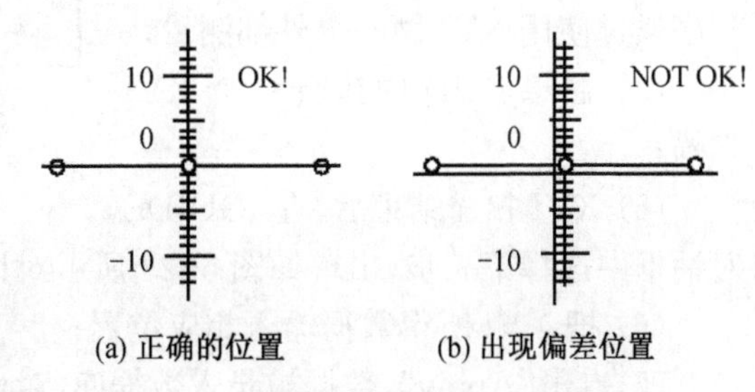

(a) 正确的位置　　(b) 出现偏差位置

图 6-24　参考框架与激光灯位置关系

(二) 分析与检修

六维床中心出现偏差，且大于允许误差，仔细检查跟踪系统和参考框架的外观，未发现明显的损坏痕迹，可排除物理因素造成的影响，初步判断是系统丢失了治疗床中心的数据所致。需要对六维床重新做一次校准，校准步骤如下。

1. 准备阶段

(1) 将 Precise 床设置到 0 位；

(2) 打开 IGUIDE workstation，以 wo-rkstation admin 进入；

(3) 打开 IGUIDE 软件非全屏模式，连接到设备。

2. 注册一个初始等中心

(1) 把校准工具设置在 B 孔，并在 Iguide 软件上确认位置，如图 6-25 所示；

(2) 在 Hexa POD Status 中点击向上的箭头；

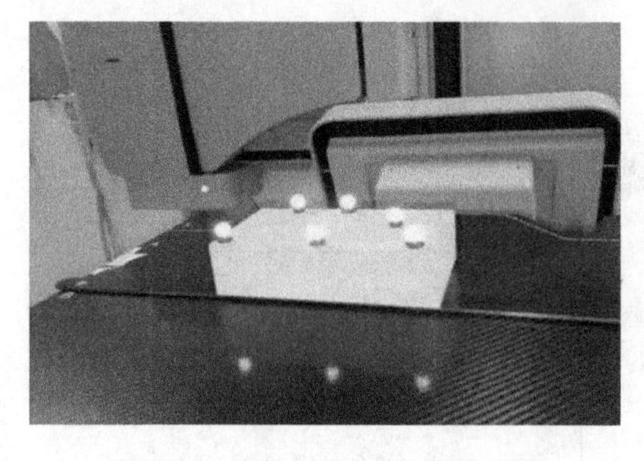

图 6-25　在治疗床上放上校准工具

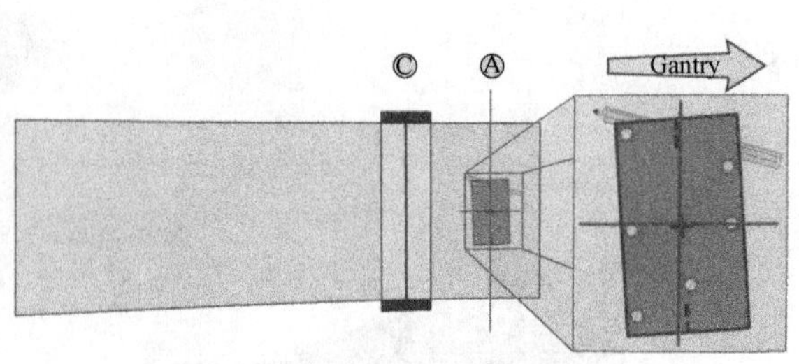

图 6-26　iGUIDE 参考系和校准工具

(3) 按住使能键(ENABLE)和执行键(OPERATE),使床运动到 START 位;

(4) 调整 Precise 床,使校准工具接近激光灯,如图 6-26;

(5) 打开 Isocenter Manager,选择 Re-gister isocenter,即把当前位置注册成等中心位置;

(6) 此位置会被记录在系统中,需做好标记避免使用此等中心进行治疗。

3. 校准最终等中心

(1) 打开 Isocenter Manager,进入 Cal-ibrate isocenter 校准程序,按流程进行;

(2) 选择注册初始等中心时使用的校准工具,在软件上确认位置(B);

(3) 点击“进行下一步”,此校准程序通过使用 XVI 做一个外部测量;

(4) 在患者 ID 中执行一个 XVI 扫描;

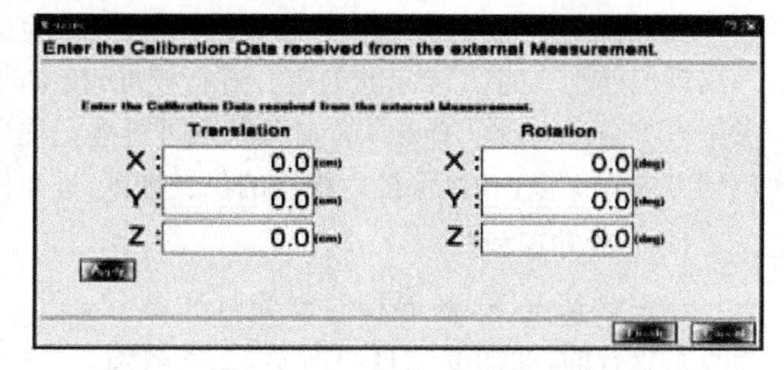

图 6-27　提示把 XVI 所得数据输入相应位置

(5) XVI 扫描结束后,在 IGUIDE 对话框中选择下一步,出现如图 6-27 所示对话;

(6) 把 XVI 所得数据输入相应位置;

(7)点击“Apply”,数据被录入数据库,对话提示进一步测量,如图 6-28 所示;

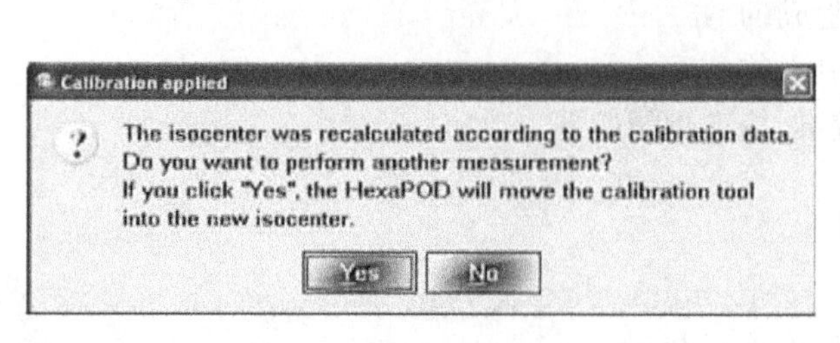

图 6-28　出现的对话框

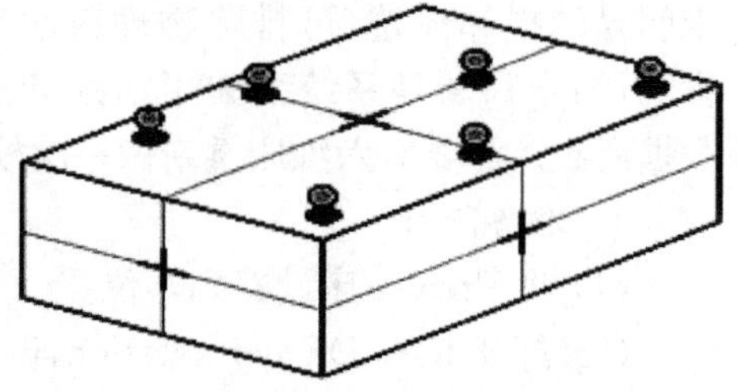

图 6-29　激光与校准工具标记点重合

(8) 点击“Yes”,并且按住手控盒使能键使六维床运动到新的等中心位置,如图 6-29 所示;

(9) 再做一个 XVI 扫描,确定此校准的准确性(平移误差:±0.3 cm;旋转误差:

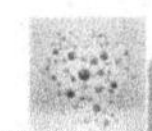

±0.1°)；

(10) 点击"完成"，关闭校准程序。

4. 将参考架与激光灯匹配

(1) 把参考框架固定在床面上，并在 IGUIDE 软件上确认，如图 6-30 所示；

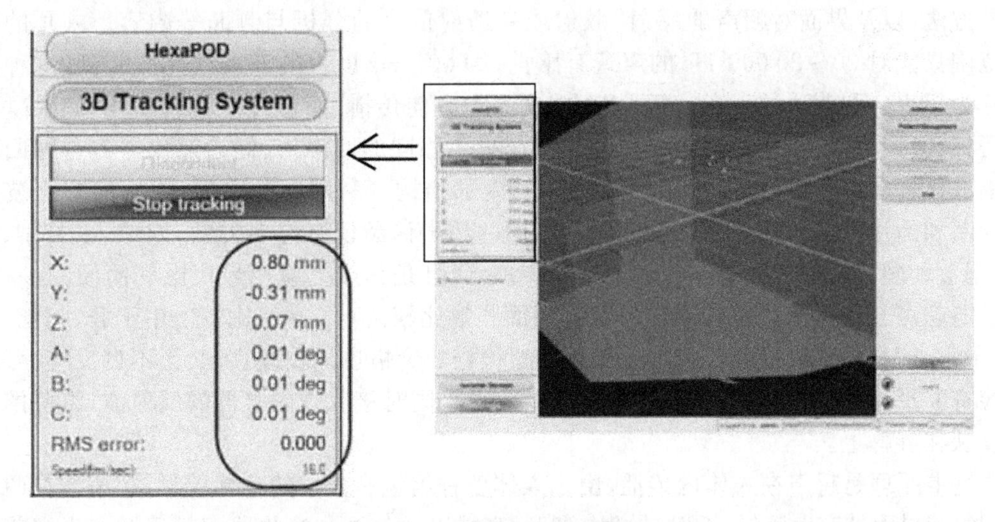

图 6-30　显示参考框架的坐标

(2) 执行一个等中心安全检查，使参考框架与激光灯重合；

(3) 使用手控盒，使 Precise 床精确地对准激光灯；

(4) 打开 Iguide 的 3D Tracking System；

(5) 在桌面上点击 DBAdmin；

(6) 选择 Reference Frame，点击"Cal-ibrate Ref Frame"；

(7) 把在 3D Tracking System 中得到的数据输入相应位置后，点击"Apply"；

(8) 在 Iguide 打开 Setting；选择 Da-tebase 并连接，此时 3D Tracking System 应接近于 0；检查 3D Tracking System 中的数据是否在允许误差范围之内，如果大于允许误差需重复以上步骤；

(9) 使床离开等中心位置，执行一个等中心安全检查，确认参考架与激光灯重合。

至此，六维床的等中心校准就已经完成了。重新做一次晨检，激光灯和参考框架的参考原点是重合的，把结果进行登记。

第五节　超声引导系统

一、基本原理

研究和应用超声的物理特性，以某种方式扫查人体，诊断疾病的科学称为超声诊断学。超声诊断学主要是研究人体对超声的反作用规律，以了解人体内部情况，在现代医学影像学中与CT、X线、核医学、磁共振并驾齐驱，互为补充。它以强度低、频率高、对人体无损伤、无痛苦、显示方法多样而著称，尤其对人体软组织的探测和心血管脏器的血流动力学观察有其独到之处。超声诊断学包括作用原理、仪器构造、显示方法、操作技术、记录方法，以及界面对超声的反射、散射或者透射信号的分析与判断等内容。人耳的听觉范围只能对20～20 000 Hz的声音有感觉，20 000 Hz以上的声音就无法听到，这种声音称为超声。和普通的声音一样，超声能向一定方向传播，而且可以穿透物体，如果碰到障碍，就会产生回声，不相同的障碍物就会产生不相同的回声，人们通过仪器将这种回声收集并显示在屏幕上，可以用来了解物体的内部结构。利用这种原理，人们将超声波用于诊断和治疗人体疾病。在医学临床上应用的超声诊断仪有许多类型，如A型、B型、M型、扇形和多普勒超声型等。B型是其中一种，而且是临床上应用最广泛和简便的一种。通过B超可获得人体内脏各器官的各种切面图形比较清晰。B超比较适用于肝、胆肾、膀胱、子宫、卵巢等多种脏器疾病的诊断。B超检查的价格也比较便宜，又无不良反应，可反复检查。平时说的"B超"就是向人体发射超声波，同时接收体内脏器的反射波，将所携信息反映在屏幕上。

基本原理是超声在人体内传播，由于人体各种组织有声学的特性差异，超声波在两种不同组织界面处产生反射、折射、散射、绕射、衰减以及声源与接收器相对运动产生多普勒频移等物理特性。应用不同类型的超声诊断仪，采用各种扫查方法，接收这些反射、散射信号，显示各种组织及其病变的形态，结合病理学、临床医学，观察、分析、总结不同的反射规律，而对病变部位、性质和功能障碍程度作出诊断。

二、超声引导的优缺点

(一) 超声引导的优点

(1) 超声的扫查可以连贯地、动态地观察脏器的运动和功能；可以追踪病变、显示立体变化，而不受其成像分层的限制。目前超声检查已被公认为胆道系统疾病首选的检查方法。

(2) B超对实质性器官(肝、胰、脾、肾等)以外的脏器，还能结合多普勒技术监测血液流量、方向，从而辨别脏器的受损性质与程度。例如医生通过心脏彩超，可直观地看到心脏内的各种结构及是否有异常。

(3) 超声设备易于移动，没有创伤，对于行动不便的患者可在床边进行诊断。

(4) 价格低廉。超声检查的费用一般为35～150元/次，是CT检查的1/10，核磁共振的1/30。这对于大多数患者来说，是比较能够承受的。"B超"也因此经常被用于健康查体。

(5) 超声对人体没有辐射，对于特殊患者可以优先采用。

(二) 超声引导的缺点

由于成像原理不同，几种影像学手段(B超、CT、磁共振)也各有特点。

(1) 比如B超在清晰度、分辨率等方面，明显弱于CT和磁共振。

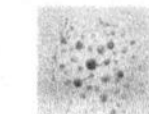

(2) B 超对肠道等空腔器官病变易漏诊。

(3) 气体对超声影响很大，容易受到患者肠气等多方面因素影响检查结果。

(4) B 超检查需要改变体位、屏气等，对于骨折和不能配合的病人不适用。检查结果也易受医师临床技能水平的影响。

三、超声误区

用于诊断时，超声波只作为信息的载体。把超声波射入人体，通过它与人体组织之间的相互作用获取有关生理与病理的信息。一般使用几十 mW/cm^2 以下的低强度超声波。当前超声诊断技术主要用于体内液性、实质性病变的诊断，图 6-31 为肝脏小肿瘤 B 超引导下的图像。而对于骨、气体遮盖下的病变不能探及，因此在临床使用中受到一定的限制。

由于 CBCT 的软组织成像质量较差，其显示的骨性结构不是靶区的良好标记，如前列腺和乳腺利用 CBCT 通常需要采用有创性手术的方式，在软组织内插入手术夹或金属标记物，作为可以看到的替代标记。此外，CBCT 会带来显著且非靶量的日剂量、非照射目标的成像质量，如每次 CBCT 采集的照射剂量比乳腺摄影高出近 10 倍。对于敏感组织结构，每天过多的非靶照射是不能接受的。

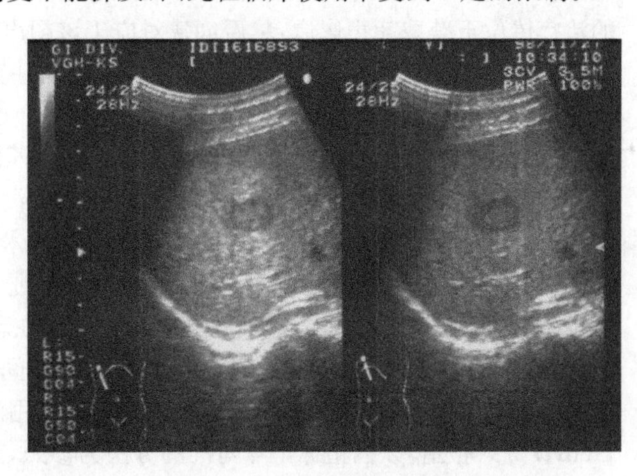

图 6-31　为肝脏小肿瘤 B 超引导下的图像(小肝癌)

四、超声引导摆位

为了弥补 CBCT 成像方式的不足，超声引导摆位(B mode acquisition and targeting, BAT)能够将软组织成像提升到一个全新水平，保证图像引导放疗的高精度。它的非电离成像过程使操作简单并保证安全。为乳腺癌、肝癌、前列腺癌及妇科肿瘤等软组织肿瘤的临床治疗提供了清晰的图像。通过模拟套装的混合式成像，将软组织与诊断 CT 信息自动融合，非常有助于靶区的确定，进行更好的治疗计划，以及治疗期间靶区解剖学改变的监测。

前面的 IGRT 解决方案都需要依赖于参考标记(骨性结构或内植标记点)来定位靶区，而基于超声的解决方案可以在治疗前直接显示软组织，尤其是可以显示肿瘤靶区。Holupka等人于 1996 年报道了应用经直肠超声探头的一项可行性研究，其优点是可以达到 2 mm 之内的前列腺定位精度，并且在不考虑靶区运动的情况下，能够确保前列腺相对于探头的位置保持重复性。最初的商用系统在应用外部超声探头时很少采用侵入式的方法，并且需要采集两幅超声影像，以便将患者影像之后，软件将计算出治疗床在各个方向上的位移，并调整患者的靶区位置对准照射野。该系统属于非侵入式的，其商业上的实用性在放射治疗领域令人期待(尤其是对于前列腺的定位)。在美国，大部分定位过程都可以采用超声定位系统来进行研究，这意味着该系统可以作为一种更加经济、更加普遍的影像引导方式，用于提高靶区定位能力。

最早的商用超声定位系统包括：①BAT 系统，以前属于 NOMOS 公司，现在属于北美科学公司（美国宾夕法尼亚州 Cranberry Township）；②ExacTrac 系统，属于 BrainLAB 公司（德国 Heimstetten）。这些系统都是根据采集到的两幅超声影像来产生三维信息。设备通常都是便携式系统，可以放在治疗床的旁边。在调整患者的靶区对准照射野之前，需要事先将治疗计划系统中的患者轮廓结构以及等中心位置信息导入超声定位系统。为了跟踪超声探头的位置，对于 BAT 系统来说，引入了机械臂，对于 Exac Trac 系统来说，引入立体红外摄像机，以监测红外 LED 或红外反射器等光学跟踪系统（Verellen，2000 年，数据未发表）。将超声探头和治疗机等中心配准之后，系统获取两幅超声影像（耻骨上横断面和矢状面）。因为 CT 影像器官轮廓和超声影像相对于等中心的位置来说是已知的，首先在特定的治疗体位下获取超声影像，然后创建对应于该超声平面的 CT 器官轮廓，并将轮廓叠加在超声影像上。如果靶区的位置和照射野的位置刚好完全匹配的话，那么 CT 影像上各个器官轮廓将分别与超声影像中显示的器官一一对应。如果靶区发生了位移，可以在三维方向上手工调整 CT 影像的位置，直到与超声影像完全匹配。在调整靶区对准照射野的过程中，系统会计算出治疗床在 3 个方向所对应的平移量（没有考虑旋转偏差）。

据早期研究结果报道，前列腺超声实时定位技术显示出了良好的临床应用前景。而最新的研究，采用内植标记点结合 EPID 显像的方法或每天 CT 扫描显像的方法，与早期的超声设备进行比较，结果显示，前列腺的超声定位存在着一些缺陷。在某些方向上，根据不同情况，基于超声影像地对准和基于标记点地对准之间存在着系统差别，而且，在超声影像对准之后，前列腺的位置仍存在着随机变动，这跟采用激光灯对准的方式是类似的。Vanden Heuvrl 等人报道，以内植标记点对准的方法为参照，前列腺患者采用 BAT 系统进行位置对准后，其前后方向、头脚方向和左右侧向的摆位差异分别为 2.5±5.7 mm、−2.6±5.4 mm、−0.4±4.3 mm。研究者的结论是，如果不调整患者体位的话，可采用适当的靶区外放边界，以补偿几何不确定度所导致的影响。Langen 等人观察到的结果是，基于 BAT 系统的定位在各个方向上的差异分别为 0.2±3.7 mm、2.7±3.9 mm、1.6±3.1 mm。这些研究所报道的数据表明，BAT 系统在各方向上的随机偏差分别为 2～3、3～4、0～5 mm，最大达到 9 mm。Langen 等人将系统误差可能存在的来源归纳为以下几类：①在进行图像对准操作时，通常是假设 CT 影像上的前列腺轮廓与超声影像上所看到的前列腺大小和形状是相同的，但这种假定有时可能并不正确。我们知道，不同模式的影像所定义的前列腺范围会存在差异。②超声影像的质量可能和前列腺的大小存在相关性，例如在 AP 方向的投影上，耻骨会遮挡部分前列腺。③超声成像系统的校准误差（如探头相对于机器等中心的位置等）。这些研究者所忽略的另外一个系统误差来源可能是超声成像期间患者解剖形状的变化，但这些解剖变形在最初的 CT 扫描阶段并没有表现出来。Lattanzi 等人直接在 CT 室将 CT 影像和 BAT 影像进行对准，从而消除了两者之间在对准时可能存在的患者运动误差。该研究报道，两者之间在前后方向、头脚方向和左右方向的平均偏差分别为 −0.1±2.8 mm、−0.0±2.3 mm、−0.2±2.4 mm。但是对此结果目前尚有争议。最后，Langen 等人报道了一项重要的结果，以显示不同用户之间的操作误差，8 个不同的用户在进行轮廓对准之后，计算出治疗床在患者前后方向、头脚方向和左右侧向的平均移动范围分别

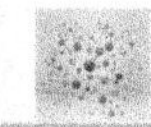

为7、7.5 mm。

最近，随着3D超声系统的出现（例如马萨诸塞州亚什兰Zmed公司的SonArray系统，宾夕法尼亚州Cranberry Township北美科学公司的新一代BAT系统），克服了之前采用2D成像技术来观察3D解剖的局限性，近来最新的系统通过对2D超声影像进行光学跟踪，可产生3D超声数据。操作者手持超声探头，并在感兴趣的解剖区域上移动探头，系统采集的2D影像通过视频接口被传输进控制计算机，探头上固定有4个红外LED(发光二极管)，并使用两个CCD相机来监测LED的位置，该位置信息也被输入控制计算机，这样，利用该LED矩阵即可确定超声探头的位置和角度，因此，通过LED信号可以确定每个影像平面的位置，综合2D影像的位置信息，从而可以重建出解剖结构的超声影像体积。光学引导系统还可用于确定超声影像体积在治疗室坐标系内的绝对位置，同样，也可以确定影像体积相对于直线加速器等中心的位置。Tome等人强调，虽然超声影像引导系统的应用越来越多，但人们几乎很少关注这类系统的质量保证问题。他们对这类系统进行了详细的试运行和质量保证工作。体膜内的研究结果显示，系统的平均精度可达1 mm以内，虽然精度较高，但在投入临床应用之前，依旧有必要对这类系统进行适当的临床确认。这些系统共同的缺点是，治疗前在治疗室内获取超声影像时都需要人工干预，并且需要手动将CT影像和超声影像的器官轮廓进行对准。商用超声定位系统可以计算出治疗床所需要调整的偏移量，但无法控制治疗床进行自动平移。这些问题导致总的治疗时间增加，从而降低了精度优势所带来的功效。

近年，我国前列腺癌发病率呈上升趋势。前列腺癌调强放疗外放边界需包括系统误差和器官移动的范围，一般采用CTV外放11 mm作为PTV外放边界。然而相关前列腺癌外侵的研究发现，712例患者中超出前列腺>5 mm者达26%。所以常规11 mm外放边界往往难以充分覆盖肿瘤，增加外放边界又会增加正常组织并发症，所以缩小摆位误差、减少器官运动成为急待解决的问题。

减少误差的方法有KVX线摄片、电子射野影像系统(electronic portal device, EPID)。X射线较直观，但仅能显示骨组织，无法看清前列腺及其在盆腔内的位置变化，仅可纠正摆位误差以及较大的系统误差。Daniel等比较了4种方式验证对前列腺癌IMRT剂量分布的影响，皮肤标记法或EPID摆位后，只有70%的CTV达到处方剂量，B超或CT等引导放疗，90%及100%的肿瘤和正常组织得到满意剂量分布。此外还有MR、离线CT扫描和锥形束CT等。但均未加入时间变量因素，因此不能真正解决靶区实时运动问题，且存在着价格昂贵，操作繁琐，不易普及等缺点。

(一) BAT系统

BAT是NOMOS公司开发的一种以超声图像引导的放射治疗技术，是在放射治疗前利用B超进行实时影像定位引导，比较超声图像和计划图像的器官轮廓的位置，进而通过移床做相应的位置调整来提高放射治疗精度。据文献报道，BAT引导前列腺癌放疗，误差接近锥形束CT，与传统皮肤标记法相比，靶区适形度指数及均匀性指数及处方剂量覆盖PTV百分比较好，减少了直肠、膀胱和股骨头剂量，降低了直肠出血、扩张等后期并发症。此外，超声定位具有操作简便、无辐射、价格便宜，并且BAT系统自身误差<1 mm，确保治疗前和治疗内的靶区一致性等优点，更容易在各级放疗中心普及。

每天 BAT 操作需包括 BAT 本身系统精度校准、BAT 验证和靶区调整，3 项共占了总治疗时间的 55%，若数据中出现了极端值，BAT 系统校准最多花费 43 min，最少 2 min。在第 1 例患者第 1 次治疗的时候，无法显示超声图像，最后查阅说明书，重新设置系统后，设备正常运行，此过程花费了 43 min；调整时间在 2 min 左右的是由于 BAT 本身误差值小于 2 mm，不需要进一步校正。从数据来看，实施 BAT 技术使得 IMRT 增加了 1 倍的时间，对于患者多、工作繁忙的放疗中心来说，可能实施困难。但是，BAT 校准每日只需执行 1 次，耗费时间占总时间的 3%，比调整患者靶区所花的时间还多(占 2.5%)。如果前列腺癌患者较多，可集中在一个时间段放疗，每个患者只相当于在 IMRT 总治疗时间内增加了 5～6 min，同 Chandra 等结果相近。BAT 引导摆位每次增加了 5 min，占总治疗时间的 25%，对于大多数放疗中心来说，还是可以接受的。

床移动范围在 RL、AS 和 SI 方向上移动误差与前期许多研究一样。床移位范围以 AS 上的误差最大，其次为 SI 和 RL 方向。但是不同研究靶区移位差别很大，也说明了误差不能确定，本研究在 RL 方向误差达到 3 mm，较其他文献报道误差稍大，可能与每次膀胱充盈程度不一样或操作者探头用力不均，推挤造成前列腺移位有关。

对比住院期间的 PSA 变化，发现治疗前后 TPSA 和 CPSA 显著降低，且 TPSA 水平变化与治疗存在显著正相关关系。由于病例较少，随访时间短，缺乏近期疗效、远期生存率和放疗并发症的资料。Kupelian 等随访观察，生化无复发生存率(biochemical relapse-free survival, BRFS)为 86%，直肠扩张＜50 cm^3、50～100 cm^3 和＞100 cm^3 的 5 年 BRFS 分别为 90%，83%和 85%。Reddy 等超声摆位发现 CT 定位时如果排空直肠，可降低直肠照射体积和减少前列腺形状变化。

总之，BAT 引导前列腺癌调强放疗是可行的，可以减少摆位误差和器官移位，PSA 水平变化和治疗相关，但是，如果患者较少，应用 BAT 技术几乎使每个患者的治疗时间增加 1 倍。

(二) Clarity 系统

医科达的 Clarity 软组织超声成像放射治疗图像引导系统，最近获得了中国食品药品监督管理局(简称“CFDA”)的批准。Clarity 系统是一款以 3D 超声为基础的医疗设备，主要用于软组织可视化及靶区结构定位。该系统用于癌症放射治疗的治疗计划和治疗实施阶段，由放疗专家(如放射肿瘤医师、医学物理师、放疗技师、放射治疗技师和剂量师)使用。

Clarity 系统整合了医用超声(U/S)诊断、光学位置追踪组件和计算机硬件及软件，以采集并重建 3D U/S 影像数据，此数据用于定位和验证软组织解剖结构。在放射治疗过程中，Clarity 系统采用非电离方法对辐照靶区进行日常定位。该系统可为参照室内坐标系的感兴趣软组织结构生成 3D U/S 数据。这就是所谓的 Mutual Referencing™。该系统能日常协助技师查找参考结构相对于基准计划日位置的绝对位置，帮助操作员重新确定患者的治疗部位。典型的系统配置图 6-32 所示。

Sim 工作站一般安装在计划(CT 模拟)室，Clarity 指南工作站则安装在治疗(LINAC)室。每个 U/S 工作站都含有一个车载的 U/S 控制台和一个固定的光学位置追踪系统。此推车还可以在 CT 模拟与治疗室之间共享。

Clarity 系统工作站可能具有 1 个或 2 个手持式 U/S 探头和 1 个电动自动扫描 U/S 探头。较低频率的弧形探头(C5-2/60)穿透力更强，可用于腹部深层结构的成像；较高频率的

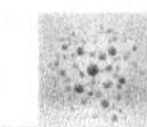

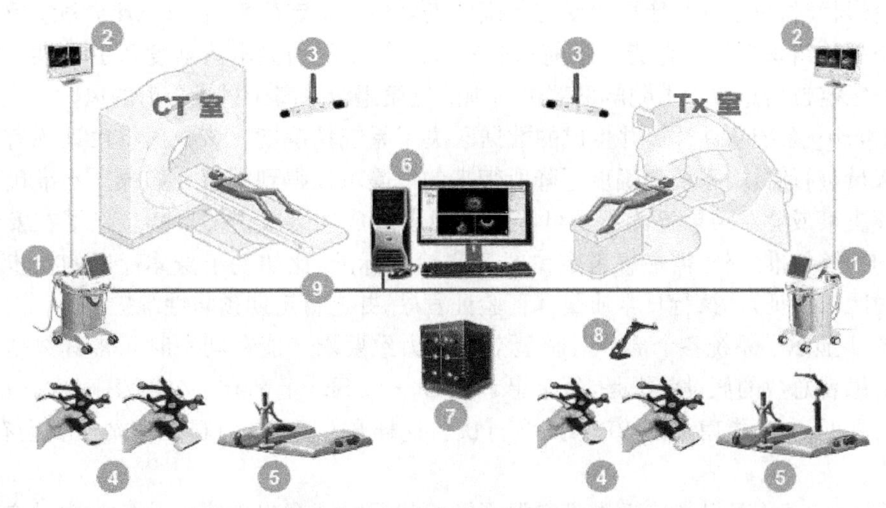

①移动 U/S 控制台；②远程控制台；③光学追踪系统；④手持探头(弧形或线性)；
⑤自动扫描探头；⑥AFC 工作站/服务器；⑦校准/QC 体模；⑧治疗床位置指示器；⑨医院 LAN

图 6-32　Clarity 系统配置

线性探头(L14-5W/60)具有更好的轴向和横向分辨率，从而有利于浅表结构的成像；自动扫描探头(m4DC7-3/40)配有一个探头架，可用于前列腺及周围软组织的经会阴成像。操作员可以在控制室内通过远程控制台及自动扫描探头来采集并查看影像。

首先通过 Clarity Sim 工作站采集三维 U/S 数据。再将其与 Clarity AFC 工作站上的 CT 数据进行联合配准或融合，以用于治疗计划。Clarity 服务器使用 DICOM 与其他已连接的成像和治疗计划系统进行通信。Clarity 服务器和 Clarity AFC 工作站通常组合成一个计算机系统。也可以在 Clarity 指南工作站利用光学追踪 U/S 探头来采集三维 U/S 数据。在治疗过程中，该数据用于查找和比较内脏器官或其他感兴趣的解剖结构相对于基准计划参考位置的绝对偏差。光学追踪治疗床位置指示器(CPI)监测治疗床的位置转换。与治疗计划一样，这样做是为了重新确定患者的位置。

将光学位置追踪组件和 U/S 数据相对于每个治疗室的参考坐标系(由 CT 和 LINAC 室激光灯确定)进行校准。通过使用专用体模和相关附件(QA 工具)完成此校准。Clarity 软件结合来自 CT 和 LINAC 室的校准数据创建出一个全局参考坐标系。

在具有多个计划或治疗室的临床环境中，多个 Clarity Sim 或 Clarity 指南 U/S 工作站以及 Clarity AFC 工作站可以连接到相同的 Clarity 服务器。

Clarity 适用于外部射束放射治疗，可以对软组织解剖结构进行 3D 超声及复合成像，以此支持放射治疗模拟和治疗计划，并在设施治疗前指导患者定位(影像引导放射治疗)。如果配备了适用于经会阴超声(TPUS)成像的自动扫描探头套件，Clarity 可以连续追踪和监测前列腺移动，并在实施治疗前精准引导患者定位(分次内位置追踪和监测)。

Clarity 系统技术平台使用标准型超声设备，该设备已经设定在能对患者进行扫描的临床安全功率水平。它是无创性的。与任何标准型超声诊断扫描设备相比，它不会给患者带来更大的受伤风险。Clarity 系统生成的超声成像和患者定位数据将由训练有素的医疗专业人士进行审核(通常是放疗技师)。这样当靶解剖部位相对于批准的参照物已经发生移动或改变形状时，可以在临床可接受的范围内安全地重新定位患者。Clarity 系统旨在清楚地显示腹部软组织界面。它能增强前列腺等软组织靶区的显示清晰度和引导性。附加的成像和靶区定位信息减少了靶解剖部位周围的健康组织暴露于过量辐射的风险。

由 Clarity 系统软件计算并生成的数据取决于系统精确度。该数据将由训练有素的合格操作人员进行解读，系统精确度下降所带来的风险可以得到缓解。如根据不准确的数据作出治疗决策或者对结果解读不当可能会对患者造成伤害或诱发疾病。除了在安装过程中完成的系统校准之外，需在患者定位时遵守诊疗标准（比如基于身体标记的初步定位以及临床边距的验证）。执行日常质量保证验证程序，并进行定期预防性维护。

表 6-1 显示了系统各个部分对硬盘空间的大致要求。能在同一时间将其数据保存在系统上的患者总数的假设前提是，每个患者在 Clarity Sim 上都有 1 个 U/S 分次，也可以假设为患者在 Clarity 指南上由 40 个 U/S 分次。这样在 Clarity AFC 工作站上就会有 41 个分次。

当 Clarity 工作站开始临近磁盘空间不足的状况时就会出现错误消息。这时应将一些患者存档到网络上的其他硬盘中或者归档到 DVD 上，从而释放一些额外的空间。

表 6-2　Clarity 系统对硬件的要求

工作站	每个患者所用的大致硬盘空间	工作站	每个患者所用的大致硬盘空间
Clarity Sim	100 MB	Clarity AFC 工作站	3 GB
Clarity 指南	3 GB	Clarity 服务器	3 GB

对于将 Clarity AFC 工作站和服务器结合起来的硬件装置而言，每个患者所需的硬盘空间量是两者的总和，即每个患者 6 GB。通常具有 10 min 监测期且监测期内每 30 s 保存一次影像的 TPUS 疗程会在 Clarity 指南上额外增加 1 GB 的数据存储量。

系统常规检查应 1 次/月，以排除如下损坏迹象：超声探头组件的裂纹或损坏；超声探头组件安装松动；传感器镜头材料的割痕或凹痕；传感器镜头材料隆起；电缆上的割痕或裂纹；连接器上的裂缝或其他损坏迹象；连接器上的引脚弯曲或损坏；电缆的完整性和柔韧度；安装在天花板上的硬件发生松动；模体、CPI 工具出现裂纹或损坏；任何其他明显的异常磨损迹象。

第六节　MRI 图像引导系统

自 1973 年磁共振成像发明以来，它就极大地提高了正常组织和病灶的显像能力，20 世纪 80 年代中期，计划设计过程开始引入三维影像技术，自此，MR 显像也开始进入治疗计划设计流程。然而，直到近年来，随着放射肿瘤 MR 专用扫描仪（MR 模拟定位机）的出现，其才真正开始融入肿瘤放射治疗病人的扫描显像、计划设计和照射实施过程。目前，临床上专用的 MR 模拟定位机数目还极为有限，Fox Chase 癌症中心所用的 MR 模拟定位机是首批安装的此类设备之一，其运行于低场强（0.23 T）条件下。当前大多数临床中心所安装的 MR 扫描仪均为 1.5 T 的封闭式扫描仪，而 3 T 的扫描仪也在不断增长之中，在放射治疗

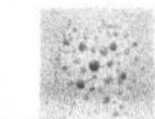

中，小视野开放式 MR 扫描仪很可能会慢慢被人们接受，而 1.5 T 或更高场强的优势也促使人们在 MR 模拟定位机中越来越多地采用高场强的 MR 扫描仪。图 6-33 为玛格丽特公主医院（Princess Margaret Hospital）安装的 MR 模拟定位机和 CT 模拟定位机。MR 技术的不断进步将为肿瘤放射治疗工作带来巨大益处，随着多种专用线圈在头颈、脊柱、胸部、腹部和四肢等部位的应用，现在，我们已经能够获得高质量的增强影像。此外，MR 并行成像方面的技术进展可以进一步缩短影像采集时间，同时又能保证较高的影像质量。在并行成像中，K 空间所采集的数据量减少，其余的数据通过插植获得，这可以在图像质量损失很小的前提下大大降低影像采集时间。当采用 MR“电影”扫描方式时，这种速度较快的成像方法对于监测器官运动来说非常有用，而且对于屏气状态下的全体积扫描也非常有用，这些作用都非常有助于放疗医生在放疗流程中确定合适的靶区外放边界。

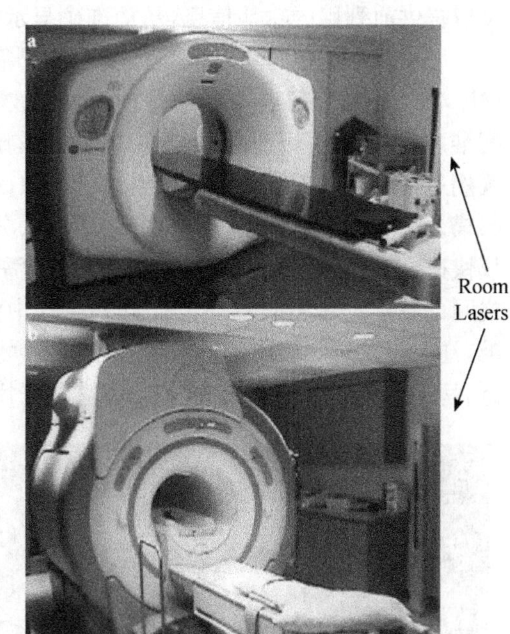

图 6-33　和玛格丽特公主医院放射医学部的照片：(a) MR 模拟定位机；(b) CT 模拟定位机

MR 模拟定位机为 GE 公司 1.5 T 的 Excite 系统（四通道），配备有该公司的 AdvantageSim 工作站。室内安装有激光定位灯，以便在 MR 扫描时可以更好地与 CT 模拟定位保持一致的摆位状态。室内还装备有高压注射器，用于增强扫描和灌注研究。另外 MR 模拟定位机还需要配置平板床面，以进一步保持 CT 扫描和 MR 扫描之间的体位重复性。

一、MR 成像在放疗中的优势

MR 影像具有非常好的软组织对比度，通过 MR 波谱成像技术，还可以获得功能影像信息，MR 影像应用于治疗计划设计中最常见的部位是脑和前列腺。

在脑部肿瘤中，MR 成像已被证明可以显著提高肿瘤及正常器官的勾画能力，因为在大部分颅脑病例中，依赖于刚性配准技术就可以将 MR 影像与计划 CT 影像精确对准，因此，MR 影像可以简单直接地整合进计划设计过程，此外，MR 波谱成像还可以提供有价值的脑部功能信息。

MR 成像在前列腺癌治疗中的应用价值同样也得到了证实，在前列腺部位，尤其是前列腺边界顶端后部，依靠 CT 影像很难清楚分辨，而 MR 影像则可以提高前列腺的软组织对比度，因此非常有利于前列腺的轮廓勾画。研究显示，不同医师分别在 MR 影像和 CT 影像上勾画前列腺轮廓之后，分析表明，各个医师在 MR 上所勾画的轮廓之间具有较小的差异。为了获得最佳影像效果，还可以应用多种成像序列，如前列腺粒子植入的 GRE 序列以及前列腺解剖的 T_2FSE 序列，都能够进一步促进前列腺 MR 和 CT 影像的配准。MR 波谱成像可以提供前列腺的功能信息,从而准确显示病灶范围以及治疗响应情况。

MR 影像良好的软组织对比度对于肝癌的定义、分期和轮廓勾画来说同样有利,利用 MR 对比剂(如:钆)也可以对扰相梯度回波和快速自旋回波序列进行增强,经过准确的影像配准之后,我们可以对 MR 与 CT 之间所勾画的肿瘤轮廓进行比较。图 6-34 为 1 例原发胆管癌患者对应同一层面的 MR 和 CT 影像,患者禁忌静脉内注射对比剂,因此无法进行增强扫描。肿瘤在 CT 影像(左图)上几乎无法分辨,影响了肿瘤范围的准确勾画,而对于 T_2 加权快速自旋回波 MR 影像(中图)来说,不需要另外进行增强即可清楚显示肿瘤与正常组织之间的轮廓。右图表示在治疗计划设计中将 MR 影像叠加到 CT 影像上实现体部刚性配准,注意在靠近肿瘤附近的肝脏部位,两种影像的几何一致性很好,但在远离肿瘤的胃部附近,解剖形状则存在差异,这说明有必要采用形变影像配准算法。

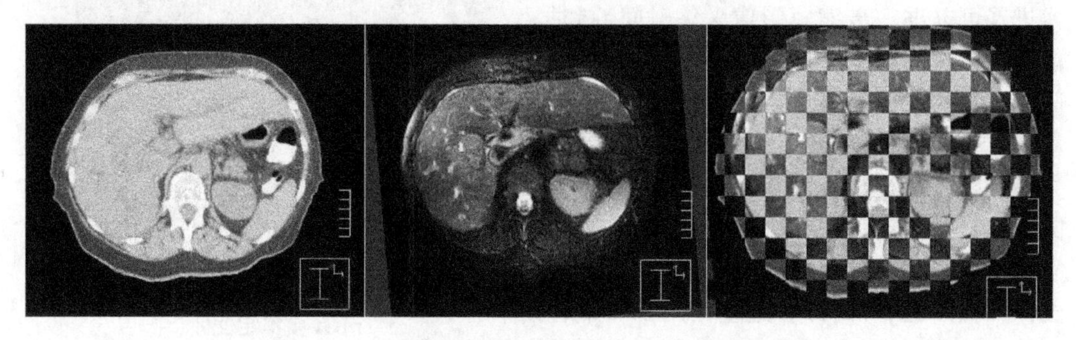

图 6-34　1 例原发胆管癌患者的肝脏 MR 和 CT 影像

MR 影像在乳腺癌分期、检测以及治疗响应方面的应用日益增多,研究表明,采用 MR 显像可以更好地检测小体积病灶、评估肿瘤复发以及评估治疗响应情况。

MR 影像在肺癌治疗中的优势也正在积极地探讨之中,研究显示,MR 影像有助于确定放射性肺炎的风险因子,也有利于肺部肿瘤治疗响应情况的评估以及肿瘤的分期等。

在宫颈癌当中,附加 MR 影像之后,也可以提高肿瘤的分期和诊断水平,提高肿瘤复发和治疗响应的评估,提高正常组织并发症的探测能力。

二、运动器官的 MR 成像

MR 影像可以提供独特的方法,用于对肿瘤和感兴趣区域的运动以及变形进行量化。采用多组影像、连续扫描或电影扫描的方式,可以确定患者在治疗分次内和治疗分次间的运动情况,并且不存在电离辐射的问题,利用这种特性可以监测盆腔(前列腺、膀胱、直肠和宫颈)、肝脏和肺部肿瘤及器官的运动。前列腺、直肠和膀胱的矢状面连续电影回放可以用于显示前列腺运动情况、膀胱充盈状态以及直肠内气体的影响等。在所有的治疗分次内,通过监测盆腔内器官的运动情况,可以确定感兴趣区域的 PTV 最佳外放边界。随着膀胱充盈程度以及直肠变动范围的不同,前列腺的移动度大约为 1～2 cm。影像引导放疗中的证据显示,直肠内的气体运动会导致前列腺的瞬时移动。预先假设一个固定位置,使用 MR “电影”扫描有助于确定前列腺在运动期间停留在该位置的平均时间、相关的置信区间以及直肠和膀胱行为对前列腺运动的影响等。图 6-35 a～c 显示了前列腺癌患者一段 MR 30

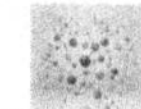

min 电影序列中的 3 帧影像，由于直肠内气体的影响，前列腺产生了明显的运动和变形，如图 6-35 b 所示。对于宫颈癌患者也有类似研究，对宫颈、子宫在治疗分次内和治疗分次间的运动情况进行了检测，通过 MR 矢状面影像可以很容易地显示病灶对放射治疗整个疗程的快速响应(图 6-35 d～g)。

随着 MR 成像在确定治疗分次内和治疗分次间器官运动方面的作用日益增加。采用矢状面 MR 电影扫描可以很好地研究前列腺在治疗分次内和治疗分次间的运动情况：前列腺解剖影像图 6-35 a～c 显示，有一团气体通过直肠，这会导致前列腺在短时间内(几秒钟到几分钟)发生显著位移；图像图 6-35 d～g 显示整个四周外照射期间，宫颈和子宫在不同分次之间的位移，与此相比，治疗分次内的偏移和变形程度则较小。在局限性宫颈癌的适形照射中，结合这些影像可以实现放射治疗的在线引导。

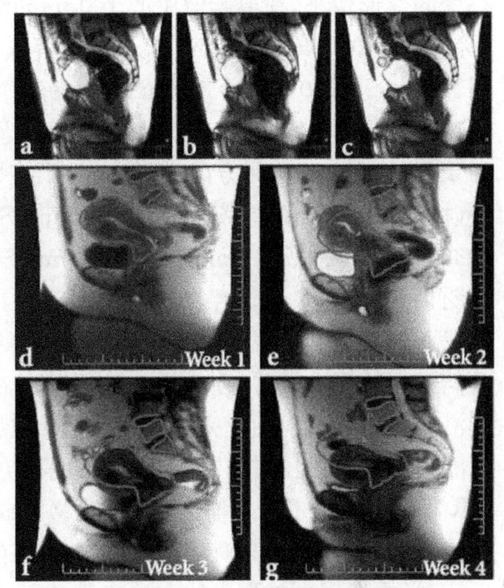

图 6-35 MR 成像在确定治疗分次内和治疗分次间器官的运动

采用 MR 电影扫描同样也可以评估肺部和肝脏肿瘤的运动情况。通过肿瘤的冠状面、矢状面和横断面二维 MR 影像，可以快速计算出病人在平静呼吸状态下的最佳 PTV 外放边界，这对肝癌患者来说特别有用；而在 CT 成像中，肝部肿瘤一般只有在增强扫描下才能看到，因此这限制了四维 CT 直接跟踪肿瘤运动的能力。在几个呼吸循环内持续不断地进行扫描监测也可以用于对病人的呼吸周期进行评估，采集屏气时刻的三维数据集还有助于确定照射野内不同区域器官间的运动形变和相关性。

三、MR 成像的局限性——变形失真

MR 扫描显像的局限之一是因磁场以及人体组织磁化率的非线性所导致的变形失真。很多研究者都讨论了这种变形特性，并且提出了校正方法，由于 CT 影像具有很高的几何位置精度，因此可以通过将 MR 对准 CT 影像的方法来进行校正，也可以通过研究场诱发变形的特性，然后进行数值校正。MR 成像的变形程度还与成像序列、梯度强度以及相位编码方向有关。通常情况下，图像的变形程度随着离磁场中心距离的增加而增加，通过模体测试可以评估变形的大小，对于计划设计和靶区勾画所要求的精度来说，可能有必要对特定病人的影像变形加以校正。

Mizowaki 等人报道了 MR 影像的变形问题，他们应用 24 cm×24 cm×20 cm 的网格形丙烯酸模体，在 0.2 T 的磁场中同时采用 T_1 和 T_2 加权自旋回波脉冲序列，每个序列重复 3 次。结果显示，模体中 432 个网格交点在两种序列下的最大位移偏差为 15 mm，对于 T_1 加权序列，平均偏差范围为 1.65～1.74 mm(标准差为 2.4～2.42 mm)，对于 T_2 加权序列，平均范围为 1.58～1.67 mm(标准差为 2.14～2.4 mm)。对于两种加权序列来说，磁场等中

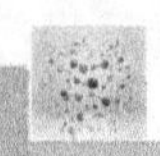

心处的变形较小，在离影像中心 120 mm 的范围内，网格交点的平均位移为 0.73～0.80 mm（标准差为 0.76～0.79 mm）。Wang 等人报道了 MR 影像 3D 变形的评估和校正，他们使用 310 mm×310 mm×310 mm 包含有 10 830 个控制点的模体，在 1.5 T 的 Siemens Sonata MR 扫描仪下采用 3D 反转恢复梯度回波序列（TR=1 540 ms，TE=1.53 ms）进行扫描，结果显示，在 x、y、z 方向，影像内各个控制点所测量的坐标与它们实际位置之间的平均偏差（标准差，最大偏差）分别为 1.46 mm（SD：1.47 mm，max：8.14 mm）、1.44 mm（SD：1.39 mm，max：7.03 mm）和 1.36 mm（SD：1.35 mm，max：9.33 mm）。CT 模拟已经被广泛接受，但 MR 成像存在几何变形问题，要使 MR 模拟定位完全替代 CT 模拟定位，目前仍然面临着很大挑战。对 CT 和 MR 图像融合后的结果进行比较，这是目前评估 MR 影像几何精度的标准做法，在获得临床可信的变形失真校正方法之前，这一做法很可能仍将继续沿用。对于放射治疗来说，CT 影像仍然是公认首选的成像模式，因为它具有良好的几何空间精度，并且可以提供剂量计算所需的电子密度信息。尽管在某些病例中人们提倡用 MR 显像来代替 CT 显像，但现阶段 MR 成像技术只能作为一种补充手段被集成在放射治疗流程当中，用于提高对靶区和正常器官的分辨能力。因此，为了综合应用不同的影像信息，有必要发展更加强大的方法来建立病人不同影像模式之间的关联，而在两种扫描模式下保持病人摆位的一致性则对这方面的努力十分有用，然而，为了达到计划设计所要求的精度，采用准确的影像配准方法同样也十分必要。

MR 扫描仪作为放疗科 MR 模拟定位机使用的话，还需附加一套激光定位灯，与标准 CT 定位室以及加速器治疗室内的激光灯类似。MR 模拟定位室内的激光灯可以保证操作技师尽可能地按照治疗体位对病人进行摆位，但尽管如此，激光灯并不一定是必需的，因为影像配准技术能够自动对 MR 影像与 CT 影像进行对准操作，只不过采用激光灯之后，在开始配准时可以设立较近的起始点，从而避免起始时的全局对准操作，进而降低配准时间。

四、多模影像

随着多模影像在计划设计流程中日益广泛的应用，为了促进靶区的精确勾画，实现肿瘤运动的定量分析和功能信息的准确测量，需要借助于多次扫描影像、多种模式影像以及治疗前锥形束 CT 影像，并将这些影像的感兴趣区与治疗计划 CT 影像的感兴趣区关联起来，因此，采用多模形变影像配准算法显得非常有必要，尤其是对于颅外部位的肿瘤。这种配准方法必须精确、稳健、快捷，并且能够对功能信息、肿瘤分型、感兴趣区运动、照射剂量以及治疗响应等情况进行跟踪和评估。图 6-36 为放疗疗程中基于模型的感兴趣结构跟踪系统，说明了如何将多种模式影像和多次扫描影像整合进影像引导放疗的过程，由于 CT 仍然是标准的成像模式，适合于所有的解剖部位，因此将其作为患者的基准（或初级）图像，其后，所有的影像将与 CT 对准。在基准影像的基础上可以开发一种“核算系统”（accounting system），并将后续采集的其他所有影像都储存在内，该系统的测量刻度可以随着不同的区域而变化，例如，在非常重要的感兴趣区域（如肿瘤），刻度非常小，而对于受到不均匀低剂量照射的周围器官来说，则可以具有较大的刻度。

采用形变影像配准算法将次级影像（MR，PET，MRS，4D CT，等等）对准到基准影像上之后，可以使解剖信息与肿瘤分类、分期和功能信息等发生关联。对于同种模式内的影

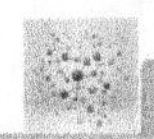

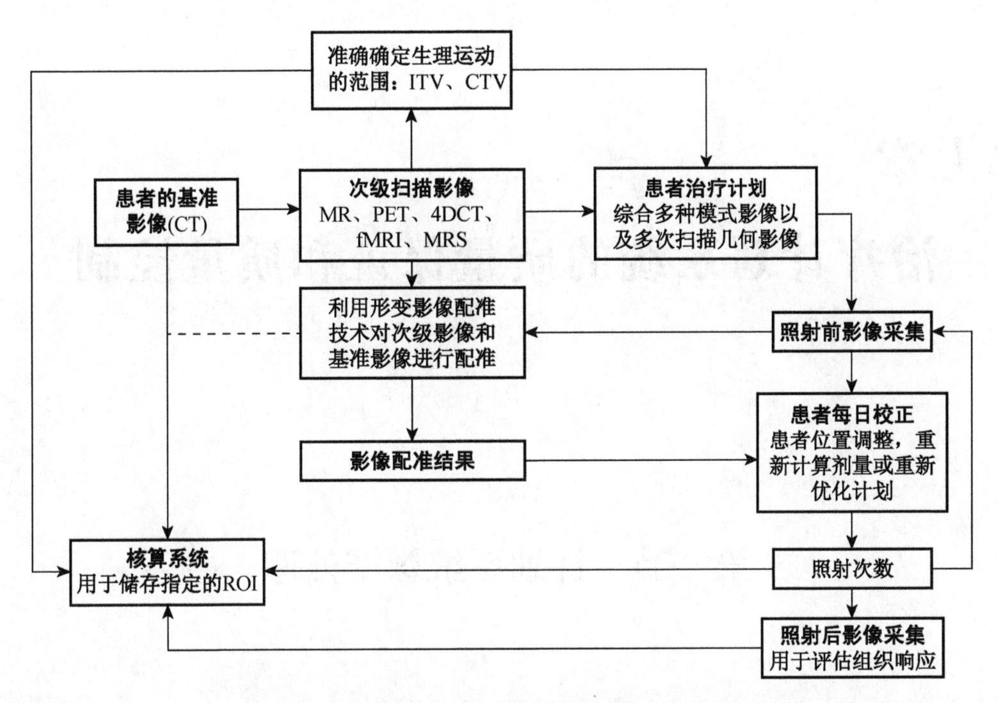

图 6-36　放疗疗程中基于模型的感兴趣结构跟踪系统

像配准(如:四维 CT、MR 电影扫描等等),也可以根据次级影像确定肿瘤的运动范围以及肿瘤与软组织之间的位置关系(如:肝脏肿瘤可以作为肝脏位置的函数),所获得的这些信息与基准影像产生关联之后,被传送到“核算系统”,用于治疗计划设计。计划设计过程可以将来自于“核算系统”并且与基准影像有关的所有信息综合起来,然后根据这些信息制订病人的治疗计划。这样的话,计划设计流程就包含了所有的影像信息:通过比较多种影像模式上的“肿瘤”标记,可以获得 GTV 的准确分类,通过评估肿瘤及正常器官的运动和变形,可以获得精确的 PTV 和 PRV 外放范围。

患者照射之前获取锥形束 CT 影像,然后通过肿瘤直接配准或软组织参照配准的方法,使锥形束 CT 影像与治疗计划 CT 影像产生关联,从而可以将病人调整回理想体位,在重新计算剂量或重新优化计划之后,锥形束 CT 获得的病人位置和理想位置之间的差别将得以校正。每次照射的剂量都被“核算系统”记录下来,从而可以对计划剂量和实际照射剂量之间的残差进行监测。多模影像以及在线容积跟踪技术进一步发展并应用于临床之后,将促使模拟定位和治疗过程朝向更加集成化的方向发展,在这样的放射治疗流程中,“模拟定位机”一词将逐渐淡化,每个患者根据需要采用不同模式的影像,从而获得治疗时所需要的相关信息。

该系统可以将所有的影像信息整合在一起,并且能够在正确调整患者位置之后重新评估剂量分布。这种方法的基础是各种不同的影像模式具有共同的基准参照,并且采用力学模型通过内插和外推的方法可以获得基准图像之间或之外的解剖结构。在这种方法中,CT 影像信号扮演着重要角色,因为它为整个流程的空间信息提供了基准和参照。

第七章

治疗计划系统的质量保证和质量控制

第一节　计划系统数据处理

一、要求和条件

1. 输入数据的核对

大部分 RTP 系统要求一定的输入数据。必须验证 RTP 精确地重现输入数据，输入与输出数据必须一致。

2. 算法验证

算法验证的目的是说明算法是否正确地工作，而不是去确定算法是多好地预言了物理情况。计算结果可能与测量结果不一致，则基于这种算法的模型是不能采用的。算法验证需要剂量算法的详细知识，这已超出一个单独辐射肿瘤物理学家的能力。

3. 计算验证

在所期望的临床应用范围内，比较由 RTP 系统计算的结果和测量结果。以这种方式检验的不一致性不一定与软件和算法相关。

4. 剂量计算算法的应用和限制

在剂量算法上，重要的核对是算法的应用限制。使用者必须理解每一种算法的限制。这些检验可能比临床应用的更加极端。

5. 整个临床应用范围内剂量验证

这些检验类似算法限制检验。对临床实际情况，评估该模型是否适合应用。当用十分复杂的三维剂量计算算法时，如考虑 3D 非均匀性、适形野成型、强度调制和其他各种复杂的剂量学情况，都必须进行研究和验证。

6. 整体效应的检验

对传统的剂量计算验证，包括在临床应用范围内，计算剂量与测量剂量的比较。当治疗计划变的更加复杂时，应该扩展剂量验证范围。要识别被检验的各种效应和情况，确定

要检验的每一种效应的限制。

7. 计算验证类型

分成两类，简单水体模和复杂的模拟人体模。由于在测量中的不确定性，在输入数据中的误差、算法程序和(或)设计、计算栅格效应和各种其他不确定性都会引入到最后的结果中。虽然对特定的计算，为评估整个系统的精度这些复杂的检验是严格的，但是，解释这种不一致是很困难的。

8. 检验方式

为了减少工作量，某些检验和测量数据可重复用于计划系统多方面概念的检验，当这样做时，应尽可能独立地设计检验。

9. 检验的目的

计算结果和测量值的比较不是对立的。完成测量、参数确定和计算验证检验的任务是假定存在某些误差和不一致，则必须通过整个梯队以开放的和协作形式解决。

10. 测量工具

为完成质量保证，必须有如下工具可利用：精确的水体模扫描系统；刻度好的胶片数字化仪；TLD读出器；丰富的探测器系统；简单和复杂仿真体模。对这些检验工具的QA程序也必须建立和执行，以便使QA工具更有效。

二、自恰数据组测量

对治疗计划系统自恰数据组的测量是质量保证的基础。用测量的数据组作为系统输入，用模型化设立治疗束流和以后的计算验证。为了3D剂量计算算法，所测量的基础数据应恰当地描述所有束流的剂量学特征。

1. 自恰性

在每一种情况下，对测量数据的要求主要依赖于RTP系统。为了束流模式和系统QA的需要，至少大部分系统都要求多个开射野的深度剂量和通过中心轴的几个深度的断面分布，以及带有楔形或其他设备而修正的射野数据。除了对束流模式所必要的数据之外，为了做计算验证还要求更多的测量数据。

产生自恰数据组是最重要的。所有数据如深度剂量、轴向、矢状和冠状面的断面分布、2D剂量分布和任何其他数据都应彼此是一致的，且可以组合或一个自恰的剂量分布。通过相对的或绝对测量一组子数据而彼此相关联。为了保证数据的自恰性，应满足表7-1内的条件。

表7-1　数据自恰性的质量保证

数据自恰性的质量保证
同一测量时间设计一种测量，把各种分开测量的数据收集在一起
在尽可能短的时间间隔内，确保测量与已得到的剂量测量一致
对所有类似的测量应用相同的设备和过程
用不同的测量方法作相对测量，理想的是对某些测量应用独立的不同类型的剂量计测量
当用扫描电离室测量时，为了考虑输出的涨落，应使用参考电离室
周期性的重复基本测量(例如：10 cm×10 cm射野，深度10 cm处剂量)用以监督机器输出和测量系统的一致性

2. 数据分析、处理和存储

测量数据(深度剂量、断面分布、2D 分布等)必须组合到一个自恰数据组中,这包含数据的仔细处理、分析和归一,这些工作都可由 RTP 来完成。

(1) 后处理:所有的测量必须转换成剂量,相对或绝对剂量。

(2) 平滑:应平滑原始数据,以去掉测量技术引起的假象。但要确保平滑不要太过分,否则会平滑掉真实的剂量变化。

(3) 归一化:所有数据(深度剂量,断面分布等)应归一化,使数据组自恰。

(4) 销售商责任:RTP 销售商应提供广泛的数据输入、存储、分析、重新归一化、显示和其他能力。

三、RTP 系统的数据输入

所有的计划系统都要求特定治疗机束流数据的引入,所要求的数据格式由销售商说明,这取决于系统所用的剂量计算算法。由销售商提供的"描述性"数据,绝对不能用于剂量计算验证。

数据获取、数据处理、重新归一化和(或)数据平滑过程的数据记录都应保存。测量中数据的来源、日期、相关人员都应记录在案。在系统寿命期间都应保留记录本。

1. 一般考虑

对特定治疗计划系统,数据类型和输入方法是迥然不同的。使用者须注意如下问题。

(1) 在购买之前,必须了解系统所要求的数据,这些信息手册上并不总是指明。

(2) 完整地评述当前可利用的数据,数年前得到的束流数据可能是不适用的制式,也可能是不可采用的文件形式。

(3) 系统所需要的数据可能必须重新归一化或以前测量的数据要做必要的修正。

(4) 如果监督单位由 RTP 产生,则监督单位计算算法和方法学应与当前部门使用的系统作比较。在新的系统应用前,必须彻底理解方法之间的差异。

(5) 当系统安装时,至少有一组完整的光子束流、电子束流数据可以应用,用于数据输入和束流参数拟合过程的培训。

(6) 需要一些附加的数据(比系统要求的数据更多),应仔细准备这些数据并作为验证数据组的一部分。

2. 计算机控制的 WPS 数据计算机传输

销售商提供数据获取和文件结构信息。物理师要考虑水箱系统传输中的问题如下。

(1) 购买之前应确定 WPS 与 RTP 之间数据交换兼容性,通常由 WPS 或 RTP 系统销售商提供交互软件。

(2) 在数据采集和传输之前应确定文件名(标记协定),在两个系统中文件被唯一地甄别。

(3) 对每一个 WPS 数据文件都应包括:WPS 和 RTP 中的文件名、测量日期、机器参数(如:束流能量、射野大小和形状、机架/准直器角、束流修正)等;体模设置,包括任何特定的特征(如:空气、非均匀性);WPS 的 3D 坐标系统和它与束流坐标系统的关系;扫描参数(如:扫描方向、扫描形式、扫描深度/定义);除去在 WPS 内存储的信息外,其他信息必须有

书面记录；数据交换链用小的检验数据样本进行检验，验证制式修正是正确进行的，同时验证对测量的剂量值没有改变。

3. 手工数据引入

使用键盘和数字化仪输入。手工引入数据应遵循以下规则。

(1) 数据引入之前应检验数字化仪的精度，如果数字化仪不精确，特别是在低剂量区会引起明显的数据误差。

(2) 特别注意在非标准坐标上数据图的数字化。

(3) 数据的键盘输入应特别仔细核查。

4. 输入数据验证

数据输入到RTP中后，使用者必须检验数据是否正确。

(1) 2D算法通常基于输入数据，可以通过对一定射野大小引入数据，应用输入数据产生的剂量分布来验证，并与输入数据比较。

(2) 许多3D剂量计算算法，例如卷积算法更加复杂，不直接基于输入数据，对这种类型算法，大部分输入数据不直接与测量的剂量分布相关，而是与机器无关的计算结果相关。在任何情况下，输入数据由独立的两人验证，必须解决所有的不一致，否则影响计算和测量的比较。

四、剂量计算算法参数的确定

一旦束流数据输入到RTP系统中，必须确定对测量数据作束流模型拟合的束流参数。所选择的束流模型参数直接影响剂量计算的精度。因此必须极仔细的确定这些参数。参数确定过程强烈依赖于系统。使用者应注意如下问题

(1) 评述由计算算法所应用的束流模型数据文件或类似的文件，并验证参数是否正确。

(2) 文件化剂量计算，拟合和其他检验。在参数确定的过程中都要应用这些文件。

(3) 概述数据来源，参数确定的方法，推断的参数的精度，灵敏度和其他重要信息。

五、剂量学比较和验证方法

剂量计算验证是比较计算的和测量的剂量分布。对2D剂量分布比较的方法是把测量的和计算的断面分布，深度剂量或等剂量分布的硬拷贝图重叠比较。对全3D剂量分布的比较，需要更加复杂的技术去完成分析。数据比较的方法：

表7-2　剂量学数据比较方法与内容

比较方法	比较内容
1D线比较	深度剂量和束流断面分布的比较，提供了对测量数据的直接比较
PDD和TPR差异表	作为射野大小和深度的函数，比较计算的和测量的PDD(百分深度剂量)之间的差异，比较计算的和测量的TPR(组织体模比)之间的差异
2D等剂量线	对轴向平面、矢状、冠状面上的等剂量曲线做剂量学比较
涂色剂量显示	某些系统准许在平面和轴向上剂量范围做涂色显示，涂色有助于观测计算和测量之间差异

续表

比较方法	比较内容
剂量差异显示	通过测量和计算剂量分布相减，产生1D、2D和3D剂量差异分布的图形显示，有利于观测在剂量分布中一些差异
DVH显示	在3D感兴趣体积内剂量，通过剂量差异分布的直方图DVH表述
距离图	在测量和计算的剂量分布中，特定等剂量线之间的距离，在高剃度区域这是特别有用的

六、外部束流计算验证

1. 一般考虑

有不同的方法去设计、组织实验和计算验证，建议临床物理学家分析临床需要、剂量计算算法、治疗机和治疗技术，修正该方法以符合特定情况。

每一种类型检验都应包括输入数据核对、算法检验、计算验证。确定算法是否正确工作，计算结果在临床上是否可以接受。

必须清楚地知道，计算结果是否是期望的最好结果，是否可改进并指明存在的问题，这依赖于算法、模型参数和数据精度的知识。

2. 要求和(或)可达到的精度

在放射生物学领域中，在剂量传递中整体剂量精度须达到5%，在束流刻度中可达到的精度为2.5%，在相对剂量计算中剂量精度为3%～4%，在治疗传递中剂量精度为3%～4%，总的剂量精度为5%～6%。

剂量分析的几个区域如图7-1所示，具体为：内束(束流中心高剂量区)、半影区(束流和(或)挡块内和外0.5 cm)；外部区(半影之外)；建成区(由表面到d_{max}，束流内和外)；中心轴；在束流归一化点的绝对剂量；

可接受的标准，见表7-3。

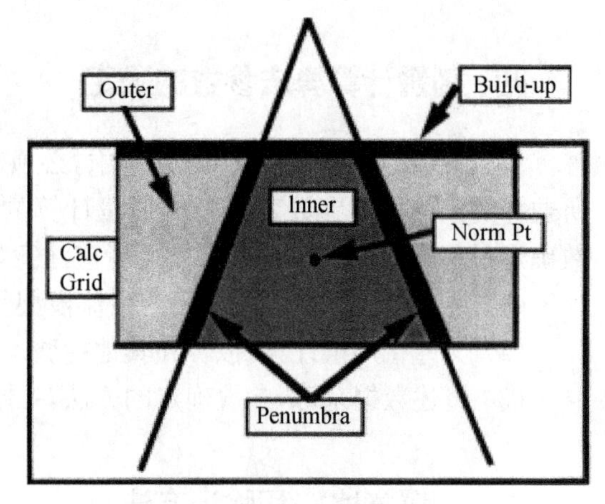

图7-1 剂量分析区域示意图

表7-3 各剂量区域的接受标准

条件	绝对剂量(%)	中心轴(%)	束流内(%)	半影(mm)	束流外(%)	建成区
均匀体模						
方野	0.5	1.0	1.5	2.0	2.0	20
长方形野	0.5	1.5	2.0	2.0	2.0	20
非对称野	1.0	2.0	3.0	2.0	3.0	20
挡块野	1.0	2.0	3.0	2.0	5.0	50
MLC成型野	1.0	2.0	3.0	3.0	5.0	20
楔形野	2.0	2.0	5.0	3.0	5.0	50

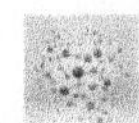

续表

条　件	绝对剂量（%）	中心轴（%）	束流内（%）	半影（mm）	束流外（%）	建成区
外表面变化野	0.5	1.0	3.0	2.0	5.0	20
SSD变化	1.0	1.0	1.5	2.0	2.0	40
非均匀体模						
片状非均匀性	3.0	3.0	5.0	5.0	5.0	—
3D非均匀性	5.0	5.0	7.0	7.0	7.0	—

3. 光子计算验证实验

从最基本的深度剂量曲线的检验到更复杂的剂量计算，包括铅档野和非均匀体模。肿瘤物理学家应评价每一种类型检验的重要性和临床上重要意义。检验计划应基于机构的特定要求，辐射肿瘤物理学家仔细评估每一级实验的重要性和优先权，首先完成临床最重要的检验。

（1）深度剂量：对任何剂量计算算法，百分深度剂量都是最严格和最基本的检验。PDD、TPR、TMR都应与实验测量数据比较（表7-4）。

表7-4　深度剂量的比较（表内数据无标注的单位为：cm）

标准SSD的PDD	标准SSD下一系列开野的PDD曲线： SSD：90 cm 归一化深度：10 cm 射野大：3×3、4×4、5×5、6×6、7×7、8×8、10×10、12×12、14×14、17×17、20×20、25×25、30×30、35×35、40×40对应各种方野的等效长方形射野
其他SSD下的PDD	覆盖临床应用的其他SSD的PDD表： SSD：80～110 cm 射野大小：5×5、10×10、20×20、30×30
TPR，TMR	对一系列射野和深度的TPR或TMR： 射野大小：5×5、10×10、20×20、30×30、40×40 深度：d_{max}、5、10、20 cm 归一化点：10 cm×10 cm，d=10 cm 对所有其他射野由PDD计算TPR/TMR并验证

（2）输出因子：用于由RTP系统提取监督单位（表7-5）。

表7-5　输出因子的比较（表内数据无标注的单位为：cm）

体模散射因子Sp	对标准的PDD数据，与上述相同的射野大小获取这些数据。 SSD：等中心 归一化点：在10 cm深度处10×10射野
准直器散射因子Sc	对标准的PDD数据，与上述相同的射野大小获取这些数据。 SSD：等中心 归一化点：在10 cm深度处10×10射野
楔形因子	按要求和/或由计划系统所应用的 SSD：等中心； 归一化点：在10 cm深度处10×10射野 在各种射野大小下的楔形因子（5×5、10×10、20×20、max）

续表

托盘因子	按要求和/或由计划系统所应用的。 SSD:等中心 归一化点:在 10 cm 深度处 10×10 射野
其他因子	按要求和/或由计划系统所应用的。 SSD:等中心 归一化点:在 10 cm 深度处 10×10 射野

(3) 开野数据:对任何剂量计算模型和质量验证都是由开野开始,用 2D 等剂量曲线或图或用全 3D 进行剂量比较(如果数据和分析工具可利用;表 7-6)。

表 7-6　开野数据的比较(表内数据无标注的单位为:cm)

方野,标准 SSD	在标准 SSD 的 2D 剂量分布: 轴向平面射野大:3×3、5×5、10×10、20×20、30×30、40×40 矢状平面射野大小:5×5、20×20、40×40
方野,扩展 SSD	2D 剂量分布: SSD:90 和 110 cm 轴向和矢状平面射野大小:5×5、10×10、20×20、30×30
长方形射野	应检验长方形射野深度剂量行为,至少核对是否重现等效方野数据,例如,应用一系列长方形射野其等效方野为 6×6 和 12×12

(4) 病人形状效应:用简单的模体研究病人形状效应(表 7-7)。

表 7-7　病人形状的比较(表内数据无标注的单位为:cm)

倾斜入射	在尽可能大的角度得到倾斜入射数据。在某些水箱极少可能用 30×30 射野在 30°倾斜入射,而 10×10 射野 40°倾斜入射是可以的
表面不规则性	用 30×30 射野在体模表面有 5 cm 的台阶观测非平坦表面效应。用显示的束流和一半剂量栅格间距去评价剂量栅格大小效应
切线几何学	对方体模用 10×20 切线射野测量轴向平面剂量,归一化 MU 以便知道在等中心绝对剂量。比较等剂量线
方体模	用 20×20 或 25×25 射野正交入射到大的方体模上,测量数据并与在体模上中心束流,离轴束流和一个边缘附近计算剂量作比较

(5) 楔形板:对每一个楔形板和束流能量都需要用测量数据验证剂量计算。如果计算 3D 剂量矩阵,必须核对轴向和矢状面剂量分布。所有的测量都在说明深度,通常在等中心处归一。扩展的 SSD 的计算也应被验证(表 7-8)。

表 7-8　楔形数据的比较(表内数据无标注的单位为:cm)

输入数据	对最大的楔形射野,最小的数据集必须包括在轴向和矢状平面上的等剂量分布。
深度剂量	对每一块楔形板,必须验证每个楔形野的深度剂量曲线 至少 5×5, 10×10, 20×20、最大射野
射野大小检查	2D 等剂量分布验证: 轴向平面:5×5, 10×10, 20×20 和最大射野 矢状平面:10×10,最大射野 冠状平面:10×10,最大射野
扩展 SSD	2D 等剂量分布验证: SSD:80 和 100 cm 射野大小:10×10, 20×20
非对称和成型射野	至少在标准 SSD 下验证

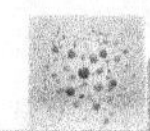

(6) 挡块：挡块射野影响相对剂量分布和归一化点绝对剂量。数据都应归一到没有挡块(但有托盘)在归一化点得到的数值，归一化条件要求带和不带挡块(有托盘)时做电离室归一化测量，以便知道由于挡块引起的绝对剂量差异。在超过 dmax 的固定深度归一化剂量，以降低污染效应(表 7-9)。

表 7-9　挡块数据的比较(表内数据无标注的单位为：cm)

输入数据	15×15 射野挡到 4×15 射野 30×30 射野挡到 20×20，10×10，5×5 30×30 射野内挡 20×20，10×10，5×5
SSD 核对	在 SSD 为 80 和 110 cm 时，30×30 射野挡到 10×10。
适形挡块	卵形、C 形、极复杂形
挡块透射验证	在 30×30 射野中，形成 10×10 岛形挡块，对原射线透射为 10%、25%、50%做剂量验证。也做 100%穿透计算
临床核对	Mantle 射野挡块 脊髓挡块

(7) 多叶准直器(表 7-10)。

表 7-10　多叶准直器的比较

输入数据	原则上与挡块射野的验证相同
标准成型	圆形野(r =3 cm) 对角边缘检验：与 MLC 边成 15、30、45、60°
SSD 核对	在 SSD 为 80 和 110 cm 时的圆形野
适形挡块	卵形，C 形，极复杂形
叶片透射验证	铅门打开，叶片关闭到小射野(5 cm×5 cm)。传递>1 000 cGy 以便可测量到透射量
临床核对	Mantle 射野挡块或大的通常治疗的 MLC 形状 脊髓挡块

(8) 非对称射野：这些检验是核对 MLC 和(或)铅门的非对称应用，其方法是应用 10 cm×10 cm 射野，由射野中心扫描到准直器的一个角，以类似的方式核对大野。所有测量都是在标准 SSD 下进行，并归一到对称 10 cm×10 cm 射野中心轴上特定深度处。对非对称射野所要求的最少检验依赖于对这些射野所用的剂量计算算法的复杂性(表 7-11)。

表 7-11　非对称射野的比较

铅门 X1	铅门 X2	铅门 Y1	铅门 Y2	其　他
5	5	5	5	—
0	10	5	5	—
25	15	5	5	—
210	20	5	5	—
5	5	0	10	—
5	5	25	15	—

续表

铅门 X1	铅门 X2	铅门 Y1	铅门 Y2	其 他
5	5	210	20	—
0	10	210	20	—
25	15	210	20	—
210	20	210	20	—
210	20	210	20	W45
210	20	210	20	Block
210	20	210	20	MLC

(9) 密度校正:检验的目的是要证实密度校正算法,因此检验必须基于所用校正方法的性质。例如,如果算法应用等价途径方法,算法的验证仅须用简单的 1D 体模检验。更复杂的算法需要更复杂的检验。这些数据一般仅限于沿束流中心轴的测量和两个不同束流质(表 7-12)。

表 7-12　密度校正的比较

算法验证检验	应用带有各种非均匀性的方体模。验证算法是否正确工作
基准数据	为说明一系列基本的和临床相关的几何条件校正方法的精度,可使用 Rice 测量的数据。用 4 种几何条件,及 4 MV 和 15 MV-X 射线验证的结果
2D 和 3D 非均匀性检验	对片层,部分片层,2D 和 3D 复杂的非均匀性几何结构测量深度剂量和断面分布。这些检验数据可以在基准数据上完成,但是,所用的束流定义和参数必须与使用者临床所用束流是相同方式

(10) 补偿器:对补偿器的检验极大地依赖于补偿的类型,丢失组织补偿仅仅是应用患者形状产生补偿器,在解剖模型中产生剂量的平坦表面。在更复杂的剂量补偿中,算法应用计算的剂量分布而不是病人形状去设计补偿器(表 7-13)。

表 7-13　补偿器的比较

丢失组织	仅需简单模体检验
剂量补偿	需要检验各种不同的病人和补偿器的几何类型,特别是应用了密度校正。典型的几种类型是:侧向头(颈)野;带肺挡块的前后 Mantle 野;三野非共面脑部计划;三野非轴向腹部计划

(11) 仿真体模:几种仿真体模用于完整的剂量计算的检验,这些检验案例类似于临床上所用的治疗技术(表 7-14)。

表 7-14　仿真体模的比较

Mantle 野	应用 TLD 或胶片在体模的冠状中平面验证剂量
乳腺切线野	包括肺,在轴向平面验证剂量
3 野非共面计划	在轴向,矢状(冠状)平面验证剂量

4. 电子计算验证实验

需要什么检验依赖于特定算法的仔细分析,包括电子类型和能量及这些束流是如何应用在临床上。

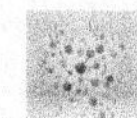

(1) 深度剂量和开野(表 7-15)。

表 7-15 深度剂量和开野的比较(表内数据无标注的单位为:cm)

在中心轴上 FDD	标准 SSD 下对每一能量一系列开野的 PDD 曲线 SSD:100 cm 归一化深度:d_{max} 射野大:4×4、6×6、10×10、12×12、15×15、20×20、25×25
断面/2D 剂量分布	对每一能量在轴平面 2D 剂量分布: SSD:100 cm 射野大:4×4、6×6、10×10、12×12、15×15、20×20、25×25
冠状或 3D 数据	3D 算法应完成 3D 验证,测量多个冠状面剂量分布或产生 3D 剂量分布。

(2) 输出因子(表 7-16)。

表 7-16 输出因子的比较

输出因子	对标准的 FDD 数据,在相同的射野大小上获取数据 SSD:100 cm 归一化点:d_{max}点、15 cm×15 cm 射野
有效源距离	为了应用反平方定律,测量输出-距离的函数以确定有效源距离
对成型射野的输出因子	对一组标准的成型射野测量输出因子

(3) 扩展距离(表 7-17)。

表 7-17 扩展距离的比较(表内数据无标注的单位为:cm)

深度剂量验证	在不同的 SSD 测量不同射野大小的 FDD 110 cm 和其他临床应用的源皮距 射野大小:6×6,15×15,25×25
断面/2D 剂量分布	对每一能量,验证轴向平面的 2D 剂量分布 110 cm 和其他临床应用的源皮距 射野大小:6×6,15×15,25×25
冠状面或 3D 数据	对 3D 算法完成 3D 验证,测量多个冠状面剂量分布或产生 3D 分布

(4) 成型射野

由 Electron Contrat Working Group (ECWG)设计的一组检验案例。这组数据用来在标准测量几何类型和复杂的临床几何类型的情况下各种算法的比较。所有的案例都是在两个电子能量下(9 和 20 MeV)进行的。对每一个案例所测量的数据都由 ECWG 确定。

七、绝对剂量输出和计划归一

1. 指导原则

对一系列不同类型计划,对完整的治疗计划归一和监督单位计算过程必须进行核对,操作者应使用可利用的方法进行计算,以确保:

(1) 总可以获得正确的监督单位数和剂量;

(2) 用不同的方法其结果在承受水平是相同的。

2. 分步验证

相对束流权重：相对权重可以是在束流归一化点定义的剂量，在老的计划系统中，这个点在每个束流中心轴上 d_{max} 处，对等中心计划是等中心点。在更复杂的系统中，归一化点对每个束流可以不同，每个束流的相对剂量被传递到该点，求和单独束流剂量分布产生计划的剂量分布。计划归一应验证：

(1) 处方剂量选择的等剂量水平：通常是在计划的等中心点归一到 100%，然后确定包围计划靶区的最低等剂量线(等剂量面)，用这个等剂量水平作为处方剂量。增加归一化点剂量(如：105%)以便 100%的等剂量线水平包围计划靶区。

(2) 对要传递的处方剂量，监督单位 MU 的计算：对一特定的计划，MU 计算的质量保证十分依赖于 RTP 系统中所用的方法和 MU 计算程序和技术，因此计划系统是如何计算和显示束流归一化点和计划归一化点的剂量变的十分重要。制定一系列标准临床协议案例并计算每一个射野的 MU。独立验证，由这些射野和计划传递的真实剂量，可通过测量或用标准 MU 计算程序。对这些标准案例，变换归一化(MU)计算过程并比较计算的 MU，分析这些结果可获得不同方法的精度。

八、临床验证

在合适的模体中，设计一些检验计划验证剂量预置，剂量分布和监督单位计算。选择逐步复杂的案例做检验。

(1) 用几个挡铅野，手工勾画方轮廓。

(2) 用手工勾画轮廓，切线胸壁计划。

(3) 用带有不同密度的体模，基于 CT 的计划。

(4) 用体模包含适形挡块非轴向和非共面射野。

第二节　图像采集、传输、融合与配准

一、图像采集

1. 病人的定位和固定

(1) 病人固定：固定病人的目的是以可重复的方式且保证病人在计划、传递和治疗过程中不运动，以保证治疗精度。特定的固定装置可能影响影像质量和治疗机监督计数的计算，在临床应用前必须予以确定。任何固定装置都不能完全保证患者不运动，对所用的每一种固定装置的运动和定位误差都应进行仔细研究。

(2) 定位和模拟：确定病人、肿瘤、靶区、正常组织和危及器官的位置。传统的办法是模拟机定位、手工勾画轮廓和激光标记等中心。现代应用的技术是通过 CT 影像基于放射治疗计划系统的影像和虚拟模拟定位来完成。确保精确地获取病人的定位信息和精

确地传输到治疗计划系统中。模拟定位机、CT扫描机和虚拟模拟都必须具有相应的质量保证，例如CT(MR)的所有射束的几何精度、床的参数和激光准直系统等都必须具备良好的QA。

2. 影像参数

(1) 影像获取的标准规程：确定病人的扫描范围；病人的定位和固定装置；定位和作为参考坐标系用在病人体表的不透辐射的标记物的类型；扫描参数，例如扫描间距和厚度；在胸部和腹部扫描病人的呼吸指示器；应用对比剂的政策(对CT、MR和其他设备)。

(2) 影像获取中的赝象(artifact image)和扭曲：所有的影像系统都可能有赝象和几何扭曲，由影像来的这些信息在使用前都必须做修正。

表7-18　影像系统的赝象和几何扭曲

有限体素大小	引起勾画靶体积和结构外轮廓的误差，特别是对小的靶和(或)厚的CT片
部分体积效应	在体素灰度级值和通过自动勾画而得到的轮廓中的误差
高密度非均匀性	在CT影像中的条纹赝象，它可能导致非代表性密度值和影像信息
对比剂	在体素灰度级值中的误差，它会导致CT诱导的电子密度的误差或对其他设备的应用中在图像信息的解释中产生误差
MR扭曲	在MR影像的几何精度中的扭曲，典型地依赖于磁场非均匀性，界面处磁场系数的改变和其他效应。上述都可能导致影像信息不正确的几何定位
顺磁源	在MR影像中的局部扭曲

3. 解剖描述

(1) 影像转换和输入：由CT得到的影像是获得解剖信息的基础，由特定的计算机系统通过特定的影像文件格式或传输介质或网络而获取的影像信息被转换到RTP系统(表7-19)。

表7-19　影像转换和输入的主题、测试及原因

主　题	测　试	原　因
影像几何学	文件和验证参数用来确定每一个影像的几何学描述，例如像素数目、像素大小和片厚	扫描文件格式和转换都可能引起几何误差
扫描的几何定位和取向	文件和验证参数通常用来确定每一个影像的几何学描述，特别是左-右、上-下和头-脚取向	几何定位和取向输入TPS时可能引起误差
文本信息	验证所有的文本信息都被正确地传输	不正确的名字和不正确的扫描序列都可能引起错误的扫描
影像数据	验证灰度刻度值的精度，特别是CT值对电子密度的转换	错误的灰度刻度可能引起不正确的辨别解剖结果和错误的密度修正
影像去歪斜(移动扭曲)	检查所有功能，包括文件工具，它确保原始影像和修正影像在系统内被正确地甄别	修正影像信息的方法学可能留下不正确的数据

(2) 解剖结构：在3D计划系统中病人所用的解剖模型。2D和3D RTP在解剖结构上的重要差异：在2D RTP中，大部分结构由一个或很少几个CT片上2D轮廓所定义，且从一个CT片到下一个CT片的轮廓彼此不相关；在3D RTP中，对每一个解剖部位都要产生3D结构，结构是由一系列CT片上勾画的轮廓所定义的，且全部是相关的(表7-20)。

表 7-20　轮廓检验

主　题	测　试	原　因
数字化过程	每周要做数字化标准轮廓或使用其他相关核对过程核对几何精度 对数字化仪的全部面板验证数字化仪的几何精度	数字化仪系统可能存在位置依赖的扭曲和时间的依赖性
2D 影像上勾画轮廓	计划系统计算剂量的坐标中轮廓的 3D 定义 对极端情况(环状轮廓)勾画轮廓的算法 每一个轮廓的甄别和与它相联系的 3D 结构 包括:扫描模体,勾画结构并与已知模体结构的维度比较轮廓 在以软件形式构成的一个灰度标度的模体上勾画结构。这可以消除任何影像获取和像素平均误差 对每一种类型影像和每一个片子取向(矢状、冠壮、轴向、倾斜)都完成检验	轮廓的坐标和显示中的误差导致计划使用不正确的解剖
自动跟踪轮廓	对各种情况(如:不同灰度级梯度、不同影像类型、标记物、对比度、影像扭曲)验证跟踪算法的正确响应 检验可以包含扫描体模或模拟灰度级体模	用于甄别跟踪域的梯度范围可能影响轮廓的大小和定域,导致不合适的轮廓
分支结构	对一特定的结构,在每一个片子上系统是否可以保留多于一个的轮廓 是否形成正确的 3D 结构,目测核对 3D 表面和 DVH	产生分支结构的算法可能影响这些结构体积的计算
投影影像上的轮廓	在投影影像上勾画的轮廓,当在全 3D 显示上观测时是否被正确投影 用轴向、矢状、冠状片核对这个轮廓	在投影影像上(DRR,BEV)的轮廓的不正确处理可能导致计划显示的错误解释

结构检验:解剖结构的确定:通过 CT 扫描获得体内每一特定结构的电子密度信息,并以一组基本的体素形式表示。通过对每一 CT 平面解剖结构表面的勾画产生 3D 解剖结构,用于 DVH 和其他统计量的计算。解剖结构的验证:PTV 是对 CTV 的扩展,扩展是否改变原结构。算法能否处理交叉结构。

(3) 密度描述检验(表 7-21)。

表 7-21　密度描述检验

主　题	测　试	原　因
相对电子密度检验	验证系统是否产生正确的相对电子密度; 验证当轮廓和(或)影像被修正时,相对电子密度表示依然是正确的	不正确的相对电子密度信息可能引起不正确的剂量计算
CT 值转换	确认 Hounsfield CT 值(影像灰度级值)对相对电子密度的转换是正确的,转换可能是扫描仪依赖的,对扫描仪必须进行刻度	不正确的转换可能引起密度修正计算不正确的结果
编辑	验证正确地应用操作功能去编辑相对电子密度	由于对比度或影像扭曲的存在,影像灰度级可能改变,这将导致不正确地诱导了相对电子密度
测量工具	验证用于显示相对电子密度的显示工具是正确的	错误的信息会导致错误

（4）填充物及其编辑密度的检验（表 7-22）。

表 7-22　填充物及其编辑密度的检验

主　题	测　试	原　因
Bolus 内电子密度	验证在填充物区域内密度是被指定的值	不正确的密度导致不正确的密度效正剂量计算
自动填充物设计	对厂家制造的填充物，其信息被正确输出，而物理填充物是正确制作的	不正确行为导致错误设计
束流指定	验证填充物用于单个束流还是所有束流	导致不正确的剂量计算
剂量计算	在剂量计算中是否考虑了填充物	导致不正确的剂量计算
MU 计算	确信计算单位的方法是正确的	导致不正确的剂量计算或病人摆位
输出和图像显示	验证在所有显示和硬拷贝中都正确地显示填充物 验证在计划内和硬拷贝中填充物都被正确地形成文件	可能引起不正确的填充物设置或治疗中不正确使用填充物。

（5）影像使用和显示检验（表 7-23）。

表 7-23　影像使用和显示检验

主　题	测　试	原　因
窗宽、窗位设置检验	验证窗宽和窗位设置功能 确定显示的窗宽和窗位值与扫描（胶片）的窗宽和窗位一致	窗宽和窗位设置可极大影响影像数据的解释
再形成影像的产生和应用	验证影像几何定义的精度 验证灰度级重构的精度和重构中形成的内插的精度 核对新的影像和原始影像之间的一致性	矢状、冠状和倾斜影像的重构是在计划系统中三维可视化的重要部分
移去影像床	移去不希望的影像信息的能力（例如病床）	材料的 CT 信息，而这些材料在剂量传递中是不存在的
感兴趣区分析	在感兴趣区内（在一个片子上或一个体积内）验证平均、最小和最大 CT 值。	当估价剂量计算结果的精度时，CT 值和电子密度的关系是重要的。

4. 束流

（1）束流安排和定义

为了说明束流，需要产生一系列参数，当束流被产生、编辑、存储和整个计划过程中必须正确地理解这些参数，检验和文件化所有束流参数的行为，理解这些参数是如何被应用和如何被修改。

束流描述，包括：机器、模式和能量、等中心定义和床位、机架角、床角、准直器角等。验证：计划系统读出的信息与治疗机的一致性，角度（机架、床、准直器）读出的正确使用和显示。

射野定义，包括：源-准直器距离、源-托盘距离、源- MLC 距离、准直器设置（对称或非对称）、挡块形状与 MLC 设置、电子限束筒等。

楔形板，包括：名字、类型（物理、动态、自动）、角度、射野大小限制、取向、附件限制（挡块、MLC 等）等。验证：编码、方向、射野大小限制。

MLC 参数：叶片宽度、叶片行程、射野大小、叶片数目、叶片跨越中线的距离、叶片托架的运动、允许和不允许的叶片交错对插、叶片传动、叶片读出分辨、相对叶片之间最小间隙、相对于 MLC 形状、铅门位置是如何被获取的、叶片标记、叶片端面设计(曲面与聚焦)、叶片编辑能力、叶边设计(聚焦或曲面)、动态叶片运动能力、对 DMLC 叶片的同步性等。

(2) 机器描述、限制和读出

由于现代治疗计划系统使用了治疗机更多的功能和能力(如:床的转动),使用者必须清楚地知道治疗机和计划系统之间关于机架角、准直器角、床角、楔形板取向、多叶准直器叶片说明和病人取向中所采用的协议。读出错误将导致严重的系统误差。

验证:对所希望的治疗计划,计划系统输出的治疗参数与所希望的真实治疗机设置的一致性。可通过如下方式验证:按照计划系统说明构成治疗机,且与计划系统显示比较,特别是在 3D 显示上。在计划系统的软件升级后,做重复检验。

(3) 几何精度

在一个计划中的每一个束流的定义和取向必须对应实际情况。治疗计划系统束流坐标翻译成在实际患者上设置射野的坐标,彼此之间的一致性和几何精度必须被连续不断地监测。这种一致性不仅依赖于软件而且依赖于治疗计划和临床治疗传递过程。

(4) 射野形状设计

应用长方形准直器附加成型聚焦挡块,非规则野成型切割和多叶准直器产生成型射野装置,无论是手动或自动方式产生的射野成型,都可通过不同的方式引进 RTP 系统中。引入射野成型的所有方法都应进行验证。

(5) 楔形板

应验证:角度和取向与治疗计划系统的一致性;准直器旋转和楔形取向的正确显示;治疗机不准许的楔形取向和射野大小;在合成楔形中,开野和楔形野份额;动态楔形中,治疗机和 RTP 具有相同的能力、限制、取向和命名转换。

(6) 束流几何学显示

现代治疗计划系统应用各种类型的显示和组织解剖结构的表示方法,目的是为了在治疗计划中设计和评估束流的组合,通过验证这些表示的精度,避免在束流和组织解剖结构之间的关系上出现错误。

验证:用轴向片子检验束流发散和射野形状;用矢状、冠状或倾斜片子检验束流发散和射野形状;轴向片子上定义的轮廓(结构)在 BEV 上显示;在 DRR 上比较灰度级显示。

(7) 补偿器

补偿器可以在 RTP 内设计也可在某些独立的系统中设计,但无论是在那种情况,补偿器的信息(如:形状、大小、厚度变化和相关的束流)输出的精度都必须被确认。对补偿器的制造者必须核对补偿信息的自动传输。

二、图像的存储

无论是单独使用 CT 影像进行计划设计,还是对多种模式的影像进行配准来准确定义靶区范围,都需要对影像数据进行存储,并要求这些数据能够在本部门不同程序和不同工作站之间相互传输。为达到这个目的,通常的做法是在医院内部配置多个不同的数据库:放射科有专门的影像存储数据库;放疗科若配备有一套或多套计划系统时候,每套系统都有属于自己单独的数据库;另外还需要一个患者管理数据库。多个数据库并存的不便之

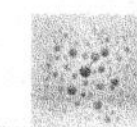

处：不同版本的数据可能存放在不同地方，要查找信息非常困难；每个系统都有独立的备份，在不同地方存放的信息存在重复；意外的输入错误可能导致信息丢失（如：将影像数据存储到了错误的患者编号下）。

更好的方法是利用中央存储器存储所有的患者数据，并将此数据和所有相关软件紧密链接，不仅可对患者数据提供长期的存取功能，而且容易挽救和修复数据。当前，这种方法已经通过中央 PACS（图像存储与传输系统）方案得到普遍的扩展。PACS 的影像数据库可以存储所有的影像数据，也可以从数据库中调出影像，供医师查看。

影像存储的基本要求是：有足够的存储空间可以存放至少 5 年的影像数据（根据法律要求，可能需要存储更长时间）；对于近期数据应具备高速存取能力；对于历史数据具有较快速的存取速度；不需要经常进行数据维护；具备可拓展能力；安全性高。另外，影像数据存储所需要的硬件设备和存储媒介要保证具有预期的使用寿命。

尽管医学影像标准化工作已经经历了很长一段时间，但不同模态影像之间的关联以及放射治疗特定信息的存储方面仍旧存在一些问题。因此，在应用 PACS 系统或新的影像模式前，应对不同系统之间的兼容性进行检验。目前，这仍然是医学影像应用中的一项重要任务。

1. DICOM

当前，大部分影像设备之间的网络传输都遵循 DICOM（医学数字影像与通信，Digital Imaging and Communications in Medicine）标准。这是一个复杂的标准，具备以下特点：

（1）定义了医学数据之间相互交换的网络协议；

（2）定义了来自不同数据源（如：CT、MRI、PET 和其他影像模态等）的影像数据的逻辑形式，并定义这些数据在磁盘上存储的物理文件格式；

（3）定义了影像存储的数据库结构。

下面将对这些主题进行简单介绍。更详细内容请参考官方发布的 DICOM 标准。

首先，DICOM 定义了一种网络协议，与其他协议类似（如：FTP 协议）。它描述了任意一种影像信息和患者数据在网络上的传输方式。DICOM 中包含服务器（如：中央影像存储器）和客户机（如：接受影像的计划系统，或者发送影像的 CT 机）。

图 7-2 是一个简化的 DICOM 网络，包括 1 台影像设备、1 个存储器和 1 个图像浏览器。因为 C-Store 命令和 C-Move 命令只能用于存储数据和将数据从一个服务器转移到另一个服务器，因此图像浏览程序需要同时具有客户机和服务器的功能：当执行 C-Find（患者查询）和 C-Move 命令时，它是一台客户机；当接收数据时，它就是一台服务器。

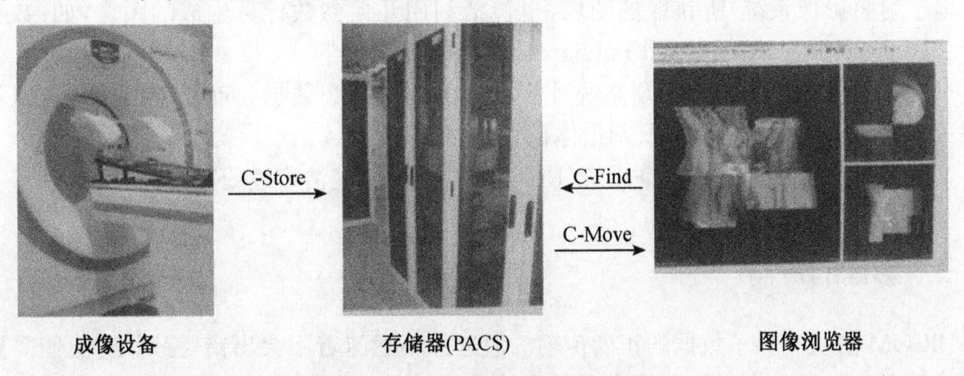

图 7-2 一个简单的 DICOM 网络

为了能够识别网络上的符合DICOM协议的机器，需要采用应用实体(application entity, AE)进行标志。一个应用实体包括机器(即计算机)的地址(或主机名)和端口号。端口号用来选择机器上的通信通道。因为端口号是AE的一部分，因此多个DICOM应用程序可以在同一台机器上共存。AE在DICOM中非常重要，当两个服务器之间进行通讯时候(如：执行C-Move命令)，只有依靠AE才能确定目标服务器的位置。

DICOM中存储和传输的影像数据大部分是2D格式(例如：CT、MRI的断层图像)。但是也有例外，某些核医学数据只有一个对象，但包含了3D或4D(含时间因素)。每幅图像包含大量属性项，所有属性项都由DICOM标准按照组号、元素号、数据目录来严格定义。数据描述在数据字典里进行定义，数据字典中定义了所有可能的组号或元素号(共定义了数千个，但是也有许多是可选的，或者由厂商自己指定的)。这些数据包括图像类通用信息、患者信息、图像获取信息、定位信息、影像信息以及像素数据等。

DICOM同时也指定了影像存储时的数据库分级结构，它包括以下元素：患者、研究对象、序列、图像。研究对象是指一个特定患者在指定的扫描设备上获取的所有图像。序列是指构成一个3D体积的所有图像层。需要注意的是，对于同一厂商和设备，其序列和研究对象的内容有可能不同。例如，在获取图像时，一个序列内可能同时包含了质子密度像和T2加权像。

2. DICOM-RT

DICOM标准的最新内容中增加了放射治疗数据部分，这意味着许多系统已经可以开始支持DICOM-RT，而其余的系统则需要进行改造。DICOM-RT与DICOM放射影像之间的区别主要在于DICOM-RT增加了许多新的数据对象类型，但两者的数据库结构、网络协议、数据格式都是相同的。下列放射治疗数据对象都是按照DICOM标准定义的(以后还可能会增加新的数据对象)。

(1) RT结构集：包含患者解剖相关的信息，例如器官结构、标记点和参考点等。这些结构实体可以在不同的设备上获得，如CT工作站、物理或虚拟模拟工作站、计划系统等。

(2) RT计划：包含几何参数和剂量数据(MU)，用以描述外照射或内照射的实施过程。RT计划实体可以通过模拟工作站创建，随后也可以在治疗计划系统中进行补充和完善(复制并修改)，然后再传输到记录验证系统(R&V)和治疗设备。RT计划通常根据RT结构集来定义坐标系统和患者虚拟结构。

(3) RT图像：指定了放射治疗的图像规范，包括了锥形束X线成像设备(如：常规模拟机或电子射野影像系统)所获取的图像，也包括利用几何参数计算生成的图像，如：数字重建影像(digitally reconstruncted radiographs, DRR)。

(4) RT剂量：包括治疗计划系统计算出来的剂量分布数据。剂量数据通常有以下几种格式：3D剂量数据、等剂量线、剂量体积直方图、点剂量。

(5) RT记录：从记录和验证系统(R & V)获得的已经治疗过的数据记录。

三、影像的传输

DICOM协议确保了数据的正确传输。但这并不意味着不会出错，特别是，我们需要注意图像的方向是否正确。如果将患者的左边和右边搞错的话，将会影响患者的治疗，发生

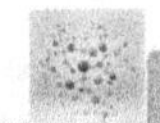

重大医疗事故。特别是对于某些包含扫描工作站和图像察看工作站的系统来说，"脚先进"的扫描方式可能会导致方向发生反转，操作者在扫描台也可能会忘记输入正确的患者方向。另一个需要注意的问题是，有可能将患者的ID号输入错误，结果是查找不到该患者或可能导致其他更严重的后果，例如使用了错误的图像来对该患者进行计划设计。

四、影像的配准、融合及察看

目前在放射治疗中，影像配准技术被广泛用于治疗计划设计、器官运动研究、影像引导以及复查随访等。影像配准的目的是将一幅图像映射到另一幅图像上，从而寻找两幅图像之间的变换关系（平移、选择、变形），这样，扫描图像可以按照像素对像素的原则（例如基于已经定义的靶区体积）与另一幅图像进行融合，或者用于对不同图像之间的进行融合，或者用来对不同图像之间的差异进行测量和量化（用于影像引导和随访复查）。放射治疗中的影像配准方法通常是对多幅图像的刚性结构（例如骨性标记）进行对准，相对于感兴趣器官的位置来说，骨性标记可以作为治疗时候的参考结构（骨性标志可以通过X线影像进行验证）。对于容易发生形变的器官，可采用弹性配准方法。在这种情况下，一组图像被作为基准参考图像。但在放射治疗计划中，这种做法似乎并不可取，因为基准图像同样也是采集于容易发生形变的解剖结构。临床医生通过肉眼观察不同时间采集的影像，可以对器官运动情况进行评估，从而能够潜在降低器官运动和轮廓勾画误差带来的影响，而这种影响是放疗中重要的误差来源。另外，由于人体内器官可能存在较大形变，成像设备（如直肠内的探头）的引入也可能会导致人体组织发生位移。在这些情况下，采用弹性或形变影像配准技术进行剂量跟踪方面的研究同样具有重要意义。表7-24概括了放疗中常用的几种配准算法，Hutton、Pluim和Hill则在文献中总结了最新的一些进展。综观这些算法的优点和缺点，显然，并不是任意一种算法都适合于所有情况。因此，一套完善的系统应当包含不止一种算法。然而，大部分商用计划系统和虚拟模拟系统中仅提供有限的几种影像配准方法，通常仅包含基于标记点或基于体积的配准算法。

表7-24　放射治疗中的各类配准算法汇总

算　法	优　点	缺　点	典型适用范围
基于标记点的算法	简单实用，适用于无变形的图像	精度依赖于标记点数目。内标记点好但是不容易发现。外标记点精度易受MRI图像失真的影响	应用普遍，评价其他算法的金标准
交互式算法	容易操作	速度慢，精度不是很高	应用普遍
基于框架算法	对于CT图像精度很高	有创，框架易受MRI图像失真的影响	立体定向放疗
基于轮廓算法	速度快，精度高	需要勾画并提取轮廓	软组织
倒角匹配算法（基于自动分割）	速度快，精度高	自动分割的结果需要人工仔细加以调整	骨（头骨，盆腔，肺）
体积匹配算法	几乎不需要预处理，很适合于同种模态图像的配准	速度慢，精度受器官运动影响	脑

除了应当具备好的算法之外，影像配准工具包通常还需要包含以下数据库管理工具：

可以进行影像存档，可以对匹配的数据进行存储，可以调出进行查看，可以修改易运动的解剖结构，进行交互式预匹配；具有良好的评价工具，可以在任意方向进行"滑窗"和叠加显示，能提供从一组图像到另一组图像的变换，能对匹配结果进行定量和可视化比较。在重建出整个扫描体积的横断面、冠状面和矢状面之后，可以将 CT 的骨信息叠加在 MRI 影像上。这通常用于交互式预匹配过程，或者用于快速检查配准精度，矢状重建平面对于检验脑组织的配准情况尤其重要。最后，影像配准的可靠性很大程度上取决于图像的采集方式。

五、数据的输出

RTP 系统的硬拷贝输出包括文本信息和图像(表 7-25)。例如，在任意取向平面上 2D 剂量分布图、DVH、BEV、DRR 和解剖结构、束流、剂量的 3D 显示。各种类型的硬拷贝用来完成记录治疗计划，所有的输出都应包含病人姓名和 ID、治疗计划 ID、计划文本号码或时间(日期)。

表 7-25　数据的输出类型

主题	原因
文本打印	• 对每一个束流的治疗机/型号/能量 • 束流参数(射野大小、能量和角度) • 束流在三维中等中心定义 • 对每一个束流设置 SSD • 束流修正器的有无和取向(例如，挡块、楔形板、补偿器和填充物) • 所用计算算法 • 是否应用非均匀性校正及病人的非均匀性描述的来源 • 剂量计算栅格大小 • 对计算点位置的剂量 • 计划归一化 • MU(不是所有的系统都计算) • 计划束流权重如何转换监督单位计算(对不能计算 MU 的系统) • 计划(束流文本号码)、计算的时间和日期 • 使用者注释
二维剂量图	• 被显示平面的定义(取向) • 标度因子 • 是否有束流修正器和正确的取向 • 病人的轮廓(灰度级信息) • 剂量信息(例如：等剂量线) • 计算点的定义
BEV 或 DRR	• SSD/SAD/SFD • 标度因子 • 相关射野 • 观测取向 • 包括挡块形状和(或)MLC 孔径的准直器 • 患者解剖信息 • 中心轴定义
DVH	• 图的说明 • 坐标刻度和单位 • 案例，计划和其他甄别信息 • 相关的解剖结构信息

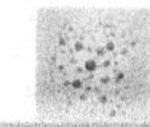

续表

主题	原因
3D 显示	• 标度因子 • 观测取向 • 束流定义/取向 • 解剖和剂量甄别 • 等剂量面

第三节　三维适形放疗计划质量保证

3D 适形放疗(3DCRT)治疗计划系统(TPS)更多地强调的是,放疗医生或物理师通过治疗计划设计对实现治疗方案要求的程度。将实现对方案的要求作为最终目标,优化治疗条件,对其可行性进行评估,并与验证片比较,将结果反馈给治疗计划系统,根据反馈的结果对放疗计划进行修改。计划设计根据体模阶段得到的关于患者的肿瘤分布情况,结合具体的临床表现,提取轮廓和 3D 重建,确定射野角度和参数,对计划结果进行评价和修改。现将 3DCRT 治疗计划过程中患者影像学资料的获取、治疗靶区、危及器官等解剖结构的确定、治疗计划设计、剂量计算、治疗计划验证等工作环节的质量保证介绍如下。

一、临床医生对整个计划的要求

临床医生需要规定处方剂量(如 60 Gy)和分次模式(如 2.0 Gy/d, 5 天/周)。由于给予治疗处方剂量的观念改变,处方剂量的大小亦发生了变化。过去常常利用某一规定点吸收剂量作为处方剂量,现在随着治疗计划系统(TPS)的广泛应用,处方剂量常常和肿瘤体积挂钩,即多少肿瘤体积需要满足多少照射剂量。

(一) 肿瘤剂量要求

肿瘤剂量的要求主要包括两部分,分别为处方剂量所包裹的肿瘤体积和肿瘤靶区内的照射剂量的不均匀度。虽然大体肿瘤区(GTV)和临床肿瘤区(CTV)体积在放射治疗过程中所受照射剂量是临床所要解决的问题,但是在实际操作中,通常的做法是将处方剂量归一到计划靶区体积(PTV)上。

1. 典型的肿瘤处方规定方式

(1) 将处方归一到肿瘤内某一指定点,如:等中心或 ICRU 参考点(ICRU50, 1993)。

(2) 整个 PTV 至少接受 95%的处方剂量。

(3) 处方剂量至少包裹 95%的 PTV,等等。

2. 剂量不均匀度包含以下内容

(1) PTV 接受的处方剂量,最低不得低于 95%,最高不超过 107%(接近 ICRU 报告推荐值)。

(2) PTV 接受的最小剂量假定为 70 Gy,则其最大剂量不得超过 77 Gy。

(3) PTV 内处方剂量的标准偏差不能超过 4%。

(二) 正常组织剂量限值

和 PTV 与 CTV 之间的关系相同,OARs 也需要外放成 PRV,防止治疗时,由于摆位不确定性和器官运动造成 OARs 的过量照射。但是这个原则并没有完全推广,尤其在 3D 适形治疗计划中,OARs 的 PRV 剂量限值常常被忽略。

OARs 的剂量限值通常被用作计划评估时的约束条件。治疗计划制作时,治疗目的给定的剂量或者剂量—体积限值不可超越,理想状态下应该是计划中这些值越小越好。如下所示是一些正常组织剂量限值,常被单独或者联合使用。

1. 鼻咽癌

脑干:D_{max}＜54 Gy; 脊髓:D_{max}＜40 Gy; 视神经和视交叉:D_{max}＜54 Gy

颞颌关节:D_{max}＜50 Gy; 颞叶:D_{max}＜54～60 Gy; 下颌骨:D_{max}＜60 Gy

腮腺:V30～V35≤50%

2. 食管癌

双肺:V_{mean}≤13%, V20≤28%, V30≤20%, 同步放化疗:V20≤27%

脊髓:D_{max}＜45 Gy

胸腔胃:V40≤40%～50%(不能有高剂量点)

3. 肺癌

脊髓:D_{max}＜45 Gy

肺:V20≤35%,单纯放疗肺

　V20≤30%,同步放化疗

同步放化疗+手术:V10≤40%, V15≤30%, V20≤20%

心脏:V50≤50%;食管:V60≤50%(单纯放疗),V55≤50%(同步放化疗)

4. 胃癌术后

脊髓:D_{max}＜40 Gy;肾脏:V22.5≤33%(右侧) V45≤33%(左侧)

肝脏:V30≤60%

5. 胰腺癌

脊髓:D_{MAX}＜40 Gy;肝脏:V30≤60%;肾脏:V20≤30%

6. 直肠癌

小肠:D_{max}＜45 Gy;膀胱:V50≤50%;股骨头:V50≤5%;小肠:V15～V20≤50%

7. 膀胱癌

直肠:V50≤50%, V65≤40%, V70≤25%;股骨头:V45≤60%, V60≤30%

小肠:D_{max}≤50 Gy

8. 前列腺癌

膀胱:V50～V60＜50%;直肠:V70＜25%, V50～V60＜50%

股骨头:V50＜5%

对 PTV 的处方剂量进行限值,是因为 PTV 里面包含有正常组织,为了对这部分组织保护,防止这些组织远期并发症的发生,同时又不会过多的降低 CTV 的控制剂量,需要对 PTV 的处方剂量折中,而不是只追求越高越好。

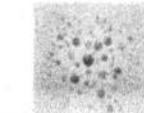

除了对上述正常组织的辐射剂量的限值之外，我们也可以设置正常组织的最高生物剂量限制，如下：发生肺炎的正常组织并发症概率(NTCP)不能超过 10%；脊髓炎的 NTCP 不能超过 0.02%；膀胱的生物均匀等效剂量(EUD)不超过 40 Gy。

对特定的 OAR 设定整个疗程的总剂量限值时，也要考虑分次剂量的限值，如：睾丸的分次剂量不超过 0.5 Gy；视神经的分次剂量不超过 1.5 Gy。

二、治疗计划射野设计和剂量计算

(一) 射野的设计

计划靶区勾画确定后，医生提出对靶区的剂量要求和危及器官的剂量限制，物理师首先要明白肿瘤靶区与正常组织及危及器官之间直接的立体位置关系，以及肿瘤靶区的射束方向视图(beam eye view, BEV)方向观、室内任一视角显示(room eye view, REV)。其次，要弄清楚单个射野的剂量曲线及参数(包括楔形板或补偿模体等)。针对要求合理选择射线种类、能量、射野数目、入射角度、组织补偿等。

由于 X 线在物质中指数衰减的性质，使用单光子束治疗，会导致肿瘤之前的组织受到比肿瘤更多的剂量，如图 7-3 所示。因此，使用 X 线单光子治疗，如果给予肿瘤足够的控制剂量，很可能会导致肿瘤前方的正常组织发生严重的放射并发症。单 X 线野仅用于治疗非常表浅的肿瘤，既减少被高剂量照射的正常组织又可保护皮肤。

使用多野治疗可以避免单野治疗的缺点，以肿瘤中的某一点作为交点，射束环绕着肿瘤从多个方向照射，使肿瘤外沉积的辐射剂量尽可能多的分布于临近不同的组织，造成肿瘤剂量明显高于周围正常组织所受剂量，如图 7-4。

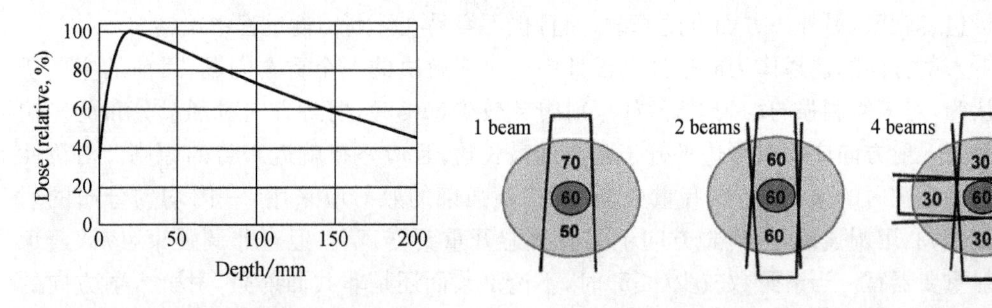

图 7-3　单 X 线治疗野剂量随深度变化 (10 cm×10 cm, 10 MV X 线的 PDD)

图 7-4　使用 1、2 和 4 个射野照射同一靶中心时剂量分布的区别

注：图 7-4 每个靶中心的剂量都为 60 Gy，如图可知，随着射野数的增长，靶区周围的剂量在不停减少。需要特别说明的是，随着射野数的增加，靶区周围有更多正常组织体积被卷入射野内，并吸收一定放射剂量。

3D 适形放射治疗计划的设计采用不同角度多射野照射，通过 BEV 可见每个角度射野的靶区和正常组织器官投影的空间位置关系，优化射野的角度，如图 7-5 所示。采用不同角度射野照射的好处，一方面可以使放射高剂量治疗区域和靶区外轮廓高度一致，另外一方面可以降低使用超高能量的射线。

对于两野前后对穿照射胸部和盆腔肿瘤时，为了保证靶区剂量的均匀性，需要使用高于 10 MV 的 X 线，然而使用四野盒式照射时，可以使用 6 MV。一般来说，射野数越多，对

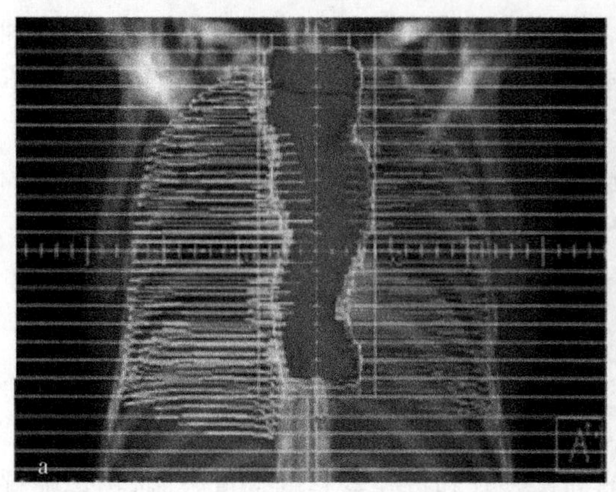

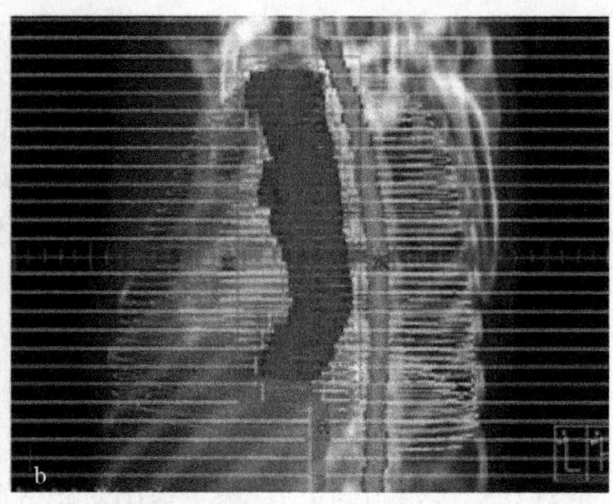

图 7-5　BEV 靶区和正常组织之间的空间关系

注：其中粉色和浅蓝色为肺体积，深绿色为脊髓体积，蓝色为 PTV。图 a 为机架角度为 0°时 BEV，图 b 为机架角度为 135°时 BEV。图 b，射野方向可以用 MLC 把脊髓遮挡住（参见封底彩图）。

射线能量的要求就越低，但是靶区外的剂量分布范围更广泛。

由计划系统自动从靶区外放（margin）一定间距形成射野的轮廓，或者根据正常组织器官和靶区之间空间位置从 BEV 视图上勾画射野轮廓。采用多野方式治疗时，计划系统自动形成射野轮廓时，外放间距一边一般选择 0.5～1 cm 左右，可保证 95%左右的处方剂量覆盖 PTV。靶区周围正常组织器官紧贴着靶区时，需要对靶区处方剂量覆盖和正常组织的保护之间进行取舍，这时候需要手动修改射野轮廓。

射野数的选择和患者个体化的皮肤外轮廓和照射区的组织几何结构有关。对于同中心的三维适形放射治疗来说，选择 3～7 个射野角度是比较适合的，一方面能够保证 95%的处方剂量包裹靶区，另外一方面方便修改，而且也不容易在计划传输过程中出错。

射野入射方向的选择作为放疗计划设计中至今未解决的一个重要问题，目前的主要研究结果认为，对未经调强的均匀射野，如果射野数较少（$n\leqslant 3$），射野方向对剂量分布的影响很大。射野入射方向应使射野边平行于靶区的最长边，且应坚持就近布野的原则。对称性的肿瘤或凹形靶区的照射，周围有重要器官，用调强束的照射应采用 2π 内均匀分布的射野。甚至强调"用调强束时，射野方向不必直接避开重要器官"。但对非调强束，应该避免直接照射重要器官。当射野数较少（$\leqslant 5$）时，不论是共面还是非共面射野，射野入射方向的选择是很重要的。射野入射方向不仅决定于靶区和周围重要器官间相互几何关系，同时也决定于靶区剂量和周围重要器官剂量。当用调强束照射且射野数很多时，射野可以直接穿过重要器官，因为这样可较好地控制靶区的剂量分布。

当能满足治疗要求时，应尽量选择能量较低的 X 射线。对于根治性放射治疗应多使用共面或非共面交角照射野，对穿照射野最好不要用。Sherouse 提出非共面射野设计的两个基本原则：①所用射野应避免构成对穿照射野；彼此间交角应尽量大，所使用的楔形板角度较小。②所用射野在三维空间内应尽量保持几何对称。总的原则是长轴、近靶区布野，相邻野避免角度过小，尽量避开重要器官。对于小靶区，射野数可以用的较多；大靶区射野数要相应减少。安排合适的射野，包括使用楔形滤过板、射野挡块或组织补偿器等进行剂量计算。

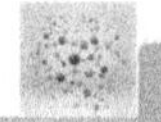

(二) 剂量计算

三维治疗计划常提供了多种三维剂量模型,剂量计算的精确性与采用的数字计算模型有关,计算模型所考虑的修正因素越多,计算速度越慢,其计算结果与实际剂量分布越相符。随着影像学技术与计算机技术的发展,不均匀组织校正的方法已经日渐成熟。计算时应进行不均匀组织校正。优化手段包括修改射束方向、射野形状、射野权重、射野性质和能量、射野修饰等。

剂量计算是整个治疗计划过程中的核心部分。剂量计算的质量保证远比确认算法是否正确和计算结果是否与测量结果一致要复杂得多。在完成计算之前必须完成许多参数的定义,无论这些参数是由使用者引进的还是系统隐含的,这些参数直接影响最终的剂量计算分布。

计算方法学上操作问题的核对非常依赖于 RTP 系统的复杂程度,在计划过程之内大部分问题都由计算机隐含或显含处理。剂量计算核对的主要内容如下。

(1) 计算区域:正确地执行和识别要被计算的区域。

(2) 计算网栅的确定:验证和评估;栅格大小的定义;均匀和(或)非均匀栅格间距的应用;栅格点之间确定剂量的内插方法;坐标系统正确的配准;计算点是相对于影像系统或机器坐标系统。

(3) 密度效正状态:验证正确记录了效正状态。

(4) 读已存储的计划信息:用系统的丰富知识来设计检验计算有效逻辑性。验证当解剖结构、束流定义、束流权重、或归一化改变时,对剂量分布的重新计算评价系统规则。

剂量计算算法的选择,验证选择的算法是实际中应用的算法。

三、计划评估

计划的评估包含两个方面的内容,①肿瘤放射生物学的评估:肿瘤控制概率(TCP)的大小,正常组织并发症概率(NTCP)的高低。②放射物理学的评估:处方剂量面包裹靶区的程度和关键正常组织器官受照射的大小。一个最优的计划应当是:TCP 最大,NTCP 最低;CI 为 1,正常组织剂量为 0。这个目标可以作为一种设想,但是在实际的临床中是不可能实现的。目前 TCP/NTCP 作为一种预测肿瘤放射生物学反应模型的临床数据还很少,只能作为计划评估中的一种有益参考,而不能完全依靠。因此,目前的放疗计划还是根据放射物理学目标实现的好坏进行评估。

(一) 等剂量曲线和等剂量曲面

基于 CT 影像的 3D 放疗计划最大的优点之一,就是能够将剂量显示附着于 CT 图像上,便于使用者观察任意器官或靶区的剂量。通过重建,剂量可以三维显示,方便观察在立体方向处方剂量包裹靶区体积的程度。等剂量曲线与等剂量曲面是计划评估的最直接有效的方式,相对于 DVH 显示,这种方式是真正的“所见即所得”。

CT 截面上,逐层评估靶区被处方剂量的包绕情况。剂量分布在 CT 层面上的显示有两种方式:①以靶区内的某一点(一般为等中心点)作为归一点,该点剂量为 100%,其他点剂量和它相比,将相同比值的点连线形成相对等剂量线。图 7-6 显示为绝对剂量等剂量线。

②靶区内的剂量冷点、热点,正常组织器官的受照射情况等非常重要,关于以上这些评价的标准在 ICRU50 报告中有明确规定。

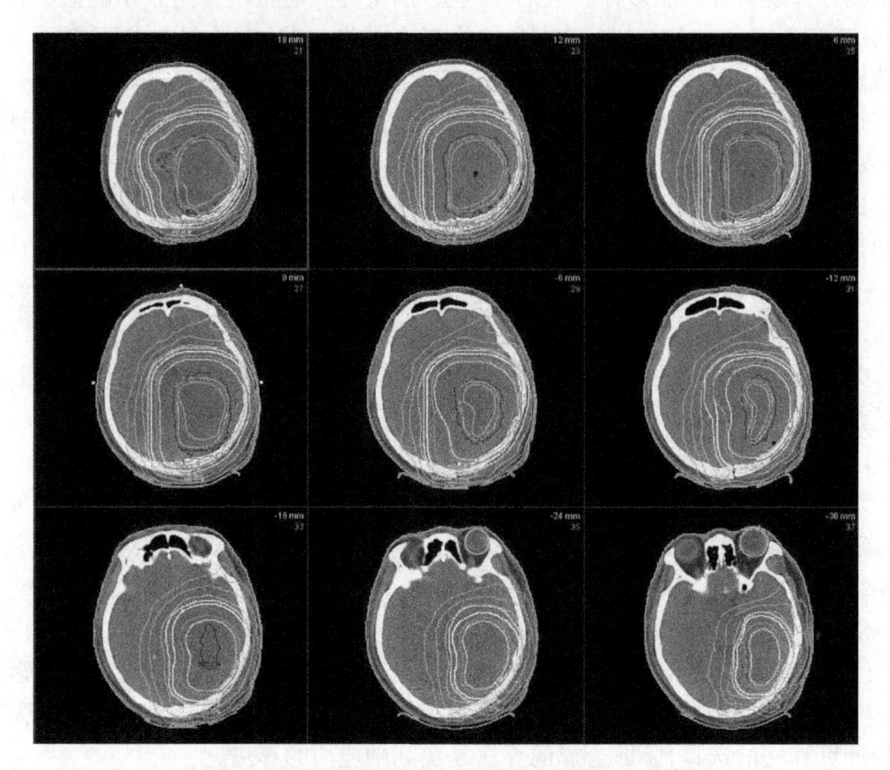

图 7-6　CT 层面逐层显示剂量分布,评估计划质量

(二) 剂量体积直方图(DVH)

以等剂量线或等剂量曲面显示剂量分布的形式比较直观,不仅可以显示等剂量区域、低剂量区域、高剂量区域,还可以同时显示任意剂量线覆盖靶区或某一组织器官的解剖位置及其范围。当然仅仅使用等剂量线或等剂量曲面来评价计划还不够完整,应该补充分割器官的剂量体积直方图(DVH),如靶区、危及器官等。通过 DVH 图可以很轻易地观察靶区或正常组织器官多少体积接收多少剂量照射的量化信息,同时 DVH 图还把每一个感兴趣的器官的整个剂量分布合并成一条曲线,方便医生评估。因此,DVH 图是评价治疗计划或者比较两个计划优劣的非常好的一个工具。

DVH 图的显示也有两种方式:积分 DVH 图和微分 DVH 图。积分 DVH 表示某一靶区或者器官获得一定剂量或者高于一定剂量的体积,即靶区或者器官体积-剂量的对应函数曲线,如图 7-7 所示。在积分 DVH 上选择某器官的 DVH 曲线,其任意一点表示该器官确定体积至少吸收的具体剂量。微分 DVH 则表示某一范围剂量照射的靶区或器官体积。在这两种显示方式中,积分 DVH 比微分 DVH 更直接体现剂量-体积的关系,使用更方便,也更广泛。

对靶区剂量及其分布、正常组织和重要器官及其限量,利用 2D 横切面、冠状面、矢状切面剂量分布图、3D 剂量分布、剂量体积直方图、剂量统计表等工具进行评价。评价内容包括靶区、正常组织和危及器官的最大剂量、最小剂量、平均剂量;对靶区内的剂量分布均匀性、适形度、靶区的处方剂量包绕和剂量冷点或热点的计划目标、正常组织和危及器官的剂量是否满

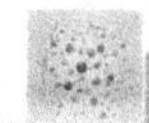

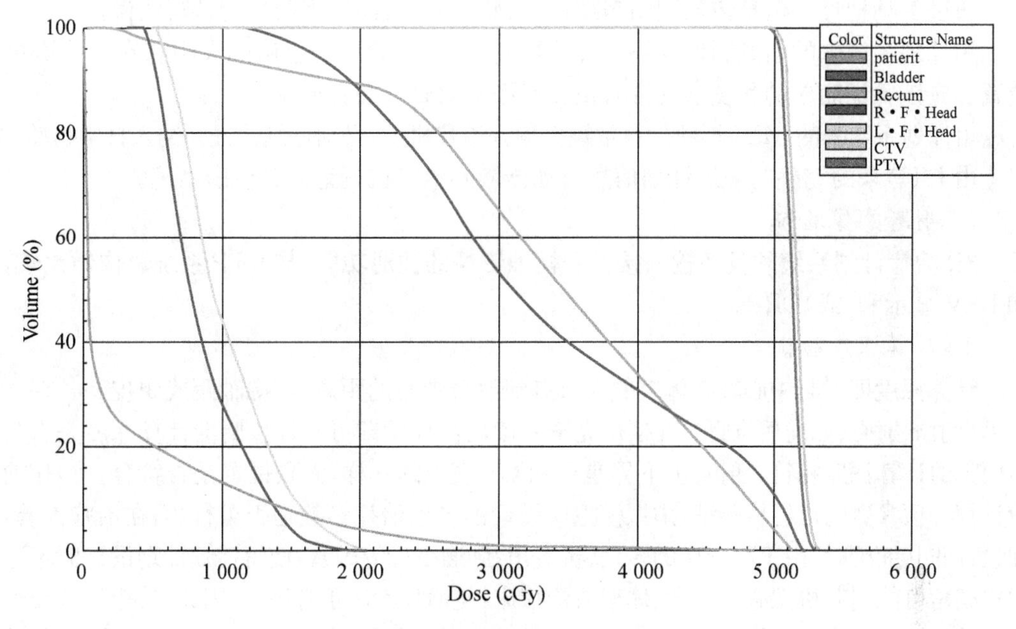

图 7-7　积分 DVH 图示例

意；器官勾画的是否完整、计划目标是否适合该勾画器官的分次；所给出的外放值和剂量梯度对于摆位的重复性，是否可以安全有效的执行；靶区在几何尺寸上的遗漏或器官的过量是否会发生；在治疗期间，病人或内部器官的运动是否会影响到治疗精度。不同的病种、不同的治疗史、患者不同的身体状况等，都会成为医生考虑是否接受该治疗计划的条件。

四、治疗计划验证

如果治疗计划被完成和采纳，则计划将要被执行。执行包括计划系统治疗参数传输到所用治疗机；用计划系统导出的信息制作挡块、补偿器和填充物等；正确地使用和操作射束修正装置；准确地摆位病人。完成治疗计划系统的硬拷贝验证之后要完成计划执行的检验。

1. 坐标系统

RTP 系统应用的专业术语与其他部门和（或）治疗机所用的并不完全相同，可能会出现一些潜在问题。必须检验和记录每一个参数在 RTP 系统中表示的方式（名称、单位、标度、分辨）和这些参数是如何传输到实际治疗机上。

2. 数据传输

由 RTP 系统来的治疗计划信息传输到图表工作站、治疗机、记录（验证）系统或任何地方时都可能产生一系列问题，这些问题必须作为计划过程 QA 的一部分。可应用一组检验计划，从简单（简单的轴向射野）到复杂（非共面和倾斜射野）验证参数的正确传输。这些计划应该包含计划系统所用的所有方法，指明治疗机信息、治疗野定义、正确体模（患者）信息、正确准直器、床和机架设置、扩展治疗距离技术、束流修正器的应用和取向。使用者应使用体模在治疗机上执行计划并应用视觉和射野影像（胶片）验证。

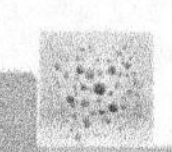

通过手动把计划信息传输到图表或记录(验证)系统易发生明显的抄写错误。

用计划系统来的信息制作挡块和补偿器,补偿器应验证是正确的大小和在治疗野中的位置。应该验证简单的和复杂的带有正交和倾斜射野的装置形状。

由计划系统来的 MLC 形状信息常被传输到治疗机上,必须仔细验证并纳入日常检验中。

由 RTP 来的完整的一组计划信息自动传输到治疗机或记录(验证)系统。

3. *射野影像验证*

3D 治疗计划系统须具备输入接口和模拟影像的注册功能,与 RTP 系统影像做比较,例如 BEV 显示和(或)DRR。

4. *计算深度验证*

计算深度即射野中心轴在体表的入射点到射野中心的距离,即源轴距或源皮距。在体表可见投射的射野(如前后位野),在摆位完毕后读出源皮距即可验证该野的计算深度是否与虚拟模拟的计算深度相符。射野上下界是否和 CT 模拟的一样,大致位置是否符合。治疗前治疗计划各项参数的可行性验证,虚拟模拟所设计的各项治疗参数是否可行,需在治疗前验证。在设计非共面野时,由于治疗床的转角、机头角、肿瘤坐标等因素,使得治疗计划设计时不适当的机架角可能引起机架碰到患者、体架或治疗床,使治疗无法正常进行,因此,治疗计划设计结果需要在正式治疗前做模拟摆位验证,优选治疗条件,对其实施的可行性进行评估,并与治疗验证片进行比较,将结果反馈给治疗计划系统,对治疗计划进行修正。综上所述,治疗前治疗计划可行性验证是必要的,验证模拟可在治疗机上进行,也可在传统模拟定位机进行,条件许可的情况下,最好在治疗机上进行,因为模拟定位机和治疗机之间存在机械误差,在治疗机上进行验证才是最终验证。由放疗物理主任核对治疗计划,副主任职称以上的医生同意后,交放射治疗小组讨论,在无异议的情况下,才可执行该放疗计划。

第四节 调强放疗计划治疗质量保证

一、调强放射治疗技术(IMRT)

调强放射治疗技术就是将加速器或钴-60 治疗机的平坦度、对称性都满足要求的剂量率均匀输出的射野,变成剂量率输出不均匀的射野的过程(如图 7-8)。实现这个调强过程的装置称为调强装置,传统的物理固定楔形板或一楔合成式楔形板,均可作为一维调强装置,通过它调强后,射野输出剂量率随楔形方向线性递增。当沿此方向,靶区表面距皮肤表面的有效深度不是线性递增(或递减)时,或将楔形板当作组织补偿器使用时,需要非线性递增或递减的楔形板。动态楔形板,就是这种一维非线性楔形调强器,是利用多叶准直器(MLC)进行二维调强的基础。

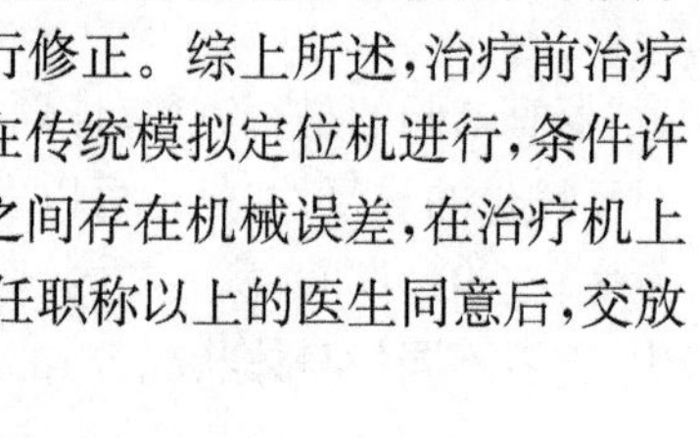

三维适形野内强度均匀

IMRT调强放疗野内强度不均匀

图 7-8 三维适形束和调强束的强度示意图

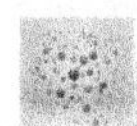

二、三维方向上剂量分布的控制

如图 7-9 所示，假设人体中靶区内任意一点 P 的剂量为 D_P，则 D_P 为 n 个照射野在该点的剂量率 D_{Pi} 和照射时间 Δt_i 的乘积之和，即：

$$D_P = \sum_{i=1}^{n} D_{Pi} \cdot \Delta t_i \tag{7-1}$$

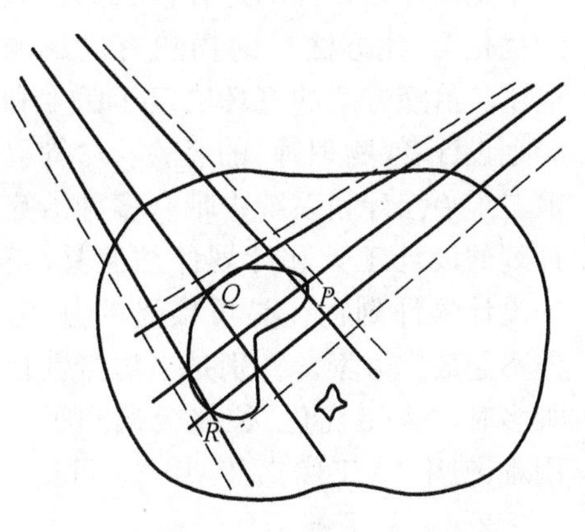

图 7-9 剂量分布的三维控制示意图

其中每个野在 P 点的剂量率 D_{Pi} 由射线能量、源皮距、射野大小、肿瘤深度、离轴距离和组织不均匀性等因素确定。由于这些因素的影响，使得 D_{Pi} 随位置的不同而变化。根据适形放疗的定义，靶区内及靶区表面各点的剂量应相等，即所有野到达 P 点的剂量率 D_{Pi} 和照射时间 Δt_i 的乘积之和应为常数 n，即：

$$\sum_{i=1}^{n} D_{Pi} \cdot \Delta t_i = \sum_{i=1}^{n} D_{Qi_i} \cdot \Delta t_i = n \tag{7-2}$$

显然，有两种控制方法，可以使 7-2 式保持为常量（此常量应等于靶剂量）：① 调节各射野到达 P 点的剂量率 D_{Pi} 的大小；② 调整各射野照射 P 点的时间 Δt_i。第一种控制方式主要有一维楔形板、组织补偿器、剂量补偿器等；属于第二种方式的主要有独立准直器动态扫描（动态楔形板）、多叶准直器动态扫描、多叶准直器静态调强、笔形束电磁扫描等。上述两种方式，最终改变了照射野内的 X 射线光子的能量注量率或电子、质子等的粒子注量率，即改变了射线的强度，故称调强。当用混合线束，例如，用 X 线加电子束混合照射，或用扫描束照射时，根据治疗的要求，照射中，射野的能量还可以改变，称为调能。7-2 式中每野在各点的剂量率 D_{Pi} 的高低或照射时间时间 Δt_i 的长短，由逆向优化算法计算得来。

三、调强放射治疗计划设计过程

为了实现靶区内任意一点的剂量相等，调强放射治疗计划的设计思路有正向和逆向两种，如图 7-10 所示。

1. 正向调强

正向调强的治疗计划设计过程为计划设计者按照治疗方案的要求根据经验选择射线种类、射线能量、射野方向、射野剂量权重、子野形状和剂量权重等，计算在体内的

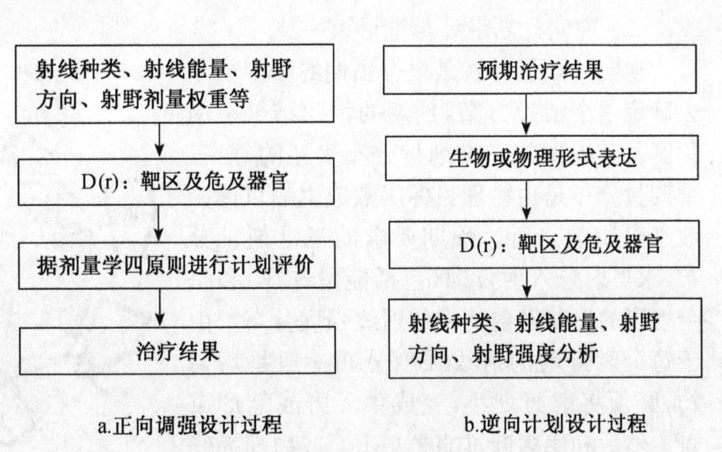

图 7-10 调强治疗计划优化的基本过程

剂量分布，利用剂量学四原则，对计划进行评估，最终确定治疗方案。这是一个正向计划设计的过程，由称为“人工优化”。此方法目前仍然有广泛的应用。治疗方案的好坏决定于医生和计划设计者（物理师）的经验。尽管目前三维治疗计划系统中带有多种治疗计划的设计工具和计划评估工具，正向设计的计划往往是可接受的方案，但不是最优方案。特别是当射野数目很多时，“人工优化”往往会遇到很多困难：使用“人工优化”作出一个可接受的计划时，也不能确定此计划是最好的（如图 7-11）。

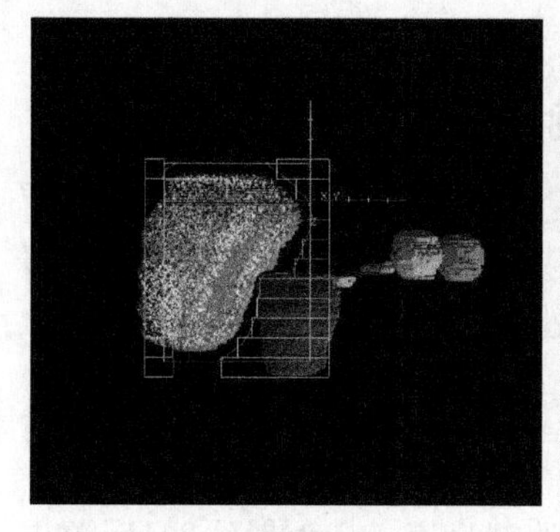

确定子野形状

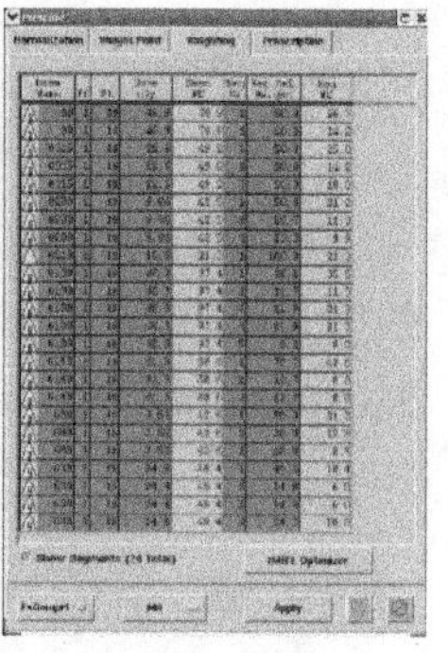

确定子野权重

图 7-11　正向治疗计划设计

2. 逆向调强

放射治疗计划的设计的过程其实是一个逆向的过程，它是由预期的治疗结果来决定应使用的治疗方案，而不是相反。因此计划设计过程，应该是不断在寻找最好的布野方式，包括射线方向、射线能量、射野形状、剂量权重以及每个射野的强度分布等，使肿瘤靶区得到最大可能的控制而使正常组织的放射损失最小。正向计划设计与逆向计划设计的基本区别在于，前者是设计一个治疗方案，然后评价剂量分布是否满足治疗的要求；逆向计划是根据治疗要求确定的剂量分布去设计治疗方案。显然，在整个计划设计过程中，正向计划设计不仅会遇到上述困难，而且完成一个比较好的治疗方案更多的靠设计者的经验。逆向计划设计不仅符合任何医疗实践，包括放射治疗实践的思维过程，而且能够放射治疗提供较为客观的优化的治疗方案。

由于影响治疗效果的因素太多，有些因素目前仍在探索之中，一个能被普遍接受的优化计划不可能得到。因此任何一个优化的治疗方案都是有条件的。更重要的是，优化方案必须要与治疗实施的可能性结合起来，不能脱离本单位的加速器及辅助设备能够提供的条件。根据患者的实际情况和能得到的治疗条件，完成一个相对完美的治疗计划才是治疗计划优化的真正含义。

（1）逆向计划设计与笔形束

逆向计划设计就是根据预期的治疗结果去确定一个治疗方案，预期的治疗结果是用靶区及其周围的三维剂量分布表述的，而三维剂量分布是由物理目标函数或生物目标函数来限制的。通过预期要求的三维剂量分布，求得射野入射方向（包括能量选择）和每个射野的形状及射野内的射线强度分布。由于每个射野内的射线强度分布一般是均匀的，必须将射野划小，变成单元野或笔形束野。然后利用多叶准直器（MLC）、物理补偿器或其他手段，对每个单元野或笔形束的强

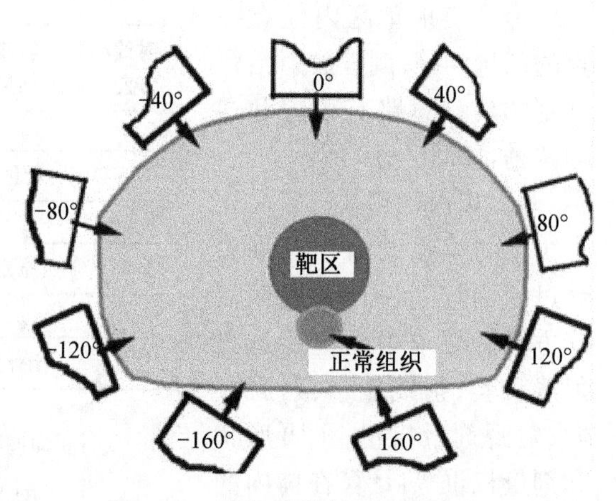

图 7-12　逆向优化射野强度分布

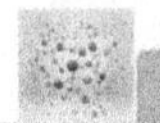

度进行调节，使计划得以实施（如图 7-12）。

从物理概念上理解，逆向计划设计类似于 CT 成像原理的逆过程。平行等强度的笔形束从不同方向射人患者体内，每个笔形束的射线强度经其途径上的组织衰减后到达探头，探头接收到的信号代表了笔形束经衰减后的强度，它的对数正比于其途径上的各组织的密度之和，探头阵列的信号集合形成了该组平行笔形束穿过患者后的强度分布。将探头接收到的信号，数学上反向投影回去，形成患者的解剖结构，经过数字过滤、去模糊处理后，得到接近患者真实的解剖图像。如果利用比例于信号分布的一组笔形束射线射人患者体内，就会形成解剖结构形状的剂量分布。逆向计划设计的任务就是按要求得到类似于解剖结构的剂量分布，利用数学的方法求解得到类似 CT 探头接收到的结果，即笔形束的强度分布（如图 7-13）。

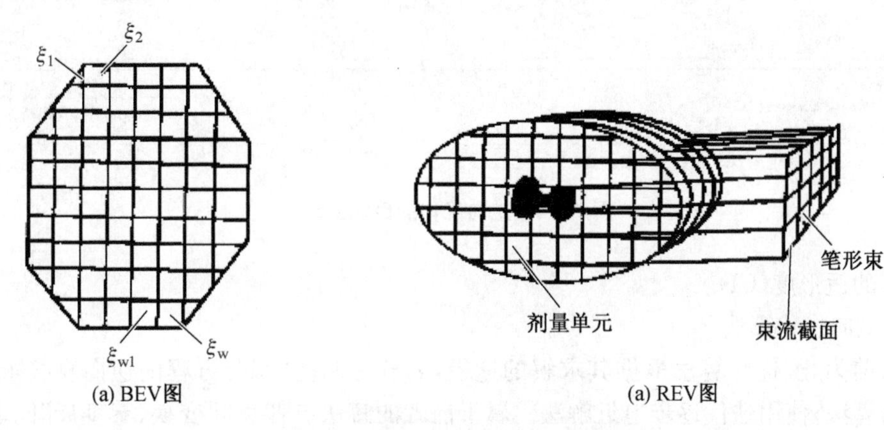

图 7-13　笔形(单元)束构成的射野

（2）笔形束剂量计算的基本公式

介质中任意一点 r 处的剂量 $D(r)$ 应为能量为 E、入射角为 Ω 的单元束或笔形束在作用点 r′处的能量沉积核 $h(E, \Omega, r, r')$ 与核密度或照射密度 $f_{E,\Omega}(r')$ 的乘积对能量、入射角的空间积分：

$$D(r) = \oiint \iiint h(E, \Omega, r, r') f_{E,\Omega}(r') \mathrm{d}E \mathrm{d}\Omega \mathrm{d}^3 r' \tag{7-3}$$

积分范围应包括核密度或照射密度大于零的整个照射范围。能量沉积核为单位辐射能量（单位：J）的平均比能量（单位：$\mathrm{J \cdot kg^{-1}}$），即能量沉积核单位为 $\mathrm{kg^{-1}}$；核密度或照射密度 $f_{E,\Omega}$ 为单位体积的辐射能量（$R/\Delta V$），单位：$\mathrm{J \cdot cm^{-3}}$。

（3）目标函数的表达

放疗实践中，使用物理和生物两种目标函数。物理目标函数是通过限定或规定靶区和危及器官中应达到的物理剂量分布，实施准确的优化的治疗。生物目标函数是通过限定应达到要求的治疗结果（如：无并发症的肿瘤控制概率等），实施最佳的治疗。物理目标函数目前最为常用；生物目标函数是描述放疗后患者生存质量的量化指标，是治疗的最高原则，如图 7-14。

物理目标函数量化后应具体包括以下内容：①靶区及重要器官内的平均剂量；②靶区内剂量均匀性（ΔD）；③靶区内的最低剂量（$D_{\min}$）；④危及器官内的最高剂量（$D_{\max}$）；⑤治疗

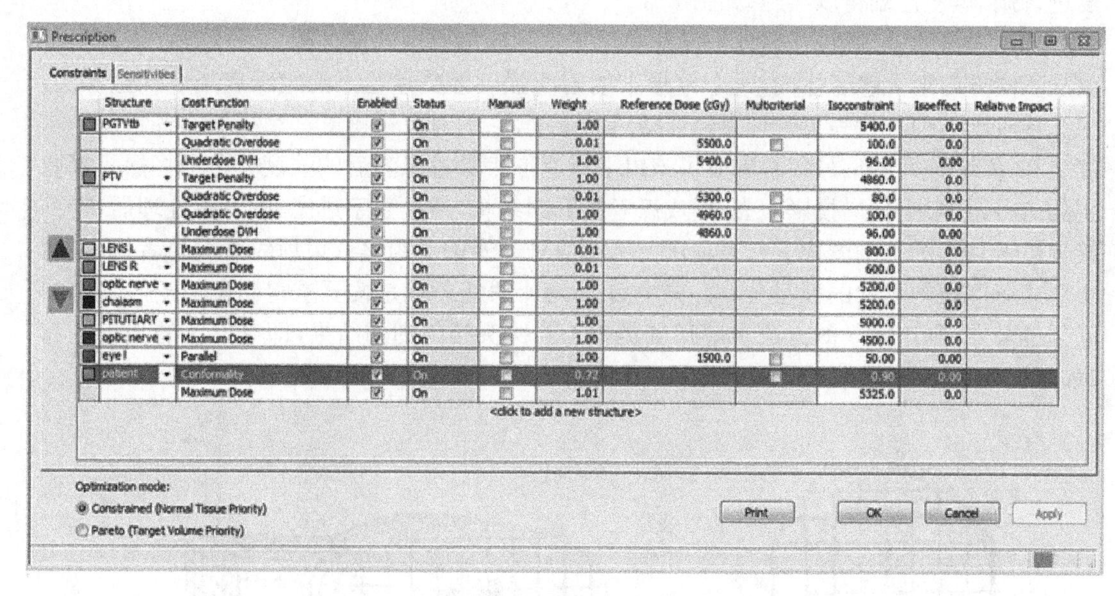

图 7-14　逆向优化的目标函数

区与靶区的适形度(CI)。

(4) 逆向优化算法

到目前为止,优化算法根据其求解的途径,划分为两类:积分方程的逆向直接求解,又称为解析算法;使用迭代逐步迫近解法。属于前者的解法有傅里叶变换、泰勒展开、非线性楔形技术等。它们只有在经过简化的条件下才有可能得到有限度解,且可能有负值解的出现,而负值解对放射治疗无意义。迭代逐步迫近解法又分为两大类:随机搜寻和系统搜寻。逆向蒙特卡罗模拟(inverse Monte Carlo approach)和模拟退火(simulated annealing)技术,属于随机搜寻;线性、二次规划(linear & quadratic porgramming)、最小二乘法(least-square)、穷尽搜寻(exhaustive search)、可行搜寻(feasibility search)、梯度(gradient)技术、迭代重建(iterative reconstruction)技术和广义笔形束(generalized pencil beam)算法等,均属于系统搜寻。

如前述,治疗方案的优化,就是治疗方案的个体化。对体外照射,就是如何根据靶区和与周围器官及组织间关系,规划出应使用的射野的能量、射野方向以及组成每个射野的射野单元或笔形束的注量或能量注量分布。上述的算法中,大部分算法目前仍集中在笔形束的注量或能量注量分布,即射野剂量权重的计算,射线的能量(包括射线种类)和射野入射方向仍靠人工的经验。

四、调强计划的评价

1. 剂量分布

剂量分布的详细分析是医生和计划制定者决定该计划是否最优化的主要方式。检验的目的是要知道显示的剂量是否与计算的剂量一致(表 7-26)。

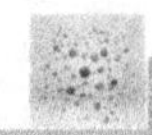

表 7-26　剂量分布评价项目

主　题	测　试	原　因
点剂量	• 点定义在所希望的 3D 坐标系中 • 点被显示在正确的 3D 位置 • 在点上显示的剂量是正确的	点剂量用于显示器官剂量和用于调查剂量分布
剂量显示的一致性	• 在交叉平面内剂量是一致的 • 用不同的显示技术所显示的剂量是相同的	不一致性说明算法的限制和问题，使得评估不可能
剂量栅格	对小的和大的栅格间距，栅格点之间的剂量是正确的	不正确的内插剂量给出错误的剂量结果，特别是在半影区域
2D 剂量显示	• 正确定义了等剂量线； • 涂色显示线与等剂量线正确对应且与点剂量显示是一致的	主要的一种显示方式，用于确定 PTV 是否被包围
等剂量面	• 正确显示剂量表面，特别要核对高剂量面，这些剂量表面可能分成众多的彼此不接触的小体积 • 剂量表面与平面上的等剂量线是一致的	可能导致覆盖靶区太大或太小，或相对于解剖结构剂量分布的错误表示
束流显示	• 位置和射野大小是正确的 • 说明楔形板且取向是正确的 • 说明的束流能量和射野形状是正确的	与剂量分布必须正确地配准，否则整个计划值得怀疑

2. 剂量体积直方图

剂量体积直方图(DVH)的应用是现代治疗计划系统重要的组成部分。必须仔细设计这种功能的检验，这是由于简单的剂量学和解剖结构模型易于出现各种网格配准型错误(表 7-27)。

表 7-27　剂量体积直方图评价项目

主　题	测　试	原　因
感兴趣区甄别	体素感兴趣区描述的产生，它用来产生 DVH 和组织结构描述之间的对应关系	错误的甄别感兴趣区导致不正确的 DVH
体素剂量内插	对每一体素剂量内插的精度	从一个三维网栅到另外一个的内插可能导致基于栅格的赝像或不精确
结构体积	用非规则成型的物体检验体积确定的精度，而规则形状的物体(特别是长方形物体)可能会遭受基于栅格的赝像	结构体积是 NTCP 模型的基础，在医生计划评估中直接应用体积
DVH 计算	用已知的剂量分布检验 DVH 计算算法	基础计算必须是可靠的，否则计划评估可能产生错误的决定
DVH 类型	正确计算和显示标准、微分和积分 DVH	在特定情况下，显示每一种 DVH 类型
DVH 画图和输出	用已知的剂量分布检验 DVH 的输出	硬拷贝输出必须是正确的
计划和 DVH 归一化	计划归一化值(剂量)与 DVH 结果的关系	计划归一化对 DVH 剂量轴是至关重要的
不同情况的 DVH 应用	不同剂量网栅的 DVH 进行比较	由不同计划的 DVH 比较

3. NTCP/TCP 和其他工具的应用

现代治疗计划系统有些包含 NTCP/TCP 计算用来评估已完成的治疗计划，如果用于临床则应有 QA 程序，但要注意到，模型中许多参数不是很清楚，应对 NTCP/TCP 计算功能进行验证。应验证内容：①验证模型的正确性；②验证医生、物理师期望用的参数值；

③验证模型的预言值是否与临床一致。

4. 组合计划

在某些计划系统中，可以叠加由不同的治疗计划获得的剂量分布，以便给出对病人完整的治疗过程的剂量分布，这个计划通常用来评估剂量、并发症概率等。对叠加计划的所有输入数据都要检验。应验证：①对每个分计划，检验剂量描述输入；②功能修正（生物效用）的可利用性；③单独计划剂量分布内插到一个共同的网格；④带有不同剂量单位计划的处理（例如，百分剂量、日剂量、总剂量、剂量率等）。

五、调强治疗计划的验证

（一）位置验证

IMRT 治疗可以降低正常组织并发症的同时提高患者的局控率，为了实现这个目的，靶区位置的验证至关重要，各个治疗部门所采用的验证方法也可能不同。如同常规适形放疗一样，IMRT 的患者模型是基于影像数据的，例如 CT 影像、其他诊断影像、患者摆位和器官运动信息等。在获取治疗计划 CT 影像之前，必须对患者采用良好的体位固定技术，对每个治疗部位，在 CT 扫描之前最好列一个明细清单，例如扫描层厚、感兴趣区域和固定方法等。

在加速器上采用胶片或 EPID 拍摄正交影像的方法可以对患者的解剖位置进行验证。对于头颈部肿瘤患者，完全可以采用骨性标志作为参考点，以确定肿瘤位置。对于前列腺癌患者，由于器官运动问题，肿瘤相对于盆腔骨性结构的位移具有较大的变化，所以需要采用其他方法来精确定位靶区。有些治疗部门采用内植金标记点，或采用超声成像的方法进行每日位置验证，能够保证在治疗前列腺靶区的同时降低膀胱和直肠的受照量。对于其他随呼吸运动具有较大位移的器官（肺、乳腺、肝脏），采用门控技术和主动呼吸控制的方法，可以在加速器出束时，通过限制患者的呼吸运动状态，提高靶区定位精度。

提高患者位置精度的其他措施涉及加速器的治疗床，可将患者的体位固定装置直接固定在治疗床上，从而有助于提高患者摆位过程的效率和精度。在开展 IMRT 技术之前，如果定位精度不能满足治疗目标的需要，必须对治疗过程加以改进。在这种情况下，可以根据治疗计划系统中靶区和器官之间的位置关系及运动情况，适当扩大靶区和危及器官的体积。这类定位精度的信息决定了 IMRT 治疗中正常组织可以得到多大程度的保护。位置验证的质量保证程序中还可以包括其他一些检验项目，如患者在治疗时的源皮距测量值和计划时源皮距计算值之间的比较等。

（二）剂量验证方法

调强技术实现方式较为复杂，治疗计划在进行实际照射前必须进行剂量验证，以确保加速器的实际输出结果与计划系统计算的强度分布在允许的精度范围内。针对患者的剂量学验证，通用的方法是采用点面结合的方法。该方法是用电离室测量一个或数个剂量参考点的绝对剂量和用胶片测量一个或数个平面的剂量，与计划系统计算的该点和该点的评价剂量进行比较，结果误差在要求的范围以内就认为该计划是符合临床治疗要求的。调强计划剂量验证步骤为：通过 CT 模拟获得影像学资料；将做好的治疗计划导入模体中；找到

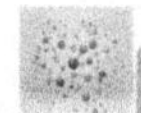

计划系统中该计划所需的点剂量值和 2D 剂量分布，用模体实际测量点剂量值和 2D 剂量分布，与相应的计划系统得到的数值进行对比。

1. 点剂量验证

点剂量验证需要电离室和模体。点剂量验证需要注意的是模体在 CT 模拟扫描时应将电离室放在模体中一起扫描，以真实的模拟测量的实际情况，从而减少不必要的测量误差。

目前比较普遍的电离室有 0.6、0.125 和 0.015 cm^3 3 种，对于调强剂量验证，较大的电离室如 0.6 cm^3 有一定的容积效应，对较小的子野会产生较大的测量误差，而 0.015 cm^3 这种小的电离室虽然克服了容积效应，但是由于制作工艺的问题，有较大的电荷漏电现象，每次测量之前必须进行校正，测量也不准确。0.125 cm^3 的电离室有较小的容积效应，电荷漏电也在可以接收的范围内，比较适合用于调强的剂量学验证。

点剂量验证的一个要点是剂量归一点选择，一般情况选择靶区中心点。该点的选择原则是让电离室处在剂量均匀处，以减少电离室因素带来的测量误差。

2. 平面剂量验证

平面剂量验证设备有胶片剂量仪、半导体平面剂量仪和电离室剂量仪。以胶片剂量仪为例，治疗计划系统生成的单个调强野可以被一个合适深度的立方体模内的胶片剂量来验证。曝光的胶片被扫描数字化后进入电脑，使用预知的感光曲线利用专业软件可以把光密度分布转换成剂量分布，通过比较计算和测量的剂量分布，可以查看两者之间的差异。

3. 三维剂量验证

近年来随着容积旋转调强放疗(volume-modulated arc therapy，VMAT)的临床应用，该技术作为调强放射治疗在技术实现上的一种延伸，改进了加速器的控制系统，以动态旋转的形式，同步连续的调节各种参数，以更多的自由度高效地实现了靶区的适形度，保证周边正常组织受照剂量处于安全范围。显然 VMAT 技术的出现对放疗过程中的质量保证(quality assurance，QA)工作也相应地提出了更高的要求，必须进行严格的剂量学验证。

(三) 调强治疗过程的质量保证

与三维适形放疗相比，IMRT 治疗由于采用了新的计划设计方法和照射方法，因此需要执行更加严格的测试频率和测试精度。IMRT 系统各个独立部分的质量得到完全确认后，还必须对 IMRT 治疗的整个流程链加以检验。IMRT 流程包括 CT 扫描、患者建模(包括摆位误差和器官运动误差)、计划设计、照射实施等环节。

在 IMRT 流程链中，质量保证的第一部分内容就是对来自 CT 模拟(CT-Sim)的信息进行验证。因为射野入射方向和陡峭的剂量梯度都需要依赖于精确的患者模型。当照射野的适形度增加时，器官运动可以导致剂量分布变得模糊，从而影响剂量分布的精度，因此，对于计划过程中创建的患者模型来说，必须对摆位不确定度和器官运动误差加以考虑。所以，如前所述，CT 扫描需要采用更加严格的体位固定方法。IMRT 治疗和三维适形放疗一样，要求 CT 影像和其他影像数据必须准确无误的传输到治疗计划系统，而且对影像数据的空间坐标和密度信息进行验证，计划设计中所勾画的器官轮廓可以通过模体进行验证。

在 IMRT 流程链中，质量保证的第二部分内容就是对治疗计划系统的检验，计划系统中的工具(剂量体积直方图、照射野设置、剂量计算、数字重建影像等)都应当遵循一定的标准,并加以验证。用户应当评估照射剂量随照射野强度的增加是如何变化的。除了标准的检验项目之外,用户还必须对逆向计划系统生成MLC叶片序列进行检验。某些IMRT系统提供了利用MLC叶片序列文件进行剂量重算的功能。此外IMRT系统还应当提供以下工具:将患者的计划移植到几何模体上;模体内剂量的重新计算;2D剂量测量值、计算值的导入、导出等。

IMRT流程链的质量保证的最后一步就是患者的治疗实施。这一步取决于患者的治疗数据传输的是否正确。患者的计划数据应当通过数字化的形式从"治疗计划系统"传输到"记录 & 验证系统"。在正式开展IMRT治疗之前的试运行阶段,IMRT射野的照射精度应当达到可接受并且可实现的水平。当照射野的入射路径穿过床面时候,还需要对此加以评估,以确定计划系统设计过程是否准确地模拟了床板的衰减情况。开始治疗的前几天,还应当使用EPID或胶片对患者的解剖位置进行评估。

第五节 旋转容积调强放疗计划质量保证

一、旋转容积调强技术的发展历史

1965年,Takahashi等研究描述了一种旋转治疗方法,即适形拉弧技术,学术名称为适形旋转调强(intensity modulated arc therapy, IMAT)。1982年Brahme等证明了为实现在靶区内均匀剂量分布同时避开正常组织,需对射野强度进行调制。随后Chin等提出通过计算机对机架旋转、机头旋转及剂量率进行优化控制,可实现高度适形的放疗计划。1988年,Brahme等研究显示,如果能够对射野内的通量强度加以调制,增加的自由度可以提供比3D CRT更好的靶区适形度。1995年Cedric Yu等提出使用形状变化的锥形束和变化的剂量权重以拉弧形式进行光子射线投照的容积调强概念,此为现在应用的容积旋转调强技术的原型。2007年前后,医科达、瓦里安先后应用容积旋转调强算法,并将其市场产品分别命名为VMAT(volume modulated arc therapy)和Rapidarc,在临床开始大规模投入使用。

二、容积旋转调强技术的特点及优势

VMAT作为目前国际最先进的放射治疗技术,以其"快、准、优"的特点为肿瘤放射治疗病人提供更全面、科学、精准的技术解决方案,应用于各种肿瘤的精确治疗。该技术可在360°单弧或多弧设定的任何角度范围内对肿瘤进行旋转照射,比传统治疗方式照射范围更大,更灵活,更精准,此外,VMAT治疗技术不仅让放射线随着肿瘤厚度调弱、增强,还能考虑肿瘤体积各部位的厚薄不同,给予最适合的放射线强度,同时闪开躲藏在肿瘤中间或凹陷处的重要器官如眼球、脊髓、小肠等,增加肿瘤控制率,降低正常组织并发症的几率,减少

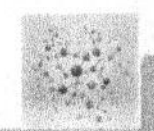

治疗后的副作用。接受该设备治疗的病人不用麻醉，治疗更加舒适，真正体现了“以人为本”的理念。

VMAT 主要技术特点包括：①在弧形治疗过程中，机架旋转的几乎每一度角度将充分利用以确保接收放疗的病人获得最为优化的剂量分布；②同时调整多叶光栅 MLC 的形状以及输出剂量率，如有必要也可调整机架的旋转角度；③在确保达到优化剂量分布的前提下，使得机器 MU 达到最小，整个治疗时间达到最短；④根据临床治疗的具体情况，可灵活进行多弧旋转调强的优化与治疗；⑤相对于 MLC 静态、动态调强，MLC 动态扫描和旋转调强，VMAT 强度调节变量最多，更容易获得满意的剂量分布，但临床使用时亦应注意其变量多所带来的更多的不确定性，严格执行相关的质量保证控制程序。

VMAT 为一种容积调制弧形放疗技术，通过加速器机架旋转时调制输出束流，以获得精确的三维雕刻般效果的剂量分布。它利用专业的治疗计划逆向算法使得在治疗过程中可同时改变 3 个变量，分别为直线加速器机架的旋转速度、MLC 的位置和剂量率，以确保得到最优的治疗方案。VMAT 治疗技术从 IMRT 调强治疗的 15～30 min，大幅缩减到2～6 min，治疗速度快，让受照肿瘤没有喘息的机会，有效提高了肿瘤控制率。

三、旋转容积调强技术的质量保证

1. 实施中面临的问题

容积旋转调强技术本质上是一种容积旋转 IMRT 照射技术。它通过机架围绕患者旋转实现束流照射，通过每角度剂量变化及动态 MLC 实现对剂量的调制，通过改变剂量率和机架速度获得可变的每一角度剂量分布，三者综合，进而可获得最短的治疗时间。但治疗效率的提升也带来了新的问题，如动态 MLC、剂量率和机架速度的同步性，机架速度与 MLC 到达准确位置的匹配，通过机架慢速旋转或增加剂量率以确保足量的照射剂量，治疗时间取决于照射过程中物理限制及治疗计划复杂性等。因此，建立更为严格的加速器质量保证与质量控制体系尤为重要。

2. 容积旋转调强加速器的质量保证体系

直线加速器质量保证体系的建立主要从以下两个方面。

通过验收测试后，建立容积旋转调强加速器及测量设备的基准状态(baseline)，基准状态即设备验收、调试后开始临床应用的最佳状态；以基准状态为金标准，用作日常质量保证的基准；日常质量保证需确认设备机械功能、射束剂量学特性等在规定的范围内，最大程度维持系统性能的稳定性。

基准状态也用于 TPS 加速器模型的建立及患者剂量计算，相对于基准状态偏离会在所有患者的剂量计算中引入系统误差，因此务必确保加速器性能不显著偏离验收调试后的基准状态，或至少在允许的误差范围以内。

3. 加速器的基本质量控制

根据国家加速器安全管理标准及国际惯例，日检主要有光矩尺、激光灯等，还需确认水冷机工作正常，外循环水水位正常；确认内循环水水位、水温、水压正常；确认空气压缩机工作正常，SF_6 气压正常；确认门连锁、手控盒连锁、控制台钥匙连锁、出束指示灯、监视系统等正常。剂量学方面日检以 Quickcheck 检测法为例，检测项目有中心轴剂量、平坦度、对称性

(G/T 方向和 L/R 方向)、射线质及剂量率等。推荐测量条件为源皮距(SSD)=100 cm,机架角度为 0°,开野 20 cm×20 cm 大小,出束 100 MU。

周检或月检因内容较多,在此不再赘述,详见第三章。

为保证动态滑窗调强计划的精确实施,需保证 MLC 运动速度、加速能力和叶片位置等精准的按照治疗计划系统(TPS)的具体方案实施。测试内容主要有:叶片稳定性测试;垂直叶片运动方向上的剂量特征曲线;叶片的加速和减速性能;叶片的位置精度测试;叶片日常的机械学检测。鉴于容积旋转调强 MLC 的质量保证内容较多,下面将单独对此展开论述。

容积旋转调强加速器的质量保证还需要特别关注:加速器束流中心的一致性检测,如图 7-15 所示;机架旋转过程中动态 MLC 位置的精确性,如图 7-16 所示;评价机架旋转速度与剂量率变化的能力,如图 7-17 所示;检测动态 MLC 速度和剂量率与机架角变化的控制能力,如图 7-18 所示。

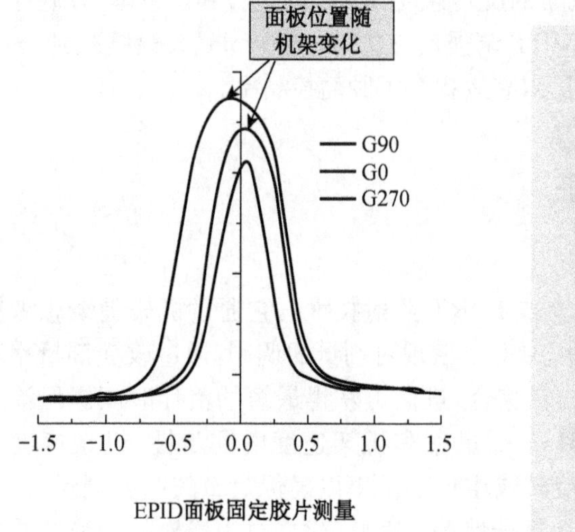

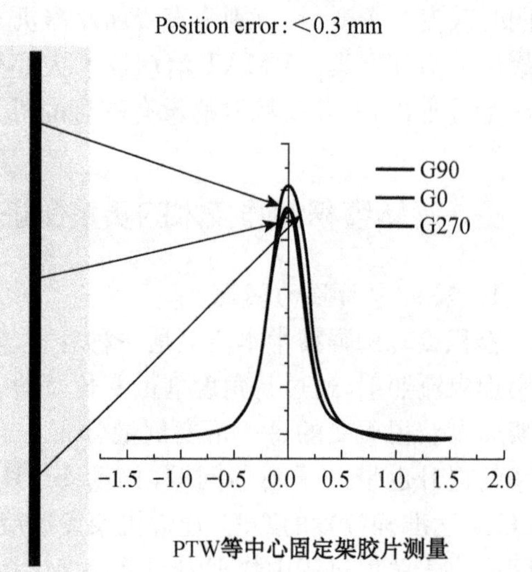

图 7-15 加速器束流中心的一致性检测

容积旋转调强治疗模式下,设置 7 个治疗区域,每区域设定不同机架旋转速度和剂量率实现相同剂量照射,并分别应用 EDR2 胶片和 EPID 测量分析照射区域内剂量的一致性情况,获取照射野开野强度分布以修正离轴束流强度平坦度的影响。

设定四个区域 MLC 速度分别为 0.46、0.92、1.84 和 2.76 cm/s,通过设定不同剂量率、机架旋转速度以及机架旋转角度范围实现区域内照射剂量相同,获取照射野开野强度分布以修正离轴束流强度平坦度的影响。

4. MLC 在容积旋转调强技术中的质量保证

以 Varian 公司 Trilogy 加速器的 RapidArc 多叶准直器为例,MLC 在容积旋转调强技术中质量保证的具体项目有:MLC 狭缝检测、栅栏插值检测和图案检测、检测 MLC 叶片运动到位精度等。具体方法详述如下。

检测 MLC 旋转过程中运动位置精确性,分别设计在静止机架 0、90、180、270°,MLC 动态模式和 RapidArc 弧形旋转模式下的计划,均设计 10 条栅栏野,分别对 MLC 进行栅栏测试,缝隙为 1 mm。其中 RapidArc 弧的角度为 352°,准直器分别设置为 0、45°。射野

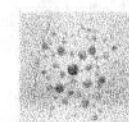

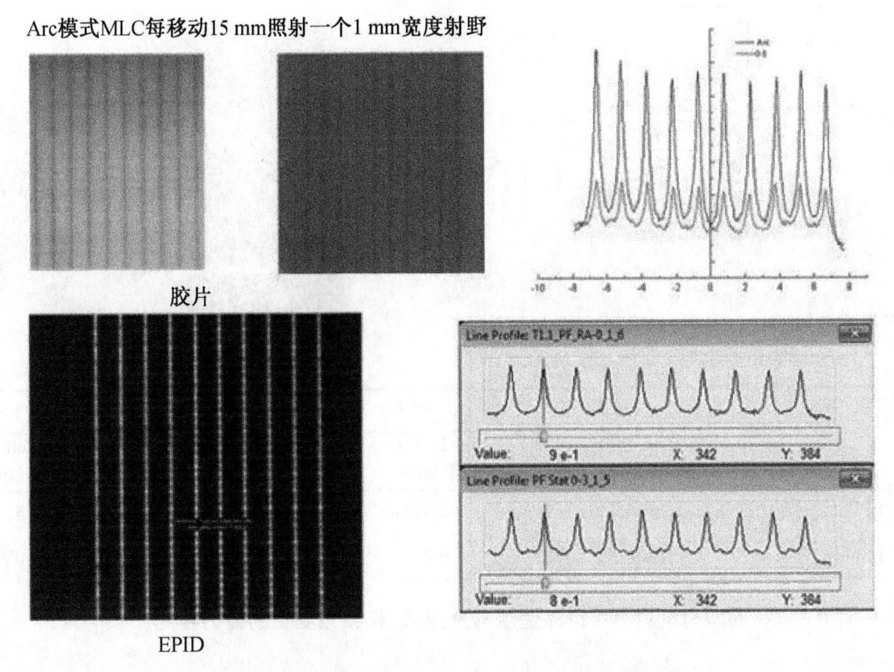

图 7-16　机架旋转过程中 MLC 到位精度测试

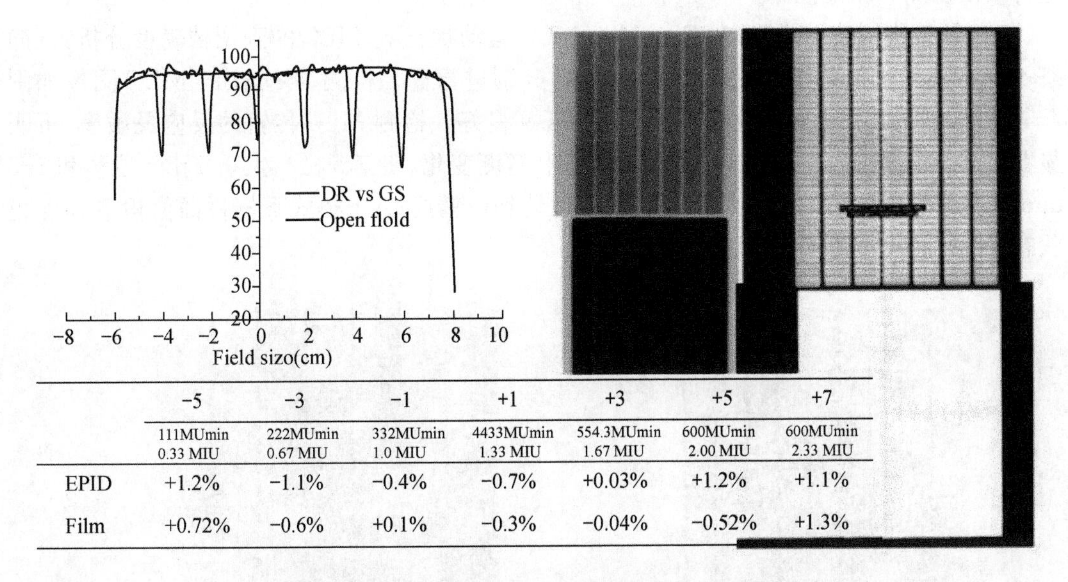

	−5	−3	−1	+1	+3	+5	+7
	111MUmin 0.33 MIU	222MUmin 0.67 MIU	332MUmin 1.0 MIU	4433MUmin 1.33 MIU	554.3MUmin 1.67 MIU	600MUmin 2.00 MIU	600MUmin 2.33 MIU
EPID	+1.2%	−1.1%	−0.4%	−0.7%	+0.03%	+1.2%	+1.1%
Film	+0.72%	−0.6%	+0.1%	−0.3%	−0.04%	−0.52%	+1.3%

图 7-17　机架旋转过程中剂量率改变的能力检测

x×y 开至 20 cm×39.8 cm，测试时将胶片放置在托架位置，源托距 65.4 cm，按计划文件进行照射、采集。在动态 MLC 模式下照射，静态 4 个机架角，准直器 y 方向开至 12 cm 照射，在胶片上采集数据。

检测 MLC 传输的反应灵敏度：按照上述测量方法，改变测量文件中部分对的 MLC 位置和宽度变化，使其栅栏中的 MLC 产生 0.5 mm 位移和使其缝隙增加宽度至 1.5 mm，同

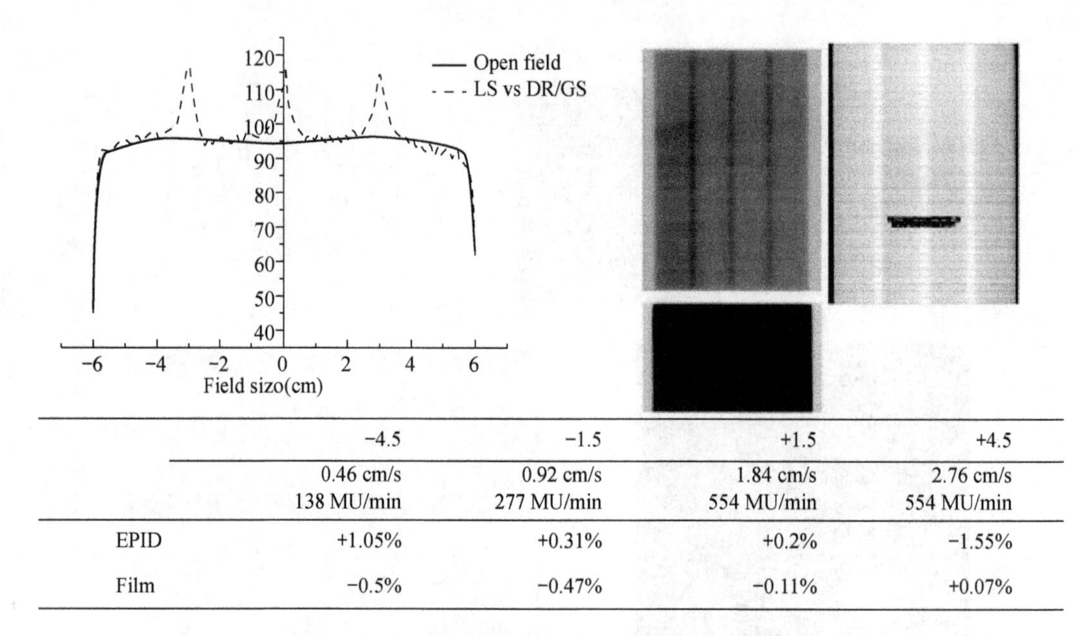

	−4.5	−1.5	+1.5	+4.5
	0.46 cm/s 138 MU/min	0.92 cm/s 277 MU/min	1.84 cm/s 554 MU/min	2.76 cm/s 554 MU/min
EPID	+1.05%	+0.31%	+0.2%	−1.55%
Film	−0.5%	−0.47%	−0.11%	+0.07%

图 7-18　MLC 运动速度与剂量率、机架角变化的能力检测

样执行 RapidArc 计划弧的角度范围，在准直器托架上放置测量胶片，获取图像数据。同时进行网格检测和图案检测。

对 MLC 进行狭缝检测，在 RapidArc MLC 运动状态下，MLC 的到位精确度分析：在静态 4 个不同的机架角度与 RapidArc 计划下分别进行栅栏检测，各分次的 MLC 图像如图 7-19 所示。将两张图像重叠起来发现两者匹配良好。检测 MLC 传输的反应灵敏度，可明显看出改变测量文件中部分对的 MLC 位置和宽度变化，使其栅栏产生 0.5 mm 位移和 1.5 mm 宽度偏差(图 7-20)。检测 MLC 叶片运动到位精度，Arc 模式下栅栏插值检测和静止状态下图案检测，如图 7-21、7-22 所示。

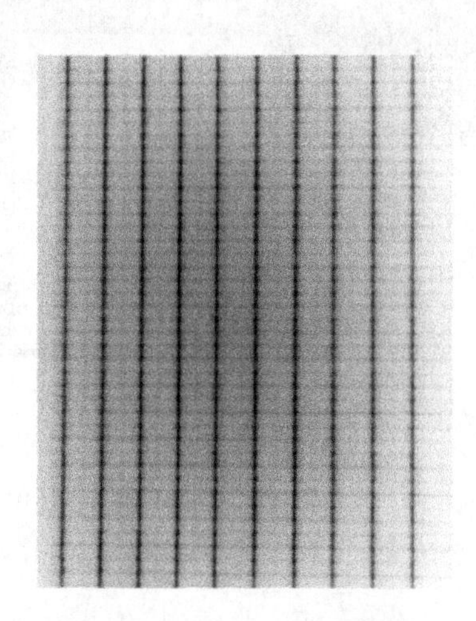

图 7-19　arc 模式下 MLC 的测试图

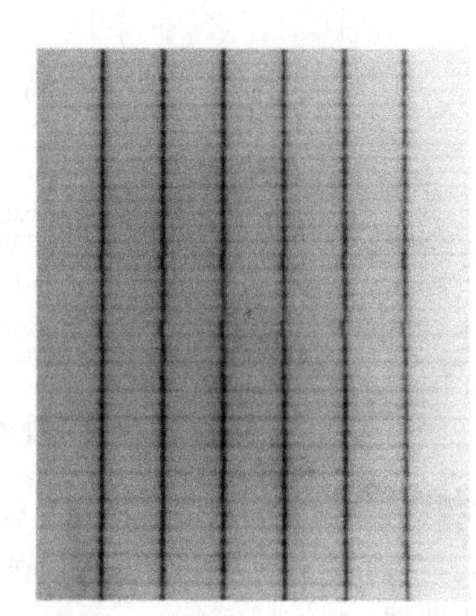

图 7-20　Arc 模式下改变 0.5 mm 位置与 1.5 mm 宽度后的 MLC 图

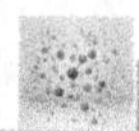

图 7-21　Arc 模式下 MLC 插值图

图 7-22　静止模式下机架角 0°形成的菱形图

四、容积旋转调强 TPS 的剂量学验收测试

以 Monaco 治疗计划系统(Version 5.0)为例，剂量算法为 Montecarlo 算法。验收测试方法选取国际原子能机构(Internal Atomic Energy Agency，IAEA)430 号报告及北美医学物理师协会(America Association of Physicist in Medicine，AAPM)的 TG-53 号报告为参考。

测试例的设计要充分体现出临床中遇到的各种情况，医科达最新的测试包有 Express QAPlan/FullPackage，Express QAPlan 测试包含有 8 个测试例，基本上考虑到了临床中的所有情况。所有测试例的摆位条件均为 SAD= 100 cm，d=5 crn，输出剂量均为 100 MU。

表 7-28　Express QAPlan 测试野清单

Description	Beam Configuration	Comments
3ABUT	Three 6×24 cm abutted segments	To check MLC major offset.
20×20	MLC+Jaw 20 * 20 cm field	To check field flatness，symmetry，QA device detectors response.
10×10	MLC+Jaw 10 * 10 cm field	To check absolute dose calibration.
DMLC1	Jaw 20 * 20，MLC 2 * 20，−10>+10	To check MLC leaves major and minor offset.

续表

Description	Beam Configuration	Comments
HIMRT	A 33 segments HN IMRT beam	To check IMRT performance.
HDMLC	A 33 segments HN DMLC beam	To check DMLC performance.
7SegA	7 segments 2 * 24 cm beam	A typical picket fence beam.
FOURL	4"L"MLC Segments, Jaw 20 * 20	To check MLC offset, leaf groove, MLC transmission.

具体测试例如下：

1. 调试 MLC offset

(1) 3ABUT，如图 7-23，由 3 个 6 cm×24 cm 的衔接野构成，用于验证 TPS 模拟 MLC "Major Offset""Minor Offset"的准确性。

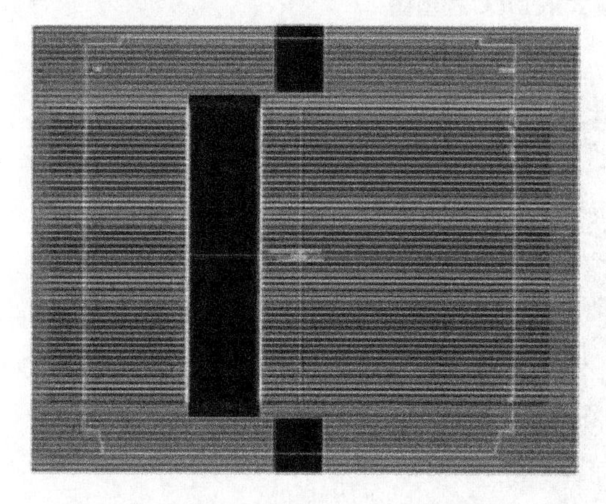

图 7-23　3ABUT 测试例示意图

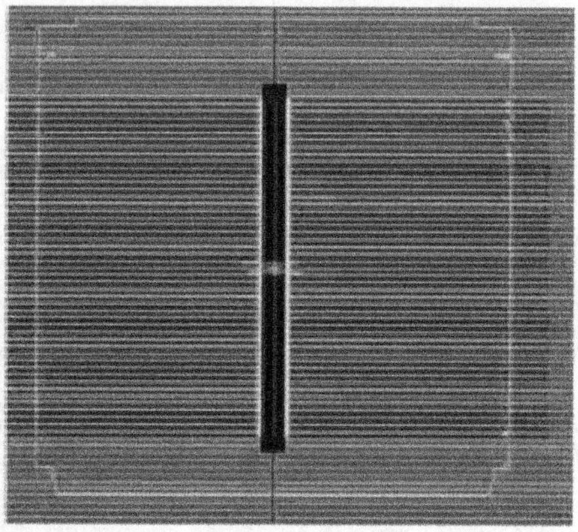

图 7-24　3ABUT 测试例示意图

(2) DMLC1，如图 7-24，铅门开至 20 cm×20 cm，MLC 构成 2 cm×20 cm 的射野，加速器出束时，MLC 所形成的射野由−10 cm 处均匀滑行至 10 cm 处。用于验证 Monaco 对 MLC"Minor Offset"值模拟的准确性。

2. 检查射束的剂量学特性

(1) 20 cm×20 cm，如图 7-25，用来验证射野的平坦度和对称性及探头的反应。

(2) 10 cm×10 cm，如图 7-26，用于绝对量的校准。

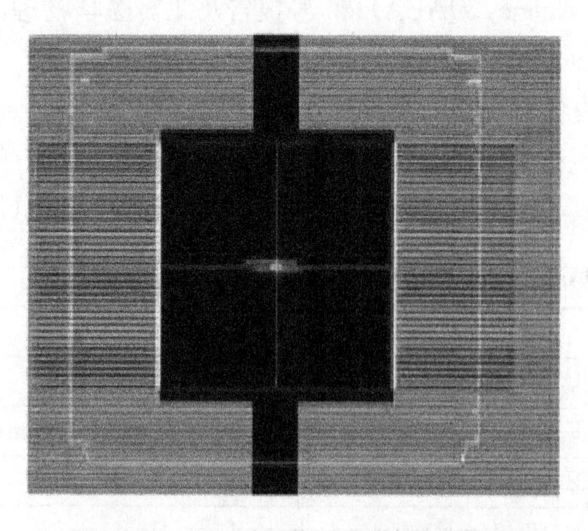

图 7-25　20 cm×20 cm 测试例示意图

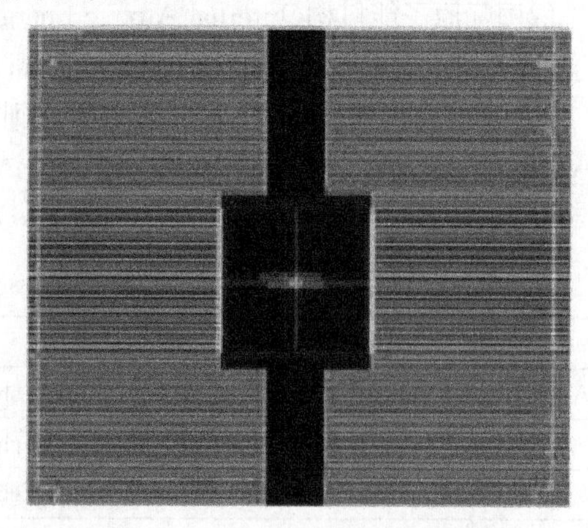

图 7-26　10 cm×10 cm 测试例示意图

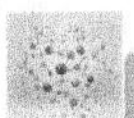

3. MLC offset 变化时的调整

(1) FOURL,如图 7-27,由四个相互衔接的“L”型射野构成。用于评估 TPS 是否准确模拟 MLC 的 Offset、凹凸槽效应及穿射。加速器叶片一般设计都是采用凹凸槽形状,以减少叶片间的漏射。

图 7-27　FOURL 测试例示意图

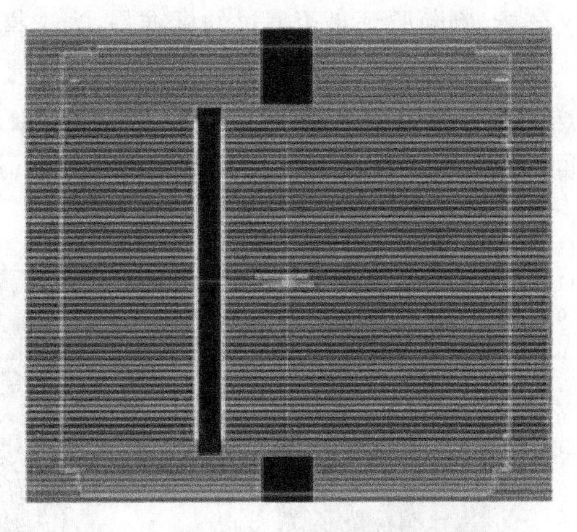

图 7-28　10 cm×10 cm 测试例示意图

(2) 7 segA,如图 7-28,7 条 2 cm×24 cm 的分割射野,是一典型的 Picket Fence 射野,用来测试 MLC 相对叶片间隙对剂量的影响。因为研究发现当两侧 MLC 距离很近时,断面散射会对剂量产生比较大的影响。

以上两组检测完成后,就可以判断出 MLC 参数和射束模型的准确性。

4. 模拟实际治疗情况

(1) HDMLC,如图 7-29,一个头颈部肿瘤(如鼻咽癌)33 个子野的动态调强射野,检测动态调强执行情况。

(2) HIMRT,如图 7-30,一个头颈部肿瘤(如鼻咽癌)33 个子野的静态调强射野,检测静态调强执行情况。

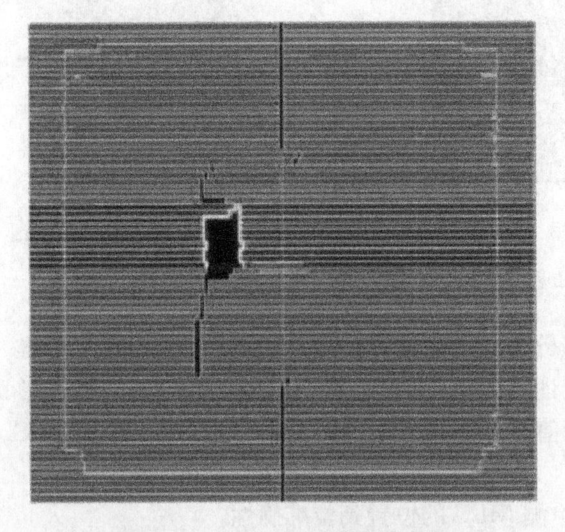

图 7-29　HDMLC 测试例示意图

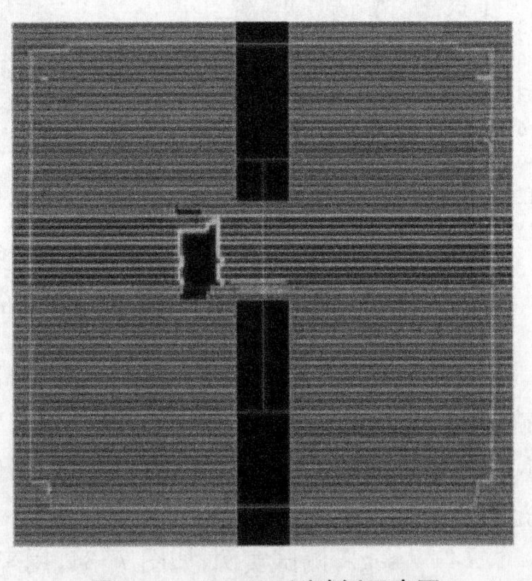

图 7-30　HIMRT 测试例示意图

5. 测试实例

具体操作流程介绍如下，在 Monaco TPS 系统中调用测试例，将计划分别移植到模体上创建验证计划，将计算验证计划所得剂量分布输出到 Mapcheck 分析软件 SNC Patient，将它们分别与 Mapcheck 实际所测剂量进行比对和分析。对于验证结果的分析方法，均采用 γ 分析，判断验证是否通过的标准是：当选择 3%/3 mm 的阈值时，γ 通过率应不小于 90%。

(1) 3ABUT 测试实例，如图 7-31，主要用来测试 MLC offset，它的稍许差异就会使递送的剂量发生很大变化，因此对 MLC bank major offset 的正确校准是极其重要的；另一方面评估在 GT 或 y 方向上 MLC leaves minor offset，以此对 MLC 校准。

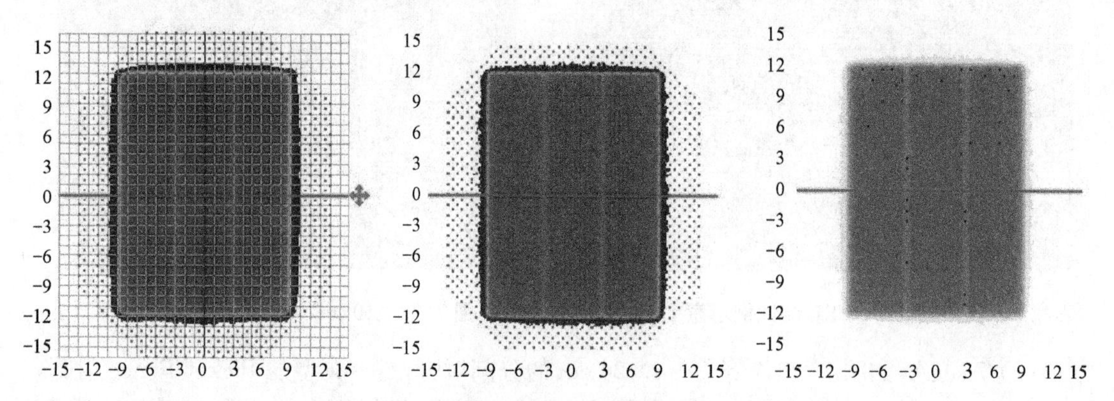

注：自左至右分别为实测剂量分布、计算剂量分布、γ 分析图(后同)

图 7-31 Mapcheck 测试 3ABUT 野实例

(2) DMLC1 测试实例，如图 7-32，测得的“DMLC1”剂量图形与“3ABUT”GT 方向曲线直接相关，通过 3ABUT、DMLC1 的测试可以确定 MLC Offset。

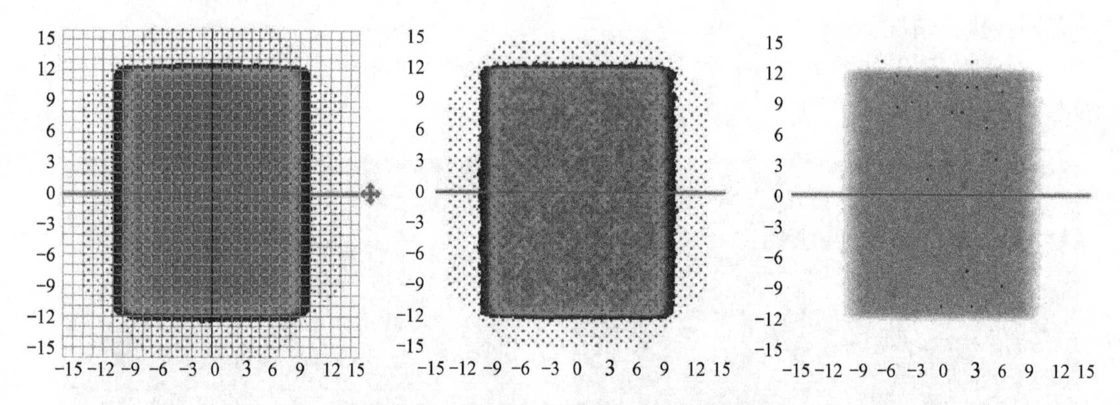

图 7-32 Mapcheck 测试 DMLC1 野实例

(3) FOURL 测试实例，如图 7-33，可以分为 3 个区域，第 1 区域用来测试 TPS 是否准确模拟 MLC 的“Offset”值；第 2 区域用来验证 TPS 是否准确模拟 MLC 凹凸槽效应，调整 MLC Groove 值的大小可以使计算值与测量值得到比较好的一致；第 3 区域用来考察 TPS 是否正确模拟 MLC 穿射。

(4) 7 segA 测试实例，如图 7-34，用来检测 MLC 的位置到位准确性。

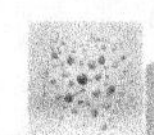

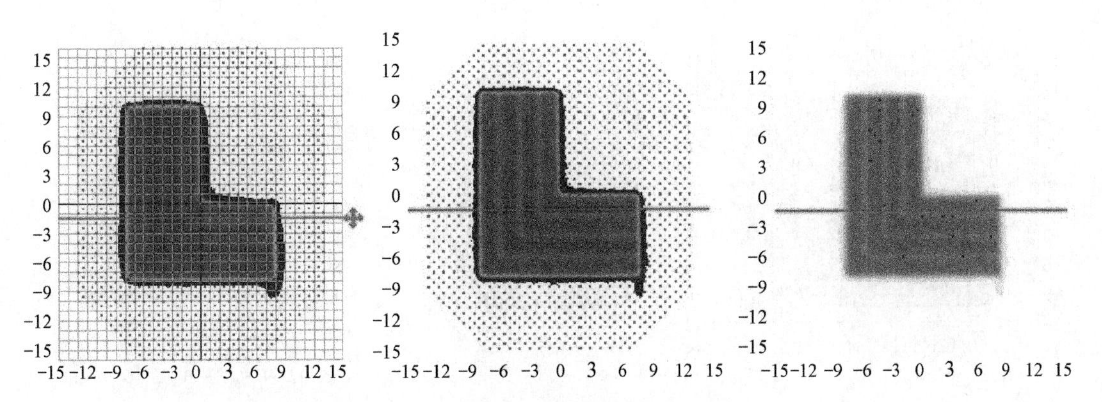

图 7-33　Mapcheck 测试 FOURL 野实例

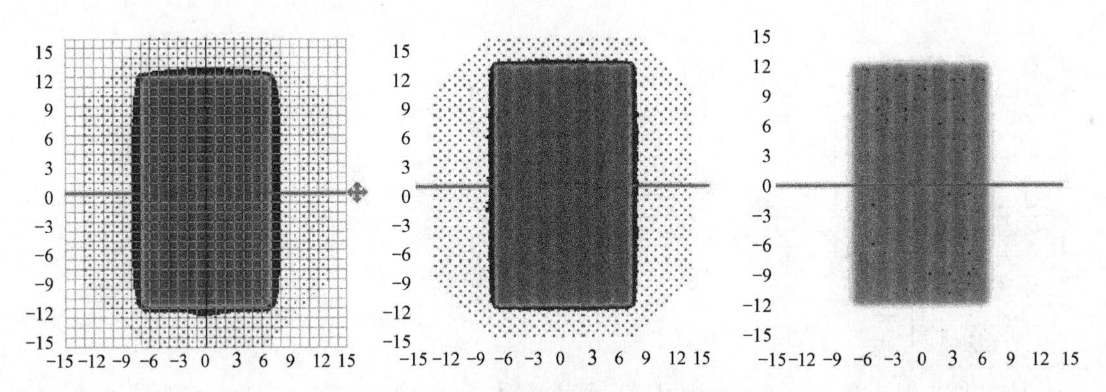

图 7-34　Mapcheck 测试 7 segA 野实例

（5）10 cm×10 cm 测试实例，如图 7-35，用于绝对量的校准。

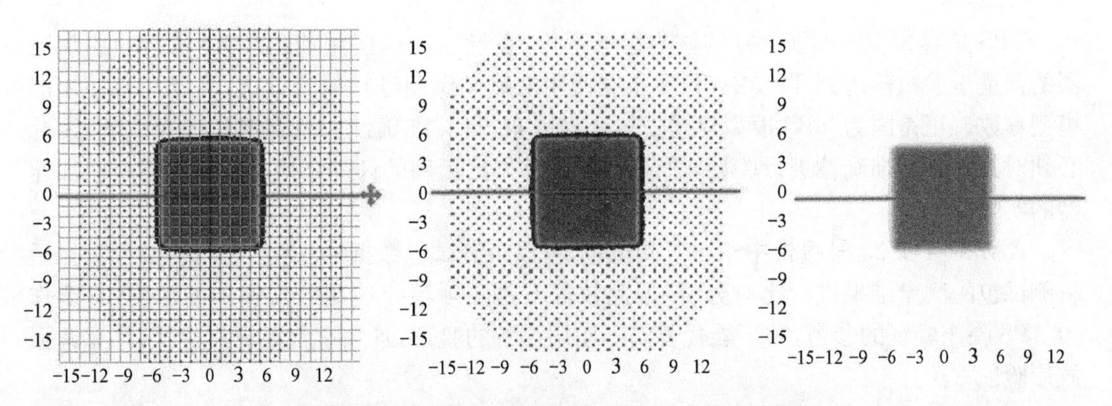

图 7-35　Mapcheck 测试 10 cm×10 cm 野实例

（6）20 cm×20 cm 测试实例，如图 7-36，用来检查射野的平坦度和对称性及探头的反应。

（7）HDMLC 测试实例，如图 7-37，模拟头颈部鼻咽癌动态调强计划，检测动态调强射野机架归零情况下具体执行情况。

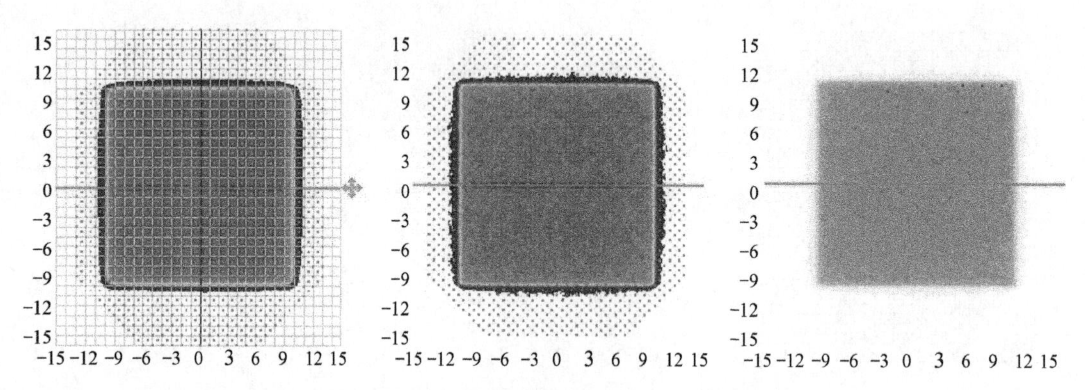

图 7-36　Mapcheck 测试 20 cm×20 cm 野实例

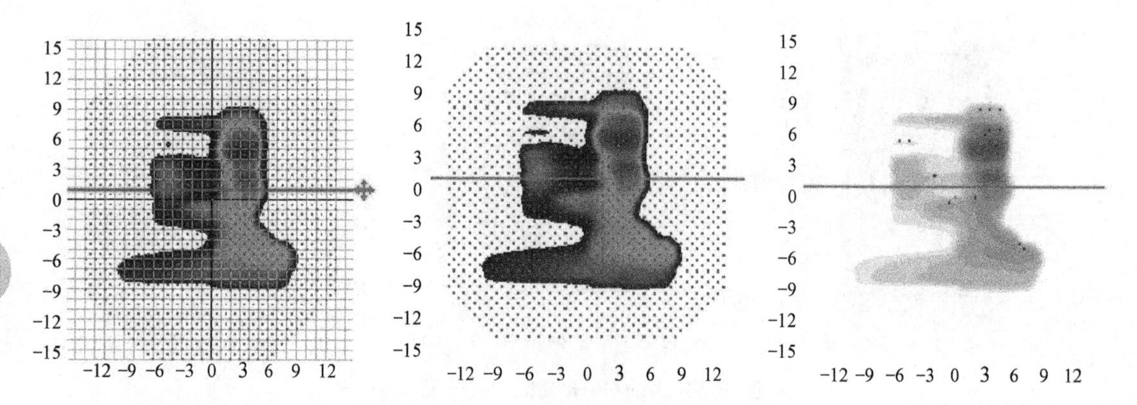

图 7-37　Mapcheck 测试 HDMLC 野实例

6. 总结

TPS 是容积旋转调强放疗的核心组成部件，在投入临床使用前，要将测量所使用加速器的剂量学参数输入到 TPS 中，TPS 根据使用的数学模型进行拟合处理，确定计算使用的模型参数。正是因为 TPS 模型建立依靠众多因素，且其准确性关系到放疗能否成功，因此必须对其计算的准确性进行验证，保证 TPS 能够得出正确的计划结果及能够准确反应加速器的实际情况。

AAPM TG-23 号报告中给出了测试包，可以将测试包数据输入到 TPS 进行计算，之后将测试包的测量结果进行比对分析，但此数据不是实际治疗使用的加速器的数据，只能作为 TPS 临床验证的参考，并不能代替实际使用设备的验证，且只有常规放疗射野，并无调强放疗验证方法。

本节测试内容以 Monaco TPS 为例，充分利用其自带的测试例，涵盖了测试 MLC 后备铅门偏差、MLC 从一侧动态滑动到另一侧时的偏差、射野的平坦度和对称性、绝对量校准、MLC 偏移、凹凸槽效应和 M LC 漏射、头颈部肿瘤静态调强射野、动态调强射野等。对于剂量比对方法，建议采用绝对量 γ 分析的方法，因为相对量分析会发生非常严重的错误。

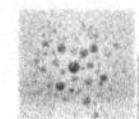

第六节 立体定向放疗计划质量保证

一、立体定向放疗的定义

1951年瑞典神经外科学家 Lars Leksell 提出立体定向的概念。所谓立体定向放射手术，是用多个小野三维集束单次大剂量的照射颅内不能手术的，诸如脑动静脉畸形(AVM)病等良性病变。由于多个小野集束定向照射，周围正常组织受量很小，射线对病变起到类似于手术的作用。瑞典 Karolinska 研究所根据此原理研究出用201个钴—60源集束照 γ 刀(γ-knife)装置，美国提出用直线加速器的6～15 MV X射线非共面多弧度等中心旋转实现多个小野三维集束照射病变，起到与 γ 刀一样的效果，称为 X 射线刀(X-knife)。γ-刀、X-刀分别为瑞典 Elekta 公司钴-60γ 刀装置和美国 Radionics 公司 X 刀装置的商品注册名。它们的学名为 X(γ)射线立体定向放射手术(stereotactic radiosurgery, SRS)，其特征是小野三维集束单次大剂量照射。随着 SRS 技术在肿瘤治疗中的推广应用，和适形放射治疗对定位、摆位精度要求的提高，两者结合，称为立体定向放射治疗(stereotactic radiotherapy, SRT)。根据单次剂量的大小和射野集束的程度，SRT 目前又分为两类：第一类 SRT 的特征是使用小野三维集束分次大剂量(比常规分次剂量大的多)的照射。此类 SRT 均使用多弧非共面旋转聚焦技术，附加的三级准直器一般是圆形，治疗较小的病灶(≤3 cm)。第二类 SRT 是利用立体定向技术进行常规分次的放射治疗，特指三维适形放疗计划(3D-CRT)，特别是调强放射治疗(IMRT)。除去分次剂量的大小以外，第一类 SRT 和第二类 SRT 并无本质区别。

二、X(γ)射线立体定向放疗的剂量分布的特点

X(γ)射线 SRT(SRS)的小野具有高斯形的剂量分布，它们在空间的集束照射后的合成剂量分布具有下述四大特点：小野集束照射，剂量分布集中；小野集束照射，靶区周边剂量梯度变化较大；靶区内及靶区附近的剂量分布不均匀；靶周边的正常组织剂量很小。这种剂量分布就像一把尖刀插入病变内。试验测试证明，靶区定位的1 mm之差，可以引起靶周边最小剂量(参考剂量线剂量)变化约10%的量级。由此说明靶区精确定位和正确摆位是 X(γ)射线 SRT(SRS)治疗成功的关键。但当病变(靶区)体积较大时，因射野较大，非共面射野数必须相应减少，才能使剂量在病变(靶区)内集中。随着射野增大，剂量聚集能力相对较弱，应使用调强适形技术，改善靶区与周围正常组织间的剂量关系(图7-38)。

三、立体定向放疗设备

1. *伽玛刀*

伽玛刀(伽玛治疗机)是过去40年里发展起来的一种放射手术设备。期间虽然历经了

无数次重大的技术改进，但是仍然沿用了 20 世纪 60 年代末 Leksell 伽玛治疗机原型的基本结构和原理。伽玛刀在治疗机体内部中心装备有 201 个钴－60 放射源，其产生的 201 个线束经准直后聚焦到一点，即焦点。放射源到焦点的距离约为 40 cm。伽玛刀圆形照射野大小最终由 4 种不同规格的准直器头盔决定，在焦点平面处提供的射野直径通常为 4 到18 mm。伽玛刀的主要部件为：①治疗机，包括上半球形防护罩和中央部的机体；②治疗床和移床装置；③4 种不同规格的准直器头盔，在焦点平面处提供射野直径为 4 到18 mm的圆形照射野；④ 控制装置。

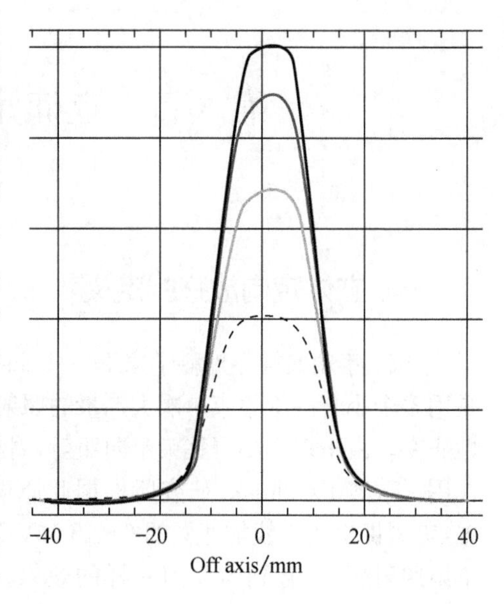

图 7-38　直线加速器 2 cm×2 cm 的 Profile

图 7-39 显示了一个典型伽玛刀装置，包括机体、治疗床和准直器头盔。该型伽玛刀主要由一个装备有 201 个钴－60 放射源（活度：30 Ci＝1. 11×10^{12} Bq）的治疗机体、治疗床和准直器头盔组成。

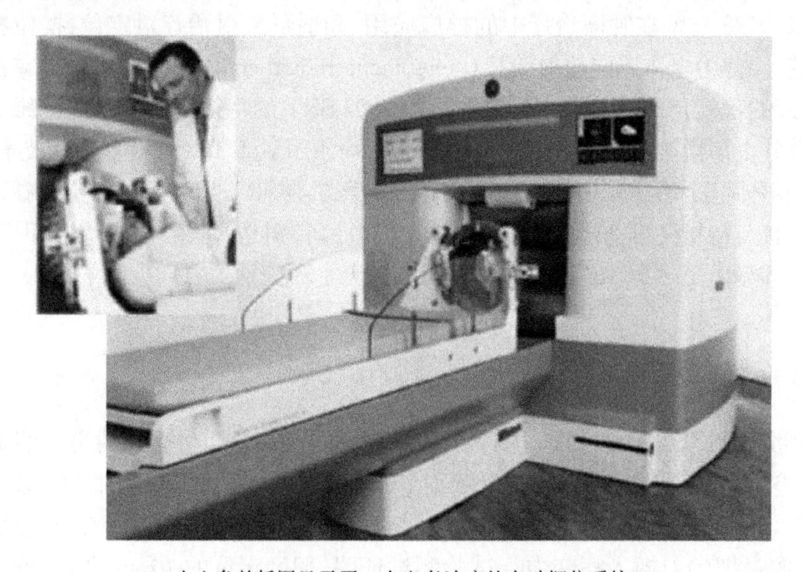

左上角的插图显示了一个患者治疗的自动摆位系统

图 7-39　新型伽玛刀（4C 型）示意图

2. 基于直线加速器的立体定向放疗

以加速器为基础的放射手术（X 刀）可以使用现有的标准等中心型的直线加速器，通过对其部分装置进行改进，使之符合更加严格的机械、电子误差标准。这些改进措施相对简单，主要包括：①辅助的准直器，包括定义放射手术小圆形照射野的一系列不同规格的附加准直器，或可以定义不规则照射野的小多叶准直器（MLC）；②远距离操控的自动治疗床或旋转治疗椅；③在治疗中用以固定立体定位框架的床的托架或地面支架；④治疗床角度和高度的显示及连锁；⑤特殊的制动装置，用以治疗过程中固定治疗床的升降、进出和侧向移动。

X 刀技术目前主要分为三类：多弧非共面聚焦技术、动态立体放射手术以及锥形旋转聚焦技术。这些技术的划分主要依据加速器臂架和患者治疗床(或椅)从起始角度到中止角度的旋转运动方式来决定。

应用多弧非共面聚焦技术时，在加速器臂架旋转照射过程中治疗床(或椅)保持静止；而使用动态立体放射手术治疗时，机架和治疗床同时旋转运动(如：当机架从 30°至 330°旋转运动 300°时，治疗床从 75°至－75°旋转 150°)。图 7-40 显示了应用动态立体放射手术治疗患者的情况。

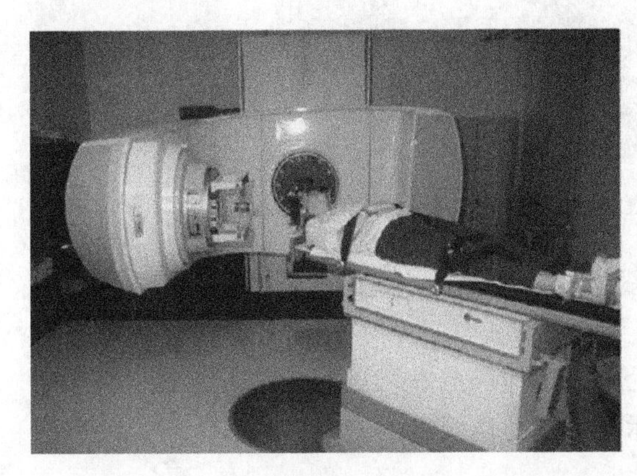

图 7-40　动态立体放射手术治疗示意图

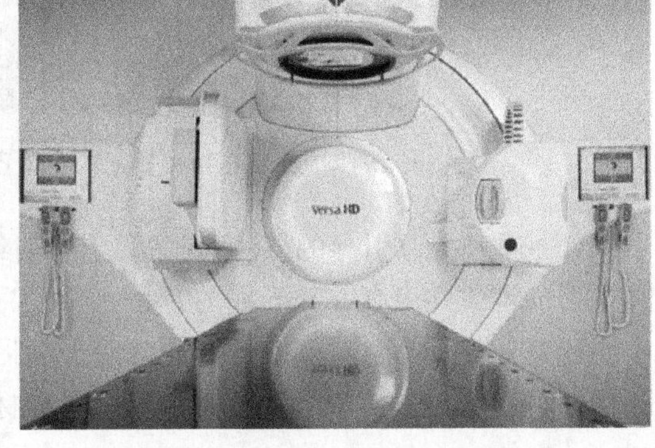

图 7-41　医科达加速器 Versa HD^{TN}

使用锥形旋转聚焦技术治疗时，加速器臂架保持静止，患者随治疗床旋转运动。在上述 3 种技术中，最常使用的是多弧非共面聚焦技术，其次为动态立体放射手术。

当前常规加速器的 X 射线的剂量率一般最高为 600 MU/min，如在开展 SBRT(stereotactic body radiotherapy theraty)技术治疗患者时，计划的投照时间会比较长。医科达新推出的第 7 代全数字化医用电子直线加速器 Versa HD^{TM}所采用的均整块移除技术(flattening filter free，FFF)的 X 射线能量模式能够使 6 MV 的剂量率达到 1 400 MU/min，10 MV FFF 能量模式的 X 射线剂量率高达 2 200 MU/min，再配合 Versa HD^{TM}加速器配备的高速运动的 MLC 叶片，可以进一步降低 SBRT 等治疗技术投照的时间(图7-41)。

3. 安装在机械臂上的小型直线加速器系统

一种安装在机械臂上的小型直线加速器系统(赛波刀 Cyber Knife)为基于直线加速器的放射手术治疗提供了一种全新的方式，其应用改变了传统放射手术治疗靶区定位和剂量照射的方法。与传统框架结构为基础的立体定位不同，赛波刀采用非侵入性的图像引导的靶区定位方法；同时赛波刀不使用传统等中心型加速器，而是采用一台 6 MV、工作于 10^4MHz X波段的小型直线加速器，并将其安装在工业机械手臂上。图 7-42 给出了一个典型的安装在机械臂上的小型直线加速器系统的示意图。

赛波刀立体定向放射手术治疗系统扩展了传统立体定向手术的范围。与传统技术相比，赛波刀具有以下优点。

(1) 赛波刀允许无框架结构放射手术治疗(免除了使用刚性、侵入性立体定位框架)。

(2) 赛波刀可以连续监测、追踪患者的治疗体位，运用在线影像方法确定靶区在治疗室坐标系中的准确位置。

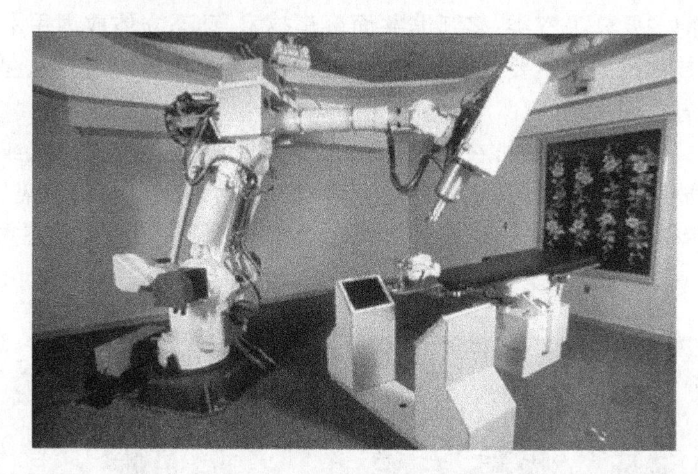

图 7-42 安装在机械臂上的小型直线加速器系统(赛波刀)的示意图

(3) 通过图像引导的方法，赛波刀引导射线瞄准在线确认的靶区位置，可以实现靶区剂量照射的定位精度在 1 mm 以内。

(4) 赛波刀无需框架结构的特点便于其运用到其他颅外病灶的治疗，如：脊髓、肺和前列腺。可以通过人体骨骼或手术预置的金属标记点作为靶区定位的参照系。

三、立体定向放射治疗计划的设计

物理师按照放射治疗计量学原则，合理设计照射方式和照射野。3D CRT 和 IMRT 都是目前精确放疗较为流行的治疗手段。一个突出的问题是，对于肺部肿瘤患者，患者的呼吸运动可使肿瘤位置发生移位。针对软组织靶区随呼吸运动位置的变化，图像引导放射治疗(IGRT)采用更精确的治疗技术(如射波刀金标追踪技术的应用)，而常规 3D CRT 和 IMRT需要物理师在靶区运动度上做更多的考虑，在确定肝脏肿瘤位置随呼吸运动变化上，模拟机检测在肝肿瘤的精确放疗中较实用。

(1) 根据计划工作站中 CT 扫描图像，重建出轮廓、靶区、重要器官的三维立体图像。

(2) 物理师、放疗医师共同设计治疗计划，讨论、评估治疗计划，选择出最佳方案。

(3) 打印物理师确认的治疗计划报告，签字生效，传输确认的治疗计划参数至治疗机。

四、立体定向放射治疗计划的质量保证(伽玛刀为例)

1. 定位精度要求

定位精度要求(伽玛刀每周检测、伽玛刀分次一次治疗的每天检测、X 刀每天检测)机械定位中心(参考点)与辐射中心的距离应≤0.5 mm，其试验方法如下。

(1) 辐射胶片制作(测试用具：模体及其支架、免冲洗放疗胶片(EBT)扫描仪、计算机)：

① 使测量胶片的中心处于机械中心处；

② 滚筒置于 0°的位置，用 1 号准直器辐照胶片；

③ 在测量胶片上标记机械中心(在中心扎孔)；

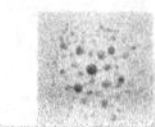

④ 滚筒分别位于 90°、180°、270°，重复步骤 3；

⑤ 胶片在扫描仪中扫描；

⑥ 胶片分析软件分析机械中心（扎孔位）与辐射中心的偏差；

⑦ 用其他准直器重复以上步骤。

(2) 精度计算（按以下步骤，进行定位精度计算）：

① 胶片处理后计算胶片 50%剂量值；

② 利用 50%剂量值进行等剂量线描记，测量描记后图像几何中心点分别沿 x、y、z 轴方向到机械中心之间的距离 Δx、Δy、Δz。

③ 利用下式计算聚焦野与机械中心之间的距离：

$$\Delta = \sqrt{\Delta x^2 + \Delta y^2 + \Delta z^2} \tag{7-4}$$

计算结果应符合机械定位中心（参考点）与辐射中心的距离应≤0.5 mm 的要求。

2. 绝对剂量精度要求

绝对剂量精度要求（每月），治疗计划软件计算的吸收剂量值与实测吸收剂量值之间的误差应不超过±5%。

(1) 免冲洗胶片绝对剂量精度试验方法（测试工具：体模及其支架、免冲洗放疗胶片(EBT)、扫描仪、计算机）

① 胶片放置在胶片插板里，插板放置于体模中，体模固定在 3D 床上，运行 3D 床至体模中心位于辐射中心处；

② 滚筒置于 0°位置，运行电气系统令射线垂直胶片片面；

③ 用 4＃准直器辐照胶片若干秒；

④ 重复步骤"①～③"，制作一系列辐照时间不同的刻度片；

⑤ 重复步骤"①～③"，分别用其他准直器辐照胶片；

⑥ 上述胶片扫描，用胶片分析软件处理，得出灰度-剂量曲线，分析出各准直器转换系数；

⑦ 分析各准直器的治疗计划软件计算的吸收剂量值与实测吸收剂量值之间的误差最大值应符合误差不超过±5%的要求。

(2) 电离室、半导体绝对剂量精度试验方法

设定体模中心的照射剂量，完成治疗计划设计。将电离室插入体模，使其有效测量部位的几何中心与体模中心重合。将专用体模随治疗床送入照射预定位置，使用治疗计划中所采用的照射条件进行照射。用治疗计划软件计算体模参考点的吸收剂量值，治疗计划软件计算的吸收剂量值与实测吸收剂量值之间的误差最大值应符合误差不超过±5%的要求。

计算体模中心的吸收剂量，按以下方程式计算相对百分偏差：

$$\Delta P = \frac{P_1 - P_0}{P_0} \times 100\% \tag{7-5}$$

式中：ΔP：焦点计划剂量与实际测量的剂量的相对百分偏差；P_0：体模中心的计划剂量，即焦点计划剂量，Gy；P_1：实际测量的体模中心吸收剂量，Gy。

3. 相对剂量精度要求（测试工具：球模及其支架、免冲洗放疗胶片(EBT)、扫描仪、计

算机）

① 胶片放置在胶片插板里，插板放置于体模中，体模固定在 3D 床上，运行 3D 床至体模中心位于辐射中心处；

② TPS 以体模内胶片盒中心为靶点中心，制定治疗计划；

③ 治疗床板在治疗床上复位，胶片盒内安置胶片，令胶片分别位于 XOZ 与 XOY 平面，按照制定的治疗计划运行；

④ 处理胶片，作出各等剂量线，与 TPS 规划的等剂量线比较。

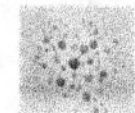

第八章

放疗技术的质量控制和质量保证

第一节　体位固定技术的质量保证

体位固定技术对于摆位的重复性有重要影响，而摆位的重复性直接影响治疗效果，国内相关研究认为仅有小部分固定技术可以达到对患者实现真正“固定”，大部分仍存在患者体位的不确定性。

放射治疗要求在射线照射过程中患者的体位保持不变，即限制患者在治疗过程中的移动。若每次摆位都能使体位重复，则有助于增加体表标记与体内靶区相对位置的一致性。使用固定设备可减少随机摆位误差，降低正常组织的受量，同时保证靶区得到充分的照射，提高治疗的精确度，同时也能减少患者对治疗的忧虑，增加患者对治疗的信心。

在放射治疗的发展过程中，不同时期有不同的体位固定方法，随着技术的进步，精确度也越来越高。从过去使用沙包、尼龙搭带等技术发展成现在使用真空负压垫、热塑模、发泡胶及各种体位固定架。

本节将对现在普遍使用的体位固定技术及其质量保证作简要介绍。

一、体位固定装置

体位固定器材的选取要遵循以下原则：穿透性好（材料要有较好的穿透性，对射线的衰减较小）、固定效果明显（能够明显地减少患者的位移，提高放疗部位的固定效果）、重复性（选用的固定器材使患者在整个治疗流程中能保证固定效果的稳定性，尽量减少分次间的误差）、舒适性（尽可能保证患者在体位固定状态下的舒适性，可以使患者保持良好的治疗体验，也避免由于患者处于强迫体位带来的误差）、操作简单、经久耐用、价格合理、成本可控。

对于常见的病种要形成标准的操作流程，在标准流程规范的指导下进行固定装置的制作，做到优质高效。而对于特殊部位病种和特殊的患者，则以个体化原则为主，尽可能根据患者的实际情况选择个性化的固定方式。

1. 头颈部支持系统（头枕）

病人头部要取得合适的仰角，必须有合适的头部支持设备，泡沫枕、泡沫楔形枕等是常用的头颈部支持系统。MED-TEC公司提供的通用枕头包括6个不同大小、形状的枕头，由聚亚氨酯泡沫铸造而成，其形状按病人头颈部设计。由于这些枕头的形状和高度不同，其对射线的衰减也不同。泡沫楔形枕垫于病人的肩部，使肩部抬高，以便充分暴露病人的颈部。虽然它们一般不能提供摆位的标志，但是它们可提供给病人一个较为舒适稳定的体位。

图8-1 各类不同规格大小的头枕

如果枕头使用不当，病人会感到不舒服，而且枕头与病人后脑部、枕部及颈部结合不紧密，也会留下移动的空间，影响摆位的精度。所以，选择枕头时应考虑到头顶仰角、头的形状、颈部的长度和形状等因素。这里特别指出的是，如果头枕与其他体位固定装置一同使用时，应特别注意它们的相对位置的精确度、准确性和重复性。

(1) 热塑模(面模、体模)

热塑模是一种广泛使用的固定材料，按使用部位的不同，可分为头颈部使用的面模和头颈肩、胸腹部使用的体模以及用于固定大腿的分叉模等。

热塑模由一种低温热解塑料制成，它的特性是置于70℃左右水中3～4 min，它将呈现透明化和完全软化，这时将其取出并扣压在患者的相应部位，按患者的外轮廓进行冷却，冷却几分钟之后，热塑模可恢复其硬度且不变形。由于成形温度较低，患者并不感觉过热，容易耐受。通常头颈部固定用网状材料，以便于患者的呼吸，增加皮肤通气、散热、排汗功能。胸腹部用实性材料，固定效果较好。厚度一般为2～4 mm。如对塑形效果不满意时可重新放入70℃热水中，由于有记忆功能，可恢复到原来的网眼状态，再次此软化，重新塑形。

定位标记可以直接粘贴在面网或体罩上，避免了在患者皮肤上画照射野红框，保证患者的美观，减轻了患者的心理负担，减少了反复画线带来的误差，便于治疗摆位。

需要注意的是在制作的过程中，恒温水箱的水温应保持在70℃左右，当模体完全透明软化后才可取出，如未完全透明软化就取出，就会影响塑形效果。塑形时要均匀拉伸，以免冷却硬化时材料自身轻微的收缩导致患者的不适，模的收缩率与水浴加温时间无明显关系，而与被拉伸长度有关。在制作时如果患者两侧技术人员在拉伸热塑模时用力不同，将造成固定模两侧拉伸倍数的不同，进而形成不同的收缩率，最终导致复位时水平基准误差，影响计划的认证及实施。因此制作体模时最好左右对称，两侧技术人员同时用力拉伸体模。要等模体完全硬化定形后模的制作才算完成，如未完全硬化定型易造成模体的形变。模体成形冷却后放置一段时间，可能会出现一定程度的收缩，造成复位标记的偏差。存放时置于专用的存放架上，不可挤压不可放置在温度较高的地方。不同的厂家产品在浸泡软化时对时间和温度的要求略有不同，软化成形后冷却时间的长短也有所差异，应区别对待。

(2) 真空负压垫

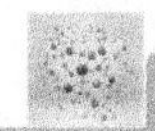

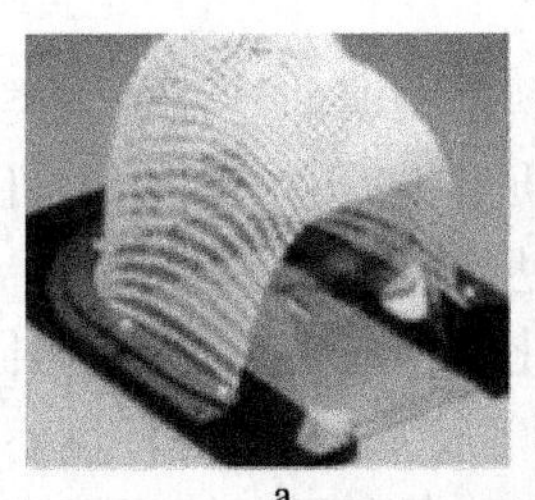

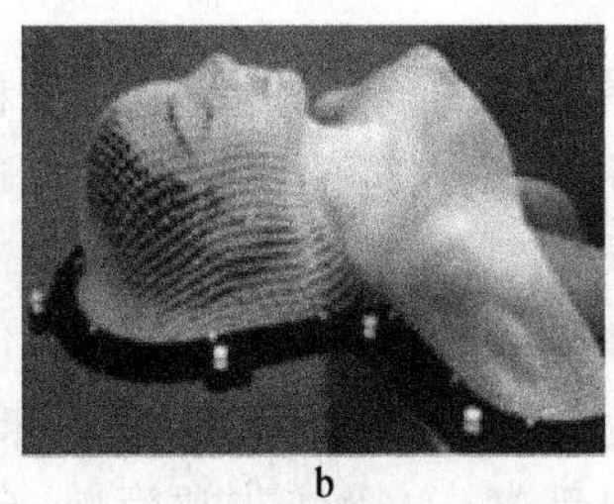

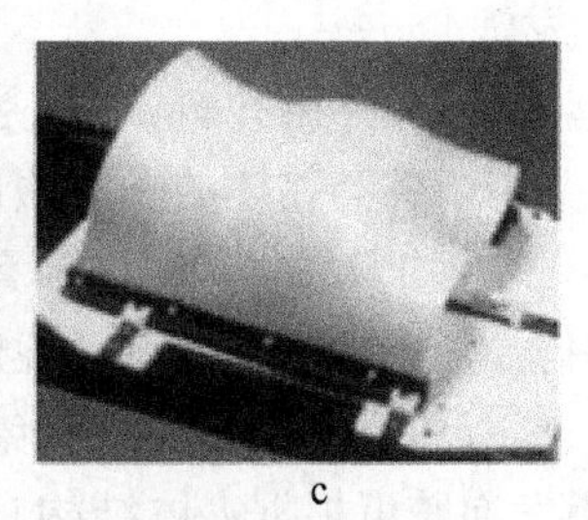

a　　　b　　　c

图 8-2　热塑模(a 为头部面模，b 为头颈肩模，c 为体模)

图 8-3　真空负压垫

真空负压垫简称真空垫，由具有隔水、耐磨、不透气等特性的特殊布料制作成带气嘴的密封囊状袋，袋内离子采用低密度聚氯乙烯发泡粒子。平时内充有空气，质地柔软，但它将随袋内空气流失(用单向真空泵对其抽真空)而逐渐硬化。

真空负压垫通常用于对体部肿瘤患者的固定，它在很大程度上能够满足患者的个体化体位固定要求。它根据每位患者的体型特点进行塑形固定，使患者舒适度得到提高，治疗摆位的重复性较好，使用过的真空垫经清洗消毒后可重复使用，成本较低。

真空负压垫也可用于局部(如腿和手臂)的固定和全身的固定，可以单独使用也可以与其他固定装置(如:体架)组合使用。不过使用真空袋时应注意:不能与尖、硬的物品接触，以免损坏;也不能与挥发性化学药品接触，以免失去功效。真空袋成形后其形状在治疗过程中保持不变，使用时可用洗洁精水擦干净后用碘伏进行消毒。

真空袋在使用过程中可发生偏差，其偏差原因主要包括 4 个方面:①与患者首次制作真空袋的体表定位线是否清晰，以及真空袋漏气后重新抽气复形制作过程中患者仰俯姿势的变更有关;②真空袋成形漏气再复形后，难以做到同原真空袋完全一致;③在放疗不同阶段过程中，患者体形略有变化，也直接影响了复形的效果;④不同厂家的真空袋质量有一定的差距，对真空袋的漏气现象有着直接的影响。因此，在真空袋的使用过程中应尽量保护好真空袋，设置专人专柜摆放，避免漏气变形现象，减少复形真空袋的使用率。在患者整个放疗过程中尽量使用原真空袋固定体位，同时每天检查各真空袋的状况，发现漏气及时处理。对于半软状态的真空袋，须重新制作并到模拟定位机下透视复位后，方可供临床使用。采用体位固定装置可以限制治疗过程中患者有意识或无意识的运动以及更好地保持每一次治疗的体位重复性。

就其结构分析真空袋漏气原因:不同厂家真空袋质量差距较大，对真空袋漏气现象有着直接的影响;真空袋的真空阀门密封不严或治疗过程中阀门松动，是真空袋漏气的最主要原因;患者身上带有硬物或尖物，在治疗摆位时直接刺破真空袋而导致漏气。

值得注意的是，真空垫的使用对剂量分布有一定程度的影响，不同厚度的真空垫影响程度有明显的不同，越厚的真空垫，对剂量的衰减越明显。由于真空垫的外套和套内聚苯乙烯或聚氯乙烯等材料的不同，对表面剂量的影响差异可以高达 10%，甚至超过真空垫不同厚度对剂量的影响。

(3) 发泡胶

发泡胶分A料和B料,A料是棕色的异氰酸酯液体,B料是透明的复合聚醚类多元醇液体,主要用于各类物体的发泡塑形和填充定位。使用时按质量1∶1比例混合,机械搅拌10～20 s,搅拌均匀后立即浇注模具中熟化,发泡过程温度可达35～40℃。

医用发泡胶纯度较高,流动性好,密度分布均匀,成型后化学性质稳定,结构牢固,抗压强度好。具有质量轻、持久耐用、免维护、无毒、无刺激性气味等特点,对周围环境不构成污染。医用发泡胶可根据人体结构自动塑形,操作非常简单,自动塑形可以恰当填充身体各个部位的空隙,更好的实现体位的个体化固定。

发泡胶的A、B两种液体分别存储于干燥密封的塑料容器中,避免直接暴晒,存储温度13～43℃;A组成分含有胺类助剂,避免接触眼睛和皮肤,B组成分虽然无毒,但也要避免接触皮肤和眼睛,操作时请佩戴手套和穿工作服,如不慎接触到眼睛,请用大量清水冲洗,并立即请医生处理;发泡胶A、B两种液体均匀混合后温度将达到40℃左右,人体基本可以耐受。但在固定开始之前要向患者解释,特别是儿童,以免患者紧张,影响固定效果;发泡胶为一次成型,要求操作者技术熟练,否则容易产生浪费情况,不可以重复循环使用,因此成本较真空垫稍高,但是其单次使用可以有效地防止二次感染,也不像真空垫那样会发生漏气现象;利用发泡胶制作的固定器成形后,应置于干燥的环境中,尽量避免阳光暴晒。

(4) 固定架

固定架按材料区分可分为碳素纤维材料和非碳素纤维材料两种。非碳素纤维材料的固定架对射线衰减影响较大,条件好的放疗单位已不再使用,而改用碳素纤维的固定架。虽然碳素纤维的固定架对射线的衰减较小,但对表浅组织的影响依然不可忽视。

按照固定部位不同,分为头部固定架、体部固定架和组合固定架。通常可单独固定也可配合头枕、热塑模、真空垫、发泡胶等使用。

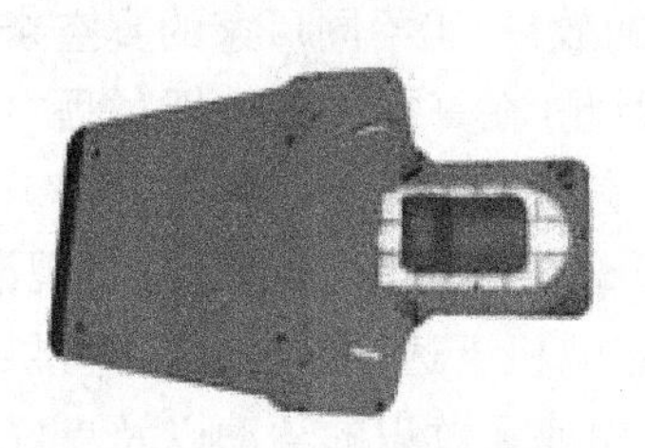

(a) 为头颈固定架

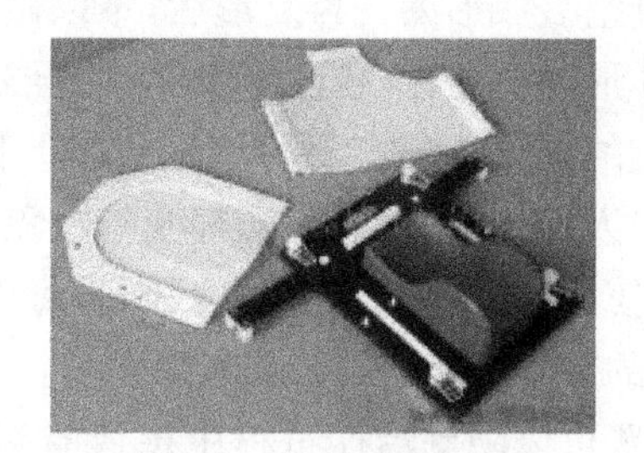

(b) 为头颅固定架系统

图8-4 头部常用固定架

需要注意的是,组合使用时要注意各组合部件的相对位置及固定方式,如热塑模固定时,其固定方式可分为滑扣式与塞块式,临床发现,不同锁止方法设计的固定架对体模上的定位标记中心在各方向位移误差不同,其重复性及精确性有待研究。

2. 乳腺托架

乳腺癌病人放疗时应使用乳腺体位辅助托架,其目的有:人体上胸壁表面是一个斜面,乳腺体位辅助托架的使用可减少或避免切线野照射时光阑转动,有利于与锁骨上野

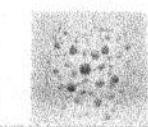

的衔接；使内切线野在皮肤上的投影尽量平直，避免与内乳野皮肤衔接出现冷点和热点；避免仰卧后乳腺组织向上滑动。常用的乳腺托架材料为碳素纤维，具有高强度、无伪影、不阻挡射线的特点。这种辅助体位托架一般有两联体部分构成，一部为软垫部分，一部为托架板面。托架板面可以任意根据病人摆位要求调整仰角，托架板上部两侧有上臂及前臂鞍形臂托架，这两个鞍形臂托架的高度、外展角度、位置也可以根据需要调整。在模拟定位机（或 CT 模拟定位机）上给病人定位时，让病人仰卧位臀部落在软垫之上，后背靠于托架板上，调整头部垫枕位置至患者舒适状态；调整托架板仰角，使胸壁与治疗床面平行；患侧上肢向头部上方自然弯曲上举并置于臂托架内，使上臂与前臂约呈 90°角，调整臂托架高度、外展角度、位置，使病人尽量感到上肢自然、舒适。最后记录下乳腺托架板的仰角、上臂托架位置及高度、外展角度、前臂托架位置等一切在重复摆位所需要的参数。放疗时病人体位要根据定位环节中的摆位记录复原，保证病人每次治疗时体位的重复性与一致性。

在使用时有时会配合热塑模组成组合式固定架使用，使用时应注意设备的牢固可靠性，以免在治疗中出现误差。

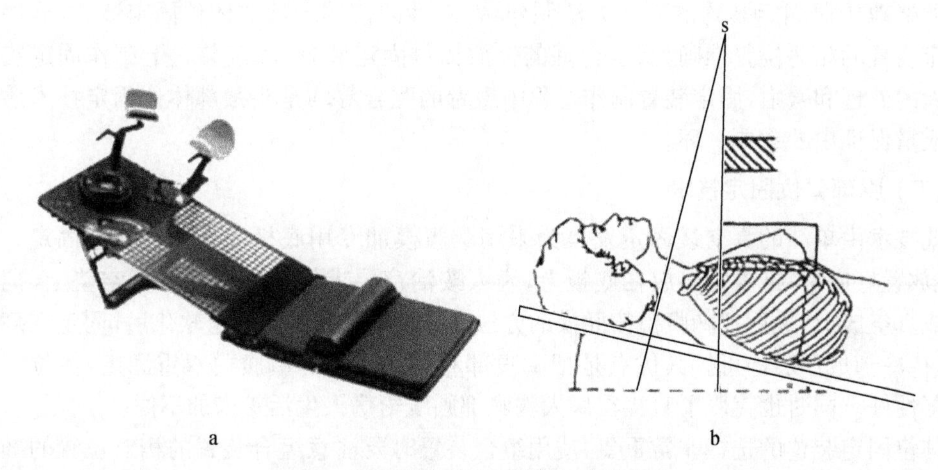

图 8-5　乳腺托架(a)及其示意图(b)

二、体位固定技术

对于不同位置的肿瘤，可以把体位固定技术分为头颈部肿瘤、胸部肿瘤、腹部肿瘤、盆腔肿瘤、乳腺以及其他部位肿瘤等几个方面。下面就这几个部分的内容和注意事项做简要介绍。

（一）头颈部体位固定技术

1. 头颅

一般采用 U 型网状记忆塑料面罩加专用底座和头枕固定。方法是根据病人情况选择一个头枕（一套共 6 个），放置在专用底座上，病人仰卧位，头颅置于头枕上，在模拟机下并利用激光定位灯，按治疗要求摆好治疗体位。将 U 型网状塑料面模浸入 70℃左右的水中，约

2～3 min，待透明软化后取出，用毛巾吸掉水珠，迅速罩住病人头面部，并固定在底座上。双手不断按摩面网，使之与皮肤充分接触，约 3～5 min 冷却变硬后即可。起初面模与底座之间的衔接是靠螺丝固定的板压式，且底座较小，螺丝易随时发生松动，头颅固定的松紧直接关系到摆位时激光三点的对位误差。现在使用的面模与底座间的衔接是靠按压膨胀栓固定，且患者整个上半身都可躺在底座上面，此方法的固定效果比起初更加稳定可靠。该技术主要有以下优点：体位固定性好，重复性好；克服了直接在病人头面部画线给病人生活带来的不便和心理影响；对一些年老体弱、自控性不强的病人以及儿童的放疗起到很好的头颅固定作用；对一些特殊体位（如垂体瘤的额高颏低位）有良好的重复性。

2. 头颈肩

方法基本同头颅 U 形面罩固定技术，只是网模的下端加长加宽。该技术的特点是把患者头颅、颈部、肩部的固定连为一体。该技术主要用于 NPC 和上胸部的放疗体位固定。优点是保证了 NPC 的面颈联合野（或耳前野）与颈部切线野的体位一致性，克服了传统技术中因体位不一致，导致两野相邻的剂量出现热点或冷点的问题。此方法用于上胸部的体位固定比单纯用真空袋固定效果好。

严格地按照固定装置的制作方法制作，针对性的使用合适的体位固定装置，确保组合式固定装置的相对位置准确无误，合理的存放体位固定装置，固定装置上制作固定装置前对患者的处理和嘱咐，固定装置制作过程中患者的配合等均是头颈部体位固定技术质量控制和质量保证中的重要一环。

(二) 胸部体位固定技术

此技术由单纯的真空袋固定发展为采用胸腹模加专用底板加真空垫双重固定。方法是：先放置好底板，把真空垫放在底板上，病人按治疗要求仰（或俯）卧在真空垫上，把真空垫抽成真空成形；最后把胸腹模按面模的方法，在 70℃左右水中浸泡软化后，固定在病人胸腹部，待冷却成形后即可。其优点是把胸腹部利用真空垫和胸腹模双重固定，体位稳定性及重复性好。同时也克服了直接在病人胸腹部画线给病人生活带来的不便。

体位固定装置的选择非常重要，使用组合装置时要注意组合装置的相对位置的准确性和可重复性；热塑模和真空负压垫的制作严格遵循操作流程；存放合理，避免因存放不当引起的形变等，特别是真空负压垫要特别注意其是否漏气；固定装置上标记物的清晰与准确是影响治疗质量的一个重要部分；患者的配合也是非常重要的环节。

(三) 腹部体位固定技术

腹部固定需要完全将人体躯干和大腿包含在内。儿童的手臂和头部也需包含在固定支架中，这样可以提醒他们在治疗过程中，手臂和头部保持一个固定的姿势。固定装置既可以是真空袋系统，也可以是真空袋和热塑型体模的联合。有些患者需要采用卧姿，利用重力的作用移开小肠，减少治疗野内小肠的体积。治疗中，很难完全的重复和保持同一个位置，使用辅助的固定装置非常必要。这种辅助装置从患者的脚部延伸到肩膀，帮助重复脚和脊柱的位置。辅助装置的前端和后端大约需要 30 cm 高，阻止患者在里面转动，折叠一个小的毛巾放在膝盖和脚部，可以使患者卧的舒服一些。

合理地选择体位和体位固定装置，严格遵循操作程序，合适的个体化固定装置的制作，合理的存放固定装置，患者的配合（尤其是儿童）等，都成为了体位固定技术中不可或缺的

一环。

(四) 盆腔体位固定技术

常用的方法是将真空袋平铺于患者双下肢下，真空袋的上界不超过大腿根部，患者的双脚应自然稍向外翻于真空袋上，并让双脚的遮面和外侧缘在真空垫上成型，抽气固定。此方法比传统的用真空袋固定腰部和臀部法体位的重复性和稳定性要好。当然，为了更好的取得固定效果，可使用热塑模或组合式体位固定装置(真空垫、热塑模、固定架、头枕的组合固定)，有研究表明热塑体模固定技术的摆位误差小于真空垫固定技术。热塑模的制作方法与其他部位的体位固定装置制作方法无太大差异，需要注意的是两下肢和腹股沟的固定(两下肢可通过固定架中间的腹股沟夹实现两下肢分开，制模时将腹股沟片固定在双腿内侧的腹股沟夹上)。

尤其需要注意的是要对患者行憋尿训练，配合膀胱容量仪的使用以精确直观的确认患者的尿量情况，为后期放射治疗提供一个良好的治疗条件。

膀胱充盈是一个动态过程，排尿反射因人而异，受多种因素影响，所以针对每个患者应进行多次检测，直到其形成良好的尿感。正确的使用膀胱容量仪也是非常必要的，测量位置和方法、患者体位的偏差均会对数据的读取造成一定的偏差。

(五) 乳腺癌体位固定技术

常用于乳腺定位的支架是乳腺托架，乳腺托架的胸部和头部的固定平板可以旋转，平板上可安装头枕，有握柄固定手。为了满足患者的需要，臂托的位置、角度和高度均可调节。大多数的乳腺托架可支持上躯干背托高度的调解，乳腺托架还可支持热塑型乳腺固定体模、网模以及在多种图像采集设备上使用。乳腺切线野经过托架的位置一般为碳纤维结构。

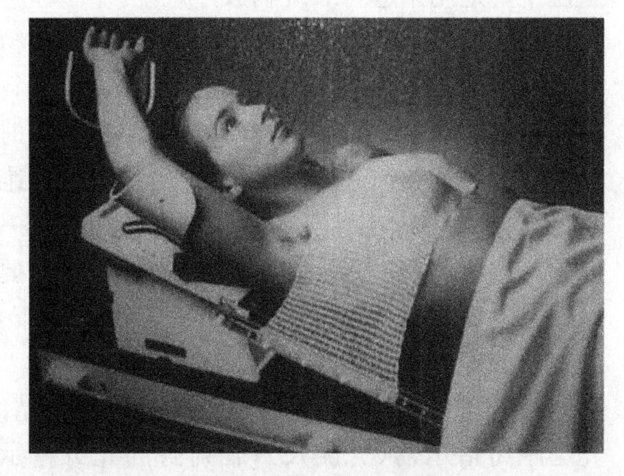

图 8-6 乳腺托架的正确使用姿势

将乳腺托架放在机床上，患者仰卧，臀部落在软垫上，底下垫一楔形垫，可防止身体下滑。后背靠于托架板上，调整托架板的仰角，使胸壁与床面平行，患侧上肢向头部上方自然弯曲上举并置于手托上，调整手托的高度、角度和长度，并且握住患侧手柄相应的高度，选择恰当的孔位，尽量使患者感到患侧上肢自然、舒适时固定。健侧上肢应自然放在身体的同侧。定完位后，填写托架参数表，以便治疗摆位时用。热塑型乳腺固定体模的制作与存放可参考一般的热塑模标准执行。

在没有合适固定架的情况下，也可采用真空垫等按照患者体型来制作个体化固定装置。

乳腺癌患者的治疗体位相较其他部位肿瘤的体位略复杂，因此，患者的体位固定装置和体位的合理选择非常重要，认真记录体位固定装置的数据参数，确保体位固定装置各个固定位置数值的准确无误与良好的重复性是我们体位固定技术中的关键。

（六）其他部位的体位固定技术

其他部位（如：四肢、浅表肿瘤等）的体位固定技术应按照患者的个体化差异，针对具体情况合理地选择体位固定装置和治疗时的体位，以患者的舒适、固定后可重复性好为目的，给患者的治疗提供一个良好的开端。

值得注意的是，体位固定装置的安全可靠、稳定与可重复性是放射治疗的重要组成部分，患者的配合也非常重要，体位固定装置会对放射治疗的剂量有一定的影响，所以，在放射治疗的过程中需特别注意。一些个体化装置的制作与使用需根据患者的具体情况合理运用，在制作、塑形、使用、保存的过程中需做相应的标记和记录。固定装置和患者体表所做的标记物或标记线应确保其精确性和可重复性，这点也非常重要。

第二节　常规模拟定位的质量保证

常规模拟定位通常使用的是常规模拟定位机，其模拟的是放射治疗机在治疗时的状态，这类模拟定位主要是用来进行二维的放疗定位。

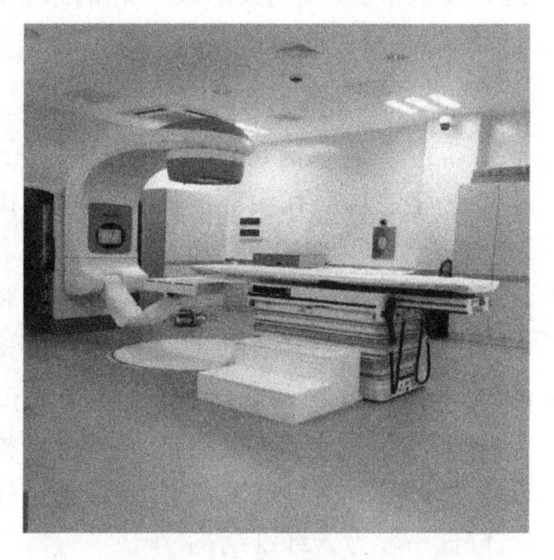
图 8-7　模拟定位机

在进行模拟定位之前，首先我们要确保模拟定位机的准确与可靠，这就要求我们要严格的执行常规模拟定位机的质量控制和质量保证规范，按时定期完成机器相关参数的校准，定期对设备进行维护与保养，这是进行常规模拟定位的关键因素之一。

当然我们在进行常规模拟定位之前，也需要对模拟定位机的相关机械数据做一些必要的检查，以确保模拟定位的准确与安全。

机架角度指示准确度；机架旋转等中心精度；光学距离指示器（光距尺）；辐射野的光野指示器（井字线）；准直器旋转角度指示；十字线中心精度；治疗床旋转角度指示；准直器旋转中心精度；治疗床旋转等中心精度；治疗床垂直运动精度；急停开关、门联锁、碰撞联锁等安全防护系统和辐射防护功能；激光定位系统等均应确保其在允许误差范围之内。

机架角度指示准确度：机架置于 0、90、270、180°，用水平尺观察机架角度是否正确。

机架旋转等中心精度：在治疗床床面上放置一指针作为参考，指针伸出床面的前端，将机架置于 0°，SAD 设定为 100 cm，调整床面的高度并使得参考指针的针尖处于等中心高度；打开射野灯，把指针的尖端与光野的中心对齐，将机架旋至 90°，检查指针的尖端与光野中心的重合度，调整床的高度使其重合；然后，再将机架旋至 270°，检查指针的尖端与光野中心的重合情况。

光距尺：刻度线是否与十字线的投影平行，各数值刻度是否与十字线投影重合，指示准确。

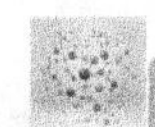

井字线：以可见光的方式在入射面上指示辐射野，而且在源轴距等于 100 cm 处，沿每一主轴，任一光野的边与对应的辐射野的边之间的最大距离需在允许的范围内。

准直器旋转角度指示：旋转准直器，检查准直器的角度指示是否在允许的误差范围之内。

十字线中心精度：机架置于 0°，SSD=100 cm，将坐标纸贴于治疗床面上，打开光野灯，将十字线与坐标纸上的一个点重合，旋转准直器，十字线在坐标纸上的轨迹为一个圆圈，此圆圈的半径应小于或等于 1 mm。

治疗床旋转角度指示：转动治疗床，检查治疗床的角度指示是否在允许误差范围之内。

准直器旋转中心精度：首先检查十字线是否有松动，如有松动，检查前务必拉紧相应的线；源轴距设置为 100 cm，旋转准直器看其轨迹，检查其是否符合要求。

治疗床旋转等中心精度：治疗床床面升至等中心高度，打开射野灯，旋转治疗床，检查旋转的轨迹点与十字线的中心投影点的重合度，要求在允许的误差范围之内。

治疗床垂直运动精度：采用十字投影法检查其是否符合要求。

急停开关、门联锁、碰撞联锁等安全防护系统和辐射防护功能：这一方面非常重要，需检查这些装置或设备程序是否正常工作，它关系到工作人员、患者及其家属的安全，必须引起足够的重视。

激光定位系统：这一点也非常重要，它的准确性直接关系到定位标记放置的准确性，影响后期治疗的效果，以及在后期可能进行的模拟复位、验证等环节均起着重要的作用。

常规模拟定位可以参照以下流程：患者体位的选择；选择合适的体位固定装置及必要的辅助物品；通过调整模拟定位机，确定靶区位置，设计治疗照射野的范围，遮挡正常组织和器官(机架角度、准直器角度、选择 SSD 技术或 SAD 技术，照射野的形状和需要遮蔽的位置等)；记录、传输定位片或定位影像截图；记录、标注治疗摆位点；记录治疗参数。

患者体位的选择：不同部位的肿瘤对于体位的选择也是不同的，合适的体位能提高患者的舒适性，减少患者的心理负担，提高放射治疗的质量，能够很好地保护正常器官或组织，也能够提供良好的重复性，这对放射治疗起着非常关键的作用。这就要求我们的工作人员能够熟练地掌握相关知识，并能够针对非常见肿瘤制定出个性化的治疗体位。

合适体位固定装置及必要的辅助物品的使用：如上节所述，体位固定技术是放射治疗的一个重要组成部分，它能提供给患者一个更好的体位固定支撑，提供更好的可重复操作性，提高了摆位精度，使患者能够得到更好更精确的放射治疗效果。合适的体位固定装置和辅助装置或物品的选择、制作、使用和存放均应得到足够的重视(如：头枕选择)；固定装置制作过程中未按照其特性制作而出现的误差(热塑模制作时水温不够或未完全软化即制作；未完全冷却定型，就取下放置导致形变；真空垫抽气未完全，导致未完全定型，或使用漏气的真空垫等)；存放或保管不当造成的误差(热塑模存放时方法不当导致的形变；真空垫在存放的过程中由于各种原因导致的漏气变形等)；个性化装置和辅助物品和装置的选择和使用也很重要(如：发泡胶的制作和使用，食道癌患者定位过程中口服造影剂的使用，部分浅表肿瘤补偿垫的运用，部分头颈部肿瘤中口含器的制作与使用等)。这就要求相关工作人员熟练地掌握体位固定技术的相关知识和操作规范，认真严谨的完成这一部分工作。

通过调整模拟定位机，确定靶区位置，设计治疗照射野的范围，遮挡正常组织和器官(机架角度、准直器角度、选择 SSD 技术或 SAD 技术，照射野的形状和需要遮蔽的位置等)：

通过移动治疗床,旋转机架、准直器,寻找到合适的距离、角度,对于肿瘤和正常器官或组织进行准确地分辨,以确定患者放射治疗照射野,这就要求相关工作人员要熟练地掌握人体器官的解剖位置,熟知各种肿瘤的常规照射方式,同时,也要求模拟定位机各个系统参数的准确可靠(机械系统、影像系统、激光定位系统等),所以定期、认真负责地完成常规模拟定位机的质量控制和质量保证工作是尤为重要。

记录、传输定位片或定位影像截图:认真负责的记录定位片或定位影像截图,为患者治疗计划的设计、治疗靶区的勾画提供影像基础,可以给后续的验证提供依据,这在整个放射治疗的过程也是一个重要的组成部分。需要注意的是,我们在影像传输的过程中,要确保其准确无误,以避免在传输过程中所引起的误差。

记录、标注治疗摆位点:这一项目关系到患者后续的治疗,治疗摆位点如果出现偏差将严重的影响患者的治疗效果,同时可能导致严重的事故发生。因此,相关医师应认真严谨的完成此项工作,必要时要多次核对和多人核对,确保其准确无误。

记录治疗参数:此项记录等同于患者放射治疗时治疗机所使用的参数,确保其准确非常必要。严格遵守三查七对,多人核对,反复确认,为患者的后续治疗保驾护航。

在常规模拟定位的过程中,由不同工种(放疗医师、物理师、技术员)共同完成,相互合作,互相监督,力争为患者提供一个舒适、安全、精确、高质量的治疗。

第三节　CT 模拟定位的质量保证

随着放射治疗技术的发展,CT 模拟定位以成为主流,从肿瘤的定位、治疗计划的设计到治疗计划的模拟和实施,CT 模拟定位机的应用贯穿了放射治疗的整个过程。

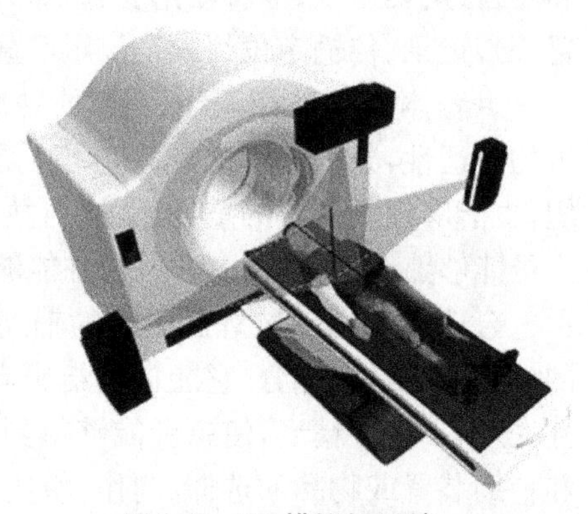

图 8-8　CT 模拟机系统

(一) 前期设备检查

与常规模拟定位相同,在定位开始前我们要确定 CT 模拟定位机的准确、可靠,除了按照规范按时认真的完成其质量控制和质量保证程序外,我们在开始定位前应再次检查下 CT 值、激光定位灯以及扫描床的参数是否符合要求。

1. CT 值

使用直径为 500 mm 水模,将测试水模安放于扫描野的中心,使水模完全位于扫描野内,得到一幅标准的层面图像,用直方图检测区域内 CT 值的均匀度或剖面直线分析水模的线性均匀度。然后使用光标属性的感兴趣区,将感兴趣区调整为 80～100 mm。缓慢移动感兴趣区,调整感兴趣区的位置,分别测定并记录各位置的 CT 值,并比较各处的 CT 值,判断 CT 值是否存在偏差(偏差应<±3 HU),如果出现偏差则使用水模校正及空气校正,修正 CT 值的偏差,将偏差调整至正常范围内。校正结束后,重新扫描水模,使用上述方法再次测定 CT 值,并做比较。

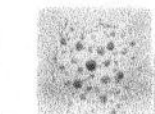

2. 激光定位灯

打开激光定位灯，使激光定位灯回位于 0°位置使矢状激光线位置为 0°将平衡架水平正放在 CT 床上，移动和升降扫描床使激光定位灯的三维激光线与平衡架的中心和两侧十字线分别重叠。若二者能完全重叠则不需调整，若不能完全重叠或出现较大的偏差（>3 mm）则需要调整激光定位灯。外部定位激光精度及外部定位激光平面与 CT 及内激光平面的距离精度可使用激光检验模板检查。激光的精度目标和要求视治疗采用的技术有所不同，调强和三维适形治疗及立体定向治疗要求的定位误差应不超过 1 mm，常规放疗的误差应控制在 2 mm 以内。

3. 扫描床

用直角刻度尺找出扫描床的中轴线。先确定 3～5 个中心点，作好标志，用白色胶布将各标记点相连并画出中轴线。将扫描床置于机架内，打开激光定位灯或用重力锤，确定并标记定位灯中心线或重力锤的位置。移动扫描床，比较扫描床中心线上各点的标记，若误差>3 mm，则须调整矢状激光定位灯或扫描床。

（二）运行环境和设备的定位前准备

1. 机房内的温度和湿度

机房内温度应控制在 24℃左右，温度过高会影响机器的正常运转，温度过低不利于患者的定位扫描；湿度需控制在 50%～70%，以保证机器的正常运转。

2. CT 的开机

按照设备的正常开机顺序，依次开启电源和计算机的电源，对设备球管进行加热和空气校正，空气校正必须在热稳定下进行，校正时应注意不要将定位床移入扫描机架内，开始加热或空气校正前，要确保机房内没有人员逗留。

为提高 CT 机空间及密度分辨率，需要每天校正参数，预热保养机器。CT 机在高强度条件下运行，有利于延长球管使用寿命，提高工作效率（原因是满负荷条件下利于提高球管真空度）；相反，在低负荷条件下球管真空度会下降，管壁易于龟裂。

3. 高压注射器电源

开启高压注射器电源，检查高压注射器是否正常；检查机房内与控制室的显示器是否同步并处于正常显示状态。

4. 急救药品及器械

为了防止患者对造影剂过敏或其他意外情况的发生，每天应检查 CT 室所配备的常规急救器械和药品是否齐全，同时检查药品的有效期，药品需定期更换并由护士专人负责管理。

（三）患者的准备

不配合患者可采用药物镇静，婴幼儿可口服合氯醛，等熟睡后再进行体位固定及定位扫描。不配合的幼童如要做增强扫描，其工作顺序是：患者置针头；口服镇静药；熟睡；体位固定及 CT 定位扫描。

对血压、体温异常而需要进行增强扫描的患者，需征得主管医生同意方可进行增强扫描，必要时需降低注射造影剂的总量和注射速率。

盆腔肿瘤的患者要行憋尿训练，以确保定位时及后续的治疗过程中尿量的不确定性对治疗效果的影响。

(四) CT 模拟定位参考标志点

CT 两侧墙面和顶面所发出的激光十字线,投射到患者左、右、前部或体模上形成 3 个十字交叉点,即为参考标志点。通过床的前后移动、升降或激光线的移动,患者身上的 CT 标记点是可以改变的。当确定了参考标志点后,在该点的皮肤或体模上画定位标记,并在该标志点放置 CT 可成像标志物(图 8-9)。

(a) 铅珠

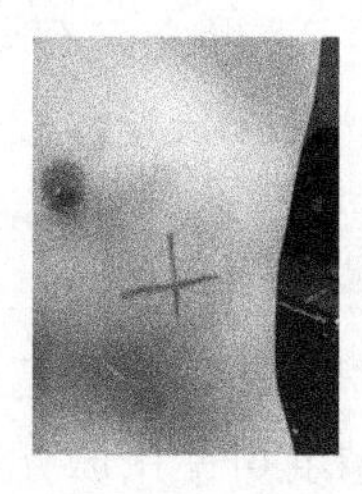

(b) 体表"十字"标记线

图 8-9 定位标记

选择 CT 定位参考标志点时应注意:尽量接近靶区;尽量接近骨性位置;尽量避开呼吸幅度较大的位置;尽量避开较为明显的瘢痕位置。

(五) 定位标志点或标志线

患者体表的定位标志点或标志线非常重要,如果丢失,前面的定位标志点或标志线将无法找回,必须重新定位,为了保护患者的定位标志点或标志线,目前主要采用以下几种方法和措施。

1. *皮肤画线专用笔*

画在皮肤上的印记不易脱落,但经过沐浴液等水洗后还是会逐渐淡化和脱落,而且皮肤表面分泌油脂和汗水也会加速它的脱落,要保持几周或 1 个多月并不可靠,所以对定位标志点或标志线要定时补画。

(1) 喷雾型液体敷料

经过水洗、油脂和汗水的冲洗,保存印记的清晰时间也不可能达到几周或 1 个多月,比较适合婴幼儿,但价格较贵。

(2) 输液针头保护透明敷料(保护膜)

通常天气凉爽,出汗较少可以保持 1～2 周,但对于出汗较多、皮肤容易过敏的患者不太合适,另外对于用电子线照射和皮肤放射反应大的患者也不合适,较适合儿童。为避免其脱落最好每周更换 1 次,更换时注意不能将旧膜连同标志线一起撕掉。

2. *二氧化碳激光治疗枪*

激光枪出束打在皮肤上成点状,过后产生点状瘢痕,保留时间较长(可达几周),使用较为方便,结合皮肤画线笔同时使用效果更好,但打激光时患者感觉较痛,个别患者尤其是代龄患者不易接受。

3. *纹身法*

保留时间长,但纹身标记前患者皮肤需经消毒,标记时患者有一定刺痛感,对皮肤有手术瘢痕以及皮肤放射反应较重的患者效果并不好。

(六) 体位的选择和体位固定装置的制作与使用

不同患者应针对性地选择合适的体位,体位固定装置的制作与使用需同时满足患者的舒适性与装置良好的重复性,为后续的治疗提供保障。头颈部一般选取 U 型热塑模或头颈肩热塑模配合头枕及体架的组合装置,必要时使用口含器和牙托;胸腹部及盆腔部主要采用头枕、体模、真空垫、体架的不同组合方式,可根据需要自行组合使用,乳腺肿瘤通常采用乳腺托架、热塑模来固定患者。体位固定技术的质量控制等在本章第一节中做了相关的介绍，从选择、制作、使用、存放等各方面均有相应的要求，严格按照操作规范可以更好地减少放射治疗整个过程中的误差，给患者提供更好的治疗效果。

（七）建档和扫描参数的确定

首先在CT模拟定位机上录入患者的CT扫描模拟定位档案。在参数设置时需要选择头先进还是脚先进，还需选择是仰卧位还是俯卧位。头颈部扫描层厚与层间距一般是1～3 mm，胸腹部扫描一般是5 mm。如果头颈部扫描选择层厚及层距为3 mm，上界起始扫描位置的参数就应是3的倍数，不然扫出的患者横截面图像就不会显示参考点上的可成像标志物。平扫加增强的扫描方式应先设置平扫，增强扫描可作为另一个序列排在平扫之后，平扫之后需检查参考点上是否显示可成像标志物，如果能显示出3个点才可以继续做下一个序列增强扫描。管电流一般为200～250 mA，管电压的设定需要根据治疗计划的要求以及是否是幼儿和儿童而有所不同。如果是调强放疗计划，平扫加增强的扫描方式，平扫管电压应为140 kV，增强管电压120 kV；如果是3D计划单独增强扫描，管电压应为140 kV；如果是CT-Sim计划，管电压应为120 kV；对于幼儿和儿童，管电压应控制在50～120 kV，同时必须在CT模拟定位申请单上注明，以便给做治疗计划者参考。开始增强扫描前，先启动高压注射器通过静脉针头注入造影剂，等待37～48 s才开始扫描。

（八）CT定位过程中造影剂的使用及注意事项

高压注射器：首先应准备好高压注射针筒及连接管，提前将造影剂吸入高压注射器针筒内，通过加热使造影剂温度保持在37℃左右。

询问患者的碘过敏史：询问患者过往是否有碘过敏史，如果患者有碘过敏或做碘过敏试验后有过敏迹象者，应严禁其做增强扫描。

了解患者的身体状况：CT定位时是做增强扫描的患者，如有肾功能损害、高血压、糖尿病、心脏病及年龄大于70岁等高危人群需慎用造影剂，增强扫描时需考虑降低造影剂的注入总量，对于年龄较大或血管较细的患者，需使用小针头并调低高压注射器注入速率。

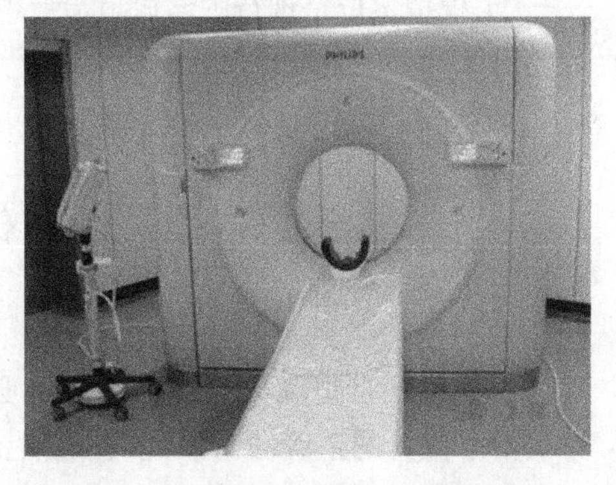

图8-10　高压注射器和CT模拟机

造影剂：造影剂一般选用非离子型，通常的造影剂有碘帕醇、碘海醇、碘普胺、碘佛醇、碘必醇等。虽然儿童患者发生变态反应的概率略低于成人，但由于做CT增强的患儿大多为危重病，并不能像成人那样能及时提出主诉，因此，儿童注射CT增强造影剂应首选非离子性造影剂，另外儿童注射CT增强造影剂含碘量不必过高，非离子性造影剂用含碘量为300 mg/ml即可（图8-10）。

患者的碘过敏试验：增强扫描的患者，定位前需提前接静脉注射针头，为了安全起见，护士给患者静脉注射1 ml（儿童减半）造影剂做碘过敏试验，注射后观察15 min，如果患者没有过敏反应即可注射造影剂，进行增强扫描定位。

造影剂的注射方式、用量、注射速率及扫描延迟时间：造影剂的注射方式通常使用静脉团注法，通过手背静脉或肘静脉注射，对于儿童静脉注射部位，最好采用肘静脉或前臂静脉，若用头皮静脉或下肢血管注射造影剂，其增强效果要差，从冰箱中取出的造影剂温度过低时，黏稠度增高，会影响注射速度，应适当温热后再注射。用高压注射器时，要注意防止儿童移动体位引起造影剂外泄。CT 定位通常以 1.5～2.0 ml/s 的注射速率注入造影剂 80～100 ml，然后延时 37～48 s 开始扫描，造影剂用量按照体重计算，1.5～2.0 ml/kg，儿童用量酌减，成人注入总量在 100 ml 左右，儿童不能超过 2.0 ml/kg。注射速率需考虑肿瘤患者是否正在使用化疗、年龄及以往对造影剂注射速率的反应，成人一般在 2 ml/s 以下，婴幼儿或者儿童一般在 0.4～1.5 ml/s。开始注入造影剂之后的延时扫描时间，需根据患者的扫描部位及医生或物理师对靶区勾画的要求而定，一般建议头颈部延迟 37～41 s，胸腹部延迟 42～44 s，盆腔及下肢延迟 45～48 s 开始扫描。对于儿童一般不做三期扫描，高危因素患儿，注射前通过开通静脉，注入 5 mg 地塞米松。

患者增强扫描后：患者增强扫描后需观察 30 min，如果没有不良反应才可以拔针离开。

（九）图像的处理和传输

扫描后的图像经电脑重建处理后，需要将患者的图像资料通过网络系统传到 CT-Sim 治疗计划工作站，四维 CT 扫描后，还需进一步重建 10 套呼吸图像及衍生图像后才能传出，不同的治疗技术可能需要传递到不同的工作站，如果传出前发现图像资料中的扫描视野不够大或者起始扫描位置设定错误，导致零层面可成像标记点没能扫到等，这是需要及时通过后台再重建后才能传出，以避免原始图像资料因堆积过满自动清除后而无法再重建，如果是平扫加增强的扫描，为了传出后便于做治疗计划时区分，可分别标注后传出。

CT 模拟定位是现行肿瘤放射治疗中的重要组成部分，其直接影响患者的治疗质量，多工种的协作，各司其职，专人专职，严格执行操作规范，力争在每个环节均做到安全准确无误。

第四节　位置验证质量保证

位置验证是精确放疗不可或缺的必要条件之一，在进行放射治疗前，要保证每个射野每次治疗位置的正确性。因此，在放射治疗前对治疗野位置验证就是放射治疗的一个必不可少的环节。

位置验证的方法较多，如胶片验证、电子射野影像系统(EPID)验证、三维图像位置验证等。以前主要使用胶片验证，但在直线加速器上拍验证片，需要拍片、洗片，费时费力，不能进行实时验证，现使用者越来越少。EPID 不仅方便，而且能够多角度进行图像采集，在经济好的放疗单位已经成为很常用的验证设备。用锥形束 CT(CBCT)和滑轨 CT 实时获取图像，通过三维图像配准技术进行位置比对，可以实现更加精确的位置验证。

一、常规二维放疗的验证技术

20 世纪七八十年代由于影像诊断技术、放疗技术的限制，放疗病人常采用等距离照射，

射野的大小往往是依靠放疗临床医生的经验、水平，根据患者的体表解剖标志以及结合放射诊断用透视机的影像来确定，直接勾画于患者的皮肤表面，由于没有定位模拟机，当时的射野验证也就无法进行。1990年代初随着科学技术的发展，CT诊断机的普及、常规模拟机的出现以及TPS的应用使照射剂量更加精确，结合CT图像进行射野的勾画，可以确切地知道肿瘤的大小，准确的勾画靶区。常规模拟机和加速器照射时的条件一致，使医生可以直观地看到照射的大小、位置。此阶段射野的验证的方法是采用放射诊断所用的胶片，在加速器机房里另外加一个拍片架，在治疗开始前将慢感光胶片置于射线源对面，使用的射线是能量MV级的X线。由于能量高拍出的验证片对比度差、解剖结构无法清晰的显现，没有中心线以及射野线在图像上显示，和定位片的比较难以进行。由于IP板以其宽容度大，曝光条件易掌握，CR系统有强大的图像后处理功能等优点是传统胶片所无法比拟的，在射野验证中有着重要作用。

1. 基于计算机X线摄影(computed radiography, CR)影像技术和二次曝光技术

借助激光定位系统和体位参考标记。将病人置于正确的治疗体位，在加速机附件插槽中插入射野标尺板，放好验证成像用IP板，并将拍片计划下载到治疗机。先按治疗射野的形状进行1～2 MU的照射，此为第一次曝光。然后，准直器开大(尺寸根据照射部位的不同进行相应的调整，原则是能看清周围组织)，再进行2 MU的照射，此为二次曝光。为了得到x、y、z轴的误差，需要拍摄0°和90°验证片。曝光后的IP板即可送去读片和打印。根据不同的摄片条件，利用CR的后处理功能，选择较好的图像对比度，传到网络或用激光相机打印出胶片。以DDR和模拟定位片x、y、z轴为基准，以片中较清晰的人体解剖标记为参考，比较两片，测量中心在x、y、z轴上的位置误差。

2. 基于有影像工作站的模拟定位机

由治疗计划系统生成正位和侧位两个验证野的数字重建影像DRR，将治疗计划传到模拟定位机的影像工作站，并打印出DRR影像。打开模拟定位机的影像工作站，将患者的治疗计划导入工作站。患者躺在模拟定位机上，体位固定与CT扫描时相同。移动定位机的治疗床，使CT扫描时做的十字标记线与激光的十字交叉线完全重合。调出两个验证野，分别在正位及侧位曝光，即得到验证野的影像图。将验证野的影像图与打印的DRR图进行比对，选择骨性标志作为参考点，测量移位误差。头颈部肿瘤患者误差应≤3 mm，胸腹部肿瘤患者误差应≤5 mm，若误差超出允许范围，必须查找原因并进行纠正；如果位置准确则调出治疗射野，透视观察病灶运动范围是否在计划照射野内，正常组织及危及器官是否按照计划的设计得到正确的遮挡；然后根据情况决定该计划是否需要进行修改。经模拟定位机验证无误后，将治疗计划转移到直线加速器上实施治疗，治疗前在直线加速器上再次拍摄正侧位片，如果发现射野位置有误，则必须查找原因进行修正。

二、EPID验证技术

随着科学技术的发展，调强放射治疗技术应用于临床，并成为放射治疗的重要技术，此时射野验证的方式采用电子射野影像系统(electronic portal imaging device, EPID)。目前EPID验证技术非常成熟，与射野照相(portal radiog raph, PF)法相比EPID是实时射野成像，可使误差得以及时纠正，EPID法能实时有效地测量放射治疗过程中的摆位误差。但是

EPID缺点是图像对比度低，解剖结构不够清晰，解剖结构作为内标记来精确测量摆位误差可能会造成一定的人为误差，且其比较费时，很难长期坚持。

EPID系统主体是一个非晶态硅影像阵列，当治疗用高能射线穿过人体后被EPID的发光二极管转换成数字图像，该系统能提供大面积高效率、高分辨率的图像，通过照射野自动跟随和误差自动分析软件实时显示实际照射野和误差，并根据情况及时纠正。其空间分辨率虽比诊断X光胶片低，但较验证片高，其对比度、信噪比、扫描时间、FOV、显示矩阵大小方面具有优势，而专用误差分析软件更是显示出巨大的优势。

EPID一般由探测器和影像处理系统两部分组成，根据探测方式的不同，可将EPID分为荧光探测器、液体电离室探测器和固体探测器3大类型。由于探测器成像系统的固有缺陷(坏点、漂移、空间非均匀性等)，需要对其进行图像校正。由于EPID系统是由非晶态硅制造，有一定的使用寿命，高能射线反复轰击后将产生坏点，2～3年后会影响图像质量。对于射野内体厚超过20 cm的患者有时分辨率不够，对此可以采用单曝光和增加曝光2～3 MU来解决。

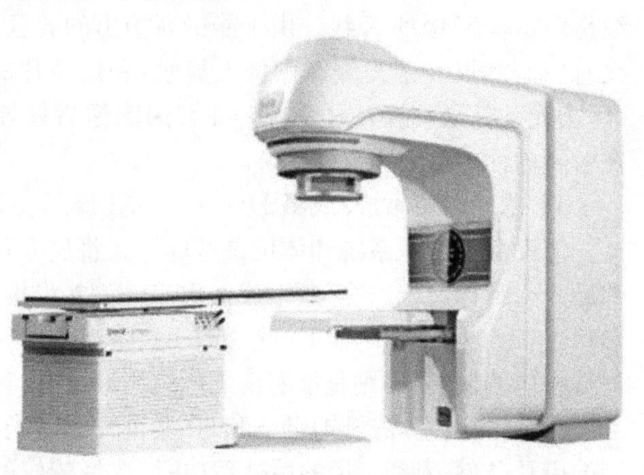

图 8-11　配备EPID装置的医用电子直线加速器

放疗前使用EPID系统对照射野进行验证，先按照射野照射的实际形状曝光2 MU，然后将照射野四周边界适当扩大10～20 cm，再次曝光3～4 MU，所获图像用专用图像分析软件与定位图进行对比，利用肿瘤邻近的移位性小、易辨认的骨性标志判断误差大小。为了便于误差分析，对于放射治疗计划中无0°和90°照射野的，专门设计0°和90°两个正交照射验证野，适形放疗则根据照射野DRR片的BEV为参考依据。

三、CBCT验证技术

近年来随着计算机技术的突飞猛进的发展且在放疗领域的应用，使得放疗进入了高精度的时代。CBCT技术成为许多放疗中心的主流放疗技术。CBCT获得的图像清晰，采集配准方便，患者吸收剂量较小，自动化程度高等优点。CBCT实现了真正的在线校准，可以得到横断位图像、冠状位和矢状位图像。利用横断位图像和放疗计划的CT模拟横断位图像进行配准，匹配方式可选择自动骨匹配、自动灰度匹配和手动匹配3种方式，可以减少因工作人员的经验以及水平引起的误差。

CBCT与电子射野影像验证系统(EPID)相比具有以下优点：图像分辨率高，图像质量清晰；图像采集方便，可以进行图像的三维重建(EPID只能对患者进行正、侧位的平片拍摄)；患者吸收剂量小，CBCT是千伏级的射线装置，而EPID是MV级的射线装置，因此每周1～2次CBCT位置验证所产生的辐射剂量的累积影响对于患者而言可以忽略不计；图像比对更精确，CBCT所采集的图像不仅可以通过骨性标志配准，还可以通过低密度的软组织器官影像进行图像配准，EPID只能进行正、侧位的骨性标志的比对，对比精度较差。

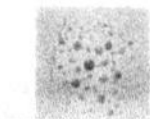

由于机载设备的限制，CBCT 的扫描范围较小，虽然大焦点的扫描范围已经有了很大的扩展，但是遇到体型相对较大的患者，依然不能将部位扫描全。

以瓦里安 CBCT 系统为例，就 CBCT 运行流程做简单介绍。

在治疗计划系统中调出患者的放射治疗计划，添加患者的摆位野；计划确认，并在 Arial 工作站上添加此计划和摆位野，使得加速器能够从服务器上调出患者的计划和摆位野；从 4D Intergated treatment console 上调出此患者的计划和摆位野对患者进行摆位后可通过机载千伏级影像系统获取患者的实时断层图像和重建的三维图像；扫描所得图像与治疗计划 CT 图像用软件自动匹配后，由有经验的医师参照明显的骨性标志手动配准，直到在水平、冠状及矢状面上获得最佳重叠为止；配准得出前后、头脚和左右方向的位移数值，对头颈部肿瘤任意方向＞3 mm、胸部肿瘤任意方向＞5 mm 的患者进行移床操作，纠正摆位误差。

照射野误差在 0～5 mm 的患者为摆位偏差，可以执行放疗，对误差超过 5 mm 的患者为摆位失误，要分析原因及时纠正，再次验证合格后进行放疗。患者每周验证 1 次，同一病人每次均由放疗科同一位医生及放疗技术员进行验证，以减少人为误差。

严格按照操作流程，使用的设备应稳定可靠，各项参数均应在允许的误差范围之内，在操作的每一部分过程中均应认真、细致，以减少人为误差的影响，熟练地掌握相关设备的操作也是至关重要的。

第五节　治疗摆位的质量保证

治疗摆位贯穿了肿瘤患者放射治疗的整个过程，是放射治疗过程中极为重要的一个环节，理想的摆位是偏差越小越好，其要求是：精确度高，重复性好。在治疗摆位过程中，可产生两类误差：即随机误差和系统误差。随机误差具有偶然性，是由于病人和器官的移动、位置的不确定及皮肤标志点的拉扯、机器设备不稳定、每次摆位时患者体位的变动和技术员操作失误有关等引起。由此可导致剂量分布的变化，进而导致肿瘤局部控制率减少或正常组织并发症的增加。同时由于病人体位和射野在摆位和照射中的偏移，可造成有一部分组织 100％机会在射野内，一部分组织 100％机会在射野外，另有一部分组织可能在射野内也可能在射野外。而系统误差具有规律性，一般是由于定位条件与治疗条件不一致、机器设备精确度下降和技术员之间摆位标准不同所致造成，由此会导致靶区边缘剂量的不准确，系统误差较大时随机风险也随之加大，进而导致野内复发率的增加，如不及时纠正则此误差将伴随疗程的始终。

1. *治疗摆位误差及不确定度分析*

治疗机参数变化和治疗患者体位移动，适合的位置不确定度为±5 mm。

治疗距离下，照射野偏移允许度为±2.5 mm，由野灯及光板位置运动变化产生。等中心精度为±1 mm，由机架机械运动间隙、齿轮间隙产生；灯光野重合性为±1 mm，由小机头机械运动间隙、齿轮间隙产生；准直器精度为±1 mm，由机械运动间隙，装配间隙产生。

因患者或体内器官运动，摆位时允许的误差为±4 mm。摆位允许误差为±3 mm，由激光线可读宽度产生；患者呼吸影响为±2 mm，由定位和固定产生；身体及器官运动影响为±2 mm，由体模和面模固定产生。

保证靶区剂量的准确度达到±5%，射野偏移允许度应小于 5 mm，因患者器官运动和摆位时允许的误差不超过±4 mm 射野对称性，平坦度的变化不应超过±3%，楔形板、射野挡块和组织补偿影响变化不能超过±2%，校对加速器呼吸剂量时，剂量监测仪读数误差不超过±2%。

患者方面：患者在定位和摆位时能完全放松，自控能力强，坚持治疗时间内不移动、不咳嗽、平稳呼吸体位者偏差较小，反之则大。由于治疗疗程较长，患者的器官移动，体型变化，呼吸的幅度，胃肠蠕动及充盈或排空，皮肤标记点的不准确等，均会导致人体与摆位辅助装置不匹配；患者双手上举时因松紧程度不同，皮肤牵拉引起激光点难以完全对准，造成固定效果不好；为此对实施精确放疗的患者，应进行预先告知注意营养调节，不宜进补太多太快，对于胃肠道反应食欲下降或腹泻者，要及时处理放疗反应，补充营养，尽量保持体重；胸腹部肿瘤患者，由于呼吸对肿瘤的活动度比较大，咳嗽剧烈者应先镇咳治疗后方能定位或治疗。一般在临床靶区定位前做好患者的工作，使患者对治疗的各个过程有所了解，强调精确摆位重要性，取得患者的配合，以免患者过于紧张或不自主运动导致不能定位或影响定位精度。

2. 治疗体位的确定

在治疗计划实施之前先要确定治疗体位，合适的体位即要考虑到布野要求，又要考虑到患者的一般健康条件和每次摆位时体位的可重复性。患者感到最舒适的体位往往是最易重复和摆位的体位，而这种体位往往又不能满足最佳布野的要求，因此在确定患者治疗体位时，要首先根据治疗技术的要求，借助治疗体位固定器让患者得到一个较舒适的、重复性好的体位。治疗体位一旦确定，要求技术员应严格遵守该体位的摆位步骤，努力减少从定位到治疗的过程中因皮肤、脂肪、肌肉等因素对其位置的影响。

3. 治疗体位的固定

固定的目的一是保证患者得到正确的治疗体位，二是要求在照射过程中体位保持不变或每次治疗摆位都能得到良好的重复。因此借助体位固定器可有效地防止患者因下意识运动而使治疗体位及靶区发生移位。目前常用的固定技术有面罩、头枕、体模、真空垫等不易移动的装置，例如前野照射双侧颈淋巴结时，下颌尽量抬高，使其射野包括上颈淋巴结而不照射到口腔；治疗喉癌时，则要求上颌稍微放松一些，用一对水平小野照射；治疗下颌门癌时，则要求患者的双肩尽量向下拉，让下颈部有较多的空间方便照射；全中枢神经系统照射治疗髓母细胞瘤、室管模细胞瘤时，则应采取俯卧位，垫头并尽量使脊柱伸直。这些体位的正确取得与保持，均需要体位固定装置。同时在确保病人得到正确的治疗体位条件下，使其尽可能的舒适。

4. 治疗摆位

摆位是按治疗要求实现射线对病人的相对取向及有关的剂量条件，其中射线对病人的相对取向由病人的体位、床的运动及机头或臂架的运动来实现的。常用的有固定源皮距照射(SSD)和等中心定角照射(SAD)。固定源皮距照射，是将放射源到皮肤的距离固定，射线束中心由机架转角后通过身体射野中心，照射到肿瘤中心位置上，因此，该技术的摆位要点是机架转角一定要准确，给准角度后再对源皮距。同时要注意患者的体位，否则肿瘤中心会跳出射野中心轴甚至照射野之外。等中心定角照射是将治疗机的等中心置于肿瘤或靶区上，也就是以肿瘤为中心以治疗机器源轴距为半径来照射，因此，该技术的摆位要点是升床高度一定要准确，先对准距离后再给角度，其升床的具体数字可由模拟定位机定位确定。用此法摆位，病人的体位较舒适，且容易固定，每次照射重复性好，方便准确。

随着放疗技术发展，精确放疗越来越重视，体位的固定及摆位就显得极其重要。Soften and Colleagues 的研究表明前列腺癌四野适形照射，有固定及无固定的误差分别为 3.3 mm 和 8 mm，而 Resenthal and Colleagues 研究表明从模拟机到治疗机的传递误差分别是有固定为 4 mm，无固定为 6 mm，基于这点，放射肿瘤学家能依从治疗计划恰如其分确定临床靶区(CTV)的边缘。边缘误差临床意义比中心点显得更加重要，直线加速器等剂量曲线分布非常陡峭，照射野定义在 50%等剂量曲线处，射野边缘剂量 80%～20%，一般宽度为5 mm，所以 2.5 mm 的误差边缘剂量高达 30%，因此我们不能低估几毫米的摆位误差对疗效和副作用的影响。

5. 摆位验证

采用 CBCT 或 EPID 系统对治疗摆位、照射中心和照射边界进行实时验证，要求头颈部肿瘤靶点偏差小于 3 mm，胸腹部及盆腔肿瘤靶点偏差均小于 5 mm，才能实施放疗。并且以后每周常规拍摄一次患者的治疗位置验证片，以监测放疗实施过程中摆位误差是否在允许范围之内，指导技术员发现产生误差的原因并及时纠正。

通过校正摆位来减少摆位误差。在一次或多次测量摆位误差基础上，可在每次测量后立即进行在线纠正或在下次治疗前离线状态下纠正摆位。一种方法是：在每次治疗开始时照射数跳获得定位图像并在线登记，如摆位误差在允许范围内则继续照射；如发现摆位误差超过限定值则校正患者摆位。另一种方法是：根据以往多次测量结果下次治疗前在离线状态下校正摆位。校正的时机、频率及需要校正的程度，通常根据以往测得的数据预定一个标准界值。当所测得的摆位误差大于该值时就需要校正。

在给患者摆位及罩模时，要注意患者体表标记线的清晰度和准确度。放疗摆位标记线标记于体表并且是放射治疗的唯一依据，所以保护好这些体表标记线就至关重要。由于衣服的摩擦、汗水及清洗，体表标记线会模糊不清甚至消失，及时修补淡化了的体表标记线并确保其重复性，才能保证摆位精度；其次，要注意体模与患者体表的适形度，要使各种体模的凹凸与患者面部及躯体部的轮廓相吻合，同时应参考体模的上下界与患者身体上标记的相应位置界线相符合，这是因为 3 个方向的激光摆位靶线均标志在体模上，如果人体和固定装置的相对位置发生变化，即使体模上的摆位靶线与激光线一致，也不能保证患者照射靶区的重复；体模与患者的充盈度、敷贴性要良好，不能太松或太紧；对于那些放疗期间由于各种原因造成的体模松紧程度发生明显变化的患者，应及时给予重新制作，重新 CT 定位和设计治疗计划。

在患者首次实施治疗时，对治疗床位置偏低且偏向一侧，机架需要转到 90°以上或 270°以下角度时，必须在摆位后于治疗室内将机架做一次模拟旋转，以确定机架与床及患者、影像板与床及患者不相撞；非共面照射有床转角时，应先将机架打起，再手动旋转治疗床到位，杜绝机架与治疗床或患者身体相碰。

6. 三维适形治疗摆位

治疗前检查激光灯的平行度和垂直度:检查是否交汇于加速器的等中心,核查等中心的精度,偏差不能大于0.5 mm。治疗摆位是CT定位摆位的重复:要严格执行查对制度,详细阅读治疗计划单,必须有两人同时进入治疗室摆位,首次治疗必须有主管医师共同参与,以确保固定、摆位治疗的高精度。摆位时使患者体位正确、舒适:确保体表标志的重复,三维激光灯等中心"十"字线必须与体表"十"字定位线相重合。将靶中心置于机械等中心,严格控制摆位的重复性误差。照射治疗中,要密切监视病人的反映和加速器的运转情况;治疗结束时简单核对患者体位是否有变动,等中心点是否有偏移,如有,分析并找出原因并改进之。

必须保持制模体位、扫描体位和治疗体位一致,患者最舒服的体位和技师最容易操作的体位就是最佳的治疗体位。可利用三维激光定位系统以及人体骨性标志来确定摆位的位置,如头颈部肿瘤定位、治疗摆位时,两侧激光灯应对准外耳孔,室顶激光灯对准体中线,这样CT图像和治疗计划三维重建的图像就能准确吻合。

体位固定装置是保证重复定位和摆位的基础,真空成形袋要密封好,在整个治疗过程中,要避免患者身上带有金属物,治疗完毕要把真空成形袋放置到安全的地方,以免损坏导致无法使用或漏气变软降低定位精度。

每次治疗前应校对激光灯,治疗室的激光灯是将治疗摆位坐标置于加速器等中心的关键,这也是保证适行放疗质量的关键。

7. 调强放射治疗摆位

根据治疗技术的要求,借助治疗体位固定器让患者得到一个较舒适的、重复性好的体位。治疗体位一旦确定,要求技术员应严格遵守该体位的摆位步骤,努力减少从定位到治疗的过程中因皮肤、脂肪、肌肉等因素对其位置的影响。

对头颈部肿瘤,根据患者的头形选择同型号的头枕,让患者仰卧其上,按治疗要求使患者头部与头枕适合并接触舒适,然后取高分子热塑材料制成的U形网模1张,在75 ℃左右的热水中浸泡1～2 min,待其变透明时取出,用毛巾吸干水后包裹患者头面部、下颌、颈部、双肩,并在鼻唇部成形。待其冷却定形后,在面罩上激光线3个"十"字投影处贴上医用胶布,用笔标记记号,将此标记线作为摆位线。

对胸腹部及盆腔的肿瘤,患者仰卧在碳素纤维体架上,双臂上举交叉于额前,利用三维激光线使患者体中线与激光纵线一致,热水软化体模,吸干水珠,均匀平铺患者体表,扣上两边4个扣槽,塑形,冷却,使其与患者体形成形。然后在体模上3个激光线"十"字投影处贴上医用胶布,用笔标记记号,将此标记线作为摆位线。

每次摆位时要保证患者处于同一体位,保证患者的位置重复,照射时体位与定位时体位要完全一致。

治疗摆位前,仔细核对患者姓名、性别、年龄、认真阅读放射治疗计划单,首次治疗摆位时,患者放疗主管医生、物理师、放射治疗师必须同时在场,缺一不可。

患者取舒适仰卧位,患者矢状面与治疗床面垂直,横状面与床面平行,并与CT定位体位保持一致。

用面模及体模将其治疗部位固定,使患者在放射治疗时处于某一相对位置而不移动。

升降床采用激光定位,使激光"十"字交叉线与患者面模及体模上"十"字线标记完全重

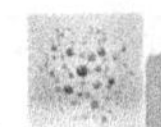

合，再根据 TPS 计算出的实际靶区中心坐标与模拟靶区中心在 x、y、z 轴上的差距进行移位，找出实际照射野的等中心。继之逐一审核预设的 3 个不同角度的实际照射野，确认每个照射野的 SSD 与实际摆位的误差均＜5 mm 后，再确定其实际照射野的等中心。在实际照射野的等中心处贴上医用胶布并用笔画上“米”字标记，擦去模拟靶区中心的体表标记，同时在定位装置上标记出治疗体位时的 Z 轴激光线。

采用 CBCT 或 EPID 对治疗摆位、照射中心和照射边界进行实时验证，要求头颈部肿瘤靶点偏差小于 3 mm，胸腹部及盆腔肿瘤靶点偏差均小于 5 mm，才能实施放疗。并且以后每周常规拍摄 1 次患者的治疗位置验证片，以监测放疗实施过程中摆位误差是否在允许范围之内。

8. 对于电子线

电子线照射技术分为垂直照射和水平照射两种，电子线照射与 X 线照射的摆位不同点在于电子线照射时需要限光筒，限光筒一般分为多个型号。另外，每位患者都需要有自己固定的铅挡块，患者的病灶被设定有几个照射靶区就需要有几套铅挡块。摆位时注意患者靶区表面一定要与限光筒底部平行，患者靶区的皮肤表面应尽量贴近于限光筒的底部，头颈部左、右野照射时，应注意铅块左、右使用正确。

照射不规则野时需要挡铅块，在摆位过程中，铅块的精确摆放与否，可直接影响到其治疗效果。为此要求摆位技师要有责任心，并做到摆位和挡铅准确无误，患者治疗体位要准确，照射靶区要清楚，灯光野要清晰。在使用铅挡块时，不可平放或倒放，否则可导致其防护不够。

在摆位过程中，一定要注意到机架角度的准确性，同时还要注意患者的体位，否则肿瘤的中心就会偏离照射野中心甚至射野之外。目前源皮距照射多用于姑息性放射治疗或采用简单野照射者，若设备和技术条件允许时，应采用等中心技术照射。

小　结

体位固定技术、模拟定位（常规模拟机、CT 模拟）、位置验证、治疗摆位贯穿了肿瘤放射治疗的整个过程，均为放射治疗中不可或缺的重要环节。

肿瘤放射治疗是一系列过程的系统工程，放疗误差可来源这一过程的各个环节，既有系统误差也有随机误差，既有主观因素也有客观因素。需要放疗技师、医师、物理工程人员的共同努力，并在实际工作中规范每一个环节，形成制度，做好质控，才能使肿瘤放射治疗的治疗效果得到保证。

设备的稳定可靠、患者良好的配合度、工作人员良好的业务能力和工作责任心是非常必要的，这些都是放疗技术质量控制和质量保证的关键。

第九章

组织位移控制系统的质量控制

放射治疗是治疗恶性肿瘤的主要手段之一，其治疗技术在近几年得到了较快的发展。如今，精确放射治疗已经成为治疗主流和今后发展的方向，但是患者内部器官自主和不自主运动（如：肺、肝、乳腺等，会随人体的呼吸运动而发生位置的变动；腹腔内的肠道蠕动，以及膀胱的充盈不一致等）。这种位置的变动给精确放疗带来了较大的肿瘤靶区的偏差，所导致的肿瘤位移在很大程度限制着此技术的发展和应用。为了解决精确放疗的这一难题，组织位移控制系统应运而生，目前常用的组织位移控制系统主要有：组织位移固定限制系统、呼吸控制系统、四维引导系统、B超膀胱容积测量系统等。

在放射治疗过程中，如何将上述会发生位置变动或形变的肿瘤靶区置于预先设计好的投照范围内，事关精确放疗能否得到准确的实施。组织位移控制系统作为约束限制或掌握肿瘤靶区周期运动规律的重要工具，其本身的精确度直接影响治疗的效果，所以必须对组织位移控制系统进行定期的质量保证和质量控制检验。本章将对组织位移固定限制系统、呼吸控制系统、四维引导系统、B超膀胱容积测量系统等的质量保证项目及质控程序进行详述。

第一节　组织位移固定限制系统的质量保证

组织位移固定限制系统主要指放疗摆位辅助装置（immobilization device），属于放疗设备中的附属装置。在放疗定位和治疗实施中，为了让患者保持某种体位和确保体位重复性而采用的治疗辅助装置。摆位辅助装置的使用提高了放疗定位精度和分次治疗的体位重复性，有利于放疗计划的精确实施。传统的放疗摆位缺乏相应的辅助固定措施，患者在定位和治疗中，通常自由地躺在定位床或治疗床上，后来相继出现了一些定位装置，但均未将定位与治疗很好地结合在一起，而仅以患者体中线或体表标记点作为参照。近年来随着放疗技术的快速发展，各种高精度的摆位辅助装置陆续出现并投入临床使用，很大程度上提高了体位重复性和摆位精度。

随着精确放疗技术的广泛开展，放疗剂量分布对肿瘤的适形度越来越高，剂量梯度也越来越大，此时放疗摆位中的一个微小偏差，可能会对整个放疗剂量分布带来很大影响。为了保证每一次放疗都能精确实施，需要一套精准的定位装置，借助此装置可以精确定位出肿瘤的位置，同时还要保证每次放疗时患者的体位都能重复一致。此外，摆位辅助装置

还应具备一些附属条件：如患者易于接受，与人体组织的相容性好，不会产生过敏反应；不会阻挡射线或对射线的衰减很小；材质结实耐用，使用中不易变形；易于操作，使用便捷等。

一、摆位辅助装置的功能与作用

一件摆位辅助装置至少应具备 3 个功能：定位、复位和固位。

定位是借助摆位辅助装置上的刻度或参考线，能够准确地找到肿瘤的位置或是放疗靶区的治疗中心。摆位辅助装置类似于建立了一个"参考坐标系"，放疗患者从进入 CT 定位，到确定治疗靶区，再到设计治疗计划，直到最后的放疗实施，都是依托于这个"参考坐标系"进行三维空间定位。

放疗体位的要求，既要使患者得到正确治疗体位，还要求在照射过程中体位保持不变，或每次摆位能使体位得到重复，即复位。放疗计划实施的过程通常在 5～20 min 之间，根据放疗计划的不同有所差别。在射线照射靶区的期间内，要求患者保持一个姿势长时间不动。但很多情况下患者存在不自主的运动，这就需要摆位辅助装置具有让患者保持体位固定的作用，即固位。

通常一套摆位辅助装置会包含一个体位固定架和一个量身定制的模具，例如用于头颈部放疗的头颈肩固定架(图9-1)配合 S 型头颈肩热塑面罩(图 9-2)使用，从而起到良好的复位和固位作用(图 9-3)。头颈肩固定架，底架为碳纤维材质，板状结构，用于头颈部和胸上部放疗的体位固定。头颈肩热塑面罩为网状结构，用于头颈部肿瘤放疗。

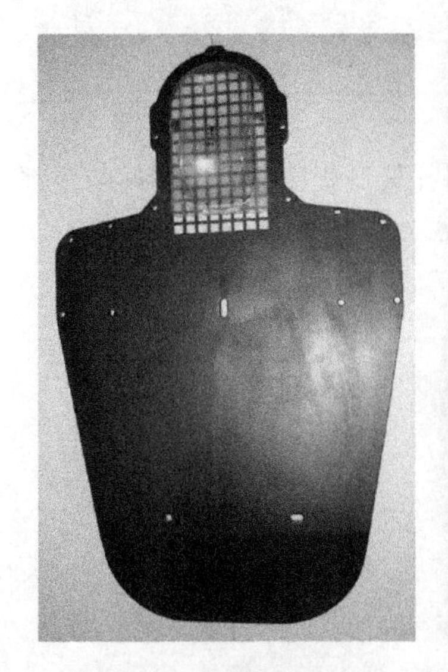

图 9-1　头颈肩固定架

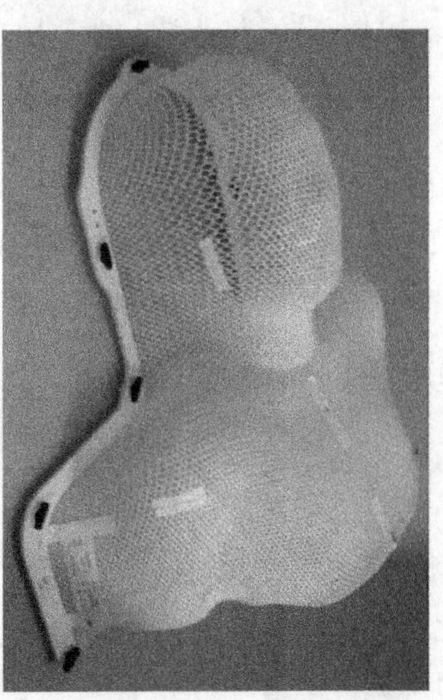

图 9-2　S 型头颈肩热塑面罩

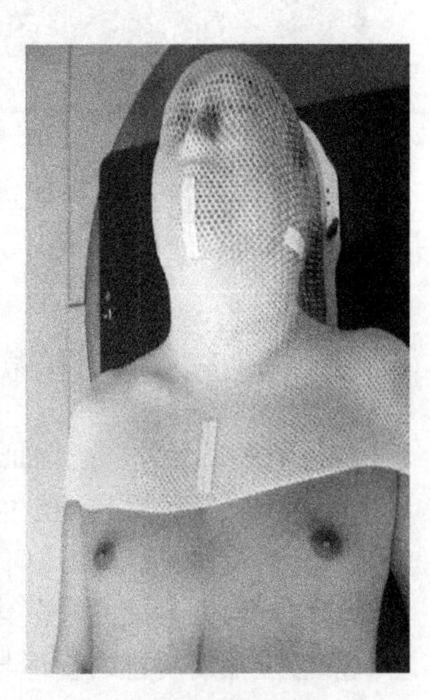

图 9-3　头颈肩固定架配合 S 型热塑面罩使用

在放疗摆位的过程中，会产生两类误差：随机误差和系统误差。参照相关定义，对于患者个体而言，系统误差是分次摆位误差的平均值，随机误差是分次间摆位误差的波动，用分次摆位误差的标准差表示。摆位辅助装置的使用可以显著提高体位重复性，减小摆位误差，对提高放疗精度有着重要作用。

二、摆位辅助装置存在的主要问题

有研究发现，摆位辅助装置在临床应用中主要存以下问题：

① 规格参数不统一：同一种摆位辅助装置，不同机房的配置不统一，来源于不同生产厂家，使用年代差别也很大。

② 部分摆位辅助装置出现老化变形，甚至有的已经破损（图 9-4），继续使用可能会对摆位精度带来不利影响。

③ 使用操作不规范：患者的摆位姿势不标准，导致放疗摆位的重复性和治疗精度难以达到预期效果；摆位辅助装置的临床应用标准不统一，缺乏科学的指导。

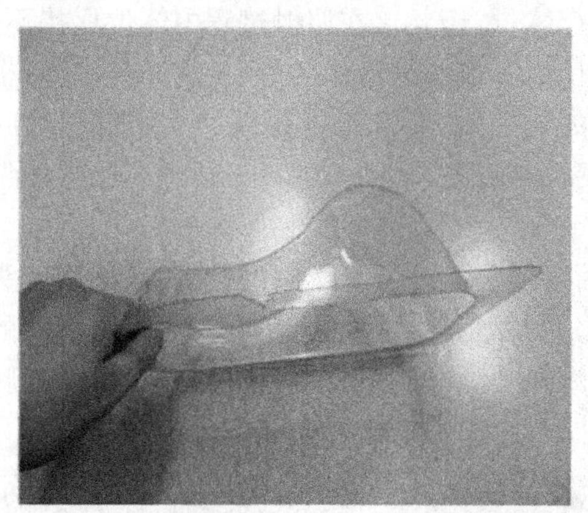
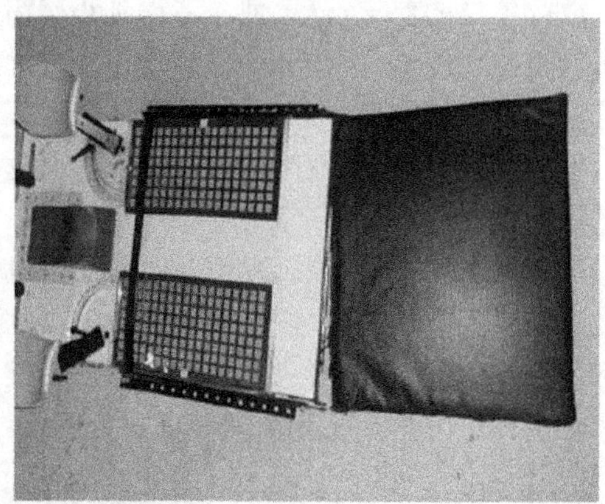

图 9-4　破损的摆位辅助装置

图 9-4 左图中透明头枕边缘已开裂变形，右图中的乳腺托架底板已破裂。两件装置都是在放疗中正在使用的，如不及时更换，可能会影响摆位精度。

三、摆位辅助装置的质量保证内容

摆位辅助装置的质量保证（QA）内容包括以下几部分：

① 摆位辅助装置启用前的验收；

② 日常检测：机械和几何参数的测量与校正；

③ 摆位辅助装置的规范化应用；

④ 摆位辅助装置的管理与维护。

（一）启用前的验收

一套摆位辅助装置在投入使用前应有一个验收程序，这是 QA 程序的开始。通过验收后的摆位辅助装置才可以投入临床使用。验收内容包括：外观完整性检查；功能性检查；参数测量与核对；使用效果预期与安全性评估等。

（1）外观完整性检查

固定装置组件、包装、说明书的核对，产品完好性检查。

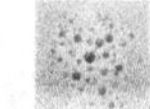

(2) 功能性检查

对该装置应具备的全部功能进行初步测试,确定其各项性能正常,检查说明书中所具有的各项功能是否齐备。

(3) 参数测量与核对

对装置各项参数进行测量,与厂家提供的参数进行比对,测量结果应在误差允许范围内。在必要时,对产品的物理性能、产品特性做极限性能测试。

(4) 使用效果预期与安全性评估

评估该装置的预期使用效果;评估固定器是否存在人身安全隐患;该装置在放射治疗中的使用是否会带来射线剂量学上的不利影响。

(二) 日常检测与校正

摆位辅助装置的日常检测是定期对装置的机械和几何参数进行测量和校正。包括检测内容、检测方法、检测频率 3 个方面。

检测内容主要包括摆位辅助装置的几何参数(尺寸、厚度、孔径、倾角、水平度等)和机械参数(材质、硬度、机械形变大小、抗拉伸性能等)。对测量的结果进行记录,发现问题进行必要的校正。

摆位辅助装置的种类有很多,不同的装置需要测量的参数和测量方法也不同,针对每一种装置的特点,需要制订对应的测量内容和测量方法(表 9-1)。测量内容一方面参照放射治疗机机械精度和几何参数的测量内容;另一方面结合临床放疗中对摆位精度的要求和具体装置的使用特点,并在 QA 实践中不断改进和完善。

表 9-1 摆位辅助装置的日常检测内容和检查频率

装置名称	检测内容	允许精度	检测频率	备 注
胸腹平架	三维尺寸、刻度精度	±1 mm	每月	目测与工具结合
头枕	尺寸、厚度、曲度、机械形变	±1 mm	每月	CT 影像法测量头枕的曲度
热塑体膜	尺寸、锁扣直径、温度和机械特性	±1 mm	每月	日常观测体膜在使用中的形变,做模体试验
头颈肩架	尺寸、锁扣孔径	±1 mm	每月	
热塑网罩	尺寸、锁扣直径、温度和机械特性	±1 mm	每月	日常观测使用中的形变,做模体试验
腹盆架	尺寸、刻度精度	±1 mm	每月	
头部平架	尺寸	±1 mm	每月	
乳腺托架	尺寸、角度、刻度	±1 mm	每月	
船型枕	刻度	±1 mm	每月	

表 9-1 为临床放疗中常用摆位辅助装置的日常测量内容和测量频率,针对每一种装置的特点,制订个体化的检测内容。

测量方法大体可分机械工具测量和 CT 影像测量两种。机械工具主要有高精度钢尺、游标卡尺、千分尺、倾角仪、水平仪等(图 9-5),采用机械工具测量摆位辅助装置的三维尺寸、厚度、角度等。CT 影像测量是对摆位辅助装置做 CT 断层扫描(图 9-6),获得三维 CT 影像,在 CT 图像上测量几何参数、密度值(CT 值)等,并可以借助一些图像处理软件进行分析比对。两种方法互为补充，对于常规的三维尺寸、厚度、夹角等可使用机械工具测量，对于横截面、密度、不规则形状的轮廓参数更适合借助 CT 影像测量。

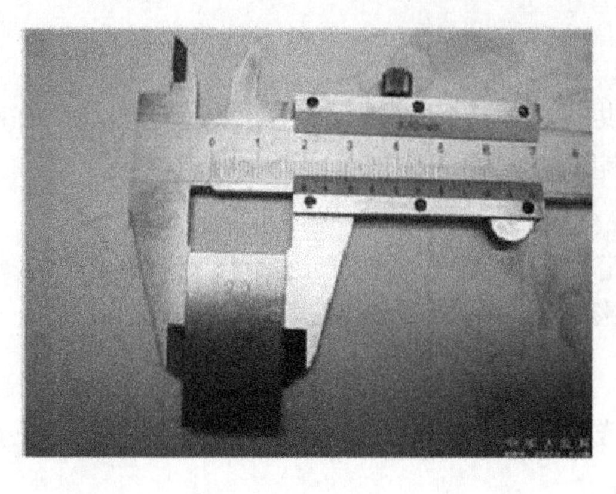

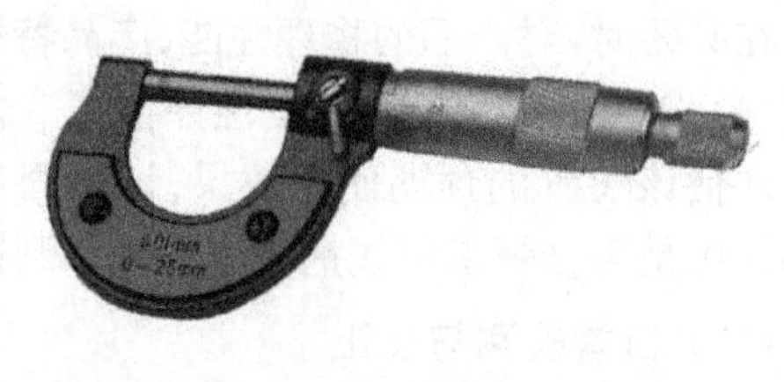

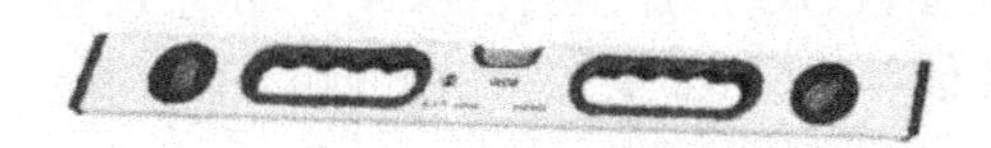

图 9-5 常用的机械测量工具：游标卡尺、千分尺、水平仪、倾角仪

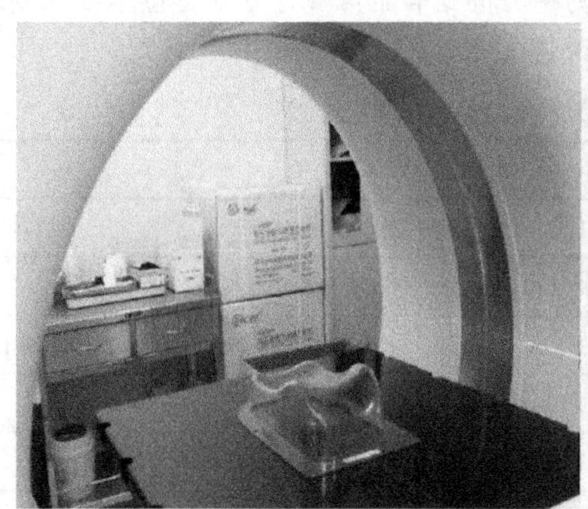

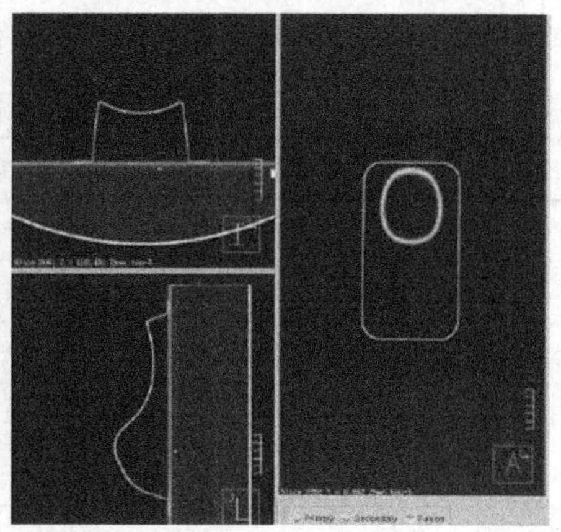

图 9-6 摆位辅助装置做 CT 断层扫描获得三维 CT 影像

测量中的允许精度：专业教材及传统文献中建议的摆位辅助装置的允许精度是 ±2 mm。但近年来立体定向放疗、三维调强适形放疗的开展对相关机械精度和稳定性的要求都在提高，精度建议提高 1 倍。考虑到医疗器械产品加工精度和临床放疗精度的要求，建议一般的几何尺寸精度应在 ±1 mm，厚度为 ±0.5 mm，倾角 ±0.1 度。

检测频率：建议每天在使用前检查摆位辅助装置的外观和结构是否完好，查看是否有变形或破损。每月做一次机械和几何参数的测量与校正。

(三) 放疗摆位辅助装置的规范化应用

规范化应用包含配置统一化、使用规范化、临床应用指导 3 个方面。

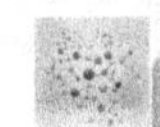

1. 配置统一化

通常一个放疗中心有2套以上的摆位辅助装置(治疗室和模拟机至少各1套)。各个机房之间所使用的固定器应确保规格统一,才能保证放疗定位和治疗摆位的可重复性。建议统一配置摆位辅助装置,最好是使用同一厂家同一型号甚至是同一批次的产品。如果是不同厂家的同种产品,应进行精确测量,确保各项参数一致。针对一些使用频率高、普及范围广的常用摆位辅助装置,建议各生产厂家统一产品标准。

2. 使用规范化

摆位辅助装置的使用最终要通过放疗技师摆位完成,使用方法的不同、患者姿势的不同,都会影响体位重复性和摆位的精度。操作使用的规范化是非常必要的,因此需要有一套标准的使用规范和操作规程。建议放疗科室根据具体情况编写本单位常用的摆位辅助装置使用规程。

3. 临床应用指导

针对患者治疗部位的特点,科学合理地选择摆位辅助装置,实现最优化的体位固定。开展相关的科研工作,比较不同摆位辅助装置对某种疾病的体位固定效果,并指导临床医生选择合适的固定体位和最佳的摆位辅助装置,针对现有摆位辅助装置存在的缺陷与不足,提出升级改造或替换建议。

4. 床面定位条的使用

床面定位条,又称固定条、锁定条(lock-bar、indexing bar)。是用来将摆位辅助装置与治疗床面固定的一个小辅助工具。其结构通常是一根扁扁的金属条(图9-7),下面用来固定在治疗床面上,两端各有一个锁扣,用来卡在床面的锁孔中;上面固定摆位辅助装置,通常也有两个锁扣,用来卡在摆位辅助装置的锁孔中。由于不同放疗设备厂家的治疗床面不一样,下面的固定扣的间距和形状会不一样,但上面与摆位辅助装置锁定的锁扣其形状大小和间距通常是一致的。

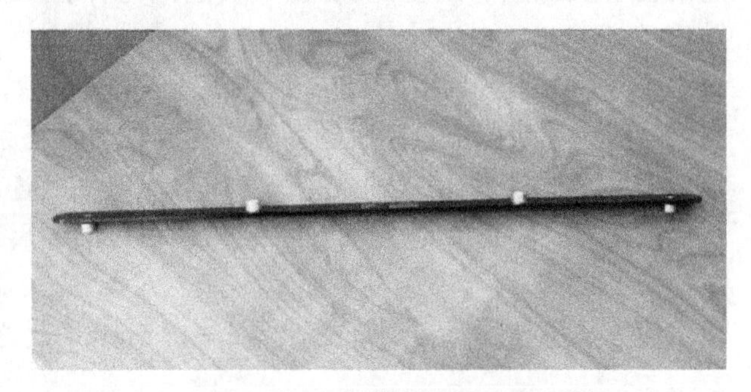

图9-7　床面定位条的外观

虽然只是一个小工具,却对摆位辅助装置的使用起到很大作用。在放疗摆位中,通常摆位辅助装置是平放在治疗床上,如果不能将摆位辅助装置固定在治疗床上,首先不能保证每次都将摆位辅助装置放在治疗床的正中位置;其次每次摆放的位置也无法保证一致;另外在给患者摆位时,由于缺乏牢固的固定,摆位辅助装置会因患者调整姿势时的身体移动而被带动,出现移动或旋转,带来放疗摆位误差。

(四)日常管理与维护

管理与维护须建立相应的摆位辅助装置管理制度,由使用部门的负责人(机长)负责管理维护。

统计本单位的摆位辅助装置保有情况,并详细记录,进行登记入册、分组编号。

对使用中发现的问题及时反馈并做出处理;对老旧摆位辅助装置的修复或更新;对缺

陷设备进行升级改造等。

四、膈肌位置控制器

如果靶区的位置会随着膈肌运动而移动(如肝癌、周围型肺癌等),可使用膈肌控制器。广州科莱瑞迪医疗器材有限公司推出的全身立体适形体架系统(图 9-8)是国内外普遍采用的立体定位框架,该系统主要组成部分有:真空成形袋、CT 定位框架、激光指示器和膈肌压盘。将置于模拟机床上的定位体架框架内的病人在定位机下透视,观察膈肌运动情况,将膈肌控制器的三角形塑料平板放在剑突下方,拧紧弧形膈肌控制器中心的紧固螺丝,以使病人能够承受且达到使膈肌运动幅度小于 1 cm 为度。记录膈肌控制器在 z 标尺上的位置及螺丝的刻度,该装置不仅能固定体位,还可以减小膈肌的运动幅度从而减少肿瘤动度。

图 9-8 SBRT 全身定位系统

CT 模拟定位及加速器治疗时将病人连同框架一起平推至 CT 扫描床或加速器治疗床上,使体位、体表标记及膈肌位置等各种参数调整至原来的数值,然后通过水平控制器来调节体架的水平状态,使横轴激光线与弧形标尺中点连线完全一致。确保膈肌控制器在 z 标尺上的位置及螺丝的刻度与之前一致,移去弧形标尺、胸部及脚部标记器,进行模拟扫描或放疗。

该方法可使膈肌运动范围降低 3～13 mm,不足之处是此方法精度较差。

五、腹部气压带压迫系统

目前大部分医院使用的固定方式是低温热塑膜或真空负压袋成型固定技术。使用这种技术可以明显减少摆位误差,从而提高治疗摆位精确度。但低温热塑膜是消耗品,重复使用率低,成本较高,且随着时间和使用次数的增加,病人体型发生变化或安放位置发生变化,再次定位时会产生松动或对胸腹呼吸压迫度减低,从而降低治疗效果。为克服低温热塑膜或真空负压袋固定技术的缺点,有研究利用胸腹部肿瘤放疗呼吸控制装置——腹部气压带固定技术,利用充气压迫带固定躯干,内嵌压力表检测呼吸过程中气压变化,选择合适充气压力,最大可能地限制由于呼吸造成的肿瘤位置的移动。

使用方法与步骤为,首先是真空负压袋成型固定,然后将腹部气压带如图 9-9 所示,绕患者肿瘤部位环绕包住,气囊位置摆在患者前面,让患者在治疗床上躺下,开始使用打气阀往气囊充气,时刻观察气压表的刻度指示,充气结束后,记下气压表的刻度指示,之后同一个患者要保持刻度指示相同。治疗结束之后,拧开螺旋钮放气,待气囊内气体放尽之后,让患者起身,将两个粘贴口解开,做好标记放好。根据气压表的读数来判断定位、验证及每一次放疗的摆位重复性。

肿瘤放疗呼吸控制装置——腹部气压带具有以下优点：

① 结构简单，可一次成型，价格低廉。而热塑模价格昂贵，生产技术要求高，且长期放置会出现发黄变质，可塑性下降。

② 使用方便，省时省力。腹部气压带可以快捷方便地将固定带绕患者肿瘤部位固定住患者，能够根据患者体型改变略微调整固定带粘贴位置，无需更换固定带，使用起来也省力方便。

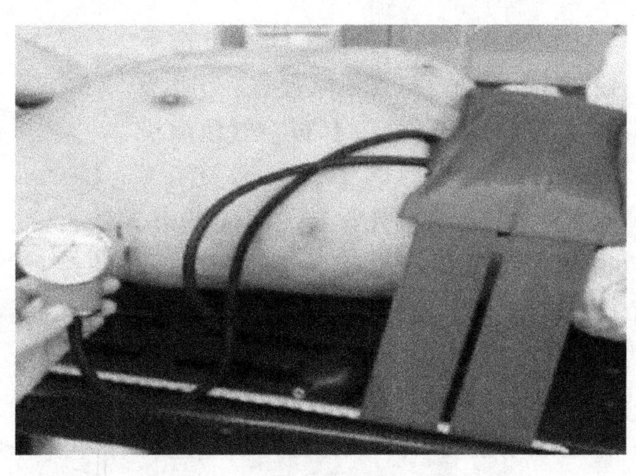

图 9-9　腹部气压带压迫系统

③ 工序减少，节约时间。腹部气压带可直接使用，不像热塑模使用之前需用固定水温浸泡一段时间。

④ 容易保管。腹部气压带能够在使用之后折叠放好，节约保管空间。

需要强调的是，腹部气压带在具体使用过程中需特别注意卫生问题，以及气压表本身的重复性和准确性。

第二节　呼吸控制系统的质量保证

肺癌等肿瘤在精确放疗中会随着呼吸运动和心脏搏动而改变位置，其中后者影响较小，且不容易控制，前者影响较大，有很多相对应的呼吸控制系统可应用，以减少呼吸运动对靶区照射范围及方式的影响。呼吸控制系统（方法）主要有：主动呼吸控制系统、组织位移固定约束被动加压模块、深呼吸后屏气方法、呼吸门控系统及呼吸运动追踪方法。其中，组织位移固定约束被动加压模块主要包括膈肌位置控制器和腹部气压带压迫系统（详见本章第一节），原理大致类似为袖带式血压计的原理，手动对腹部气压带充气加压，通过机械气压表读数实现对胸腹部肿瘤放疗中呼吸位移的控制。通过对腹部加压来减小膈肌运动，也可有效减小肝部肿瘤的运动。

一、主动呼吸控制系统

主动呼吸控制（active breathing control，ABC）系统是由瑞典 Elekta 公司研制开发，用于控制患者呼吸运动的装置，其包括治疗室硬件部分、控制室硬件部分及控制软件系统，如图 9-10 所示。

具体的工作步骤为：病人使用鼻夹，口含吸气装置，通过气体通道进行正常呼吸。系统通过空气流量监测仪，监测整个呼吸过程中经过吸气装置的气体流动方向和流量，显示呼吸运动曲线和实时相对肺容积。控制室把患者的某一呼吸时相值设为气道的关闭值，在患

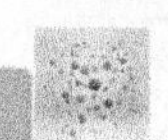

者按住紧急手控开关和工作人员按下控制键的情况下，患者深吸气，当呼吸曲线到达阈值时激活阀门，空气压缩机使得气体通道内气囊膨胀张开，关闭气体通道并持续到预先设定的时间结束。此期间受控制患者处于屏气状态，达到指定的肺容积，起到暂时性固定肺脏活动的作用。而屏气持续时间是依赖于患者的肺功能情况和一般状态的，通常屏气时间是 20～60 s 之间。如果进行相应的定向训练，一般的屏气时间可以相应增加。

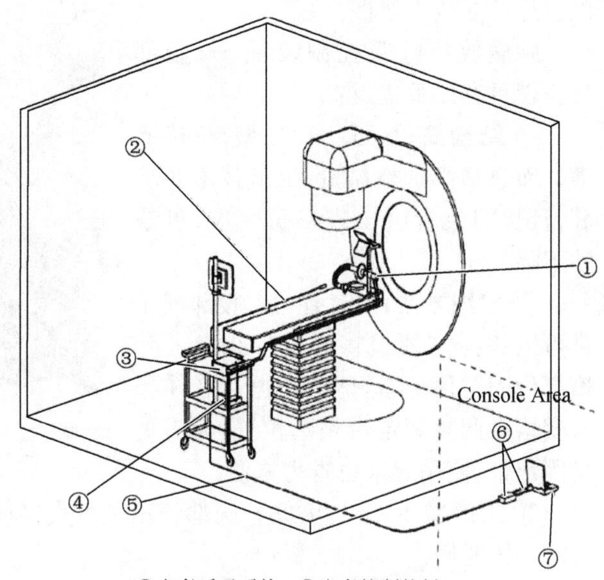

①患者呼吸系统；②患者控制按键；
③治疗室控制模块；④PC 混合系统接收器；
⑤信号传输电缆；⑥PC 混合系统传达器；
⑦控制室控制电脑及控制软件；

图 9-10　ABC 系统示意图

如图 9-11，在使用 ABC 过程中，病人口中放置口含器，用鼻夹夹住鼻子，其呼吸气流使口含器内的传感小涡轮转动。通过内置转换器将患者呼吸信号转换为数字信号，工作人员可在电脑屏幕上看到患者的呼吸曲线。根据患者的实际情况，取其最大吸气均值的 75%～80%为阈值。定位和实施治疗的过程中患者按下手控开关，呼吸曲线由红色变为蓝色；当患者呼吸达到阈值，ABC 装置被激活，接嘴内气球阀门关闭，呼吸气流中断时呼吸曲线变为直线。将患者呼吸限定在呼吸曲线为直线时相，使患者在进行 CT 定位和治疗时处于同一呼吸时相，每次治疗时肿瘤就固定于同一位置。

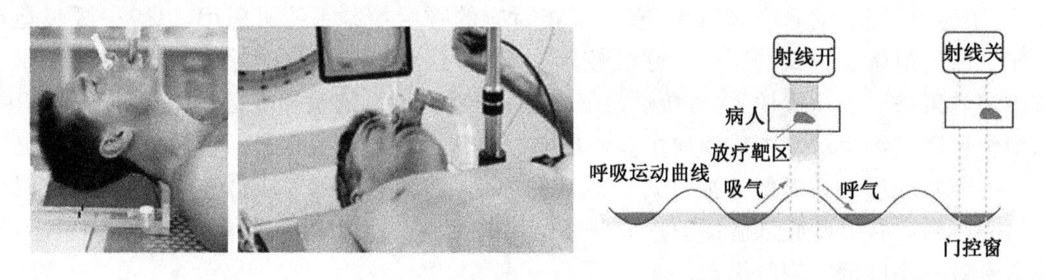

图 9-11　主动呼吸控制示意图

呼吸信号采集原理：图 9-12 是呼吸系统的示意图，患者堵住鼻孔，通过吸气装置进行口腔呼吸，使整个呼吸过程全部通过呼吸通道完成。信号转换器是一个可双向旋转的带有磁性的叶片。当患者呼吸气体通过信号转换器时，气体带动叶片旋转，从而改变磁场使得外圈的感应线圈产生电流，治疗室里的监控器将电流转换为数字信号传输给电脑控制软件，形成呼吸信号曲线。当呼吸信号曲线到达预设阈值时，控制软件发出信号给治疗室内控制模块，模块中的气泵将对气阀充气，使得整个呼吸通道关闭，形成屏气状态。当预设屏气时间到达、技术人员给出停止屏气信号或者患者松开控制按键后，气阀重新打开，患者将

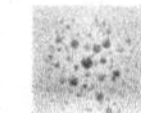

会正常呼吸。

由于治疗计划一般会有 3～5 个照射野以上，而且每个野的照射时间不一样，有长有短。如果一次屏气时间不能完成一个照射野的治疗，负责控制加速器治疗的技术员，就要在病人屏气的最后 1 s 按暂停键，暂停治疗，让病人休息片刻后再继续治疗。随着治疗次数增加，病人配合的默契度提高，可以适当延长每次呼吸控制的时间，从而使总治疗时间缩短。

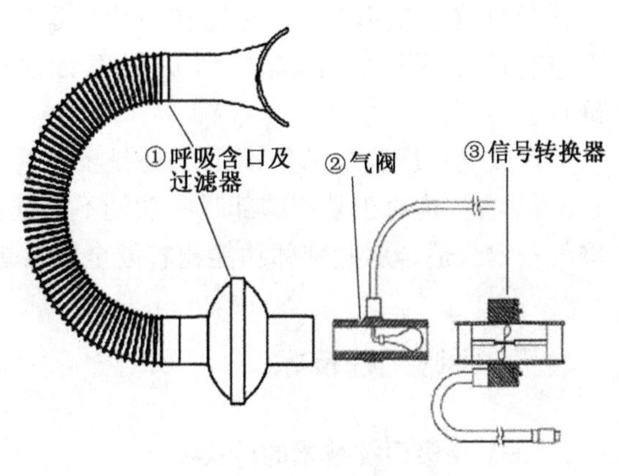

图 9-12　呼吸系统示意图

主动呼吸控制技术的不足之处为患者需要多次屏气才能完成一次治疗，增加了患者的治疗时间，重复吸气屏气容易造成患者的疲劳。另外，肺功能较差的患者不适合使用主动呼吸控制系统。

为了保证主动呼吸控制系统的应用质量，所有患者在整个治疗前一周时间里，需要对主动呼吸控制系统进行应用性训练。首先由放疗医生向患者讲述主动呼吸控制系统的作用、结构和原理。当患者完全理解后还需向患者演示整个过程。然后由物理师和技师将整个设备安装到患者身上，对患者进行主动呼吸控制性应用训练。整个训练是让患者亲身体会整个过程，并模拟一些实际临床中呼吸通道漏气、患者耐受时间缩短、屏气期间呛咳等突发情况，通过训练教会患者如何避免和处理这些突发性情况。在患者完全掌握主动呼吸控制系统的整个操作过程后，由物理师和技师为患者进行主动呼吸屏气的阈值的测量，首先运行整个呼吸控制系统，在控制软件中预设一个常规显示参数，先让患者做均匀的平静呼吸，观察患者呼吸频率和呼吸曲线。调整显示屏中流通气体体积量（Y轴）的显示最大值，一般为平静呼吸峰值的 2～4 倍。然后让患者进行深吸气呼吸，记录下深吸气的峰值。深吸气的峰值需多次测量，以确保得到一个患者每次都可以达到的峰值。这时为患者设定一个主动呼吸控制的屏气阈值，临床上一般选择在患者深吸气峰值的 0.7～0.8 倍的位置。在设置好这些参数之后，让患者进行几次实际屏气训练，这时的屏气时间预设值一般放在 80 s，主要目的是为了测量患者可以达到的屏气时间，记录下最长时间。在接受呼吸训练的 1 周时间里，每天需要对患者进行呼吸控制性应用训练 0.5 h以上，通过训练逐步延长其可以耐受的屏气时间。患者在平时也需要自己进行屏气训练，从而延长自己的屏气时间。

二、深呼吸后屏气技术

深呼吸后屏气（deep inspiration breath-hold，DIBH）技术，是最简单的呼吸运动控制方法，需要患者主动参与并进行“深吸-深呼-再次深吸-屏气”这一过程的呼吸训练，要求患者在治疗前深呼吸，然后在医用直线加速器照射过程中屏气并一直保持到治疗结束，运用 DIBH 方法虽然不能使被照肿瘤保持绝对静止但至少可减少其动度，同时还可以增加肺的体积，降低肺的密度，减少照射范围内的肺体积，以提高放疗剂量，并且

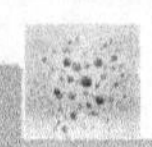

可重复性高。实践证明，对比在治疗中运用深吸气后屏气方法与患者在自由呼吸状态下进行放疗两种情况，深吸气后屏气方法能够减少靶区的外放边界，增加治疗的准确性。

深吸气后屏气技术的不足之处是要求患者屏气时间较长，进行治疗时通常要坚持到1 min左右。这对于某些肺部呼吸功能不很健全的患者来说，不太容易实现，因此，深吸气后屏气技术只适合那些肺部功能比较健全的患者使用。

三、呼吸门控技术

(一) 呼吸门控技术的分类

呼吸门控（respiratory gating，RG）技术也被称为同步呼吸放疗技术（synchronized gating techniques）。它是指在治疗过程中，采用某种方法监测患者呼吸，在特定呼吸时相触发射线束照射。通常采用各种呼吸运动标记方法对靶区进行实时检测，然后选择特定呼吸时相进行放疗。按标志与患者之间的关系可将门控放疗分为外门控和内门控两种形式，其中外门控需要外部标记，内门控需要内部标记。

1. 外部标记

实时体位检测（real-time position management，RPM）是专为门控放疗而设计的。通过固定在塑料块上的被动反射标记，跟踪患者的呼吸周期。该塑料块固定在患者腹部，用红外线照相机进行监测。标志的运动轨迹可以在RPM工作站的电脑屏幕上以图像的形式显示出来。在进行呼吸门控之前，首先对患者进行相关训练，此时系统工作站所采集的标志轨迹决定了该患者呼吸运动的原型，这样就能够确定患者呼吸周期的规律性，且便于在扫描期间与原型进行对比。每个呼吸周期中相同时相的数据，被收集到相同的面元（每一面元针对一个时间点）中，面元的时间、数量和大小在开始采集前已在控制面板上设定好，患者病灶的每一个横断图像，在每一个面元中都有一一对应的图像。由于每一个面元的时间只有300～500 ms，病灶在这期间的运动可以被忽略，从而得到运动补偿后的图像。在操作者选择开启加速器（由RPM输出）的时相（或呼吸周期的运动）后，系统不断比较实时图像和原型图像，在所选择的时相发出启动信号，由启动信号完成对放疗过程的控制。

如图9-13所示，监测患者呼吸运动的方法是在患者的胸部或腹部放置标志块，标记块的运动情况会被安置在机房墙上的跟随摄像机记录下来，跟随摄像机再将图像传输给PC工作站，然后相应的软件对标记块的运动进行数字化的分析，标记块达到某一位置的运动信号，就成为触发定位CT扫描或者直线加速器出束的“开关”信号。

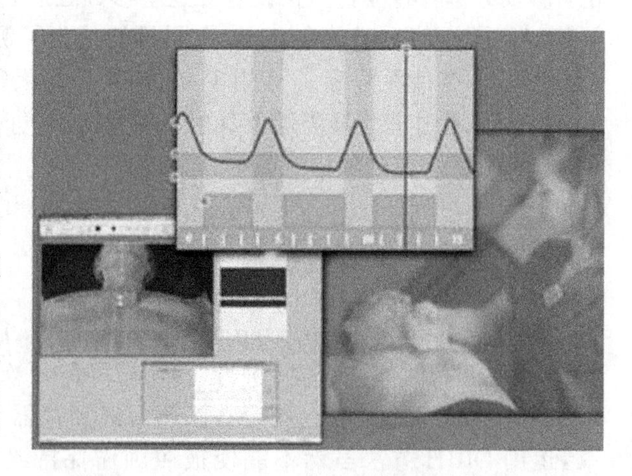

图9-13　外部标记呼吸门控治疗示意图

应用外部标记呼吸门控系统，完成CT定位和放射治疗的工作流程是：首先，设置CT扫描定位时允许的呼吸波形区间；然后，应用呼吸门控系统进行CT扫描，获取图像；接下来，根据CT扫描的图像，设计出治疗计划；最后，按照治疗计划，在直线加速器机房应用呼吸门控系统进行放疗。

呼吸门控系统的最大优点是患者在治疗过程中可以自由呼吸，利用呼吸门控技术可以使靶区外放边界减少5～10 mm。呼吸门控技术的缺点是在监测过程中用标记物的运动情况代替了肿瘤部位的运动情况，属于间接的监测手段。由于呼吸运动的复杂性，肿瘤运动和外部监控信号在时间、空间上很难保持一致，获取的肿瘤运动信息与实际情况存在一定的偏差。

2. 内部标记

在平面X射线显像中，肿瘤与周围的组织缺乏足够的对比，因此需要预先在准备治疗前，于肿瘤周围植入金属片。因为这些金属片是不透射线的，所以可用X射线透视和CT提供二维投影，周围组织则在高密度的骨组织（如脊柱）投影中出现暗区和边缘、或者在吸气后变暗而被区分出来。

同步呼吸放疗技术的优点是可直接在治疗期间实时监控肿瘤的运动，并指导门控治疗，可以发现和解决放疗中的摆位误差以及器官、肿瘤运动所导致的系统误差和随机误差，跟踪速度比CT验证快，并且可直接提供肿瘤的运动信息。但此方法的最大问题是有创技术，需要特殊的跟踪设备和门控设备。并且在肿瘤中或肿瘤附近植入一个金属标记，不能识别肿瘤的变形和旋转等运动，而要保证金属标记能够代表整个肿瘤靶区的空间位置，这就要求所放置的金属标记的位置和数目要合适。

（二）瓦里安呼吸门控系统

为了解决放射治疗中患者肿瘤及周边正常组织呼吸运动的问题，瓦里安公司推出了呼吸门控系统（respiratory gating system，RGS）。瓦里安的呼吸门控系统安装于模拟定位CT机、普通模拟定位机和医用直线加速器上，有相位和振幅两种触发方式，从模拟定位到治疗的整个过程无需患者的主观参与。

1. 瓦里安呼吸门控系统工作原理

瓦里安（Varian）呼吸门控系统（RGS）主要有标记块、控制跟踪相机、室内取景器、PC工作站、门控开关盒、对讲系统和门控接口盒等7个部分组成（图9-14）。

标记块是一个长方形塑料盒子，其中一个表面有2个或6个标记点，每个标记点直径为5 mm，垂直距离为3 cm，水平距离1.7 cm（图9-15）。

控制跟踪相机是一个电荷耦合器件（charge-coupled device，CCD），对红外光谱以及可见光谱敏感，相机镜头外有一个能发出红光的照明器环，如图9-14。照明器环发射的红光经标记块上的标记点反射后进入跟踪相机，跟踪相机可实时的记录标记点的位置，经过PC工作站的数字分析，即得出患者的呼吸波形。相机镜头分为50和25 mm两种，这两种镜头相机分别用于常规模拟机房和CT模拟机房。CT模拟机上的控制跟踪相机通过适配器安装在CT模拟机床的尾部，而安装在治疗室的跟踪相机则安装在治疗室正对治疗床的墙上。在使用时，控制跟踪相机与标记块之间的距离要相对固定，否则需要重新校正系统。

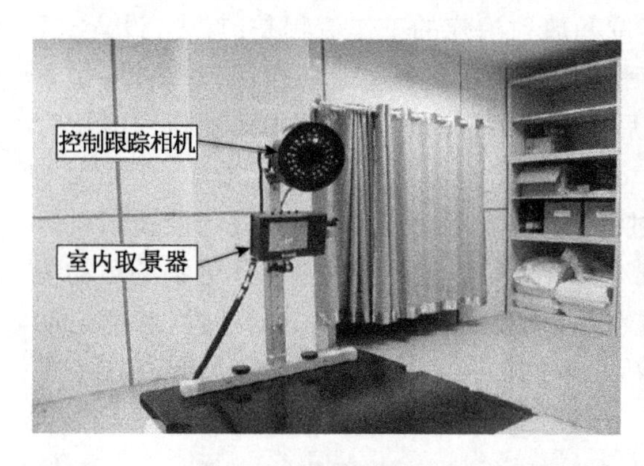

图 9-14　CT 模拟机房控制跟踪相机及室内取景器

注：控制跟踪相机和室内取景器安装在一个适配架上，这个适配架通过螺丝固定在 CT 扫描床的末端，在每次使用前要对标记块的位置进行验证校准。标记块安放到患者体表后要在室内取景器上观察反光标记点的位置，调整标记块及患者位置，尽量使反光标记点的位置处在室内取景器中心。长时间不使用呼吸门控跟踪相机，将其从 CT 床上取下，放置到安全的地方存放。

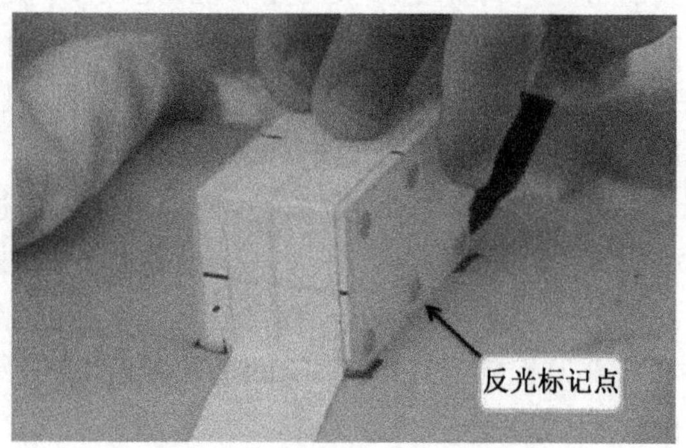

图 9-15　固定患者体表标记块示意图

注：标记块放置在患者的体表，将发光标记点一面正对跟踪相机镜头，标记块要放置在患者体表呼吸幅度较大的区域，临床上一般放置在剑突附近，放置后要对摆放位置进行标记，以便患者在治疗时准确摆放标记块，用胶布固定标记。

在控制跟踪相机下方有一个方形的室内取景器（in-room viewfinder），如图 9-14，它的作用是实时显示跟踪相机采集到的图像。

PC 工作站作用是运行呼吸系统的软件，显示跟踪相机采集到的实时图像以及患者的呼吸波形数据。

门控开关盒（gating switchbox）只在瓦里安（Varian）公司生产的加速器上使用，通过多芯电缆和加速器控制电脑连接，由钥匙开关选择该病人是否使用呼吸门控。

对讲系统在 CT 模拟机房和加速器机房都要安装，带有麦克和音箱，以方便患者和技术人员的实时沟通，提高了整个治疗过程的安全性能。

呼吸门控接口盒（respiratory gating interface box）作用是通过电缆连接呼吸门控系统和 CT 机。患者开始定位时，呼吸门控系统监测到患者的呼吸波形，在选择的呼吸时相，接口盒会向 CT 发射触发脉冲，CT 得到触发脉冲后立刻对该时相进行扫描，也就得到该时相的 CT 图像。治疗开始时，打开控制盒开关，可选择呼吸门控的应用模式（时相、振幅触发等），依据呼吸门控监测到的患者的呼吸波形，控制加速器出束。

患者开始定位扫描 CT 前，用医用胶带将标记块固定在患者体表的合理的呼吸幅度较大平面位置处（一般放在剑突和肚脐之间），标记块倾斜角度不超过 25°，用马克笔在患者体表标记块的四个边角位置做标记（如图 9-15）。

打开呼吸门控接口盒的开关，启动控制跟踪相机和 PC 工作站上的呼吸门控软件，新建病人并输入患者病历信息，对标记块反光标记点进行位置校正。开始通过跟踪相机记录患者的呼吸波形，根据呼吸波形训练病人，使每一次呼吸都均匀的进行。放疗医师根据每一位病人的呼吸波形选择是根据相位触发治疗还是根据振幅触发治疗。相位触发是根据呼吸波形确定加速器是在患者呼吸周期的某一段时相内出束治疗病人。

如图 9-16 所示，患者呼吸周期为 6.6 s，选取患者呼气末黄色区域这段时相加速器出束，图中蓝色箭头和橘黄色箭头所指示的时间间隔为阈值时相，即呼吸波形到蓝色箭头所

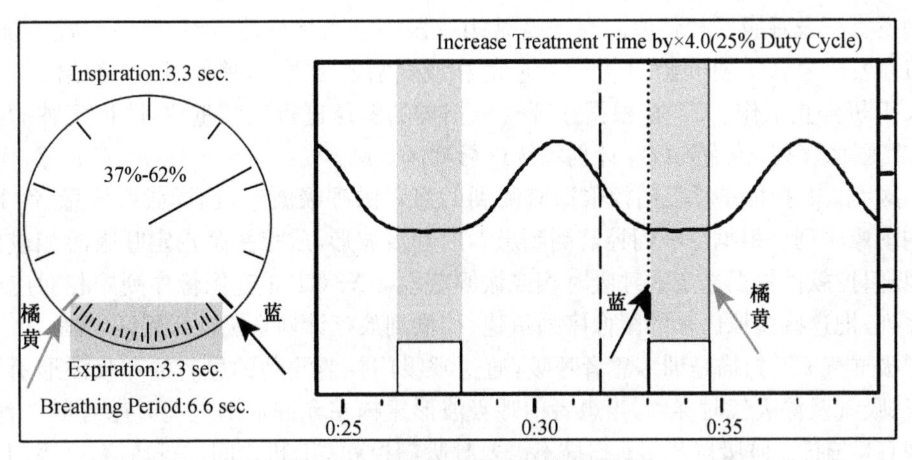

图 9-16　患者呼吸相位触发示意图

注：患者的呼吸波形波谷较宽，说明患者呼气末时间较长，选择这一段呼吸时相对患者进行治疗，能缩短治疗时间，提高效率。在一段呼吸时相呼吸门控控制盒会向 CT 发出扫描信号，CT 进行扫描，就得到这一段呼吸时相的肿瘤位置信息，放疗医师进行靶区勾画计划设计。在治疗时，当呼吸波形处在这一时相时，加速器出束治疗。

示相位时，加速器开始出束治疗病人，当呼吸波形到橘黄色相位时，加速器停止出束。这样减少了正常组织的受照范围，降低了放疗并发症的发生几率。

如图 9-17 所示，该患者采用呼吸振幅触发方式治疗，当呼吸波形振幅到蓝色箭头指向的位置，加速器出束开始治疗病人，即患者呼气到蓝线开始治疗，当呼气结束开始吸气振幅达到橙色时，加速器停止出束。只有呼吸波形振幅处在蓝色线和橙色线之间时才能治疗病人，其他超出范围振幅加速器停止出束。

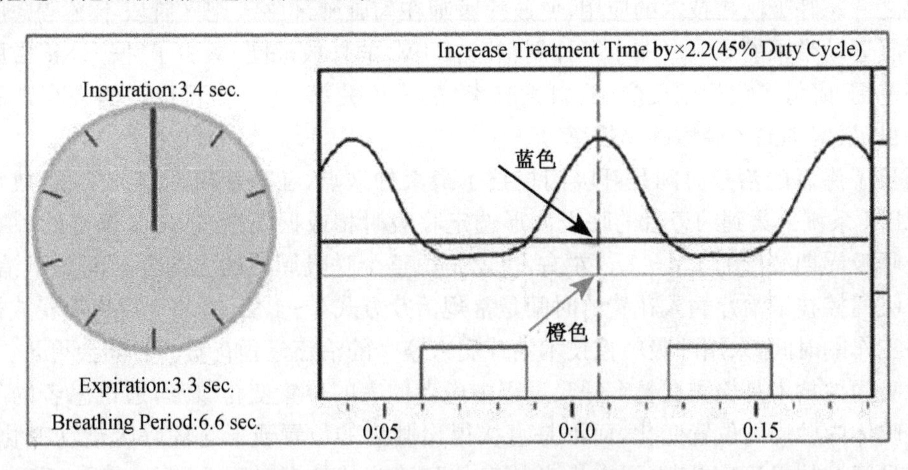

图 9-17　患者患者呼吸振幅触发示意图

注：患者的呼吸波形波谷处在蓝线和橙线之间时，呼吸门控控制盒向 CT 发出扫描信号，CT 扫描获取图像，就能得到肿瘤的位置信息，在得到的 CT 图像序列上勾画靶区做计划。在治疗时，当患者的呼吸波形波谷振幅进入两线之间时，加速器出束治疗，当呼吸波形振幅离开蓝线时，加速器停止出束。

临床上有 3 种常见的 CT 图像采集类型：展望型（门控型）、回顾型（4D - CT 型）、呼吸屏气型。

展望型 CT 扫描是由呼吸门控控制 CT 扫描的开始和中断，依据是放疗医师事先选择好的触发类型及呼吸时相阈值。当呼吸时相或振幅进入预设范围时，呼吸门控系统给CT扫描机触发信号，CT机开始扫描，当呼吸时相或振幅超出阈值，呼吸门控系统给CT机终止信号，CT机停止工作。CT机根据在呼气末扫描的图像进行三维重建，即得到肿瘤在呼气末的CT图像序列，传输到放疗计划系统进行靶区勾画。

回顾型CT扫描是呼吸门控根据监测到的患者的呼吸波形，选择截取该患者4D-CT扫描的图像序列。根据呼吸门控监测到患者的呼吸波形，放疗医师选定呼吸时相或振幅阈值，呼吸门控软件根据选定的呼吸时相或振幅获取4D-CT重建图像序列中相对应时相的图像序列，把这些摘取出来的图像序列重建，传输到放疗计划系统进行靶区勾画。

呼吸屏气CT扫描是训练患者呼吸，通过呼吸门控监测到的患者的呼吸波形引导患者在呼气、吸气及深吸气时屏气，当患者的呼吸波形振幅在允许范围之间时患者屏气，同时进行常规CT扫描。呼吸屏气CT扫描不需要呼吸门控和CT机之间进行通信，呼吸门控呼吸位置实时管理系统(RPM)和CT机可以单独进行工作。把CT扫描图像序列传输到放疗计划系统进行靶区勾画。

传输到TPS的患者CT图像，经过三维重建、靶区勾画、计划设计和计划确认验证阶段，确定后的治疗计划保存到瓦里安(Varis)病人管理系统。将RPM系统采集到的患者的呼吸波形及触发方式传输到加速器机房的呼吸门控系统。治疗患者时调出Varis上的病人治疗计划，呼吸门控系统打开患者呼吸波形及相关信息。对患者进行摆位，体表放置标记块，开始获取病人呼吸波形信息，与定位时采集到的波形进行修正，开始对病人进行治疗。

2. 瓦里安呼吸门控系统的优缺点

呼吸门控在放疗中应用的整个过程中，无需患者的主观参与，这是呼吸门控临床应用的优势之一。呼吸门控技术的应用，使放疗医师在勾画肺部肿瘤靶区阶段不必考虑肿瘤因患者呼吸运动带来的影响。缩小了计划靶区(PTV)的外放范围，减少了肿瘤外正常肺组织的受照范围，降低了放疗副反应(放射性肺炎)的发生几率，进一步可以适当提高肺肿瘤的照射剂量，最终提高了肿瘤的局控率。

延长了患者的治疗时间是呼吸门控技术最大的缺点，在放疗模拟定位阶段，放疗医师根据RPM系统采集到的患者的呼吸波形选定呼吸时相或振幅激发方式，选定的呼吸时相占整个呼吸周期波形的1/4～1/3左右，也就是说整个呼吸周期的大部分时间是不治疗的，利用呼吸门控技术治疗病人花费的时间是常规治疗方式3～4倍，再加上治疗前安放标记块等准备工作的时间，采用呼吸门控技术治疗病人整个的治疗过程花费的时间会更长。

呼吸门控技术是检测在整个呼吸过程中患者体表的位置变化波形，通过患者的呼吸波形来反映体内肿瘤的位置变化，而不是直接得出肿瘤的位置或形态随呼吸运动变化情况。使用呼吸门控技术治疗患者，要求患者从定位到治疗的整个过程要均匀呼吸，呼吸幅度周期过大过小都可能会影响治疗。

(三) 呼吸门控系统的质量保证

呼吸门控技术可通过精确靶区的勾画有效减小计划靶区照射体积，降低正常组织受照射剂量和毒副反应。因此，该技术已开始应用于国内外的肿瘤放射治疗领域，对该技术的质量保证也是放疗科物理工程技术人员所必须面临的。下面简单介绍应用呼吸运动模体和电离室对瓦里安呼吸门控系统进行调试及开展质量保证的方法。

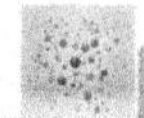

1. 模体的构成

以使用美国CIRS公司型号为Model 008A的呼吸运动模体为例，该模体可以根据用户的需要编辑胸廓和肿瘤的运动波形，并输入到计算机，由计算机驱动模体进行相应运动。该模体可分为4个模块：人体等效密度模块、驱动器模块、运动控制器模块、计算机模块。

人体等效密度模块主要模拟人体各种组织的密度，如肺、肌肉、骨头、肿瘤等；驱动器模块主要是通过步进马达驱动胸廓及肿瘤的运动；运动控制器模块主要是通过一条25 pin的连接线给驱动器模块提供电源及传送各种运动指令，如上下、前后、左右等方向的运动；计算机模块通过USB转网口线把用户从软件输入的各种命令传送到控制器模块。

2. 模体的安装步骤

首先把带有驱动器的模体底座平放在桌面上，把人体等效密度放到底座上面，锁上胶质螺丝。接着把相应大小的肿瘤(如直径为3 cm的肿瘤模体)插入到人体等效密度模体，确保肿瘤与等效模体之间的间隙尽量均匀，以减少肿瘤运动时产生的摩擦力，并拧紧驱动器和模体之间的螺丝。测量剂量时可以把电离室安装在肿瘤内进行剂量测量。然后用串口线连接胸廓运动控制器和驱动器，再把驱动器和运动控制器通过25 pin数据线连接，最后用USB转网口线通过USB 3.0接口把运动控制器和计算机连接起来。硬件的主体部分安装完成后，通过调整模体下面的4个水平螺母，把模体调至水平位置。最后把Marker Box放到胸廓运动控制器上面，并用胶布固定好，同时保证红外摄像头的红色激光点落在Marker Box的4个信号反射点的中间，以保证胸廓运动时，摄像头能时刻检测到反射信号。

3. 模体的调试和控制

该模体的最大特点是可根据用户需要设置肿瘤及胸廓运动的波形。根据模体的运动特点，可单独设置肿瘤的3个运动方向和胸廓的运动波形。肿瘤的3个运动方向包括前后方向(AP)、左右方向(LR)、头脚方向(IS)。运动的波形包括sin(t)，1-2cos4(t)、1-2cos6(t)、sawtooth及sharkfin。另外，每种波形可单独设置波形的幅值、周期和相位。肿瘤及胸廓的运动轨迹可实时显示在控制软件主界面，方便用户观察。该模体的另外一个特点是可以跟4D-CT进行连接，即病人的真实呼吸波形文件可以直接导入到控制软件来模拟病人的真实呼吸运动。

4. 拍片验证

设计一个治疗计划，并在计划中添加kV验证片，机架转到90°，在模体的实时呼吸曲线上选择代表呼气末的曲线阈值，然后选择Fluoro模式，按住控制面板上的“kV Beam On”按钮，利用加速器机载CBCT对模体进行透视，观察模体是否运动到呼气末位置时视野边界(Field aperture)才会变成黄色(代表机器正在出束)。完成此项测试后，把机器转回0°位置，选择“Singe”模式，按控制面板上的“kV Beam On”按钮，观察拍得的kV片的肿瘤是否是单一时相的图像(没有重影)。建议用可产生较复杂的呼吸运动波形来再次进行以上测试。若以上两项测试通过，则证明呼吸门控生效，并且只是在选定的时相才出束。

5. 剂量测量

使用STANDARD IMAGING公司的A16电离室配合该公司生产的Supermax剂量仪对同一测量点有无呼吸门控实施时所测得的剂量进行比较。剂量测量前先把A16电离室插入到模体肿瘤内。选取实际病人的治疗计划进行测量，测量结果显示，有无呼吸门控实施时所测量到的剂量均无明显差异。

四、实时肿瘤跟踪技术

随着成像技术、多叶光栅以及机械控制技术的发展，使射线束实时跟踪目标肿瘤成为肿瘤运动补偿问题的发展方向。实时跟踪的优点在于直线加速器的工作周期不会和呼吸门控法一样有所损失，因此不会加长治疗时间。实时跟踪分为直接跟踪和间接跟踪。最常用的直接跟踪方法是通过X射线透视成像对运动肿瘤实时成像，通常为了增加肿瘤与周围软组织的图像对比度，通过在患者体内植入金属标记物。赛博刀系统中的同步呼吸跟踪系统是专门为颅外随呼吸运动的肿瘤设计的治疗亚系统，该系统使用治疗室内两个正交的kV级X线成像系统，等中心投射到患者治疗部位，根据探测到的标记物的位置变化，或者根据拍摄的低剂量骨骼图像，与先前储存在计算机内的图像进行对比，决定肿瘤位置，通过6个自由度运动功能的机器臂调整射线束的位置以及保证放射野与肿瘤的相对位置固定，该系统的优点在于患者在治疗过程中可正常呼吸，且充分利用直线加速器的工作周期，然而成像频率越高，对患者的辐射就越大，而成像频率低则影响实时跟踪的效果，通常采用30 Hz的成像频率实现近实时的跟踪，或可采用体表运动的实时采集并通过体表运动和体内肿瘤运动的关联模型以及运动预测，来降低实时跟踪所需的成像频率，减少对患者的辐射。锥形束CT由于其体积小、重量轻、开放式架构等特点可直接整合到直线加速器上作为一种实时跟踪的手段，在放疗过程中获取和重建运动靶区图像，并与放疗前影像定位时的患者图像进行比较，得到肿瘤的运动信息，据此来调节放疗参数，该系统的关键在于治疗过程中的CBCT图像和定位时的CT图像之间的配准。

总之，呼吸控制技术使肺癌放射治疗的精度有很大提高，但仍然存在很多缺点，如患者的依从性影响，治疗过程复杂，治疗时间长，同一治疗野加速器频繁出束、断开等。而呼吸同步追踪技术更好地解决了这些问题，它包括以下5种类型。

(1) 图像引导的放射治疗(imaging guided radiotherapy, IGRT)。它包括CT的时序扫描和治疗机照射的时序控制两方面的内容。在装备影像引导系统的加速器上，使用锥形束CT进行扫描，采集患者不同呼吸时相的图像，再利用三维重建技术，重建出该时段内肿瘤或重要器官三维图像随时间变化的序列，对三维图像进行比较后实行实时照射；或者将各时相的图像勾画各自的靶区(GTV、CTV、PTV等)，在放疗时同样对患者的呼吸进行监测，不同的呼吸时相采用不同的照射计划。这种治疗技术又被称为四维放射治疗(4D radiotherapy，详见本章第三节)。

(2) 控制等中心移位技术，该技术分为在线修正和离线修正两种。在线修正技术在加速器治疗室内安装1台CT，利用摆位时CT的数据来修正靶区的移动。离线修正是利用前若干次(一般为5次)摆位时检测到的运动和摆位的系统误差，对肿瘤(靶区)中心的位置进行修正。

(3) RTC呼吸控制系统。它是利用计算机控制的治疗床补偿呼吸的移动度，该治疗床可以从6个方向自动修正肿瘤位置的改变和旋转问题，利用自由虚拟轨迹跟踪系统进行靶区自动定位。RTC可自动控制校准肺部肿瘤的运动速度和轨迹，并使治疗床面反方向运动以便与呼吸匹配，使肿瘤在等中心稳定。调速电机可实时跟踪肿瘤的最大速度为15 mm/s，其自动定位系统的精确度可达0.1 mm。

(4) Cyber Knife放射治疗系统(图9-18)。包括1个6 MV-X线单光子直线加速器、

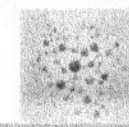

1个带有自动控制装置并可以运动到任何部位的智能机械手臂和呼吸同步追踪系统，治疗过程中肿瘤的位移由影像系统实时进行追踪监测，并将信号传递到自动控制装置，后者自动控制、驱动加速器调整射束的方向不间断进行治疗，其治疗精度可达1 mm。随着治疗技术的不断进步，可以预期在不久的将来，肿瘤的放射治疗效果会有进一步的提高。

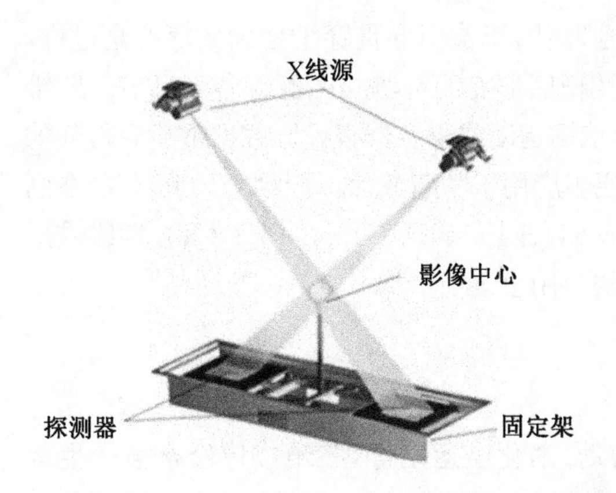

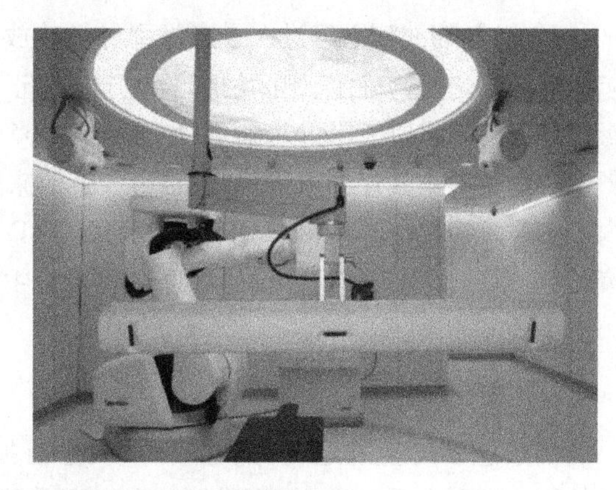

图 9-18　Cyber Knife 的实时影像系统和同步呼吸追踪系统

(5) Catalyst System 哨兵系统(图 9-19)，它是在CT模拟室利用C-RAD Sentinel扫描患者定位时的三维体表信息，数据传输至Catalyst；患者治疗前，Catalyst扫描患者的三维体表数据，与CT定位时的比较，计算出各处的位置偏差，通过LED以不同的颜色投射到体表，帮助摆位；治疗中，探测到患者体位变化，如果患者体位变化超出阈值，则启动与加速器之间的联锁，停止出束。加速器治疗前或MV影像引导前视觉位置修正；治疗中患者位置的精确监测；实时、非刚性可变模型计算6维追踪点的变化；对于刚性体，摆位精度优于1 mm；移动探测精度：3 mm；扫描速度：每秒80次的三维体表扫描(图 9-20)。

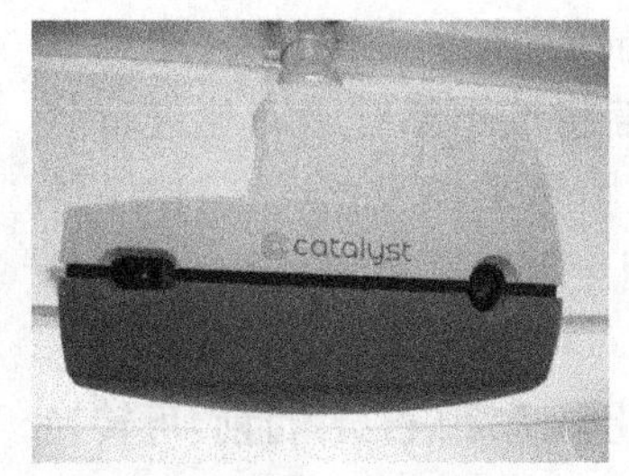

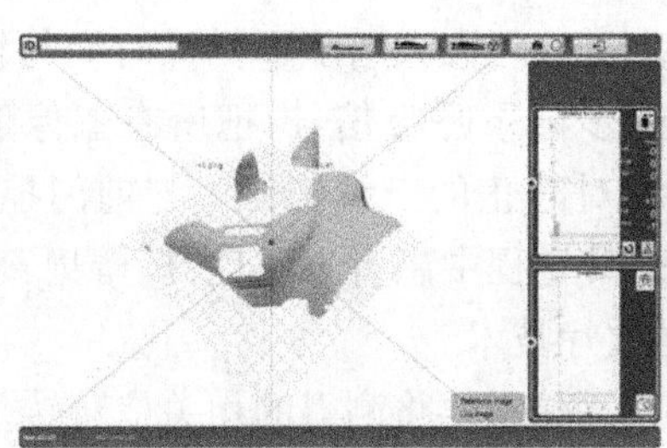

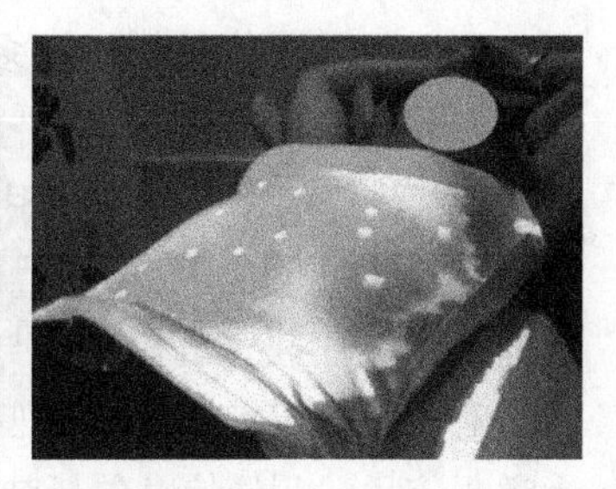

图 9-19　Catalyst System 哨兵系统

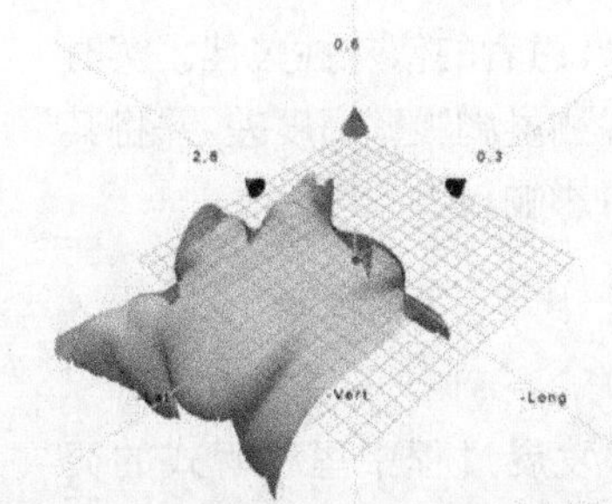

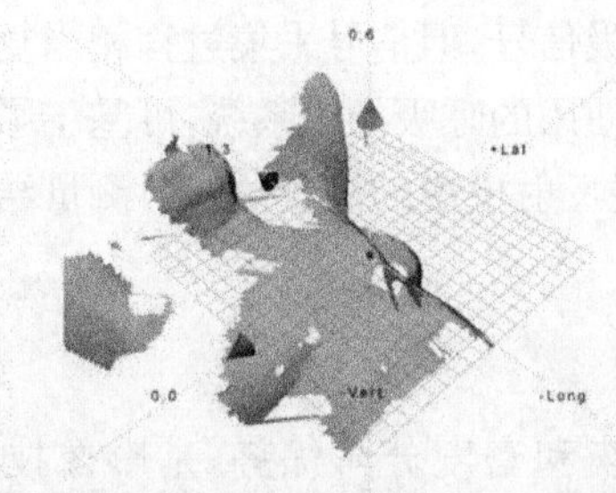

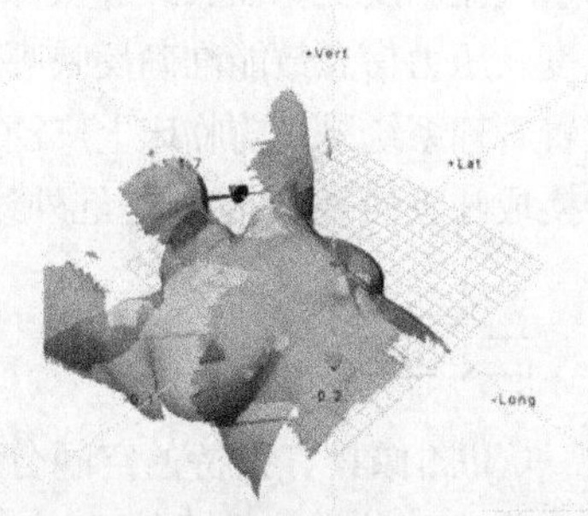

图 9-20　Catalyst 系统下的参考影像、实时影像、匹配影像(从左至右)

第三节　四维引导系统的质量保证

目前，肿瘤放疗已经进入了影像引导精确放疗时代，影像引导贯穿于精确放疗的全过程，包括靶区的勾画与确定、靶区位移的测定与修正及靶区形变的检测与匹配等各个环节。四维影像是指在三维空间影像基础上，加入时间信息，依据运动或形变器官投影数据重建后得到的影像。作为肿瘤放疗的里程碑，四维影像近年来逐步应用于肿瘤放疗。四维 CT(4D CT)在国内外肿瘤放疗单位已较广泛应用，四维 MRI(4D MRI)、四维 PET CT (4DPET CT)、四维锥形束 CT(4D CBCT)等其他四维影像在肿瘤放疗中的应用也逐渐增加。

一、四维影像实现方式

由于患者的生理运动，如呼吸运动、心脏搏动、消化道运动等，三维成像经常会产生运动伪影。这种伪影产生的原因在于成序列扫描过程与被扫描对象的运动同步进行所产生的错位效应。与三维成像方式相比，四维影像不仅能有效地减少呼吸运动伪影，呈现实时肿瘤形态，而且能够反映肿瘤运动规律。

减少或去除呼吸运动伪影的方式有多种，如本章第二节所述，包括主动呼吸控制、被动呼吸控制、呼吸门控及呼吸运动追踪等。目前，四维影像的采集主要通过呼吸门控技术实现，使采集的图像数据与对应呼吸时相一致，通过同一时相的数据分类重建，来减少呼吸运动伪影。呼吸门控技术是指在呼吸运动周期内，基于特定呼吸时相或振幅信号，触发影像采集或放射治疗。呼吸门控技术包括前门控技术和后门控技术两类。前门控技术是利用呼吸门控系统接收的呼吸节律信号触发影像采集，产生选定时相单个静止的三维影像，采集多个时相的图像数据需要多次扫描，大大增加了扫描时间与辐射剂量。后门控技术是在自由呼吸状态下采集影像，并同步记录呼吸信号，把所有图像信息按不同呼吸时相进行分类重建，产生一系列不同时相相对静止的三维影像。与前门控图像采集相比，后门控图像采集扫描时间明显减少，而且采集过程中患者舒适度高、辐射剂量低。因此，后门控技术是目前临床应用较多的影像引导放疗技术。

利用呼吸门控技术采集四维图像需要将测得的相关信息转化为呼吸信息。目前，可转换为呼吸信号的测量信息包括肺活量计测量潮气量变化、压力传感器测量呼吸压力差、热敏元件测量气流温度变化以及红外摄像装置测量随呼吸起伏的体表高度差等。就准确度而言，气流温度及压力信息最能准确反映呼吸信号，但信号采集过程相当复杂，患者的依从性欠佳。实时位置管理系统是当前临床上广泛使用的呼吸门控系统，可基于影像测量胸腹壁高度差，并将其转换成呼吸信号，其缺点是红外线反射模块的放置位置对测量结果影响较大。

二、四维 CT

CT 图像具有独特的空间分辨和密度分辨优势，是影像技术发展过程中里程碑式的突破。作为一种间接成像技术，与常规 X 射线透视相比，普通 CT 图像不能实时反映人体内脏器官随呼吸运动变化的规律，但通过计算机进行三维重建后可以反映其空间结构。近年来，随着影像技术的进步，为了进一步反映人体内脏器官随呼吸运动变化的特征，把时间因素纳入CT图像的扫描和重建过程便出现了四维计算机断层摄影(four dimensional computed tomography，4D CT)，与普通CT相比，4D CT大大减少了呼吸运动伪影，不仅能真实地再现肝、肾、肺和膈肌等内脏器官的形态，而且能反映它们的运动范围和运动方式。4D CT图像与放疗技术相结合，对运动靶区的精确放疗产生了深远的影响：①利用4D CT图像分析靶区及正常器官在呼吸过程中位置和体积的变化规律，有助于根据患者独特的运动特征进行个体化放疗计划设计，减少靶区照射范围，在提高靶区受照剂量的同时，降低正常组织的毒副作用。②在体部立体定向放疗过程中，用4D CT图像能方便、准确地研究不同腹压时肿瘤和器官的运动规律，指导放疗过程中腹压技术的使用，达到精确放疗的目的。③用4D CT图像还可分析靶区与内外标记的相关性，与其他四维影像技术相结合进行精确的四维图像引导放疗，实现肿瘤放疗技术从三维到四维的跨越。

1. 周期运动伪影对靶区三维重建的影响

用步进电机、驱动器、导轮、有机玻璃球、低密度泡沫等模拟呼吸运动体模。以GE LightSpeed 16排螺旋CT为例对体模进行扫描，分析不同螺距、层厚和运动周期对靶区扫描后三维重建体积和形态的影响，并计算动态靶区重建体积相对于静态靶区重建体积的偏差。有研究报道：①对于静态靶区，改变扫描层厚与螺距对三维重建体积和外观的影响不明显(图9-21)；②对于动态靶区，不同运动状态下扫描后，重建体积和外观差异显著，其相对偏差的变化范围与靶区大小有关，外形较小的靶区为－39.8%～89.5%，外形较大的靶区为－18.4%～20.5%，说明呼吸运动对靶区三维重建的影响很大，三维适形放疗计划设计所采用的CT图像必须是靶区处于相对静止状态下扫描的图像，否则，放疗计划设计中将存在很大的误差。因此，减少运动伪影并在放疗计划和实施过程中充分考虑靶区的运动规律是实现精确放疗的必要条件(图9-22～24)。

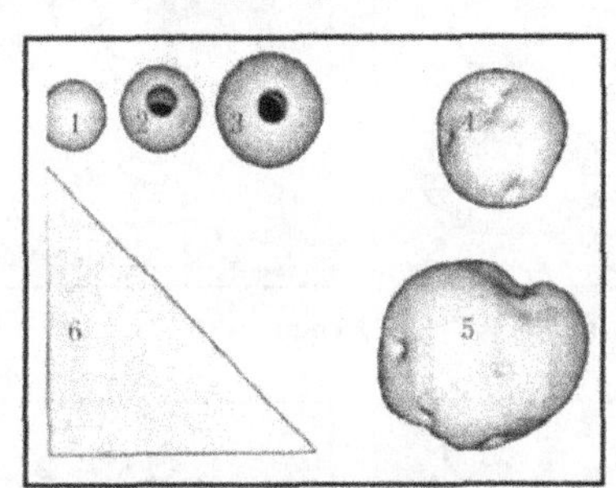
(a) 层厚1.25 mm，螺距0.875

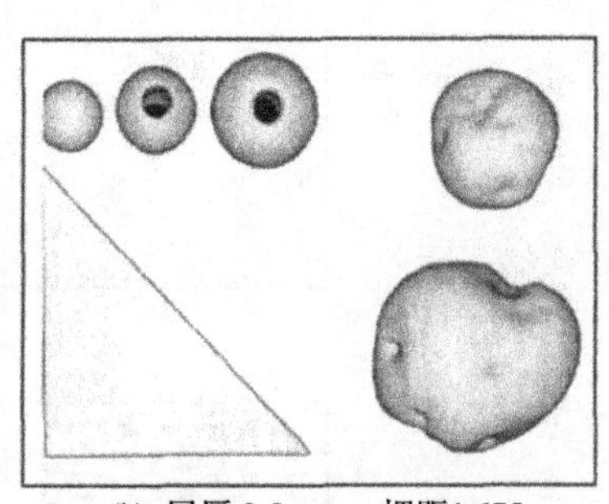
(b) 层厚2.5 mm，螺距1.675

图9-21 静止体模CT扫描后三维重建图像

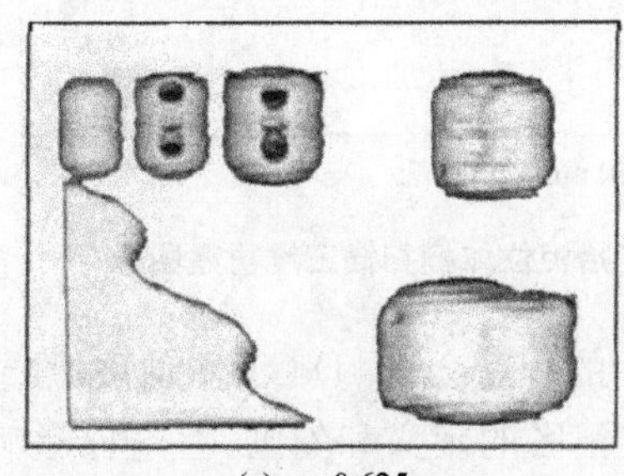
(a) p=0.625

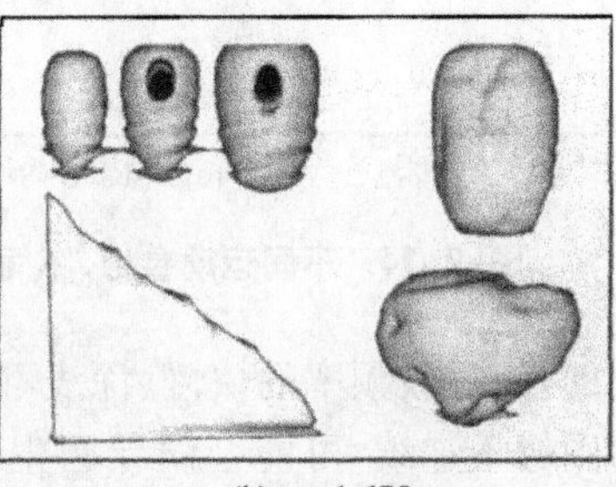
(b) p=1.675

图9-22 周期运动体模不同螺距扫描后三维重建图像

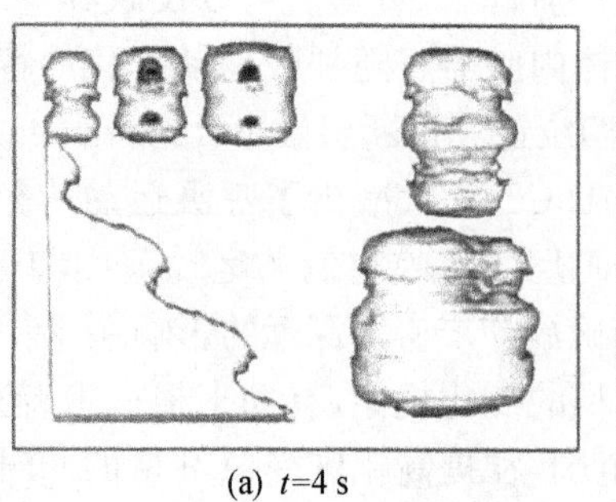

(a) t=4 s

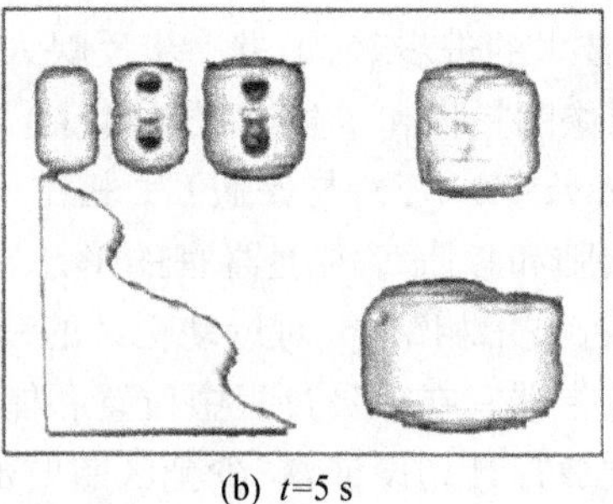

(b) t=5 s

图 9-23　不同周期运动体模扫描三维图像

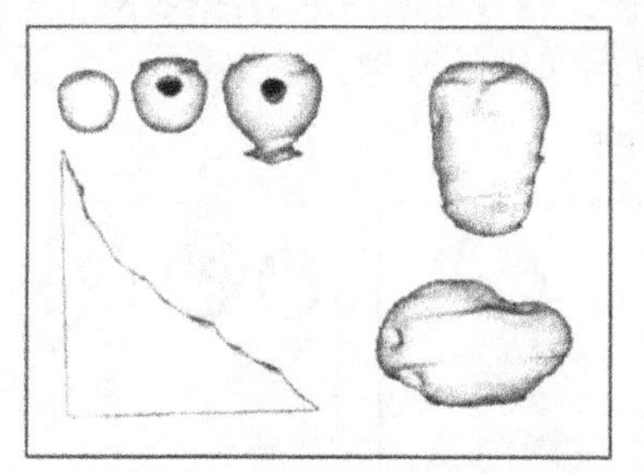

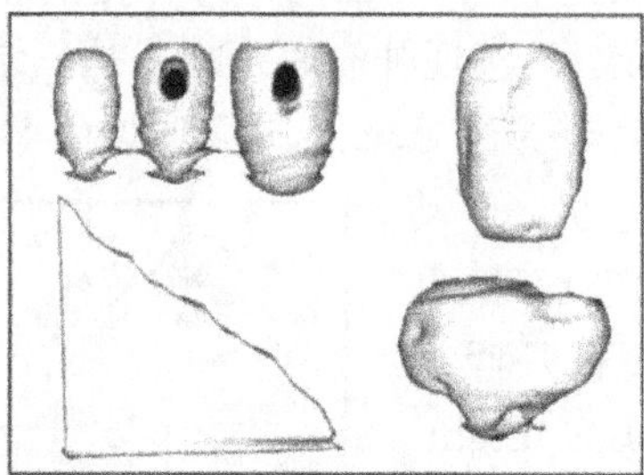

(a) t=5 s　S=8×1.25 mm　p=1.675

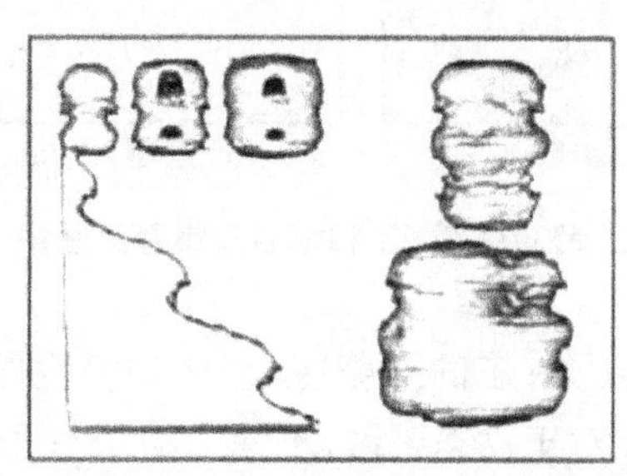

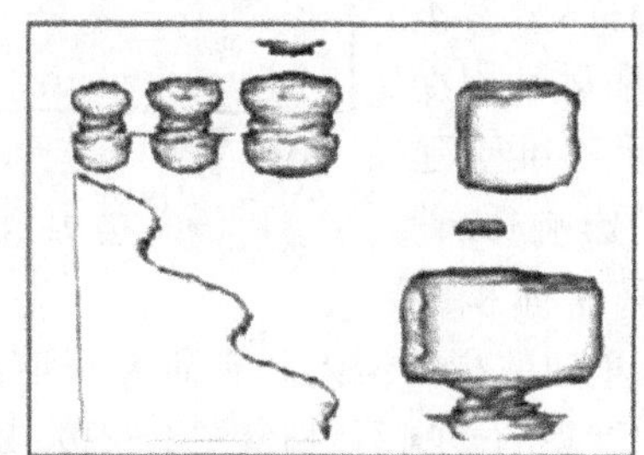

(b) t=4 s　S=8×1.25 mm　p=0.625

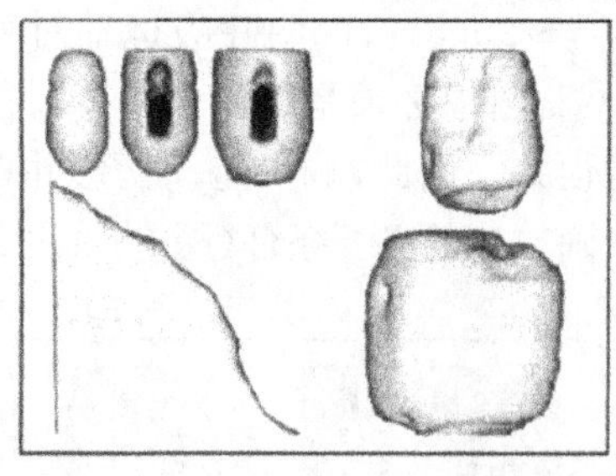

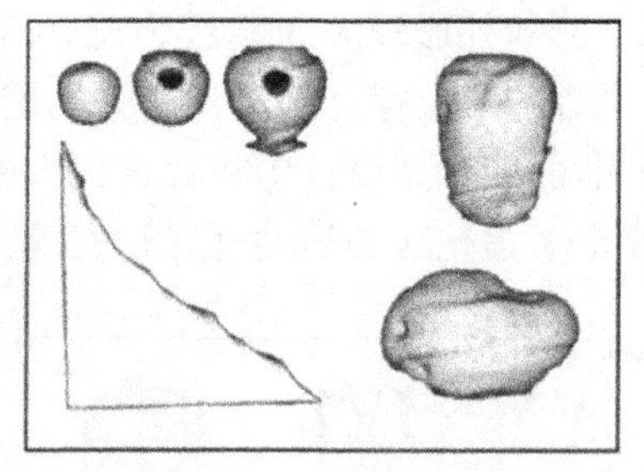

(c) t=4 s　S=8×2.50 mm　p=1.675

图 9-24　不同运动参数、不同初始相位体模扫描三维重建图像

需要强调的是，呼吸频率的快慢、深浅不一的程度会对 4D CT 图像重建造成影响，其影响表现主要为图像不连续，可能会误导医生对靶区的定义和勾画，但这种影响是否会导致靶区的变化以及相关剂量学的影响还需进一步研究。

2. 四维靶区与图像配准

4D CT 图像使得在时空上精确地确定靶体积成为可能，并可根据患者个体化的呼吸方式确定靶区外放边界。随着 4D 图像技术的进步，除 4D CT 之外，相继出现了四维锥形束 CT、四维核磁共振图像、四维正电子发射断层图像等，为了充分利用这些影像各自的优势，达到准确诊治的目的，需要有切实可行的 4D-4D 配准算法，才能充分利用这些不同条件或不同方法获得的 4D 图像所包含的丰富信息。Wolthaus J. W 等曾用跟踪体外标记的办法来实现两套 4D 图像的配准，但是，每个呼吸周期中，体外标记的运动幅度与肿瘤位移的比值是不断变化的，而且内脏还存在相对位移的问题，对胸部肿瘤而言，这种位移影响极大，当两套 4D 图像有不同的相位或呼吸模式不同时，跟踪体外标记的办法就会失效。为此 Schreibmann E 等提出了一种基于互信息的 4D-4D 配准算法，分别利用两套四维图像本身所包含的时空信息，在临床可接受的时间内，在台式机上实现了两套四维图像的自动配准，当两套四维图像在时相上不对应时，还可根据空间相邻的两图像插值生成对应的图像。在体模实验研究中，上述方法能在空间上逼真地重现已知形态，并能通过插值算法准确地生成所有故意缺失的图像，对门控核磁共振图像与 4D CT 图像进行配准时，该算法能找到合适相位的 CT，且能对四维锥形束 CT 与 4D CT、或不同日期扫描的两套 4D CT 进行配准，所有病例实验中，98%的体素空间配准精度小于 3 mm。

目前，在四维放疗计划制定的各个环节都要涉及图像处理，变形图像配准是关键，它确定不同呼吸相位的 CT 图像之间的映射关系，一旦该变换关系确定，只要在某一相位的 CT 上勾画靶区和进行放疗计划设计，其他相位上的靶区勾画和计划设计就可以通过变换完成，从而大大提高四维放疗计划设计的效率。目前，市面上各种放疗计划系统大多只能进行三维放疗计划的设计，缺乏真正意义上成熟的四维放疗计划系统，都在单一相位 CT 进行放疗计划设计，然后通过图像配准技术等映射到其余相位的 4D CT 上来实现 4D 放疗计划。

3. 四维放疗计划优化

目前，在 4D CT 上进行的 4D 放疗计划优化有多种方法，主要包括在单一相位 4D CT，靶区运动包络等密度（$1g/cm^3$）4D CT、平均密度投影（average intensity projection，AIP）或最大密度投影（maximum intensity projection，MIP）CT 上进行等几种方式。Eric D 等把在上述 3 种 CT 图像上设计的 IMRT 计划分别移植到 1 个病例的 10 个相位 4D CT 上，通过比较分析发现，3 种方法都能得到可接受的治疗计划；对周围型肺肿瘤，在 AIP CT 上进行放疗计划设计时，GTV 在整个呼吸周期中的剂量分布最均匀，且消除了在单相 4D 性 CT 上进行计划设计对相位的依赖性；当对所有相位 4D CT 上的剂量分布进行累加后，发现上述各方案得到的等效均匀剂量值都高于处方剂量；在单一相位 4D CT 上设计的计划移植到各相 4D CT 上，GTV 的等效均匀剂量比在直接在靶区运动包络等密度 CT 上的优化结果高，个别病例高达 5.5 Gy。

另一种快速进行四维放疗计划优化的方法是最大密度投影法，Admiraal MA 等把所有相位的 4D CT 进行最大密度投影，生成内靶区（internal target volume，ITV），然后，直接把 ITV 当做 PTV 进行放疗计划设计，把优化后的计划移植到 4D CT 所有各相位 CT 系列中，再利用弹性体样条模型算法计算各相位 CT 系列中靶区受照剂量和累积剂量，并与初始计划剂量分布进行比较，结果发现，尽管不同患者肿瘤部位、大小及呼吸运动幅度彼此差异极大，但都能在不牺牲关键器官受照剂量分布的情况下，确保 PTV 受照剂量达到要求；初始计划中PTV剂量覆盖情况与各相临床靶区(clinical target volume, CTV)累积剂量分布的差异甚微;当处方剂量定在ITV上,且ITV就是PTV,并在平均密度CT上进行剂量计算,那么,各相累积剂量与ITV的计划受照剂量非常一致,因此,对肺癌立体定向放疗而言,用平均密度CT和ITV进行计划优化和评价是一种可行的办法,即使直接把ITV当做PTV,也未见CTV受照剂量分布因呼吸运动而发生显著变化。

4D CT是在不同扫描床位处连续采集患者在不同呼吸周期中的CT图像信息,经过重建后构造的一个完整的周期运动图像系列,实际上是多周期的平均效果。单次4D CT图像中包含的运动信息是否具有代表性的问题对4D CT在临床中的应用具有重要影响,Guckenberger M等对此进行了探讨,研究中让10例肺癌患者静卧于立体定向放疗体位固定架中30 min,每隔10 min进行一次4D CT扫描,基于呼吸幅度排序重建了8个等相位间隔的4D CT系列,实验中共得到406个4D CT系列;在Pinnacle放疗计划系统中,分析手动图像融合后不同相位的CT图像,以靶区质心来表示靶区的位置,以同一个呼吸周期中靶区位移的最大值(峰-峰值)及8个相位中同一靶区质心位移的标准差来描述靶区的运动状态,并计算了靶区在上下、左右、前后方向位置的变化,结果发现,对大多数患者而言,用单次4D CT扫描图像进行立体定向放疗计划设计是可靠的,但当患者肺功能较差或者肿瘤位于肺下叶时,不同时刻扫描的4D CT之间差异较大,需要特别予以注意。

4. 运动靶区的剂量分布

正是由于4D CT包含了靶区的运动信息,利用4D CT可分析运动靶区与静态靶区的受照剂量差异。Eric D等利用4D CT对此进行了研究,从患者4D CT图像中提取了肿瘤的运动核,通过机械装置按运动核控制二极管探测器阵列模拟靶区运动,用普通野及补偿器、静态多叶光栅和动态多叶光栅调强射野设计不同的放疗计划,测量时,每种照射方式下每个照射野对运动靶区重复照射10次,计算每一角度受照剂量的平均变异系数。结果发现,在不采用门控时,补偿器调强射野多分次照射运动靶区后,其剂量分布随时间变化最小,而动态多叶光栅调强射野照射后的剂量分布随时间变化最大;采用门控后,静态多叶光栅和动态多叶光栅调强射野多分割照射后,剂量分布的均匀性都有明显改善,其中,动态多叶光栅调强射野照射的改善最显著。

5. 扫描参数和扫描模式对CT值的影响

(1) CT扫描系统

以GE公司的4D PET-CT Discovery ST-16为例,该系统配有RPM实时呼吸监测系统和Advantage 4D工作站,为减少床面散射对CT值的影响,CT扫描时采用低密度的碳纤维平面床板。

(2) 电子密度模体

以GAMMEX公司RMI 467型电子密度模体(图9-25)为例,由直径33.0 cm的圆柱状固体水构成。模体中配有16个直径为2.8 cm的圆柱形组织等效替代材料插棒,分别模拟人体肺组织(吸气态、呼气态)、乳腺、肝、脑组织、脂肪、真水、固体

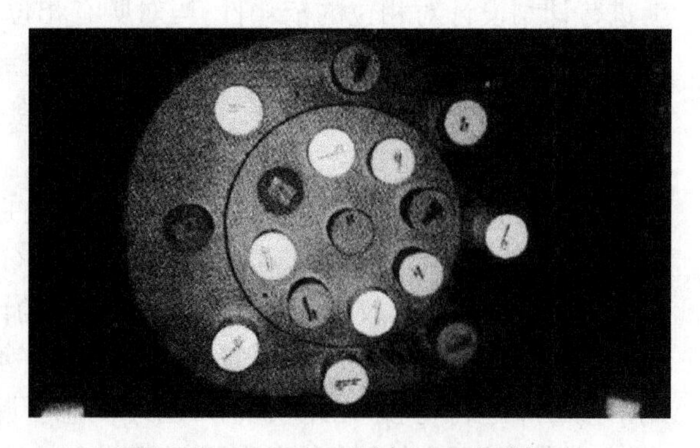

图9-25 RMI 467型电子密度模体

水(4 个)、致密骨、疏松骨等。模体套件附带有凝胶,用以增加组织替代材料模体棒与模体圆孔的吻合度和消除空气间隙,可以与模体上的圆孔很好地吻合。模体两侧和上方有十字形定位标志,配合三维激光定位系统,可以较方便地准确定位模体的中心扫描层面。模体中央有间距 50 mm 的定位孔,在重建的 CT 影像上利用距离尺测量这些定位孔,可以协助检测模体摆位是否准确。利用此模体,可以同时获取多种组织的 CT 值,通过"CT 值-密度"转换曲线,为放疗计划设计系统提供相关组织的密度(或电子密度)值。

(3) 测量方法

首先,将电子密度模体放置在 4D 员 CT 机的专用碳素平板床面上,经过模拟定位器的激光校正,使模体中心轴与 CT 机扫描平面垂直,同时模体中心与 CT 机扫描中心对应。然后分别采用 3 种扫描方式:电影扫描、轴向扫描、螺旋扫描等进行扫描。扫描条件均为 140 kV、200 mA,层厚 2.5 mm,扫描起始位置一致。其中,电影扫描模式为 3 组旋转时间(0.5、0.8、1.0 s/rot)与 4 组曝光时间(0.2、0.4、0.6、0.8 s/张)的不同组合。轴向扫描模式按旋转时间参数不同分为 5 组(0.5、0.8、1.0、2.0、4.0 s/rot)。螺旋扫描参数为速率 13.75 mm/rot,旋转时间 0.8 s/rot. 螺距 1.375,厚度 2.50 mm,列数 16。最后在各平面扫描图像和重建图像上,测量模体中相应的组织替代材料的平均 CT 值及标准差,比较曝光时间和旋转时间参数对电影扫描和轴向扫描模式的影响,并比较电影扫描、轴向扫描、螺旋扫描 3 种扫描模式间的差异。

由于扫描设备的硬件设计和影像重建软件的算法等因素可造成系统的不确定性伪影,导致均匀模体扫描时,在不同位置或区域的 CT 值出现不均匀的变化。为减小图像"均一性"误差的影响,在测量 CT 值时,均取相同的床位层向和位置,采样值为相同大小感兴趣区内的平均 CT 值,采样感兴趣区的中心位于各等效组织替代材料的圆柱中心附近,中心可用"十"字叉工具标记出具体位置的坐标值,以确保每次采样的位置范围相同。

(4) 结论

三维放疗计划系统(3D TPS)计算剂量及其分布的准确性与输入组织结构的 CT 值密切相关,因此基于 CT 图像设计放疗计划时,必须通过测量已知密度的等效组织模体的 CT 值,建立"CT 值-密度"关系曲线,TPS 根据该曲线转换所得的组织电子密度进行组织不均匀性剂量校正计算,从而得出准确的放射治疗计划的剂量分布。但同一组织在不同的扫描条件下,得到的 CT 值可能会产生相当大的差异,Constantinou 等研究发现,CT 值-密度转换错误导致的 TPS 剂量计算误差可能十分显著,如用 6 MV 光子线照射 100 cGy 的剂量,CT 值-密度转换错误的计划所计算出的剂量分布热点的剂量可以比正确值高出 20.1%。

目前国内外学者已对传统 CT 的影响因素作了许多探讨,例如据报道软组织 CT 值随不同扫描电压的改变达 40 HU,而皮质骨(120～140 kV)改变达 150 HU(12.7%),扫描层厚对 CT 值的影响可以忽略不计。患者体形大小、等效材料所处视野中位置不同可产生 3.0%变化。不同机器扫描(相同的模体和扫描条件)产生的 CT 值相差可达 10.0%。其他辅助设备如扫描的床板散射引起固体水的 CT 值变化达 51.3%。

4D CT 作为跨时代意义的新一代 CT,不仅保留了传统 CT 固有的许多特性,还引进了不少新技术和算法等。这些技术的应用和数据处理过程结果可能与传统 CT 扫描模式的结果存在较大差异。采用GE公司的4D PET CT Discovery ST－16提供的3种扫描模式，通过检测GAMMEX公司的RMI467型CT值-电子密度模体，观察各组织等效物的CT值是否随各扫描模式和参数组合的改变而变化。结果显示：对静态体模扫描排除图像动态伪影干扰后，选择不同的旋转时间与曝光时间参数对电影扫描和轴向扫描的CT值的影响均不明显（图9-26），各等效组织的CT值相对误差均小于3%。3种扫描模式间比较分析，由于电影扫描是各层间平行的扫描，与轴向扫描模式同属于断层扫描类型，故两者间差别微小。但螺旋扫描与其他两种模式在呼气态肺和吸气态肺时，它们相对电子密度误差分别为4.3%和2.3%，致密骨CT值相差较大为46 HU。分析误差产生的原因，可能是螺旋扫描数据处理算法与断层扫描有些不同，另一原因是虽然在同一床位扫描，但螺旋扫描切面与断层扫描的平行切面并不完全一致。用组织空气比指数校正法（即电子密度法）对偏差较大的几处进行估算，电子密度改变造成的实际剂量误差均<1%，满足国际辐射单位委员会42号报告提出的目标，将外照射放疗剂量误差缩小到2%以下的要求。因此，相同扫描条件下对同一组织扫描，不同扫描模式间差别可忽略不计。

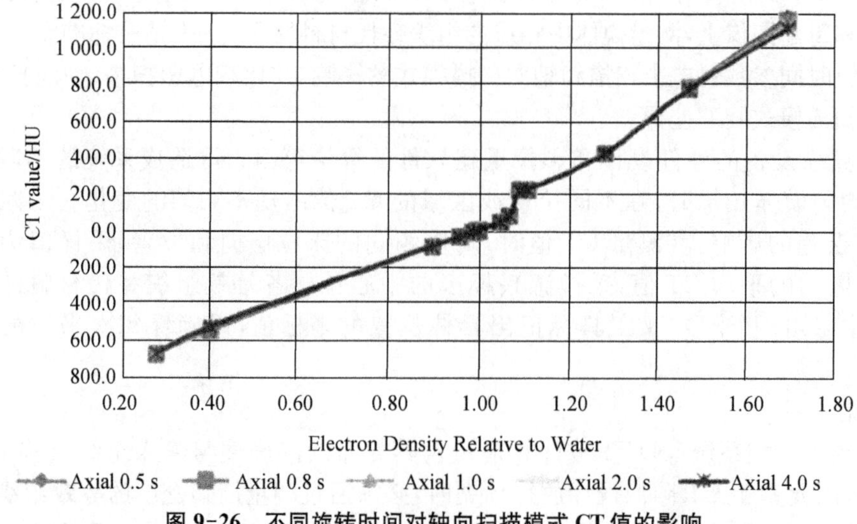

图9-26　不同旋转时间对轴向扫描模式CT值的影响

三、四维MRI

4D CT具有较高的空间分辨率并且可以实现快速地获取图像，然而，CT图像具有较差的软组织对比度，这种缺点会增加靶区勾画的不确定性。此外，在4D CT的扫描过程中会对病人产生有害的电离辐射。4D CT存在的这些缺点都是当前条件下不可避免的。相比来说，MR图像可以提供较好的肿瘤和软组织的对比度，并且在扫描过程中不会对病人产生有害的电离辐射。因此，基于MR的四维成像技术（也就是4D MRI技术）可以用来监测腹部的呼吸运动。

目前，文献中提出的4D MRI技术主要包含两种方法：一种是利用3D MR序列采集实时的容积图像（称为实时4D MRI）；另一种是利用快速的2D MR序列连续采集所有的呼吸

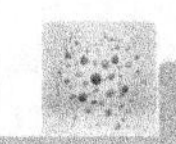

时相的 MR 图像，然后依据呼吸时相回顾式的将采集图像进行分类（称为回顾式 4D MRI）。第一种成像方法的实现需要引入并行成像技术和回波共享技术。然而，由于当前软件和硬件的局限性，利用这种方法采集高分辨率和高质量的 4D MR 图像集难度较大。一般来讲，典型的实时 4D MRI 技术采集图像的时间分辨率大于 1 s，像素的大小约为4 mm。相对于人类平均 4～5 s 的呼吸周期来说，实时 4D MRI 技术的时间分辨率过低，因此该技术不足以获取高质量的 4D MR 图像。第二种成像方法需要在图像采集时实时监控病人的呼吸运动并提取呼吸信号。与实时 4D MRI 技术相比，回顾式 4D MRI 技术成像的像素尺寸变小，成像速度变快，运动伪影大大降低，获取的图像质量也得到了提高。

1. 回顾式 4D MRI 技术框架

回顾式的 4D MRI 技术通常需要由以下两部分内容组成：①源图像采集；②监测呼吸信号。

对于图像的采集，需要满足的条件包含：①快速的 2D cine MR；②多个层面的采集；③cine的持续时间＞1 个呼吸周期；④帧速度：～3 frames/s；⑤层厚：3～5 mm；⑥像素大小：1～2 mm。

呼吸信号获取主要的步骤有：①呼吸监控：外部设备和内部设备（基于图像本身的）；②信号处理；③时相计算；④回顾式分类。主要的框架如（图 9-27）所示。

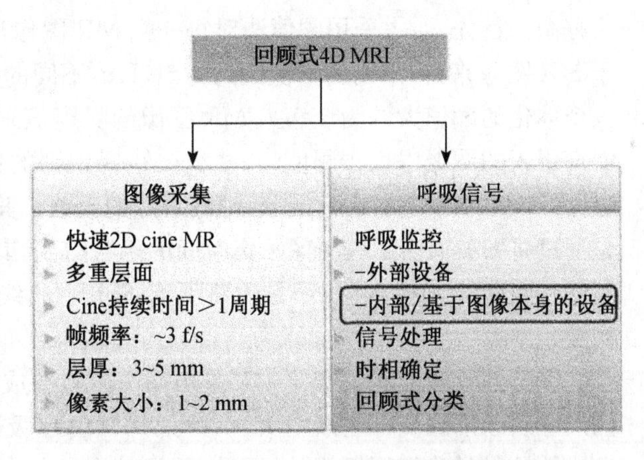

图 9-27　回顾式 4D MRI 技术的主要框架图

目前快速 MR 序列主要有：①TrueFISP/FIESTA (balanced steady state gradient echo)，该序列是典型的 T_2^*/T_1 加权，并且对液体敏感，但是由于响应时间较长容易产生带状伪影；②HASTE/SSFSE (single shot fast spin echo)，该序列为 T_2 加权，具有较好的软组织对比度噪声比（contrast-to-noise ration，CNR），但是较长的回波序列使得信号产生不同程度的衰减，图像易模糊；③FLASH/Fast SPQR (fast spoiled gradient echo)，该序列为 T_1 加权，肿瘤的信号强度很差；④EPI (echo-planner imaging)，该序列主要由 GE-EPI (T_2^*/T_1 加权)，SE-EPI(T_2 加权)，IR-EPI (T_1 加权)3 种序列组成。此序列的特征为具有易感性，易产生重影和化学位移。

对于 HASTE 和 TrueFISP 来讲，两者都可以在自由呼吸的状态下实现对呼吸运动的监测。一般来讲，肿瘤的对比度和图像的伪影依赖于肿瘤自身的特性。但是，由于 HASTE 序列为 T_2 加权，而 TrueFISP 为 T_2^*/T_1 加权，因此 HASTE 图像比 TrueFISP 图像具有更好的肿瘤对比度。HASTE 图像中会存在局部的模糊伪影，而 TrueFISP 图像在时相编码的方向会存在运动伪影。

2. 基于身体区域(body area)的 4D MRI 技术

基于 BA 的 4D MRI 技术采用一种快速的 2D MR 序列来连续的在整个呼吸循环中采集横断面的图像，然后回顾性的将这些 MR 图像依据呼吸时相进行分类。在该技术中，我们采用一种快速的稳态获取成像技术（GE 的 FIESTA 或 Siemens 的 TrueFISP）进行图像采集。之所以选取这种成像序列是因为它具有较高的时间分辨率(>6~8 frames/s)和较高的肿瘤对比度。目前,这种序列已经被广泛地用来进行实时的肿瘤运动成像。我们将 MRI 参数进行优化,以便平衡信噪比(SNR)空间分辨率(面内像素尺寸~1.5 mm)和时间分辨率(~3 f/s)三者之间的关系。

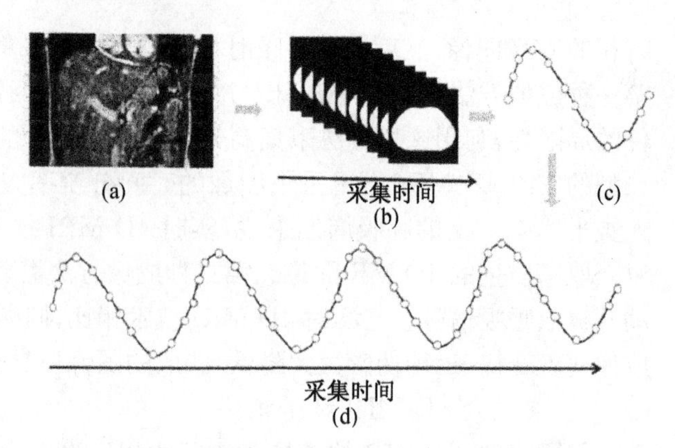

图 9-28 基于 BA 的方法提取呼吸信号的流程图

图 9-28 给出了如何在原 MR 图像中采用 BA 的方法提取呼吸信号的流程图。首先,通过采用阈值法对每一幅 MR 图像进行预处理以得到身体区域的轮廓。对于 MR 图像来讲,采用的阈值大约为 50 Hu,不同的病人之间阈值略有不同。一个较好的病人个体化的阈值大约为该病人 MR 图像的噪声值乘以 3。首先,我们采用手动的方法对由噪声引入的图像中大于阈值的,并且被错误识别的像素点进行修正。BA 被定义为人体轮廓[图 9-28(b)]中的白色区域)中像素点的个数。其次,每个位置的呼吸曲线[图 9-28(c)]是通过将 BA 值表示为图像采集时间的函数得到,其中 BA 的平均值被设置为 0。最后,完整的呼吸曲线[图9-28(d)]是由将所有的单个曲线按照采集的先后时间顺序合并在一起构成。

完整的呼吸曲线的变化主要是由两个因素造成的:呼吸和解剖结构的变化(例如,身体的尺寸从颈部到胸部逐渐增大)。此处只对由呼吸运动引起的变化感兴趣,而第二种因素造成的结果是我们不期望的,因此,需要将其影响从呼吸曲线中去掉。这种做法的实现是通过选用一个低通滤波器来产生一个"base BA",然后将"base BA"从"完整的 BA"的中减掉,得到的呼吸曲线"rescaled BA curve"用来进行呼吸时相的确定。将曲线中所有的峰值指定为 Phase 50%,然后通过线性插值的方法计算剩余的时相。最后,将 MR 图像依据这些呼吸时相进行重新分类,假如在重建过程中发现某些时相丢失,将采用距离丢失时相最近的时相(以及相应的 MR 图像)进行 4D MRI 图像的重建。

四、四维 PET/CT

PET/CT 如图 9-29,是计算机技术、化学、物理学等多种学科在医学上的交叉运用。自从 2001 年 PET/CT 应用于临床以来,迅速为各临床医生所接受,广泛运用于临床实践中。PET 在肿瘤的诊断、分期、疗效分析及预后预测等方面都表现出优于常规影像技术的潜力。现代肿瘤放射治疗是建立在临床影像学发展的基础之上,因此先进 PET/CT 影像技术对肿瘤放射治疗模式是一项新的革命。^{18}F-FDG 是运用于肿瘤正电子成像中最成熟的示踪剂,其临床使用价值已经得到广泛的认可。

(一) ^{18}F-FDG 肿瘤显像的物理、生物学基础

肿瘤是细胞的迅速繁殖、异常增生的增生性疾病。在结构上表现为失控性生长及去分

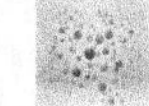

化，由于肿瘤细胞为了满足快速增长和分裂的需要，物质代谢的特征发生变异，主要表现为合成代谢旺盛等。

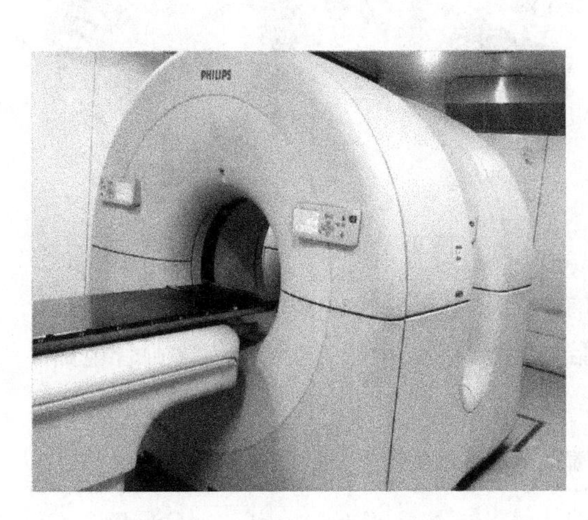

图 9-29　Philips Gemini PET - CT

HO-CH₂ O H H H OH HO OH H OH

(a)葡萄糖

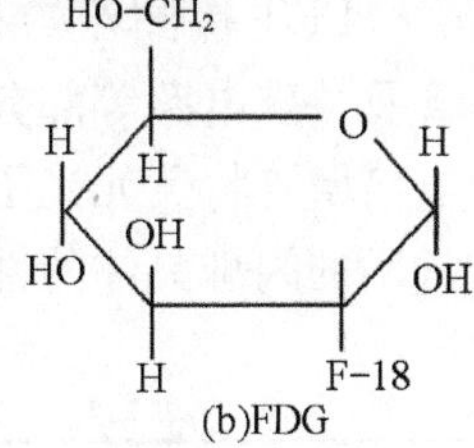

图 9-30　葡萄糖和 FDG 的分子式

^{18}F - FDG (^{18}F-2-fluro-D-deoxy glucose)为葡萄糖代谢示踪剂，^{18}F 是一种不稳定同位素，容易释放出一个 e^+，e^+ 与组织中的 e^- 发生湮灭效应，产生两个方向相反的能量为 0.511 MeV的光子，^{18}F 的半衰期 $T_{1/2}$ 为 109.8 min，适合 PET 或者 PET-SPET 显像。^{18}F - FDG 和葡萄糖的分子结构比较见图 9-30，由于两者的分子结构相似，^{18}F - FDG 和葡萄糖在细胞吸收方面有相似的生物学行为。注射入人体内后，^{18}F - FDG 转送入细胞内的方式和葡萄糖相同，都需要通过细胞膜上葡萄糖转运蛋白(glucose transporter, Glut)，如 Glut - 1、Glut - 2、Glut - 3 等进行。已糖激酶(hexokinase)把细胞中的^{18}F - FDG 磷酸化形成 6 - 磷酸-^{18}FDG(6—P -^{18}FDG)，6—P—^{18}F - FDG 在细胞中不参与进一步代谢过程，从而形成滞留堆积。由于细胞的葡萄糖代谢率与其^{18}F - FDG 的摄取量成正比关系，因而组织细胞的葡萄糖代谢率越高，^{18}F - FDG 就摄取聚集越多。

高葡萄糖代谢是恶性肿瘤细胞的生物学特点之一，因而可以聚集^{18}F - FDG。^{18}F - FDG 被恶性肿瘤细胞摄取的原理可能与下述有关：Glut - 1、Glut - 2、Glut - 3 等葡萄糖转运蛋白表达在肿瘤细胞膜上增加；肿瘤细胞内的己糖激酶活性和正常组织比有不同的增加；可使 6—P—^{18}- FDG 去磷酸化而释出细胞外的葡萄糖- 6 -磷酸酶活性低等。由于糖酵解旁路被激活，缺氧肿瘤的^{18}F - FDG 聚集更丰富。当血糖增高时，葡萄糖与^{18}F - FDG 发生竞争细胞膜转运体，导致^{18}F - FDG 在肿瘤内的聚集减少。因此，在进行^{18}F - FDG 显像前应让病人禁食。

(二) PET/CT 的性能指标及质控

^{18}F 衰变产生的正电子和自由电子发生湮灭效应产生飞行方向相反的两个 0.511 MeV 光子，光子被 PET 探测器检测到。PET 利用湮灭效应产生的光子飞行方向相反的性质确定发生效应的位置。下面将 PET/CT 的基本组成、性能指标及质量控制做一个简单的介绍。

1. PET 的设备组成

PET 设备主要由扫描部件、检查床、主机柜和图像数据输出设备等组成，其中 PET 探测器是决定其性能的最关键部件。

典型的PET使用模块拼成多层的环形探测器，如图9-31是其中一层。断层图像的径向空间分辨率由闪烁晶体的密度决定：在环的直径不变的情况下，增加闪烁晶体块数，投影采样密度也随之增大，空间分辨率也就更好。PET的径向FWHM一般为晶体块宽度的0.4～0.5倍，约4～8 mm。

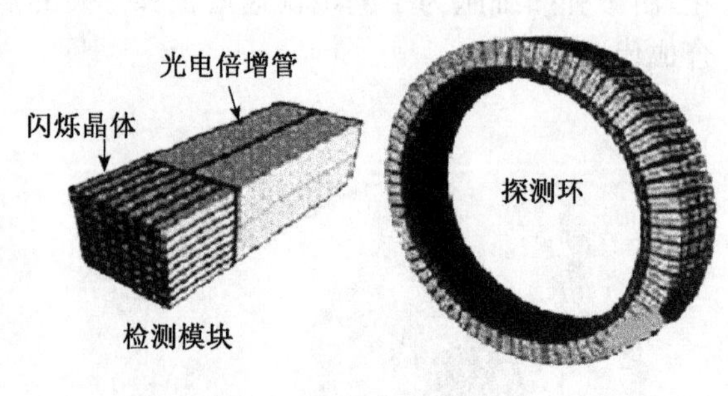

图9-31　PET探测器

PET探测器的有闪烁晶体、光电倍增管及特殊电路等部分。闪烁晶体的作用是将0.511 MeV的γ射线转换成多个荧光光子；光电倍增管将荧元光子转换为电信号；特殊电路能够能量甄别、定位，同时也包含符合电路。常用的闪烁晶体的性能如表9-2。

表9-2　PET探测器常用晶体的一些相关性能

晶体	Na:TI	BGO	LSO:Ce	GSO:Ce
光输出(%)	100	15	75	30
退光常数(ns)	230	300	40	60
能量分辨率(%)	8	10.2	10	8.5
发射波长(nm)	410	480	420	440
折射率	1.85	2.15	1.82	1.85
吸收系数/(cm)	0.35	0.96	0.87	0.7
密度(g/cm^3)	3.67	7.13	7.4	6.7
衰减长度(mm)	30	11	12	15
光电分支比(%)	16	43	33	—
光产额(光子数/MeV)	41 000	9 000	25 000	—

2. PET的性能指标及质量控制

(1) PET的主要性能指标

① 探测效率：湮灭效应发射的光子通过PET探测器是能够被记录下来的概率即是PET的探测效率。探测器晶体的厚度设为d，吸收系数为μ，那么光子被吸收的概率为：

$$\Pi = 1 - e^{-\mu d} \tag{9-1}$$

对于符合探测，两个光子都被吸收的概率为：

$$\Pi = (1 - e^{-\mu d})^2 \tag{9-2}$$

一般情况下，光子只要吸收就能被记录，所以探测器符合探测的效率η可以看成是$(1 - e^{-\mu d})^2$。探测器的探测效率最主要由PET机器所使用的晶体的物性决定。

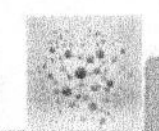

② 空间分辨率：PET 的空间分辨率是指其能分辨的空间两点之间最近的距离。空间分辨率是衡量 PET 性能的重要指标。点源在 PET 系统成像不是一个点而是被扩展成为点扩展函数 PSF(x, y, z)。PSF 最大值一半处的宽度(full width at half maximum, FWHM)描述成像的空间分辨率。FWHM 越大，点源的扩展程度越大，分辨率越低。

空间分辨率受正电子成像理论及探测技术制约，对于使用^{18}F 为示踪剂的 PET 成像理论上的极限值为 2.9 mm。除了以上的本身限制之外，空间分辨率还受光电倍增管的性能，探测器的设计，采集方式及重建算法的影响，实际系统的分辨率达不到极限值，目前最好的专用型 PET，使用^{18}F 示踪剂的空间分辨率接近 4 mm。

③ 均匀性：理想的 PET 可对视野中的任何位置的放射源具有相同的探测能力。但是，即使是均匀源的图像上也会出现计数偏差，这是因为探测器非均匀响应和计数本身存在的统计涨落。计数偏差越小均匀性就越好。图像的非均匀性应小于 10%。一般 PET 系统都会提供专用的均匀性检定程序，自动完成对 PET 非均匀性的检测和校准。

④ 图像质量：PET 图像质量的比较需要在模拟临床的条件下采集图像，然后用标准的成像方法对不同成像系统进行比对。描述图像质量的参数主要有两种：一是不同大小的热灶、冷灶的对比度恢复系数；二是冷、热灶的背景的变异系数。

除了以上几点 PET 的主要性能指标外，使用 PET CT 定位还需要格外的关注检查床的移动精度和 PET CT 图像融合精度。只有将两者精度严格把关，才能把体内的信息和解剖信息精确融合在一起，发挥 PET CT 的优势。

(2) PET 的质量控制

为确保日常工作的正常进行和获取图像的完整性，需要对 PET 进行日常的质量控制。日常质量控制的目的是跟踪设备的稳定性，及早发现扫描机器的异常情况。对于 PET 扫描设备而言，主要是对针对探测器和电子学电路的检测。校正 PET 的放大倍数，定义使用的闪烁晶体、能谱图、符合时间标定等，都是 PET 日常质控和标定的一些内容。系统修正中如：归一化和标度是质控中必须检测的内容。标度修正除用来转换重建图像的像素值和放射性浓度外，还可能用于补偿扫描的轴向敏感性偏差。

① 本底计数率检查：探测器对机房内的响应情况使用本底计数率进行描述，每天开机后应进行日常检查。除非出现环境污染，线路接触不良和机器的冷却系统问题，可能会造成计数率起伏幅度比较大，否则一般情况下，计数率是相对恒定的。

② 空白扫描和探测器漂移检查：为了进行计算衰减校正系数，和检查探测器各探头性能漂移情况，开机之后应必须进行空白扫描。通过标准化设定时提供的参考空白扫描进行每天空白扫描结果的对比，如果发现有某些探头的变化范围超过标准值，需要进行以下几个质控步骤。

③ 线路与晶体设置：当空白扫描发现探测器探头变化率超过一定值，需要进行线路与晶体设置。每次更换完扫描设备的硬件后也要进行晶体设置。通常情况下线路与晶体设置可以按照厂家提供的校正程序进行。

④ 标准化设定：质控第三步发生晶体设置后，或者出现横条纹状伪影，则需要进行标准化设定。可以按照厂家提供的采集程序进行自动校正。

⑤ 标度：需要标度主要有以下几个时刻：每月的质控，探头性能下降以及归一化之后。使用标准源对系统进行标度，确定标度因子。

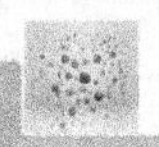

⑥ 检查床的负重实验：检查床的步进精度和承重变形度会直接影响图像融合的精度，因此需要进行常规的负重实验检查。

为了保证模拟呼吸运动模体在PET CT扫描实验完整准确的实施，在模体实验前需执行日常QA和PET CT厂家提供的模体质控程序。

(三) 肿瘤运动频率、幅度和长径对SUV值的影响

1. 标准摄取值(SUV)

SUV描述的是病灶处摄取的放射性药物和全身平均摄取的药物的比值，单位为g/ml。^{18}F-FDG PET CT成像中，SUV值的大小是反应肿瘤恶性程度的一个重要指标，一般认为SUV>2.5即可诊断为恶性肿瘤。SUV值是专用于PET中的半定量指标，也称作相对量指标。

SUV的计算公式：

$$SUV = \frac{\text{病灶的放射性浓度(kBq/ml)}}{\text{注射剂量(MBq)/体重(kg)}} \tag{9-3}$$

组织对^{18}F-FDG摄取随时间变化，因此在患者注射后不同时间扫描得到的SUV也不同。根据这个规律，在临床的实际运用中，经常用延迟显像来区分肿瘤与其他良性病变的^{18}F-FDG摄取值。Sakamato研究显示，在注射^{18}F-FDG 12～75 min内，肿瘤病灶的SUV随时间线性增加，而且增加程度与SUV成正比，即：病灶的SUV值越大者，在一定时间范围内增幅也大。其试验发现：病灶SUV_{max}在12 min时是6，到75 min时就可测得为15；而12 min SUV_{max}小于3时，在75 min后基本未发生变化。因此，临床使用SUV_{max}值时，应将图像采集时^{18}F-FDG注射的具体时间考虑进去。

2. 模体的变量参数

为了实现在呼吸运动过程中不漏照肿瘤，同时又避免为了将肿瘤完全照射而盲目的扩大照射范围而增加正常组织的放射性损伤，需要设计一种能够模拟各种呼吸运动频率、运动幅度的模体。Erridge等对肺部呼吸运动进行测量发现肿瘤在人体长轴上一个方向运动的中位值是12.5 mm，标准偏差为7.3 mm。模体主要由3个部分组成：水箱、肿瘤假体、驱动装置。如图9-32所示。

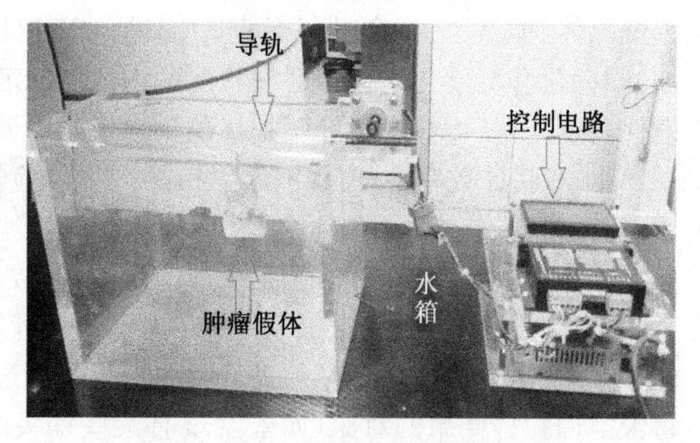

图9-32　呼吸运动模拟模体的组成

① 水箱：水箱一般使用厚度约1 cm的有机玻璃材质做成，其长、宽、高分别为：20、15、15 cm。在水箱的短轴上方正中间预留两个孔，安置滑轨。滑轨的正中间位置是连接肿瘤假体的可变向构件。

② 肿瘤假体：肿瘤假体使用有机玻璃制造的圆柱状体，假体内部为中空设计，其内径和内高相同，假体的顶部预留注射示踪剂用的小孔，使用塑料小螺帽封闭(图9-33)。总共4种不同尺寸的假体，内高分别为1.0、2.0、4.0和6.0 cm，由于材料的限制，4个肿瘤假体使用的厚度分成两种：前两种肿瘤假体有机玻璃厚度为0.1 cm；后两种肿瘤假体的厚度为

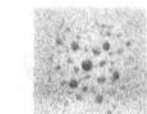

0.3 cm。

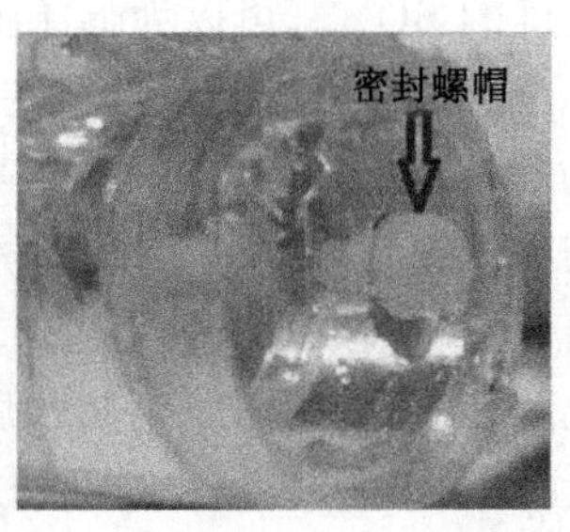

图 9-33　肿瘤假体及其密封螺帽

③ 驱动装置：为驱动肿瘤假体在水箱中模拟肺部的呼吸运动，需要设计一个可以控制改变运动频率和运动幅度的单片机。

3. 肿瘤运动频率、幅度和长径对 SUV 值的影响

李明焕等在山东省肿瘤医院进行^{18}F－FDG PET CT 全身扫描的肺癌患者中，选取 61 例 T_1 期进行分析研究。T_1 期肺癌肿瘤体积越大，SUV_{max}相对就检测出较大，即原发灶的SUV_{max}与病灶大小正相关，这反映了 SUV_{max}受到肿瘤细胞数的影响，肿瘤细胞数目越多(体积越大)SUV_{max}越大；同时也说明 SUV_{max}受到部分容积效应的影响。

由于 PET 扫描的时间比较长，采集到的数据是模体至少运动 40 个周期以上的信号，因此，模体的运动频率对 SUV_{max}的变化没有统计意义上的影响，这和预测函数表达式相吻合。肿瘤假体的长径和运动幅度对 SUV_{max}影响较大。对于肿瘤假体长径为 1 cm 和2 cm，SUV_{max}随运动幅度的增加而减少，肿瘤假体长径越小，递减的趋势越明显，最多减少到 37.4%；随着肿瘤假体长径的增大，SUV_{max}随运动幅度的减少越来越不明显，当假体长径增加到 6 cm 时，SUV_{max}减少为 5%左右。这也和预测函数表达式描述的肿瘤假体超过两倍的运动幅度时，肿瘤假体运动的重叠部分 SUV 几乎不受运动幅度的影响，且随着肿瘤假体长径的增加，SUV_{max}趋于一个固定值。

对肿瘤假体长径 $L=2r$ 的进行观察可以发现，它们的 SUV_{max}并不是等于固定值0.5，而是比 0.5 大，且随着肿瘤假体长径 L 的增加而增加。由此可知，一方面 PET 采集数据受本身计数涨落的影响；但是更重要的还是受到相邻层面肿瘤假体内含有的放射性示踪剂活度的影响。相邻层面含有的示踪剂活度越大，交界面的 SUV 值趋于越大。虽然 PET 探测器都有符合电路装置，但是并不意味着可以只有垂直于探测器的湮灭效应可以被探测到。

在实验中发现，对于肿瘤较大(>4 cm)PET 的 SUV_{max}可以不通过修正而用于临床实践。但是，在临床中经常碰到通过 PET CT 检查判断肺癌淋巴结转移，肺癌患者的纵膈淋巴结为 1 cm 左右时，很难直接用 PET SUV_{max}来确定是否为转移淋巴结。通过临床观察可以发现纵膈淋巴结受到呼吸运动影响，运动范围较多处于 1.5 cm 左右，因此对比 L_1 和 L_2 的实验中可以知道，小于 2 cm 的肿瘤假体受到运动幅度的影响非常大。假定纵膈呼吸运动范围为 1.5 cm 固定值，肿瘤假体长径为 1 cm，可以发现此时的肿瘤假体 SUV_{max}不到静止时的 50%。通常肿瘤学家将 SUV=2.5 作为肿瘤良恶性的分界值，但是对于肿瘤较小或者判断淋巴结区域时，应该将分界值降低，或者将 SUV_{max}做一个修正。对于 1.5 cm运动幅度，1 cm 长径的肿瘤需要修正的系数是 2.6，即 1/0.374。也就是说，淋巴

结的 SUV_{max} 在 PET 图像上读取为“1”时，其实际的 SUV_{max} 至少是 2.6 左右。

准确的 SUV_{max} 可以为临床肿瘤医生判断肿瘤的良恶性提供依据，同时也可以为判断肿瘤治疗预后提供可靠的帮助。一些研究结果认为，^{18}F－FDG PET 是一种反应组织生物学功能的影像技术，可以比解剖学影像更早提供表达肿瘤功能代谢状态的信息。^{18}F－FDG 的摄取与肿瘤细胞的增值活性、肿瘤内存活的细胞数、细胞分化程度和微细血管的密度等情况都有一定的关系，因此 ^{18}F－FDG 的摄取程度，即 SUV_{max} 大小，可以一定程度上反应肿瘤的淋巴结转移情况，以及判断预后。

受到 ROI 区域勾画、肿瘤病灶大小、PET 系统分辨率和重建算法等的影响，每个 PET－CT 研究中心，即使是同一个病人、同样的疾病、注射吸收的剂量相同，^{18}F－FDG PET 采集的 SUV 值也会有所不同。尽管 SUV 值受到这么多因素的影响，但是半定量单位 SUV 仍然是所有的 PET 中心、肿瘤中心使用最为广泛的指标。因此找到合适的办法准确确定呼吸运动下肿瘤 SUV_{max}，具有很强的临床使用价值。

第四节 膀胱容积测量系统的质量保证

膀胱与宫颈癌、直肠癌、前列腺癌等这些常见的肿瘤靶区联系密切，膀胱的容积变化会引起靶区及周围正常组织位置及形状的变化。

一、膀胱容积变化对盆腔肿瘤放疗的影响

1. 膀胱容积随疗程的变化

盆腔肿瘤放疗过程中，为减少膀胱炎的发生，要求患者在行放疗时充盈膀胱，但是随着放疗的进行，膀胱的容积会逐渐减少。Ahmad 等研究发现，对 24 例宫颈癌患者进行 6 周的放疗，结果膀胱容积减少了 71%，平均每周减少 46 ml。Tsai 等对 23 例前列腺癌患者进行研究，每次放疗前让患者充盈膀胱，获取 CBCT 图像，最终每例患者平均获取 39 副 CBCT 图像，通过测量膀胱体积在上下、前后、左右 3 个方向的长度，发现患者膀胱容积在 3 个方向上均有减少，其中上下方向最明显，为 2.1 cm，膀胱容积减少 129.6±126.8 ml。Chang 等对 20 例直肠癌患者进行超声和 CT 追踪，放疗前 CT 测得的膀胱平均容积为 427 ml，超声为 417 ml，在放疗过程中膀胱容积有显著性变化，在放疗 6 周内，膀胱容积减少了 38%。

2. 不同容积下靶区位移

膀胱位于盆腔前部，对于女性，后方与子宫相邻；对于男性，下方与前列腺相邻，后方与直肠相邻。充盈的膀胱在盆腔容积中占有重要比重，由于膀胱与前列腺、子宫、直肠等位置关系紧密，所以膀胱充盈状态不同，将对这些器官产生推移，导致其相对位置发生变化，即放疗过程中引起靶区的位移。膀胱充盈程度不同，前列腺突入膀胱的程度不同，前列腺的位置发生变化，会导致靶区的位移。洪超善等比较空虚-充盈、空虚-半充盈、半充盈-充盈 3 组膀胱体积充盈变化间宫颈、宫体位移的变化，在这几种状态下宫颈、宫体都发生不同程度的位移，膀胱充盈体积变化会影响宫体、宫颈的位置，并且膀胱充盈体积变化越明显，宫体、

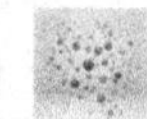

宫颈的平均最大位移变化也越显著。盆腔内的器官紧邻膀胱，膀胱的充盈增加会对子宫产生推移，还会使子宫产生形变，另外，子宫在体内还会旋转移动，偏移是不规则的。膀胱体积充盈的增加，可以将小肠向上推移，移出治疗区。

通过治疗前的影像学资料确定放疗靶体积是临床工作中的主要方式，然而实际操作中对于靶区的移动要考虑多方面的因素，子宫、宫旁组织、膀胱和直肠充盈程度、阴道上段的结构、初始肿瘤的体积和治疗过程中肿瘤的消退等都与靶区的移动相关。这些因素增加了膀胱充盈程度对靶区位移影响的评估的难度，只有更系统、更全面的方法才能使膀胱容积变化引起的靶区位移的测量更为准确。

3. 靶区及周围正常组织剂量体积变化

膀胱充盈会导致膀胱及其周围邻近器官位置移动，在盆腔肿瘤放疗过程中，膀胱充盈程度是否引起靶区和直肠等危及器官的剂量体积变化，这种变化有无统计学意义，是值得考虑的问题。

在外照射方面，毛睿等对宫颈癌术后调强放疗患者的靶区、危及器官的体积及照射剂量变化进行了比较，同一患者俯卧位时，膀胱充盈和排空状态下的调强计划比较差异有统计学意义，膀胱处于充盈状态时小肠、直肠、膀胱受照射体积百分率较膀胱排空时低($P<0.05$)，膀胱和小肠的受照射剂量也同时降低($P<0.05$)，说明宫颈癌术后膀胱充盈状态下行 CT 定位，在调强放疗过程中可减少膀胱、盆腔小肠照射剂量，对膀胱、盆腔小肠起一定保护作用。刘跃平等研究不同膀胱充盈状态对前列腺癌三维适形放疗的影响，膀胱排空与膀胱充盈相比，后者使膀胱照射剂量减少 65%，使小肠剂量减少 75%。Kim 等研究盆腔放疗患者膀胱不同充盈对小肠照射的影响，结果显示膀胱充盈与排空相比，接受了 90%、50%和30%剂量照射的小肠体积分别减少了 82.0%(42.9 cm^3)，70.9%(59.4 cm^3)和 67.1%(100.7 cm^3)。Nuyttens 等对直肠癌研究发现，在小肠保护方面，膀胱充盈时较膀胱排空时效果好，膀胱充盈时三维适形放疗使小肠体积减小 50%，调强放疗使小肠照射体积减少72%。Kim 等比较了术前同步放化疗患者使用有孔泡沫板及膀胱充盈对小肠保护的影响，比较膀胱充盈使用或不使用泡沫板，以及膀胱排空使用或不使用泡沫板 4 种情况下的小肠受照射体积，结果表明，使用有孔泡沫板且充盈时小肠受照体积显著减少，并且认为充盈膀胱对小肠的保护作用较使用有孔泡沫板更为有效。

4. 膀胱容积变化对后装治疗的剂量体积影响

后装治疗广泛应用于盆腔肿瘤患者，膀胱容积的变化对后装治疗过程中靶区和危及器官的剂量体积也会产生重要影响。Sukbaboon 等对 11 例采用后装治疗的宫颈癌患者进行了比较，为使小肠显影，后装治疗前让患者口服造影剂，比较施源器安放后经正交 X 线片制定的后装治疗计划，小肠受量在膀胱充盈和排空时不同，膀胱充盈后行后装治疗使小肠的受量减少了 54.17%($P<0.05$)。Sun 等对 20 例宫颈癌后装治疗患者行 CT 扫描，这些患者在行 CT 扫描时具有不同的膀胱充盈状态，对膀胱空虚和充盈状态的 CT 图像做后装计划，比较计划中直肠和膀胱的受量，结果两种计划的直肠受量和膀胱最大剂量相近，膀胱充盈状态下膀胱中位剂量减少 48%。提示膀胱充盈状态下行后装治疗对膀胱自身保护有利，可减少其放射性损伤。

膀胱充盈时，会使正常器官组织剂量减少，因此，在行盆腔放疗时，在保证各分次膀胱充盈一致性的情况下，应尽可能充盈膀胱，以保护正常组织。

二、膀胱容量的分析与算法

1. 膀胱容量的分析

膀胱是由平滑肌组成的一个囊形结构，充盈时呈球形。通常采用二维 B 超对膀胱的切面图像按图 9-34 方式进行采集，得到膀胱的切面图像。

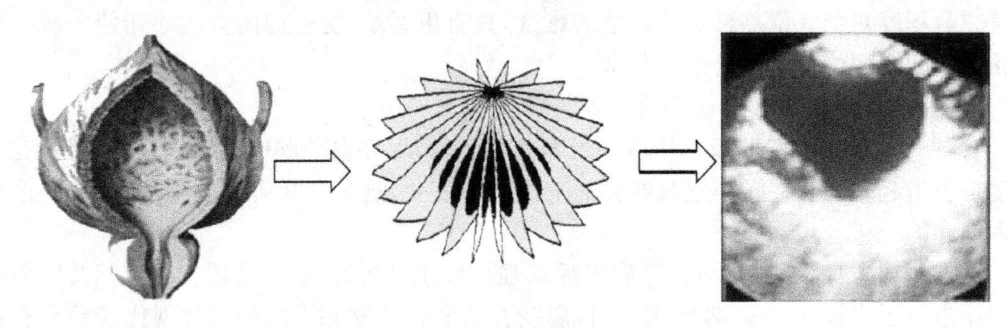

图 9-34　膀胱切面超声图像的采集过程

超声信号通过膀胱壁时会发生了强反射，而在进入膀胱内时，由于膀胱内部有大量液体的存在，超声回波信号呈弱回声，穿过膀胱时，信号又被增强。显示在 B 超图像上，膀胱内尿液则以暗区形式存在。

由于膀胱的形状随膀胱内尿量的不同而变化，当膀胱充盈时接近于球形，一般情况下接近于椭圆或者三棱锥状，当膀胱内很少尿量时，形状不规则。同时，膀胱形状也受年龄段和性别的影响而不尽相同。

2. 膀胱容积的计算公式

(1) 膀胱容积计算方法发展介绍

在日常测量膀胱容量和残余尿量的过程中，计算其体积的算法有很多种，常见的算法主要有以下几种。

①
$$V = 5ph \tag{9-4}$$

公式(9-4)中，V 代表膀胱的容量或残余尿量，p 代表膀胱横切面的面积，h 为 A 超深度，即从膀胱顶部到底部的距离。Holmes 在用此方法测量时发现，26 例病人残余尿量的平均误差为 24.5%，而 31 例正常人的膀胱容量平均误差为 18.7%。该方法是一种比较简单的获取膀胱容量的算法，计算量相对较小。但是其中 p 值的大小存在很多不确定的因素，不同方位获取到的 p 值会各不相同，那么对于测量的结果将会产生很大的影响。

②
$$V = 10\, d_1\, d_2 \tag{9-5}$$

公式(9-5)中，d_1 和 d_2 分别表示膀胱横切面的最大左右径和前后径，V 表示膀胱的容量或残余尿量。龚传美在用此方法对 100 例正常人的膀胱容量进行测量时发现，这 100 人的平均误差为 0.68%，最大误差却为 44%，由此实验结果可以看出，所测量的平均误差比较小，但是误差之间相对比较大。主要是因为测量时，前后径和左右径不够稳定，彼此之间误差较大。还有类似公式，如下式所示：

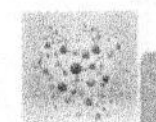

$$V = kd_1 d_2 \tag{9-6}$$

改变公式中的 k 值的大小对整个测试的结果影响比较大。采用合理的 k 值可以提高该算法的精度，但是在现实中，k 值的选取没有固定的公式和算法可参考，大多情况下还是根据经验或者多组实验数据通过数学运算得出的。它并不是一个确定的值，只是接近值。所以对不同的病人身体进行检查时，测量的结果会产生比较大的误差。

③ 膀胱面积相加法，此算法是将膀胱从顶部一直到颈部分割，每相隔 1 cm，作一幅横切面图，计算每幅图像的面积值，然后将全部面积加起来，即为膀胱容量或者残余尿量。该算法的优点是：结果比较精确，而且能够适用于各种形状的膀胱。缺点是：测量非常费时，所以应用不是很广泛。

椭球体积公式如下所示：

$$V = \frac{4}{3}\pi r_1 r_2 r_3 = \frac{\pi}{6}abc \approx \frac{1}{2}abc \tag{9-7}$$

式(9-7)中，V 表示膀胱容量或者残余尿量，r_1、r_2、r_3 分别表示膀胱 3 个方向上的半径，a、b、c 则分别表示膀胱 3 个方向的直径。Szabo 用此方法对 26 例病人进行残余尿量的测定，并将测量结果与导尿量进行了对比，发现此方法的结果误差仅为 5～10 ml，并且其中有 6 例病人的测量结果与导尿量完全一致。由于膀胱是一个类似椭球的形状，因此利用求取椭球体积的算法所得的结果比相对于公式(9-4)和(9-5)算法就准确多了。此算法需要计算膀胱的 3 个直径，这对于图像的要求比较高。当图像打到正中位置时可以比较准确地获得 3 个直径的值，但是一般图像都不会很准确的打到正中位置，所以测量的结果有时会误差很大。

(2) 膀胱容积计算公式

由于椭球体积公式比较容易实现，而且准确度也较高，所以在临床实际应用中，所采用的算法是在上述公式(9-7)的基础上进行改进的，改进后的算法如下：

$$V = \frac{4}{3}\pi r_1 r_2 r_3 \ \frac{\pi}{6}abc = \frac{\left(\frac{\pi}{6}\right)\left(\frac{1}{4}ab\pi\right)\left(\frac{1}{4}ac\pi\right)}{\frac{a\pi^2}{16}} \approx 0.85\,\frac{S(h)S(v)}{a} \tag{9-8}$$

改进后算法的主要特点是将直径的计算转换为面积计算。式中 $S(h)$ 是横切面最大面积，$S(v)$ 是纵切面最大面积，a 是 A 超深度。之所以采用此算法是因为式中的 $S(h)$ 和 $S(v)$ 可采用微分法进行求取，从而避免了求横切面和纵切面最大直径。由于求取直径在算法实现上有很多次的比较运算，算法比较复杂，而且不能保证得到的直径就是椭球的直径。而面积的算法相对比较简单而且面积本身比较固定，易于求得，并且可以通过多切面求平均的方法使误差尽力达到最小。此公式通过求取正交的两个面的面积和深度，经过运算得到膀胱容量比较科学，而且在算法实现时相对简易，因此采用此算法是很合理的。

3. 膀胱容积的算法实现

对于采集到的膀胱 B 超图像(图 9-35)，还需要对图像进行处理，求出 $S(h)$(横切面最大面积)、$S(v)$(纵切面最大面积)以及 a(A 超深度)，这样才能求出膀胱容量。

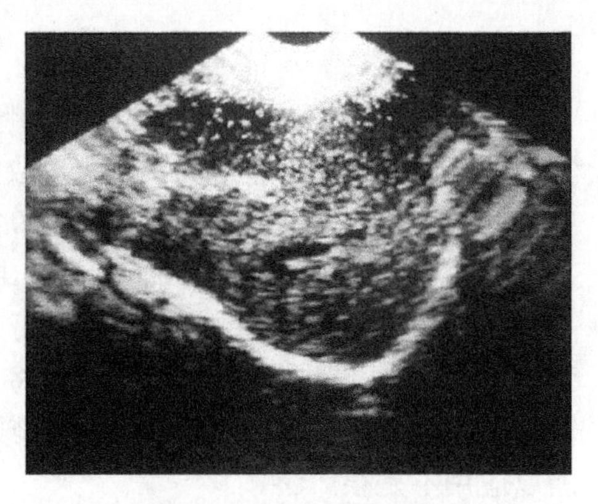
图 9-35　膀胱 B 超图像

由于超声信号在进入膀胱时，膀胱壁对超声信号具有强反射效果，而膀胱内液体呈弱回声。因此，信号处理的主要目的就是借助膀胱壁将膀胱和外部组织区分开，然后测量出膀胱面积和 A 超深度。这些任务都是由程序自动完成的，所以选择合适的图像处理方法是膀胱容积的准确性的保障。

(1) 边缘检测算法介绍

信号处理的主要目的就是借助膀胱壁将膀胱和外部组织区分开。因此需要对膀胱的边缘进行检测，提取出边界信息，合成膀胱面积和 A 超深度值。在 B 超图像中，膀胱边界的像素点邻域是一个灰度级变化带。衡量这种变化最有效的两个特征值就是灰度的变化率和变化方向，它们分别以梯度向量的幅值和方向来表示。对于连续图像 $f(x, y)$，其方向导数在边缘(法线)方向上有局部最大值。因此，边缘检测就是求 $f(x, y)$梯度的局部最大值和方向。目前流行的边缘检测算子有索贝尔(Sobel)算子、Prewitt 算子、霍夫(Hough)变换、Canny 算子和高斯-拉普拉斯(Gauss-Laplace)算子。其中基于一阶导数的边缘检测算子有 Roberts 算子、Prewitt 算子和 Sobel 算子等；基于二阶导数的边缘检测算子，有 Laplace 算子、LOG 算子。

(2) 边缘检测在膀胱测容仪中的应用

以 Canny 算子为例，对膀胱图像边缘进行检测，Canny 算子遵循 3 个准则：①信噪比准则。即检测结果质量好。尽量避免出现虚假边界和减少错误的边界检测率。②单位精度准则。即检测出来的边缘和图像的真实边缘误差尽量减少。③单边缘响应准则。即单个边缘点最好只有一次响应。

应用 Canny 准则对膀胱的 B 超图像检测的步骤如下：

① 使用高斯滤波器对图像进行平滑处理。

② 对平滑后的结果取梯度值。

③ 找到梯度的局部最大值点，把其他非局部极大值点置零。

④ 用双阈值算法或边缘跟踪方法检测和连接边缘，从而降低因为抑制噪声过度使得部分真实边缘信息丢失而得到不完整的边缘检测结果造成的影响。

⑤ 将检测到的边缘最高点和最低点记录下来，两者之差就是该幅图像的 A 超深度值。

⑥ 遍历整幅超声图像，将边缘内的所有点进行累加，再乘以比例因子(比例因子是超声图像所表示的实际膀胱大小与显示器显示的图像大小之比)，即可求出当前膀胱的面积。

⑦ 分别对正交的两幅膀胱图像用公式

$$V = 0.85 \frac{S(h)S(v)}{a} \tag{9-9}$$

计算出体积值 V，其中 a 为两幅超声图像的 A 超深度的均值。

⑧ 取 12 幅图像得到的 6 组体积值进行平均，这样就得到了膀胱的近似体积值。

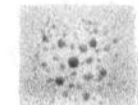

三、测量指标的确定及质量保证

1. 系统测量指标的确定

为了更准确地表示测量精度，以适合临床需要，通常的做法是分段表示。

由于患者膀胱排尿功能障碍，往往排尿后膀胱仍然残留尿量，临床上称为尿潴留。潴留尿量的检测十分困难，特别是低于 20 ml 时，几乎很难检测到。一般残余尿量在0～100 ml之间，在这段范围内测量误差不应大于±20 ml。正常人有排尿感觉时，尿量在 100～700 ml 之间(因人而异)，其测量误差不应大于实际值的±20%。由于疾病或排尿障碍，膀胱容积有可能超过 700 ml，在 700～1 000 ml 之间，其测量误差不应大于实际值的±25%。

因此，在临床许可的误差范围内，为尽可能加快测量速度(N 值的选择兼顾测量的精度和速度)以达到实时监测的要求，将系统测量指标确定如下。

(1) 容积测量范围：0～999 ml。

(2) 容积测量精度：0～99 ml，误差≤±20 ml；100～999 ml；误差≤±20%。

2. 测量精度的质量保证

(1) 体外实验：在橡胶水囊内装满不同容积的生理盐水(实际容积 20～400 ml)。由于膀胱经常受周围肠管、子宫等脏器的压迫，形态并不十分规则，实际测量时用丝线将水囊捆绑、牵拉使之呈不规则形。将水囊置于水槽内。常规二维超声(2D US)：选取最大横断面测量其最大左右径、前后径，探头旋转 90°，取与上述横断面相垂直的最大纵断面，测量最大上下径。分别按照公式计算膀胱容积。三维超声将水囊最大横断面置于探头取样框内，调整 vol angels，尽量使膀胱在探查范围内，扫查并存储水囊的三维数据。

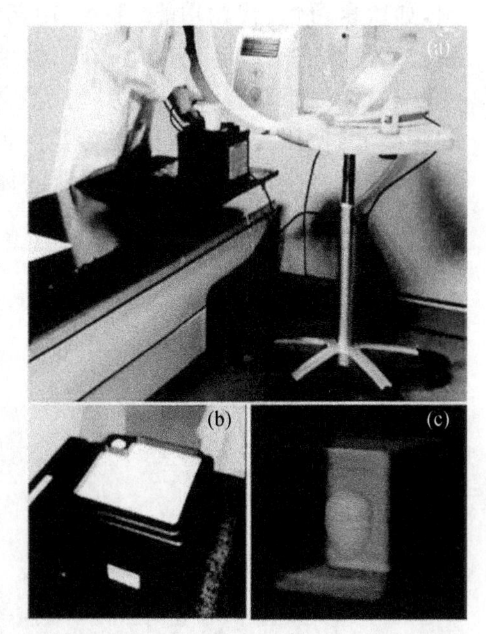

图 9-36　膀胱模体测量[(c)为膀胱模体]

(2) 在体测量：选取若干位健康自愿者膀胱容积进行测量，亦采用常规二维扫查及三维图像采集，方法与体外实验相似。测量后嘱患者立即(5 min 内)尽量排空膀胱，收集尿液，以量筒测量，获得实际排尿量。排尿后再次(5 min 内)行超声检查有无残余尿，若有残余尿再次进行二维测量及三维图像采集，将两次结果相减获得排尿量测量值；若无残余尿则以第一次测得为排尿量测量值。

实时三维容积测量：应用此超声诊断仪自带的体积测量 Vocal 软件，对存储的每一例水囊及膀胱的三维数据进行处理。具体步骤是：确定中心轴、上下极及旋转角度(每例研究对象均分别采用 6、9、15、30°，即其勾画平面数分别为 30、20、12 和 6 个)，逐个平面沿水囊或膀胱壁内膜面逐点勾画，最后获得其测量容积。

计算测量误差：计算二维及三维超声的测量误差，公式：

测量误差＝(测量容积－实际容积)/实际容积×100％。

重复性检验:两个独立的观察者随机选取其中存储的10位受检者的三维数据,应用不同的选转角度:6、9、15、30°盲法测量其排尿量。

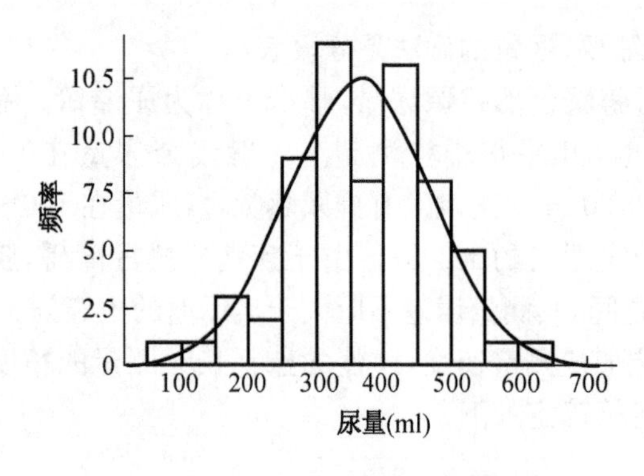

图 9-37　放疗患者主诉尿急的尿量分布

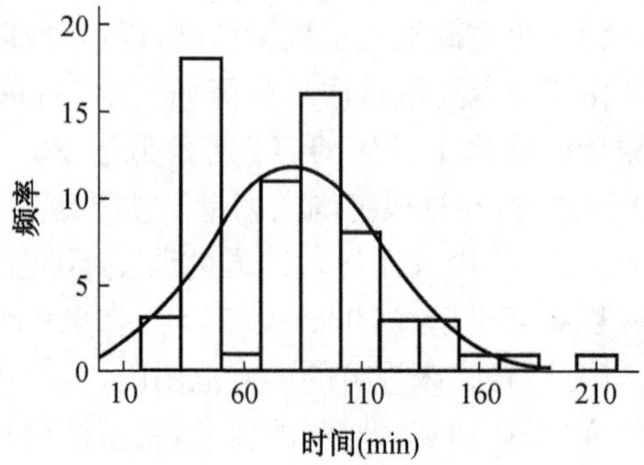

图 9-38　放疗患者主诉尿急的时间分布

膀胱充盈是一个动态过程(图 9-37 和图 9-38),尿急反射因人而异,受多个因素影响,如饮食习惯、代谢功能、手术、用药情况等。采用口头交代患者在治疗时要憋尿,但膀胱充盈状态难以客观量化,难以做到治疗实施与计划设计时的一致性。因此只有改变观念,让医患双方都重视膀胱充盈的重要性,在教育和训练患者的憋尿能力和尿感的基础上,使用膀胱测量仪进行实际测量,确保计划设计和治疗实施时膀胱充盈的一致性,从而减少小肠和膀胱受照射的体积和剂量,达到减轻放射损伤、提高患者生活质量的目的。

第十章

特殊放射治疗设备的质量保证

基于常规C型臂直线加速器的等中心照射模式是目前临床治疗中广泛应用的放射治疗技术，除此之外其他一些特殊的放射治疗技术也得到了发展，这些技术有的是在现有的直线加速器上进行设备的改造，例如基于直线加速器的X刀立体定向治疗，有的则是使用了完全不同的几何设计，包括γ刀治疗机、Cyber Knife机器人放射外科治疗系统和螺旋断层放射治疗系统，这些治疗技术相对复杂并且只在少数放射治疗单位开展，需要制定特殊的质量保证和质量控制程序以实现精确的治疗，同时保证患者和工作人员的安全。

第一节　螺旋断层治疗系统的质量控制

Tomo Therapy螺旋断层治疗系统是由威斯康星大学设计开发的一种将直线加速器和MV级CT扫描成像技术紧密结合的全新调强放疗设备。与传统C型臂直线加速器设备相比，其实现了治疗射线源和成像源的统一，提供了更为精确的图像引导放疗和剂量引导放疗模式。由于Tomo Therapy治疗系统的复杂性和特殊性，为了确保其治疗的精确和安全，需要根据传统直线加速器和其自身特性建立完善的质量保证程序。

一、系统概述

Tomo Therapy使用了一种类似于螺旋断层CT的特殊几何设计，射线来自于一台挂载于滑环机架上的6 MV直线加速器。射束经过初级准直器和可移动铅门准直为扇形束(fan-beam)并使用一组二进制准直器(binary multileaf collimator)对射束进一步准直。在治疗过程中，环形机架连续旋转，同时患者也连续平移经过旋转射束平面，照射以这种螺旋方式实施。环形机架包括一个探测器系统，其挂载于加速器系统的对侧，用于MVCT的影像数据采集。Tomo Therapy配备的射线屏蔽器(beam stopper)可以降低治疗室屏蔽设计的要求。图10-1显示了Tomo Therapy设备的总体布局。放射源到旋转中心的距离是85 cm，源到探测器的距离是145 cm。Tomo Therapy治疗机目前使用来自于第三代CT扫描机的探测器阵列，该探测器的聚焦点位于临近放射源的某点处而不在放射源位置。机架孔径达到了85 cm。

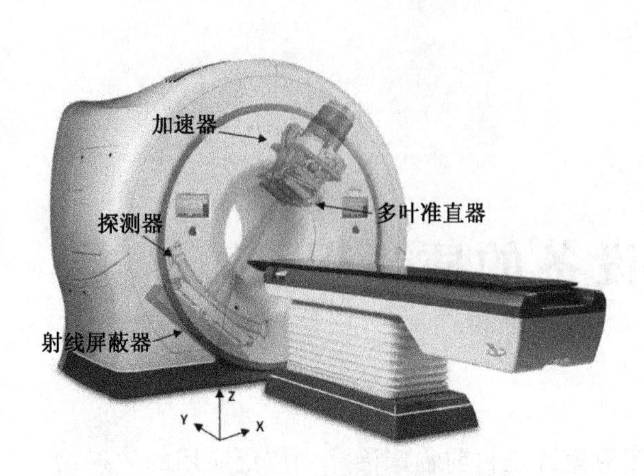

图 10-1　Tomo Therapy 螺旋断层治疗系统的主要构造

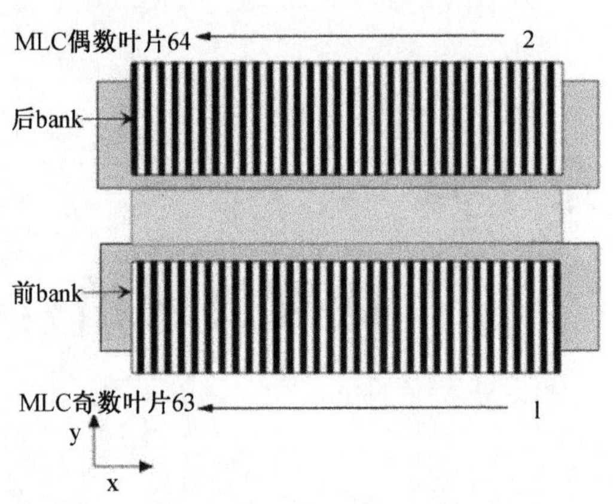

图 10-2　Tomo Therapy 系统 MLC 准直器示意图（引自 TG-148 报告）

扇形束在等中心 x 方向的宽度为 40 cm，在头脚方向（y 方向）射束被移动铅门准直，理论上这种准直器可以实现等于或者小于 5 cm 的射野尺寸。但是在治疗计划系统中一般只配置 3 种不同的治疗宽度用于临床使用，即在等中线层面 y 方向的宽度 1.0、2.5、5 cm。值得注意的是 Tomo Therapy 治疗机并没有使用射野均整器（field flattening filter）。

在 x 方向使用了一组 64 只叶片的准直器来调制扇形束。MLC 叶片沿 y 方向移动，每只叶片的状态要么是关闭或者打开，调强通过叶片开放的特定时间来实现，叶片以气动方式驱动，包括两个独立的 MLC banks。如果叶片关闭，它们移动越过整个治疗宽度停在治疗射野以外的某个位置，位于对侧移动铅门的下方。叶片状态可以快速转换（20 ms），叶片厚度为 10 cm，95%的材料为钨，MLC 只在侧向聚焦。如图10-2所示 MLC 叶片的编号方式为所有的偶数叶片属于后 MLC bank（在 y 的正方向），奇数编号的叶片属于前 MLC bank（在 y 的负方向）。

单元束定义为单个叶片覆盖的治疗射束区域，在等中心处每个单元束的 y 方向尺寸取决于铅门的设置；在 x 方向每个单元束的宽度为 0.625 cm（即 40 cm 除以 64 只叶片）。

治疗计划中，每一个机架的旋转被分为 51 个区段，被称为投影（projection）。对于每一个投影，每只叶片都有特定的开放时间。叶片的打开时间可以几乎达到整个投影的持续时间长度（去掉叶片的移动时间），或者投影时间的一部分，或者在此投影方向完全关闭。

从患者治疗床脚方向看，机架是顺时针旋转的。机架角度的命名规则符合国际电工委员会（International Electrotechnical Commission）制定的标准，即在垂直方向射线指向地面的机架角度定义为 0°，机架顺时针旋转方向机架角度由 0°增加为 359°。

除了治疗机的硬件以外，治疗室内安装的两套激光系统的布置方式也与一般治疗室的设置不同。治疗平面位于孔径内，为了方便患者摆位在孔径外设置了一个虚拟等中心，在 y 方向虚拟等中心到治疗等中心的距离为 70 cm。一套固定的绿色激光系统用来对准虚拟等中心，此外还配备有一套类似于 CT 模拟机配置的可移动红色激光系统。红色激光系统挂载在滑轨上，可以沿其滑动。在 Home 位置，红色激光线对准虚拟等中心，治疗室内总共有 5 个红色激光单元（两个位于冠状方向，两个位于横断面方向，1 个位于矢状方向）。在治疗计划系统中，可以指定红色激光线对准患者摆位的标记，因此红色激光线的位置由特定的

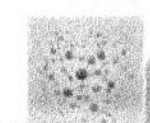

计划决定。患者可以与红色或者绿色激光系统对准。根据具体使用方式的不同，在患者治疗中可以打开或者关闭绿色激光系统，但是在物理测试中通常使用绿色激光系统。

Tomo Therapy 质量保证内容应该包括系统验收、加速器系统、治疗计划系统和图像引导系统这几个方面，表 10-1～5 为 AAPM TG-148 报告要求的 Tomo Therapy 系统的质量保证项目、频率和限值，下面将对这些内容分别做介绍。

表 10-1　Tomo Therapy 质量保证程序的日检项目和频率

项　目	目　标	限　值
输出(旋转或静态)	一致性	3%
成像和激光坐标一致性	准确性	2/1 mm(非 SRS/SBRT，SRS/SBRT)
图像配准和对准	准确性	1 mm
红绿激光线初始化	红绿激光线一致性	1.5/1 mm(非 SRS/SBRT，SRS/SBRT)

表 10-2　Tomo Therapy 质量保证程序的月检项目和频率

项　目	目　标	限　值
输出(静态)	一致性	2%
输出(旋转)	与 TPS 的一致性	2%
监测电离室	电离室读数一致性	2%
旋转输出变化	变化幅度	2%
射束质	与基准的一致性	1%
横向离轴曲线	与基准的一致性	1%
纵向离轴曲线(每种治疗层厚)	与基准的一致性	1%
治疗中断	与未中断治疗的一致性	3%
红色激光线移动	准确性	1 mm
治疗床数字读数与实际移动距离	一致性	1 mm
治疗床水平度	准确性	0.5°
治疗床纵轴方向对准	准确性	1 mm
治疗床下沉	下沉幅度	5 mm
图像几何失真	尺寸，方向准确性	2/1 mm(非 SRS/SBRT，SRS/SBRT)
密度分辨率	一致性	基准
空间分辨率	一致性	1.6 mm
图像噪声	一致性	基准
CT 值均匀性(剂量计算)	准确性	±25 HU
CT 值(水插件)	准确性	±30 HU
CT 值(肺/骨插件)	准确性	±50 HU

表 10-3　Tomo Therapy 质量保证程序的季度检查项目和频率

项　目	目　标	限　值
机架角度	一致性	1°
治疗床移动速度	均匀性	2%
机架旋转与治疗床平移	同步性	1 mm(每 5 cm)
成像剂量	一致性	基准

表 10-4　Tomo Therapy 质量保证程序的年检项目和频率

项　目	目　标	限　值
y 铅门中心	放射源与 y 铅门对准	0.3 mm(在放射源处)
放射源 x 方向对准	放射源与 MLC 对准	0.34 mm(在放射源处)
y 铅门发散与射束中心对准	放射源与旋转轴对准	0.5 mm(在等中心处)
y 铅门与机架旋转平面对准	y 铅门与旋转轴对准	0.5°
治疗野中心	共用中心	0.5 mm(在等中心处)
MLC 侧向偏移	MLC 与旋转中心对准	1.5 mm(在等中心处)
MLC 倾斜角度	MLC 与射束平面对准	0.5°
射束质(每种层厚)	与模型一致性	1%
横向离轴曲线(每种层厚)	与模型一致性	1%
纵向离轴曲线(每种层厚)	与模型一致性	1%
剂量校准	一致性	1%
轴向绿色激光线(距离和倾斜)	到等中心名义距离	1 mm/0.3°
矢状/冠状绿色激光线	与旋转轴对准	1 mm
成像和治疗坐标一致	剂量位置准确性	2/1 mm(非 SRS/SBRT，SRS/SBRT)
TPS 中物体尺寸	与物理尺寸一致性	1 个体素
CT 体素尺寸	传输准确性	一致
CT 方向性	传输准确性	一致
CT 灰度值	传输准确性	一致
CT 相关文本信息	传输准确性	一致
点剂量(低剂量梯度区域)	与 TPS 一致性	3%
点剂量(高剂量梯度区域)	与 TPS 一致性	3%/3 mm

表 10-5　Tomo Therapy 主要部件更换后的质量保证项目和频率

项　目	目　标	限　值
磁控管/固态调制器		
输出(静态)	一致性	2%
输出(旋转)	与 TPS 的一致性	2%
旋转输出变化	变化幅度	2%
射束质	与基准的一致性	1%
横向离轴曲线	与基准的一致性	1%
纵向离轴曲线	与基准的一致性	1%
DQA 模体计划	与 TPS 的一致性	3%
CT 值(水插件)	准确性	±30 HU
CT 值(肺/骨插件)	准确性	±50 HU
靶/加速管		
y 铅门中心	放射源与 y 铅门对准	0.3 mm(在放射源处)
放射源 x 方向对准	放射源与 MLC 对准	0.34 mm(在放射源处)
y 铅门发散与射束中心对准	放射源与旋转轴对准	0.5 mm(在等中心处)

续表

项 目	目 标	限 值
输出(静态)	一致性	2%
输出(旋转)	与 TPS 的一致性	2%
旋转输出变化	变化幅度	2%
射束质	与基准的一致性	1%
横向离轴曲线	与基准的一致性	1%
纵向离轴曲线	与基准的一致性	1%
DQA 模体计划	与 TPS 的一致性	3%
CT 值(水插件)	准确性	±30 HU
CT 值(肺/骨插件)	准确性	±50 HU
y 铅门(执行部件/编码器)		
y 铅门中心	放射源与 y 铅门对准	0.3 mm(在放射源处)
y 铅门发散与射束中心对准	放射源与旋转轴对准	0.5 mm(在等中心处)
y 铅门与机架旋转平面对准	y 铅门与旋转轴对准	0.5°
治疗野中心	共用中心	0.5 mm(在等中心处)
纵向离轴曲线(每种层厚)	与模型一致	1%
输出(静态)	一致性	2%
输出(旋转)	与 TPS 的一致性	2%
旋转输出变化	变化幅度	2%
DQA 模体计划	与 TPS 的一致性	3%
MLC		
放射源 x 方向对准	放射源与 MLC 对准	0.34 mm(在放射源处)
MLC 侧向偏移	MLC 与旋转中心对准	1.5 mm(在等中心处)
MLC 倾斜角度	MLC 与射束平面对准	0.5°
DQA 模体计划	与 TPS 的一致性	3%

二、Tomo Therapy 系统验收

除了照射方式和硬件以外，Tomo Therapy 治疗机的一个特点是其所有治疗计划系统使用一个通用的射束模型(几个早期机器型号有特殊的射束模型，但是这些早期型号的机器后来也重新调试使用通用射束模型)。每台治疗机射束参数在工厂中经过调试以匹配通用射束模型。在现场验收测试程序中(acceptance testing procedure, ATP)，需要验证机器参数是否仍然匹配通用射束模型，因此许多传统加速器的调试项目不再适用于 Tomo Therapy 治疗机，但一些调试程序，例如为周期性的 QA 程序收集基准数据仍然适用于螺旋断层治疗机的验收。在验收现场，物理师应当积极参与整个测试过程，收集和存档 Tomo Therapy 公司提供的所有与验收测试相关的数据。对于所有周期一致性测试，基准数据应当在机器验收之后马上进行测量。其他推荐的日检、月检、季检和年度 QA 测试应当在首次治疗前执行一次。在验收测试过程中已经包含了许多推荐的年检 QA 项目，如果物理师已经参与了现场的验收测试过程，这些项目不需要在首次治疗前再重复执行一次。

三、加速器系统质量控制

螺旋断层治疗特殊的机械结构决定了其照射方式的特殊性，因此对于已经建立的治疗保证测试项目，需要做相应的调整以适应其照射方式。其中一些测试方法与传统的直线加速器类似，而一些则是螺旋断层治疗所特有的。通常某一种机器测试可以用不同的方式实施，包括传统的测试程序和使用在线探测器数据的方式。许多测试程序是由生产厂家提供的，其利用了在线探测器的数据，另外一些测试则是基于胶片方法的，可以使用的胶片包括放射影像胶片或者放射性铬胶片。由于螺旋断层治疗仍然是一种相对新颖的治疗模式，现有的测试程序仍然在不断完善，下面将介绍一些机器需要测试的方面。

螺旋断层治疗使用了一种动态治疗方式，机架、治疗床和 MLC 叶片在治疗中均处于运动状态，可以得到高度适形的放射治疗剂量分布。由于大量的系统集成和控制系统的自动化特性，用户不需要接触 Tomo Therapy 系统复杂的执行过程。

但是物理师应当了解 Tomo Therapy 射束照射系统的几个特点。机器的输出是用单位时间的吸收剂量定义，而不是传统单位机器跳数剂量这个参数，因此治疗计划参数包括机架旋转、治疗床运动和 MLC 成形都是基于时间定义的。在治疗计划设计中，系统假设剂量率是一个常数，因此在计算的治疗时间走完后治疗计划就立刻终止。

在 y 铅门的上方有两个平行板电离室，它们用来检测剂量率是否处于可接受的范围内。

在机器校准后，可以监测传输电离室的信号水平和变化值，这些信号水平被定义为名义剂量率。名义剂量率是在 ATP 过程中由厂家建立的，需要分别执行两项关于监测电离室的剂量率测试。如果监测电离室读数在大于 3 s 的时间内与名义剂量率的差异超过 50%，或者在超过 3 个连续滚动的 10 s 时间窗内监测电离室的读数与名义剂量率的差别超过 5%，那么治疗将会终止。每秒启动一个新的 10 s 时间窗，一个大小在名义剂量率50%～95%之间的连续剂量率将会在 12 s 后触发连锁。这两种剂量率测试将会对每个电离室单独进行，每个电离室探测到的剂量率背离将会引发连锁。

在治疗中断前，剂量率偏离引起的剂量学效果不易估计，这是因为靶区体积在治疗中穿过了射束平面，已经移出射束平面的靶区体积和未进入的靶区体积不受影响，只有在剂量率波动期间接受治疗的组织体积才受影响。这些体积通过扇形束层厚加上剂量率波动期间治疗床运动的距离来确定，受影响的照射时间比率由计划参数决定。一个特定靶体素所分配的位于治疗射束平面内的时间等于机架旋转的周期除以螺距值(pitch value)。剂量学效应还依赖于在剂量率波动期间执行的 MLC 模式。因此剂量率波动产生的剂量学效果取决于特定的计划，但通常只限于受照体积以及分配照射时间的一部分。

监测电离室由两个封闭的平行板传输电离室组成。其中第一个电离室为一体式，收集体积的半径大约为 7 cm，来自于此体积的信号对应于监测通道 1 跳数，第二个电离室分为内部体积和外部环形体积，内部体积的半径大约为 5 cm，内部体积的信号对应于监测通道 2 的跳数。外部环进一步可以分为 6 个部分，但来自这些外部体积的信号并未使用。用户可以借助辅助数据监测系统来获取这些监测电离室的信号。

在操作间电脑屏幕上显示的监测跳数的读数来自于监测电离室的信号。监测电离室

的信号经过调整使显示的监测跳数数值与在深度 1.5 cm，源轴距 85 cm，射野大小 5 cm×40 cm的静态野条件下的机器输出一致，单位为 cGy/min，这个调整过程由厂家在 ATP 中完成。显示的监测跳数剂量率并不是实时数据而是照射开始后的平均剂量率。自软件版本 4.0 开始，治疗过程中显示的剂量率为最后 10 s 内的平均值，但不包括热机时间。在热机结束后 10 s 内，显示的是从热机开始时的平均剂量值，对于 QA 过程，热机时间是包含在显示的数值中的。

在射束刚打开时系统输出是不稳定的，所有 MLC 叶片在每个计划照射前的最初 10 s 是关闭的，如果用户在治疗计划系统外生成测试程序，应当指令 MLC 使其在照射过程开始的至少前 10 s 中关闭。程序计时，子系统同步和程序终止都是通过主计时器来管理，当一个计划程序时间终止后，有 3 个独立的计算机时钟作为备份计时器将射束关闭 6 s。

在下面介绍的这些周期性质量保证测试中，机器的运行为非标准模式，即要求静态机架位置或者非调试的 y 铅门设置。虽然用户自己可以在工作站上生成这些程序，但大多数需要的程序已由厂家提供。Tomo Therapy 加速器系统周期性质量保证项目包括剂量输出校准、射束参数、机械轴对准、同步性以及其他方面的 QA 测试和校准方法。

1. 剂量输出校准

(1) 静态射束校准

螺旋断层治疗设备的发展和临床使用对医学物理领域提出了很大的挑战，其剂量输出校准的方式和准确性与传统的 C 型臂机架直线加速器要求一致，AAPM TG-51 报告使用电离室校准，电离室采用^{60}Co 水中吸收剂量校准因子。公式如下：

$$D_W^Q = M \cdot k_Q \cdot N_{D,W}^{^{60}\mathrm{Co}} \tag{10-1}$$

式中 D_W^Q 是测量点的水中吸收剂量，M 是经过校准的静电计读数，$N_{D,W}^{^{60}\mathrm{Co}}$ 是 ^{60}Co 水中吸收剂量校准系数，k_Q 是射束质转换因子，其反映了校准射束质和^{60}Co 射束质在水中吸收剂量校准因子的差异。

由于螺旋断层治疗设备的物理限制无法使用源皮距 SSD＝100 cm，射野大小 10 cm×10 cm的测量条件，但是可以使用 SSD＝85 cm，射野大小 5 cm×10 cm的条件来替代。由于在长轴方向(y 方向)最大射野尺寸是 5 cm，另外从等中心到床最低位置的距离只有 28 cm，没有足够体积的模体材料来提供背散射，因此无法测量 SSD＝100 cm，深度为 10 cm 处的百分深度剂量。由于螺旋断层治疗设备没有均整器，其百分深度剂量与经过均整的相同名义光子能量的百分深度剂量略有不同，且其不满足 TG-51 报告中百分深度剂量测量的几何参考条件，需要寻求替代的测量螺旋断层治疗射束质的方法。

IAEA-AAPM 联合提出了一种方法确定在特定螺旋断层治疗参考件条件下静态射束水中吸收剂量的方法，测量条件为 SSD＝85 cm，射野大小 5 cm×10 cm。推荐的计算水中吸收剂量方法如下：

$$D_{W,Q_{\mathrm{msr}}}^{f_{\mathrm{msr}}} = M_{Q_{\mathrm{msr}}}^{f_{\mathrm{msr}}} \cdot N_{D,W,Q_0} \cdot k_{Q,Q_0} \cdot k_{Q_{\mathrm{msr}},Q}^{f_{\mathrm{msr}},f_{\mathrm{ref}}} \tag{10-2}$$

式中 Q 是 TG-51 报告指定的 SSD＝100 cm，参考射野大小 10 cm×10 cm条件测量的射线质［$\%dd(10)_x$］；Q_{msr} 是在 SSD＝85 cm，射野大小 5 cm×10 cm的机器特定参考射野(machine-specific reference field)条件下测量的射线质［$\%dd(10)_x$］；$M_{Q_{\mathrm{msr}}}^{f_{\mathrm{msr}}}$ 是在 f_{msr} 射野

条件下测量经过校正的电离室读数；N_{D,w,Q_0} 是参考射束质 Q_0（通常为^{60}Co）水中吸收剂量的校准因子；k_{Q,Q_0} 是传统参考射野 f_{ref}（SSD=100 cm，参考射野大小 10 cm×10 cm）射束质 Q 的校正因子；$k_{Q_{msr},Q}^{f_{msr},f_{ref}}$ 是对传统参考射野 f_{ref} 和机器特定参考射野 f_{msr} 之间关于射野大小，几何参数，模体材料和射束质条件不一致的校正因子。

$k_{Q,Q_0}\cdot k_{Q_{msr},Q}^{f_{msr},f_{ref}}$ 乘积项将校准射束的校准因子转换为特定机器参考射束的校准因子，可由下式计算：

$$k_{Q,Q_0}\cdot k_{Q_{msr},Q}^{f_{msr},f_{ref}}=\frac{\left[(L/\rho)_{air}^{water}P_{wall}\,P_{cepl}P_{cel}\right]_{HT(SSD=85\ cm,\ PS=5\ cm\times10\ cm,\ depth=10\ cm)}}{\left[(L/\rho)_{air}^{water}P_{wall}\,P_{cepl}P_{cel}\right]^{60}{}_{Co(SSD=100\ cm,\ PS=10\ cm\times10\ cm,\ depth=10\ cm)}}\tag{10-3}$$

式中 $(L/\rho)_{air}^{water}$ 限定质量碰撞阻止本领；P_{wall} 是电离室壁校正因子；P_{repl} 是注量和梯度校正因子；P_{cel} 是中心电极的校正因子。

Thomas 等人提出了一种等效射束质方法，这种方法要求物理师确定在 SSD= 85 cm，射野大小 5 cm×10 cm，水中 10 cm 深度处的百分深度剂量 $\%dd(10)_{x[HTref]}$，利用 Thomas 等人定义的转换关系确定等效射束质 $\%dd(10)_{x[HTTG\text{-}51]}$ 后可以用 TG－51 报告中提供的 k_Q 数值来替换式中的 $k_{Q,Q_0}\cdot k_{Q_{msr},Q}^{f_{msr},f_{ref}}$ 乘积项，此时可使用 TG－51 报告相似的方法来实现螺旋断层治疗设备的剂量校准。过程如下：

① 将电离室放置在水模体中，使中心电极为位于 10 cm 深度，SSD 或 SAD=85 cm，射野大小 5 cm×10 cm。电离室与模体温度应与室温保持平衡。

② 记录温度和气压读数确定温度气压校正因子 P_{TP}。

③ 获得全偏压下的单位时间电离室读数 M_{raw}。

④ 获得半偏压下的单位时间电离室读数 M_{raw}^{L}，确定离子复合校正因子 P_{ion}。

⑤ 获得反向极性全偏压下的单位时间电离室读数 M_{raw}^{+}，确定极性校正因子 P_{pol}

⑥ 计算修正后的电离室读数：

$$M_{Q_{msr}}^{f_{msr}}=M_{raw}\cdot P_{TP}\cdot P_{ion}\cdot P_{pol}\cdot P_{elec}\tag{10-4}$$

⑦ 计算水中深度 10 cm 处的单位时间吸收剂量：

$$D_{W,Q_{msr}}^{f_{msr}}=M_{Q_{msr}}^{f_{msr}}\cdot N_{D,W,Q_0}\cdot k_{Q,Q_0}\cdot k_{Q_{msr},Q}^{f_{msr},f_{ref}}\tag{10-5}$$

⑧ 根据临床百分深度剂量 $\%dd(10)$（SSD 设置）或者组织最大比 TMR(10)（SAD 设置）计算水中 d_{max} 深度处的单位时间吸收剂量。

尽管静态输出校准使用的照射模式与患者治疗模式不同，但仍然非常有意义，这种模式去除了所有治疗动态因素，可以确定机器的一个基本属性。

(2) 输出校准(旋转模式)

由于患者治疗并不是使用静态的非调制射束，而是用旋转治疗的方式，因此螺旋断层治疗设备的输出应当在这些条件下验证。

IAEA/AAPM 除了给出前述关于静态射野剂量学的校准方法，也提出了对于复合射野的校准过程，要求物理师设定一个计划特定参考(plan-class specific reference，PCSR)射野，确定治疗机围绕校准模体旋转照射时的输出，计划特定参考射野应当与最终的临床治疗方案尽可能的接近，其照射剂量分布应当均匀并且照射范围要超过参考电离室的尺寸。

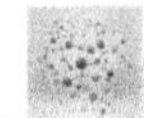

IAEA/AAPM提出的方法中没有指定PCSR射野的具体形式，TG-148报告中建议使用水等效模体直径为30 cm，最小长度为15 cm，靶区直径为8 cm，长度为10 cm，照射剂量为2 Gy。厂家提供的虚拟水模体（图10-3）可以满足这些要求，建议使用5 cm治疗层厚，螺距0.287。使用CT扫描圆柱形的水等效模体，扫描时不要插入电离室，制定一个剂量均匀的PCSR射野计划，确定在CT图像上电离室占据的体积和体积平均计算剂量并与测量结果比较。测量时将模体放置在治疗床上，使电离室位于PCSR射野的中心。

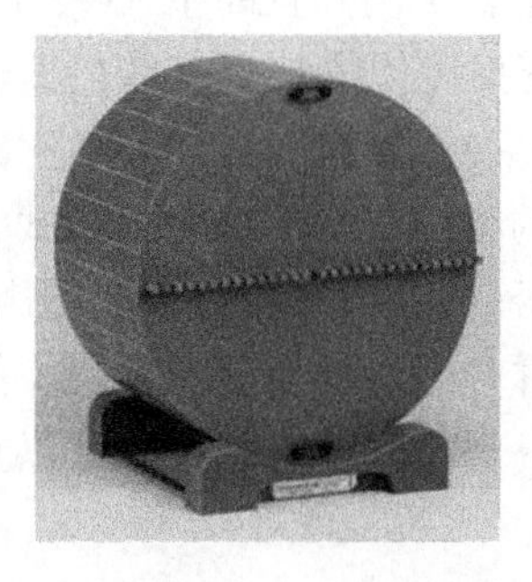

(a) 模体中心水平面的插件位置可以插入电离室

(b) 包含一系列可用于密度校正的插件

图10-3　厂家提供的虚拟水模体

吸收剂量计算公式如下：

$$D_{W,Q_{pcsr}}^{f_{pcsr}} = M_{Q_{pcsr}}^{f_{pcsr}} \cdot N_{D,W,Q_0} \cdot k_{Q,Q_0} \cdot k_{Q_{msr},Q}^{f_{msr},f_{ref}} \cdot k_{Q_{pcsr},Q_{msr}}^{f_{pcsr},f_{msr}} \tag{10-6}$$

式中$M_{Q_{pcsr}}^{f_{pcsr}}$是射野f_{pcsr}照射后电离室的校正读数；$k_{Q_{pcsr},Q_{msr}}^{f_{pcsr},f_{msr}}$是对机器特定参考射野$f_{msr}$和计划特定参考射野$f_{pcsr}$之间关于射野大小、几何参数、模体材料、射束质条件不一致的校正因子，对于常用的电离室其数值为1.003。物理师应当使用与静态射束输出校准相同的方法来确定机器特定参考射野的射束质$\%dd(10)_{x[HTTG-51]}$，按照Thomas等人提出的转换关系计算传统参考射野的射束质$\%dd(10)_{x[HTref]}$，根据计算结果确定校准中使用的特定电离室的$k_{Q,Q_0} \cdot k_{Q_{msr},Q}^{f_{msr},f_{ref}}$。如果测量与计算剂量的差异超过1%，建议调整机器的输出。

2. 射束参数

Tomo Therapy治疗机头的特殊设计决定了其射束剂量曲线的特殊性，例如无均整器的设计使得射束横向离轴曲线成锥形。

常规的质量保证需要检查百分深度剂量，横向、纵向离轴曲线以及射束输出的一致性。下面将介绍检查的频率和限制，如果这些参数超出了可接受的限值，应当调整机器参数，这些操作应当在维修模式下进行。通常应当由厂家维修工程师来调整参数，物理师验证结果，实际中物理师也可以来完成这两项工作，但是对于射束能量和射束剂量曲线的调整应当由维修工程师实施，物理师验证。

(1) 射束质量

应当检查治疗计划系统中模拟计算的射束质量和测量射束质量的一致性。

标准断层治疗PDD在10 cm深度处的数值小于传统加速器6 MV射束的数值，这是由于更小的SSD以及无均整器设计导致射束固有能量较低，但是经过过滤去除了低能的成分后能谱更均匀。

多种方法可以用来测量PDD曲线和检测射束能量的一致性。例如射束能量一致性可以通过在水等效模体中测量组织最大比(tissue maximum ratio，TMR)曲线来确定(同时测量两个深度的剂量率)，或者使用不同有效厚度的过滤器测量射束衰减来确定。

与TG-142报告一致，对于以PDD_{10}或TMR_{10}^{20}定义的射束质量变化限值为1%，射束质量的一致性应当每月检查1次并且高于TG-142报告中要求的频率，这是由于在Tomo Therapy治疗机中靶的磨损比传统C臂直线加速器更快。在靶的整个使用生命周期中，射束质量在不断变化，但是只在最后阶段会出现显著的剂量学变化，因此用户应当在出现靶磨损的迹象后提高检测的频率。对于每一个调试的治疗断层厚度应当每年检查1次模拟射束和测量射束的数据是否一致，当前的射束模型由水中测量的PDD数据构成，因此每年需要用水箱采集一次数据并与射束模型进行比较。使用水箱的尺寸受限于Tomo Therapy孔径的物理尺寸(85 cm)，一些第三方开发了可以用于Tomo Therapy治疗机的水箱测量系统。

(2) 横向射束离轴曲线

Tomo Therapy治疗机没有使用均整器，所以横向射束离轴曲线呈现锥形，射束边缘的强度跌落到中心轴强度的50%。与TG-142报告一致，应当每月检查横向射束离轴曲线的一致性，每年与射束模型进行比较。对于无均整器的治疗机，TG-142中指定每月射束离轴曲线测试的一致性限值为1%，该数值对应于在射束内(80%的射野尺寸)多个离轴比测量绝对差异的平均值，这个差异通过与调试时采集的基准数据比较得到。应当每年与射束模型比较并评估射束离轴曲线的一致性，在机器安装和调试时厂家提供了射束模型的数据，一致性的评估可以使用每月得分方法和限值来完成。

锥形离轴曲线可以用在线MVCT探测器系统监测，可以要求Tomo Therapy维修工程师协助获取相关的数据。由于探测器效率随离轴距离变化而改变，因此探测器数据不用于确定射束离轴曲线。但是射束离轴曲线的变化可以反映在探测器测量数据中，分析探测器的测量数据可以作为检查横向射束离轴曲线一致性的一种工具，第三方厂家也生产了适合于横向离轴曲线测量的探测器阵列。同样胶片也可用来检测曲线的一致性，类似于靶使用末期可能出现的PDD变化，横向离轴曲线也会随靶的磨损而发生变化。每月应当至少检查一个配置的治疗断层的横向离轴曲线，每年应当检查所有配置的治疗断层的横向离轴曲线与射束模型的一致性，射束模型包含了水中测量的射束离轴曲线，每年应当使用水箱进行相应的测量。

使用在线探测器系统测量的假设是离轴探测器响应在使用期间保持不变，但是这种假设没有经过验证。由于探测器以刚性方式固定在机架上，因此发生机械移动的可能性较低，但是如果测量到的离轴曲线变化不能解释为靶磨损或者部件更换的原因，就需要验证探测器系统的响应，一般是通过与胶片或者二极管阵列的测量数值进行比较，此外每年采集的水箱数据也可以用来验证探测器系统响应的一致性。

(3) 纵向射束离轴曲线

纵向射束离轴曲线的稳定性对于螺旋断层治疗尤其重要，患者剂量来源于治疗床移动(不考虑叶片调制)中纵向离轴曲线的累积，如果其发生变化，患者的剂量也会改变。例如，如果1 cm射束曲线的宽度变化10%(即1 mm)，相应的照射剂量会改变大约±10%。因此，需要仔细监测射束FWHM，横向离轴曲线的稳定性可以作为射束质量一致性的一种测试，而纵向离轴曲线的稳定性主要测量层厚度，推荐使用半高宽这个参数。

应当每月对所有配置的断层厚度执行这项测试。可以使用几种方法，例如使电离室随治疗床沿纵向移动，使用静电计以几赫兹的频率采样电离室收集的电荷，这种测试方法依赖于均匀的治疗床移动。如果测试出现错误，需要检查治疗床移动的均匀性，此外也可以

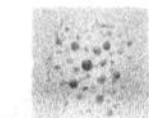

使用胶片监测纵向射束离轴曲线的一致性。曲线的 FWHM 的变化应当小于 1%，对于不同厚度的断层绝对数值不同。例如对于 5.0、2.5、1.0 cm 的治疗层厚限值分别为 0.5、0.25、0.1 mm。在 3 种层厚中，1 cm 治疗层厚超出 1%限值的可能性最高，由于这种测试对摆位比较敏感，出现错误时应当检查摆位的准确性。如果测试结果仍然出现错误，应当由厂家执行校正(如：调整铅门编码器)。

治疗计划系统生成的治疗计划的剂量学准确性要求准确的铅门设置，因此在每个临床治疗计划 QA 中都会进行铅门设置的检查。应当每月检查 1 次纵向射束离轴曲线，如果治疗计划 QA 的结果出现失败，应当增加检查的频率。测量曲线与射束模型的一致性应当每年检查 1 次，可以使用水箱采集相应的测量数据。

(4) 输出稳定性

应当每日检查输出稳定性，推荐使用静态和旋转治疗程序来监测输出。Tomo Therapy 治疗机的输出对机器运行的温度很敏感，应当在其规定运行温度(40℃)2℃范围内进行测量。

一般如果每日检查静态治疗输出，那么可以每周检查旋转治疗输出。对于静态输出程序，机架保持静止，治疗野照射指定的时间。由于初始剂量率不稳定，所有 MLC 叶片应当至少在程序前 10 s 关闭。应当用模仿患者治疗过程的旋转程序，即使用旋转机架角度、移动治疗床、调制叶片开放时间，来测试剂量学一致性，这种测试程序可以用计划系统生成。

电离室或者相同精度的剂量计可以用于这些一致性测试。每日输出测试的一致性应当小于 3%，每月应当使用经过校准的电离室来测量静态或者动态治疗程序的输出。应当使用与日检不同的电离室来执行月检，两者的误差应当小于 2%，要求的频率和限值与TG-142 的要求一致。

如果两者输出的偏移相似，应当调节机器输出；如果两者输出偏移不同，且只有一个在要求的范围内时，应当检查机器的维修记录，确定偏移出现是否与机器维修有关，例如更换 MLC 后可能需要重新制订旋转程序的计划，因为计划系统中的叶片延迟数据已经更新过了。

断层治疗程序是以时间为基础的，即指定时间结束后出束终止，这种技术依赖于稳定的射束输出，因此对剂量率波动非常敏感。剂量率监测系统依赖于来自两个传输电离室各自的信号，分别转换为监测跳数 1 和 2 的读数，原始电离室信号的转换因子不同使得监测跳数的读数可以保持一致。每月应当检查两个监测跳数读数的一致性应当小于 2%，显示跳数的偏移表明电离室原始计数的偏移，应当重新调整信号和监测跳数的转换系数使显示读数一致。

输出随机架角度的变化，即旋转输出应当每月检查 1 次，由于螺旋断层基于时间的输出方式对剂量率的波动更加敏感，因此该项目的测试频率比普通直线加速器每年检测 1 次的频率要求更高。在几次旋转过程中，旋转输出变化的重复性通常可以达到 1%～2%的数量级。

在旋转输出变化测试程序中所有 MLC 叶片应当打开并且机架应当连续旋转，输出测量可以使用放置在等中心处的电离室或者通过获取监测电离室随机架角变化的输出信号来实现，每个机架角度监测电离室的信号被记录并存储为患者档案的一部分。厂家推荐的输出随机架角变化的是平均输出值的±2%。

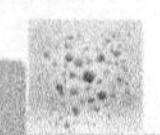

3. 机械对准

一些机械对准项目必须每年测试 1 次，或者在对准状态受损时进行。一般推荐由厂家开发的测试机械对准的程序，但是用户也可以自行开发替代的测试程序。大多数测试使用胶片剂量学方法、普通胶片或者图像分析工具可以用来帮助分析。

第一组测试检查放射源与 y 铅门、MLC 和旋转平面地对准；第二组测试检查 y 铅门、MLC 与旋转平面和每个治疗断层中心地对准。

(1) y 铅门中心

检查放射源在 y 方向与 y 铅门的对齐，即检查放射源是否位于准直射野的中心。任何部件更换或移动后，在可能影响对准状态的情况下需要进行测试，通常推荐每年检查 1 次 y 铅门中心。

测试过程使用 2 mm 的 y 铅门开放野，在 y 方向移动 11 次，窄野可以增加测试的灵敏性。射束在 y 铅门野离轴移动 24、20、15、10、5、0、−5、−10、−15、−20、−24 mm 距离时打开一个固定的时间。用一个位于等中心的静态长灵敏体积电离室测量每次移动后的剂量输出。厂家使用 Exradin A17 电离室来测试这个项目，使用的电离室必须具备足够长度的线性响应体积来测量每次移动后的输出。

将输出数据以铅门移动的距离为自变量作图，在拟合抛物线函数的射束输出峰值位置，放射源与 y 铅门对齐。因此通过函数求导来求解抛物线顶点（对应峰值输出）可以计算相应的铅门位置。例如，当导数函数为 $-0.0149x+0.0076$ 时（其中 x 是铅门移动距离，单位 mm）峰值输出的位置在 0.51 mm 处。y 铅门的焦点在 X 射线放射源上方 5 cm 处（即等中心上方 90 cm 处），这表明放射源的移动在等中心处被放大了 18 倍(90/5)，所以真实地对准误差为 0.03 mm(0.51/18)。厂家说明书中指出放射源位置应当与其名义位置（在调试时建立）的误差在 0.3 mm 以内。

(2) 放射源 x 方向对准

检查放射源在 x 方向与 MLC 的位置关系。这项测试利用了 MLC 的 Tongue and groove(T&G)效应，叶片的 T&G 设计用来阻挡相邻叶片关闭时射线的穿射路径，这种设计方式使得在相邻叶片依次打开和同步打开两种情况下注量输出不同。

当 MLC 聚焦于放射源时，T&G 效应最小，这可以用来测试放射源与 MLC 的对齐。厂家使用 MVCT 探测器阵列采集输出曲线，首先所有偶数 MLC 叶片打开然后奇数叶片打开，这种照射方式会增大 T&G 效应。为了测试放射源在 x 方向地对准，需要将奇数叶片输出曲线和偶数叶片输出曲线相加后再除以所有 MLC 叶片打开时的输出曲线，当放射源与 MLC 对准时，得到的归一 T&G 曲线应当中心对称。图 10-4 显示了归一的 T&G 数据。焦点偏离(out of focus)值可以由曲线左右不对称

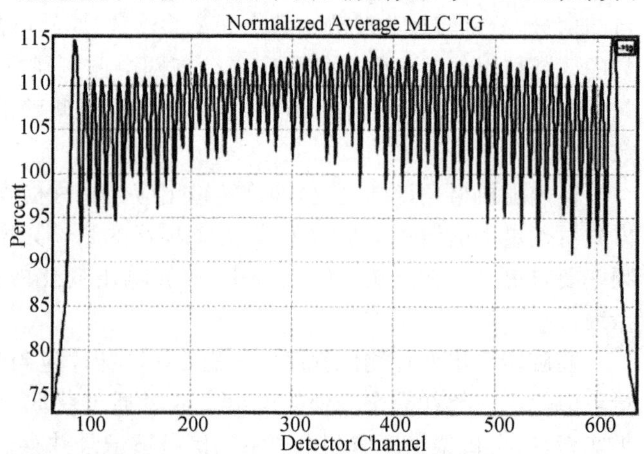

图 10-4 归一 MLC tongue & groove 输出曲线

性计算得到，计算时将 T&G 曲线分为两侧，计算每侧的 T&G 信号平均值和标准偏差，两个平均值中较小的一个除以较大值计算得到比率 a，其表示绝对信号的对称性。为了表示标准偏差的对称性，分别将每个标准偏差与总 T&G 平均信号（两侧信号平均值）相加，较小值除以较大值计算得到参数 b。厂家定义的焦点偏离值公式为：

$$焦点偏离 = [1-(a+b)/2]\times 100\% \tag{10-7}$$

厂家建立了该数值与放射源侧向偏移的经验关系，指定最大焦点偏移限值为 2%，对应放射源位置侧向偏移 0.34 mm，一般建议采用这种方法来测量，以便于数据采集和分析。

（3）y 铅门发散与射束中心对准

检查 y 铅门与射束平面地对准，确保治疗射束中心横轴与旋转轴垂直相交，即在侧位视图中，机架角 0°时射束指向地面且射束关于机架旋转平面对称发散。在任何部件更换或移动后影响对准状态时需要检测这个项目，通常每年检测 1 次。

检查方法是将 1 张胶片水平放置在固体水板之间（深度 2 cm）并且位于等中心下方（静态绿色激光线指示）。胶片位置应当距放射源尽可能的远以增加测试的灵敏度，一般在等中心下方 23～25 cm 处，设置准直器系统定义一个名义临床治疗野，机架位于 0°，MLC 射野设置为中心轴一侧的叶片照射时打开，射束向下照射胶片。机架旋转 180°，以同样的治疗断层宽度和 MLC 模式进行第二次照射（图 10-5）。

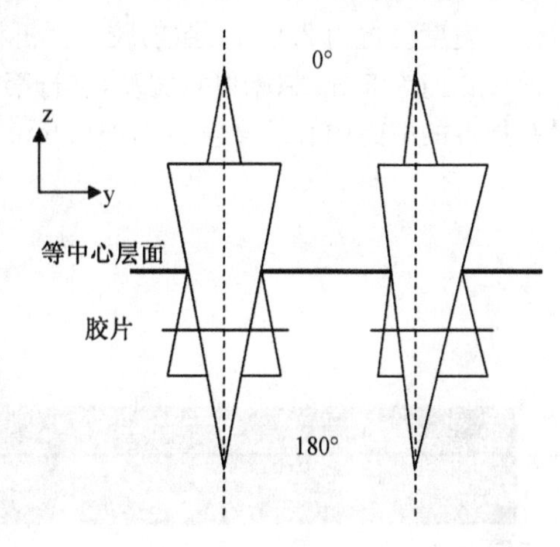

图 10-5　y 铅门发散测试的机器设置

图 10-6 所示为可接受的 y 方向发散测试结果。为了测试射束发散是否以机架旋转平面对称，需要测量两个射野的中心，每个射野的中心用离轴曲线半高宽（full width at half maximum，FWHM）的中心来定义。通过相似三角形法，由两个射野中心的差异可以计算等中心处的射束偏离，射束在等中心处的偏离等于胶片上测量的两射野中心距离乘以 $85/(2\times d)$，其中 d 是胶片位置与等中心的距离。例如当胶片在等中心下方 25 cm 处时，胶片上射野中心相差 0.3 mm 表明射束在等中心处的偏离为0.51 mm。根据厂家规定，等中心处射束中心轴在垂直方向的偏离应当小于等于 0.5 mm。

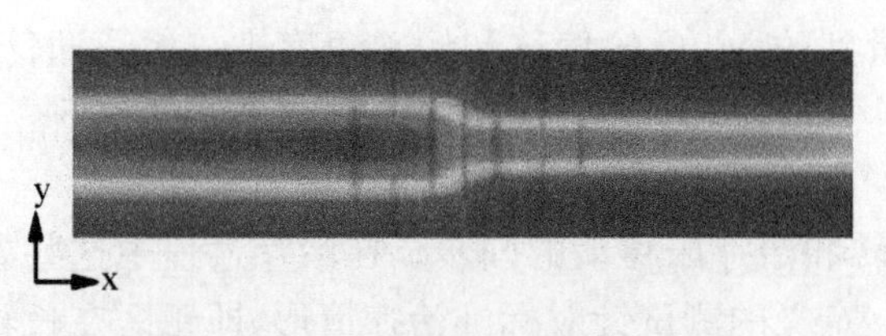

图 10-6　y 铅门发散测试胶片结果

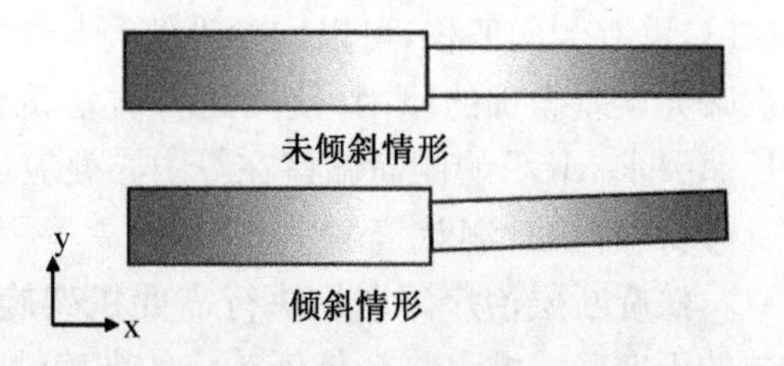

图 10-7　y 铅门倾斜测试胶片结果

（4）y 铅门与机架旋转平面对准

应当检查 y 铅门是否平行旋转平面，每年检测一次或者对准状态受损时执行。y 铅门发散与射束中心对准测试中的胶片结果可以用于该测试项目的分析。图 10-7 显示了符合和不符合要求的两种胶片测试结果。

50%强度半影位置的中点定义为离轴曲线在 y 方向的中心，在两条不同宽度的离轴曲线上分别标注若干个中心点(如图 10-6)，将这些点连成直线并确定这条直线的斜率。铅门物理倾斜角度等于胶片上测量的两射野所成角度的一半，这个倾斜角度应当小于 0.5°，满足这项要求可以确保在离轴距离 10 cm 处剂量分布空间准确性为 1 mm。

(5) 治疗野的中心

所有临床治疗野必须共用一个等中心，在任何部件更换或者移动后可能影响这种对齐状态时需要检查这个项目，一般 1 年检查 1 次。

检查方法是，将 1 张胶片垂直于射束中心轴放置，源到胶片距离为 85 cm，使用静态垂直野，建议使用固体水建成 1～2 cm，控制 MLC 叶片 11～28，29～36，47～54 打开，y 铅门名义宽度设置为 2.5 cm，照射胶片。再将 MLC 叶片 2～9，20～28，38～45，56～63 打开，改变铅门为 5 cm 临床射野宽度，进行第二次照射(图 10-8)。厂家推荐在等中心处不同治疗层厚的射野中心差异应当小于 0.5 mm，应当对使用的每种临床射野进行测试。

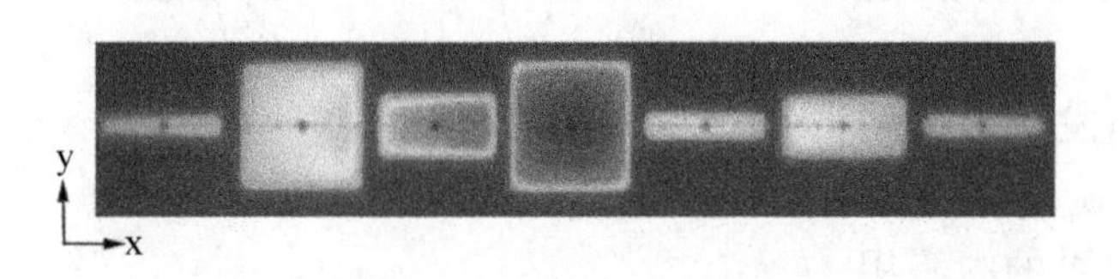

图 10-8 治疗野中心测试胶片结果

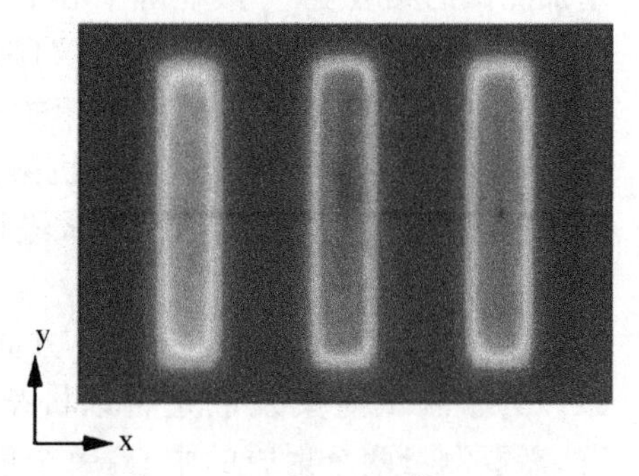

图 10-9 MLC 对准测试胶片结果

(6) MLC 对准测试

应当每年检查 MLC 与旋转中心是否侧向对准，或者在 MLC 维修后进行。同时还要检查 MLC 与旋转平面是否平行对准。可以用胶片方法测试这两个参数。将胶片放置在等中心，打开 MLC 中心叶片 32 和 33 以及 27 和 28，在机架角 0°照射胶片；将机架转到 180°且只打开 27 和 28 号叶片再次照射。如图10-9 所示，照射后胶片上显示的两外侧照射区若相互平行，表明 MLC 方向平行于旋转平面；如果中心照射区位于两外侧照射区的中心，表明 MLC 没有侧向偏移，可以用两外侧野与中心野之间的距离差异来计算 MLC 偏移。由于两次曝光误差叠加的原因，使用这种方法测量到的 MLC 的偏移和倾斜角度被放大了两倍。厂家要求 MLC 的侧向偏移在等中心处应当小于 1.5 mm，MLC 倾斜角度应当小于 0.5°。

4. 同步性测试

螺旋断层治疗计划的执行需要机架旋转和治疗床移动的同步。在治疗过程中这些参数的不准确或漂移将会降低治疗的准确性。定义的测试针对标准治疗情形，即靶区在长轴方向的延伸最高达到 20 cm 的情况。对于更复杂的治疗程序，需要对这些测试做相应的修改。

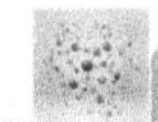

(1) 机架角度一致性

应当定期测试系统准确设定机架角的能力，推荐每季度检查 1 次。一种测试程序是将两张胶片与旋转平面平行放置，分别位于虚拟等中心两侧 3 cm 的位置，指定层厚 2.5 cm，螺距 0.1，最少旋转 40 圈。在机架角度 0、120、240°位置，控制打开 MLC 的中间两只叶片(32,33)。摆位时在胶片上标记一条水平线，照射后形成的星形图案可以检查治疗开始的初始角度是否准确，以及 24 次旋转后重现这个图案的能力，机架角度的重复性应当小于 1°。

(2) 治疗床速度均匀性

应当定期测试系统是否能够准确同步治疗床位置与射束照射。推荐每季度检查 1 次。一种测试治疗床移动均匀性的方法是，将 1 张胶片固定在治疗床表面，添加 1.5 cm 的建成，静态机架角 0°照射，射野准直为 1 cm，所有 MLC 叶片打开。在照射过程中，使治疗床以临床常用的移动速度(如：2.5 cm 层厚时，速度 0.3～0.5 mm/s)移动 20 cm，扫描胶片生成沿治疗床运动方向的一条剂量分布曲线，其上的相对光学密度变化应当小于 2%，注意该测试方法依赖于稳定的射束输出，如果测试失败，应当评估静态照射的射束输出稳定性。

(3) 治疗床平移/机架旋转

治疗床平移和机架旋转的同步性应当每季度检查 1 次。检查方法是将 1 张胶片放置于治疗床上，添加建成 1.5 cm，设置射束名义宽度 1.0 cm，螺距 1，旋转 13 圈。在第 2、7、12 圈的旋转半周时，控制打开所有叶片，照射后的胶片在沿治疗床移动方向产生 1 条剂量分布曲线，间隔为 5 cm，误差应当在 1 mm 以内。

5. 其他测试

(1) 激光灯定位

在螺旋断层治疗中，患者的定位通过对准皮肤标记与外部激光线来实现，理论上使用治疗前的 MVCT 图像引导降低了外部激光线对于患者定位的重要性，但激光线还是可以减少患者的旋转，协助患者定位的过程，因此螺旋断层治疗设备的外部激光灯应当与其他肿瘤放射治疗设备使用相同的标准进行维护。

静止激光灯与治疗等中心间的距离应当每年检查 1 次。使用 1 张胶片根据静止激光线标记虚拟等中心的位置并用小野对其进行照射，射野的中心应当与激光线标记位置的差异小于 1 mm，治疗野应当与激光线平行误差小于 0.3°(距离中心 20 cm 处，偏差 1 mm)。

应当每月使用预先定义的激光线相对移动距离已知的计划，检查可移动激光灯相对静止激光灯的位置移动是否准确，误差应当小于 1 mm。对于非 SBRT/SRS 治疗，两种激光线的重合度应当小于 1.5 mm；对于 SBRT/SRS 治疗小于 1 mm，应当每日检查。由于两套激光系统互相独立，如果发现两者的激光线位置不一致，物理师应当确定是哪一套系统存在问题。

(2) 治疗床

应当每月检查治疗床的相关参数，包括显示读数，床的 Pitch，Roll，Yaw 角度以及床面的下沉情况。

应当测试实际移动距离与显示读数的一致性，在 20 cm 的移动距离中，一致性应当小于 1 mm。由于治疗床的垂直移动可能会引起长轴方向的移动，应当对不同的床高度检查治疗室坐标系统中长轴位置的准确性。应当检查静止床面的水平度，Pitch 和 Roll 角度应小于

0.5°。治疗床长轴方向的移动应当垂直于治疗平面，可以根据床面在不同长轴位置与矢状激光线地对准情况进行检查。在 20 cm 的距离中，床的侧向偏移应当小于 1 mm。在等中心处，无负载情况下虚拟等中心和治疗平面之间的床面下沉应当小于 5 mm。

(3) 治疗程序中断

如果治疗中断，螺旋断层治疗系统可以生成另一个程序完成治疗。应当每月检查这个生成过程的准确性，轮流对所有配置的层厚执行测试保证每月测试其中一个层厚，根据所配置层厚数的不同，2～3 个月对所有的层厚完成一次检查。

测试方法是使用一个基准计划照射模体，用胶片测量冠状位的剂量分布，再次执行相同计划并在治疗中中断，生成一个替代程序完成中断的治疗。两次胶片记录的剂量分布的差异应当不超过 3%，在 y 方向剂量分布的 FWHM 偏差应当不超过 1 mm。由于测试过程中模体的位置需要保持一致，因此应当在治疗计划中断后立刻生成完成程序并执行，不要移动模体的位置。

四、治疗计划质量保证

TG - 53 号报告中介绍了临床三维适形治疗计划的质量保证内容，其中大部分项目都适用于螺旋断层治疗，但其中一部分项目(如:关于治疗计划系统剂量学验证方面的内容)则需要做相应的调整，以适应螺旋断层计划的特点。

由于 Tomo Therapy 治疗计划系统使用通用的射束模型，传统射束数据输入和射束建模的调试任务并不适用于螺旋断层治疗计划系统。但是计划系统需要使用两个 MLC 特定的数据文件，其包含了叶片延迟和叶片特定的注量输出数据，除此之外每台机器有一组特定的 y 铅门注量输出因子数据，其指定了 2.5 和 1 cm 治疗层厚射野相对于 5 cm 治疗层厚射野输出的注量，所有 Tomo Therapy 治疗计划系统使用相同的 5 cm 治疗层厚输出注量。

由于采用独特的治疗技术，在生成螺旋断层治疗计划时需要选择一些特定的计划参数，包括治疗层厚、螺距、调制因子。

治疗层厚是由准直系统 y 铅门在长轴方向等中心层面定义的扇形束厚度，一般配置 3 种层厚 1.0、2.5、5.0 cm。

螺距值定义为机架旋转一圈治疗床移动距离与治疗层厚之比，一般推荐小于 1，为了增加剂量均匀性可以使用小于 0.5 的螺距值。如果分次剂量大于 2 Gy，需要将螺距值减少至 0.2 或者更小，高剂量照射要求机架旋转更慢，可能会与系统设定的最小机架速度冲突，减少螺距值意味着靶区体素在更多的机架旋转圈数中位于射束内，允许机架以更快的速度旋转。

调制因子定义为最长叶片开放时间除以所有非零叶片开放时间的平均值，最长叶片开放时间决定了照射过程中机架的旋转速度。高调制因子可以提高计划质量，一般选择的调制因子范围从 1.5～3.5。

治疗层厚，螺距值和调制因子决定了计划的质量和治疗的时间，选择大治疗层厚减少了治疗时间，也会降低头脚方向的剂量均匀性；小的螺距值未必会增加治疗时间，这是由于机架旋转速度可变，范围从每圈 15～60 s，如果机架速度达到最大，再减小螺距值会增加治疗时间。同样减小调制因子通常可以增加机架旋转速度减少治疗时间。

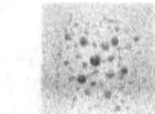

计划参数选定后，可以计算经过靶区的每个单元束的剂量分布。层厚、螺距值、靶区体积和形状决定了单元束的数目。单元束计算完成后，开始剂量优化。

用于计划的CT数据输入计划系统后通常向下采样为256×256像素，如果导入数据非常庞大，可以采样为128×128以保持相同的断层厚度。螺旋断层治疗计划系统提供了Coarse，Normal，Fine 3种计算网格分辨率，分辨率越高计算时间也越长。

Tomo Therapy治疗计划系统周期性测试项目应当包括模体计划验证、患者计划验证和CT参数传输验证。

1. 模体计划验证

通常使用基于模体的“端到端”的测试方法来评价治疗计划系统的剂量学准确性，在这些测试中模体被作为假想的患者经历相同的成像、勾画、计划设计和治疗过程。模体应当允许使用电离室进行剂量测量，厂家提供的圆柱形虚拟水模体可以完成剂量学的验证测试，指型电离室可以放置在该模体的多个位置处。

对于每种配置的治疗层厚，为位于旋转中心和离轴位置的靶区设计相应的计划，靶区的体积应该明显大于电离室敏感体积，使用Normal计算分辨率网格计算剂量。

应当在高低剂量区进行多个点的剂量测量，剂量梯度区域的验证可以使用多点测量或者平面胶片或者电离室阵列测量。平面剂量分布的一致性可以采用3%/3 mm的Gamma准则来评估，点剂量测量误差应当小于处方剂量的3%或者满足距离误差不超过3 mm的标准。治疗计划系统的剂量学验证应当在软件维护后或者每年检查一次。

2. 患者计划验证

治疗计划系统投入临床使用后，应当检查每个患者计划的准确性。由于没有其他可以独立计算螺旋断层治疗剂量分布的方法，目前的做法是在模体上计算每个患者的计划，通过测量验证剂量学准确性。

在螺旋断层治疗中，将计划移植到模体上重新计算剂量被称为计划执行的质量保证(delivery quality assurance，DQA)，Tomo Therapy计划软件中提供了相关的DQA计划和分析的工具。DQA计划并不能验证患者治疗计划的所有方面(如：患者计划计算时使用了错误的质量密度转换表)。厂家提供的圆柱形虚拟水模体可以用于患者计划的验证，测量时使用电离室和胶片分别测量点剂量和二维剂量分布。测量点剂量与治疗计划系统计算的剂量误差应当小于3%，如果误差超过3%但小于5%，物理师应当确定偏差的原因，主治医师和物理师可以决定是否继续治疗。在制定DQA计划时，模体的位置应当使电离室位于剂量高和低剂量梯度的区域，可以避免电离室敏感体积内剂量变化引起的不确定性。

对于平面剂量分布，使用Normal剂量网格计算的计划通过率在剂量误差3%，距离误差3 mm的标准下通常至少应大于90%。

如果DQA计算结果超出限值，物理师应当确定原因，检查模体的摆位，计划系统计算剂量的提取是否准确。同时需要确定电离室是否处于高剂量梯度区域，靶区体积很小时通常会带来这种问题，如果靶区离轴很远并且计划设计选择了大的螺距值和层厚，测量点可能也会位于剂量不均匀的区域。此外机器输出的漂移也会产生不能接受的DQA结果，通过验证一个标准的DQA计划可以确定测量的误差是否与之前相似。

Tomo Therapy的MV-CT图像与kVCT图像相比，金属植入物在MVCT图像中产生的伪影较少，对于体内有人工植入物的患者，常规kV-CT的伪影严重影响治疗计划设计，因此在这种情况下基于 MVCT 的治疗计划设计具有一定的优势。

当 MV－CT 图像用于计划设计时，建议在患者计划图像采集之前建立最新的 MV－CT 到质量密度转换表，这是由于 CT 值易受靶磨损或其他因素引起的成像射束变化的影响。在患者 MV－CT 扫描同时对 DQA 模体也进行扫描，后者可用于 MV－CT 治疗计划的 DQA 评估。

3. CT 参数传输验证

CT 参数包括像素大小、层厚、图像方向（左右，头脚）、患者方向（如：仰卧位头，先进），图像灰度值应当准确传输至 TPS。可以使用厂家提供的圆柱形虚拟水模体和常规治疗相同的临床流程对其扫描并传输至 TPS，验证相关参数是否准确。应当每年或者在与 CT 采集和数据传输相关的系统升级后检查该项目。

五、图像引导质量保证

Tomo Therapy 治疗系统除了能够执行 IMRT 的照射也具备在每次治疗前获取患者治疗体位影像的能力，采集的图像用于检查患者的治疗位置是否准确并修正相应的摆位误差，错误的治疗位置会导致剂量分布的偏移。TG－142 号报告中给出了扇形束和锥形束 CT 图像引导的几何准确性，图像质量和成像剂量的周期性测试建议。

在 Tomo Therapy 治疗机中，图像引导使用的射束与加速器产生的治疗射束相同，射束能量为兆伏级称之为 MV－CT 成像。在 MV－CT 成像时，加速器中入射电子束的名义能量为 3.5 MeV，使用弧形氙探测器，标准图像矩阵的尺寸为 512×512 像素，视野直径 40 cm，图像重建使用滤波反投影算法。在用户界面操作人员需要选择扫面长度和层厚，预定义的 3 个螺距值（1、2、3）分别对应于 Fine、Normal 和 Coarse 3 个级别。成像模式所用的标准 y 铅门设置为 4 mm，预定义螺距值对应的名义层厚分别为 2、4、6 mm。图像采集的旋转周期固定为 10 s，使用 Half-scan 重建技术，采集速度为 5 s 1 层。成像剂量取决于选择的螺距值和成像器官的厚度，通常为 1～3 cGy。总的扫描时间取决于扫描的层数。

TomoTherapy 工作站提供了手动和自动刚性图像配准的工具，自动配准通常要比手动配准更快，但是应当由经验丰富的使用者来检查自动匹配结果的准确性。此外 kV－CT 和 MV－CT 图像体素尺寸一般不同，kVCT 图像的视野可变，输入计划系统后通常向下采样为 256×256 的矩阵，而 MV－CT 图像视野为 40 cm，矩阵大小为 512×512，自动图像配准使用最近邻插值算法。在理想条件下，模体 MV－CT 与 kV－CT 图像配准的准确性可以达到一个半体素大小的数量级，具体数值取决于两者体素尺寸较大者。在 y 方向 MV－CT 体素的尺寸随螺距值变化，头脚方向的配准精度随着 MV－CT 层厚的增加而降低。

Tomo Therapy 图像引导系统周期性测试项目应当包括图像质量验证、图像几何验证、成像剂量验证。

1. 图像质量验证

图像质量和剂量学测试可以用于评价系统的初始性能和监测其周期性变化，验收测试时的定量测试可以帮助用户了解系统是否满足标准要求，周期性监测可以使用户掌握成像参数的退化程度。

图像退化可能提示射束准直系统，MV－CT 探测器的性能下降或者靶磨损引起 MV－

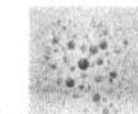

CT 射束的变化。在长轴方向初始 y 铅门限定 MV－CT 层厚的准确性可能影响患者的剂量，如果扇形束比计划值更宽，患者会接受不必要的剂量。图像中环状伪影的出现表明探测器的故障，CT 值到电子密度达的转换也会随靶磨损的变化。

应当检查密度分辨率、空间分辨率、图像噪声、均匀性和 CT 值-密度曲线，如果 MV－CT 图像被用于剂量计算，CT 值重复性和图像均匀性就特别重要。

（1）密度分辨率

通过在厂家提供的圆柱形虚拟水模体中插入不同密度的插件可以测量密度分辨率（低对比度分辨率）。应当每月检查 1 次该项目。该测试虽然依赖于操作者的主观性判断，但是显著的对比度分辨率的降低是易见的。图 10-10 显示了插入不同密度插件的虚拟水模体的 MV－CT 图像。

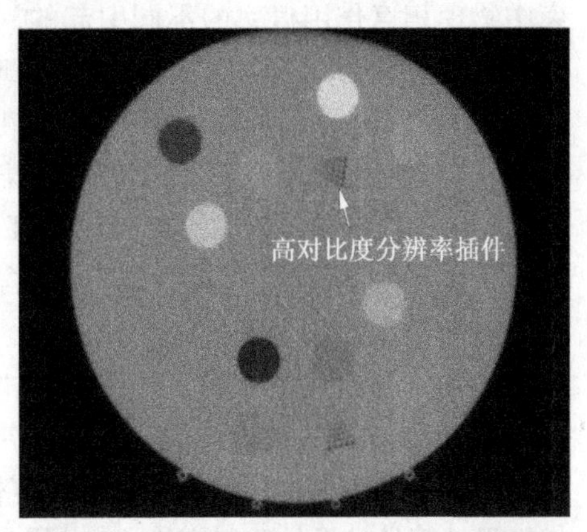

图 10-10 加载不同圆柱形密度插件和高对比度分辨率插件的虚拟水模体 MV－CT 影像

（2）空间分辨率

空间分辨率（高对比度分辨率）可以用高对比度的圆孔组模型来测量，Tomo Therapy 提供了一种可用于该项测试的插件，插件可以插入厂家提供的圆柱形虚拟水模体中，其他类似的空间分辨率插件也可用于此测试。应当每月检查 MV－CT 图像分辨率。图 10-10 显示了一个高对比度分辨率测试插件。

目视检查孔组模型表明使用 512×512 像素矩阵重建的高对比度物体的 MV－CT 空间分辨率达到 1.25 mm，厂家指定高对比度物体的最小空间分辨率为 1.6 mm。

（3）图像噪声

可以使用水或水等效均匀模体来测试图像噪声，通过感兴趣区（region of interest，ROI）内的 CT 值的标准偏差 σ_{CT}，水的线性衰减系数 μ_{water} 和 CT 扫描机的对比尺度（contrast scale，CS）计算噪声。公式如下：

$$噪声 = \sigma_{CT} \times CS \times 100 / \mu_{water} \tag{10-8}$$

式中 $CS = (\mu_{polycarbonate} - \mu_{water}) / (HU_{polycarbonate} - HU_{water})$。

在选择感兴趣区时，用户应当避开已知存在图像伪影的区域，例如 MV－CT 图像中心常见的“button”伪影，其为直径 10 mm 的密度增强区，是由于探测器阵列中心区域响应的快速变化引起的。推荐使用直径至少为 20 cm 的圆柱形均匀模体来测量 MV－CT 图像噪声，厂家提供的圆柱形虚拟水模体包含一段密度均匀区域可以用来确定图像噪声。应当每月测试该项目，厂家没有推荐可接受的噪声水平，由用户自己确定要求的标准，通常在 MV－CT图像中心区域的噪声水平大约为 50～70 HU（一个标准偏差），图像外围的数值更低位 25～35 HU。

（4）图像均匀性

可以通过测量位于模体图像中心和外围的小 ROI（半径 5 mm 左右）的平均 CT 值来评估图像均匀性。确定外围和中心平均 CT 值的最大差异，推荐使用直径至少为 20 cm 的圆柱形均匀模体来确定 MV-CT 图像均匀性，厂家提供的圆柱形虚拟水模体包含一段密度均匀区域可以用来确定图像均匀性。应当每月检查 1 次该项目。如果 MV-CT 图像用于剂量计算，外围和中心 ROI 的最大 CT 值差异应当小于 25 HU，在水中 25 HU 的差异对应水密度 2.5%的变化。

(5) CT 值-密度曲线

MV-CT 的 CT 值和电子或质量密度的关系与 kV-CT 扫描机不同，这是由于两种射束中物理相互作用概率的不同引起的。在兆伏能量范围内，高原子序数材料中康普顿相互作用占主导，因此 MV-CT 的 CT 值到物理密度校准表应当反映线性关系。

Tomo Therapy 可以使用 MV-CT 图像来回顾性地计算和评价治疗当天器官的剂量分布，这样使用 MV-CT 图像时需要配置 MV-CT 的 CT 值到密度值校准表，每月应当检查 CT 值校准的重复性，如果 MV-CT 图像用于治疗计划设计，同样也需要配置校准数据。

厂家提供的圆柱形虚拟水模体包含不同密度的插件可用于 CT 值密度的校准，插件的密度范围包括从肺到骨的密度。Tomo Therapy 治疗计划系统采用了质量密度的校准方式而不是常用的相对电子密度，CT 值校准的准确性通过比较 MV-CT 图像模体计划的剂量分布与 kV-CT 图像计划剂量分布确定，两者 DVH 数据的一致性应当小于 2%。

应当每月检查 1 次校准曲线的重复性，任何 CT 值校准的不确定性会转换为 MV-CT 图像剂量计算的结果的不确定性。CT 值变化对剂量学的影响取决于校准曲线受影响的部分，水等效材料 CT 值的偏移比骨等效材料 CT 值偏移的影响更大，因为典型患者图像中水等效密度材料比骨材料的比重要高很多。在螺旋断层治疗计划中，水等效密度的 CT 值变化 20 HU，或者在肺近似和骨近似材料中 CT 值变化分别达到 50 HU 和 80 HU 时剂量学差异通常为 2%或更小。应当每月执行 CT 值校准测试，与治疗机验收时建立的名义数值相比，水等效材料的 CT 值变化应当少于 30 HU，肺和骨近似材料的 CT 值应当变化少于 50 HU。

2. 图像几何验证

MV-CT 成像的主要目的是用于图像引导，因此应当测试重建图像几何准确性和图像配准过程的准确一致性。应当注意图像配准的精度依赖于图像内容本身，例如在两幅图像上能够容易辨认的高对比度物体(1～2 mm 的金属小球)比密度变化很小的模体更容易配准，同样扫描范围和参数决定了可以获得的信息量也会影响配准的精度。患者图像配准的主观性可能更大，这是由于患者器官的密度变化增加了配准的难度，相比而言在刚性模体配准中就不存在这种影响。

(1) 几何失真

MV-CT 图像中物体尺寸和方向的重建准确性，可以使用已知尺寸和方向的刚性模体来测试，应当每月检查 1 次，可以使用厂家提供的圆柱形虚拟水模体或者相似尺寸的模体。

在 MV-CT 图像中模体内 x，y，z 方向埋入物体间的距离和模体的方向可以与模体实际的物理距离和方向进行比较。使用模体内的埋入标记点可以增加该测试的精度，尤其是在长轴方向，由于模体外表面与成像平面平行易受体积平均效应的影响。MV-CT 图像中的空间信息可以用软件中提供的鼠标位置读出功能来获取，推荐使用 Fine 扫描模式(名义层厚 2 mm)。在 MV-CT 图像中模体方向应当校正，图像中不应当存在明显的重建伪影，推荐扫描长度至少为 20 cm，接近临床使用的典型扫描长度。MV-CT 图像中测量的埋入物体的尺寸或标记点之间的距离与实际物理距离的误差对非 SRS/SBRT、SRS/SBRT 应

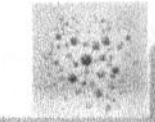

当分别为小于 2 和 1 mm。如果系统维修后可能影响与成像系统相关的硬件或者软件功能时，应当进行这项测试。

（2）成像和治疗坐标系一致性

对于任何 IGRT 系统，应当检查治疗与成像坐标系统的一致性，但是对于螺旋断层治疗 MV - CT 系统来说测试略有不同。虽然治疗与成像使用相同的射束，图像采集、重建和配准可能会受到导致坐标系统一致性差异的硬件和软件模块的影响。推荐每年或者在软件升级后以“端到端”（end to end）的方式检查图像配准和治疗流程。使用与患者治疗相同的流程测试模体，模体经过扫描，在计划系统中制订计划，用 MV - CT 成像来检查模体地对准，并对其照射，获得的剂量分布可以用来检查成像与治疗系统的坐标一致性。

模体应当可以插入胶片或者用其他方法提取剂量分布，并与治疗计划系统计算的剂量分布进行比较，例如可以使用直接测量模体内剂量分布的电离室或者探测器阵列。厂家提供的虚拟水模体允许在冠状面或者矢状面放置胶片，因此可以用于这项测试。测量的剂量分布需要相对于模体配准，可以使用 Tomo Therapy 自带的配准工具也可以使用第三方工具来完成。这项测试评估了图像配准和治疗执行过程的准确性，限值应当考虑图像配准和剂量计算中的不确定性，如果假设这种不确定性的大小与体素尺寸相近或更小，可以将两者不确定性求和确定测试限值，推荐治疗和成像坐标一致性的限值对于非 SRS/SBRT、SRS/SBRT 应当分别为小于 2 和 1 mm。应当每年检查 1 次此项目，同时需要检查绿色激光系统与成像系统的一致性，绿色激光系统可以作为日检和月检一致性测试的参考。一致性可以通过图像配准后模体上绿色激光线的位置与治疗计划系统中指示的目标位置的差异来验证。此项目推荐的限值对于非 SRS/SBRT、SRS/SBRT 分别为小于 2 和 1 mm。

由于绿色激光系统的运行独立于 Tomo Therapy 治疗机的运行，其位置不受机器硬件和软件升级的影响，可以作为测试的基准。推荐每日测试重建图像相对于绿色激光系统位置的准确性，作为对图像坐标和治疗坐标一致性的测试。将模体与红色或绿色激光系统对准，扫描后在 MV - CT 重建图像中，模体标记物相对于绿色激光系统的位置应当与其真实位置一致，该测试应当使用 fine 扫描模式，推荐的限值对于非 SRS/SBRT、SRS/SBRT 分别为小于 2 和 1 mm。

（3）图像配准和对准

应当每日检查图像配准和对准过程的准确性，在 MV - CT 扫描前有意将模体偏离基准位置，通过扫描和配准来观察图像引导过程的准确性，同时可以目视检查图像是否存在伪影。对于模体内有高对比度物体的情况，图像配准过程的重复性应当小于 1 mm，推荐使用 Fine 扫描模式，配准后治疗床和红色激光线移动的误差应当小于 1 mm。厂家提供的圆柱形虚拟水模体可以用于此项测试。

3. 成像剂量验证

多层平均剂量（multiple slice average dose，MSAD）测量方法可以测量模体中的剂量和检查成像剂量一致性随时间的变化。测量可以用厂家提供的圆柱形虚拟水模体和电离室来完成，扫描范围应当覆盖这个模体，电离室位置处的剂量包括电离室敏感体积被直接扫描累积的剂量和邻近断层被扫描累积的散射剂量。成像剂量依赖于选择的扫描模式和模体，厂家提供的圆柱形虚拟水模体，在“Normal”模式下，MSAD 剂量一般为 1～3 cGy。由于成像射束属于兆伏级别，并且以螺旋方式扫描，成像剂量通常非常均匀，因此对电离室在模体中的位置准确性要求不高，但在一致性测量时，应当确保使用相同的位置。应当每季度检查1次成像剂量，对于无法解释的MV-CT剂量增加需要确定原因。

第二节　X刀和γ刀立体定向治疗设备的质量保证

立体定向放射外科（stereotactic radiosurgery，SRS）是一种小野三维聚焦单次大剂量照射的治疗技术。其借助于立体定向系统和CT、MR等先进影像设备以及三维重建技术实现精确的靶区定位，利用三维治疗计划系统制订剂量分布高度适形的治疗方案，由高机械精度的治疗机实现精确的照射，因此完善的质量保证和质量控制程序对于立体定向治疗尤为重要。对于相同的治疗过程，如果使用多次治疗则称为立体定向放射治疗（stereotactic radiotherapy，SRT）。

一、立体定向放射治疗历史发展

1950年代初，瑞典神经外科专家Lars Leksell首先提出了将立体定向技术与放射治疗相结合的方法，并将其称为立体定向放射外科。

当时Lars Leksell使用能量为200 kV的X射线，对颅内病灶进行了单次大剂量照射，由于射线从多个方向聚焦到靶区，周围正常组织受照剂量非常小，射线对病灶起到类似手术的作用，保护了病灶周围的重要组织。这种基于深部X线的放射外科治疗在20世纪50年代后期逐步停止使用，但是颅内聚焦照射的概念在新型放射束上得到了更加广泛的应用，从回旋加速器的质子束、钴-60γ射线，一直到直线加速器的兆伏级X射线。

20世纪六七十年代γ刀装置在瑞典Karolinska研究所临床试用和发展，形成了经典的使用201个钴-60源集束照射γ刀装置，到目前最新型的使用192个钴-60源，内置准直器的Perfexion型号γ刀。与γ刀的出现几乎同时，美国科学家提出使用直线加速器的兆伏级X射线以非共面多弧度等中心旋转方式实现多个小野三维集束照射病灶，实现与γ刀相同的作用，称之为X刀，1974年Larsson首先在理论上探讨了使用直线加速器进行放射外科的可行性。1984年Betti和Derechinsky则进一步报道了基于直线加速器的多弧非共面旋转聚焦照射技术的发展和临床应用情况。此后不久，这一新技术分别由Colombo等人在意大利维琴察，Hartmann等人在德国海德尔堡投入临床使用。1986年美国波士敦的哈佛大学与加拿大蒙特利尔的麦吉尔大学也相继开展了这一技术，这两家机构是北美最早开展以直线加速器为基础的放射外科治疗的单位，哈佛大学采用了多弧非聚焦旋转技术（multiple non-converging arcs technique），而麦吉尔大学则发展了动态立体定向放射外科（dynamic stereotactic radiosurgery）方法。

二、立体定向治疗系统概述

立体定向治疗系统的基本组成包括治疗实施系统、立体定向系统、治疗计划设计系统、影像系统4个部分。其中立体定向系统包括各种立体定位框架和摆位框架，它们的作用是为计划靶区精确定位和照射建立一个与患者治疗部位固定的坐标系统，立体定位摆位框架也用于辅助患者摆位和治疗过程中的体位固定。治疗计划设计系统(TPS)的作用是为患者制定一个优化照射病灶和保护重要器官组织的治疗方案，计算立体定向放射外科的三维剂量分布，并以等剂量曲线的形式在含有解剖结构的诊断图像上显示出来。影像系统包括各种影像设备如CT、磁共振(MR)、数字减影血管造影(DSA)等用于正常组织结构、靶区的显示、勾画与定位，结合靶区立体定位软件和立体定位框架(已在第六章详细叙述)，可以确定靶区在立体定向系统中的参考坐标。这些系统都是X刀和γ刀治疗系统所共有的，它们之间区别仅在于实施方式的不同，X刀治疗实施系统是以直线加速器和高能X射线为基础的立体定向治疗装置，而γ刀治疗为使用钴-60放射源的立体定向治疗装置。

1. 治疗实施系统

(1) γ刀治疗机

γ刀治疗机是过去50年里发展起来的一种放射外科设备。期间虽然历经了无数次重大的技术改进，但是仍然沿用了20世纪60年代Leksell伽玛治疗机原型的基本结构和原理。

瑞典Elekta γ刀的经典治疗机型主要部件包括治疗机、准直器头盔、治疗床和控制系统。

治疗机由球形防护罩和入口屏蔽门组成(图10-11)，球形防护罩内是半球形的中央部机体，中央部机体装备有201个钴-60放射源，每个钴-60源活度为1.11TBq(30Ci)，其产生的201个线束经准直后聚焦到一点，该点称为焦点，放射源到焦点的距离约为40.3 cm，放射源分布在头顶部半球的不同纬度和经度上，在治疗床纵向轴方向呈±48°分布，在横轴方向呈±80°分布，射线相交后在等中心机械精度为±0.3 mm。

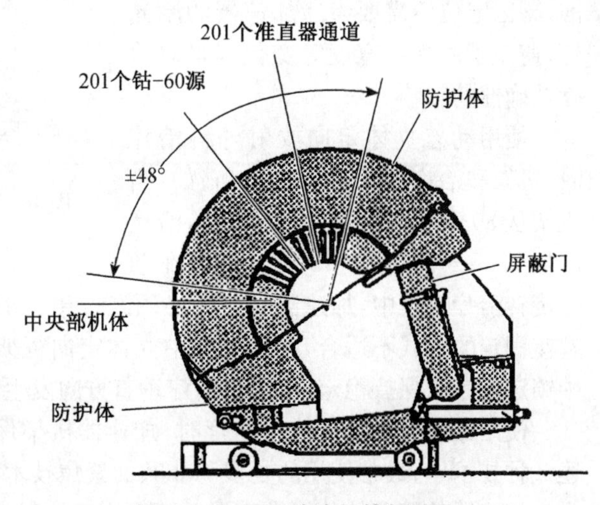

图10-11　γ刀治疗机的剖面图

准直系统包括4种不同规格，可以互换的头盔准直器，头盔准直器厚度为6 cm，内部分布有201个射线的通道，在焦点平面处形成的圆形照射野直径分别为4、8、14、18 mm。微动开关控制准直通道与中央机体地对准，使定位精度达到±0.1 mm，准直器与患者的距离较短使得射束的半影可以减少到1～2 mm，每个准直通道可以用挡块阻断，以保护眼睛晶体等重要组织或者用于优化剂量分布，头盔外部有一对连接轴作为立体定向框架的固定点。

治疗机的屏蔽门有18.5 cm厚，屏蔽门的开关和治疗床的移动由液压系统控制，当出现治疗时断电的情况时，备份液压可以自动收回治疗床并关闭屏蔽门，如果备份压力丢失则需要通过手动完成这些工作。

(2) 基于直线加速器的X刀治疗机

以加速器为基础的放射外科治疗(又名X刀)可以使用现有常规等中心型直线加速器,通过对其部分装置进行改进,使之符合更加严格的机械、电子误差标准。

这些改进措施相对简单,主要包括:辅助的准直器,包括定义放射外科小圆形照射野的一系列不同规格的附加准直器,或可以定义不规则照射野的小多叶准直器(MLC);远距离操控的自动治疗床或旋转治疗椅;在治疗中用以固定立体定位框架的床托架或地面支架;治疗床角度和高度的连锁显示;特殊制动装置,用以治疗过程中固定治疗床的升降、进出和侧向移动。等中心直线加速器放射外科目前主要包括:多弧非共面聚焦技术、动态立体定向放射外科以及锥形旋转聚焦技术。这些技术的划分主要依据加速器机架和患者治疗床从起始角度到终止角度旋转运动方式来决定。

应用多弧非共面聚焦技术时(图10-12),在加速器臂架旋转照射过程中,治疗床保持静止,在这种治疗方式中,固定在患者头部的立体定向框架与固定在治疗床基座上的支架刚性连接,基座配有3个经过校准手动操作的驱动器,可以移动患者头环,使预先确定的靶区位置与直线加速器的等中心对准,靶区定位不需要参考加速器的激光灯,避免了激光线宽度等变化因素对治疗精确性的影响。

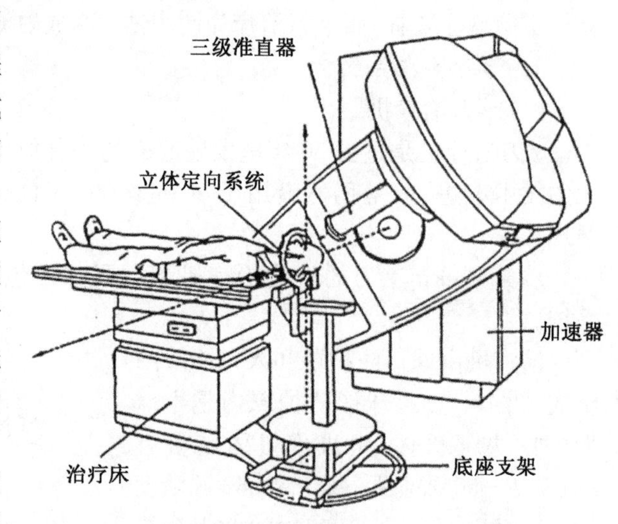

图 10-12 哈佛大学采用的多弧非共面聚焦技术

使用动态立体定向放射外科治疗时,机架和治疗床同时旋转运动(如:当机架从30～330°旋转运动300°时,治疗床从75～－75°旋转150°)。由于在动态旋转治疗过程中,加速器治疗头必须经过患者下方,因此多弧非共面聚焦照射中使用的基座固定的方式不适合,在该方式中立体定向框架直接通过支架与治疗床连接,并在照射中锁定治疗床保持稳定性,避免治疗垂直方向发生意外的移动。

使用锥形旋转聚焦技术治疗时,加速器机架保持静止,患者随治疗椅旋转运动。在上述3种技术中,最常使用的是多弧非共面聚焦技术,其次为动态立体定向放射外科。

加速器的配备的传统准直器并不适用于放射外科,其铅门形成矩形野而不是放射外科所需要的圆形射野,X刀的治疗准直器通过适配器附加于直线加速器的治疗准直器下方形成三级准直器,在等中心可以形成直径为5～40 mm的圆形射野。由于直线加速器射野80%～20%剂量范围的半影约为6～8 mm,采用三级准直器可将半影距离进一步减少到3 mm以下,大大提高了X刀剂量分布的梯度。由于延长源到准直器底端的距离可有效减少射野半影宽度,在不影响机架旋转范围的情况下,三级准直器下端距离等中心越近越好,对头部X刀治疗系统,此距离一般为25～30 cm,对胸腹部治疗的X刀治疗系统,此距离一般为30～35 cm。圆形准直器的另一优点是避免了照射过程中的准直器旋转,当X刀治疗系统的适应证扩大到治疗体积较大的肿瘤时必须开展分次治疗。准直器的形状应当是不规则的,目前有手动和自动两种微型准直器,前者因照射过程中射野形状不能改变,不能做

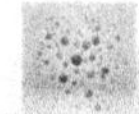

多弧非共面旋转；后者因照射中射野形状能变，可做多弧非共面旋转。

2. 立体定向系统

所有的立体定向系统的功能主要包括如下几个方面：在定位和治疗时固定患者体位；建立扫描影像坐标系与立体定向坐标系统的对应关系；治疗时将立体定向系统与治疗射束对准；如果用于分次立体定向治疗，立体定向系统还需要能够实现重复固定，保证分次治疗间患者靶区坐标的一致性。

有许多种定位框架应用于立体定向放射治疗，其中最主要的几种是 Leksell、Brown-Roberts-Wells(BRW)、Riechert-Mundinger、Gill-Thomas-Cosman(GTC)、Todd-Wells 等。其中大多数框架系统是利用局部麻醉，通过特定的固定针和螺丝与患者头骨固定成为刚性结构，从而在患者治疗部位建立一个保证在定位、计划和治疗整个过程中不变的患者三维坐标系统，定位时借助适配器与 CT、MRI、DSA 等影像设备诊断床连接，定位框架外围的"N"或"V"字形杆状显像材料在扫描图像上留下定位框架的标记点，通过检测标记点的相互位置，计划系统的三维坐标重建软件计算出靶区和重要器官组织的空间位置、范围和大小。治疗时，利用治疗摆位框架将靶区中心置于加速器等中心或者 γ 刀焦点。

Elekta 伽玛刀通常使用的是 Leksell 型定位框架(图 10-13 a)，其设计包括一个弧形系统，其头环与患者头部以针尖相连，以使弧形结构中心定位于选择的靶区，其半径为 190 mm，立体定向空间采用笛卡尔坐标系统，中心坐标 $x=100$，$y=100$，$z=100$，单位为 mm，其中 z 轴沿患者头脚方向，x 轴沿左右方向，y 轴沿腹背方向。由于这种坐标系统只使用坐标系的正象限避免使用负坐标，降低了靶区坐标定位错误的可能性。

以直线加速器为基础的 X 刀系统多数使用 BRW 型定位框架(图 10-13b)，这种 CT 定位框架头环通过螺丝与患者头骨相连形成刚性结构，框架上装有 9 个基准杆，包括 6 个垂直杆和 3 个对角杆，形成 3 个"N"形结构，其为特殊材料制成可在 CT 断层图像上显示为若干个定位点，通过计算对角杆和垂直杆的相对距离，可以确定图像中的任意点相对于定位框架的坐标。治疗时用对接装置把患者定位框架固定在直线加速器床上，依靠这种系统，框架的坐标原点和直线加速器的等中心点重合的误差在 0.2～1.0 mm 之间，血管造影式定位框架包括 4 个金属板，并附着于 BRW 头环。每个金属板镶嵌有 4 个铅粒，作为血管造影图像的基准标志。磁共振成像定位架是 CT 定位架的修改版，使其与 MRI 相兼容，借助于 BRW 框架，使得 MRI 图像中的任何一点都可以精确定位。

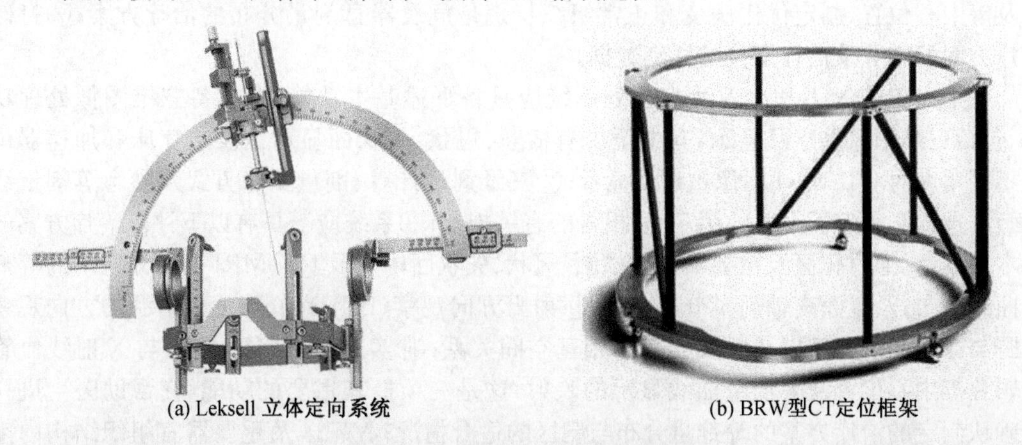

(a) Leksell 立体定向系统　　(b) BRW型CT定位框架

图 10-13　两种立体定向框架系统

这两种框架系统都属于侵入式框架系统可以达到很高的固定精度，尽管这些框架亦可用于分次立体定向放射治疗，但实际操作非常困难，通常应当使用无创型头环，一种特殊设计的Gill-Thomas-Cosman框架系统可用于进行分次SRT，图10-14包括一个为患者定制的牙咬块、头枕托架、尼龙搭扣带。牙咬块与头枕托架相连构成一个环形系统夹紧患者的头部，其相比于Fischer热塑面罩型和Laitinen型三点(鼻梁和左右外耳孔)型无创框架系统舒适性更好。

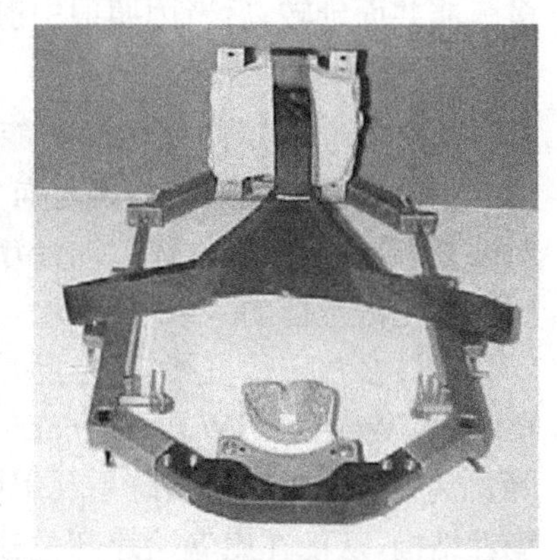

图10-14　Radionics非侵入式Gill-Thomas-Cosman框架系统

当X刀和γ刀技术应用到胸、腹部的病变治疗时，因为解剖部位的特殊性，不可能使用这种有环系统，必须建立无框架系统。如可用患者体内治疗部位附近骨结构的3个或3个以上的特殊点代替；或者在靶区周围通过手术植入至少3个或3个以上的金标；或在患者治疗部位的皮肤上设置3个或3个以上的标记点。不论体内解剖标记、体外标记，还是体内置金标都能够起到坐标系参照物代替框架系统的作用，从定位到分次治疗过程中，通过标记点能够维持患者治疗部位坐标系的一致性，这就要求设置上述标记点后，它们与病变间的相对位置，形成类似的头环与患者颅内靶区刚性结构。在每次治疗摆位时，通过标记点就可以推算当时治疗体位下靶区中心的位置。影响标记点与病变(靶区)间刚性结构的因素有3个：①呼吸和器官运动对标记点与靶区间相互关系的影响；②患者治疗部位的皮肤的弹性移位对标记点实际位置的影响；③定位和摆位时，标记点确认方法。

无框架立体定位系统提供的靶区定位准确性接近于侵入式的立体定位框架，使用这种定位技术实施放射外科时，需要借助大量的现代化数字影像(CT、MRI、X射线影像)和光学、电磁在线监控系统实现精准治疗，随着科技的迅速发展，在不远的将来，无框架立体定位系统有可能取代现有的框架立体定位方法。

3. *治疗计划设计系统*

三维治疗计划系统是立体定向治疗系统中不可缺少的重要组成部分。其主要任务是：①根据输入的带有定位标记点的CT、MRI、DSA图像，重建出包括体表轮廓在内的有病变和重要器官组织结构的治疗部位的三维立体图像；②规划射野入射方向、大小及剂量权重以及等中心位置，制定优化病变和正常组织特别是危及器官剂量分布的治疗方案；③打印治疗方案的细节及治疗摆位的详细数据。

一个完善的X刀和γ刀治疗计划系统应具备下述基本功能：①具备三维图像处理功能，包括三维图像重建及显示，其中至少有横断、冠状、矢状面显示以及治疗床和加速器位于不同角度时CT/MRI图像重建及显示；②三维剂量计算、剂量归一方式及参考等剂量线(面)的选取必须遵循ICRU第50号报告的有关规定；③系统应当具有以下评价治疗方案的基本工具：ⅰ通过靶区及重要器官的横断、冠状、矢状面内以及CT/MRI图像为背景的等剂量曲线分布，及截面离轴剂量分布；ⅱ提供射野方向观察(BEV)功能，从放射源的方向观察射野与靶区的适形度以及危及器官的相互空间关系；ⅲ实现CT/MRI图像与X射线血管造影片等中心位置及等剂量曲线显示的映射，这是一项极其重要的功能，它帮助医生进一步确认制定的治疗方案的等剂量分布与靶区的适合情况；ⅳ靶区及重要器官组织结构内剂

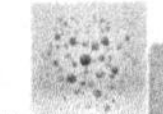

量体积直方图(DVH)显示,DVH以定量方式告诉医生靶区或重要器官内剂量大小与受照射体积的关系,一个好的治疗计划应当使靶区内接受参考剂量线水平的剂量体积不小于靶区总体积的90%;ⓥ靶体积与等剂量面的三维显示,定性的显示等剂量面与靶区表面的三维适形度。

三、立体定向治疗剂量学

在立体定向治疗剂量学中有3个非常重要的参数,包括中心轴深度剂量分布(百分深度剂量或组织最大比)、离轴比和输出因子。由于两个因素的存在使得这些物理量的测量变得非常复杂:与射野面积有关的探测器的大小和带电粒子不平衡。基于上述因素,探测器必须选择尽可能与射野面积一样大小。

对于中心轴深度剂量的测量,一个重要的原则是探测器的灵敏体积应当受到均匀的剂量射线照射(如:在±0.5%以内)。因为在一个小圆形射野内,剂量均匀的中心轴区域直径不超过几毫米,这对探测器的直径提出了一个很高的要求。对于离轴比的测量,由于射野边缘的剂量分布非常陡峭,探测器的大小同样重要。在这种情况下,剂量探测器必须有较高的空间分辨率,从而可以精确的测量射野半影,这对于立体定向治疗是至关重要的。

以下几种不同类型的探测系统已用于立体定向治疗的剂量测定中:电离室、胶片、热释光剂量仪和半导体剂量仪。这些系统都有各自的优缺点,例如,电离室的测量精确性最高且不依赖射线能量,但其物理尺寸会限制测量;胶片空间分辨率最高,但其有能量依赖性和测量不确定性(±3%);热释光剂量仪能量依赖性较小且体积小,但是与胶片有相似的测量不确定性;半导体剂量仪体积较小,但具有能量依赖性和方向依赖性。因此,立体定向治疗的剂量探测系统的选择取决于需测量的剂量大小和测量条件。

1. 离轴比

Dawson等人已对探测器的大小对于射线束分布精确性的影响进行了研究。结果表明,直径为3.5 mm的探测器对于直径在12.5~30.0 mm圆形射野的射线离轴分布的测量,可以精确到1 mm。由于离轴比分布是相对剂量测量(以中心剂量作为归一化剂量),而且对于小射野,光子能谱变化不大,半导体剂量仪和胶片可以作为探测器的选择。

不同深度的射线束分布可以用胶片来测量,将胶片夹在密度均匀模体板间并与中心轴平行。由于在胶片剂量的测定中,空间分辨率主要由光密度计的分辨率决定,建议分辨率大小为1 mm或者更小。

2. 中心轴深度剂量分布

小射野百分深度剂量测量要求探测器的尺寸必须足够小,以便与射线剂量分布均匀的射野区域相适应。对于直径为12.5 mm或更大的射野,百分深度剂量可以用直径不超过3.0 mm的平行板电离室进行准确的测量,更小的射野需要直径更小的电离室。

胶片或半导体剂量仪也可用于中心轴的百分深度剂量分布测量,尤其是面积非常小的射野。由于低能散射光子的比例随深度增加,必须考虑到胶片或半导体剂量仪对能量的依赖性。深度依赖校正因子可通过比较使用更大射野(如:直径30~50 mm)时的胶片、半导体剂量仪和电离室的电离曲线来决定。TMR可以直接测量,但也可以通过百分深度剂量计算得出。

3. 输出因子

如离轴分布和深度剂量的测量一样，小射野的输出因子也需要选择和射野大小相适应的探测器尺寸。研究表明，对于直径为 12.5 mm 或更大的射野，直径为 3.5 mm 的圆柱形或平行板电离室可以使输出因子的测量精确到 0.5%之内。

对于极小射野(直径 10 mm 或更小)，胶片、热释光剂量计和半导体剂量仪是更适于剂量分布、深度剂量和输出因子测量的探测器。由于其体积小，这些系统可以提供较高的空间分辨率，这一点在类似的测量中是至关重要的。然而在测量前应当使用电离室对它们进行剂量校准，通常使用对于电离室需要使用足够大的射野(如：直径 3～5 cm)来测量。

四、验收测试

虽然治疗实施的方式不同，但是放射外科设备验收测试所涉及的基本原则十分相似。在放射外科技术临床应用之前，需要考虑的问题包括：治疗过程的每一个环节从靶区定位、计划设计到治疗实施，都必须要经过实际验证，保证用于放射外科的各种软件和硬件设备的可靠性和准确性；放射外科设备的机械精度必须在可接受的误差范围内，保证治疗准确可靠的实施；采集射束的剂量学数据，保证患者治疗安全和治疗计划剂量计算的准确性。验收测试的基本要求包括定位准确性、机械精度、准确优化的剂量分布、患者治疗安全 4 个方面。

1. 定位准确性

立体定向放射治疗的一个最重要的方面是将患者框架坐标系统与加速器坐标系统对准，对准程序使治疗靶区定位于加速器的等中心，这一过程通常依赖于安装在治疗床基座和直接安装在治疗床上的刚性支架，或者基于标记点定位时的图像配准来完成。

立体定向框架系统的性能应当符合生产商的规定，在立体定向放射外科系统准备就绪，准备对患者治疗前，应当测试整个系统流程包括从定位到摆位过程的几何准确性，可以使用内含金属点的模体来进行测试，采用与患者实际定位和治疗相同的条件，照射模体后，分析胶片上金属球与射野中心的距离，即射野中心和靶区中心的距离可以确定治疗的几何准确性，这些距离偏差数据可进一步用于确定治疗时靶区外放边界保证靶区的剂量覆盖。

2. 机械精度

在实施治疗程序前，应当确定治疗床、机架和准直器旋转过程中等中心的稳定性，对于所有临床使用的机架角、准直器角、治疗床角范围，这些旋转轴应当相交在一个直径 1 mm 的球体内。

安装在治疗室墙壁上的激光灯提供了一个重要的坐标参考系统，通常需要配备 3 个激光灯包括 1 个屋顶激光灯，两个侧位激光灯，激光线应当准确的经过等中心并且尽量平行，激光灯的安装架应当允许精细调节激光灯的位置，激光线与的等中心的重合性应当小于 1 mm，并定期检查是否漂移。

患者适配器将定位框架与治疗床对接，其刚性程度应当尽可能的高并且尽量减少患者对系统的扭矩。对于基座连接框架系统，其坐标与等中心的准确性应当小于 1 mm；对于治疗床连接框架系统，患者与加速器等中心地对准，依靠治疗床电机完成，应当使用游标卡尺微调系统保证准确性好于 1 mm。

3. 剂量分布准确性

AAPM TG－21 号报告提出靶区吸收剂量的不确定性应当小于 5%。此外模拟金属靶点照射剂量分布的偏移应当小于 1 mm，经过三级准直器系统准直的射野剂量分布半高宽变化应当不超过 2 mm。射野中心轴上百分深度剂量分布 PDD 或 TMR、射野离轴比、射野散射因子是立体定向治疗计划系统进行剂量计算必需的数据，这些数据的准确测量是确保治疗剂量准确的基本前提，治疗准直器的剂量分布特性用其半影宽度表示，等中心处半影区的剂量梯度(80%～20%)应当小于 3 mm。

4. 患者治疗安全

在患者治疗安全方面，对于 X 刀应当通过软件和硬件方法限制机架和治疗床可能发生碰撞的区域，避免对患者造成伤害。如果次级准直器开放边界超出了三级准直器，可能会造成头部正常组织的过度照射，此时应有连锁提示。

此外，一些针对 γ 刀的验收测试项目包括：治疗区域辐射巡检、辐射泄漏测试、辐射擦拭测试、计时器的稳定性和线性测试、计时器准确性测试、计时器开关错误、门连锁、急停开关、出束灯、音频视频监控、治疗床移动准确性、微动开关、液压系统、射野剂量分布曲线、本底辐射、散射因子等。

五、立体定向治疗设备的质量保证

立体定向放射外科是一项十分复杂的治疗技术，不仅需要参与人员密切合作，还需要准确的靶区定位和计划设计以及遵循严格的质量保证规范。立体定向放射外科的质量保证程序主要包括每次治疗前的质量保证：用于放射外科治疗前相关设备的校准与准备以及患者治疗程序和治疗参数的验证；常规质量保证：用于维护放射外科靶区定位、三维治疗计划设计、剂量实施各种设备的正常性能。

1. 治疗前质量保证

由于立体定向治疗的复杂性，质量保证程序应当建立详细的治疗流程检查表，确保每一环节的精确性，最大限度减少治疗错误的发生，主要检查内容包括如下几项。

(1) 靶点位置验证

小野集束照射形成的高剂量大梯度变化突出了对靶点精度的要求，使其成为立体定向治疗的第一要素。立体定向治疗的总精确度是定位精确度和摆位精确度的累积效果。精确度包括准确度和精度两个方面，准确度是测量值与真实值的误差，而精度是对测量仪器或方法的重复性量度，属于随机误差。设 n 个靶点坐标真值 (u_i, v_i, w_i)，实际测量值为 (x_i, y_i, z_i)，则可根据下面的公式计算精度和准确度：

x 方向误差：
$$\Delta x_i = x_i - u_i \tag{10-9}$$

x 方向准确度：
$$\Delta x = \frac{1}{n}\sum_{i=1}^{n}\Delta x_i \tag{10-10}$$

x 方向精度：
$$S_x = \sqrt{\frac{1}{n-1}\sum_{i=1}^{n}(\Delta x_i - \Delta x)^2} \tag{10-11}$$

距离误差：
$$\Delta r_i = \sqrt{\Delta x_1^2 + \Delta x_1^2 + \Delta x_1^2} \tag{10-12}$$

距离准确度：
$$\Delta r=\frac{1}{n}\sum_{i=1}^{n}\Delta r_i \tag{10-13}$$

距离精度：
$$S_r=\sqrt{\frac{1}{n-1}\sum_{i=1}^{n}(\Delta r_i-\Delta r)^2} \tag{10-14}$$

y，z 方向误差、准确度、精度与 x 方向对应参数的计算公式相同。

影响 CT 扫描靶点定位精确度的因素有像素点大小、扫描层厚、扫描层面与头环平行程度、计划系统坐标重建算法等。像素大小主要影响 x、y 坐标精确度，扫描范围应选择刚好包括所有标记点为宜。扫描层厚主要影响 z 坐标的精确度，靶点 z 坐标最大误差约为层厚的 1/2，建议使用不等间距扫描，靶区范围内使用最小层厚，靶区外使用较大层厚，靶区外定位精度只影响剂量计算，对固定野 PDD 计算影响大约为 0.5%/mm，多弧集束照射时影响更小。扫描层面尽量保持与头环平行。计划系统应当有标记点自动探测和 CT 倾斜扫描校正功能，同时还应注意靶区定义的不确定性。

摆位精度的主要影响因素有摆位框架和激光灯代表的加速器的等中心精度。加速器等中心的定期检查和激光灯的定期调整是质量保证的一项重要内容，患者摆位的影响因素还包括体重可能引起的头环下沉和患者无意识运动以及分次治疗间面罩固定的重复性。

治疗前靶点位置的验证可以通过拍摄射野方向观（beam's eye view，BEV）的 X 射线影像与治疗计划重建数字重建影像（digitally reconstructed radiograph，DRR）比较来实现，当位置差异小于 1 mm，可以实施治疗。

（2）激光线检查

治疗床框架连接系统的准确性依赖于治疗室内的固定激光灯，应当首先检查激光灯与等中心的重合满足限值的要求，可以使用经过校准的机械前指针来对准激光灯，将一个放射不透明的标记点置于激光线的交叉点，在不同的机架和治疗床角度下拍摄一组胶片确定不透明标记点与等中心的一致性和射野同心度。

（3）靶点定位准确性验证

在 CT 定位过程中将一个已知坐标的靶点放置在颅外，使其与内靶区位置相对接近。外部靶点与定位框架连接，CT 扫描后将框架连同外靶点固定到 BRW 模体基座（phantom base）上，用模体基座测量外靶点的坐标作为已知坐标，使用计算患者治疗靶区坐标的计划系统软件和扫描的 CT 断层图像来计算外靶点坐标，当外靶点计算坐标与 BRW 模体基座测量值一致性满足要求时，表明软件系统坐标计算的准确性，可以用于计算患者靶区的坐标。患者治疗靶区坐标计算应当至少由两人或者使用两种软件程序分别计算，CT 扫描时应当采用尽可能薄的层厚扫描靶区图像以减小定位误差。

（4）头环移动测试

BRW 弧形系统或者其改进型号可以用来测试 BRW 头环在其初次放置和治疗间是否发生移动。头环与患者固定后，将 BRW 系统与其连接，使用弧形系统的指针在患者头皮上标记 3～4 个点，记录相应的坐标。治疗前将弧形系统再次与头环相连，使患者头部保持相同的位置，如果几个标记点坐标值仍然相同可以确定头环未发生移动。

（5）治疗摆位参数验证

对于 BRW 定位框架系统，Lutz 等提出可以使用靶区模拟器（图 10-15）测试验证治疗设备的靶区坐标设置正确。测试通过将一个小金属球放置在靶区坐标位置模拟患者的病

灶并且在几种代表性的机架和治疗床位置拍摄 X 射线影像来验证。当准直器和 BRW 地板支架固定好后，一人负责将地板支架与正确的坐标系对齐，另一人将模拟基座设置为相同的坐标系。BRW 基座可以精确定义 BRW 空间的靶区位置，接着将靶区模拟器与基座连接，用放大镜将模拟器臂上的金属球与模体基座指针尖端相接，在将靶区模拟器从基座上移出连接到 BRW 地板支架上，如果没有错误发生，此时模拟器球靶点的位置应当位于加速器等中心处。在机架和治疗床运动范围内拍摄若干张胶片图像，如果金属球与等中心的位置偏差在限值范围内，表明治疗设备参数设置正确可以用于病灶的治疗。该测试可以检查坐标设置和附加准直器或 BRW 地板支架设置是否错误。

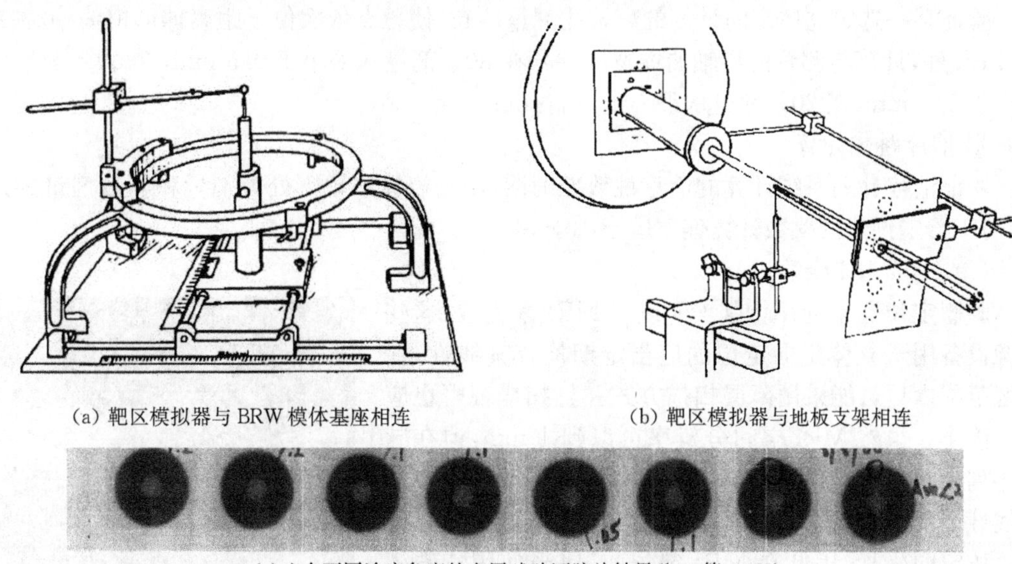

(a) 靶区模拟器与 BRW 模体基座相连　　(b) 靶区模拟器与地板支架相连

(c)八个不同治疗角度的金属球验证胶片结果(lutz 等，1988)

图 10-15　治疗摆位参数验证

2. X 刀常规质量保证项目

X 刀治疗的突出特点是靶区定位和摆位的准确以及剂量在靶区内的高度集中。整个治疗过程中靶点位置的总精确度是定位精确度和摆位精确度的叠加效果。在精良的机械条件下，加速器型的立体定向系统执行精度可以达到±0.5 mm，由于利用加速器实施放射外科的技术十分复杂，发生较大误差(如：遗漏部分靶区)的概率远大于伽玛刀治疗机，其质量保证程序比伽玛刀更加严格和繁琐，因此质量保证和质量控制成为 X 刀立体定向治疗的首要问题。质量保证的主要检查项目应包括：①治疗计划系统剂量计算的准确性；②CT/MRI 线性；③立体定向定位框架；④直线加速器设备剂量、机械、安全测试。

(1) 治疗计划系统

这项测试的目的是确定计划系统计算的剂量分布、几何定位参数与测量数值的一致性。诊断影像传输到治疗计划系统包括坐标转换和立体定向坐标系中已知靶点位置的确定，应当在 3 个正交平面内确定已知靶点位置和测量位置的偏差，计算等剂量曲线和测量等剂量曲线。测试项目包括以下几项。

① 单野模型测试

验证单个静态射束的剂量深度计算，比较在水模体中心轴处测量和计算的 80%、70%

和 50%等剂量线深度的差异，计算深度不确定度应当小于 0.5 mm。

验证单个静态射束的离轴比计算，比较在水模体中等中心处测量和计算的 50%、10%和 5%等剂量线宽度的差异，计算宽度不确定度应当小于 0.3 mm。

② 旋转射束角度插值测试

验证连续旋转射束的计算，模拟机架旋转的角度增量必须使模体中计算等剂量线与测量等剂量线相一致。对于旋转射束，大于 50%的等剂量线，偏差小于 0.3 mm；50%～20%的等剂量线，偏差小于 5 mm。

③ 计划离轴比曲线测试

验证某一选定立体定向计划的离轴比剂量分布，使靶点依次位于距离球形模体中心 0、2、6 cm 处，计算与测量的离轴曲线宽度差异在 80%剂量水平小于 0.5 mm，在 50%剂量水平小于 1.0 mm，在 20%剂量水平小于 10.0 mm。

④ 治疗跳数计算

验证治疗计划系统计算的治疗跳数准确性，比较模体中靶点处方剂量和测量剂量的差异，对于给定剂量的跳数计算偏差应当小于 3%。

(2) CT/MRI 线性

肿瘤定位通常使用增强 CT 或者 MRI 来完成，这些影像设备用于立体定向定位的应当定期检查其线性，在靶区范围内尽可能采用薄层扫描方式并且扫描视野也应尽可能小。虽然 MRI 空间分辨率可以到 1 mm，但在脉冲序列中涡流(eddy currents)导致的磁场非均匀分布和非线性会使图像发生畸变引起病灶和重要器官偏离正确的立体定向坐标，因此在 MRI 定位前，应当使用特殊模体(图 10-16)测量和校正这种位置的偏移。

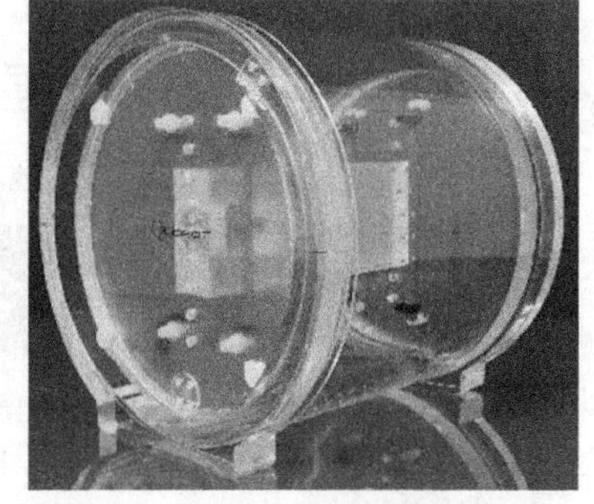

图 10-16　用于 MR 几何畸变分析的 Quasar MRID 3D 模体

(3) 立体定向定位框架

定位框架必须检查它的 x、y 方向两侧定位板的平行度和间距偏差，以及 z 轴标记线的精度。摆位框架的三维坐标是可读的，其精度由标尺的刻度误差和可读精度决定，在系统安装验收时确定，坐标原点必须定期校验，使其与定位框架一致。立体定向定位和摆位框架与头环建立共同的参考坐标系，计划系统的三维坐标重建软件根据定位框架的标记点计算靶区及重要器官的位置，给出摆位坐标。

(4) 直线加速器设备剂量、机械、安全测试

对于加速器设备的质量保证，X 刀治疗对一些测试项目的要求比三维适形调强放射治疗更为严格，表 10-6 列出了这些相关项目。关于加速器设备的其他测试项目应当参考 IMRT 的限值标准，一些测试方法总结如下。

表 10-6　X 刀立体定向治疗的常规质量保证项目

项　目	限　值	频率
CT 传输	正常工作	每季度
CT(MRI)线性	<1 mm	每周

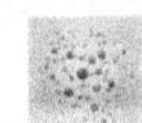

续表

项　目	限　值	频率
立体定向定位框架	参照厂家规定	每季度
治疗计划系统		
静态单野剂量深度计算	80%、70%和50%等剂量线深度差异＜0.5 mm	
静态单野离轴比计算	50%、10%和5%等剂量线宽度差异＜0.3 mm	
旋转射束剂量计算	大于50%等剂量线＜0.3 mm；50%～20%等剂量线＜5 mm	每月
计划离轴比曲线	80%等剂量线＜0.5 mm；50%剂量线小于1.0 mm；20%剂量线＜10.0 mm	
治疗跳数计算	＜3%	
加速器设备机械、剂量、安全		
激光线定位指示	±1 mm	每日
光学距离指示	±2 mm	每日
射野大小指示	±1 mm	每日
立体定向连锁	正常工作	每日
剂量输出稳定性	±2%	每月
治疗床位置指示	±1 mm/±0.5°	每月
激光线定位指示	＜±1 mm	每月
SRS弧形旋转模式（范围：0.5～10 MU/deg）	剂量输出：1 MU或者2%（取较大值）机架角准确性：1°或2%（取较大值）	每年
剂量输出线性	±2%	每年
剂量输出稳定性	±2%	每年
辐射等中心和机械等中心的一致性	1 mm	每年
准直器、机架和治疗床旋转轴与等中心的重合性	1 mm	每年
立体定向附件锁定	正常工作	每年

① 激光线定位指示

治疗室内的激光灯是将治疗摆位坐标置于加速器等中心的关键。两侧墙壁及屋顶激光灯不仅要求严格相交于加速器等中心，而且要求保证在治疗范围内两侧激光灯十字线严格平行且重合以及与屋顶激光灯垂直。

对于屋顶激光线定位指示验证，使机架角设置为0°，将一张坐标纸放置于治疗床上，将SSD调整至100 cm；读取顶部激光灯偏离光野十字线竖线的距离，并目测两者是否平行；将SSD调整至80 cm，读取激光灯偏离距离；对于两侧激光线定位指示验证，将机架角转至90°或270°把水平仪竖直放置在准直器下方的基准面上，微调机架角保证准直器轴线水平；手持一张坐标纸，垂直准直器轴线平移至等中心位置，读取激光灯十字线在横、竖方向偏离光野十字线的距离，并目测横、竖方向两十字线的平行度。平移坐标纸至SSD=120 cm处，读取十字线偏离距离。

② 光学距离指示器指示偏差

在源皮距为100 cm处，插入机械前指针，调整机械前指针的距离为100 cm，读取光学距离指示器的读数，用机械前指针再将SSD分别调整到80和120 cm，读取光距尺的读数，比较光矩尺读数和机械前指针指示的差异。

③ 射野大小指示

机架角度设置为 0°，床面升至等中心高度，将坐标纸固定于治疗床表面；分别检查灯光对称野与非对称野实际尺寸，比较实际灯光野尺寸指示值和坐标纸上灯光野尺寸数值。

④ 剂量输出稳定性

机架角度设置为 0°，准直器角度设置为 0°，设定测量参考条件，通常在水中测量，SSD=100 cm，射野大小 10 cm×10 cm，对 X 射线测量深度取 5 cm，出束 100 MU，用指型电离室测量输出剂量；重复出束 3 次，计算输出剂量平均值；如果偏差超过限值，需要调整 cGy/MU 刻度，使 MU 与最大点吸收剂量的关系为 1 cGy=1 MU，剂量输出稳定性检测应当包括使用 X 射线能量的所有剂量率档。

⑤ 剂量输出线性

在标称吸收剂量范围内，以相等的间隔选取几个（例如 $i=1\sim5$）不同机器监测跳数 MU_i，如果吸收剂量率是连续可调的，则从 20%到最大吸收剂量率的范围内取几档不同的剂量率值（例如 $j=1\sim5$），在某一档吸收剂量率下进行 5 次照射并测量剂量值。

令 D_{ijk} 为第 i 个吸收剂量预置机器跳数和第 j 档吸收剂量率下第 k 次（$k=1\sim5$）照射的吸收剂量测试值。

计算在第 i 个吸收剂量预置机器跳数 MU_i 和第 j 档吸收剂量率下进行 5 次吸收剂量测量结果的平均值 $\overline{D}_{ij}$，如下式：

$$\overline{D}_{ij}=\frac{1}{n}\sum_{k=1}^{5}D_{ijk} \tag{10-15}$$

计算在第 i 个吸收剂量预置机器跳数 MU_i 下，不同档吸收剂量率的平均值 $\overline{D}_i$。则有：

$$\overline{D}_i=\frac{1}{5}\sum_{j=1}^{5}\overline{D}_{ij} \tag{10-16}$$

将机器跳数 MU_i 和对应的测量平均剂量 $\overline{D}_i$ 用最小二乘法拟合为一条直线，求出每个机器跳数对应吸收剂量的计算值：

$$D_{ci}=a\times MU_i+b \tag{10-17}$$

式中 D_{ci} 最小二乘拟合法求出的吸收剂量计算值，a 为拟合直线斜率，b 拟合直线在纵坐标轴的截距；MU_i 为第 i 个吸收剂量预置机器跳数。用下式计算测量平均值 $\overline{D}_i$ 与最小二乘拟合法计算值 D_{ci} 的最大偏差 Δ。

$$\Delta=\max\left(\frac{\overline{D}_i-D_{ci}}{D_{ci}}\right)\times100\% \tag{10-18}$$

⑥ 治疗床位置指示

对于治疗床横向位置指示验证，将机架角度设置为 0°，准直器角度设置为 0°，治疗床角度设置为 0°；将坐标纸平置于治疗床面且与十字线对齐。横向移动治疗床，记录床读数，并与十字线对准的坐标纸数据进行比较。

对于治疗床纵向位置指示验证，将机架角度设置为 0°，准直器角度设置为 0°，治疗床角

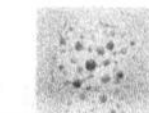

度设置为0°；钢卷尺沿治疗床纵向紧贴床面放置，且与十字线及激光线平行对齐；纵向移动治疗床，记录床读数，并与十字线对准的钢卷尺读数进行比较。

对于治疗床垂直位置指示验证，将机架角度设置为0°，准直器角度设置为0°，治疗床角度设置为0°；首先在机头上安装机械前指针，前指针距离为100 cm，使床面与前指针尖刚好接触，将钢卷尺悬挂在治疗机头上，记录此时钢尺读数作为参考值；垂直移动治疗床，记录钢尺读数，该读数与参考值相减得到实际床垂直位置，与系统指示值比较。

对于治疗床旋转角度指示验证，将机架角度设置为0°，准直器角度设置为0°，治疗床角度设置为0°；在最大光野下，旋转治疗床使床端边缘与灯光野十字线平行，记录治疗床的角度读数；在床面放置坐标纸并与十字线重合；将治疗床在90～270°范围内旋转，每隔45°记录治疗床角度读数并与坐标纸读数比较。

⑦ 弧形治疗

弧形旋转治疗的验证通过设置一定的直线加速器剂量监测跳数和治疗弧度，开始照射，当照射停止后，剂量输出与设定值相差1 MU或者2%(取较大值)，和机架角度与设定值相差1°或2%(取较大值)，测试应当包括常用的能量和治疗形式，以及几何弧度范围。

⑧ 辐射等中心和机械等中心的一致性

分别验证机架、准直器、治疗床旋转轴与辐射等中心相交的情况。

首先将机架角度设置为0°，准直器角度设置为0°，将慢感光胶片或铬胶片粘贴于一固体模体上，使之位于机架旋转中心轴轨迹平面内，胶片中心尽量接近机架旋转轴；用细针在胶片上机架旋转轴位置扎孔，后用另一固体模体将胶片夹持稳定；准直器射野调至最小，在辐射线不会发生重叠的机架角度下曝光；测量辐射线中心轴交点与针扎点的位置偏差，偏差应当小于1 mm。

将机架角度设置为0°，准直器角度设置为0°，在SSD=100 cm处将事先准备好的胶片平放在治疗床上，用细针在胶片上准直器旋转轴位置扎孔。打开准直器上铅门，同时关闭下铅门使其为一条窄缝。在胶片上面放上建成模板，将准直器转动不同的角度以覆盖准直器的整个旋转范围，曝光6～7次，不要选取相差180°的准直器角度以避免辐射线重叠，这样胶片上就得到多条星形辐射线。更换一张新胶片，将下铅门打开，上铅门关闭成一条窄缝，再重复上述过程，测量辐射线中心轴交点与针扎点的位置偏差，偏差应小于1 mm。

调整治疗床高度，使其表面位于SSD=100 cm处，将一张胶片平放在治疗床面上，用细针在胶片上治疗床旋转轴位置扎孔。打开准直器上铅门，将下铅门关闭成一条窄缝。在胶片上放上1张建成模板。使治疗床转动一系列不同角度以覆盖整个治疗床转动范围，在同一张胶片上曝光6～7次，为了避免辐射线的重叠，不要选取相差180°的治疗床角度。测量辐射线中心轴交点与针扎点的位置偏差，偏差应小于1 mm。

⑨ 准直器、机架和治疗床旋转轴与等中心的重合性

直线加速器的等中心为机架旋转轴、准直器转轴和治疗床转轴的交点，该点的精度代表了直线加速器的机械性能。

将机架角度设置为0°，准直器角度设置为0°，将等中心校验仪置放于治疗床上；用水平仪调整其水平度；平移治疗床使等中心校验仪的指针位于灯光野十字线中心上；旋转机架至90°，升床使等中心校验仪的指针位于光野十字线中心上，按以下步骤操作并记录参数：机架置于0°，准直器旋转至90°或270°时，目测灯光野十字线中心与等中心校验仪的指针尖

的位置偏差;准直器设置为 0°,机架旋转至 90°或 270°时,目测灯光野中心与等中心校验仪的指针尖的位置偏差;准直器、机架均设置为 0°,治疗床旋转至 90°或 270°时,目测灯光野十字线中心与等中心校验仪的指针尖的位置偏差。准直器旋转轴,机架旋转轴和治疗床旋转轴应相交在一个球体空间内,该球的半径不能大于 0.5 mm。

3. *γ刀常规质量保证程序*

γ刀治疗的单次剂量大,靶区外剂量跌落快以保护靶区周围的重要正常组织,从而实现提高肿瘤局部控制率和降低并发症概率的目的,为了保证γ刀治疗的精确性,需要对整个治疗流程的每一环节执行严格的质量保证和质量控制程序,按检查频率γ刀的质量保证程序可分为日检、月检、半年检和年检项目(表 10-7)。

表 10-7　γ刀常规质量保证项目

项　目		限值	频　率
手动控制装置		正常工作	每日
计时器		正常工作	每日
门连锁		正常工作	每日
紧急停止开关		正常工作	每日
音频视频监控系统		正常工作	每日
辐射检测仪		正常工作	每日
液压系统		正常工作	每日
控制台指示灯		正常工作	每日
计时器稳定性		±2%	每月
计时器线性		±2%	每月
开关错误		<0.03 min	每月
治疗床移出时间		<0.5 min	每月
焦点处辐射中心和机械中心偏差		0.5 mm	每月
治疗计划系统剂量计算误差		±3%	每月
治疗计划系统位置重建误差		1.5 mm	每半年
最小准直器射野和最大准直器射野焦点吸收剂量率之比		0.7	每半年
射野尺寸	≤6 mm	1 mm	每半年
	>6 mm 且<10 mm	1.5 mm	每半年
	≥10 mm 且<20 mm	2 mm	每半年
	≥20 mm 且<30 mm	2.5 mm	每半年
射野剂量梯度	≤10 mm	6 mm	每半年
	>10 mm 且≤20 mm	8 mm	每半年
	>20 mm 且≤30 mm	10 mm	每半年
剂量输出		±2%	每年
输出因子		±2%	每年

在每天患者准备治疗前,必须检查手动控制装置、门连锁、计时器、声频视频监控系统、紧急停止开关、控制台指示灯、辐射检测仪和液压系统是否正常工作以确保治疗安全。

(1) 计时器稳定性

将 PTW 0.015 ml 电离室插入模体中心,将直径16 cm的球形固体水模体(图 10-17)中心定位于射束中心，使用最大射野准直器并且所有射束通道开放，以相同时间多次测量剂量，记录剂量仪读数并计算平均值，读数偏离平均值的最大偏差定义为计时器稳定性。

(2) 计时器线性

将 PTW 0.015 cm^3 电离室插入模体中心，将直径16 cm的球形固体水模体中心定位于射束中心，使用最大射野准直器并且所有射束通道开放，在常规治疗使用的时间范围内以相同时间间隔 5、10、15、20、25、30、35、40 s，多次测量剂量，记录剂量仪读数，将剂量测量值和时间用最小二乘法拟合为直线，剂量读数偏离拟合直线的最大偏差定义为计时器线性。

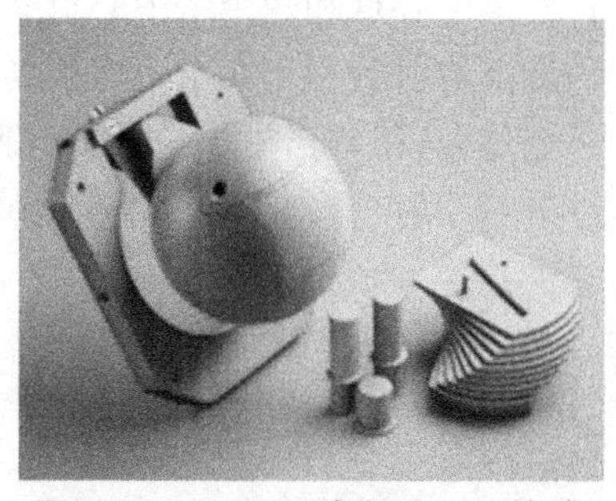

图 10-17　Elekta 直径 16 cm 的球形固体水模体

(3) 开关错误

开关错误可以使用与远距离钴-60 治疗机相同的方式确定，将电离室放入射野中照射给定时间，然后重复照射相同时间，但是中断固定的次数，如果没有端效应，两次照射收集的电荷数应相同，如果中断照射收集电荷数较少，则实际辐射量少于出束时间指示的辐射。开关错误可用下式表示：

$$\alpha=\frac{nR_2-R_1}{n(R_1-R_2)} \tag{10-19}$$

式中 α 是端效应，R_2 是中断 $n-1$ 次照射收集的电荷数，R_1 是无中断单次照射收集电荷数。负端效应表示实际照射剂量少于出束时间指示值。

(4) 治疗床移出时间

治疗中断后，治疗床将患者移出治疗机到屏蔽门完全关闭的时间定义为治疗床移动时间，在此时间内患者将会受到不必要的照射，通常将该时间调整为最小值。

(5) 焦点处辐射中心和机械中心偏差

把焦点测量专用工具固定在立体定位装置的特定位置上，并使其中心位于定位参考点处；把胶片装入焦点测量专用工具暗盒内，使胶片处于垂直于某个坐标轴平面的位置(x－z 平面)，按压焦点测量专用工具的压针，在胶片上扎 1 个孔，用治疗床把焦点测量专用工具送入焦点机械中心位置进行照射。更换焦点测量专用工具暗盒内的胶片，使胶片垂直于之前的测试平面(y－z 平面)，重复进行扎孔和辐照等操作。更换不同大小准直器，重复之前的步骤，完成每组准直器的照射。按以下步骤计算定位精度。

利用胶片灰度-剂量响应曲线，计算胶片 50%剂量值。绘制 50%剂量曲线，测量该曲线分别沿 3 个坐标轴方向 50%剂量线中心点到机械中心之间的距离 Δx_1、Δy_1、Δz_1。利用下式计算焦点处辐射中心与机械中心之间的距离：

$$\Delta_1=\sqrt{\Delta x_1^2+\Delta y_1^2+\Delta z_1^2} \tag{10-20}$$

(6) 治疗计划系统剂量计算误差

① 点剂量

使用直径 16 cm 的球形模体进行 CT 扫描，将扫描图像数据传入至治疗计划系统，分别将模体中心点和两个偏中心点共3个参考点作为治疗靶点，设定参考点的照射剂量，使用各种准直器射野制定3个治疗计划；将PTW 0.015 ml电离室插入模体，使其有效测量点与参考点重合；将球形模体送入预定照射位置，按照治疗计划设计中所采用的准直器和照射条件进行照射；分别测量3个参考点的剂量值。计算3个参考点的吸收剂量相对百分偏差，公式为：

$$\Delta P = \frac{P_1 - P_0}{P_0} \times 100\% \quad (10\text{-}21)$$

式中 ΔP 为模体参考点计划剂量与实测剂量的相对百分偏差；P_0 为模体参考点的计划剂量(即焦点计划剂量)；P_1 为模体参考点实际测量的吸收剂量。

② 面积重合率

将球形模体固定到立体定向框架(或治疗床)上；使用影像扫描设备对其扫描；将扫描图像的数据传入治疗计划系统中，使用各种准直器射野制定治疗计划，计算出设置胶片所在平面的剂量分布。对胶片进行剂量学标定：将胶片置于球形体模中制定计划所在的平面，按治疗计划进行照射；取出胶片并冲洗，将胶片通过扫描仪输入计算机；根据胶片剂量标定值计算出胶片的等剂量线，对50%等剂量线的测量值与计算值进行配准对比。分别计算测量面积值 S_r、治疗计划计算面积值 S_p 和重合面积 S_c，按式10-22计算面积重合率 δ_s，

$$\delta_s = \frac{S_c}{S_r + S_p - S_c} \times 100\% \quad (10\text{-}22)$$

式中 δ_s 为面积重合率；S_r 为胶片测量50%等剂量线所包围区域的面积；S_p 为治疗计划计算50%等剂量线所包围区域的面积；S_c 为重合面积。

(7) 治疗计划系统位置重建误差

根据随机文件给出的为达到治疗计划软件三维图像重建精度所需的影像参数要求，将装有3个位置已知靶区的可成像头部模体固定到立体定位装置中，使用影像系统扫描，以获得满足要求的影像。将影像数据输入治疗计划系统，计算出3个靶区的坐标。分别计算出x、y、z 3个方向上3个靶区中心的位置坐标，按下式计算治疗计划软件三维图像重建位置偏差：

$$\Delta_2 = \sqrt{\Delta x_2^2 + \Delta y_2^2 + \Delta z_2^2} \quad (10\text{-}23)$$

式中：Δ_2 为实际靶区中心与治疗计划软件重建靶区中心之间的距离；Δx_2 为x轴方向实际靶区中心与治疗计划软件重建靶区中心之间的距离；Δy_2 为y轴方向实际靶区中心与治疗计划软件重建靶区中心之间的距离；Δz_2 为z轴方向实际靶区中心与治疗计划软件重建靶区中心之间的距离。

(8) 最小准直器射野与最大准直器射野焦点吸收剂量率之比

使用能够满足最小准直器射野测量要求的探测器(如：半导体探测器)和剂量计，按照测量焦点处剂量的方法在相同时间(如：1 min)内分别测量最大和最小准直器射野专用球形模体内焦点处剂量 D_{maxf} 和 D_{minf}。

利用公式10-24计算最小准直器射野与最大准直器射野的焦点吸收剂量率之比：

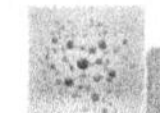

$$OUF = \frac{D_{\mathrm{minf}}}{D_{\mathrm{maxf}}} \tag{10-24}$$

式中：D_{minf} 为使用最小准直器射野时专用球形模体内焦点处剂量计读数；D_{maxf} 为使用最大准直器射野时专用球形模体内焦点处剂量计读数。

（9）准直器射野尺寸

在胶片的灰度-剂量响应曲线允许的试验区间内，照射一系列胶片；根据照射剂量值和对应胶片的灰度值使用合适的数学模型，绘制所使用辐射胶片的灰度-剂量响应曲线。

选择一组治疗使用的准直器，在至少两个正交焦平面上测量；将适合准直器射野尺寸的测量胶片放入球形模体中心的位置，使胶片处于某个焦平面上（x－z 平面）；将球形模体随治疗床送入焦点位置处照射。照射剂量应在所使用胶片的灰度-剂量响应曲线的合理剂量区间内。重复之前步骤，使胶片位于另外一个正交焦平面上进行照射（y－z 平面）。更换准直器，重复之前过程，完成每组准直器射野的照射。

使用分辨率不小于 300 DPI 的扫描仪，扫描准直器射野胶片。利用的灰度-剂量响应曲线，将胶片灰度转换为相应的剂量值，绘制 3 个坐标轴方向的剂量分布曲线。分别确定每张胶片定位参考点位置的剂量，定义该剂量值为该张胶片的 100％剂量值。测量胶片上 3 个坐标轴方向 50％等剂量曲线位置之间的宽度（即半高宽）作为准直器射野尺寸。利用公式 10-25 计算准直器射野尺寸偏差：

$$\Delta F = |F_0 - F_f| \tag{10-25}$$

式中 ΔF 为准直器射野尺寸偏差；F_f 为胶片测量的准直器射野尺寸；F_0 为标称准直器射野尺寸。

（10）射野剂量梯度

参照之前的方法，测量吸收剂量分布曲线 20％～80％位置之间的距离。

（11）剂量输出

将直径 16 cm 的球形模体安装在定位支架上，使模体中心位于定位参考点；插入经过校准的 PTW 0.015 ml 电离室，使其有效测量点与模体中心重合；将球形模体随治疗床送入预定照射位置，使用最大准直器射野，开启治疗机照射系统进行照射，照射时间为 t min，读取剂量仪读数 M，按照基于空气中吸收剂量校准的 TRS－277 报告提出的方法计算焦点处相应于水中的吸收剂量 D_w，公式如下：

$$D_w = M \cdot N_D \cdot S_{\mathrm{w,\,air}} \cdot P_u \cdot P_{\mathrm{cel}} \tag{10-26}$$

式中 M 是经过校正的剂量计读数；N_D 为电离室空腔的吸收剂量校准因子；$S_{\mathrm{w,\,air}}$ 是校准深度水对空气的平均阻止本领比；P_u 为扰动修正因子；P_{cel} 修正中心电极的影响。

焦点处水中吸收剂量率 $\dot{D}$ 按下式计算：

$$\dot{D} = \frac{D}{t} \tag{10-27}$$

式中 $\dot{D}$ 为测量时刻最大准直器射野焦点处水中吸收剂量率；D 为测量时刻最大准直器射野焦点处水中吸收剂量；t 为辐照时间。

利用公式 10-28,根据初装时的放射源水中焦点剂量率,估算当前测量时间的水中焦点剂量率 $\dot{D}_c$:

$$\dot{D}_c = \dot{D}_0 \cdot e^{-\ln(2) \cdot T/T_{1/2}} \tag{10-28}$$

式中 $\dot{D}_0$ 初装源时刻的焦点剂量率; T 为初装源日期与测量日期之间的时间间隔; $T_{1/2}$ 放射源衰变的半衰期,对于 ^{60}Co, $T_{1/2} = 5.27$ 年。

剂量率测量值 $\dot{D}$ 与估算值 $\dot{D}_c$ 之间的差异应当小于±2%。

(12) 输出因子

使用能够满足最小准直器射野测量要求的探测器(如:半导体探测器)和剂量计,按照测量焦点处剂量的方法在相同时间(如:1 min)内分别测量不同大小准直器射野在专用球形模体内焦点处剂量,不同大小准直器射野的剂量与最大准直器射野剂量之比定义每种准直器射野的输出因子。

第三节 Cyber Knife 治疗系统的质量控制

Cyber Knife 治疗系统是一种将工业机器人和小型直线加速器技术巧妙结合的革命性全身立体定向放射外科设备。与传统放射外科治疗设备(γ 刀和 X 刀)相比,Cyber Knife 采用无创定位方式,可以进行实时影像引导及同步呼吸追踪,通过机器人机械臂的灵活运动,能够实现高精度的非等中心三维聚焦大剂量治疗。由于 Cyber Knife 系统组成和其同步追踪技术的复杂性,为了确保治疗精确性和治疗安全,必须建立系统有效的质量保证程序。

一、系统概述

立体定向放射外科的关键之处在于准确的照射处方剂量。单个射野或者单元野剂量分布位置的偏差会导致累积剂量的不准确以及用来保护邻近危及器官的高剂量梯度区域的偏离。Accuray 公司的 Cyber Knife 机器人放射外科系统是当前唯一投入临床使用的机器人放射外科设备。它由一台安装在工业机器人机械臂上的小型 X 波段直线加速器构成。机械臂受程序控制引导放射射束从不同角度进行照射,由一对正交的集成 X 线影像系统为治疗过程提供影像引导(图 10-18)。接受治疗的患者被放置在一台自动化机器人治疗床上,以使治疗靶区位于放射射束覆盖的区域内。计算机

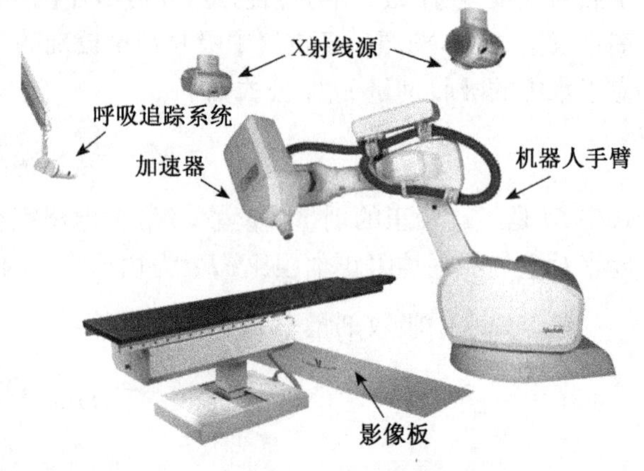

图 10-18 Cyber Knife 机器人立体定向放射外科系统

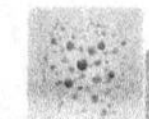

系统直接控制机器人机械手臂和治疗床的运动，由放疗技师（治疗患者时）和医学物理师（质量保证测量时）轮流使用。

用于 Cyber Knife 的治疗计划系统是为该设备定制的。它是一套使用线性优化算法来优化射野角度和射野跳数（MU）的逆向计划系统。使用者可以选择预先设置的治疗路径、准直器尺寸、剂量计算算法（射线跟踪或者蒙特卡罗）以及设置剂量限值。

尽管大部分 Cyber Knife 治疗是非等中心方式的，但是在治疗室中有一个参考点作为 Cyber Knife 应用程序内部使用的几种坐标系统的原点，机器人和影像系统都相对此点校准。这个空间中的参考点以机械安装在“isopost”上的“isocrystal”定义，该空间点通常被称为“几何等中心”。千万不要将其与等中心靶区治疗中的“治疗等中心”混淆，此时靶区位置可能与几何等中心相距一定距离。虽然一小部分 Cyber Knife 治疗是采用等中心或者不同尺寸准直器的等中心叠加照射方式，但大多数治疗是采用非等中心方式的。这意味着将射束偏离几何等中心可以生成包绕靶区凹形表面高度不规则的剂量分布。

当前科技快速发展，放射治疗技术也日趋复杂，完善的质量保证和质量控制是患者治疗安全的重要保证。由于 Cyber Knife 放射外科治疗系统所采用技术的独特性和复杂性，每个使用机器人放射外科治疗系统的放疗部门都应当建立全面的并且适应该类型机器的 QA 程序，同时保证程序的有效性和高效率。表 10-8～10 是 AAPM TG-135 报告所要求质量保证项目和频率，包括系统状态、加速器系统、成像系统、治疗计划系统、追踪准确性、治疗安全等项目，下面将对这些内容一一介绍。

表 10-8　Cyber Knife 治疗系统质量保证的日检项目和限值

项　目	限　值
系统状态参数检查	正常
安全连锁检查（门连锁，EMO 按钮，Key），视频音频监控，准直器碰撞探测器，准直器错误使用探测	正常
加速器预热	开放电离室 6 000 MU，封闭电离室 3 000 MU
加速器剂量输出稳定性测试	＜2％
AQA 测试	＜1 mm

表 10-9　Cyber Knife 治疗系统质量保证的月检项目和限值

项　目	限　值
安全连锁检查	正常
能量稳定性	＜2％
射束对称性	＜3％
射束形状	＜2％
剂量输出	＜2％
影像板对准	1 mm 或者中心像素±2 个像素
非晶硅探测器的对比度、噪声、空间分辨率均匀性/坏像素	厂家指定或者用户自定义基准
CT 密度模型	与调试结果一致且符合厂家规定
射束激光线和射野中心轴的相对位置	0.5 mm

续表

项 目	限 值
目视检查等中心计划的每个结点射束激光线是否经过 Isopost 尖端	每个结点激光线经过 isopost 尖端
颅内和颅外计划的 E2E	静态治疗<0. 95 mm;动态跟踪<1. 5 mm
非等中心患者 DQA 测试	静态 DTA 2 mm/2%,动态跟踪 DTA 3 mm/3% 通过率>90%
观察机器人不正常噪声和振动	无明显改变

表 10-10 Cyber Knife 治疗系统质量保证的年检项目和限值

项 目	限 值
EPO 按钮	正常
剂量输出,射束数据(TPR/PDD、离轴比、输出因子)	<1%
剂量输出线性度	<1%
影像系统 kVp 准确性,mA 输出量线性度,输出量重复性,焦点尺寸	参考表 10-12
非晶硅探测器的信噪比,对比度噪声比,相对调制传递函数,影像板敏感度稳定性,坏像素数和模式,图像均匀性校正,探测器中心,影像板增益统计	厂家指定或者用户自定义基准
治疗计划系统 QA	参考 TG-53
CT 扫描机 QA	参考 TG-66
数据安全与验证	正常
三级路径校准	单个结点<0. 5 mm,所有结点 RMS<0. 3 mm
光学跟踪标记点的噪声水平	<0. 2 mm
同步 E2E 测试(呼吸模型相移剂量模糊)	用户自定义基准

二、系统状态参数检查

在每日治疗机运行前,应当检查 Cyber Knife 系统参数以确保设备工作状态良好,监测运行参数的漂移。表 10-11 为厂家推荐每日需要检查的系统参数,这些数据在维修时可帮助确定故障原因。

表 10-11 Cyber Knife 系统状态参数

参 数	位 置	合理范围
SF_6 压力(psi)	J-Box	≥30 psi
水压(psi)	冷却器侧面	(80±5)psi
水温(℃)	冷却器前面板	(19±2)℃
水流速度(gpm)	冷却器流速表	≥0. 6 gpm
操作线圈 1(amps)	MCC 前面板	无漂移
操作线圈 2(amps)	MCC 前面板	无漂移

续表

参 数	位 置	合理范围
操作线圈 3(amps)	MCC 内部	无漂移
操作线圈 4(amps)	MCC 内部	无漂移
磁控管灯丝(VAC)	调制器	95±0.2(待机)
枪灯丝(VAC)	调制器	5.8±0.2
离子泵(μA)	调制器	N/A
磁控管调节器	MCC 前面板	N/A
剂量率(R/min)	MCC 前面板或 SGI 物理模式	≥300 R/min ≥400 R/min

每台机器系统参数的合理范围与机器的特定设置有关，当参数值出现明显偏移时，应当联系厂家。

三、加速器质量保证

机器人放射外科设备的射线来自于小型直线加速器，在某些方面与常用的等中心旋转直线加速器不同，使用机器人移动加速器的特点要求其必须比传统放射治疗加速器重量更轻，尺寸更小。Cyber Knife 的射线来源于 9.5 GHz X 波段加速器治疗头，使用钨合金靶和初级、可拆卸次级准直器产生 6 MV X 射线。次级准直器开口为圆形，尺寸从 5～60 mm(在源轴距 80 cm 处定义)。此外有两道电离室用来监测剂量输出。

尽管设计上机器人放射外科直线加速器与传统放疗中使用的 S 波段加速器不同，但两者的质量保证要求大部分仍然一致。

1. 加速器预热

在质量保证测量前，直线加速器应当充分的预热。每个治疗部门日常应当使用相同的预热机器跳数，保证预热的一致性，具体的数值取决于加速器的型号和电离室的类型(开放或封闭式)。

老式 Cyber Knife 加速器的监测电离室是开放型的，随外部环境温度和气压变化，而最新型号采用的是封闭监测电离室。每次机器停止工作 4 h 后，应当再次进行预热，对于封闭电离室预热 2 000 MU 就足够了。开放电离室在日常治疗中会不断的加热和冷却，预热 6 000 MU可以使电离室的温度达到治疗时的平均值，每日治疗中电离室的实际波动小于 2.5%。此外每日应当验证准直器连锁的功能，方法是在治疗模式中安装错误的准直器，同样也要检查不安装准直器时的连锁状态。

2. 剂量输出

由于 Cyber Knife 使用小野立体定向治疗，其剂量输出的校准必须选择合适的剂量学探测器，否则会导致严重的剂量学错误。目前加速器吸收剂量的校准主要基于空气中吸收剂量校准的 TRS-277 报告和基于水中吸收剂量校准的 TG-51 和 TRS-398 报告介绍的方法，以 TG-51 报告的方法为例，其剂量校准公式如下：

$$D_W^Q = M \cdot k_Q \cdot N_{D,w}^{^{60}Co} \tag{10-29}$$

式中 D_W^Q 为水中测量点的吸收剂量；M 是经过标准温度气压条件、离子复合、极性校正的静电计读数；$N_{D,w}^{^{60}Co}$ 为 ^{60}Co 射束的水中吸收剂量校正因子，由国家剂量标准实验室提供；k_Q 将 ^{60}Co 射束水中吸收剂量校准因子转换为 X 射线质 Q 的水中吸收剂量校准因子。

TG－51 报告提出以 $\%dd\ (10)_x$ 来确定加速器光子束的射线质，$\%dd\ (10)_x$ 定义为源皮距 SSD＝100 cm，射野大小为 10 cm×10 cm标准条件下水中 10 cm 深度处纯光子百分深度剂量(去除电子污染)。对能量低于 10 MV 的低能光子束，当其 $\%dd(10) \leqslant 75\%$，可以近似认为 $\%dd\ (10)_x = \%dd(10)$。Cyber Knife 加速器特殊的设计结构决定了其校准方法与常规医用直线加速器 6 MV X 线的校准方式不一致，常规医用直线加速器校准规定使 SSD＝100 cm，照射野大小为 10 cm×10 cm，水下最大剂量点处 1 cGy ＝1 MU，准确性要求为小于 2%；而 Cyber Knife 校准规定使 SAD＝ 80 cm，直径 60 mm 的圆形野，水下最大剂量点处 1 cGy ＝ 1 MU。为了确定 Cyber Knife 加速器的射线质，首先将 SAD＝ 80 cm，直径为60 mm圆形野转换为 SSD＝ 100 cm，大小为 6.75 cm×6.75 cm的等效方野，测量该条件下10 cm深度的 $\%dd\ (10)_x$ 值，然后通过与标准 6 MV X 射线数据比较再推算SSD＝100 cm，10 cm×10 cm方野的 $\%dd\ (10)_x$，根据该数值查找 TG－51 号报告中提供的图表得到该 Cyber Knife 加速器 X 射线质对应的 k_Q。

直线加速器的输出一般应当每天测量 1 次，如果当日治疗过程中温度或者气压发生了明显的改变，对于开放电离室来说需要更多次测量。为了减少人工输入错误导致的输出不准确，建议每个治疗部门使用 2%的限值，在限值内不需要调整校准因子，当超过 2%时应当由物理师进行校准。由于放射外科大分次剂量和大分割的治疗方式，其限值要求比一般直线加速器 3%的要求更严格。

用于绝对剂量校准的电离室的有效长度不同会影响校准的结果，Cyber Knife 使用的绝对剂量校准电离室的有效长度不应当大于 25 mm，最好小于 10 mm。与其他临床加速器相同，校准应当可以追溯至标准实验室，应当每年由另外一位物理师使用独立的设备验证剂量的准确性。

加速器的年度质量保证应当使用与调试时相同的水模体测量方式，在水模体测量前应当验证加速器中心轴激光线和射野中心的重合度，在源轴距 80～100 cm 范围内优于 1 mm，这个过程比传统加速器使用的测量技术要求更严格。其中一种方法是在源轴距 160 cm 处将激光线与射束对准至 1 mm 范围内，对应的在源轴距 80 cm 处的误差在 0.5 mm 内。

3. 能量稳定性

直线加速器的辐射质有多种表示方法，包括百分深度剂量 PDD_{10}^{20}、组织模体比 TPR_{10}^{20} 或者百分深度剂量 $\%dd\ (10)_x$ 等，这些参数通常是在标准条件下测量得到的，TPR 方法标准测量条件为 SCD＝100 cm，射野大小 10 cm×10 cm；PDD 方法标准测量条件为 SSD＝100 cm，射野大小 10 cm×10 cm。Cyber Knife 加速器系统在 SAD＝80 cm 处圆形射野直径最大为 60 mm，首先测量 SSD 或者 SCD＝100 cm，圆形野 60 mm(等效方野 6.75 cm×6.75 cm)条件下的射束参数，然后推算标准条件下的辐射质。其稳定性应当优于 2%，应当每月检查。

4. 对称性

对称性检查与传统直线加速器上执行的方式类似，使用胶片方法分析点或者区域的剂

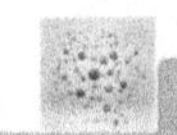

量并评估对称性。通常使用 60 mm 的最大准直器来进行此项检查，对称性应当在两正交平面（径向平面和横向平面）中 50 mm 深度测量，测量通过的标准应当与验收测试标准相同或者更严格，要求小于 3%，应当每月检查。

5. 射束形状

由于 Cyber Knife 直线加速器没有均整器，射束中心的离轴分布曲线不同，通常加速器测量使用的平坦度概念并不适用，通常使用 60 mm 的最大准直器来进行此项检查，建议在射束中心的径向位置选取 3 个测量点来评价稳定性，相对数值应当与治疗计划系统中的数据误差不超过 1%，应当每月检查。

6. 射束参数（TPR/PDD、离轴比、输出因子）

应当至少检查 3 种最常用的准直器（包括 60 mm 的准直器）的射束参数，包括若干深度的 TPR 或者 PDD，至少 5 个深度的离轴比，60 mm 和 5 mm 准直器的输出因子。

目前用于小野 TPR、离轴比、输出因子测量的标准电离室是二极管探测器，应当评估使用的二极管探测器构造对剂量的潜在干扰。一般不推荐使用电离室或者微型电离室来测量准直器尺寸为 20 mm 以下的射野输出因子，对于离轴比测量，胶片可以替代二极管探测器，并且有更高的分辨率。

7. 剂量输出线性

剂量输出线性测量应当每年检查 1 次，线性度的测量范围应当包括临床常用的跳数和每次治疗每个射野的最小跳数，其数值等于每跳数探测器读数比，跳数以主监测电离室的最终读数为准，临床射束跳数的线性度应当在 1%以内。

四、治疗计划系统质量保证

当前治疗计划系统变得越来越复杂，软件版本的更新也更加频繁，不断提供新的功能和工具，包括对最基本的优化和剂量计算算法的升级。应当注意的是每次软件升级都应该视为一次软件的重新安装，因为不能保证之前测试过的一些计划系统特性在新版本的升级中未发生变化，而且对软件某一部分的改动可能会对其他功能产生意想不到的影响，因此应当对整个软件执行基础测试。

TG－53 号报告中介绍了计划系统软件质量保证的相关内容，列举了关于光子剂量计算调试的一系列测试项目，建议 Cyber Knife 应当测试这些通用项目，下面介绍一些 TG－53 未涉及的方面。

1. MU 二次检查

对于 Cyber Knife 治疗计划来说 MU 二次检查的最大的挑战在于大量的射束方向，组织不均性和陡峭的剂量梯度，此外一个计划可能有多个靶区，难以选择一个剂量计算点来验证所有射束的准确性。如果剂量计算采用了光线追踪算法，可以使用商业或者自行开发的 MU 独立检查软件以及手工计算的方法来验证计算结果的准确性，对于参考点位于射束照射区域内的所有射束，在参考点剂量之和的准确性应当优于 2%。

对于密度不均匀区域的小野剂量计算（如：肺部肿瘤），蒙特卡洛算法和光线追踪算法的剂量分布平均差异可达 20%，因此最好使用不均匀模体的 DQA 计划来验证蒙特卡洛算法 MU 计算的准确性。

2. 数据安全

在调试时应当检查输入计划系统的重要射束数据是否可以人为或者无意的改动，如果发现任何安全隐患，使用者应当立刻告知厂家采取措施保护数据的安全，此外应当制定程序保护医疗信息的隐私性，避免无关人员未经授权使用计划系统电脑。

3. CT 模型定义

与大多数治疗计划系统一样，Cyber Knife 计划系统需要配置 CT 密度模型并对剂量计算进行非均匀性修正，一般有两种类型的 CT 密度模型，一种模型是实现 CT 值到电子密度的转换，另一种是基于质量密度的 CT 模型，在调试时物理师应当明确需要哪种数据来配置计划系统的剂量计算算法，并且检查在相同射束方向和 MU 条件下使用不同 CT 模型时治疗计划系统剂量计算结果的差别。

如果使用多种 CT 扫描机来进行患者模拟定位，物理师应当为每一台 CT 机建立各自的 CT 模型，在这种情况下需要验证患者计划时是否使用了正确的 CT 模型。如果多台 CT 机共用一个 CT 密度模型，需要保证剂量计算的不确定性低于 2%。

4. 组织不均性的校正

在肺部和头颈部的立体定向放射外科治疗计划中，组织不均匀性校正越来越重要，TG-65 报告介绍了所有影响组织不均匀修正准确性的因素。对于治疗计划软件中所有关于组织不均匀修正的选项应当通过使用合适的模体和电离室进行绝对剂量的测量来验证其设置的准确性，使用的模体应至少包括可以模拟骨和肺组织密度的模块，最好可以使用模拟低密度肺组织中高密度肿瘤的拟人模体。在肺部靶区的剂量计算中应当使用计算准确度更高的蒙特卡洛算法替代光纤追踪算法。

5. 蒙特卡洛算模型准确性

蒙特卡洛算法的调试分为两个阶段，建立加速器放射源模型后首先验证其计算结果与水中测量数据的一致性，在不确定度为 1%的情况下，TPR 计算结果在最大剂量深度以下与测量数据的偏离应当小于 2%，离轴比在射野中心和 50%射野中心剂量范围内的偏离应当小于 2%，输出因子的差异应当小于 0.5%。第二阶段使用拟人不均匀模体的 DQA 计划来比较计划计算剂量和测量剂量的差异。

五、成像系统质量保证

Cyber Knife 是用于立体定向放射外科和放射治疗的一种影像引导机器人系统，集成的影像系统根据解剖学信息和人工植入的标志物准确定位治疗部位，引导加速器对靶区实施精确照射。

Cyber Knife 成像系统质量保证的主要任务是确保接受立体定向外科治疗患者图像引导的准确性，以及减少患者和工作人员的辐射剂量暴露。质量保证测试应当检查成像系统性能相比其初始状态的变化，避免临床图像质量的严重恶化导致靶区追踪准确性的下降和辐射剂量的显著上升。

随着图像引导在放射治疗中使用的快速增加，物理师定期验证和评价 X 射线影像系统性能的工作变得尤为重要，这项工作需要质量保证程序的相关知识，专业的诊断测量设备和成像的基本知识。除了由厂家维修工程师定期执行的预防性维护，Accuray 公司没有提

供关于 Cyber Knife 成像系统质量保证程序的相关建议，同时验收测试程序中也没有包含可以作为 X 射线成像性能基准的测试项目，建议对如下测试项目定期实施质量保证(表 10-12)。

表 10-12　Cyber Knife 影像系统相关质量保证项目

项　目	方　法	限　值	频　率
射线质	第一半价层	大于国家标准且小于 50%	每年
kV_p 准确性	非介入式 kV_p 测量计	±5%或者厂家规定值	每年
输出重复性	诊断电离室	<0.1	每年
输出线性度	诊断电离室	<0.1	每年
焦点尺寸	狭缝摄像机或者星型图案	普通成像<0.1% SID 细节成像<0.05% SID	验收时
影像板位置重复性	Isopost 尖端测试	±2 个像素	每季度

1. 图像几何

Cyber Knife 图像引导系统的主要成像部件(放射源和探测器)固定安装在治疗室内。从 X 射线球管焦点位置到影像接收器中心的成像视野中线与地板成 45°角，Cyber Knife 追踪和成像中心由 Isopost 来确定，Isopost 是一个可以安装在影像板底框上的刚性模体，Isocrystal 安装在其顶端作为 Cyber Knife 系统的坐标系参考点，Isocystal 是一个光敏小球可以探测到激光线的光信号。

追踪过程依赖成像系统稳定的工作状态和对其原理的掌握。在成像系统安装和调试后，必须定期验证其刚性结构的位置没有因为建筑沉降或者设备相互碰撞之类的原因而发生变化。验证 Isopost 尖端在影像上位置的一致性是一项常规检测，首先将 Isopost 与影像板底框固定，采集 Isopost 尖端的图像，Isocrystal 的位置应当在图像对角线相交点 1 mm 范围内即距中心像素±2 个像素以内，这项测试应当每月检查 1 次。

2. X 射线发生装置

X 射线放射源是传统的旋转阳极式球管，其外壳有 2.5 mm 铝过滤层用来过滤无用的 X 射线，有用射线经过准直系统准直，X 射线发生装置的峰值高压功率为 37.5 kW，产生的射线参数范围为 40～125 kV，25～300 mA，1～500 ms。

由于 Cyber Knife 成像系统使用的 X 射线设备与传统的 X 射线发生装置和球管配置几乎相同，一些相关报告例如 TG-15、TG-12 的质量保证的要求也适用于 Cyber Knife，但是一些测试细节需要根据 Cyber Knife 系统的成像几何特点和测试工具的设置方式做针对性的修改。

(1) 焦点尺寸

X 射线源焦点的尺寸对成像分辨率影响很大，应当在验收或者维修后进行测量。对于一般普通成像情形(头颈部、腹部、脊柱、泌尿系统等部位)，名义焦点大小应为源到探测器距离(source image distance，SID)的 0.1%，对于细节成像(儿科、四肢、长骨等)名义焦点尺寸应当小于源到探测器距离的 0.05%。在 Cyber Knife 系统中超长的源到探测器距离降低了焦点尺寸对图像锐利度的影响，因此在 Cyber Knife 成像系统中，图像锐利度更依赖于影像接收器的分辨率(对 G4 代 Cyber Knife，探测器阵列区域为 41 cm×41 cm，分辨率为

1 024×1 024 像素）。由于 X 射线装置没有光定位标记，必须借助于一些激光定位工具将测试设备的敏感体积定位在成像视野的中心。

（2）射线质

射线质影响患者的剂量和图像的质量，由靶材料的沉积等因素，射线质随 X 射线球管的老化而发生变化，应当每年测试 1 次该项目或者在 X 射线球管或者准直器更换维修后检查。射线质（铝半价层）应当大于国家规定的相关标准，但是不应当超过 50%。

（3）kV_p 准确性

kV_p 指示的准确性可以使用非介入式的 kV_p 测量计来评估，必须注意在测量中将设备与射束对准避免系统误差，非介入式 kV_p 测量计不直接测量 kV_p，而是测量射线硬度转换为实验室校准条件下的千伏电压。其他参数比如阳极角度，附加和固有滤过等会影响非介入式的千伏测量，对于测量结果需要根据半价层（half value layer，HVL）进行修正以保证准确性。在验收测试中测量的 kV 波形可以作为今后质量保证程序的参考，日常检测的波形在 100 ms 内应当与初始测量值的误差在±5%内，并且没有突然增强或者减弱的情况，上升和下降的时间应当分别少于 1%和 10%。

（4）X 射线输出量

X 射线辐射输出量一般用每 mAs 的 mR 来表示便于计算患者的曝光量，该参数在 X 射线发生器电流改变时应当保持恒定不变。按照规定相邻 mA 设置的 X 射线输出量变化应当在±20%范围以内，输出量重复性的变化系数应当小于 0.1，输出量重复性公式如下：

$$重复性 = S_{X_m}/(X_m) \tag{10-30}$$

式中 (X_m) 是 n(3～5)次测量的平均照射量，单位 mR。S_{X_m} 是关于 (X_m) 估计的标准偏差。

衡量在给定 kV_p 条件下所有 mA 设置输出线性度的公式如下，其值应当小于 0.1，

$$线性 = \frac{[mR/mAs]_{max} - [mR/mAs]_{min}}{[mR/mAs]_{max} + [mR/mAs]_{min}} \tag{10-31}$$

式中 $[mR/mAs]_{max}$ 表示在给定 kVp 条件下，所有 mA 设置中的最大测量输出量，$[mR/mAs]_{min}$ 为对应的最小输出量。

3. 非晶硅探测器

如图 10-19 所示为 Cyber Knife 目前的两种影像板配置方式，以 G3 和 G4 型号为例其结构分别为：①两块 20 cm×20 cm 非晶硅探测器影像板，分辨率为 512×512 像素，安装在 61 cm 高的支架上，方向垂直于 X 射线球管的射束中轴。②两块 41 cm×41 cm 非晶硅探测器影像板，分辨率为 1 024×1 024 像素，安装平齐于地面或者在治疗室地面上方15.2 cm。

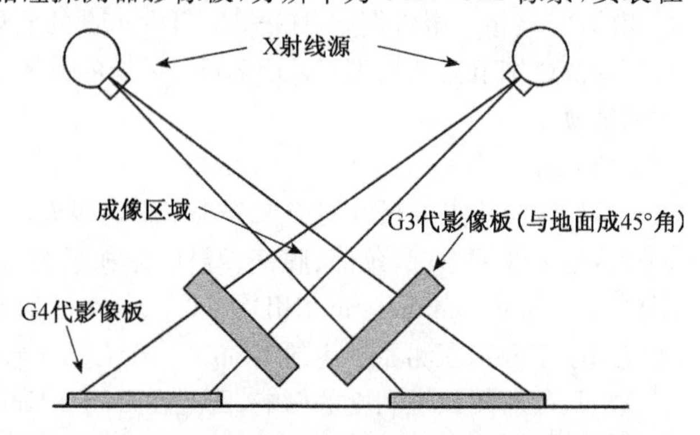

图 10-19 Cyber Knife G3 和 G4 代影像系统几何设计

可以借鉴 TG－75 号报告中的相关评价方法来测试 Cyber Knife 系统的非晶硅影像板的性能状态。例如有关信噪比和对比度噪声比的评价方法，此外可以借助于一些市场在售的

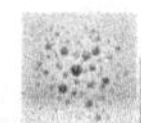

验证的模体来测试 Cyber Knife 成像系统的空间分辨率和对比度分辨率。

影响靶区成像和追踪算法准确性的相关参数包括信噪比、对比度噪声比、相对调制传输函数、影像敏感度稳定性、坏像素数目和模式、图像均匀性修正、探测器中心和影像增益统计等参数，应当建立这些参数的质量控制项目，每年测量 1 次这些参数的数值与安装时的基准值比较用于评估探测器性能变化。

4. 成像剂量

评估图像引导过程的成像辐射剂量可以使用 TG－75 号报告介绍的方法。对于 G3 代的成像系统由两个安装在天花板上的千伏级 X 射线球管和两只安装在地面上的非晶硅平板探测器组成，其源到等中心的距离是 265 cm；等中心到探测器的距离为 65 cm；探测器有效区域面积为 25 cm×25 cm；对于头部放射治疗，源到患者入口的名义距离为 250 cm，对于体部为 240 cm。放射源的铝过滤层厚为 2 mm，在患者处射野准直为 17 cm×17 cm。

对于 G4 代成像系统，源到等中心的距离为 225 cm；对于在地板上方的平板探测器安装方式，等中心到探测器的距离为 120 cm，对于嵌入地板内平板探测器安装方式，等中心到探测器的距离为 141.8 cm；探测器的有效区域为 41 cm×41 cm；放射源到患者的名义距离，对于头部放射治疗为 210 cm，对于体部为 200 cm。TG－75 号报告提供的成像剂量测量值可以作为日常质量保证测量和评价患者入口剂量的参考标准见表 10-13。对于腹部和盆腔部位，患者的体重决定为了获取高质量图像所应采用的成像参数。同步技术指的是 Cyber Knife 系统跟踪随呼吸运动的胸部或腹部治疗靶区的一种技术，这种技术使用更短的曝光时间来减少移动引起的模糊，由于是采用正交成像方法，每次成像的剂量来自两次曝光的贡献。

表 10-13 Cyber Knife 影像引导系统每张平片成像患者入口剂量

部 位	kV	mA	ms	mAs	mGy
头颈部	105～125	100	100	10	0.25
胸椎	120～125	100～150	100～125	10～20	0.25～0.50
腰椎	120～125	100～200	100～150	10～30	0.25～0.75
骶骨	120～125	100～300	100～300	10～90	0.25～2.00
同步追踪	120～125	100～300	50～75	5～22.5	0.10～0.50

六、追踪准确性

1. 追踪模式

目前在 Cyber Knife 影像引导系统中使用了 3 种追踪方法：骨性结构追踪、参考标志点追踪、软组织追踪。下文将逐一讨论这些方法。骨性结构追踪包括颅骨追踪（6D Skull）和脊柱追踪（XSight® Spine）。软组织追踪（XSight® Lung）利用的是靶区和周围肺组织的密度差异，因此不需要植入有创的参考点。

6D Skull tracking：颅骨追踪算法使用整个图像区域来计算追踪结果。由于颅骨边缘极高的影像对比度，可以产生陡峭的图像梯度保证了 2D/3D 配准算法的可靠性。

Fiducial tracking：通过定位与靶区刚性相关的放射不透明标记点的位置追踪靶区，这种方法是最准确的 Cyber Knife 追踪手段之一。总准确性主要依赖于植入的参考点数目，它们的分布情况以及在每张追踪图像上可以被唯一准确识别的能力。影响准确性的情形包括参考点之间的相对移动，不能够在两幅图像上识别所有参考点，参考点植入位置靠近金属手术夹，成像设备未经校正存在严重的像素伪影和CT成像伪影。

Spine tracking：脊柱追踪依赖于沿脊柱方向的骨性结构。为了克服治疗分次间的小变形，该算法在矩形追踪网格的81个交点处进行小范围图像配准。影响这种追踪方法准确性的因素包括追踪网格初始位置，内在骨性对比度（如：大体积患者或者严重的骨质疏松），X射线技术和初次椎体的错误匹配。应当选择追踪网格的尺寸使位于网格内的脊柱体积最大。不应当包括太多的软组织（出现这种情况应当减小其体积）或者遗漏部分骨性脊柱（出现这种情况应当增大其体积）。

此外，直观验证追踪准确性是非常重要的。在治疗胸部脊柱时应当特别注意。由于这个特定区域骨性结构的相似性，可能会出现错误的椎体匹配。这将导致剂量分布的空间移位，治疗错误的椎体。因此在放疗技师摆位患者后，由放射肿瘤学家和合格的医学物理师来验证将要准备治疗的椎体是否正确是极其重要的。

Soft tissue（XSight® Lung）tracking：这种追踪模式利用了靶区和周围组织的密度差异。用这种算法治疗的肿瘤必须具有准确定义的边界，同时放射影像学上的高密度结构（脊柱，心脏）不会对其产生模糊效应，并且肿瘤大小不能超出该算法允许的尺度范围。这种算法易受X射线技术和追踪参数范围选择（可接受的置信阈值，图像对比度的设置，搜索范围等）的影响，同时验证追踪准确性也最为困难。

2. 追踪准确性测试方法

（1）AQA测试

AQA是一种等中心靶区追踪准确性测试，可以在10 min内完成验证Cyber Knife系统的准确性。

首先对AQA模体进行CT扫描，扫描时用一个近似2 cm的塑料球替代AQA模体内嵌入在3.175 cm塑料球内相同大小的金属球（图10-20），将扫描后的CT导入计划系统，制定AP和Lateral两野照射计划。照射时将塑料球用金属球替换，照射后金属球阴影形成的同中心圆的中心相对位置可以确定AP和Lateral方向的追踪准确性，偏离误差应当小于1 mm，应当每日执行该项测试。

图10-20 AQA等中心靶区追踪准确性测试模体

（2）E2E测试

E2E测试使用不同大小的ballcube模体来测试不同追踪方法，模体内可以放置一对正交的放射性铬胶片（图10-21）。扫描模体并导入计划系统后，勾画模体中心球体，制定等中心计划使70%等剂量线覆盖球体，照射模体比较70%等剂量分布中心的位置，对于静态治疗，两者误差不超过0.95

图10-21 用于静态追踪测试的E2E球方模体

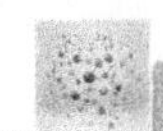

mm，运动追踪治疗不超过 1.5 mm。如果对所有追踪模式和路径进行这些测试将非常耗时，因此推荐每月至少执行 1 次颅内和颅外的 E2E 测试，轮流对所有临床使用的路径和追踪方法进行测试。每次治疗系统升级后应当对所有路径进行测试。

(3) DQA 计划测试

E2E 和 AQA 方法都是测试等中心治疗计划的追踪准确性，但是 Cyber Knife 大多数治疗都是非等中心方式的。因此应当在调试时和每月执行 DQA 测试来检查非等中心治疗的追踪准确性。

DQA 测试使用高分辨率的胶片或者探测器和非均匀介质模体。将模体 CT 扫描后的图像传入计划系统，将患者计划移植到模体上，进行重新计算，比较测量与计算的剂量分布。通过标准是在 50%等剂量线范围内，对于肿瘤和危及器官距离一致性（distance-to-agreement，DTA）为 2%/2 mm 时通过率大于 90%；对于同步追踪治疗，DTA 3%/3 mm 通过率超过 90%。应当对每种追踪模式治疗的前几个患者执行 DQA 测试，之后每月测试 1 次。

(4) 同步追踪测试

Cyber Knife 系统的追踪方式通过建立体表运动（监测频率 30 Hz）和内部靶区运动（每 30～60 s 拍摄 X 射线影像）的模型实现。

通过植入标记点跟踪肿瘤方式的准确性取决于标记点的配置方式、追踪模型的准确性、标记点是否发生移动等因素。应当仔细观察每张拍摄的 X 射线影像，当发生追踪错误时应当立即停止治疗。如果标记点运动速度很快，应当减少曝光时间，降低运动引起的图像模糊。

治疗时在患者身着背心的合适位置（患者体表呼吸运动幅度最大的区域）放置可见光光源（beacon），固定在床尾墙上的红光探测器连续探测体表红光运动，生成呼吸曲线。呼吸曲线的准确性直接与体表肿瘤模型的准确性相关，应当在机器安装时以及每年测试红光探测的准确性，在 2 m 的探测距离上误差不超过 0.2 mm。

由于患者横膈膜与靶区运动时间的滞后，会引起体表肿瘤之间的相移导致剂量的模糊，应当使用可以调整相位的运动模体（图 10-22）检查相移所引起的剂量模糊，频率为每年 1 次。

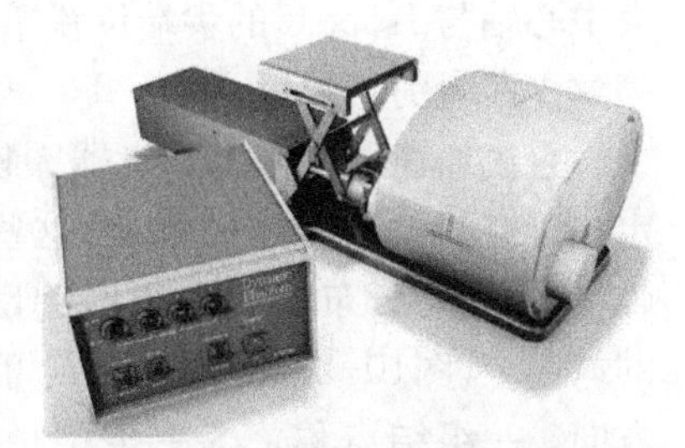

图 10-22　CIRS Xsight® Lung 追踪模体工具

实时运动跟踪技术的准确性依赖于反映患者呼吸模式状态的相关模型的更新速度，因此应选择足够高的模型更新频率修正患者呼吸的相移，并且 X 射线成像应至少覆盖呼吸周期的 90%确保肿瘤运动路径拟合的准确性。

相关模型的误差定义为预测肿瘤位置和 X 射线成像位置的差异，对于部分患者呼吸运动不规律很难建立良好的模型，如果使用一些呼吸训练系统来提高治疗的准确性，应当测试其不会对 Cyber Knife 功能的正常使用产生干扰。

同步运动跟踪对机器人的关节性能提出了很高的要求，特别是患者治疗需要频繁中断的情形。应当使用患者或者模体计划每月检查机器人是否存在不正常的噪声或者振动。

3. 图像引导准确性

图像引导过程是 Cyber Knife 系统的核心技术，无需借助定位框架固定患者可以实现立体定向放射外科要求的治疗精度，图像引导的准确性取决于设计，安装和使用的特定参数。

图像引导过程主要包括两个步骤，采集患者的图像与基准图像配准，计算平移和旋转等参数；治疗执行系统根据计算参数追踪靶区。图像质量的改变会影响图像引导过程的准确性，因此执行常规质量保证是非常必要的，其质量保证方法可参照以下方式。

应当在验收测试时或者重要的图像引导系统升级后测试成像算法靶区追踪计算准确性。在 Cyber Knife 治疗机安装时厂家使用一系列自动化测试方法来验证图像引导过程的准确性，例如将内含靶区的拟人模体直接与机器人机械臂相连，使模体随机械臂在与临床治疗相关的空间范围内以 6 个自由度运动，平移准确性应当小于 0.2 mm；当旋转角度小于 2°时旋转准确性应当小于 0.2°，当旋转角度超过 2°时旋转准确性应当小于 0.5°。

成像参数应当可以在一定范围内调节，以确定 X 射线成像参数对靶区追踪计算稳定性的影响，通过改变成像参数降低图像质量评价非理想条件下追踪过程的准确性，这些结果可用来估计在相似条件下实际患者治疗时剂量分布的偏移和模糊。

如果追踪计算结果随 X 射线成像参数的变化很大（如：旋转超过 0.3°），通常意味着追踪和治疗剂量分布准确性的下降，应当在治疗前确定和消除影响追踪不稳定性的因素，如果这种因素不能消除，应当停止治疗直到解决这一问题。

Cyber Knife 可以自动将剂量分布对准追踪系统确定的靶区位置，但是追踪计算新位置的平移距离应当小于 10 mm，同时 Cyber Knife 也可以补偿探测到的靶区旋转，能够修正的最大幅度取决于路径序列，追踪模式等因素。应当检查这种修正的准确性，方法是在允许追踪的范围内，通过将 E2E 测试模体偏移某个已知距离后实施计划照射，E2E 测试结果应当在系统规定值 0.95 mm 以内。

4. 机器人定位准确性

路径校准和路径校准质量保证的目的是确保 Cyber Knife 系统中所有路径集合对称射束中心轴与 Isopost 的尖端位置重合的一致性。如果用激光线来指示射束中心轴，首先应当建立两者的一致性。

直线加速器放射源随机器人机械臂的移动可以定位于空间一些特定位置处，这些位置被称为结点(node)，均匀分布在以 X 射线追踪系统中心为球心的球面上（图10-23）。每个结点可以选择 12 个射束方向。一组结点称之为一条路径(path)，路径集合一般由 1 到 3 条子路径构成，对于不同部位的靶区配置有多重路径集合可供选择。每个路径集合都是单独校准的，因此应当分别评价其准确性，必须注意的是所有路径都是相对于 Isocrystal 以等中心方式校准的。

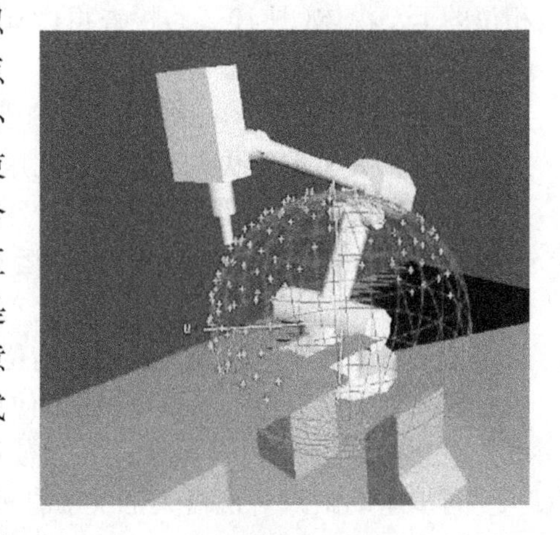
图 10-23 Cyber Knife 放射源结点空间分布示意图

(1) 路径校准和验证

路径校准按其准确性的高低可以分为 3 级，通过 3 级校准可以使机器人机械臂定位准确性达到亚

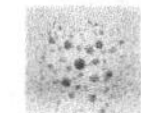

毫米级别。第1级是机器人控制校准，由机械臂的生产商实施，将特定的原始关节编码值提供给机械臂控制电脑。控制校准完成后原始机器人坐标系统就建立完毕，机器人可以在程序或者操作人员的控制下在坐标空间移动。第2级校准由 Cyber Knife 厂家实施，针对具体系统的安装，使用自动光学定位来确定机器人坐标系统的位置数据。根据挂载在机械臂上加速器的位置，这些数据微调系统机械指向准确性以确定 Isopost 尖端的大概位置，误差在1 mm内。Isopost 的尖端(isocrystal)代表 X 射线追踪系统和机械臂路径集合中心在空间中的位置，如果这个工具发生损坏将影响将来质量保证工作的实施。第3级路径基准进一步将机械臂系统指向的准确性提高到亚毫米级别。第2、3级路径校准依赖于激光线与射束中心轴的重合度，验证射束的对称性后，通过测量半影的宽度，调节反光镜将激光线对准射束中心轴的位置，两者位置一致性的好坏直接影响2、3级校准的准确性。

(2) 质量保证方法

路径校准验证的方法可以分为3个水平来验证机械臂指向的准确性。

首先检查激光线与地面标记的一致性(定性)或者进行 AQA 测试(定量)。AQA 测试观察侧位和前后位射束照射 AQA 模体后，模体内钨球阴影的同心度，AQA 方法的局限性在于测试时未使用临床治疗所采用的路径，当这两种测试失败时不能确定错误的来源。对于激光线对准测试方法，在验证测试机器人校准后，将激光线指示的加速器辐射中心标识在地面上。每日激光线与地面标记的一致性只取决于机器人控制的准确性和激光线与射束中心的重合度。如果两者误差超过±1 mm，应当告知物理师执行相关测试，并在患者治疗前确定误差的起因。如果 AQA 测试结果与之前的测试一致，可以排除机器人校准变化的原因。

第二层测试使用 BB 测试模式可以目视评估单个射束指向的准确性，误差在±1.5 mm以内，验证等中心计划的射束中心激光线是否全部经过 Isopost 的尖端。这项测试应当每月执行1次。此外在测试前，应当首先确定激光线的位置没有偏离射束中心轴。

BB 测试方法是：将 Isopost 安装到位，关上防护门，在控制室 SGI 电脑的 Simulate 或者 Treatment 模式中调出需要执行的计划，执行计划，选择 BBT 模式；进入治疗室在教学控制器上(Teach Pendant)，选择 Sim node，机械臂将移动到下一个结点，然后停止；选择 Sim all，机械臂将通过路径中所有结点，并在每个结点上短暂停留。观察激光灯是否经过 Isopost 尖端。

第三层测试严格重复第3级路径校准的过程，这项测试通常在验收和第二层测试失败后进行，测试结果是逐个结点位置偏差的定量数据列表，验证单个结点的误差不超过0.5 mm 或者所有结点方均根偏差不超过0.3 mm。如果某条路径测试失败，必须检查射束中心轴激光线的位置是否发生移动。若激光线位置未发生变化，并且 AQA 和 E2E 测试结果超出限值，需要全面重新校准路径，这项测试需要在场地维修工程师协助下完成。

七、治疗安全

任何可以控制治疗床或者治疗设备在患者邻近空间移动的机器人系统应当具备碰撞防护措施防止潜在碰撞对患者的伤害。具体的安全措施与系统的配置有关，在使用机器人放射外科系统时，碰撞安全预防措施通常可以分为3个阶段。

(1) 设计规范:所有系统部件必须拥有足够的活动空间,在放疗机房设计和建造前验证设备与患者运动不受限。

(2) 系统安装、验收调试、升级:应当验证所有电子安全组件(急停、系统停机等)、患者和机器人运动限制、患者安全区。

(3) 持续系统准确性和安全性测试:周期性测试系统安全,记录持续的系统部件工作状态。

1. 机械安全和碰撞

Cyber Knife 使用工业机器人来支撑和移动重约 160 kg 的直线加速器,在临床实施治疗时,机器人移动范围被限制在患者周围的半球空间内,除了准直器碰撞探测器组件,没有其他机械限制来约束机器人的移动,因此应当每天检查准直器碰撞探测器组件的工作状态。

Cyber Knife 机器人运动限制空间的定义完全依靠控制计算机软件来实现,应当注意的是"机器人-患者"碰撞控制软件只在系统控制软件运行时才起作用,如果机器人由人工操控,软件定义的安全区域不再起作用,不能阻止机器人进入禁止的运行区域,因此可能造成碰撞事故的发生。

Cyber Knife 设定了分离的运动限制区域,第一个区域与机器人相关,包括不能移动的系统部件,例如影像系统部件、地板、墙壁和天花板。第二区域,患者安全区域与患者治疗床相关,应当在治疗床运动范围内不同位置处测试。两种安全区域应当在系统第一次临床使用前或者主要软件升级后测试,机器安装时厂家提供了相关的测试程序,但是需要维修工程师的协助。

如果为了治疗某些特殊部位,患者的部分身体可能会超出患者安全区域,对于这部分身体就没有碰撞保护。在这些情况下,应当通过在模拟模式下使用与实际患者摆位相似的治疗床和模体位置来评估治疗摆位中可能出现的潜在碰撞。模拟模式可以模拟治疗中机器人运动,但加速器处于关闭状态,观察者可以研究机器人运动的状况。此外,计划设计中也可采用不同的患者体位,例如盆腔治疗使用仰卧位脚先进的体位,避免头部进入机器人运行的区域。

2. 辅助安全系统

设备设计中包含的所有安全系统必须进行周期性的测试,作为日检和月检质量保证的一部分,这些系统包括机器人运动紧急中断、紧急断电、声频和视频监控,门连锁功能。此外,在安装和每次维修断开这些系统后也需要进行测试,连锁必须在激活时立刻响应,并且保持状态直到诱因消除工作人员将其取消。

紧急断电(emergency power off, EPO)和紧急运动终止(emergency motion off, EMO)在可能与患者发生碰撞的机器人系统中是必需的。EPO 将完全关闭系统的电源,而 EMO 启动机器人机械刹车但加速器和机器人仍然处于带电状态。如果碰撞发生时按下了 EPO 按钮而不是 EMO 按钮,工作人员可能会丧失宝贵的时间等待机器人系统加电,而不能及时将机器人从碰撞位置移开。此外,由于机器人控制计算机的错误关闭,EPO 会导致机器人控制的丢失。因此在紧急状况发生时应当按下 EMO 按钮,除非电力原因会导致安全问题,这时才需要按下 EPO。所有 EMO 和 EPO 墙壁开关应当每年测试 1 次,控制台上的 EMO 开关在治疗中出现紧急状况时使用的可能性最高,应当每日检查 1 次。

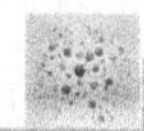

音频和视频患者监控：与所有放射治疗设备的相同，机器人系统也必须安装音频和视频患者监控设备。由于机器人加速器治疗系统可以在患者周边灵活的移动，如果只有两个观察位置机位，机器人或加速器的移动很可能会阻碍工作人员的观察。因此在治疗室内至少应当安装 3 台（最好 4 台）闭路电视摄像机（closed circuit television camera，CCTV），这样患者于机器出现接触时可以同时在两个以上的监控 CCTV 上观察到，同样重要的是对人员的要求，至少应当有一人专门负责在机器人移动中观察监控视频。

第十一章
近距离放射治疗设备的质量保证

近距离放射治疗是通过输源导管或者施源器将密封好的小体积放射源直接植入到肿瘤中或其周边近距离的照射肿瘤组织，由于辐射源剂量随距离增加而迅速跌落，肿瘤组织在得到足够杀伤剂量的同时，可以明显降低邻近正常组织的剂量。近距离放疗一般作为外照射放疗的辅助手段，对于特定部位肿瘤外照射后的残存瘤体给予较高剂量以提高肿瘤局部控制率，被广泛应用于宫颈癌、前列腺癌、乳腺癌和皮肤癌的治疗，其也可与其他疗法如外科手术和化疗结合。根据照射源放置方式的不同近距离照射大致可分为腔内照射（intracavitary irradiation）、组织间插植照射（interstitial irradiation）、管内照射（intraluminal irradiation）和表面施源器照射（surface application）。根据放射源周围参考点剂量率的不同，可以分为低剂量率近距离放疗（2 Gy/h 之内）、中剂量率近距离放疗（范围为 2～12 Gy/h）、高剂量率近距离放疗（超过 12 Gy/h）。按照放射源照射持续时间的不同，可分为短期近距离治疗（几分钟或几小时）和永久性近距离治疗（也称为粒子植入）。

近距离放射治疗质量保证的目标是最大程度的确保患者个体治疗的一致性，准确实现放射肿瘤医生的临床意图，治疗执行中可以保证患者和可能暴露于辐射其他人员的安全。质量保证项目由一组强制的重复性检查、物理测量、文档标准、培训和经验标准以及治疗程序的指导方针组成，用以尽量减少人为错误的频率、沟通不畅、误解和设备故障。对于治疗过程，准确治疗意味着放射源被输运到正确的施源器内计划的位置处，停留准确的时间长度，并准确地提供能够实现放射肿瘤学家的剂量处方的吸收剂量。

第一节 近距离治疗设备概述

早期近距离治疗大多数使用镭或氡放射源，镭在皮肤治疗上的成功应用证明了这种技术的有效性，目前人工放射性核素如^{137}Cs、^{192}Ir、^{125}I、^{103}Pd、^{198}Au 的发展和使用迅速增加。自 20 世纪 70 年代以来新技术的发展更加刺激了人们对近距离治疗兴趣。新技术包括人工同位素的开发，可以减少人员剂量暴露远程遥控放射源的后装系统的发展。随着三维成像技术、计算机化的治疗计划系统和治疗设备的最新进展，近距离治疗成为一种安全、有效的治疗方式。

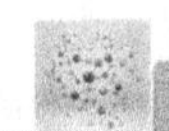

一、近距离治疗常用的放射性核素

放射性同位素衰变主要产生α、β、γ 3种射线，近距离照射主要使用β，γ两种射线，且γ射线的应用多于β射线。自1889年被发现以来，镭一直是近距离治疗中最常用的同位素，但是人工放射性同位素由于其γ射线能量、源灵活性、源尺寸和半衰期在某些情况下具有特殊的优势。除镭以外，放疗中使用的均为人工放射性同位素，除^{60}Co、^{137}Cs外，这些同位素只用于近距离照射。迄今为止，科学家已借助反应堆和加速器生产了大约2 500种同位素，用于近距离治疗的有数十种。近距离治疗使用的γ放射源有多种形状（针状、管状、粒状、丝状和丸状），一般将其制成密封式放射源。为了足以屏蔽从放射源辐射的α和β射线，以及防止放射性材料的泄漏，通常放射源都有双层密封壳。表11-1列出了近距离治疗最常用的放射源以及它们的相关物理特性。

表11-1　近距离放射治疗中常用放射性核素的物理特性

放射性核素	半衰期	光子能量(MeV)	铅半值层(mmPb)	照射量率常数($R\cdot cm^2\cdot mCi^{-1}\cdot h^{-1}$)
^{226}Ra	1600年	0.047～2.45(平均0.83)	12.0	8.25($R\cdot cm^2\cdot mg^{-1}\cdot h^{-1}$)
^{222}Rn	3.83天	0.047～2.45(平均0.83)	12.0	10.15
^{137}Cs	30.0年	0.662	5.5	3.26
^{198}Au	2.7天	0.412	2.5	2.38
^{125}I	59.4天	平均0.028	0.025	1.46
^{103}Pd	17.0天	平均0.021	0.008	1.48
^{60}Co	5.26年	1.17,1.33	11.0	13.07
^{192}Ir	73.8天	0.136～1.06(平均0.38)	2.5	4.69

1. 镭-226(^{226}Ra)源

镭Ra是铀族的第6个元素，此族始于$^{206}_{92}U$而终止于稳定性元素$^{206}_{82}Pb$，^{226}Ra是一种天然放射性同位素，不断衰变为放射性气体氡，镭的半衰期为1 600a左右，氡母核是一种惰性气体，依次衰变成其子核，氡为半衰期为3.8 d。

$$^{226}_{88}Ra \xrightarrow[\text{约1600年}]{} {}^{222}_{86}Rn + {}^{4}_{2}He$$

从镭衰变到稳定的铅过程中，至少产生能量在0.184～2.45 MeV范围内的49种γ射线。同其子核达到平衡状态的镭且经0.5 mm铂滤过的γ射线，距离镭源1 cm处的照射量为8.25 R/h。其能谱复杂，平均能量为0.83 Mev。至少提供0.5 mm的铂滤过厚度才足以吸收镭及其子核放射的所有α粒子及大多数β粒子，只有γ射线用于治疗。由于镭的放射性半衰期远远超过了其所有子核，因此放置在一个密封容器内的镭，与其子核达到长期平衡，从封装时算起建立平衡大约需要1个月的时间。

临床应用的镭主要以硫酸镭或氯化镭的形式提供，并且与惰性填料混合后装载入长1 cm、直径1 mm的电池形盒内。这些盒由0.2 mm厚的金箔制成并且密封以防止氡气泄漏。密封盒再被装入铂封套内，依次密封。镭源被制成不同长度和活性的针形或管形。镭源规格可以用以下物理量描述：①放射性有效长度，即具有放射性部分的两端间的长度；

②物理长度，即放射源的实际长度；③放射源活度或强度，即镭含量的毫克数；④滤过，即封套壁的横截面厚度，一般以 mmPt 表示。放射源的线性活度确定为“活度除以放射性有效长度”。主要有 3 种用于插植的镭针类型：均匀线性活度镭针、一端具更高活度的镭针（瓶装棒）和两端均具有高活度的镭针（哑铃）。均匀线性活度镭针可以是“满强度”(0.66 mg/cm)或者“半强度”(0.33 mg/cm)。镭针也可以制造成线性活度为 0.5 mg/cm 和0.25 mg/cm。用于腔内照射治疗的镭管一般由多个 5 mg 镭和 1 mm Pt 滤过装配而成。为了检查活度分布的均匀性，将放射源放在未曝光的 X 线胶片上足够长时间，使胶片变黑，以获得放射自显影影像。同时拍摄放射源的 X 线片以显示其叠加在自显影照片上的物理长度。曝光后的胶片用光密度计扫描以获得光密度分布，由此可以评估活度分布的均匀性。

放射性核素的活度与用常数 Γ_δ 表示的照射量率有关。在近距离治疗中，这个常数在数值上等于距离 1 mCi(毫居里)点状放射源 1 cm 处的照射量率(R/h)。而在使用镭源时，源强度是用镭的毫克数代替“mCi”来描述的。国际辐射单位和计量委员会(ICRU)建议 0.5 mm Pt 滤过的镭 Γ_δ 为 $8.25\ \mathrm{R \cdot cm^2 \cdot mg^{-1} \cdot h^{-1}}$。表 11-2 给出了使用其他滤过厚度的镭 Γ_δ，以 0.5 mm Pt 滤过的 $\Gamma_\delta = 8.25$ 为标准得到。

表 11-2　不同铂厚度滤过的镭点源照射量率常数

滤过(mmPt)	照射量率常数($\mathrm{R \cdot cm^2 \cdot mg^{-1} \cdot h^{-1}}$)	滤过(mmPt)	照射量率常数($\mathrm{R \cdot cm^2 \cdot mg^{-1} \cdot h^{-1}}$)
0	9.09	0.9	7.81
0.5	8.25	1.0	7.71
0.6	8.14	1.5	7.25
0.7	8.01	2.0	6.84
0.8	7.90		

如果镭源被破坏氡气从里面泄漏出来将会造成很严重的危害，因此镭源被双层密封以防这样的事件发生。由于氦气(来自 α 粒子衰变)的压力增加导致密封镭源的自发破裂被认为可能性很低。Van Roosenbeek 等人已经计算得出被密封在铂里面的镭源可以保持安全密封状态长达 400 年以上。由于镭获得困难，放射性强度低，只能做近距离治疗。又因其半衰期过长，而衰变过程中会产生氡，需要厚的防护层等，在医学上逐渐被 ^{60}Co、^{137}Cs 等人工放射性同位素代替。

2. 铯-137(^{137}Cs)源

^{137}Cs 是人工放射性同位素，发射能量为单能 0.662 MeV 的 γ 射线，半衰期 30 年。距离 1mCi ^{137}Cs 源 1 cm 处的照射量为 3.26 R/h。因此 1 毫居里 ^{137}Cs 约等于 0.4 毫克镭当量。^{137}Cs 在组织内具有镭相同的穿透力和类似的剂量分布，且其物理特点和防护方面均比镭优越，是取代镭的最好同位素。^{137}Cs 的化学提纯存在着两个问题，一是放射性比活度(单位质量的放射性活度)不可能做的太高，主要做成柱状或球形放射源，用于中、低剂量率腔内照射放射源；二是 ^{137}Cs 是从原子核反应堆的裂变物中提取的，混有 ^{134}Cs 同位素，^{134}Cs 的能谱比较复杂，且半衰期短，如果 ^{137}Cs 含有太多的 ^{134}Cs，剂量计算方面就比较困难。

3. 钴-60(^{60}Co)源

^{60}Co 是人工放射性核素，其半衰期为 5.26 年。核内的中子不断转变为质子并放出能量为 0.31 MeV 的 β 射线，核中过剩的能量以 γ 辐射的形式释出，包括能量为 1.17 MeV 及

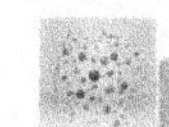

1.33 MeV两种γ射线。距离1毫居里^{60}Co源1 cm处每小时照射量为13伦琴，因此1毫居里^{60}Co约等于1.6毫克镭当量。^{60}Co γ射线平均能量1.25 MeV，比镭略高，可做镭的替代品，制成钴针、钴管等。由于其放射性活度高且易获得，因此在近距离照射时，多用作高剂量率腔内照射。

4. 铱-192(^{192}Ir)源

^{192}Ir也是一种人工放射性核素，它是由^{191}Ir在原子反应堆中经热中子轰击而生成的不稳定放射性核素，能谱比较复杂，平均能量为380 keV，因为能量低，所以该放射源的防护要求比较低。半衰期较短只有73.8天，然而对于平均治疗时间而言，这个半衰期已经足够长了，以致该放射源可以和镭、铯一样被用于非永久性插植。在平均插植持续时间内，其活性仅有几个百分点的变化。距1毫居里^{192}Ir源1 cm处每小时的照射量为4.69伦琴。

由于^{192}Ir的γ能量范围使其在水中的衰减恰好被散射建成所补偿，在距离5 cm的范围内任意点的剂量率与距离平方的乘积近似不变。^{192}Ir源(由30%铱和70%铂组成的合金)被制成细而柔韧的丝形，这样可以随意剪成需要的长度，活性芯为铱-铂合金，外壳是0.1 mm厚的铂材料。包含有铱粒子放射源的尼龙带亦被普遍使用，外有双层不锈钢壳，其中铱源长3 mm，直径0.5 mm，它们的中心彼此相距1 cm。丝和尼龙带均适用于后装技术，HDR远距离控制后装治疗机使用特殊设计的^{192}Ir源，标准活度为370 GBq(10 Ci)。

5. 金-198(^{198}Au)源

由金的放射性同位素^{198}Au构成的粒状放射源，被用于组织间插植照射。它们如氡粒状放射源一样被应用于永久性插植。^{198}Au的半衰期为2.7天，放射出0.412 MeV的单能γ射线。同时也可以发射最大能量为0.96 MeV的β射线，但被围绕放射源的0.1 mm厚的铂吸收。一个典型的金粒状放射源长2.5 mm，外径0.8 mm。因为γ射线能量较低的缘故，人员的辐射防护问题比氡更容易解决。此外，由于韧致辐射，氡放射源持续多年呈现低水平的γ活性，而此韧致辐射来自其长寿命子核放射的高能β粒子，人们怀疑这种慢性照射可能有致癌作用。由于这些原因，金粒状放射源在很多年前就取代了氡，直到^{125}I粒状放射源获得更广泛的接受。

6. 碘-125(^{125}I)源

^{125}I是人工合成放射性核素，其半衰期为59.4天，平均能量为28 keV。通常做成粒状源，用于高低剂量率临时性或者永久性插植治疗。由于其具有较长半衰期，这种同位素优于氡和^{198}Au，且便于储存，加上它有较低的光子能量，防护要求也较低，然而^{125}I剂量测量则比传统的组织间插植放射源复杂得多。其衰变过程中93%的衰变能量经电子俘获和内转换释放X射线和电子线，能量为27.4～31.4 keV，另外7%释放的γ射线能量为35.5 keV。^{125}I用于插植的优点：通过粒源间距和粒源活度的调整，改进了靶区内剂量分布，插植体积外剂量下降很快；可用薄于0.2 mm厚的铅作屏蔽保护正常组织；大量减少了医务人员的不必要的照射。与^{192}Ir相比的缺点是：需要特定设备制备粒源，花费较大；^{125}I源的价格仍高于^{192}Ir；其剂量分布明显依赖于被插植组织的结构。

目前已制造出的3种^{125}I放射源模型分别是6701，6702和6711型号，它们在尺寸和封装上都是采用相同的方式，但是在源活性设计上有所不同。早期型号6701现已被弃用，图11-1显示了目前使用放射源模型设计方式，封套由0.05 mm厚的钛管构成，两端焊接形成圆筒形密封囊状结构，尺寸为4.6 mm×0.8 mm。6702型号密封囊内含有离子树脂串珠，浸泡在以碘根离子形式存在的^{125}I当中，放射性物质吸附在树脂串珠表面，而型号6711中心则是一根具有放射性物质的银丝，碘化银（AgI）吸附在其表面，由于该银丝在X射线片上可见，因此可以用来显示放射源的位置及方向，而6702型号相对较难显影。

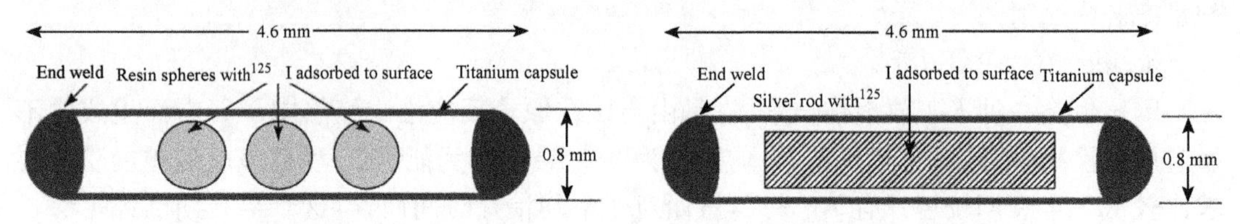

图11-1　^{125}I放射源模型，左侧6702型号，右侧6711型号

7. 钯-103（^{103}Pd）源

^{103}Pd源开发于1980年代初，其临床应用与^{125}I是类似的，主要用于永久性插植治疗，平均能量为21 keV，其半衰期为17天，较^{125}I半衰期短，它在永久性插植方面具有生物学优势，因为剂量能够以更快的速率释放。^{103}Pd点放射源型号200（图11-2）由一个激光焊接的钛管构成，其内含有两个镀上^{103}Pd的石墨托盘，两个托盘之间的铅标记为X射线摄影提供了可识别信息。由于电子俘获，^{103}Pd发生衰变释放出特征X线和俄歇电子，其能量范围为20～23 keV（平均能量20.9 keV）。由于放射源托盘、焊接部位和X射线铅标记的自吸收，放射源周围的光子注量分布是各向异性的。

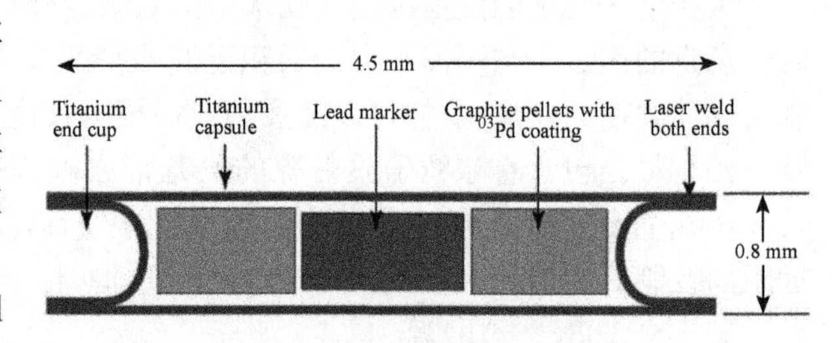

图11-2　^{103}Pd点放射源模型200型号

二、后装系统和施源器

1960年Henschke在传统预先装载近距离治疗方式的基础上，首次提出了后装技术的概念，近距离后装治疗将放射源施源器置于人体管腔内瘤体表面或者将针植入到瘤体内合适位置，且用不透X线的假放射源拍摄X线影像，检验施源器位置准确无误后再装载真源实施治疗。

1. 人工后装技术

传统的人工后装技术在准备和装载放射源时需要人工操作，工作人员面临超过国家或国际公认剂量限制标准的危险。人工后装技术是由预先装载（pre-loaded）施源器系统发展而来。其概念是使用老式经过修改的预先装载施源器，将其放入患者体内，接着由操作人员装载放射源。人工后装的步骤总结如下。

（1）在操作间，将施源器准确放置在靶体积内或附近。

（2）使用放射影像技术或荧光成像来测量并验证施源器的位置。

（3）将假源插入施源器模拟真源，采集用于剂量计算的图像。

（4）根据采集的图像计算植入施源器的剂量学分布和照射时间。

（5）准备放射源。

（6）将患者转移到屏蔽治疗室，工作人员将放射源插入施源器。

（7）治疗结束，工作人员将放射源和施源器一同移出。

由于存在辐射的危险，人工后装技术一般只采用^{137}Cs，^{192}Ir，^{125}I低剂量率放射源。在准备和植入放射源的过程中需要使用合理的屏蔽，操作放射源通常在屏蔽设施后方并且工作人员需要配备个人剂量计，如：TLD或者胶片剂量计来估计身体和四肢的剂量，此外在放射源操作过程中通常使用带有警报声的盖格-米勒（Geiger-Muller，GM）计数器等来实时监测剂量读数。

2. 远程控制后装系统

由于人工后装技术存在的辐射风险，随着计算机技术的快速发展，远距离遥控后装系统应运而生，其在计算机控制下利用机械系统远程将放射源由屏蔽储存容器装载入施源器，以避免人员直接接触放射性物质，这种技术显著减少了医护人员受照剂量，传统的腔内治疗随着此类机器的问世产生了根本的变革。早期的远程后装设备减少了放射源准备和植入患者过程中的剂量暴露，后来通过机械设备将放射源收回屏蔽储存容器则进一步减少了治疗过程中进入治疗室的工作人员的受照剂量。当前使用的所有远程控制后装设备，放射源在治疗结束都自动返回保险箱中，这意味只有在发生事故时才会有意外照射的风险。其与人工后装系统的主要区别在于放射源的操作方式不同，除了辐射防护的优势以外，远程后装系统使用更高精度的施源器和放射源定位方式可以获得更好的肿瘤剂量分布。

老式后装机使用的核素是^{226}Ra，但由于其毒性、防护难度等因素现已被弃用。取而代之的是^{192}Ir、^{60}Co和^{137}Cs，其中的高活度^{192}Ir（1～10 Ci）源普遍用于高剂量（high dose rate，HDR）的后装治疗。近10多年来，^{137}Cs源通过不同的结构设计，一直成为很多低剂量率（low dose rate，LDR）后装治疗机的首选。

远程后装治疗系统由治疗计划系统、后装主机和控制系统3部分组成。

治疗计划系统首先获取患者的正交X射线影像或者三维CT图像，根据约束条件、源的衰变、病灶大小和形态优化剂量分布，计算出等剂量分布曲线并进行三维显示。治疗计划系统是后装治疗系统的核心，其质量优劣直接关系到患者的剂量准确与安全。后装主机的主要组成部分包括：施源器、储源器、源传送系统、应急系统。施源器是直径为毫米级的管状物，由不锈钢制成，管内可装球形的真源或者假源，并有气道通道。后装治疗机的储源系统和源传输系统包括：源分类机、主储源室、源分配器、中间储源室、阀门和传输管道。源分类机的功能是将真源和假源分类；主储源室的功能是将真假球状源分配到中间储源室的各个管道中；中间储源室能将真源和假源按要求混合成一列源序，以便将他们送入施源器中；各种阀门和管道便于输送球状源和测量；应急系统允许在发生故障时可以使用人工收回机械装置将放射源收回。放射源控制系统由计算机、电视监视系统和打印系统组成，后装主机在控制系统的监控下根据治疗计划系统提供的数据文件实施放射源输送和放射治疗。图11-3(a)所示为Elekta公司的Flexitron HDR后装机，其配备高剂量率微型^{192}Ir放射源，可靠的剂量监测和安全连锁系统以及可优化剂量分布的治疗计划系统；图11-3(b)所示为瓦里安Varisource HDR后装机，其施源器插槽设置在治疗旋转机头上，每个插槽对应一条源线通道，植入患者体内的施源器通过传输导管与插槽相连。

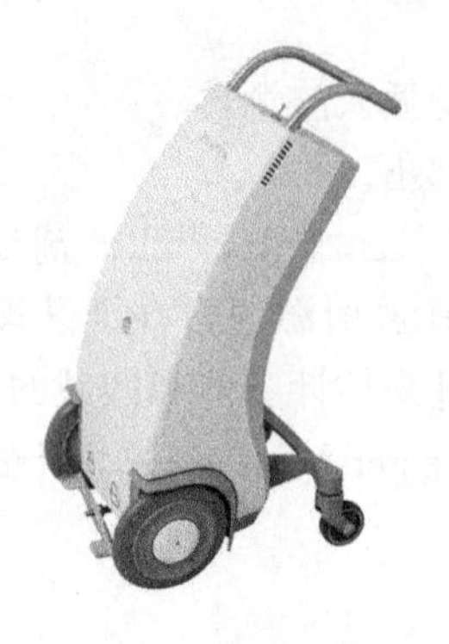

(a) 医科达 Flexitron 高剂量率后装治疗机

(b) 瓦里安 Varisource 高剂量率后装治疗机

图 11-3

3. 施源器

施源器是各种不同规格和形状的可与放射源传输导管相连接的空心管和针。对于不同治疗部位的临床和剂量学的特定需求,通常使用不同的施源器。

宫腔施源器:一般 LDR 植入使用的近距离治疗施源器也可以用于 HDR 治疗。一些最常用的施源器,如弗莱彻(Fletcher)施源器组件(图 11-4a),可以用于多种 HDR 治疗。该施源器组件适用于子宫、子宫颈部和骨盆侧壁妇科恶性肿瘤的治疗。它通常包括 3 种不同曲率(15、30 和 45°)的刚性宫内串联管和一对卵圆形导管构成,在卵圆形导管侧做屏蔽可以降低膀胱和直肠的剂量。

阴道圆柱形施源器:包括不同直径的丙烯酸圆柱形施源器内含有轴向钻孔以容纳不锈钢串管(图 11-4b)。组件中包括与传输导管相连的连接导管,以及与串管长度相配套的标记线,这种施源器适用于治疗阴道壁肿瘤。

直肠施源器:不同直径丙烯酸圆柱形施源器被设计用于治疗直肠浅表肿瘤,通过使用选择性屏蔽可以保护周围正常组织,HDR 组件中包含有联结导管和标记线。

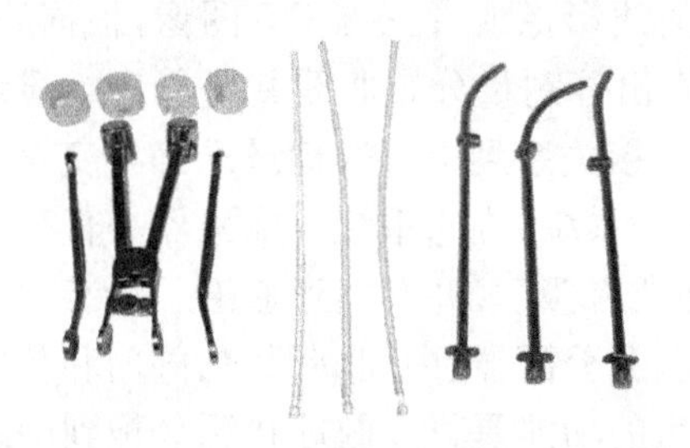

(a) Fletcher-suit 施源器

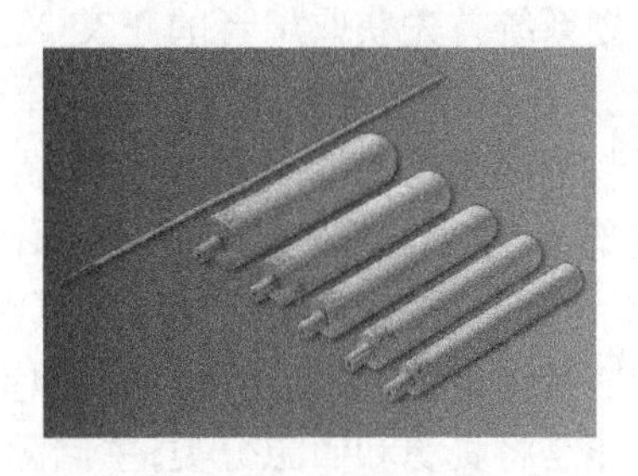

(b) 不同直径的阴道圆柱形施源器

图 11-4

腔内施源器:不同长度且直径合适的导管可以用于治疗支气管癌等腔内疾病。

鼻咽施源器:这种施源器用于 HDR 技术治疗鼻咽肿瘤。该施源器组件包括气管插管、导管、鼻咽连接器。除了上述这些应用场合外,HDR 施源器几乎可用于所有合适的腔内近距离治疗应用。

组织间插植施源器:根据近距离插植的规则首先将空心不锈钢针管植入患者肿瘤内部合适位置,再将可以容纳 HDR 线源的封闭式导管插入针管,然后退针使导管留在原位,皮肤表

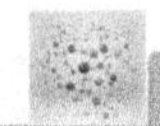

面通过纽扣固定导管。标记线用于确定计划设计的预定源驻留位置，这与标记线在其他 HDR 施源器中的使用相一致，组织间插植技术可用于前列腺癌、乳腺癌和一些头颈部肿瘤的治疗。

三、放射性粒子植入设备

粒子治疗的手术器械主要由专用微创穿刺枪、穿刺针、V 形装载器、弹夹、弹夹存储/消毒器仓、专用超声消毒器等构成，是临床开展粒子治疗技术的重要组成部分。经过十几年的发展，各种定位装置、模板以及专用支架等已在临床逐渐得到普遍应用。

1. 粒子植入针

严格地讲只有与粒子植入治疗前列腺癌植入器（如美国×××公司生产的 Mick 枪）匹配的 18 cm 长、针芯尖为棱形的植入针才是专门用于粒子植入的（图 11-5a），其余的可统称为穿刺针。国产粒子植入针外观基本都是注射针座的加长型，或是麻醉穿刺针的延长型。其缺点是：当多根针同时植入且进针深度较长时，针座紧紧相拥，由于植入器前接乳头较短，造成粒子植入时空间狭窄，操作不便。

粒子植入针设计内有针芯，外有套管，针芯略长于套管，确保粒子能够推出。末端根据植入器种类，设计成不同类型，主要是便于连接，治疗时保证不脱落，粒子针套管有的设计有刻度方便使用，有的则没有刻度。针的长度有长针和短针两种，长针适用于体内深部肿瘤治疗，短针适用于人体表浅肿瘤治疗，临床使用尖端棱形和带刻度粒子植入针更具优势。

2. 粒子植入器

国外进口的植入器一般称之为 Mick 枪（图 11-5 b），优点包括粒子仓为弹夹型；滑杆底座与模板相对应；带有多个不同尺寸的退针定位臼，使植入粒子可有不同的空间排布；植入针装卸卡榫使得植入针装卸简单灵活；带有推杆保护套筒可以确保植入针推杆长距离进退准确。缺点在于：整个枪体过长，完全伸展后约 60 cm，垂直方向操作略显笨拙，适用于水平方向操作的前列腺癌粒子植入；弹夹与弹夹膛内紧密接触，肿瘤内回血会涌入弹夹内，造成粒子被浸泡在血泊当中，继而血液凝固粒子通过不畅；手持环扣在操作时不易把持；退针定位臼虽精准，但操作时卡阻并不明显，使得造成粒子植入不匀；退针定位臼与弹夹臼均由一压簧和钢珠组成，且为一次成型不能更换压簧与钢珠，使用过久钢珠会磨损变平，血液一旦溢入其间隙，不易清洗且存在交叉污染的可能，并会使压簧失效，价格高昂。

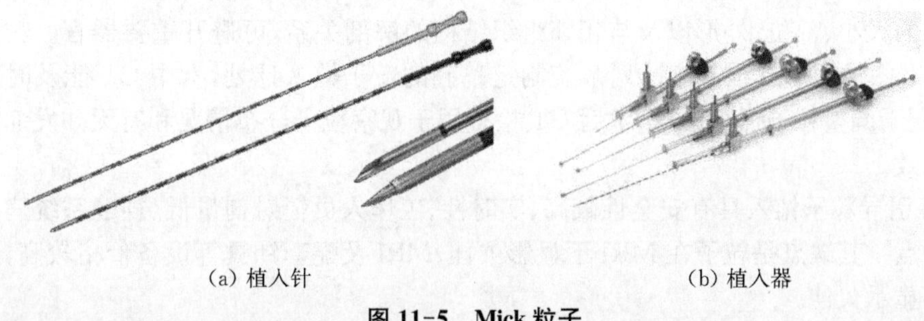

(a) 植入针　　(b) 植入器

图 11-5　Mick 粒子

国产植入器的发展经过了几个阶段，第一阶段无枪徒手操作阶段，植入的办法是将针刺入肿瘤后，拔出针芯，用长镊子夹住单个粒子直接置入针座内，再用针芯或平头推杆调整粒子方向对准针腔，将其推送至远端植入的瘤体内。然后再按要求退针通常为 1 cm 的距离，再植入第二颗粒子，操作费时费力并且工作人员的剂量暴露高，存在粒子崩落的危险。第二阶段为转盘式粒子植入器阶段。设计有 3 个同心孔的圆形钢盘，上层的喇叭口用于推送粒子，中间层用于储存粒子，下层是连接针座前乳头体，粒子推出经其进入针腔。中心旋转轴连接一握柄，整个植入过程通过旋转中间转盘将粒子推入孔洞完成植入。转盘式粒子植入器经过改进大大减少了操作时间和对工作人员的辐射剂量。但也有容易卡壳和旋转控制不准而出现粒子推空，重复推入或是转盘内残存粒子等问题。第三阶段为弹夹式植入器阶段。是在进口弹夹型植入器基础上的改进，操作方便，每推入一颗粒子，弹夹中压簧即自动将下一颗粒子压入针腔内处于待发状态。但这型植入器也有其自身缺点：一是结构过于简单，整个弹夹枪体是由 3 块矩形不锈钢及 6 个螺钉紧固而成，其内置固定弹夹钢珠及弹簧为一次性嵌入，血液进入弹簧内后难以清洗，经过高压高温消毒使弹簧失去弹性，钢珠易磨损，影响粒子推送准确度。在此型植入器的基础上，天津医科大学第二医院研发了 I－1 型和 I－2 型植入器针，对性的改进了这些不足之处，取得了很好的使用效果。

3. 固定穿刺架

颅内肿瘤的固定穿刺架，用于颅内肿瘤立体定向功能的固定架具有三维立体植入功能，确保粒子治疗空间分布均匀。前列腺癌固定穿刺架有 3 种，万向节式固定架结构设计简单，操作方便，可与任何手术床连接，实用性强；落地式固定架移动灵活，但是在术中容易碰撞，位置容易移动；联体式固定架固定性好，缺点是操作烦琐，需要特殊手术床与之匹配。

4. 计划系统和植入引导设备

放射性粒子植入的治疗计划系统用来进行制定粒子治疗术前计划和粒子植入后质量验证，预测粒子植入的效果。术前将 CT 扫描获得的肿瘤图像传送入 TPS 设计，计算机确定进针点及粒子数目后。根据布源需要，在影像设备的引导下，选择最佳路径植入粒子。放射性粒子植入引导方式包括超声、CT、MRI、模板引导等。

超声引导具有安全、准确性高、操作简单等特点(图 11-6a)。前列腺癌治疗时需要借助经直肠超声探头获取前列腺图像，探头具有横切、纵切扫描功能，超声系统内要同时配有模板软件，与治疗计划完全匹配。术中治疗时需要配备有术中探头的超声，一般直肠探头即可满足临床需要，具有端扫功能。颅内肿瘤治疗时需要配备具有颅内探头的超声，浅表淋巴结治疗时需要小的凸阵探头，最好配有穿刺架。

CT 有良好的空间分辨率和密度分辨率，扫描范围广、显像清楚、靶区明确，可较精确地显示病灶的大小、部位、外形以及与相邻组织结构的解剖关系，可避开重要器官。粒子植入前采集 CT 图像用于三维治疗计划系统制定精确的粒子植入计划，术中 CT 能及时进行验证计划，便于调整粒子插植位置，术后 CT 检查用于观察粒子分布情况和有无并发症以及观察治疗疗效。

MRI 引导粒子植入具有安全性较高、实时性、工作人员辐射剂量低、神经系统病变显示良好的特点。其缺点是粒子在 MRI 下显影欠佳、MRI 及配套针具等设备价格较高，胸腹部病变边界显示欠佳。

模板引导的放射性粒子植入首先制定治疗计划，术中使用带有横竖坐标和栅格的多孔模板进行立体定位(图 11-6b)，模板上的栅格与超声或 CT 图像上显示的栅格一致，穿刺针通过模板孔进入患者肿瘤，按治疗计划植入粒子，实现立体定向治疗的目的，其优点是种植

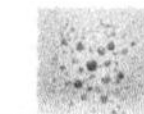

准确,放射源分布合理。近来兴起的 3D 打印技术也应用到个体化模板制作中,将患者术前定位采集的影像数据输入三维治疗计划系统,可以为其量身定制与解剖结构、穿刺进针路径相匹配的个性化非共面模板,实现更加精准的粒子植入。

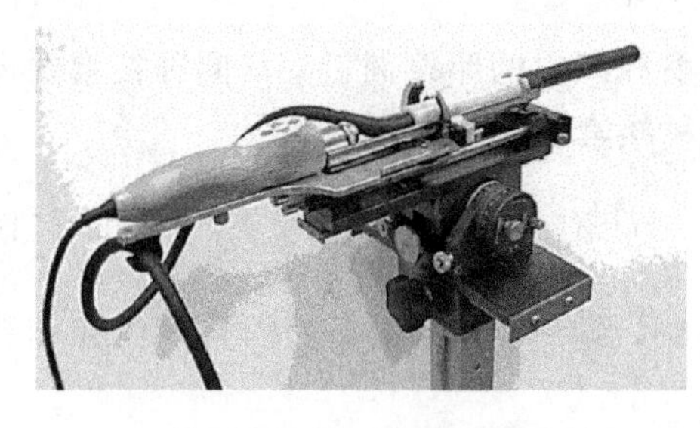

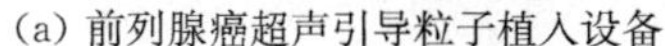

(a) 前列腺癌超声引导粒子植入设备　　(b) 用于引导植入针的粒子植入模板

图 11-6

第二节　放射源校准和定位技术

在医院中近距离治疗放射源的校准是一个完善质量保证计划的重要组成部分。校准的主要目的是确保输入治疗计划系统的放射源数据与源校准证书提供的数据在允许的误差范围内保持一致,并确保对国际标准具有可追溯性,可追溯性的重要性在于它为国内和国际间治疗结果的比较提供了便利。此外肿瘤和正常组织的受照剂量直接依赖于放射源在组织中的空间分布,如何准确的测量放射源的位置是精确计算剂量分布的前提。

一、放射源强度的表示方法

在近距离治疗中,由于直接测量放射性活度的困难,表示放射源强度的常用方法都与照射剂量率有关,基本方法包括如下几种。

(1) 毫克镭当量:通过比较某种给定的放射性核素和 ^{226}Ra 在空间中同一点造成的照射量而计算得到,公式为:

$$m_{\mathrm{eq}} = m_{\mathrm{Ra}} \cdot (\dot{X}_{d,\,N} / \dot{X}_{d,\,\mathrm{Ra}}) \tag{11-1}$$

式中 m_{eq} 为某种放射性核素的毫克镭当量数(mgRa);m_{Ra} 为 ^{226}Ra 源的毫克数;$\dot{X}_{d,\,N}/\dot{X}_{d,\,\mathrm{Ra}}$ 为某种放射性核素与 ^{226}Ra 源在距离 d(cm) 处的照射量比。

用 $\Gamma^{*}_{\sigma,\,\mathrm{Ra}}$ 表示镭源的照射剂量率常数,其定义为封装在 t(mm) 厚铂金套中的每毫克镭源在距源 1 cm 处每小时的照射量,单位为 $R \cdot \mathrm{cm}^2 \cdot \mathrm{mg}^{-1} \cdot \mathrm{h}^{-1}$,则式 11-1 可改写为:

$$m_{\mathrm{eq}} = \dot{X}_{d,\,N} \cdot \frac{d^2}{\Gamma^{*}_{\sigma,\,\mathrm{Ra}}} \tag{11-2}$$

(2) 参考照射剂量率 R_X:在空气中直接测量距源 1 m 处的照射剂量率,并用它表示近距离治疗的放射源强度或者距源 1 m 处的输出剂量率。参考照射剂量率定义为距源 1 m 处的输出剂量率，数值上等于距源 d(cm)处的输出剂量率 $\dot{X}_{d,N}$ 与距离平方的乘积：

$$R_X = \dot{X}_{d,N} \cdot d^2 \tag{11-3}$$

(3) 显活度 A_{app} (有效活度)：若某种密封放射源产生的照射剂量率与同种核素的裸源产生的照射剂量率相同，则裸源的活度定义为该种核素密封源的显活度：

$$A_{app} = \dot{X}_{d,N} \cdot \frac{1}{\Gamma^*_{\sigma,N}} \cdot d^2 (\Gamma^*_{\sigma,N} \text{为照射剂量率常数}) \tag{11-4}$$

(4) 空气比释动能强度：定义为在自由空间中，源中轴上距源 d 处的空气比释动能率 $\dot{K}_d$ 与距离 d 平方的乘积：

$$S_K = \dot{K}_d \cdot d^2 \tag{11-5}$$

其单位为 $U = \mu Gy \cdot h^{-1} \cdot m^2$。采用空气比释动能强度表示近距离放疗中放射源强度的优点在于：①它和吸收剂量率的单位一致，临床计算吸收剂量时不需要再进行单位转换；②便于各种核素之间强度大小比较，而不必考虑它们的几何和物理结构对吸收剂量计算的影响；③在近距离条件下，水中同一位置的比释动能和吸收剂量数值基本相等，差别小于 1%。空气比释动能强度与其他放射源强度物理量的关系可以表示为：

$$S_K = m_{eq} \cdot \Gamma^*_{\sigma,Ra} \cdot \frac{W}{e} = \dot{X}_{d,N} \cdot d^2 \cdot \frac{W}{e} = R_X \cdot \frac{W}{e} = A_{app} \cdot \Gamma^*_{\sigma,N} \cdot \frac{W}{e} \tag{11-6}$$

二、放射源校准

放射源的校准可以使用空气校准技术、井型电离室校准技术或者使用专用固体模型校准。原则上 ^{137}Cs 低剂量率源可以用任何方法校准，然而在空气中标定这些放射源获得的测量信号通常很低并且参考空气比释动能率的不确定性也非常高。

在空气中校准，测量电荷或电流的准确性非常依赖测量距离，因此距离的误差可能会产生很大的测量不确定性。为了提高精度，在空气中校准应使用若干距离进行测量。尽管井型电离室提供了一种简单、快速、可靠的放射源校准方法，但是空气校准技术仍是更基本的校准方法。必须注意的是放射治疗最感兴趣的物理量是吸收剂量，目前德国标准实验室为所有新型电离室提供了基于水中吸收剂量的次级标准校准因子。由于水中吸收剂量直接与放射治疗的要求相关，因此其具有很好的发展前景，但是空气中比释动能校准方法仍然是目前大多数用户采用的标准方法。

1. 空气中比释动能校准

这部分内容将介绍一种使用空气中校准技术校准高能放射源的方法。由于 ^{125}I 或者 ^{103}Pd 源发射的光子能量低，该方法不能用于这些放射源的校准，其原因在于低能时，空气比释动能校准因子的不确定性很大，同时在空气测量中低能光子放射源的参考空气比释动能不够高，再加上可能存在的高泄漏电流，这意味着测量结果存在很大的不确定性。此外空气湿度会影响低能光子的衰减，相比于 ^{192}Ir 近距离放射源，低能放射源的测量电流会受到更大的影响。

在空气中对高剂量率放射源进行校准一般需要考虑：①确定现场使用电离室及静电计对放射源的空气比释动能校准因子N_K；②选择较为合适的测量距离；③所用电离室的能量响应及室壁厚度；④计算公式中相关校正因子的选择。

参考空气比释动能率通常指定在 1 m 的距离处，但是对于低信号和高泄漏电流的电离室并不适用。参考空气比释动能率可以由式 11-7 确定：

$$\dot{K}_R = N_K \cdot (M_u/t) \cdot k_{\text{air}} \cdot k_{\text{scatt}} \cdot k_n \cdot (d/d_{\text{ref}})^2 \tag{11-7}$$

式中：N_K 是电离室空气比释动能校准因子，对 N_K 应注意两点：首先是电离室一般仅给出照射量校准因子 N_X，N_K 则需要由 N_X 计算，其关系式为：$N_K = N_X \cdot \frac{W}{e} \cdot \frac{1}{1-g}$，$g$ 为致电离辐射产生的次级电子因韧致辐射损失的能量占初始能量总和的份额，当光子能量小于 0.3 MeV时该值约为 0；^{60}Co γ 射线约为 0.003。将 $\frac{W}{e} = 0.876$ cGy/R 值代入前式则有：$N_K = 0.876 \cdot N_X \cdot \frac{1}{1-g}$。其次 ^{192}Ir 放射源能谱非常复杂，通常是以 250 kV 的 X 射线和 ^{137}Cs（或 ^{60}Co）γ 射线的校准因子经线性插值计算得出 ^{192}Ir 放射源的校准因子。这就要求对上述两种能量的 X(γ) 射线校准时，电离室需具有相同的室壁厚度，即带有相同的平衡套，并要求电离室的能量响应在该能量范围内差别小于 2%。

M_u 为在测量时间 t 内收集电荷的静电计读数，经过环境温度和气压以及电离复合损失的修正，一般取 3～5 次测量的平均值。

k_{air} 为原射线光子在源和电离室之间衰减的修正因子，由于源周围的剂量是以与源距离的平方成反比衰减，当测量用电离室距源较近时，在其灵敏体积内，剂量会有显著的梯度变化。理论上，指形电离室是被视为"点"状探测器进行测量，在外照射时，放射源距参考剂量点较远，上述假设成立，而在近距离照射时，则需对电离室进行剂量梯度校正。

k_{scatt} 为测量环境的散射修正因子，用来修正来自墙壁、地面、测量装置和空气等的散射线的附加电离量，为克服散射线对放射源校准精度的影响，测量时一般将电离室及支架放置房间中央，距周围散射介质的距离至少 2～3 倍于放射源距电离室的距离。由于测量支架由低原子序数的有机玻璃制成，其散射贡献约为 0.005。

k_n 为电离室空腔中电子注量不均匀修正因子。

d 为测量距离，即源中心和电离室中心的距离，测量距离必须大于被测源和电离室的直径，一般取 5～15 cm 范围内，空气中用指形电离室校准放射源，测量距离既不要过近，以免电离室灵敏体积内存在大的剂量梯度变化，又不要过远，以至测量时间延长，使得仪表漏电流增加。对高剂量率放射源，测量距离一般为 10～20 cm，测量时间 3～5 min。

d_{ref} 是参考距离，通常为 1 m。

需要注意的是，式 11-7 给出了测量当天的参考空气比释动能，对于其他日期的测量应当修正源的衰减因素。体积大于 0.5 cm^3 的电离室可以用来测量 HDR 放射源，对于 LDR 放射源需要更大体积（超过 1 000 cm^3）的电离室才能获得足够的信号，超大型电离室用于近距离放射源的校准存在一些不确定性，此外体积非常小的电离室由于信号过低也会产生问题。

2. 井型电离室校准方法

井型电离室（well type chamber）校准近距离放射源应当采用专门用于放射治疗的电离

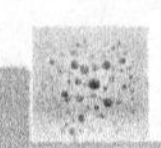

室型号，这种方法可以同时测量 LDR 和 HDR 源的参考空气比释动能率。应当注意的是使用密封电离室时，如果其内部空气压力高于环境气压，可能会存在空气缓慢泄漏的问题。在这种情况下，需要调整校准因子，对于开放型电离室需要校正温度和气压的影响，因为校准因子的确定是以标准环境条件为基础的，通常是 20 ℃和 101.3 kPa。

由于经过长时间测量后井型电离室的响应存在漂移的可能性，通常使用 ^{137}Cs 这种长半衰期的放射源来确定其参考读数，通过使用位置重复性好的插件可以检验电离室信号的准确性。另一种检验电离室稳定性的办法是使用外照射 ^{60}Co 射线在固定可重复的设置条件下来对其照射，经过放射源衰变，空气气压和温度校正后可以确定电离室读数的稳定性。如果超过 0.5%的明显偏离表明可能存在错误，这种情况下应当及时记录并调查原因。

井型电离室(图 11-7)提供了一种简单可靠的方法来测量近距离放射源。校准测量点定义为在校准过程中放射源摆放位置的中心，对于不同长度源，这个点的位置不同。一些井型电离室底部有固定不可拆除的垫板，放射源通常放置在这个垫板上。其他一些类型的井型电离室，具有可以移动和固定的夹具，将放射源固定在不同的高度上，在测量过程中放射源位于夹具的下方。在井型电离室的校准证书上必须标明校准点的位置，使用的垫板和放射源的外部尺寸同样也需要加以说明。大多数井型电离室中都有一个可以沿圆柱形中轴固定源的引导管，电离室相对于源位置的测量灵敏度必须事先确定，这可以使源处于引导管中轴的不同位置处来进行检定。通常在几厘米范围内信号数值的差别不会超过 1%，表明这种方法可以得到重复性很好的读数。

在校准高空气比释动能率的放射源时需要考虑复合校准，因为井型电离室会产生很高的电离电流和复合损失。电离室应用高和低采集电压可以产生这种效应，在验收电离室时应当评估其影响。对于低活度的方式源例如 ^{192}Ir 必须进行重复检定。通常使用的高低电压分别为 300 V 和 150 V。必须注意的是只有在电离室的收集效率经过校正后，并且电离室校准因子中包含了这一影响才需要考虑复合损失的校正。

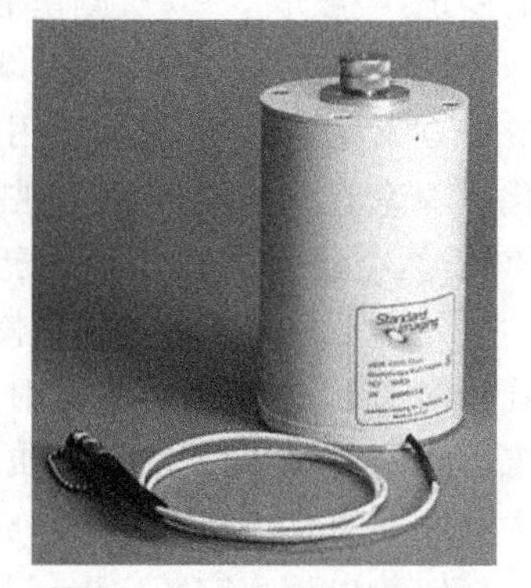

图 11-7　Standard imaging 公司 HDR1000 PLUS 井型电离室

具有厚内壁的井型电离室可能会产生能量依赖性，在校准低能量的放射源如 ^{125}I 和 ^{103}Pd 时尤其需要注意，同样低能源的过滤也会依赖于源夹具的壁厚。相对于 Farmer 型电离室，井型电离室需要考虑源的类型。其校准因子只对已经经过井型电离室校准的源的类型有效，不仅对于低能源，对于 ^{192}Ir HDR 放射源校准也同样如此。一般这种校准条件都会在证书上进行说明，校准时应当采用相同的校准条件。在医院中的校准过程中，源放置的位置应当与其标明的校准条件保持一致。测量过程中应当尽量减少环境散射的影响，使电离室与墙壁和地板的距离在 1 m 以上。在校准开始之前应当使电离室与周围的环境达到平衡条件，最少需要 30 min。测量温度应当是电离室的温度而不是室温，但是直接测量其内部空气的温度很难实现。校准的空气比释动能率可以通过式 11-8 计算：

$$\dot{K}_R = N_{K_R} \cdot (M/t) \tag{11-8}$$

式中 N_{K_R} 是井型电离室参考空气比释动能校准因子，M 是 t 时间内平均电荷数，经过温度、气压和复合损失校正。

3. 固体模体校准方法

在使用固体模体校准放射源时需要考虑两个方面，如果放射源已经经过其他方法的校准（如：空气中比释动能校准技术或者井型电离室校准方法），固体模体校准方法可以用来检验其准确性，固体水的测量电荷 M_p 和之前校准的读数 M_c 之比对于不同的源应当保持一致。固体模体的优势在于可以保持测量距离的可重复性，因此固体模体测量可以用来检验之前校准的质量。如果测量中发现读数产生了很大的偏离，则表明在校准过程中出现了错误需要加以分析。

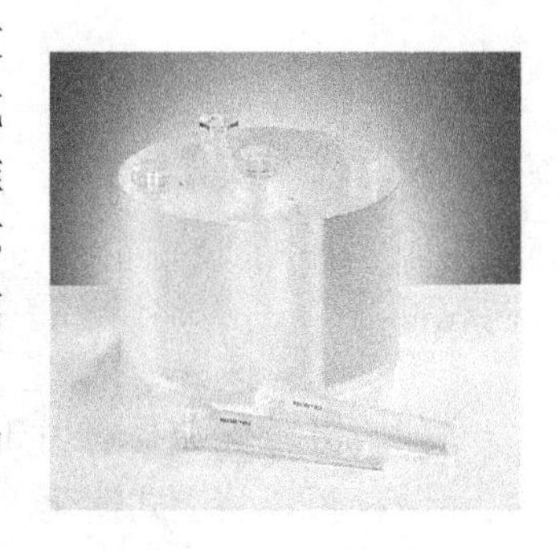

图 11-8　PTW 后装放射源校准模体

除此之外，固体模体可以直接用来校准放射源。商用固体模体上都提供了用于测量的电离室插孔。例如图 11-8，PTW 公司的后装放射源校准模体（丙烯酸材料，直径 20 cm，高 12 cm），厂家给出了模体详细的几何尺寸参数，并提供了将测量电荷或电流转换为参考空气比释动能的修正因子。应当注意的是对于不同类型的模体，参考空气比释动能的修正因子是不同的，此外模体测量技术并不适用于低能源如 ^{125}I 和 ^{103}Pd，这是由于在 5 cm 的典型测量距离情况下，模体会吸收大部分辐射量，因此测量设备接收到的信号很低。

三、放射源的定位技术

在近距离照射中，肿瘤和正常组织的受照射剂量直接取决于放射源在组织中的空间分布，因此准确地测定每个放射源的位置，是准确计算剂量分布的前提。放射源定位，通常采用 X 射线照相技术。其步骤是按照临床要求，根据特定的剂量学系统的布源规则，确定放射源的几何排列，将施源器或源导管插植入靶区，然后放入假源，经 X 射线照相后，得到模拟实际照射时放射源在靶区内的几何排列。根据放射源的几何位置，计算剂量分布，选择最佳方案后装载真源实施照射。

1. 正交定位技术

正交影像定位技术，即正侧位成相技术，也称为等中心照相技术。通常使用模拟机和等中心方法，拍摄两张正交的影像片，其中心一般选定在放射源几何分布中心。如图 11-9 所示，给出相对几何关系。

设放射源相对于患者仰卧时的左右、上下、前后方向，分别定义有三维空间坐标 (x, y, z)。如果等中心位置位于坐标系原点，点为一点源或线源的一个端点，它在空间坐标系中的坐标为 (x, y, z)；f_a 和 f_b 分别为正、侧位拍片时射线源（即靶焦点）到等中心的距离；F_a 和 F_b 分别为源到两胶片的距离。通过拍摄正侧位影像片，可以分别获得 P 点的投

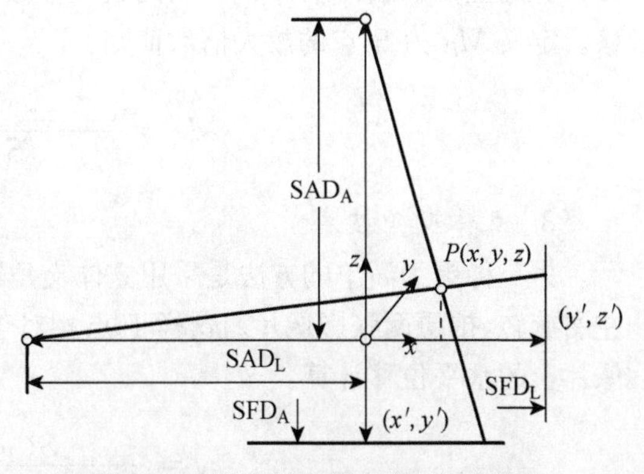

图 11-9　正交影像技术原理示意图

影坐标 (x', y', z')，继而求出 P 点的空间坐标 (x, y, z)。根据几何学原理有：

$$x = \frac{f_a - z}{F_a}x' \quad z = \frac{f_b - x}{F_b}z' \tag{11-9}$$

两式相互代入则有： $$x = \frac{f_a F_b - z' f_b}{F_a F_b - x' z'}x' \quad z = \frac{f_b F_a - x' f_a}{F_a F_b - x' z'}z' \tag{11-10}$$

同理可得 $$y = \frac{f_a F_b - x' f_b}{F_a F_b - x' z'}y_a' \quad 或 \quad y = \frac{f_a F_b - x' f_a}{F_a F_b - x' z'}y_b' \tag{11-11}$$

如拍摄正侧位影像片时使用相同的等中心技术和源到胶片的距离，则有 $F_a = F_b$，$f_a = f_b$，可以将上式简化。

使用正侧位成像技术时，如果植入的放射源非常接近于等中心，且 (x', y', z') 在胶片上的位移远小于焦点到等中心和胶片到放射源的距离，那么可直接使用胶片的影像放大系数 M 近似确定 P 点的坐标值即：

$$x = \frac{x'}{M_a} \quad z = \frac{z'}{M_b} \quad y = \frac{y_a'}{M_a} 或 y = \frac{y_b'}{M_b} \tag{11-12}$$

式中 $M_a = \frac{F_a}{f_a}$ 和 $M_b = \frac{F_b}{f_b}$，如果正侧位胶片的几何条件相同，则两式相等。

2. 立体平移定位技术

该技术的要点是拍摄的两张影像为同一方向，只是中心之间相距一定距离，这可以通过平移患者或 X 射线球管实现。

如图 11-10 所示 X 射线管焦点到胶片的距离为 F，假定患者相对 X 射线管沿 y 轴移动距离为 S，标记 O 为原点(位于患者体表或床面位置)，其相对胶片的高度为 z_0，P 代表一点源或线源的端点。该点的高度 z 可通过胶片上相对原点 O 的位移 y_1 和 y_2 来计算。按照相似三角形原理，可得：

$$z = \frac{(F - z_0)(y_1 - y_2) + S z_0}{(F - z_0)(y_1 - y_2) + SF}F \tag{11-13}$$

根据这种方法计算所有源端点的坐标，从而可以得到放射源相对治疗部位的三维空间位置分布。用上面的胶片来计算 P 点的放大倍数，从而可以计算 x、y 相对于每张胶片原点的位移。定义 M_P 为 P 点的放大倍数值则：

$$M_P = \frac{(F - z_0)(y_1 - y_2) + SF}{S(F - z_0)} \tag{11-14}$$

3. 立体交角技术

另一种更为简单的方法是采用立体交角照相技术(图 11-11)。采用等中心方式。机架左右旋转，拍摄两张影像片。这样 P 点相对于原点 O 的 y 坐标可以根据经过 P 点的两张影像片上的水平位移计算：

$$y = \frac{S(y_1 + y_2)/2}{(y_1 + y_2) - SF/(F - z_0)} \tag{11-15}$$

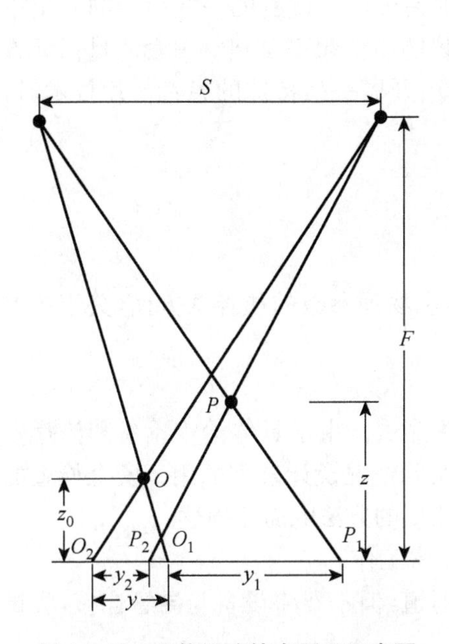

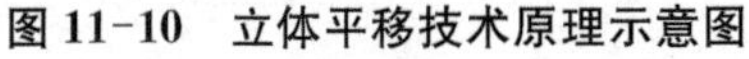
图 11-10 立体平移技术原理示意图

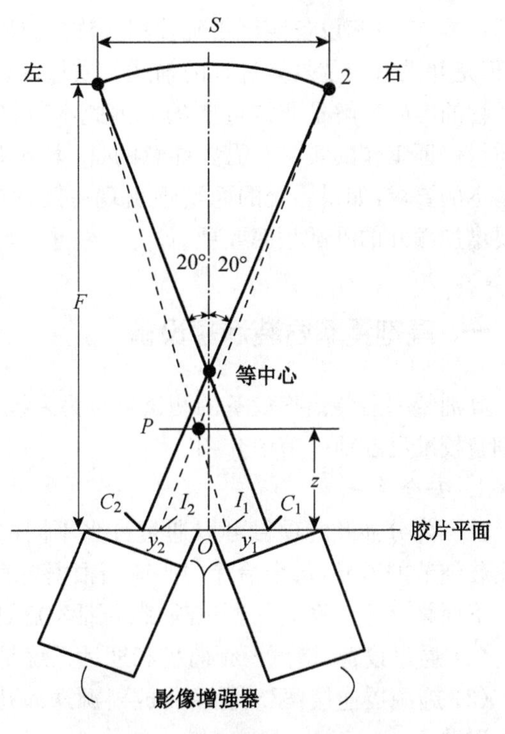

图 11-11 立体变角技术原理示意图

同样也可以计算 x 坐标。

4. 放射源定位的误差分析

近距离照射剂量学最基本的特点之一是放射源周围剂量分布的高梯度变化。这意味着放射源位置计算的微小误差，都会导致很大的剂量计算误差。上述 3 种放射源定位技术利用胶片作放射源位置重建时会产生误差，若使用放射治疗模拟机拍摄 X 射线影像时，由于该类型机器有很高的等中心几何精度，因此胶片提供的几何数据较准确。误差主要来源于对影像片源投影位置数据的测量不准确和拍摄影像片时患者体位的运动。放射源的位置一般可直接从影像片上读取，精度取决于影像显示的质量和放大倍数的计算。目前的方法是经数字化仪输入治疗计划系统，自动完成重建，对此必要时应将重建结果（如：重建线源长度与真实长度）进行比较。拍摄胶片过程中患者的运动是影响放射源定位精度的主要问题。如支气管管内照射和乳腺癌插植照射时，患者的呼吸运动会直接影响前后两次拍摄胶片时患者体位的一致性，因此最好能使患者始终保持平静浅呼吸状态。上述 3 种方法中以正交影像技术的精度最高，但交角和立体平移技术的影像质量往往好于前一种方法中的侧位影像。

第三节 后装治疗设备和粒子植入的质量保证

近距离治疗设备质量保证程序的目的在与确保所有用于治疗计划、治疗实施、质量保证的器械、软件和设备能够正确使用。许多出版物提供了关于质量保证程序实施频率的建议,但是并没有涉及具体过程的描述。质量保证的一般程序的精确定义和医学物理师对这一过程的准确理解是非常重要的。因此本节将提供关于这些过程的一些简短的介绍以帮助质量保证工作的实施。需要注意的是,本节所建议的质控频率是建立一套质量保证方案最基本的要求,如果系统的稳定性出现可疑性或者当开展一项特殊的患者治疗技术时,则需要增加额外的测试频率或项目。

一、高剂量率后装治疗设备

高剂量率后装治疗设备的测试可分为系统安全和物理参数的质控两方面,关于放射源的剂量校准已在前一节中介绍。

1. 安全系统

这一部分涉及的项目可以通过许多不同的方法测试。由于具体治疗设备和治疗室设备安装细节的差异,每个治疗中心应当根据自身的实际情况设计合理的用于安全检查的方案。下面将介绍一系列的测试项目,包括实施这些测试的方法的简短描述。

(1) 通讯设备:检测视频监控和通话系统是否正常工作。

(2) 施源器连接:驱动设备将放射源送入每个通道,但不要将设备与导管连接,尝试驱动放射源。

(3) 输源导管连接连锁:将导管连接到每个通道,但不要将其锁定,尝试驱动放射源。

(4) 门连锁:将导管与每个通道连接并锁定。驱动源停留在导管的末端。将防护门打开,并尝试驱动放射源;关闭防护门,驱动放射源。当放射源送出时打开防护门,检查放射源的驱动是否被中断。检查控制台是否有错误提示并且将该错误准确记录。

(5) 警告灯:在放射源驱动过程中观察警告灯的指示状态。

(6) 控制室监控设备:在放射源运动过程中注意通训系统是否有音频信号,同时注意观察摄像系统的视频监控。

(7) 手持监测设备:在放射源驱动过程中打开防护门,立即在防护门入口处用手持监测设备进行测量,观察是否有读数。该监测设备应当定期校准。

(8) 治疗中断:在放射源照射过程中,按下治疗中断按钮来中断放射源的驱动,确保放射源被收回。检查控制台是否有错误提示并且将该错误准确记录。

(9) 急停:在放射源照射过程中,按下急停按钮来停止放射源的驱动,确保放射源被收回。检查控制台是否有错误提示并且将该错误准确记录。

(10) 计时器终止:测试放射源曝光的时间与计时器设定的时间是否相同。

(11) 输源导管阻塞:将一个阻塞的导管或者弯曲度使放射源不能传送到末端的导管与通道连接并锁定,检查阻塞是否被监测到。注意在此步骤过程中,避免损坏治疗设备。

(12) 停电:检查在治疗时设备的交流供电中断时,放射源是否被立即收回。检查当电力恢复时,治疗参数和剩余的驻留时间是否准确。一些治疗机配备有后备供电,所以当交流供电中断时仍然可以正常工作。对于此类设备,应检查供电中断不会对其治疗产生影响。检查控制台是否有错误提示并且将该错误准确记录。

(13) 导管和施源器的完好性:目视检查导管和施源器的完好。

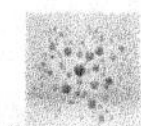

(14) 泄漏辐射：检查在距离后装治疗机 10 m 和 1 m 的位置处，当放射源收回时，辐射水平应当低于国家的相关要求。

(15) 污染测试，检查线缆：连接施源器，使用手工操作工具在施源器内放入检查线缆，断开施源器，进行擦拭测试(wipe test)。如果无法实施这一过程，根据设备生产厂家的手册完成相类似的测试。

(16) 污染测试，施源器：将一个单功能施源器与设备相连，驱动放射源，断开施源器，对其内壁进行擦拭测试。或者将施源器整体放入一个井型电离室中来监测是否有 γ 污染射线。

(17) 应急设备(镊子、应急保险箱、辐射测量计)：确保这些应急设备放置在后装机附近，并且手术用品、应急指令和操作指令已准备好。如果可行，相应的错误代码和解释应粘贴在设备上。

(18) 应急演练：所有近距离治疗的相关工作人员应当演练应急措施。这些措施的目的是确保患者和工作人员尽量减少不必要的错误照射。

(19) 人工转轴：检查人工放射源收回转轴是否正常工作。具体操作方法由系统生成厂家提供。

2. 物理参数

(1) 放射源位置准确性：放射源到达预定的驻留位置并且与治疗计划的位置相一致，对于治疗的准确实施是非常重要的。在步进放射源设备中，控制器要求放射源在输源导管中的距离必须对应一个指定的驻留位置(通常是第一个驻留位置)以便将放射源送到正确的位置处，距离以到设备某一部分或者到某个虚拟点的长度计算。驻留位置与这些绝对位置相关，因此对这些位置的精确定位是非常重要的。为了确定这些位置，治疗机配备了不透射线标记物，可以被插入到导管中准确定义的位置处。这些标记物由带有结节的长线构成，对应施源器内多个指定点。

验证源位置正确性的方法之一是使用一种专用的直接标有刻度的测量尺来代替导管。连接测量尺，并且用摄像机观察放射源的在刻度上的位置来验证放射源的驱动是否准确。另外一种方法是使用放射自显影技术。将透明导管粘贴在胶片上，在导管两端用针孔指示标记物对应参考点(通常是第一驻留位置)的位置。驱动放射源停留在标记的位置处并执行驱动。在胶片上的黑色印记指示放射源的有效中心，这些记号应该位于两针孔之间连线形成的直线上。

(2) 治疗导管的长度：放射源传输管用来连接后装机和输源导管，对于放射源的准确定位非常关键。通常配有多种型号的传输管用来配合不同的输源导管和针。在一些系统中这些导管是刚性的，目视检验其完好性就可以了，但出现疑问时(如传输管受到外力后)则需要验证其长度是否发生变化。在一些系统中，传输管的长度可以根据微小的偏移进行调整，在这些系统中需要对其长度做系统性的测试。生产厂家提供了一些专门的测量工具用来测量其总长度是否准确。

(3) 通过时间效应：通过时间效应会增加对驻留时间的曝光量。通常距离驻留点越远，其会贡献更高的份额。可以用固定的几何设置来监测通过时间效应的一致性。

通过时间修正因子可由式 11-16 得到：

$$f_{tr}(t)=1-\frac{M_{t0}}{M_t(t)} \tag{11-16}$$

式中 t 是驻留时间，M_{t0} 是 $t=0$ 时刻静电计读数(驻留时间为 0，只有来自源运输通过中的剂量贡献)，$M_t(t)$ 是驻留时间为 t 的静电计读数。M_{t0} 对于指定的几何设置，通过指定驻留时间在 5～120 s 之间来外插确定。

(4) 时间一致性：比较程序指定的治疗时间和码表时间读数来确定计时器的一致性。

(5) 时间线性：在一个固定的几何设定条件下，指定一系列的驻留时间，使输源导管与电离室接近，检查电离室读数是否线性增加。读数需要根据通过时间效应进行修正，避免通过时间效应的影响。

3. 频率和限制

高剂量率后装设备检查项目的频率和限值如表 11-3 所示。每日 QC 项目应当在每天治疗首个患者前常规执行，对于 PDR 后装系统，应当在每个患者治疗前执行。开始治疗并在文件上签名表示这些检查步骤已经执行，并且结果满足要求。

对于表中大多数的测试，3 个月的检查周期对应的高剂量率后装系统换源的时间。如果一些部门每年只更换 3 次源，可以采用 4 个月的时间替代。对于每季度检查一次或者更低频率的项目应当在日志本上记录并由物理师保存。

表 11-3　高剂量率后装设备的质量控制频率和限值

项　目	测试频率	限　值	项　目	测试频率	限　值
安全系统			泄漏辐射	每年	—
警告灯	每日/3 个月	—	应急设备(镊子、应急保险箱、辐射测量计)	每日/3 个月	—
控制室监测	每日/3 个月	—	应急演练	每年	—
通讯设备	每日/3 个月	—	人工转轴	每年	—
急停按钮	3 个月	—	手持监测设备	3 个月/每年	—
治疗中断	3 个月	—	物理参数		
防护门连锁	3 个月	—	放射源校准	换源后	＜5％
停电	3 个月	—	放射源定位	每日/3 个月	＜2 mm
施源器和输源导管连接	6 个月	—	治疗管长度	每年	＜1 mm
输源导管阻塞	3 个月	—	出束计时器	每年	＜1％
传输管和施源器完整性	3 个月	—	治疗设备日期、时间和源强	每日	—
计时器终止	每日	—	通过时间效应	每年	—
污染测试	每年	—			

表中提供数据的限值，表明在临床治疗条件下的上限。对于验收测试需要和设计参数进行比较。通常在参考条件下，系统的设计参数有更好的性能。

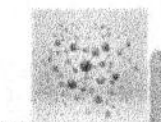

日检的内容是设备每天正常运转暗含的一部分。每个科室可以自行决定是否执行日检，但是物理师必须每3个月执行相关的检测。

二、低剂量率后装治疗设备

低剂量率远程后装治疗设备的质控程序包括安全系统和物理参数的检查。

1. 安全系统

对于低剂量率后装治疗机，安全系统的检查可以使用与高剂量率后装设备相同的检查程序。

(1) 放射源准备：在近距离治疗中，准备放射源时工作人员会接受相当可观的辐射剂量。应当配备操作放射源的设备和密封放射源的储存器等合理的安全设备。

(2) 放射源污染和放射性材料的泄漏测试：可以用过滤纸、棉签来进行擦拭测试。棉签上附着的放射性可以用晶体计数器或者闪烁体脉冲计数器来检测 γ 放射性核素。使用溶剂如水或者酒精来湿润棉签可以尽量多的提取放射性物质。通常检测到放射性水平比较低，良好的测量设置和尽可能长的测量时间可以采集到合适的信号以区分本底辐射。这个测试应当对施源器或这个传输管实施，因为一般没有办法直接接触到放射源。

(3) 气压故障：在治疗中气压故障会导致放射源立即收回。检查控制台是否有错误提示并且将该错误准确记录。

(4) 放射源分离指示：使用无活度的放射源链或者假源。驱动假源进入导管，将导管与设备断开。如果可行，设备会发出报警声并且指示断开。

2. 物理参数

(1) 放射源校准：放射源校准和监测放射源强度的方法在前一节已有介绍，应当将检测结果与源强证书比较。

(2) 放射性衰变：放射源衰变的校正应当按照合适的频率执行。对于长寿命的放射源，推荐使用年度检测来确保放射性衰变的校正是准确的。

(3) 线状放射源的线性均匀性：可以使用不同的方法评估线性均匀性。例如，使用线状放射源的自显影成像技术将线状源夹在两张胶片之间并用密度计来评估；也可使用线性活度计或者在井型电离室中使用特殊的铅插件等其他方法。

(4) 放射源的位置和长度：预先放置在导管中的放射源链，并且用针孔指示X线标记物的位置，通过自显影成像技术可以显示放射源的位置，以及放射源的长度与标记是否一致。照射时间应当根据放射源的活度和使用胶片的性质决定。

(5) 照射计时器：用码表测量照射时间 2～15 min，误差应该小于 2 s。如果计时器考虑了通过时间，结果会存在一个固定的误差，对于两个时长不同的测量，这个误差是一个定值。

3. 频率和限值

低剂量率后装设备的检测项目的频率和限值如表 11-4 所示，与高剂量率后装系统的频率和限值类似，日检同样也需要在每日开始治疗患者前完成，相关执行的检查应当记录在日志文件中。对于一些有一批相同放射源的系统，平均和单个放射源的强度都需要检测。生产者和机构校准的批量放射源的平均强度之间应该满足3%误差的限值，对于单个放射源推荐的最大偏差是5%。

表 11-4　低剂量率后装设备的质量控制频率和限值

项　目	测试频率	限　值	项　目	测试频率	限　值
安全系统			施源器污染测试	每年	—
警告灯	每日/3个月	—	泄漏辐射	每年	—
控制室监视器	每日/3个月	—	应急设备(镊子、应急保险箱、辐射测量计)	每日/3个月	—
通讯设备	每日/3个月	—	应急演练	每年	—
急停按钮	6个月	—	手持监测设备	3个月/每年	—
治疗中断	6个月	—	物理参数		
防护门连锁	6个月	—	放射源校准，批量源	换源后	<3%
停电	6个月	—	放射源校准，单个源；衰变	换源后	<5%
空气压力故障	6个月	—	线性均匀性	换源后	<5%
施源器和输源导管连接	6个月	—	放射源位置、长度	6个月	<2 mm
输源导管阻塞	6个月	—	出束计时器	每年	<2 s
传输管和施源器完整性	6个月	—	治疗设备日期、时间、源强	每日	—
计时器终止	每日	—			

三、低剂量率人工后装

人工后装技术的质量控制与使用铱和铯核素的远程低剂量率后装治疗设备相似。因此前面提到的质量控制方法也适用于人工后装机。人工LDR后装机的质量控制程序可以分为安全和辐射防护与物理参数两个方面。

1. *安全和辐射防护*

(1) 放射源准备：在近距离治疗过程中的放射源准备阶段，操作人员可能会接受相当可观的辐射剂量。应当配备移动或者固定的屏蔽物、操作放射源的工具、密封放射源的储存器等合理的安全设备。

(2) 放射源的装载：在放射源到达指定位置之前，应当使用假源来测试放射源在导管和施源器中的位置，确定放射源强度和放射源位置，确保正确的放射源处在施源器中正确的位置处，同时记录患者治疗时装载的放射源强度、治疗房间号和日期时间。

(3) 治疗中：在使用人工装载施源器治疗过程中，患者所处位置会释放辐射，可以利用

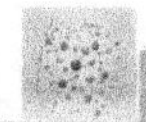

可移动的屏蔽屏风来保护工作人员。检查治疗室内是否配置有加长的操作镊，铅运输容器和辐射测量计，是否工作正常。

（4）放射源的移出：验证移出的时间是否正确；移出后迅速清点所有放射源；检查库存日志并且重新清点返回库存的放射源；移出后，用探测器监测患者、废弃物、床单用品，确保没有放射源被遗漏在患者身上或附近。

2. 物理参数

（1）放射源的校准：用于校准 LDR 人工后装放射源和监测放射源强度的方法与 HDR 和 LDR 后装系统使用的方法一致。注意测量结果需要与源强证书比较。

（2）放射源衰变：放射源衰变的校正应当按照合适的频率执行。对于长寿命的放射源，推荐使用年度检测来确保放射性衰变校正的准确性。

（3）线性均匀性和源的长度：自显影放射成像技术和放射成像技术可以用来检查预先加载的源链上放射源的配置是否正确。可以使用前面介绍的相同方法来检查放射源的线性均匀性。

（4）放射源的确认：拥有长半衰期的密封放射源（铯）应当容易辨认并做好标记。在每个患者治疗前，应当通过核对源的编号和源强证书仔细检查源强度。每年应做 1 次正式检查并在日志上记录。

3. 频率和限值

对于人工后装治疗，每日执行的质量保证常规测试应当在患者开始治疗前进行，频率和限值如表 11-5 所示。

表 11-5　人工后装技术的质量控制频率和限值

项　目	测试频率	限　值	项　目	测试频率	限　值
安全和辐射防护			应急设备（镊子、应急保险箱、辐射测量计）	每日/3 个月	—
控制室监测器	每日/3 个月	—	应急演练	每年	—
放射源准备区检查	3 个月	—	放射源库存	6 个月	—
施源器阻塞	6 个月	—	物理参数		
传输管和施源器完整性	6 个月	—	放射源校准、衰变计算	换源后	<5%
泄漏辐射	每年	—	线性均匀性、源长度	换源后	<5%
施源器污染测试	每年	—	源的确认	每日/每年	—

四、永久植入设备的质量保证

永久植入放射源的质量控制程序非常重要，因为其使用条件与其他形式的近距离治疗区别很大。放射源植入过程通常与后装治疗实施的地点不同，另外由于所有步骤要在患者处于麻醉中完成，所以时间紧迫度很高。一旦植入放射源已准备完毕就不存在再次 QC 的机会，所以必须重视建立充分准备的工作流程，理想的设备工作状态和训练有素的专业团队。通常用于永久植入的放射源都是低能放射源粒子(如:核素^{125}I或者^{103}Pd)。放射源的典型长度是4.5 mm,生产商通常提供10个一组的放射源,在无菌环境下运输。

1. 安全和辐射防护

实施永久植入时,采取的辐射防护措施更注重程序的建立而不是设备。丢失的放射源通常很小,除非使用辐射探测器,否则很难发现。物理师必须确保配备有这些辐射探测器并且工作正常。需要注意的是X线设备(如:用于位置验证的设备)的辐射量通常高于放射源。

(1) 应急设备(镊子、夹钳、应急保险箱、辐射测量计):检查操作室内是否配备了这类设备。一个不锈钢小容器用于收集放射源通常就足够了,放射源的低能γ射线很容易被吸收。

(2) 操作室的检查:在植入操作开始之前,操作区域必须检查确定没有射线。在操作完成之后,再次检查以确保没有放射源被遗漏下来。放射源的准备区域需要特别的关注。在操作过程中,高灵敏度的辐射测量计应当最好放置在操作室的入口处,保持处于"On"的状态,确认没有任何放射源会被意外的隐藏在协助操作流程的工作人员穿戴的衣物里或者在废弃物里。

(3) 辐射测量监测计的性能:测量监测计的读数应当定期与已知辐射水平的放射源进行比对,该放射源与植入中使用的放射源处于同样的低能量水平。

(4) 手持剂量监测仪:在操作过程中应当配备个人剂量和剂量率监测仪。使用这些设备,可以及时发现由于放射源或者操作流程导致的高辐射位置。监测仪的读数应该定期与已知辐射水平的放射源校准。

(5) 辐射防护材料:在操作流程中,应当配备铅围裙。在每个患者的植入过程中,都应当检查是否已经使用,应当定期检查铅围裙的质量(是否发生磨损)。

(6) 放射源的库存管理:物理师在科室里负责放射源的管理。由于经常会发生变化,源的库存清单必须定期核对。多数情况下实际订购的放射源要多于患者植入的放射源。

(7) 患者体内的放射源丢失:应当制定一些措施来确认植入的放射源发生了丢失,如在前列腺植入中,在植入放射源后的首个住院日,必须检查患者的小便。患者应当清楚和记录如何处理在家中找到的放射源。对于患者植入放射源后不久死亡的情况,应当说明如何处理。

2. 物理参数

(1) 放射源的校准:放射源校准的方法和放射源强度的监测在前一节中已有描述。测量值应当与源强证书比较。放射源强度通常是一致的,可以选取用于手术的源中10%作为样本进行源强度的检测。如果这些源将用于患者随后的手术,在检测过程中必须注意保证源不被污染,需要一些额外的工具盒插件来保证无菌的条件,通常使用的是井型电离室来进行检测。对于一些没有经过标准实验室校准的电离室,仍然可用来做相对测量:读数和经过衰减校正的源强证书提供的数值之比应为常数。对于一些配有内嵌放射源强度验证设备的系统,读数应当定期与独立的测量数值进行比较。

(2) 放射源的确认:对于每个患者,应当检查放射源的运输和文件记录是否正确。在植入的时候需要由第二人再次核对。

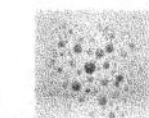

(3) 植入针模板的校准:在放射源植入过程中,超声影像最常用于前列腺的永久性放射源植入。植入针模板和超声设备必须定期检查确保准确的定位,应当遵循厂家给出的建议。

(4) 放射源的定位系统:放射源植入使用的方法与其他技术不同,需要使用预置针组、放射源定位设备(施源器),放射源组和一些集成设备。应当了解放射源长度(4.5 mm)和垫块(5.5 mm)的长度微小差别会导致预置针的总有效长度不同,不同的加载模式会造成不同的总有效长度。在无菌条件下,检验已经加载的针组是非常困难的,因此建议预先准备的不同长度的针组应当使用不同的盒子包装,并且应当由第二人检查第一人的工作。标准的操作流程的建立可以防止错误的出现。此外放射源定位没有其他周期性质量控制的要求。在人体前后方向,使用 X 射线对新植入的放射源成像,并清点其数目是必要的步骤,尽管并非总是能观察到所有放射源。在放射源植入后 1~2 个月需要重复这一检查过程(计划后期验证)。如果发现放射源的数目与设计的有偏差应当及时向手术团队反馈。

3. 频率和限值

对于永久性的放射源植入,在植入开始之前就应当执行质量控制。建议的频率和限值如表 11-6 所示。一般需要检测放射源强度平均值以及单个放射源的强度。对于批量源的平均强度,生产商和机构校准的差别应控制在 3%以内。在订购用于植入的放射源中可以挑选其中 10%的源,作为样本进行检测源强度,或者订购同批次的源来进行检测。

表 11-6 永久植入近距离治疗的质量控制频率和限值

项 目	测试频率	限 值	项 目	测试频率	限 值
安全和辐射防护			放射源库存	6 个月	—
应急设备(镊子、应急保险箱)	每日	—	物理参数		
放射源准备区检查	每日	—	放射源校准、批量源平均强度	每日	<3%
辐射测量监测计	每日/每年	—	放射源校准、单个源强度	每日	< 5%
手持监测仪	每日/每年	—	放射源的确认	每日	
防护设备、铅围裙	每日/每年	—	超声系统中模板校准	3 个月	—

五、施源器质量保证

1. 验收测试

在接收订购的近距离治疗设备后,必须核对收到的产品是否与订购的一致,检查产品目录中是否包含有使用说明,仔细阅读并了解产品的使用方法,阅读使用说明后检查确认所有部件都已收到。

应当检查施源器的机械属性并核对施源器和传输管的长度是否正确。应当检查产品的性能是否与使用说明书中描述的一致。任何用于连接指定施源器和传输管的机器代码应当清楚掌握。与特定后装设备配套的施源器不能用于其他后装设备。如果治疗中心内配备有超过一种类型的后装治疗机时，所有的施源器都需要清楚标记它们各自用于哪一台后装治疗机。应当检查真源的驻留位置与用于治疗计划设计的假源位置的一致性，这可以通过自显影放射成像技术拍摄真源在施源器内的位置并和假源在相同施源器内的位置图像作比较来实现，一般使用的是同一张胶片来拍摄这两幅图像，或者如果已知胶片与施源器的相对位置关系(通过在胶片上做标记)，也可以使用不同的胶片来拍摄。需要检查施源器的几何参数是否与治疗计划系统中施源器的尺寸准确一致。

当施源器被屏蔽后需要检查确保屏蔽位置标记是否正确。对于操作复杂的施源器(如Fletcher 施源器)，每个使用者应当熟悉这种设备的使用说明并接受足够的训练。使用端口开放的施源器需要注意，如果源线路阻塞，在患者体内放射源可能会发生松动的危险，患者的体液也会对后装设备的驱动结构造成污染。产品应当配有无菌操作说明，选择产品的时候应当注意其是否提供了合理消毒程序。并不是所有医院都具有气体杀菌的设备，这种情况下应当与附近其他配有此类设备的医院联系为施源器进行消毒。

表 11-7 提供了检验施源器和器械功能是否正常的步骤和程序。Thomadsen 等对近距离治疗器械的质量保证程序的进行了详细的讨论，对需要检查的项目和频率进行了总结，具体内容见表 11-8。

表 11-7　施源器和器械功能的检验步骤和程序

项　目	程　序
施源器的完整性	目视检查施源器；每次治疗前或治疗后
固定机制	检查固定螺丝和机制工作正常；每次治疗前或治疗后
施源器屏蔽	检查施源器中屏蔽材料的位置(放射影像技术)；验收时
放射源定位	验证放射源的位置(自显影放射影像技术)；验收时或怀疑施源器长度改变时
连接机制确认	检查施源器的使用和与后装设备连接是否正确；验收时
消毒程序	检查是否具有消毒说明，仔细按照说明操作避免意外损坏
特定施源器内剂量分布验证	仔细检查剂量图集对预先计算和制表的治疗时间的适用性；验收时
放射性污染	小心操作避免放射性污染，使用 NaI 晶体探测器检查源管是否存在放射性泄漏和污染

表 11-8　近距离治疗器械的质量控制程序(引自 Thomadsen 2000，第 8 章)

物品	项　目	频　率	物品	项　目	频　率
妇科治疗器械			Fletcher 型卵圆器	放射源载体功能	每次使用
串联器	法兰螺丝功能	每次使用		焊点完整性	每次使用
	曲率	每次使用		屏蔽位置	半年或维修后
	闭合帽功能	每次使用		确认标记点	每次使用
	塑料套管和连杆的合适与滑动	每次使用		卵圆器的衰减	验收时
				桥接器的完整性/拇指螺丝	每次使用

续表

物品	项　目	频　率	物品	项　目	频　率
Henschke 施源器	杆帽的放置	每次使用	输源导管	完整性	每次使用
	桥接器的完整性，桥接器螺丝	每次使用		直径	每次使用
	闭合帽功能	每次使用		长度	每次使用
串联型圆柱器和串联器检查	法兰螺丝功能	每次使用	塑料按钮	紧密，滑动	每次使用
	确认标记点	每次使用		输源导管狭窄	每次使用
	圆柱器紧密性	每次使用	金属按钮	滑向输源导管	每次使用
固体圆柱器	放射源载体功能	每次使用	带有按钮的输源导管	按钮连接牢固	使用前
	闭合帽功能	每次使用	模板	孔位置	验收时
管内治疗输源导管	完整性	每次使用（消毒后）		孔角度	验收时
	尖端强度	每次使用（消毒后）		针引导	验收时
组织间治疗设备				针固定	每次使用后
放射源注射针	平直度	每次使用		填充器的紧密	每次使用
	通畅性	每次使用		填充器螺丝功能	每次使用
	完整性	每次使用	超声模板	旋转对准	半年
	尖锐度	每次使用		尺度缩放	半年
	斜角	每次使用	表面施源器		
	直径	每次使用	眼斑		
	长度	每次使用	载体	孔切割干净	装载前
	连接（HDR）	每次使用		放射源位置合适	装载过程中
	管领（模板）	每次使用	金底	干净光滑	构造前
	漏斗部完整性（如果连接）	每次使用		孔清晰	装载后
输源导管插入针	平直度	每次使用	皮肤施源器	厚度	验收时
	尖锐度	每次使用		放射源位置	验收时
	斜角	每次使用		放射源固定	每次使用
	直径	每次使用			

2. 施源器和传输管的常规测试

由于使用和消毒，施源器和传输管的物理性质可能会发生改变。所有施源器和传输管包括连接头的机械完整性应当定期检查。尤其需要检查可重复使用的施源器和传输管，因为长时间使用后可能会发生伸长或者收缩。当没有工作连锁时，根据具体后装治疗机施源器类型的不同，如果传输管太短并且源在到达第一个预定的驻留位置之前已经到达施源器末端，可能会造成几个驻留位置的重叠。即便这种错误状态在后装治疗机治疗患者时有连锁指示，由于需要更换施源器或传输管会造成治疗的延长。施源器治疗管连接后的长度可以简单地用长度合适的金属线来测量。

3. 污染、清洁和消毒

高活度放射源(如：^{192}Ir HDR/PDR 放射源)在进行擦拭测试检查放射源表面是否有放射性污染活度时，不应当用手接触。因此必须制定与擦拭测试低活度放射源等效的方法。为了达到这个目的，在临床使用时与 HDR/PDR 放射源直接接触的导管尖端被放入 NaI 晶体探测器中，在核医学部门中经常使用这种设备。如果探测信号高于本底辐射，受污染的部件必须进一步仔细检查，并且在确定污染原因之前，放射源和后装机都不能继续使用，必须立刻通知辐射安全管理员，避免进一步扩大污染的范围。

清洁和消毒重复使用的施源器和传输管应当根据产品生产商提供的方法进行。如果使用说明书中没有描述清洁和消毒的方法，应当联系生产商或者使用常规的程序来清洁和消毒金属施源器。指定为一次性使用的施源器不应当再次使用。

第四节　治疗计划系统质量控制

近距离放射治疗在治疗计划和剂量学方面的发展一直滞后于外照射放射治疗。传统治疗格外依赖于多年积累的临床经验，使用已经熟知的非优化的近距离治疗系统。此外没有任何可用于近距离治疗的非常准确的剂量学系统。因此多年来一直使用相对简单的算法和计算程序，剂量学限值相对于外照射放疗也更大。近距离治疗剂量学发展滞后的原因包括：靶区体积(CTV-PTV)和危机器官(OAR)的定义和剂量指定的困难；近距离治疗施源器在 CT 影像上存在伪影；近距离治疗中存在高剂量梯度；近距离治疗仅仅根据放射影像学信息的进行点剂量计算而不是体积剂量计算；缺少可以准确修正组织不均匀性，源相互效应和复杂屏蔽施源器的剂量计算算法；指定的容许限值剂量依赖于回顾性的临床资料，其中植入技术，施源器和计算方法已经使用多年。

近年来，HDR、LDR、PDR 放射源的远程后装系统的出现；CT 扫描更加容易获取；MR 可用来帮助定义靶区体积；蒙特卡洛算法用于剂量计算；实时剂量学和生物学优化技术的出现；新型低能 γ 放射源的使用，这些新技术的出现使得人们投入更多努力来提高剂量计算和组织等效介质中剂量分布的准确性，开发可以修正组织不均匀性、源相互效应和施源器屏蔽效应的算法。许多研究给出了关于近距离治疗剂量计算准确性的建议，Van 等建议点剂量计算中，不考虑源末端效应(source end effects)时，在距单个点源和单个线源临床治疗距离 0.5～5.0 cm 的范围内可接受的准确性标准为 5%，考虑末端效应时的要求则为 3%。近年来普遍接受的标准是 TG-56 号报告中提出的计划软件剂量计算的准确性应当 $<\pm2\%$。

一、近距离治疗计划系统概述

1. 治疗计划系统中源强度的定义

所有国际出版物都习惯以参考空气比释动能率 $\dot{K}_R$ 来指定放射源强度，参考空气比释动能率在距放射源参考距离 1 m 处测量得到，单位为 μGy · h^{-1}，在数值上等同于在 1 cm 处以单位 cGy · h^{-1}表示的参考空气比释动能率。

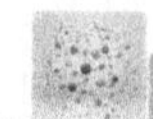

但是在实际操作中，仍然使用传统的定义方式。将不同核素的参考空气比释动能率 $\dot{K}_R$ 转换为活度或者显活度，容易导致临床剂量学出现错误。AAPM TG－32 建议放射源强度可以用空气比释动能强度 S_k 来指定，定义为空气比释动能率和校准距离平方的乘积。

$$S_k(\mu\text{Gy}\cdot\text{h}^{-1}\cdot\text{m}^2)=\dot{K}(\mu\text{Gy}\cdot\text{h}^{-1})\cdot r^2(\text{m}) \tag{11-17}$$

S_k 在数值上与相同单位和条件（修正过空气衰减和散射）的 $\dot{K}_R$ 相等。为了简化公式，AAPM TG－43 提出定义 $1\text{U}=1\mu\text{Gy}\cdot\text{h}^{-1}\cdot\text{m}^2$。

尽管如此，在主要生产商提供的源证书上没有指定放射源的统一标准。指定的方式可能包括照射量、活度、显活度（包括源封壳吸收的估计）。因此在放射源验收之前，使用者可以要求源证书包含所需的指定方式。

在物理师对 $\dot{K}_R$ 不进行独立测量条件下，如果使用生产商提供以源活度表示的数据，由于文献中提供的照射剂量率常数（或者比释动能）的数值不同可能会出现严重的错误。例如文献中 ^{137}Cs 源照射量率常数的数值在 0.3～0.331 mR・h^{-1}・m^{2}之间，而 ^{192}Ir 源的数值在 0.4～0.5 mR・h^{-1}・m^{2}之间。TPS 计算使用的常量可能会与生产商获取源活度时使用的常量不一致，对于^{137}Cs 源和 ^{192}Ir 源可能分别会产生 10％和 25％的误差。

AAPM TG－32 中建议输入治疗计划系统的源强度数据应当只能够使用参考空气比释动能率这一物理量。如果需要输入活度，必须明确其是显活度、等效活度还是包含活度（没有修正自吸收和过滤）。使用者也必须清楚源证书是如何指定的，TPS 如何处理输入的参考空气比释动能率、源活度等，在验收放射源和治疗计划系统之前就应当仔细考虑这些内容。

2. *治疗计划系统的结构*

近距离 TPS 中的剂量计算通常使用来自每个放射源水中剂量率数据表（dose rate table，DRT）的插值数据。这些剂量率表假设放射源为圆柱形对称结构，计算是在水等效材料中进行的，没有修正密度不均匀性并且没有考虑放射源相互效应和施源器衰减效应。

在 TPS 中计算植入放射源的剂量分布时，步骤如下：首先在三维空间中重建放射源和剂量点，然后将它们的坐标转换为剂量率表的坐标系统。这可以使用放射源中心到感兴趣点的向量和放射源长轴向量的点积来表示，接下来进行插值和再次归一。最后点剂量通过将所有放射源（或者单个放射源的所有驻留位置）贡献相加的方式得到。在某些 TPS 系统中，DRT 也可以由使用者（或生产商）根据文献（推荐的方式）直角坐标系数据或者 TG－43 中公式的数据自行输入，或者基于放射源的几何和物理性质以及一组参数和函数使用不同的算法生成。在两种情况下，DRT 数据储存在一个平面上，其数值归一到空气比释动能率的单位。在某些 TPS 中，可以通过消除对放射源距离的依赖性来将线性插值误差最小化，出于这种考虑，在以下情况中通常使用几何函数 G 点源近似，与放射距离 r 的平方成反比，

$$G=\frac{1}{r^2} \tag{11-18}$$

或者线性几何假设，源到感兴趣点的张角 $\theta_2-\theta_1$ 与有效长度 L，极径 r，极角正弦 $\sin\theta$ 的乘积的商。

$$G=\frac{\theta_2-\theta_1}{Lr\ \sin\theta} \tag{11-19}$$

一些 TPS 中在插值前没有消除几何依赖性，在这种情况下，当选择将 DRT 中两点间距离输入计划系统时需要小心。尽管不推荐，但一些计划系统只允许使用它自带的生成方式来输入 DRT。在这种情况下，一些 TPS 使用通常被称为 Sievert 积分方法和其改进方法的算法来生成点源周围剂量。

一些 TPS 仍然使用基于源活度的方式来计算剂量。这种方式中质能吸收系数和参考空气比释动能的乘积被转换因子，照射量常数或者比释动能率常数与源活度的乘积替代。这些数值依赖于使用的放射性核素。

一些 TPS 使用 Interval Method 来计算，这种方法是对一般 Sievert 模型的简化，假设有效核位于放射源轴上，减少对轴的体积积分。

其他一些 TPS 对计算的截面厚度做了简化处理，与在放射源尖端的真实截面厚度有明显不同。不管使用何种简化方法，必须在所考虑的临床条件下测试假设是否成立。

因此即使 TPS 采用的基本算法是相同的，最后的计算结果仍然有可能出现明显的差异。如果只计算垂直源方向的数值，则差异不明显，但在源的两端可能会出现显著的剂量率不同。由于临床感兴趣体积通常沿着横轴方向，而不是沿其长轴方向，因此这些局限性是可以接受的。此外，当有若干个源排成一条直线时，其屏蔽效应更加难以评估。随着现代近距离放射治疗的出现，临床剂量处方点可以指定在距源尖端或者源链一定距离的位置处(如在阴道穹窿的治疗中，或者在妇科内照射治疗计算直肠剂量时)，有必要使用更加准确的计算方法。

由 Sievert 积分方法推导出的解析模型采取的假设和近似会影响模型有效性，这是因为其没有考虑散射和衰减的因素，从而导致计算的不准确。在 TG－43 报告中指出任何使用的系数应当被作为最佳拟合参数而不是物理量，以此减少 Sievert 方法和其他更为现代模型之间的偏差(如：实验数据或蒙特卡洛结果)。这些数值非常依赖于每种放射源类型特定的几何结构。在放射源有分段活性体积的情况下(如：CSM 3 放射源)，必须使用有效长度。对于^{137}Cs 和^{192}Ir 放射源，使用这些经过优化的数值的准确性是足够的，但是在靠近于放射源长轴的方向会存在一些不准确的计算点。对于低能放射源，模型的假设更加重要，即便使用最佳拟合参数仍然会出现显著的偏差，例如对^{125}I 放射源，最佳拟合在某些点可能会引起大约 25％的剂量偏差。

最准确的方法是在直角坐标系中引入 DRT，或者使用 TG－43 报告中推荐的形式。如果在距源很远的距离上数据难易获取，这些数据可以用合适的生成算法计算得到。应当注意用来修改 TPS 使用数据的坐标转换方法是否准确，因为有些 TPS 的转换方法可能不够准确。

当 TPS 不允许用户从外部输入数据的时候，替代的办法是使用带有优化参数的Sievert 算法，在任何情况下都应当对参考 DRT 进行全面的校验来验证 TPS 的计算，同时必须考虑临床实践中的局限性。

3. *放射源模型*

描述或建立 TPS 中计算使用的放射源模型要考虑其物理形状，尺寸和实际使用方式。依据各向同性假设，源的模型可以描述为点源或者线源，需要建立一维或者二维的剂量

率表。

临床可以近似为点源的例子是球形源，或者放射源很小并且不能区分粒子源在植入体中的方向的情况。对于^{125}I或者^{103}Pd粒子，有许多相似的放射源近似随机分布在其体积内，通常可将其视为点源。通过使用只依赖于径向距离的各向异性因子，可以用平均修正值来近似表达剂量分布的各向异性特征。

线性源可以描述为固定或长度可变的放射源模型(如：铱线源可以被切割成任何长度)。在弧形植入物的情况中，重构一组长度任意的小直线源时，弧形放射源可以被分割，在重构U形铱源时可以使用相似的办法。大多数TPS只使用一个DRT来描述这些源的模型。

一些TPS将线源视为许多点源的组合，其他系统将其视为小的连续的线源，一些系统对选择的离散长度使用DRT插值或者使用简化坐标系下的DRT。最后一种方法中，DRT中定义的距离表示为生成源有效长度的倍数。例如，假设在距长度1 cm的放射源1 cm处点的剂量与距长度2 cm的放射源2 cm处点的剂量相同，当使用这种算法计算时应当小心，尤其是在靠近源的长轴方向。临床上这些近似并不是非常重要，因为巴黎系统中植入物线源的长度通常大于要治疗的体积。

总的来说放射源的建模是在准确性和实用性之间寻求一种平衡，模型近似所产生的影响在临床剂量学中必须加以考虑。

4. 实际应用

每种TPS对标准算法，结构和数据处理都做了修改和近似，在一些系统中用户并不能够获得这些处理过程的信息，如果用户想要继续优化系统的结果需要做很多额外的工作。

例如某种商业化的TPS使用经典的点源近似，但是通过表格修改了线源的各项异性特征，与TG-43报名使用的各向异性函数不同。将TPS计算与蒙特卡洛结果比较时，在源的长轴方向两者的差异在10%左右。如果用户可以获取并编辑数据表，就可能进一步优化结果来减少与蒙特卡洛算法结果的差异，但是对于一些系统，用户并不能够编辑这类默认的数据。

放射源的驻留位置、治疗时间或者放射源的加载模式，通常直接由治疗计划系统下载到后装治疗机的控制单元。TPS和控制治疗执行的计算机使用的核素半衰期可能会存在差异。应当检验两个系统中的半衰期和空气比释动能率数据，确保对于多次治疗，衰变计算相近并且治疗实施一致。

当用户更改这些数据时应当注意两点，首先必须确保对原数据表的线性插值和外推正确，其次当只使用TG-43报告方法的数据时，由于外推的原因，矩形数据表中相应的数据不能够正确的生成，对于各向异性函数尤其是这样，因此需要全面的校验TPS的计算结果。这种校验必须包括放射源周围的足够多的一组点，例如靠近放射源长轴和短轴关键位置处的点。

当文献中的参考数据仅以TG-43报告指定的格式给定时，建议用户自己重新生成一组与TPS无关的直角坐标系的剂量数据，保证TPS生成正确的数值。TG-43报告表格数据的参数化在独立进行QA计算时通常是非常有用的，通过拟合函数的方法可以获得相当精确的剂量数据。

5. 治疗计划系统的局限性

大多数近距离治疗计划系统的局限性包括：没有修正组织不均匀性；全散射条件的假设；没有计算源相互屏蔽效应；没有修正施源器材料的衰减和复杂几何条件下屏蔽。

6. 组织不均匀性

由于放射源周围的剂量降落主要表现为平方反比规律，因此过去人们认为组织的不均匀性应用没有那么重要。但是组织间插植的应用和低能同位素的使用，使得非水等效组织可能对剂量分布产生严重的影响。空腔和高低密度组织（如：肺或者骨）可能影响头颈部或支气管植入治疗中的剂量分布。

与标准水全散射条件下的剂量分布相比，同位素（如：低能^{125}I）的剂量分布由于光电效应的比重增加产生更明显的效应。对于 HDR 和 PDR 应用来说，最为极端的情形是支气管植入治疗，剂量偏差主要是由于距离因子的影响，而空腔的影响很小。对于低能放射源在肺介质中剂量不稳定的情况，如果在典型肺部碘粒子植入治疗中使用一维修正，相对于均匀水介质剂量的变化在 9%～20%之间。

7. 全散射近似

许多商业 TPS 的计算都是以无限和全散射条件假设为基础的，在一些实际临床情形中缺少散射会产生很重要的影响。对于^{192}Ir 治疗，在低密度组织界面处计算点的剂量减少达到最高 8%，比如在靠近皮肤表面处体积剂量发生减少，对于组织间插植治疗的情况（如：乳腺癌治疗）尤其如此，但是在植入体积内部靠近放射源的位置，这种效应相对较小。使用高剂量率^{192}Ir 放射源治疗时，屏蔽阴道施源器的散射减少与全散射条件相比会导致 2%～15%的误差，原射线和散射线剂量分开计算可以解决这一问题。已有商业治疗计划系统对屏蔽阴道圆柱器进行了修正，其考虑了在屏蔽侧的射线传输和减少。

8. 传输剂量

大多数 TPS 没有考虑步进 HDR/PDR 放射源的传输剂量，传输剂量是在源装载、退出和在驻留点之间移动时产生的。对于鼻腔内照射治疗，后咽和气管在放射源传输过程中接受的剂量达到 58 cGy；在直肠或前列腺植入治疗中，皮下组织的剂量达到 70 cGy。这些组织位于治疗体积之外，剂量基本可以忽略。传输剂量取决于放射源粒子、导管数目、驻留点数目、放射源强度、处方剂量、到驻留点和驻留点间的距离、分次数。因此传输剂量的大小由临床治疗的类型决定，最高会产生几个百分点的误差。后装治疗设备驻留点计时的单位至少应为 0.1 s，传输时间应当被计算在计时周期内，因此可以部分抵消放射源在驻留点间运动过程中产生的剂量贡献。

9. 源相互效应（intersource effect）

TPS 没有考虑 LDR 植入治疗中或者在小体积内植入多个放射源情形下放射源之间的屏蔽效应。对于^{137}Cs 放射源的标准装载模式，在子宫内串联施源器的尖端剂量减少的数量级为 20%，在小体积内植入多个碘粒子治疗的情况中，周围剂量减少可最高达到 6%。

10. 施源器衰减

金属施源器在放射源周围形成一种圆柱体的屏蔽区以衰减剂量。例如对于^{137}Cs 子宫串联器治疗的情形，这种衰减的幅度大约为 2%。在 Fletcher 型施源器中相同的核素，由于金属壁层导致的剂量减少大约为 6%。这种干扰可以通过降低放射源的参考空气比释动能率来修正。如果没有对临床使用的施源器进行彻底的实验验证，用户不应当使用这种减少因子来修正放射源强度。

11. 屏蔽效应

用于治疗宫颈癌和阴道上段或者顶端的腔内放射治疗技术一般使用带有屏蔽的圆柱

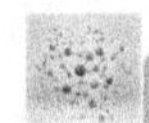

形阴道施源器。为了保护直肠、尿道和膀胱，阴道施源器采用了各种不同的铅或钨屏蔽设计。由于高能光子的存在，屏蔽效应受限于施源器可以附加的吸收材料的厚度。一些施源器使用了特殊几何设计的屏蔽用来保护直肠、膀胱或者阴道区域，改变了常用的圆柱体对称结构，修正这种结构改变是非常复杂的。

许多治疗计划系统在剂量计算算法中忽略了施源器的屏蔽效应。在点剂量的估算中只考虑了单个源的贡献、源的分布和临近源的吸收，没有考虑施源器设计和构造带来的剂量扰动。例如 Fletcher-Suit-Delclos 施源器可用来屏蔽 ^{137}Cs 放射源对膀胱和直肠的剂量，可使两者的剂量减少 15%～25%，通过建立三维数据表可以准确修正这种剂量改变。此外利用蒙特卡洛算法模拟计算阴道施源器周围的剂量，显示膀胱和直肠的剂量减少了 10%～32%。一般来说使用单个阴道施源器的屏蔽可以带来的剂量减少在 15%～25%之间，在屏蔽前方最高可以达到 50%。考虑第二个阴道施源器和串联器的剂量贡献后，膀胱和直肠接受的总剂量被高估了 10%～15%。

Markman 等进行了关于 ^{137}Cs 和高剂量率 ^{192}Ir 源妇科治疗施源器的一项叠加假设实验研究，显示当使用单个未屏蔽放射源剂量分布时，治疗体积内外剂量偏差大于 10%，使用预先计算的施源器剂量分布可以很好的近似全体积蒙特卡洛剂量计算，但是目前这种算法没有在商业 TPS 上广泛使用。一些治疗计划系统用一维算法来修正屏蔽，Meertens 等提出了一种一维路径长度计算算法，光子从源到感兴趣点经过的屏蔽材料距离和实验获得有效传输系数被用来进行指数修正。其他 TPS 使用表格式的角度距离函数来修正，这些数据一般是通过实验获取的，可以在实验测量的基础上修正阴道施源器屏蔽效应。

大多数治疗计划系统没有修正屏蔽效应，一些医院使用低剂量率 Fletcher 阴道施源器，在报告直肠和膀胱剂量时直接将其减少 15%～25%，另外一些医院则未采取这种做法，因此在报道这些临床数据的时候，剂量和限值的关系会发生不一致。

这些局限性在临床剂量学中应当加以考虑，但使用修正因子或者改变基本的计算方法，应当与放射肿瘤学家进行讨论。这些因素对临床的影响以及剂量与正常组织限值和控制率的关系必须充分考虑，并在剂量分布报告中体现。例如对于 LDR 和 HDR，除了放射生物学方面还必须考虑子宫串联器尖端的剂量分布的差异。TPS 剂量计算结果的差异会达到最高 20%，对于 HDR 后装治疗来说源间效应更小，剂量计算的结果相对更可靠。

通过蒙特卡洛技术将原射线和散射线剂量分别参数化，可以在调整厚度、修正屏蔽和使用 CT 影像数据修正组织不均匀性方面对 TPS 进行改进，能够实现快速、高效和可靠的治疗计划设计。

二、TG－43 剂量计算模型

AAPM TG－43 小组回顾性的研究了组织间插植放射源的剂量学数据，推荐了一种剂量计算的模型。TG－43 剂量计算模型适用于小的 LDR 组织间插植放射源，并推广到了 HDR/PDR 放射源的使用，其提供了一组关于临床实践中使用的不同放射源的重要函数和因子数据。AAPM TG－43 模型在近距离治疗专业内被广泛接受，用于在专业文献中描述已有和新出现的近距离放射源的剂量分布。下面将介绍该模型和参数的定义。

模型假设剂量分布呈圆柱形对称，几何结构用极坐标系统来定义，原点位于放射源中心，极轴沿着放射源的长轴方向，如图 11-12。

$P(r, \theta)$ 点的剂量可表示为：

$$D(r, \theta) = S_k \Lambda t \frac{G(r, \theta)}{G(r_0, \theta_0)} g(r) F(r, \theta) \tag{11-20}$$

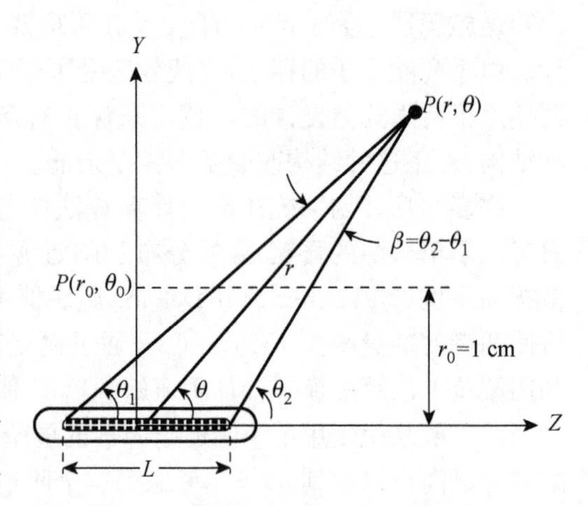

图 11-12　放射源极坐标和直角坐标定义

式中 r 是距源中心的距离；S_k 空气比释动能强度，数值上与 $\dot{K}_R$ 相等；Λ 是剂量率常数；t 表示照射时间；$G(r, \theta)$ 是考虑了放射源中有效材料空间分布的几何结构因子；$F(r, \theta)$ 是放射源核心和封壳内吸收和散射光子角度依赖的各向异性函数；$g(r)$ 是径向剂量函数，包括了沿横轴方向吸收和散射线在水中的距离依赖性，即 $\theta = \pi/2$。参考点 (r_0, θ_0) 在距放射源中心 1 cm 远处，即 $r_0 = 1$ cm，$\theta_0 = \pi/2$。

剂量率常数 Λ 定义为横轴方向 1 cm 远处单位空气比释动能强度放射源在水中的剂量率，是一个绝对量：

$$\Lambda = \frac{\dot{D}(r_0, \theta_0)}{S_k} \tag{11-21}$$

常数 Λ 需要为每个放射源模型单独定义，以包括放射源内几何结构、封装、自滤过效应和放射源周围水中的散射效应。其与经典模型的关系是：

$$\Lambda = \left[\frac{\overline{\mu_{en}}}{\rho}\right]_{air}^{m} \varphi(r_0) G(r_0, \theta_0) \tag{11-22}$$

式中 $\left[\frac{\overline{\mu_{en}}}{\rho}\right]_{air}^{m}$ 是介质 m（大多数情况下为水）和空气中质能吸收系数之比，$\varphi(r)$ 是考虑了介质中原射线衰减和散射光子效应的函数。

径向剂量函数 $g(r)$ 描述沿放射源横轴方向的剂量降落，即水中吸收和散射效应。定义为：

$$g(r) = \frac{\dot{D}(r, \theta_0) G(r_0, \theta_0)}{\dot{D}(r_0, \theta_0) G(r, \theta_0)} \tag{11-23}$$

其也受封壳和放射源对光子滤过的影响。对于点源几何结构，其经典形式是组织衰减和散射函数在 1 cm 处的归一：

$$g(r) = \frac{\varphi(r)}{\varphi(r_0)} \tag{11-24}$$

各项异性函数 $F(r, \theta)$ 描述了放射源周围剂量分布的各向异性，包括在放射源结构和水中的吸收和散射效应，给出了由于自滤过，原射线经过封壳材料的倾斜滤过和水中光子散射导致的放射源周围不同距离的剂量率角分布变化，定义为：

$$F(r, \theta) = \frac{\dot{D}(r, \theta) G(r, \theta_0)}{\dot{D}(r, \theta_0) G(r, \theta)} \tag{11-25}$$

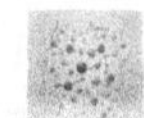

对某些近距离治疗不可能定义每一个放射源的方向，一些计划系统将这些源视为一维各向同性的点源。植入粒子的方向通常是随机的，由于放射源的尺寸很难重建它们的真实方向，这意味很难实现二维的修正。在这些情况下，每个粒子对组织的剂量率贡献可以通过平均径向剂量率来很好的近似，由单个各向异性粒子放射源在整个球体积的积分来估计。

$$\dot{D}(r)=\frac{1}{4\pi}\int_{0}^{4\pi}\dot{D}(r,\ \theta)\mathrm{d}\Omega \tag{11-26}$$

式中在圆柱形分布中 $\mathrm{d}\Omega=2\pi\sin\theta\mathrm{d}\theta$。

距离 r 处的各向异性因子 $\Phi_{an}(r)$ 定义为 r 处平均剂量率和同样距离处横轴剂量的比。

$$\Phi_{an}(r)=\frac{\int_{0}^{\pi}\dot{D}(r,\ \theta)\sin\theta\mathrm{d}\theta}{2\dot{D}(r,\ \theta_0)} \tag{11-27}$$

所以近似的一般表达式为：

$$\dot{D}(r)=S_k\Lambda\left[\frac{G(r,\ \theta)}{G(r_0,\ \theta_0)}\right]g(r)\Phi_{an}(r) \tag{11-28}$$

各向异性因子可以用一个常数近似，与距离无关，称为各向异性常数(anisotropy constant)。使用这些函数，可用各项同性点源来近似计算。近来，在点源近似计算中，推荐使用各向异性因子来取代各向异性常数，关于这一讨论可以参考 AAPM TG－43 报告的更新报告。

起初 TG－43 模型根据放射源内部活度的空间分布来定义几何因子，几何因子用来控制平方反比定律对径向剂量函数和各向异性函数的影响，使得表格数据的插值更准确，已提出了关于点源和线源的几何因子公式。在一些报告中这些函数受到了质疑，在某些案例中甚至根据源的模型定义了专门的几何函数，其他一些研究检查了真实几何因子和点或线源近似后模型的数量差别。当然真实源的活度分布用圆柱体来表示比线模型更加准确，尤其在靠近源的地方，但 Kouwenhoven 等也提出了对标准点和线近似有利的论据：

(1) 真实和推荐的几何因子的差别不会影响剂量计算的准确性，因为径向剂量函数和各向异性函数会降低这种差异。

(2) 由于平方反比定律仅仅是决定剂量的物理因素之一，没有证据表明更准确的几何因子会更有效的降低径向和各向异性函数的变化。

(3) 几何因子是一个解析函数使其他参数的插值更准确，不受自身不确定性的影响。

(4) 已发表的径向和各向异性函数的数据只能与获得这些参数使用的几何函数结合使用，每个计划系统都需要用非标准几何函数来为每台设备做修改。

一些文献描述了 TG－43 模型应用的局限性，提出对 TG－43 修改的方法，尤其是对于低能光子的线源或者在血管内近距离治疗中使用的 β 粒子。对于源长度超过源到剂量计算点距离的情况，例如铱线源，角坐标的分辨率会影响靠近源末端点的计算准确性。此外，插值和外推对最终计算不确定性的影响还取决于要求的分辨率和表格数据范围。

在一些近距离治疗中，剂量计算必须在源的附近进行，特别是当用于组织间插植或者支气管、食管或者血管的腔内治疗，关注的是1 cm以内区域的剂量。在这些案例中，简单点源的近似是不合适的，可能会引起显著的偏差。因此建议TG-43报告的算法应当与TPS中线源的几何函数以及相应的径向和各向异性参数结合使用。如果计算点非常靠近放射源(如在施源器或者源的封壳表面)，会产生很大的不确定性。如果超出了表格数据的范围，由提供的多项式拟合来外推径向剂量函数会引起偏离。

三、经典的圆柱形源周围剂量的计算

有几种治疗计划系统使用了相似的算法来计算源周围的剂量分布，这种方法通常被称为Sievert积分，其是以Sievert 1921年计算源周围剂量的方法为基础发展而来的，最初假设源是直线型的，随后对该方法进行了修改以考虑放射源的三维几何效应。由于吸收和散射的存在，真实源的复杂结构相对于与未滤过的线源不能够简单地使用数学积分来模拟。这种方法基本理念是将圆柱体源的活性部分分解为可视为点源的基本单元(图11-13)。点P在水中的吸收剂量可由式(11-29)表示，单位为cGy·h^{-1}。

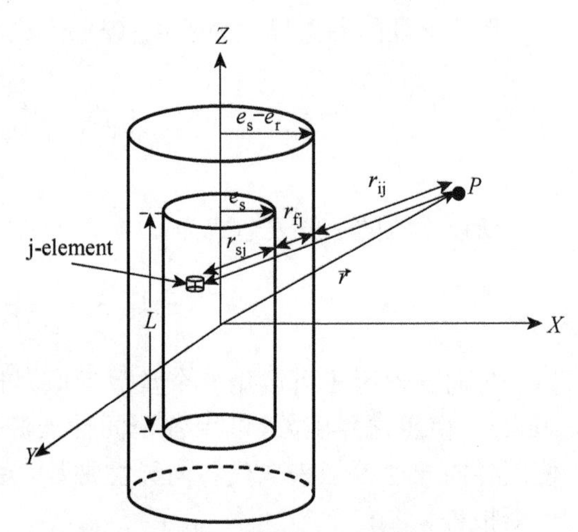

图11-13 Sievert积分算法放射源分解和光线追踪示意

放射源参考比释动能率被分解为N个基本单元，在校准测量中去除了自吸收和滤过衰减。对源的每一个基本单元的剂量计算通过水和空气中质能吸收系数比与沿单元源到计算点之间射线的平方反比距离、组织衰减、自吸收和滤过衰减的指数修正的乘积得到。

$$\dot{D}(r) = \left[\dot{K}_R\left(\frac{\overline{\mu_{en}}}{\rho}\right)_{\text{air}}^{\text{water}}\right]e^{(\mu_s e_s + \mu_f e_f)}\frac{1}{N}\sum_{j=1}^{N}e^{(-\mu_s r_{sj} - \mu_f r_{fj})}\frac{\varphi(r_{tj})}{r_j^2} \tag{11-29}$$

式中$\left(\frac{\overline{\mu_{en}}}{\rho}\right)_{\text{air}}^{\text{water}}$空气和水中的质能吸收系数比，$\dot{K}_R$为源的参考空气比释动能率，单位为$\mu$Gy·h^{-1}·m^2；$e_s$和$e_f$分别为源内半径和滤过距离；$N$是源划分后的基本单元数目；$\mu_s$和$\mu_f$分别为源的自吸收和衰减系数；$r_j$是源点j到计算点P的距离；$r_{sj}$和$r_{fj}$分别为射线与活性体积和滤过相交的距离；$r_{tj}$为组织中射线穿过的距离，$\varphi(r)$组织衰减和散射函数：

$$r_j = r_{sj} + r_{fj} + r_{tj} \tag{11-30}$$

在表达式11-29中，$\dot{K}_R$被分配到N个单位源上，对测量$\dot{K}_R$过程中源和壁材料的吸收进行了指数修正，由于测量点远离放射源可假设为点源。对于^{137}Cs和^{192}Ir源，$\left(\frac{\overline{\mu_{en}}}{\rho}\right)_{\text{air}}^{\text{water}}$的数值一般为1.10～1.11，^{125}I为1.01。

有几种模型可以用来修正组织吸收和衰减，最常用的两个模型是：

Van Kleffens and Star 表达式：　$\varphi(r)=\frac{1+ar^2}{1+br^2}$　(11-31)

Meisberger 表达式：　$\varphi(r)=A+Br+Cr^2+Dr^3$　(11-32)

对于不同的核素有系数值不同。这些等式中的系数值是放射源谱的典型值，在原文献中可以找到许多核素的数据。

四、治疗计划系统的质量保证

过去人们对近距离治疗计划系统软件质量保证的关注明显少于外照射治疗，但是近来逐渐受到了重视，在许多报告中都讨论了关于近距离放疗 QA 项目不同方面。

近距离计划软件的发展一直在紧跟外照射治疗，因此在两者的 QA 上有许多共通的部分。在一个集成的治疗计划软件系统中，外照射治疗软件与近距离治疗软件在相同的平台上运行，输入输出模块(数字化仪、CT 或 MR 接口、体积定义、打印)基本相同。此外校验路径基准测试，外周输入输出设备的控制程序也是相同的。但是近距离治疗软件的许多特征在 QA 程序中仍然需要仔细定义，不论其是独立系统还是集成系统的一部分。

下面具体将介绍的 QA 项目包括：医学物理师对近距离治疗计划系统的调试和验收；对单个患者的剂量计算结果的验证，检查计算结果是否合理；临床近距离治疗实施需要具备的条件，例如治疗方案、参与治疗人员的培训等。

1. 计划系统调试和使用

(1) 剂量计算算法

物理师的首要任务是应当准确地掌握近距离治疗软件系统是如何使用的。治疗软件系统附带的文档一般会详细介绍剂量如何计算，即放射源周围剂量的基本计算方法是如何进行的。自从 AAPM TG-43 号报告发布以后，一些近距离治疗计划系统的厂家改变了常规使用的剂量计算方法转而应用 TG-43 模型，但是并不是所有厂家都完全实施这一模型，一些系统中只有放射源数据的输入遵循了 TG-43 模型，但是实际计算步骤并不是在所有细节上都保持一致。用户必须清楚这一点，确保所有转换都准确一致，否则可能会产生严重的系统错误。

系统附带的文档应当为用户提供足够的信息，使用户清楚了解最基础的计算方法。任何计算程序的改变应当明确的写入文档，物理师也必须记录这些变化和厂家提供的关于系统使用的其他文档。物理师的工作任务如表 11-9 所示。

表 11-9　物理师需要掌握放射源数据和剂量计算模型的任务

项　目	方　法	项　目	方　法
理解计算模型	学习文献 技术培训 收集系统文档 跟踪软件更新	掌握放射源数据库	文献学习 数据库结构 系统文档 厂家提供的信息

(2) 放射源数据

科室近距离治疗临床使用的放射源库存清单必须清楚记录输入治疗计划系统的放

射源的数据信息。通常系统中包含了放射源数据库或一个定制文件来记录这些信息，每一个放射源输入系统的数据都应当仔细检查，包括原始数据以及以计算的剂量分布输出数据。

由权威机构发布的放射源的数据集可以用来确立检查的基准，这些数据必须包括所有临床相关的信息，即剂量率常数、径向剂量函数、几何因子或者可以方便计算几何因子的放射源数据（活性长度）、各向异性函数和因子。如果剂量分布是依据 Sievert 积分经典方法计算的，必须获得放射源构造的详细数据（如：放射源封壳的材料和尺寸）。

为了确保推荐的放射源数据集的正确使用，必须检查每一放射源，应当在治疗计划系统调试和每次软件更新发布时进行。必须定期核对客户定制文件中放射源数据的完整性，通常是每年 1 次。打印放射源数据库或者定制文件并编制成册。由第二人复查输入系统的放射源数据。在新的短半衰期放射源重复使用的情况下（如：^{192}Ir），在临床使用前放射源的强度数据应当由第二人复查核对。物理师关于维护放射源数据的任务见表 11-10。

表 11-10　物理师关于维护放射源数据的任务

项　目	方　法	频　率
放射源数据（核素、类型、数量、详细的结构信息、强度、衰变、TG-43 数据、剂量率表格）	文献 系统文档 厂家提供的信息 数据标准	首次（所有核素）；获得新核素时
数据完整性	将放射源数据库的打印信息编制成册	首次；软件更新后；每年
短半衰期的放射源	由第二人复查放射源强度的输入数据	每次治疗前

（3）剂量计算基础

在剂量计算算法中放射源的衰变计算是很简单的一步，但是必须根据每个放射源类型的半衰期数据核对相对衰变因子是否合理。放射源强度指定的时间在治疗文档中必须清楚记录，表 11-11 给出了一个示例。

表 11-11　剂量计算的质量控制

项　目	方　法	频　率
放射源衰变	使用熟悉的放射源检查基本计算功能	首次和获得新放射源类型时（核素）
治疗中的放射源衰变 是否经过修正	两种情况下计算治疗的持续时间：放射源强度差别超过 10 倍；如果治疗时间持续时间相差刚好 10 倍，未进行修正	首次和软件更新后
点剂量计算	确定放射源周围有相关剂量率数据表的重要剂量点，比较结果，限值为±2%，超过 5%需要仔细分析	首次和软件更新后
放射源选择	检查系统是否从库中准确选择了放射源	首次和软件更新后
通过与剂量图比对，检查 TPS 计算的剂量分布	预先计算剂量分布，存入工作手册	首次和软件更新后
检查 TPS 计算的多种放射源几何的剂量分布	预先计算剂量分布，存入工作手册	首次和软件更新后

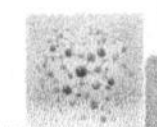

续表

项　目	方　法	频　率
放射源操作	在连续的放射源移位后（旋转和平移），检查点剂量计算结果是否一致	首次和软件更新后
不均匀性，屏蔽	检查组织交界处放射源的剂量分布（表面处），检查屏蔽施源器的放射源剂量分布（与测量数据比较）	首次和软件更新后

除了上面提到的放射源数据，应当获得单位放射源强度剂量率数据的二维表格。每一放射源的计算必须在一系列剂量点处核对并与该表交叉验证。选择的剂量点应当是与放射源使用具体情形相关的位置。这些点的选取可以是在垂直于放射源轴的直线上；在靠近平行于放射源长轴的直线上；在45°角方向（假设放射源结构对称）。检查活性长度 L 小于5 mm放射源周围的几何因子是否准确，靠近放射源区域的二维表格数据的间隔应当小于放射源活性长度 L 的1/2。对于活性长度为3.5 mm的HDR放射源，在放射源附近的数据间隔应当为2 mm。

治疗软件的更新可能会使剂量计算产生明显的变化（如：改变软件中径向剂量函数或者各向异性修正函数的处理方式可能会带来显著的剂量偏离）。必须跟踪产生这一差异的原因（如：检查输入治疗计划系统的放射源数据）。理解由于计算点临床重要性的不同，可接受的剂量偏离程度也不同，如果在距放射源10 cm的位置出现偏离，由于平方反比定律的主导作用，其对临床治疗没有任何影响，但是对于非常接近放射源的点，可接纳的剂量偏差为±2%。

在核对过程中，确保由放射源数据库检索放射源数据工作正常，剂量计算可以正确使用这些数据。如果有些特殊的放射源使用频率很低，系统用户必须清楚如何将这些放射源输入数据库。治疗计划过程的输出应当明确（如：输出形式是绝对剂量还是剂量率）。检查总剂量、初始剂量率、平均剂量率、永久插植的总剂量和任何剂量显示或剂量指定的方法等所有项目是否表示正确。

在计划系统调制过程中应当测试点剂量计算的准确性，在每次软件更新后应当重复之一工作。如果每年检查一次客户定制数据文件，点剂量计算的检查可以只针对部分放射源按照相同的频率进行。

（4）剂量分布文档

如果近距离治疗部门只有有限可用的放射源（如：一组长度不同的管状 ^{137}Cs 源或者 ^{192}Ir 高剂量率放射源度，必须计算每种放射源类型的每一个放射源的剂量分布。如果可行，应当独立的验证输出，与单位源强度的剂量率表进行比较或者与另外一台计算机计算的结果、手工计算的结果比较。

这些放射源的系统输出文档必须附加到计划系统工作手册中。一些放射源类型可能有不同的结构，所以必须选择其中一些不同长度的放射源或者用各向异性剂量分布综合考虑不同放射源。通常假设经过首次校准后，计算机可以在存储的放射源中进行简单的插值和外推，也可以叠加多个各项同性点源的剂量分布。

用户应当选择所在科室近距离放射治疗常用的多源几何结构，在这些几何结构中应当首选系统软件设计放射源的位置，避免应用其他几何重建方法导致错误。这些几何结构应涵盖所有临床使用的情形，即包括植入物或施源器的所有长度、宽度和厚度的情况。

系统调试步骤中收集的所有资料可以创建一个剂量分布的图集。例如在 HDR 食管治疗时使用单位源强度计算的一组标准剂量分布。不同患者使用的单个输源导管的长度差别很大，但是如果只需要输入剂量处方、输源导管长度和放射源衰变(放射源活性长度)，患者治疗可以更快开始。可以简单地使用手工计算的方式，但是应由第二人在治疗开始前进行复查。

这些计算应当在系统调试的时候进行，当软件更新后应当重复这些过程。剂量分布图集应至少包括全部放射源中的一部分，见表 11-12。

表 11-12　标准剂量分布的计算

项　目	方　法	频　率
建立剂量分布图集	定义标准几何结构，例如单个不同长度的输源导管施源器；预先计算的剂量分布应附加到工作手册中	对于重要的应用类型，在每次软件更新后检查选取的几何结构
多源几何结构	定义一系列详细描述的典型放射源应用(键盘输入)，矩形、三角形植入物；计算剂量分布并附加到工作手册中	对于重要的应用类型，在每次软件更新后检查选取的几何结构

(5) 放射源操作的影响

治疗计划系统通常提供几种方式来显示放射源的设置，例如等剂量面的旋转和平移或者其他图像处理工具。用户应当检查这些操作的影响，例如比较变换前后的一些剂量点的计算结果的差异。过去使用的准确度相对较低的计算机系统，在重复的旋转施源器后可能会出现剂量值的舍入误差，但是对于当前使用的计划系统这些错误可以忽略不计。

其他算法可能也需要测试，例如放大功能。这些测试项目取决于现有 TPS 的功能，应当在软件调试期间和软件更新后执行。

(6) 屏蔽、组织缺损、组织不均匀性的影响

计划系统中可能具有几种算法来修正施源器屏蔽的影响。屏蔽通常直接与施源器的方向有关(卵圆器中的屏蔽与妇科施源器刚性连接)。目前商业 TPS 中只有一些相对简单的修正算法(如：有效路径方法)，这些算法的效果必须检查并记录。关于屏蔽或者组织不均匀效应的文献数据通常是基于蒙特卡洛剂量计算技术的，检查这些数据最好与通过热释光剂量计(TLD)或者小型电离室测量得到的数据比较。一些修正靠近表面的植入物的组织缺损和组织不均匀效应的算法正在开发中，检查这类算法应当与检查屏蔽算法使用相同的方式。

(7) 剂量体积直方图

剂量体积直方图(dose volume histogram，DVH)计算的准确性不能简单用独立的方法检查，可以用第二台计划系统来计算 DVH，比较两台计划系统的结果，但是大多数科室并不具备这样操作的条件。只有各项同性点源的 DVH 可以解析计算，各项异性放射源的 DVH 和多源组合的 DVH 不能够用手算检查。标准的 DVH 是积分剂量体积直方图，靶区和危及器官体积通常需要定义。微分 DVH 只与植入物本身相关，其微分 DVH 显示由于平方反比定律影响造成的迅速的剂量跌落，使得在近距离治疗中分析这些数据更加困难。

为了消除平方反比定律的影响，可以使用“Natural”剂量体积直方图，自然体积直方图(natural dose volume histogram，NDVH)是一种微分 DVH，其 x 轴和 y 轴使用特殊的尺

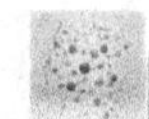

度。x 轴单位为 $u = \mathrm{dose}^{-3/2}$ 的线性坐标轴，y 轴是关于 $\mathrm{d}V/\mathrm{d}u$ 的线性坐标轴。对于一个各向同性点源计算，NDVH 显示的是一条水平直线。如果计划系统提供了这种 DVH 的计算方式，点源近似应当包含在调试测试中。对于一些详细描述的多源和临床实例，应计算 DVH 和 NDVH，打印并且附加入工作手册用于将来数据的比较。这些测试应当在每次软件更新后执行。

关于 DVH 的计算，一些计划系统提供了多种优点图(figures of merit)来帮助评价植入物的好坏。这些优点指数可以是质量指数，均匀性指数，一致性指数等等，在系统的文档中应当详细描述这些指数。对于计算了 DVH 的多源系统和临床实例，这些指数也应当计算并存入文档。文档中应当包括计算点的数目，计算体积的范围，图像层厚，处方剂量，所有这些参数都影响 DVH 和优点图的计算结果。与外照射治疗计划的质量控制相似，可以使用一些简单测试方法来确定用几何方法定义(例如一个球体，方块或者金字塔形体积)的器官体积计算的准确性。

(8) 优化过程

在 HDR 步进源治疗方式中，一些场合应当使用治疗计划系统中优化工具来完成。如果有不止一种优化技术存在，所有这些临床使用的方法都需要测试。测试应当包括简单(单个直输源导管附近的剂量点优化)或者复杂的几何结构(多条直输源导管、平行和不平行的输源导管、非直线输源导管)。对于简单几何结构的情况，用户应当检查结果是否与所期望的结果一致，例如单个直输源导管的剂量优化必然产生围绕有效驻留位置中心对称的驻留时间。计算结果依赖于某些参数的设置，用户必须理解这些参数的意义，这些参数设置也应当与优化剂量分布的打印文档一同保存。关于剂量体积直方图和优化过程的质控要求见表 11-13。

表 11-13　剂量体积直方图和优化过程的质控要求

项　目	方　法	频　率
三维影像数据的体积计算	计算几何定义的器官，如球体、方块或者金字塔形体积	首次和软件更新后
各项同性源的 DVH	计算积分、微分和自然体积直方图，与解析计算值比较	首次和软件更新后
各向异性源	计算放射源经过各项异性修正(因子、表格、函数)的 DVHs	首次和软件更新后
临床实例	对理想和非理想(但是详细描述)的临床实例计算相同的 DVHs	首次和软件更新后
优点图	计算和存档所有优点图	首次和软件更新后
单个直输源导管设置的优化	对单个直输源导管进行剂量点优化	首次和软件更新后
多个输源导管设置的优化	对一些简单和详细描述的实例(键盘录入)进行优化，所有数据附入工作手册	首次和软件更新后

(9) 重建技术

计划系统通常提供几种技术来重建放射源在患者体内的位置，这些方法包括正交 X 射线技术、半正交 X 射线技术、立体平移技术、基于 CT 或者 MR 的数据等。此外可以使用几种输入设备，例如数字化仪和胶片扫描仪。应当检查临床中使用的重建技术的整个过程，可以使用但有标记点和插槽位置已知的商业模体帮助完成这一任务(图 11-14)。

也可以用与真实植入物或临床使用相似的自制模体。必须确定重建的准确性，分析真实和重建位置的差异，不同点之间距离的差异，大于 0.5 mm 的平均偏差应当引起注意。通常偏差产生的原因是由于使用错误放大因子或者不准确数字化过程导致的。数字化点的准确性大约在0.2 mm，因此通过数字化直线两端点确定直线长度的准确性大约为±0.4 mm。由CT断层重建点的准确性至少为像素尺寸的1/2，再考虑到鼠标设备的准确性，一般很难达到0.5 mm的准确性。在治疗计划系统调试，使用新技术、新的重建硬件和软件更新发布时应当对所有重建技术进行测试。

图 11-14 用于几何重建验证的GfM商业模体

2. 验证治疗计划

(1) 文档的一致性

治疗计划系统提供打印的治疗计划报告和图表。用户应当验证系统为治疗文档提供了明确充足的信息。信息应当包括治疗中使用的放射源，计算的单位和物理量，剂量处方，相关点的剂量，LDR治疗的时间或者HDR治疗的驻留时间和驻留位置，放射源半衰期，计算算法中的优化过程，屏蔽修正的使用相关数据，以及创建治疗计划过程中所涉及的细节信息（详见表11-14）。

表 11-14 每个患者治疗前治疗计划的复查

序 号	项 目
1	患者ID，治疗所有相关文档、胶片、打印文件、绘图
2	检查放射源强度与衰变值是否一致
3	准确使用用户定制文件和放射源库存数据
4	准确使用放大因子和源-胶片距离
5	使用放射影像学技术检查放射源和施源器的图像位置是否准确
6	准确使用所用物理量的单位
7	准确使用屏蔽或其他修正因子
8	准确使用治疗参数，包括步长、输源导管长度、沿输源导管的起始点和终止点位置
9	根据医师的意图和植入物可用的几何结构，确保处方准则和优化过程使用一致，
10	评估剂量的均匀性、剂量梯度
11	检查剂量处方指定的剂量、剂量率（LDR治疗）和分次剂量
12	打印图表上参考点、患者相关点、施源器点的位置，与胶片测量数据比对
13	检查治疗设备上计划指定的步长、输源导管长度、驻留时间是否准确
14	对于分次治疗，检查治疗程序、标准和设置是否与首次治疗时一致

在调试治疗计划系统时应当验证打印和绘制数据的完整性，当任何软件更新发布时，用户应当核对厂家是否在计划输出方面进行了改动。

建议物理师检查每个患者的治疗计划，最基本的检查是确保计划创建使用了准确的放射源数据（尤其是放射源强度、衰变因子和单位）和准确的算法，以及是否符合剂量处方的临床方案。物理师应当在治疗开始前在打印报告上签字。

(2) 计划数据传输的完整性

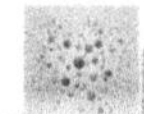

在调试时和每次软件、硬件更新发布后，物理师应当检查治疗计划系统传输到后装治疗机的数据是否准确(表 11-15)。

表 11-15　治疗文档和计划文件传输

项　目	方　法	频　率
输出完整性、一致性	检查打印报告和绘图是否完整，包括患者 ID、日期、物理量和单位的使用、所有治疗数据、算法信息(版本号)、相关修正、剂量处方、点剂量	首次和软件更新后
数据传输	检查数据是否正确传输到后装机，后装机打印报告与计划数据应当一致，检查衰变的计算，测试计划和实际治疗的时间延迟	首次和软件更新后
中断	检查紧急停止和意外治疗中断是否记录	首次和软件更新后

对后装机放射源衰变的修正必须注意，验证后装机打印的数据与治疗计划系统提供的数据是否一致(单位、物理量、数据的数值)。报告应当包括完整的数据以在治疗中断或者紧急停止时能够重新恢复治疗，同时用户应当获得可能错误信息的内容。强烈建议用户检查每个治疗计划包括驻留位置和驻留时间是否传输准确。任何数据传输的偏差应当告知责任物理师。复查计划的步骤总结见表 11-16。

表 11-16　复查计划步骤(计划查错)

项　目	方　法
患者的确认	治疗相关的所有文档、胶片、打印文件、绘图
剂量处方	照射剂量和处方剂量 评估剂量均匀性 处方剂量的位置 剂量分布、剂量梯度 输源导管中起始和终止位置
正常组织的剂量	高剂量区域的位置、正常组织的位置、满足的剂量限制
程序确认	准确使用算法、版本号、屏蔽、修正因子
程序验证	准确使用放射源强度、步长、尖端长度
数据传输	每个驻留位置、驻留时间、总治疗时间和通道的准确性

(3) 治疗时间计算

HDR 步进放射源治疗的治疗计划计算会生成非常难以解释的结果，这是因为有许多因子会对其产生影响。通常放射源会使用很长一段时间，大约为核素的一个半衰期。尽管治疗依据协议中严格规定的剂量处方和处方点距离来设计，输源导管的数量和长度以及它们之间的距离仍然相差很大。治疗使用的优化过程会使得不同位置的驻留时间产生显著的变化。这种不确定性会带来质量保证的问题，例如使用相似的植入物治疗时间可能会相差最高达到 4 倍。检查计算结果是否准确并不容易，实际中物理师只有几分钟来检查一个计划的合理性，至少需要检查可能存在的严重错误，一般使用的最低标准是偏离小于 20%。

用来验证植入物剂量计算合理性的方法是在距离植入物中心 5 或 10 cm 的位置增加一些额外的剂量点作为剂量计算中的标准点。植入物整体可以被视为一个近似点源，所有活度集中在中心，对其他点的剂量贡献可以计算并与治疗计划的结果比较，手工计算的方式是将所有放射源强度与治疗时间分别相乘并求和。对于优化计划进行这样的手工计算可能会非常困难，但是可以与单位强度的放射源在这些距离预先计算的剂量数据表结果进行比较，可以用相似的方法来计算平面植入物或者单个输源导管 HDR 治疗。他们使用的式(11-33)将计算得到的剂量指数(dose index)与期望的数值范围进行比较：

$$剂量指数 = \frac{100(D_{+10\mathrm{cm}} + D_{-10\mathrm{cm}})/2}{源强度 \cdot 总时间} \tag{11-33}$$

这种方法的准确性可以达到 5%～10%，可以用于平面和立体植入物治疗的验证。但是距离剂量(dose-at-distance)方法不能发现所有的错误，尤其是不能判断植入物是否覆盖了整个靶体积。例如，计划设计人员打算设置活性驻留位置的步长为 5 mm，但是误设置成了 2.5 mm，结果植入物中的剂量将会发生显著的变化，导管也将只加载到目标长度的 1/2，但是距离剂量方法并不能检查出这种错误，所以有必要了解这种方法的局限性。

事实上，妇科治疗中曼彻斯特系统使用毫克小时或者毫克镭等效小时定义剂量和治疗处方的经典概念与距离剂量方法非常的相似。毫克镭等效小时可以直接用来定义处方，或者限定在许多患者经验值的小区间中。ICRU 38 号报告和 58 号报告推荐使用总参考空气比释动能(total reference air kerma，TRAK)这个物理量用来指示这类治疗的一致性。适用于腔内近距离治疗的总治疗时间指数(total time index)如下：

$$总时间指数 = \frac{驻留时间和 \cdot 源强度}{处方剂量 \cdot 驻留位置数} \tag{11-34}$$

如果选用合适的物理量，这个式(11-34)将给定所有驻留位置单位剂量的平均 TRAK。虽然总时间指数与患者的积分剂量相关，但没有给出剂量分布细节的信息。建议用另外一个指数来验证子宫串联器尖端附近的剂量是否在正常范围内跌落。在 Wisconsin 治疗中心使用的技术中，串联器尖端 1 cm 处的驻留时间趋于稳定一致。类似于总时间指数的尖端时间指数(tip time index)专门用来描述这个驻留位置。

$$尖端时间指数 = \frac{距尖端 1\ \mathrm{cm} 处驻留时间 \cdot 源强度}{处方剂量} \tag{11-35}$$

对于这里描述的测试，使用者必须首先通过实践积累足够的经验。如果方法很有效，就可以定义一个置信度；如果测试超出这个限制需要进一步检查来解释这种偏离，最好由第二人来进行复查，同时整个治疗计划也必要由第二人独立重复的检查，并经所有团队人员讨论；如果出现严重而且无法解释的偏离应当终止治疗计划，不可以继续执行可能存在错误的计划。

3. 治疗计划系统质量保证的临床内容

(1) 协议

为了确保 QA 程序的合理执行，必须依照仔细设计的指导方案来实施，充分考虑可用资源(人力、设备、放射源、施源器等)。对于每一类临床应用，制定使用物品，给定剂量，处方点或面，要求的剂量率或分次的规定。应当确定程序中每一部分的负责人，例如：患者治疗时间的安排，物品的准备和运送，施源器、导管或针的操作。制定治疗计划，检查结果和签署文档，连接后装机，插入放射源，移动放射源，辐射防护的人员；确定病区护士的任务；确定治疗结束后清理和消毒的人员。

(2) 标准化表格

应当将临床协议的相关数据制成标准化的表格。放射肿瘤学医生应当完成这些表格来确定自己的治疗目标，这些表格应当清楚的描述治疗技术和方案，留有负责人检查和签字的空白位置，对于不同身体部位的治疗应当制定不同的表格。

(3) 独立复查

强烈建议在治疗开始前，复查所有重要的操作。第二人应当经过充分的训练，理解这些过程的所有细节，能够阻止任何出现的错误。充分地了解治疗协议，对于发现和解释偏差是必不可少的。原则上，对于程序每一部分的负责人，科室中都应配有相同资历的后备人员。

(4) 训练和教育

科室人员应当经过良好的培训，团队包括放射肿瘤学医生、物理师、技师，以及其他医学专家(妇科、泌尿等)，持续的培训和教育对于建立一个成功的近距离放射治疗团队是极其重要的。医学专家需要不断随访治疗过的患者获得反馈，来检查自己的工作。治疗团队应当意识到不同成员在使用三维影像技术定义靶区和危及器官体积方面的差异，因此制定标准的临床协议具有非常重要的意义。表 11-17 总结了检查计算结果合理性的步骤和一些近距离治疗计划系统质量保证临床内容。

表 11-17　检查计算结果合理性和临床内容

项　目	方　法	频　率
计算结果测试	使用科室建立的方法来检查特定的临床案例，包括：距离剂量方法、TRAK、其他(如时间指数)	每个患者
协议	所有治疗类型应当详细描述	每个患者
标准化表格	建立每种治疗类型的标准表格	每个患者
独立复查	确保由经验丰富的第二人检查计划设计人员的工作	每个患者
培训	严格按照设计的培训程序进行培训	每个患者

第五节　近距离治疗安全的质量保证

在近距离治疗中，密封放射源被植入或放置在要照射组织的附近，给予小体积病灶高剂量照射，同时可以很好地保护靶区周围正常组织。当前剂量学、肿瘤学以及质量控制领域所有发展的最终目标在于减少患者并发症的风险。对于所有参与近距离治疗的人员来说，包括肿瘤医生、物理师、护理人员和技术人员，必须关注辐射防护的 3 个主要原则：实践的正当性；防护的最优化；遵循个人剂量限制。对于放射工作人员，年有效剂量限值是 20 mSv，四肢的剂量限值是 500 mSv。对于一些特定人群(如患者的家属或者志愿者为了帮助患者治疗)可以接受比普通人群更高的剂量(每年 1 mSv)。

过去，只有镭源可以使用时，工作人员的剂量非常高，通常高于当时的年平均剂量限值。随着人工放射性核素以及高效后装系统的发展，工作人员接受的剂量显著减少，在许多放疗中心，甚至低于外照射治疗中接受的照射剂量。在近距离治疗中使用的都是密封放射源，经过非放射性材料的封装，使其具有一定的刚性，同时也防止了放射性材料的扩散，例如 ^{137}Cs 和 ^{226}Ra。临床应用的核素 ^{192}Ir 通常为线型，使用铂铱合金对其进行封装，这些线型源根据患者的需要进行加工。所有在近距离放疗中使用的放射源应符合 ISO 2919 号标准，此标准中给出了基本的要求。

一、个人防护

个人暴露于放射源的剂量由放射源的强度、照射时间和照射距离决定。表示放射源强度的物理量是参考空气比释动能率 $\dot{K}_R$ (1 m 处)，单位为 μGy · h^{-1}。治疗中使用的放射源 i 参考空气比释动能率和照射时长 t_i 相乘并对所有放射源求和得到总参考空气比释动能 $TRAK = \sum(\dot{K}_{R_i} \cdot t_i)$。这个乘积给我们提供了一个可以简单计算任何距离辐射防护的物理量，对于距离为 r 处点的空气比释动能 $\dot{K}_{air}$，使用相对距离 1 m 处的平方反比定律可得 $\dot{K}_{air} = TRAK / r^2$。

如果放射源强度以活度单位 MBq 表示，参考空气比释动能率可以使用空气比释动能常数 Γ_δ 来确定，$\dot{K}_R = \Gamma_\delta \cdot A$。活度这个物理量目前仍然被广泛使用，尤其用于法规和管理程序中。Γ_δ 的数值对于放射源的类型是特定的，可以参见表 11-18。

表 11-18　一系列放射性核素的 Γ_δ 数值(单位 μGy · h^{-1} · MBq^{-1} · m^2)

核素	ICRU 58 号报告	Dutreix 等(1982)
^{198}Au	0.055 9	0.054 8
^{60}Co	0.306 0	0.309 0
^{137}Cs	0.077 2	0.079 0
^{125}I	0.033 7	—
^{103}Pd	0.034 3	—
^{192}Ir	0.100 0～0.116 0	0.115 7
^{226}Ra(0.5 mm Pt)	0.233 6～0.197 0	0.197 0

在使用 Γ_δ 时，如果给定放射源数值的初始细节未知会存在一定的风险。例如放射源的生产厂家以 $\dot{K}_R$ 测量放射源的强度，在源证书上将其转换为活度、显活度(Bq)或者照射量率(在 1 m 处，单位 R · h^{-1} · Ci^{-1})。但是如果用户将单位活度作为源强输入治疗计划系统，这很可能会产生不一致的源强度，因为计划系统可能使用了一个与生产厂家不同的转换因子。

通过使用修正因子修正射线经过屏蔽材料透射，可以计算屏蔽对剂量的影响。患者上覆组织会引起剂量的减少，但是屏蔽材料一般专门用来减少剂量。计算中使用的透射因子 T 依赖于材料的厚度、密度、有效原子序数和光子能量。表 11-19 中给出了相同放射源的铅第一半值层(first half value layer, HVL)。半值层就是一种给定材料透射因子 T 等于 0.5 时的厚度，同时也给出了这些放射源透射因子为 0.1 时的铅和混凝土的厚度，即什值层(tenth value layer, TVL)。

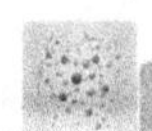

表 11-19　一些核素的辐射防护数据(来自 Dutreix 等 1982 和 ICRU 58 号报告)

核素	光子平均能量(MeV)	半衰期	铅第一半价层(mm)	铅什值层(mm)	混凝土什值层(cm)
^{198}Au	0.420	2.7 天	3.000	11	—
^{60}Co	1.250	5.3 年	12.000	42	22.0
^{137}Cs	0.660	30.2 年	6.500	22	17.5
^{125}I	0.028	59.4 天	0.025	—	—
^{103}Pd	0.021	17 天	0.020	—	—
^{192}Ir	0.380	74.0 天	6.000	16	14.7
^{226}Ra	0.830	1600 年	16.000	45	23.4

减少近距离治疗放射源的照射剂量可以参照以下原则。

(1) 减少照射时间。总剂量与时间成正比,用于准备放射源的工具必须事先准备就绪,操作过程应当使用无活度的假源练习获取经验,潜在的障碍物在放射源从容器中取出之前应当移除。

(2) 照射距离越远越好。放射源不应当用手触碰,推荐使用长的操作镊或者钳来操作放射源。平方反比定律是减少剂量最有效的办法。

(3) 减少放射源物质的数量。通常使用若干个放射源来治疗患者,必须采取措施来减少无法同时操作的放射源的剂量。每个放射源应当分开操作,同时其他放射源储存在屏蔽容器中放置在一定距离之外。

(4) 使用可以获得的屏蔽设备。例如,在准备台上的屏蔽物或者在患者床边的可移动屏蔽设备。

二、近距离放射源的使用原则

关于近距离放射源的辐射防护,美国国家辐射防护委员会(national council on radiation protection, NCRP)第 40 号报告对这一方面做了详细的介绍。以下将简单地列举一些关于安全操作和近距离放射源实用的实用性指导方针。

1. 放射源的登记和存储

所有使用的放射源必须进行登记。登记表应当包括核素的信息和给定日期的活度,放射源类型(如:管状、针状、尺寸)以及最终的 ID 号,在储存器中的位置,检查的日期和结果(擦拭测试),保险箱周期库存的日期和结果,新放射源的录入和旧源的移出。日志文件必须记录患者使用放射源的日期和治疗时间的估计,包括具体的放射源编号,放射源的位置(如:患者和患者的房间号),放射源返回的日期也必须记录。

用铅填充的保险箱是商业上用来存储近距离治疗源的装置。需选择特殊的保险箱,要考虑有足够的防护、源的运输、源移出(移回)保险箱的时间等很多因素。

由于有可能发生氡泄漏,因此在储存镭的区域,需要有一个带有过滤器的通风口将废气直接排到户外。对于一些胶囊状或小球状的放射源,类似的装置也是需要的。做好了这种预案,即便发生了源破裂或泄漏,放射性核物质也不会吸到整栋建筑物的排气系统中。

储藏室通常会配备一个水槽来清洗施源器。同时为防止源的丢失，在水槽上会装有过滤器和存水弯。储存容器的防护厚度通常是5～8 cm的铅，对于^{192}Ir或者^{137}Cs放射源的射线穿透率应当降到10^{-4}数量级。大多数商业储存容器可以保证在罐体表面的最大等效剂量率为25 μSv・h^{-1}。在将放射源运输到使用的场所时需要配备可以暂时储存放射源的保险箱，同样在人工后装治疗时也需要这些设备来短时间存储放射源，最大容量只需要能够满足防护治疗所需最大活度即可，而后装设备自身就可以满足临时储存的要求。

2. *放射源的准备*

放射源准备工作平台应当靠近保险箱，为了充分保护放射源操作人员，放射源的准备和施源器的拆解应该放在屏蔽罩后面进行，许多设备都配置有L形铅制屏蔽挡块(图11-15)。通过铅玻璃观察窗口可以使操作人员的面部与放射源之间保持一个合适的距离，辐射屏蔽材料也对操作人员提供了很好的保护。在实际操作中禁止用手直接接触近距离治疗源，可使用适当长度的钳子，以便增加放射源和操作人员之间的距离。

图11-15 标准L形铅制屏蔽挡块

除了上述这些对近距离治疗装置的防护屏蔽措施以外，操作人员还必须意识到时间和距离在放射防护中的作用。如果在实际操作中，将操作时间降到最低并且操作距离尽可能的大，那么个人的剂量暴露将会大大降低。

在降低个人剂量暴露方面，一些近距离治疗技术有明显的优势，例如，后装治疗技术对操作人员基本上就没有辐射剂量。有一些辐射是在源的填装过程中产生的，即便是这样，我们也可以通过使用移动屏蔽保护装置来减少辐射。另外低能量放射源(如:镭和氡)的使用也是另外一种有效降低辐射的方法。

3. *放射源的运输*

放射源可以用铅制容器或用铅加固的小车运输(图11-16)。所需要的铅厚度取决于源的种类以及放射性物质的总数量。在美国NCRP 23报告中给出了各种情况下所需要的铅厚度表。

在距容器表面1 m处的辐射水平应当低于1 mSv・h^{-1}，在靠近表面处应当低于2 mSv・h^{-1}。在铅容器外部应当有辐射标志来提示放射源的存在，在运输过程中应当由专人负责看管，并且对其他无关人员的照射剂量应当尽可能地降低。

图11-16 用于应急储存和运输放射源的可移动保险箱

4. *放射性物质污染泄漏测试*

在测试密封放射源的泄漏时，可以使用几种的方法，例如通过将镭源放置在一个装满活性炭或棉球的小测试管里就可以测试镭源的氡泄漏，24 h之后，碳或棉球就可以在剂量探测器中获得计数值；或将从保险箱中抽取的气体通过一个含有活性炭的过滤器来探测库存中镭源的泄漏也是非常容易的。如果发生了泄漏，那么需要对单个放射源进行测试，以便隔离发生泄漏的源。定期进行镭源的泄漏检测是国家规章制度中规定的，如果现场测得的活度为0.005 μCi或有更多的移动污染物，那么就说明发生了泄漏。此时发生泄漏的放射源应当被送往权威性的放

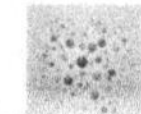

射性废源处理机构。

测量放射性物质的污染剂量比测量外照射剂量更难实施，需要采取一些措施来减少剂量污染的风险。涉及的危及器官主要包括皮肤（尤其是手部皮肤）、食入放射性物质的消化道器官、眼睛和吸收放射性物质的肺组织，由于放射性物质的化学属性不同，其他器官也会有受到照射的风险。β和α射线放射源相对于其他外照射来说风险较低，只有皮肤会受到照射，但是当放射性物质进入体内后，皮肤屏障就失去了作用从而导致内部器官更高的剂量，这种内部污染可能来自不同的原因。

（1）密封放射源的损坏。针源可能会弯曲，尤其是薄窗^{90}Sr放射源非常易损。

（2）在准备台上切割^{192}Ir线源时会导致小块放射性材料的丢失，肉眼很难发现。使用放射性污染辐射探测器可以探测到这种情况。

（3）在放射源封壳上的肉眼不可见的小裂缝可能导致放射性污染的发生。例如，^{226}Ra放射源衰变子核气态^{222}Rn核素会由这些小裂缝逸出。因此放射源^{226}Ra不推荐在临床中使用。

（4）患者在核医学科使用的^{131}I和^{32}P的放射源成为一种可能对近距离治疗部门工作人员产生内部污染的途径。

为了减少放射性污染发生的风险应当遵循以下步骤。

（1）定期检查放射源表面是否有可视的损坏。在预先装载放射源和人工后装的治疗中，推荐每次使用后检查放射源，最好在使用前也进行检查。如果放射源储存在后装系统内部，应当在更换放射源时检查，例如，按照QA程序两年1次。用于膀胱植入物和口底治疗的管状或针状源尤其需要仔细检查以确保没有发生损坏，例如针源在插入或移出过程中发生弯曲的情况。经过检查怀疑存在损坏时应当立刻通知相关负责人（物理师）。

（2）由于增加内部气压会导致泄漏的风险，镭源不能使用高温消毒。

（3）密封放射源需要定期检查，至少每年1次。擦拭测试可以指示放射源泄漏的程度，相关数据必须记录。

（4）同样在保险箱的内表面应当定期进行擦拭测试，保险箱用于储存或转移放射源可能会出现放射性污染并引起放射性活度增加。

（5）针对放射源的封壳很薄的情况（如：对于^{90}Sr不能直接接触），因此转而对保险箱内表面执行擦拭测试。

（6）对于放射源活度很高不能接触的情况，（如：HDR后装机的^{192}Ir和^{60}Co），替代的方法是将与其接触的导管、过滤器、后装机的部件等放入井型电离室或者NaI晶体探测器中测量。

（7）用于切割^{192}Ir线源的工具不应当用于其他目的，这些工具本身可能会受到放射性污染。准备台应当有一块区域专门用于此项工作。表面污染探测器可以很容易检出微量的放射性物质（图11-17）。定期检查准备台工作区域应当成为一项常规任务。

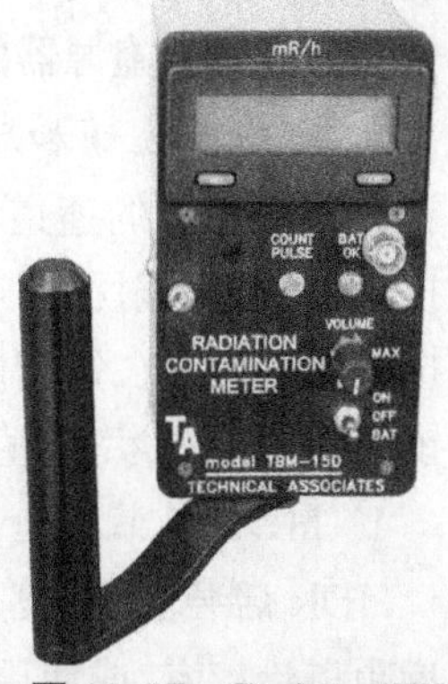

图11-17　Capintec TBM-15D凹陷式薄窗表面污染检测仪

（8）在放射源使用的区域严禁饮食、吸烟或者化妆。准备室的通风设备应当足够快速的减少气态放射性产物的浓度。应当配备手套、能够减少污染的工具以及放射性污染探测仪并且定期练习使用。

对于放射性污染被检测到的情况，必须及时通知责任物理师，标准操作程序应当制成文本，放射性污染区域入口必须封闭以防止其他人员进入。房间门必须锁上避免污染的扩散。

三、治疗室设计

机房的设计取决于将要开展的近距离治疗类型、使用的最大放射性活度和远程后装机的类型。对于高、中、低3种剂量率，必须掌握每一时刻使用的放射性材料的最大数量和类型、持续使用时间和设备计划周工作负荷。翻新现有的患者治疗室对于LDR治疗是非常普遍的，LDR远程后装治疗机可以使用之前手工后装治疗的房间。对于多个LDR治疗室应当使其相互靠近并接近护士站，可以目视或者使用闭路电视进行监测治疗状况，降低治疗中断的发生，并且附近应配有准备室。

1. *LDR治疗室设计的特点*

LDR治疗室内应当配有辐射监测仪，可以独立于后装机运行并且有备用电源。应当配置可以提示放射源位于治疗机外部的持续可见光信号，以使需要进入治疗室的工作人员能够及时发现，一般通过走廊的观察窗或者闭路电视观察患者。LDR治疗机应当使用专用的供电回路和紧急供电电源。治疗室附近应当配有保险箱来存放未使用的LDR治疗机。

2. *HDR治疗室设计的特点*

高剂量率后装机治疗通常利用现有的远距离治疗机、加速器机房来实施或者使用专用机房。屏蔽设计必须基于预期的最大总放射源装载和治疗持续时间来限制未控制区域的辐射剂量。在共用治疗机房的情况下，特别需要注意在HDR治疗进行的过程中，远距离治疗机或者加速器不能打开，一般通过使用连锁来避免出现这些问题。专用HDR治疗机房的辐射安全要求基本上与钴治疗机房的要求一致，包括警告灯、声光警报、闭路电视摄像系统、用于监测患者的通讯设备和独立于HDR治疗机的辐射探测器。应当配有移动射线屏蔽设备减少紧急情况下工作人员的辐射暴露，配有应急工具，例如：切断源线缆的设备、长镊子和可以容纳施源器的可移动屏蔽储存器。

3. *治疗室连锁和后装治疗机的安全设备*

进入治疗室的通道在入口处必须设置控制门，其应当配置有电子连锁系统，一旦控制门打开将引起放射源回退到屏蔽位置，当按下紧急按钮时也可以回收放射源。门连锁和紧急按钮至少应当在每天使用前进行测试是否能够正常运行。在门连锁发生故障时，设备应该锁定在“off”的状态，直到连锁系统修复前都应当停止使用，同时通知责任物理师。

4. *HDR后装治疗机房的屏蔽计算实例*

HDR后装治疗机必须设在一个充分屏蔽的治疗室。HDR后装治疗室可设计成专门的近距离治疗室，或使用现有的钴-60或直线加速器机房。在两种情况下，屏蔽均必须满足或超过国家对于近距离治疗机房辐射防护的要求。屏蔽计算所依据的剂量限制可以参考美国国家核管理委员会指定的年有效剂量当量限制，遵照国际辐射防护和测量委员会的指导方针(表11-20)。

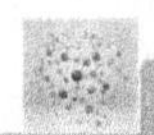

表 11-20　职业和公众剂量当量限值

类别	项目	细目	限值
A 职业照射(年)	1. 有效剂量当量限值(随机效应)		50 mSv
	2. 器官及组织的有效剂量当量(确定性效应)	a. 眼晶状体	150 mSv
		b. 其他(红骨髓、乳腺、肺、生殖腺、皮肤、四肢)	500 mSv
	3. 指导:累积曝光剂量		10 mSv×年龄
B 计划特殊职业照射有效剂量当量限值			参考 ICRU 91 号报告第 15 节
C 突发事件职业暴露			参考 ICRU 91 号报告第 16 节
D 公众暴露(每年)	1. 有效剂量当量限值,连续或经常暴露		1 mSv
	2. 有效剂量当量限值,极少暴露		5 mSv
	3. 下列情形建议的补救行为:	a. 有效剂量当量	>5 mSv
		b. 暴露于氡或其衰变物	> 0.007 J·h·m^{-3}
	4. 眼晶状体、皮肤、四肢剂量当量限值		50 mSv
E 教育和训练暴露	1. 有效剂量当量		1 mSv
	2. 眼晶状体、皮肤、四肢剂量当量限值		50 mSv
F 胚胎、胎儿暴露	1. 总剂量当量限值		5 mSv
	2. 月剂量当量限值		0.5 mSv
G 可忽略的个人风险(年)有效剂量限值			0.01 mSv

公众限值:1 年连续或频繁接触射线限值为每年 1 mSv,或不经常接触射线限值为每年 5 mSv。对 HDR 近距离治疗而言,不经常接触,通常采取每年 5 mSv 的上限指标。

职业限值:每年 50 mSv;除了每年的限制,美国国家核管理委员会要求,在任何不受限制的地区剂量任 1 h 不能超过 0.02 mSv,在考虑了工作负荷和利用率的条件下,无限制区域的剂量任 1 h 也应当不超过 0.02 mSv。

计算主、次屏蔽的方法与外照射兆伏级射线的屏蔽计算方法相同。使用合适的铱源相关因子后,屏蔽原射线、散射线和漏射线的透射系数公式对 HDR 治疗室屏蔽设计也适用,公式分别如下:

原射线透射系数:
$$B_P = \frac{pd^2}{WUT} \tag{11-36}$$

散射线透射系数:
$$B_S = \frac{pd_i^2 d_s^2}{WT\alpha(F/400)} \tag{11-37}$$

漏射线透射系数:
$$B_L = \frac{pd^2}{K_L T} \tag{11-38}$$

式中 W 为周工作负荷,p 为受照人员周剂量限制,d 为参考点到放射源的距离,U 为使用因子,T 为居留因子,d_i 为放射源到散射体的距离,d_s 为散射体至参考点的距离,α 为归一为患者受照面积 400 cm^{2}时的散射系数,F 为患者受照面积,K_L 为漏射线强度。相关计算因子包括平均光子能量为 0.38 MV,半值层为 0.15 m 混凝土(密度 2.35 g·cm^{-3}),照射量率常数为 4.69 R·cm^2·mCi^{-1}·h^{-1}。下面举例说明屏蔽厚度计算的方法或现有屏蔽的评价办法。

例 1 计算距源 1.5 m 处为保护控制区所需的屏蔽厚度。

HDR 使用铱- 192 放射源，因此需要的屏蔽比兆伏射线机房少。在屏蔽设计中可以认为射线是各向同性的（在所有方向强度相同），因此所有屏障可以构造成相同的厚度。此外在保守情况下可以将所有屏障均设计成主屏障，即每小时最大穿射小于 0.02 mSv，或者更保守可以采用 0.02 mSv/h（瞬时剂量率）的限制。本例中从辐射防护的角度看，在距源 1.5 m处的剂量当量率为（平方反比定律）：

$$\dot{H} = \frac{(10\,000\ \text{mCi}) \times (4.69 \times 10\ \text{mSv} \cdot \text{cm}^2/\text{mCi} \cdot \text{h})}{(150\ \text{cm})^2} = 20\ \text{mSv/h} \quad (11\text{-}39)$$

如果透射系数 B 是将 $\dot{H}$ 减少到 0.02 mSv/h 所需的屏蔽穿透因子，则 $B = 10^{-3}$，即屏蔽所需的 TVL 层值 $n=3$。由于 TVL＝0.15 m 厚的混凝土，屏蔽厚度＝3×0.15＝0.45 m。因此，在本例这种情况下，近距离治疗室所有屏蔽（墙壁，地板和天花板）的混凝土厚度应约为 0.45 m 可以达到放射源和参考点之间距离为 1.5 m 时的防护要求。如果增大放射源和参考点之间的距离，或降低了实际的工作负荷和占用率，则可以减小所需要的屏蔽厚度。

如果没有迷路阻止辐射线直接入射治疗室防护门，则防护门也需要屏蔽（比如使用铅材料屏蔽），屏蔽厚度等同于 0.45 m 的混凝土或 3 个什值层厚度。由于对铱 γ 射线的铅什值层为 2 cm，因此等效铅厚度必须为 2 cm×3＝6 cm。一个更好的替代方法是设计一个迷路，或者在放射源和防护门之间增加屏蔽物。

例 2 假定 HDR 治疗室设计有一迷路，放射源到屏蔽墙（面对门）的距离为 4.6 m，迷路长度为 3.0 m，则所需的治疗室门屏蔽厚度为多少？

由于迷路混凝土墙厚 0.45 m，则在室门处的穿射剂量将等于或小于 0.02 mSv/h。面对室门的墙壁散射的剂量可以计算如下：假设铱- 192 源平均反射系数 α 为每平方米 2×10^{-2}，所面对的墙壁散射面积为 5 m²，则室内面的散射剂量率为：

$$\dot{H}_s = \frac{(10\,000\ \text{mCi}) \times \left(4.69 \times 10\ \text{mSv} \cdot \frac{cm^2}{\text{mCi}} \cdot \text{h}\right) \times (2 \times 10^{-2}) \times 5\ \text{m}^2}{(300\ \text{cm})^2\ (460\ \text{cm})^2} \quad (11\text{-}40)$$
$$= 2.4 \times 10^{-6}\text{mSv/h}$$

这个剂量可以忽略不计。因此如果 HDR 治疗室迷路设计合理，对治疗室防护门的屏蔽没有特殊要求。

例 3 评价现有 6 MV 直线加速器机房的屏蔽是否满足 HDR 的使用要求。

机房屏蔽的透射剂量可以根据平方反比定律计算，而铱- 192 γ 射线的 TVL 值在前面已经讨论过。例如：如果一个 6 MV 机房的次屏蔽墙的厚度为 1 m 的混凝土，放射源和参考点之间的最小距离为 3.0 m，那么在参考点的有效剂量当量率可以计算如下：

$$B = \left(\frac{1}{10}\right)^{1/0.15} = 1.27 \times 10^{-7} \quad (11\text{-}41)$$

$$\dot{H} = \frac{(10\,000\ \text{mCi}) \times \left(4.69 \times 10\ \text{mSv} \cdot \frac{\text{cm}^2}{\text{mCi}} \cdot \text{h}\right) \times (1.27 \times 10^{-7})}{(300\ \text{cm})^2} \quad (11\text{-}42)$$
$$= 6.4 \times 10^{-7}\ \text{mSv/h}$$

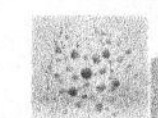

这个剂量是可以忽略的。类似的计算表明，有足够屏蔽设计的兆伏级机房远远超过了近距离 HDR 治疗室的屏蔽需求。无论是专门设计的 HDR 治疗室还是原先的外照射放疗机房，在进行 HDR 近距离治疗前必须充分评价防护性能。

四、应急处理

制定应急规程是获得国家许可近距离治疗的条件之一。应急规程(以 HDR 治疗机为例)必须具备下列随时可以获得的应急设备，例如：两个长柄钳、屏蔽容器、重型线切割机、长柄剪刀、便携式测量仪、秒表或计时器。

1. 退源失败

如果治疗室内的监视器或后装治疗机控制台显示活性源回收失败，则进行如下操作。

(1) 带一个便携式辐射测量仪进入治疗室，观察应急手轮。如果手轮停止转动，而且检测到辐射存在，则顺时针转动手轮 8 圈或直到辐射监测器无法再检测到辐射。如果仍然能监测到辐射，则执行程序“(2)”；如果手轮正在转动，并且检测到辐射存在，进行程序“(2)”。

(2) 首先从患者身上拿掉所有施源器，放置到屏蔽容器中，不要剪断任何一处连线；然后剪断所有外部连线分离施源器，将施源器整体放置到指定的屏蔽容器内。剪断连线的机械工具应放置在后装治疗室内。

(3) 出现上述情况时，立即把患者转移出治疗区域，检查患者是否带有放射源，并锁好治疗室的门，在治疗门上张贴警告标志，提示“该房间必须保持封闭，高剂量率放射源外露，禁止任何人员进入”，通知所有应急事故联系人员(如：辐射安全管理人员、厂家)。估算和记录患者所接受的额外照射剂量，同时也要估算和记录受到放射源照射的医院工作人员的剂量。

2. 停电

(1) 后装治疗机应当配备不间断电力供应设备(uninterrupted power supply, UPS)，如果在治疗期间发生停电，该设备可以使所有系统持续工作 30 min，使正在进行的近距离治疗不至于中断，并完成治疗。

(2) 如果交流电源和 UPS 系统都无法运作，利用后装治疗机上安装的放射源收回应急备用电池，源也将自动退回到储存位置。如果患者正在接受治疗，须记录治疗中断的日期和时间。

(3) 如果交流电源、UPS 和源收回应急备用电池都不能正常使用时，操作人员必须按照放射源手动退回应急程序进行操作。上述任何紧急情况发生时，近距离治疗机操作人员必须通知治疗机控制台处张贴的紧急呼叫列表中的所有相关人员。

3. 施源装置松动

在治疗过程中，如果发生施源器松动或输源导管松动的事故，必须采取以下紧急措施。

(1) 按下控制台上治疗系统的急停按钮。

(2) 如果放射源无法收回，按照放射源手动应急退回程序进行操作。

(3) 立即通知治疗机控制台处张贴的紧急呼叫列表中的所有相关人员。

4. 计时器故障

如果发生近距离治疗系统计时器不能控制治疗或终止治疗的事故，必须采取以下措施。

（1）按下控制台上的治疗系统急停按钮。

（2）在系统紧急关闭后放射源收回的同时，停止手动计时器（在每次近距离治疗开始时手动计时器开始计时）。

（3）如果急停按钮不能收回放射源，按照放射源手动退回应急程序进行操作。

（4）立即通知治疗机控制台处张贴的紧急呼叫列表中的所有相关人员。

第十二章
术中放疗设备质量保证和质量控制

第一节　术中放疗概述

自从1895年伦琴发现X线后不久，就有人设想将放射线用于肿瘤治疗，并且很快就形成了将放射治疗和手术结合起来实施对肿瘤治疗的方案。1907年Beck首先应用术中放疗技术治疗消化道肿瘤，在7例胃癌、1例结肠癌患者中，将未切除的肿瘤移至手术切口进行X线照射。1915年Werner通过外科手术暴露肿瘤后利用X线近距离直接照射治疗。Pack等在1940年提出了在术中放疗时对周围正常组织加以保护，以减轻射线对正常组织的损伤。由于受当时物理技术的限制，那时X线机只能产生较低能量的射线束，对组织的穿透力和生物效应都比较低，因此对肿瘤的杀伤作用也小。

随着高压X线机和加速机的问世，人们可以获得不同能量的高能射线束，从而极大地促进了术中放疗的发展，许多欧美国家也相继开展了术中放疗治疗肿瘤的临床应用。我国开展术中放疗起步较晚，1972年解放军总医院王连元等用50 kV X线治疗机开展术中放疗，1979年陈国雄等开始对胃癌、结肠癌等消化道肿瘤进行术中放疗，黄效迈、曾狄闻等在1986年开始了肺癌、食道癌的术中放射治疗等。目前已成为脑瘤、乳腺癌、胰腺癌、直肠癌、妇科肿瘤等多种恶性肿瘤重要的辅助治疗手段。

术中放疗(intra-operative radiotherapy，IORT)是指在手术中直视下，用射线对瘤床及可能残留的肿瘤组织进行单次大剂量(通常为15～30 Gy)照射的方法。由于术中放疗可以在直视下确定受照射靶区的位置和范围，因而可以准确地对病灶给予大剂量的照射，又避免了对正常和敏感组织的严重损伤。实践证明，术中放疗对提高肿瘤患者的5年生存率和生存质量比单纯的手术治疗、化疗和放疗为好。随着现代电子技术的发展以及对术中放疗的深入研究，尤其是术中放疗专用加速器的发展，术中放疗在肿瘤治疗方面会发挥越来越重要的作用。

由于术中放疗是在直视下给靶区单次大剂量放疗，因此精确地计算术中放疗物理剂量，采用合适的物理补偿和防护手段确立优化的治疗方案，给肿瘤靶区以足够剂量的照射而肿瘤周围正常组织和器官受到辐射最小，是保证治疗增益比最大化的前提。由术前影像明确靶区，确立治疗方案，术中病变范围证实，和手术医师共同协商再次确定靶区，调整治疗计划等一系列复杂流程，确定了术中放疗是一种复杂的治疗技术，与常规高能电子束放射治疗相比在临床辐射剂量学上有其独特性。尤其是由于手术中采集CT解剖影像数据的困难，使术中放疗不能像常规放疗那样进行三维治疗计划的设计和优化以获得每个病人的精确剂量分布。因此，测量和分析术中放疗临床剂量学特性、制定有效的质量保证措施，对术中放疗的临床开展具有较大实际意义。

术中放疗充分暴露被照射区，解决了外照射因正常组织耐受量限制而靶区难以获得一个合适的控制剂量的难题，而正是因为充分暴露靶区，临床上要求靶区的表面剂量足够高才能达到杀灭肿瘤的目的，而我们现在所使用的加速器高能电子线能量达到6～20 MeV，特别是6～9 MeV电子线表面剂量往往满足不了临床治疗肿瘤要求，因此精确测量和分析术中放疗表面剂量特性，采取正确的物理剂量补偿手段保证术中放疗的靶区受到准确的照射是术中放疗物理剂量技术的重点之一。常规医院放疗科配备有辐射剂量仪和指形电离室，由于指形电离室自身尺寸和测量特性决定了它无法精确测量表面剂量，有些物理测量设备有限的医院，通常由剂量建成区的深度剂量曲线外推得到术中放疗的表面剂量。由于建成区的剂量梯度变化大，直线方程不能准确代表水中剂量建成区的百分电离量，因此这种方法的误差较大。在术中放疗实际开展之前，需利用多种物理测量设备，在原有高能电子束物理剂量学基础上，通过测量和分析术中放疗中心轴深度剂量分布特性、剖面剂量分布特性、表面剂量的测量和校正、限光筒外漏射线及危及器官的保护、空气间隙因子、X线污染及其校正、斜入射对剂量分布的影响及其校正、凹凸形入射表面对剂量分布的影响以及相邻射野的衔接等方面，进一步研究术中放疗临床剂量特性及其实际应用中的改进方法。特别是通过比较指形电离室三维水箱、平行板电离室、MOSFET探测仪3种测量方法测量表面剂量的结果，明确术中放疗表面剂量精确有效的测量方法及其补偿校正措施。建立术中放疗内挡铅厚度的确定、挡铅反向散射消除的方法，以及自制模体测量和分析斜入射和靶区表面不规则对剂量分布的影响以及校正措施。

第二节　术中放疗开展的流程及设备

经过多年的努力，外科手术在肿瘤治疗中取得了很大成绩，但是手术往往不能将肿瘤完全切除，如肿瘤与大血管和重要器官粘连无法切除，或可能遗留局部微小病灶；放射治疗具有显著改善一些深部肿瘤的疗效，但是当病灶附近有重要组织和危及器官，或由于组织学类型、病灶体积及乏氧细胞比例等因素使肿瘤表现为对射线抗拒的特性时，放射治疗往往也不可能做到彻底根治肿瘤，因此手术和放疗均有一定的局限性。术中放疗将手术和放疗相结合，既可在直视下直接精确地照射手术残余病灶，加强根治作用，又降低了外照射治疗的剂量，防止放疗并发症的发生，随着现代电子技术的发展以及对术中放疗的深入研究，尤其是术中放疗专用加速器的发展，术中放疗在肿瘤治疗方面发挥着越来越重要的作用。

一、术中放疗开展流程

术中放射治疗是一项综合性跨学科的技术工作，需要放疗医师、物理师和技师、外科手术医师、麻醉师及护师的精心协作密切配合，严密组织，严格无菌观念，精心操作，以确保该项技术安全、稳妥、顺利地开展。

与常规放疗技术相比术中放疗技术的开展具有一定的独特性，具体表现为6个方面：①直观性：暴露肿瘤靶区，直视下直接精确地照射手术残余病灶。②单次大剂量照射：术中放疗单次剂量范围在1 000～2 500 cGy。③无菌性：手术室、运送过程、治疗机房严格无菌消毒，防止感染。④复杂性：手术加放疗，需要多种设备和技术配合。⑤风险性：手术、麻醉风险高，尤其放疗过程需要远程麻醉监控。⑥协作性：多科室多人员密切配合，共同协作完成。术中放疗工作流程如图12-1所示。

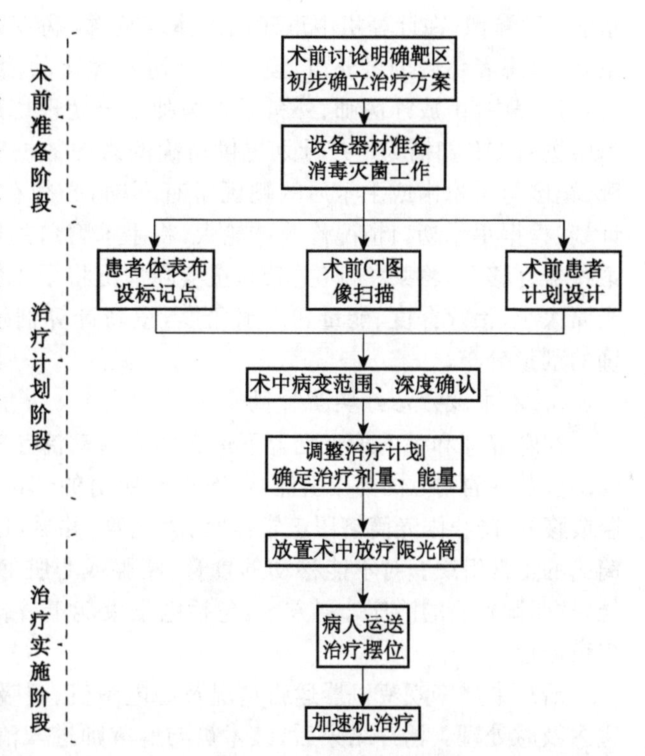

图 12-1　术中放疗工作流程

在开展术中放疗临床实践之前，放疗物理师必须进行大量的前期物理测量和分析工作，包括物理数据采集、临床剂量分析和剂量校正方案的确立等。例如，在水模体中测量获得每种能量电子线对应的各种限光筒的剂量学参数，如百分深度剂量、输出因子、表面剂量、等剂量曲线等，并将相关物理数据输入三维治疗计划系统，用于计算患者体内剂量分布，设计和优化治疗方案等。

术中放疗的工作流程包括术前准备阶段、治疗计划阶段和治疗实施阶段3个部分。

1. 术中放疗术前准备阶段

首先，由放疗医师和手术医师进行术前讨论，明确靶区，初步确立术中放疗治疗方案。要求两科医师必须具备较高的专业技术知识和共同研究合作的团队精神，初步确立肿瘤的界限、手术入路、切除范围、相邻组织关系、切缘定位和治疗的方案。

其次是加速器、麻醉机、手术床和手术器械的术前准备工作。由维修和技术操作人员应对所需设备的运行情况做一次全面、认真检查，物理师对加速器运行中的各种参数，可能选用的各种剂量，以及机器的剂量率等均应逐一进行检查、调试、校正，以确保所有设备处在最佳工作状态。

最后是按照要求准备术中手术室、加速机房及术中放疗所需附件如手术器械、限光筒和挡铅等消毒灭菌工作。

2. 术中放疗治疗计划阶段

治疗计划阶段分为影像数据采集、术前治疗计划设计、术中治疗计划调整3个方面。首先在患者体表布设标记点后做术前CT扫描，治疗计划系统通过网络等手段接收患者术前CT影像，在计算机中重建病人体表轮廓，病变靶区及重要器官，建立患者治疗坐标系，计算患者体内剂量分布，设计一个初步优化的治疗方案。由于术中放疗靶区必须在手术过程中，由放疗医师、外科手术医师结合病理切片以及肿瘤切除的程度来确定，而手术中进行CT扫描为治疗计划提供精确的影像数据非常困难，因此术前治疗计划体表轮廓、靶区与手术中或手术后的靶区常有不同，必须在手术中放射治疗前修改术前的治疗计划，根据手术切口情况修改体轮廓，将手术刀口的覆盖部分删除，按术中的实际情况将某些器官移开，将某些部位挡铅，按实际情况将手术的暴露面作为入射表面，调整确认限光筒大小、治疗深度、能量和入射角度，重新计算剂量分布，从而获得更接近实际的较准确的剂量分布。

3. 术中放疗治疗实施阶段

在麻醉师和手术护士配合下运送病人移动治疗床到加速器下，根据肿瘤残留大小、肿瘤部位及肿瘤附近的淋巴引流区，对准要照射的部位插入限光筒，确保限光筒缓缓进入胸腔或腹腔，防止限光筒挤压正常器官、大血管，并尽可能使限光筒贴近病灶，同时推开限光筒内的正常组织。对不能移动的食管、胰腺或心脏等危及器官给予合适厚度的内挡铅遮挡，按照调整后的治疗计划方案，包括电子束能量、治疗深度、出束剂量和补偿措施等进行出束治疗。

治疗中严密观察机器运行情况及心电图机、呼吸机状态，如出现异常，即中断治疗入室内及时处理。治疗结束后，技术员与麻醉师进入治疗室，待麻醉师检查患者血压、脉搏以后，在医生指导下操作人员缓缓降床，取下限光筒，病人恢复到手术位置继续完成手术。

二、术中放疗主要设备

术中放疗的开展除了配备必要的手术麻醉设备，比如麻醉机、手术床和手术器械外，还需要配备放射治疗设备，如产生高能电子束的直线加速器、术中放疗专用限光筒系统、监测用遥控摄像系统以及物理剂量测量校正设备等。

1. 术中放疗专用限光筒系统

术中放疗专用限光筒系统的作用是通过适配器将限光筒连接到加速器治疗头，形成一个均匀的治疗射野，将线束准确地照射到靶体上，同时有效地保护肿瘤以外的正常组织和敏感器官。依据肿瘤形状和人体解剖结构，术中放疗限光筒具有不同形状并要有足够的长度能插入体腔内，进入体腔内的限光筒，必须便于消毒和清洁，使用灵活方便，便于选择和更换。

术中放疗限光筒系统分为两大类如图12-2和图12-3所示：第一类为优质塑料（有机玻璃）加黄铜制成的各种形状的体腔筒，体腔筒与加速器机头准直器的耦合通过过渡块衔接，进行安全准直。第二类是采用非接触式自由空气间隙对向连接，即插入患者体内体腔筒上端并不与加速器机头准直系统接触，而是保持一个固定的间隙，要求体腔筒的中心轴

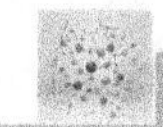

线与加速器束流中心轴严格重合。

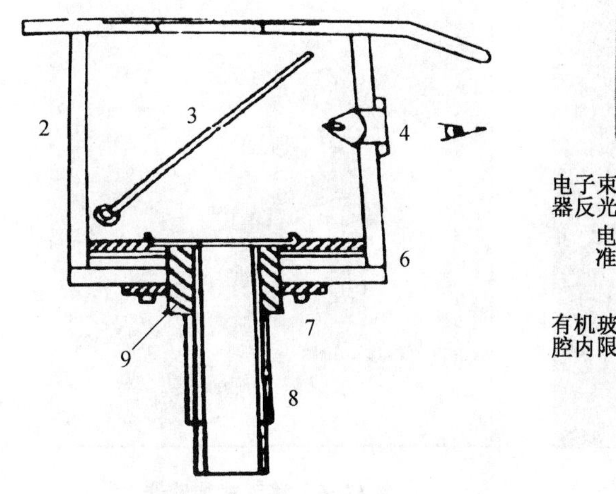

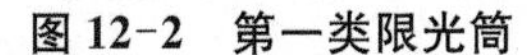

图 12-2　第一类限光筒

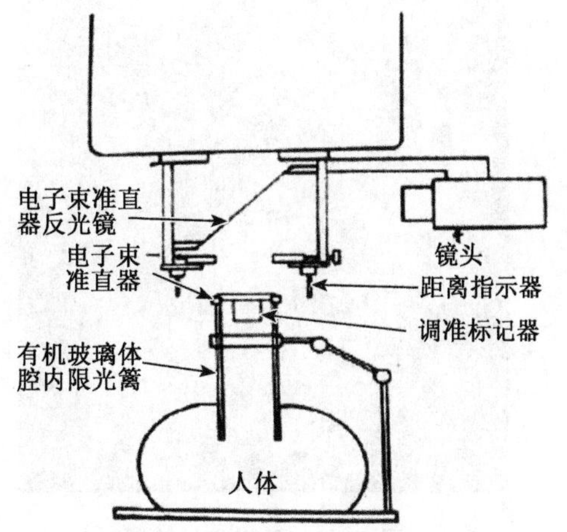

图 12-3　第二类限光筒

此处以第一类术中放疗限光筒为例进行介绍，它由 3 个部分组成如图 12-4 所示：主限束器、适配器（过度块）和治疗体腔筒。主限束器由接口板、箱体、观测镜、射线防护体和隔离膜组成，用于与直线加速器照射机头相连接；连接箱由观察镜、照明光源和反射镜组成，过渡块用于连接方箱和体腔筒，体腔筒用 5 mm 厚的聚酯玻璃经热加工制作而成，为适应不同部位肿瘤术中放疗的需要具有不同的形状，如：五边形限光筒边长 7 cm 用于胃癌放疗；圆形和斜口圆形限光筒，直径为 4～10 cm，用于肺、脑等术中放疗；椭圆形限光筒，直径 4 cm×6 cm～6 cm×10 cm，用于直肠、食道、胰等肿瘤的术中放疗。

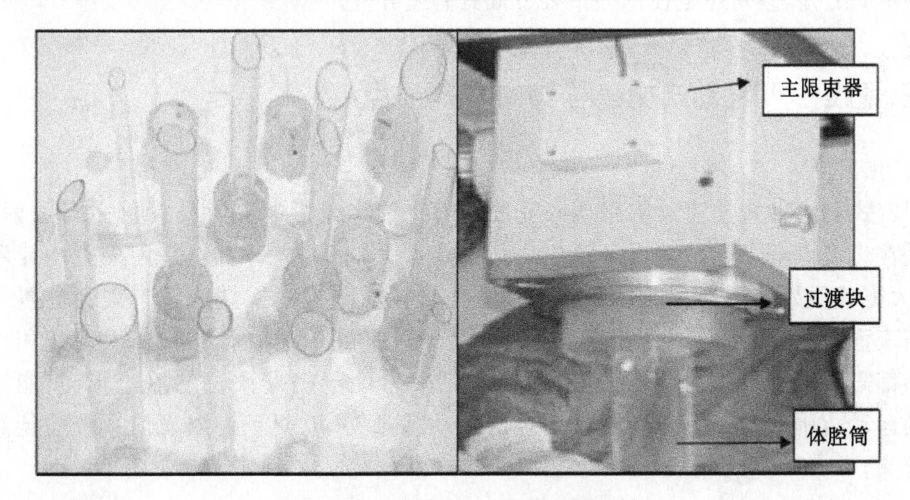

图 12-4　术中放疗专用限光筒系统

2. 术中放疗加速器及其性能比较

医用直线加速器是进行术中放疗的主要设备，能产生分布较均匀的不同能量的高能电子束，高能电子束在组织内有一定的穿射深度，到达一定深度时几乎丧失全部能量，可使肿瘤或残存病灶得到均匀的剂量照射，又能保护肿瘤病变后的正常组织和危及器官。

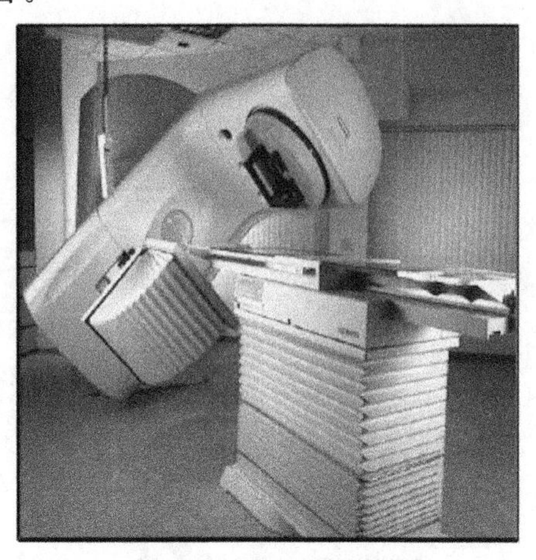

图 12-5　固定式加速器

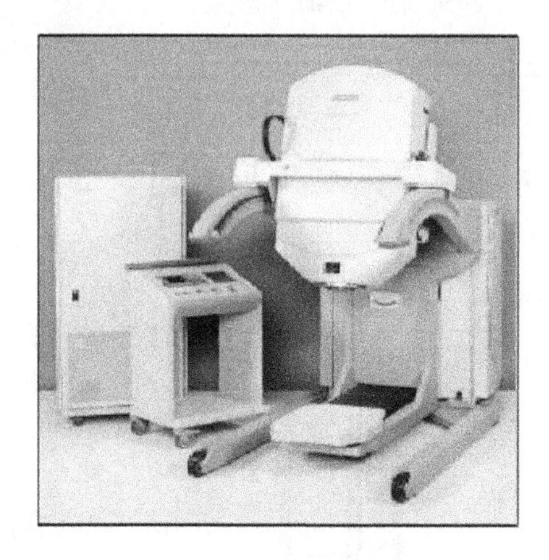

图 12-6　移动式加速器

术中放疗开展初期病人样本量比较少，大多数肿瘤中心采用传统固定式直线加速器（图 12-5），在肿瘤放射治疗部门的带防护屏蔽设计的直线加速器机房进行术中放疗，该技术开展工作效率相对比较低，加速器经常有相当长的时间不能做常规放疗而用于准备和等待 IORT 病人。近年来随着放疗新技术的发展，一种专门用于术中放疗的移动式加速器问世，（图 12-6），由于它治疗实施方便灵活，给术中放疗的广泛开展带来新的特点，移动式加速器是配备在手术室的专用术中放疗加速器，可以在手术室开展术中放疗，减少了昂贵的防护屏蔽要求，使术中放疗的实施过程更容易。尽管固定式和移动式加速器开展 IORT 具有许多相似之处，但是还是在一些重要方面具有差异性。

三、固定式和移动式加速器 IORT 的异同点

1. 相同点

固定式和移动式加速器都采用限光筒将电子线束流限制到肿瘤靶区进行放射治疗。治疗是在患者麻醉下无菌消毒环境中进行的单次大剂量放疗，可以采用多野治疗不同的区域、大野或更好的适形靶区体积。束流修正包括在限光筒末端或患者表面放置补偿膜以提高表面剂量，以及采用挡铅屏蔽危及器官、组织或匹配射野形状。固定式和移动式加速器都需要配置专用治疗设备和附件，包括一台便于病人摆位的治疗床，它能提供比较大的运动范围，包括垂直运动、侧向径向运动和倾斜，以便于将限光筒系统配装到加速器治疗头。

2. 不同点

（1）工作复杂程度及麻醉风险

固定式加速器一般安装在肿瘤放疗科的加速机房，开展术中放疗时病人必须在麻醉状态下、无菌环境中从手术室运送到治疗室，在麻醉师和手术护士配合下把与手术床相连的各种麻醉仪器、手术器械进行连贯地整体移动，病人运送难度比较高。其次，加速器、加速机房、手术室到加速机房的运送通道需要进行消毒灭菌，必须中断常规肿瘤病人的放射治疗相当长时间。

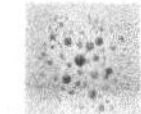

加速器治疗室按无菌手术室要求准备，并请医院感染控制室认定监测。常规用0.02%过氧乙酸消毒液擦拭墙面、地板、台面以及加速器外表部分，室内空气用紫外线灯消毒，术前连续做3次空气培养，空气细菌数(CFU/m³)≤200为合格，并将监测数据保存备案。因此，固定式加速器开展术中放疗工作复杂程度较高，患者麻醉和感染风险比较大。

移动式加速器在无菌的手术室开展IORT，麻醉设备相对固定，手术室工作人员精通消毒过程，IORT开展不影响常规放疗进行，手术病人麻醉、感染的风险相对比较小。

(2) 放射防护方面的要求

固定式加速器要求专用带防护屏蔽的加速机房，防护设计费用比较高，而且必须在加速机房附近设置专用术中放疗手术室，全面配备手术设备(如：移动式麻醉机、监护仪等)，手术室使用效率比常规手术室低。

移动式加速器主要用于没有放射防护屏蔽的手术室，它自身带有射线阻挡器，用于所有机架运动方向阻挡原射线，放射泄漏主要来自散射线及电子线产生的X线污染。由于电子线散射具有一定射程，大多数常规手术室墙足够阻挡电子线散射，因此移动式加速器对房间防护要求低，可用于无防护屏蔽的手术室，但是射线阻挡器的设计缩小了病人放疗摆位空间，对术中放疗的实施产生一定的影响。由于在无防护屏蔽的手术室开展术中放疗，非控制区每年1 mSv，控制区每年50 mSv曝光剂量的限制，使每周只能对有限数量的病人进行IORT治疗。为了防止相邻手术室，特别是楼下房间剂量超量，最大束流能量限制在10～12 MeV，限制靶区深度为几个厘米。另外，需要配备加速器专用储藏室，最好具有足够防护屏蔽措施，便于进行机器试运行调试、维修和剂量学测试时可以进行大剂量出束曝光。

(3) 加速器能量、结构、运动可操作性

固定式加速器一般具有电子线和X线两种射线，电子线最大束流能量可以达到18～21 MeV，治疗靶区的深度相对比较深，加速器结构比较复杂，故障率和维修成本相对较高。

移动式加速器只有电子线一种射线，射线能量4～12 MeV，结构比较简单，故障率和维修成本相对较低。加速器机头运动范围大，以更好地适应病人摆位需要。例如Mobetron的设计勿须偏转磁铁即可获得对能量的控制，特制磁控管的RF射频功率被分割，其中1/3的能量注入加速器的第一波导(管)，使其能量保持为4 MeV。其转移出的射频功率可以被水负载吸收也可以注入加速器第二波导(管)。随着第二波导的功率的增加，第二波导的微波相位同时调节到保持加速器结构中的最优化共振条件，以形成一条可变的能量谱，这种技术提供了4～12 MeV的电子能量，产生射线泄漏比较少，但是治疗深度与固定式加速器相比比较浅。

(4) 电子线束流特性

图12-7显示12 MeV电子束，10 cm电子限光筒，固定式加速器与移动式加速器中心轴百分深度剂量的比较。由于移动式加速器具有更大的能量梯度和散射电子，百分深度剂量曲线比固定式加速器具有更高的表面剂量。

图12-8显示12 MeV电子束，10 cm电子限光筒，固定式加速器与移动式加速器在最大深度处剖面曲线的比较，由于源皮距、散射箔片和限光筒设计不同，移动式加速器比固定式加速器具有更好的平坦度，两者对称性相似。

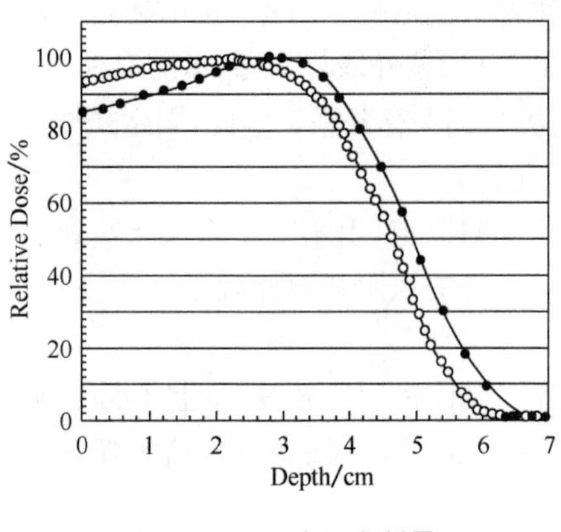

图 12-7　百分深度剂量

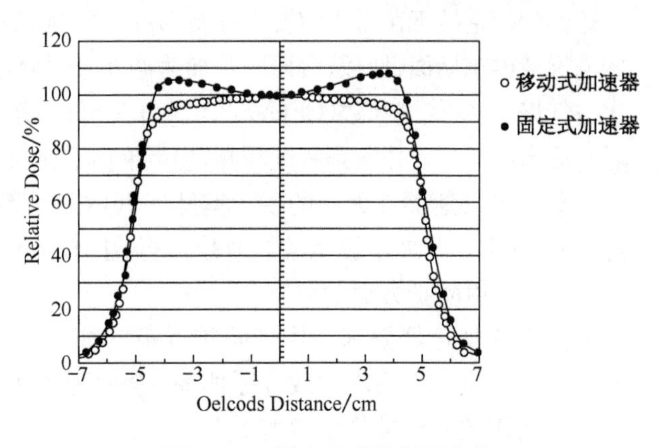

图 12-8　最大深度处剖面曲线

总之，采用常规固定式加速器开展术中放疗，节省设备购置费用，但是治疗前后过程更复杂，病人运送难度较高，增加了麻醉手术的时间及风险性，且需要手术室与加速机房相邻，影响常规放射治疗连续进行。移动式加速器开展术中放疗，是另外购置专用术中放疗加速器，结构简单，操作相对比较方便，束流平坦度较好，表面剂量有所提高，一台加速器可以用于多间手术室，但质量保证更要关注能量和输出的变化，摆位空间比较小，需要专用储藏室。术中放疗集中了外科手术和放射治疗的优点，克服了它们各自的不足之处，是一种有效又大大缩短疗程的综合治疗手段，在提高疗效的同时最大限度地保护了周围正常组织。开展术中放疗需多科室密切配合，严密组织，严格无菌观念，精心机器操作，以确保该项技术安全、稳妥、顺利地开展。

第三节　术中放疗临床剂量学特性

高能电子束由于具有有限的射程，可以有效地避免靶区后深部组织的照射，因此术中放疗通常采用高能电子束进行治疗。但是高能电子束易于发生散射，皮肤剂量随电子束能量的增加而增加，射野剂量的均匀性随限光筒到皮肤距离的增加迅速变劣、半影增宽等，在临床应用中需要进行实际的测量和分析。术中放疗是一种复杂特殊的电子束治疗技术，采用专用限光筒，与常规高能电子束放射治疗相比，在临床辐射剂量学上有其特殊性。开展术中放疗以前必须要重新建立物理数据模型，测量每台加速器不同限光筒相关物理数据，确立术中放疗物理剂量的计算方法和临床剂量分布特性。

一、电子束能量及治疗剂量

术中放疗采用医用直线加速器产生的分布均匀的不同能量的高能电子束进行治疗，高能电子束在组织内有一定的穿射深度，到达一定深度时几乎丧失全部能量，可使肿瘤或残存病灶得到均匀的剂量照射，又能保护肿瘤病变后的正常组织和危及器官。术中放疗电子

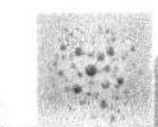

束能量的选择很大部分与常规电子束治疗相同，除了根据靶区深度、靶区剂量的最小值及危及器官可接受的耐受剂量等因素综合考虑外，还要考虑表面剂量的因素，而且通常要求电子束能量的选择满足 90%处方剂量等剂量线包围靶区体积。因此，当确定了治疗深度后，选取保证 90%处方剂量等剂量线包围靶区体积的最小电子束能量，以保护靶区后正常组织和危及器官。

临床中可以通过三维治疗计划系统进行术前治疗计划模拟设计，初步确定电子束能量，在手术过程中再根据实际靶区深度和范围以及处方剂量包围靶区的情况进行调整。也可按照常规高能电子束放疗能量选择的经验，参考以下公式决定所需选择的电子束能量 E_0：

$$E_0 \approx d \times 3 + 2 \sim 3\ \mathrm{MeV},$$

式中 d 为靶区后缘深度。

AAPM TG72 报告对术中放疗剂量的精确性和放射防护作了进一步要求。因为术中放疗靶区必须在手术过程中由放疗医师、外科手术医师结合病理切片以及肿瘤切除的程度来确定，而手术中进行 CT 扫描为治疗计划提供精确的影像数据非常困难，治疗剂量很大程度上依赖手工计算，物理剂量计算的精确度依赖于我们通过有限的物理设备，采用有效的方法和校正措施来保证。

常规加速机电子束正常治疗距离 100 cm，且有 5 cm 空气间隙，而术中限光筒进入体腔实际距离往往大于 110 cm，且末段直接接触组织，对输出剂量构成影响。术中放疗加速器预置治疗跳数按下式给出：

$$\mathrm{MU} = 肿瘤给定剂量(\mathrm{GY})/(标称\ \mathrm{GY/MU}\ 100\ \mathrm{cm}) \cdot 输出因子 \cdot \mathrm{PDD}$$

式中 MU：吸收剂量预选值，肿瘤给定剂量(GY)：计划给予肿瘤的处方剂量，标称 GY/MU 100 cm：正常治疗距离 10×10 限光筒 1 GY 的 MU 数，输出因子：在模体中术中限光筒与标准限光筒输出剂量比值百分量，PDD：百分深度剂量。

二、表面剂量测量及校正

表面剂量是指皮下 0.5 mm 处的剂量与最大剂量深度处的剂量之比 D_S(%)。由于术中放疗是将肿瘤靶区通过外科手术暴露到表面，其他重要器官与组织则在靶区的周围和下面，在术中放疗临床剂量学原则上，一般建议靶体积应包括在 90%处方剂量线范围内，所以要求电子束表面剂量足够大(≥90%)，才能满足术中放疗临床剂量学要求。

表面剂量的测量，一般是在人体组织密度等效的体模(如聚苯乙烯体模)中进行，测量的困难在于电子线表面剂量随深度变化很快，要精确的测量 0.5 mm 深度处剂量，要求电离室体腔很小，因而难度较大。众所周知，剂量测量的最小深度由探测器的厚度和体积决定，下面选择 3 种测量表面剂量的方法进行主要介绍：指形电离室三维水箱剂量测量系统在水模体中测量方法、平行板电离室在有机玻璃模体中测量方法和 MOSFET 探测器在有机玻璃模体中测量方法，分析比较 3 种测量方法的结果和精度，探讨方便有效的术中放疗表面剂量测量方法。

1. 指形电离室和三维水箱剂量测量系统在水模体中测量

选择西门子 ONCOR 电子直线加速器，电子束的标称能量 6、9、12、15 MeV 4 档，3 号圆形术中放疗专用限光筒,壁厚 0.5 cm,直径 7.2 cm,长度 30 cm。测量时限光筒端面到水表面的距离为0.5 cm,加速器铅门大小为 14 cm×14 cm。指形电离室 CC13,电离室内半径为 3 mm,灵敏体积为 0.13 cm^3,安装固定在三维水箱的托架上由步进电机驱动,计算机输入并准确控制它到达测量位置。另外一个同型的电离室放在照射野内作为参考电离室,提高测量精度。电离室对称轴与电子束入射方向垂直,选择深度曲线测量模式测量各档电子线的电离曲线,以最大剂量归一,采用 AAPMTG 51 规程将测得电离曲线转换成中心轴百分深度剂量曲线。0.5 mm 处的剂量与最大剂量深度处的剂量之比 D_S(%)即为电子束的表面剂量。

由百分深度曲线得到 3 号限光筒不同能量的表面剂量和 90%剂量的范围见表 12-1,可以看出,随着电子线能量从 6 MeV 增加到 15 MeV,由于电子束在其运动径迹上易于散射,形成单位截面上电子注量的增加,造成表面剂量随电子束能量的增加,从 80.5%增加到 88%、90%,剂量范围从 0.4~1.5 cm 增加到 0.3~4.3 cm。

表 12-1 ONCOR 加速器 3 号限光筒表面剂量和 90%剂量范围

项目	6 MeV	9 MeV	12 MeV	15 MeV
表面剂量	80.5%	80.9%	83.7%	88.0%
90%以上范围(cm)	0.4~1.5	0.7~2.3	0.8~3.3	0.3~4.3

电子束表面剂量随能量的增加而增加,原因如图 12-9 所示,主要是由于当电子束能量较低时,入射电子易受库仑力的作用,以较大角度散射,偏离入射方向,散射角 θ 变大,其cos θ值变小,最大剂量深度处电子注量 $\Phi_{z,\max}$与介质表面的电子注量 Φ_0 成正比,与 cos θ 值成反比,因而最大剂量深度处电子注量 $\Phi_{z,\max}$变大,从而表面剂量比较小。当电子束能量较高时,入射电子以较小角度散射,散射角 θ 变小,其 cos θ 值变大,最大剂量深度处电子注量变小,而表面剂量是表面量与最大深度处剂量的比值,故电子束表面剂量随能量增加而增大。

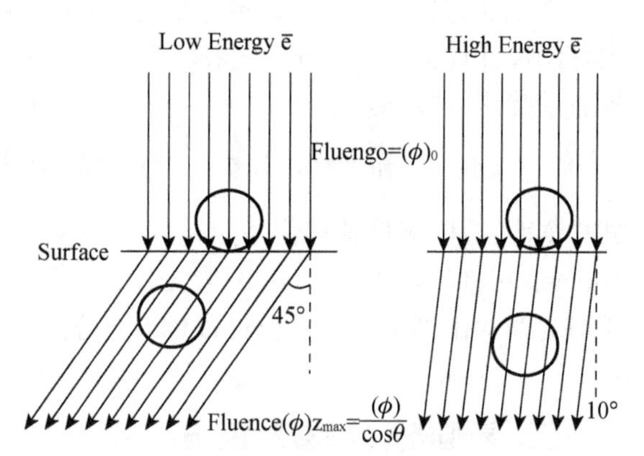

图 12-9 能量增加引起表面剂量增加机理分析

2. 平行板电离室和辐射剂量仪在有机玻璃模体中测量

平行板电离室的主要优点是腔内散射扰动效应小,可以认为电离效应基本是由电子束入射通过入射窗而产生,电离室侧壁产生的电离效应可以忽略,因此,平行板电离室的有效测量点位于空气气腔前表面的中心,且不随入射电子束能量的改变而变化。由于平行板电离室有效收集体积小,收集极与高压极之间的电极间距小(≤2 mm)、电离室入射窗薄(入射窗仅有 0.01~0.03 mm 厚的聚酯薄膜等材料制成),具有在辐射场中所产生的扰动小,有效测量点位于其入射窗的前表面等特点,因此可以用于测量人体表面(即皮下 0.5 mm)的射线吸收剂量、建成区的剂量分布及吸收剂量的测量等。

测量时平行板电离室置于专用的有机玻璃模体中,为保证在测量中电离室能够接受到足够的反向散射,须将一定厚度的有机玻璃模板置于平行板电离室专用模体下面。保持源

皮距不变情况下，第一点对平行板电离室前表面直接进行测量，第二点在电离室表面附加相当于 1 mm 水的有效深度的平衡帽，以后逐点增加模板厚度直至测出最大剂量点的数据，每次出束加速器上的监测剂量仪输出为 100 MU，每个数据测量两次取平均值。将 0.0 mm 与 1.0 mm 测量值内插取均值，作为 0.5 mm 处的测量电离值，测算出在 0.5 mm 处的测量电离值与在有机玻璃介质中最大剂量深度处的电离值之百分比即为表面剂量 D_s（%）。

使用平行板电离室将其有效测量点置于水下 0.5 mm，其定位比较困难，一般使用固体水、聚苯乙烯或有机玻璃等替代物。由于机加工精度所限，对 0.5 mm 厚有机玻璃模片的加工比较困难，因此，建议采用测量 0.0 mm 深度和等效水 1.0 mm 平衡帽处电离值内插得到 0.5 mm 处电离值。平行板电离室测量的不同能量电子束的表面剂量结果见表 12-2，可以看出，随着能量从 6 MeV 增加到 15 MeV，表面剂量从 77.00%增加到 91.58%，平行板电离室测得表面剂量随能量增加而增大的变化趋势与指形电离室三维水箱剂量系统测量的结果基本吻合。

表 12-2　平行板电离室测量电子束表面剂量的结果

电子束能量	不同测量深度测得电离量（nC）						表面剂量 D_s
	0.0 mm		1.0 mm		内插 0.5 mm	最大深度	
6 MeV	1.055	1.055	1.100	1.100	1.078	1.400	77.00%
9 MeV	1.325	1.325	1.370	1.370	1.348	1.625	82.95%
12 MeV	1.495	1.490	1.535	1.525	1.511	1.705	88.62%
15 MeV	1.600	1.600	1.640	1.645	1.621	1.770	91.58%

3. MOSFET 剂量仪在有机玻璃模体中测量

MOSFET 探测器二氧化硅薄层厚度只有 1 μm，距离探测器表面 0.4～0.5 mm，可以有效反映表面所受辐射剂量大小，尤其适合表面剂量测量。测量时将 MOSFET 探头与偏置电压电源、剂量读取器可靠连接并与计算机相连。按下读取器上归零键，测取 MOSFET 晶体管探头未经辐照前的栅极门控电压 $U_g=0$。然后将探头及偏压盒一同与读取器断开连接，移置治疗室内，准备测量。将 MOSFET 探头粘贴于有机玻璃模体表面进行辐照。以后保持源皮距不变逐点增加模板厚度直至测出最大剂量点的数据，每次出束加速器上的监测剂量仪输出为 100 MU，每个数据测量 3 次，取平均值。照射结束后取下 MOSFET 探头，与偏压盒一起和读取器连接，按记录键，测取栅极门控电压 U_g 的增量 ΔU_g 值。计算有机玻璃表面处的测量偏压值与在有机玻璃介质中最大剂量深度处的偏压值之比即为表面剂量 D_s（%），表面剂量结果见表 12-3。

表 12-3　MOSFET 剂量仪测量电子束表面剂量的结果

电子束能量	0.5 mm 测量值(mv)			均值(mv)	最大深度(mv)	表面剂量 D_s
6 MeV	92	92	93	92.3	120	76.92%
9 MeV	116	112	114	114.0	139	82.01%
12 MeV	123	121	123	122.3	139	87.96%
15 MeV	130	131	130	130.3	142	91.76%

随着电子束能量从 6 MeV 增加到 15 MeV，表面剂量从 76.92%增加到 91.76%，电子

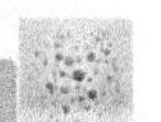

束表面剂量随能量增大而增加的趋势与三维水箱剂量仪和平行板电离室测量结果相似。在采用 MOSFET 剂量仪测量时，有一个问题值得注意，在测量以前，必须对 MOSFET 探测器进行精心筛选，选择重复性和稳定性好的探测器进行测量，每一个数据测量 3 次以上取均值，以减少探测器带来的测量结果的不确定性，保证测量的精度。

4. 测量结果的比较

综上所述，平行板电离室和 MOSFET 剂量仪测量得到的表面剂量结果比较接近，而三维水箱剂量测量结果与前两种方法相差较大，如图 12-10 所示。这是由于采用指形电离室与三维水箱系统测量表面剂量是由剂量建成区的深度剂量曲线外推得到，由于表面区域剂量建成效应的影响，建成区的剂量梯度变化大，这种方法的误差较大；同时，步进电机控制半导体探头到达测量位置存在一定的误差，使表面剂量的测量结果产生误差；其三，由于剂量建成效应和自身结构特点，指形电离室直接测量电子束表面剂量的误差较大，因此采用指形电离室与三维水箱剂量仪测量电子束深度剂量曲线外推得到表面剂量的方法误差比较大。

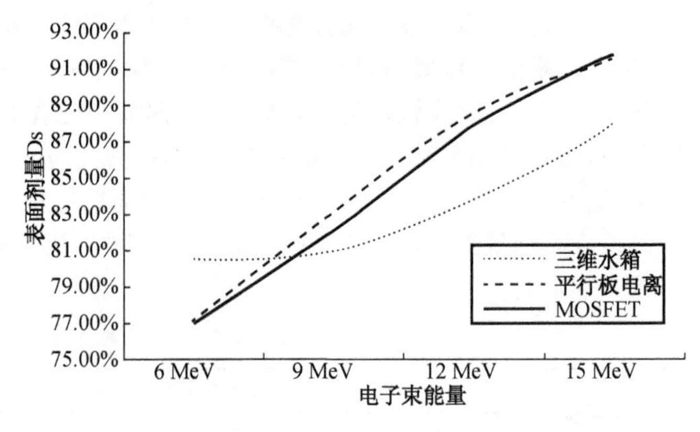

图 12-10　3 种方法测量结果比较

总之，术中放疗表面剂量的测量采用指形电离室与三维水箱剂量仪测量深度剂量曲线外推的方法比较方便，但是由于指形电离室具有较大灵敏体积，测量结果偏差比较大，不推荐此方法。MOSFET 剂量仪可以有效反映表皮层所受辐射剂量大小，但是测量时必须对探测器进行有效的筛选，而且为了得到最大深度处的剂量，需要在 MOSFET 探测器上放置一定厚度的有机玻璃模板，需要采用具有 MOSFET 探测器槽口的专用模板。推荐采用平行板电离室测量 0.0 和 1.0 mm 平衡帽处电离值，内插得到 0.5 mm 处电离值，与最大深度处电离值之比得到表面剂量的测量方法，平行板电离室有效测量点位于空气气腔前表面的中心，且不随入射电子束能量的改变而变化，用于测量术中放疗电子束表面剂量能得到比较准确的结果。

5. 表面剂量的校正

在术中放疗临床剂量学原则上，一般建议靶区体积应包括在 90%剂量线范围内，所以要求电子束表面剂量尽可能高。从上述电子束表面剂量的测量结果可以看出，术中放疗低能电子束的表面剂量往往比较小，如：3 号限光筒 6、9 MeV 的表面剂量分别为82.95%和88.62%，不能满足临床剂量的要求。为了提高电子束表面剂量可以适当增加填充物作补偿，但是由于术中放疗对消毒无菌的严格要求，用于补偿的材料必须可以进行严格无菌消毒，而且最好能有一定柔韧性，与术中靶区严密贴合，不形成气腔，因此通常采用无菌消毒的盐水纱布作补偿提高靶区表面剂量。

由图 12-11 所示不同厚度盐水纱布提高表面剂量结果可以看出，对 6 MeV 电子束，4 mm 厚度盐水纱布只能将表面剂量提高到 87%，需要 6 mm 厚度的盐水纱布才能将表面剂

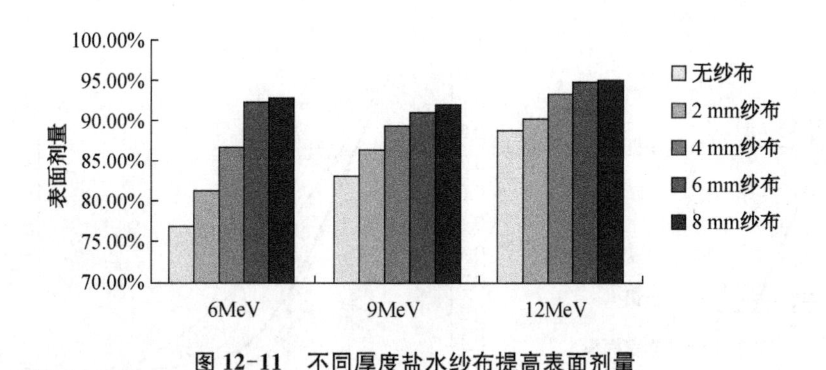

图 12-11　不同厚度盐水纱布提高表面剂量

量提高到 90%以上；而 9 MeV 电子束只需 4 mm 厚度盐水纱布就能提高到 89%左右；12 MeV 电子束只要 2 mm 厚度盐水纱布就能保证表面剂量达到 90%以上。可见，随着盐水纱布厚度的增加，所有能量的表面剂量都有明显提高。当盐水纱布厚度增加到一定厚度以后，随着补偿厚度的增加，源皮距不断增加，表面剂量的提高效果不明显，补偿效果逐渐被源皮距的增加效应抵消。在实际临床应用过程中需要对具体的电子束和限光筒进行实际测量，确定不同能量不同限光筒表面剂量及其补偿措施。

三、电子束内挡铅

肿瘤放射治疗的根本目标，在于给肿瘤靶区足够精确的治疗剂量，而使周围正常组织和器官受照射最少，以提高肿瘤的局部控制率，减少正常组织的放射并发症。进行术中放疗时，在照射野内不可避免存在无法移出照射野的正常组织或需要保护的危及器官，对这些重要组织和器官需要采用适宜的材料来遮挡放射线，使其免受或少受放射线的照射(如：胰腺)，我们采用经过严格消毒的小铅块外包无菌消毒盐水纱布做内挡铅防护屏蔽，达到保护重要器官的目的。

1. 内挡铅厚度的确定

术中放疗一般采用内挡铅，铅厚度的微小变化都会对电子束的剂量有很大影响(图 12-12)。如果挡铅厚度过薄，剂量不会减少反而会有所增加，但是挡铅厚度过厚，内挡铅使用起来又很不方便，因此，挡铅厚度的正确选择，要依据不同电子束能量的挡铅材料的穿射曲线决定。

根据不同能量不同厚度挡铅穿射系数，绘制不同能量电子束不同厚度挡铅穿射系数曲线，如图 12-13 所示。临床上常将不同能量电子束穿射 5%所需要的低熔点铅的厚度作为挡铅厚度，最低的挡铅厚度(mm)约为电子束能量数值的 1/2。从测量结果可以看出，随着电子束挡铅厚度的增加，挡铅穿射系数快速减小，电子束能量越低，穿透能力越小，挡铅穿射系数减小越快。对 6、9 MeV 电子束，3 mm 挡铅穿射系数分别为0.9%和 2.5%，可以满足电子束内挡铅需要；对 12、15 MeV 电子束，3 mm 挡铅穿射系数分别为 16.5%和39.6%，不能满足遮挡射线的要求，而 6 mm 挡铅穿射系数分别为 1.6%和 4.9%，可以满足临床保护正常组织的要求。

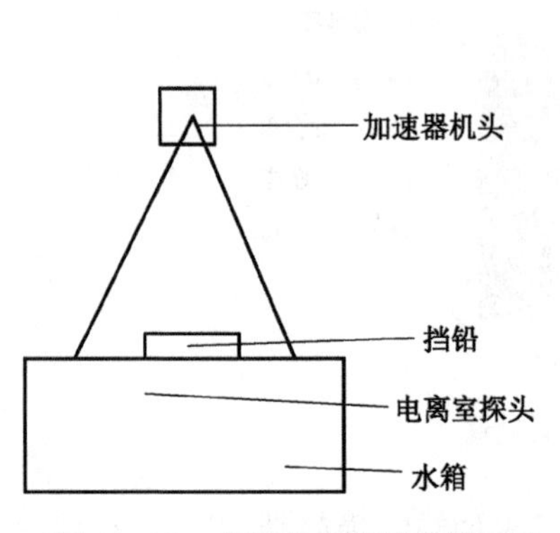

图 12-12 电子束内挡铅穿射系数的测量示意图

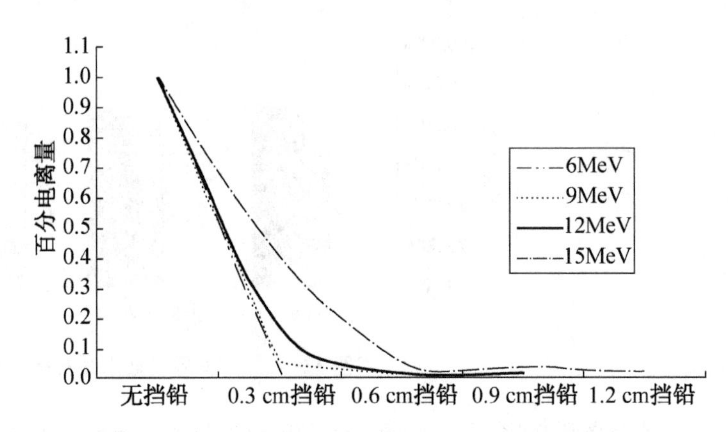

图 12-13 不同能量电子束不同厚度挡铅穿射系数曲线

术中放疗内挡铅时，为了便于放置需要最小的遮挡厚度，不同的能量对应不同的挡铅厚度，需要对使用的电子束能量、特定的照射野和深度作特殊的测量。测量时必须注意的是，由于穿射剂量的最大贡献主要发生在浅表部位，因此测量深度在 5 mm 处。同时，在术中放疗临床应用中，为了安全可再将挡铅厚度增加 1 mm，略大于所需要的最小挡铅厚度值。

2. 内挡铅反向散射的消除

术中放疗为了保护靶区邻近部位的正常组织和危及器官（如：胰腺、大血管等），往往采用内挡铅的方法保护邻近的正常组织尽量不受射线的照射。电子束会在挡铅和组织接触的界面处产生电子束的反向散射，如图 12-14 所示，在 4～20 MeV 能量范围内，界面处的剂量增加 30%～70%。电子束内挡铅反向散射强弱随遮挡介质的有效原子序数增高而增大，随界面处电子平均能量的增加而减小，因此，为了削弱电子束内挡铅反向散射的影响，在术中放内挡铅时，在挡铅与组织或危及器官之间加入一定厚度的低原子序数材料（如：有机玻璃、盐水纱布等），此类材料本身产生的反向散射低，同时可以吸收铅挡所产生的反向散射，而且必须可以进行严格的消毒灭菌。考虑反向散射电子的射程，用于界面间填塞的低原子序数材料的质量厚度为 $2g \cdot cm^2$ 左右。

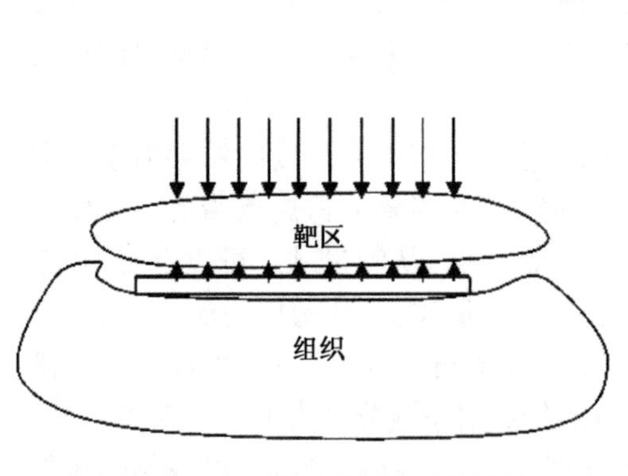

图 12-14 内挡铅电子束反向散射

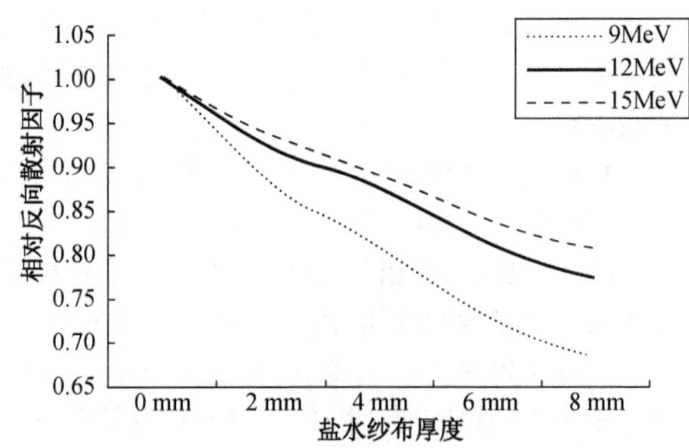

图 12-15 不同厚度盐水纱布吸收电子束内挡铅反向散射影响

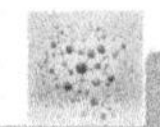

不同厚度盐水纱布削弱挡铅反向散射的影响如图 12-15 所示。盐水纱布能削弱挡铅反向散射，随着盐水纱布厚度增加，反向散射明显减小。9 MeV 电子束，8 mm 盐水纱布将反向散射因子从 1.516 减小到 1.033，降低了 31.9%；15 MeV 电子束，8 mm 盐水纱布将反向散射因子从 1.382 减小到 1.114，降低了 19.4%。电子束能量越低，盐水纱布能削弱挡铅反向散射效果越明显；电子束能量越高，射线穿透能力越大，反向散射相对比较小，而且随着盐水纱布厚度的增加，反向散射因子削弱比较慢。

术中放疗临床应用中，一般要求在采用内挡铅保护正常组织的器官时，在挡铅和组织之间加入 4～8 mm 厚度无菌盐水纱布削弱反向散射对剂量的影响。

不同厚度有机玻璃削弱挡铅反向散射的影响与盐水纱布相似，如图 12-16 所示。有机玻璃属于低原子序数材料，本身产生的反向散射较小，同时能吸收挡铅产生的反向散射。随着有机玻璃厚度增加，反向散射明显减小。电子束能量越低，有机玻璃削弱挡铅反向散射效果越明显，如：9 MeV 电子束，6 mm 有机玻璃将反向散射因子从 1.516 削弱到 1.054，减小了 30.5%；电子束能量越高，射线穿透能力越大，反向散射相对比较小，而且随着有机玻璃厚度的增加，反向散射因子削弱比较慢，如 15 MeV 电子束，6 mm 有机玻璃将反向散射因子从 1.382 减小到 1.151，降低了 16.7%。术中放疗临床应用中，一般要求在采用内挡铅保护正常组织的器官时，在挡铅和组织之间加入 4～6 mm 厚度无菌有机玻璃削弱反向散射对剂量的影响。

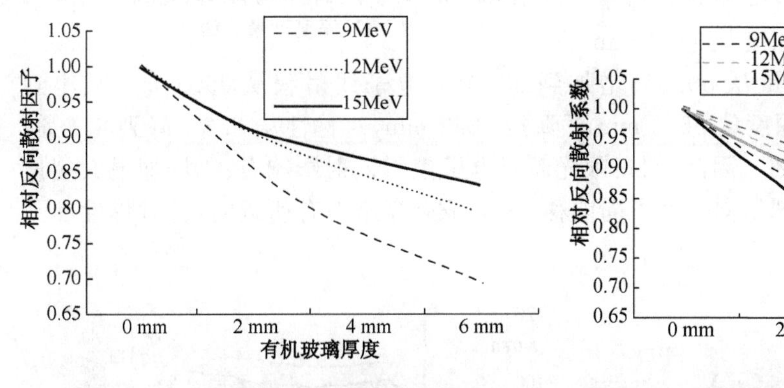

图 12-16　不同厚度有机玻璃吸收电子束内挡铅反向散射

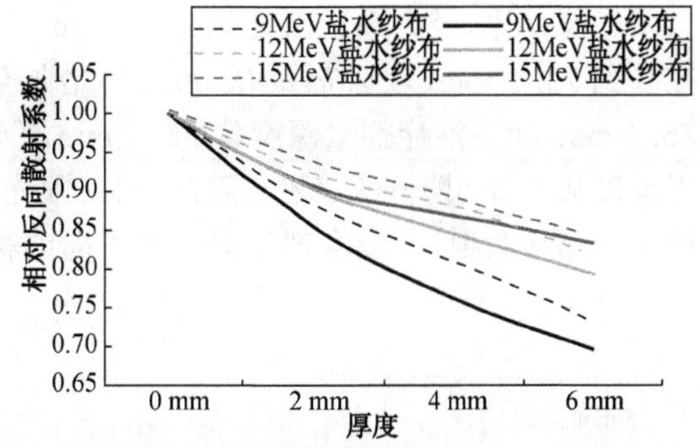

图 12-17　不同厚度盐水纱布与有机玻璃削弱挡铅界面处反向散射的比较

不同厚度盐水纱布与有机玻璃削弱挡铅界面处反向散射的比较如图 12-17 所示，可以看出，对于同样厚度，有机玻璃相比盐水纱布吸收电子束挡铅反向散射效果更好，电子束反向散射在有机玻璃中的衰减比盐水纱布更快。这是由于电子束反向散射因子随遮挡介质的有效原子序数的增高而增大，随界面出电子平均能量的增加而减小。有机玻璃和盐水纱布本身产生的反向散射低，同时可以吸收挡铅所产生的反向散射。

盐水纱布用于术中放疗削弱电子束内挡铅反向散射比较方便因而该方法临床上应用比较多，但是在应用之前，由于不同机器的电子束限束系统和限光筒设计上的差异，要求对不同类型及厂家的加速器、不同能量电子束和不同术中放疗限光筒进行实际反向散射因子及其削弱挡铅反向散射所用盐水纱布的厚度进行具体测量和评估，确定术中放疗电子束内挡铅不同能量盐水纱布厚度，减小挡铅反向散射，提高术中放疗剂量精度。

四、斜入射对剂量分布的影响及其校正

由于加速器治疗头与患者治疗体位相对关系的限制，手术切口到瘤体或亚临床灶有可能不垂直，或者靶区表面倾斜等情况，致使电子束限光筒的端面不能很好地平行于靶区表面，引起空气间隙形成电子束的斜入射，在术中放疗实践中，经常采用端面有倾斜角度限光筒，以更好地适应病变靶区，由此造成斜入射对剂量分布影响。

1. 斜口限光筒与平口限光筒剂量分布的比较

图 12-18、19 为利用指形电离室和三维水箱系统测量 8 号斜口限光筒 25°斜角入射，3 号平口限光筒垂直入射的深度剂量曲线、剖面剂量曲线和等剂量分布曲线。3 号平口术中放疗专用限光筒，壁厚 0.5 cm，直径 7.2 cm，长度 30 cm；8 号斜口术中放疗限光筒，壁厚 0.5 cm，直径 7.2 cm，长度 30 cm，倾斜角 25°。

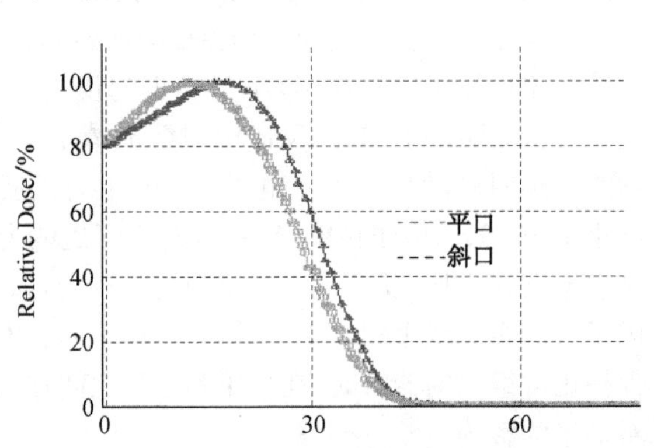

图 12-18　3 号平口和 8 号斜口限光筒 9 MeV 深度剂量曲线

从百分深度曲线和剖面曲线中，可以看出相同直径和长度的斜口限光筒与平口限光筒相比，最大剂量深度从 17.1 mm 减小到 12.4 mm，表面剂量从 80.9%增加到 83.0%，电子线射程从 39.1 mm 减小到 38.1 mm，80%治疗剂量深度从 26.0 mm 下降到 22.2 mm，对称性从 0.3%降到 4.6%，平坦度从 1.5%降到 3.7%。因此，斜口限光筒对电子束斜入射影响有：①增加最大剂量深度的侧向散射；②深度剂量向表面方向前移；③电子束穿透力有所减弱；④对称性和平坦度变差。

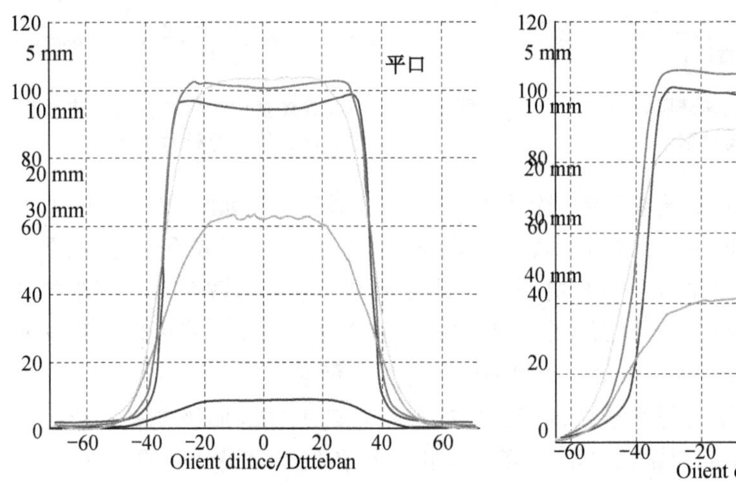

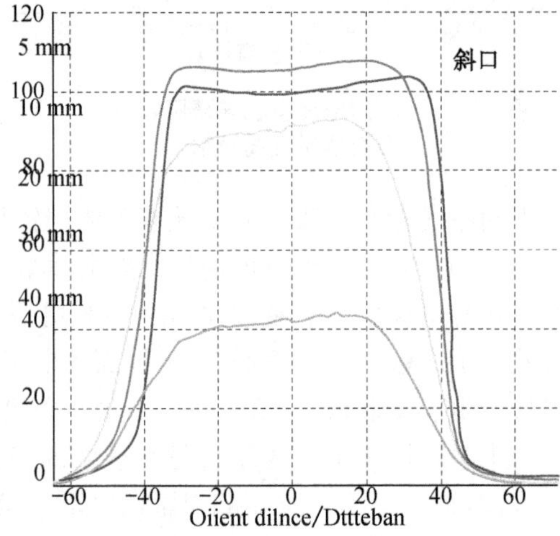

图 12-19　3 号平口和 8 号斜口限光筒 9 MeV 剖面剂量曲线

斜入射使最大剂量深度减少，表面剂量增加，电子线穿射能力减小，治疗深度变小，平坦度和对称性变差(图 12-20)，其原因主要有以下两点。

(1) 电子束斜入射时侧向散射效应。可以用笔形束概念解释，当宽束电子束斜入射到靶区表面时，浅表深度的各点会接受相邻较多的侧向散射，随着深度的增加，由于笔形束横向展宽侧向散射强度减小，使得深部各点只接受较少的侧向散射，造成电子束剂量在浅表部位增加而较深部位减少。

(2) 斜入射增加了电子束表面与靶区表面的空气间隙，由平方反比规律引起的射线束的扩散作用使所有深度的剂量都减小。

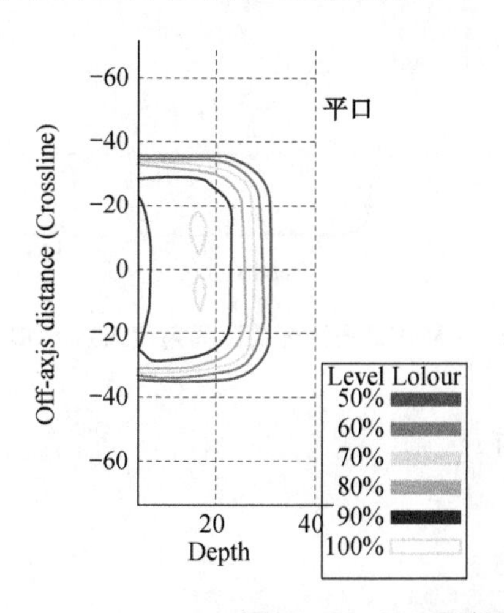

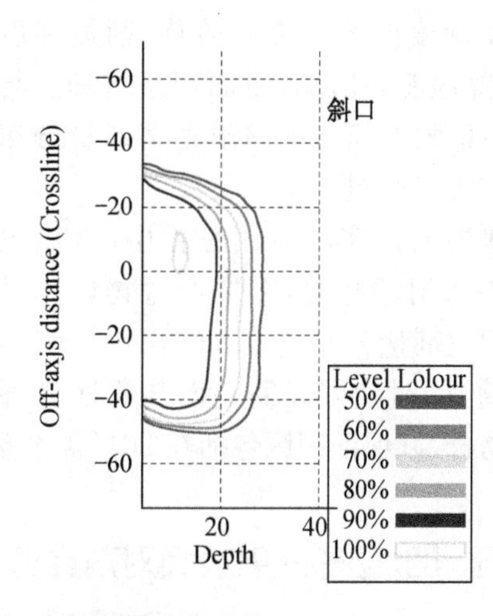

图 12-20 平口和斜口限光筒 9 MeV 等剂量分布曲线

从 8 号斜口限光筒 25°斜角入射等剂量分布曲线上还可以看出，斜口限光筒的剂量离轴比曲线发生倾斜如图12-21所示，长轴方向剂量离轴比小。短轴方向剂量离轴比高，产生部分热点剂量。由于随着加速器光栏开口增大和电子束能量增加，电子散射份额增多，长轴方向到短轴方向剂量梯度随加速器光栏开口增大和电子束能量的增加而减小。

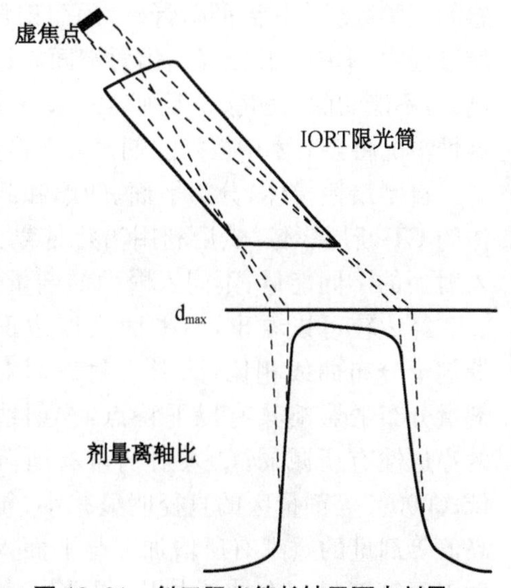

图 12-21 斜口限光筒长轴平面内剂量离轴比梯度示意图

在术中放疗采用斜角限光筒过程中，为了获得较佳的野内剂量均整性，需要选择相应大小光栏开口和合适的能量，如果利用正方形的光栏开口，为了减少长轴平面的剂量梯度，需要大的光栏开口，而又在短轴平面内提高了热点剂量，因此，为优化剂量学参数，在长轴和短轴平面都获得比较好的野内剂量均整性，推荐采用长方形的光栏开口形状，以尽可能减小长轴平面剂量梯度又不增加短轴平面热点剂量。值得注意的是，采用长方形光栏开口时，物理师必须在长方形光栏开口条件下测量相应斜口限光筒不同能量的输出剂量、百分深度剂量曲线和离轴比曲线，用于实际术中放疗物理剂量的计算。

2. 不同斜入射角度对剂量分布的影响

9 MeV 3 号限光筒 0、5、10、15°入射角度深度剂量曲线如图 12-22 所示，从图中可以看出电子束不同斜入射角度对深度剂量分布的影响主要是：随着斜入射角度的增加，电子束输出剂量减小，增加了最大深度剂量的侧向散射，使最大剂量深度向表面方向前移，剂量梯度减小，穿透能力减弱，表面剂量增加。与前面斜口限光筒与平口限光筒剂量分布的比较所述相同。

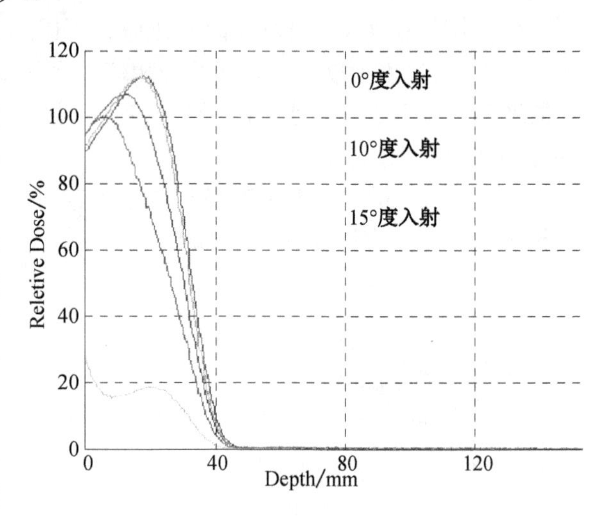

图 12-22　9 MeV 3 号限光筒不同角度入射 PDD 曲线

术中放疗实际应用过程中，采用电子束斜入射治疗时，需要经过物理测量获得相应剂量分布曲线和输出因子斜口限光筒，同时使限光筒端面与靶区表面平行吻合，以保证靶区包括在 90%等剂量线范围内。

五、凹、凸形入射表面对剂量分布的影响

术中放疗是在手术中未能完全切除或未切除肿瘤及周围淋巴结时，在直视下把放射敏感的正常组织牵拉到照射野外，用照射筒对准肿瘤区进行一次大剂量照射，因此在实际治疗过程中，术中放疗限光筒出射端面靠近的靶区入射面往往不是平面，而是凸状或凹状面，例如，不能切除的胰腺癌等肿瘤的术中放疗入射面呈凸状，骶骨腔术中放疗入射面呈凹状，这种情况将会对术中放疗的剂量分布产生一定的影响。

自制蜡模模体，分为平面、凹形和凸形 3 种，如图 12-23 所示。CT 模拟扫描，获取模体的 CT 断层影像，然后利用治疗计划系统(TPS)模拟计算，获得平面、凸面和凹面 3 种入射面的不同能量、不同入射面的剂量分布，比较 3 种入射面对剂量分布的影响。

经比较可以看出，与平面入射表面等剂量分布曲线相比，凹形入射表面对剂量分布的影响具有以下特点：①射线的穿透性有所减弱；②入射剂量有所降低；③90%等剂量区的直径明显减小；④高值等剂量的贡献有所增加。与平面入射表面等剂量分布曲线相比，凸形入射表面对剂量分布的影响与凹形入射表面相反，具有以下特点：①射线的穿透性有所增加；②入射剂量有所提高；③90%等剂量区的直径有所改善；④轴旁等剂量

图 12-23　平面、凹形及凸形 3 种蜡模模体

面呈平底状；⑤周围热点剂量增加。

在术中放疗临床实践中，应尽可能保证入射表面是平面，使得治疗剂量准确地包围肿瘤靶区，当遇到明显的凹、凸入射表面时，为了改善深度剂量分布曲线，需要设计一种与不规则表面形状相匹配的凹凸相反的脱模式组织等效补偿物，从而获得理想的深度剂量分布。由于是在手术过程中进行放射治疗，术中放疗比普通外照射对组织补偿的要求更严格，特别是在无菌、无毒、防感染和大小、硬度以及便于手塑成型等方面，不能给手术医生和术中放疗摆位带来困难。采用装有蒸馏水的无菌聚乙烯密封袋或蒸馏水浸湿的多层消毒纱布可以取得较好的效果，这些等效补偿物的密度和有效原子序数都接近于人体的肌肉组织。需要注意的是，物理师需要对补偿结果进行深度和剂量的校正，在计算有效治疗深度时，一定要将组织等效补偿物的厚度计算进去，避免深处的病变严重欠剂量引起病变复发或失控，确保剂量分布满足临床需要。

六、术中放疗相邻射野的衔接

在体腔内大肿瘤靶区情况下，单个体腔限光筒包括不全靶区体积，常常需要采用多个限光筒衔接增大照射面积以包括整个靶区，此时必须考虑相邻野的匹配临界效应，使靶区剂量分布不产生冷区也不发生热区。

电子束照射野衔接的基本原则是，根据线束宽度随深度剂量变化的特点，在靶区表面相邻野之间，或留有一定的间隙，或使两野共线，或使两野重叠，最终要求90％处方剂量等剂量曲线包含靶区，形成较好的剂量分布。具体采取何种方式衔接，要依据各自加速器电子束及限光筒的剂量特性进行设计。

如图12-24所示分别是9 MeV电子束，5 cm×5 cm圆形限光筒两野5 mm重叠衔接、共线衔接和5 mm间隔衔接的剂量曲线分布情况。可以看出重叠衔接两野在靶区表面衔接处发生剂量重叠，产生110％高剂量热区；共线衔接，在靶区表面既不发生重叠也没有间隔，由于电子束建成区效应，靶区中间剂量分布有少部分欠剂量，90％等剂量线从靶区中间断开；间隔衔接显示两野在靶区表面间隔5 mm，靶区中间产生严重低于60％剂量冷区，靶区剂量不足。

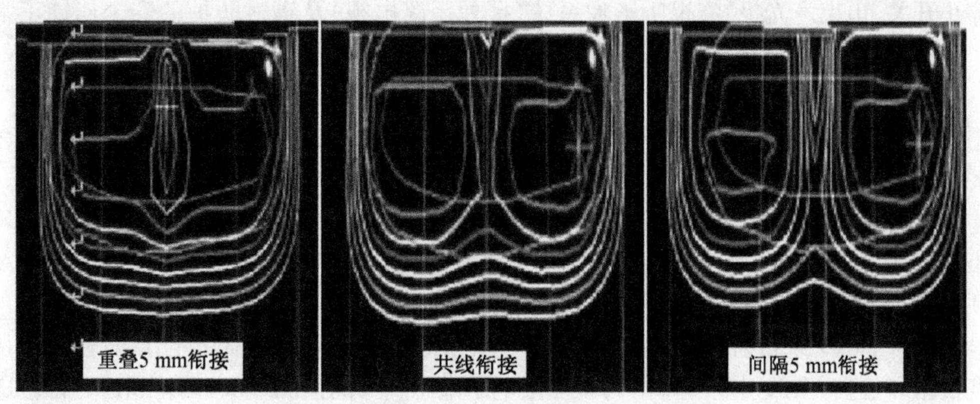

图12-24　9 MeV电子束不同衔接方式剂量分布

因此，通过比较两野 5 mm 重叠衔接、共线衔接和 5 mm 间隔衔接的剂量曲线分布，可以得出，为了保证肿瘤靶区受到足够均匀的治疗剂量，术中放疗两野衔接不推荐采用两野间隔的方法。由于术中放疗限光筒往往都为圆形或椭圆形设计以适应肿瘤靶区形状的需要，而圆形或椭圆形射野两野衔接比常规放疗方野衔接的剂量分布差，两野衔接难度大。共线衔接和间隔衔接都在靶区衔接处产生冷区，而重叠衔接能减少圆形或椭圆形射野衔接的剂量冷区，但在靶区中心衔接区域产生高剂量热区。

总之，决定术中放疗相邻野是否共线或留有间隙，是基于靶区剂量满足要求为前提。由于术中放疗的肿瘤靶区暴露，治疗的深度较浅，同时将危及器官推出治疗范围，在治疗区域内没有重要的敏感器官，在关注了可能会出现的剂量热点位置和范围后，若临床可以接受，则电子束的相邻照射野可以在靶区表面重叠 0～5 mm 衔接。

第四节　术中放疗的质量保证

肿瘤放射治疗的根本目标，在于给肿瘤靶区足够精确的治疗剂量，而使周围正常组织和器官受照射最少，以提高肿瘤的局部控制率，减少正常组织的放射并发症。为了实现这个目标，确保治疗方案精心设计和准确的临床执行，必须要有一系列行之有效的质量保证措施。由于术中放疗是一门比较复杂的特殊放射治疗技术，术中放疗的质量保证与常规放疗相比具有不同内容和要求。在常规放疗质量保证的基础上，根据术中放疗的特点，制定术中放疗质量控制规范，确定具体质量保证内容、频度和方法，确保术中放疗获得预期的疗效是重中之重。

一、术中放疗质量保证的主要内容

术中放疗质量保证的主要内容包括 5 个方面。

(1) 辐射安全：确保公众和工作人员所受辐射剂量低于国家规定剂量限值，同时保证紧急停止开关、出束声光报警、视听影像系统（摄像闭路电视）及辐射防护的安全连锁正常工作。由放疗技师每次术中放疗当天早晨负责进行辐射安全方面的相关检查。

(2) 机械检查：确认机架运动范围、速度、控制和精度，检查所有限光筒的物理尺寸，以及限光筒衔接系统及附件工作正常。由放疗技师每次术中放疗当天早晨进行机械方面的相关检查。

(3) 束流特性：按照规范确认束流能量、表面剂量、剂量率、射野平坦度、对称性和 X 线污染。确认所有机架角度束流能量和剂量的恒定性，由放射物理师按照物理剂量学 QA 检查项目、频度和要求定期进行检验。

(4) 剂量率系统：包括电离室精度、线性度、重复性和剂量率连锁功能，以及输出剂量的刻度校正和检查，由放射物理师对每种能量电子束至少每周监测 1 次，偏差超过允许范围要重新刻度和调整。

(5) 由放疗护师负责术中放疗所用器具无菌消毒状况的检查，包括限光筒连接、固定、

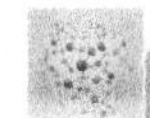

铅屏蔽块、组织补偿块等。

术中放疗物理技术方面的质量保证主要包括放疗设备的QA和放疗物理剂量学的QA两部分，下面将分别进行阐述。

二、术中放疗设备的质量保证

1. 直线加速器QA

产生多种高能电子线的医用直线加速器是术中放疗的主要设备，加速器质量保证工作是确保术中放疗准确进行的关键，无论是固定式加速器还是移动式加速器都需要根据TG 40报告和TG 48报告关于加速器机器QA的要求，从机械运动和剂量特性等方面制定术中放疗质量保证相关措施。

机械运动方面检查加速器机架运动范围、速度、控制及运动精度，手术床推行方向控制、推行阻力、升降运动，紧急停止系统、安全报警系统、门连锁、出束警示灯、声音提醒正常，限光筒、挡铅附件检查等。

剂量系统检查包括束流特性：能量、表面剂量、剂量率、X线污染、剂量系统连锁、电离室线性度、重复性、第二电离室精度等，具体主要有以下几个方面检查项目和频度。

(1) 电子线输出稳定性每日使用前检查、每月校正。

(2) 电子线治疗深度剂量、平坦度对称性每月检查、每年检查。

(3) 限光筒输出因子、能量、不同机架角度输出每年检查。

(4) 电离室线性度、限光筒对接系统每日安全检查

移动式加速器为了减少重量和漏射线，放弃采用可调整的准直器和偏转磁铁，这些设计简化了整个系统，但是使电子线能量更依赖于微波的变化以及与加速管的耦合，而且每天运送到手术室时要进行部分拆分，因此移动式加速器除了上述QA措施外，要求每天使用前由放疗物理师检查电子线输出和能量。另外，移动式加速器限光筒采用软对接方式，易对治疗射野的平坦度和对称性产生影响，需要每天检查对接系统安全可靠，每月检查射野的平坦度和对称性。可见，移动式加速器一方面需要比固定式常规加速器更频繁的束流测试；另一方面移动式加速器用于很少或没有辐射防护屏蔽的手术室，从放射防护安全角度考虑，用于加速器QA检查的出束时间越少越好，这是制定QA措施时需要关注的问题。表12-4给出了加速器机械和几何性能QA检查的具体项目、频数以及应达到的标准。

表12-4　加速器机械和几何性能的要求及检查频数

检查内容	允许精度	检查频率	备　注
机架(等中心型)	±0.5°	每年	检查垂直水平4个位置
治疗机头(钴-60机)	±0.2°	每月	机头0°时
	± 0.5°	每年	机头0°时
机架等中心	±1 mm	每年	机头0°时
源距离指示	±1 mm	每周	不同源皮距时

续表

检查内容	允许精度	检查频率	备　注
束流中心轴	±1 mm	每月	十字线符合性
射野大小数字指示	±1 mm	每月	标准治疗距离处
灯光野指示	±1 mm	每周	标准治疗距离处
准直器旋转	±0.5°	每年	
治疗床:横向、纵向运动标尺	±1 mm	每年	
治疗床:旋转中心	2 mm	每年	与机械等中心
治疗床:垂直标尺	2 mm	每月	相对等中心高度
治疗床:垂直下垂(坐上病人时)	3 mm	每月	
激光定位灯(两侧及天花板)	±1 mm	每周	
治疗摆位验证系统	与规定指标符合	每月	对相关项目进行检查
摆位辅助装置及固定器	±1 mm	每月或新病人固定	检查其可靠性和重复性
射野挡块、补偿器等		每周	检查规格是否齐全

2. 术中放疗限光筒系统的QA

每次术中放疗开展以前，由放疗技师检查所有限光筒及其衔接系统和附件的数量、尺寸和性能状况。限光筒系统与加速器准直系统的耦合连接中，一定要注意保证加速器束流中心轴与限光筒中心轴相一致。第一类优质塑料(有机玻璃)加黄铜制成的各种形状的体腔筒插入手术切口内，要保证安全准直;第二类是采用非接触式自由空气间隙对向连接，要求体腔筒的中心轴线与加速器束流中心轴严格重合。

3. 术中放疗治疗床的QA

为了患者的安全，每次开展术中放疗以前要求放疗技师检查术中放疗手术床的机械运动性能、安全锁紧装置性能和相关附件工作正常，特别要防止血水渗入手术床或手术缝合线缠绕轮子，确保术中放疗手术床能够精确进行前后左右上下移动，便于实现限光筒平滑轻柔对接，并有足够的行程的承重能力。术中放疗治疗床必须有牢固的紧缩装置，保证照射过程中不发生位移，确保照射的准确和安全。

三、术中放疗物理剂量学的质量保证

在术中放疗物理剂量学中最感兴趣的主要是高能电子线的剂量学参数，这些参数必须满足国际或国家相关标准的规定，例如：电子束均整性，百分剂量分布和表面剂量分布，90%等剂量面所包含的治疗范围，限光筒每个体腔筒的特定参数，输出半影、漏射线等。

术中放疗物理剂量学的质量保证，根据 AAPM TG-40 报告关于常规医用加速器 QA 要求和 TG-48 报告讨论的用于术中放疗加速器 QA 的建议，制定相关质量保证的内容、方法和检查频度，表 12-5 总结了上述报告的相关要求。

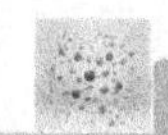

表 12-5　术中放疗物理剂量学 QA 检查项目、频度和要求

检查频度	项　目	要　求
每日检查	输出稳定性 能量稳定性 机房门连锁检查 机械系统运动检查 限光筒衔接检查	≤3% 百分深度剂量偏移≤2 mm 功能完好 功能完好 功能完好
每月检查	输出稳定性 能量稳定性 平坦度、对称性 限光筒衔接检查 紧急停止检查	≤2% 百分深度剂量偏移≤2 mm ≤3% 功能完好 功能完好
每年检查	参考条件输出校正 标准限光筒百分深度剂量 选择限光筒百分深度剂量 标准限光筒平坦度、对称性 选择限光筒平坦度、对称性 限光筒输出因子 监测电离室线形度 所有机械方向输出因子、百分 深度剂量、剖面曲线恒定性 所有设备常规无菌检查	≤2% 临床应用范围深度变化≤2 mm 临床应用范围深度变化毛 2 mm ≤2% ≤3% ≤2～3% ≤1% ≤1% 功能完好

此外，每周或维修后，由物理师严格按照国家计量检定规程校测外照射治疗辐射源，推荐采用 IAEA TRS 277 号文件规定的剂量刻度方法，在规定剂量深度，10 cm×10 cm 射野，有效测量点处校正，允许精度为±2%。同时检测治疗机剂量线性，允许精度为±1%。

每月由物理师和工程师用胶片检查灯光野与照射野的一致性，允许精度为±2 mm，以及加速器束流平坦度和对称性，允许精度为±3%。

每年用三维水箱检查加速器电子束不同能量的变化及不同限光筒百分深度曲线和剖面剂量曲线。定期接受上级计量监督部门对放疗设备的剂量检测，校正用电离室剂量仪及气压计、温度计每年送到国家标准或次级标准实验室进行比对，才可用于临床测量。

四、术中放疗应用注意事项

1. 术前放疗机器的准备

术前维修和技术操作人员应对机器运行情况做一次全面、认真检查。对机器运行中的各种参数，可能选用的各种剂量，以及机器的剂量率等均应逐一进行检查、调试、核对。一切检查完毕后，安装好术中限光筒体腔筒，确保机器处在最佳工作状态。

2. 消毒灭菌工作

术中放射治疗是在无菌条件下进行，每位工作人员必须树立无菌消毒观念，进入治疗室需穿手术衣，戴口罩，换鞋帽。

加速器治疗室按无菌手术间要求准备：术前空气培养由医院感染控制室监测，空气细菌数≤200，0.02%过氧乙酸消毒液擦拭墙面、地板、台面、机器外壳。术中限光筒、挡铅块应在术前 12 h 用 2%戊二醛浸泡消毒。运送通道、控制室、治疗室均用紫外线消毒 30 min 以上。

3. 术中病人运送

移动治疗床，在麻醉师和手术护士配合下把与手术床相连的各种仪器、手术器械、麻醉器械，保持连贯，整体移动。与医生密切合作，操作治疗床升降。各方向运动时要平稳，切不可忽快忽慢运行。

4. 加速器摆位操作要点

确保限光筒缓缓进入胸腔或腹腔，要防止限光筒挤压正常器官、大血管，并尽可能使限光筒贴近病灶。术中放疗限光筒装置各衔接部位应保持同轴紧密连接，避免各关节之间形成夹角而造成照射野内剂量分布的不均匀。

5. 物理剂量核定

放疗物理师配合医师根据肿瘤浸润的深度及肿瘤的大小，选择不同的限光筒，选择不同的能量(选择能量的原则是肿瘤后的正常组织得到最小剂量)，根据处方要求计算加速器出束剂量，制定初步治疗方案，通过高年资医师和物理师二级审核确定治疗计划后，才可执行术中放疗。

6. 麻醉监测

照射前需撤离治疗室时应再次检查输液通路和机械通气系统以及麻醉监护设备。病人头面部和胸腹部尽量置于摄像机监视范围内，以便照射时通过遥控摄像系统严密监测血压、心电图、脉搏、氧饱和度和各参数。发现异常情况立即停止照射，及时进行处理。

7. 术中限光筒定期检查

有机玻璃限光筒使用一段时间后会产生裂缝或变形，因此在实际使用中需要经常检查，建议 1～2 年重新测量物理数据，以保证临床应用质量。

第五节　INTRABEAM Targeted Radiotherapy 系统

肿瘤治疗正朝着靶向、风险适应性以及多学科交叉的趋势迈进。卡尔蔡司公司创新研制的 INTRAB EAM 放疗系统可以非常理想地满足这些要求。INTRABEAM 使用低能 X 射线光子将高剂量的辐射直接射入肿瘤或者瘤床。作为一种高效的局部治疗方法，INTRABEAM 于 1997 年获得了美国 FDA 的批准，并且在 1999 年获欧盟 CE 认证。

一、INTRABEAM 放疗系统构成

如图 12-25 所示，INTRABEAM 放疗系统主要有以下部分构成。

1. INTRABEAM 机械手系统

机械手系统具有很高的可靠性和灵活性。电磁制动装置将 X 射线源锁定于治疗位置上，准确度达毫米级别。可在任何手术室里使用。重量 275 kg，折叠尺寸(宽×高×长) 740 mm×1 940 mm×1 500 mm，额定电压 100、115、230 V。

2. 微型 X 射线源

微型 X 射线源发射出低能量 X 射线(最高 50kV)呈各向同性分布。目标组织受到同质

射线均值照射。重量 1.6 kg，尺寸 70 mm×175 mm×110 mm（宽×高×长）。

3. INTRABEAM 推车

推车让系统设备可在手术室内外安全地移动。完美设计的工作台，可以让其直接在推车上进行质控工作。触摸式终端屏幕、控制台和剂量计，以及所有进行质控工作和医疗工作所需的元件全都依据人体工程学原理设计安置在推车上，最高载重 95 kg。

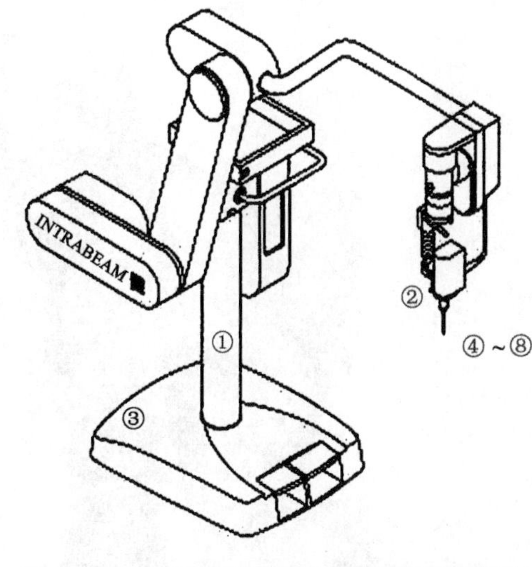

图 12-25　INTRABEAM 放疗系统构成示意图

4. 球型施用器

如图 12-26a 所示，INTRABEAM 球形施用器用于瘤床照射，例如：乳腺癌患者保乳手术治疗。整套球形施用器直径为 1.5～5.0 cm，可根据肿瘤病灶大小选择合适尺寸的施用器。施用器可消毒，也可重复使用。球形施用器直径有 1.5、2、2.5、3、3.5、4、4.5 和 5 cm。

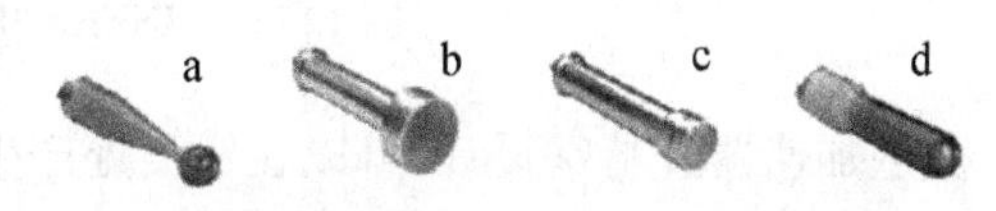

图 12-26　INTRABEAM 各种施用器

5. 针形施用器

针形施用器用于肿瘤间质照射，例如脊柱转移性肿瘤治疗中。针形施用器一次性使用，直径为 4 mm。

6. 平板施用器

如图 12-26b 所示，INTRABEAM 平板施用用于放射治疗肿瘤手术中暴露的平面切缘，如：胃肠道手术等。它在距施用器表面 5 mm 处产生最优化的平面射野。施用器可消毒，也可重复使用。平面施用器直径有 1、2、3、4、5 和 6 cm。

7. 表面施用器

如图 12-26c 所示，INTRABEAM 表面施用器用于体表的肿瘤治疗，如：非黑色素瘤皮肤癌。施用器能产生优化的平面射野。施用器可消毒，可重复使用。表面施用器直径 1、2、3 和 4 cm。

8. 管状施用器

如图 12-26d 所示，INTRABEAM 管状施用器可用于阴道壁肿瘤照射，它由管状施用器及其内置的探头保护套组成。探头保护套包绕着微型加速器的针尖，驻留步进系统使保护套精确定位于管状施用器中。探头尖端能手动定位，并产生一个均匀的用户自定义长度的圆柱形剂量分布。管状施用器直径 2、2.5、3 和 3.5 cm。

二、INTRABEAM 放疗系统的优点

1. 微型 X 射线加速器

微型 X 射线加速器是 INTRABEAM 的核心，微型加速器中的电子被释放并加速至 50 kV能量。该电子束通过 3 mm 的漂移管然后轰击 1 mm 厚的金靶产生了低能量 X 射线。

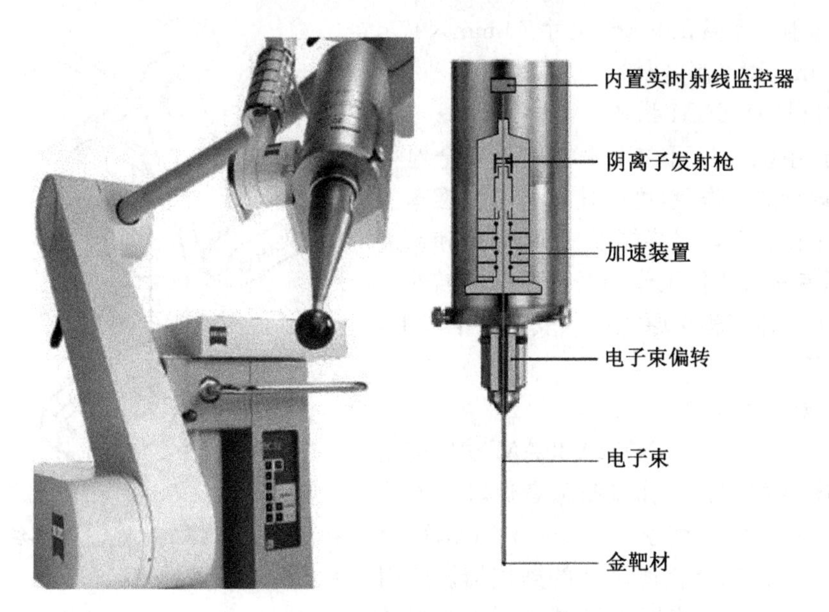

图 12-27 INTRABEAM X 射线加速器及示意图

微型加速器经特殊设计，可以在针尖处产生一个独特的球形剂量分布。

2. 靶向放疗

低能 X 射线光子因其物理和放射生物学特性为放疗提供了很大的帮助。与兆伏高能 X 线不同，低能量 X 线有更强的相对生物学效应(RBE)(图 12-28)，随着光子能量的降低其 RBE 增加，组织中低能 X 射线辐射电离密度的增加导致了相对较高的生物学效应。与此同时，这种辐射中陡峭的深度剂量梯度保护了组织外围，这意味着放疗剂量可以集中于有效区域，同时保护健康组织。

3. 提高肿瘤局部控制率——靶向治疗的有效性

使用 INTRAB EAM 进行术中放疗(IORT)允许使用高剂量放射治疗。INTRAB EAM 用于对肿瘤 R0 切除后有高复发风险的瘤床区域立刻进行照射，也可对在 R1 和 R2 切除中未完全切除的肿瘤进行照射。

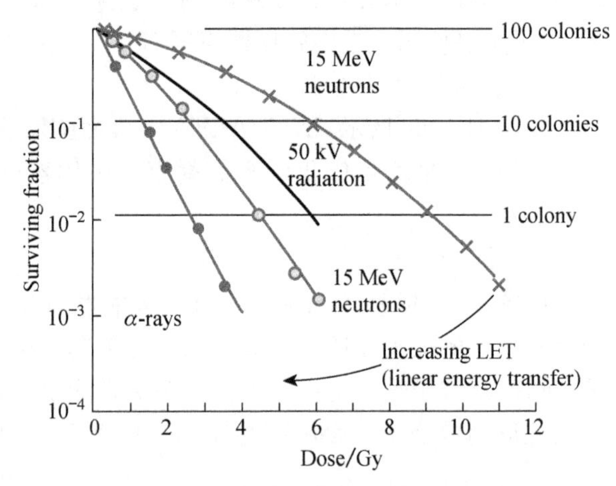

图 12-28 低能和高能 X 射线 RBE

4. 高放射生物学效应

低能量 X 射线在人体组织中产生高电离密度的辐射，所以具有非常高的相对组织生物学效应。同时由于陡峭的剂量衰减低能量射线能对目标进行照射的同时又避免对周围的正常组织的损害。

5. 可移动性，快速整合现有工作流程

INTRABREAM 系统可移动，非常灵活便捷。1.6 kg 的微型加速器可以从机械手系统中迅速拆卸然后安装到第二个或第三个手术室的机械手系统上。这样一个放疗专家可以

在多个地点进行放疗。与直线加速器和其他辐射防护不同，INTRABEAM 不需要额外投资高成本而复杂的辐射防护措施即可满足辐射防护要求，就能执行放疗任务。这样可以节省时间和费用，也意味着仅需低的屏蔽要求即可给予病人和医护人员最高的安全性。INTRABEAM 系统可移动使用，小型的移动加速器能让手术方便安全地进行也能很容易地整合到现有的工作流程中。它可以部署在多个不同的手术室由一位肿瘤放疗医师管理并操作。

6. 广泛的临床应用

INTRAB EAM 不仅能成功治疗乳腺癌，已被批准用于身体中多个部位的肿瘤治疗，为广泛的其他部位肿瘤治疗开辟了一个全新的放疗方案。

7. 更高的生活质量和患者治疗舒适度

INTRAB EAM 能在避免周边健康组织受损的情况下对肿瘤或者瘤床进行启动局部放射治疗。整体疗程的缩短能够减少副作用并让病人减少不适，这是提高生活质量的关键。

8. 患者和医护人员的安全防护

放疗过程中辐射剂量可由 INTRABEAM 控制台监控。系统可以实时记录物理剂量率以及自动检查关键的治疗参数并提示任何的偏离。一整套完善的质控工具确保了一致性、兼容性。

9. 使用简便，定位精确

借助机械手系统，可以毫不费力地将施用器移动到任何位置并精准锁定，照射过程中电磁制动装置可以把施用器牢牢固定在治疗位置。使用 INTRABEAM 进行术中放疗可以缩短治疗时间，提高工作效率，减少患者等待手术时间。治疗时间的缩短，还可以降低患者治疗成本。借助 INTRABEAM，医院可以从容灵活地应对放疗需求，更为合理地规划治疗方案。

三、剂量学测量和分析

1. 测量仪器

测量仪器包括 INTRABEAM 专用水箱、平行板电离室（34013，PTW）和静电计（UNIDOSE，PTW）。水箱可用于测量 X 射线源和不同施用器的深度剂量率（z 方向）及各向同性，测量时逐点手动调整测量深度；x、y 方向运动范围较小，仅用于位置微调。x/y 平面可旋转 8 个固定角度，用于测量各向同性。测量时将探针下表面最低点定为中心，中心处深度定为 0 mm，每点测量时间 1 min。

2. 测试项目

测量项目包括 50 kV/4 μA 时 X 射线源和 3 种施用器的深度剂量率、x/y 平面剂量分布的各向同性（平板施用器除外）、剂量重复性以及在其他管电压/管电流下 X 射线源的深度剂量率，并计算不同施用器不同深度下的转换系数。

转换系数的定义为距中心同一深度处，有施用器时的剂量率与 X 射线源剂量率的比值。

$$TF_z^{appl} = \frac{DR_z^{appl}}{DR_z^{XRS}}$$

式中 z 为距中心距离，TF_z^{appl} 为施用器的转换系数，DR_z^{appl} 为施用器的深度剂量率，DR_z^{XRS} 为X射线源的深度剂量率。系统通过X射线源深度剂量率与转换系数来计算得到不同施用器、不同深度的剂量率值。系统仅提供了球形和针形施用器的转换系数，未提供平板施用器的转换系数。

3. 管电流恒定时不同管电压的剂量特性

40 kV/4 μA和50 kV/4 μA X射线深度剂量率测量值与系统值的比较如图12-29和图12-30所示，图12-29"θ"线为3次测量的均值，图12-30 "θ"线为单次测量值，"—"线均为系统值，"+"号为两者的百分误差偏差。不同管电压下的(管电流为40 μA)的深度剂量率比较如图12-31所示，"θ"线为40 kV X射线，"—"线为50 kV X射线3次测量的均值，"+"线为两者比值。随深度增加，比值减少，两条剂量曲线偏离逐渐增加。

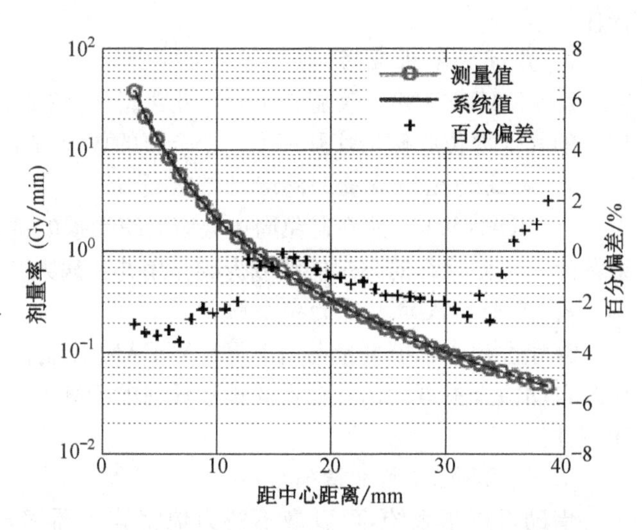

图 12-29　40 kV X射线深度剂量率测量值与系统值比较

4. 管电压恒定时不同管电流的剂量特性

当X射线源管电压固定时，管电流40，20，10和5 μA(管电压:50 kV)的深度剂量率曲线如图12-32所示。结果显示，随管电流减小，同一深度处的剂量率值递减(5 μA时由于深处剂量率值太低，测量范围为2～27 mm)。管电压50 kV时，管电流20、10和5 μA深度剂量率的理论值分别为40 μA的50%、25%和12.5%，不同管电流深度剂量率测量值与理论值的相对偏差如图12-33所示。

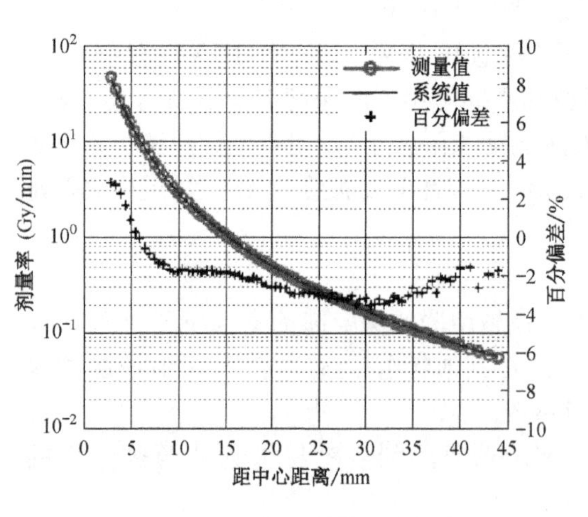

图 12-30　50 kV X射线深度剂量率测量值与系统值比较

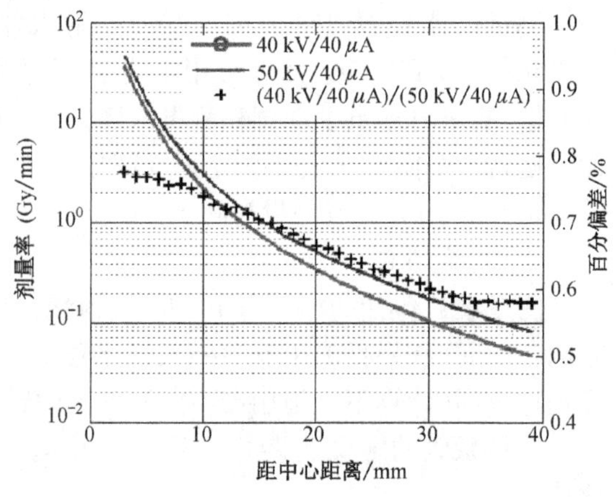

图 12-31　不同管电压下的深度剂量率比较

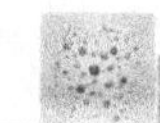

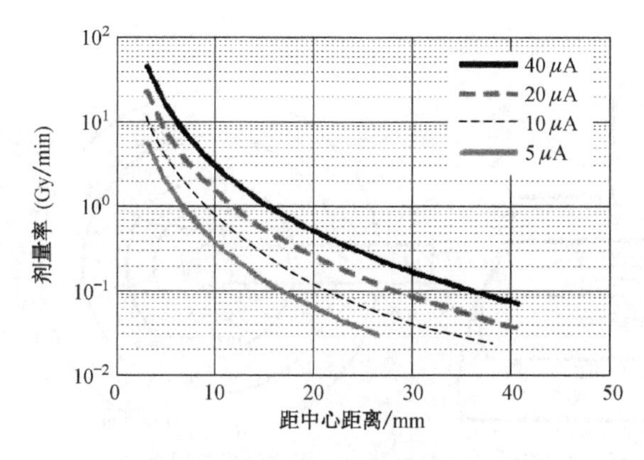

图 12-32 管电压固定不同管电流下的绝对剂量率值比较

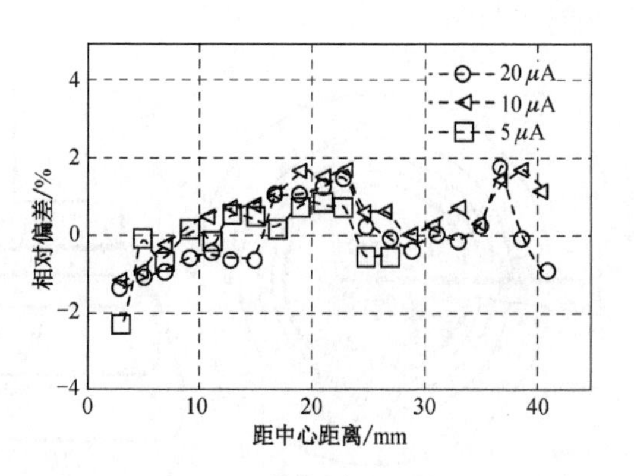

图 12-33 测量值与系统理论值的相对偏差

5. 不同施用器的深度剂量率

在 50 kV/40 μA 条件下，测量了不同种类、不同大小施用器的深度剂量率，并对其深度剂量率进行归一处理。如图 12-34 所示，球形和平板施用器深度<2 mm 的数据点经拟合得到，其深度剂量率值在 0 mm 处进行归一；针形施用器在 2 mm 深度处归一。如表 12-6 所示，不同直径的施用器表面剂量率差异明显，测量结果显示随深度增加，剂量率下降显著；不同种类、不同大小的施用器其剂量梯度不一致，直径越小，表面剂量越高，剂量跌落越快，深部剂量越小；针形施用器的直径仅 4.4 mm，深度较小时剂量跌落非常迅速，10 mm 深度的剂量率仅为 2 mm 深度处的 4.5%左右。

图 12-35A 为直径 4.5 cm 球形施用器的剂量率分布示意图。根据厂家介绍以及文献报道，球型施用器主用于早期乳腺癌的 IORT，常用处方剂量为手术切缘表面亦即球型施用器表面(0 mm)给予 20 Gy 的照射。结果显示在手术创面下 5、10 和 20 mm 处的剂量分别为 10.7、6.4 和 2.7 Gy。图 12-35B 为直径 4 cm 平板施用器的剂量率分布示意图，按照厂家推荐的照射剂量为距施用器表面 5 mm 处给予 10 Gy 剂量。结果显示，施用器表面剂量为 21.3 Gy，10 和 15 mm 处分别为 5.6 和 3.4 Gy。图 12-35C 为针形施用器的剂量率分布示意图，按照厂家推荐照射剂量为距其表面 10 mm处给予处方剂量 10 Gy。结果显示，距施用器表面 5、15 和 20 mm 处剂量分别为 47.9、3.7

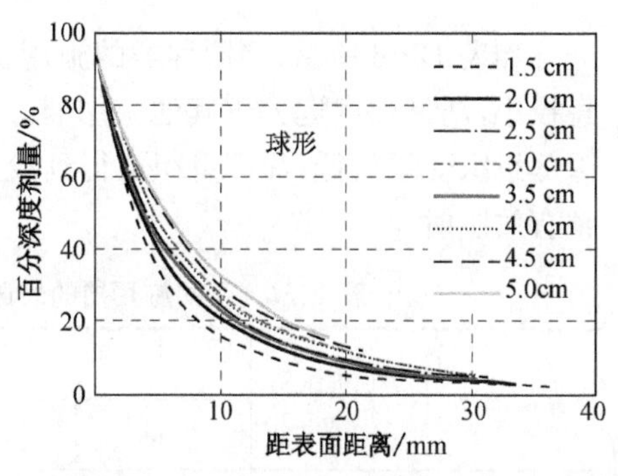

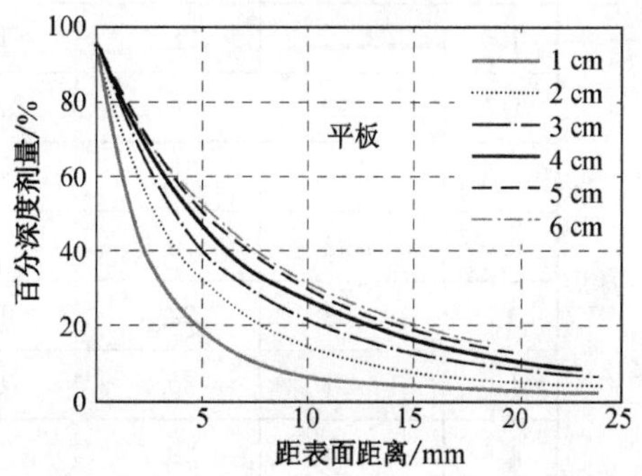

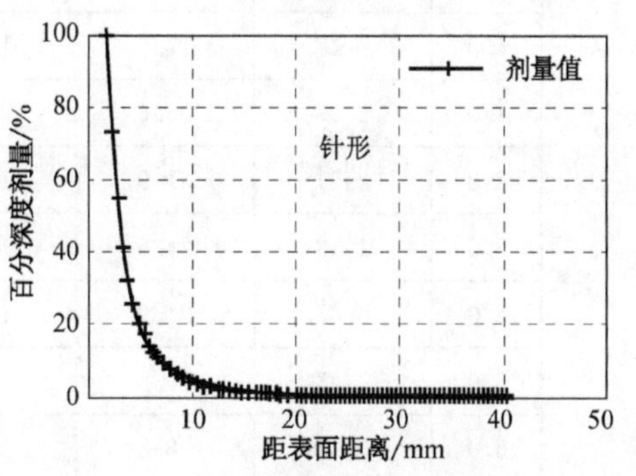

图 12-34 不同施用器的深度剂量率归一值曲线

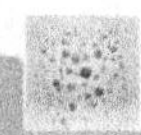

和 1.8 Gy。

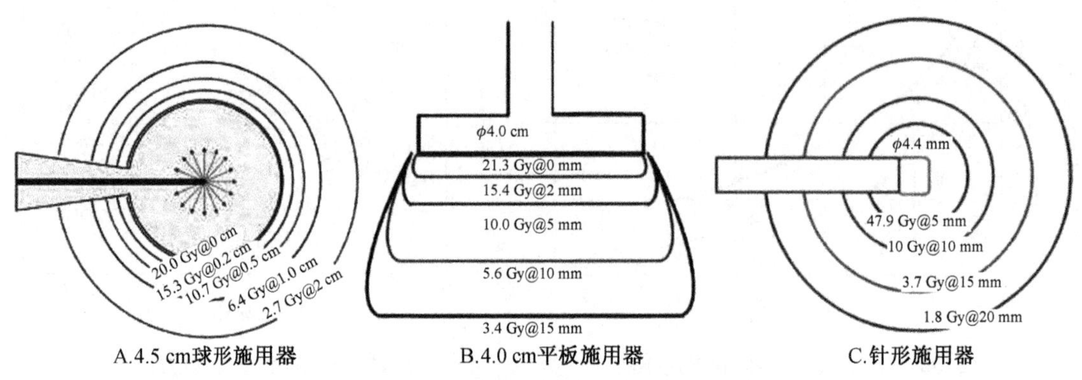

图 12-35 特定施用器的剂量分布示意图

如表 12-6 所示，不同种类的施用器其深度剂量值差异较大，特别是针形施用器，由于直径小，剂量梯度远大于其他施用器。由表 12-6 可知，治疗时浅表区域高剂量照射的同时深部组织受量较低，深部组织可得到较好的保护；但当病灶较大、侵犯范围较深时将难以得到有效照射。

表 12-6 不同施用器的表面深度剂量率以及不同深度下的深度剂量值

直径(cm)		表面剂量率(Gy/min)	深度剂量值(Gy)					
			0 mm	2 mm	5 mm	10 mm	15 mm	20 mm
球形	1.5	3.58	28.6	18.1	10.0	4.7	2.6	1.6
	2.0	2.07	24.7	16.7	10.0	5.1	3.0	1.9
	2.5	1.34	22.0	15.6	10.0	5.4	3.2	2.1
	3.0	0.92	20.0	14.8	10.0	5.7	3.5	2.3
	3.5	1.33	22.5	15.7	10.0	5.4	3.3	2.0
	4.0	0.91	20.2	14.8	10.0	5.7	3.5	2.3
	4.5	0.64	28.7	14.3	10.0	6.0	3.8	2.5
	5.0	0.48	17.9	13.9	10.0	6.1	4.0	2.8
平板	1.0	9.93	55.6	24.4	10.0	3.5	1.7	0.9
	2.0	2.51	31.9	18.9	10.0	4.5	2.4	1.4
	3.0	1.12	24.6	16.6	10.0	5.1	3.0	1.9
	4.0	0.65	21.3	15.4	10.0	5.6	3.4	2.2
	5.0	0.47	19.8	14.6	10.0	5.8	3.6	2.4
	6.0	0.37	18.8	14.3	10.0	6.0	3.8	2.5
针形	0.4	287.9	242.5	48.4	10.0	2.1	0.8	0.4

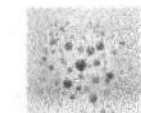

6. 转换系数

对于球形施用器，直径≤3 cm组的转换系数测量值范围为0.57～0.88；随深度增加转换系数值增加，测量值与系统值偏差的均值范围为－2.6%～－2.2%，距中心较近时，随深度增加偏差迅速减小；直径＞3 cm组的转换系数测量值为1.21～1.58，随深度增加转换系数值减小，测量值与系统值的偏差均值为0.8%～2.4%。对于针形施用器，转换系数测量值为1.07～1.73，随深度增加，转换系数值减小，测量值与系统值的偏差为(－3.8±1.1)%和(－6.2%～0.7%)，测量值略小于系统值。平板施用器转换系数测量值为0.86～2.15，对于某一直径的施用器，其表面转换系数值最大；随深度增加，转换系数值减小；当测量深度较小时，施用器直径越大，转换系数值越小；当测量深度较大时，施用器直径越大，转换系数值越大。

7. 总结

50 kV X射线能量低、剂量梯度大，测量易受多种因素的影响，结果不确定度较大。Armoogum等分析了影响测量结果的各种因素所导致的总体不确定度为±10.8%，并认为位置偏差的影响最为显著。在测量中确定射线源探针下端与电离室适配器的接触点时，由于测量人员的主观判断偏差，可导致0.1～0.2 mm的位置误差，这一位置误差在3～10 mm深度可导致2.4%～12%的偏差。

Goubert等采用胶片测量了平板施用器的二维剂量分布，结果显示均整后剂量的均匀性并不理想，施用器表面边缘点的剂量率为中心点剂量率的1.7～3.0倍，直径越大，表面剂量均匀性越差；当施用器与照射位置不垂直或者存在空气间隙时，剂量分布会发生很大变化。系统未提供平板施用器的深度剂量率或转换因子，考虑到任意2个施用器在工艺上存在一定差异，建议每个施用器的转换因子在使用前需单独进行测量，否则不能用于临床。

针形施用器主要用于小体积椎体转移瘤的治疗，施用器表面射出含大量低kV(如＜20 kV)的X射线，骨组织对kV级X射线的吸收系数远大于水，但系统未提供骨组织的吸收系数或修正因子，剂量计算时仍使用水中的剂量数据，计算值与实际值之间很可能存在较大偏差，采用Monte-Carlo法来计算低能光子线在非均匀组织中的剂量分布或许是一个可行的选择。针形施用器的剂量梯度非常大，各深度剂量率值和剂量梯度均大于X射线源，当治疗深度(如10 mm)得到足够的照射剂量时，临近施用器的区域受照剂量非常高；如果治疗位置与脊髓相邻时，治疗前需仔细评估施用器与脊髓的距离，确保治疗安全。

测试结果显示，系统的治疗深度为0.2～0.5 cm，治疗时浅表区域高剂量照射的同时深部组织受量较低，深部组织可得到较好的保护，危及器官与施用器表面间隔组织的厚度在1～1.5 cm时即可基本保证治疗安全；但当病灶较大、侵犯范围较深时将难以得到有效照射，临床应用中必须把握适应证，仔细评估手术切缘及术中病理结果，若切缘阳性或有肿瘤组织残留时由于照射深度有限，深部组织将无法得到有效照射，需考虑是否联合术后外照射以保证治疗效果，同时设计术后外照射计划时也要考虑IORT的照射剂量。在治疗中施用器表面与组织需尽量贴合，当存在空气间隙时，X射线源到组织表面的距离增加，会降低组织的受照剂量，使用直径较小的施用器时尤需注意。不同射线源之间的剂量分布存在差异，特别是新旧型号间可能差异较大。

四、INTRABEAM系统的乳腺癌术中放疗

近年来，保乳手术以其更低的伤害性正在逐步取代根治手术，为乳腺癌患者带来福音。在放射治疗领域也出现了类似的趋势：肿瘤专家更多地选择了风险适应性的个性化治疗方案，而不是现行的标准化的治疗方案。

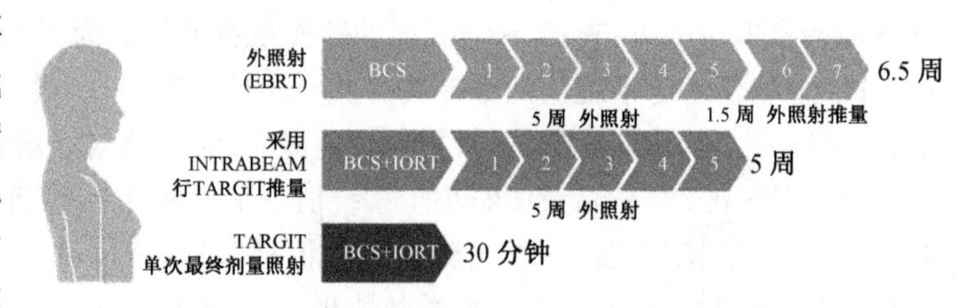

图 12-36　乳腺癌保乳手术(BCS)后的风险适应性放疗对比

不同于传统放疗术，使用INTRABEAM的放疗方案可以根据患者实际病情而制定。一般持续6周的术后放射治疗期被大大缩短，而对于经筛选的低风险的病人来说，甚至可以不用术后外照射。更短的放射治疗期减少了患者反复就医的舟车劳顿，无论身体上还是生理上都极大地减轻了患者压力。

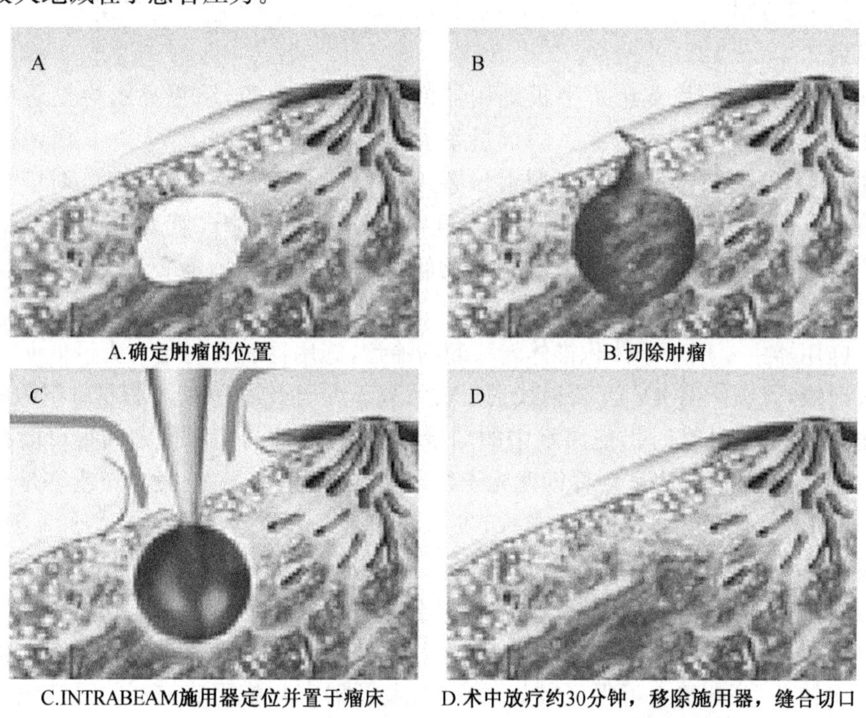

A.确定肿瘤的位置　B.切除肿瘤　C.INTRABEAM施用器定位并置于瘤床　D.术中放疗约30分钟，移除施用器，缝合切口

图 12-37　INTRABEAM 靶向术中放疗步骤

参考文献

[1] 李载源. 便携式 B 型超声膀胱测容仪的研究与设计[D]. 长安大学,2014.

[2] 韩淑平. 基于 FPGA 的超声膀胱测容仪研究与设计[D]. 长安大学,2012.

[3] 王丽. 超声膀胱容量检测仪关键技术研究[D]. 长安大学,2011.

[4] 郑煜春. 基于 Nios Ⅱ平台的超声膀胱测容仪研究与设计[D]. 长安大学,2012.

[5] 张书旭,周凌宏,陈光杰,等. 4D CT 重建及其在肺癌放疗中的应用研究进展[J]. 中国辐射卫生,2008,(03):375-377.

[6] 张书旭,周凌宏,徐海荣,等. 4D CT 重建及其应用研究新进展[J]. 中国医学物理学杂志,2009,(02):1046-1050.

[7] 任洪荣. 模拟呼吸运动模体在非小细胞肺癌 PET/CT 定位中的运用[D]. 清华大学,2013.

[8] 张寅. 放射治疗摆位辅助装置的质量保证[D]. 清华大学,2015.

[9] 王伟,徐子海,朱超华,等. 一种新型肿瘤放疗呼吸控制装置——腹部气压带的研制及临床试验[J]. 中国医学物理学杂志,2015,(04):559-562.

[10] 郭占文,李玉,田起和,等. 颅外肿瘤立体定向放射治疗技术及固定方法的体会[J]. 沈阳部队医药,2000,(02):147-148.

[11] 鞠潇. 肺癌放疗中应用四维 CT 评价 GTV 的动度及与传统方法勾画 PTV 的计划比较研究[D]. 北京协和医学院,2011.

[12] 李毅. 基于四维 CT 非小细胞肺癌放疗靶区外放边界研究[D]. 清华大学,2013.

[13] 宋宴琼. 宫颈癌精确放疗中子宫四维动度的研究[D]. 泸州医学院,2011.

[14] 舒留洋. 四维 CT 联合呼吸门控技术在非小细胞肺癌放疗中的应用研究[D]. 广西医科大学,2013.

[15] 李兆斌,徐利明,王晓红,等. ELEKTA 立体定向体架的质量保证和质量控制[J]. 肿瘤防治研究,2006,(11):843-844.

[16] 杨娟. 医学图像配准和四维磁共振成像相关技术研究[D]. 山东大学,2015.

[17] 张书旭. 4D-CT 重建及其在放疗中的应用研究[D]. 南方医科大学,2009.

[18] 陈利,陈立新,黄劭敏,等. 放射治疗计划系统剂量跳数计算的独立验证[J]. 癌症,2010,(02):234-239.

[19] 刘均,陈宏,王永刚,等. 三维放射治疗计划系统临床物理数据的测量和验证[J]. 中国医学物理学杂志,2008,(06):875-879.

[20] 陈立新,李文杰,黄晓延,等. 治疗计划系统中 CT 值及图像质量保证的若干问题讨论[J]. 中国医学物理学杂志,2003,(04):193-196,206.

[21] 石锦平,石俊田,何宝贞,等. 容积调强放射治疗多叶准直器质量保证方法[J]. 中国医学物理学杂志,2015,(05):724-727.

[22] 刘兵,曾自力,滕炳祥,等. 瓦里安 Eclipse DX 治疗计划系统的质量保证与质量控制[J]. 医疗卫生装备,2012,(05):110-112.

[23] 张新,章兆园. 外照射放射治疗计划系统(RTPS)质量控制国际规范综述[J]. 中国医学物理学杂志,2009,(04):1262-1264.

[24] Prudy J A, Harms W B, Michalski J, et al. Initial experience with quality assurance of multi-institutional 3D radiotherapy clinical trials. A brief report [J]. Strahlenther Onkol, 1998, 174(supp12):40-42.

[25] 张晓军,吴文魁. 放射治疗中的质量保证与质量控制[J]. 中国医疗设备,2009,24(11):83-84.

[26] 赵进沛,张富利,王雅棣,等. Tomo Therapy 治疗计划剂量验证方法的研究[J]. 医疗卫生装备,2013,34(7):105-07.

[27] Nath R, Biggs P J, Bova F J, et al. AAPM code of practice for radiotherapy accelerators: report of AAPM Radiation Therapy Task Group No. 45[J]. Med Phys, 1994,21(7):1093-121.

[28] 杨绍洲,王胜军. VARIAN 加速器机械等中心的验证和调整方法[J]. 中国医疗设备,2008,23(9):45-46.

[29] 周鑫. 直线加速器所致放射性肺损伤的影像学表现及病理基础[J]. 当代医学,2010,8(4):53,42.

[30] 彭毅,张宏阳. 放疗激光定位系统的安装与校验[J]. 中国医疗设备 ISTIC,2010,25(3):63-64.

[31] 徐可伟,张超群,吴向阳. 激光双定位系统在 C 型臂 X 线机中的应用[J]. 医疗卫生装备,2011,32(8):129-130.

[32] 徐锋. 放疗设备等中心回转精度的影响因素分析[J]. 泰山医学院学报,2011,32(3):217-218.

[33] 杨绍洲,沈庆贤. 加速器灯光野与辐射野一致性的校准方法[J]. 医疗设备信息,2002,8:26,43.

[34] 陈建功. 放射治疗辐射野与光野重合度的检测、调校和改进的研究[J]. 中国医疗设备,2009,24(10):23-25.

[35] 谷晓华,杨留勤. IP 板在放射治疗质量保证检查中的应用[J]. 中国医学装备,2015,12(2):46-48.

[36] 顾本广. 机械系统医用加速器[M]. 北京:科学出版社,2003.

[37] 刘振桁,杨文,吴弟群,等. 动态楔形因子在肿瘤放射治疗临床剂量计算中的应用[J]. 中国医学物理学杂志,2013,29(3):3350-3353.

[38] Varathara J C, Ravikumar M, Sathiyan S, et al. Variation of beam characteristics between three different wedges from adual-energy accelerator[J]. Journal of Medical Physics, 2011,36(3):133-137.

[39] 潘璐琳. 一楔合成在放射治疗处方剂量计算中的应用[J]. 医疗装备,2012,25(12):10-11.

[40] Li Z,Klein E E. Surface and peripheral doses of dynamic and physical wedges[J]. International Journal Radiation Oncology,Biology,Physic,1997,37(4):921-925.

[41] 王京陵,郑玲. 环境温度和气压变化对医用直线加速器输出剂量的影响和修正方法[J]. 医学研究所学报,2004, 17(8):768.

[42] 胡逸民. 肿瘤放射物理学[M]. 北京:原子能出版社,1999.

[43] Fontenot J D. Feasibility of a remote,automated daily delivery verification of volumetric-modulated arc therapy treatments using a commercial record and verify system[J]. J Appl Clin Med Phys,2012,13(2):3606.

[44] 李玉,徐慧军,张素静. 立体定向放疗计划中蒙特卡罗与射线追踪算法剂量计算结果的比较[J]. 中华放射医学与防护杂志,2012,32(6):629-630.

[45] 张永寿,张健. 质量控制常规化、制度化,确保医疗质量安全和设备使用效能最大化[J]. 中国医学装备,2009,6(12):9-12.

[46] Looe H K,Harder D,Ruhmann A,et al. Enhanced accuracy of the permanent surveillance of IMRT deliveries by iterative deconvolution of DAVID chamber signal profiles[J]. Phys Med Biol, 2010,55(14):3981-3992.

[47] Fourie O L. Comparison of linear accelerator photon outputs from the IAEA TRS-398 and TRS-277 codes of practice[J]. Australas Phys Eng Sci Med,2008,31(1):24-31.

[48] 李玉,徐慧军. Quick Check 检测加速器的能力测试与评估[J]. 中国医学装备,2013,10(12):19-21.

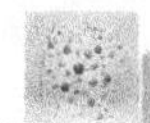

[49]曾自力. 医用电子直线加速器 X 线射线质验测的探讨[J]. 医疗装备,2009,2(5):21.

[50] 鞠忠建,王运来,马林,等. 用二维电离室矩阵验证多叶准直器叶片到位精度[J]. 中华放射肿瘤学杂志,2006,(04):335-338.

[51] 刘博. 加速器的保养和性能维护[J]. 医疗装备,2010(5):62.

[52] Powers W E, Kinzie J J, Demidecki A J, et al. A new system of field shaping for external-beam radiation therapy[J]. Radiology, 1973,108(2):407-411.

[53] Das I J, Desobry G E, McNeeley S W, et al. Beam characteristics of a retrofitted double-focused multileaf collimator[J]. Med Phys, 1998,25(9):1676-1684.

[54] Sanghangthum T, Suriyapee S, Srisatit S, et al. Statistical process control analysis for patient-specific IMRT and VMAT QA[J]. J Radiat Res, 2013,54(3):546-52.

[55] Klein E E, Harms W B, Low D A, et al. Clinical implementation of a commercial multileaf collimator: dosimetry, networking, simulation, and quality assurance[J]. Int J Radiat Oncol Biol Phys, 1995,33(5):1195-208.

[56] Takahashi S. Conformation radiotherapy. Rotation techniques as applied to radiography and radiotherapy of cancer[J]. Acta Radiol Diagn (Stockh), 1965,Suppl 242:1.

[57] Boyer A, Biggs P, Galvin J, et al. Basic applications of multileaf collimators[R]. AAPM Radiation Therapy Committee Task Group No. 50 Report No. 72, 2001.

[58] Bayouth J E, Wendt D, Morrill SM. MLC quality assurance techniques for IMRT applications[J]. Med Phys, 2003,30(5):743-50.

[59] Bortfeld T R, Kahler D L, Waldron T J, et al. X-ray field compensation with multileaf collimators[J]. Int J Radiat Oncol Biol Phys, 1994,28(3):723-730.

[60] De Neve W, De Wagter C, De Jaeger K,et al. Planning and delivering high doses to targets surrounding the spinal cord at the lower neck and upper mediastinal levels: static beam-segmentation technique executed with a multileaf collimator[J]. Radiother Oncol, 1996,40(3):271-279.

[61] Fraass B A, Kessler M L, McShan D L, et al. Optimization and clinical use of multisegment intensity-modulated radiation therapy for high-dose conformal therapy[J]. Semin Radiat Oncol,1999,9(1):60-77.

[62] Verhey L J. Comparison of three-dimensional conformal radiation therapy and intensity-modulated radiation therapy systems[J]. Semin Radiat Oncol,1999,9(1):78-98.

[63] JurkoviĆ S, SvabiĆ M, DikliĆ A, et al. Reinforcing of QA/QC programs in radiotherapy departments in Croatia: results of treatment planning system verification[J]. Med Dosim, 2013, 38(1):100-104.

[64] Bortfeld T, Boyer A L, Schlegel W, et al. Realization and verification of three-dimensional conformal radiotherapy with modulated fields[J]. Int J Radiat Oncol Biol Phys, 1994,30(4):899-908.

[65] Spirou S V, Chui C S. Generation of arbitrary intensity profiles by dynamic jaws or multileaf collimators[J]. Med Phys, 1994,21(7):1031-1041.

[66] Dirkx M L, Heijmen B J, van Santvoort J P. Leaf trajectory calculation for dynamic multileaf collimation to realize optimized fluence profiles[J]. Phys Med Biol, 1998,43(5):1171-1184.

[67] Ling C C, Burman C, Chui C S, et al. Conformal radiation treatment of prostate cancer using inversely-planned intensity-modulated photon beams produced with dynamic multileaf collimation[J]. Int J Radiat Oncol Biol Phys, 1996,35(4):721-730.

[68] Galvin J M, Chen X G, Smith R M. Combining multileaf fields to modulate fluence distributions[J]. Int J Radiat Oncol Biol Phys, 1993,27(3):697-705.

[69] Stein J, Bortfeld T, Dörschel B, et al. Dynamic X-ray compensation for conformal radiotherapy by means of multi-leaf collimation[J]. Radiother Oncol, 1994,32(2):163-173.

[70] Svensson R, Källman P, Brahme A. An analytical solution for the dynamic control of multileaf collimators[J]. Phys Med Biol, 1994,39(1):37-61.

[71] van Santvoort J P, Heijmen B J. Dynamic multileaf collimation without 'tongue-and-groove' underdosage effects[J]. Phys Med Biol, 1996,41(10):2091-2105.

[72] van Dieren E B, Nowak P J, Wijers O B, et al. Beam intensity modulation using tissue compensators or dynamic multileaf collimation in three-dimensional conformal radiotherapy of primary cancers of the oropharynx and larynx, including the elective neck[J]. Int J Radiat Oncol Biol Phys, 2000,47(5):1299-1309.

[73] Bortfeld T, Oelfke U, Nill S. What is the optimum leaf width of a multileaf collimator[J]. Med Phys, 2000,27(11):2494-2502.

[74] Jordan T J, Williams P C. The design and performance characteristics of a multileaf collimator[J]. Phys Med Biol, 1994,39(2):231-251.

[75] Okamoto H, Mochizuki T, Yokoyama K, et al. Development of quality assurance/quality control web system in radiotherapy[J]. Nihon Hoshasen Gijutsu Gakkai Zasshi, 2013, 69(12):1405-1411.

[76] Klein E E, Hanley J, Bayouth J,et al. Task Group 142 report: quality assurance of medical accelerators[J]. Med Phys, 2009 ,36(9):4197-4212.

[77] Galvin J M , Smith A R, Moeller R D, et al. Evaluation of multileaf collimator design for a photon beam[J]. Int J Radiat Oncol Biol Phys, 1992,23(4):789-801.

[78] Klein E E, Low D A, Maag D,et al. A quality assurance program for ancillary high technology devices on a dual-energy accelerator[J]. Radiother Oncol, 1996,38(1):51-60.

[79] 崔伟杰，戴建荣. 多叶准直器的结构设计[J]. 医疗装备,2009, 22(2):4-9.

[80] Wang X, Spirou S, LoSasso T, et al. Dosimetric verification of intensity-modulated fields[J]. Med Phys, 1996,23(3):317-327.

[81] LoSasso T, Chui C S, Ling C C. Physical and dosimetric aspects of a multileaf collimation system used in the dynamic mode for implementing intensity modulated radiotherapy[J]. Med Phys, 1998 ,25(10):1919-1927.

[82] 马金利，蒋国梁，傅小龙，等. 窄带野胶片检查在多叶准直器质量保证中作用探讨[J]. 中华放射肿瘤学杂志, 2004,13(2): 123-127.

[83] Boyer A L, Yu C X. Intensity-modulated radiation therapy with dynamic multileaf collimators[J]. Semin Radiat Oncol, 1999,9(1):48-59.

[84] Rao M, Yang W, Chen F, et al. Comparison of Elekta VMAT with helical tomotherapy and fixed field IMRT: plan quality, delivery efficiency and accuracy[J]. Med Phys, 2010,37(3):1350-1359.

[85] Low D A, Sohn J W, Klein E E, et al. Characterization of a commercial multileaf collimator used for intensity modulated radiation therapy[J]. Med Phys, 2001, 28(5):752-6.

[86] 江波，刘振宅，徐晓. 调强放疗中有关多叶准直器的质证保证与质位控制[J]. 国际放射医学核医学杂志, 2006, 30(6): 378-380.

[87] Childress N, Chen Q, Rong Y. Parallel/Opposed: IMRT QA using treatment log files is superior to conventional measurement-based method[J]. J Appl Clin Med Phys, 2015, 16(1):5385.

[88] Yang Y, Xing L. Quantitative measurement of MLC leaf displacements using an electronic portal image device[J]. Phys Med Biol, 2004, 49(8): 1521-1533.

[89] Kirby M C. A multipurpose phantom for use with electronic portal imaging devices[J]. Phys Med Biol,

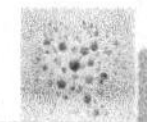

1995, 40(2): 323-334.

[90] Luchka K, Chen D, Shalev S, et al. Assessing radiation and light field congruence with a video based electronic portal imaging device[J]. Med Phys, 1996, 23(7): 1245-1252.

[91] Dunscombe P, Humphreys S, Leszczynski K. A test tool for the visual verification of light and radiation fields using film or an electronic portal imaging device[J]. Med Phys, 1999, 26(2): 239-243.

[92] Samant S S, Zheng W, Parra N A, et al. Verification of multileaf collimator leaf positions using an electronic portal imaging device[J]. Med Phys, 2002, 29(12): 2900-2912.

[93] Prisciandaro J I, Herman M G, Kruse J J. Utilizing an electronic portal imaging device to monitor light and radiation field congruence[J]. J Appl Clin Med Phys, 2003, 4(4): 315-320.

[94] Baker S J, Budgell G J, MacKay R I. Use of an amorphous silicon electronic portal imaging device for multileaf collimator quality control and calibration[J]. Phys Med Biol, 2005, 50(7):1377-1392.

[95] Bogner L, Scherer J, Treutwein M, et al. Verification of IMRT: technigues and problems[J]. Strahlenther Onkol, 2004, 180(6): 340-350.

[96] Graves M N, Thompson A V, Martel M K, et al. Calibration and quality assurance for rounded leaf-end MLC systems[J]. Med Phys, 2001,28(11):2227-2233.

[97] Langen K M, Papanikolaou N, Balog J, et al. Report of AAPM TG 148: QA for helical tomotherapy [J]. Med Phys, 2010, 37(9): 4817-4853.

[98] Almond P R, Biggs P J, Coursey B M, et al. AAPM's TG-51 protocol for clinical reference dosimetry of high-energy photon and electron beams[J]. Med Phys, 1999, 26(9):1847-1870.

[99] Klein E E, Hanley J, Bayouth J, et al. Task Group 142 report: Quality assurance of medical accelerators [J]. Med Phys, 2009, 36(9):4197-4212.

[100] Fraass B, Doppke K, Hunt M, et al. Task Group 53 report: Quality assurance for clinical radiotherapy treatment planning [J]. Med Phys, 1998, 25(10):1773-1829.

[101] Schell M C, Bova F J, Larson D A, et al. Report of AAPM TG 42: stereotactic radiosurgery [J]. Med Phys,1995.

[102] Dawson D J, Schroeder N J, Hoya J D. Penumbral measurements in water for high-energy x rays[J]. Med Phys, 1986, 13(1):101-104.

[103] AAPM Task Group 21. A protocol for the determination of absorbed dose from high-energy photon and electron beams[J]. Med Phys, 1983, 10(6):741-771.

[104] Lutz W, Winston K R, Maleki N. A system for stereotactic radiosurgery with a linear accelerator[J]. Int J Radiati Oncol bio phys, 1988, 14(2):373-381.

[105] Dieterich S, Cavedon C, Chuang C F, et al. Report of AAPM TG 135: Quality assurance for robotic radiosurgery[J]. Med Phys, 2011, 38(6): 2914-2936.

[106] 李兵，封其卉，沈君姝. Cyber Knife 全身肿瘤立体定向放射外科新设备[J]. 医疗卫生装备，2009，30(1)：37-39.

[107] 李兵，沈君姝，戴威，等. 射波刀的吸收剂量校准[J]. 中国医学物理学杂志，2010，27(4)：1969-1972.

[108] 刘海，李益坤，杭霞瑜，等. 螺旋断层放疗系统物理性能的验收测试与质量保证[J]. 医疗卫生装备，2014，35(5)：97-102.

[109] Murphy M J, Balter J M, Balter S, et al. The management of imaging dose during image-guided radiotherapy: Report of the AAPM Task Group 75[J]. Med Phys, 2007, 34(10): 4041-4063.

[110] Podgorsak E B, See H, Rica C, et al. Radiation Oncology Physics: A Handbook for Teachers and Students[J]. Med Phys, 2005, 33(6): 1920.

[111] Mutic S, Palta J R, Butker E K, et al. Quality assurance for computed-tomography simulators and the computed-tomography-simulation process: report of the AAPM Radiation Therapy Committee Task Group No. 66[J]. Med Phys, 2003, 30(10): 2762-2792.

[112] Rossi R P, Lin P J, Rauch P L, et al. Performance Specifications and Acceptance Testing for X-Ray Generators and Exposure Control Devices: Report of AAPM Task Group No. 15 [J]. Med Phys,1985.

[113] Shepard S J, Lin P J, Boone J M, et al. QUALITY CONTROL IN DIAGNOSTIC RADIOLOGY: report of the AAPM Radiation Therapy Committee Task Group No. 12[J]. Med Phys, 2002.

[114] Thomas S D, Mackenzie M, Rogers D W, et al. A Monte Carlo derived TG-51 equivalent calibration for helical tomotherapy[J]. Med Phys, 2005, 32(5):1346-1353.

[115] Hartmann G H, Lutz W, Arndt J, et al. Quality Assurance Program on Stereotactic Radiosurgery [M]. Springer, 1995.

[116] 胡逸民. 肿瘤放射物理学[M]. 北京:原子能出版社, 2003.

[117] Khan F M. The physics of radiation therapy (Fourth edition) [M]. Wolters Kluwer Health/Lippincott Williams & Wilkins, 2011.

[118] 军队医疗设备临床应用质量检测技术规范[M]. 全军医学计量测试研究中心,2011.

[119] 沈君姝,耿薇娜,王朋,等. Cyber Knife 的物理质量保证和质量控制[J]. 生物医学工程与临床 , 2012,16 (02): 193-195.

[120] Venselaar J, Calatayud J P. A practical guide to quality control of brachytherapy equipment[M]. Brussels, Estro, 2004.

[121] 孙新臣. 肿瘤放射治疗物理学[M]. 南京:东南大学出版社, 2015.

[122] 王娟. 腹部肿瘤放射性粒子治疗技术[M]. 北京:人民卫生出版社, 2014.

[123] 柴树德. 胸部肿瘤放射性粒子治疗学[M]. 北京:人民卫生出版社, 2012.

[124] Thomadsen B R. Achieving quality in brachytherapy[M]. Bristol and Philadelphia: Institute of Physics Publishing, 2000.

[125] Van D J, Barnett R B, Cygler J E, et al. Commissioning and quality assurance of treatment planning computers[J]. Int J Radiat Oncol Biol Phys, 1993, 26(2): 261-273.

[126] Nath R, Anderson L L, Meli J A, et al. Code of practice for brachytherapy physics: Report of the AAPM Radiation Therapy Committee Task Group No. 56[J]. Med Phys, 1997, 26(2): 119-152.

[127] Nath R, Anderson L L, Jones D, et al. Specification of Brachytherapy source strength. Report 21 of Radiation Therapy Committee Task Group 32 [J]. Med Phys, 1987.

[128] Nath R, Anderson L L, Luxton G, et al. Dosimetry of interstitial brachytherapy sources: Report of the AAPM Radiation Therapy Committee Task Group No. 43[J]. Med Phys, 1995, 22:209-234.

[129] Sievert R. Die Intensitätsverteilung der primären γ - Strahlung in der Nähe medizinischer Radiumpräparate[J]. Acta Radiologica, 1921(1).

[130] Williamson J F. Monte Carlo and analytic calculation of absorbed dose near ^{137}Cs intracavitary sources [J]. Int J Radiat Oncol Biol Phys, 1988, 15(1):227-237.

[131] Bastin K T, Podgorsak M B,Thomadsen B R. The transit dose component of high dose rate brachytherapy: direct measurements and clinical implications[J]. Int J Radiat Oncol Biol Phys, 1993, 26: 695-702.

[132] Markman J, Williamson J F, Dempsey J F, et al. On the validity of the superposition principle in dose calculations for intracavitary implants with shielded vaginal colpostats [J]. Med Phy, 2001, 28 (2):147-155.

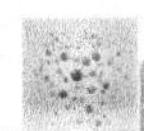

[133] Meertens H, Vand L R. Screens in ovoids of a Selectron cervix applicator [J]. Radiother Oncol, 1985, 3(1): 69-80.

[134] Rivard M J, Coursey B M, DeWerd L A, et al. Update of AAPM Task Group No. 43 Report: A revised AAPM protocol for brachytherapy dose calculations. [J]. Med Phys, 2004, 31(3): 633-674.

[135] Kouwenhoven E, Laarse R V, Schaart D R. Variation in interpretation of the AAPM TG-43 geometry factor leads to unclearness in brachytherapy dosimetry [J]. Med Phys, 2001, 28(9):1965-1966.

[136] Schaart D R, Clarijs M C, Bos A J. On the applicability of the AAPM TG-60/TG-43 dose calculation formalism to intravascular line sources: Proposal for an adapted formalism [J]. Med Phys, 2001, 28(4): 638-653.

[137] Anderson L L. A "natural" volume-dose histogram for brachytherapy[J]. Medical Physics, 1986, 13 (6): 898-903.

[138] Dutreix A, Marinello G, Wambersie A. in Dosimétrie en curiethérapie [M]. Paris: Masson, 1982.

[139] 王首龙,高绪峰,肖明勇,等. 64 排螺旋 CT 模拟定位的误差分析及质量保证[J]. 肿瘤预防与治疗, 2010,23(6):489-491.

[140] 姜祁翎. CT 机的验收检测与质量控制[J]. 医疗保健器具,2006,(11):31-32.

[141] 郑炜. CT 机检定及质量控制[J]. 计量与测试技术,2007,34(5):17-18.

[142] 宫照利,凌华浓,林英金,等. CT 机建设与质量控制[J]. 中国医学装备,2011,08(7):50-53.

[143] 马继民,刘小波. CT 机应用质量控制及计量检测探讨[J]. 中国医疗设备,2011,26(2):5-8.

[144] 邓小武,黄劭敏,祁振宇,等. CT 模拟机的质量控制和质量保证检验[J]. 中国肿瘤,2004,13(9):546-550.

[145] 李毅,李超,刘卓,等. CT 质量管理及质量控制测试[J]. 中国医疗设备,2015,(3):118-120.

[146] 谭文勇,邱大胜. MRI 在放射治疗中的应用进展[J]. 中华临床医师杂志(电子版),2015,(6):1031-1035.

[147] 夏小林,林世寅,刘玮,等. 常规放疗模拟机的日常质控目标和校准方法[J]. 医疗卫生装备,2014,35 (12):84-86.

[148] 张春光,岑和庆,祁振宇,等. 常规模拟定位机的日常质量保证和质量控制[J]. 医疗装备,2004,17 (9):7-9.

[149] 蔡杰,杨斌,徐亮, 等. 磁共振成像系统的质量保证与质量控制概述[J]. 中国医疗设备,2008,23(7): 153-155.

[150] 任雯廷,陈辛元,戴建荣, 等. 磁共振放疗模拟定位技术应用现状与问题[J]. 中华放射肿瘤学杂志, 2015,24(1):93-96.

[151] 陈桦. 儿童 CT 检查的质量控制[C]. 第十四次全国放射学学术会议论文集, 2007:200-202.

[152] 李传云,杨永留,张道莲,等. 二次抽气复形真空袋体位固定的偏差与讨论[J]. 现代肿瘤医学,2015, (11):1596-1597.

[153] 彭顺有,王言. 放疗固定装置对表浅剂量的影响[J]. 实用临床医药杂志,2010,14(3):68-69.

[154] 胡杰,陶建民,孙光荣,等. 放射治疗模拟机的质量保证[J]. 中国医疗器械杂志,2008,32(3):231-233.

[155] 王成都,陈维军,陈国付,等. 放射治疗射野验证技术的应用现状[J]. 医药前沿,2013,(31):72-73.

[156] 徐胜,孟岩. 分析不同体位固定技术对体部三维适形放射治疗的影响[J]. 实用医技杂志,2013,20 (8):878-879.

[157] 张龙,刘孜,钱建升,等. 腹部盆腔部位的肿瘤患者放疗体位固定技术探讨[J]. 现代肿瘤医学,2009, 17(3):538-539.

[158] 韵宏. 临床核磁共振成像的质量保证[J]. 中国医疗设备,2013,28(2):1-4.

[159] 王鹏,万胜平,王云芳,等. 浅谈 CT 的安装验收与维护[J]. 中国医疗设备,2012,27(2):145-146,154.

[160] 孙长江,张西志,汪步海,等. 体位固定系统在放疗中的剂量学研究[J]. 江西医学院学报,2009,49(10):67-68,84.

[161] 杨超凤,周桂娥,李莉萍,等. 头颈肩网应用于鼻咽癌调强放疗产生摆位误差的原因分析[J]. 实用医技杂志,2008,15(8):1047-1049.

[162] 应惟良,刘根华,丁生苟,等. 现代放疗的体位固定技术与发展[J]. 井冈山学院学报(自然科学版),2008,29(5):106-107.

[163] 吴越,窦新民. 胸部适形放疗 CT 定位的质量保证和质量控制[J]. 中国煤炭工业医学杂志,2007,10(8):870.

[164] 朱广明,李翠荣. 影响体部肿瘤放疗精确摆位的因素[J]. 医疗装备,2016,29(9):47-48.

[165] 李兆斌,陆耀红,孙宜,等. 应用 MV 级 CR 进行射野验证的临床研究[J]. 中国医学物理学杂志,2009,26(5):1389-1390,1408.

[166] 林霞,王嘉鹏,郭杰,等. 真空垫与热塑体模在宫颈癌放疗中摆位误差比较[J]. 中国老年学杂志,2012,32(22):5009-5010.

[167] 惠华,王敏,王强,等. 肿瘤放疗摆位中滑扣与塞块固定架的应用[J]. 中华放射医学与防护杂志,2015,35(5):365-366.

[168] 王宇,汪延明,赵惠,等. 肿瘤精确放疗的摆位误差及质控现状[J]. 实用医药杂志,2010,27(10):946-949.

[169] 白飞,石梅,李捷,等. 组合式固定技术在胸部肿瘤精确放疗中的作用[J]. 中华放射肿瘤学杂志,2016,25(1):24-25.

[170] 林承光,翟福山. 放射治疗技术学[M]. 北京:人民卫生出版社,2016.

[171] 阳先毅. 医用电子直线加速器老机房改建辐射防护最优化研究[D]. 东华理工大学,2016.

[172] 吴爱林,吴爱东,耿国星,等. PTW 729 和 Arc Check 探测器在调强放射治疗剂量验证中的应用[J]. 中国医学物理学杂志,2016,(05):473-477.

[173] 李业居,宁金标,麻恣铭,等. CT 模拟定位的配置要求与质量保证[J]. 医疗装备,2016,(03):40-41.

[174] 汪志,王成,唐虹,等. 基于 PTW Seven29(TM)二维电离室矩阵的调强放疗计划剂量验证[J]. 中国医疗设备,2016,(01):116-118.

[175] 欧阳斌,王振宇,黄伯天,等. 低能光子线术中放射治疗系统的剂量学特性分析和潜在临床应用[J]. 中华肿瘤防治杂志,2015,(23):1837-1842.

[176] 刘辉,宋颖,安晶刚. 在用西门子 mCT 型 PET/CT 性能测试分析研究[J]. 中国医学装备,2015,(11):14-17.

[177] 吴湘阳,张坤,常晓斌,等. 三维水箱不同测试条件对数据采集结果的影响和分析[J]. 现代肿瘤医学,2015,(22):3322-3326.

[178] 张俊,王昊,谢丛华,等. 基于解剖结构的三维剂量验证系统物理模型测试及应用[J]. 中国医学物理学杂志,2015,(04):474-478.

[179] 雷海红,金伟端,蒋剑霄,等. 二维半导体阵列在调强放疗平面剂量验证中的应用[J]. 数理医药学杂志,2015,(07):1077-1078.

[180] 姜文华,孙健,王冠,等. 15MV 医用电子直线加速器机房屏蔽设计防护效果评估[J]. 中国职业医学,2015,(03):322-325.

[181] 张玮婷,吴和喜,魏强林,等. 医用电子直线加速器治疗室的辐射屏蔽设计[J]. 中国辐射卫生,2015,(03):260-261.

[182] 张富利,王雅棣,许卫东,等. 应用两种三维探测器阵列进行螺旋断层调强放疗计划剂量验证[J]. 中

国医学物理学杂志,2015,(02):218-220, 238.

[183] 刘娟,詹国清. 直线加速器机房屏蔽墙及防护门厚度估算方法探讨[J]. 科技创新与应用,2014,(33):68.

[184] 周舜,田金,胥雪东,等. 医科达 Axesse 直线加速器机房设计与安装经验[J]. 中国医疗设备,2014,(10):87-90.

[185] 鲁旭尉,倪千喜,李忠伟,等. 多个加速器机房布局方案的优化方法[J]. 中国辐射卫生,2014,(05):427-430.

[186] 张俊俊,邱小平,李奇欣,等. Arc Check 系统在鼻咽癌容积旋转调强剂量验证中的应用[J]. 中国医学物理学杂志,2014,(05):5136-5138,5168.

[187] 马永忠,王宏芳,娄云,等. 放射治疗模拟机房的屏蔽改造方案设计与分析[J]. 中国医学装备,2014,(08):8-12.

[188] 刘雅,郭朝晖,程金生,等. 医用加速器机房屏蔽设计的验证研究[J]. 中国医学装备,2014,(07):1-4.

[189] 刘晓莉. 不同剂量验证设备在 VMAT 计划验证中的应用[D]. 清华大学,2014.

[190] 余晓锷,蔡凡伟,何兴华,等. PET/CT 图像融合精度测试体模与测试方法研究[J]. 中国测试,2014,(03):13-15,22.

[191] 蔡凡伟. PET/CT 图像融合精度测试体模及测试方法研究[D]. 南方医科大学,2014.

[192] 吴伟章,朱夫海,王勇,等. 旋转照射剂量测量仪(Arc Check)在螺旋断层放疗计划剂量验证中的应用[J]. 肿瘤预防与治疗,2014,(01):20-23.

[193] 汪隽琦,马金利,胡伟刚,等. 移动式电子束术中放疗系统日常质量保证程序的建立及剂量参数稳定性分析[J]. 中国癌症杂志,2014,(01):52-56.

[194] 谭丽娜,孙晓欢,马奎,等. 三维剂量验证系统 Delta 4 在容积旋转调强计划剂量验证中的应用[J]. 中国医学物理学杂志,2013,(06):4497-4499.

[195] 林珠,吴丽丽,陆佳扬. Delta 4 三维剂量验证系统的原理及应用[J]. 医疗装备,2013,(07):14-16.

[196] 苏爽,曹磊,邓君,等. 医用电子直线加速器治疗室防护设计的一般原则[J]. 中国辐射卫生,2013,(03):297-299.

[197] 李忠伟,鲁旭尉,倪千喜. 多个加速器机房设计方案和布局方式的初步探讨[J]. 中国医学物理学杂志,2013,(03):4111-4114.

[198] 陆佳扬,林珠,陈志坚. 基于 Delta 4 对 Truebeam 容积调强放疗(VMAT)计划的验证评估[J]. 中国医学物理学杂志,2013,(03):4118-4120,4147.

[199] 魏澜波,潘润铎,陈大伟,等. 15MV 医用电子加速器机房放射防护设计研究[J]. 中国医疗设备,2013,(01):108-110,135.

[200] 方明明,周希法,卢绪菁,等. 使用 Compass 系统进行调强验证的一些探讨[J]. 中国医学物理学杂志,2013,(01):3870-3872.

[201] 刘浩,白靖平,李公平,等. 锥形束 CT 图象引导放疗的应用性测试[J]. 中国医学物理学杂志,2013,(01):3877-3880.

[202] 余海坤,宁金标,向昭雄,等. 医用直线加速器机房设计及建设要点[J]. 医疗装备,2013,(01):10-11.

[203] 马永忠,万玲,娄云,等. 螺旋断层放射治疗机房的防护设计与分析[J]. 首都公共卫生,2012,(06):246-251.

[204] 邱宏福,吴林初,吴锦海,等. 螺旋断层放疗自适应治疗系统机房的放射防护设计与效果验证[J]. 中国辐射卫生,2012,(03):288-289.

[205] 胡彩容. 三维验证系统在容积旋转调强剂量验证中的应用研究[D]. 清华大学,2012.

[206] 张连宇. PET/CT 中的 CT 剂量和质量控制[D]. 北京协和医学院,2012.

[207] 窦文,钟青松,胡丽娟,等. 调强放射治疗射野和剂量的验证[J]. 中国医学物理学杂志,2012,(01):

3085-3087.
[208] 张连宇,耿建华. PET/CT 中的 CT 剂量和质量控制[J]. 中国医学影像技术,2011,(11):2365-2367.
[209] 陈维军,狄小云. 调强放疗的剂量学验证研究进展[J]. 肿瘤学杂志,2011,(01):67-70.
[210] 郑波. 医院大型医疗设备电气设计浅谈[J]. 智能建筑电气技术,2010,(03):35-39.
[211] 李承军,张爱华,王陆洲,等. Mapcheck 的剂量学质量保证[J]. 中国医学物理学杂志,2010,(03):1833-1836.
[212] 李军,郑洁,杨洁. 医用电子直线加速器室辐射屏蔽防护设计[J]. 干旱环境监测,2009,(02):86-90.
[213] 侯加全,王迎春,白雪冬,等. 医院大型医疗设备机房电气设计中注意事项[J]. 电气应用,2009,(11):44-49.
[214] 卢文婷. 二维电离室矩阵与电子射野影像系统在剂量验证中的初步研究[D]. 南方医科大学,2009.
[215] 沈文同. 调强适形放射治疗的剂量学验证[D]. 苏州大学,2008.
[216] 王洪林,陶莉,陈剑,等. 医用直线加速器室辐射屏蔽防护的优化设计[J]. 复旦学报(医学版),2006,(04):556-558,562.
[217] 卢峰,邓大平,朱建国,等. 影响加速器机房内中子剂量的因素分析[J]. 中国辐射卫生,2005,(01):40-41.
[218] 周郁,骆亿生,郭勇,等. 放射剂量测量的远程控制和数据处理[J]. 中华放射医学与防护杂志,2004,(05):469-471.
[219] 李国庆,徐保强,林意群,等. 放疗质量保证工具——三维水箱测量系统[J]. 医疗卫生装备,2000,(04):60-61.
[220] 李国庆,徐保强,林意群. 三维水箱测量系统[J]. 医疗装备,2000,(04):9-10.

国际组织发布的有关放射治疗设备质量保证的文件

一、国际组织简称

IAEA——国际原子能机构
ICRP——国际辐射防护委员会
ICRU——国际辐射单位与测量委员会
IRPA——国际辐射防护协会
IBBS——国际辐射防护基本安全标准
ISO ——国际标准化组织
ILO ——国际劳工组织
WHO ——世界卫生组织
PAHO——泛美卫生组织
AAPM——美国医学物理学家协会

二、相关指导文件

IAEI_Pub1296# Setting Up a Radiotherapy Programme: This publication provides guidance for designing and implementing radiotherapy programmes, taking into account clinical, medical Clinical, Medical Physics, physics, radiation protection and safety aspects. It reflects the up-to-date requirements for radiotherapy infrastructure in resource limited Radiation Protection and Safety Aspects

IAEI_Pub1297# COMPREHENSIVE AUDITS OF RADIOTHERAPY PRACTICES: A TOOL FOR QUALITY IMPROVEMENT QUALITY ASSURANCE TEAM FOR RADIATION ONCOLOGY (QUATRO)

IAEA _ No. 47 Safety Reports Series: Radiation Protection in the Design of Radiotherapy Facilities

IAEA_No. 115 International basic safety standards for protection against ionizing radiation and for the safety of radiation sources, 1996

IAEA_No. 120 Radiation Protection and the Safety of Radiation Sources: A Safety Fundamental, (1996)

IAEA_SAFETY STANDARDS SERIES No. WS-G-2. 7 MANAGEMENT OF WASTE FROM THEUSE OF RADIOACTIVE MATERIAL IN MEDICINE , INDUSTRY , AGRICULTURE, RESEARCH AND EDUCATION, 2005

IAEA_TECHNICAL REPORTS SERIES No. 277. Absorbed Dose Determination in Photon and Electron Beams An International Code of Practice(Second Edition), 1997

IAEA_SAFETY STANDARDS SERIES No. RS-G-1. 1 Occupational Radiation Protection, 1999

IAEA_TECHNICAL REPORTS SERIES No. 398. Absorbed Dose Determination in External Beam Radiotherapy, An International Code of Practice for Dosimetry Based on Standards of Absorbed Dose to Water, 2000

IAEA_Safety Standards Series No. RS-G-1. 4 Building Competence in Radiation Protectionand the Safe Use of Radiation Sources (2001)

IAEA_Safety Standards Series No. RS-G-1. 5 Radiological Protection for Medical Exposure to Ionizing Radiation (2002)

IAEA_GS-R-3 The Management System for Facilities and Activities (2006)

IAEA_ GS-G-3. 1 Application of the Management System for Facilities and Activities (2006)

IAEA_Q8 Quality Assurance in Research and Development (under revision),2001

IAEA_Q9 Quality Assurance in Siting (under revision) ,2001

IAEA_Q10 Quality Assurance in Design (under revision) ,2001

IAEA_Q11 Quality Assurance in Construction (under revision) ,2001

IAEA_Q12 Quality Assurance in Commissioning (under revision) ,2001

IAEA_Q13 Quality Assurance in Operation (under revision) ,2001

IAEA_Q14 Quality Assurance in Decommissioning (under revision) ,2001

IAEA_Pub CODE OF CONDUCT ON THE SAFETY AND SECURITY OF RADIOACTIVE SOURCES,2004

ICRP_ advice DLAGNOSTIC REFERENCE LEVELS IN MEDICAL IMAGING : REVIEW AND ADDITIONAL ADVICE

ICRP_advice RADIATION AND YOUR PATIENT : A GUIDE FOR MEDICAL PRACTITIONERS

ICRP_Pub. 33 Protection Against Ionizing Radiation from External Sources Used in Medicine, March, 1981

ICRP_Pub. 37 Cost-Benefit Analysis in the Optimization of Radiation Protection ,1987

ICRP_Pub. 51 Data for Use in Protection Against External Radiation, 1987

ICRP_Pub. 52 Protection of the Patient in Nuclear Medicine, 1987

ICRP_Pub. 53 Radiation dose to patients from radio-pharmaceuticals, 1988

ICRP_Pub. 55 Optimization and Decision-Making in Radiological Protection, 1988

ICRP_Pub. 60 1990Recommendations of the international commission on radiological protection, 1991

ICRP_Pub. 63 Principles for Intervention for Protection of the Public in a Radiological Emergency, 1990

ICRP _ Pub. 70 Basic Anatomical & Physiological Data for use in Radiological Protection, 1996

ICRP_Pub. 73 Radiological Protection and Safety in Medicine, 1996

ICRP_ Pub. 75 General principles for radiation protection of workers, 1997

ICRP_Pub. 76 Protection from Potential Exposures: Application to Selected Radiation Sources ,1997

ICRP_Pub. 82 Protection of the public in situations of prolonged radiation exposure, 2000

ICRP_Pub. 84 Pregnancy and medical radiation, 2000

ICRP _ Pub. 85 Avoidance of Radiation Injuries from Medical Interventional Procedures, 2000

ICRP_Pub. 87 Managing Patient Dose in Computed Tomography (CT)

ICRP_Pub. 90 Biological Effects after Prenatal Irradiation (Embryo and Fetus), 2003

ICRP_Pub. 91 A framework for assessing the impact of ionising radiation on non-human species, 2003

ICRP_Pub. 92 Relative biological effectiveness (RBE), quality factor (Q), and radiation weighting factor (wR), 2003

ICRP_Pub. 93 Managing Patient Dose in digital radiology, 2004

ICRP_Pub. 97 Prevention of High-dose-rate Brachytherapy Accidents

ICRP_Pub. 98 Radiation Aspects of Brachytherapy for Prostate Cancer

ICRP_Pub. 99 Low-Dose Extrapolation of Radiation Related Cancer Risk

ICRP_Pub. 100 Human Alimentary Tract Model for Radiological Protection

ICRP_Pub. 101 Assessing Dose of the Representative Person for the Purpose of Radiation Protection of the Public and the Optimisation of Radiological Protection

ICRP_Pub. 102Managing Patient Dose in Multi-Detector Computed Tomography(MDCT)

ICRP_Pub. 103 The 2007 Recommendations of the International Commission on Radiological Protection

NCRP_No. 49 Structural Shielding Design and Evaluation for Medical Use of X-Rays and Gamma Rays of Energies up to 10 MeV

NCRP_No. 51 Radiation Protection Design Guidelities for 0. 1～100 MeV Particle Accelerator Facilities

NCRP_No. 103 Control of radon in houses, 1989

NCRP_No. 144 Radiation Protection for Particle Accelerator Facilities

NCRP_No. 147 Structural Shielding Design for Medical X-Rays Imaging Facilities(2004)

NCRP_No. 151 Structural Shielding Design and Evaluation for Megavoltage X-and Gamma-Ray Radiotherapy Facilities (2005)

AAPM REPORT NO. 17 The Physical Aspects of Total and Half Body Photon Irradiation

AAPM REPORT NO. 23 TOTAL SKIN ELECTRON THERAPY: TECHNIQUE AND DOSIMETRY

AAPM REPORT NO. 32 Clinical electron-beam dosimetry

AAPM REPORT NO. 41 Remote Afterloading Systems

AAPM REPORT NO. 46 Comprehensive QA for radiation oncology

AAPM REPORT NO. 62 Quality assurance for clinical radiotherapy treatment planning

AAPM REPORT NO. 142 Quality assurance of medical accelerators, 2009

AAPM REPORT NO. 101 Stereotactic body radiation therapy, 2010